전지구적 지체구조론

Global Tectonics

Philip Kearey, Keith A. Klepeis, Frederick J. Vine 저

민건홍 역

씨아이알

머리말

잘 알려진 것과 같이, 대규모 지구 구조와 변형을 다루는 지질학의 한 분야인 구조론(tectonics)은 판 구조론(plate tectonics)의 정식화와 함께 1960년대에 중요한 획기적인 발전을 하게 되었다. 변환 단층(transform fault)과 섭입대(subduction zone)의 인식과 더불어, 해저 확장(sea floor spreading)과 대륙 이동(continental drift)이 해양 지질학, 지구물리학, 그리고 지진학(earthquake seismology) 분야로부터 새롭고 향상된 데이터의 해석에 의해 동시에 확인되었다. 1970년경에 판 구조론의 본질적인 것들－판의 범위, 판 경계의 성질, 그리고 그것들의 상대적 및 한정된 움직임의 기하학 및 운동학－이 잘 보고되었다.

더욱 자세한 내용들이 알려지면서, 판과 판의 경계가 판이 젊고 비교적 얇으나 단단하고, 구조적으로 다소 균일한 해양 지역에서는 명확하나 대륙 지역에서는 그렇지 않다는 것이 곧바로 명백해졌다. 대륙 지각을 포함하는 판들은 해양판(oceanic plate)보다 일반적으로 더 두껍고 오래되었으며, 구조적으로 더 복잡하다. 또한 대륙 지각 자체는 상대적으로 약하고, 단열(fracture)과 심지어 흐름(flow)에 의해서도 쉽게 변형된다. 따라서 대륙 구조론(continental tectonics)의 성질은 판 구조론의 간단한 적용으로 예측할 수 있는 것보다 더 복잡하여, 증명하고 해석하는 데 더 긴 시간이 소요되었다. 여기서 중요한 요소는 복잡한 지역의 변형장(deformation field)을 상세하게 밝혀주는 위성 위치확인(Global Positioning) 데이터의 출현이다.

판 구조론에서 초기에 진보가 느렸던 분야는 판 운동의 구동 메커니즘(driving mechanism)이다. 이 분야에서 중요한 발전은 새로운 지진학적 기술의 발달과 지구의 맨틀 대류(convection)에 대한 실험실과 컴퓨터 모델링에서의 진척을 기다려야만 했다.

『전 지구적 지체구조론(Global Tectonics)』의 초판이 출간된 1990년 이후, 특히 대륙 구조론과 맨틀 대류와 관련하여 지구의 구조와 형성에 대한 이해에 많은 발전이 있었다. 이에 따라

제3판에서 그림과 본문의 3분의 2가 새로워졌다. 책의 체계는 크게 변하지 않았다. 데이터와 아이디어가 제시되는 순서는 부분적으로 역사적이어서 그 자체로 흥미로울 수 있으나, 이것이 단순한 개념에서 복잡한 개념으로, 현재에서 먼 과거로, 그리고 해양에서 대륙의 영역으로 넘어가는 이점을 갖고 있다. 따라서 우리는 해양 분지에 대하여 가장 잘 설명된 판 구조론의 기본들의 고찰을 살펴보고 선캄브리아기 구조론(Precambrian tectonics)에서 절정에 이르는 대륙 구조론과 맨틀의 암시적인 대류의 가능한 성질에 대한 토론으로 넘어갈 것이다.

이 책은 주제에 대한 통찰력을 얻고자 하는 지질 과학의 고학년 대학생, 대학원생, 그리고 다른 지구과학자를 대상으로 한다. 우리는 지질학의 기본 지식, 그리고 지구물리학 및 지구화학적 방법에 대한 자세한 설명을 위해 다른 텍스트를 참조할 필요가 있을 것이라고 예상한다. 우리는 여전히 뛰어난 최근의 연구 동향과 문제점에 대한 통찰력을 제공하려고 시도했고, 독자가 특히 관심 있는 항목을 추적할 수 있도록 참고문헌의 포괄적인 목록을 제공하고 있다. 우리는 교육 과정에서 학생들의 성취도를 평가하는 교사를 위해 이 책을 기반으로 한 질문의 목록을 포함했다. 이것들은 주로 학생들의 통합 능력을 조사하기 위해 설계되었으나, 우리는 그것들의 해답을 위해 학생들이 책의 웹사이트 http://www.blackwellpublishing.com/kearey에 나와 있는 관련 웹사이트에서 텍스트와 재료에 주어진 참고문헌을 이용하기 바란다.

해양 지질학, 지구물리학, 그리고 지진학 분야에서 판 구조론 개념의 초기 충격은, 신속하게 화성과 변성 암석학, 고생물학, 퇴적과 경제 지질학 및 지구과학(goescience)의 모든 분야에서 그것의 관련성에 대한 이해로 이어졌다. 보다 최근에 전체적인 지구 시스템에 대한 잠재적인 관련성이 인식되었다. 과거에 판 구조론과 관련된 프로세스가 해수와 대기 화학의 변화, 해수면과 해류의 변화, 그리고 지구 기후의 변화를 일으켜왔을 수 있다. 이런 아이디어가 판 구조론의 영향(implications)에 대한 확장된 마지막 장에서 간단하게 검토될 것이다. 대기 및 해양과 생명의 진화, 더 나아가 지구에서의 생명 기원과 판 구조론의 관련성 확장을 통해 생물권(biosphere), 대기권(atmosphere), 수권(hydrosphere), 그리고 고체 지구가 하나의 동적 지구 시스템에서 상호 작용하고 있다는 것을 알 수 있다는 것이 즐겁다.

K.A. KLEPEIS

F.J. VINE

* 이 책에 대한 웹사이트는 http://www.blackwellpublishing.com/kearey이다.

사 사

『전 지구적 지체구조론』의 처음 2판은 대부분 Phil Kearey에 의해 집필되었다. 비통하게도 Phil은 제3판의 저술을 시작한 바로 직후에 55세의 나이로 2003년에 서거하였다. 우리는 우리가 제3판을 완성하도록 격려해준 그의 부인 Jane에게 신세를 졌다. Phil은 종종 어려운 개념을 간결하고 쉽게 서술하는 데 특별한 재능이 있었으며, 여러 세대의 학생들이 이를 감사히 여겼다. 우리는 그의 스타일에 지지 않으려고 최대한 노력했지만, 우리의 노력이 종종 그에 미치지 못하였다는 사실을 잘 알고 있다.

우리는 원고를 용의주도하게 검토하여준 Cynthia Ebinger, John Hopper, John Oldow, 그리고 Peter Cawood에게 감사한다. Ian Bastow, Jose Cembrano, Ron Clowes, Barry Doolan, Mian Liu, Phil Hammer, 그리고 Brendan Meade가 일부 장들의 특별한 관점에 대한 유익한 코멘트를 해주었다. KAK는 그녀의 훌륭한 연구보조에 대하여 Gabriela Mora-Klepeis에게, 그리고 그들의 지지에 Pam과 Dave Miller에게 고마움을 전한다.

K.A.K.

F.J.V.

역자 서문

번역 내내 진지하게 번역 내용을 검토해준 한현철 박사, 원고를 꼼꼼히 검토해준 최영섭 박사, 이윤수 박사, 그리고 전명순 박사에게 고마움을 전하고, 특히 본 책을 인쇄하자고 하였을 때 기탄없이 허락하여주신 도서출판 씨아이알 김성배 사장님과 끝없는 관심과 정성을 기울여주신 직원들, 특히 서보경 대리에게 감사의 말을 전합니다. 또한 뜨거운 관심을 갖고 격려해준 한국지질자원연구원 석유해저연구부 해저지질연구실원들에게도 고마움을 전합니다.

끝으로 묵묵히 지켜보고 격려해준 아내 이영란과 두 아들 동윤, 동규에게도 고마움을 전합니다. 열심히 하였지만 뜻이 잘 전달되지 않는 점이 있다면, 이것은 전적으로 번역한 나의 책임입니다.

민건홍

지질 연대와 지질계통표(Stratigraphic column)

대	기	세		*Ma
신생대	신제3기	플라이스토세		1.81
		플라이오세	후기	3.60
			전기	5.33
		마이오세	후기	11.61
			중기	15.97
			전기	23.03
	고제3기	올리고세	후기	28.4
			전기	33.9
		에오세	후기	37.2
			중기	48.6
			전기	55.8
		팔레오세	후기	58.7
			중기	61.7
			전기	65.5
중생대	백악기	후기		99.6
		전기		145.5
	쥐라기	후기		161.2
		중기		175.6
		전기		199.6
	트라이아스기	후기		228.0
		중기		245.0
		전기		251.0

(계속)

대	기	세	*Ma
원생누대	페름기	후기	260.4
		중기	270.6
		전기	299.0
	석탄기	펜실베니안(Pennsylvanian)	318.1
		미시시피안(Mississippian)	359.2
	데본기	후기	385.3
		중기	397.5
		전기	416.0
	실루리아기	후기	422.9
		전기	443.7
	오르도비스기	후기	460.9
		중기	471.8
		전기	488.3
	캄브리아기	후기	501.0
		중기	513.0
		전기	542.0
	(누대)	(대)	
선캄브리아기	원생누대	후기	1000
		중기	1600
		전기	2500
	시생누대	후기	2800
		중기	3200
		전기	3600
		초시생대	~4600

* Gradstein *et al.*(2004)의 지질연대(timescale)에 근거된 백만 년(Ma)으로의 연령

CONTENTS

제5장 판 구조론의 틀(framework of plate tectonics)

제6장 해령(ocean ridge)

제7장 대륙 열개와 열개된 대륙 주변부(continental rifts and rifted margins)

제9장 섭입대(subduction zones)

제10장 조산대(orogenic belts)

제13장 판 구조론의 영향

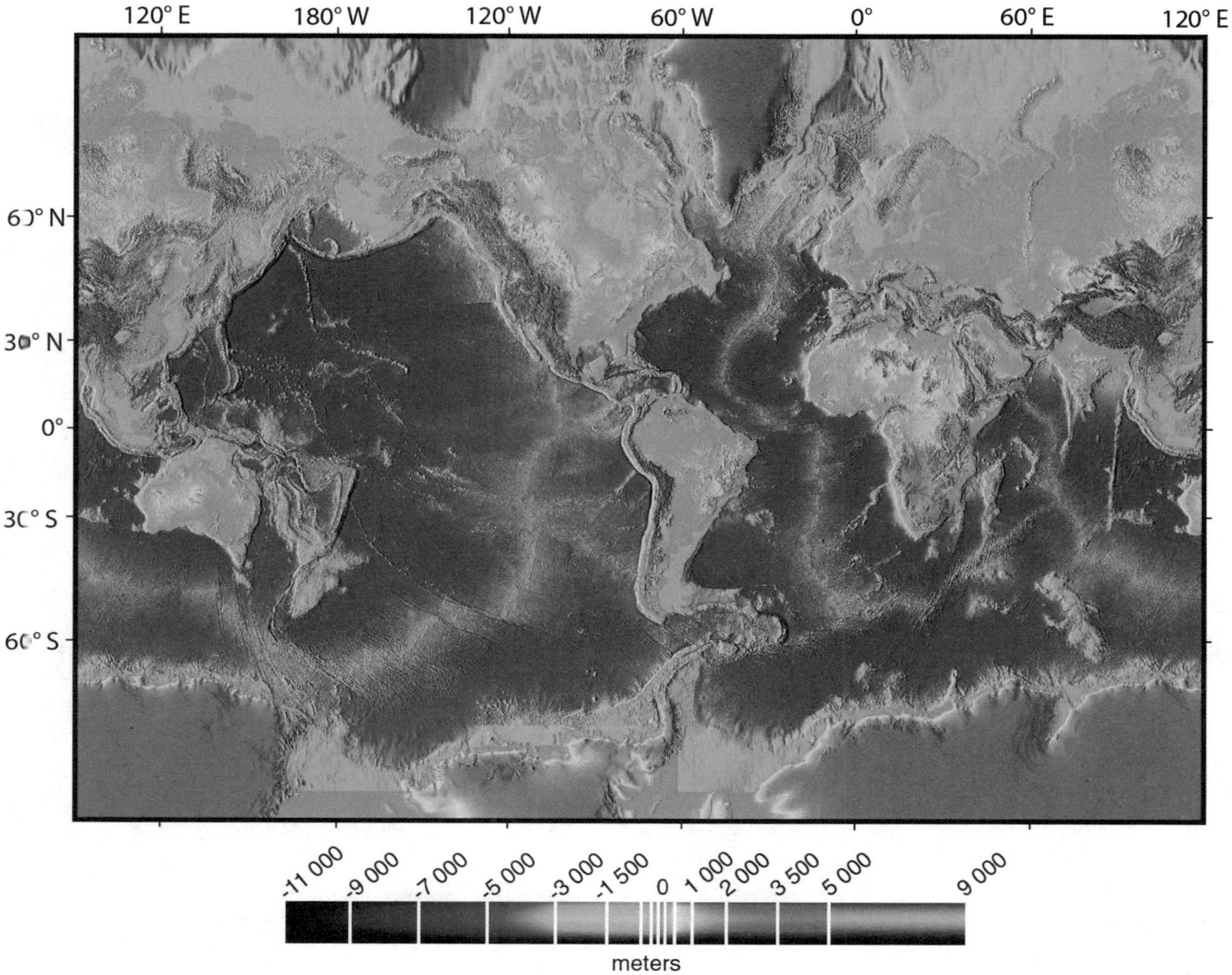

플레이트 1.1 전 세계 기복지도(미국 국립 해양 대기청의 국립 지구물리학 데이터 센터의 호의로 재생산됨)

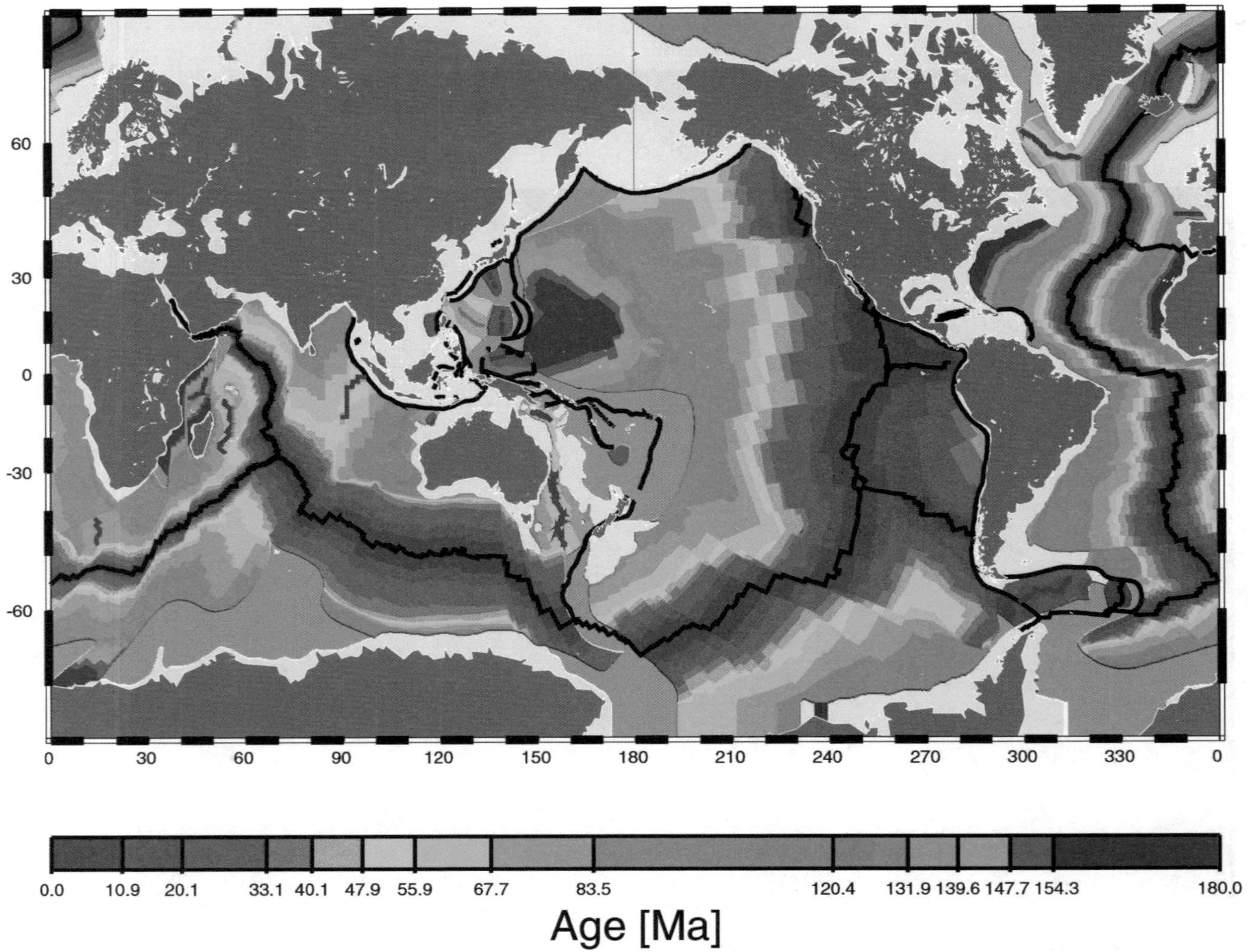

플레이트 4.1 선형 자기 이상(linear magnetic anomalies), 지자기 역전 지질연대 및 회전의 오일러 극에서 결정된 해저의 연령(R.D. Müller의 호의로 재생산됨)

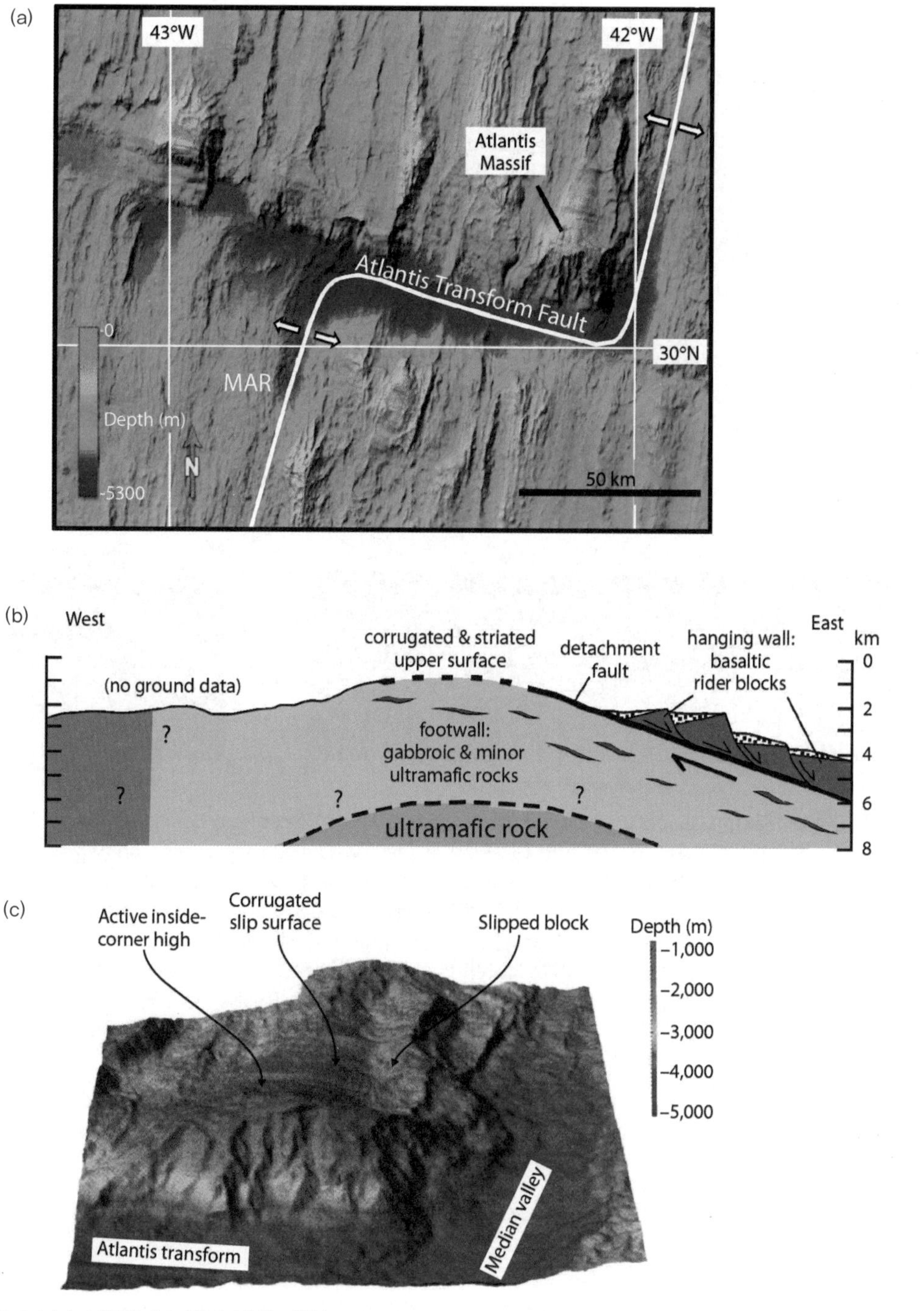

플레이트 6.1 (a) 아틀란티스 해령–변환 단층(Atlantis ridge–transform) 교차의 해저지형과 판 경계 형태를 보여주는 컬러 기복지도와 (b) 아틀란티스 대산괴(Atlantis Massif) 해양 핵심 복합체의 중앙 부분을 가로지르는 도식적인 단면(Karson *et al.*, 2006에서 수정됨, American Geophysical Union의 허가로. 저작권 © 2006 American Geophysical Union). (c) 남쪽에서 본 아틀란티스 대산괴의 형태를 보여주는 3차원 컬러 기복지도(Cann et al., 1997을 따름, Nature 385, 329–32의 허가로. 저작권 © 1997 Macmillan Publishers Ltd). (c)의 골진 표면(corrugated surface)은 거의 수평에서 현무암질 암석의 미끄러진 블록 기저를 따라 확장 축을 향해 약 10° 휜다.

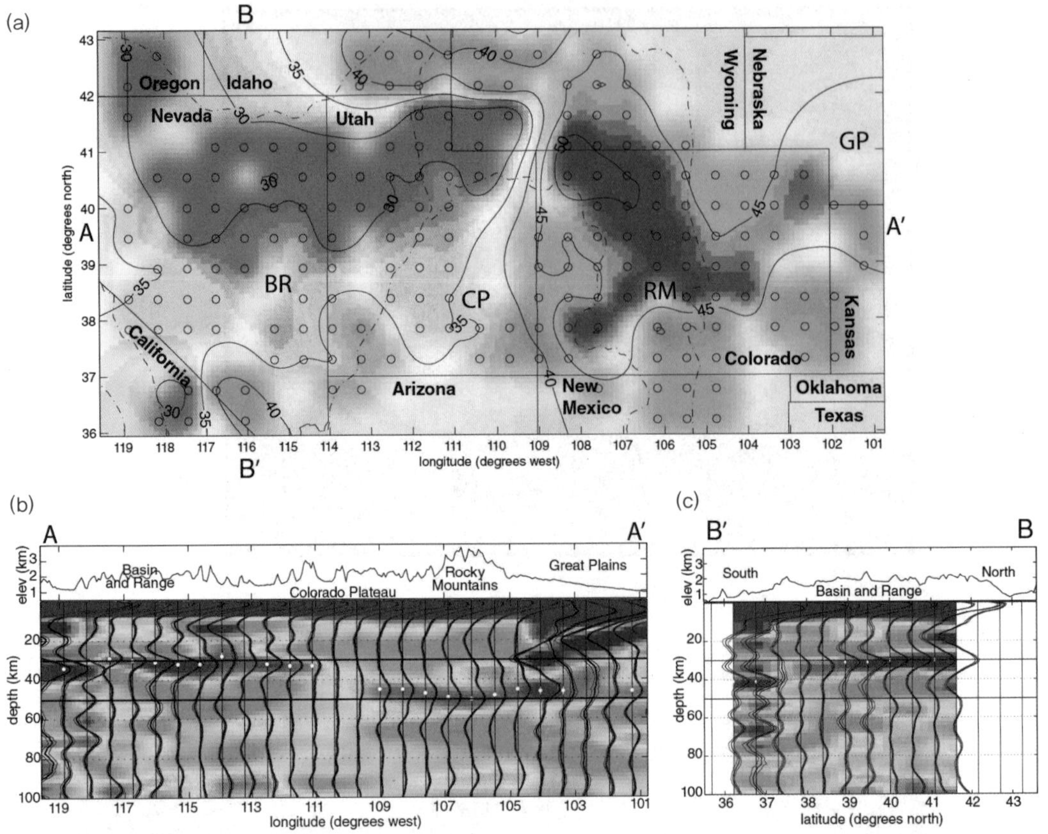

플레이트 7.1 (a) 등치선 지도(contour map)와 (b), (c) 북부 분지와 산맥(northern Basin and Range, BR), 콜로라도 고원(CP), 록키 산맥(RM) 및 대초원지대(Great Plains, GP) 아래 모호면(Moho)까지의 깊이를 보여주는 수직 단면들(Gilbert & Sheehan, 2004에서 수정되어, H. Gilbert에 의해 제공된 이미지, American Geophysical Union의 허가로. 저작권 © 2004 American Geophysical Union). 가는 대시-점선은 4개 지형적 지역의 외곽선을 표시한다. (a)에서 원은 지각 두께가 지각과 맨틀의 지진 전단파 속도의 불연속을 조사하여 측정되었던 지점들의 위치를 표시한다. (b)에서 흰 점은 (a)에서 표시된 각 점(원) 아래에서 발견된 해석된 모호면 깊이를 나타낸다. (b)에서 수직 물결선은 연구에서 획득된 원거리지진 수신기 함수(teleseismic receiver functions)의 범위를 나타낸다. 30km와 50km 깊이의 수평선이 참조를 위해 표시된다.

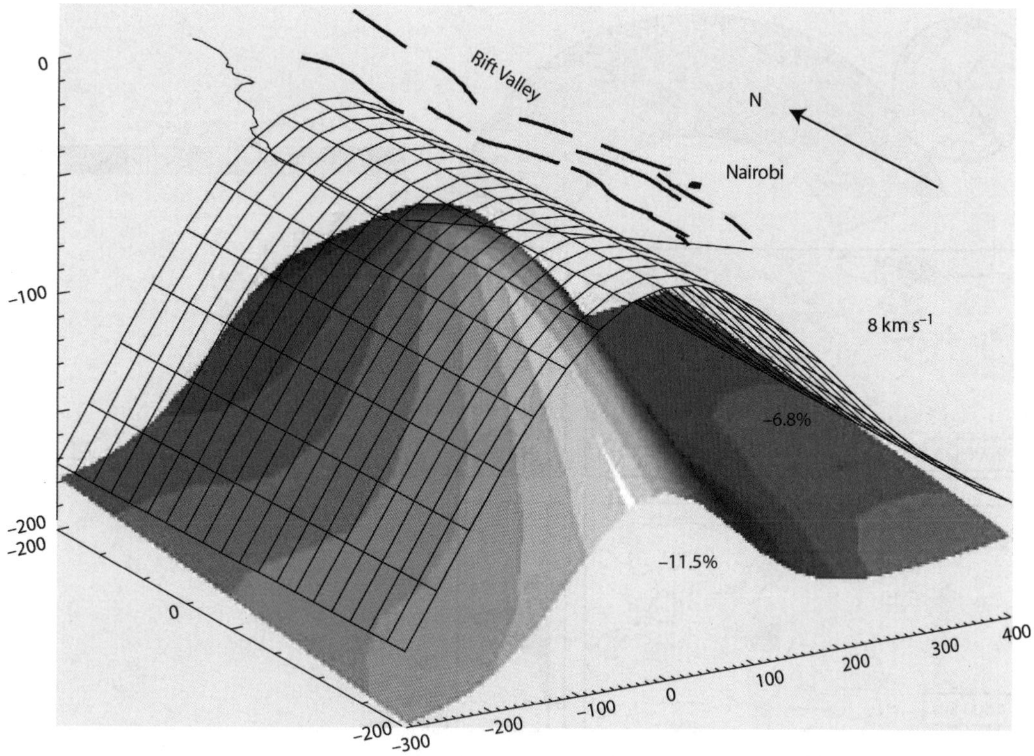

플레이트 7.2 원거리지진 P파 잔류의 토모그래피 역산으로 만들어진 케냐 돔(Kenya Dome) 아래의 상부 맨틀의 3차원 속도 모델(Davis & Slack, 2002를 따름, American Geophysical Union의 허가로. 저작권 © American Geophysical Union). 수평 및 수직 스케일의 단위는 km이다. 상위 층(격자무늬)은 모호면(35km)에서 절정이 되고 8km s^{-1} 맨틀에 비해 –6.8%의 속도 차이를 갖는다. 하위 층(컬러)은 ~70km에서 절정이 되고 ~170km의 깊이까지 연장하는 –11.5% 차이를 갖는다.

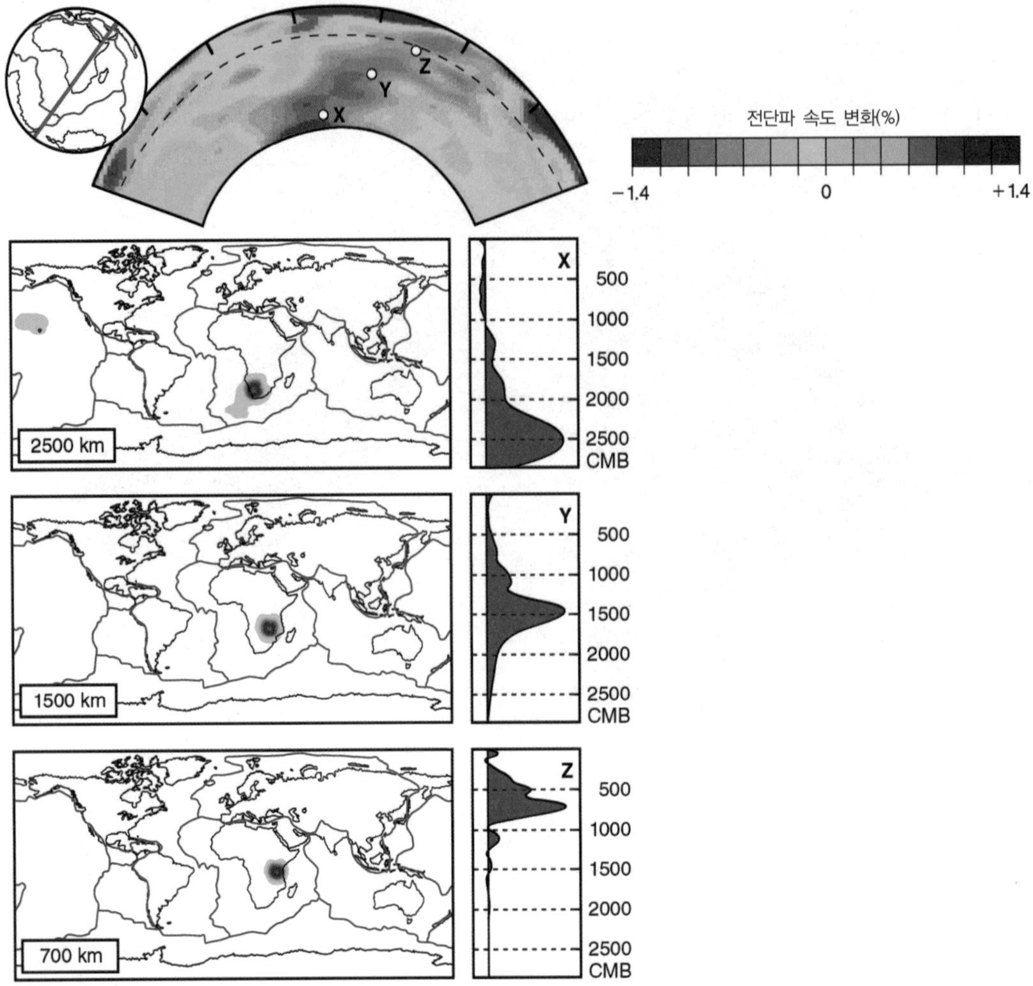

플레이트 7.3 아프리카 아래 맨틀에서 2500km, 1500km 및 700km 깊이의 위치 X, Y, 그리고 Z에 대한 각각의 3차원 전단파 속도 차이(shear wave velocity variations)의 토모그래피 모델(Ritsema *et al.*, 1999, Science 286, 1925–8을 따름, AAAS의 허가로). 수직 단면은 위치지도와 함께 상단에 표시됨. 높고 낮은 속도 지역은 참조 모델에서 전단파 속도에 비해 속도 혼란의 백분율 진폭에 비례하는 강도를 갖고 각각 파랑 및 빨간색으로 표시된다. 3개 깊이의 수평 단면은 왼쪽에 표시된다. 세 위치에서 이상 모양(shapes of anomalies)의 측면(방사상) 변화가 오른쪽에 표시된다. CMB, 핵–맨틀 경계

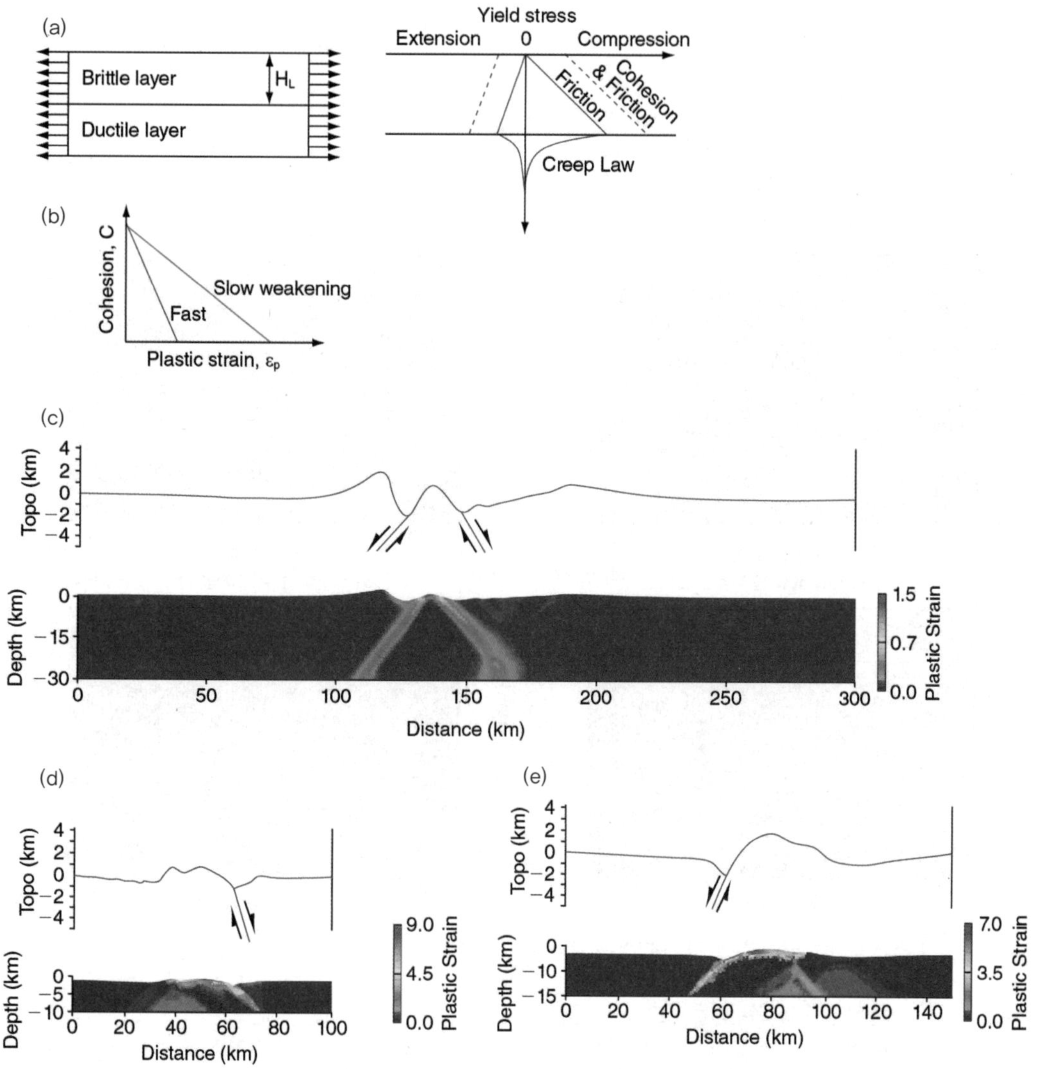

플레이트 7.4 점성도가 낮은 연성 층 위에 있는 탄성-점성소성(elasto-viscoplastic) 층의 확장(Lavier & Buck, 2002를 따름, American Geophysical Union의 허가로. 저작권 © 2002 American Geophysical Union). (a) 모델 설정. H_L, 층 두께. (b) 소성 변형을 갖는 응집력 C의 선형 감소. (c–e) 25km의 확장 후 44MPa의 응집력과 각각 30km, 10km, 그리고 15km의 두께를 갖는 균일한 취성 층의 확장. 각 모델에서 단층이 모든 응집력 강도(cohesional strength)를 잃기 위하여 축적하지 않으면 안 되는 오프셋(offset)의 임계량은 1.5km이다.

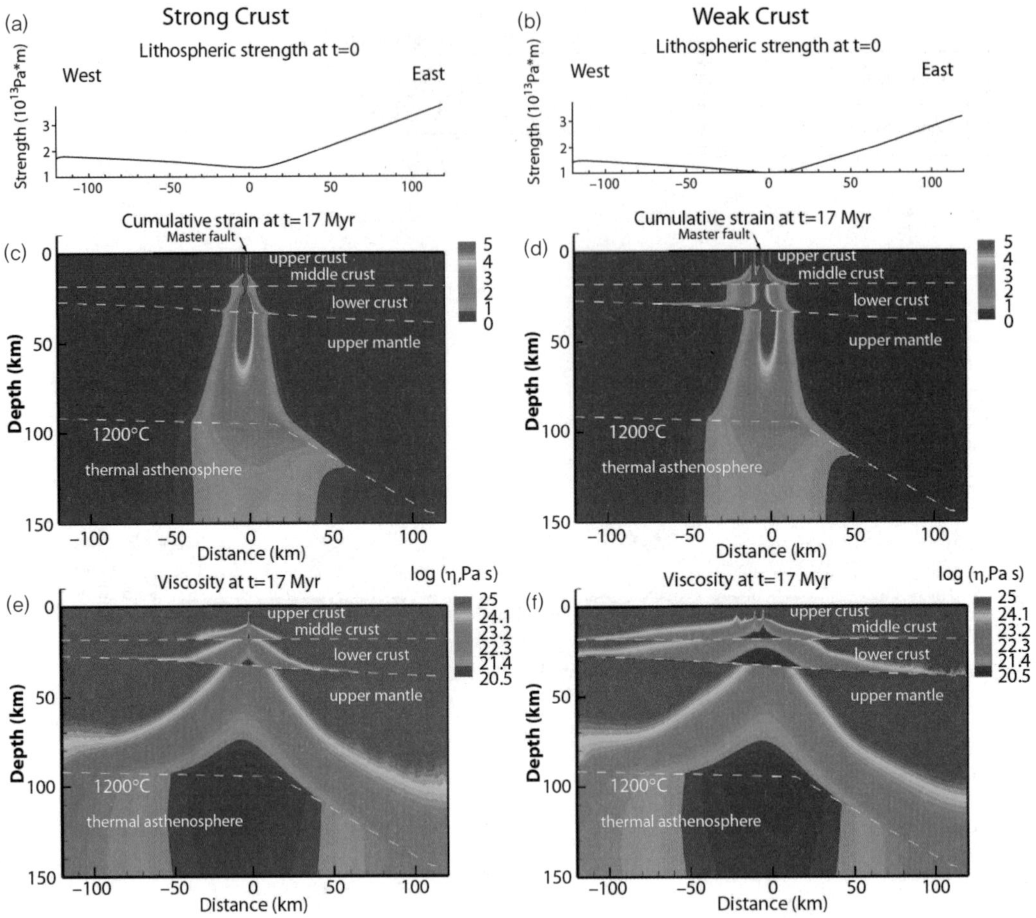

플레이트 8.1 순수 주향이동 단층과 강한 지각과 약한 지각을 갖는 차갑고 두꺼운 암석권을 필요로 하는 열역학적 모델의 결과(Sobolev *et al.*, 2005를 따름, Elsevier의 허가로). 상부 플롯(a, b)은 변형 이전($t=0$) 암석권 강도의 의존성을 보여준다. 중간 단면(c, d)은 1700만 년 후의 누적 유한 변형(cumulative finite strain) 분포를 보여준다. 흰색 파선(dashed white lines)은 주요 암석권 경계를 나타낸다. 하부 단면(e, f)은 1700만 년 후의 점성도 분포를 나타낸다.

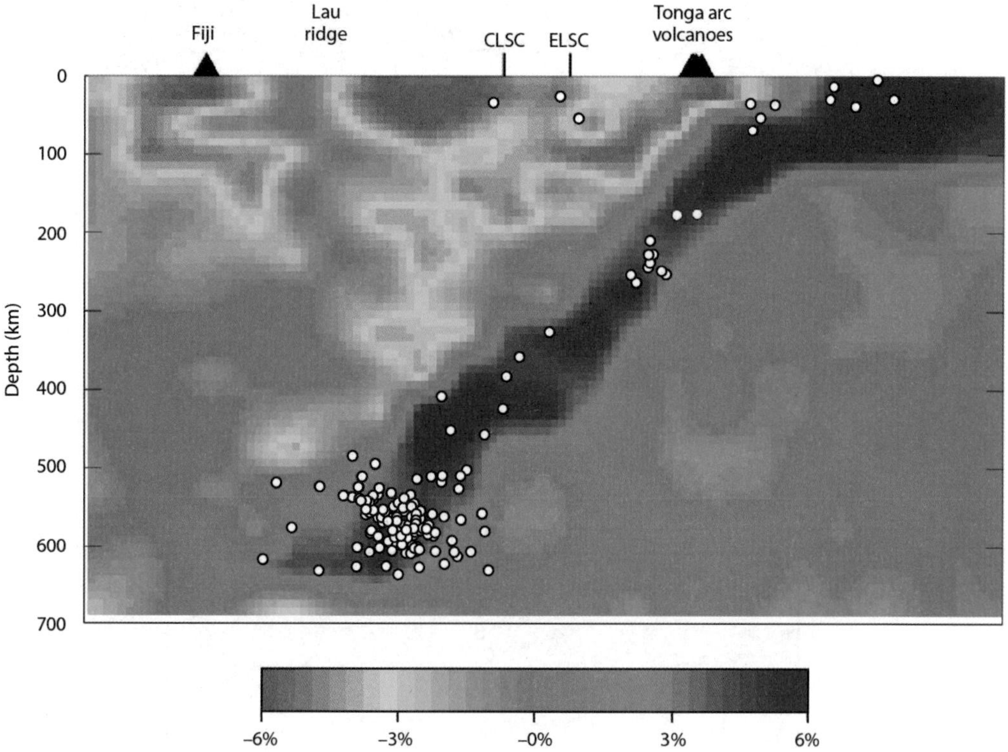

플레이트 9.1 라우 분지(Lau basin)를 가로지르는 0에서 700km 깊이까지 P파 속도 이미지의 동서 수직 단면(Zhao *et al*, 1997, Science 278, 254–7을 따름, AAAS의 허가로). 색상은 속도가 그 깊이의 평균 P파 속도보다 적은(예를 들면, 적색) 또는 큰(예를 들면, 청색) 정도를 나타낸다. 검은 삼각형은 활동 중인 화산을 나타낸다. CLSC, 중앙 라우 확장 센터; ELSC, 동 라우 확장 센터. 흰색 원, 지진

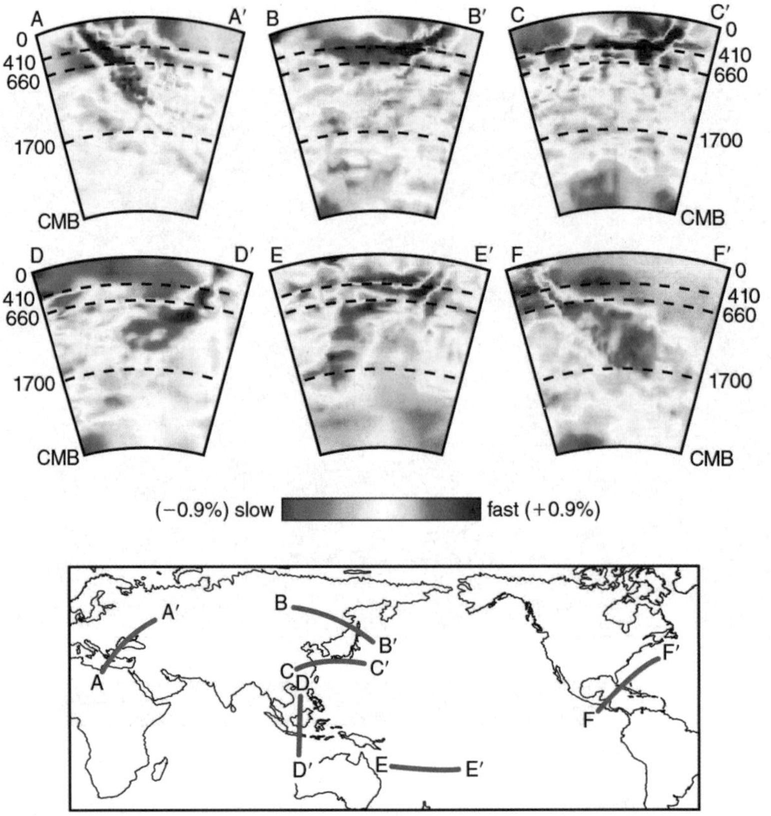

플레이트 9.2 (a) 그리스(에게 해, Agean), (b) 남부 쿠릴, (c) 이즈-보닌(Izu-Bonin), (d) 인도네시아 섬 호상, (e) 북부 통가 섬 호상, 그리고 (f) 중앙아메리카를 가로지르는 수직 토모그래피 단면들. 단면의 위치를 위해 지도를 보라. CMB, 핵-맨틀 경계. 빨간색과 파란색은 P파의 속도가 그 깊이의 평균 속도에 비해 상대적으로 느리거나 빠른 지역을 표시한다(Kárason & van der Hilst, 2000에서 재생산됨, American Geophysical Union의 허가로. 저작권 © 2000 American Geophysical Union).

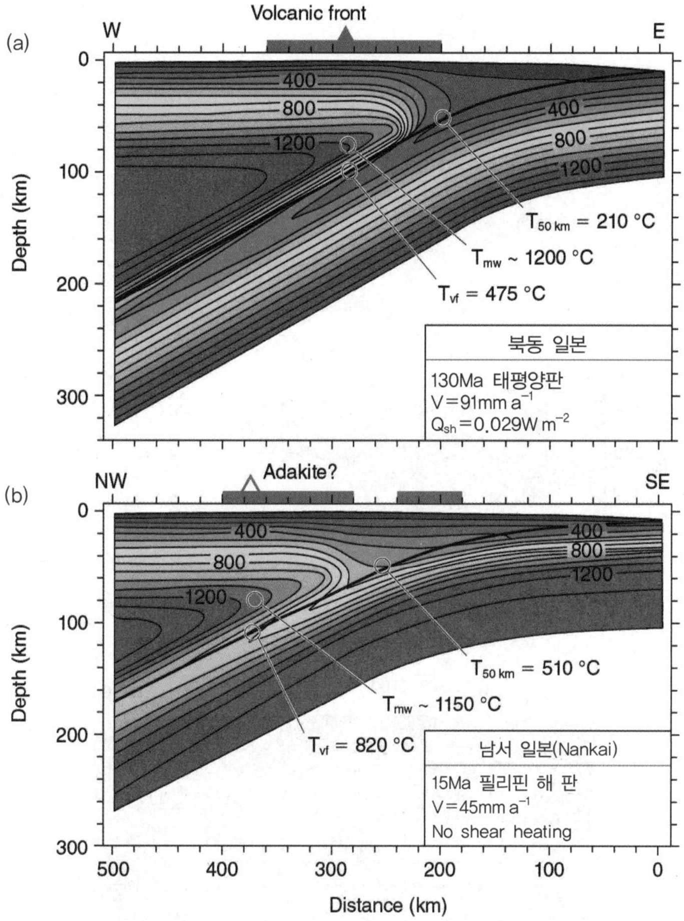

플레이트 9.3 2개의 서로 다른 섭입대에 대한 계산된 열 구조(thermal structures)(Peacock & Wang, 1999, Science 286, 937–9를 따름, AAAS의 허가로). (a) 북동 일본의 차가운 섭입. (b) 남서 일본의 따뜻한 섭입. 중요한 반응의 깊이가 표시된다. T_{vf} — 화산 프런트(volcanic front) 아래 슬라브 경계면 온도; T_{mw} — 화산 프런트 아래에 있는 맨틀 쐐기(mantle wedge)의 최대 온도

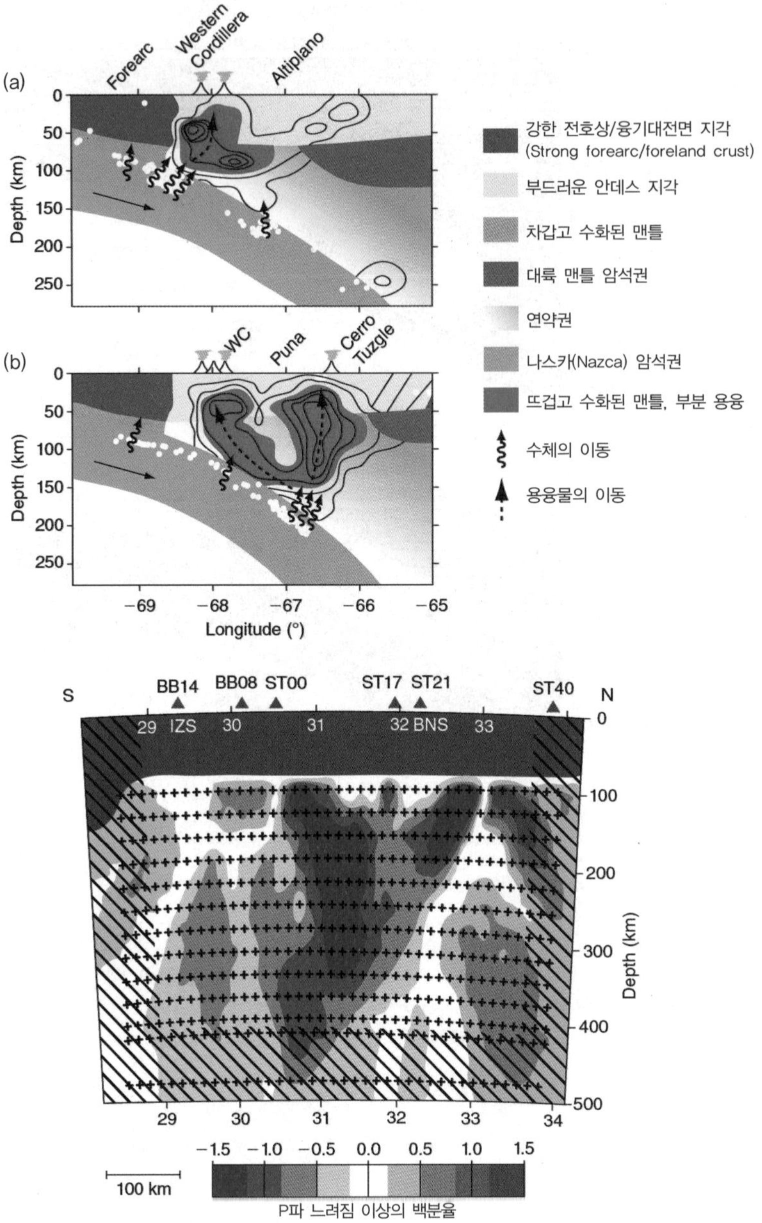

플레이트 9.4 (위) 낮은 Q($Q \leq 200$)의 지역을 보여주는 (a) 22.1°S와 (b) 24.2°S 위도에서 안데스 대륙 호상을 가로지르는 해석된 단면(Schurr *et al.*, 2003에서 다시 그려짐, Elsevier의 허가로). 물이 격리된 지진 클러스터(흰색 점)에서 해양 암석권으로 방출되어서 위에 있는 뜨거운 맨틀 쐐기의 부분 용해를 일으킨다. 낮은 Q의 지역은 상당한 양의 부분 용융을 포함하는 맨틀과 지각 암석을 표시하는 것으로 해석된다. (아래) 중앙 티베트 아래 차가운 인도 암석권의 있음 직한 하강류(downwelling)를 설명하는 해석된 단면(Tilmann *et al.*, 2003, Science 300, 1424–7에서 다시 그려짐, AAAS의 허가로). 북쪽에 높은(파란색) 속도, 그리고 남쪽에 느린(적색) 속도를 갖는 32°N 근처의 적당한(2%) P파 속도의 차이를 보여주는 이미지가 P파의 도착 시간의 토모그래피 역산에 의해 얻어졌다. IZS, 인더스–장보 봉합(Indus–Zangbo suture); BNS, 반공–누지앙(Bangong–Nujiang) 봉합

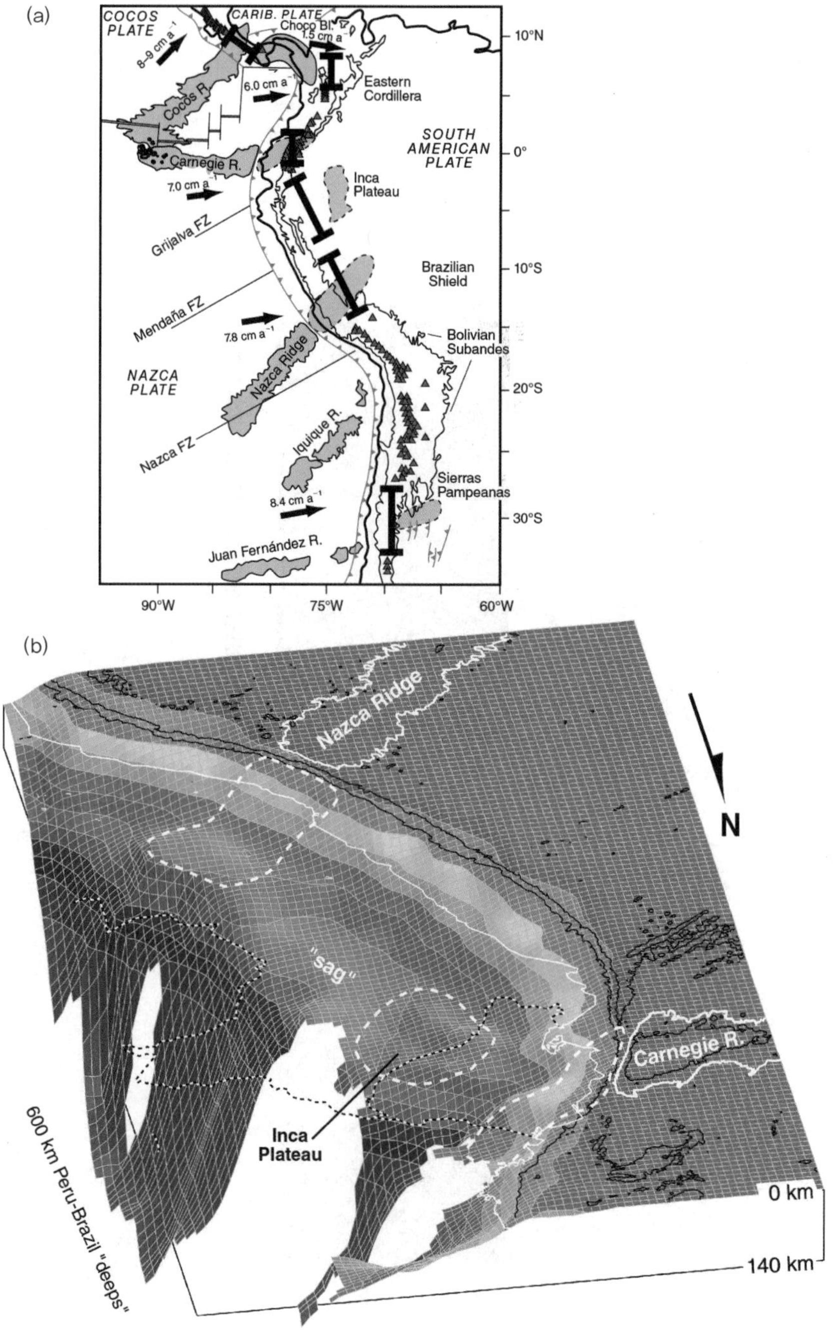

플레이트 10.1 (a) 편평한 슬라브 분할조각(굵은 모난 괄호)과 섭입하는 해양 고원(회색)을 보여주는 안데스 대륙주변부의 지체 구조도. 빨강 삼각형, 활화산. 파선은 섭입된 고원(subducted plateaux)과 릿지의 추정된 위치를 나타낸다. 판 수렴 벡터는 DeMets *et al.*(1990)의 모델을 기반으로 한다. (b) 지진 진원의 그리딩(gridding)에서 결정된 섭입하는 나스카 판 표면(subduction Nazca plate surface)의 3차원 모습. 시야는 남쪽으로 본다. 파선은 사이에 존재하는 처짐(sag)과 더불어 섭입된 나스카 릿지(Nazca Ridge)와 잉카 고원(Inca Plateau)의 추정된 위치에 상응하는 지형적 고지들을 보여준다(Gutscher *et al.*, 2000에서 수정되어, M.-A. Gutscher에 의해 제공된 이미지, American Geophysical Union의 허가로. 저작권 © 2000 American Geophysical Union).

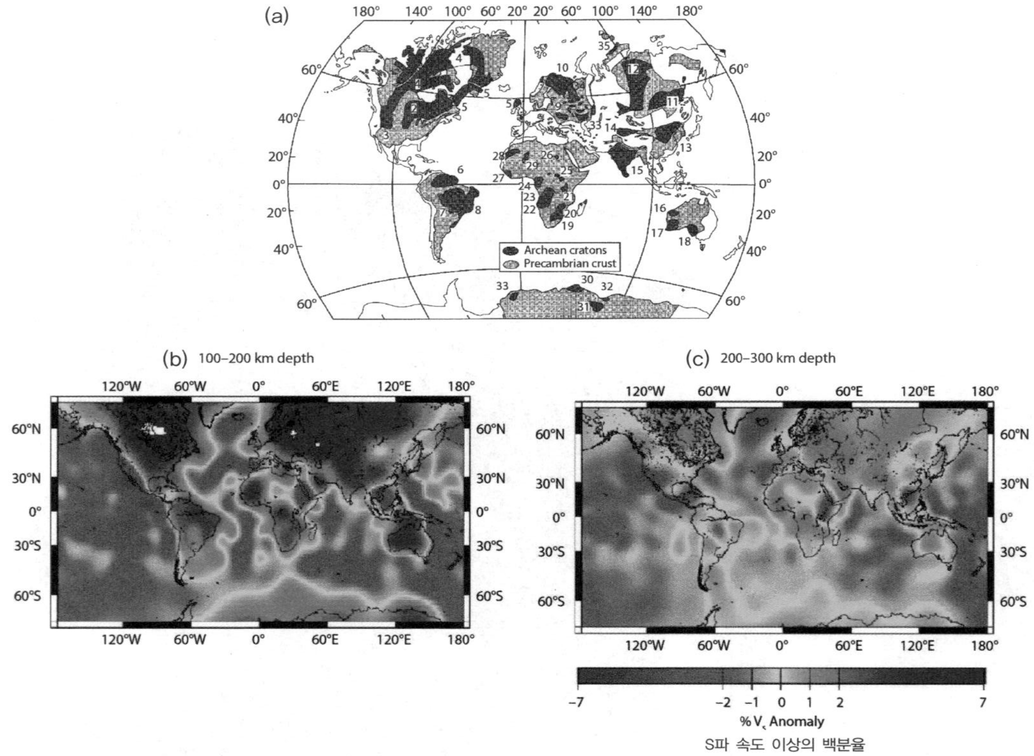

플레이트 11.1 시생누대와 원생누대 지각의 지역 (a)(Kusky & Polat, 1999를 따름, Elsevier의 허가로), 그리고 (b) 100–200km 및 (c) 200–300km 깊이의 지진파 속도 이상(King, 2005에서 수정되어, S. King에 의해 제공된 이미지, Elsevier의 허가로)을 보여주는 전 세계 지도. (a)에서 대륙괴는 다음과 같다. 1, 슬레이브(Slave); 2, 슈피리어(아비티비(Abitibi) 포함); 3, 와이오밍; 4, 카미낙(Kaminak; 헌(Hearne)); 5, 북대서양(나인(Nain), 고드호프(Godthaab), 루이지안(Lewisian)); 6, 기아나(Guiana); 7, 중앙 브라질(과포레, Guapore); 8, 대서양(상 프란시스코, São Francisco); 9, 우크라이니아(Ukranian); 10, 발트(Baltic; 콜라(Kola)); 11, 알단(Aldan); 12, 아나바르(Anabar); 13, 중국(중국 북부와 중국 남부)–한국; 14, 타림; 15, 인도; 16, 필바라(Pilbara); 17, 일간(Yilgarn); 18, 골러(Gawler); 19, 카프발(Kaapvaal); 20, 탄자니아; 21, 잠비아; 22, 앙골라; 23, 카사이(Kasai); 24, 가봉; 25, 키발리아(Kibalian); 26, 우웨이나트(Uweinat); 27, 라이베리아(Liberian); 28, 마리타니아(Maritanian); 29, 쿠잘리아(Quzzalian); 30, 네이피어(Napier); 31, 프린스 찰스 산맥; 32, 베스트폴힐(Vestfold Hills); 33, 하이메프론트 산맥(Heimefront Range); 34, 동유럽 순상지의 깊이 매몰된 암석; 35, 타지미르(Tajmyr). (b)와 (c)의 S파 속도 이상은 Ritsema와 van Heijst(2000)의 토모그래피 모델에서 왔다.

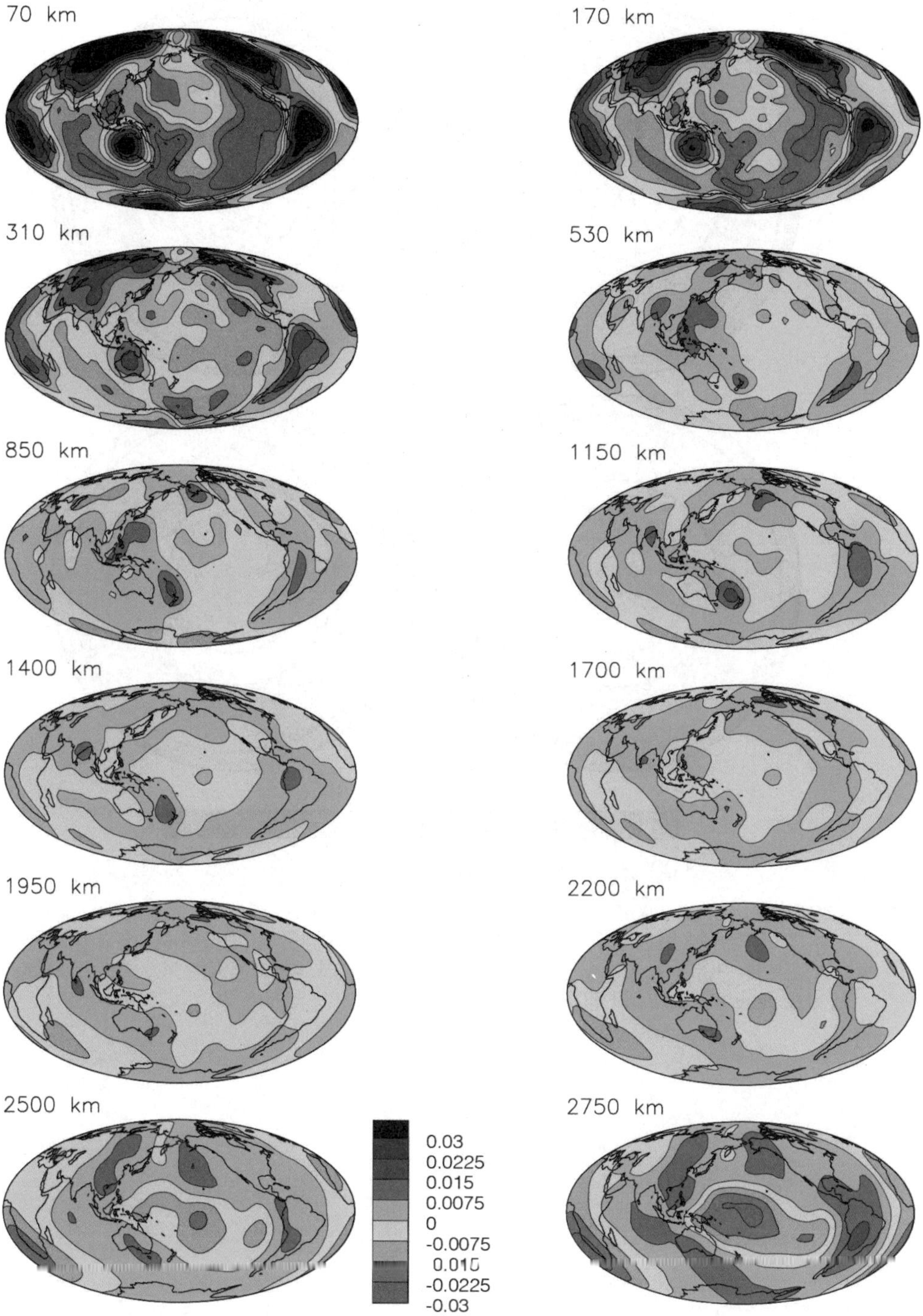

플레이트 12.1 Masters *et al.*(1996)의 모델 S16B30에 따라 맨틀의 12개 깊이에서 전단파 속도 차이(shear wave velocity variations)의 등속도선으로 그려진 값. 변화는 그 깊이에서 세계 평균 모델값의 분수들로 표현된다(Royal Society of London의 허가로 재생산됨).

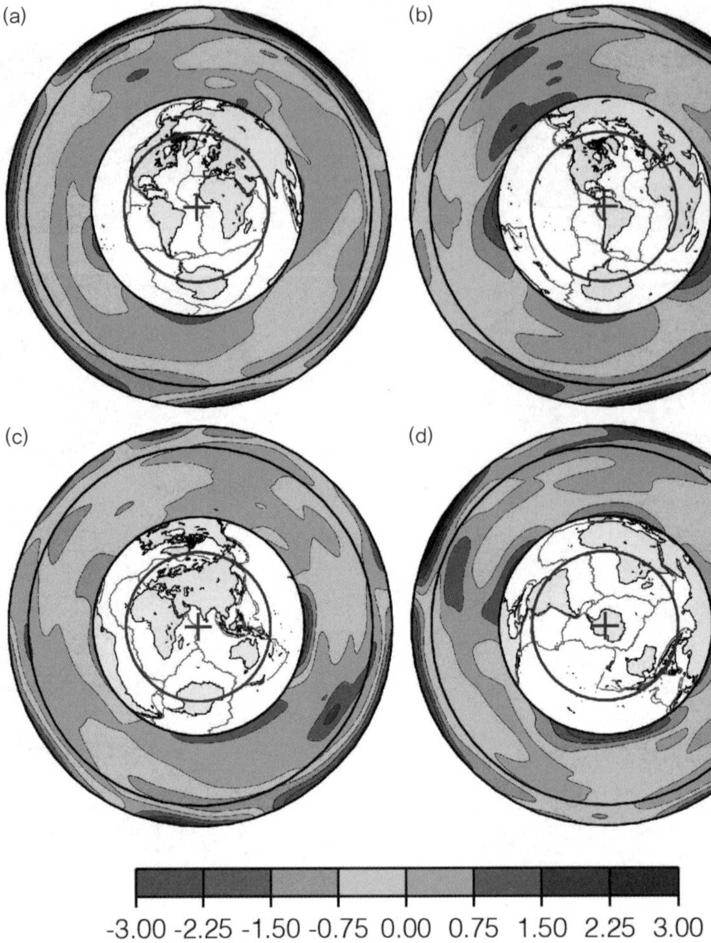

플레이트 12.2 Masters *et al.*(1996)의 전단파 속도 모델 S16B30을 통한 단면. 변화는 그 깊이에서 세계 평균 모델 값의 백분율로 표현된다. 맨틀 내에서 660km 불연속은 검은색의 원으로 표시되고, 핵 내에서 지구 표면과 단면의 평면과의 교차는 지구의 방위각 등거리 투사에서 검은색 원으로 표시된다(Royal Society of London의 허가로 재생산됨).

제1장

역사적 고찰(historical perspective)

GLOBAL
TECTONICS

1.1 대륙 이동(continental drift)

새로운 전 지구적 지체구조론 혹은 판 구조론의 이론이 주로 1967년 이후에 발달되었지만, 지구의 이동설학자(mobilist)의 견해와 관련한 아이디어의 역사는 꽤 길게 뒤로 이어졌다(Rupke, 1970; Hallam, 1973a; Vine, 1977; Frankel, 1988). 대서양 주변 대륙의 해안선이 처음으로 해도로 나타내진 이후로, 사람들은 아메리카와 유럽 및 아프리카 해안선의 유사성에 흥미를 갖게 되었다. 아마도 유사성에 주목하여 과거 분리를 제안한 첫 번째 사람은 1596년의 Abraham Ortelius(Romm, 1994)였다. 1620년에 Francis Bacon은 그의 **신기관(Novum Organum)**에서 아프리카와 남아메리카 서쪽 해안(즉, 아프리카의 **대서양** 해안과 남아메리카의 **태평양** 해안)의 유사한 형태에 대해 의견을 밝혔다. 그는 또한 새로운 그리고 오래된 세계(New and Old World)의 유사한 형태를 지적했는데, '형태들 모두는 북쪽으로 넓게 펼쳐지고, 남쪽으로 좁아지고 뾰족해진다.' 아마도 이러한 관찰을 서술한 이 책으로 인해 마치 베이컨(Bacon)이 종종 남아메리카와 아프리카의 대서양 해안선의 유사성 혹은 '꼭 맞음(fit)'을 지적한 첫 번째 사람으로, 그리고 그것들이 한때 하나였다가 떨어져 표류했다고 처음으로 제안한 것으로까지 여겨진다. 그러나 1668년에 프랑스 수도원 부원장인 François Placet가 아메리카의 분리를 노아의 홍수에 관련시켜서 설명하였다. 성경에서 홍수 이전에 지구가 하나이고 분리되지 않았다는 것에 주목하여, 그는 아메리카들이 떠 있는 섬의 결합에 의해 형성되었거나 또는 중간에 있는 대륙 '아틀란티스'의 파괴에 의해 유럽과 아프리카에서 분리되었다고 가정하였다. 물론 우리는 17세기와 18세기 동안에 지질학은 대부분의 과학과 마찬가지로 높은 육지에 바다 생물 화석과 물속에서 형성된 퇴적물의 출현과 같은 관찰들이 홍수와 다른 성경에서 인용한 재해의 관점에서 설명될 수 있다고 느꼈던 성직자와 신학자들에 의해 수행되었다는 것을 기억해야만 한다.

남아메리카와 아프리카의 대서양 해안선의 꼭 맞음을 주목하여 그것들이 한때 나란히 있었다고 제안한 또 다른 사람은 독일 쾨니히스베르크(Königsberg)의 신학교수인 Theodor Christoph Lilienthal이다. 1756년도 저술에서 그 역시 "펠렉(Peleg)의 시대에 지구는 분할되었다."라고 성경 대격변에 그것들의 분리를 관련시켜서 본문에 묘사했다. 1801년 및 1845년도 논문에서, 독일 탐험가 Alexander von Humbolt는 대서양의 마주 보는 해안의 기하학적 및 지질학적 유사성에 주목하였으나, 그는 대서양이 대재해적 이벤트에 의해 형성되었다고 지나치게 집착하여 이 시기에 "소용돌이치는 물의 흐름이 … 처음에는 북동쪽으로 다음에 북서쪽으로, 그리고 다시 북동쪽으로 향했다. … 소위 대서양이라는 것이 바다에 의해 파내진 계곡에 지나지 않는다."라고 생각하였다. 1858년에 미국인 안토니오 스나이더(Antonio Snider)는 같은 관찰을 했지만 '이동(drift)'을 가정하고 그것을 '여러 대격변' — 마지막 주요 재앙이었던 노아의 홍수에 관련시켰다. 따라서 스나이더(Snider)는 이동을 엄밀한 의미로 제안하였고, 심지어 이동 전(pre-drift) 복원(그림 1.1)을 제안하기까지 했다.

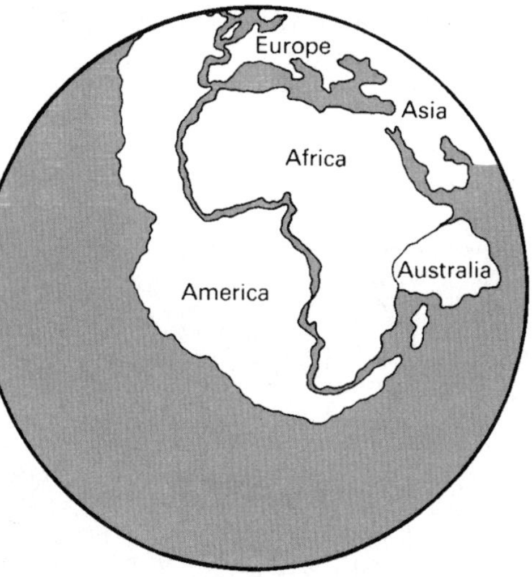

그림 1.1 스나이더(Snider)의 대륙 복원(Snider, 1858)

19세기에 영국의 지질학자 James Hutton과 Charles Lyell에 의해 제의된 '동일과정설(uniformitarianism)' 또는 '현실주의(actualism)'로 대격변 개념이 점진적으로 교체되었다. 허턴(Hutton)은 "지구에 자연스럽지 않은 어떤 힘도 가해지지 않아야 하고, 우리가 알고 있는 원칙에 제외되는 어떤 행위도 인정되지 않아야 하고, 일반적인 현상을 설명하기 위하여 어떤 특별한 이벤트도 단정되지 않아야 한다."라고 썼다. 이것은 보통 허턴 말의 Archibald Geikie의 의역인 "현재는 과거의 열쇠이다."로 표현된다. 즉, 지구 표면과 표면 아래에서 진행되고 있는 느린 프로세스는 지질학적 시간 동안 계속 진행되어 왔으며, 표면 기록을 형성하였다. 지질학적 사고의 기본 원리에 대한 이런 변화에도 불구하고, 대륙 이동의 지지자들은 여전히 대륙의 분리를 설명하기 위하여 대재해적인 이벤트에 의지했다. 그래서 1879년에 George Darwin과 1882년에 Oswald Fisher는 이동을 태평양에서 떨어져나간 달의 기원과 관련시켰다. 이 아이디어는 20세기까지 잘 존속하였고, 아마 부분적으로 20세기 상반기 동안에 대륙 이동설의 개념을 심각하게 고려하는 대부분의 지구과학자들이 마지 못하여 부분적으로 받아들인다(Rupke,

1970).

이동의 동일과정설 개념은 1910년에 미국의 물리학자인 F.B. Taylor와 1912년에 독일의 기상학자인 Alfred Wegener에 의해 처음으로 제안되었다. 처음으로의 이동은 오늘날에도 일어나고 있고, 적어도 지난 100-200Ma 지구의 역사 동안 계속 발생한 것으로 생각되었다. 이러한 방법으로 대서양과 인도양 주변 대륙의 후단(trailing edge)의 기하학적 및 지질학적 유사성과 그것들의 전단(leading edge)에서 젊은 습곡 산맥 시스템의 형성을 설명하기 위해 이동을 생각해냈다. 특히 테일러(Taylor)는 젊은 습곡 산맥의 분포와 '지구 도면의 기원(the origin of the Earth's plan)'을 설명하기 위하여 이동을 생각해냈다(Taylor, 1910; 그림 1.2 및 p.xvii의 플레이트 1.1).

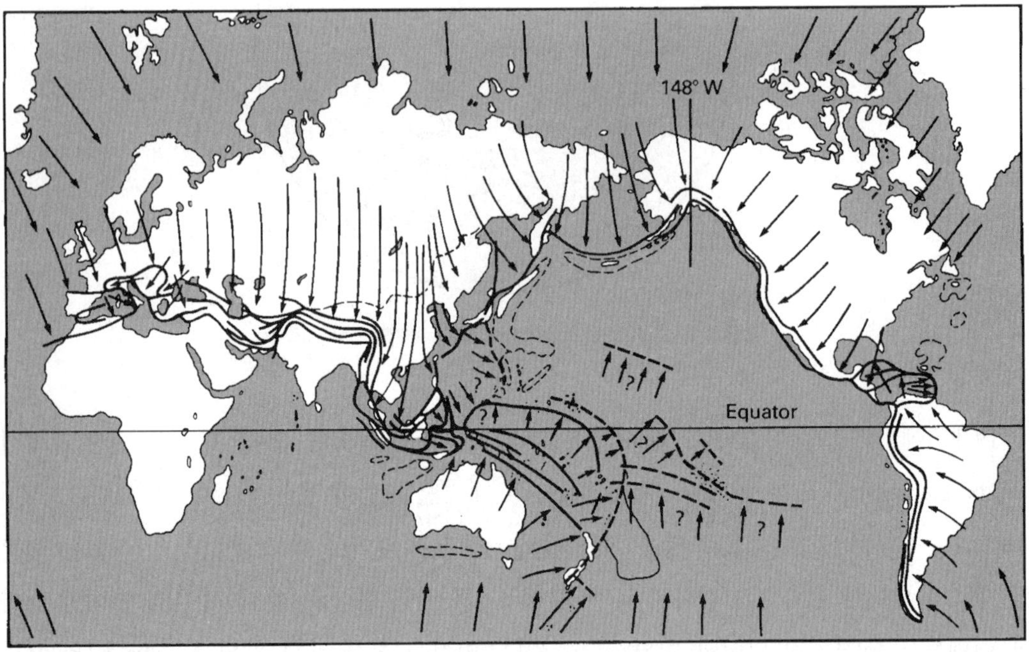

그림 1.2 대륙 이동(continental drift)에 의한 신생대 산맥의 형성에 대한 테일러(Taylor)의 메커니즘(Taylor, 1910을 따름)

대륙 이동 이론의 선구자는 일반적으로 기상학자뿐만 아니라 천문학자, 지구물리학자, 아마추어 열기구 조종사였던 알프레드 베게너(Alfred Wegener)로 인식하고 있으며(Hallam, 1975), 그는 그것의 발전에 삶의 많은 부분을 헌신하였다. 베게너는 더 오래된 이동 전 지질학적 데이터의 상당 부분을 자세히 설명하였고, 현재 대륙 해안선에 걸친 더 오래된 구조들, 지층들(formation), 그리고 화석 동물상 및 식물상의 연속성이 이동 전 대륙 복원에서 더 쉽게 이해된다는 것을 주장했다. 오늘날에도 이러한 점들이 대륙 이동의 가설을 뒷받침하는 대륙에서 획득된 지질 기록의 주요 특징들이다. 베게너가 자신의 논문으로 가져온 새로운 정보는 북부 유럽과 그린란드가 열대 상태를 경험하는 동안 남부 대륙의 대부분에 영향을 미쳤던 페름-석탄기에 널리 퍼진 빙하의 존재였다. 베게너는 이때 대륙들이 현재의 남부 대륙들이 극에 모여지고 북부 대륙들이 적도에 걸쳐진 하나의 대륙으로 결합되었다고 가정했다(그림 1.3). 우리가 현재 그것이 2개의 초대륙(supercontinents)으로 구성되고 있다는 A. du Toit 생각의 관점(du Toit, 1937; 그림 11.27)에서 생각하는 것을 선호하지만, 베게너는 이 대륙 합체를 팡게아(Pangea; 글자 뜻 그대로 '모든 지구')로 불렀다. 이 중 북쪽은 로라시아(Laurasia; 로렌시아(Laurentia)), 캐나다의 지역, 아시아의 결합으로부터)로 불렸으며, 북아메리카, 그린란드, 유럽, 그리고 아시아로 구성되었다. 남쪽 초대륙은 곤드와나(Gondwana; 글자 뜻 그대로 인도 북부의 고대 부족을 따라서 'Gonds의 땅')로 불리고, 남아메리카, 남극, 아프리카, 마다가스카르, 인도, 그리고 호주로 구성된다. 동쪽에 고-테티스 해(paleo-Tethys Ocean; 그리스 바다의 여신을 따라서)로 불리는 이전 '지중해'가 2개의 초대륙을 분리하는 반면, 원시-태평양(proto-Pacific Ocean) 혹은 판타라사(Panthalassa; 글자 뜻 그대로 '모든 바다')가 팡게아를 둘러싸고 있었다.

베게너는 『대륙과 해양의 기원(*Die Entstehung der Kontinente and Ozeane*)』 책에서 자신의 새로운 논문을 제시하였는데, 이것의 제4판이 1915-1929년 사이에 출판되었다. 잇따른 학술 토론의 대부분이 1924년에 출판된 1922년판의 영어 번역을 기반으로 하고 있어, 이전 연구의 고찰은 제1차 세계대전으로 지연되었다. 이 시기의 많은 지구과학자들은 그의 연구를 수용하는 것은 정적 지구 모델을 기반으로 한 기존의 과학적 정설의 거부를 필요로 하기 때문에 그의 아이디어를 수용하기 어려웠다. 베게너는 자신의 이론을 자신의 전문 분야가 아닌 많은 분야에서 나온 데이터에 근거하였다. 지구과학자의 대부분이 세부 사항에서 오류를 발견하였고, 그래서 그의 연구를 완전히 무시하는 경향이 있었다. 아마도 절충적인 접근 방식이 베게너 자신에게 해를 끼쳤다. 여러 개의 그의 논거는 잘못되었다. 예를 들면 측지 기술을 이용한 유럽과 그린란드 사이의 이동 비율의 추정은 열 배 크기로 틀렸다. 비평가의 관점에서 가장 중요한 것은 대륙의 이동에 대한 합리적인 메커니즘의 부족이었다. 베게너는 대륙 이동은 지구의 자전 때문에 높이 솟은 대륙에 의해 형성된 구심력에 반응해서 발생했다고 제안했다. 간단한 계산으로도 이 메커니즘에 의해 발휘된 힘이 너무 작다는 것을 알 수 있었다. 그의 최신판 책에서 이 접근방법이 삭제되었지만, 과학계 대부분의 반론이 정착되었다. 그러나 du Toit는 남부 대륙의 결합을 위한 좋은 지질학적 논거들을 인정하였고, 1927-1929년 사이에

A. Holmes가 대륙 이동 메커니즘의 새로운 이론을 개발했다(Holmes, 1928). 그는 대륙이 방사성 붕괴의 열에 의해 촉진된 대류에 의해 이동되었다고 제안했다(그림 1.4). 대류와 해저면 생성의 현재 개념과 상당히 다르지만, 홈스(Holmes)는 현대적인 아이디어가 개발될 토대를 마련하였다.

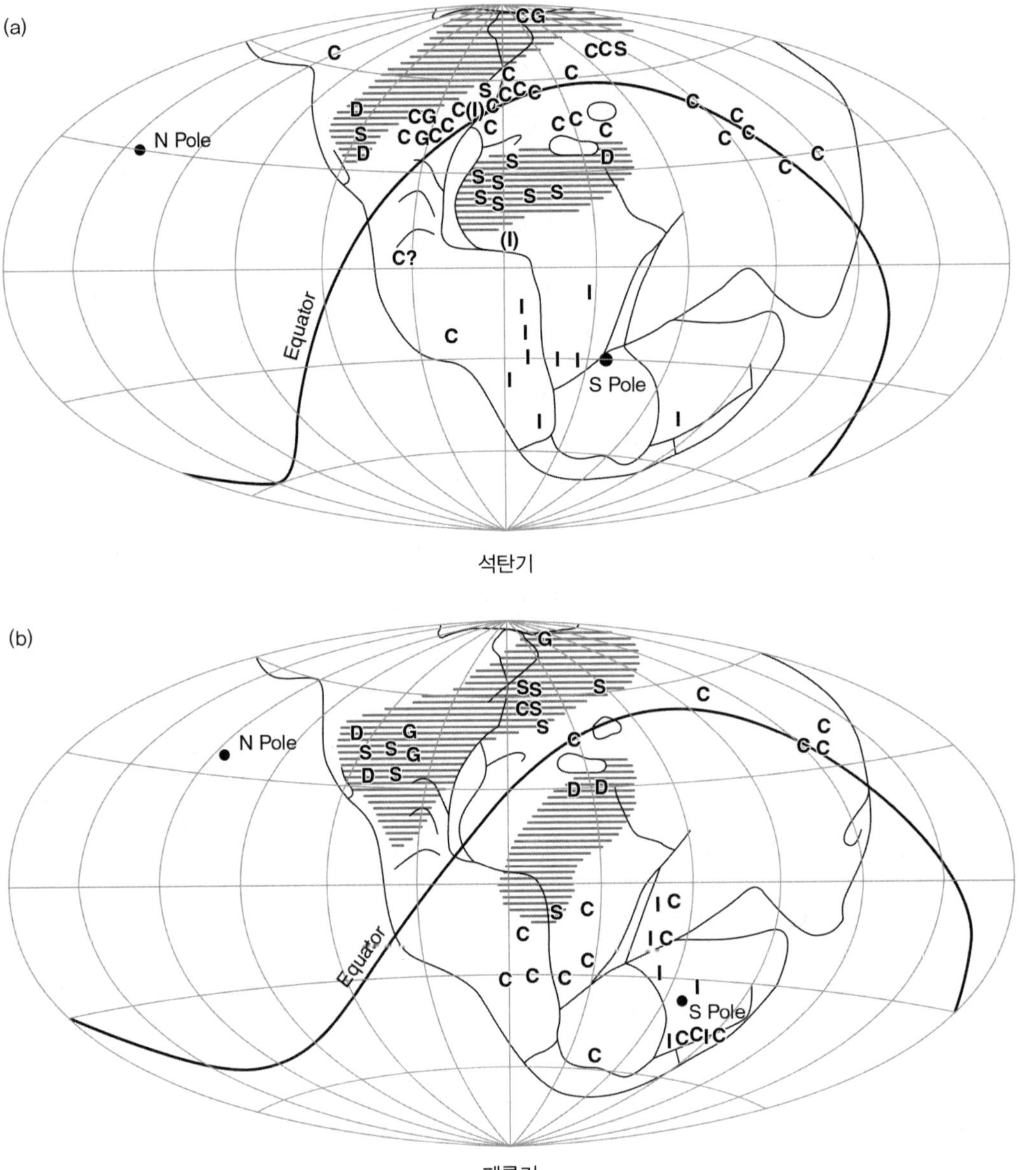

그림 1.3 (a) 석탄기와 (b) 페름기에 대한 고기후학적 지표, 그리고 고극(paleopoles) 및 적도를 포함하는 베게너(Wegner)의 대륙(팡게아, Pangea) 복원. I, 얼음; C, 석탄; S, 암염; G, 석고(gypsum); D, 사막 사암; 줄쳐진 지역, 건조 구역(Wegener, 1929에서 수정된 Hallam, 1973a, p.19에서 재생산됨; Oxford University Press의 허가로)

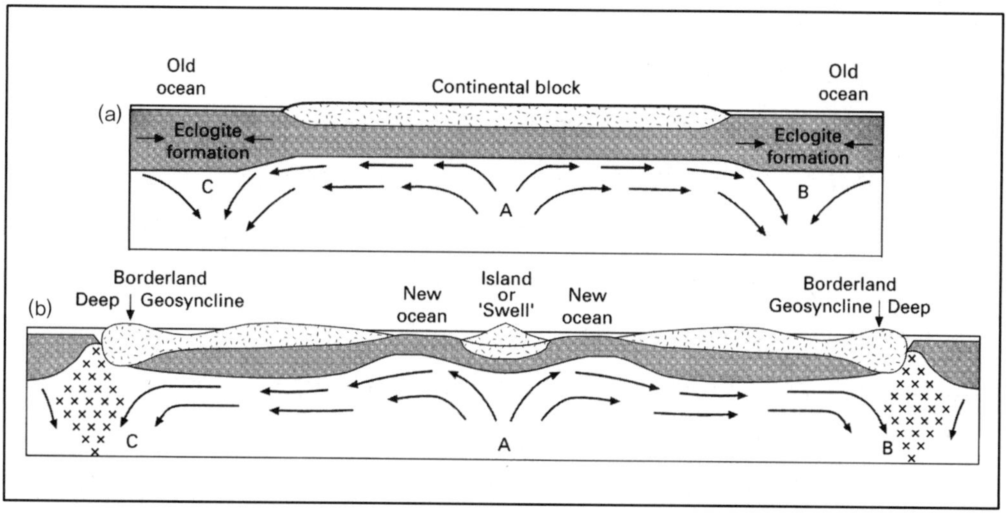

그림 1.4 당시에는 해양 지각이 대륙 '현무암 층(basaltic layer)'의 두꺼운 연속이라고 믿어졌다(Holmes(1928)의 대류의 개념). (a) A에서 상승하는 흐름이 옆으로 퍼져, 대륙을 인장 상태에 놓이게 하고 오래된 해저의 장애물이 극복될 수 있다면 그것을 쪼갠다. 이것은 대륙 아래 흐름(sub-continental currents)이 해양 아래 흐름(sub-oceanic currents)을 만나 아래쪽으로 방향을 바꾸는 B와 C에서 에클로자이트(eclogite)의 형성에 의해 달성된다. 에클로자이트의 높은 밀도가 그것을 침강하게 하고 대륙이 전진할 공간을 만들게 한다. (b) B 및 C에서 에클로자이트 침몰이 주 대류 순환에 기여한다. 에클로자이트는 심부에서 용융되어 현무암질 마그마를 형성하고, 이것은 A에서 상승하는 흐름으로 솟아올라, 째진 대륙의 틈을 치유하고 해로운 해저(ocean floor)를 형성한다. 아이슬란드와 같은 지역적 융기(swells)는 남겨진 오래된 시알(sial)에서 형성될 것이다. 현무암질 마그마의 부력에 의해 시작된 작은 흐름 시스템이 대륙 아래에서 상승하여 범람 현무암을 공급하거나 혹은 '오래된'(태평양) 해저 아래에서 상승하여 화산섬(volcanic islands)과 해산(seamounts)을 이룰 수 있는 분출물을 공급한다(Holmes, 1928에서 다시 그려짐).

세계대전들 사이에 두 무리 — 이동론자(drifter)와 비이동론자(nondrifter), 후자가 전자보다 훨씬 많았음 — 의 생각이 발달되었다. 서로가 상대방의 아이디어를 조롱하였다. 우리가 이미 언급한 바와 같이 비이동론자는 그럴듯한 메커니즘의 부재로 대류와 지구 확장 모두가 가능성이 없는 것으로 생각된다고 강조했다. 비이동론자는 대륙이 이전에 합체되어 있다면 훨씬 더 쉽게 설명될 수 있는 동물 분포 지역의 현재 분리를 설명하는 데 어려움이 있었고, 이런 명백한 동물군의 연결 혹은 이동을 설명하려는 그들의 시도도 역시 비웃음거리가 되었다. 그들은 섬 디딤돌(island stepping-stones), 지협 연결고리 혹은 뗏목타기(rafting) 같은 다양한 황당한 방법을 생각해내야만 했다. 아마도 남부 대륙과 인도에서의 지질학적 기록이 2억 년(200Ma) 전 이전에 하나의 초대륙(곤드와나)으로 그것들의 합체를 뒷받침하였기 때문에 이 시기에 du Toit, Lester King, 그리고 S.W. Carey 같은 남반구의 지질학자들은 이동론의 옹호자였다는 것에 주목하는 것도 흥미로운 일이다.

베게너 책의 초기 비판과 약 1960년 사이에는 대륙 이동에 대하여 쓰인 것이 거의 없었다.

1950년대에 P.M.S. Blackett에 의해 제안된 방법을 사용하여 고지자기 방법이 개발되었고(3.6절), S.K. Runcorn과 그의 동료들이 상대적인 움직임이 북미와 유럽 사이에 발생했다고 증명했다. 연구는 K.M. Creer에 의해 남아메리카로, 그리고 E. Irving에 의해 호주로 확장되었다. 초기 자화가 분리될 수 있는 자기 제거(magnetic cleaning) 기술이 개발되자 고지자기 결과는 더 널리 인정되었다. 동물상 또는 새로 개발된 방사성 동위 원소 방법에 의한 연대측정과 결합되고 보니, 중생대에서 현재에 대한 고지자기 데이터는 여러 대륙 간의 이동으로 오류의 범위를 넘는 큰 차이가 존재함을 보여주었다.

대륙 이동에 관한 아이디어의 발달에 중요한 고려 사항은 제2차 세계대전 이전에 지질학자는 오직 육지 지역만을 연구하였다는 것이다. 그들의 연구 결과로 대륙 지각은 거의 40억 년(4000Ma) 전까지, 그리고 아마도 지구와 태양계(solar system) 자체 나이의 수억 년 내까지 거슬러 올라가는 지구 역사의 전체 스펙트럼을 보존한다는 것이 밝혀졌다. 그들의 연구로 반복된 융기와 침식, 침강, 그리고 퇴적의 하나를 기록하게 하는 대륙 지각의 수직 운동의 중요성이 또한 밝혀졌다. 그러나 캐나다의 지구물리학자인 J. Tuzo Wilson이 말했듯이, 이것은 이동하고 있는지를 확인하기 위해 선박의 갑판을 보고 있는 것과 같다.

1.2 해저 확장(sea floor spreading)과 판 구조론의 탄생

만일 대륙 지역이 열개되고 표류해서 떨어져 나가고 합쳐졌을 가능성이 있다면, 그땐 아마도 해양 분지 내에 이것의 일부 기록이 있어야 한다. 그러나 제2차 세계대전 이후, 특히 1960년 이후가 되어서야 생겨난 해양 분지의 기원과 역사를 이해하기에 충분한 데이터가 깊은 물에 의해 덮인 지구 표면의 60%에서 획득되었다. 대륙과 대조적으로, 해양 지역은 지질학적으로 아주 어리고(아마도 연령이 200Ma를 넘지 않는), 그것들의 형성 역사 동안에 수평 또는 측면 이동들이 매우 중요하다는 것이 밝혀졌다.

전후 수년 동안에 해저면의 집중적인 조사에 뒤이어 1961년에 R.S. Dietz가 대륙의 이동을 설명하기 위해 '해저 확장(sea floor spreading)'의 메커니즘을 제안했다. 디이츠(Dietz)가 '해저 확장'이라는 용어를 만들어냈지만 이 개념은 H.H. Hess에 의해 1-2년 이전에 생각되었다. 그는 대륙들은 그 사이에 존재하는 해양 분지의 성장에 반응해서 이동하고, 많은 세계 해양의 중간 위치에 있는 화산 해저 융기(volcanic submarine swell) 혹은 높은 지대(rise)인 중앙 해령 시스템(mid-ocean ridge system)의 정상(crest)에서 해양 지각이 지구의 맨틀에서 생성된다고 제안했다(그림 1.5). 해양 지각은 대륙 지각보다 훨씬 얇아서 평균 두께가 약 40km인 대륙 지각에 비해 약 7km의 평균 두께를 갖는다. 또한 화학적으로 다르고 구조적으로 훨씬 덜 복잡하다. 해양 지각의 측면 이동은 컨베이어 벨트의 방식으로 상부 맨틀 대류에 의해 구동되는 것으로 생각되었다. 더 나아가 지구의 표면적을 일정하게 유지하기 위해서 해양 지각은 아래 맨틀로 다시 밀려들어가서 해양 해구(oceanic trench)에서 재흡수된다고 제안하였다. 이것들은 일정한 해양의 가장자리에 위치하고 강렬한 화산 및 지진 활동과 관련된 거대한 해저의 저지대이다. 이런 틀 내에서 보면 대륙은 일시적인 해저에 의해 떨어져 표류되고 합쳐지고 있는 밀도가 낮은 물질의 부유물(raft)처럼 꽤 수동적 요소이다. 대륙 자체는 지구 역사의 매우 초기 단계에서 또는 적어도 부분적으로 지질 시대에 걸쳐 꾸준히 지구 내부에서 유래되거나 혹은 분리된 일반적으로 매우 오래된 물질의 더껑이이다. 지금 우리는 지각의 블록 대신에 아마도 두께가 50-100km이고 암석권(lithosphere; 원래 수년 전에 R.A. Daly에 의해 만들어지고 '암석층(rock layer)'을 의미하는 용어)이라 부르는 비교적 단단한 상부 맨틀과 지각으로 이루어진 '판(plate)'으로 생각한다. 암석권판(lithospheric plates)은 그것들에 포함된 대륙과 해양 지각 모두를 가질 수 있다.

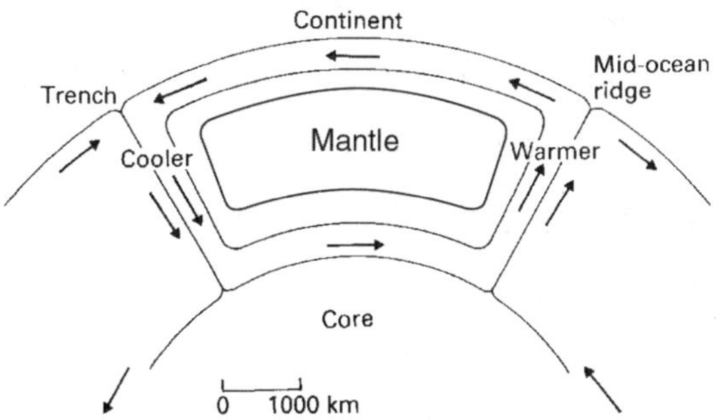

그림 1.5 해저 확장(sea floor spreading)의 개념(Hess, 1962를 따름)

해저 확장의 이론은 해저면의 자기 선구조(magnetic lineations)가 해저 확장과 지구 자기장의 역전(reversal)의 관점에서 설명될 수 있다는 F.J. Vine과 D.H. Matthews의 제안을 따라서 1963-1966년 사이에 확립되었다(4.1절). 이 모델에서 해양 지각의 컨베이어 벨트는 지구 자기장 역전의 역사를 기록하는 테이프 레코더로 간주된다.

판 구조론의 이론의 발전에 또 다른 선조는 1965년 J.T. Wilson에 의한 구조 활동(tectonic activity)의 선형 벨트를 연결하는 변환 단층(transform faults)으로 칭해진 새로운 부류의 단층의 인식으로부터 왔다(4.2절). 그 당시에 지구는 상대적 운동에서 6개의 주요한, 그리고 여러 개의 작은 판의 모자이크로 간주되었다. 이 이론은 1967-1968년 사이에 D.P. McKenzie, R.L. Parker, 그리고 W.J. Morgan의 연구에 의해 엄격한 기하학적 기초에 기초 위에서 이루어졌고(제5장), B. Isacks, J. Oliver, 그리고 L.R. Sykes의 연구를 통하여 지진학에 의해 확인되었다.

이 이론은 판 가장자리에 영향을 미치는 지질학적 및 지구물리학적 프로세스에 대한 집중적인 연구들에 의해 꽤 상세히 설명되었다. 아마도 현재 가장 논쟁이 있는 분야는 판 이동을 야기하는 메커니즘의 성질이다(제12장).

판 구조론의 기본 이론은 잘 확립되어 있지만, 이해는 결코 완벽하지 않다. 판 구조론에 대한 조사와 영향이 앞으로 수십 년 동안 지구과학자들을 완전히 사로잡을 것이다.

1.3 지향사 이론(geosynclinal theory)

판 구조론의 수용 이전에, 지구의 정적 모델은 지향사(geosynclines)의 위치에서 본래 수직적인 운동에 의해 구조적으로 활발하게 형성된 벨트를 포함한다. 지향사 가설의 발달과 판 구조론의 측면에서 그것의 설명에 대한 검토가 Mitchell과 Reading(1986)에 의해 제공된다.

지향사 이론은 지층이 지향사 퇴적물의 습곡작용과 융기에 의해 노출된 산맥의 전 단계 형태로서 깊은 침강과 두꺼운 퇴적물로 이루어진 길쭉하고 지리적으로 고정된 벨트를 연상하였다(Dickinson, 1971). 과다한 특정 전문어가 퇴적 충진물의 암석학적 조합과 지향사의 상대적인 위치를 기술하기 위하여 만들어졌다.

지향사 이론의 가장 큰 결점은 구조적 특성이 그것의 기원에 대한 이해 없이 분류된 것이었다. 지향사 전문어(geosynclinal nomenclature)는 결과적으로 평범한 원인 메커니즘의 인식에 상애물 역할을 했다. 판 구조론의 이동직(mobilistic) 메커니즘과 퇴적의 관련성(Mitchell & Reading, 1969)에 의해 지향사가 형성된 2개의 특별한 환경, 즉 열개된 혹은 트레일링(trailing) 대륙 주변부, 그리고 깊은 해양 해구의 육지 쪽에 활동적인 혹은 리딩(leading) 대륙 주변부가 인식되었다. 후자는 현재 섭입대로 알려져 있다(제9장). 일부 연구자가 퇴적 조합을 설명하는 지향사 용어(예를 들면, 화산 물질의 있고 없음에 따라 각각 유지향사(eugeosyncline)와 열지향사(miogeosyncline)라는 용어)를 계속 사용하지만, 이러한 사용은 권장되지 않으며, 지향사 용어는 더 이상 판 구조론 프로세스에 관련되어 인식되어서는 안 된다.

1.4 판 구조론의 영향

판 구조론(plate tectonics)은 지구의 주요 표면 특징의 통일된 설명을 제공하는 최초의 이론을 대표하기 때문에 매우 큰 의미가 있다. 이에 따라 그것이 이전에 독립적이고 관련이 없는 것으로 간주되었던 지질학의 많은 다른 측면을 새롭게 연결시키는 것을 가능케 했다. 지질학의 깊은 이해가 판 구조론에서 제공하는 기본 틀 내에서 지질학의 많은 분과의 해석을 통하여 이루어졌다. 예를 들면 식물군과 동물군의 과거 분포, 판 가장자리에서 화산암 모음(volcanic rock suites)의 공간적 관계, 다른 변성상(metamorphic facies) 조건의 시공간적 분포, 산맥 혹은 조산대(orogens)의 변형 분류표, 그리고 서로 다른 유형의 광상(economic deposit)의 관련에 대한 설명이 제공될 수 있다.

언뜻 보기에 고체인 지구의 동적 특성에 대한 인식이 판 구조론 프로세스가 과거에 지구 시스템의 다른 측면에 큰 영향을 미쳤다는 것을 깨닫게 하였다. 일반적으로 화산 활동 특히 중앙 해령에서의 변화가 대기와 해수의 화학적 성질을 변화시켜 왔다. 중앙 해령의 순 부착성장 속도(net accretion rate)의 변화가 과거 해수면의 주된 변화를 설명할 수 있고, 대륙의 변화하는 상대적 배치와 산맥의 융기가 해양 및 대기 순환 모두에 영향을 미쳐왔다. 이러한 변화의 성질과 영향을, 특히 지구 기후에 대하여 제13장에서 살펴볼 것이다.

분명히 이러한 영향의 일부는 특히 과거의 동물군과 식물군의 분포와 광역적인 고기후(pleoclimate)에 관련된 영향은 베게너(Wegener)에 의해 설명되었다. 그러나 지금은 판 구조적 프로세스가 더 많은 방법으로 대기와 해양의 물리와 화학에, 지구의 생명체에, 그래서 하나의 동적 전 지구적 시스템으로 대기, 해양, 그리고 고체 지구의 연결된 프로세스에 영향을 미치고 있다는 것으로 알려졌다.

판 구조론이 지구과학의 많은 측면을 통합하는 데 매우 성공적이라는 사실이 그것이 완전히 이해되었다는 것을 나타내는 것으로 느껴져서는 안 된다. 참으로, 예를 들면 대륙 지역(2.10.5절)과 더 먼 지질학적 과거(제11장)의 판 구조적 프로세스와의 관련을 고려하여 수정과 외삽을 필요로 하는 것이 바로 판 구조론이 가진 의미에 대한 결정적인 시험대이다. 우리는 판 구조론이 신중하고 비판적으로 이용될 것을 희망한다.

●●● 추가 읽기

Hallam, A. (1973) *A Revolution in the Earth Sciences: from continental drift to plate tectonics*. Oxford University Press, Oxford, UK.

LeGrand, H.E. (1988) *Drifting Continents and Shifting Theories*. Cambridge University Press, Cambridge, UK.

Marvin, U.B. (1973) *Continental Drift: the evolution of a concept.* Smithsonian Institution, Washington, DC.

Oreskes, N. (1999) *The Rejection of Continental Drift: theory and method in American Earth Science*. Oxford University Press, New York.

Oreskes, N. (ed.) (2001) *Plate Tectonics: an insider's history of the modern theory of the Earth.* Westview Press, Boulder.

Stewart, J.A. (1990) *Drifting Continents and Colliding Paradigms: perspectives on the geoscience revolution.* Indiana University Press, Bloomington, IN.

제2장

지구 내부

GLOBAL
TECTONICS

2.1 지진학(earthquake seismology)

2.1.1 서 론

지구의 내부 구성에 대한 우리 지식의 대부분은 지진에 의해 생성된 지진파 연구에서 비롯되었다. 이런 지진파들은 지구의 내부를 통과하는 여러 경로를 따라가며, 지구 주위의 다른 위치들에 도달하는 시간을 측정함으로써 지구의 대규모 성층(layering)을 측정하는 것이 가능하다. 층들이 지진파를 전달하는 속도의 고찰을 통해 이들 층의 물성에 관해 추론하는 것도 가능하다.

2.1.2 지진 기술어(earthquake descriptor)

지진은 보통 지표면에서 약 700km 내에 있는 **진원(focus 혹은 hypocenter)**으로 알려진 한 지점에서 발생한다(그림 2.1). 그러나 실제로 대부분의 지진은 단층면을 따른 이동에 의해 생성되기 때문에, 진원지는 수 킬로미터로 연장될 수 있다. 진원에서 수직으로 위 지표면이 **진앙(epicenter)**이다. 진앙과 지구 중심을 잇는 선과 지진파가 탐지되는 지점과 지구 중심을 잇는 선이 이루는 각도는 **진앙 각도 Δ(epicentral angle Δ)**로 알려져 있다. 지진의 **규모(magnitude)**는 로그 스케일로 에너지 방출의 측정치이다. **리히터(Richter)** 스케일에서 규모 1의 증가는 에너지 방출이 30배 증가한다는 것을 의미한다(Steinrhk Wysession, 2003).

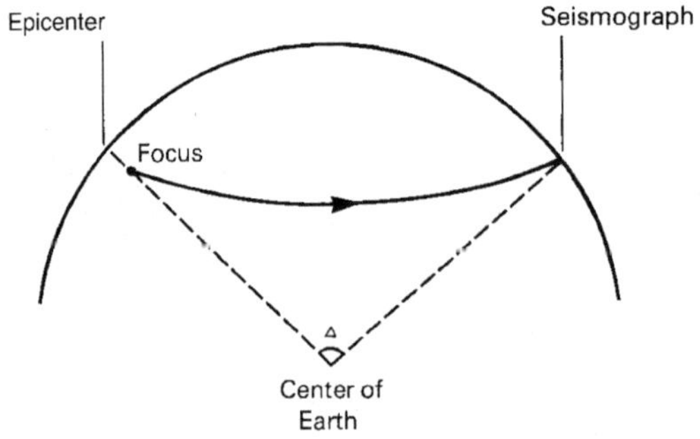

그림 2.1 진앙 각도(epicentral angle) Δ의 도해

2.1.3 지진파

지진에 의해 방출된 변형 에너지는 여러 종류의 지진파로 지구를 통하여 전송된다(그림

2.2). 지구의 내부를 관통하는 지진파는 **실체파(body waves)**로 알려져 있으며, 고체 매체를 변형시키는 두 가지 유형으로 구성된다. 또한 **종(longitudinal)**파 또는 **압축(compressional)**파로 알려진 **P파(P waves)**는 압축/팽창에 의한 탄성 변형에 해당한다. 그것들은 교란이 일련의 압축과 팽창으로 나아가도록 전송하는 암석의 입자들을 파의 이동 방향으로 진동하게 한다. P파의 속도 V_P는 다음과 같다.

$$V_P = \sqrt{\frac{k + \frac{4}{3}\mu}{\rho}}$$

여기서 k는 체적 탄성률(bulk modulus)이고, μ는 전단 탄성률(강성; shear modulus(rigidity))이고 ρ는 전송하는 매체의 밀도이다. **전단(shear)**파 또는 **횡(transverse)**파라고 알려진 **S파(S waves)**는 전단작용에 의한 전송 매체의 탄성 변형에 해당하고, 암석의 입자를 전파의 방향에 직각으로 진동하게 한다. S파의 속도 V_s는 다음과 같다.

$$V_s = \sqrt{\frac{\mu}{\rho}}$$

유체는 강성이 제로이기 때문에, S파는 그러한 매체에 의해 전송될 수 없다.

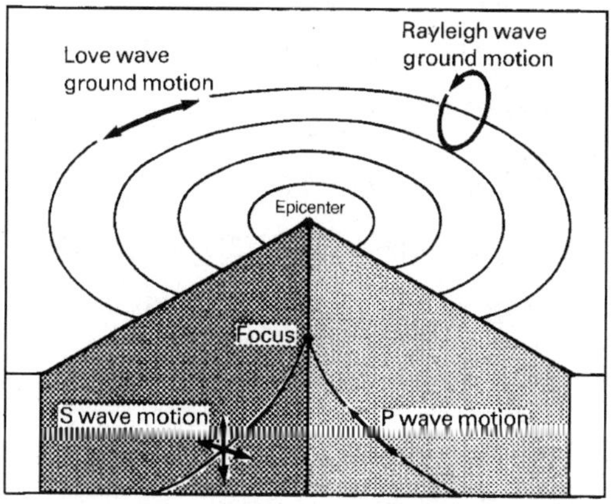

그림 2.2 지진의 진원과 진앙, 그리고 그것에서 발생하는 지진파(Davies, 1968을 따름, Iliffe Industrial Publications Ltd의 허가로)

P파 및 S파의 속도에 대한 방정식의 결과에 의하면 P파의 속도가 동일 매체에서 S파의 속도보다 약 1.7배 이상이다. 따라서 동일한 전파 경로를 통과하면, P파가 S파보다 먼저 도착한다. 이것은 지진학의 역사에서 초기에 인식되었고, 실체파의 이름으로 반영되었다(P는 제1의(primus)에서 S는 제2의(secundus)에서 유래). 지구를 통과하는 실체파의 통로는 속도 불연속면에서 반사되고 굴절될 수 있다는 점에서 기하학적 광학 법칙을 따른다.

그것의 전파 경로가 지구 표면 같은 자유면(free surface)의 근처로 제한되는 지진파는 **표면파(surface waves)**로 알려져 있다. **레일레이파(Rayleigh waves)**는 전송하는 매체의 입자를 전파 방향의 수직면에 타원을 그리며 전파한다. 그것들은 균일한 반 공간(half space) 또는 속도가 깊이에 따라 변화되는 매체의 표면에서 전송될 수 있다. **러브파(Love waves)**는 표면층의 S파 속도가 하부보다 낮을 때 발생된다. 러브파는 기본적으로 수평으로 편광된 전단파이고, 이런 저속도 층 내에서 다중 반사에 의한 지진파 안내자(wave guide)로 전파된다.

표면파는 같은 매체에서 실체파보다 낮은 속도로 전해진다. 실체파와는 달리 표면파는 분산적, 즉 서로 다른 파장 성분이 서로 다른 속도로 전해진다. 분산은 지구 내부의 속도 계층화(velocity stratification) 때문에, 즉 긴 파장은 더 깊이 침투하여 더 높은 속도를 샘플링하기 때문에 발생한다. 그 결과, 표면파 분산 연구는 지구 상부 600km의 속도 구조와 지진파의 감쇠 특성을 결정하는 중요한 방법을 제공한다.

2.1.4 지진 위치

지진은 지진파의 통과와 관련된 매우 작은 지면 변위, 속도 또는 가속도에 반응하는 기계인 지진계에 의해 감지된다. 1961년 이후 지진 활동을 모니터링하기 위해 지진계 관측소(seismograph stations)의 광범위하고 표준화된 전 지구적 네트워크가 있었다. 1986년부터 아날로그 기계에 기초된 본래의 세계적으로 표준화된 지진계 네트워크(WWSSN)가 점차 전 지구적(디지털) 지진계 네트워크(GSN)로 대체되었다. 2004년경 하와이와 캘리포니아 사이 해저 위의 하나를 포함하여 136개의 잘 분포된 GSN 관측소가 있었다. 그것이 지상 관측소를 세울 수 있는 대양 섬이 없는 해양 지역의 여러 개 중 첫 번째 해저 관측소이다. 디지털 기기는 크게 데이터 처리를 용이하게 하고 또한 이전의 종이를 이용하는 광학적 기록보다 훨씬 더 큰 동적 범위와 주파수 대역을 기록하는 이점이 있다. 이것은 고주파, 낮은 증폭(low gain) 및 매우 광대역 지진계의 결합에 의해 달성된다(Butler *et al.*, 2004). 대부분의 국가는 적어도 하나의 GSN 관측소를 가지며 또한 많은 국가 지진계 배열을 가지고 있다. 이 관측소들은 전 지구적인 그리고 지역적인 지진 연구를 위한 데이터를 제공할 뿐만 아니라 핵 실험 금지

조약 모니터링, 화산과 지진 해일 경보 시스템과 관련하여 중요한 기능을 동시에 수행하고 있다.

지진계에서 아주 먼 데서 발생한 **원거리지진(teleseismic)**의 지진은 지진계 기록에서 다양한 **위상**의 인식 혹은 지진파 도달에 의해 위치가 정해진다. 예를 들면, 직접 P파와 S파가 서로 다른 속도로 전해지기 때문에, P파 도착과 S파 도착 사이의 시간 차이는 전파 경로의 길이가 증가함에 따라 점진적으로 길어지게 된다. 지구의 속도 계층화(velocity stratification)된 표준 모델을 이용하고, 지진파가 속도 불연속면에서 굴절 또는 반사되는 지진파를 이용함으로써, 관측소에서 진원까지의 거리를 주행 시간 차이로부터 알아내는 것이 가능하다. 많은 관측소로부터 이 방법으로 계산된 거리를 이용한 삼각 측량을 통해 진앙의 위치를 결정할 수 있게 된다.

원거리지진 이벤트의 진원 심도는 직접파 P와 지표면에 반사된 pP 사이의 도달 시간차를 측정함으로써 결정된다(Båth, 1979). pP파는 진원 위 지구 표면에서 최초로 반사를 거친 후의 P파와 유사한 경로를 따르며, 따라서 P-pP 시간차가 진원 심도의 측정치이다. 이 방법은 P-pP 시간 차이가 매우 작아지면 100km 이하의 깊이의 진원들에 대해서 정확하다. 지진이 지진계의 네트워크 안에서 발생할 경우 지진의 진원 심도를 결정할 수 있다. 이 경우, 진원 심도는 진원까지의 거리를 계산하기 위한 P-S 시간차를 이용하여, 수직 평면에서 삼각 측량에 의해 결정된다.

2.1.5 지진의 메커니즘

지진은 1906년의 샌프란시스코 지진 이후에 제안된 **탄성 반발 이론(elastic rebound theory)**에 따라 발생한다고 믿어진다. 이 이론에서 지진은 일정 기간에 걸쳐 축적된 변형 에너지의 갑작스러운 방출을 나타낸다.

그림 2.3a에서 기존 단열(또는 단층)에 의해 절단된 암석 블록은 단층면을 따라 상대적 이동을 일으키는 방식으로 변형되고 있다. 선 AB는 시스템의 변형 상태를 나타내는 지시자이며, 위아래로 그어진 점선은 단층선의 위치이다. 적은 양의 변형은 암석에 의해 수용될 수 있다(그림 2.3b). 그러나 결국 변형은 난층변을 따른 이동에 대항하는 마찰력과 교결력(cementing forces)을 초과하게 된다(그림 2.3c). 이때 단층 이동이 순간적으로 발생한다(그림 2.3d). 1906년 샌프란시스코 지진은 산 안드레아스 단층(San Andreas Fault)을 따라 6.8m의 이동에 의해 발생했다. 이 모델에서, 단층작용은 시스템의 변형을 실질적으로 제로로 감소시키지만, 전단력이 지속되고 있다면 변형은 다시 단층 운동이 발생하는 시점까지 다시 축적될

것이다. 탄성 반발 이론은 결과적으로 지진 활동은 영구 변형에 대한 단계적 반응을 나타내는 것을 의미한다.

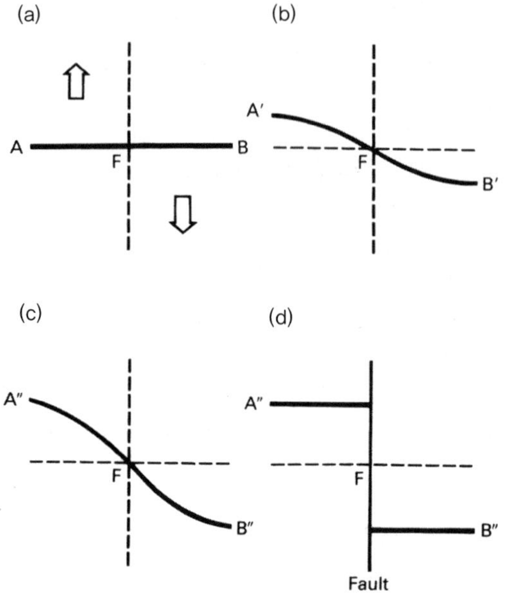

그림 2.3 지진 발생의 탄성 반발(elastic rebound) 메커니즘

2.1.6 지진의 발진 메커니즘 솔루션(focal mechanism solution)

세계 곳곳에 있는 지진 관측소에서 기록된 지진에 의해 발생된 지진파는 단층면의 방향을 추정하고, 암석권의 응력 상태에 대한 정보를 얻기 위해 지진과 연관된 단층작용의 특성을 결정하는 데 사용될 수 있다. 이러한 분석 결과는 **발진 메커니즘 솔루션(focal mechanism solution)** 또는 **단층면 솔루션(fault plane solution)**이라고 한다. 이를 통해 판 구조론과 관련된 암석권의 움직임을 분석할 수 있다. 솔루션을 제공할 수 있는 규모 5.5 이상의 지진은 전 지구적으로 정보수집이 가능하기 때문에, 꼭 지진 발생지에서 가까운 지역의 자료가 필요한 것은 아니다.

반발 탄성 이론에 따르면, 지진에 의해 방출된 변형 에너지는 진원에서 방사성으로 퍼지는 지진파에 의해 전파된다. 그림 2.4에 보인 단층면과 그것에 직교하는 면인 **보조면(auxiliary plane)**을 고려하자. 지진 기록계에 도착하는 첫 번째 지진파는 사이에 있는 암석의 압축/팽창을 야기한 P파이다. 단층면과 보조면으로 정해진 음영 사분면은 단층을 따른 이동에 의해 압축되고, 그래서 이들 사분면에 도착하는 P파의 초기진동(first motion)은 압축에 해당한다. 반대로, 음영되지 않은 사분면은 단층 움직임에 의해 늘어지거나 팽창된다. 그래서 이런 사분면에서 P파의 초기진동은 팽창이다. 따라서 지진 주위 영역은 P파 초기진동에 기초하여 단층면과 보조면에 의해 정해진 사분면으로 나누어진다. 단층의 움직임은 그것들의 방향으로 오직 전단 운동으로만 나누어지기 때문에 어떤 P파도 단층면을 따라 전파되지 않는다. 그래서 그것들은 **노달면(nodal planes)**으로 알려져 있다.

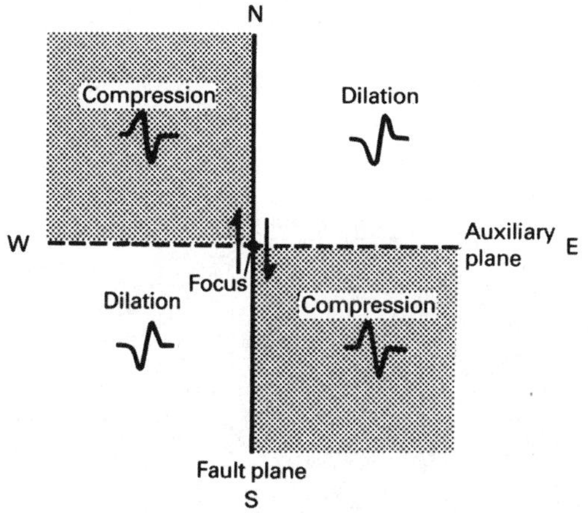

그림 2.4 지진 주위에서 압축과 팽창하는 P파의 초기진동(first motions)의 사분면 분포

그러면 단순하게 발진 메커니즘 솔루션은 그것의 진앙 주위에 분포된 다수의 지진계에서 P파의 초기진동의 성질을 측정하여 압축과 팽창을 분리하는 2개의 수직 단면, 즉 노달면을 선택할 수 있다. 그러나 실제로 이 기술은 지구의 타원체 형태와 지진파를 진원과 기록계간의 곡선 전파 경로를 따르게 하는 깊이에 따른 지진파 속도의 점진적인 증가에 의해 복잡하게 된다. 그림 2.5를 참고하라. 점선은 연속된 단층면을 나타내고, 지진에 의해 생성된 지진파가 직선 경로를 따른다면 지구 표면과의 교차점은 압축 및 팽창의 초기진동을 분리하는 선으로 나타날 것이다. 그러나 실질 전파 경로는 굽어지고, 단층면의 방향으로 진원을 출발하는 지진파가 뒤따랐을 경로에 일치하는 파선의 지구 표면 교차점이 실질 노달면을 나타낸다.

그렇다면 지구 표면에서 압축 및 팽창의 초기진동이 간단한 지도 작성(mapping)으로 쉽게 발진 메커니즘 솔루션을 제공할 수 없다는 것이 명백하다. 그러나 압축과 팽창이 특정 각도 범위로 제한되는 것이 명백하기 때문에 이런 혼란은 지진파가 진원지를 출발한 방향을 고려함으로써 극복될 수 있다.

발진 메커니즘 솔루션은 2.1.4절에서 개설된 방법으로 진원의 위치를 결정함으로써 얻어진다. 그다음에 각 관측소에 대하여, 지구의 속도 구조 모델이 진원에서 관측소까지의 지진파 전파 경로를 계산하고, 지진파가 진원지를 출발한 방향을 계산한다. 이러한 방향은 압축과 팽창의 초기진동에 대한 적절한 기호를 이용하여 **진원구(focal sphere)** — 진원에 중심을 두고 작지만 임의의 반경으로 그린 가상 구 — 의 하반구에 등면적 투영으로 기입된다(그림 2.5). 이러한 플롯을 용이하게 하는 등면적 망(equal area net)이 그림 2.6에 도시된다. 망의 원주 주변의 스케일은 방위각 혹은 방향의 수평 성분을 의미하는 반면, 경사는 둘레에서 0° 중심에서 90°의 방사상 스케일로 플롯된다. 진원을 통과하는 평면들은 그것의 경사에 적합한 곡률을 갖는 대원으로 플롯된다. 따라서 직경은 수직 평면을 나타낸다.

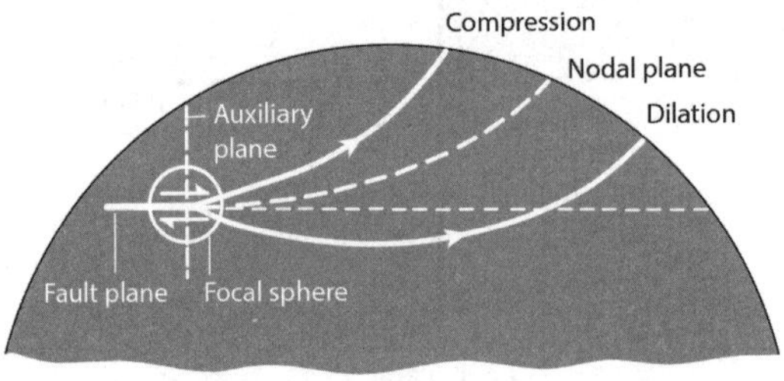

그림 2.5 지진파의 속도가 깊이에 따라 증가하는 구형 지구의 표면에서 지진으로부터 압축 및 팽창의 최초 도달들(first arrivals)의 분포

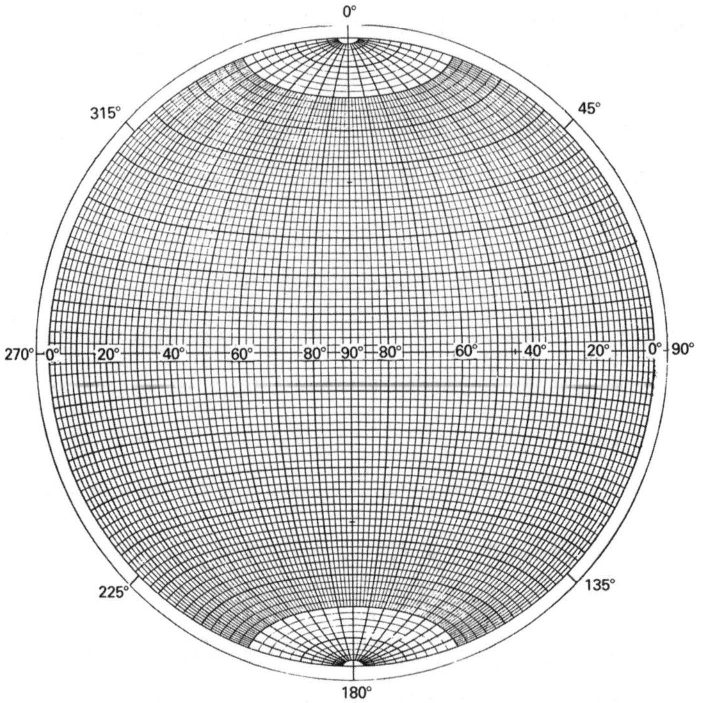

그림 2.6 램버트(Lambert) 등면적 망(equal area net)

어떤 지진에 대해 단층 움직임이 거의 수직 단층면을 따르는 주향이동(strike-slip)이라고 가정하자. 이 평면과 보조면은 그림 2.7에 보이듯이 진원구에 투영하면 직교하는 대원들로 플롯된다. 이들 평면들의 교차점에 의해 정해진 선구조(lineation)는 거의 수직이므로 단층을 따른 이동 방향은 이 교점에 직교하는 방향, 즉 거의 수평이라는 것이 명백하다. 노달면에 의해 정해진 투영의 2개 음영 지역과 2개 음영되지 않은 지역은 지금 압축과 팽창의 초기진동이 각각 진원지를 출발한 방향에 해당한다. 발진 메커니즘 솔루션은 이런 식으로 관찰 데이터를 진원구의 투영 위에 플롯하고, 투영 면적을 압축과 팽창의 초기진동으로 가장 잘 나누는 한 쌍의 직교 평면을 맞춤(fitting)으로써 획득된다. 지진을 기록한 관측소가 더 많을수록 노달면은 더욱더 정확하게 정해진다.

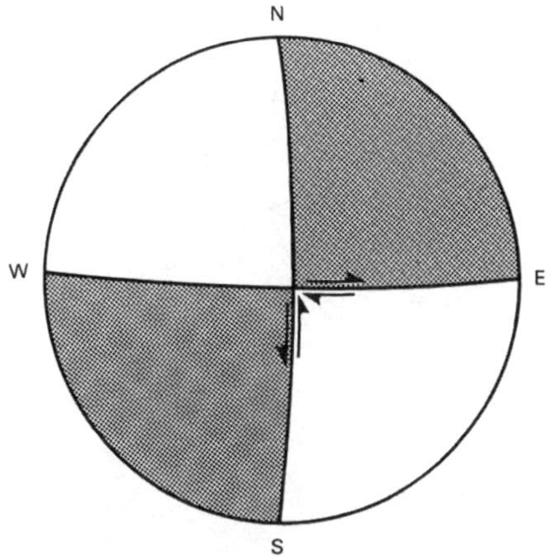

그림 2.7 주향이동 단층의 발진 메커니즘 솔루션(focal mechanism solution)의 모호함. 압축의 초기진동 지역은 음영 처리된다.

2.1.7 발진 메커니즘 솔루션의 모호함

두 노달면이 실제 단층면을 표현하는 경우, 압축과 팽창 사분면의 동일한 분포를 얻을 수 있다는 것이 그림 2.7에서 명백하다. 따라서 초기진동의 동일한 형태가 동서 평면을 따라 우수향(dextral) 움직임을 얻을 수 있는 것과 같이 남북 평면을 따라 좌수향(sinistral) 움직임을 얻어질 수 있다.

그림 2.8a에서 지진이 서쪽으로 기우는 스러스트면(westerly dipping thrust plane) f_1을 따른 단층작용의 결과로 발생했다. f_1과 그것에 관련된 보조면 ap_1은 단층 움직임의 결과로 압축이나 팽창을 경험한 사분면으로 진원 주변의 지역을 분할한다. 압축의 초기진동 C_1 및 C_2와

팽창의 초기진동 D_1 및 D_2가 진원을 출발한 방향이 표현되고, C_2과 D_2는 2개의 노달면이 또한 표현된 그림 2.8b에서 진원구의 투영 위에 플롯된다. 그림 2.8a는 수직 단면이기 때문에, 초기진동은 동서 방위각을 따른 플롯을 보였다. 다른 방위각에 있는 관측소에 도달은 투영 공간 내의 다른 위치에 표시될 것이다. 이제 평면 ap_1은 단층면 f_2가, 그리고 f_1은 보조면 ap_2가 되는 그림 2.8c를 생각해보자. 스러스트면을 따른 움직임을 고려하면 단층 주변의 동일한 지역이 압축되거나 팽창된다는 것이 명백하고, 그래서 동일한 진원구 투영이 얻어진다. 정단층작용의 경우에도 유사한 결과가 얻어진다(그림 2.9). 이론적으로 단층면은 정단층이 45° 이상의 경사를 갖고 45° 미만의 스러스트를 갖는 것을 예측하는 단층작용의 앤더슨(Anderson)의 단순한 이론을 이용하여 구별될 수 있다. 따라서 f_1이 그림 2.8의 단층면이고, f_2가 그림 2.9의 단층면이다.

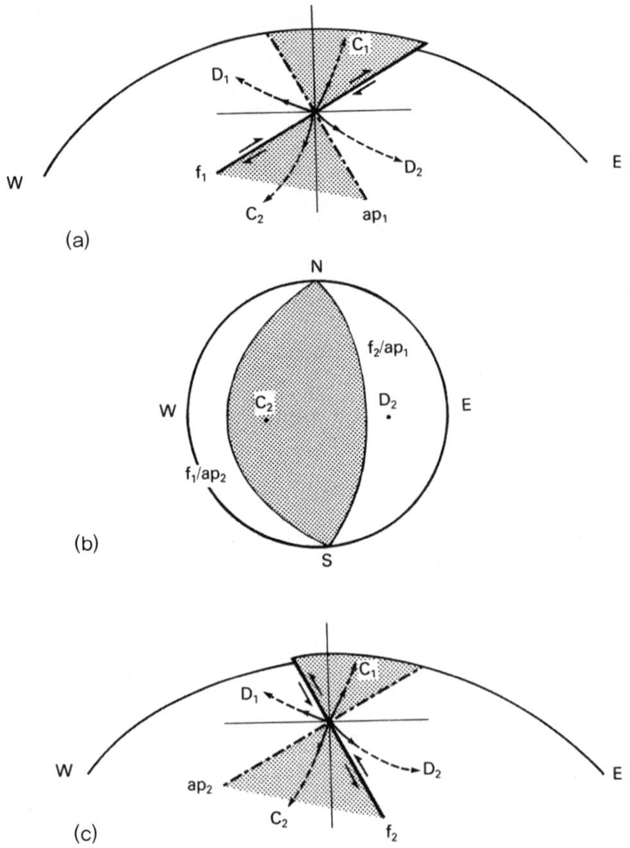

그림 2.8 스러스트단층(thrust fault)의 발진 메커니즘 솔루션의 모호성. 음영 처리된 부분은 압축하는 초기진동 (C)의 지역을, 음영되지 않은 부분은 팽창하는 초기진동 (D)의 지역을 나타내며, f는 단층면을, ap는 보조평면을 의미한다. 마찬가지로 (a)와 (c)에서와 같이 노달면(nodal planes)의 성질을 변화시키는 것은 진원 구(focal sphere)의 하부 반구의 투영인 (b)에서 보인 초기진동의 패턴을 변경시키지 않는다.

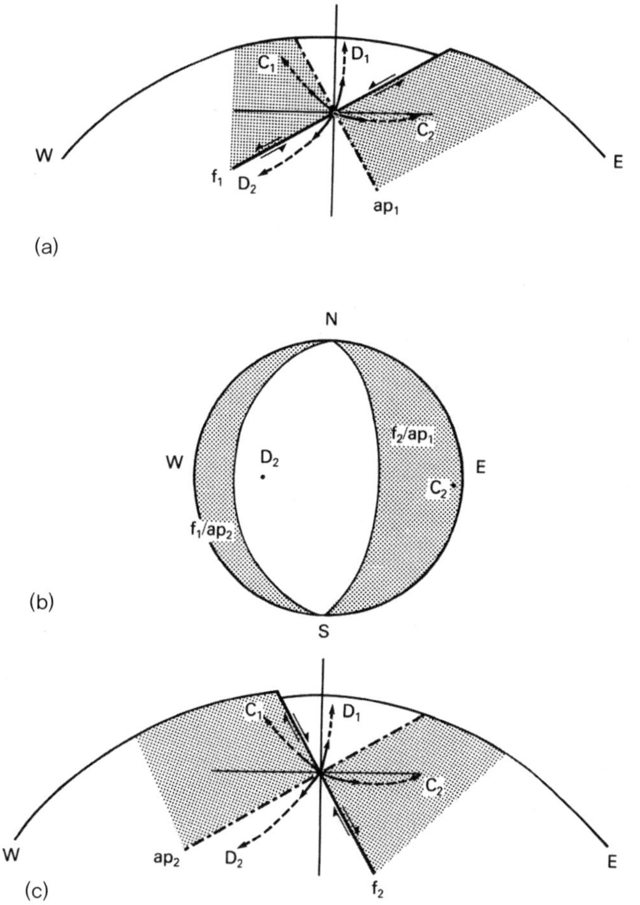

그림 2.9 정단층의 발진 메커니즘 솔루션의 모호성. 범례는 그림 2.8과 같다.

다른 유형의 단층작용은 진원구 위의 압축과 팽창 영역의 독특한 형태에 의한 발진 메커니즘 솔루션으로 식별될 수 있다는 것이 명백하다. 실제로, 일부 주향이동 움직임을 수반하는 경사이동과 같은 단층 유형의 결합에 의해 발생된 지진을 구별하는 것도 가능하다. 노달면의 방향이 결정될 수 있을 정도의 정밀도는 지진으로부터 도달을 기록하는 관측소의 숫자와 분포에 의존한다. 그러나 단층면과 보조면을 구별하는 것은 불가능하다.

한때 노달면 간의 차이가 S파의 도달 형태에 기초하여 이루어질 수 있다고 믿어졌다. P파는 그림 2.10a에서 보이는 바와 같이 진원지의 4개 사분면 모두로 퍼진다. 다만, 유형 I 또는 단일 - 커플 근원(single-couple source)으로 알려진 이러한 단순한 모델에 대해 상응하는 지반진동(ground motion)이 전단 변형인 S파는 보조면의 영역에 제한되어야 한다(그림 2.10b). S파 방출 형태의 기록이 실제 단층면을 결정하는 것을 가능하게 한다. 그러나 대부분의 지진은 두 노달면들의 방향을 따라 S파를 방출한다는 것이 발견되었다(그림 2.10c). 이러한 관찰은 초기에는 탄성 반발 이론의 유효성을 의심하게 하였다. 그러나 단층작용은 특히 최대 압축응력 σ_1에 45° 미만의 각도로, 그리고 P와 T로 불리는 팽창과 압축 사분면의 이등분선은 각각 최대 및 최소 주 압축응력(principle compressive stress)의 근사한 방향으로 발생하고, 그래서 지진을 일으키는 응력장의 표시를 제공하는 것이 현재 알려졌다(그림 2.10c, 2.10.2절).

이 유형 II, 또는 이중-커플 근원(double-coupled source) 메커니즘은 4엽의 S파 방출 형태(그림 2.10c)를 발생시켜서 발진 메커니즘 솔루션의 모호성을 해결하지 못한다. 일반적으로, 단층면에 대한 유일한 정보는 지진이 발생한 지역의 지역적 지질의 고찰에서 비롯된다.

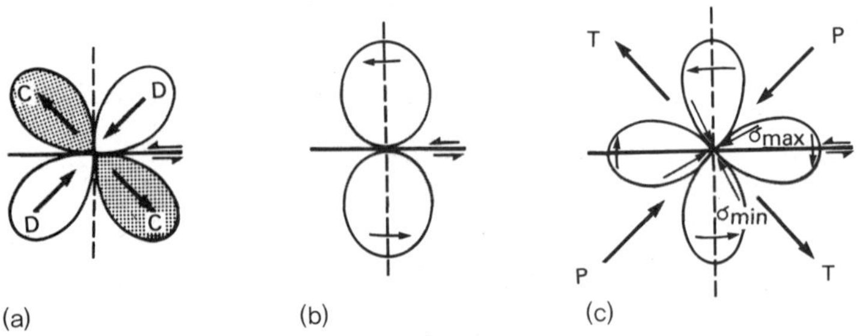

그림 2.10 (a) 유형 I과 유형 II 진원 메커니즘에서 P파 방출 패턴; (b) 유형 I 진원(한 쌍)에서 S파 방출 패턴; (c) 유형 II 진원(두 쌍)에서 S파의 방출 패턴

2.1.8 지진파 토모그래피(seismic tomography)

토모그래피는 입체적인 이미지가 광선이 통과하는 경로를 따라 마주치는 매체의 통합된 특성의 처리에서 파생된 기술이다. 아마도 토모그래피는 신체의 특정한 단면의 이미지를 X-선을 이용하여 얻는 의학 분야에서 가장 잘 알려져 있다. 지진파 토모그래피는 지진파로부터 지구의 입체 속도 구조를 끌어내는 것을 말한다. 지진파(지진) 근원의 위치가 불확실하고, 파의 전파 경로를 알 수 없으며, 수신기(지진계)의 분포가 제한되어 있다는 점에서 의학 토모그래피보다 상당히 더 복잡하다. 그러나 이러한 어려움은 극복될 수 있어서, 1970년대 후반 이후 토모그래피는 지구 구조에 대한 중요한 새로운 정보를 제공하여 왔다. 이 방법은 Aki *et al.*(1977)에 의해 처음으로 설명되었으며, Dziewonski와 Anderson(1984), Thurber와 Aki(1987), 그리고 Romanowicz(2003)에 의해 검토되어 왔다.

지진파 토모그래피는 지진 관측소에서 여러 지역에서 발생한 지진에서 온 정확하게 기록된 지진파의 주행 시간(travel time)을 이용한다. 지진에서 수신기까지 많은 다른 전파 경로

(travel path)가 서로 여러 번 교차한다. 만일 광선에 의해 통과되는 공간에 변칙적인 지진파 속도의 어떤 영역이 있다면, 이 영역을 가로지르는 파의 주행 시간이 영향을 받는다. 종횡으로 교차하는 경로에 대한 주행 시간의 이상들에 대한 동시적인 해석을 통하여 이상 지역이 밝혀지게 되고, 속도 공간의 3차원 모델을 제공할 수 있게 된다.

실체파(body waves)와 표면파(surface waves) 모두(2.1.3절)가 토모그래피 분석에 사용될 수 있다. 실체파와 함께, P파 또는 S파의 실제 주행 시간이 이용된다. 분산적이기 때문에 표면파에 대한 절차는 더 복잡하다. 즉, 그것들의 속도는 파장에 따라 달라진다. 표면파의 침투 깊이도 파장에 좌우되어 더 긴 파장이 더 큰 깊이에 도달한다. 지진파 속도는 일반적으로 깊이와 함께 증가하기 때문에, 더 긴 파장은 더 빠르게 이동한다. 그래서 표면파를 이용하는 경우에는 그것들의 상이한 성분 파장들(component wavelengths)의 위상 또는 그룹 속도를 측정하는 것이 필요하다. 낮은 주파수 때문에 표면파는 실체파보다 낮은 해상도를 제공한다. 그러나 표면파는 다른 방식으로 지구를 샘플링하고, 레일레이파 또는 러브파(2.1.3절)가 사용되기 때문에 전단 속도와 이방성에 대한 추가 제약 조건이 제공된다.

지진파 토모그래피의 정상적인 절차는 속도가 방사상으로 대칭인 속도 공간의 초기 '일차원' 모델을 가정한다는 것이다. 그러면 지진에서 지진계까지의 실체파 주행 시간은 모델의 개별 요소를 통과한 주행 시간의 합과 같다. 모델 내의 어떤 측면 속도 변화는 교란되지 않은 지진의 평균 도달 시간에 대한 도달 시간의 차이로 반영된다. 마찬가지로, 이질 모델을 가로지르는 표면파의 분산은 방사상으로 대칭인 모델을 통과하는 평균 분산과 다르다. 이 방법은 페르마의 원리(Fermat's Principle)에 근거된 단순화하는 가정을 이용하는데, 이는 만일 이질성이 작으면 방사성으로 대칭인, 그리고 측면으로 다양한 속도 모델에 대한 파의 경로는 동일하고, 주행 시간의 차이는 전파 경로의 속도 구조의 이질성에 의해서만 야기된다고 가정하는 것이다. 이것으로 속도 차이로 굴절에 의해 암시된 새로운 전파 경로를 계산할 필요가 없다.

모델의 속도 이질성이 표현되는 방식에 따라 지진파 토모그래피에 대한 두 가지 접근 방식이 있다. **국지적 방법(local methods)**은 실체파를 사용하고 그것이 블록의 입체 앙상블의 형태를 갖도록 모델 공간을 일련의 개별 요소들로 분할한다. 그러면 도달 시간의 이상들을 다른 전파 경로에 대한 속도 차이에 연결하는 한 세트의 선형 방정식이 끌어내진다. 방정식의 해는 각 블록의 속도 이상을 얻기 위해 보통 행렬 역산 기법(matrix inversion techniques)을 이용하여 얻을 수 있다. **전 지구적 방법(global methods)**은 구면 조화 함수(spherical harmonic functions)와 같은 연속 기본 함수의 일부 선형 결합으로 모델의 속도 차이를 표현한다.

국지적 방법은 원거리지진 혹은 가까운 지진을 이용할 수 있다. 원거리지진 방법(그림

2.11)에서는 여러 개의 먼 지진이 관심 있는 지역의 지진계 네트워크에 기록된다. 먼 지진의 경우 입사파면(incident wave front)은 평면으로 간주될 수 있다. 예상되는 도달 시간의 편차가 네트워크 아래의 속도 차이에 의해 야기된다고 가정된다. 실제로, 평균 주행 시간의 편차가 관심 있는 지역 외부에서 파에 의해 경험된 불필요한 효과를 보상하기 위해 계산된다. 그러면 관심 있는 지역을 통과한 상대적 주행 시간의 일련의 방정식의 역산이 모델의 각 블록에서 상대 속도 차이를 제공한다. 이 방법은 기록된 원거리지진의 세계적인 분포를 이용하면 전체 맨틀을 모델링할 수 있을 정도로 확장될 수 있다. 국지적인 방법에서 지진원은 관심의 지역(그림 2.12)에 위치해 있다. 이런 경우에는 지진의 위치와 시간이 정확하게 알려져 있어야만 하고, 광선-추적 방법(ray-tracing method)이 지진파의 전파 경로를 구성하는 데 사용되어야만 한다. 역산 절차는 원거리지진에 대한 그것과 유사하다. 결과적으로 얻어진 3차원 속도 분포는 진원 심도 결정을 개선하는 데 사용된다.

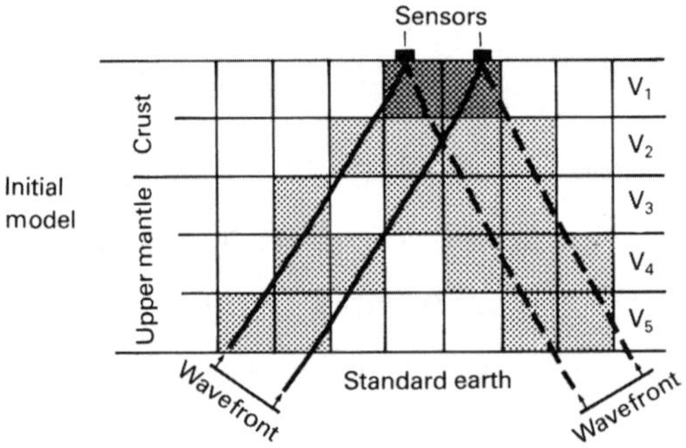

그림 2.11 원거리지진 역산 방법(teleseismic inversion method)의 기하학. 구획 내에서 속도 이상이 원거리지진의 상대적 도달 시간 이상에서 도출된다(Aki *et al.*, 1977에서 다시 그려짐, American Geophysical Union의 허가로. 저작권 © 1977 American Geophysical Union).

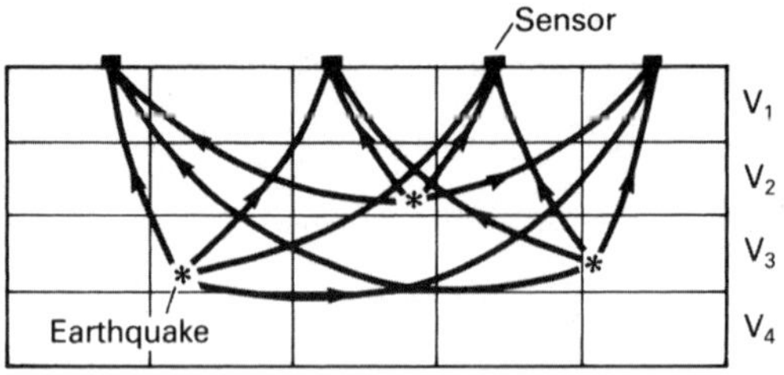

그림 2.12 국지적 역산 방법의 기하학

전 지구적 방법은 보통 긴 전파 경로를 갖는 표면파 및 실체파 모두를 사용한다. 지구가 구상으로 대칭인 경우, 이 표면파는 대원 경로를 따를 것이다. 그러나 페르마의 원리를 다시 사용한다면, 이질 지구의 지진파 경로는 큰 원이며, 비정상적인 주행 시간은 이질성에서 발생한다고 가정된다. 하나의 관측소를 이용하는 경우 표면파 분산은 지진에서 지진계로 직접 전해진 지진파에 대해 측정된다. 단지 적당한 규모의 지진도 이용될 수 있지만, 진원 변수가 잘 알려지지 않으면 안 된다. 큰 원 방법은 복수의 순회파(circuit waves), 즉 진원에서 지진계를 지나 다시 돌아오는 지구를 주항한 파를 이용한다(그림 2.13). 여기서 첫 번째와 두 번째 통과 사이의 분산 차이가 측정되고, 어떤 바람직하지 않은 진원 효과를 제거한다. 이 방법은 전 지구적 모델링에 적합하지만 오직 지구를 여러 바퀴 도는 큰 규모의 지진만을 사용할 수 있다.

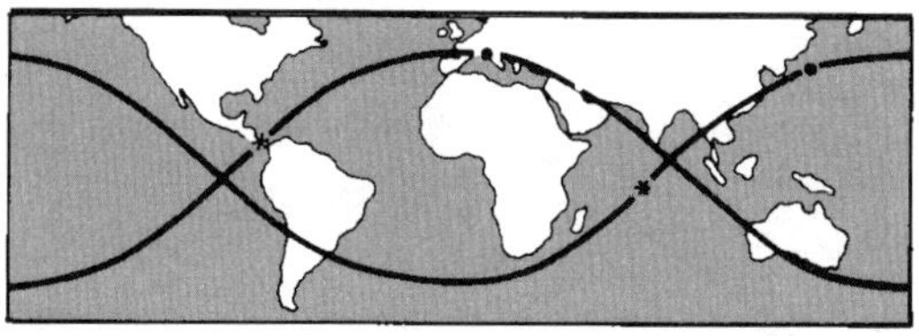

그림 2.13 2개 지진(별)에서 기록하는 관측소(점)로의 큰 원 경로(Thurber & Aki, 1987을 따름)

2.2 지구의 속도 구조

지구의 내부 성층(layering)에 대한 지식은 대개 지진학의 기술들에 의해 도출되었다. 깊은 층은 지구의 내부를 통과한 지진파 신호를 감지하기 위한 전 지구적 네트워크를 사용하여 조사되었지만 얕은 층은 국지적 네트워크를 이용하여 연구되어 왔다.

대륙 지각은 1909년의 크로아티아 지진에 의해 생성된 지진파의 연구에서 안드리야 모호로비치치(Andrija Mohorovičić)에 의해 발견되었다(그림 2.14). 진앙으로부터 약 200km 범위에서, 처음 도달한 지진파는 5.6km s^{-1}의 속도로 진원에서 직접 도달한 P파였다. 이 지진파는 P_g라고 불렸다. 그러나 더 먼 거리에서, P_n파라고 불리는 7.9km s^{-1}의 속도를 갖는 P파가 첫 번째로 도달하였다. 이 데이터는 54km쯤 깊이의 속도 불연속면에서 임계적으로 굴절된 지진파를 나타내는 P_n과 더불어 굴절 지진학(refraction seismology)의 표준 기술에 의해 해석되었다. 그 후 이 불연속면은 모호로비치치(Mohorovičić) 불연속면 또는 모호면(Moho)으로 명명되었으며, 지각과 맨틀 사이의 경계를 나타낸다. 뒤이은 연구에 의해 모호는 대륙 아래에 보편적으로 존재하며 약 8km s^{-1}로 지진파 속도의 급격한 증가를 기록하는 것으로 밝혀졌다. 그것의 형태와 반사 특성은 매우 다양하며, 하나 이상의 준수평(sub-horizontal) 혹은 경사지는 반사면들을 포함할 수 있다(Cook, 2002). 대륙 지각은 평균으로 두께가 약 40km이지만, 구조적으로 활발한 일부 열개(rifts) 아래에서는 20km 미만으로 얇고(예를 들면 7.3절, 7.8.1절), 젊은 조산대(orogenic belt) 아래에서는 80km에 이를 정도로 두껍다(예를 들면 10.2.4절, 10.4.5절; Christensen & Mooney, 1995; Mooney *et al.*, 1998).

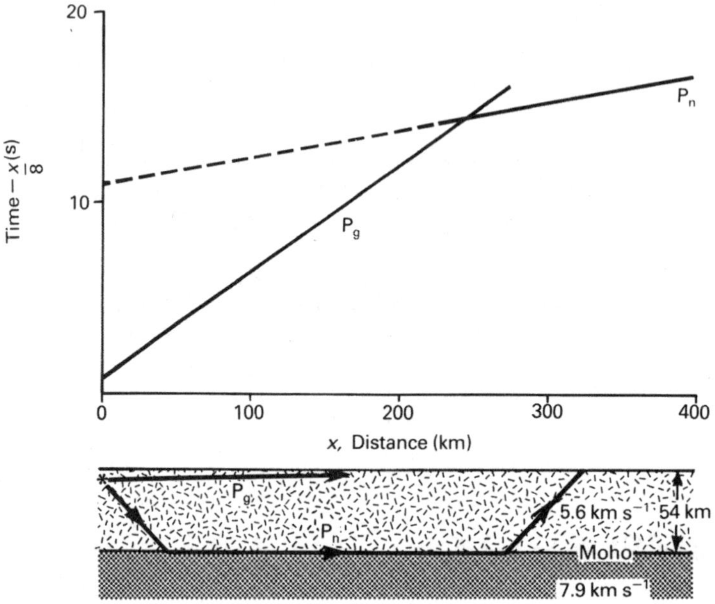

그림 2.14 진원으로부터의 직접파(P_g)와 모호(Moho)에서 임계적으로 굴절된 파(P_n)에 대한 감소된 시간-거리의 관계

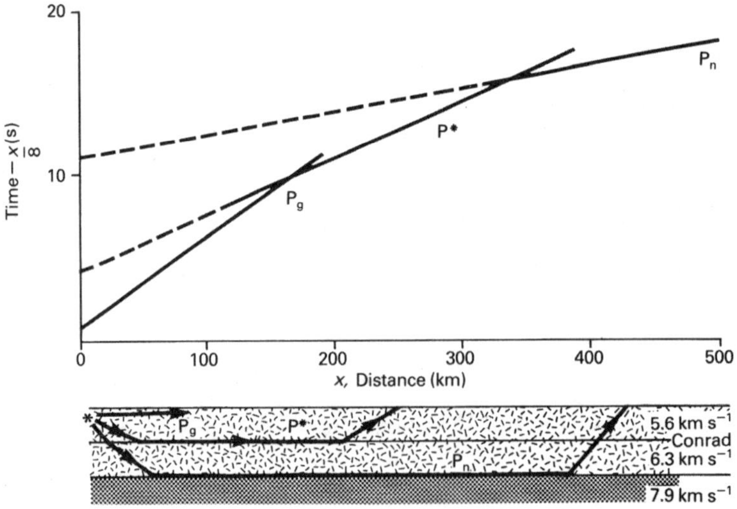

그림 2.15 진원으로부터 직접파(P_g), 콘래드 불연속면(Conrad discontinuity)에서 임계적으로 굴절된 파(P*), 그리고 모호면(Moho)에서 임계적으로 굴절된 파(P_n)에 대한 감소된 시간-거리의 관계

대륙 지각 내의 불연속이 1925년 콘래드(Conrad)에 의해 발견되었다. 그는 P_g파와 P_n파뿐만 아니라 속도가 약 5.6에서 6.3km s^{-1}로 증가된 계면(interface)에서 임계적으로 굴절되어 도착한 것으로 해석한 P*파(그림 2.15)의 존재를 언급하였다. 이 계면은 이후 콘래드(Conrad) 불연속면으로 명명되었다. 콘래드 모델은 두 개의 층이 대륙 지각에 반드시 존재한다고 믿었던 초기 암석학자들에게 의해 쉽게 채택되었다. 규소와 알루미늄이 풍부한 상층은 시알(SIAL)로 불리고 화강암질 마그마(granitic magmas)의 공급원으로 여겨지는 반면, 규소와 마그네슘이 풍부한 층인 하부 혹은 시마(SIMA)는 현무암질 마그마(basaltic magmas)의 공급원으로 생각되었다. 그러나 지금은 상부 지각은 화강암보다 더 고철질(mafic) 성분을 갖고(2.4.1절), 현무암질 마그마의 대부분은 맨틀에서 근원된다고 알려져 있다. 따라서 암석학적으로 지각을 2개 층으로 나눌 필요성이 더 이상 존재하지 않으며, 나누어야만 하는 경우도 상부와 하부 지각이라는 용어를 사용하는 것이 바람직하다. 모호면과 다르게, 지진파 속도가 일반적으로 깊이에 따라 증가하지만 콘래드 불연속면은 항상 대륙 지각 내에 존재하는 것은 아니다.

어떤 지역에서 대륙 지각의 속도 구조는 세 개의 층으로 자연 분할되는 것으로 생각된다. 중간 지각 층의 속도 범위는 일반적으로 6.4-6.7km s^{-1}로 간주된다. 중간 지각이 존재하는 곳에서 하부 지각의 전형적인 속도 범위는 6.8-7.7km s^{-1}이다(Mooney *et al*., 1998). 구조적으로 활동 중인 열개, 열개된(rifted) 대륙 주변부, 그리고 젊은 조산대에서 대륙 지각의 속도 구조의 예들이 그림 7.5, 7.32a, 10.7에 각각 보인다.

해양 지각은 폭발 지진학(explosion seismology)에 의해 연구되어 왔다. 모호면은 항상 존재하며 대부분의 해양 지각 두께는 그 위에 있는 물 깊이에 상관없이 약 7km로 매우 일정하다. 해양 지각의 내부 성층(internal layering)과 매우 넓은 지역에 걸친 불변성은 나중에 설명될 것이다(2.4.4절).

지구의 심부를 연구하기 위해서는 훨씬 더 긴 전파 경로를 갖는 지진파가 사용된다. 속도 구조는 가능한 진앙 각도의 모든 범위에 걸친 실체파의 주행 시간을 기록함으로써 구축되었다. 지구가 방사상으로 대칭이라고 가정하면, 주행 시간 데이터의 역산을 통하여 속도 구조의 모델을 제공하는 것이 가능하다. P파 및 S파 모두에 대한 속도 깊이 곡선의 최근 측정(Kennett *et al*., 1995)이 그림 2.16에 도시되어 있다.

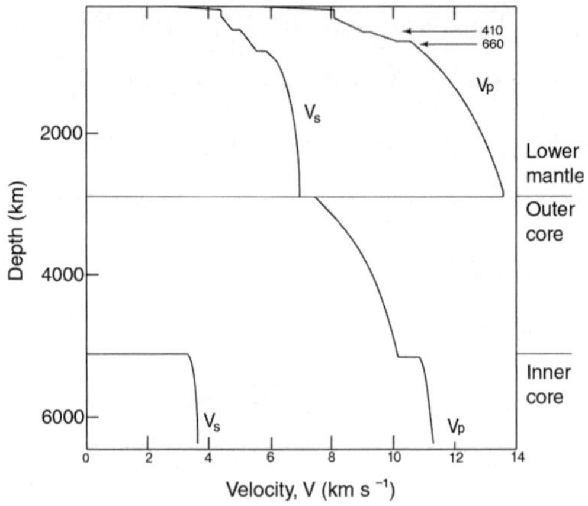

그림 2.16 주요 불연속면들을 보여주는 지구의 깊이에 따른 지진파 속도. Kennett *et al.*, 1995에 의해 명시된 AK 135 지구 모델(Helffirich & Wood, 2001을 따름, Nature 412, 501–7의 허가로. 저작권 © 2001 Macmillan Publishers Ltd)

지진파 속도는 대륙과 해양 환경 모두 모호면(Moho)에서 급격하게 증가한다. 상부 경계 깊이가 변할 수 있으나(2.12절) 낮은 속도 구간(LVZ)이 약 100km와 300km 사이에 존재한다. LVZ는 S파에 대해서 보편적으로 존재하는 것으로 나타나지만, P파에 대해서 특정 지역 특히 오래된 순상지(shield) 지역에서 나타나지 않을 수 있다. 410km와 660km 사이에서 상부 맨틀과 하부 맨틀을 분리하는 맨틀 전이대(mantle transition zone) 내에서 계단적 형태로 속도가 빠르게 증가한다. 각각의 속도 증가는 지구 내부로 갈수록 밀도가 더 커지는 광물 상 변화(mineral phase change)에 부합한다(2.8.5절). P파와 S파 모두 하부 맨틀에서 속도가 점진적으로 증가한다.

구텐베르크 불연속면(Gutenberg discontinuity)은 P파의 속도가 급격하게 감소하는 2891km 깊이에 있는 핵-맨틀 경계를 표시한다. S파는 외핵(outer core)을 통과하지 못하며, 이에 따라서 외핵은 유체 상태로 여겨지고 있다. 자기장(3.6.4절)은 이 영역에서 양호한 전기 전도체의 순환에 의해 생성되는 것으로 믿어진다. 5150km의 깊이에서 갑자기 P파의 속도가 증가하고 S파가 다시 나타난다. 따라서 이러한 내핵(inner core)은 구속압(confining pressure)의 결과로 고체일 것으로 생각된다. 원래 생각한 대로 외핵과 내핵 사이에 전이대는 없는 것으로 보인다.

2.3 지구의 구성 성분(composition of the earth)

태양계의 모든 물체는 태양 성운을 만든 원시 성간 물질의 응축과 부착성장에 의해 형성된 것으로 추정된다. 태양의 구성 성분은 이러한 물질의 평균 구성 성분과 동일하다. 중력 에너지는 부착성장 동안에 방출되어, 수명이 짧은 방사성 핵종의 방사성 붕괴와 더불어 원시 지구의 가열로 이어졌고, 이런 작용이 밀도가 중심을 향해 증가하는 일련의 껍질들로 구성된 방사상으로 대칭인 물체로 분화시켰다. 분화작용(differentiation)이 지구의 전반적인 구성 성분에 대하여 직접적인 샘플링을 통한 어떤 추정도 할 수 없게 한다. 그러나 운석(meteorites)이 태양 성운 내 물질을 대표하여서 지구의 구성 성분 추정치가 그것들로부터 만들어질 수 있다고 믿어진다. 운석의 금속 및 규산염 상(metallic and silicate phases)의 존재를 통하여 지구는 밀도가 낮은 규산염 맨틀과 지각으로 둘러싸인 철/니켈 핵으로 구성되었을 것으로 생각된다.

지구의 질량과 관성 모멘트의 지식과 결합된 지진 데이터로부터 지구의 원자량은 맨틀에서 22.4, 그리고 핵에서 47.0이고 평균 약 27이라고 밝혀졌다. 운석의 어떠한 유형도 27의 원자량을 나타내지 않으며, 다양한 유형의 콘드라이트(chondrite)는 다소 낮고 철질운석(iron meteorite)은 꽤 높다. 그러나 정확한 원자량과 핵/맨틀 비 모두를 제공하는 방식으로 상이한 운석 구성 성분의 비율을 혼합하는 것은 가능하다. 그런 3가지 모델이 표 2.1에 제시되어 있다.

표 2.1. 지구와 달의 총체적 성분의 추정(중량 %; Condie, 1982a로부터)

	지구			달
	1	2	3	4
Fe	34.6	29.3	29.9	9.3
O	29.5	30.7	30.9	42.0
Si	15.2	14.7	17.4	19.6
Mg	12.7	15.8	15.9	18.7
Ca	1.1	1.5	1.9	4.3
Al	1.1	1.3	1.4	4.2
Ni	2.4	1.7	1.7	0.6
Na	0.6	0.3	0.9	0.07
S	1.9	4.7	–	0.3

1 : 32.4%의 철질운석(5.3%의 FeS를 함유)과 67.6%의 브론사이트 콘드라이트(bronzite condrites)의 산화물 부분
2 : 40%의 타입 I 탄소 콘드라이트, 50%의 보통 콘드라이트, 그리고 10%의 철질운석(15%의 황을 함유)
3 : 0.12의 FeO/FeO + MgO와 32/68의 금속/규산염 비율을 산출하기 위해 Si로 감소된 충분한 SiO_2를 갖고 있는 타입 I 탄소 콘드라이트의 비휘발성 부분
4 : 칼슘(Ca), 알루미늄(Al), 티타늄(Ti) = 5 × 타입 I 탄소질 콘드라이트, 달의 밀도를 조절하는 FeO = 12%, 그리고 Si/Mg = 콘드라이트의 비율에 근거함

적어도 지구의 90%는 명백하게 철, 규소, 마그네슘 및 산소로 이루어져 있고, 나머지의 대부분은 칼슘, 알루미늄, 니켈, 나트륨 및 아마도 황으로 구성되어 있다.

2.4 지각(crust)

2.4.1 대륙 지각(continental crust)

지각의 최상부 부분만 표면이나 시추공에서 직접 샘플링하는 것이 가능하다. 사실상 지각 내 깊은 심도의 구성 성분과 구조에 대한 거의 모든 정보는 간접적이다. 한때 20-50km의 심도에 존재했었고 이후의 구조적 작용에 의해 표면으로 옮겨진 고변성도(high grade) 변성암의 지질학적 연구가 약간의 유용한 정보를 제공한다(Miller & Paterson, 2001a; Clarke *et al.*, 2005). 빠르게 상승하는 마그마(Rudnick, 1992)에 의해 깊은 심도에서 지구 표면으로 운반된 외지암석(foreign rock) 조각 혹은 포획암(xenolith)도 역시 깊은 지각 물질의 샘플을 제공한다. 또한, 지각에 대한 많은 정보는 깊이에 따른 지진파 속도 변화와 이것이 지각 상황에 일치하는 온도와 압력의 범위에서 측정된 속도의 실험적 결정에 어떻게 일치하는지에 대한 지식으로부터 유래되었다. 압력은 주로 위에 놓이는 암석의 정암구속압(lithostatic confining pressure) 때문에 약 30MPa km^{-1} 비율로 깊이에 따라 증가하나, 또한 일부 지역에서는 구조적 힘으로부터의 기여에 따라 증가한다. 온도는 약 25°C km^{-1}의 평균 비율로 증가하지만, 지각 내의 방사성 열원의 존재 때문에 모호면(Moho)에서는 이 값이 절반으로 감소한다(2.13절). 종합적으로, 지질 및 지구물리학 연구 모두에서의 관찰을 통해 대륙 지각은 화학적 성분의 측면에서 수직적으로 층리화되어 있음을 알 수 있다(Rudnick & Gao, 2003).

깊이에 따른 지진 속도의 변화(2.2절)는 많은 요인들에 의해서 발생한다. 깊이에 따른 압력의 증가는 공극과 단열을 닫히게 하기 때문에 최상위 5km를 넘으면 비압축성, 강성 및 밀도를 급격히 증가시킨다. 그 후 압력에 따른 이런 변수의 증가는 깊이에 따른 속도의 변화가 거의 없도록 증가하는 온도에 따른 열팽창에서 기인하는 감소요인에 의해 균형이 이루어진다. 속도는 화학적 성분 그리고 또한 위상 변화에서 발생하는 광물학적 변화에 따라 변한다. 갑작스러운 속도 불연속면은 일반적으로 화학적 성분의 변화로 기인되는 반면, 더 점진적인 속도 경계면은 별개의 수직 공간에 걸쳐서 발생하는 위상 변화와 보통 관련된다.

대륙 지각의 전체 화학 성분에 대한 모델은 이러한 추정치를 만드는 어려움 때문에 매우 다양하다. McLennan과 Taylor(1996)가 대륙 지각에서의 열류량(flow of heat, 2.13절)은 그것 내에 열을 생산하는 요소인, 칼륨(K), 토륨(Th), 그리고 우라늄(U)의 풍부함, 따라서 지각의 규소 함량에 제약된다는 것을 지적했다. 이것을 근거로 그들은 대륙 지각이 중량으로 단지 1.5%의 K_2O를 갖는 안산암질(andesitic) 또는 화강섬록암질(granodioritic) 성분을 평균적으로 가지고 있다고 주장한다. 이것은 대부분의 이전 추정치보다 규소를 덜 함유하는 것이다.

대륙 지각 내의 열 생성 원소들, 그리고 다른 '불화합(incompatible)' 원소의 풍부함은 그것들이 지각 내에서 풍부해진(enriched) 정도가 맨틀에서 그것들이 고갈된(depleted) 정도를 반영하기 때문에 매우 중요하다.

2.4.2 상부 대륙 지각

지각 구조의 과거 이론은 상부 대륙 지각은 화강암 성분의 암석으로 이루어졌다는 설이었다. 이것이 사실이 아니라는 것은 화강암 심성암체 위에 광범위한 거대한 음의 중력 이상(negative gravity anomalies)의 존재로부터 분명하다. 이러한 이상들은 심성암체의 밀도(약 2.67Mg m^{-3})가 상부 지각의 평균값보다 약 0.10-0.15Mg m^{-3} 정도 작음을 나타낸다. 상부 지각의 평균 구성 성분은 편견에 따른 약간의 불확실성에도 불구하고 전 세계에서 수집된 여러 샘플들의 평균 구성 성분을 결정함으로써, 그리고 침식작용에 의해 지각을 자연스럽게 샘플링한 퇴적암의 분석으로부터 추정될 수 있다(Taylor & Scott, 1985; Gao *et al.*, 1998). 이런 구성 성분은 화강 섬록암과 섬록암 사이의 암석 유형에 부응하고, 열-생성 원소의 비교적 높은 농도로 특징지어진다.

2.4.3 중간과 하부 대륙 지각

평균 40km 두께의 전 세계 대륙 지각의 경우(Christensen & Mooney, 1995; Mooney *et al.*, 1998), 중간 지각은 두께가 약 11km이고, 심도는 상부 12km에서 하부 23km의 범위에 걸쳐 있다(Rudnick & Fountain, 1995; Gao *et al.*, 1998). 따라서 평균 하부 지각은 23km 깊이에서 시작하여 17km 두께이다. 그러나 중간과 하부 지각 모두의 깊이와 두께는 세팅(setting)에 따라 상당히 다르다. 구조적으로 활발한 열개와 열개된(rifted) 대륙 주변부에서, 중간 및 하부 지각은 일반적으로 얇다. 이러한 세팅에서 하부 지각의 두께는 무시할 정도에서 10km 이상의 범위에 걸친다(그림 7.5, 7.32a). 지각이 훨씬 더 두꺼운 중생대-신생대 조산대(orogenic belts)에서, 하부 지각의 두께는 25km에 이를 수 있다(Rudnick & Fountain, 1995).

하부 지각의 속도 범위(6.8-7.7km s^{-1}, 2.2절)는 깊이에 따른 지진파 속도의 단순한 증가에 의해 설명될 수 없다. 따라서 화학 성분이 더 고철질(mafic)이어야만 하거나 혹은 더 고밀도의 고압 위상이 존재해야만 한다. 지질학적 연구에서 추론된 정보가 대륙 지각은 깊이에 따라 더 고밀도가 되고 더 고철질이 된다는 이 결론을 지지한다. 또한, 이런 연구의 결과는 열을 발생하는 원소의 농도가 표면으로부터 아래쪽으로 급격히 감소함을 보여준다. 이 감소는 부분적으로 변성도(metamorphic grade)의 증가뿐만 아니라 고철질 암석들의 비율 증가에 기인한다.

열개 및 열개된 대륙 주변부에서와 같은 얇은 대륙 지각의 지역에서, 중간 및 하부 지각은 저-그리고 중-변성도(moderate-grade)의 변성암으로 구성될 수 있다. 조산대와 같은 매우 두꺼운 지각의 중간 및 하부 지각은 전형적으로 고변성도의 변성 광물 군집으로 구성되어 있다. 일반적으로 중간 지각은 하부 지각에 비해 더 진화되고 덜 고철질인 성분을 함유할 수 있다. 변성퇴적암(metasedimentary rock)이 두 층 모두에 존재할 수 있다. 만일 하부 지각이 건조하다면(dry), 그것의 성분은 화강섬록암에서 섬록암에 걸치는 그래뉼라이트(granulite)의 고압력 형태에 해당할 수 있으며(Christensenrhk Fountain, 1975; Smithson & Brown, 1977), 사장석(plagioclase)과 휘석(pyroxene) 광물을 풍부하게 포함한다. 조산대(orogen)의 과하게 두꺼워진(overthickened) 뿌리에서, 하부 지각의 일부는 에클로자이트 변성상(eclogite facies)으로의 변이를 기록할 수 있으며, 여기서 사장석은 불안정하여 고철질 암석이 매우 밀도가 높은, 석류석 함유, 휘석 함유 군집으로 변환된다(9.9절). 만일 하부 지각이 습하다면(wet), 현무암이 각섬암(amphibolite)의 형태로 출현할 것이다. 만일 더 많은 규소질 물질과 혼합되었다면, 이것은 온당한 범위의 지진파 속도를 가질 것이다. 과거 하부 지각의 노출된 단면의 연구가 건조, 그리고 습윤 암석 유형 모두가 일반적으로 존재한다는 것을 시사한다(Oliver, 1982; Baldwin *et al*., 2003).

하부 지각 성분의 또 다른 지시자는 특정 매체에 대한 P파와 S파 속도의 비로 표현될 수 있는 탄성 변형 매개변수 포아송 비(Poisson's ratio)이다. 이 매개변수는 암석 성분에 따라 약 0.20에서 0.35까지 체계적으로 변화한다. 작은 값은 높은 규소 함유 암석의 특징이고, 큰 값은 고철질 암석을 갖는 비교적 낮은 규소 함유 암석의 특징이다. 예를 들면, 동아프리카의 메인 에티오피아 열개(Main Ethiopian Rift, 그림 7.2) 아래의 포아송 비는 0.27에서 0.35로 변한다(Dugda *et al*., 2005). 대조적으로, 열개 외부에 위치하는 지각은 0.23에서 0.28로 변하는 특징을 갖고 있다. 열개 아래의 큰 비는 고철질 마그마(그림 7.5)에 의한 관입과 하부 지각의 광범위한 변화에 기인된다.

의심할 여지없이, 하부 지각은 이런 간단한 지구물리학적 모델에 의해 제안된 것보다 구조적으로 더 복잡하다. 깊은 지각 포획암과 지각에 오염된 마그마의 연구가 그것의 구성 성분, 연령, 그리고 열 이력(thermal history)에 상당한 지역적 편차가 있다는 것을 보여준다. 심부 탄성파 반사 조사(Jackson, H.R., 2002; van der Velden *et al*., 2004)와 과거 노출면의 지질학적 연구(Karlstrom & Williams, 1998; Miller & Paterson, 2001a; Klepeis *et al*., 2004)도 역시 이런 구성 성분의 복잡성은 매우 이질적인 구조와 일치한다는 것을 보여주었다. 이런 이질성은 하부 지각을 만들고 변화시키는 광범위한 프로세스를 반영한다. 이러한 프로세스는 맨틀에서 유래된 마그마의 정치(emplacement) 및 정출작용(crystallization), 지각 용융의 생성과 적출, 변성작용, 침식, 구조적 매몰(tectonic burial), 그리고 구조적 재동의 많은 다른 유형들을 포함한다(9.8절, 9.9절).

2.4.4 해양 지각(oceanic crust)

해양 지각(Francheteau, 1983)은 에어리 메커니즘(Airy mechanism)에 따라 대륙 지각과 지각 평형(isostatic equilibrium)이며(2.11.2절), 따라서 훨씬 얇다. 탄성파 굴절 연구가 이것을 확인하였고 해양 지각은 일반적으로 4.5km의 평균 수심 아래 6-7km 두께라는 것을 밝혀냈다. 더 두꺼운 해양 지각은 상부 맨틀의 정상보다 높은 온도 때문에 마그마 공급 속도가 비정상적으로 높은 곳에서 나타난다. 반대로, 정상보다 더 얇은 지각은 전형적으로 매우 낮은 형성 속도 때문에 상부 맨틀 온도가 비정상적으로 낮은 곳에서 형성된다(6.10절).

표 2.2. 해양 지각 구조(Bott, 1982를 따름)

	P velocity(km s^{-1})	Average thickness(km)
Water	1.5	4.5
Layer 1	1.6-2.5	0.4
Layer 2	3.4-6.2	1.4
Layer 3	6.4-7.0	5.0
	Moho	
Upper mantle	7.4-8.6	

초기 굴절 조사는 평면-성층(plane-layered) 모델을 사용한 단순 역산으로, 3개 주요 층의 존재를 나타내는, 상대적으로 낮은 정확도의 시간-거리 데이터를 생성했다. 이들 층의 속도와 두께는 표 2.2에 표시된다. 훨씬 더 정교한 장비와 해석 절차(Kennett B.L.N., 1977)를 이용한 최근의 굴절 연구가 주요 층의 세분화가 더 가능하다는 것을 보여주었고(Harrison & Bonatti, 1981), 속도가 아래로 불연속 점프로 증가하는 구조라기보다는 깊이에 따라 점진적으로 속도

가 증가하는 것 같다는 것을 보여주었다(Kennett & Orcutt, 1976; Spudich & Orcutt, 1980). 그림 2.17은 초기와 최근의 연구에 의해 결정된 해양 지각의 속도 구조의 비교를 보여준다.

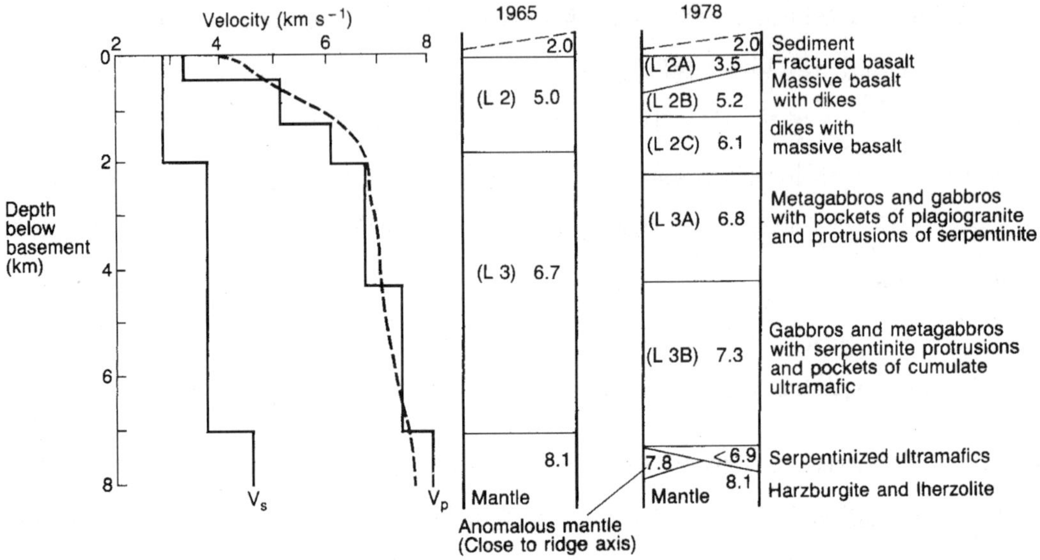

그림 2.17 해양 지각의 P파와 S파 속도 및 1965년과 1978년에 제안된 층상 모델의 관점에서 그것들의 해석. 숫자는 km s^{-1}의 속도를 의미한다. 점선 곡선은 더 정교한 역산 기법에서 추론된 깊이와 속도의 점진적인 증가를 의미한다(Spudich & Orcutt, 1980, 그리고 Harrison & Bonatti, 1981을 따름).

2.4.5 해양 층 1(oceanic layer 1)

층 1은 코어링과 시추에 의해 광범위하게 샘플링되어 왔다. 해저면 물질은 저탁류(turbidity current)에 의해 심해로 운반된 육성 퇴적물과 갈색 제올라이트 점토(zeolite clay), 석회와 규산 연니(silicic ooze), 그리고 망간 단괴와 같은 원양성 퇴적물을 포함하는 미고결된(unconsolidated) 퇴적물로 구성되어 있다. 이러한 심해 퇴적물은 대양 내의 열적 및 염분의 이상에 의해 크게 제어되는 저층류(bottom current) 혹은 등수심 해류(contour current)에 의해 종종 재분포된다. 극지에서 생성된 고밀도의 차가운 염수(saline water)는 가라앉아서 적도 지역을 향해 저류로 흐르고, 코리올리 힘(Coriolis force)에 의해 편향된다. 그 결과로 나타난 해류는 등수심퇴적물(contourites)이라고 하는 퇴적물을 만든다(Stow & Lovell, 1979).

층 1은 평균 0.4km 두께이다. 그것은 퇴적물이 얇거나 없는 해령(ocean ridges)에서 멀어짐에 따라 점차적으로 두꺼워진다. 그러나 태평양과 대서양/인도양의 퇴적물의 두께에 체계적인 차이가 있다. 전자는 대륙 기원의 퇴적물을 포획하는 해구(trench)에 의해 둘러싸여 있고, 후자는 그렇지 않아서 더 많은 육성퇴적물 유입을 가능하게 한다. 층 1과 층 2 사이의 경계면은 층 2의 화산 및 단층 특성 때문에 해저면보다 훨씬 더 울퉁불퉁하다. 층 1 내에는 탄성파 반사 기록에서 저명한 반사면으로 나타나는 여러 개의 경계면(horizons)이 있다. Edgar(1974)는 최대 네 개까지의 기반암 위(supra-basement) 반사면이 발견된 북대서양의 음향 지층을 기술하였다(그림 2.18). 심해 시추가 처트가 거의 없거나 아주 없을 때조차도 그것의 반사적 특징을 유지한다는 것을 밝혔지만 경계면 A는 에오세 처트(Eocene chert)에 해당한다. 이러한 위치에서 그것은 처트 아래에 초기 신생대의 결층(hiatus)과 일치할 수 있다. 경계면 A*는 A 아래에 나타나고, 후기 백악기/고제3기(Paleogene)의 금속이 풍부한 점토와 아래에 놓이는 폐해성(euxinic) 검은색 점토 사이의 경계면을 나타낸다. 경계면 B는 쥐라기/백악기 석회암 위에 놓이는 검은색 점토의 기저를 나타낸다. 그것은 또한 층 2 상단의 그것과 유사한 현무암으로 확인되었지만 경계면 B는 퇴적 경계면을 나타낼 수 있다.

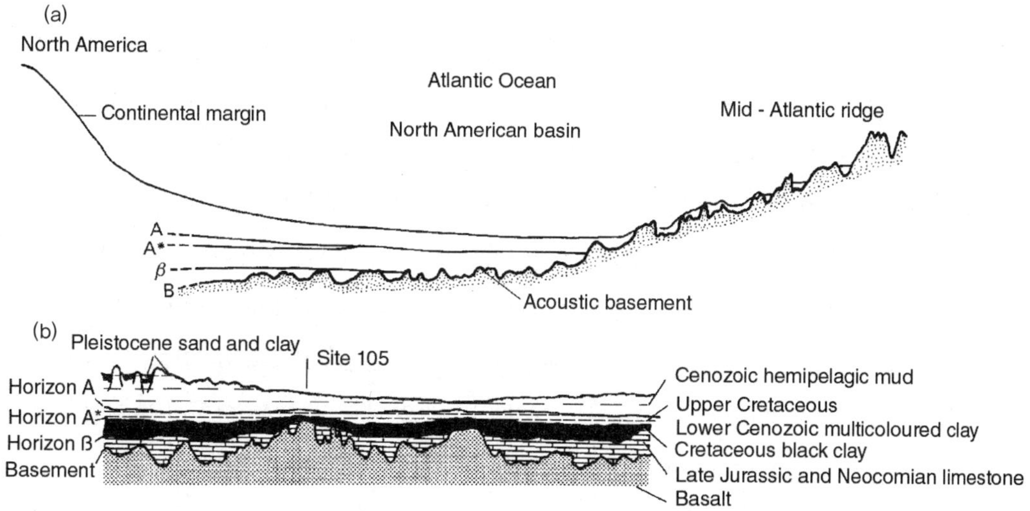

그림 2.18 (a) 서부 대서양에서 주요 탄성파 반사면들. (b) 심해 시추(deep sea drilling)에 의해 확정된 상응하는 암석(Edgar, 1974, Fig. 1을 따름. 저작권 © 1974, Springer Science and Business Media의 허가로)

A와 B에 유사한 반사면들이 태평양과 카리브 해에서 확인되었으며, 그것들은 각각 A′, B′, 그리고 A″, B″이라고 칭해진다.

2.4.6 해양 층 2(oceanic layer 2)

층 2는 두께가 1.0-2.5km 범위로 일정치 않다. 마찬가지로 그것의 탄성파 속도도 3.4-6.2km s^{-1}의 범위로 일정치 않다. 이런 범위는 고결된(consolidated) 퇴적물 또는 분출 화성암 물질 탓이다. 해령의 퇴적물이 없는 정상(crest)의 직접적인 샘플링 및 드렛징(dredging)과 이 수위에서 높은 자성 암석(magnetic lithology)의 필요성(4.2절)이 압도적으로 화성 기원을 증명한다. 회수된 현무암은 칼슘 사장석(calcic plagioclase)을 함유하는 감람석 소레아이트(olivine tholeiites)이며, 칼륨, 나트륨, 그리고 불화합 원소가 없다(Sun *et al*., 1979). 그것들은 대양 섬(oceanic island)에 가까운 위치를 제외하고, 주요 요소 성분에서 지역적 변화를 거의 나타내지 않는다(5.4절).

층 2의 3세분이 인식되고 있다. 부층 2A(sublayer 2A)는 해수의 열수 순환에 의해 영향을 받는 지역에서 분출 센터 근처의 해령에만 존재하고, 두께는 0에서 1km의 범위에 걸친다. 3.6km s^{-1}의 P파 속도에 의해 나타나듯이, 그것의 다공성이고 잡석 특성이 이러한 순환을 허용한다. 중부 대서양 해령에 위치하는 아주 젊은 층 2 상단의 매우 낮은 속도(2.1km s^{-1})는 아마 30-50%의 공극률을 나타내고, 오래된 층 2의 훨씬 더 높은 속도는 공극률이 그것의 형성 이후 매우 빠르게 감소됨이 틀림없다는 것을 의미한다. 부층 2B(sublayer 2B)는 부층 2A가 발달되지 않은 경우에 층 1의 정상적인 음향 기반암을 형성한다. 4.8-5.5km s^{-1}의 더 높은 속도는 더 낮은 공극률을 시사한다. 시간이 지남에 따라 층 2A는 방해석(calcite), 석영 및 제올라이트(zeolites)와 같은 2차 광물에 의한 공극의 충전에 의해 층 2B로 변환될 수 있다. 감지될 경우 부층 2C(sublayer 2C)의 두께는 약 1km이고, 5.8-6.2km s^{-1}의 속도 범위는 고철질 관입암의 높은 비율을 나타낼는지 모른다. 이 층은 아래로 층 3(layer 3)으로 점차 변한다.

동부 중앙 태평양의 코스타리카 열개(Costa Rica Rift) 위에 있는 6Ma인 오래된 지각의 화성 기반암 상부 1800m을 시추한 DSDP/ODP 시추공 504B는 베개 용암(pillow lava)과 암맥(dyke)을 내내 조우하였다. 그것을 통해 적어도 이 위치에서 층 2/3 탄성파 경계면이 암맥 복합체(dike complex) 내에 위치하고 공극률과 변질(alteration)의 점진적인 변화와 관련되어 있음이 밝혀졌다(Detrick *et al*., 1994).

2.4.7 해양 층 3(oceanic layer 3)

층 3은 해양 지각의 주 구성원이며 그것의 심성 토대(plutonic foundation)를 나타낸다(Fox & Stroup, 1981). 비록 탄성파 데이터의 대부분이 약간의 양의 속도 구배를 갖는 층의 관점에서 설명될 수 있지만(Spudich & Orcutt, 1980), 일부 연구자들은 6.5-6.8km s^{-1}의 범위의 속도를 갖는 부층 3A(sublayer 3A)와 더 높은 속도(7.0-7.7km s^{-1})의 하부의 부층 3B(sublayer 3B)로 세분하였다(Christensen & Salisbury, 1972).

Hess(1962)는 층 3이 감람석(olivine)이 사문암화된 감람암(serpentinized peridotite)을 산출할 정도로 다양하게 물과 반응하였던 상부 맨틀 물질로부터 형성되었다고 제안하였고, 실제로, 20-60%의 사문암화작용은 P파 속도의 관찰 범위로 설명될 수 있다. 그러나 정상적인 두께(6-7km)의 해양 지각에 대한 P파와 S파 속도 모두의 지식으로부터 직접 추정될 수 있는 층 3A에 대한 포아송 비의 값이 사문암화된 감람석에 대해 예상된 것보다 훨씬 낮기 때문에 이 개념은 현재 무시될 수 있다. 사실, 층 3A에 대한 포아송 비는 관찰된 범위의 지진파 속도를 똑같이 제공하는 반려암 조성물(gabbroic composition)과 더 잘 일치된다. 그러나 층 3B의 모두 혹은 적어도 일부는, 인지되는 곳에서, 사문암화된 초고철질 물질로 구성되었을 가능성이 있다.

주로 반려암질 층 3의 개념은 해양 암석권(oceanic lithosphere)의 기원으로 제안된 모델과 일치한다(6.10절). 이것들은 층 3은 아마도 등방성 반려암의 부층 3A에 상응하는 상부 층과 축적된 반려암(cumulate gabbro)과 결정 침강작용(crystall settling)에 의해 형성된 초고철질 암석으로 구성된 3B에 상응하는 하부 층으로 이루어져 있으며, 마그마 방(magma chamber) 혹은 마그마 방들의 정출작용(crystallization)에 의해 형성된다고 말한다. 이런 성층은 북대서양의 베마 단열대(Vema Fracture Zone)에서 잠수정에 의한 직접 관찰 및 샘플링에 의해 확인되었다(Auzende *et al.*, 1989).

2.5 오피올라이트(ophiolites)

해양 암석권의 연구는 오피올라이트(ophiolite; 뱀가죽의 색상과 조직의 유사성을 언급하는 문자 그대로 '뱀 암석(snake rock)'; 이 주제의 완전한 취급을 위하여 Nicolas, 1989를 보라)로 알려진 육상의 독특한 암석 시퀀스의 조사에 의해 도움을 받았다. 오피올라이트는 일반적으로 흔히 조산대(10.4절)에서 출현하고, 심해 퇴적물, 현무암, 반려암 및 초고철질 암석의 조합이 그것들이 해양 암석권에서 기원하였고 이후 오브덕션(obduction)으로 알려진 프로세스에 의해 대륙 구조대로 밀려 올려졌다는 것을 암시한다(Dewey, 1976; Ben-Avraham *et al.*, 1982; 10.6.3절). 완전한 오피올라이트 시퀀스(Gass, 1980)가 표 2.3에 표시된다. 해양 암석권과 오피올라이트의 유사성은 전반적인 화학적 유사성(세부적으로는 상당한 차이가 있지만), 확장 센터 아래에 존재하는 온도 구배에 상응하는 변성도, 비슷한 광석광물(ore mineral)의 존재, 그리고 퇴적물이 심해에서 형성되었다는 관찰에 의해 지지된다(Moores, 1982). Salisbury와 Christensen(1978)은 뉴펀들랜드의 베이 오브 아일랜드(Bay of Islands) 오피올라이트 복합체의 샘플에서 측정된 탄성파 속도와 해양 지각의 속도 구조를 비교하였고 측정된 속도 층서들이 동일하다는 결론을 내렸다. 그림 2.19는 해양 암석권과 3개의 잘 연구된 오피올라이트 암체 사이의 대비를 보여준다.

표 2.3 해양 암석권(oceanic lithosphere)과 오피올라이트(ophiolite) 층서의 상관관계(Gass, 1980을 따름, Ministry of Agriculture and Natural Resources, Cyprus의 허가로)

Complete ophiolite sequence	Oceanic correlation
Sediments	Layer 1
Mafic volcanics, commonly pillowed, merging into Mafic sheeted dike complex	Layer 2
High level intrusives Trondhjemites Gabbros	Layer 3
Layered cumulates Olivine gabbros Pyroxenites Peridotites	— Moho —
Harzburgite, commonly serpentinized ± lherzolite, dunite, chromitite	Upper mantle

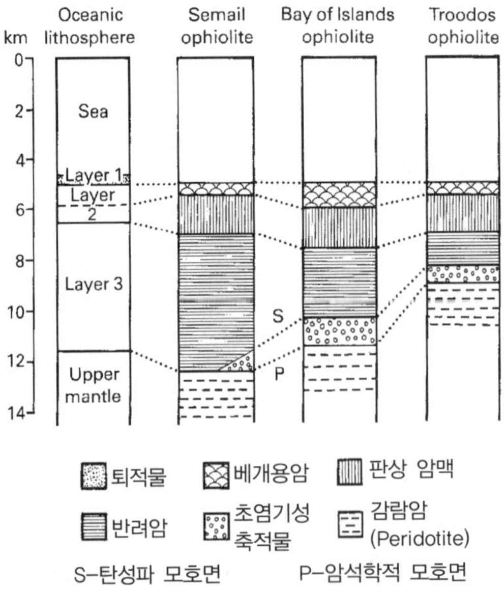

그림 2.19 오피올라이트 복합체(ophiolite complexes)와 해양 지각 구조의 비교(Maon, 1985를 따름, Blackwell Publishing의 허가로)

한때 해양 암석권의 암석학 및 구조의 조사가 육상의 오피올라이트 시퀀스의 연구에 의해 편리하게 달성될 수 있을 것처럼 보였다. 그러나 이러한 단순한 유추는 곤란에 마주쳤으며, 오피올라이트는 전형적인 해양 암석권을 나타내지 않고, 그리고 대륙 충돌 중에 배타적으로 정치되지 않았다고 제안되었다(Mason, 1985).

이벤트의 연대측정은 많은 오피올라이트의 오브덕션이 그것들의 생성 후 곧 발생했음을 나타낸다. 그러나 대륙 충돌은 정상적으로 중앙 해령의 형성 이후 오랜 시간이 지나서 발생하여, 오브덕션된(obducted) 해저면의 연령은 충돌 조산 운동(orogeny)의 연령보다 상당히 크다. 결과적으로 오피올라이트는 젊고 뜨거운 동안에 오브덕션된 암석권을 나타낸다. 지화학적인 증거(Pearce, 1980; Elthon, 1991)가 오피올라이트의 본래 위치가 배호상 분지(backarc basin; 9.10절; Cawood & Suhr, 1992), 홍해형(Red Sea-type) 해양 분지 또는 섭입대(subduction zone)의 전호상 지역(forearc region; Flower & Dilek, 2003)일 것이라고 시사했다. 후자의 세팅은 처음에 가능성 없는 것으로 보인다. 그러나 매우 독특한 전호상의 화성 기반암의 암석학적 및 지화학적 특성이 많은 오피올라이트의 그것과 매우 비슷하다. 전호상 구조대의 형성도 역시 형성과 정치 사이의 짧은 시간 간격과 많은 오피올라이트의 '뜨거운(hot)' 정치 장소에 대한 증거를 설명할 수 있다. 배호상 혹은 전호상 기원은 많은 오피올라이트 용암의 상세한 지화학적 특성에 의해 지지되며, 그 결과는 그것들이 섭입대 위에서 형성된 용융에서 유래된 것을 나타낸다.

오피올라이트 오브덕션에 대해 제안된 다양한 메커니즘이 있으나, 어느 것도 만족스럽게 모든 경우를 설명할 수 없다. 따라서 여러 가지 작용하는 메커니즘이 있을 수 있고, 비록 확실히 부착성장 프로세스(accretionary process)의 어떤 형태에 의해 형성되었지만, 특히 상세한 지화학적 관점에서 오피올라이트 시퀀스는 주요 해양 분지의 중앙 해령 정상에서 형성된 암석권과 매우 다르다는 것이 인식되어야만 한다.

그것들이 융기되고 상부 지각에 정치되는 방식 때문에 많은 오피올라이트가 고도로 변질되고 구조변형을 받았지만(tectonized), 하나 이상의 오피올라이트 유형이 있다는 명백한 징후가 있다. 일부는 표 2.3에 나열되고 그림 2.19에 도시된 완전한 단위 모음(suite of units)을 가지고 있고, 다른 것은 소량의 반려암을 갖거나 갖지 않고 오직 심해 퇴적물, 베개 용암과 사문암화된 감람암으로만 구성되어 있다. 만일 존재해도 이런 반려암은 종종 사문암화된 감람암 내에 관입으로 나타난다. 후자의 유형은 마그마의 공급 비율이 낮은 곳에서 형성되는 얇은 해양 지각의 추정된 특성과 대단히 유사하다. 이런 유형의 지각은 지각의 형성 속도가 매우 낮을 때(6.10절), 낮은 부착성장 비율로 변환 단층 주변에서(6.7절), 그리고 비화산성 비활동 대륙 주변부(nonvolcanic passive continental margin)에서 해양 지각의 초기 단계에서(7.7.2

절) 형성되는 것으로 생각된다. Hess(1962)가 해양 지각의 층 3이 사문암화된 맨틀이라는 제안에는 애팔래치아와 알프스 산맥에 있는 이 유형의 오피올라이트에 대한 자신의 경험과 지식에 의해 부분적으로 영향을 받은 것처럼 보인다.

2.6 해양 지각의 변성작용(metamorphism)

해양 분지에서 샘플링된 암석의 대부분은 풍부한 녹색편암상(green-schist facies) 군집과 알칼리 변성교대작용(metasomatism)을 포함하는 변성작용의 증거를 보여준다. 그러나 그런 암석 가까이에 전연 변질되지 않은 종들이 발견되기도 한다.

이 변성작용은 해양 지각 내에서 해수의 열수 순환(hydrothermal circulation)에 의해 이루어졌을 가능성이 높다. 아마도 해수에 의한 광물의 침출과 농축으로 형성된 금속광상(metalliferous deposits)의 존재, 해령 위에서 활동적인 열수 분출구의 관찰(6.5절), 그리고 오피올라이트 시퀀스 내에서 관찰된 변성작용과 같은 그러한 순환의 존재에 대한 많은 증거들이 있다.

열수 순환은 아마 해양 지각 전체를 관통하는(Fyfe & Lonsdale, 1981), 대류적인 흐름(convective flow)에 의해 형성되고 매우 중요하다. 지구 표면에서 탈출하는 열의 약 25%가 중앙 해령에서 배출되는 것으로 추정되기 때문에, 열수 순환은 열 발생량(heat production) 모델에 영향을 미친다. 순환은 해양 지각의 화학성분을 변화시킴에 틀림이 없고, 결과적으로 섭입대에서 발생하는 암석권의 재순환작용으로 인하여 지질학적 시간에 걸쳐 암석권과 연약권(asthenosphere)의 화학적 관계에 영향을 미칠 것이다. 또한 이는 특정한 경제적으로 중요한 광상, 특히 괴상의 황화물 형성의 원인이 된다.

이런 열수 작용은 오피올라이트 복합체의 변성 군집에서 아주 편리하게 연구되어, 아래에 설명된 모델이 Elthon(1981)에 의해 도출되었다.

베개 용암과 기타 분출암들의 열수 변성작용은 낮은 온도(<230°C)와 녹색편암상(greenschist facies) 군집을 야기한다(그림 2.20). 변질의 분포는 매우 불규칙하고, 분출암의 국지화된 균열작용(fissuring)에 의해 제어된다. 변질되지 않은 암석의 포켓이 나타나지만 더 높은 온도 변성작용이 양기석상(actinolite facies)을 대표하는 군집을 생산하면서 판상 암맥(sheeted dyke) 복합체 내에 만연한다. 가장 높은 변성 온도는 판상 암맥 복합체의 기저와 반려암 단면의 상부에서 이루어진다. 드물게 녹색편암상의 후퇴 암석(retrograde rock)이 이런 위치에서 발생한다.

변질은 반려암 단면의 상부 1km 내에서 약 10% 정도로 감소하고, 비록 그 심도에서 완전히 종료되지 않지만, 그로부터 더 멀어지면 변성작용은 균열과 암맥의 장소에 제한된다. 이 모델에 따르면, 해수 순환은 변성 군집을 생산하고 표면을 냉각하면서, 지각의 상부 3km에서 광범위하게 발생한다. 고온 변성작용은 확장 센터 근처에서 일어난다. 깊은 곳의 순환은 2차 광물이 흐름 채널(flow channels) 내에 퇴적됨에 따라 감소된다.

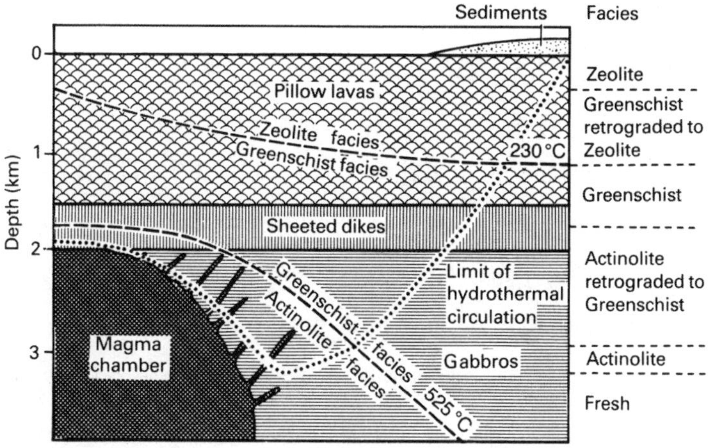

그림 2.20 확장 센터에서 해양 지각의 열수 변성작용(hydrothermal metamorphism)에 대한 도식적 모델(Elthon, 1981에서 다시 그려짐)

해령이 계속 확장함에 따라, 해양 암석권은 열원에서 옆으로 이동되고 후퇴 변성작용을 거치게 된다. 물 분포가 변성도의 주요 제어자이기 때문에 이것은 적절한 물 공급에 따라 달라진다. 충분한 물의 부재가 잔류 고온 군집을 보존할 수 있게 한다. 변성상(metamorphic facies) 분포의 불균일한 특성은 결국 극도의 온도 변화보다는 오히려 순환하는 유체의 불균일한 분포에 의해 비슷하게 설명된다. 2.4.7절 및 2.5절에서 지적된 바와 같이, 해양 지각의 일부분은 사문암, 즉 수화된 초고철질 암석(hydrated untramafic rock)으로 구성된다. 초고철질 암석은 반려암 층에서 마그마 분화에 의해 형성될 수 있거나 또는 맨틀에서 직접 유래될 수 있다.

2.7 대륙과 해양 지각의 차이

본 장과 다음 장들에서 제시된 정보에 근거하여 대륙과 해양 지각의 주요 차이점들이 다음과 같이 요약될 수 있다.

1 **성층(layering)**. 복잡한 지질학적 역사를 반영하여서 대륙 지각의 대규모 성층은 불명확하게 정의되고, 매우 가변적이다. 여기저기에 콘래드 불연속면에 의한 넓은 세분이 있으나, 이것이 전 세계적으로 발달되지 않는다. 대조적으로, 해양 지각의 대부분의 성층은 3개의 뚜렷한 층으로 잘 정의된다. 그러나 이 층들의 특성은, 특히 층 2 및 3에서, 심도에 따라 꽤 현저하게 변화할 수 있다.

2 **두께(thickness).** 대륙 지각의 평균 두께는 40km이나 꽤 변화무쌍하여, 열개(rift) 아래에서는 단지 수 킬로미터로 얇고, 젊은 산맥 아래에서는 80km에 이를 정도로 두껍다. 퇴적층인 층 1은 해구(ocean trench)가 발달하지 않는 대양 가장자리로 가면서 두께가 증가하지만 대부분의 해양 지각은 약 7km의 매우 일정한 두께를 갖는다. 대륙 지각의 두께와 포행 강도(creep strength, 2.10.4절)의 차이가 대륙 지역의 하부 지각을 해양 지각(2.10.5절)의 하부 층에서보다 훨씬 더 뚜렷하게 변형을 일으킨다.

3 **연령(age).** 대륙 지각의 연령은 이제까지 발견된 오래된 암석(11.1절)의 연령인 적어도 40억 년(4.0Ga)이다. 매우 광대한 규모로 보면 가장 오래된 지각은 활동적이건 비활동적이건 모두 더 젊은 조산대에 의해 둘러싸여 있는 선캄브리아기 대륙괴(cratons) 또는 순상지(shield)로 이루어져 있다. 그러나 해양 지각은 어디에도 연령이 180Ma를 넘는 곳이 없고, 해령에서 바깥쪽으로 연령이 점진적으로 증가한다(4.1절). 따라서 해양은 본질적으로 지구 표면의 일시적인 지형으로 보인다. 오늘날 해저 표면적의 약 50%가 지난 65Ma 동안에 생성되었으며, 이는 지구 표면의 30%가 지질 시대의 가장 최근 1.5% 동안에 생성되었음을 시사한다.

4 **구조 활동(tectonic activity).** 대륙 지각은 광범위하게 습곡지고 단층지고 다중의 구조적 이벤트를 받았다는 증거를 보존할 수 있다. 그러나 해양 지각은 훨씬 더 안정적으로 보이고 판 가장자리를 제외하고 상대적으로 적은 변형을 겪는다.

5 **화성 활동(igneous activity).** 대륙 지각의 대부분에는 활화산이 거의 없다. 활동의 유일한 주요 위치는 안데스 유형(Andean type)의 산맥이다(9.8절). 해양 내 화성 활동은 훨씬 더 많다. 해령과 섬 호상(island arc)은 지구에서 화산과 심성 활동이 가장 활발한 지역이다. 대양 섬은 화성 활동에 대한 별개의 세 번째이나 덜 활동적인 해양 세팅(oceanic setting)이다.

2.8 맨 틀

2.8.1 서 론

맨틀은 질량과 부피 모두에 있어 가장 큰 지구 내부의 한 부분을 구성하고, 약 21km의 평균 깊이인 모호면에서 2891km 깊이에 있는 맨틀-핵 경계선까지 확장된다. 총체적 규모로 그것은 부성분 및 미량원소(minor and trace elements)를 제외하고 화학적으로 균일하고, 규산염 광물로 형성되어 있다고 믿어진다. 규산염의 광물과 구조는 깊이에 따라 변화하여 상부 및 하부 맨틀을 분리하는 깊이 410km와 660km 사이의 전이대(transition zone)를 생기게 한다.

맨틀 물질은 오피올라이트 복합체(2.5절)로, 킴벌라이트 파이프(kimberlite pipe, 13.2.2절)로, 그리고 알칼리 현무암의 포획암으로 매우 드물게 표면으로 운반된다. 따라서 맨틀에 대한 우리 정보의 대부분은 간접적이고 고온과 고압에서 광물 거동 연구와 결합된 깊이에 따른, 그리고 충격파(shock-wave) 실험에서 지진파 속도의 변화에 기초된 것이다. 운석과 초고철질 암석에 대한 지화학적 연구 역시 맨틀을 예측하는 데 이용된다.

2.8.2 맨틀의 지진파 구조

맨틀의 최상부는 지진파 속도가 7.9km s^{-1}을 초과하는 숫자로 일정하게 유지되거나 또는 깊이에 따라 약간 증가하는 일반적으로 80-160km 두께의 높은 속도 뚜껑(lid)으로 이루어져 있다. 맨틀의 이 부분은 암석권(2.12절)의 하부를 형성한다. 암석권 아래에 약 300km의 깊이까지 확장하는 낮은 속도 구간(low velocity zone)이 위치한다. 이것은 육괴 지역 아래에 있는 맨틀을 제외하고 지구의 대부분 지역 아래에 존재하는 것으로 보인다. 이 구간의 기저에서부터 지진파 속도는 410km의 깊이에 있는 **전이대(transition zone)**의 상부 지역을 만드는 주요 불연속면에 도달할 때까지 서서히 증가한다. 전이대의 기저인 660km의 깊이에 속도 불연속면이 하나 더 있다.

하부 맨틀 내에서 속도는 구배가 감소하고 느린 속도가 존재하는 맨틀의 기저에서 200-300km까지 천천히 증가한다. 핵-맨틀 경계에 있는 이 최하부 층은 **층 D″(Layer D″)**으로 알려져 있다(12.8.4절; Knittle & Jeanloz, 1991). 지진파 연구를 통하여 층 D″의 기저에 강한 측면 이질성과 얇은(5-50km 두께) **초저속 구간(ultra-low velocity zone)**의 존재를 간파할 수 있었다 (Garnero *et al.*, 1998).

2.8.3 맨틀 구성 성분

해양 지각의 많은 부분이 맨틀 상부에서 유래된 현무암 성분의 물질로 구성되어 있다는 사실은 상부 맨틀이 감람암(peridotite) 또는 에클로자이트(eclogite) 중 하나로 구성되어 있음을 시사한다(Harrison & Bonatti, 1981). 이 두 암석 유형의 주요 차이점은 에클로자이트가 거의 또는 전혀 감람석(olivine)을 포함하지 않고 적어도 30%의 석류석(garnet)을 포함하는 반면 감람암은 풍부한 감람석과 15% 미만의 석류석을 포함한다는 것이다. 모두 상부 맨틀 관측값에 해당하는 약 8km s^{-1}의 지진파 속도를 갖는다.

여러 방면의 증거가 지금 맨틀 상부가 감람암질이라는 것을 매우 강하게 시사한다. 해양분지 아래의 P_n 속도는 번번이 해령에 수직으로 15% 이상 더 높은 속도를 갖는 이방성이다. 이것은 장 [100] 축이 이 방향으로 놓여 있다고 믿어지는 감람석 결정(olivine crystal)의 선택 배향에 의해 설명될 수 있다. 에클로자이트의 일반적인 광물 어느 것도 필요한 결정 신장(crystal elongation)을 보이지 않는다. 감람암질 성분은 또한 P파와 S파 속도로부터의 포아송비의 추정치에 의해, 그리고 오피올라이트 시퀀스 기저 단면의 감람암과 알칼리 현무암 단괴의 존재로 예상된다. 에클로자이트의 밀도는 또한 너무 높아서 지각평형적으로 보상된 지각 구조의 모호면(Moho) 지형을 설명할 수 없다.

맨틀의 총체적 성분은 여러 가지 방법으로 추정될 수 있다. 즉, 지화학적 계산과 다양한 운석의 혼합물로부터의 여러 초고철질 암석의 성분을 이용하고, 실험 연구에서의 데이터를 이용함으로써 측정될 수 있다. 고갈되지 않은 맨틀과 맨틀 내에서 쉽게 치환하지 않는 많은 원소가 제거되고 지각에 결합되도록 부분 용융(partial melting)을 겪은 고갈된 맨틀을 구별할 필요가 있다. 소위 '불화합(incompatible)' 원소인 후자는 열 생성 원소인 칼륨, 토륨, 그리고 우라늄을 포함한다. 그러나 부분 용융(partial fusion)에 의해 파생된 맨틀은 상대적으로 이런 원소들이 고갈된다는 것이 중앙 해령 현무암(MORB)의 성분을 보면 명확하다. 그래서 전체 맨틀이 이런 성분을 갖고 있다면, 맨틀에서 방출하는 그것은 지구의 표면 열류량(heat flow)의 작은 부분만을 차지한다(Hofmann, 1997).

이런 그리고 다른 방면의 화학적 증거를 갖고 지화학자들은 하부 맨틀의 전부 또는 대부분이 상부 맨틀보다 불화합 원소가 더 풍부해야만 하고, 그것은 일반적으로 표면에 도달하는 용융물의 제조에 관여되지 않는다고 결론을 내렸다. 그러나 섭입 해양 암석권(9.4절, 12.8.2절)의 운명과 층 D″의 측면 이질성(lateral heterogeneity)에 관련된 지진학적 증거가 맨틀 전체 대류 및 혼합을 시사한다(12.9절). Helffrich와 Wood(2001)는 만일 지진 연구에 의해 밝혀진 하부 맨틀의 다양한 소규모 및 대규모 이질성이 섭입된 해양과 대륙 지각의 잔해라면 다양한 방면의 지화학적 증거가 전체 맨틀 대류와 조화될 수 있다고 생각한다. 그들은 이런 잔해들이 맨틀 부피의 약 16%와 0.3%를 각각 차지하는 것으로 추정한다.

총체적인 맨틀 성분의 추정치는 세부적으로 다양하지만, 일반적으로 질량으로 보면 맨틀의 적어도 90%가 산화물 FeO, MgO, 그리고 SiO_2으로 표현될 수 있고, 그 외 5-10%가 CaO, Al_2O_3, 그리고 Na_2O로 구성되어 있다는 것에 의견이 일치한다.

2.8.4 맨틀 저속 구간(mantle low velocity zone)

저속 구간(그림 2.16)은 낮은 지진파 속도, 높은 지진파 감쇠, 그리고 높은 전기 전도성으로 특징지어진다. 지진파 효과는 P파보다 S파에 대해 더 뚜렷하다. 낮은 지진파 속도는 비정상적으로 높은 온도, 위상 변화, 성분 변화, 열린 틈이나 균열(open crack or fissure)의 존재, 그리고 부분 용융을 포함하는 많은 메커니즘들로부터 발생될 수 있다. 후자를 제외한 모두는 있을 것 같지 않으며, 일반적으로 더 낮은 지진파 속도는 용융 물질의 존재 때문에 발생하는 것으로 받아들여진다. 용융이 이 지역에서 발생할 것 같다는 것은 이곳이 맨틀 물질이 그것의 용융점에 매우 가까이 도달하는 위치라는 사실에 의해 지지된다(2.12절, 그림 2.36).

맨틀의 지진파 속도를 관찰된 값으로 낮추고 관찰된 감쇠 특성을 제공하는 데에는 단지 아주 적은 용융이 요구된다. 입자 경계에 있는 균열의 네트워크를 따라 분포된다면 1% 미만의 액상률(liquid fraction)이 이러한 효과를 생성할 것이다(O'Connell & Budiansky, 1977). 용융은 또한 이 구간의 높은 전기 전도도의 주된 원인이다. 부분 용융이 발생하기 위해서는, 소량의 물이 규산 용융점을 낮추는 데 요구되고 이것이 수화 맨틀 상(hydrous mantle phases)의 파괴로부터 공급되는 것이 사실인 것 같다. 저속 구간의 기저와 그것의 존재조차도 상부 맨틀의 물 가용성(availability of water)에 의해 제어될 수 있다(Hirth & Kohlstedt, 2003).

맨틀 저속 구간은 암석권과 연약권의 상대적인 이동이 수용될 수 있는 낮은 점성 층(low viscosity layer)을 나타내기 때문에 판 구조론에 매우 중요하다.

2.8.5 맨틀 전이대(mantle transition zone)

410km와 660km의 깊이에 맨틀의 2개 주요 속도 불연속면이 있다. 전자는 전이대의 상부를 후자는 그것의 기저를 표시한다. 불연속면은 좀처럼 선명하지 않고, 깊이의 제한된 범위에서 발생한다. 그래서 일반적으로 그것들이 화학적 변화보다는 상 변화를 나타내는 것으로 생각된다. 이러한 불연속면이 이 깊이에서 맨틀의 화학적 성분의 변화에 기인할 수 있지만,

위상 변화를 유도한 압력이 좀 더 그럴듯한 설명으로 여겨진다. 고압 연구가 맨틀 감람암의 지배적인 광물인 감람석(olivine)은 410km 깊이의 압력/온도 조건에서 첨정석 구조(spinel structure)로 변환을 겪고, 다음에 660km에서 페로브스카이트(perovskite) + 마그네지오뷰즈타이트(magnesiowüstite)로 변한다(표 2.4; Helffrich & Wood, 2001). 이런 깊이에서의 온도가 정상적인 맨틀에서보다 더 차가운 섭입하는 암석권 내에서, 이 불연속면이 나타나는 깊이는 열 모델링 및 고압 실험에 의해 예측된 바와 같이 정확하게 옮겨진다(9.5절). 이것이 전이대의 상부와 하부 경계들이 위상 변환에 의해 정해진다는 가설에 훌륭한 지지를 제공한다. 맨틀 감람암의 다른 구성 요소인 휘석(pyroxene)과 석류석(garnet)도 이 깊이의 범위에서 위상 변화를 겪으나, 그것들은 점진적이어서 깊이에 따른 지진파 속도의 변화에서 불연속을 생성하지는 않는다. 휘석은 350-500km 깊이에 해당하는 압력에서 석류석 구조로 변환한다. 약 580km 깊이에서 칼슘-페로브스카이트(Ca-perovskite)가 석류석에서 용리하기 시작하고, 660-750km에서 잔존 석류석은 감람석의 변환에서 유래된 페로브스카이트에 녹는다. 따라서 하부 맨틀은 주로 페로브스카이트 구조를 갖는 위상으로 구성된다.

표 2.4 상부 맨틀 전이대(transition zone)를 명시하는 것으로 생각되는 감람석(olivine)의 상 변환(phase transformation; Helffrich & Wood, 2001을 따름)

Depth	Pressure	
410km	13-14GPa	$(Mg, Fe)_2SiO_4 = (Mg, Fe)_2SiO_4$ Olivine Wadsleyite(β-spinel structure)
520km	18GPa	$(Mg, Fe)_2SiO_4 = (Mg, Fe)_2SiO_4$ Wadsleyite Ringwoodite(γ-spinel structure)
660km	23GPa	$(Mg, Fe)_2SiO_4 = (Mg, Fe)SiO_3 + (Mg, Fe)O$ Ringwoodite Perovskite Magnesiowüstite

2.8.6 하부 맨틀

하부 맨틀은 고체 지구 질량의 약 70%와 지구 전체 질량의 약 50%를 나타낸다(Schubert *et al.*, 2001). 이 층의 대부분에서 깊이에 따른 지진파 속도의 일반적인 매끄러운 증가로 인해 그것이 주로 페로브스카이트 구조를 갖는 광물학적으로 비교적 균일한 물질로 이루어졌다고 여겨졌다. 그러나 더 자세한 지진학적 연구에 의해 하부 맨틀은 아마 660km 불연속면을 통과하여 섭입된 해양 암석권의 침투의 결과로 열적 및/또는 성분의 이질성을 가지고 있다는 것이 밝혀졌다(2.8.3절).

층 D″(12.8.4절)인 맨틀의 가장 하부 200-300km는 종종 지진파 속도의 감소로 특징지어지는데, 이는 아마도 맨틀-핵 경계면 위로 증가된 온도 구배와 관련된다. 이 하부 층은 매우 이질적이라는 것을 나타내는 지진파 속도의 큰 측면 변화를 보여준다. 주위의 맨틀에 비해 P파 및 S파 속도 모두에서 10% 이상의 감소를 보여주는 초저속 구간(ultra-low velocity zone)은 부분적으로 용융된 물질의 존재를 반영하는 것으로 해석되었다(Williams & Garnero, 1996). 이 구간은 옆으로 매우 이질적이고 꽤 얇다(5-40km 수직 두께). 실험실 실험은 핵의 액상 철(liquid iron)이 페로브스카이트로부터 금속 합금과 비금속 실리케이트를 생산하면서, 층 D″에서 맨틀 규산염과 반응한다는 것을 암시한다. 그러므로 층 D″은 핵-맨틀 상호 작용을 지배하고 또한 심부 맨틀 플룸(deep mantle plume; 12.8.4절, 12.10절)의 기원일 수 있기 때문에 매우 중요하다.

2.9 핵(core)

3480km의 평균 반경을 갖는 타원체인 핵은 2891km의 깊이에서 나타나고, 지구 중심을 점유한다. 맨틀-핵 경계선(구텐베르크 불연속면)은 강력한 지진파 반사를 생성하고, 그래서 아마 성분 계면을 나타낸다.

2891-5150km의 깊이에 있는 외핵은 S파를 전송하지 않으며 그래서 유체가 틀림없다. 동적 프로세스에 의해 이 영역에서의 자기장 발생과 자기장에서 관찰된 장기간 변화에 의해 이것이 확인된다(3.6.4절). 자기장의 주된 원인인 대류 운동은 맨틀의 대류보다 10^5 정도 더 큰 ~10^4m a^{-1}의 속도를 필요로 한다. 유체 상태 역시 태양과 달의 중력에 대한 지구의 반응에 의해 나타내진다.

5150km 깊이에 있는 외핵과 내핵의 경계선은 뚜렷하고, 어떤 전이대의 형태도 보이지 않는다. 내핵은 여러 가지 이유로 고체로 여겨지고 있다. 매우 큰 지진에 의해 생성된 지구의 특정 진동은 오직 고체 내핵에 의해서만 설명될 수 있다. P파처럼 내핵으로, 그리고 내핵에서 전해지는 그러나 S파처럼 내핵을 통과하는 지진파가 인식되어 왔다. 내핵에서 반사된 위상의 진폭도 역시 그것이 제한된 강도를 가지고 있어야 하고 그래서 고체여야만 한다는 것을 암시한다.

충격파 실험이 내핵과 외핵의 주요 성분은 철, 니켈, 바나듐, 또는 코발트와 같은 원자번호가 23 이상인 원소를 포함해야 한다는 것을 보여주었다. 이러한 원소 중 철만이 태양계에서 핵의 주요 부분을 형성하기에 충분하게 존재한다. 또, 태양계의 풍부함을 고려하면 핵은

4%의 니켈을 포함해야만 할 것 같다. 이 철-니켈 혼합물은 8-15%나 더 밀도가 큰 외핵용 조성물을 제공하며, 따라서 소량의 좀 더 가벼운 원소 또는 원소들을 포함해야 한다. 그러나 내핵은 순철의 조성과 일치하는 지진파 속도와 밀도를 갖는다.

외핵에 존재하는 가벼운 원소에 대한 몇몇 후보가 있는데, 여기에 규소, 황, 산소, 그리고 칼륨이 포함된다(Brett, 1976). 규소는 지구의 형성에 대한 지나치게 복잡한 모델을 필요로 하고 황은 지구의 내부는 휘발성 원소가 매우 고갈되어 있다는 아이디어와 충돌한다. FeO는 아마 철에서 충분히 녹을 수 있기 때문에 산소가 가장 가벼운 원소일 것처럼 보인다. 칼륨의 존재는 추론이지만 지구 역사 전체에 걸쳐 활동하는 핵 내의 열원을 제공할 수 있다는 점에서 흥미롭다. 이것은 또한 운석에 비해 지구의 명백한 칼륨 결핍을 설명하는 데 도움이 된다.

2.10 지각과 맨틀의 유동학(rheology)

2.10.1 서 론

유동학(Rheology)은 가하여진 응력(stress)의 영향하에서 물질의 변형과 흐름을 연구하는 학문이다(Ranalli, 1995). 가하여진 응력의 온도, 압력 및 크기가 상대적으로 낮은 곳에서, 암석은 단열 및 단층으로 형성된 분리된 표면을 따라 부서지는 경향이 있다. 이러한 요인이 상대적으로 높은 곳에서 암석은 연성 흐름(ductile flow)에 의해 변형되는 경향이 있다. 변형(strain)의 측정은 변형작용을 정량화하는 데 사용된다.

응력(stress, σ)은 표면의 단위 면적당 가해지는 힘으로 정의되고, 파스칼(Pa)로 측정된다. 표면 위에 작용하는 어떤 응력도 표면에 수직인 수직 응력(normal stress)과 표면의 평면 내에 2개의 전단응력의 성분들로 표현될 수 있다. 매체 내에서 응력의 상태는 전단응력이 제로인 매체의 3면에 작용하는 3개 **주응력들(principal stresses)**의 크기와 방향에 의해 편리하게 명기된다. 주응력은 서로 직교이며, 각각을 최대, 중간 및 최소 주응력이라 하고 σ_1, σ_2 및 σ_3라는 용어를 쓰고 있다. 지구과학에서 압축응력은 양(positive)으로 인장응력은 음(negative)으로 표현된다. 최대 주응력과 최소 주응력 사이의 크기 차이는 **차응력(differential stress)**이라 부른다. **편차응력(deviatoric stress)**은 대칭에서 응력장(stress field)의 이탈을 나타낸다. 차응력값과 편차응력의 특성은 모두 본체가 겪는 왜곡(distortion)의 크기와 유형에 영향을 나타낸다.

변형(strain, ε)은 물질의 크기 또는 형태의 어떤 변화로서 정의된다. 변형은 변화된 선의 길이를 본래의 길이로 나누는 것과 같이, 하나의 고체의 형태 변화를 기술하는 것으로 비율로 표현된다. 변형이 응력에 비례하고, **탄성 한계(elastic limit)**로 알려진 임계 응력에 도달할 때까지 가역적일 때 **탄성**체(**Elastic** materials)는 후크의 법칙(Hook's law)을 따른다. 이런 거동은 일반적으로 낮은 응력 수준과 높은 변형 비율에서 발생한다. 암석은 온도와 압력의 함수인 탄성 한계를 넘어서면 취성 단열작용(brittle fracturing)이나 연성 흐름에 의해 변형된다. **항복 응력(yield stress**, 또는 항복강도)은 영구적으로 변형하게 되는 탄성한계 이상에서의 차응력 값이다. **소성(plastic)** 물질은 단열작용(fracturing) 없이 연속적이고 돌이킬 수 없는 변형을 보여준다.

응력이 가하여진 시간의 길이 또한 지구 물질의 변형에 중요하다(Park, 1983). 짧은 기간(수초 또는 수일)의 암석 유동학은 몇 달 혹은 몇 년의 기간이 넘게 응력을 받은 같은 물질의 그것과 다르다. 암석이 낮은 변형률에서보다 높은 변형률에서 더 높은 강도를 발휘하기 때문에 이런 차이가 발생한다. 예를 들면, 피치 블록을 망치로 두드릴 때 즉 빠른 '순간적인' 변형을 받을 때 그것이 깨진다. 그러나 수개월간 방치될 때는 피치가 흐름작용에 의해 서서히 변형된다. 지속적인 응력하에서 물질의 느린 장기 흐름은 **포행(creep)**으로 알려져 있다. 수천 년의 시간 규모로 암석권의 강도와 유동학에 대한 정보는 주로 지각평형과 암석권 휨(flexure, 2.11.4절)의 관찰에서 비롯된다. 수백만 년의 시간 규모에서의 지구 유동학은 일반적으로 응력 및 변형과 이들의 시간 함수들과의 거시적 관계를 기술하는 연속체 역학 방식을 이용하여 연구한다. 대신으로, 지구의 장기 유동학은 실험실 실험의 결과와 미세 구조의 관찰이 암석의 거동을 제한하는 데 사용되는 미세 접근법을 이용하여 연구될 수 있다. 후자의 방법은 모두 매우 유용한 결과를 생성하였다(예를 들면 7.6.6절, 8.6.2절, 10.2.5절).

2.10.2 취성 변형(brittle deformation)

취성 단열(brittle fracture)은 미세 및 중간 규모 균열의 네트워크를 따라 점진적인 파괴에 의한 것으로 생각된다. 균열은 그것의 팁 근처에 인장응력이 국부적으로 높은 집중을 일으켜서 암석을 약화시킨다. 가하여진 응력에 관련된 균열 방향이 국부적 응력 최대치의 방향과 크기를 결정한다. 단열작용은 국부적 응력 최대치가 암석의 강도를 초과하는 곳에서 발생한다.

단열의 그리피스 이론(Griffith theory)으로 알려진 이 이론은 가하여진 인장응력의 조건하에서 혹은 주응력 중 하나가 압축응력인 곳에서 잘 작동한다. 인장응력의 크기가 물질의 인장 강도를 초과할 경우, 이 응력에 직교하는 균열이 처음으로 파괴되고 연장 단열이 발생한다. 모든 주응력이 일반적으로 압축응력인 지하 수백 미터 이하에서는, 균열의 거동은 더욱 복잡하다. 균열은 압축하에서 닫히고 아마도 과부하 압력 때문에 >5km의 깊이에서 완전히 닫힌다. 이것은 물질의 압축 강도가 인장 강도보다 훨씬 크다는 것을 의미한다. 예를 들면, 대기압에서 화강암의 압축 강도는 140MPa이고, 인장 강도는 단지 약 4MPa이다.

모든 균열이 닫히는 곳에서, 단열작용은 물질의 고유 강도와 차응력(2.10.1절)의 크기에 의존한다. 실험이 평면상의 임계 전단응력이 초과될 때 전단 단열(shear fracture) 또는 단층이 우선적으로 최대 주압축응력(maximum principal compressive stress)의 어느 한쪽에 <45°의 각도로 형성되는 것을 보여준다. 이 임계 전단응력(σ_s*)은 잠재적 파괴 평면상의 수직 응력(σ_n)과 그것을 가로지르는 상대적 이동에 저항하는 내부 마찰 계수(μ)에 따라 달라진다. 모어-쿨롬(Mohr-Coulomb) 단열 기준이라 불리는 이 관계는 다음과 같은 선형 방정식으로 기술된다.

$$|\sigma_s{}^*| = c + \mu\sigma_n$$

응집력(c)은 제로 수직 응력의 평면 위에서 전단 단열(shear fracture)에 대한 물질의 저항을 말한다. Byerlee(1978)는 많은 종류의 암석이 범위 0.6-0.8 내의 거의 같은 마찰 계수를 갖는다는 것을 보여주었다. 임계 전단응력의 절댓값을 이용하여 작성된 방정식의 형태는 최대 주압축응력의 축에 대해 대칭인 한 쌍의 단열을 형성하게 한다. 공극 유체 압력은 마찰 계수를 감소시키고, 단층에 작용하는, 수직 응력(σ_n)을 약화시킴으로써 단열작용을 향상시킨다. 공극 유체 압력의 효과는 높은 수직 응력 때문에 매우 높은 전단응력을 필요한 것처럼 보이는 깊은 곳에서의 단층작용을 설명한다.

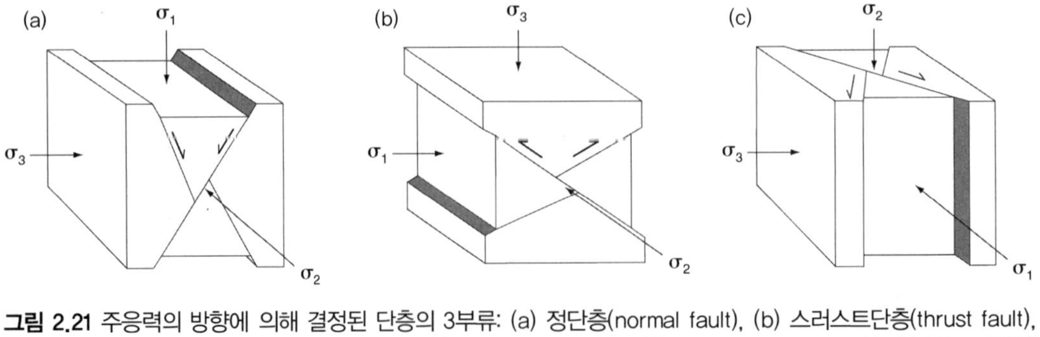

그림 2.21 주응력의 방향에 의해 결정된 단층의 3부류: (a) 정단층(normal fault), (b) 스러스트단층(thrust fault), (c) 주향이동 단층(strike-slip fault)(Angelier, 1994를 따름, Pergamon Press의 허가로. 저작권 Elsevier 1994)

이 압축적 닫힌 균열 권역 하에서 Anderson(1951)의 이론에 따르면 일어나는 단층작용의 유형은 주응력의 어느 것이 수직인지에 달려 있다(그림 2.21). 정단층 주향이동 단층, 그리고 스러스트단층은 σ_1, σ_2 또는 σ_3가 각각 수직인 곳에서 발생한다. 이 이론은 개념적으로 유용하다. 그러나 이것이 ≤30°의 경사(dip)를 보이는 저 - 각도 정단층(7.3절), 편평한 스러스트단층 또는 이전에 단열된 이방성 암석에 발달하는 단층의 발생을 설명하지 못한다.

암석의 강도는 **구속압(confining pressure)**으로 칭해지는 주변 암석의 압력에 따라 증가하나, 온도에 따라 감소한다. 지각의 최상부 10-15km에서는 구속압의 효과가 지배적이고, 암석 강도는 깊이에 따라 증가하는 경향이 있다. 구속압은 덮고 있는 암석의 밀도에 따라 약 33MPa km^{-1}의 비율로 깊이에 따라 증가한다. 10-15km 아래에서는 온도의 효과가 지배적이며, 암석은 아래로 가면서 점차 약화될 수 있다. 그러나 이 간단한 관계는 온도의 국부적 변화, 유체 함량, 암석 조성, 그리고 기존의 취약점에 의해 복잡해질 수 있다.

부서지기 쉬운 고체의 변형은 **파쇄작용(cataclasis)**의 형태를 취할 수 있다(그림 2.22; Ashby & Verrall, 1977). 이것은 암석의 입도를 감소시키도록 작용하는 반복된 전단 단열작용의 결과로, 그리고 입자들 서로 간의 미끄러짐과 회전(sliding and rolling)에 의해 생긴다.

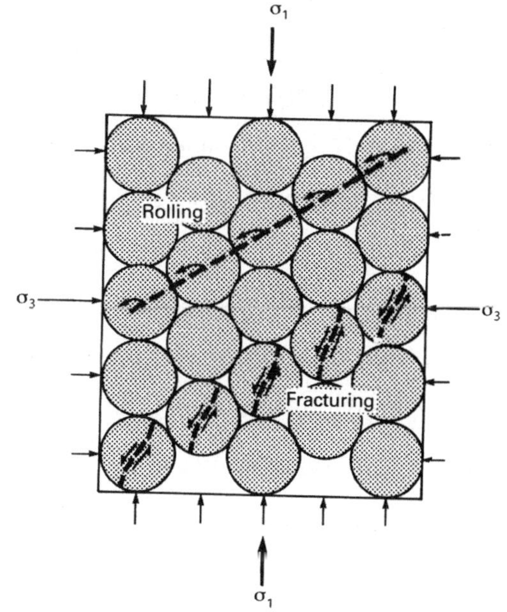

그림 2.22 파쇄 유동(cataclastic flow)에 의한 취성 고체의 변형(Ashby & Verrall, 1977에서 다시 그려짐, Royal Society of London의 허가로)

2.10.3 연성 변형(ductile deformation)

결정질 고체의 연성 흐름(ductile flow)의 메커니즘은 그것들이 낮은 온도와 압력에서 쉽게 흐른다는 장점을 갖는 금속의 연구로부터 추론되었다. 일반적으로, 물질의 온도가 용융 온도(절대온도로 T_m)의 약 절반 미만인 곳에서는, 물질은 고체 상태에서, 천천히 흐름 혹은 **포행(creeping)**에 의해 낮은 응력에 반응한다. 높은 온도와 압력에서, 지각(Tullis, 2002)과 맨틀(Li *et al*., 2004)을 특징짓는 규산염 광물의 강도 및 흐름은 실험 장치를 이용하여 연구되었다.

지각과 맨틀에서 발생할 수 있는 연성 흐름에는 여러 가지 종류가 있다(Ashby & Verrall, 1977). 모두가 주변 온도에 의존하나 압력에는 매우 적게 의존한다. 상승된 온도는 겉보기 점도(apparent viscosity)를 낮추고, 변형률을 증가시키는 데 반해 증가된 압력은 더 느린 흐름을 생성한다. 일반적으로, 연성의 흐름에 대해, 차응력($\Delta\sigma$)과 변형률($\delta\varepsilon/\delta\tau$)은 형태의 흐름 법칙을 통해 관련된다.

$$\Delta\sigma = [(\delta\varepsilon/\delta\tau)/A]^{1/n}\exp[E/nRT],$$

여기서 E는 가정된 포행 프로세스의 활성화 에너지(activation energy)이고, T는 온도, R은 보편 기체 상수(universal gas constant)이고, n은 정수이고, A는 실험적으로 결정된 상수이다.

물질의 항복 강도가 초과될 때 **소성 흐름(plastic flow)**이 발생한다. 움직임이 광물의 결정격자에 있는 많은 결함의 미끄러짐 운동(gliding motion)에 의해 발생한다. 이웃 원자의 개별 결합이 깨어지고 미끄럼면(glide plane)을 가로질러 재형성함에 따라 결정격자 내에서 슬립(slip)이 발생한다(그림 2.23). 이 프로세스는 결정의 이동된 부분과 이동되지 않은 부분을 구분하는 **전위(dislocation)**라고 칭해지는 선형 결함(linear defects)으로 나타난다. 이러한 방식으로 변형하는 물질의 항복 강도는 전위의 움직임에 대한 결정 구조의 저항을 극복하기 위해 요구되는 응력의 크기에 의해 제어된다. 생성된 변형은 전위 밀도에 의해 제한되는 경향이 있다. 밀도가 높을수록 전위가 변형경화(strain-hardening) 또는 가공경화(work-hardening)로 알려진 프로세스로 움직이는 것이 더 어려워진다.

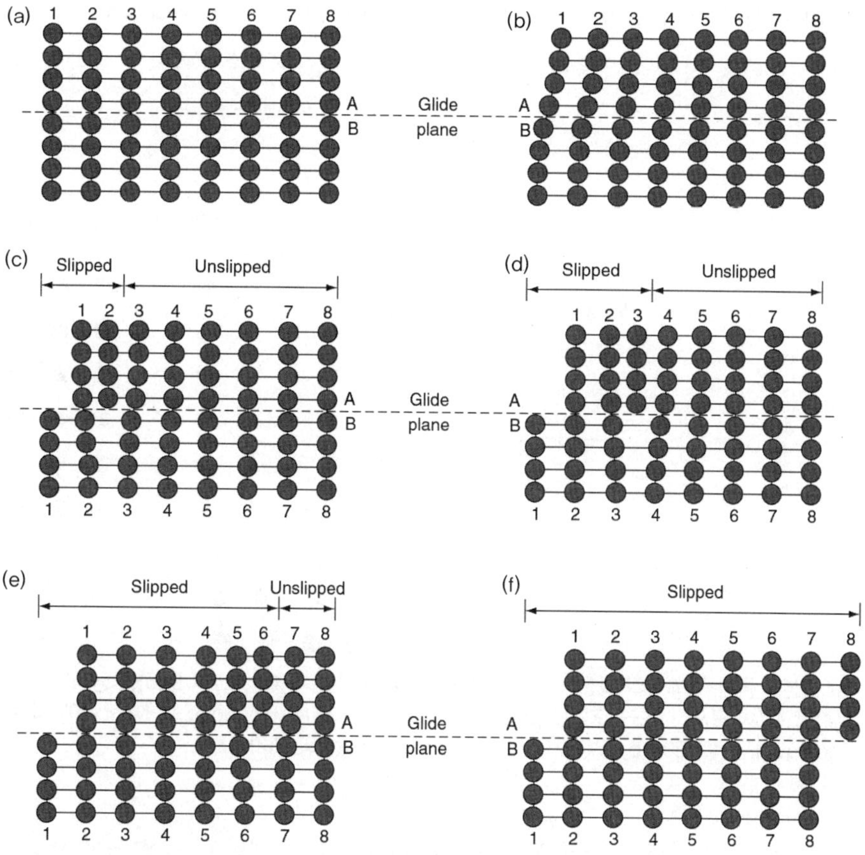

그림 2.23 결정을 통한 선형 모서리 어긋나기(linear edge dislocation)의 이동에 의한 소성 흐름(plastic flow) (Robert J. Twiss and Eldridge M. Moores에 의한 Structural Geology에서. © 1992 by W.H. Freeman and Company의 허가로)

지수-법칙 포행(power-law creep; 또한 **전위 포행(dislocation creep)**으로 알려진)은 $0.55\,T_m$을 초과하는 온도에서 일어난다. 포행의 이러한 형태에서는 변형률은 $n \geq 3$인 곳에서 응력의 n번째 힘에 비례한다. 변형이 **전위 미끄럼(dislocation glide)**에 의해 발생하는 곳에서 지수-법칙 포행은 소성유동과 유사하다. 그러나 이 외에, 원자와 공석(vacancy)으로 불리는 원자에 의해 점유되지 않은 위치의 확산이 보다 높은 온도에 의해 허용된다(그림 2.24). 그것들이 형성됨으로 해서 **전위승강(dislocation climb)**으로 불리는 이런 확산 프로세스가 전위 운동(dislocation movement)에 대한 저항이 제거되게 한다. 그 결과 가공 경화가 발생하지 않고 정상 상태 포행이 쉽게 이루어진다. 이 균형 결과는 새로운 결정 입자가 오래된 입자에서 형성되는 **동적 재결정작용(dynamic recrystallization)**으로 나타난다. 더 높은 온도 때문에 항복 강도는 소성유동보다 더 낮고, 변형은 더 낮은 응력에서도 형성된다. 지수-법칙 포행은 대류 흐름을 지배하는 상부 맨틀 변형의 중요한 형태라고 여겨지고 있다(Weertman, 1978). Newman과 White(1997)는 대륙 지각의 유동학은 3의 응력지수를 갖는 지수-법칙 포행에 의해 제어된다고 제안하였다.

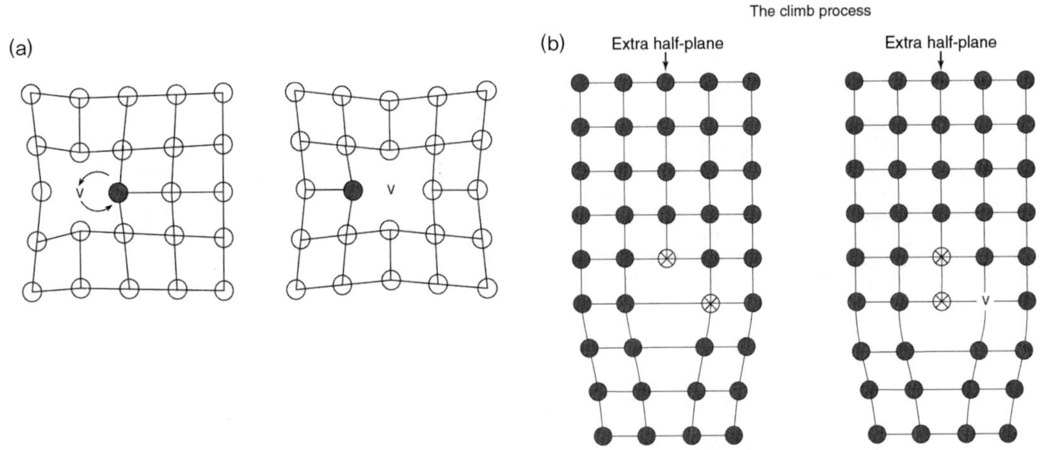

그림 2.24 (a) 결정을 통한 공석(v)의 확산. (b) 인접한 원자(x로 표시된)가 확산으로 이동하는 공석을 남겨둔 결합을 교환함으로써 모서리 어긋나기의 하향 등반(Robert J. Twiss and Eldridge M. Moores에 의한 Structural Geology에서. © 1992 by W.H. Freeman and Company의 허가로)

온도가 $0.85\,T_m$을 초과하면 **확산 포행(diffusion creep)**이 우세하고, 응력 구배(stress gradient)에서 각 원자와 공석의 이동으로부터 발생한다(그림 2.25). 이동이 결정격자를 통해 발생하는 경우에, 그것은 **나바로-헤링 포행(Nabarro-Herring creep)**으로 알려져 있다. 결정 경계를 따라 발생하는 경우에, 그것은 **코블 포행(Coble creep)**으로 알려져 있다. 포행의 두 형태 모두에서 변형률($\delta\varepsilon/\delta\tau$)은 동적 점성도($\eta$)인 비례 상수를 갖는 미분응력($\Delta\sigma$)에 비례한다. 이 관계는 다음과 같다.

$$\Delta\sigma = 2\eta(\delta\varepsilon/\delta\tau)$$

점성도는 입자 반경의 제곱으로 증가하기 때문에 입자 크기의 감소는 유동의 약화를 초래할 것으로 예상된다. 확산 포행은 연약권(2.12절)과 하부 맨틀(2.10.6절)에서 발생하는 것으로 생각된다.

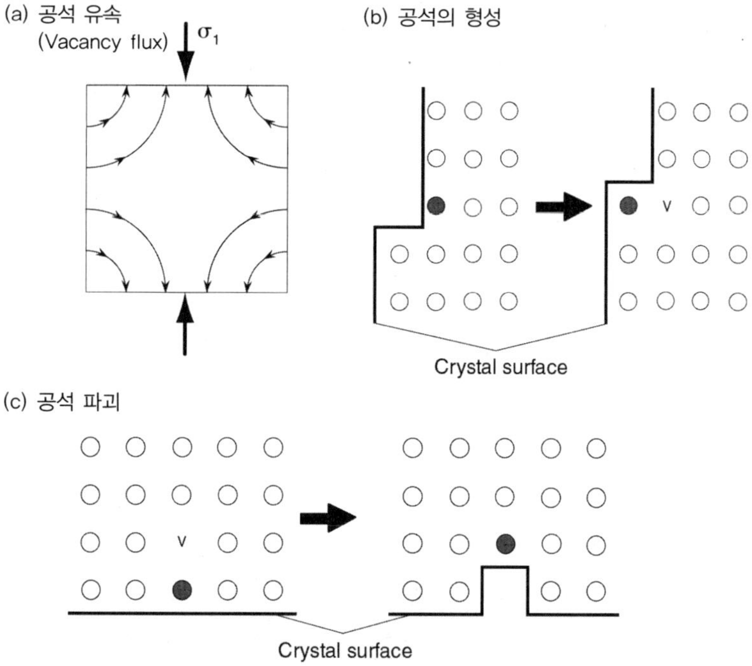

그림 2.25 나바로-헤링 포행(Nabarro-Herring creep): (a) 높은 수직 응력의 표면으로 공석 확산; (b) 최소 압축응력의 표면에 공석(v)의 생성; (c) 최대 압축응력의 표면에서 공석의 파괴(Robert J. Twiss and Eldridge M. Moores에 의한 Structural Geology에서. © 1992 by W.H. Freeman and Company의 허가로). (b)와 (c)에서 실선은 결정 표면을 표시하고, 검은색 원은 공석의 생성 동안에 그것의 위치가 변하는 이온을 표시한다.

초소성 포행(superplastic creep)은 금속에서 관찰되었으며, 일부 암석에서 발생할 수 있다. 포행의 이런 형태는 이동이 입자사이의 간극을 열지 않고 발생하는 곳에서 입자의 경계를 따른 결정의 밀착된 슬라이딩으로부터 일어난다. 슬라이딩은 확산과 전위 메커니즘 모두에 의해 수용될 수 있다. 초소성 포행은 하나 또는 둘의 응력 지수를 갖는 지수-법칙 유동학으로 특징지어지고 높은 변형률과 관련된다. 이 해석은 논쟁의 여지가 있지만, 일부 연구(예를 들면, Karato, 1998)가 초소성 포행이 하부 맨틀의 변형에 기여하는 것으로 추정했다.

2.10.4 암석권 강도 단면(lithospheric strength profile)

큰 규모 변형 대부분의 양적 처리에서 암석권은 상이한 유동학으로 특징지어지는 여러 층으로 구성되어 있다고 가정된다(예를 들면, 7.6.6절). 각 층의 유동학적 거동은 차응력($\Delta\sigma$) 수준에 좌우되고 취성 및 연성 항복응력에는 덜 좌우된다(2.10.1절). 암석권과 그것의 구성 층 전체 강도는 깊이에 관한 항복응력을 적분함으로써 추정될 수 있다. 이 통합 강도는 높은 지열 구배뿐만 아니라, 각 층의 성분 및 두께, 그리고 유체의 유무에 매우 민감하다.

깊이에 따른 변형 실험과 성분 변화의 증거에 대한 결과를 보고(2.4절) 연구자들은 암석권이 강한 층이 하나 혹은 2개의 약한 층으로 분리되는 '젤리 샌드위치(jelly sandwich)' 유형의 유동학적 성층(layering)에 의해 특징지어진다고 제안하였다(Ranalli & Murphy, 1987). 예를 들면, Brace & Kohlstedt(1980)는 각각 대륙 지각과 상부 맨틀의 주요 구성 성분인 석영과 감람석에 대한 측정에 기초된 암석권 강도의 한계를 조사하였다. 이것과 다른 측정들(예를 들면, Ranalli & Murphy, 1987. Mackwell *et al*., 1998)의 결과가 해양 암석권 내에서 상부 취성 지각은 온도 구배에 좌우되는 20-60km의 깊이에서 높은 강도의 지역으로 바뀐다는 것을 시사한다(그림 2.26a). 이 깊이 아래로 강도가 점차적으로 감소하여 연약권의 강도로 점차 변한다. 그러나 대륙 지각은 해양 지각보다 훨씬 두껍고, 하부 층에서 겪게 되는 400-700°C의 온도에서 광물은 해양 암석권의 이 깊이에서 발견되는 감람석보다 훨씬 약하다. 해양 암석권은 높은 강도 때문에 하나의 단단한 판으로 거동하는 반면, 대륙 암석권은 그렇지 않고(2.10.5절, 8.5절), 일반적으로 깊은 위치에 하나 이상의 연약층을 갖는 특징이 있다(그림 2.26b, c).

그림 2.26c, d는 다양한 층의 강도에 물의 잠재적인 영향을 설명하는 대륙 암석권에 대한 2개의 실험적으로 결정된 다른 강도 곡선을 보여준다. 이러한 곡선은 휘록암(diabase)과 다른 지각과 맨틀 암석에 대한 유동학, 변형률($\delta\varepsilon/\delta\tau$)$=10^{-15}s^{-1}$, 60mW m^{-2}의 지표 열류량을 갖는 대륙 지각에 대한 전형적인 열 구배, 그리고 40km의 지각 두께를 이용하여 계산되었다(Mackwell *et al*., 1998). 상부 지각(0-15km 깊이)은 습한 석영과 Byerlee(1978)의 마찰 강도 법칙(2.10.2절)으로 표시되고, 중앙 지각(15-30km 깊이)은 습한 석영과 지수-법칙 포행(2.10.3절)으로 표시된다. 이들과 다른 가정된 강도 단면이 보통 대륙 변형의 열역학 모델(thermomechanical model)에 사용된다(7.6.6절, 8.6.2절, 10.2.5절). 그러나 특정 세팅에서 어떤 하나의 단면 사용은 상당한 불확실성을 포함하고 많은 논쟁의 주제라는 것을 명심해야 한다(Jackson, J., 2002; Afonso & Ranalli, 2004; Handy & Brun, 2004). 주변 조건이 조산대와 마그마 호상 내에서와 같이 빈번하게 변할 것 같은 세팅에서는 여러 곡선이 서로 다른 시기 동안에 깊이에 따른 암석 강도의 변화를 설명하는 데 필요하다.

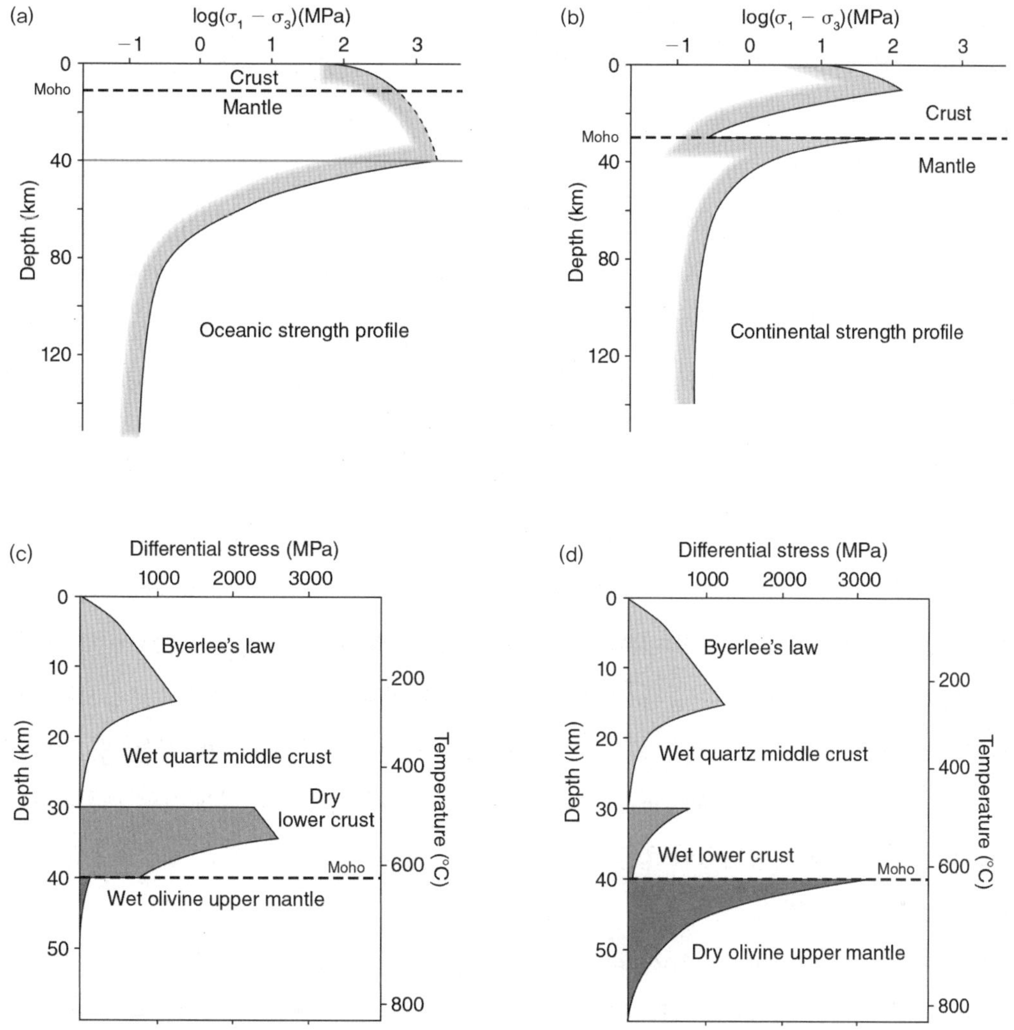

그림 2.26 (a) 해양 및 (b) 대륙 암석권을 통과하는 도식적인 강도 단면(Ranalli, 1995, fig. 12.2를 따름. 저작권 © 1995, Springer Science and Business Media의 허가로). 단면 (a)는 10km 두께의 고철질 지각과 75km 두께의 암석권을 보여준다. 단면 (b)는 30km 두께의 층을 이루지 않은 지각과 얇은 50km 두께의 암석권을 보여준다. 단면 (c)와 (d)는 습한 중간 지각을 반영시킨 건조한(dry) 하부 지각과 습한(wet) 상부 맨틀, 그리고 습한 하부 지각과 건조한 상부 맨틀을 각각 보여준다(Mackwell *et al.*, 1998에서 수정됨, American Geophysical Union의 허가로. 저작권 © 1998 American Geophysical Union). 설명을 위해 본문을 참고하라.

2.10.5 대륙 변형의 측정

대륙 변형 구간은 일반적으로 해양 지각에 영향을 미치는 변형의 영역보다 더 넓고 더 확산적이다. 이런 특징은 대륙 지각의 두께, 성분, 그리고 압력-온도 단면에서 생기는데, 이는 대륙 지역이 해양 지역에서보다 하부에서 연성 흐름을 만들 가능성이 더 높기 때문이다.

이런 구간의 폭과 확산율이 대륙에 적용하기 어려운 좁은 경계를 따른 판의 강체 운동(rigid motion)과 같은 판 구조론의 일부 개념을 만든다. 따라서 대륙 변형의 분석은 일반적으로 해양 지각의 변형을 연구하는 데 사용된 것과 다른 틀을 필요로 한다(예를 들면, 8.5절).

넓은 대륙 내 열개들(intracontinental rifts, 7.3절), 대륙 변형 단층(transforms, 8.5절), 그리고 조산대(10.4.3절)와 같은 거대한 규모의 구조지형에서, 변형은 단단한 블록의 상대적인 운동보다는 광역적 수평 속도장(horiaontal velocity field)으로 기술될 수 있다(예를 들면, 그림 8.18b). 변형 지역의 광역적 속도장을 추산하는 방법들은 일반적으로 위성 위치확인 시스템(GPS) 위성 측정치(Clarke *et al*., 1998), 단층 이동률(fault slip rate; England & Molnar, 1997), 그리고 지진 활동도(seismicity; Jackson *et al*., 1992)로부터의 정보 결합을 포함한다. 이 방법의 문제점 중 하나는 GPS 데이터가 수집되는 짧은 십 년 규모 시간 간격이다. 이 짧은 간격은 일반적으로 큰 지진을 비교적 적게 포함한다. 따라서 측정된 표면의 움직임은 대부분 파열 중에 발생하는 영구 변형보다 오히려 주요 지진들 사이(즉, 지진 간(interseismic))에 축적된 비영구적인 탄성 변형을 반영한다(Bos & Spakman, 2005; Meade & Hager, 2005). 이런 특징은 주요 단층상의 슬립(slip)과 관련된 불연속성을 거의 보여주지 않는 광역적 속도장으로 나타난다. 대신 단층상의 변위는 연속 함수로 기술되며, 속도장은 주어진 지역에 걸친 평균 변형을 나타내는 것으로 생각된다(Jackson, 2004). 그럼에도 불구하고, 광역적 속도장은 대륙 변형을 기술하는 매우 유용한 방법임이 입증됐다. 그것들을 일반적으로 처리하고 해석하는 데 사용되는 방법은 5.3절 및 8.5절에서 더 논의된다.

합성개구 레이더(Synthetic Aperture Radar, SAR)도 화산 및 지진 활동과 관련된 것들을 포함하는 지상 변위를 측정하는 데 사용된다(Massonnet & Feigl, 1998). 이 기술은 반복-통과 간섭 SAR 또는 InSAR라고 불리는 두 번 같은 지역 상공을 지나는 위성으로부터 표면 높이의 작은 변화를 측정하기 위해 SAR 데이터를 사용하는 것이다. GPS 데이터와 변형 측정기(strain meters)는 특정 지역에서의 변형을 보다 정확하고 반복된 관측을 제공하나, InSAR는 구조적으로 활동 중인 영역에서 발생하는 변위의 공간적 복잡성을 드러내는 데 특히 좋다. 중앙 안데스 산맥과 캄차카에서 InSAR 측정이 화산 호상(volcanic arc)의 화산 위험과 마그마 움직임을 평가하기 위해 사용되어 왔다(Pritchard & Simons, 2004). 남동 이란에서, InSAR 데이터가 2003년 도시 밤(Bam)에 영향을 미친 크기 $M_w = 6.5$ 지진의 변형장(deformation field)과 근원 매개변수를 결정하는 데 사용되었다(Wang *et al*., 2004). GPS와 InSAR 데이터의 통합된 사용으로 샌프란시스코 근처의 산 안드레아스 단층(San Andreas Fault) 체계의 일부와 관련된 수직 변위가 밝혀졌다(그림 8.7b).

2.10.6 맨틀에서의 변형

지진파 이방성(2.1.8절)의 측정과 광물 물리학 실험의 결과가 맨틀에서의 포행 메커니즘과 흐름 패턴을 추론하는 데 사용되었다(Karato, 1998; Park & Levin, 2002; Bystricky, 2003). 전위 포행(dislocation creep)에 의한 감람석을 포함하는 맨틀 광물의 변형은 결정격자의 선택배향(preferred orientation)이나 광물 형태의 선택배향 중 하나로 나타난다. 이런 정렬은 지진파가 다른 방향으로 얼마나 빠르게 전파하는지에 영향을 준다. 이 방향성 및 기타 속성의 측정을 통해 잠재적으로 연구자는 전위 포행에 의해 변형되고 있는 맨틀의 지역을 상상하고(2.10.3절), 흐름이 대부분 수직인지 혹은 수평인지를 결정한다. 그러나 이러한 해석은 온도, 입도, 물과 부분 용융의 존재, 그리고 변형의 양과 같은 요인에 의해 복잡하게 된다(Hirth & Kohlstedt, 2003; Faul *et al.*, 2004).

대부분의 저자는 지수-법칙(또는 전위) 포행을 맨틀 상부의 지배적인 변형 메커니즘으로 간주한다. 감람석에 대한 실험, 맨틀에서 유래된 단괴의 구조적 증거, 그리고 지진파 이방성의 존재가 지수-법칙 포행이 적어도 200km의 깊이까지 발생한다는 것을 암시한다. 이러한 결과는 맨틀 상부의 흐름에 대한 확산 포행 메커니즘을 선호하는 경향이 있는 빙하 후 지각 균형 반발(post-glacial isostatic rebound)의 연구(2.11.5절)와 차이가 있다. Karato와 Wu(1993)는 지수-법칙 포행에서 확산 포행으로의 전환이 맨틀 상부의 깊이에 따라 발생하는 것을 제안함으로써 이 명백한 불일치를 해결하였다. 압력과 온도가 증가하고 응력 차이가 감소하기 때문에 확산 포행은 깊이에 따라 더욱더 지배적이 된다. 빙하 반발을 사용한 맨틀 유동학 연구의 잠재적인 불확실성의 근원은 변형률이 일정한 응력하에서는 시간에 따라 변화하는 일시적인 포행의 역할이다. 반발과 관련된 총변형은 맨틀 대류와 관련된 거대한 변형에 비해 매우 작기($\leq 10^{-3}$) 때문에 일시적인 포행은 빙하 후 지각 균형 반발 동안에 중요할 수 있다(Ranalli, 2001).

상부 맨틀과 대조적으로, 하부 맨틀의 대부분은 지진파적으로 등방성이어서 확산 포행이 큰 깊이에서 맨틀 유동과 관련된 지배적 메커니즘임을 시사한다(Karato *et al.*, 1995). 전위 포행과 달리, 확산 포행(그리고 또한 초소성 포행)은 페로브스카이트와 마그네지오뷰스타이트(magnesiowüstite)와 같은 하부 맨틀 광물의 등방성 결정 구조로 나타난다. 하부 맨틀 물질은 실험실에서 재현하기 어렵기 때문에 하부 맨틀 유동학에 관한 큰 불확실성이 존재한다. 그럼에도 불구하고, 높은 압력실험의 진전이 하부 맨틀 광물의 물리적 특성들의 측정을 가능하게 한다. 일부 측정치가 하부 맨틀의 유동학이 산화마그네슘과 같은 작고 매우 약한 상의 발생과 기하학에 강하게 좌우된다는 것을 암시한다(Yamazaki & Karato, 2001). Murakami *et al.*(2004)

은 핵-맨틀 경계 근처에 상응하는 압력과 온도 조건에서, $MgSiO_3$ 페로브스카이트가 D″ 불연속면(12.8.4절) 아래에 있는 맨틀의 지진파 특성에 영향을 미칠 수 있는 고압의 형태로 변환한다는 것을 증명하였다.

대부분의 하부 맨틀과 달리, 중간권(mesosphere)의 기저, 즉 층 D″(2.8.5절)에서 관측이 지진파 이방성의 존재를 나타낸다(Panning & Romanowicz, 2004). 전단파의 V_{SV}에 대한 V_{SH} 편광의 지배력은 맨틀의 상부 200km에서 발견되는 것과 유사한 대규모 수평 흐름을 의미한다. 이방성의 기원은, 그것이 결정격자의 정렬 때문인지 아니면 광물 형태의 선택배향 때문인지 불확실하다. 그러나 이러한 관측은 D″이 맨틀 대류를 위한 역학적 경계층인 것을 암시한다. 하부 맨틀의 기저에서 수평 흐름의 형태의 예외가 또한 흥미롭다. 두 가지 예외가 이방성 측정이 수직 용승의 시작을 나타내는 중앙 태평양 및 남부 아프리카 아래 하부 맨틀의 광범위한 저속 지역의 하단(12.8.2절)에서 발생한다(Panning & Romanowicz, 2004).

층 D″의 그것과 유사한 지진파 이방성 및 수평 흐름의 또 다른 구간이 하부 맨틀의 상단 혹은 중간권(mesosphere)에서 발생할 수 있다(Karato, 1998). 그러나 후자의 해석은 매우 논쟁 중이고 계속된 조사에 의한 테스트가 필요하다. 수평 흐름의 이러한 구간이 존재한다면 그땐 맨틀의 대류는 아마 층들에서 별개로 발생하고 전체 맨틀을 포함하여 이루어지지 않는다(12.5.3절).

2.11 지각평형

2.11.1 서 론

지각평형(isostasy)의 현상은 큰 하중의 부과와 제거에 대한 지구 외각(outer shell)의 반응에 관한 것이다. 이 층은 비록 비교적 강하지만, 예를 들면, 산맥의 양의 무게(positive weight) 또는 해양 분지의 상대적인 무게 부족에 의해 생성된 큰 응력을 지탱할 수 없다. 이러한 지형이 지구 표면상에 존재하기 위해서는, 그렇지 않으면 발생될 거대한 응력을 피하기 위해 보상 메커니즘의 어떤 형태가 요구된다.

일단의 프랑스 측지학자들이 지구의 모양이 편평 타원형 또는 늘어난 타원체에 해당하는지를 결정하기 위한 시도로 에콰도르에서 위도의 1° 길이를 측정했던 18세기에 지각평형이 처음으로 인식되었다. 수직 라인이 측량에 수직 기준으로 사용되었고, 보정이 안데스 산맥의 중력에 기인된 수평 편향에 적용되지 않으면 안 된다는 것이 인식되었다. 그러나 해수면 위 안데스 산맥의 질량에 근거된 이 보정이 적용되었을 때, 실제 수직 변위가 예상보다 적은 것이 발견되었다(그림 2.27). 이런 현상은 산맥의 양의 질량을 보상하는, 다시 말하면 지탱하는 안데스 산맥의 아래에 있는 음의 질량 이상(negative mass anomaly)의 존재에 기인된다. 19세기에 유사한 관측이 히말라야 부근에서 이루어졌고, 깊은 곳에서 표면적재(surface loading)의 보상이 널리 퍼진 현상임이 인식되었다.

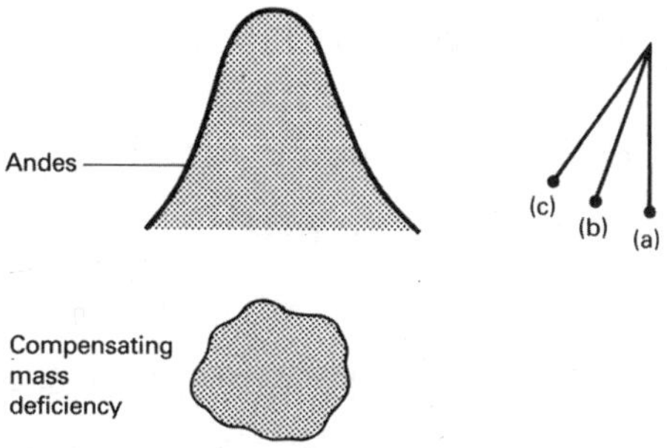

그림 2.27 해수면 위 안데스 산맥의 질량의 수평 중력이 수직 (a)에서 연추(plumb bob)의 편향 (c)를 일으킬 것이다. 관찰된 편향 (b)는 예측보다 더 작은데, 이는 안데스 아래 보상하는 질량 결손의 존재를 나타낸다(편향의 각도와 질량 분포는 단지 도식적이다).

지하 보상의 존재는 광범위한 지역에 걸친 지구 중력장의 변화에 의해 확인된다. 부게 이상(Bouguer anomalies; Kearey *et al.*, 2002)은 융기된 대륙 지역 위에서는 음이고, 해양 분지 위에서는 양이다(그림 2.28). 이러한 관찰이 대륙의 양의 지형과 해양의 음의 지형은 그것의 질량 이상이 표면 지형의 그것에 가까운 각각 음이고 양인 밀도 차이를 갖는 깊은 지역에 의해 보상된다는 것을 확증한다.

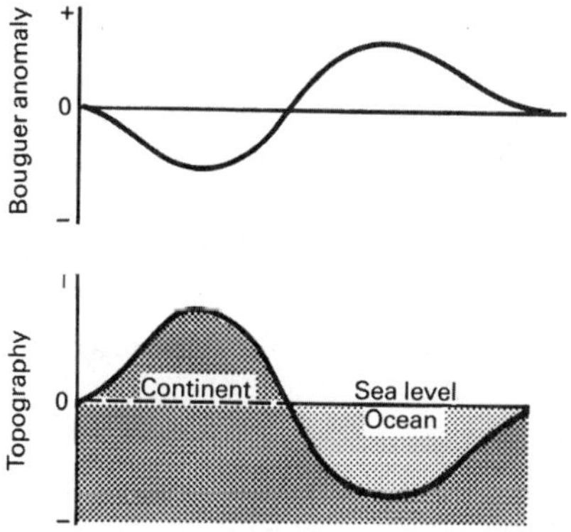

그림 2.28 그것의 지각평형 보상을 나타내는 지형과 부게 이상(Bouguer anomalies)의 역상관관계

지각평형의 원리는 보상의 깊이로 알려진 어떤 정해진 깊이 아래에서 위에 놓인 모든 물질에 의해 생성된 압력은 모든 곳에서 동등하다는 것이다. 즉, 만일 지역이 지각평형을 이루고 있다면, 단위 단면의 수직 기둥의 중량은, 비록 내부적으로 일정치 않지만, 보상의 깊이에서 동일하다.

국지적 지각평형 보상의 기하학적 형태에 대한 두 가지 가설이 에어리(Airy)와 프래트(Pratt)에 의해 1855년에 제안되었다.

2.11.2 에어리의 가설(Airy's hypothesis)

에어리의 가설은 지구의 최외각(outmost shell)은 일정한 밀도이고, 더 높은 밀도의 층위에 놓이는 것으로 가정한다. 표면 지형은 그것의 부력이 표면 하중을 상쇄하는 방법으로 외각의 두께를 변화시킴으로 보상된다. 간단한 비유는 표면 위로 가장 큰 높이를 보이는 곳이 가장 두꺼운 수중 얼음을 갖는 물에 떠 있는 다양한 두께의 얼음 블록일 것이다. 따라서 산맥은 두꺼운 뿌리 위에 놓일 것이고, 해양 분지는 얇아진 외각 층 또는 안티루트(antiroot) 위에 놓일 것이다(그림 2.29a). 외각의 기저는 결과적으로 표면 지형의 과장된 거울 이미지이다. 산맥과 그림 2.29a에 보인 제로 고도의 영역 아래 단위 단면의 기둥을 생각해보자. 그것들의 무게를 같게 하는 것은 다음과 같다.

$$g[h\rho_c + T_A\rho_c + r\rho_c + D_A\rho_m] = g[T_A\rho_c + r\rho_m + D_A\rho_m]$$

여기서 g는 중력 가속도이다.

이 방정식을 재정렬하면 지각평형을 위한 조건을 얻을 수 있다.

$$r = \frac{h\rho_c}{(\rho_m - \rho_c)}$$

비슷한 계산을 통해서 해양 분지의 보상을 위한 조건을 얻을 수 있다.

$$a = \frac{z(\rho_c - \rho_w)}{(\rho_m - \rho_c)}$$

이러한 방정식에 지각, 맨틀, 그리고 해수에 적합한 밀도를 대입하면, 모호면(Moho)의 기복이 지구 표면 기복의 약 7배라는 것을 예측할 수 있다.

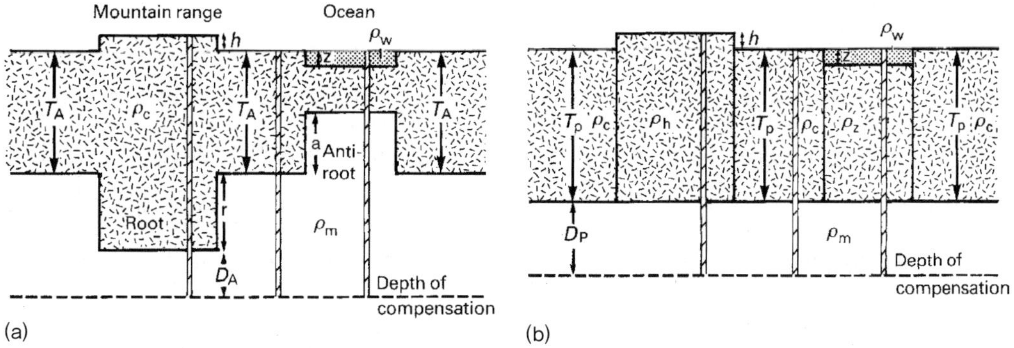

그림 2.29 (a) 지각평형 보상의 에어리(Airy) 메커니즘. h, 해발 산의 높이; z, 밀도 ρ_w의 물 깊이; T_A, 밀도 ρ_c인 지각의 정상 두께; r, 뿌리의 두께; a, 안티루트(antiroot)의 두께; D_A, 뿌리 아래 보상의 깊이; ρ_m, 맨틀의 밀도. (b) 지각평형 보상의 프래트(Pratt) 메커니즘. T_p, 지각의 정상 두께; ρ_h, 산 아래 지각의 밀도; ρ_z, 바다 아래 지각의 밀도; D_P, T_p 아래 보상의 깊이를 제외한 범례는 (a)에서와 같다.

2.11.3 프래트의 가설(Pratt's hypothesis)

프래트의 가설은 그것의 밀도가 표면 지형에 따라 각각 달라지는 지구의 최외각의 기저까지 일정한 깊이를 가정한다. 따라서 산맥은 상대적으로 비교적 낮은 밀도의 물질 위에 놓이고 해양 분지는 비교적 높은 밀도의 물질 위에 놓이게 될 것이다(그림 2.29b). 산맥과 해발 고도가 제로의 영역 아래 단위 단면의 기둥의 중력을 같게 놓으면 다음 식이 주어진다.

$$g(Tp+h)\rho_h = gT_p\rho_c$$

재배열로 산맥의 지각평형 상태를 위한 조건을 얻을 수 있다.

$$\rho_h = \frac{T_p\rho_c}{(T_p+h)}$$

해양 분지에 대한 유사한 계산을 할 수 있다.

$$\rho_z = \frac{(T_p\rho_c + z\rho_w)}{(T_p - z)}$$

지각평형의 이러한 초기 모델에서 그것의 지형이 보상된 지구의 외각을 지각에 해당한다고 가정하였다. 확실히 모호면을 가로질러 존재하는 큰 밀도 차이가 보상에 중요한 역할을 한다. 그러나 보상된 층이 오히려 더 두껍고, 상부 맨틀의 일부를 포함하고 있다고 현재 믿어지고 있다. 지구의 이 강한 외부 층은 암석권(lithosphere)으로 알려져 있다(2.12절). 암석권은 흐름에 의해 변형되고 따라서 암석권의 수직 운동에 의해 대체될 수 있는 연약권(asthenosphere)으로 알려진 훨씬 약한 층 위에 놓인다. 그러나 암석권-연약권을 가로질러 밀도 차이는 매우 작다.

에어리와 프래트 가설 모두는 본질적으로 인접한 블록이 유체 기층(fluid substratum)의 부력을 통해 지각평형을 달성하는 아르키메데스 원리(Archimedes' Principle)의 응용이다. 그것들은 인접한 블록이 단층면에 의해 분리되고, 독립적으로 상승 또는 침강에 의해 균형을 달성한다고 가정한다. 그러나 독립적인 운동이 매우 작은 하중에 대해서조차 일어난다고 예측하기 때문에 국지적 보상의 이런 모델은 지각과 상부 맨틀에 대한 비합리적인 역학적 특성을 의미한다(Banks *et al.*, 1977). 큰 중력 이상이 1억 년(100Ma)을 초과하는 연령을 갖는 화성 관입 위에 나타나는 것을 보면, 암석권은 이것이 의미하는 만큼 명백히 약하지 않다. 그러므로 암석권은 국지적 보정의 필요 없이 상당한 기간 동안 20-30MPa에 이르는 응력 차이를 지탱할 수 있어야 한다.

2.11.4 암석권의 휨(flexure of the lithosphere)

지각평형의 보다 현실적인 모델은 광역적 보상을 포함한다. 일반적인 방법은 암석권과 하중을 받고 있는 탄성 시트(elastic sheet)의 거동 사이의 유사점을 찾는 것이다. 그림 2.30은 적재에 대한 탄성 반응을 보여준다. 하중 아래의 지역은 연약권 물질을 옮김으로써 비교적 넓은 지역에 걸쳐 침강하고, 주변 부풂(peripheral bulge)의 발달로 보완된다. 그러나 오랜 기간에 걸쳐 암석권은 점탄성 방식으로 작용할 수 있고, 포행에 의해 다소 영구적인 변형을 겪는다(2.10.3절).

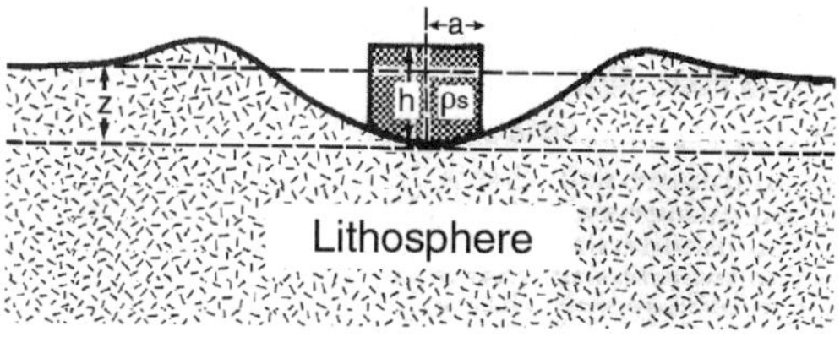

그림 2.30 절반 폭(half-width) a, 높이 h, 그리고 밀도 ρ_s의 2차원적 하중(load)의 결과로서 암석권의 아래로 휘어 굽음(flexural downbending)

예를 들면, 적재 하의 해양 암석권의 수직 변위 z는 4차 미분 방정식을 해결하여 탄성 시트로 그것을 모델링함으로써 계산될 수 있다.

$$D = \frac{d^4 z}{dx^4} + (\rho_m - \rho_w) z g = P(x)$$

여기서 $P(x)$는 수평 거리 x의 함수로서 하중이고, g는 중력 가속도이고, ρ_m, ρ_w는 각각 연약권과 물의 밀도이다. D는 휨 강도(flexural rigidity)라는 매개변수이고 이것은 다음과 같이 정의된다.

$$D = ET_e^3 / 12(1 - \sigma^2)$$

여기서 E는 영률(Young's modulus), σ는 포아송 비, 그리고 T_e는 암석권의 탄성 층 두께이다.

변위 z와 그림 2.30에 보인 절반 폭 a, 높이 h, 그리고 밀도 ρ_s의 2차원 하중 사이의 독특한 관계는 다음과 같다.

$$z_{\max} = h(\rho_s - \rho_w)(1 - e^{-\lambda a} \cos \lambda a) / (\rho_m - \rho_s)$$

여기서 $\lambda = \sqrt[4]{(\rho_m - \rho_w) g / 4D}$ 이고, ρ_w, ρ_m은 각각 물과 맨틀의 밀도이다.

탄성 층은 점점 더 단단해짐에 따라, D는 무한대에 접근하고, λ는 제로에 접근하고, 적재로 인한 침하(depression)는 작아진다는 것을 주목하라. 반대로 층의 점점 더 약해짐에 따라, D는 제로에 접근하고, λ는 무한대에 접근하고, 침하는 $h(\rho_s - \rho_w)/(\rho_m - \rho_s)$에 접근한다 (Watts & Ryan, 1976). 이것은 에어리형 지각평형에 해당하며 이 메커니즘을 탄성 층과 유체

기층에 적용하는 것은 양쪽 모두 매우 어렵다는 것을 나타낸다.

해령에서 멀리 떨어진 해양 암석권에서, 약 50km 이하의 절반 폭을 갖는 하중은 암석권의 제한된 견고성에 의해 지탱된다는 것이 증명될 수 있다. 약 500km를 초과하는 절반 폭을 갖는 하중은 대략적인 지각평형에 있다. 그림 2.31은 해산에 의해 하중이 실릴 때 해양 암석권에서 이루어진 평형을 보여준다(Watts *et al.*, 1975). 이렇게 휨 강도의 결과로 암석권은 지하 보정 없이 비교적 작은 하중을 지탱하기에 충분한 내부 강도를 갖는다. 이러한 하중은 작은 지형적 특징과 예를 들면 지각 내의 작은 화강암체 혹은 고철질체(mafic bodies)에 기인한 지각 밀도의 변화를 포함한다. 암석권의 휨 강도를 고려한 보다 현실적인 이런 지각평형 보상 모델은 **휨 지각평형(flexural isostasy)**이라 한다(Watts, 2001).

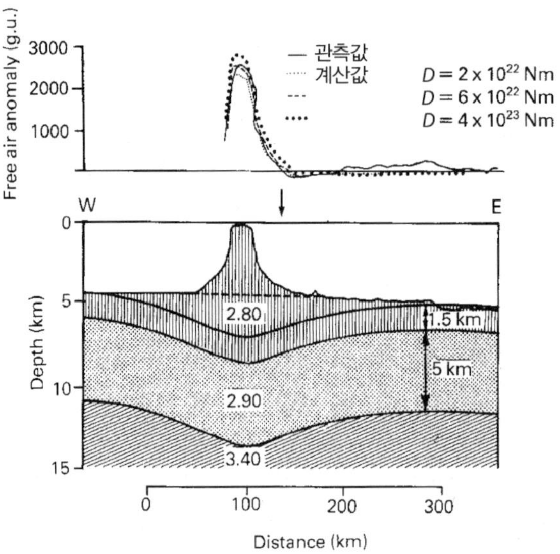

그림 2.31 지각의 아래로 휘어 굽음의 관점에서 북동 대서양의 그레이트 미티어 해산(Great Meteor Seamount)에 대한 고도 이상(free air anomaly)의 해석. 6×10^{22}N m의 휨 강도(D)를 갖는 모델이 관찰된 이상에 가장 유사한 것으로 나타난다. 밀도의 단위는 Mg m^{-3}. 화살표는 위치 30°N, 28°W를 표시한다(Watts *et al.*, 1975에서 다시 그려짐, American Geophysical Union의 허가로. 저작권 © 1975 American Geophysical Union).

2.11.5 지각평형 반발(isostatic rebound)

적재에 대한 암석권의 평형 휨 반응(equilibrium flexural response)은 그것이 흐름을 쉽게 하는 한 아래에 놓이는 연약권의 정확한 역학적 특성에 관계없다. 그러나 하중의 제거 후 평형의 재달성, 즉 **지각평형 반발(isostatic rebound)**로 알려진 현상은 연약권의 점성도에 의해 제어된다. 지각평형 반발률의 측정이 상부 맨틀의 점성도를 추정하는 수단을 제공한다. 페노스칸디아(Fennoscandia)는 19세기 후반부터 수행된 정확한 측량 조사를 통하여 플라이스토세 빙상(Pleistocene ice sheet)이 녹음에 따라 융기를 겪고 있다는 것을 보여주고 있기 때문에 이런 종류의 연구 예를 대표한다(그림 2.32). 최대 융기 속도가 보스니아 만 주위에서 나타나는데, 육지가 10mm a^{-1} 이상의 속도로 상승하고 있다. 2만 년 전에 육지 표면은 약 2.5km의 두께의 빙상에 의해 덮여 있었다(그림 2.32a). 암석권은 600-700m의 침강과 연약권 물질의 측면 변위로 나타나는 휨(flexing)으로 이 하중을 수용한다(그림 2.32b). 이 단계는 현재 육지 표면이 얼음의 무게에 의해 해발 아래 250m만큼 침하한 그린란드와 남극 대륙에 존재한다. 얼음의 녹음은 약 1만 년 전에 전부 이루어졌고(그림 2.32c), 이 시간 이후 암석권은 지각평형을 다시 이루기 위하여 원래의 위치로 되돌아가고 있다. 비슷한 상황이 허드슨 만 주변의 육지 표면이 만년설의 제거에 이어 상승하고 있는 북부 캐나다에 존재한다. 지각평형 반발의 속도는 10^{21}Pa s(파스칼 초)의 상부 맨틀 점성도에 대한 추정치를 제공하였고, 빙하 후 회복과 그것의 관련된 해수 적제의 세계적 모델링에 근거된 측정이 이 숫자가 일반적으로 상부 맨틀 전체에 걸쳐서 적용된다는 것을 암시한다(Peltier & Andrews, 1976). 물의 점성도(10^{-3}Pa s) 또는 용암 흐름의 점성도(4×10^{3}Pa s)에 비해, 암석권 아래 맨틀의 점성도는 극히 높고, 그것의 유체 거동은 거대한 시간 상수를 갖는 프로세스에서만 명백하다. 그러나 맨틀 점성도에 대한 지식은 12.5.2절에서 설명하는 것과 같이 맨틀 대류의 성질을 제어하는 중요한 정보이다.

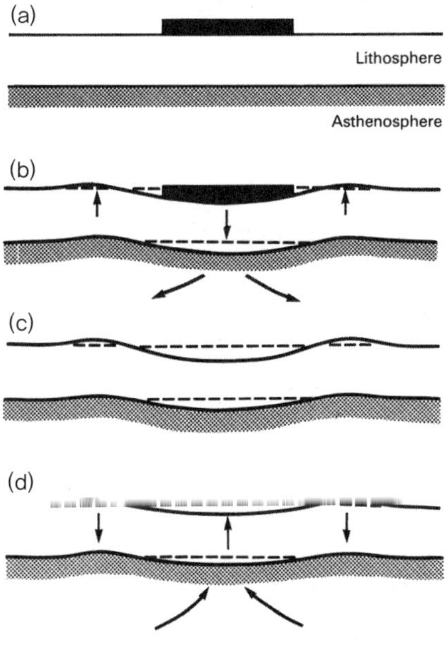

그림 2.32 지각평형 반발(isostatic rebound)의 이론. (a) 암석권 위 만년설의 하중이 주변 암석권의 융기와 연약권 내의 측면 흐름 (b)를 동반하는 아래로 굽음을 일으킨다. 만년설이 녹으면 (c), 지각평형이 연약권에서 역류, 주변 부풂의 침강, 그리고 중앙 지역 융기에 의해 회복된다(d).

2.11.6 지각평형의 테스트

지역의 지각평형 보상의 상태는 중력 이상을 이용하여 평가될 수 있다. **지각평형 이상 (isostatic anomaly)** IA는 부게 이상(Bouguer anomaly)에서 지하 보상의 중력 이상을 뺀 값으로 정의한다. 두께 r의 뿌리에 의해 보상된 높이 h의 넓고 평편한 고원을 고려하자. 이런 지세의 지형보정(terrain correction)은 고원의 중앙부분에서 작고, 그래서 여기서 부게 이상 BA는 다음의 관계로 고도 이상(free-air anomaly), FAA와 관련된다.

$$BA = FAA - BC$$

여기서 BC는 $2\pi G\rho_c h$와 같은 부게 보정이고, ρ_c는 보상 층의 밀도이다. 이런 에어리 보상에 대해 다음 식과 같다.

$$IA = BA - A_{root}$$

여기서 A_{root}는 보상 뿌리의 중력 이상이다. 뿌리가 그것의 두께에 비해 넓기 때문에, 그것의 이상치는 무한의 슬라브, 즉 밀도 $2\pi G(\rho_c - \rho_m)r$에 가까워질 수 있고, 여기서 ρ_m은 하층의 밀도이다. 위의 두 식을 결합하면 다음 식과 같다.

$$IA = FAA - 2\pi G\rho_c h - 2\pi G(\rho_c - \rho_m)r$$

지각평형에 대한 에어리 기준에서는 다음 식과 같다.

$$r = h\rho_c / (\rho_m - \rho_c)$$

방정식에 이 조건의 대입은 지각평형 이상이 넓고 평평한 고도 이상과 같다는 것을 드러내고, 이것이 지각평형의 상태를 평가하기 위한 간단한 방법을 표시한다. 그림 2.33은 보상의 다양한 정도를 갖는 넓고 평평한 지세의 고도 이상, 부게 이상, 그리고 지각평형 이상을 보여준다. 고도 이상, 지각평형 이상, 그리고 매우 다른 성질의 부게 이상의 유사성을 설명하기에 유익하지만, 이 단순한 에어리 지각평형 이상 계산법은 암석권의 휨(flexure)에 의한 지형과 광역적인 보상을 고려하지 않은 점에서 분명 만족스럽지 못하다.

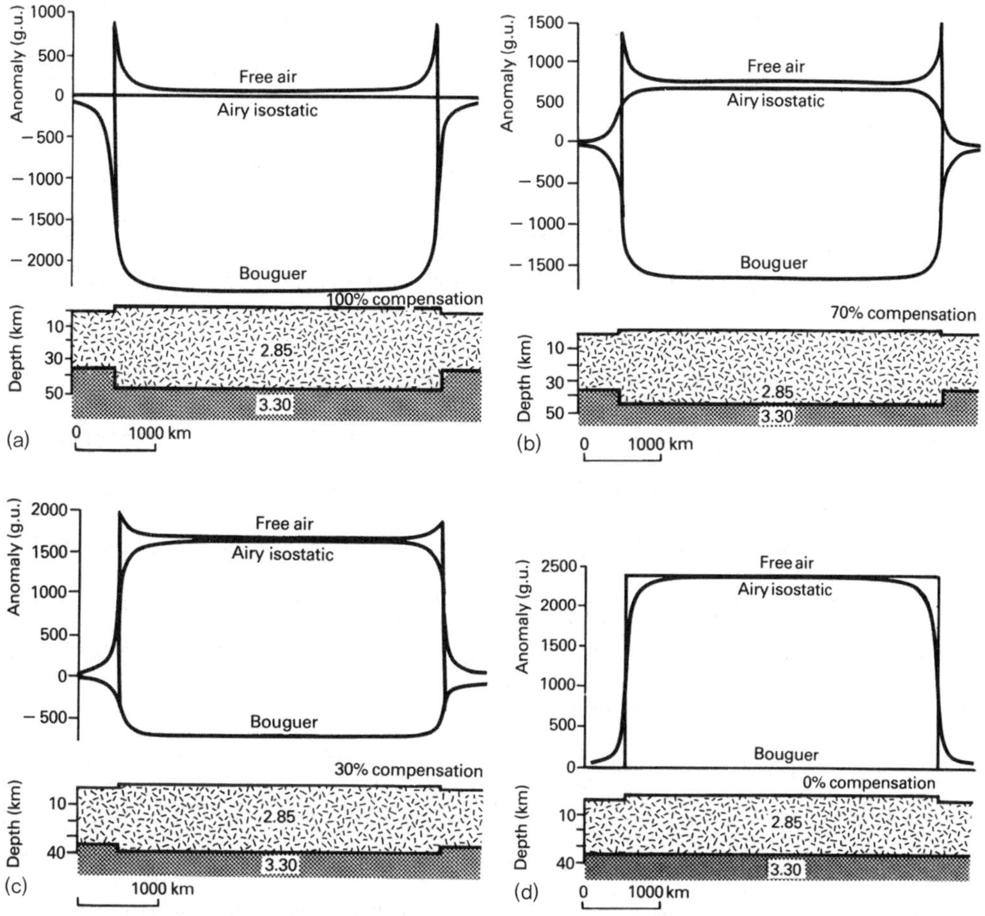

그림 2.33 (a) 완전한 지각평형 상태의 이상적인 산맥 위의 고도(free air), 부게(Bouguer), 그리고 에어리 지각평형 이상, (b) 70% 지각평형 보상을 갖는, (c) 30% 지각평형 보상을 갖는, (d) 보상되지 않는 이상들. 밀도 단위는 Mg m^{-3}

불규칙한 형태의 지형 특징의 지각평형을 테스트하기 위하여 지각평형 이상의 좀 더 정확한 계산이 요구된다. 이 절차는 지각평형의 주어진 가설에 필요한 보상의 형태를 산출하기, 그것의 중력 이상치를 계산하기, 그리고 지각평형 이상치 제공을 위해 관찰 부게 이상으로부터 이것들의 빼기를 포함한다. 가상 모델에서 이상 중력을 계산하는 기술은 **순행 모델링(forward modelling)**으로 알려져 있다.

따라서 중력 이상은 표면 지형이 지각평형으로 보상되었는지 여부를 결정하는 데 사용될 수 있다. 그러나 그것들은 보상의 형태를 드러낼 수 없고, 어떤 종류의 메커니즘이 작용하고 있는지를 나타낼 수 없다. 이것은 보상이 비교적 깊은 위치에서 발생하고, 뿌리/안티루트(에어리 가설에 따르면)에 또는 상이한 밀도 단위(프래트 가설에 따르면)에 의해 생성된 이상치의 차이는 매우 작기 때문이다. 더욱이, 대부분의 지역에 걸친 중력 이상은 보상의 다른 형태에서 발생하는 지역장(regional field)의 차이를 모호하게 하는 보상되지 않은 국지적인 지질 구조에서 유래된 짧은 파장의 요소들을 포함한다.

지각평형의 보다 정교한 테스트는 연구되고 있는 지역의 지형 및 중력 이상들의 스펙트럼 분석이다(Watts, 2001). 중력과 지형의 관계는 파장에 따라 변화한다. 게다가, 그것이 변하는 방법이 지각평형 모델에 따라 바뀐다. 따라서 중력과 지형 데이터의 주파수 성분을 결정함으로써 그 지역에 어울리는 보상의 유형을 결정하는 것이 가능하다. 이 기술은 또한 암석권의 탄성 두께인 T_e의 추정치를 낳는다(2.11.4절, 2.12절).

지각평형 보상의 기하학적 형태에 대한 정보는 또한 중력과 지진파 굴절 데이터의 결합된 분석에 의해 얻을 수 있다. 왜냐하면 후자의 기술은 고찰 중인 지역의 지하 구조의 합리적으로 상세한 그림을 제공할 수 있기 때문이다. 이러한 연구에 의하면 대륙과 해양의 광범위한 지각평형이 주로 에어리의 가설에 따른 지각의 두께 변화에 의해 수행되는 것을 알 수 있다. 그림 2.34는 비록 여러 위치에서 상부 맨틀의 밀도 변화가 지각평형 보상을 설명하기 위해 가정되어야 하지만, 지표 지형이 크게 모호면(Moho) 지형에 의해 보상된 서부 미국의 지진파 속도 단면들을 보여준다. 그러나 미국 서부의 단면(그림 2.35)은 1km의 평균 높이에 달하는 대평원이 45-50km 두께의 지각 위에 놓이듯이, 그리고 해발 평균 1.2km인 분지와 산맥 지방(Basin and Range Province)이 평균 25-30km의 지각 두께로 덮여 있듯이(7.3절) 모호면 지형이 지형적 고도와 반드시 관련될 필요가 없다는 것을 드러낸다. 분명히, 분지와 산맥 지방은 상부 맨틀의 저밀도 물질의 존재에서 유래되는 프래트형 메커니즘에 의해 보상되어야만 한다. 마찬가지로, 해령(6.2절)의 높은 지형은 두꺼워진 지각보다는 오히려 상부 맨틀의 저밀도 물질 탓이다.

여기서 논의된 지각평형의 개념을 따르지 않는 지구 표면의 지역들이 있다. 위에서 논의된 가설들은 표면 지형의 지탱은 기층과 정수 평형(hydrostatic equilibrium)을 달성함으로써 이루어진다. 그러나 특정한 수렴하는 판 가장자리 같은 정해진 지역에서 표면 지형은 수평 응력에 의해 동적으로 지탱된다. 이러한 지형이 지구 표면에서 관찰된 가장 큰 지각평형 이상치를 제공한다.

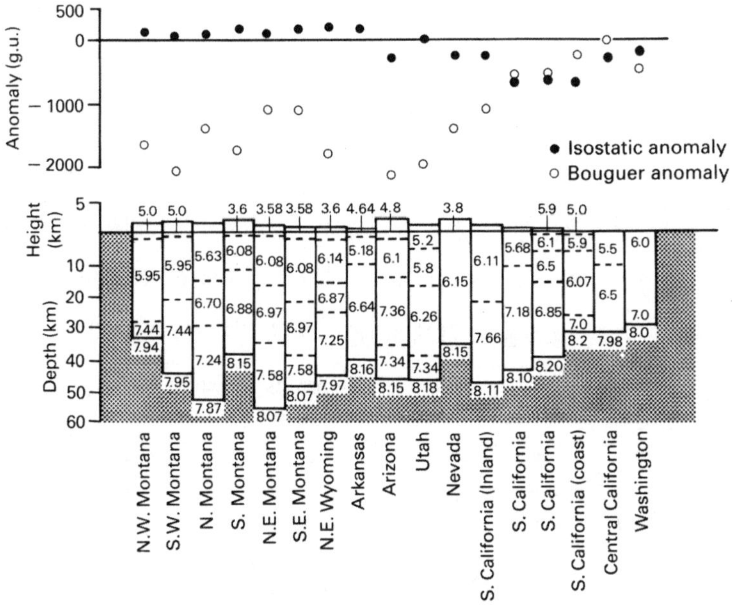

그림 2.34 미국 서부의 부게 및 지각평형 중력 이상과 지진 속도 단면의 관계. 속도 단위는 km s^{-1}(Garland, 1979에서 다시 그려짐)

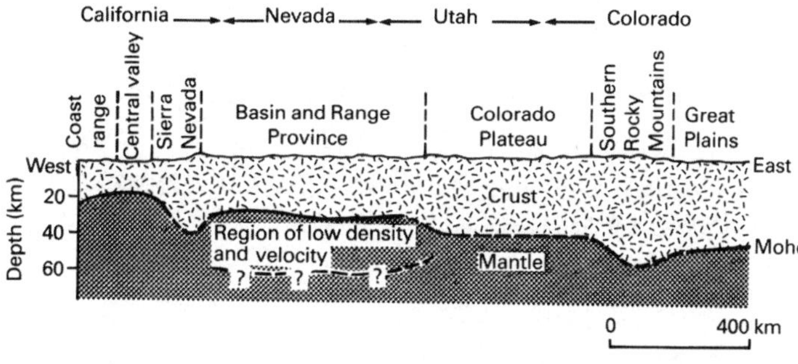

그림 2.35 지진파 굴절 데이터를 기반으로 한 캘리포니아의 샌프란시스코에서 콜로라도의 라마(Lamar)까지의 단면(Pakiser, 1963에서 다시 그려짐, American Geophysical Union의 허가로. 저작권 © 1963 American Geophysical Union)

2.12 암석권과 연약권(lithosphere and asthenosphere)

대형 구조가 지각평형에 도달하기 위해서는 지구의 최외각이 흐름에 의해 변형되는 약한 층 위에 놓여야 한다는 것이 오래전부터 인식되어 왔다. 판 구조적 운동을 제어하는 지구의 세분이 구성원보다는 오히려 유동학에 근거되어야 한다는 것이 알려진 이후 이 개념은 매우 중요한 의미를 지녔다.

암석권은 본래 탄성적으로 변형되는 지구의 강한 최외각 층으로 정의된다. 그것은 지각(crust)과 최상부 맨틀(uppermost mantle)로 구성되어 있다. 암석권은 훨씬 약하고 유체 방식으로 응력에 반응하는 연약권 위에 놓여 있다. 암석권은 그것의 지각이 해양 및/또는 대륙으로 이루어진 판으로 나누어지고, 판의 상대 운동은 연약권 위에서 일어난다.

그러나 이렇게 비교적 간단히 정의할 수 있지만, 이들 층을 특징짓는 것으로 예상되는 여러 특성들에 대한 조사가 그것들의 두께에 대한 서로 다른 생각을 갖게 했다. 고려된 특성들은 열적, 지진파적, 탄성적, 지진발생적(seismogenic), 그리고 시간적인 것들이다.

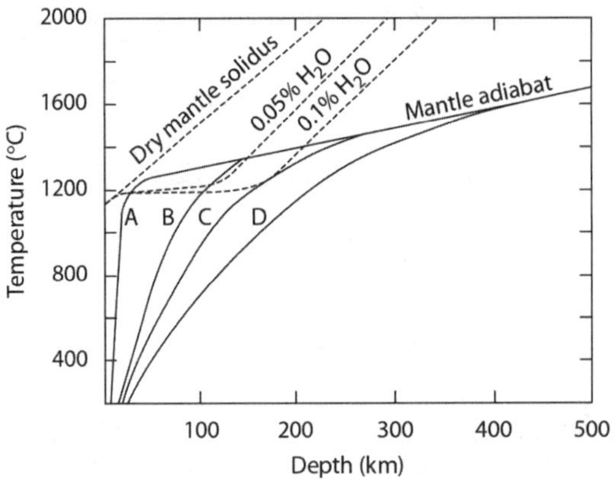

그림 2.36 대륙과 해양 지역 아래에서 깊이에 따른 온도의 변화. A, 해령; B, 해양 분지; C, 대륙 플랫폼(continental platform); D, 시생누대 순상지(Archean Shield)(Condie, 2005b에서 다시 그려짐, Elsevier Academic Press의 허가로)

온도가 지하 물질의 강도를 제어하는 주요 현상이라고 생각된다. 정수압은 거의 선형으로 깊이와 함께 증가하고, 그래서 암석의 용융점은 또한 깊이에 따라 증가한다. 온도 곡선이 깊은 곳에 존재하는 물질에 대한 융해 곡선(고상선, solidus)과 교차할 때 용융이 발생할 것이다(그림 2.36). 연약권은 용융점이 가장 가깝게 접근된 맨틀의 위치를 나타내는 것으로 여겨진다. 이 층은 S파를 전달하기 때문에 완전히 용융되지는 않았으나, 소량의 용융이 존재하는 것은 가능하다. 연약권이 나타나는 깊이는 지열 구배(geothermal gradient)와 맨틀 물질의 용융온도에 좌우된다(Le Pichon *et al.*, 1973). 온도 구배가 높은 해령 아래에서는, 연약권은 얕은 깊이에서 나타나야만 한다. 참으로 그것은 정상 지역(crestal region, 6.10절)에서 실제로 생성되기 때문에 암석권은 그곳에서 특히 얇다. 구배는 심해 해양 분지 쪽으로 감소하고, 암석권은 이 방향으로 두꺼워지고, 두께의 증가는 냉각에 의한 수축의 결과로 암석권이 침강함에 따른 수심의 증가와 관련된다(6.4절). 해양 아래에서 이 기준에 의한 평균 암석권 두께는 아마 60-70km이다. 대륙의 아래에서 관찰된 열류량의 상당 부분은 지각 내에서 생성되고(2.13절), 그래서 지각 아래 암석권의 온도 구배는 해양 지역에서보다 상당히 낮아야만 한다. 맨틀 고상선은 매우 큰 심도에 이를 때까지 접근되지 않아서, 대륙 암석권은 대륙괴(cratonic) 지역(11.3.1절) 아래에서 최대인 100-250km의 두께를 갖는 것이 가능하다.

지진파에 대한 낮은 속도 구간(LVZ, 2.2절)의 깊이는 암석권과 연약권의 온도 모델과 매우 잘 일치한다. 예를 들면, 해양 지각 아래에서 그것은 해령의 정상에서 멀어지면서 점진적으로 증가하여 연령이 80Ma인 지각 아래에서 약 80km의 깊이에 도달한다(Forsyth, 1975; 그림 2.37). 대륙 아래에서는 낮은 지열 구배와 일치하는 더 큰 심도에서 나타난다(그림 2.36). LVZ 내에서 지진 에너지, 특히 전단파 에너지의 감쇠가 매우 높다. 낮은 지진파 속도와 높은 감쇠 모두는 이 깊이에 있는 상대적으로 약한 층의 존재와 일치한다. 온도에 제어된 경계면이 예상될 수 있는 바와 같이, 암석권-연약권 경계면은 뚜렷하게 정해지지 않고, 수 킬로미터 두께의 구간을 차지한다.

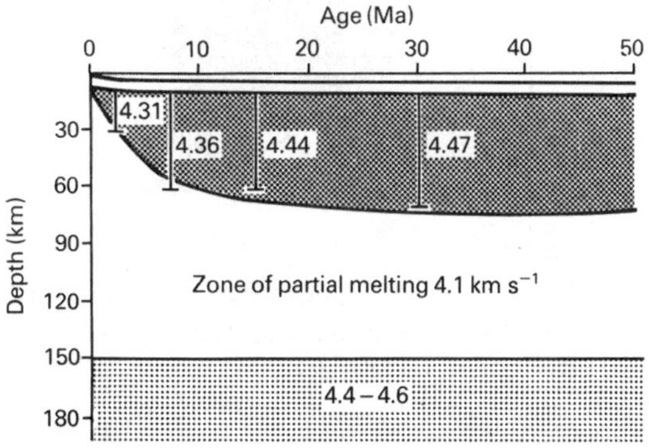

그림 2.37 연령에 따른 해양 지각 두꺼워짐의 전단파 모델(shear wave model). 속도 단위는 km s^{-1}(Forsyth, 1975에서 다시 그려짐, Blackwell Publishing의 허가로). 150km의 전이(transition)는 다소 더 깊을 수 있다.

지구 표면에 하중이 실리면, 지각은 아래쪽 휨으로 반응한다(2.11.4절). 예로는 빙상 혹은 거대한 빙하호수에 의한 대륙 지역의 적재, 해산(seamounts)에 의한 해양 암석권의 적재, 그리고 해양-대륙 변이대에서 큰 강 삼각주에 의한 양쪽 가장자리의 적재가 있다. 휨의 양은 하중의 크기와 지각의 휨 강도에 의존한다. 후자는 차례로 암석권의 효과적인 탄성 두께 T_e에 따라 달라진다(2.11.4절). 따라서 하중의 크기가 산출되고 휨의 양이 결정될 수 있다면 T_e가 추론될 수 있다. 그러나 위에서 나타낸 바와 같이(2.11.6절), T_e는 중력과 지형 데이터의 스펙트럼 분석에서 보다 더 일반적으로 결정될 수 있다. 해양 지역에 이 기술을 적용하여 얻은 결과는 매우 일정하다. 그것들을 통해 해양 암석권의 탄성 두께가 변함없이 40km 미만이며, 체계적으로 해령 쪽으로 감소함을 알 수 있다(Watts, 2001; 그림 2.38). 대조적으로 대륙 지역에서 얻어진 결과는 5km에서 110km로 변하며, 가장 큰 값은 가장 오래된 지역인 선캄브리아기 대륙괴에서 얻어진다. 그러나 McKenzie(2003)는 만일 지형적으로 표현되지 않는 지하 밀도 차이, 즉 매몰된 혹은 숨겨진 하중이 있다면 이 기술은 탄성 두께의 과대평가를 산출한다고 주장했다.

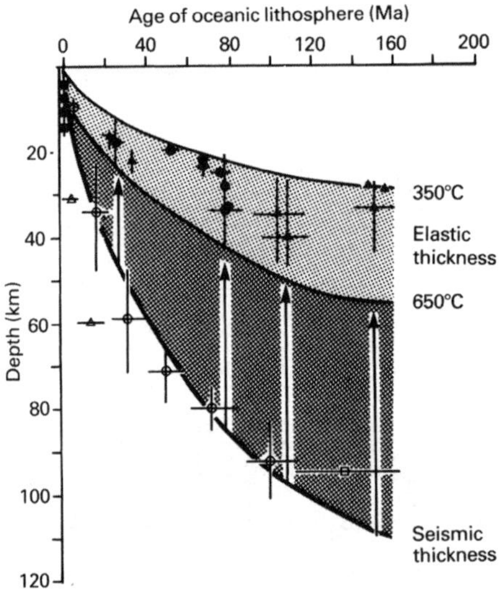

그림 2.38 다른 연령대의 해양 암석권에 대한 단기적 '지진(seismic)' 두께와 장기적 '탄성(elastic)' 두께의 비교 (Watts *et al.*, 1980에서 다시 그려짐, American Geophysical Union의 허가로. 저작권 © 1980 American Geophysical Union)

이러한 하중은 두껍고 단단한 암석권 때문에 대륙 지역, 특히 대륙괴에서 더 일반적이라고 생각된다. 해양 지역에서 하중은 전형적으로 지각에 겹쳐지고, 지형으로 표현된다. McKenzie (2003)는 만일 매몰된 하중을 고려한다면, 암석권의 탄성 두께는 아마 해양과 대륙 지역 모두에서 25km 미만이라고 제안하는 데까지 간다. 대조적으로, Perez-Gussinge와 Watts(2005)는 T_e는 연령이 15억 년(1.5Ga)보다 더 큰 대륙 암석권에서 60km보다 크고, 연령이 15억년(1.5Ga)보다 작은 대륙 지역에서는 30km보다 작다고 주장하였다. 그들은 이것이 두께, 지열 구배, 그리고 맨틀 온도의 감소와 휘발성 물질의 함량(11.3.3)에 기인한 시간에 따른 대륙 암석권 구성 성분 변화의 결과임을 제안한다. 분지와 산맥 지방(Basin and Range Province)과 같은 구조적으로 활동 중인 지역하에서 탄성 두께는 4km 정도로 작을 수 있다(Bechtel *et al.*, 1990).

이러한 매우 얇은 탄성 두께는 의심할 여지없이 매우 높은 지열 구배에 기인한다.

지각의 또 다른 측면은 지진의 진원이 그것 내에서 발생하는 최대 깊이이다. 소위 **지진생성 두께(seismogenic thickness)**라는 이것은 전형적으로 25km 미만, 즉 대부분의 지역의 탄성 두께와 유사하거나 혹은 다소 작다(Watts & Burov, 2003). 표면상으로 이것은 지형과 중력 이상의 스펙트럼 분석이 침강된 지형과 매몰된 하중 때문에 체계적으로 특히 선캄브리아기 순상지 지역에서 T_e를 과대평가한다는 McKenzie(2003)의 결론에 지지를 보낸다. 그러나 하부 암석권으로부터 탄성 상부 층을 분리하는 하부 대륙 지각의 연성 층(ductile layer)의 역할, 마찰 미끄러짐을 억제하는 증가된 과부하 압력의 역할, 그리고 하부 지각과 상부 맨틀의 지진과 단층작용에 대한 약간의 증거가 있다는 사실에 기대는 대안의 설명이 있다. 후자는 하부 지각 및/또는 상부 맨틀이 수화된 비교적 드문 경우에 발생할 수 있는 것으로 생각된다(Watts & Burov, 2003).

따라서 균일한 고강도 층으로서 지각의 개념은 유동학적 성층이 고려될 때 과하게 단순화된 것으로 보인다. 암석권의 상부 20-40km는 취성이고 일시적인 포행(creep)을 수반하는 탄성 변형에 의해 항복점보다 적은 응력에 반응한다. 취성 영역 아래에 약 100MPa의 항복점보다 높은 소성 흐름(plastic flow)에 의해 변형되는 층이 있다. 연약권과 연관되어 있는 가장 아래 부분은 지수-법칙 포행에 의해 변형되고 온도가 0.55T_m에서 0.85T_m까지 심도에 따라 증가하는 지역으로 정의된다. Walcott(1970)가 증명하였듯이 일그러진 변형의 형태는 가해진 하중의 지속 기간에 좌우되기 때문에 암석권은 탄성 층보다는 오히려 점탄성(viscoelastic) 층으로 생각된다. 수천 년의 기간 동안, 지수-법칙 포행을 보여주는 지역의 대부분은 크게 변형되지 않고 결과적으로 탄성 암석권 내에 포함된다. 그러나 수백만 년의 기간에 걸쳐 일어나는 장기 적재는 이 지역이 연약권에 속하도록 지수-법칙 변형을 발생하게 한다.

그러므로 암석권은 그것의 두께의 상이한 추정치를 제공하는 수많은 다른 방식으로 정의될 수 있다. 판 구조론 프로세스의 어떠한 고찰을 하던 내내 이것을 명심해야만 한다.

연약권은 약 700km의 깊이까지 확장된다고 생각된다. 아래에 놓이는 지역의 특성은 아주 빈약하게 알려져 있다.

이 지역을 통과하는 지진파는 큰 감쇠를 겪지 않는다(9.4절). 그래서 이것은 **중간권(mesosphere)**이라고 불리는 더 높은 강도의 층이라고 일반적으로 받아들여진다. 지구의 구성 성분 성층과 유동학적 성층이 그림 2.39에 비교된다.

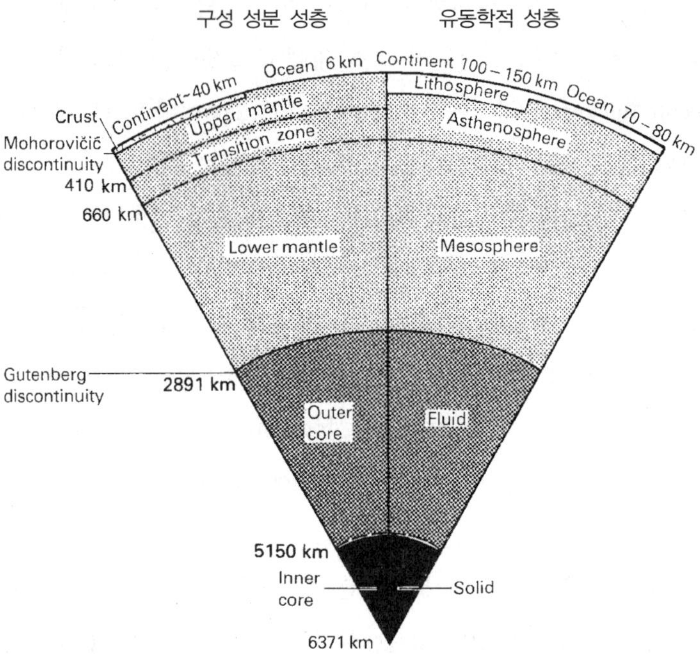

그림 2.39 지구의 구성 성분 성층(compositional layering)과 유동학적 성층의 비교

2.13 지열류량(terrestrial heat flow)

열원의 분포와 열전달 메커니즘의 해석은 표면 혹은 표면 근처에서 이루어진 측정에 기초하고 있기 때문에 지구 내부 열적 프로세스의 연구는 다소 추론적이다. 그러나 지구 내부로부터의 열 탈출 프로세스는 대부분의 구조운동과 화성암 활동의 직간접적 원인이기 때문에 그러한 연구는 중요하다.

지구 표면에 영향을 미치는 열의 대부분은 지구 표면 에너지 공급의 약 99.98%를 차지하는 태양에서 온다. 그러나 이 열에너지의 대부분은 우주로 재복사되고, 나머지는 표면 아래 단지 수백 미터에 스며든다. 결국 태양 에너지가 지구 내부에서 발생하는 열적 프로세스에 미치는 영향은 무시될 수 있다. 지구 내에 있는 열원에서 지열 에너지 손실은 표면 에너지 공급(surface energy budget)의 약 0.022%를 차지한다. 다른 에너지 기원은 지구의 자전과 지진에 의해 방출되는 에너지의 점진적인 감속에 의해 생성된 에너지를 포함하지만, 이러한 에너지는 공급의 약 0.002%를 차지한다. 따라서 지열 에너지가 지구 내부 프로세스를 구동시키는 에너지의 주요한 공급원이라는 것은 명백하다.

지열 에너지는 부분적으로 반감기가 큰 동위 원소, 특히 K^{40}, U^{235}, U^{238}, 그리고 Th^{232}의 방사성 붕괴 동안에 방출된 에너지에서, 그리고 또한 지구 형성의 초기 단계에서 방출된 열에서 유래된다. 콘드라이트 운석(chondritic meteorites)의 그것과 유사한 비율로 존재한다면, 이러한 동위 원소가 현재의 지열 손실을 설명한다. 방사성 붕괴는 기하급수적(exponential)이기 때문에 지구의 초기 역사 동안 방사성 동위 원소의 농도는 현재보다 훨씬 더 크고 내부 프로세스에 동력을 공급하는 데 사용할 수 있는 지열이 훨씬 더 크다(12.2절). 지구의 형성에 대한 현재 일반적으로 인정된 모델은 원래 균질한 구조의 용융과 분화의 초기 단계를 필요로 한다. 이 용융에 Al^{26}, Fe^{60} 및 Cl^{36}과 같은 반감기가 짧은 방사성 동위 원소의 붕괴에 의해 제공되는 지열 에너지가 일부분 역할을 하였던 것으로 생각된다. 지구의 분화(differentiation)는 또한 밀도가 높은 철-니켈 핵이 지구 중심에 낮은 에너지 상태로 분리될 때 지구 중력 에너지의 손실에서 발생하는 에너지를 지구에 제공하였을 것이다.

지표면의 단위면적 H를 통한 열류량은 다음과 같이 주어진다.

$$H = K\frac{\delta T}{\delta z}$$

여기서 $\delta T/\delta z$는 표면에 수직인 지열 구배이고, K는 열이 흐르는 유체의 열전도율이다. H의 단위는 mW m^{-2}이다.

육지에서 열류량 측정은 일반적으로 시추공에서 행해진다. 수은 최대 온도계(mercury maximum thermometers) 또는 서미스터 프로브(thermistor probe)가 수직 온도 구배를 측정하는 데 사용된다. 열전도율은 리의 디스크 방법(Lee's disc method)과 유사한 기술을 이용하여 코어의 샘플에서 측정된다. 비교적 간단하게 보이지만, 육상의 정확한 열류량 측정은 이루어지기 어렵다. 시추공의 시추는 시추공의 열 체제(thermal regime)를 교란시키는 유체 윤활제의 사용을 필요로 한다. 그래서 이 교란이 사라지도록 수개월 동안 방치되어야만 한다. 공극수가 열 흡수원(heat sink)으로 작용하여 정상적인 열 구배를 왜곡시키기 때문에 투과성 지층은 피해야만 한다. 결과적으로, 탄화수소 또는 수문지질 탐사의 목적으로 굴착된 시추공을 이용하는 것은 거의 불가능하다. 얕은 지역에서 빙하기의 일시적인 열적 영향을 피하기 위하여 측정은 약 200m 이하 깊이에서만 수행될 수 있다.

바다에서는 열류량 측정이 상당히 쉽게 이루어진다. 해양에서 해저면 온도는 기본적으로 일정하고 그래서 어떠한 말썽거리도 일시적인 열적 혼란 때문에 발생하지 않는다. 온도 프로브(temperature probe)가 해저면 상부의 부드러운 퇴적층으로 투하되고, 몇 분의 안정화 후에 온도 구배가 일련의 서미스터 프로브에 의해 측정된다. 프로브와 연관된 코어러(corer)는 열전도율 측정을 위해 퇴적물 시료를 수집한다. 대안으로, 서미스터 중 하나의 역할이 열원을 제공하도록 변경될 수 있다. 시간에 따른 이 프로브의 온도 변화는 열이 그것으로부터 멀리 전도되는 비율에 따라 좌우되고, 이것이 퇴적물 열전도율의 직접적인 현장 측정을 가능하게 한다.

지열 에너지의 많은 양이 고체 지구를 통한 전도에 의해 표면에서 달아난다. 그러나 해령 시스템의 지역에서는 해수의 순환이 표면으로 열을 전도하는 데 중요한 역할을 하고, 지구 표면에서 지열 에너지 유량(flux)의 약 25%가 이런 방법으로 소모된다.

지구 표면의 열류량 분포 형태는 대체로 주요 지형과 지질학적 세분과 서로 관련이 있다. 대륙에서 열류량의 크기는 일반적으로 마지막 주요 구조운동 이벤트의 시간부터 감소한다 (Sclater *et al*., 1980). 따라서 열류량값은 선캄브리아기 순상지에서 낮고, 신생대 조산 운동에 영향을 받는 지역에서 훨씬 높다. 해양 내에서의 열류량은 해령 시스템과 활동 중인 연해(active marginal seas)에서 높은 값을 갖고 심해 분지와 비활동적인 연해(inactive marginal seas)에서 낮은 값을 갖듯이 암석권의 연령에 따라 감소한다(6.5절).

대륙 지역의 평균 열류량은 65mW m^{-2}이고, 약 30%가 중앙 해령 시스템에서 열수 활동에 의해 제공되는 해양 지역의 그것은 101mW m^{-2}이다(Pollack *et al*., 1993). 지구 표면의 60%가 해양 지각에 의해 덮여 있기 때문에 지열 에너지의 약 70%가 해양 지각을 통해, 그리고 30%가 대륙 지각을 통해 손실된다.

●●● 추가 읽기

Anderson, D.L. (2007) *New Theory of the Earth*, 2nd edn. Cambridge University Press, Cambridge, UK.

Bott, M.H.P. (1982) *The Interior of the Earth, its Structure, Constitution and Evolution*, 2nd edn. Edward Arnold, London.

Condie, K.C. (2005) *Earth as an Evolving Planetary System.* Elsevier, Amsterdam.

Fowler, C.M.R. (2005) *The Solid Earth: an introduction to global geophysics*, 2nd edn. Cambridge University Press, Cambridge.

Jacobs, J.A. (1991) *The Deep Interior of the Earth.* Chapman & Hall, London.

Nicolas, A. (1989) *Structure of Ophiolites and Dynamics of Oceanic Lithosphere.* Kluwer Academic Publishers, Dordrecht.

Park, R.G. (1988) *Geological Structures and Moving Plates.* Blackie, London and Glasgow.

Ranalli, G. (1995) *Rheology of the Earth*, 2nd edn. Chapman & Hall, London.

Stein, S. & Wysession, M. (2003) *An Introduction to Seismology, Earthquakes, and Earth Structure.* Blackwell Publishing, Oxford.

Twiss, R.J. & Moores, E.M. (2006) *Structural Geology*, 2nd edn. W.H. Freeman, New York.

제3장

대륙 이동(continental drift)

GLOBAL

TECTONICS

3.1 서 론

일찍이 16세기에 대서양의 서쪽과 동쪽 해안선이 직소 퍼즐(jigsaw puzzle)의 조각처럼 맞추어질 것처럼 보인다는 것이 주목되어 왔다(1.1절). 그러나 대륙 윤곽의 기하학적 꼭 맞음이 대륙 이동의 가설을 수립하는 증거의 주요 항목으로 생각되어진 19세기까지, 사람들은 이러한 관찰의 중요성을 완전하게 깨닫지 못했다. 가설에 대한 사실이 병렬된 해안선에 걸친 지질학적 특징의 일치에 의해 더욱 강화되었다. 1950년대와 1960년대에 고지자기학(paleomagnetism) 기술의 응용이 대륙은 지질학적 시간 동안 적어도 남북 방향으로 이동했다는 첫 번째 정량적 증거를 제공했다. 더욱이 대륙이 상대적 이동을 겪었다는 것이 증명되었고, 이것이 대륙 이동이 실제로 발생했음을 확인했다.

3.2 대륙 복원(continental reconstruction)

3.2.1 오일러의 정리(Euler's theorem)

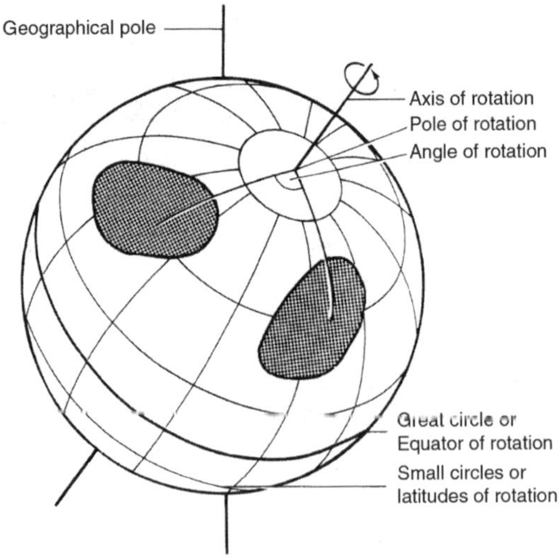

그림 3.1 오일러의 정리(Euler's theorem). 지구상에서 대륙의 움직임이 회전 극에 대한 회전 각도에 의해 어떻게 묘사될 수 있는지를 도시한 그림

닫힌 해양을 가로질러 정확한 대륙 복원을 수행하기 위해서는 기하학적 맞춤을 수행하는 데 관련된 연산을 수학적으로 설명할 수 있어야만 한다. 이것은 표면을 가로지르는 구체 일부

의 이동은 회전 극(pole of rotation)에 대한 하나의 회전 각도에 의해 정해짐을 명시하는 오일러(Euler)의 정리에 따라 이루어진다(그림 3.1). 회전 극, 그리고 구체의 반대 측 직경 위의 대척점(antipodal point)은 움직이고 있는 부분에 대해 고정된 위치로 남아 있는 유일한 두 점이다. 따라서 지구 표면을 가로질러 이동 전(pre-drift) 위치로의 이동은 그것의 극과 회전 각도에 의해 설명될 수 있다.

3.2.2 대륙의 기하학적 복원(geometric reconstruction)

대략적인 복원이 정확하게 만들어진 지구를 가로질러 이동하는 대륙 모델에 의해 손으로 수행될 수 있지만(Carey, 1958), 가장 정밀한 복원은 컴퓨터에 의해 수학적으로 수행되며, 이러한 방식으로 병치된 대륙 주변부 사이의 맞지 않는 정도를 최소화하는 것이 가능하다.

일반적으로 컴퓨터를 이용한 대륙 꼭 맞추기(fitting)에 채택된 이 기술은 위도 및 경도 위치의 격자로 배열된 각 쌍의 대륙에 대한 일련의 회전 극을 가정하는 것이다. 각 극 위치를 정하기 위하여 대륙 주변부의 틈과 중첩이 최소가 되도록 하는 회전 각도를 결정한다. 대륙 지각은 주변의 대륙붕 바다 아래에서 대륙 사면으로 확장하기 때문에 꼭 맞음은 해안선 위에서 이루어지지 않는다. 따라서 대륙과 해양 암석권 사이의 실제 접합은 대륙 사면의 중간점 예를 들면 1000m 등수심선을 표시하는 어떤 등수심선(isobath)에 있는 것으로 보인다. 회전 각도를 결정하고 나면, 꼭 맞춤의 양호함은 불일치의 정도에 근거된 약간의 기준에 의해 정량화된다. 꼭 맞춤의 양호함은 일반적으로 목적 함수(objective function)로 알려져 있다. 목적 함수의 값은 극 위치의 격자로 입력되고 등수심선으로 그려진다. 이 절차에 의해 밝혀진 최소 목적 함수의 위치는 대륙의 가장자리가 가장 정확히 맞는 회전 극을 제공한다.

3.2.3 대서양 주위 대륙의 복원

전적으로 기하학적 기준에 따라 대륙의 첫 번째 수학적 재집합이 대서양의 양쪽에 있는 대륙을 꼭 맞추었던 Bullard *et al.*(1965)에 의해 수행되었다(그림 3.2). 이것은 3.2.2절에서 설명된 절차에 의해 가장 잘 맞는 회전 극을 결정한 후에 대륙의 순차적으로 꼭 맞는 짝들에 의해 이루어졌나. 동일한 대륙의 일부를 포함하는 유일한 회전은 나머지 유럽에 대한 이베리아(Iberian) 반도의 회전이다. 이 회전에 의해 닫힌 비스케이 만(Bay of Biscay)에 존재하는 것으로 알려진 해양 암석권 때문에 이것은 정당화된다. 지질학적 증거(3.3절)와 대서양의 자기 선구조(magnetic lineations)에 의해 제공된 정보(4.1.7절)를 통해 이 복원은 약 2억 년(200Ma)

전인 후기 트라이아스기/초기 쥐라기 시기의 대륙 지형을 나타낸다는 것을 알 수 있다.

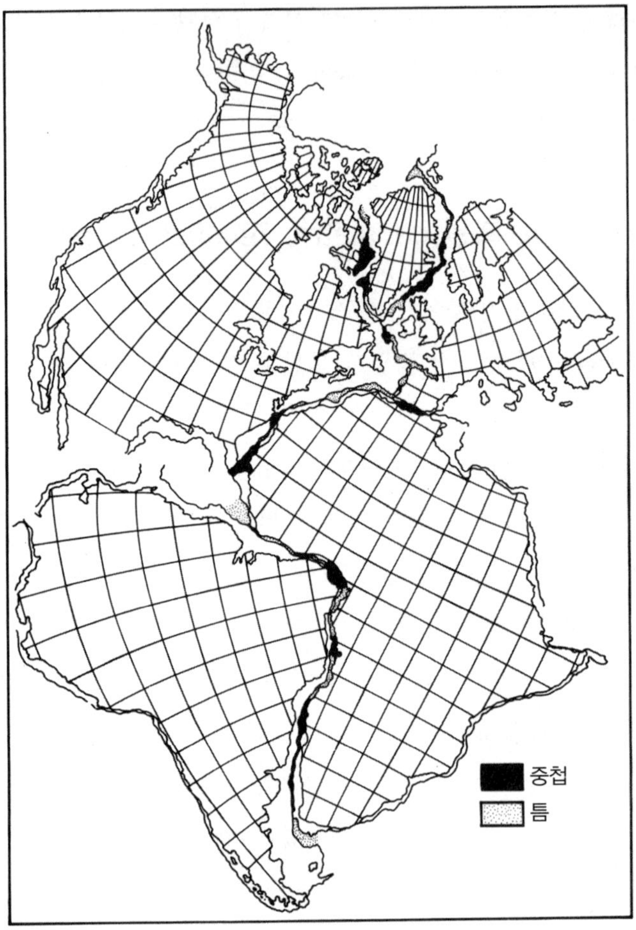

그림 3.2 500패덤(fathom, 920m) 등수심선을 일치시켜서 획득된 대서양 주변 대륙들의 맞춤(Bullard *et al.*, 1965에서 다시 그려짐, Royal Society of London의 허가로)

그림 3.2를 자세히 관찰하면 대륙의 일부가 지질학적으로 중요한 열개된 대륙 주변부의 형성 동안에 스트레칭 및 얇아짐(stretching and thinning)과 관련되어 형성된 중첩 지역이라는 것이 드러난다(7.7절). 대서양의 열림이 복원보다 늦은 시기에 생성된 신생대의 아이슬란드(Iceland)는 존재하지 않는다. 바하마 플랫폼(Bahama Platform)은 아프리카 대륙 가장자리와 본토를 오버랩하는 것 같다. 그러나 이 플랫폼은 아마도 미국이 분리된 후 형성된 해양 지각 위에 산호로 덮인 퇴적물의 집적을 표시하는 것이 틀림없다(Dietz & Holden, 1970). 마찬가지로, 아프리카의 니제르 델타(Niger Delta)는 열개 후에 형성된 해양 지각 위 일부 지역에 발달하여 오버랩을 형성한 것처럼 보인다.

복원의 주요 흠은 남아메리카 위에 중앙아메리카의 중첩과 카리브 해(Caribbean Sea)의 부재이다. 그러나 이것은 대부분 자기 선구조의 패턴에 근거된 대서양 열림의 역사에 대한 우리 지식의 관점에서 고찰되면 극복할 수 있다. 지질학적 및 기하학적 고찰을 통해 중앙아메리카 아래에 놓이는 고생대 지각 블록은 원래 복원 내에 존재하는 지역인 멕시코 만에 의해 현재 점유된 지역 내에 위치하고 있었다는 것을 알 수 있다(그림 3.3). 북대서양은 약 180Ma 전에, 그리고 남대서양은 다소 늦은 약 130Ma 전에 열리기 시작하였다. 북대서양과 남대서양의 회전 극이 매우 달라서, 열림에 의해 카리브 해에 의해 점유된 북아메리카와 남아메리카 사이의 공간이 만들어졌다. 이것이 또한 멕시코 만에서 중앙아메리카 블록의 시계 방향 회전을 허용하여 현재 위치에 놓이게 하였다. 약 80Ma 전에 남과 북대서양의 회전 극은 현재 북극의 거의 동일한 위치로 변경되었고, 그래서 이 시기부터 전체 대서양이 사실상 하나의 단위로 열렸다.

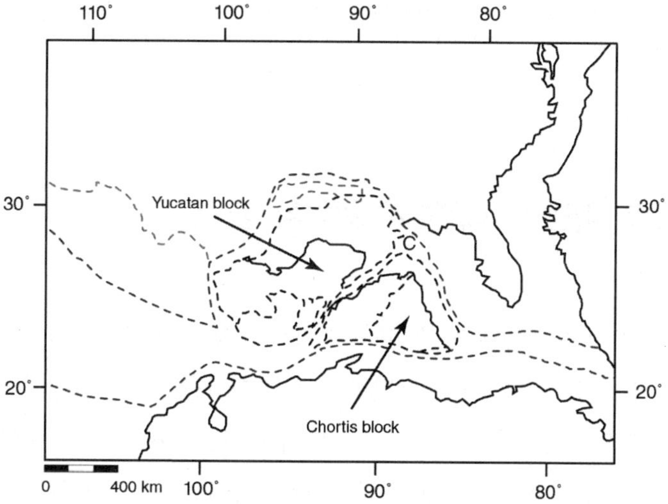

그림 3.3 대서양 주변 대륙의 블라드 등(Bullard *et al.*)에 의한 맞춤(그림 3.2) 내에서 중앙아메리카 지역의 복원 (White, 1980에서 다시 그려짐, Nature 283, 823–6의 허가로. 저작권 1980 Macmillan Publishers Ltd)

3.2.4 곤드와나의 복원(reconstruction of Gondwana)

기하학적 증거가 곤드와나(Gondwana)를 구성하는 남부 대륙들의 복원에 홀로 사용되어 왔다. 최초의 이러한 복원은 Smith와 Hallam(1970)에 의해 수행되었고, 그림 3.4에 도시된다. 아프리카, 마다가스카르, 인도, 호주, 그리고 남극 대륙의 동쪽 해안 대륙 가장자리의 모양은 환대서양(circum-Atlantic) 대륙만큼 꼭 맞지는 않는다. 그러나 이 복원은 인도양의 자기 선구조 기록의 차후 분석에 의해 확인되었다(4.1.7절).

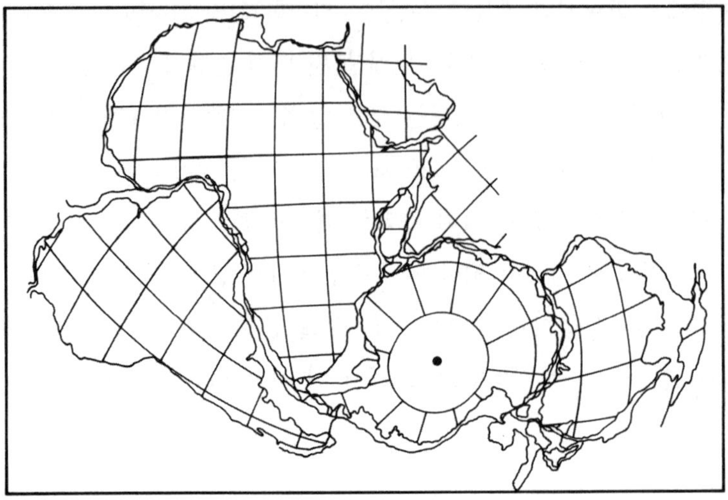

그림 3.4 남부 대륙들과 인도의 맞춤(Smith and Hallam, 1970에서 다시 그려짐, Nature, 225, 139–44의 허가로. 저작권 1970 Macmillan Publishers Ltd)

3.3 대륙 이동에 대한 지질학적 증거

3.2.3절과 3.2.4절에서 논의된 대륙 복원은 전적으로 대륙붕 가장자리의 기하학적 꼭 맞음에 의거하고 있다. 만일 그것들이 대륙의 진정한 과거 형상을 나타낸다면, 꼭 맞음을 가로질러 한 대륙에서 다른 것으로 연속적인 지질 특성을 추적하는 것이 가능하여야만 한다. 특징의 매칭은 지질학적 특징의 대체적인 방향을 가로지르는 초대륙의 열개작용(rifting)이 필요하다. 열개의 위치가 종종 초대륙의 지질에 의해 제어되기 때문에, 이것이 항상 발생하는 것은 아니고, 지질결(geologic grain)에 평행할 수 있는 취약선(lines of weakness)을 따라서 발생한다. 그러나 병렬된 대륙 주변부에 걸쳐 대비될 수 있는 많은 지질학적 특징이 남아 있다. 이것의 약간이 아래에 나열된다.

1 **습곡대(fold belts).** 그림 3.5에 도시된 북부 유럽의 칼레도니아(Caledonian) 습곡대와 함께 동부 북아메리카의 애팔래치아 습곡대의 연속성은 잘 연구된 예이다(Dewey, 1969). 습곡대와 관련된 퇴적물 내에 대륙 이동에 대한 추가적인 증거가 종종 있다. 입도, 조성,

그리고 퇴적물에 있는 쇄설 지르콘 광물의 연령 분포가 그것들의 기원 특성과 방향을 결정하는 데 사용될 수 있다. 북부 유럽의 칼레도나이드(Caledonides) 퇴적물의 기원이 지금은 대서양에 의해 점유된 위치의 서쪽에 있으며, 이는 과거에 이 위치가 대륙 지각에 의해 점유되지 않으면 안 된다는 것을 나타낸다(Rainbird *et al*., 2001; Cawood *et al*., 2003).

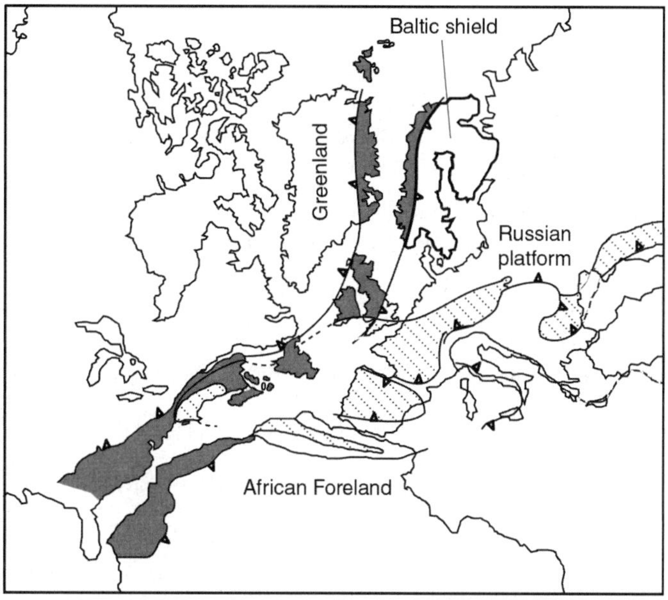

그림 3.5 Bullard *et al*.(1965)을 따른 북대서양 주변 대륙의 맞춤과 애팔래치안–칼레도니안(Appalachian–Caledonian)과 바리스칸(Variscan, 전기와 후기 고생대) 습곡 벨트의 방향(각각 검게, 그리고 밝게 음영). 조산 운동(mountain building)의 두 단계가 동부 북아메리카에서 중첩된다(Hurley, 1968; 대륙 이동의 확인에서 다시 그려짐. 저작권 © 1968 by Scientific American, Inc. 모든 권리는 저작권자의 소유).

2 동연대 지방(age provinces). 남부 대서양을 가로질러 연령대 패턴의 상관관계가 그림 3.6에 도시되고 이것은 선캄브리아기 대륙괴와 고생대 연령의 암석 모두의 매칭을 보여준다(Hallam, 1975).

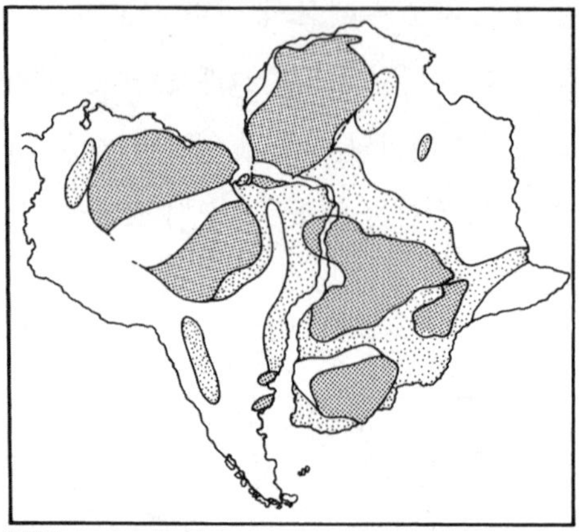

그림 3.6 닫힌 남대서양을 가로지르는 대륙괴(cratons)와 더 젊은 변동대(mobile belts)의 상관관계(Hurley, 1968; 대륙 이동의 확인에서 다시 그려짐. 저작권 © 1968 by Scientific American, Inc. 모든 권리는 저작권자의 소유)

3 화성암 지방(igneous provinces). 그림 3.7에 보여주는 바와 같이 특징적인 화성암이 대륙 사이에서 추적될 수 있다. 이것은 남아프리카, 남극 대륙, 그리고 태즈메이니아(Tasmania)로 죽 연장하는 중생대 조립현무암(dolerite)의 벨트와 아프리카, 마다가스카르, 그리고 인도를 통하는 선캄브리아기 아놀쏘사이트(anorthosites)의 개략적 선형 모습의 분출암과 관입암 모두에 적용된다(Smith & Hallam, 1970)(11.4.1절).

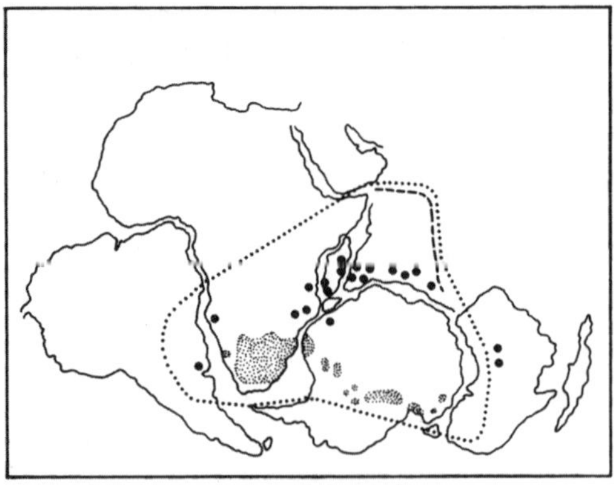

그림 3.7 곤드와나(Gondwana)의 복원된 대륙 사이의 페름–석탄기 빙하 퇴적층, 중생대 조립현무암(dolerites) 및 선캄브리아기 아놀쏘사이트(anorthosites)의 상관관계(Smith & Hallam, 1970을 따름, Nature 225, 139–44의 허가로. 저작권 1970 Macmillan Publishers Ltd)

4 층서 단면(stratigraphic section). 독특한 층서 시퀀스가 또한 인접한 대륙 사이에서 대비될 수 있다. 그림 3.8은 곤드와나 연속체의 층서 단면, 고생대 말기 연령 퇴적물의 육성 시퀀스를 보여준다(Hurley, 1968). 표력암(tillites)과 석탄 기준층(marker beds), 그리고 *Glossopteris* 및 *Gangamopteris* 식물을 포함하는 퇴적물(3.5절)은 남아메리카, 남아프리카, 남극 대륙, 인도, 그리고 호주 사이에 대비될 수 있다.

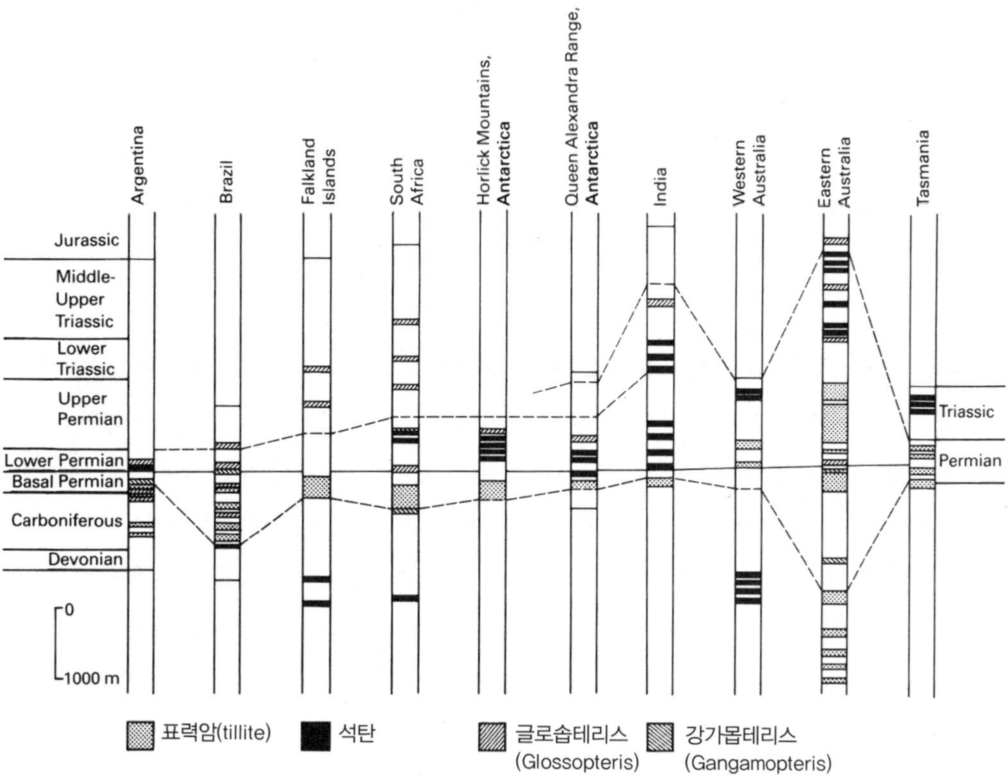

그림 3.8 곤드와나 대륙들 사이의 층서 대비(Hurley, 1968; 대륙 이동의 확인에서 다시 그려짐. 저작권 © 1968 by Scientific American, Inc. 모든 권리는 저작권자의 소유)

5 광상 지방(Metallogenic province). 망간, 철광석, 금, 그리고 주석을 포함하는 지역은 그런 복원 위의 인접한 해안선을 가로질러 맞춰질 수 있다(Evans, 1987).

3.4 고기후학(paleoclimatology)

지구에서 기후의 지역적 분포는 태양열 유속(solar flux; 예를 들면, 위도), 풍향, 해류, 고도 및 지형 장벽을 포함하는 많은 현상의 복잡한 상호 작용에 의해 제어된다(13.1.2절, 13.1.3절). 이러한 현상의 대부분은 지질 기록에서 빈약하게 알려져 있다. 그러나 광범위한 규모로 위도가 기후의 주요한 제어 요소여서, 다른 현상들의 드문 결합에 좌우되는 작은 미세기후(microclimatic) 지역을 무시하면, 과거 암석의 기후 지표 연구가 일반적 센스로 그것의 과거 위도를 추정하는 데 사용될 수 있을 것으로 보인다. 따라서 과거 기후 연구 분야인 고기후학(Frakes, 1979)은 대륙이 적어도 남북 센스로 표류하였다는 것을 증명하는 데 사용될 수 있다. 그러나 지구는 현재 간빙기이고, 그래서 현재와 과거 기후 사이의 대비가 완전히 정당화될 수 없다는 것이 인식되지 않으면 안 된다. 중요한 고-위도(paleolatitude) 지표는 다음과 같다.

1 **탄산염과 산호초 퇴적물(carbonates and reef deposits).** 이 퇴적물은 따듯한 물에 제한되고, 온도가 25-30°C의 좁은 범위가 되는 현재 적도의 30° 이내에서 발생한다.

2 **증발암(evaporites).** 증발암은 증발이 해수 유입 및/또는 강수량을 초과하는 지역의 고온 건조한 조건에서 형성되고, 보통 바다에 제한되거나 간헐적인 연결을 갖는 바다에 접하는 분지에서 발견된다(13.2.4절). 오늘날 그것들은 적도 근처가 아니고, 오히려 필요한 상황이 우세한 약 10°와 50° 사이의 건조한 아열대 고압대(high pressure zones)에서 형성되기 때문에, 화석 증발암은 비슷한 위도 범위에서 형성된 것으로 생각된다(Windley, 1984).

3 **적색층(red-beds).** 이것들은 장석사암(arkoses), 사암, 셰일 및 적철광(hematite)을 함유하는 역암을 포함한다. 그것들은 철의 충분한 공급이 있는 산화 조건에서 형성된다. 더운 기후가 갈철광(limonite)의 탈수로 적철광이 되는 데 필요하며, 현재 그들은 30° 미만의 위도에 제한된다.

4 **석탄(coal).** 석탄은 퇴적 속도가 제거와 부패의 속도를 초과하는 곳에서 식물의 집적 및 분해에 의해 형성된다. 이것은 성장 속도가 매우 높은 열대 우림이나 혹은 성장은 느리지만 부패가 추운 겨울에 의해 억제되는 온대 숲에서 발생한다. 따라서 석탄은 높거나 낮은 위도에서 형성될 수 있고, 각 유형은 독특한 식물을 갖는다. 석탄기와 페름기에 대한 고기후 데이터의 베게너(Wegener) 편집(그림 1.3)에서, 곤드와나의 페름기 석탄은

높은 위도 유형인 반면 석탄기 석탄은 주로 저위도 유형이다. 더 젊은 석탄은 일반적으로 고위도에서 형성되었다.

5 **인회석(Phosphorites).** 현재 인회석은 차고 영양이 풍부한 심층수의 용승이 나타나는 대륙의 서쪽 가장자리를 따라 적도 위아래 45° 내에서 혹은 동서 항로(seaways)를 따라 저위도의 건조 지역에서 발생한다.

6 **보크사이트와 라테라이트(bauxite and laterite).** 이러한 알루미늄과 철 산화물은 강한 산화 환경에서만 형성한다. 그것들은 오직 열대 또는 아열대 풍화의 조건에서만 발생하는 것으로 생각된다.

7 **사막 퇴적층(desert deposits).** 사막 조건은 따뜻하고 차가운 환경 모두에서 잘 발달할 수 있기 때문에 이들 퇴적층을 사용하는 데 조심하지 않으면 안 된다. 그러나 사막 사암의 사구 층리(dune bedding)를 통하여 탁월풍(prevailing winds)의 과거 방향을 추론할 수 있다. 이것들을 현재 위도에서 발견되는 현재 바람 체계의 방향과 비교해서 대륙이 어떤 회전을 받았었는지를 나타낼 수 있다.

8 **빙하 퇴적층(glacial deposits).** 산악 지대에 형성된 제한된 크기의 것들을 제외한 빙하와 만년설은 현재 극에서 약 30° 내 지역에 제한된다.

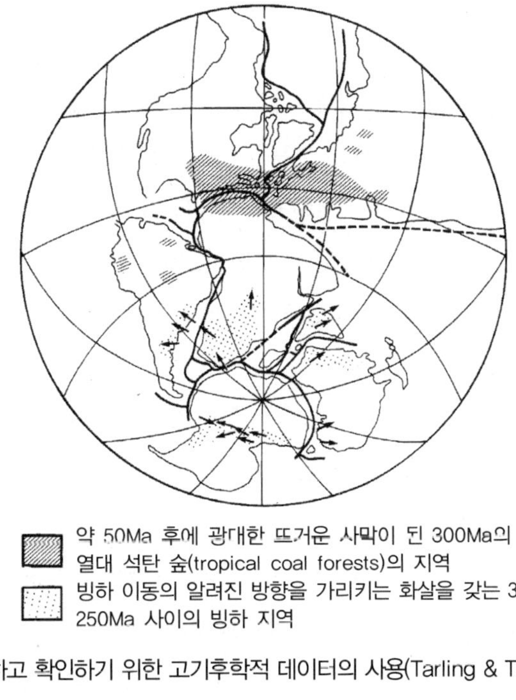

그림 3.9 대륙 복원을 제어하고 확인하기 위한 고기후학적 데이터의 사용(Tarling & Tarling, 1971에서 다시 그려짐)

이 고기후학적 기술을 적용한 결과가 대륙이 지질학적 시간에 걸쳐 그것의 위도 위치를 바꾸었음을 강력하게 나타낸다. 예를 들면, 페름기와 석탄기 동안에 곤드와나 대륙은 광범위한 빙하작용을 경험하였고(Martin, 1981), 남극 근처에 위치하고 있었음에 틀림없다(그림 3.9). 유럽과 미국 동부에서 동시에, 석탄과 광범위한 산호초 퇴적층이 형성되었고, 뒤이어 증발 퇴적층을 갖는 뜨거운 사막으로 변하였다. 북부 대륙은 따라서 적도 부근 위도의 열대 기후를 경험하였다(또한 그림 1.3을 보라).

3.5 대륙의 이동에 대한 고생물학적 증거

대륙 이동은 분산에 장벽을 만들어(Hallam, 1972) 과거의 동물과 식물의 분포(Briggs, 1987)에 영향을 미쳤다. 이것의 분명한 예는 육상 생활형(terrestrial life-form) 때문에 초대륙들 사이의 이동을 방지하였던 초대륙의 두 분할조각 사이의 바다 성장일 것이다. 네발 동물의 과거 분포는 곤드와나와 로라시아(Laurasia)의 모든 부분들 사이에 쉬운 왕래가 있어야만 한다는 것을 의미한다. 초기 페름기의 파충류 메소사우루스(Mesosaurus)의 유해가 브라질과 남부 아프리카에서 발견된다. 메소사우루스는 수영에 적응되었지만 먼 거리를 여행할 수 없어서 이 두 장소 사이에 현재 존재하고 있는 5000km 너비의 바다를 건널 수 없었다고 믿어진다.

해양도 또한 비교적 얕은 해양 환경에 적응된 특정 동물에게 분산 장벽으로 나타날 수 있다. 해양 무척추 동물이 플랑크톤의 일부를 형성할 때, 그것들의 광범위한 분산이 그것의 애벌레 단계에서 발생할 수 있다(Hallam, 1973b). 대부분의 종은 애벌레 단계가 너무 단명이어서 큰 바다를 건너가는 기간 동안 생존하지 못한다. 따라서 과거 동물군 지방(ancient faunal province)의 경계는 사이에 있는 바다의 소멸에 의해 병렬된 과거 대륙 사이에 접합선(join line)을 표시하는 봉합(sutures)과 관련된다. 캄브리아기 산엽충의 분포가 하부 고생대에 주요 해양 분지로 분리된 여러 대륙이 존재했었다는 것을 강력하게 시사한다. 현재 인도, 마다가스카르와 아프리카에서 발견되는 암모나이트 종 사이의 유사성은 오직 얕은 바다가 쥐라기에 이 지역들 사이에 존재했을 수 있음을 나타낸다.

식물학도 유사하게 대륙 분열의 형태를 알려준다. 해체(break-up) 이전에 모든 곤드와나 대륙에는 페름-석탄기에 차가운 기후형(cold climate forms)이라고 생각되는 독특한 *Glossopteris* 및 *Gangamopteris* 식물군이 살았다(Hurley, 1968; Plumstead, 1973; 그림 3.8). 동시에 다양한 열대 식물군이 로라시아에 존재했다(그림 3.10). 그러나 분열 후에 각 대륙의 식물군은 다양해지고 별도 경로의 진화를 하였다.

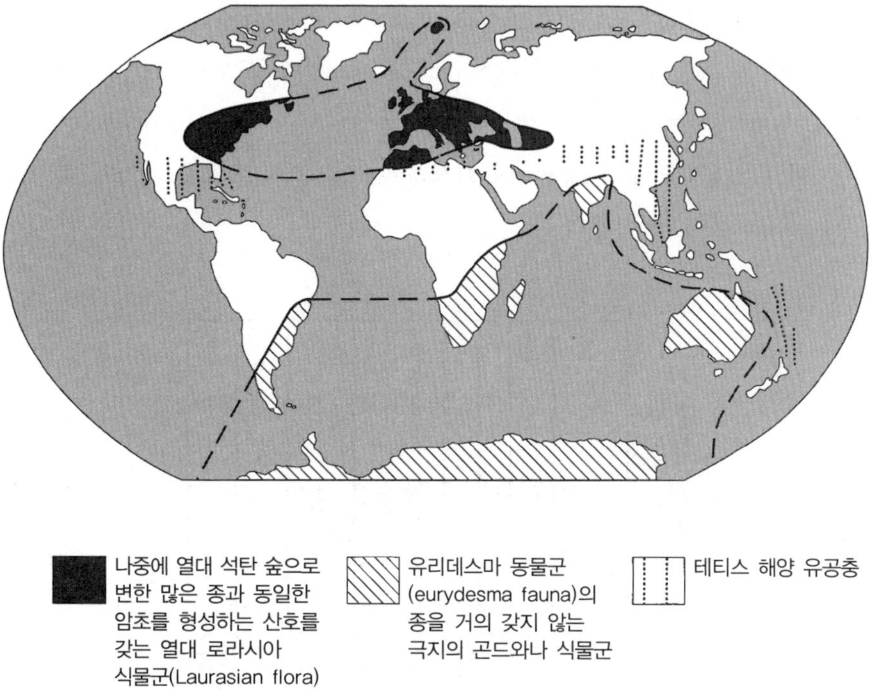

그림 3.10 팡게아(Pangean)의 동물군과 식물군의 현재 분포(Tarling & Tarling, 1971에서 다시 그려짐)

대륙의 위도 이동은 특정 유기체에 적합하지 않은 기후 조건을 만들 수 있기 때문에 기후는 분산 장벽의 덜 분명한 형태이다. 사실, 상대적 대륙 운동이 해류, 연간 평균 온도, 계절 변동의 특성, 그리고 다른 많은 요인들의 형태를 수정할 수 있다(Valentine & Moores, 1972; 13.1.2절). 또한 판 구조적 프로세스가 군체화(colonization)를 이룰 수 있는 서식지를 수정하는 지형의 변화를 야기할 수 있다(13.1.3절).

종의 다양성은 대륙 이동에 의해 제어된다. 다양성은 적도로 증가하고, 그래서 적도에서 다양성은 극에서의 그것보다 약 10배이다. 따라서 남북 방향으로 표류는 대륙에 다양성을 제어할 것으로 예상된다. 다양성은 대륙의 분열과 함께 증가한다(Kurten, 1969). 예를 들면, 파충류의 20목(order)이 고생대에 팡게아(Pangea)에 존재하였으나, 그것의 분열과 함께 중생대에 포유류 30목이 여러 대륙에 발생하였다. 각 대륙 조각은 유전학적 격리와 분산된 동물의 형태학적 분기(morphological divergence)의 결과로 종의 적응방산(adaptive radiation)을 위한 핵이 된다. 결과적으로 다른 유형이 유사한 생태적 적소(ecological niches)를 점유하기 때문에 더 많은 종이 진화한다. Valentine과 Moores(1970)로부터의 그림 3.11은 위상기하학적 모델(topological models)로 표현되듯이 대륙 분열의 정도에 따라 현생대(Phanerozoic)에 존재하는 화석 무척추 과(families)의 수적 변화를 비교한다. 종의 수와 분열 간의 상관관계가 명백하다. 그러한 발산의 예는 개미핥기 포유류(anteating mammals)의 진화이다. 진화 분기의 결과로 행동의 이런 특화된 모드는 분리된 대륙에서 다른 목(order)으로 나아갔다. 즉, 남아메리카의 큰개미핥기(antbears, *Edentata*), 북동 아프리카와 동남아시아의 천산갑(pangolins, *Pholidota*), 중부와 남부 아프리카의 땅돼지(aardvarks, *Tubulidentata*), 그리고 호주의 가시 개미핥기(spiny anteaters, *Monotremata*)로 나아갔다.

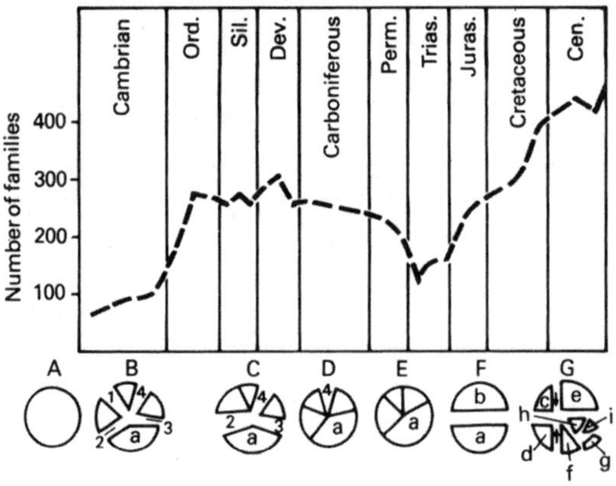

그림 3.11 시기 및 대륙 분포와 무척추 동물 다양성의 상관관계. A, 초기 팡게아; B, 칼레도니안(Caledonian) (1), 애팔래치안(Appalachian) (2), 바리스칸(Variscan) (3), 및 우랄리안(Uralian) (4) 조산 운동에 앞선 해양을 만드는 초기 팡게아의 분열; C, 칼레도니안과 아카디안(Acardian) 조산 운동 동안의 봉합작용(suturing); D, 애팔래치안과 바리스칸 조산 운동 동안의 봉합작용; E, 우랄과 팡게아 재집합의 봉합작용; F, 테티스 해(Tethys Ocean)의 열림; G, 팡게아의 분열. a, 곤드와나; b, 로라시아(Laurasia); c, 북아메리카; d, 남아메리카; e, 유라시아; f, 아프리카; g, 남극; h, 인도; i, 호주(Valentine & Moores, 1970을 따름, Nature 228, 657–9의 허가로. 저작권 1970 Macmillan Publishers Ltd)

대륙 봉합이 교차이주(cross-migration)에 의한 동물군의 균질화(homogenization; Hallam, 1972)와 더 강한 경쟁에 직면한 덜 적응된 그룹의 멸종으로 나타난다. 반대로, 대륙 열개는 자신만의 독특한 진화적 개발을 따르는 동물군의 격리로 이어진다. 예를 들면, 유대류 포유동물(marsupial mammals)은 아마 후기 백악기 해양 해침이 남아메리카와 남극 간의 육상연결을 제거하여 더 뒤의 진화한 태반 포유류(placental mammals)를 위한 길을 끊기 이전에 상부 백악기에 남극 이동 길을 따라 남아메리카에서 호주에 도달하였다(Hallam, 1981). 그런 다음에 해수면이 하강하였을 때도 해저 확장이 호주의 분리를 확실하게 하였고, 아시아와 뉴기니(New Guinea)의 충돌이 아시아 태반 포유류의 군체화를 허용하는 신제3기까지 유대류는 도전을 받지 않고 진화하였다.

3.6 고지자기(paleomagnetism)

3.6.1 서 론

고지자기 과학은 특정 암석에 간직되어 있는 화석 자기의 연구와 관계있다. 만일 이 자기가 암석이 형성된 시기에 생겼다면, 그것의 방향 측정은 암석이 생성되었던 위도를 결정하는 데 사용될 수 있다. 이 위도가 암석이 발견되는 현재의 위도와 다를 경우, 그것이 지구의 표면 위를 이동하였다는 매우 강력한 증거가 되었다. 더욱이 움직임의 형태가 다른 대륙 위에 있는 같은 연령의 암석과 다르다는 것이 제시될 수 있다면, 그것들 사이에 상대적인 움직임이 틀림없이 발생하였다고 확신할 수 있다. 이러한 방식으로, 고지자기 측정은 대륙 이동이 발생했음을 증명하고, 상대적 대륙 이동의 정량적 추정치를 최초로 제공하였다. 고지자기 방법의 더 풍부한 설명을 위해 Tarling(1983) 및 McElhinny와 McFadden(2000)을 참조하라.

3.6.2 암석 자기학(rock magnetism)

고지자기 기술은 특정 광물이 지구 자기장의 과거 방향의 기록을 보유할 수 있다는 현상을 이용한다. 이러한 광물들은 모두 상자성(paramagnetic)이다. 즉, 그것들은 홀수 개수의 전자를 소유하는 원자를 함유한다. 자기장은 전자의 스핀과 궤도운동에 의해 생성된다. 짝진 전자(paired electrons)를 갖는 껍질에서 그것들의 자기장은 본질적으로 서로를 상쇄한다. 상자성 물질에 존재하는 짝이 없는 전자(unpaired electrons)는 원자를 작은 자석 또는 쌍극자(dipoles)로 작용하게 한다.

상자성 물질이 지구장과 같은 약한 외부 자기장에 놓이면, 원자 쌍극자는 외부 자기장 방향에 평행하게 되도록 회전한다. 이런 유도된 자화(induced magnetization)는 물질이 자기장에서 제거될 때 쌍극자가 원래의 방향으로 되돌아가기 때문에 상실된다.

수많은 짝이 없는 전자를 함유하는 특정 상자성 물질은 강자성체라고 불린다. 이들 물체의 자기 구조는 원자가 짝이 없는 전자의 자기장의 상호 작용에 의해 결합된 많은 자기 영역(magnetic domains)으로 발전되는 경향이 있다. 이러한 상호 작용은 퀴리 온도(Curie temperature)

이하의 온도에서만 가능하고, 퀴리 온도 이상이 되면 에너지 수위가 원자 간 자기 결합을 방해할 정도가 되어 그땐 물체가 통상의 상자성 방식으로 거동한다.

각 영역 내에서 연결된 원자 쌍극자의 내부 정렬은 영역이 순 자기 방향(net magnetic direction)을 소유하게 한다. 자기장에 놓이면, 자기 방향이 외부 자기장과 같은 센스인 영역은 다른 방향으로 정렬된 영역을 희생하여 크기가 증가한다. 외부 자기장에서 제거된 후에는 영역의 성장 및 수축에 기인한 선택된 방향은 물체가 전반적인 자기 방향성을 나타내도록 유지된다. 이 보유하고 있는 자화(retained magnetization)는 영구 또는 잔류 자기로 알려져 있다.

3.6.3 자연잔류자화(natural remanent magnetization)

암석은 여러 가지 방법으로 자연잔류자화(natural remanent magnetization, NRM)를 취득할 수 있다. 만일 NRM이 암석과 동일한 시기에 형성된다면 그것은 초기(primary)라고 칭해진다. 암석의 차후 역사 동안에 취득된다면 그것은 2차(secondary)라고 칭해진다.

화성암의 초기 잔류자기는 **열잔류자화(thermoremanent magnetization, TRM)**로 알려져 있다. 그것은 암석이 용융 상태로부터 퀴리 온도 이하로 냉각될 때 취득되고, 이것은 고화작용(solidification) 후에 실현된다. 이 단계에서 강자성 광물은 그 시기의 자기장과 동일한 센스의 자기를 얻고, 이것은 차후 역사 동안 유지된다.

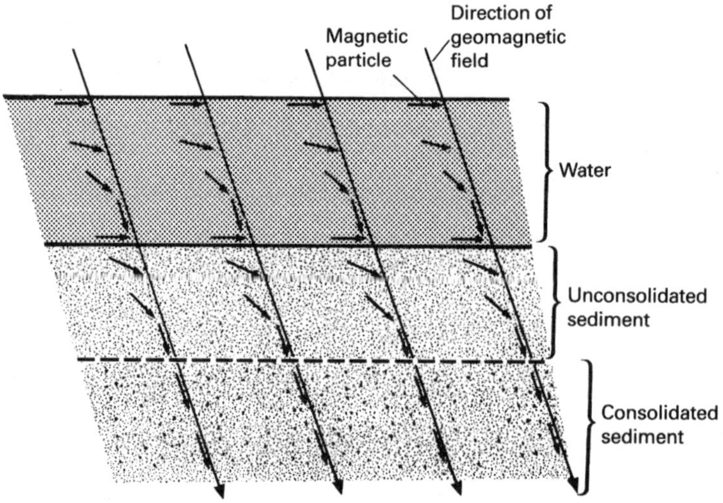

그림 3.12 쇄설잔류자화(detrital remanent magnetization)의 발달

쇄설성 퇴적암의 초기 잔류자기는 **쇄설잔류자화(detrital remnant magnetization, DRM)**로 알

려져 있다. 퇴적물 입자가 물기둥을 통해 침전할 때 존재하는 어떤 강자성 광물이 자기장 방향으로 정렬한다. 바닥에 도달하는 즉시 입자는 편평해지고 만일 길쭉한 형태의 경우 자기장의 방위각(azimuth)을 보존하지 복각(inclination)을 보존하지 않는다(그림 3.12). 매몰 후, 퇴적물이 습윤 슬러리 상태(wet slurry state)에 있을 때, 자성 입자는 미소지진(microseismic) 활동의 결과로 자기장에 재정렬하고, 암석이 고결됨에 따라 이 방향이 유지된다.

2차 NRM은 여러 가지 가능한 메커니즘에 따라 암석의 차후 역사 동안에 획득된다. 강자성 광물이 산화와 같은 화학 반응의 결과로 형성될 때 **화학적 잔류자화(chemical remanent magnetization, CRM)**가 취득된다. 하나 이상의 영역을 형성하기에 충분한 크기일 때 입자는 반응시기의 자기장 방향으로 자화된다. **등온잔류자화(isothermal remanent magnetization, IRM)**가 낙뢰의 경우에서와 같이, 강한 자기장에 노출된 암석에서 발생한다. 자기영역이 약해지고 외부 자기장 방향을 취득하듯이 암석이 장기간 동안 비교적 약한 자기장에 남아 있으면 **점성 잔류자화(viscous remanent magnetization, VRM)**가 발생할는지 모른다.

일부 CRM은 형성 후 곧 예를 들면 속성작용(diagenesis) 동안에 혹은 알려진 연령의 변성 이벤트 기간 동안에 취득될 수 있고, 따라서 유용한 고지자기 정보를 보존할 수 있다.

CRM, TRM 및 DRM은 '하드(hard)'한 경향이 있고 장기간 동안 안정적인 반면, NRM 특히 VRM의 특정한 2차 성분은 '소프트(soft)'한 경향이 있고 비교적 쉽게 분실된다. 따라서 **자기세척(magnetic cleaning)**의 기술에 의해 '소프트' 성분을 소멸시키고 '하드' 성분을 분리하는 것이 가능하다. 이것은 증가하는 강도의 교호하는 자기장 혹은 증가하는 온도에 노출되는 동안 암석 샘플의 자화의 방향과 강도를 모니터링하는 것을 필요로 한다. 초기 잔류자화를 격리시키면, 그것의 강도와 방향이 스피너 자력계(spinner magnetometer) 또는 초전도 자력계(superconducting magnetometer) 중 하나로 측정된다. 후자의 기기는 매우 민감하고 강자성 광물의 매우 낮은 농도를 갖는 암석의 NRM 방위를 측정할 수 있다.

3.6.4 과거와 현재의 자기장

지구의 자기장은 회전축(spin axis)에 11°의 각도로 경사져서 지구 내에 묻힌 거대한 막대자석으로부터 생성되는 자기장에 가깝다. 이 자석은 비현실적으로 큰 자화를 보유해야만 하고 온도가 퀴리 온도를 크게 초과하는 지역에 놓여 있기 때문에 자기장의 실제 원인은 확실히 그런 정자기 프로세스(magnetostatic process)에 의한 것이 아니다.

자기장은 자기유체역학(magnetohydrodynamics, 4.1.3절)으로 알려진 액체 외핵에 있는 전기전하(electrical charge)의 대류 순환을 필요로 하는 동적 프로세스에서 생기는 것으로 추정된다. 그러나 쌍극자 모델(dipole model)을 유지하는 것이 편리하며, 그러면 간단한 계산으로 지상의 어떠한 지점에서도 자기장을 예측할 수 있다.

자기장은 시간에 따라 점진적인 변화를 겪는데, 이는 **영년변화(secular variation)**로 알려진 핵의 대류 순환 형태의 변화에서 기인한다. 이런 현상의 한 표현은 특정 지리적 위치에서의 자기장의 방향은 수천 년의 주기성으로 축 쌍극자 모델에 의해 암시된 방향에 대해 불규칙적으로 회전한다는 것이다. 고지자기 연구에서 영년변화의 영향은 수천 년의 층서 간격에 걸친 지점에서 시료를 수집하여 제거될 수 있다. 고지자기 분석의 목적을 위해 과거의 자기장이 회전 지축을 따라 정렬된 쌍극자에서 발생한 것으로 간주될 수 있도록 이들 시료들로부터의 데이터를 평균하여 영년변화를 제거할 수 있다.

고지자기 측정은 암석이 형성된 시기와 장소의 지자기 파라미터를 반영하는 초기 잔류자화의 강도, 방위각 및 복각을 제공한다. 위에서 논의된 지자기장에 대한 지구 중심 축 쌍극자 모델을 가정하면 복각 I는 암석이 관계식 $2\tan\phi = \tan I$에 따라 형성된 고-위도(paleolatitude) ϕ를 결정하는 데 사용될 수 있다. 고-위도와 초기 잔류자화의 방위각, 즉 과거 북쪽 방향의 지식으로부터 고-축(paleopole)의 겉보기 위치(apparent location)가 계산될 수 있다. 방사성 동위원소(radiometric) 또는 생층서학적(biostratigraphic) 방법에 의한 샘플의 연령 측정과 결합된 이러한 계산을 통해 샘플이 채취된 대륙에 대한 특정 시기에서의 북쪽 자극의 겉보기 위치(apparent location)를 계산할 수 있다. 그다음에 넓은 연령 범위 샘플의 고지자기 분석을 실시하여 겉보기 극 위치가 어떻게 지구의 표면 위로 이동했는지를 추적할 수 있다.

가정된 쌍극자 자기장은 축 대칭이기 때문에 잔류자화 방향은 고-경도(paleolongitude)의 추정치를 제공할 수 없다는 것을 인식하는 것이 중요하다. 고-위도에 의해 정해지고 극 위치를 중심에 둔 작은 원을 따라 어딘가에 위치하고 있었을 샘플링 장소의 과거 위치는 필연적으로 불확실하다.

만일 고지자기 연구가 현재와 상이한 자극 위치를 제공하면, 그것은 자극이 지질연대에 걸쳐 이동하였다는 것, 즉 자극이 회전 극에 대하여 이동하였다는 것을 암시하고, 만일 극이 고정되어 있다면 샘플링 장소가 이동하였다는 것, 즉 대륙 이동이 발생하였다는 것을 암시한다. 자기장의 생성을 위한 모든 이론적 모델은 지구의 회전축에 평행한 지배적인 쌍극자 성분을 예측하기 때문에(4.1.3절) 지리적 극에서 멀어지는 자극의 이동은 있을 것 같지 않다. 따라서 고지자기 연구는 대륙 이동의 양적 측정값을 제공하는 데 사용될 수 있다.

어느 한 연구에서 분석된 샘플의 약 절반은 나머지와 180° 다른 방향의 초기 잔류자화 방향을 제공한다는 것이 초기 고지자기 연구에서부터 발견되었다. 암석 자기의 자체역전(self-reversal)의 가능성이 남아 있지만, 그것은 드문 현상으로 여겨지고, 따라서 이러한 데이터는 자기장의 극성 변화를 반영하는 것으로 생각된다. 자기장은 아마도 백만 년 동안 정상을 유지하고 그다음에 수천 년의 간격에 걸쳐 북쪽 자극이 남쪽 자극이 되어 역전된 극성의 기간이 된다. 극성 역전(polarity reversal)은 임의이지만 방사성 동위원소 또는 고생물학적 연대측정과 결합해져 극성 지질연대(polarity timescale)를 구축할 수 있을 정도로 지구의 모든 영역에 명백하게 동시에 영향을 미친다. 이 주제는 제4장에서 더욱 고찰될 것이다.

3.6.5 겉보기 극이동 곡선(apparent polar wander curves)

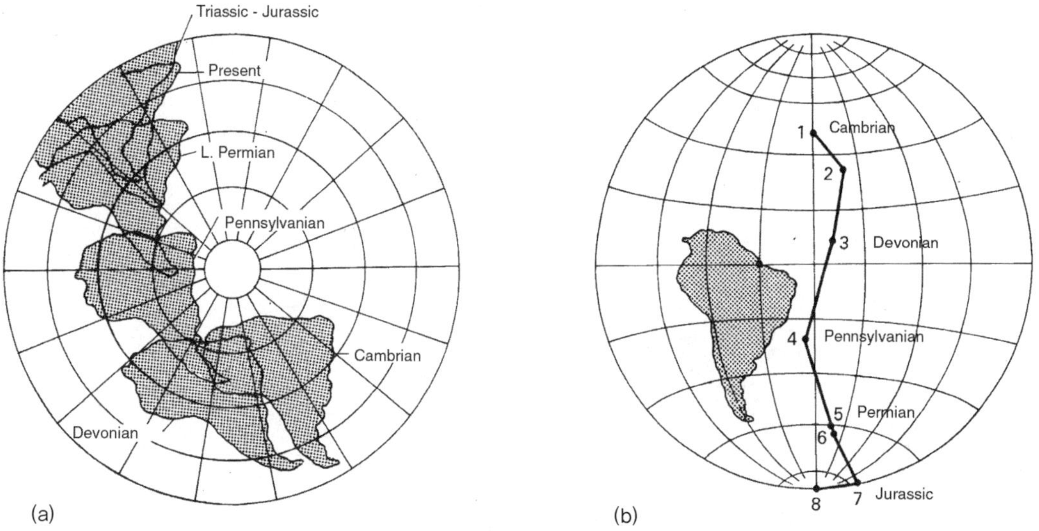

그림 3.13 고지자기 데이터를 표시하는 두 가지 방법: (a) 고정된 자극을 가정하고 대륙의 위도 이동을 적용하기, (b) 고정된 대륙을 가정하고 극이동 경로(polar wander path)를 플롯하기. 후속 연구가 표시된 운동의 세부 사항을 수정하여 왔다. 남극이 플롯되어 왔다는 것에 주목하라(Creer, 1965에서 다시 그려짐, Royal Society of London의 허가로).

고지자기 데이터는 두 가지 방법으로 표시될 수 있다. 하나의 방법은 진정한 위치로 생각되는 것의 영상을 만드는 것, 즉 샘플링 위치의 연령에 따른 위치의 연속으로 대륙을 플롯하는 것이다(그림 3.13a). 디스플레이의 이런 양식은 위치의 고-경도(paleolongitudes) 가정을 필요로 한다. 다른 방법은 대륙을 고정된 위치에 머무르는 것으로 생각하고 **겉보기 극이동 (apparent polar wader, APW)** 경로를 제공하기 위해 여러 시기에 대한 극의 겉보기 위치를 플롯하는 것이다(그림 3.13b). 위에서 토의된 바와 같이, 이 표현은 실제의 이벤트를 반영하지 않지만 고-경도 제어의 부족을 극복하고 동일 그림에 다른 지역으로부터의 정보를 쉽게 표현할 수 있다.

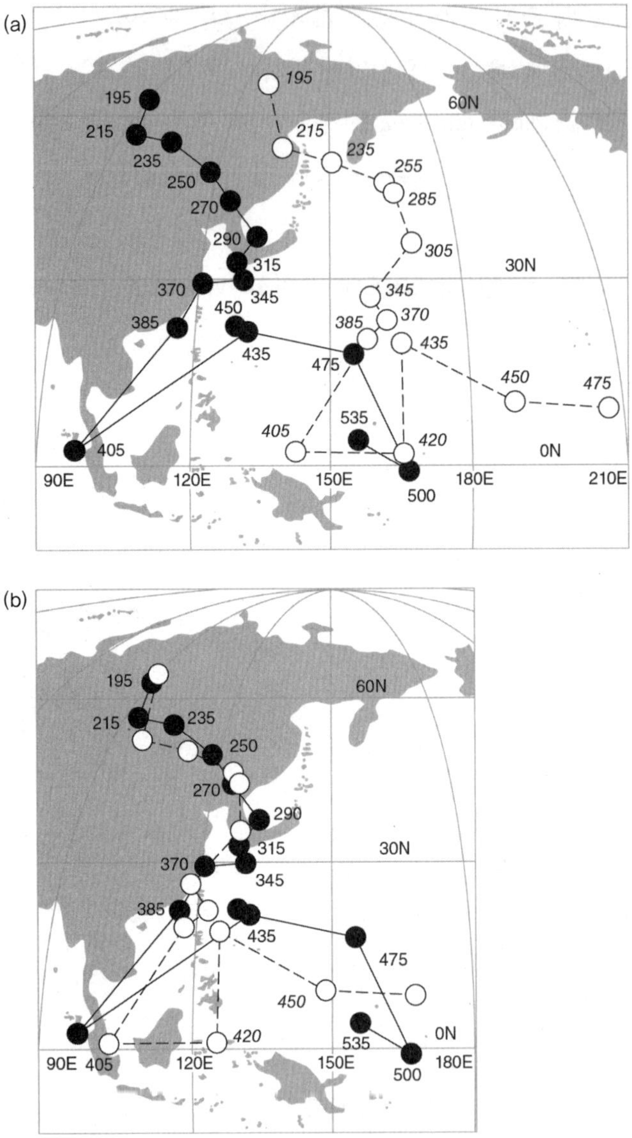

그림 3.14 현재 위치 (a) 및 대서양이 닫힌 후 (b)의 북아메리카와 유럽과 더불어 북아메리카에 대한(검은색 원과 실선), 그리고 유럽에 대한(흰 원과 점선) 겉보기 극이동 경로(Apparent polar wander paths). 각 평균 극 위치에 대한 연령은 Ma로 유럽에 대한 그것은 이탤릭체로 제시된다(McElhinny & McFadden, 2000에서 다시 그려짐, Academic Press의 허가로. 저작권 Elsevier 2000).

같은 대륙에서 다른 연령대의 바위에 대한 극의 겉보기 위치가 다르다는 관찰을 통해 대륙이 지구 표면 위를 이동했다는 것을 증명할 수 있었다. 더욱이 다른 대륙에 대한 APW 경로가 서로 달랐다는 사실이 대륙의 상대적 움직임이, 즉 대륙 이동이 발생했다는 것을 명백하게 증명하였다. 따라서 고지자기 연구는 대륙 이동을 확인하고 그것의 첫 번째 양적 측정을 제공했다. 그림 3.14a는 오르도비스기에서 쥐라기까지의 북미와 유럽에 대한 APW 경로를 보여준다. 그림 3.14b는 Bullard *et al.*(1965)의 회전 파라미터에 따라서 회전한 유럽 및 APW 경로의 결과를 보여주는데, 이는 대서양이 닫혔다는 것을 의미한다. 그다음에 유럽과 북미의 APW 경로는 대륙들이 칼레도니아 조산 운동의 끝에서 결합된 시기인 약 400Ma 전부터 대서양이 열릴 때까지 매우 밀접하게 일치한다.

APW 경로는 대륙의 이동, 충돌, 그리고 분열을 해석하는 데 사용되고(Piper, 1987), 움직임이 주위 해양 분지의 자기 선구조의 형태에 의해 추적될 수 없는 중생대 이전(pre-Mesozoic) 대륙에 특히 유용하다(4.1.6절). 그림 3.15는 두 대륙 사이의 해양 분지의 열림과 닫힘의 전체 윌슨 주기(Wilson cycle, 7.9절)를 나타낸다. 열개작용 이전에 처음 대륙의 두 조각 A와 B는 유사한 APW 경로를 가지고 있다. 처음 열개와 최종 봉합이 일치하는 것이 불가능하기 때문에 그것들은 동일할 것 같지가 않다. 열개작용 이후에 두 조각은 시간 8에 U자 모양(hairpin)이 하나의 수렴으로 이동 방향의 변화 조짐이 나타날 때까지 발산하는 APW 경로를 그린다. 시간 12 봉합 이후에 두 조각은 공동의 극 트랙을 따라간다.

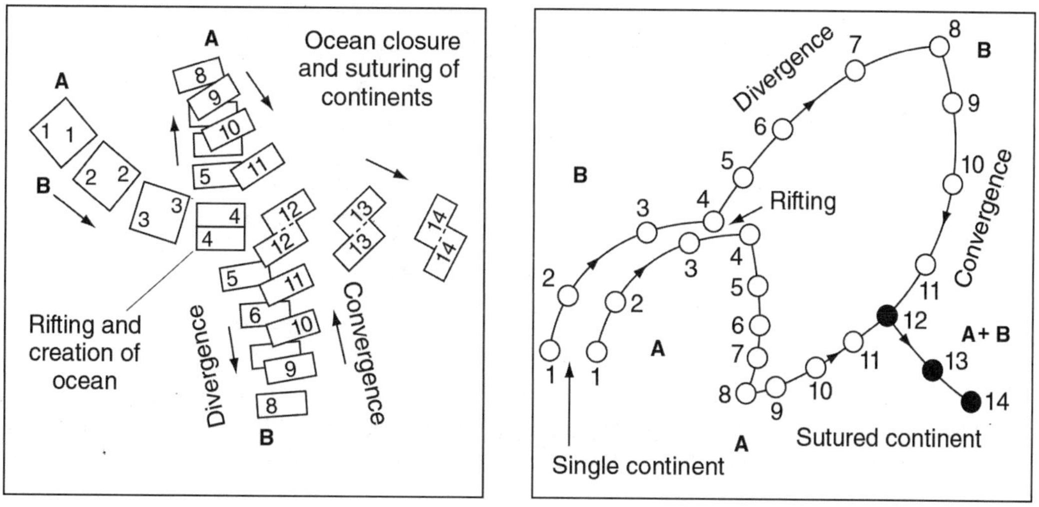

그림 3.15 판 발산(plate divergence)과 수렴(convergence)의 고지자기 기록(signature)(Irving *et al.*, 1974에서 다시 그려짐, American Geophysical Union의 허가로, 저작권 © 1974 American Geophysical Union)

남부 대륙+인도는 선캄브리아기에서 중기 쥐라기까지 하나의 대륙, 곤드와나를 형성하였다고 생각된다. 약 4억 년(400Ma)의 기간 동안, 그것들은 재집합되었으니 같은 극이동 경로를 갖지 않으면 안 된다. 그림 3.16은 곤드와나에 대한 최신 극이동 경로를 보여준다(Torsvik &

Van der Voo, 2002). 남아메리카에 대한 경로의 트랙이 Creer(1965)에 의해 주어진 초기 경로와 비교될 수 있다(그림 3.13b). 그러나 그림 3.16에 표현된 경로의 외관상 더 상세함은 보증되지 않을 수 있다. 아마도 충분히 신뢰할 수 있는 데이터가 부족하기 때문에 곤드와나의 APW 경로의 상세함에 대한 상당한 의견 차이가 있다(Smith, 1999; McElhinny & McFadden, 2000). 흥미롭게도 고지자기 및 고기후학적 데이터에 대한 자세한 분석을 기반으로 Smith (1999)에 의해 선호된 경로는 Creer(1965)의 그것과 매우 비슷하다. 곤드와나에 대한 모든 APW 경로는 베게너(Wegener)가 그랬듯이(그림 1.3) 석탄기 시간 동안 남동 아프리카 부근에 남극을 가지고 있고, 이 시기에 사하라 사막 지역에 있는 소소한 빙하작용에 대한 증거가 있는 북서 아프리카에 오르도비스기 극 위치를 갖는다(Eyles, 1993).

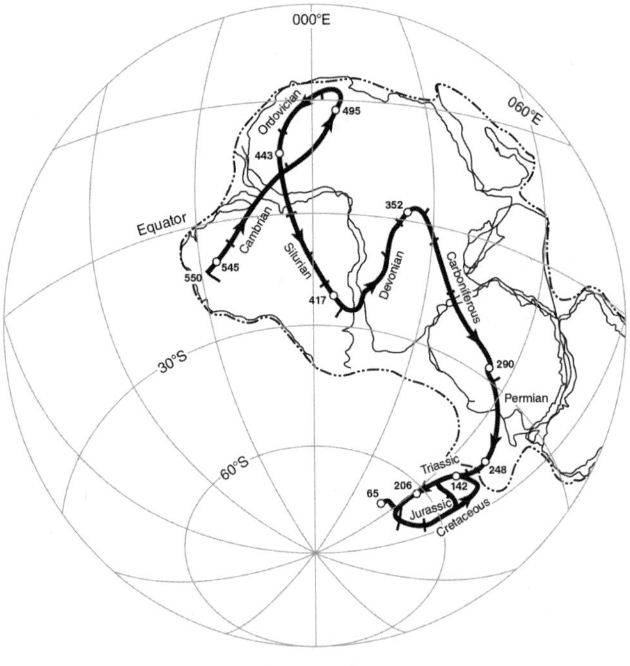

그림 3.16 Lottes와 Rowley(1990)의 복원을 기반으로 한 곤드와나에 대한 APW(겉보기 극이동) 경로(Torsvik & Van der Voo, 2002에서 다시 그려짐, Blackwell Publishing의 허가로)

3.6.6 고지자기에 근거된 고지리 복원

지난 2억 년(200Ma)의 주요 대륙 지역의 상대적 위치 복원은 선형 해양 자기 이상(4.1.7절)에 의해 제공된 현재 해양의 진화에 대한 매우 상세한 정보를 사용함으로써 가장 잘 이루어진다. 그러나 대륙을 올바른 고-위도에 올려놓기 위하여는 고지자기 결과가 고-극(paleopoles)

과 고-적도(paleoequator)의 위치를 식별하려는 이런 복원과 결합되지 않으면 안 된다. 제13장에 있는 연속적인 고지리지도(그림 13.2-13.7)가 이러한 방식으로 획득되었다. 2억 년(200Ma) 이전의 시기에 대해서는 해양 데이터에 의해 제공된 제약이 더 이상 유용하지 않아서 복원은 고지자기 결과와 지질학적 대비를 기반으로 한다. 이런 중생대 이전 복원의 예는 제11장에서 논의될 것이다.

추가 읽기

Frakes, L.A. (1979) *Climates Throughout Geologic Time.* Elsevier, New York.

McElhinny, M.W. & McFadden, P.L. (2000) *Paleomagnetism: continents and oceans*. Academic Press, San Diego.

Tarling, D.H. & Runcorn, S.K. (eds) (1973) *Implications of Continental Drift to the Earth Sciences*, vols 1 & 2. Academic Press, London.

Tarling, D.H. & Tarling, M.P. (1971) *Continental Drift: a study of the Earth's moving surface*. Bell, London.

제4장

해저 확장(sea floor spreading)과 변환 단층(transform faults)

GLOBAL TECTONICS

4.1 해저 확장(sea floor spreading)

4.1.1 서 론

1950년대 후반까지 대륙 이동에 대한 많은 증거가 모아졌으나, 이론은 대체로 인정되지 않았다. 이 시기까지, 연구는 대륙의 이동 전 배치를 결정하고 그것들의 지질학적 결과를 평가하는 데 집중되었다. 대륙이 현재의 위치에 도달한 경로가 결정되지 않았다. 대륙 이동의 운동학을 연구하기 위해 한때 병렬되었던 대륙을 지금은 분리하고 있는 지역을 연구할 필요가 있었다. 따라서 이 시기에 관심이 대륙에서 사이에 낀 해양 분지로 이동했다.

시추(drilling), 드렛징(dredging) 또는 수중 작업과 같은 해저의 어떤 종류의 직접 관찰도 시간이 많이 걸리고 고가이며, 오직 저밀도의 데이터만을 제공한다. 따라서 해양 지역에 걸친 유용한 대부분의 정보는 선박 또는 항공기에서 수행된 지구물리학적 조사에 의해 제공되었다. 이러한 방법의 하나가 지구 자기장 세기의 변화를 측정하는 것이다. 이것은 플럭스게이트(fluxgate) 자력계, 프로톤 자력계(proton precession magnetometers) 또는 광흡수(optical absorption) 자력계를 이용하여 달성되며, 이것들은 감지 소자(sensing element)가 자기 효과를 최소화하기 위해 충분한 거리로 선박 또는 항공기 뒤로 견인될 수 있도록 하는 배향 방법을 거의 필요로 하지 않는다. 이러한 방식으로 총자기장값(total field values)은 ±1나노테슬라(nanotesla, nT) 또는 약 1/50000의 정밀도로 얻어진다. 자력계는 그것들의 이동 경로를 따라 자기장 강도의 사실상 연속적인 기록을 제공한다. 이런 절댓값은 나중에 낮 동안의 효과(diurnal effect)를 야기하는 외부에서 유도된 자기장의 차이와 지구의 핵 내에서 발생된 자기장 중 그 지역에서 발생하는 지역적 자기장에 대해 보정된다. 그러면 이론상 결과적으로 생성된 자기 이상은 하부에 놓이는 암석의 자기적 특성의 현저한 차이에 전적으로 기인되어야만 한다 이상(anomalies)은 암석에 일반적으로 낮은 비율로 포함된 강자성 광물(3.6.2절)에서 비롯되는데, 이 중 가장 흔한 것은 자철광(magnetite)이다. 일반적으로, 초고철질 및 고철질 암석은 높은 비율의 자철광을 포함하고 있고, 그래서 큰 자기 이상을 일으킨다. 변성암은 중간 정도로 자기를 띠고 산성 화성암과 퇴적암은 보통 약하게 자기를 띤다. 자기 조사 방법의 본격적인 설명은 Kearey *et al.*(2002)에 제공된다.

육지에서 자기 이상은 상부 대륙 지각의 일정치 않은 지질을 반영한다. 그러나 해양 지각은 측면으로 균일한 것으로 알려져 있고(2.4.4절), 그래서 자기 특성이 이질적이지 않다면 해양 자기 이상은 성분적인 균일성을 반영하는 것으로 생각된다.

4.1.2 해양 자기 이상(marine magnetic anomalies)

자기 조사는 쉽게 이루어지고, 측정은 1950년대 중반 이후 특정한 조사와 일상적으로 다른 해양 조사 지역으로의 항해 모두에서 조사 선박에서 실시되고 있다.

아주 중요한 자기 이상 지도(그림 4.1)는 북아메리카의 서쪽 해안 앞바다의 정밀조사로 작성되었다(Mason & Raff, 1961; Raff & Mason, 1961). 자기장은 결코 균일한 것으로 보이지 않고, 높은 진폭의 양과 음 이상의 선형 지역을 분리하는 가파른 구배에 의해 정해진 줄무늬의 예기치 않은 형태를 보였다. 이러한 자기 선구조(magnetic lineations)는 매우 지속적이어서, 수백 킬로미터에 걸쳐 추적될 수 있다. 그러나 그것들의 연속성은 개개의 이상이 측면으로 1100km에 이르는 거리로 오프셋된 주요 해양 단열대(oceanic fracture zone)에서 중단된다.

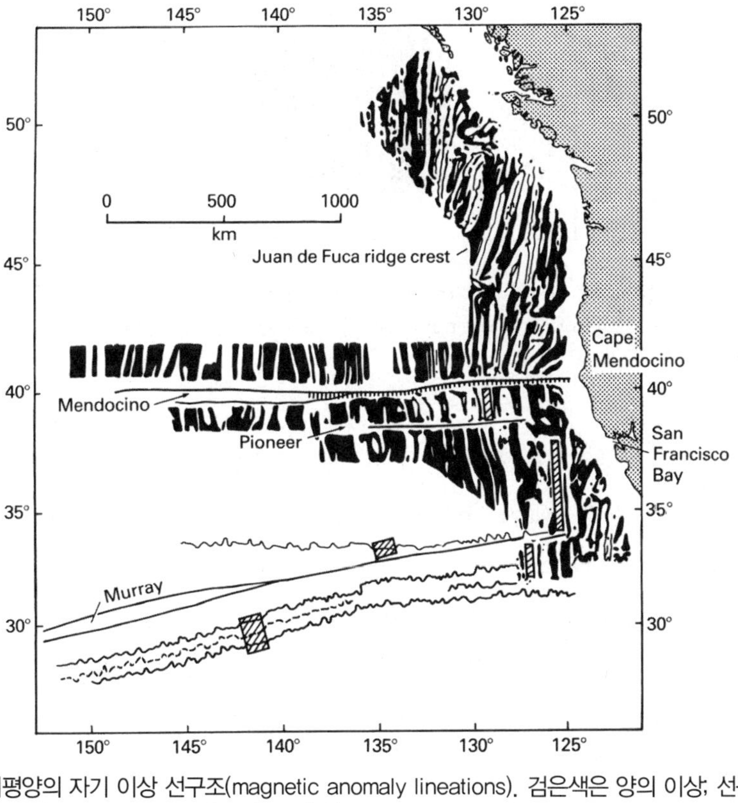

그림 4.1 북동 태평양의 자기 이상 선구조(magnetic anomaly lineations). 검은색은 양의 이상; 선구조가 오프셋된 해양 단열대(fracture zones)가 또한 보인다(Menard, 1964를 따름, 고 H. William Menard 교수의 재산권자 허가로).

후속 조사에 의하면 자기 선구조는 거의 모든 해양 지역에 존재하는 것으로 밝혀졌다. 그것들은 일반적으로 폭이 10-20km이고, 500-1000nT의 피크 대 피크 진폭으로 특징지어진다.

선구조는 중앙 해령 시스템(제6장)의 정상에 평행이고 해령 축에 대해 대칭이다(그림 4.2).

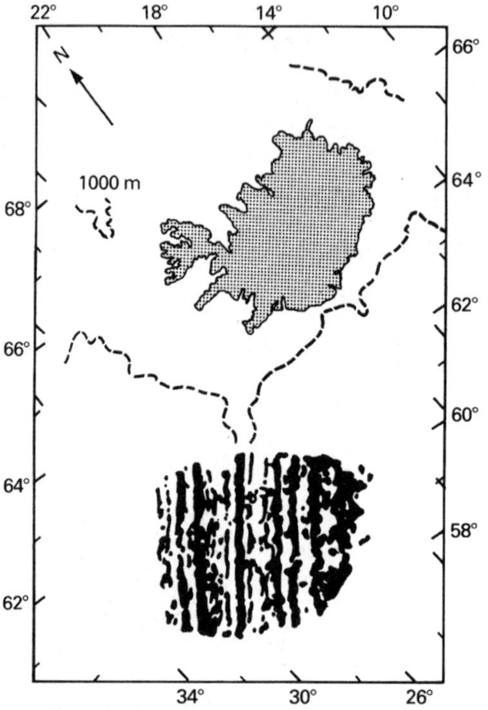

그림 4.2 아이슬란드의 남쪽 중앙 대서양 해령(mid-Atlantic ridge)의 양쪽 자기 선구조. 검은색의 양 이상(Deep Sea Research 13, 428에 있는 Heirtzler *et al.*, 1966을 따름, Pergamon Press의 허가로. 저작권 Elsevier 1966)

이러한 선형 자기 이상의 기원은 비자성 퇴적물로 구성되어 있는 해양 층 1(oceanic layer 1)일리가 없다. 그것들은 층 3(layer 3)만의 기원은 너무 깊어서 가파른 이상 구배를 생성할 수 없기 때문에 층 3에 해당하는 깊이에서 생길 수 없다. 그러므로 이상의 기원은 적어도 부분적으로 해양 층 2(oceanic layer 2)에 있어야만 한다. 이런 결론은 현무암이 비교적 높은 비율의 자성 광물을 포함하고 있는 것으로 알려져 있기 때문에 드렛징과 시추에 의해 획정된 층 2(2.4.6절)의 현무암 성분과 일치한다. 따라서 자기 선구조는 층 2가 어디에서나 이 암석 유형으로 구성되어 있다는 것을 확증한다.

만일 자기 선구조가 균질한 성분의 층에 의해 생성된다면, 큰 양과 음의 자기 이상의 병렬을 야기하는 자기 차이가 어떻게 발생할까? 자기 이상의 모양은 기원의 기하학적 형태와 자화 벡터의 방향 모두에 의해 결정된다. 해양 층 2는 비교적 일정한 깊이와 두께를 유지한다. 층 상단의 울퉁불퉁한 지형으로 인해 발생하는 이상 현상은 너무나 빠르게 감쇠할 것이기 때문에 해저면 위로 3-7km 떨어진 해수면에서 관찰된 이상의 진폭을 설명할 수 없다. 따라서 층 2의 인접하는 블록들이 서로 다른 방향으로 자화되어 있음으로 해서, 선구조가 발생해야만 한다. 그림 4.3은 북동 태평양에 있는 후안 데 푸카 해령(Juan de Fuca Ridge) 위에서 관측된 자기 이상(observed anomalies)의 해석을 보여준다. 층 2는 주위 자기장의 방향 또는 반대 방향인 자화 벡터를 할당했던 릿지 정상에 평행한 일련의 블록들로 나누어진다. 관찰된 이상은 자화의 강도가 변화하는 모델에 의해 시뮬레이션되고, 약 10A m^{-1}의 비교적 높은 값이 대조를 생성하기 위해 필요하다는 것을 보여주는 것으로 해석된다.

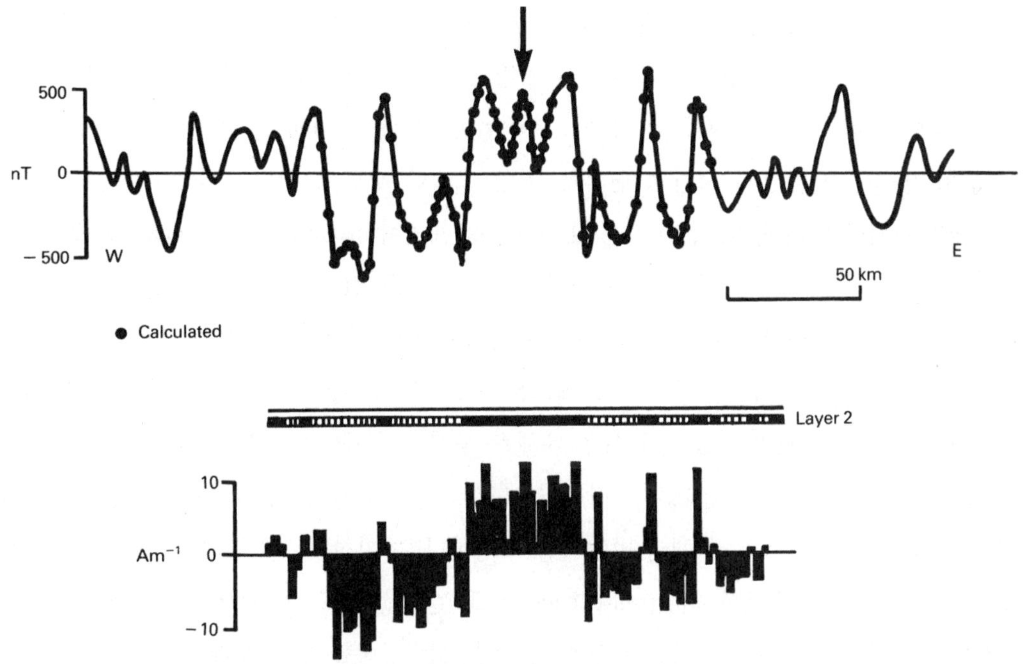

그림 4.3 해양 층 2의 2차원 직사각형 블록의 정상, 그리고 역전된 자화의 관점에서 북동부 태평양에 있는 후안 데 푸카 해령(Juan de Fuca ridge)을 가로지르는 자기 이상 단면의 해석. 화살표는 해령 정상(ridge crest)을 표시한다(Bott, 1976에서 다시 그려짐, Blackwell Publishing의 허가로).

4.1.3 지자기 역전(geomagnetic reversals)

자기장이 극성이 역전될 가능성은 20세기 초기에 처음으로 제안되었고, 곧 역전된 자화가 일부 암석 샘플에 존재하고, 약간의 화산 시퀀스에서 관측된 자기 이상의 낮은 진폭이 반전된 자화 벡터의 관점에서 설명할 수 있다는 것이 알려졌다.

1960년대 초에 이르러 역전된 자화를 나타내는 많은 고지자기 측정과 역전된 자화가 정상적으로 자화된 물질과의 상호 작용에서 발생할 수 있는 자연 역전(self-reversal)은 매우 드문 형상이라고 증명되었기 때문에 자기장 역전의 개념이 부활하였다. 1960년대 중반경에 지난 수백만 년 내에 분출된 용암류(lava flow)에 대한 Cox *et al*.(1964, 1967)의 연구를 따라 이 개념이 널리 받아들여졌다. 최근 급속하게 퇴적된 퇴적물, 용암류 시퀀스, 그리고 서서히 냉각된 화성 관입의 고지자기 연구가 자성 역전은 약 5000년의 시간 간격에 걸쳐 발생하는 것을 보여준다. 그것은 역전 이전의 어떤 시간에 시작되고 그 후 약 10000년의 총지속 기간을 갖고 어떤 시간 동안 계속되는 정상값의 25%에 달하는 자기장 강도의 감소를 동반한다.

자기장의 기원에 대한 일반적인 이론은 없다. 그러나 주요 부분이 지구 내에서 생기고, 동적 프로세스에 의해 기인되어야 한다는 것은 인정된다. 알려진 물질의 어느 것도 표면에서 관찰된 자기장의 크기를 생기게 할 정도로 충분히 자성을 띠고 있지 않기 때문에, 그리고 압력에 따른 그것의 의존성이 거의 알려져 있지 않다고 가정한다고 해도 지표 밑의 온도가 퀴리 점을 충분히 초과하기 때문에 정자기 기원(magnetostatic origin)은 불가능한 것 같다. 내부적으로 생성된 자기장의 시간적 변화는 또한 그러한 모델로 설명할 수 없다.

자기장은 지구 핵의 유체(외부) 부분 내에 자기유체역학(magnetohydrodynamic) 프로세스에 의해 생성되는 것으로 믿어지고, 자기유체역학은 유체운동, 전류, 그리고 자기장의 상호 작용과 관련된 물리학의 한 분야이다. 실로 이 프로세스는 또한 다른 행성 및 특정한 별의 자기장의 주된 원인인 것으로 여겨진다. 이 프로세스는 회전하고 있는, 그리고 부분적 또는 전체적으로 훌륭한 전기 전도체인 이동하기 쉬운 유체로 구성된 천체(celestial body)를 필요로 한다. 만일 그것이 기존의 자기장 내에서 움직이면 그것과 연관된 자기장을 갖는 전류를 생성하기 때문에 난류 혹은 대류하는 유체는 발전기를 구성한다. 자기장이 전류에 의해서만 만들어질 때, 발전기는 '발전기 자체에 의한(self-excited)'으로 말해진다. 일단 '일으켜지면(excited)', 대류 전류를 유지하는 초기 에너지원이 있는 한 발전기는 영속할 수 있게 된다. 이 프로세스는 복잡하며, 해석적 풀이(analytic solution)는 핵의 진정한 형상에 접근할 수 없고 단지 매우 간단한 형상에서만 이용할 수 있다. 자기장은 칼륨(^{40}K) 같은 핵 내의 열원(heat source) 또는 지구의 느린 냉각에 의한 내핵의 고화작용 동안에 방출된 잠열과 가벼운 구성 성분에 의해 열적으로 또는 중력으로 구동된(2.9절) 내부 핵의 대류에 의해 유지되는 것으로 생각된다(Merrill *et al*., 1996).

지구의 유체 핵에서 발생하는 물리적 프로세스의 복잡성 때문에 지오다이나모(geodynamo)의 수학적 공식화는 불가능하였다. 따라서 이론가는 수치 모델링(numerical modeling)에 의존해야만 했다. 처음에는 이러한 시뮬레이션은 관련된 매우 큰 수의 수치 적분에 유용한 연산력(computing power)에 의해 심각하게 제한되었다. 발전기 모델의 대규모 실제적인 시뮬레이션은 1990년대에 이른바 슈퍼컴퓨터의 출현을 기다리고 있었다. 완전 입체, 비선형, 지오다이나모 모델의 수치 적분의 첫 번째 결과는 1995년에 발표되었다(예를 들면, Glatzmaier & Roberts, 1995). 이것들과 2000년까지의 다른 비교되는 시뮬레이션이 Kono와 Roberts(2002)에 의해 검토되었다. 모델은 영년변화와 지배적인 축 다이폴 성분과 같은 지구 자기장의 많은 특징과 일부 경우에 자기 역전을 시뮬레이션한다. 후자의 일부는 지속 기간 및 특성에서 고지자기 연구로부터 도출된 것과 매우 유사하다(Coe *et al.*, 2000).

지자기 역전이 지질학적 과거에 발생한 비율은 매우 변화무쌍하다(그림 4.4, 4.13 참조). 자기장이 35Ma 동안 일정한 정자극(normal polarity)이었던 백악기에 이어서, 신생대 동안에 역전의 비율이 점차 증가하였다. 고지자기 연구가 후기 석탄기와 페름기에 비슷한 장기간의 역자극(reverse polarity)이 있었음을 알려주었다(McElhinny & McFadden, 2000). 이것은 지오다이나모가 두 상태(즉, 수천만 년의 일정한 극성의 자기장을 생성하는 상태, 그리고 자기장이 매 백만 년마다 적어도 한 번 극성이 역전되는 상태) 중 하나에 존재할 수 있음을 암시하는 것 같다. 이것은 핵의 대류 전복(convective overturn)이 수백 년의 기간이라고 생각된다는 점에서 놀라운 일이다. 한 번 달성되면 수천만 년 동안 지속하는 두 가지 상태를 설명할 수 있는 핵의 프로세스 또는 조건을 상상하기 어렵다. 이런 전복 기간이 맨틀 대류의 특징이다. 맨틀 대류 패턴의 변화는 적절한 기간으로 핵-맨틀 경계에서 물리적 조건의 변화를 생성할 수 있다. 지진파 토모그래피에 의해 알려진 맨틀에서의 지진파 속도의 작은 변화들은 비록 그것들이 부분적으로 화학적 불균등성에 기인될 수 있지만(12.8.2절) 대류와 관련된 온도 변화의 관점에서 설명된다. 이것이 핵-맨틀 경계에서 열 유속(heat flux)을 균일하지 않게 할 가능성이 있으며, 10-100Ma의 기간에 걸쳐서 크게 변한다. 외핵의 낮은 점도와 상대적으로 빠른 전복은 핵-맨틀 경계의 온도가 본질적으로 균일하다는 것을 보장한다. 그러나 하부 맨틀에서 유추된 온도차가 핵-맨틀 경계에서 열 유속의 불균일한 분포를 야기할 것이다. 경계 근처의 비정상적으로 차가운 물질은 온도 구배를 가파르게 하고 열류량(heat flow)을 증가시키는 반면 뜨거워 물질은 구배와 열류량을 감소시킬 것이다. 지오다이나모의 컴퓨터 시뮬레이션의 새로운 발전이 이런 가능성을 탐구할 수 있게 한다. 이러한 계산의 초기 결과(Glatzmaier *et al.*, 1999)가 다른 열류량 분포가 역전 빈도수의 큰 변화를 생성하고 그림 4.4에서 관찰된 변화를 잘 설명한다는 점에서 매우 흥미롭고 고무적이다.

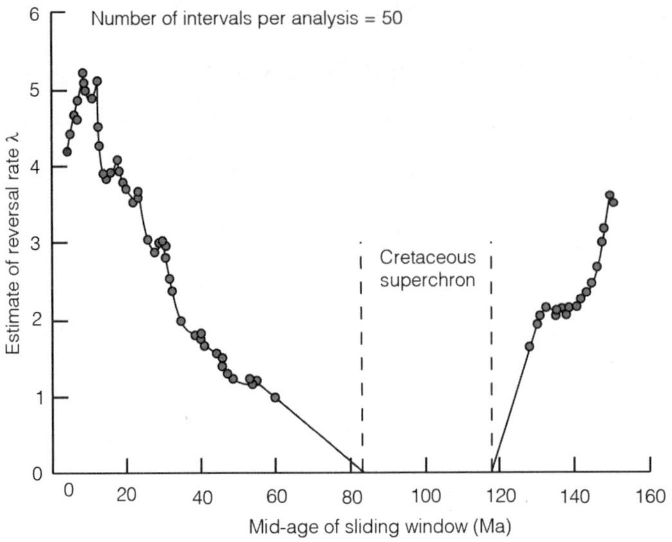

그림 4.4 지난 160Ma 동안 지자기 역전의 추산된 빈도수(Merrill *et al.*, 1996에서 다시 그려짐, Academic Press의 허가로. 저작권 Elsevier 1996)

1990년대 중반 이후 지오다이나모의 수치 시뮬레이션에서 얻어진 결과가 지구 자기장의 가능한 기원에 대한 우리의 모델링과 이해에 놀라운 돌파구를 제공한다. 그러나 비록 이 모델의 물리적 공식화가 완전하다고 생각되지만, 가정된 매개변수가 지구에 적합한 범위가 아니라는 것을 명심해야 한다. 이것은 유용한 연산력이 여전히 적분에 요구되는 시공간적 풀이를 처리하기에 충분하지 않기 때문이다.

4.1.4 해저 확장(sea floor spreading)

1960년대 초에 Dietz(1961)와 Hess(1962)는 대륙 이동이 디이츠(Dietz)가 해저 확장이라고 칭한(1.2절) 프로세스에 의해 달성될 수 있음을 제안했다. 새로운 해양 암석권이 릿지(ridge)에서 연약권 물질의 용승 및 부분 용융에 의해 만들어진다는 것이 제안되었다. 바다가 암석권의 점진적인 창조로 서서히 넓어짐에 따라 해양에 인접한 대륙들이 이동하여 떨어졌다. 예를 들면, 북아메리카와 유럽 사이의 이동은 지난 180Ma에 걸쳐 대서양의 점진적인 성장에 의해 달성되었던 것이다. 지구는 상당한 양으로 표면적이 증가하지 않기 때문에(12.3절), 해저 확장에 의해 성장된 해양 크기의 증가는 해양에서 동일한 속도로 해양의 가장자리에 위치하는 심해 해구(deep sea trench)에서 해양을 축소시키는 섭입에 의한 암석권의 파괴로 균형이 잡힐 것이다.

이러한 움직임의 구동 메커니즘은 암석권 아래 맨틀(그림 1.5)의 대류라고 믿어졌다. 맨틀 대류가 릿지 아래에서 상승하는 셀(cell)을 형성하고 이로 인해, 표면에 뜨거운 물질을 가져와 새로운 암석권을 생성하는 것으로 생각되었다. 그다음에 흐름은 수평으로 릿지에서 멀어져가고, 이것이 기저의 점성 저항(viscous drag)에 의해 측면으로 동일한 방향으로 암석권을 이동시키고 결국 암석권의 섭입을 도와서 해양 해구에서 깊은 맨틀로 다시 내려간다. 이 가능한 메커니즘은 12.7절에서 더 충분히 논의될 것이다.

4.1.5 바인-매슈즈 가설(Vine-Matthews hypothesis)

선구조의 진정한 의미가 알려지기도 전에 자기 선구조를 표현하는 해양의 자기 지도(4.2절)가 여러 해 동안 이용 가능하다는 것을 알아차렸다는 것은 아마도 놀랍다. Vine과 Matthews (1963)의 가설은 단순하게 해저 확장의 개념(4.1.4절)과 자기장의 역전 현상(4.1.3절)을 훌륭히 결합한 것이었다.

바인-매슈즈(Vine-Matthews) 가설은 다음과 같은 방법으로 자기 선구조의 형성을 설명한다. 새로운 해양 지각은 릿지의 정상에 주입되고 분출된 마그마의 고화작용에 의해 생성된다(그림 4.5). 더욱 냉각되자마자 곧 온도는 떨어져서 강자성 거동이 가능해지는 퀴리 점(Curie point)을 통과한다(3.6.2절). 그때 고화된 마그마는 주위 자기장과 같은 방향으로 자화를 취득한다. 암석권 형성의 프로세스는 연속적이며, 릿지의 양측에서 이전에 형성된 암석권이 옆으로 이동함에 따라 대칭으로 진행된다. 그러나 만일 새로운 암석권이 형성될 때 자기장이 극성을 역전한다면, 릿지 양측의 지각은 정상에 평행한 일련의 블록으로 구성될 것이며, 이로 인해 자기장에 관해서 정상 또는 역전된 잔류자화를 가지게 된다. 따라서 릿지 정상은 지구 자기장의 역전 이력이 해양 지각 내에 기록되는 트윈-헤드 테이프 레코더로 볼 수 있다(Vine, 1966).

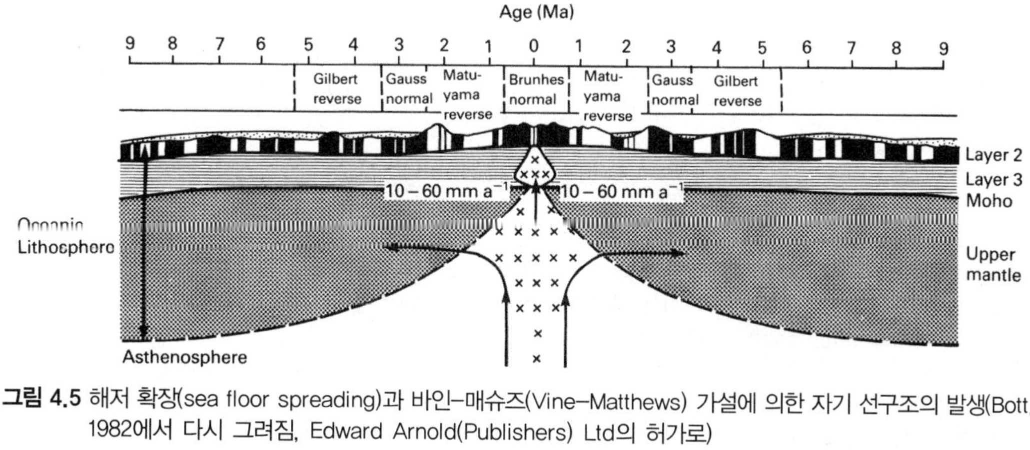

그림 4.5 해저 확장(sea floor spreading)과 바인-매슈즈(Vine-Matthews) 가설에 의한 자기 선구조의 발생(Bott, 1982에서 다시 그려짐, Edward Arnold(Publishers) Ltd의 허가로)

해양 현무암의 잔류자화의 강도는 유도된 자화보다 상당히 크다. 자기 이상의 모습은 전체 자화 벡터, 즉 잔류와 유도된 성분의 합성력의 방향에 의해 지배되기 때문에, 자기 선구조의 모습은 효과적으로 초기 잔류 방향에 의해 제어된다. 따라서 북반구 고위도에서 형성된 정상적으로 자화된 지각의 블록은 북쪽으로 가파르게 기울어지는 자화 벡터를 소유하고, 역전되어 자화된 물질의 벡터는 남쪽을 향해 가파르게 위쪽으로 기울어진다. 지각의 이런 지역위에서 관측된 자기 단면은 정상적으로 자화된 블록 위에서는 양의 이상, 그리고 역전되어 자화된 블록은 음의 이상으로 특징지어진다. 유사한 상황이 남반구 고위도에서 일어난다. 저위도에서 자화된 지각 또한 이런 방식으로 양과 음의 이상을 생성하나, 자화된 벡터의 비교적 작은 경사 때문에 특정 블록 위의 이상은 양과 음 성분 모두를 갖는 뚜렷한 쌍 극성이다. 개개의 블록이 더 이상 하나의 양 또는 음의 이상과 관련되지 않기 때문에 이것이 릿지 정상 근처의 대칭적인 이상을 모호하게 한다. 그러나 자기장이 수평인 자기 적도에서 음의 이상은 정상적으로 자화된 블록과 일치하고, 양의 이상은 고위도에서 그것과 정확히 반대 상황인 역전으로 자화된 블록과 일치한다. 게다가 자기장 강도, 즉 잔류 자기의 크기가 극에서 적도 방향으로 감소하듯이 이상의 진폭도 극에서 적도로 감소한다. 그림 4.6은 동서 주향의 릿지 위 자기 이상 모양과 진폭이 위도에 따라 어떻게 변하는지를 보여준다.

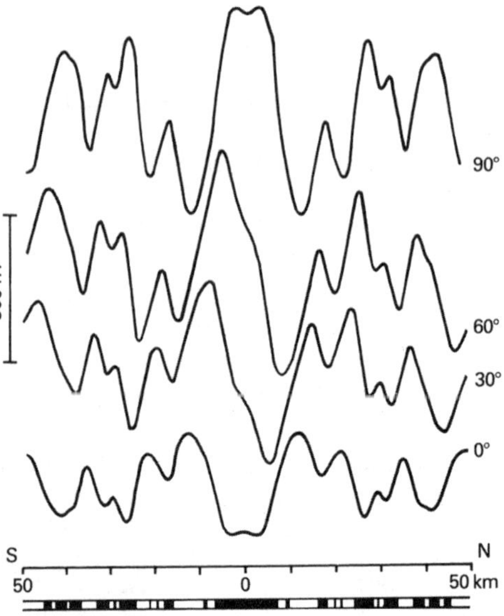

그림 4.6 지자기 위도에 따른 자기 이상 패턴의 변화. 모든 단면은 남북이다. 각도는 자기 복각(magnetic inclination)을 의미한다. 수직 과장 없음

자기 단면을 통과하는 수직면에 있는 자화 벡터의 해당 성분만이 자기 이상에 영향을 주기

때문에 해령의 방향 역시 이상 모습과 진폭에 영향을 미친다. 이런 성분은 해령이 동서이고 단면이 남북일 때 최대이고, 남북 방향의 해령에서 최소이다. 고정된 위도의 릿지에 대한 방향에 따른 자기 이상의 진폭과 모양의 변화가 그림 4.7에 보인다. 일반적으로 자기 이상의 진폭은 위도가 감소함에 따라, 그리고 해령의 주향이 동서에서 남북으로 진행함에 따라 감소한다. 이상의 대칭은 고자기위도(예를 들면, 45°보다 큰 지리적 위도에 해당하는 64°보다 큰)에 있는 해령, 모든 위도에서 남북 방향의 해령, 그리고 자기 적도에서 동서 방향의 해령에 대해 가장 명백하다.

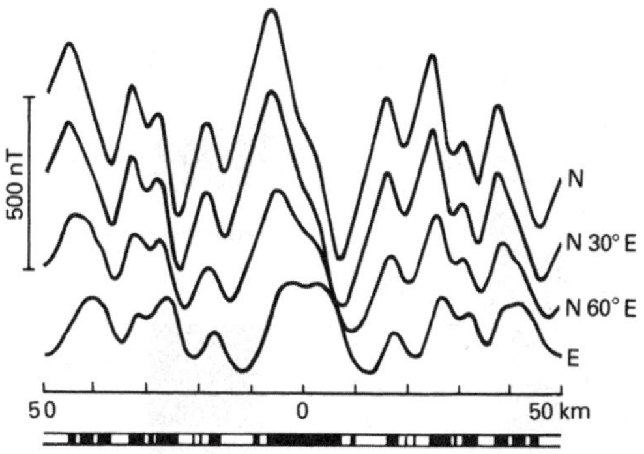

그림 4.7 고정된 위도에서 단면의 방향에 따른 자기 이상 패턴의 변화. 자기 복각은 모든 경우에 45°이다. 수직 과장 없음

4.1.6 자기층서(magnetostratigraphy)

일단 지자기 역전 지질연대가 조정되면, 해양 자기 이상은 해양 암석권을 연대측정하는데 사용될 수 있다. 몇백만 년의 정확도로 중기-쥐라기 시기까지 연령을 추론하는 것이 가능하도록 이 방법은 점진적으로 개선되었다.

바인-매슈즈(Vine-Matthews) 가설은 자기장의 극성 역전 동안에 획득된 해양 지각의 정상, 그리고 역전된 자화의 관점에서 해령에서 멀어지는 자기 이상의 순서를 설명한다. 가설의 검증은 별개로 육지에서 관찰된 그것과 묵시적 역전 시퀀스(implied reversal sequence)의 일관성에 의해 제공되었다. Cox *et al.*(1967)은 일련의 육지 지점에서 용암의 잔류자화를 측정했다. 용암은 새롭게 개선된 칼륨-아르곤 방법에 의해 연대측정되었고, 이것으로 4.5Ma까지 역전 지질연대를 구축할 수 있었다. K-Ar 연대측정에 관련된 오차가 너무 커지기 때문에 지질연대는 더 이전 시대로 확장할 수 없다. 마찬가지로, 50000년 이하 지속 기간의 극성 이벤트도 해결될 수 없었다. Cande와 Kent(1992)에 의해 개선된 5Ma 전까지의 지질연대가 그림 4.8에 주어진다. 자기층서학 용어로, 극성 크론(chron)은 10^6년의 지속 기간으로 정의된다. 크론은 지배적인 역전 또는 정상 극성이거나, 또는 혼합된 이벤트를 포함할 수 있다.

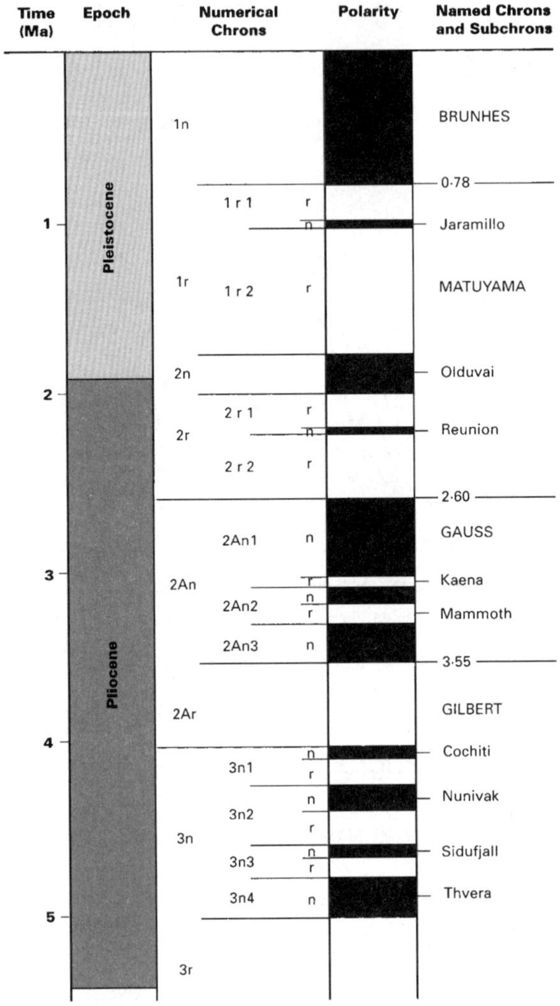

그림 4.8 플라이오-플리이스토세(Plio-Pleistocene)에 대한 지자기 극성 지질연대(Geomagnetic polarity timescale; Cande & Kent, 1992에서 수정됨, American Geophysical Union의 허가로. 저작권 © 1992 American Geophysical Union). 숫자로 나타낸 크론(chrons)은 해양 자기 이상의 번호 순서를 근거로 한다.

지자기 역전 지질연대의 추가 검증은 심해 코어의 고지자기 연구에 의해 제공되었다(Opdyke *et al.*, 1966). 용암류와 달리, 이것들은 연속 기록을 제공하고, 정확한 미소동물(microfauna)로부터 정확한 층서적 연대측정을 가능케 한다. 코어는 수직으로 간주되고 방위각으로 배향되지 않기 때문에 이 방법은 지자기 복각이 높은 자기 고위도에서 획득된 코어에 아주 편리하게 적용된다. 우수한 상관관계가 이 결과와 용암 시퀀스에서의 그것 사이에서 발견되고, 적어도

11개 자기장 역전이 지난 3.5Ma 동안에 발생한 것이 확인되었다. 다른 코어에 대한 뒤이은 연구가 역전의 역사를 20Ma까지 확장했다(Opdyke *et al.*, 1974).

Pitman과 Heirtzler(1966) 그리고 Vine(1966)은 중앙 해령의 정상 지역 아주 가까이에서 예상되는 자기 단면을 계산하기 위해 방사성으로 연대측정된 역전 지질연대를 사용했다. 확장 속도를 변화시킴으로써 관찰된 모든 이상 순서(anomaly sequence, 그림 4.9)의 매우 유사한 시뮬레이션을 얻을 수 있었고, 결과적으로 확장 속도를 결정할 수 있었다. 이러한 속도의 편집이 표 4.1에 표시된다. 이러한 연구의 확장이 지구 자기장의 역전으로 생성된 자기 이상의 동일한 순서가 많은 해령 측면 위에서 관찰될 수 있다(예를 들면, 그림 4.10)는 것을 보여주었다. 이후 연구는 유사한 선형 자기 이상이 쥐라기까지 거슬러 올라가는 연대의 해양 지각에 발달된다는 것을 보여주었다. 이보다 더 오래된 해양 지각이 없지만, 육지 위에서 고지자기 조사를 통해 지자기 역전이 적어도 21억 년(2.1Ga) 전부터 발생했던 것으로 밝혀졌다.

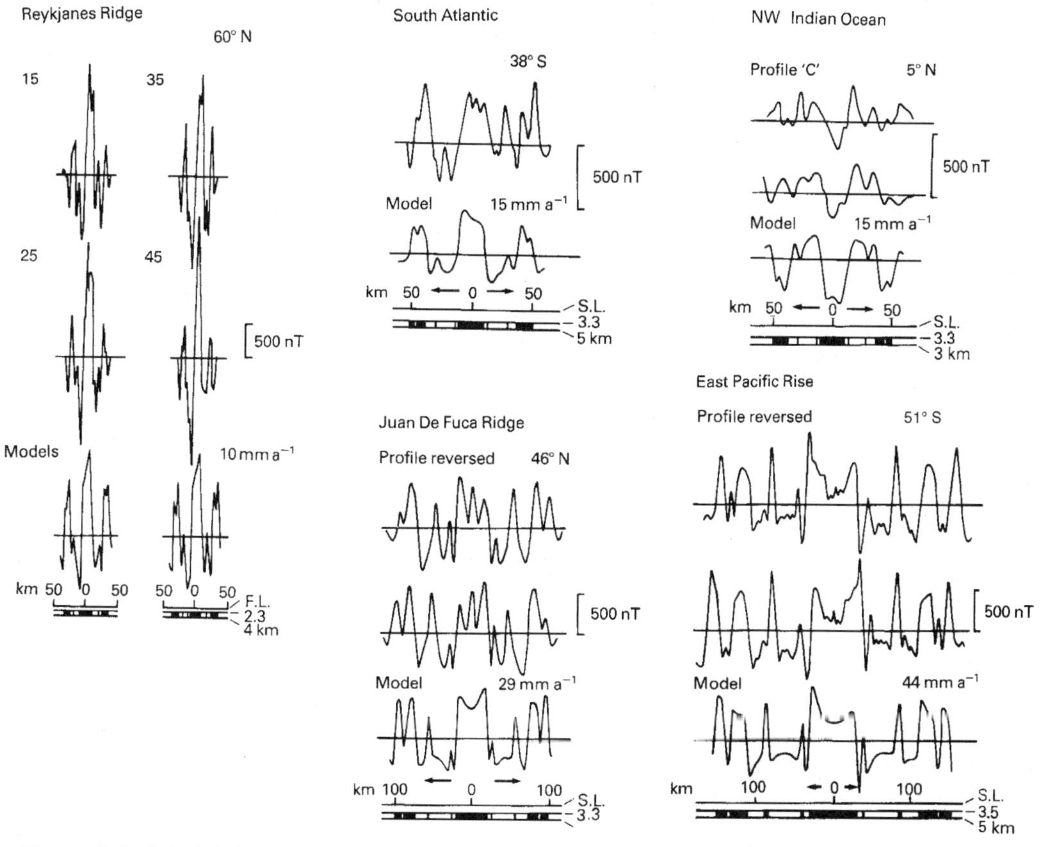

그림 4.9 자기 이상 단면과 역전 지질연대의 관점에서 여러 확장 센터의 모델(Vine, 1966, Science 154, 1405–150에서 다시 그려짐, AAAS의 허가로)

표 4.1 중앙 해령에서의 확장 속도(spreading rates; '확장 속도'는 해령 측면당 부착성장 속도(accretion rate)로 정의된다)

Ridge	Latitude	Observed rate(mm a^{-1})	Predicted rate(mm a^{-1})
Juan de Fuca	46.0°N	29	†
Gulf of California	23.4°N	25	24.7
Cocos-			
Pacific	17.2°N	37	39.4
Pacific	3.1°N	67	65.4
Galapagos	2.3°N	22	22.0
Galapagos	3.3°N	34	34.6
Nazca-			
Pacific	12.6°S	75	74.2
Chile Rise	43.4°S	31	30.2
Pacific-			
Antarctic	35.6°S	50	49.5
Antarctic	51.0°S	44	44.6
Antarctic	65.3°S	26	29.0
North Atlantic	86.5°N	6	5.7
North Atlantic	60.2°N	9.5	9.2
North Atlantic	42.7°N	11.5	11.9
Central Atlantic	35.0°N	10.5	11.0
Central Atlantic	23.0°N	12.5	12.6
Cayman	18.0°N	7.5	5.9
South Atlantic	38.5°S	18	17.6
Antarctic-			
South America	55.3°S	10	9.3
Africa-			
Antarctic	44.2°S	8	7.4
Northwest Indian Ocean	4.2°N	14	14.6
Northwest Indian Ocean	12.0°S	18.5	17.9
Northwest Indian Ocean	24.5°S	25	24.5
Southeast Indian Ocean	25.8°S	28	28.8
Southeast Indian Ocean	50.0°S	38	37.3
Southeast Indian Ocean	62.4°S	34.5	33.7
Gulf of Aden	12.1°N	8	8.6
Gulf of Aden	14.6°N	12	12.1
Red Sea	18.0°N	10	8.2

DeMets *et al.*(1990)과 Vine(1966)의 데이터를 근거로 함.
† 파랄론 판(Farallon plate)은 모델에서 빠졌기 때문에 사용할 수 없음.

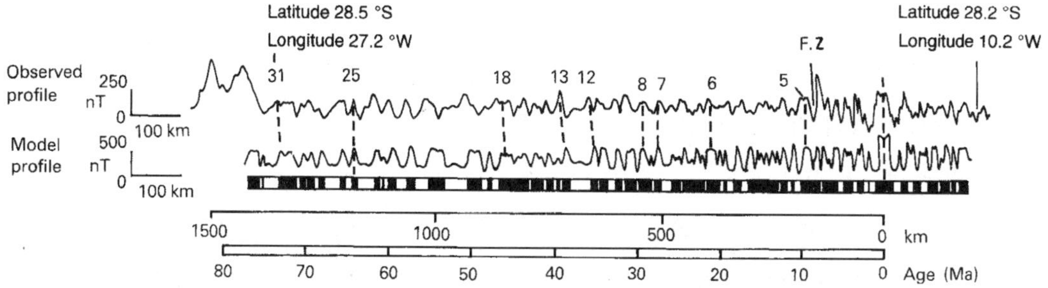

그림 4.10 자기 이상 단면과 남부 중앙 대서양 해령에 대한 모델(Heirtzler *et al.*, 1968에서 다시 그려짐, American Geophysical Union의 허가로. 저작권 © 1968 American Geophysical Union)

확장 속도가 시간에 따라 변화했다는 것은 서로 다른 바다의 자기 단면 조사로부터 명백하다. 남대서양의 확장 속도가 일정하다고 가정하고, 다른 바다에 있는 해령 정상의 다양한 자기 이상까지의 거리가 남대서양의 동일한 이상까지의 거리에 플롯된 예가 그림 4.11에 주어진다. 다른 바다에 대한 곡선의 변곡점은 만일 확장 속도가 남대서양에서 일정하게 유지되었다는 묵시적 가정이 맞는다면 확장 속도가 변경된 시기를 나타낸다. 그러나 확장 속도는 모든 바다에서 시간에 따라 변경될 수 있다.

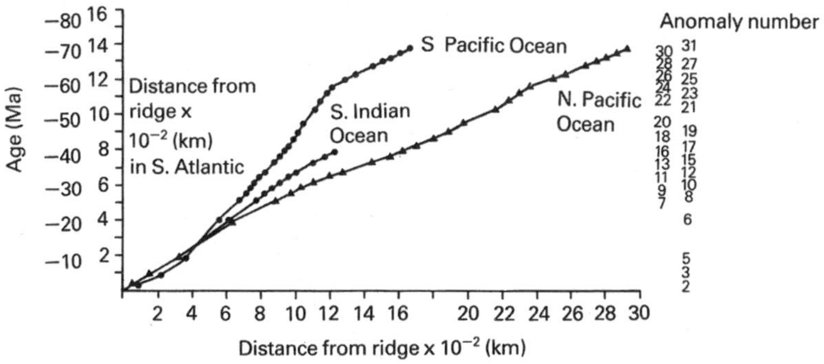

그림 4.11 남대서양의 주어진 이상까지의 거리와 남부 인도양, 북태평양과 남태평양에서 동일한 이상까지의 거리 사이의 관계. 오른쪽 숫자는 자기 이상 번호를 의미한다(Heirtzler *et al.*, 1968에서 다시 그려짐, American Geophysical Union의 허가로. 저작권 © 1968 American Geophysical Union).

첫 번째 장기 지자기 지질연대는 Heirtzler *et al.*(1968)에 의해 구축되었다. 또 그들은 남대서양의 확장이 최근 4Ma에 대해 유추된 것과 동일한 속도로 일정하게 유지했다고 가정했다. 정상 및 역으로 자화된 블록의 모델은 관찰된 이상 형태를 시뮬레이션하여 구축되었고, 축까지 거리(distance axis)는 거의 80Ma의 시기까지 확장된 역전의 지자기 지질연대로 변환되었다. 정상 극성의 기간에 해당하는 눈에 띄는 이상이 증가하는 시간에 따라 1에서 32까지 번호가 매겨졌다(그림 4.10).

1968년에 심해 시추 프로그램(Deep Sea Drilling Program, DSDP)의 구간 3(Leg 3)은 남대서양에서 해저 확장의 가설과 일정한 확장 속도의 가정을 테스트하기 위해 특별히 설계되었다(Maxwell *et al.*, 1970). 일련의 시추공이 대서양 중앙 해령에 직각으로 횡단면을 따라서 남대서양에서 굴진되었다(그림 4.12a). 해양 지각의 연령은 이상적으로 각각의 시추공에 관통된 층 2 현무암의 연대측정에 의해 결정되어야 했다. 그러나 현무암은 너무나 풍화되어서 이것이 불가능하였고, 그래서 연령이 다소 과소평가되지만, 층 1의 기저 퇴적물의 고생물학적 연대측정에 의해 결정되었다. 그림 4.12b에서 가장 오래된 퇴적물 연령이 해령 축으로부터의 거리에 대하여 플롯되면, 해령에서 거리에 따라 증가하는 지각 연령을 갖는 뚜렷한 선형 관계가 있다는 것을 쉽게 알 수 있다. 예상된 연령은 예측된 바와 같이 20mm a^{-1}로 이 지역에서 확장 속도의 반을 의미하고, 따라서 해저면의 연령 및 Heirtzler *et al.*(1968)에 의해 제안된 역전 지질연대와 잘 일치한다(그림 4.10).

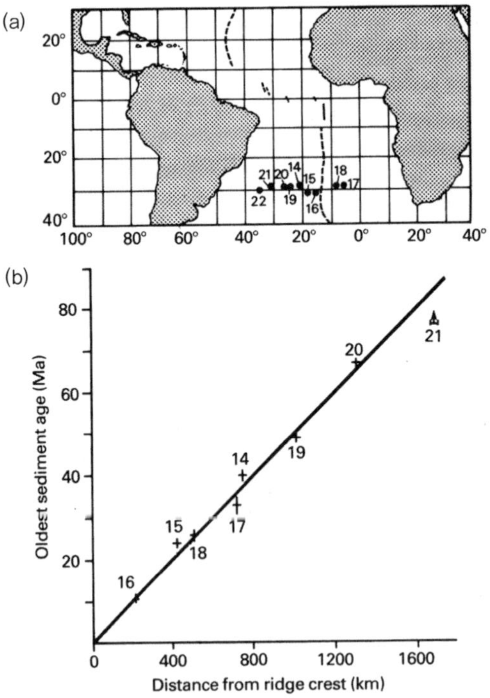

그림 4.12 (a) 남대서양에 있는 DSDP의 구간 3(Leg 3) 시추지점의 위치도. (b) 가장 오래된 퇴적물 연령과 중앙 대서양 해령 정상부터 거리 사이의 관계(Maxwell *et al.*, 1970, Science 168, 1047–59를 따름, AAAS의 허가로)

이런 극성 지질연대 교정의 철저한 검토가 Cande와 Kent(1992, 1995)에 의해 수행되었다. 그것은 해양 자기 이상 데이터, 육지와 바다의 퇴적 시퀀스의 자기층서학적 연구와 9개의 층서학적 경계면의 방사성 동위 원소 연대측정에 의지하였다. 이로부터 그들은 남대서양에서 해저 확장은 본질적으로 일정한 속도 근처에서 약간의 변화가 있으나 연속적이었고, 다른 해양 분지의 확장 역사를 비교할 수 있는 표준으로 남대서양을 사용하는 것이 여전히 적절하다고 결론을 내렸다. Cande와 Kent(1995)에 의해 제안된 지난 80Ma에 대한 개선된 지질연대가 그림 4.13에 도시되어 있다.

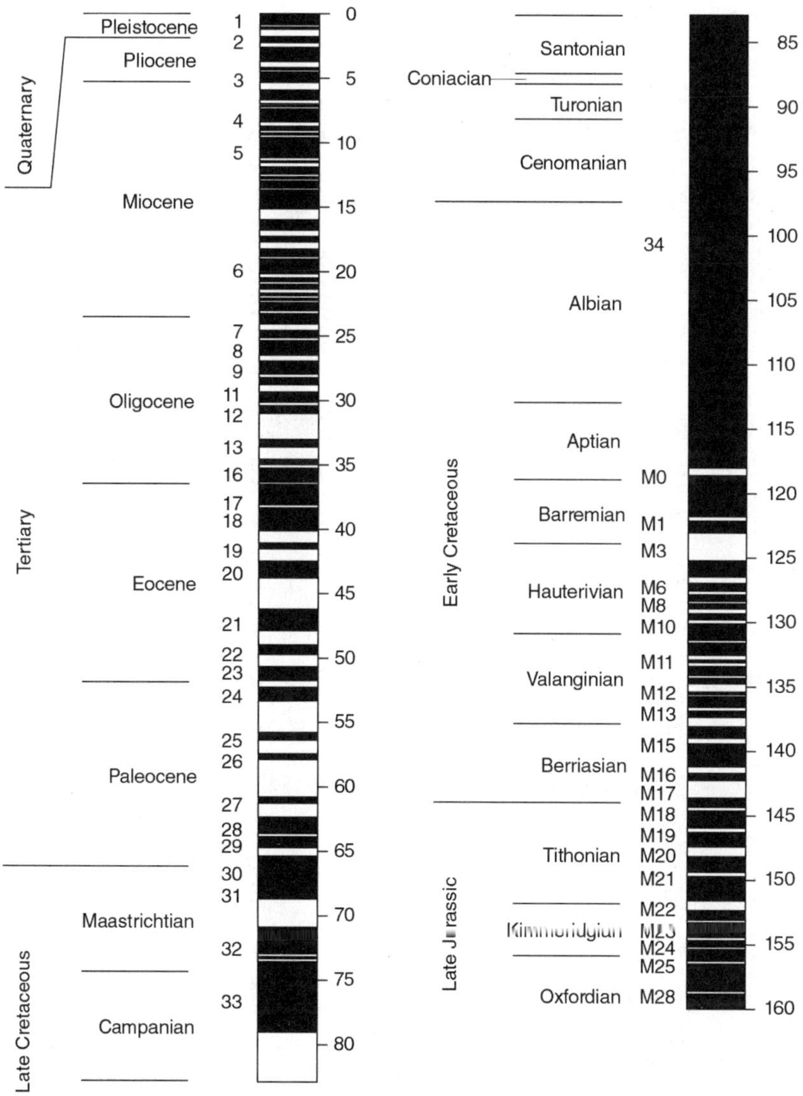

그림 4.13 해양 자기 이상 번호와 함께 지난 160Ma에 대한 지자기 극성 지질연대(McElhinny & McFadden, 2000을 따름, Academic Press의 허가로. 저작권 Elsevier 2000)

서부 태평양의 세 지역에서 오래된 자기 이상에 대한 Larson과 Pitman(1972)의 발견은 Heirtzler 지자기 지질연대를 160Ma로 확장하는 것을 가능하게 하였다. 비슷한 형태의 선구조가 대서양에서 발견되었다. 지질연대는 태평양의 일정한 확장 속도를 가정하여 확장되었고, 태평양과 대서양의 DSDP 사이트에 의해 보정되었다. 이 시퀀스에서 역전된 극성의 좀 긴 기간은 M0에서 M28(M은 중생대를 나타냄)로 번호가 매겨진다. 확장 속도는 변했지만 모든 극성 이벤트가 존재하기 때문에 주요 해양 분지에서 확장은 연속적이었던 것으로 보인다.

그림 4.13에 보여준 160Ma까지의 역전 지질연대 판(version)은 백악기와 신생대(이상 1-34)에 대한 Cande와 Kent(1995)의 지질연대와 초기 백악기와 쥐라기(이상 M0-M28)에 대한 Kent와 Gradstein(1986)의 지질연대를 결합한 것이다.

4.1.7 해저 지각 연대측정(dating the ocean floor)

해양 암석권을 연대측정하기 위해 지자기 지질연대의 사용은 자기 이상 선구조의 특징적인 패턴의 식별과 연대측정된 역전 연대기에 대한 그것들의 관계를 기반으로 한다. 널리 사용되는 특히 눈에 띄는 표식(markers)은 이상 5, 12-13, 21-26 및 31-32이다. 또한 백악기의 정상 극성의 늘어진 기간이 중요하다. 이 기간은 선형의 자기 이상이 없는 대양 내에서 자기 정적 구간(magnetic quiet zone)에 해당한다. 그러나 많은 경우에 특별한 이상의 인식이 불가능하여서, 일반적인 방법은 지질연대의 관련 부분에 대해 예상된 이상 패턴을 구축하고, 관찰된 순서와 비교하는 것이다.

일단 역전 연대기가 설립되면 알려진 시대의 선구조가 자기지도에서 확인될 수 있고, 해저가 동 연령 지방(age province)으로 세분될 수 있도록 등시선(isochron)으로 변환될 수 있다(Scotese *et al*., 1988). 선형의 해양 자기 이상에서 유래된 등시선의 요약도가 Cande *et al*.(1989) 그리고 Müller R.D. *et al*.(1997)에 의해 제공된다(p.xviii의 플레이트 4.1). 중앙 해령의 양쪽에 같은 연령의 선구조는 대륙 주변부를 위해 사용되는 것과 유사한 기술(3.2.2절)을 이용하여 꼭 맞추어질 수 있다. 이러한 방법으로 판 형상의 복원은 다른 시기에 대하여 만들어질 수 있고, 현재의 해양 분지의 전체 진화가 결정되었다(Scotese *et al*., 1988). 그림 4.14는 북대서양의 중생대와 신생대 역사에 적용된 이 방법을 보여준다. 활동을 멈춘 해령과 릿지 점프(ridge jumps)를 포함하는 더 복잡한 확장의 역사를 갖는 지역의 예는 인도양(Norton & Sclater, 1979)과 그린란드 - 아이슬란드 - 스코틀랜드 지역(Nunns, 1983)이다.

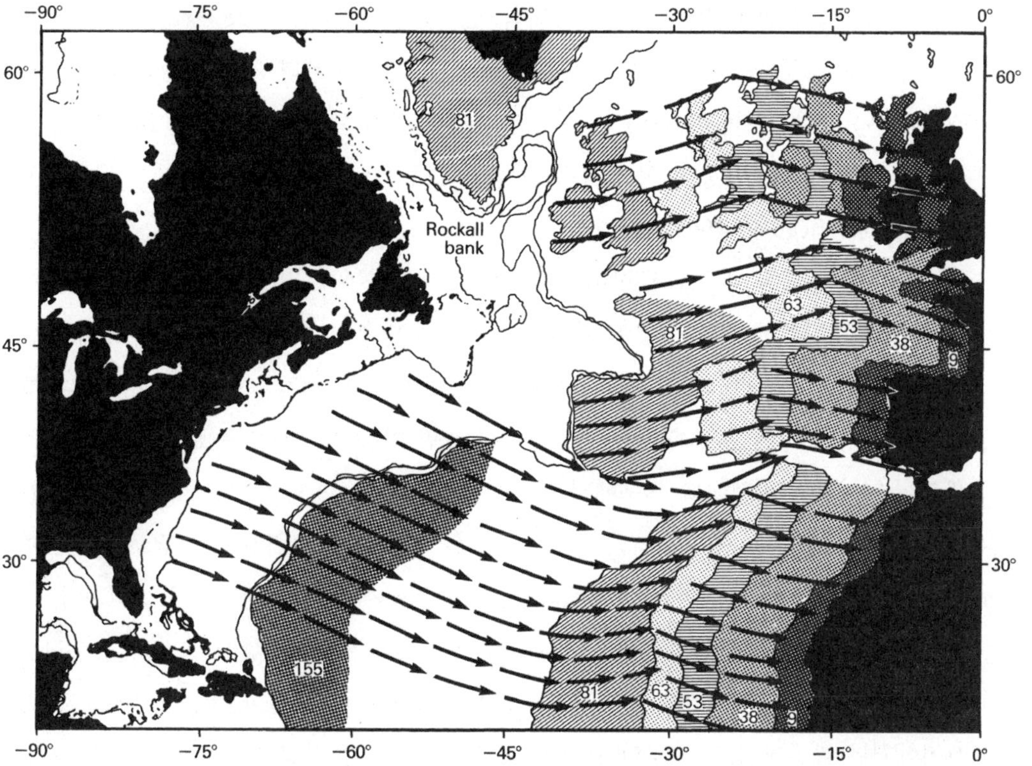

그림 4.14 백만 년 단위로 표현된 복원 중에서 중생대와 신생대 동안에 이동된 자리를 도해하는 북아메리카에 대한 유럽과 아프리카의 상대적 위치(Pitman & Talwani, 1972에서 다시 그려짐, Geological Society of America의 허가로)

4.2 변환 단층(transform fault)

4.2.1 서 론

해저 확장의 이론은 해양 암석권이 중앙 해령에서 생성되고 섭입대에서 해양 암석권의 보완적인 파괴(complementary destruction)에 의해 균형이 이루어진다는 것을 제안한다. 이 이론은 2차원적 암석권 거동의 기하학을 깔끔하게 설명하지만, 3차원이 고려될 때, 즉 어디에서 릿지와 해구가 수평으로 끝나는가?라는 문제가 발생한다. 이 문제는 이러한 지형의 끝이 변환단층이라 이름 붙인 새로운 부류의 단층에 의해 연결된다고 제안한 Wilson(1965)에 의해 언급되었다. 이러한 단층에서는 암석권의 생성이나 파괴가 없고, 오히려 인접한 암석권에 접선운동인 주향이동(strike-slip)이 있다.

암석권의 거대한 측면 방향의 상대적 움직임의 존재는 단열대(fracture zone)를 따라 오프셋된 것으로 밝혀진 북동 태평양의 해양 자기 이상(그림 4.1)으로부터 처음 제안되었다. 멘도시노(Mendocino)와 파이오니아(Pioneer) 단층을 따라 결합된 좌측 방향 오프셋은 1450km에 달하는 반면, 머레이(Murrey) 단층을 따른 우측 방향 오프셋은 서쪽에서 600km이고 동쪽에서는 단지 150km이다(Vacquier, 1965).

그러나 이들 단열대를 대규모 주향이동 단층으로 해석하는 데 있어 그것들은 자신과 합쳐지기 위해 지구를 일주하지 않는 것이 확실하기 때문에 단층이 종료되는 명백한 방법이 없다는 점에서 큰 문제가 발생한다. Wilson(1965)은 단층들이 보통 직각으로 만나는 릿지나 해구의 끝에서 끝난다고 제안했다. 단층을 가로지르는 측면 이동이 그것을 종료된 해령 분열조각에서 새로운 암석권의 형성이나 해구에서 암석권의 섭입으로 변형시킴으로 흡수되기 때문에, 윌슨(Wilson)은 이런 새로운 부류의 단층을 변환 단층이라 불렀다. 그림 4.15는 횡류(transcurrent) 단층작용 및 변환 단층작용에 의해 이동된 릿지 정상의 평면도를 보여준다. 횡류 단층 혹은 주향이동 단층(그림 4.16b)은 릿지 정상을 넘어 무한하게 뻗어야만 하는 수직면을 따라서 좌수향(sinistral) 오프셋을 일으킨다. 그러나 변환 단층(그림 4.15a)은 오프셋된 릿지 정상 사이에서만 활동적이고, 그것의 양쪽 암석권의 상대적 움직임은 우수향(dextral)이다. 변환 단층은 그것이 단층이 일어난 매체, 이 경우 암석권의 지역이 릿지나 해구에 보존되지 않는다는 사실을 의미하고 이러한 사실에서 유래되었다는 점에서 다른 유형의 단층과 참으로 다르다.

Wilson(1965)은 그것들이 합치는 비보전성 지형(nonconservative features)의 종류에 따라 변환 단층의 6개 부류를 정의하였다(그림 4.16). 이것들은 릿지, 해구에서 위로 올라간 판(overriding plate) 혹은 언더스러스트하는 판(underthrusting plate)일 수 있다. 그림 4.16a는 우수향 변환 단층의 가능한 여섯 가지를 보여준다. 좌수향 운동에 근거한 여섯도 가능하다. 그림 4.16b는 변환 단층이 시간이 지남에 따라 어떻게 발전하는지를 보여준다. 경우 (i)과 (v)는 그대로 유지되며, 경우 (ii)와 (iv)는 성장할 것이며, 경우 (iii)과 (vi)는 시간이 지남에 따라 길이가 감소한다.

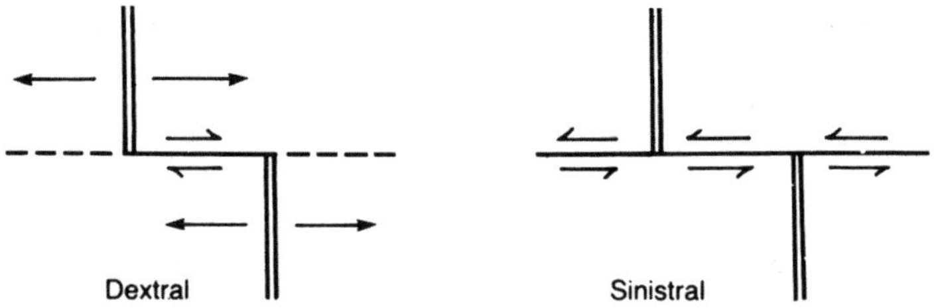

(a) 변환 단층(transform fault)　　(b) 횡류 단층(transcurrent fault)

그림 4.15 변환 단층(transform faults)과 횡류 단층(transcurrent faults)의 비교

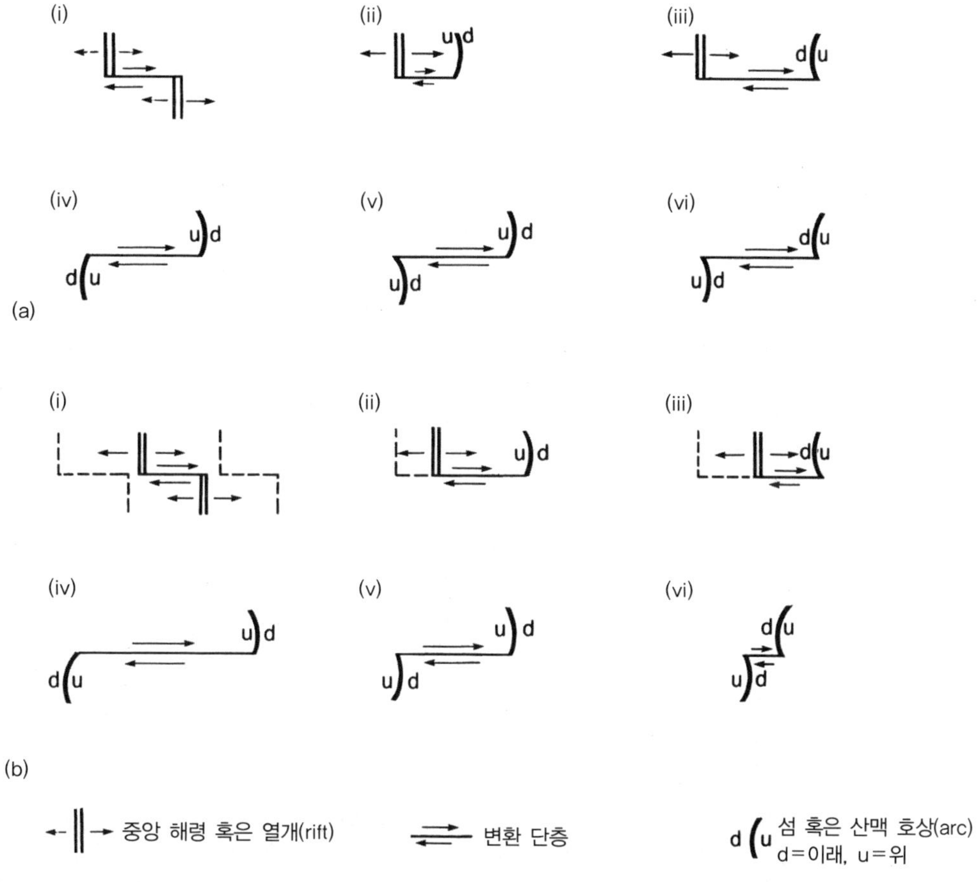

그림 4.16 (a) 우수향 변환 단층의 가능한 6개 유형: (i) 해령(ridge)에서 해령; (ii) 해령에서 오목한 호상(arc); (iii) 해령에서 볼록한 호상; (iv) 오목한 호상에서 오목 호상; (v) 오목한 호상에서 볼록한 호상; (vi) 볼록한 호상에서 볼록한 호상. (b) 일정 시간 후에 우수향 변환 단층의 모습(Wilson, 1965에서 다시 그려짐, Nature 207, 334–47의 허가로. 저작권 © 1965 Macmillan Publishers Ltd)

4.2.2 릿지-릿지 변환 단층(ridge-ridge transform fault)

Sykes(1967)는 적도 위도에서 중부 대서양 해령을 왼쪽으로 오프셋시킨 단열대의 주변에서 발생하는 지진에 대한 발진 메커니즘 솔루션(focal mechanism solution)을 측정하였다(그림 4.17). 해령 축을 따른 지진은 남북 평면을 따른 정단층작용과 일치한다. 단열대를 따른 지진은 훨씬 더 흔하고 에너지 방출은 해령 정상을 따른 것보다 약 백 배 더 크다. 오프셋된 릿지 분열조각 사이에서 지진은 우수향 변환 운동과 일치하는 하나의 노달면(nodal plane)을 갖는 주향이동 유형이다. 단열대를 따른 지진은 해령 끝 너머에서는 드물다. 이러한 결과는 변환단층 개념의 두드러진 확인과 해저 확장 가설의 독립적인 확인을 제공하였다.

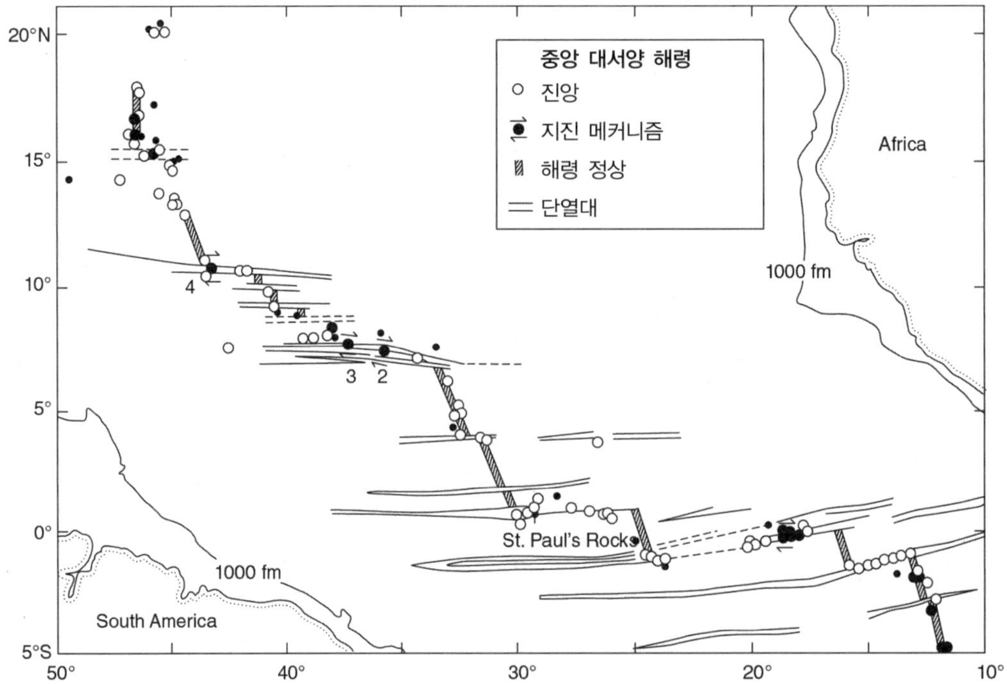

그림 4.17 1955년과 1965년 사이에 적도 대서양의 중앙 대서양 해령에서 발생한 지진의 진앙. 4개 지진들 옆의 화살표는 전단(shear)의 센스와 발진 메커니즘 솔루션에서 유추된 단층면의 주향을 나타낸다(Sykes, 1967에서 수정됨, American Geophysical Union의 허가로. 저작권 © 1967 American Geophysical Union).

변환 단층작용의 인식 이전에, 아프리카와 남미 사이의 적도 위도에 있는 중앙 대서양 해령 정상을 이동시킨 것처럼 보이는 평행한 단열대들은 원래 직선 정상을 이동시킨 좌수향 변유 단층을 나타내는 것으로 생각되었다(그림 4.15b). 그러나 릿지-릿지 변환 단층으로 그것들의 재해석은 그것들에서 오프셋은 시간에 따른 변화가 없다는 것을 의미한다(그림 4.15a).

따라서 적도 대서양의 계단 같은 해령 정상-변환 단층 시퀀스의 형상, 또는 자취는 남대서양의 열림 동안 본질적으로 죽 변하지 않았다. 그 결과로 자취는 남아메리카와 아프리카의 대륙붕단(continental shelf edge)에 나란하고, 이 지역의 곤드와나 초대륙의 원래 열개작용의 기하학적 형태를 반영한다.

Wilson(1965)도 북대서양 맨 끝 지역의 변환 단층의 예를 제안했다(그림 4.18). 초기 고제3기(Paleogene)에 중부-대서양 해령은 그린란드의 남쪽에서 갈라졌다. 지금은 비활동적인 서쪽 가지는 배핀 만(Baffin Bay)을 통과하고 활동을 그친 좌수향 릿지-릿지 변환 단층인 베게너 단층(Wegener Fault)에서 끝난다. 활동적인 동쪽 가지는 아이슬란드 통과하여 데 기어 단층(De Geer Fault)에 있는 스피츠버겐(Spitsbergen)의 남서쪽에서 끝난다. 이 우수향 릿지-릿지 변화단층은 북극 분지의 가켈 릿지(Gakkel Ridge)에 연결된다. 윌슨(Wilson)은 이것이 뉴 시베리아 제도(New Siberian Islands) 근처 지점 주위에서 회전에 의해 시베리아의 베르호얀스크 산맥(Verkhoyansk Mountains)으로 변환되는 매우 느리게 확장하는 릿지(그림 4.18 삽입)라고 예측했다.

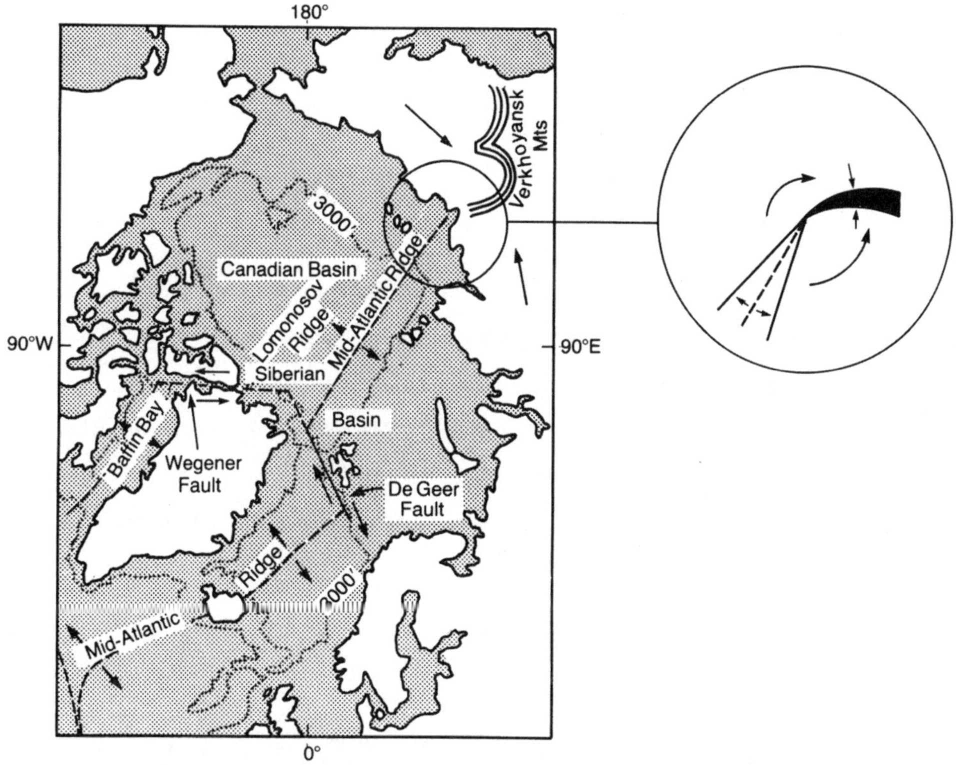

그림 4.18 중앙 대서양 해령의 북부 말미(Wilson, 1965에서 다시 그려짐, Nature 207, 344–47의 허가로. 저작권 © 1965 Macmillan Publishers Ltd)

4.2.3 릿지 점프(ridge jumps)와 변환 단층 오프셋

자기 선구조에서 머레이(Murray) 단열대를 가로질러 관찰된 상이한 오프셋(그림 4.1)은 약 40Ma 전에 단열대의 남쪽에서 릿지 정상 위치의 변화에 의한 것으로 생각된다. 같은 연령의 이상 오프셋(offset of anomalies)의 변화는 동쪽으로 약 500km의 '릿지 점프(ridge jumps)'를 의미한다(Harrison & Sclater, 1972). 단열대의 양쪽에 같은 연령 지각의 오프셋을 크게 줄인 유사하지만 더 잘 보고된 릿지 점프가 대서양의 남쪽 끝에 나타난다(Barker, 1979). 여기서 포크랜드-아굴리아스(Falkland-Agulhas) 단열대의 남쪽으로 릿지 정상은 남대서양의 열림 이후 세 시기, 즉 98Ma, 63Ma, 그리고 59Ma에 서쪽으로 점프했다. 이렇게 해서 그것은 원래의 1400km 오프셋을 약 200km로 감소시켰다. 지난 10Ma 내에 릿지 정상 기하학적 형태의 주요 변화를 만든 다른 릿지 점프는 아이슬란드의 북쪽에(Vogt *et al.*, 1970), 그리고 동쪽 중앙 태평양의 동태평양해령(East Pacific Rise)의 정상을 따라(Herron, 1972) 발생하였다.

그러나 일반적으로 분리된 대륙 사이 해령의 중간 위치에 의해 입증되는 바와 같이, 릿지 점프는 비교적 드물다. 릿지 정상 분열조각(ridge crest fragment)과 변환 단층의 기하학적 형태는 릿지 전파(ridge propagation, 6.11절)와 확장 방향의 변화(5.9절)에 의해 덜 극적으로 수정될 가능성이 높다.

추가 읽기

Cox, A. & Hart, R.B. (1986) *Plate Tectonics. How it works*. Blackwell Scientific Publications, Oxford.

Jacobs, J.A. (1994) *Reversals of the Earth's Magnetic Field.* Cambridge University Press, Cambridge.

Jones, E.J.W. (1999) *Marine Geophysics.* Wiley, Chichester, England.

Merrill, R.T., McElhinny, M.W. & McFadden, P.L. (1996) *The Magnetic Field of the Earth: paleomagnetism, the core and the deep mantle.* Academic Press, San Diego.

Opdyke, N.D. & Channel, J.E.T. (1996) *Magnetic Stratigraphy.* Academic Press, San Diego.

제5장

판 구조론의 틀 (framework of plate tectonics)

GLOBAL TECTONICS

5.1 판과 판 경계부(plate and plate margin)

해저 확장 가설과 변환 단층 개념의 결합이 판 구조론을 구축하였다. 이 이론에서 암석권은 판이라고 칭해지는 블록의 맞물린 네트워크로 분할된다. 판의 경계는 세 가지 형태를 취할 수 있다(Isacks *et al.*, 1968).

1 **해령(oceanic ridges**; 부착성장 또는 건설적인 판 경계부)은 판이 발산하는 경계를 표시한다. 마그마와 고갈된 맨틀이 갈라지는 판 사이에서 용승하여 새로운 해양 암석권을 형성한다. 비록 이것이 항상 옳지 않고 기하학적으로 필요하지는 않지만 판의 발산하는 운동은 경계의 주향에 종종 수직이다. 태평양에서는 고정된 방향이 약간의 시간 동안 확립될 때마다 확장의 고유한 특성이 나타나는 것 같다(Menard & Atwater, 1968).

2 **해구(trench**; 파괴적인 판 경계부)는 2개의 판 중 하나가 다른 것의 아래로 스러스트되어 결국 암석권 하부 맨틀로 재흡수되는 해양 암석권의 메커니즘에 의해 수렴하는 경계를 표시한다. 지구는 상당히 팽창하지 않기 때문에(12.3절) 해구에서 암석권 파괴의 속도는 해령에서 생성의 속도와 거의 동일해야만 한다. 또한 2개의 대륙판의 충돌에 의해 기인된 히말라야형 조산대(Himalayan-type orogen, 10.1절)는 이 범주에 포함되고, 이곳에서 계속된 압축 변형이 발생하고 있다. 언더스러스트하는(underthrusting) 판은 이동 방향에 수직일 필요가 없다. 즉, 비스듬한 섭입이 발생할 수 있다.

3 **변환 단층(transform fault**; 보전적인 판 경계부)은 상대적 운동 중인 이웃하고 있는 판이 파괴적이지도 건설적이지도 않은 접선 운동에 의해 표시된다. 상대적 운동은 보통 단층에 평행하다. 그러나 굽이진 자취를 갖는 변환 단층이 있고, 이런 단층의 굽은 곳에서 비교적 작은 확장과 압축 지역이 생성된다(8.2절). 당분간 이러한 구조적 요소는 무시된다.

판 구조론의 기본 이론 내에서 판은 내부적으로 단단하고, 매우 효율적인 응력 가이드 역할을 하는 것으로 생각된다. 판의 한 가장자리에 가해진 응력은 판 내부의 변형 없이 그것의 반대쪽 가장자리로 전파된다. 그때 변형은 판 가장자리에서만 발생한다. 전형적으로 두께가 단지 약 100km이지만 폭이 수천 킬로미터일 수 있는 판 가장자리의 이런 거동(behavior)은 다소 놀라운 일이다. 그러나 판 거동을 더 자세히 조사하면, 많은 지역에서 판 내 변형(intra-plate deformation)이 특히 대륙 지각 내에서(2.10.5절) 발생하는 것을 알 수 있다(Gordon & Stein, 1992; Gordon, 1998, 2000). 대륙의 열개(rift) 내의 확장 구역(zone of extension)은 폭이 수백 킬로미터이다(7.3절). 대륙의 변환은 해양의 그것보다 더 복잡하다(8.1절). 조산대(orogenic belt)는 광범위한 스러스트단층작용, 거대한 주향이동 단층대를 따른 움직임, 그리고 대륙 내부의 심부에서 발생하는 신장 변형(extensional deformation)으로 특징지어진다(10.4.3절). 해양 지역 내에도 많은 파괴적인 판 가장자리의 육지 쪽에 위치하는 배호상 분지(backarc basin)의 지각 확장과 부착성장의 지역이 있다(9.10절).

판 경계부가 밀착하고 있지만 판은 역학적으로 서로 분리되어 있다. 도식적인 판 경계의 다른 유형을 보여주는 블록 다이어그램이 그림 5.1에 제시된다.

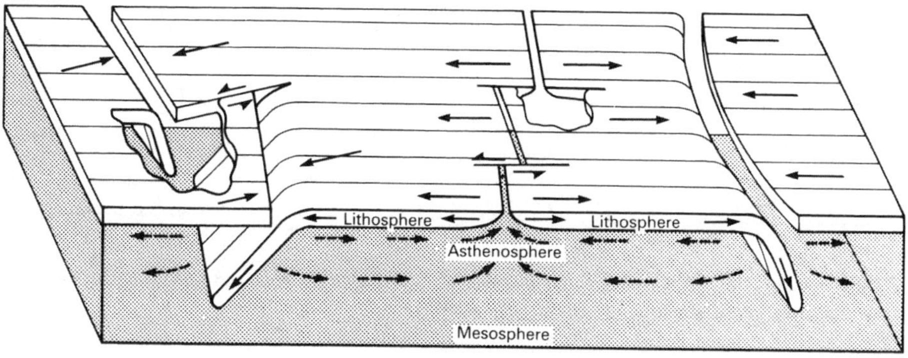

그림 5.1 판 구조론의 주요 특징을 요약하는 블록 다이어그램. 암석권 위 화살표는 상대적 움직임을 나타낸다. 연약권의 화살표는 맨틀의 보충 흐름(complementary flow)을 나타낼 수 있다(Isacks *et al.*, 1968에서 다시 그려짐, American Geophysical Union의 허가로. 저작권 © 1968 American Geophysical Union).

5.2 지진 분포

판 구조론은 지구의 구조 활동의 대부분이 판의 경계부에서 이루어지는 것으로 예측하고 있다. 그러면 당연히 지진의 진원지 위치가 판 경계면을 정의하는 데 사용될 수 있게 된다. 그림 5.2는 1961-1967년 동안의 큰 규모 지진의 전 세계적인 진앙 분포를 보여준다. 비록 지질학적인 프로세스의 관점에서 이것은 단지 아주 짧은 시간의 관찰을 표시하지만, 판에 의해 경험된 비교적 급속한 움직임이 짧은 시간 간격 동안에 매우 많은 지진을 생성한다. 이 시간창(time window)의 시작으로써 1961년의 중요성은 1961년에 월드 와이드 표준화 지진계 네트워크(World Wide Standardized Seismograph Network)의 구축(2.1.4절) 이전에는 진앙의 위치가 특히 해양 분야에서 매우 빈약하게 측정되었다는 것이다. 지진 분포의 더 자세한 설명은 Engdahl *et al.*(1998)을 참조하라.

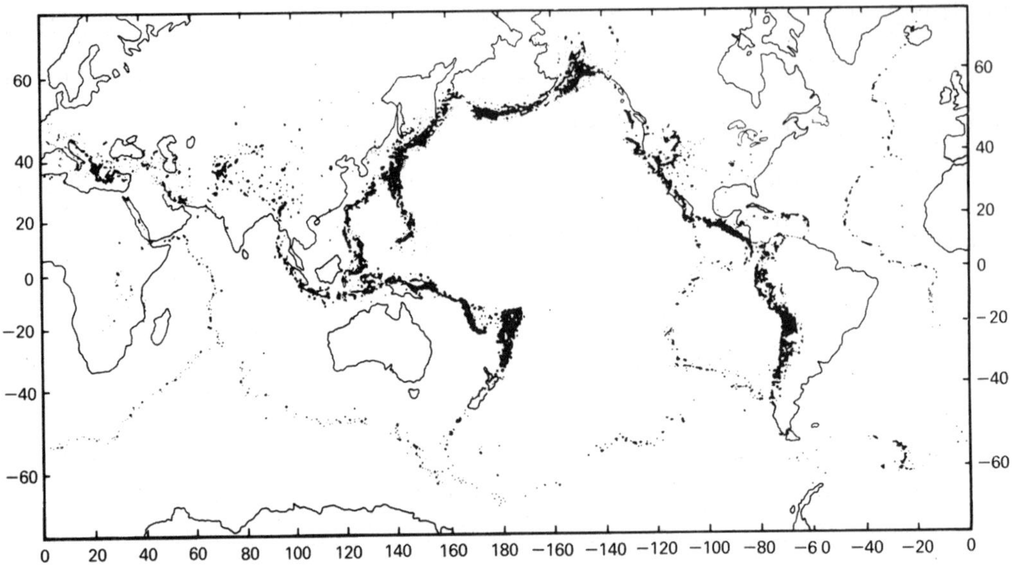

그림 5.2 1961–1967년 기간 동안에 대규모(mb>4) 지진 진앙의 세계적인 분포(Barazangi & Dorman, 1969를 따름, Seismological Society of America의 허가로)

지진은 진원의 깊이(focal depth)에 따라 분류된다. 즉, 0-70km 천부 진원, 70-300km 중간 진원, 300km 이상 심부 진원이다.

천부 진원 지진의 중요한 벨트는 발진 메커니즘 솔루션이 판 부착성장과 관련된 인장 이벤트를 나타내고 해령이 변환 단층(4.2.1절)에 의해 오프셋된 주향이동 이벤트를 나타내는 해령 시스템의 정상을 따라간다(그림 5.2). 육지에서 천부 진원 인장 이벤트는 미국 서부의 분지와 산맥 지방(Basin and Range Province, 7.3절), 동아프리카 리프트 시스템(East African Rift system, 7.2절) 및 바이칼 리프트 시스템(Baikal Rift system)을 포함하는 열개와 또한 관련된다.

모든 중간과 심부 이벤트는 파괴적인 판 가장자리와 연관되어 있다. 태평양의 북부, 동부, 그리고 서부는 변환 단층에 의해 곳곳에서 오프셋되고 이웃 판 아래로 약 45°의 각도로 내려가는 평면 위에 놓이는 지진 벨트에 의해 고리 모양이 된다. 베니오프 대(Benioff zones 또는 베니오프 와다티 대(Benioff Wadati zones))로 알려진 지진 진원의 이러한 평면은 일반적으로 지표의 화산 활동과 연관되어 있다. 기록된 가장 깊은 지진은 약 670km의 깊이에 위치한다. 비록 이 지역에는 베니오프 대가 더 이상 존재하지 않기 때문에 지진 활동이 비교적 넓은 벨트 내에서 발생하지만, 알파인-히말라야 체인(Alpine-Himalaya chain)과 같은 충돌하는 산맥도 마찬가지로 중간과 심부 진원 지진으로 특징지어진다(그림 10.17). 그러나 진앙의 위치의 주의 깊은 조사를 통해 천부 지진 중 일부는 충돌하는 이벤트와 관련된 아치형 주향이동 단층대 위에 놓여 있다는 점이 밝혀졌다.

비록 가끔 큰 규모의 지진이 발생하긴 하지만, 판 내 지역은 이 기간 내에 상대적으로 지진이 없다. 판 내 지진은 지진 에너지의 방출에 중요하지 않지만, 판 내에서 응력의 성질과 방향을 나타낼 수 있기 때문에 중요하다(12.7절).

5.3 상대적 판 운동(relative plate motion)

판의 현재 운동은 현재 공간 측지학의 기술(5.8절)을 이용하여 측정될 수 있다. 그러나 이러한 기술은 1980년대에 개발되었고, 이상적인 측정은 10-20년의 기간 이상에 걸쳐서 이루어져야 한다(Gordon & Stein, 1992). 이것 이전에는 지난 수백만 년에 걸쳐 평균된 상대적인 운동이 지질 및 지구물리 데이터를 사용하여 측정되었다.

지구 표면 위에서 판의 움직임은 두 판 사이의 상대적 운동이 오일러 극(Euler pole)으로 알려진 상대적 운동의 극 주위를 각 운동(angular separation)에 의해 유일하게 정해진다고 하는 오일러 정리(3.2.1절)를 이용하여 설명될 수 있다. 극과 대극은 2개 판 중 하나에 대해 이동하지 않는 지구 표면 위의 2개의 독특한 점이다. 상대적 판 운동의 중요한 점은 임의의 2판의 극은 장시간 동안 그것들에 고정된 채로 유지되는 경향이 있다는 것이다. 판 속도는 몇백만 년의 기간 동안 거의 일정하다(Wilson, 1993).

2판에 대한 상대적 운동의 극이 결정될 수 있는 세 가지 방법이 있다. 가장 정확한 첫째는 진실한 접선 운동이 2판의 상대적인 이동 중에 발생하기 위해서는, 그것들의 공동 경계를 따른 변환 단층이 상대적 이동의 극에 중심을 둔 작은 원의 자취를 따라야만 한다는 사실에 근거된다(McKenzie & Parker&, 1967; Morgan, 1968). 따라서 2판의 회전 극은 공동의 가장자리에 영향을 미치는 변환 단층의 방향에 직각으로 큰 원을 그려서 교차 지점을 찾아냄으로써 결정될 수 있다. 해령은 종종 변환 단층에 의해 측면으로 오프셋되기 때문에(4.2.1절), 이 기술을 적용하는 데 가장 편리한 유형의 판 가장자리는 부착성장하는 유형이다(그림 5.3). 해양 단열대의 지도 작성에 관련된 부정확성 때문에, 큰 원은 드물게 한 지점에서 교차한다. 따라서 상대적 회전 극이 반드시 있기에, 가장 가능성 있는 원을 예측할 수 있는 통계적 방법이 적용된다.

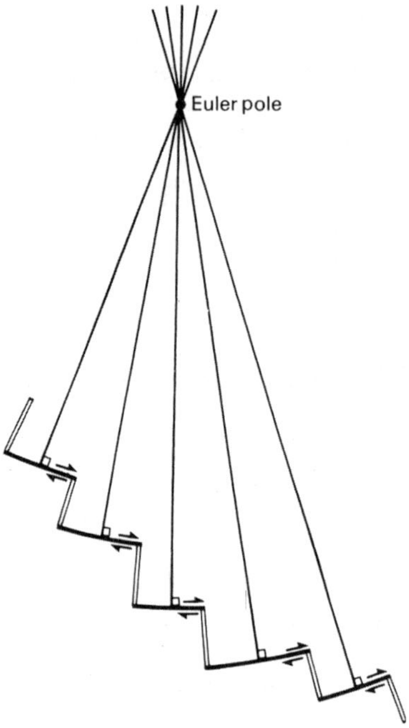

그림 5.3 극에 대해 작은 원을 그리는 오프셋하는 변환 단층으로부터 확장하는 릿지(spreading ridge)에 대한 오일러 극(Euler pole)의 결정

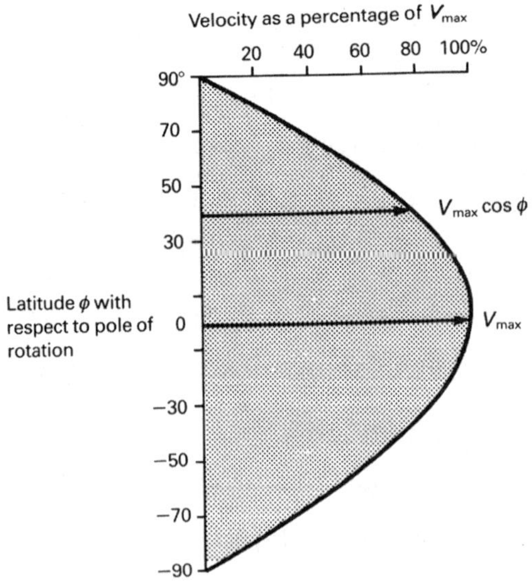

그림 5.4 회전의 오일러 극으로부터 위도 거리에 따른 확장 속도의 변화

두 번째 방법은 회전 극으로부터의 각거리와 확장 속도의 편차에 기초한다. 확장 속도는 해령의 양쪽에 같은 연령의 이상(이동이 지질학적으로 순간 회전을 나타내도록 일반적으로 번호 3 이하)을 확인하고 그것들 사이의 거리를 측정함으로써 자기 선구조(4.1.6절)에서 결정된다. 확장의 속도는 오일러 극에 해당하는 적도에서 최대이고, 오일러 극 위도의 코사인에 따라 거기서부터 감소한다(그림 5.4). 그러면 릿지를 따라 수많은 지점의 확장 속도 측정을 통해 상대적 회전의 극이 발견될 수 있다.

두 판 사이의 상대 운동의 방향을 측정하는 가장 신뢰가 낮은 마지막 방법은 공통 가장자리 지진의 발진 메커니즘 솔루션을 사용한다(2.1.6절). 만일 단층면을 따른 이동의 경사와 방향이 알려진다면, 이동 벡터의 수평 성분은 상대적 이동의 방향이다. 데이터는 매우 잘 측정된 경우를 제외하고 노달면은 광범위한 가능한 방향으로 그려질 수 있고 판 경계에서 단층 체계의 자세한 기하학은 여기서 의미하는 것보다 종종 더 복잡하기 때문에 위에서 상술된 다른 두 가지 방법에 비해 덜 정확하다(8.2절과 아래).

발산형(divergent) 판 경계는 확장 속도와 변환 단층을 사용하여 연구될 수 있다. 그러나 수렴형(convergent) 경계에서는 더 많은 문제점이 야기되고, 상대적 속도를 측정하기 위해 간접적인 방법을 사용하는 것이 종종 필요하다. 이것은 인접하는 판으로부터의 정보를 활용하고 판 쌍들 사이에서 회전을 벡터로 다룸으로써 가능하다(Morgan, 1968). 따라서 판 A와 B 사이의, 그리고 판 B와 C 사이의 상대적 움직임이 알려지면, 판 A와 C 사이의 상대적 움직임이 벡터 대수학(vector algebra)에 의해 구해질 수 있다.

이러한 접근방법은 어떤 숫자의 맞물린 판에 대해서도 상대적 운동을 측정할 수 있을 정도로 확장될 수 있다. 실제로 수렴형 판 가장자리에서 상대적 속도를 계산할 수 있을 정도로 충분한 발산형 판 가장자리가 있다면 이 방법은 지구 표면을 구성하는 판의 완전한 모자이크에 적용될 수 있다.

이러한 유형의 연구가 Le Pichon(1968)에 의해 수행되었다. 그는 세계적으로 분포된 변환단층과 확장 속도에서 유래된 상대적 판 속도의 추정치를 사용했으나, 발진 메커니즘 솔루션에서 얻은 정보는 사용하지 않았다. 르피숑(Le Pichon)은 6개의 거대한 판에 근거된 지구 표면의 세분을 사용하였다. 유라시아, 아프리카, 인도-호주, 아메리카, 태평양, 그리고 남극 판. 이런 단순화에도 불구하고 그의 모델은 자기 이상(4.1.6절)에서 유래된 그것들과 잘 일치하는 확장 속도 추정치를 제공했다.

그 후, 세계적인 판 운동의 더 자세한 분석이 Chase(1978), Minster과 Jordan(1978), 그리고 DeMets *et al.*(1990)에 의해 수행되었다. 이러한 연구는 수많은 추가 판의 경계와 그에 따른 추가 판을 알아냈다. 후자는 카리브 해와 필리핀 해 판, 아라비아 판, 동쪽 중앙 태평양의 코커스(Cocos)와 나스카(Nazca) 판, 그리고 북아메리카 서쪽 앞바다의 작은 후안데푸카(Juan de Fuca) 판과 후안데푸카 릿지의 동쪽이다(그림 5.5). 아메리카 판은 북아메리카와 남아메리카 2개의 판으로 나누어졌고, 인도-호주 판도 마찬가지로 인도 판과 호주 판으로 나누어졌다. 아메리카와 인도-호주 판 내에서 확인된 새로운 경계는 오히려 불명료하고 변형과 지진의 확산대(diffuse zone)에 의해 특징지어진다(Gordon, 2000; 그림 5.5). 따라서 DeMets *et al.*(1990)의 분석은 14개의 판을 포함했다. 또 다른 판들이 인식되었지만, 그것들 경계의 하나 이상을 가로지르는 상대적 움직임은 정량화하기 어렵다. 예로는 스코샤 해(Scotia Sea) 판과 아프리카 판을 누비안(Nubian)과 소말리아 판으로 나누는 동아프리카 리프트 시스템과 관련된 아프리카 판을 관통하는 확산 경계가 있다(그림 5.5). 변함없이 이러한 분석에서 빠지는 유일한 명확한 판 경계는 특정한 배호분지의 확장 릿지(9.10절)로서 예로는 동쪽 스코샤 해, 필리핀 해, 그리고 남 피지 분지의 릿지들이 있다.

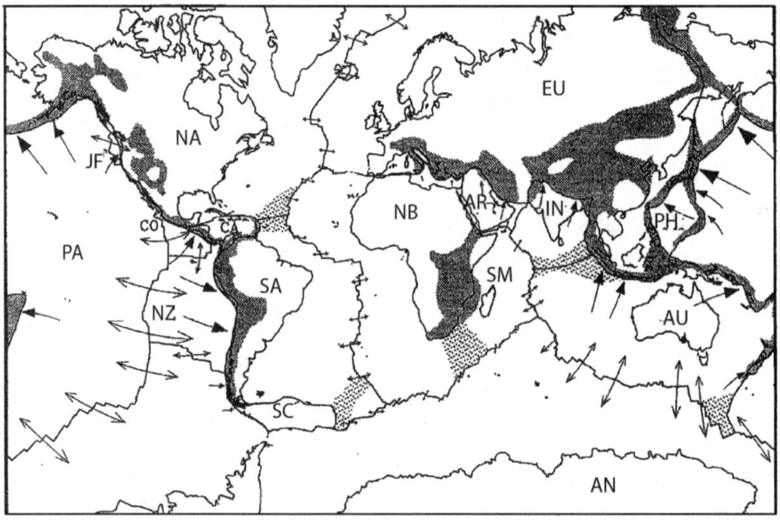

그림 5.5 주요 판 사이의 상대적인 움직임과 판 내의 확산 변형(diffuse deformation) 지역(음영된 지역)을 보여주는 지도. 굵은 화살촉은 언더스러스트하는 판(underthrusting plate) 위의 화살과 함께 판 수렴을 나타낸다. 열린 화살촉은 중앙 해령에서 판 발산을 나타낸다. 화살표의 길이는 판들이 25Ma 동안 그것들의 현재 상대적 속도를 유지하였다면 발생했으리라 생각되는 판 부착성장 혹은 섭입의 양을 나타낸다. 메카토르 투영(Mercator projection) 때문에 고위도에서 화살표가 저위도의 그것에 비해 과도하게 길다는 것에 주의하라. AN, 남극; AR, 아라비아; AU, 호주; CA, 카리브; CO, 코코스; EU, 유라시아; IN, 인도; JF, 후안데 푸카(Juan de Fuca); NA, 북아메리카; NB, 누비아(Nubia); NZ, 나스카(Nazca); PA, 태평양; PH, 필리핀; SA, 남아메리카; SC, 스코샤 해(Scotia Sea); SM, 소말리아(Gordon, 1995에서 수정됨, American Geophysical Union의 허가로. 저작권 © 1995 American Geophysical Union)

상대적 판 운동의 이러한 분석은 모두 변환 단층, 확장 속도, 그리고 발진 메커니즘 솔루션에서 유래된 상대적 운동 벡터의 거대한 데이터 세트를 사용하였다. 예를 들면, DeMets *et al.*(1990)의 그것은 이전 모델에 사용된 것보다 세 배 더 큰 데이터 세트를 사용하였다. 너무 많은 데이터가 유용하여 문제가 과도하게 결정되는 모든 경우에, 그리고 판 운동의 세계적인 분포를 제공하기 위하여 데이터를 역산하는 경우에, 그들은 잔류 움직임의 제곱의 합이 최소화되는 기법을 사용하였다. 확장 속도를 측정하는 데 오차는 일반적으로 3mm a^{-1} 이하였고, 변환 단층에서는 3°와 10° 사이였고, 지진 이동 벡터 방향은 고작 15°였다.

그림 5.5는 각 판 경계 위의 특정한 지점에서 DeMets *et al.*(1990)의 모델에 의해 예측된 방향과 확장 및 섭입의 속도를 보여준다. 속도는 지자기 역전 지질연대의 뒤이은 개정판을 위해 수정되었다(DeMets *et al.*, 1994). 표 4.1에서 중앙 해령 시스템의 여러 지점에서 확장의 예측된 속도가 이 해령 정상에서 관측된 자기 이상에서 관찰된 속도와 비교된다. 동태평양해령(East Pacific Rise)의 길이를 따라 해령 측면당 부착성장 속도는 25-75mm a^{-1}로 다양하다. 대조적으로 태평양의 가장자리 주위의 섭입 속도는 일반적으로 60mm a^{-1}과 95mm a^{-1} 사이이다. 따라서 동태평양해령에서 생성되는 것보다 더 높은 속도로 섭입대에서 소모되고 있기 때문에 태평양의 해양판은 지속적으로 크기가 감소하고 있다. 그에 반해 대서양과 인도양의 일부를 포함하는 판은 크기가 증가하고 있다. 이러한 추론은 중앙 대서양 해령과 북서부 인도양의 칼스버그 리지(Carlsberg Ridge)가 서로 멀어지고 이동하고 있어야만 한다는 것을 의미한다. 이것은 제12장에서 논의된 판 구조론의 구동 메커니즘의 특성에 중요한 의미를 갖는다. 해령들의 자기 선구조의 방향이 모두 주향에 수직 방향으로 확장하는 것은 아니다. 이러한 유형의 주요 비스듬한 것들이 매우 느리게 확장하는 지역, 특히 북대서양, 아덴 만(Gulf of Aden), 홍해(Red Sea), 그리고 남서부 인도양에서 발견된다는 것이 의미심장할 수 있다(p.xviii의 플레이트 4.1).

확장하는 경계가 전형적으로 상대적 운동의 방향에 수직인 부착성장 판 경계부와 대조적으로, 수렴하는 가장자리는 이렇게 제한되지 않고, 상대적 운동 벡터는 일반적으로 판 경계와 비스듬한 각도를 이룬다. 매우 비스듬한 각도의 극단적인 예가 알류샨 호상(Aleutian arc)의 서쪽 끝과 인도네시아 호상(Indonesian arc)의 북쪽 끝에서 나타난다(그림 5.5). 그러므로 섭입대에서 언더스러스트 작용(underthrusting)으로 나타나는 판 경계에 수직인 운동 성분에 더하여, 판 경계에 평행한 상대적 운동의 성분이 있을 것이다. 이런 '해구 평행(trench parallel)' 성분은 종종 전호상(forearc) 지역의 바로 육지 쪽 위로 올라간 판(overriding plate) 내에 주향이동 단층작용을 일으킨다. 결과적으로, 전호상 지역 아래의 2개 판 사이의 계면에서 발생하는 지진의 발진 메커니즘 솔루션은 판 사이의 진정한 운동 방향을 알려주지 않는다. 그것들은 일부분이 주향이동 단층작용에 의해 흡수되기 때문에 운동의 해구 평행 성분을 과소평가하는 경향이 있다(DeMets *et al.*, 1990). 이와 같은 해구 평행 주향이동 단층의 전형적인 예는 필리핀 단층, 남서 일본의 중앙 구조선(Median Tectonic Line, 9.9절), 그리고 칠레의 아타카마 단층(Atacama Fault)과 링퀴네–오프퀴(Liquiñe-Ofqui) 단층(10.2.3절)이 있다.

그림 5.5에 나타낸 바와 같이 지구 표면의 약 15%가 변형되고 있는 암석권의 지역으로 덮여 있다. 예를 들면, 알프스–히말라야 벨트, 동남아시아, 그리고 북아메리카 서부가 있다. 이런 지역 내에서 종종 확산 경계를 갖고 있지만, GPS(Global Positioning System, 위성 위치확인 시스템)의 데이터를 사용하여 추가적인 작은 판들을 식별하는 것이 현재 가능하다(5.8절). 또한 GPS 측정은 인접하는 판에 대한 이 판들의 움직임을 측정하는 것을 가능하게 하는 반면, 위에서 설명된 지질 및 지구물리 데이터에 기초된 기술을 사용하는 데는 불가능하다. 이런 판들을 둘러싼 불충분하게 정해진 변형대(zone of deformation)의 대부분은 대륙 암석권 내에서 발생하며, 이것은 해양과 대륙 암석권 간의 심한 특성 차이와 그것들이 변형되는 방식의 차이를 반영한다(2.10절, 8.5.1절).

5.4 절대적 판 운동(absolute plate motion)

지난 수백만 년에 걸쳐 평균된 주요 판 사이의 상대적 운동은 이전 절에서 설명한 바와 같이 매우 정밀하게 측정될 수 있다. 지구 표면에 걸친 판, 그리고 실제로 판 경계의 운동을 또한 측정할 수 있다면, 그것은 특히 판 운동에 대한 구동 메커니즘을 구별하기 위한 자료로 관심의 대상이 될 것이다. 만일 지구 표면에 걸쳐 있는 어떤 한 판 또는 판 경계의 운동이 알려져 있다면, 상대적 운동이 알려져 있기 때문에, 모든 다른 판과 판 경계의 운동이 결정될 수 있다. 일반적으로, 판 구조론의 골격 안에서 모든 판과 판 경계는 지구의 표면을 가로질러 이동해야만 한다. 만일 하나 이상의 판 및/또는 판 경계가 고정되어 있다면, 이것은 예기치 못한 일이다. 만일 그 판 혹은 판 경계 운동의 오일러 벡터가 그 지점을 통과한다면, 판 위의 혹은 덜 있음 직하지만 판 경계 위의 특정 지점은 고정될 것이다(그림 5.6).

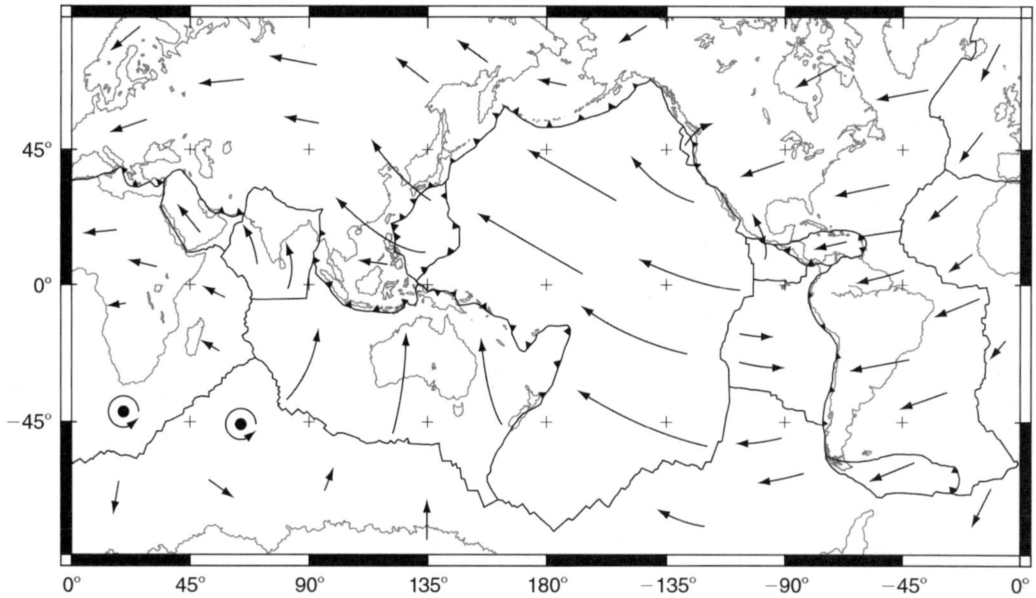

그림 5.6 열점 참조 프레임(hotspot reference frame)을 가정할 경우 판의 절대 속도. 판이 40Ma 동안 열점에 대해 그것들의 현재의 각속도를 유지하였다면 화살표는 판 내 지점들의 변위(displacement)를 나타낸다. 이것이 판 내에서 발생한다면 검은 원은 판에 대한 회전 극(혹은 반대 극)을 나타낸다. 중간 실선은 대략 판 경계이다. 미늘이 있는(barbed) 곳에서, 그것들은 위로 올라간 판(overriding plate) 위에 미늘을 갖는 섭입대를 나타낸다. 메카토르 투영 때문에 고위도에서 화살표가 저위도의 그것에 비해 과도하게 길다는 것에 주의하라(Gripp & Gordon, 2002에서 다시 그려짐, Blackwell Publishing의 허가로).

특히 전체 고체 지구가 동적 상태에 있기 때문에, 판의 절대 운동은 판 경계에 있는 판들 사이의 상대적 운동을 정하는 것보다 훨씬 더 어렵다. 하부 맨틀이 고체 지구 질량의 70%를 차지하고 위의 연약권과 아래의 외핵보다 훨씬 느리게 변형되기 때문에 절대적 판 운동은 하부 맨틀에 대한 암석권의 운동을 명시하는 것은 널리 합의된 사실이다. 이론적으로 만일 암석권과 연약권이 어디서나 동일한 두께와 효과적인 점성도를 갖는다면, 판 위의 순 토크(net torque)는 없을 것이므로 지구의 깊은 내부에 대한 암석권의 순 회전(net rotation)은 없을 것이다. 판 속도가 순 회전 없는(no net rotation, NNR) 기준 프레임(reference frame)에서 명시되면, 전체 지구 표면에 대한 속도와 위치 벡터의 벡터 곱의 적분은 제로일 것이다. 관례상, 공간 측지학자는 NNR 기준의 관점에서 절대적 판 운동을 명시한다(Prawirodirdjo & Bock, 2004).

절대 운동의 측정을 위한 대체 모델은 지구 표면에 있는 화산 열점(volcanic hotspot)에 의해 제공된 정보를 사용한다. Wilson(1963)은 하와이, 아이슬란드, 남대서양의 트리스탄다쿠나(Tristan da Cunha), 그리고 인도양의 레위니옹 섬(Reunion Island)과 같은 화성 활동의 어떤 정해진 주요 센터와 관련된 화산 릿지와 화산 체인은 아래 맨틀에 있는 열점 위로 지구 지각이 통과한 결과라고 제안하였다. Morgan(1971)은 이러한 열점은 하부 맨틀에서 상승하는 고온 물질의 플룸(plume) 위에 위치하고, 따라서 하부 맨틀에 대하여 고정된 기준 프레임(fixed reference frame)을 제공하는 것을 제안함으로써 이러한 아이디어를 상세히 설명하였다. 이 가설은 다음 절과 제12장에서 더 고찰된다. 열점 모델은 지구 표면에 걸쳐 있는 열점의 트랙이 지난 200Ma에 걸친 판의 절대 운동을 결정하는 데 가능성을 제공한다는 점에서 많은 지질학자 및 지구물리학자에게 매력적이다(Morgan, 1981, 1983).

활동적인 열점 트랙 전파의 방향과 속도에 근거된 현재 판의 절대 운동에 대한 Gripp와 Gordon(2002)의 모델이 그림 5.6에 도시된다. 그것은 상대적 속도가 평균된 시간의 길이보다 약 2배인 지난 5.8Ma 동안의 판 운동을 평균한 것이다. 2개의 전파 속도와 4개의 판에서 11개 분열조각(segment) 방향이 이 모델을 도출하는 데 사용되었다.

절대 운동을 위한 기준의 몇 가지 다른 프레임이 제안되었지만, 실행되지 않았다. 이들 중 하나는 아프리카 판이 지난 25Ma 동안 여전히 고정되어 있다고 제안하였다. 구조운동과 화산활동의 측면에서 긴 기간의 무활동에 이어서, 아프리카의 큰 부분이 후기 신생대 동안에 융기 및/또는 화성 활동을 받게 되었다. 이것은 상부 맨틀에 있는 열점 위에 고정되어진 판의 결과로 생각되었다. 또 다른 제안은 카리브 판(Caribbean plate)은 그것의 동부와 서부 가장자리를 따라 반대 극성의 섭입대를 갖고 있기 때문에 고정된 것 같다는 것이다. 섭입하는 판은 연약권을 꿰뚫어 확장하는 것 같고 위에 놓인 판 경계의 측면 운동을 억제하는 것으로 예상된다. 유사한 추리를 통해 Kaula(1975)는 일반적으로 판 경계의 측면 운동이 최소화되는 모델을 제안하였다.

5.5 열점(hotspot)

지구 화산 활동의 대부분은 판 가장자리에서 발생한다. 그러나 상당 부분은 판의 내부에서 발생한다. 해양에서 판 내 화산 활동은 태평양의 하와이 - 엠페러(Hawaiian-Emperor)와 라인제도(Line Islands) 체인(그림 5.7)과 같은 선형의 섬과 해산 체인을 발생시킨다. 더욱이 이러한 태평양 섬 체인의 여러 개는 서로 평행한 것처럼 보인다. 체인의 화산 센터들이 가까운 거리에 놓인 경우, 인도양의 동경 90도 해령(Ninety-East Ridge), 북대서양의 그린란드 - 스코틀랜드 릿지, 그리고 남대서양의 리오그란데 해령(Rio Grande Ridge)과 월비스 해령(Walvis Ridge)과 같은 비지진성 해령(aseismic ridge)이 형성된다. 이러한 섬 체인과 해령은 지표면의 융기의 주요 원인을 만들어주는 현재 지구 표면의 약 10%를 차지하는 광범위한 지각 융기(swell)와 연관된다(Crough, 1979).

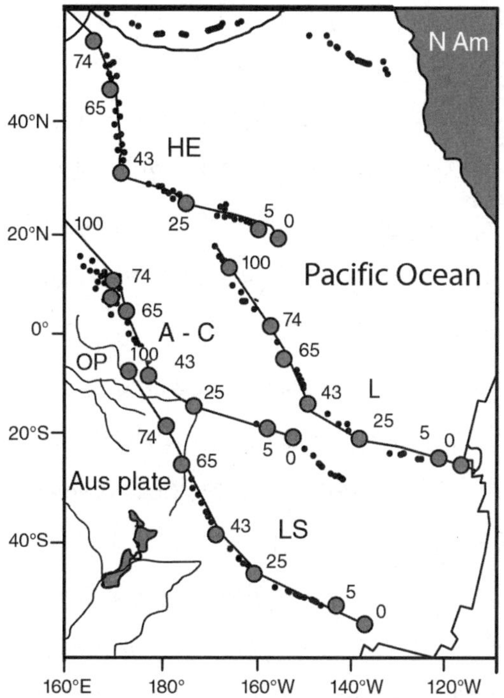

그림 5.7 태평양판 위의 열점 트랙(hotspot tracks). HE, 하와이–엠페러 체인(Hawaiian–Emperor chain); A–C, 오스트랄–쿡 제도(Austral–Cook islands); L, 라인 제도(Line islands); LS, 루이스빌 체인(Louisville chain); OP, 온통–자바 대지(Ontong–Java Plateau). 체인 위의 숫자는 Ma로 해산(seamounts)의 예측된 연령을 나타낸다(Gaina *et al.*, 2000에서 다시 그려짐, American Geophysical Union의 허가로. 저작권 © 2000 American Geophysical Union).

섬 체인은 그것들이 서 있는 해양 지각보다 항상 젊다. 이러한 화산체의 하부는 주로 소레아이트질 현무암(tholeiitic basalt)으로 형성된 것으로 추정되는 반면, 상부는 나트륨과 칼륨이 풍부한 알칼리 현무암(Karl *et al.*, 1988)이고, 중앙 해령 현무암에 비해 높은 농도의 철, 티타늄(Ti), 바륨(Ba), 지르코늄(Zr), 그리고 희토류 원소(REE)를 갖고 있다(Bonatti *et al.*, 1977). 이것들의 성분은 초생 맨틀 물질(juvenile mantel material)과 고갈된 연약권(depleted asthenosphere)을 혼합하면 비슷하다(Schilling *et al.*, 1976; 6.8절). 그것들은 두꺼워진 지각이지만 얇아진 암석권 위에 놓이고, 결국 의심스러운 대륙편(suspect terrane)으로 대륙 가장자리에 합쳐질 변칙적인 특징을 갖는 유형의 일종이다(10.6.1절).

해양 섬 체인의 예로 북부 중앙 태평양의 하와이 – 엠페러(Hawaiian-Emperor) 체인이 있다

(그림 5.7). 이 체인은 길이가 약 6000km이고, 하와이 남서쪽의 활화산에서 북서쪽의 활동을 멈추고 침강된 기요(guyot; 평정해저산)로 변하는 모습을 보여준다. 체인의 여러 부분의 연대 측정이 이러한 추세를 확인하였고, 체인 방향의 변화가 43Ma에 발생하였다는 것이 밝혀졌다(Clague & Dalrymple, 1989). 하와이-엠페러 체인은 화산 활동이 비슷한 속도로 진행하였던 태평양판 위의 다른 체인들과 평행하다(그림 5.7).

위에서 표시된 바와 같이, 섬 체인 기원의 가능한 설명이 Wilson(1963)에 의해 제안되었다. 암석권이 열점을 통과할 때 섬들이 형성된다고 제안되었다. 이러한 열점은 현재 위에 놓이는 암석권을 얇아지게 하는 하부 맨틀에서 상승하는 맨틀 플룸(mantle plume)에서 발생하는 것으로 생각되고 있다(12.10절). 그때 화산암은 압력-해제 용융(pressure-release melting)과 플룸 내의 분화작용에서 유래된다. 이러한 플룸은 낮은 지진파 속도의 물질을 의미해서 지진파 토모그래피로 탐지될 수 있다(2.1.8절; Montelli *et al*, 2004a). 맨틀 플룸 메커니즘이 널리 채택되고 있지만, 일부 연구자(예를 들면, Turcotte & Oxburgh, 1978; Pilger, 1982)는 맨틀 열점의 필요성에 의문을 제기하고, 마그마가 판 내 인장응력(intra-plate tensional stresses)으로부터 발생한 암석권의 단열을 통해 연약권에서 표면으로 단순히 흐른다고 제안한다. 이 메커니즘은 장시간 동안 맨틀 열원을 유지하는 문제를 미연에 방지한다. 그러나 어떻게 같은 판의 단열이 동일한 방향으로 향하고 비슷한 속도로 발달하는지가 설명되지 않는다(Condie, 1982a).

Morgan(1971, 1972a)은 맨틀 플룸은 서로 간에, 그리고 하부 맨틀에 대해 고정되어 있고, 긴 지속시간을 갖는다고 제안하였다. 그렇다면 열점은 판의 절대 운동이 결정될 수 있는 고정된 기준 프레임을 나타낸다(5.4절).

현재 열점은 40개와 50개 사이라고 제안되었다(그림 5.8; Duncan & Richards, 1991; Courtillot *et al*., 2003). 그러나 판 내 화산작용의 이런 센터들 혹은 릿지 정상 또는 근처의 증대된 화성 활동 모두가 동일한 유형 또는 기원이라는 것은 믿기 어렵다. 대부분은 단명이고, 따라서 그것들이 발생하는 판의 운동을 반영하는 어떤 트랙도 없다. 반면, 다른 것은 수천만 년 동안, 어떤 경우에는 1억 년 동안 지속하였고, 육지 위의 범람 현무암(flood basalt) 혹은 바다에서 해양 대지(oceanic plateau)를 일으키는 화성 활동의 주요 에피소드까지 추적될 수 있다. 맨틀의 국지적으로 높아진 부분 용융(partial melting)의 놀라운 이런 에피소드는 지질학적 기록을 중단시키고, 한데 뭉뚱그려 대형 화성암 지방들(Large Igneous Provinces, LIPs)이라고 불린다(7.4.1절). 그러므로 적어도 두 가지 유형의 열점이 있는 것 같고, LIPs로 시작하는 그것들은 맨틀 내의 심부, 즉 아마도 핵-맨틀 경계의 열적 경계층에서 상승하는 플룸 머리(plume head)의 결과일 가능성이 매우 높다(12.10절).

그림 5.8 열점의 세계적 분포(Duncan & Richards, 1991에서 수정됨. American Geophysical Union의 허가로. 저작권 © 1991 American Geophysical Union)

Courtillot *et al.*(2003)은 그러한 주요 열점을 구별하기 위한 다섯 가지 기준을 제시했다(12.10절). 그들은 기존의 지식에 기초하여, 궁극적으로 10-12개가 인식될 수 있지만, 단지 7개의 현재 열점이 이러한 기준을 만족시킨다고 말한다. 7개는 아이슬란드, 트리스탄다쿠나(Tristan da Cunha), 아파르(Afar), 레위니옹(Reunion), 하와이, 루이스빌(Louisville), 그리고 이스터(Easter)이다(그림 5.8). 이들 열점의 처음 4개는 인도양과 대서양, 그리고 그것을 둘러싸고 있는 대륙으로 구성된 '대륙 반구(continental hemisphere)' 내에 있다. 4개 모두는 처음에 대륙 범람 현무암으로 특징지어지는 LIPs였고, 해저 확장의 시작이 뒤따른 대륙 지역의 열개 작용과 관련되었다(7.7절, 7.8절). 130Ma 전에 정치된 우루과이와 브라질의 파라나(Parana) 범람 현무암, 그리고 나미비아(Namibia)의 에텐데카(Etendeka) 화성암 지방은 트리스탄다쿠나(Tristan da Cunha) 열점의 첫 번째 표현이었고, 남대서양 열림의 전 단계 형태였다. 서부 인도의 데칸 트랩(Deccan Trap)은 남서부 인도양의 새로운 확장 센터의 창조와 일치하는 65Ma 전에 분출되었다. 이 열점은 레위니옹 섬의 현재 위치에 있었던 것처럼 보인다(그림 5.9). 아이슬란드 열점과 관련된 최초의 화성 활동은 그린란드와 북서 스코틀랜드의 북대서양 화성암 지방을 형성하였고 이 지역의 해저 확장의 시초를 알리는 60Ma 전에 발생하였던 것으로 보인다. 아파르(Afar) 열점은 홍해와 아덴만의 열개작용과 확장의 선구물질인 에티오피아 고원의 범람 현무암의 쏟아져 나옴과 예멘의 화성 활동으로 약 40Ma 전에 처음으로 등장하였다. Courtillot *et al*.(2003)의 나머지 세 가지 1차 열점(primary hotspots)은 '해양 반구(oceanic hemisphere)', 즉 태평양 내에서 발생하고, 태평양판을 가로지르는 특유의 흔적을 만들었다(그림 5.7). 루이스빌 릿지(Louisville Ridge)는 서태평양의 온통 자바 대지(Ontong Java Plateau)에서 시작한다. 이것은 약 120Ma 전에 형성되었고, 발달된 고철질 화성 물질의 양적 측면에서 가장 큰 LIP이다. 하와이-엠페러 해저산 체인은 꽤 유사한 기원을 가지고 있으나, 트랙의 이전 부분이 섭입되어서 체인의 가장 오래된 해저산은 약 80Ma로 연대측정된다. 이스터 섬-라인 제도(Easter Island-Line Islands) 트랙은 LIP가 아니고 중앙-태평양 산맥(mid-Pacific mountains)으로 알려진 해저 화산이 비정상적으로 높은 밀도로 존재하는 지역에서 약 100Ma 전에 시작하였다.

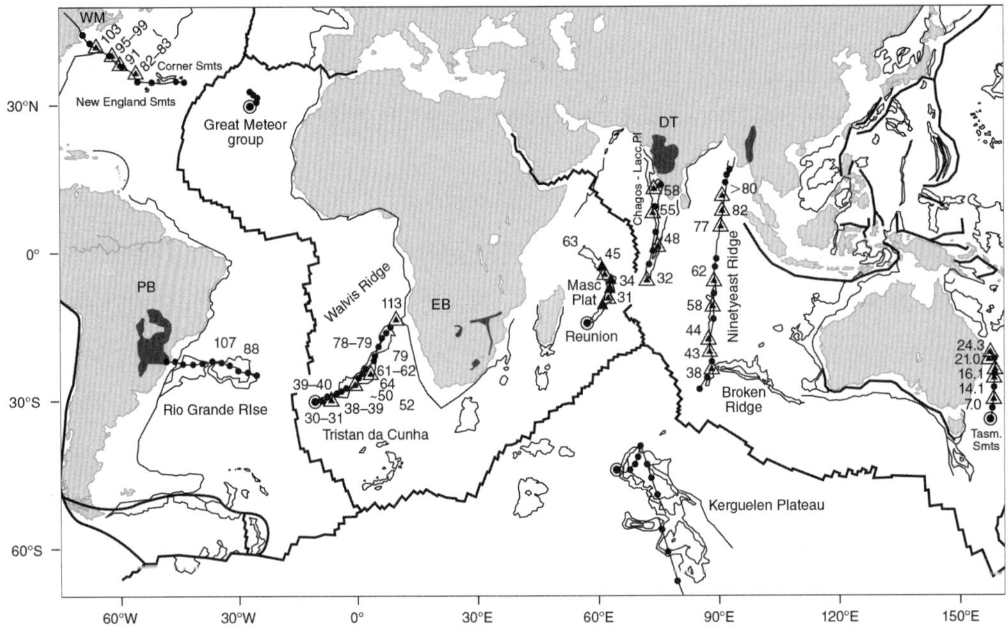

그림 5.9 대서양과 인도양의 열점 트랙들. 큰 원은 현재의 열점이다. 작은 원은 5Ma 간격으로 열점의 모델링된 경로를 나타낸다. 열점 트랙 위의 삼각형은 방사성 동위 원소 연령을 나타낸다. WM, 화이트 마운틴(White Mountains); PB, 파라나 범람 현무암(Parana flood basalts); EB, 에텐데카 범람 현무암(Etendeka flood basalts); DT, 데칸 트랩(Deccan Traps; Müller *et al*., 1993에서 수정되어 다시 그려짐, Geological Society of America의 호의로)

지난 200Ma 동안 대서양과 인도양 주변 대륙의 상대적 위치는 이 해양 내에 포함된 자세한 확장 역사에 의해 잘 제약된다(4.1.7절). 만일 이 인도-대서양 반구 내의 하나 이상의 열점 트랙이 과거에 해당 판의 절대 운동을 결정하는 데 사용된다면, 이 반구의 나머지 열점을 위한 트랙이 예상될 수 있다. 관찰된 트랙과 예측된 트랙의 비교가 고정된 열점 가설의 테스트와 열점 사이의 상대 운동의 측정값을 제공한다. Müller *et al.*(1993)에 의한 이러한 분석에 의하면 인도-대서양 기준 프레임에서 열점 간 상대적 운동이 5mm a^{-1} 이하, 즉 판 평균 속도보다 작은 크기임을 알 수 있다. Clouard와 Bonneville(2001)에 의한 태평양 열점에 대한 유사한 분석이 태평양 기준 프레임에 대한 유사한 결과를 얻는다. 그러나 2개의 기준 프레임을 서로 연결하는 문제가 있다. 다시 말해서, 인도-대서양 기준 프레임을 사용하여 태평양 열점 흔적을 예측하는 데 또는 그 반대에 문제가 있다. 이것은 대부분의 중생대와 신생대 동안에 태평양 반구의 해양판들이 남쪽을 제외하고, 바깥쪽으로 기우는 섭입대에 둘러싸여 있기 때문이다. 이것은 인도-대서양 반구에 대한 태평양판의 상대적 운동을 결정하기 위해서 우리가 남태평양 지역의 남극 판 주위와 판 내에서 판 경계의 본질과 진화에 대한 상세한 지식을 가지고 있어야만 한다는 것을 의미한다. 불행히도 이러한 불확실성은 여전히 있지만, 이들 경계들의 진화를 위한 Cande *et al.*(1999)의 모델에 기초된 분석은 각 영역 내의 열점 트랙들의 화합(그림 5.10)에도 불구하고, 2개의 기준 프레임 또는 영역(domain)이 일치되지 않는다는 것을 암시한다. 이 불일치는 2개의 열점 프레임 간의 상대적인 움직임이 대략 50mm a^{-1}이었던 40-50Ma 이전에 가장 크다. 흥미롭게도, 이것은 하와이-엠페러 해저산 체인의 주요 굽음의 연령인 전 세계 판 운동의 주요 재편(reorganization; Rona & Richardson, 1978)의 시간, 그리고 진극이동(true polar wander, 5.6절)의 속도가 사실 정지 상태인 10-50Ma 동안보다 훨씬 더 큰 기간(Besse & Courtillot, 2002)과 일치한다.

열점이 고정되어 있고, 절대적 판 운동에 대한 틀을 제공한다면, 그땐 고지자기 연구가 그것들의 변하지 않는 위도의 테스트를 제공할 수 있어야 한다. 태평양의 해양판에 대한 고지자기 데이터는 드물고, 대륙 지역에서 획득된 것보다 더 큰 불확실성에 직면할 수 있다. 그럼에도 불구하고 예비 결과(Tarduno & Cottrell, 1997)가 하와이 열점이 시기 80-43Ma 동안 위도 15-20° 정도 죽 남쪽으로 이동하였다는 것을 시사한다. 레위니옹 열점의 어떤 위도 변화도 추론할 수 있는 해양 시추 프로그램 드릴 코어에서 획득된 고지자기 결과(Vandamme & Courtillot, 1990)는 이 열점이 65Ma와 43Ma 사이에 위도 약 5° 죽 북쪽으로 이동하였다는 것을 시사한다. 이런 위도 변화는 43Ma 전 이전에 열점 기준 프레임 사이의 차이와 일치하며, 남극 판의 내부와 주위의 신생대-후기 중생대 판 경계에 관한 가정을 지지한다. 이러한 결과는 또한 약 43Ma에 하와이-엠페러 해저산 체인의 주요 굽음이 처음에 생각했던 대로, 태평양판의 절대적 운동의 주요 변화를 반영하는 것이 아니라, 하와이 열점의 남쪽 이동에 의해 거의 전적으로 설명될 수 있음을 의미한다(Norton, 1995).

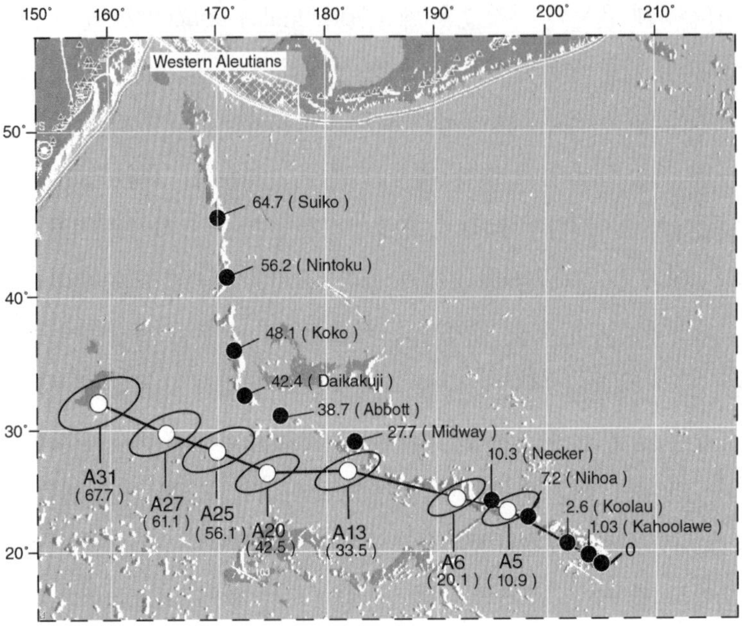

그림 5.10 인도-대서양 열점이 고정되어 있다는 가정하의 판 복원에서 예측된 하와이 열점 트랙(실선). 연령은 Ma로 표시(Steimberger & O'Connel, 2000에서 다시 그려짐, American Geophysical Union의 허가로. 저작권 © 2000 American Geophysical Union)

대서양과 인도양에서 예측된 열점 흔적(Müller *et al.*, 1993)이 해저와 육지의 화산 구조에 중첩된다(그림 5.9). 둘 사이의 상관관계가 훌륭하다. 예를 들면, 레위니옹 열점이 인도 서부 아래에서 시작하였고, 데칸 트랩 범람 현무암을 형성하였다. 그다음에 인도의 북쪽 이동이 몰디브-차고스(Maldive-Chagos) 대지와 마스카렌(Mascarene) 대지로 표시되었다. 이 두 지형 사이의 간격은 약 33Ma 전에 열점 위로 중앙 해령의 통과에서 발생한다. 열점은 현재 활화산인 레위니옹 섬의 서쪽 150km 해저산 아래에 있다.

아이슬란드는 그림 5.9에 포함되지 않았음을 주목해야 한다. 만일 이 열점이 60Ma 전에 동 그린란드 아래에서 시작되었던 것으로 가정한다면 그것의 트랙은 그것의 위치가 인도-대서양 영역에 있는 다른 주요 열점들에 대해 고정되지 않았다는 것을 의미한다. 그러나 이 기준 프레임에 대하여 고정되어 있다는 가정 아래 아이슬란드 열점의 트랙을 예측하기 위해서 다른 열점에서 유래된 절대적 운동을 사용할 수 있다(Müller *et al.*, 1993). 이러한 분석이 Lawver과 Müller(1994)에 의해 흥미로운 결과와 함께 수행되었다(그림 5.11). 트랙은 열점이 캐나다 북극의 엘즈미어(Ellesmere) 섬의 북부 가장자리 아래에 있었던 130Ma 전까지 투영될 수 있다. Lawver과 Müller(1994)는 이러한 트랙이 북극해의 캐나다 분지의 멘델레예프(Mendeleyev)와 알파(Alpha) 릿지의 형성과 액슬하이버그(Axel Heiberg) 섬과 북부 엘즈미어 섬의 중기 백악기 화산 암석의 형성을 설명할 수 있다고 말한다. 60Ma에 열점은 이 연령의 화산, 예를 들면 디스코(Disko) 섬이 있는 서부 그린란드 아래에 있었던 것으로 예측된다. 40Ma에 그것은 이 지역의 변칙적인 대륙 이동 후 융기(post-drift uplift)를 설명할 수 있는 동부 그린란드 아래에 있었을 것이다. 이 모델에서 약 60Ma에 시작된 북대서양 화성암 지방은 플룸 머리의 도착보다는 오히려 열점에 접근해서 이미 얇아진 암석권의 열개작용 결과였다. 그러나 이러한 해석과 대조적으로 화학적 및 물리학적 데이터에 근거해서, 아이슬란드 열점이 심부 맨틀 플룸에 의해 공급된다는 상당한 의혹이 있다(12.10절). 따라서 아이슬란드 열점은 다소 수수께끼이다.

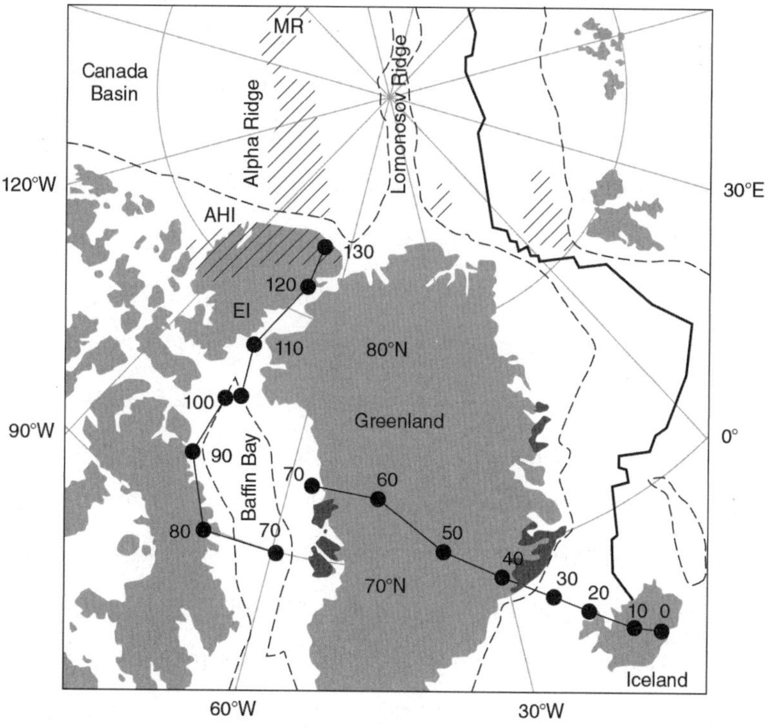

그림 5.11 아이슬란드 열점이 그림 5.9의 다른 인도-대서양 열점에 대해 고정된 상태라는 가정하에서 예측된 열점 트랙. 10Ma 간격으로 열점의 위치가 검은 점으로 표시된다. AHI, 액슬 하이버그 섬(Axel Heiberg Island); EI, 엘즈미어 섬(Ellesmere Island); MR, 멘델레이에프 릿지 (Mendeleyev Ridge). 점선, 해저지형을 근거로 한 대륙-해양 경계. 70Ma 위치 사이의 간격은 70Ma에 열점 위로 래브라도 해 릿지(Labrador Sea Ridge)의 통과 이후에 생성된 해저에서 유래한다(Lawver & Müller, 1994에서 수정됨, Geological Society of America의 호의로).

5.6 진극이동(true polar wander)

3.6절에서 고지자기 기술이 자기 북극, 다시 말하면 지구 중심의 쌍극자 모델을 이용하여 지구의 회전축에 대한 판의 이동을 추적하는 겉보기 극이동 경로(apparent polar wandering path)를 구축하는 데 사용될 수 있다는 것이 입증되었다. 5.5절에서 열점은 맨틀에서 거의 정지 상태이고, 그래서 그것의 궤적이 맨틀에 대한 판 운동의 기록을 제공한다는 것이 이야기 되었다. 이러한 두 가지 방법들의 조합이 맨틀과 지구의 회전 축 사이의 어떤 상대적 운동이 있었는지를 테스트하는 데 사용될 수 있다. 이러한 현상은 진극이동(true polar wander, TPW)으로 알려져 있다.

TPW을 조사하기 위해 사용되는 방법은 다음과 같다. 지난 200Ma 동안의 자기 극 위치가 그것들의 상대적 운동이 자기 선구조 데이터(4.1.7절)로부터 복원될 수 있도록 확장하는 해양에 의해 분리된 수많은 대륙에 대해 수집된다. 그다음에 극 위치는 그것들이 적용되는 시간 이후 해저 확장의 결과로 체험된 하나의 대륙(보통 아프리카)에 대한 회전에 의해 정정된다. 이러한 방법으로 합성된 전 세계적인 겉보기 극이동 경로가 얻어진다. 다음에 이것은 고정된 대륙에서 관찰되듯이 열점 프레임 축의 트랙과 비교된다. TPW 경로는 북극에 특정 시대의 지구 평균 고지자기 극이 북극으로 이동하는 각도 회전을 계산하고 그다음 동일한 연령의 열점 극에 동일한 회전을 적용하여 결정된다(Courtillot & Besse, 1987).

Besse와 Courtillot(2002)에 의해 얻어진 지난 200Ma 동안의 TPW 경로가 그림 5.12에 표현된다. 그들의 분석은 6개 대륙에서의 고지자기 데이터, 대서양과 인도양에서의 해저 확장 데이터, 지난 130Ma 동안에는 Müller *et al.*(1993)의 인도-대서양 열점 기준 프레임을, 그리고 130에서 200Ma까지의 기간 동안에는 Morgan(1983)의 인도-대서양 열점 기준 프레임을 이용하였다. 그들은 진극이동의 30° 정도가 지난 200Ma에서 발생했고 극의 움직임은 간헐적이었다고 결론지었다. 30mm a^{-1}으로 평균되는 비교적 빠른 TPW의 기간이, 10Ma와 50Ma 사이, 그리고 130Ma와 160Ma 사이의 준정지 기간을 분리한다. 과거 5-10Ma 동안에 속도는 100mm a^{-1} 정도로 높았다. 이 분석에는 태평양 반구의 해양판이 포함되어 있지 않다. 이것은 태평양으로부터의 데이터 질과 양에 문제가 있고 인도-대서양 열점에 대한 태평양 열점의 고정에 대한 의심(5.5절) 때문이다. 이러한 문제에도 불구하고, Besse와 Courtillot(2002)은 선형 자기 이상들의 형태와 해저산 위에 발달된 자기 이상들의 분석으로부터 유래된(Petronotis & Gordon, 1999) 26Ma와 126Ma 사이의 9개 고지자기 극을 사용하여 태평양판에 대한 분석을 실시하였다. 그들은 Engebretson *et al.*(1985)의 태평양판에 대한 열점 운동학적 모델을 가정하고, 그림 5.12에 도시된 경로의 그것과 길이 방향으로 상당히 유사한 이 시기에 대한 TPW 경로를 산출했으나, 5.5절에 기술된 하와이 열점의 남쪽 이동과 병립하는 방식으로 그것에서 오프셋된다. 그림 5.12에 도시된 경로와 더 적은 데이터 세트를 기반으로(예를 들면, Livermore *et al.*, 1984; Besse & Courtillot, 1991; Prevot *et al.*, 2000) 이전 분석에서 유래된 것들 사이의 유사성들과 합쳐지면 이것은 강력한 결과를 제시한다. 그러나 이런 결론은 기초가 되는 가정(즉, 지구자기장의 축 쌍극자 성질, 그리고 지난 200Ma 동안 죽 지구 깊은 내부에 대한 판 움직임의 지표로서 열점 트랙)을 우리는 명심해야 한다.

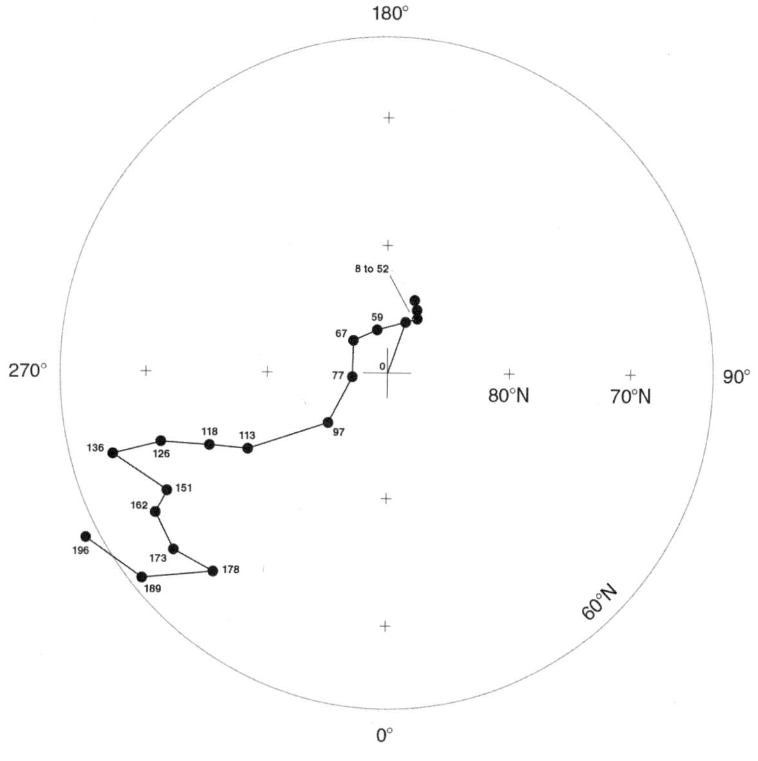

그림 5.12 지난 200Ma에 걸친 진극이동(True Polar Wander, TPW) 경로. TPW는 고지자기 데이터에 의해 정해진 자극(magnetic pole)에 대하여 인도-대서양 열점 참조 프레임의 '지리적(geographic)' 극의 움직임으로 정의되며, 전자는 지구 자전축과 동일시된다(Besse & Courtillot, 2002에서 다시 그려짐, American Geophysical Union의 허가로, 저작권 © 2002 American Geophysical Union).

TPW 경로에 의해 설명된 바와 같이 맨틀과 회전축 사이의 상대적 운동은 맨틀의 관성 모멘트가 최대인 방향으로 변화를 초래하는 내부 질량 재분배의 어떤 형태에 반응하여 지구의 전체 혹은 일부분의 변화로 해석될 수 있다(Andrews, 1985). 예를 들면, Anderson(1982)은

TPW를 하부 맨틀로부터 열 손실을 방지하는 초대륙(supercontinent)의 단열 효과로 발생하는 지구 표면의 고지 발달에 관련시킨다. 암석권만 혹은 맨틀만 혹은 암석권과 맨틀이 함께 극이동 동안에 변화하는 것이 가능하다. 그것은 지각과 맨틀이 독립적으로 이동하기에 충분히 분리될 가능성은 거의 없고, 그래서 하나의 단위로 암석권과 맨틀의 변화가 TPW 동안에 발생할 가능성이 있는 것 같다. 실제로 핵과 맨틀 사이에 결합이 있다면, 지구 전체가 영향을 받을 수 있다. TPW에 대한 앤드류(Andrews)의 해석은 20세기 동안 지구 회전축의 위치가 고지자기와 열점 데이터에서 계산된 것과 유사한 속도, 즉 약 1°Ma^{-1}로 이동하였다는 것을 보여주는 천문학적 데이터에 의해 지지된다. 이것은 대륙이 이렇게 급속이 이동하지 않는 한, 적어도 일부의 질량 재분배가 맨틀에서 일어난다는 것을 의미한다. Sabadini와 Yuen(1989)은 맨틀의 점성도와 화학적 성층 모두가 극이동의 속도를 결정하는 데 중요하다는 것을 보여주었다. TPW 구동을 위해 제안된 또 다른 메커니즘은 주요 빙하작용과 퇴빙작용(deglaciation)으로 인한 표면 질량 재분배이다(Sabadini *et al.*, 1982). 그러나 상당한 대륙 빙하작용의 증거가 없는 기간 동안의 TPW을 설명하기 위해서는 맨틀 흐름이 요구되기 때문에, 참으로 맨틀 흐름이 대부분의 TPW를 야기한다고 할 수 있다. 또한 TPW는 섭입대(12.9절; Spada *et al.*, 1992), 조산운동, 그리고 침식(Vermeersen & Vlaar, 1993)과 관련된 질량 재배포에 의해 활발해진다는 것이 제안되었다.

5.7 백악기 슈퍼플룸(Cretaceous superplume)

5.5절에 설명되었듯이 특정 열점은 깊은 맨틀로부터 상승하는 뜨거운 물질로 이루어진 플룸의 지표면 표현이라고 생각된다. 이것들은 적당한 크기이며 정상 맨틀 대류 시스템의 일부를 형성하는 것으로 간주될 수 있다. 그러나 지구의 역사 동안에 적어도 한번은 훨씬 더 강렬한 화산 활동의 에피소드가 있었다고 제안되었다. 그 원인은 코어에서 그것의 열을 이어받은 맨틀의 기저에 있는 층 D″(2.8.6절)에서 부력으로 상승하는 과열된 물질의 큰 흐름인 슈퍼플룸으로 명명된 현상의 탓으로 여겨져왔다. 이것들은 암석권의 기저에서 측면으로 퍼져서 더 많은 정상적인 플룸 활동보다 10배 더 큰 지역에 영향을 미친다.

Larson(1991a, 1991b, 1995)은 슈퍼플룸이 중기 백악기 동안에 비정상적으로 많은 양의 해저에 영향을 미친 광범위한 화산과 관입 화성암 활동의 주요 원인이었다고 제안하였다. 이

활동의 한 표현은 이 기간 동안에 다른 시기보다 약 5배 이상의 속도로 서쪽 태평양(그림 7.15)에서 다수의 해산(seamounts)과 해양 대지(ocean plateaux)의 창조였다. 마찬가지로 브라질의 파라나(Paraná) 현무암과 같은 대륙 위에 두껍고 면적으로 광범위한 범람 현무암의 분출이 있었다.

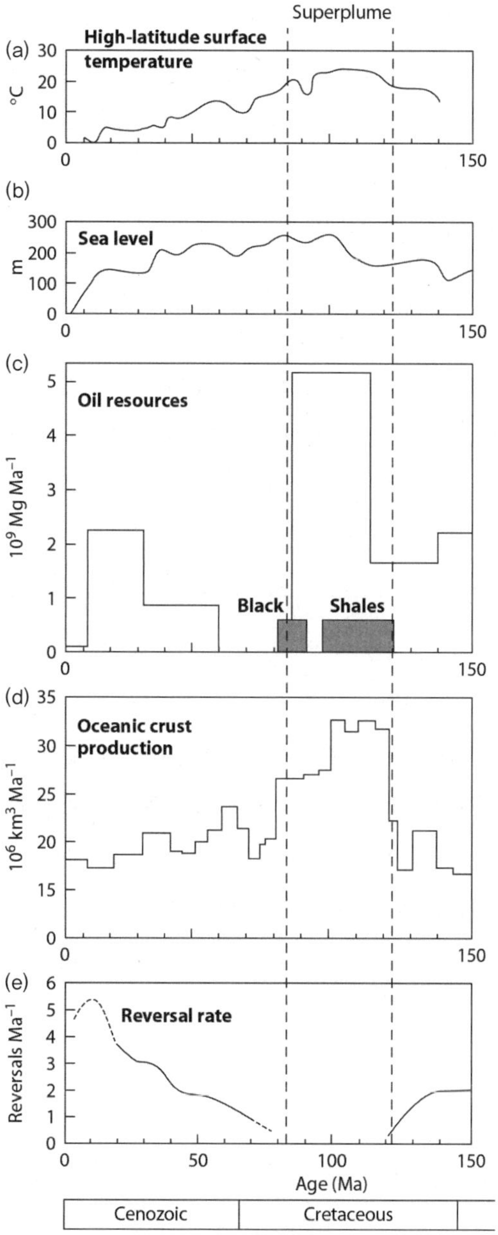

그림 5.13 중기 백악기 슈퍼플룸(superplume)과 관련된 현상들(Larson, 1991b를 따름, Geological Society of America의 허가로)

중기 백악기 슈퍼플룸 에피소드에 기인된 현상은 그림 5.13에 도시되어 있다. 100-120Ma에서 해양 지각의 형성 속도는 이 20Ma 기간 동안은 전보다 두 배로 증가하였고, 다음 20Ma 내에서 감소하여, 약 80Ma 전에 이전 수준으로 돌아왔다(그림 5.13d). 지각이 추가 생산되었다는 것은 섭입 속도가 증가되었다는 것을 의미하며, 안데스 산맥과 시에라네바다(Sierra Nevada)의 주요 저반(batholith)이 이 시기에 정치되었다는 것은 의미심장하다.

증가된 지각 생산에 결합하여서, 해저에서 솟은 결과적으로 발생한 전반적인 융기대에 의해, 오늘날보다 250m 더 높은 해발까지 해수면의 세계적인 상승이 있었다(그림 5.13b). 북태평양의 저서성 유공충을 이용한 산소 동위원소 측정에 의해 보이듯이, 고위도에서 지구 표면 온도는 약 10°C 증가했다(그림 5.13a). 이런 효과는 아마도 화산 폭발 동안 많은 양의 이산화탄소 방출로 인해 발생했고, 이것이 증대된 '온실' 효과(13.1.1절, 13.1.2절)를 만들었다. 슈퍼플룸 에피소드 동안에 유기체의 탄소와 탄산염 격리의 비율은 더 큰 지역에 걸친 얕은 바다와 플랑크톤을 번성하게 하는 온도 상승에 의해 증가했다. 이것이 이 시기의 광범위한 검은 셰일의 존재로(Force, 1984), 그리고 세계 공급의 약 50%를 구성할는지 모르는 이 시기의 추정 석유 매장량(estimated oil reserves)으로 반영된다(Tissot, 1979; 그림 5.13c). 아마도 다이아몬드가 상승하는 플룸에 의해 표면으로 운반되어져 왔다는 결과로 세계 다이아몬드 공급의 대부분이 이 시기에 광산화된 것이 또한 경제적으로 중요하다. 플룸 에피소드 동안에 지자기 역전(4.1.4절)의 비율은 자기장이 약 35Ma 동안 계속해서 정상 극성이어서 매우 낮았다(그림 5.13e). 이것은 아마도 맨틀로 상당량의 열 전송에 관련되어서 자기장이 발생하는(3.6.4절) 핵의 활동이 낮았다는 것을 나타낸다.

중기 백악기 슈퍼플룸 에피소드의 수용이 보편적이지는 않다. 예를 들면, Anderson(1994)은 이 시기의 현상은 팡게아의 해체와 태평양판의 재구성에 관련된 판들의 세계적인 규모의 전반적인 재구성에 의해 발생되었다고 제안했다. 그때 후자의 맨틀 용승은 그것에 부착된 슬라브(slab)에 의해 끌려서 멀어져가는 판에 대한 수동적 반응이었을 수 있다. 따라서 에피소드는 변하는 판 운동의 결과로서 맨틀이 수동적으로 상승하는 기간으로 간주될 것이다.

5.8 상대적 판 운동의 직접 측정

공간 측지학의 방법을 사용하여 판 사이의 상대적 운동을 측정하는 것이 현재 가능하다 (Gordon & Stein, 1992). 약 1980년 이전에는 이런 유형의 조사에 유용한 유일한 방법은 광학적 기술 혹은 지오돌라이트(geodolite)와 같은 레이저 측량 장비를 사용하는 기선(baseline) 측정의 표준 지상파 측지 방법이었다(Thatcher, 1979). 이러한 방법은 1년당 수십 밀리미터의 상대적 판 운동을 측정하기에 충분히 정확하다. 그러나 5.3절에서 언급되었듯이 일부 지역에서는 판 사이의 변형이 모두 좁은 판 경계에 걸쳐 모두 사라지지 않고, 오히려 특히 대륙에서 먼 거리에 인접한 판에서 일어날 수 있다(그림 5.5). 이러한 대규모의 문제를 연구하기 위해서는 매우 큰 정밀도로 매우 큰 거리에 걸쳐 측정할 수 있어야 한다. 지상파 방법은 육지에서 매우 시간 소모가 크고, 주요 대양을 가로질러 사용하는 것이 불가능하다. 그러나 1980년 이후 우주 방법(extraterrestrial method)을 사용하는 매우 긴 기선 측정이 우주 공학(space technology)의 적용을 통해 가능해졌다.

우주 측량의 세 가지 독립적인 방법이 사용 가능하다. 이것들은 매우 긴 기선 간섭(baseline interferometry), 위성 레이저 측량(satellite laser ranging), 위성 전파 위치확인(satellite radio positioning)이다. 후자의 방법의 가장 일반적이고 잘 알려진 예는 위성 위치확인 시스템(Global Positioning System, GPS)이다.

매우 긴 기선 간섭 기술(very long baseline interferometry, VLBI)은 은하계 밖의(extragalactic) 우주전파발생원(radio sources)이나 퀘이사(quasar)로부터의 무선 신호를 사용한다(Niell *et al.*, 1979; Carter & Robertson, 1986; Clark *et al.*, 1987). 특정 퀘이사로부터 신호가 최대 10000km에 이르는 기선의 끝에서 두 개 이상의 전파 망원경으로 동시에 기록된다. 지표면 상의 서로 다른 위치 때문에, 망원경에서 수신된 신호들이 각각 다른 시간으로 지연되며, 2지점 사이 지연의 크기는 그것들 사이의 거리와 신호가 오고 있는 방향에 비례한다. 전형적으로 24시간의 측정 동안에, 10-15퀘이사가 각 5-15번 관찰된다. 이런 설계는 약 20mm의 정확도를 갖는 기선 길이의 추정치를 제공한다(Lyzenga *et al.*, 1986). 이 시스템의 유용성은 고정된 전망대 설치를 사용하는 기술의 필요성으로부터 자유로운 이동 무선 망원경의 개발에 의해 크게 향상되었다.

위성 레이저 측량(satellite laser ranging, SLR) 기술은 위성으로부터 반사된 레이저 광 펄스의 왕복주행 시간(two-way travel time)을 측정하여 궤도 인공위성 또는 달 위의 반사경까지의 거리를 계산한다(Cohen & Smith, 1985). 이어서 주행 시간은 빛의 속도를 이용하여 거리로 변환된다. 다른 위치에서 두 레이저 시스템이 동시에 동일한 위성을 추적하는 경우, 사이트의 상대적인 위치는 위성의 움직임에 대한 동적 모델을 사용하여 계산될 수 있으며, 반복된 측정이 약 80mm의 정확도를 제공한다. 관측의 주기적 반복이 상대적 판 운동을 관찰하는 데 사용될 수 있다(Christodoulidis *et al.*, 1985).

위성 무선 위치확인 기술은 GPS 위성으로부터 무선 간섭(radio interferometry)을 사용한다(Dixon, 1991). 이는 기선의 끝에서 기기의 상대적 위치가 여러 위성으로부터 기기에서 수신된 신호로부터 결정되는 3차원적 방법이다. 여러 위성의 동시 관찰이 작은 휴대용 수신기로 가능한 아주 정확한 측정을 한다. 이것이 국지적 그리고 광역적 조사 모두에 측지 제어를 설정하는 가장 효율적이고 정확한 방법이다(예를 들면, 8.5.2절, 10.4.3절).

Gordon과 Stein(1992)은 이러한 방법에 의한 상대적 판 운동의 초기 측정들을 요약하였다. 일반적으로 몇 년 동안에 걸친 관찰을 평균한 판 속도는 수백만 년에 걸쳐 평균된 그것들과 매우 잘 일치한다. 이 방법이 캘리포니아의 산 안드레아스 단층(San Andreas Fault)에 걸친 움직임의 속도 측정에 처음으로 적용되었다. Smith *et al.*(1985)는 SLR을 사용하여, 25°의 각도로 단층을 가로지르는 900km 기선이 30mm a^{-1}의 평균 속도로 짧아졌다고 보고하였다. Lyzenga *et al.*(1986)은 남서부 미국의 여러 기선들의 길이를 측정하기 위하여 VLBI를 사용하였고, 4년의 기간 동안에 단층의 움직임은 25±4mm a^{-1}이었다는 것을 발견하였다. 산 안드레아스 단층을 가로질러 변위 속도의 직접 측정은 판 움직임의 세계적인 모델로부터 예측된 48-50mm a^{-1}보다 낮다(DeMets *et al.*, 1990). 그러나 관찰 기간 동안에 대규모 지진이 발생하지 않았다. 더 긴 시간 간격에 걸치면, 대규모 지진의 탄성 반발 메커니즘(2.1.5절)과 관련된 단층 움직임의 불연속 점프가 총변위에 기여할 것이어서, 움직임의 평균 속도에 대한 다소 높은 수치를 제공한다. 그렇지 않으면 태평양 및 북아메리카 판 사이의 운동은 산 안드레아스 단층에 인접하여 위치하는 주요 단층을 따라 발생될 수 있다(그림 8.1, 8.5.2절).

Tapley *et al.*(1985)은 SLR을 사용하여 호주와 북아메리카와 태평양판 사이의 4개 기선 길이의 변화를 측정하였고, 속도가 지난 2Ma에 걸친 평균 속도와 고작 3mm a^{-1} 차이가 있다는 것을 발견하였다. 마찬가지로 Christodoulidis *et al.*(1985)과 Carter과 Robertson(1986)은 판 쌍 사이의 상대적 운동을 측정하였고, Minster과 Jordan(1978)의 운동학적 판 모델과 강한 상관관계를 발견했다. Herring *et al.*(1986)은 미국과 유럽에 있는 다양한 망원경 사이의 VLBI 측정을 하였고 대서양을 가로지르는 운동의 현재 속도가 19±10mm a^{-1}이라고 측정했다. 이것은 지난 1Ma에 걸쳐 평균된 23mm a^{-1}의 속도와 잘 일치한다.

Sella *et al.*(2002)은 우주 측지학의 기술을 사용하여, 2000년까지 상대적 판 속도 측정의 포괄적인 검토를 제공했다. 요약된 대부분의 데이터는 시스템이 업그레이드되고 정확도가 크게 향상된 1992년 이후 GPS 방법에 의해 획득되었다. 그들은 이 데이터에 기초하여, 판 19개를 포함한 최근의 상대적 판 속도(REVEL-2000)에 대한 모델을 제시하였다. 그리고 이 모델 내에서 다수의 판 쌍에 대해 획득된 속도가 지난 3Ma에 걸쳐 판 속도를 평균한 현재의 판 운동(NUVEL-1A)에 대한 '지질학적' 모델에 의해 예측된 결과와 비교되었다(DeMets *et al*., 1990, 1994). 테스트된 판 쌍의 3분의 2에 대한 속도는 매우 가깝게 일치하였다. 호주-남극 경계에 대한 두 모델 사이의 비교의 예가 그림 5.14에 도시된다. 일부의 예외는 NUVEL-1A 모델의 부정확성에 의한 것으로 생각되며 예를 들면 북아메리카와 남아메리카에 대한 카리브 판의 운동이 있다. 기타는 지난 수백만 년에 걸친 상대적 속도의 진정한 변화에 기인될 수 있다. 후자의 예는 대륙 충돌과 관련된 장기간의 감속을 잘 반영할 수 있는 아라비아-유라시아와 인도-유라시아가 있다.

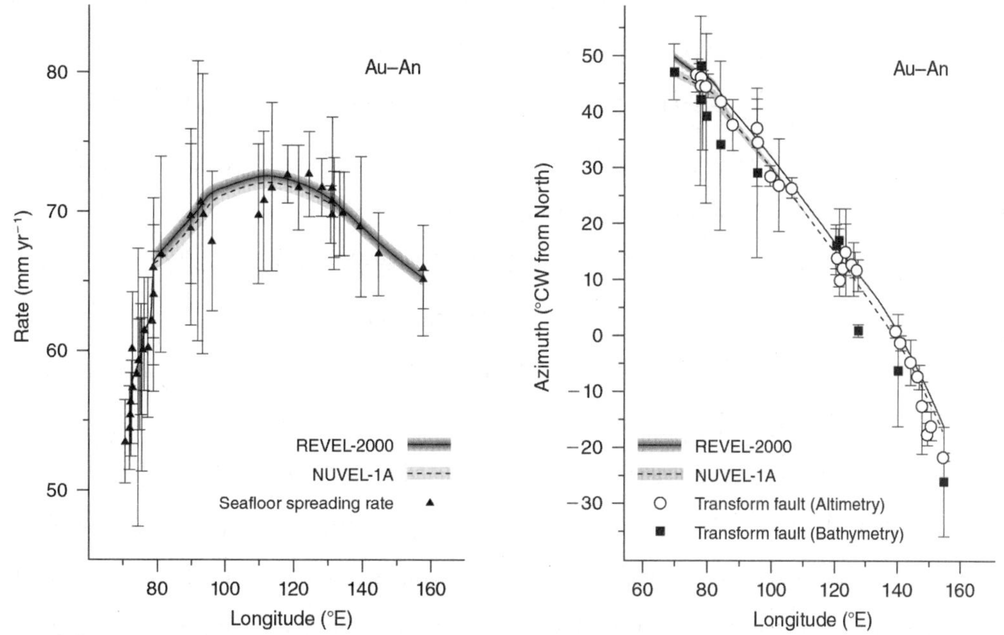

그림 5.14 REVEL 2000과 NUVEL-1A에서 예상된 속도와 방위각에 비교되는 측정된 해저 확장 속도와 호주-남극 판 경계에 대한 변환 단층 방위각. NUVEL-1A의 세부 사항, 측정된 확장 속도, 그리고 해저지형에서 얻은 변환 방위각은 DeMets *et al*., 1990, 1994로부터, 고도계로부터 변환 방위각은 Spitzak와 DeMets(1996)로부터(Sella *et al*., 2002에서 다시 그려짐, American Geophysical Union의 허가로. 저작권 © 2002 American Geophysical Union)

안정적인 판 내부의 공간 측지 데이터 포인트의 대부분은 판의 강성, 따라서 판 구조론의 단단한 판(rigid plate) 가정을 확증한다. 주요 판의 이러한 일반화에 대한 유일한 예외는 호주 판이다.

직접 측정의 이러한 기술은 명확하게 판 구조론적 모델에 무관한 상대적 판 운동의 추정치를 제공한다는 점에서 매우 중요하다. 그들의 정확도가 지속적으로 향상될 가능성과 관찰이 더 널리 세계에 걸쳐 분포될 가능성이 있다. 판 내(intra-plate) 변형과 판 내 응력장, 지진, 그리고 마그마 활동에 대한 그것의 연관성 측정도 또한 가능해질 것이다. 중요한 새로운 발견들이 향후 수십 년에 걸쳐 예상된다.

5.9 유한 판 운동(finite plate motion)

5.3절에 설명된 판의 운동은 그것들이 지질학적 시간의 매우 짧은 기간에 걸쳐 평균된 움직임을 나타내기 때문에 지질학적으로 **순간적**이라 불린다. 따라서 이러한 회전은 순간적인 운동으로 측정되는 지점에 도달한다는 점에서 판의 움직임을 쫓은 경로에 대한 정보를 제공할 수 없다. 비록 회전 극이 장시간 고정되어 있다는 것이 판 구조론의 기본 교리이지만, 이어 붙여진 구형 셸을 형성하는 판 사이의 관계를 고려하면 이것이 모든 판에 대한 경우가 아닐 수 있음을 알 수 있다(McKenzie & Morgan, 1969).

그림 5.15a에 보이는 A, B, 그리고 C구 위 세 개의 판을 고려해보자. P_{BA}, P_{BC} 및 P_{AC}는 순간 각 회전을 설명하는 판 쌍에 대한 오일러 극을 나타낸다. 판 A를 고정시키자. 분명히 극 P_{BA}와 P_{AC}는 판의 관련 쌍에 대하여 고정되어 있을 수 있다. 따라서 예를 들면, 공통의 판 가장자리를 따라 발달하고 있는 어떤 변환 단층도 극을 중심으로 그려진 작은 원을 따를 것이다. 이제 판 B와 C 사이의 상대적 움직임을 고려해보라. 만일 A, P_{BA}, 그리고 P_{AC}가 고정되어 있다면, B에 대한 C의 회전 벡터($_B\omega_C$)가 P_{BC}를 통해 작용하고, P_{BA}와 P_{AC}에 관한 벡터 $_B\omega_A$와 $_A\omega_C$ 각각의 합에 의해 주어진다는 것이 명백하다. 따라서 P_{BC}는 P_{BA}와 P_{AC}의 평면 내에 놓이고 A에 대해 고정이다. 그러나 이러한 지점은 B와 C에 대하여 고정되어 있지 않다. 따라서 B와 C 사이의 상대 운동은 끊임없이 B와 C에 대한 위치를 변경하는 극에 대해 이루어져야만 한다(그림 5.15b). 그땐 B-C 경계에 발달된 변환 단층은 간단한 작은 원의 루트를 따라가지 않는다.

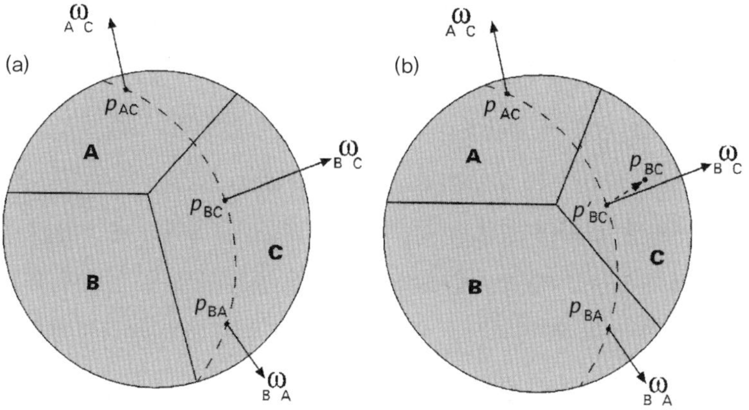

그림 5.15 3개 판 문제. P_{AC}, P_{BC}, P_{BA}는 각각 판 A와 C, B와 C, B와 A 사이의 순간 오일러 축을 의미하고, $_A\omega_B$, $_B\omega_C$ 및 $_B\omega_A$는 그것들의 상대적 회전 벡터를 의미한다. (b) P'_{BC}는 P_{BC}의 현재 위치이다. 설명을 위해 본문을 참고하라.

움직이는 극이 기하학적일 필요가 없는 경우에도 오일러 극이 새 위치로 점프하는 것이 보기 드문 것이 아니다(Cox & Hart, 1986). 그림 5.16에서 판 A와 B의 회전 극이 처음에는 P_1이었고, 반경 30°의 작은 원을 갖는 변환 단층을 일으켰다. 새로운 극 위치가 P_1의 북쪽으로 60°인 P_2가 되고 그래서 변환 단층이 P_2에서 현재의 90°, 즉 이 극의 적도에 위치한다. 이 극 점프의 발생은 변환 단층의 곡률의 급격한 변화에서 쉽게 인식할 수 있다.

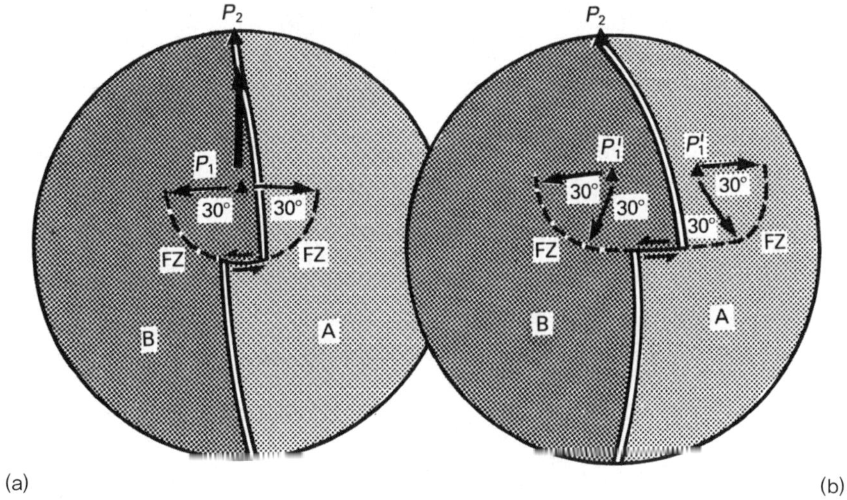

그림 5.16 (a) 극 P_1을 축으로 판 A와 B의 회전은 30°의 곡률 반경을 갖는 아치형 단열대(arcuate fracture zone)를 생성한다. (b) P_2로 회전 지극의 점프가 단열대를 90°의 곡률 반경을 나타나게 한다. P'_1은 극 P_2를 축으로 회전한 후의 극 P_1의 위치를 나타낸다(Cox & Hart, 1986을 따름, Blackwell Publishing의 허가로).

Menard와 Atwater(1968)는 북동부 태평양 확장의 다른 단계를 5개 인식하였다. 그림 5.17에서 이 지역의 수많은 대형 단열대가 79°N, 111°E 극을 중심으로 한 작은 원 위에 놓이는 것처럼 보인다. 그러나 만일 단열대 형태를 보다 상세히 분석한다면, 단열대는 실제로 이웃하고 있는 단열대 간에 대비될 수 있는 상당히 서로 다른 방향을 갖는 다섯 조각(segment)으로 구성되어 있는 것을 알 수 있다. 분명한 단열의 총체적인 작은 원 형태는 움직임의 세 번째 단계에서만 나타난다. 따라서 북동부 태평양에서 해저 확장이 별개의 작은 점프에 의해 위치를 지속적으로 바꾸고 있었던 회전 극에 대해 발생했던 것이 분명하다. 이 진행은 Engebretson *et al.*(1985)에 의해 더욱 상세하게 분석되고 도시되었다.

판의 상대적 운동 방향의 변화는 판 경계의 대규모 변형을 일으키지 않고, 오히려 변환단층과 해령 정상의 기하학적 조정(geometric adjustments)으로 나타난다. 이것은 부착성장 가장자리에서 얇아지고 결과적으로 더 작은 역학적 강도인 암석권의 영향일 수 있다(Le Pichon *et al.*, 1973). 그러나 조정이 다만 사소하다는 것은 오늘날 활동과 관련된 지진 진원이 이동 전(pre-drift) 복원에 중첩되는 그림 5.18에 보이는 것과 같은 대륙 복원에서 판단될 수 있다. 초기 열개의 형태와 현재 판 가장자리의 일치는 후자의 이동 후(post-drift) 수정이 거의 없었다는 것을 나타낸다.

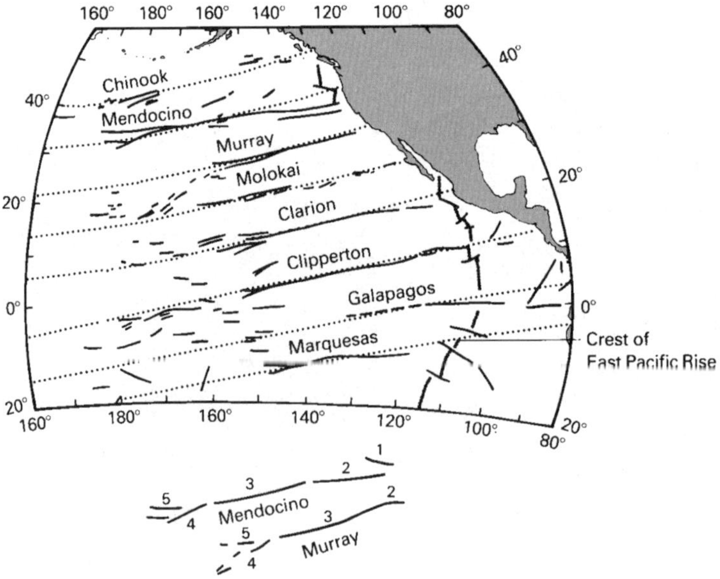

그림 5.17 5개의 가능한 확장 에피소드에 해당하는 방향을 보여주는 북동 태평양의 단열대, 각각은 새로운 회전 극을 갖는다(Menard & Atwater, 1968에서 다시 그려짐, Nature 219, 463–7의 허가로. 저작권 © 1968 Macmillan Publishers Ltd).

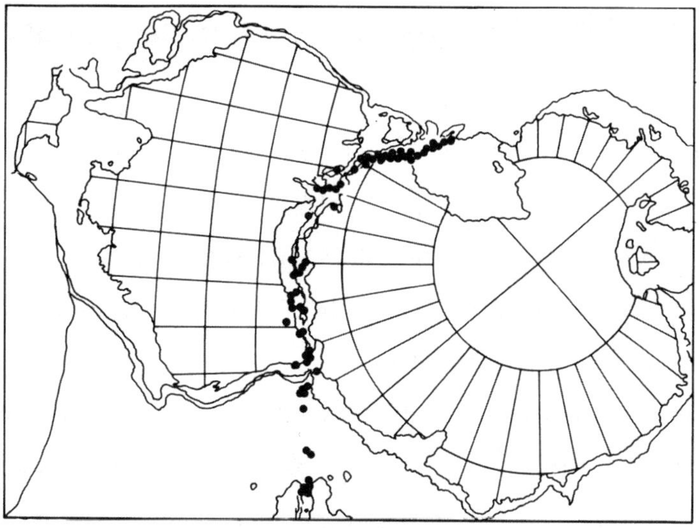

그림 5.18 호주와 남극 대륙의 복원 위에 중첩된 지진 진앙(McKenzie & Sclater, 1971에서 다시 그려짐, Blackwell Publishing의 허가로)

판의 과거 상대적 위치는 원래 병렬되어 있던 것으로 알려져 있는 선상구조(lineament)의 끼워 맞춤에 의해 결정될 수 있다. 한 방법은 이전 판 가장자리를 끼워 맞추는 것이다. 화석 부착성장 가장자리(fossil accretive margins)는 보통 대칭의 자기 선구조(magnetic lineation, 4.1.7절)에서, 그리고 화석 변환 단층은 그것들이 선구조에 발생시킨 오프셋에서 쉽게 확인된다. 대륙의 과거 변환 단층은 그것들의 방향이 기존 지각 지질에 의해 크게 제어될 수 있기 때문에 식별하는 것이 더 어렵다. 그러나 그것들의 흔적은 보통 독특한 구조 활동(8.2절)으로 표시된 이것에서 얼마간의 편차가 있는 작은 원 경로를 얼추 따른다. 과거 파괴적인 가장자리는 칼크-알칼리 마그마작용, 화강암 저반(granitic batholiths), 쌍진 변성 벨트(paired metamorphic belts), 그리고 아마도 오피올라이트 암체의 선형 벨트로 인식될 수 있다(9.8절, 9.9절).

이전 대륙 형상을 결정하는 데 가장 일반적으로 사용되는 특징은 대륙 가장자리와 해양 자기 이상이다. 전자는 분명 이동 전 초대륙의 형태를 연구하는 데 사용된다(3.2.2절). 자기 이상이 확실하게 연대측정될 수 있기 때문에(4.1.6절), 그리고 그것의 모 확장 릿지(parental spreading ridge)의 양측에서 개개의 이상이 식별될 수 있기 때문에, 어떤 특별한 이상의 자취도 등시선(isochron)을 나타낸다. 그러면 등시선의 쌍을 꼭 맞춤이 판의 이동 역사 동안의 어떤 시기의 판으로 구성되는지를 알려준다(4.1.7절). 단열대(fracture zones)의 방향에 의해 제공되는 추가적인 정보를 갖추면, 순간 속도와 확장 극이 과거 160Ma 정도, 즉 해양 자기 이상과 단열대에서 필요한 정보가 유용한 시기 동안의 어떤 시기에 대해 측정될 수 있다.

5.10 삼중합점의 안정성(stability of triple junctions)

판 사이 경계의 안정성은 상대적 속도 벡터에 의존한다. 경계가 불안정하면 그것은 오직 순간적으로 존재할 것이고, 곧바로 안정적인 형태로 바뀔 것이다.

그림 5.19a는 판 X가 bc에서 북동 방향으로 판 Y를 언더스러스트하고 판 Y가 ab에서 남서 방향으로 판 X에 언더스러스트하고 있는 2판 사이의 불안정한 경계를 보여준다. 해구(trench)가 한 방향으로만 소멸할 수 있기 때문에 이 경계는 불안정하고, 그래서 이런 움직임을 수용하기 위하여 우수향 변환 단층이 b에서 발달한다(그림 5.19b). 이러한 일련의 이벤트는 태평양 암석권이 남서 방향으로 언더스러스트하고 있는 통가-케르마데크(Tonga-Kermadec) 해구를 태즈먼 해(Tasman Sea)가 북동 방향으로 소멸되고 있는 뉴질랜드 남쪽의 해구로 연결하는 우수향 변환 단층인 뉴질랜드 알파인 단층(Alpine Fault, 그림 5.19c)의 발달로 나타나고 있다(McKenzie & Morgan, 1969).

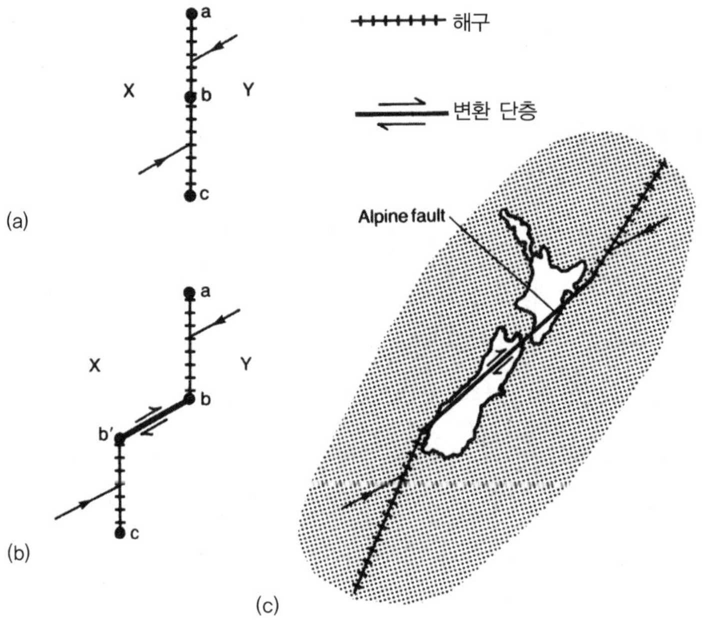

그림 5.19 (a, b) 해구 (trench)의 진화. (c) 뉴질랜드의 알파인 단층(Alpine Fault; McKenzie & Morgan, 1969에서 다시 그려짐, Nature 224, 125-33의 허가로. 저작권 © 1969 Macmillan Publishers Ltd)

세 판이 삼중합점(triple junction)에서 접촉할 때 더 복잡하고 잠재적으로 불안정한 상황이 발생한다. 4중합점(quadruple junctions)은 항상 불안정하고, 나중에 보이는 바와 같이 즉시 한 쌍의 안정된 삼중합점으로 넘어간다.

지구의 표면은 두 개 이상의 판으로 덮여 있고, 따라서 삼중합점을 형성하기 위해 세 개의 판이 모이는 지점이 있어야만 한다. 두 판 사이의 경계에 유사한 방식으로, 삼중합점의 안정성도 접촉하는 판 속도 벡터의 상대적 방향에 의존한다. 그림 5.20은 릿지(R), 해구(T), 그리고 변환 단층(F) 사이의 삼중합점을 보여준다. 이 그림에서 삼중합점은 안정하기 위해 판 쌍 사이의 세 경계를 위로 혹은 아래로 이동하는 것이 가능하여야만 한다는 것이 이해될 수 있다. 그것은 각각의 경계가 먼저 개별적으로 고려되면 삼중합점의 안정을 위한 조건을 예상하는 것이 더 쉽다.

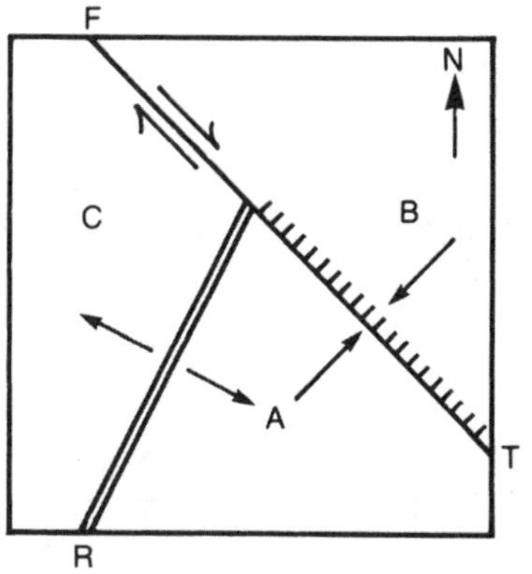

그림 5.20 판 A, B 그리고 C 사이의 릿지(ridge, R)–해구(trench, T)–변환 단층(transform fault, F)–삼중합점(triple juction)

그림 5.21a는 판 A가 북동 방향으로 판 B를 언더스러스트하고 있는 해구를 보여준다. 그림 5.21b는 속도 공간(velocity space; Cox & Hart, 1986), 즉 어떤 한 지점의 속도가 북쪽과 동쪽 성분으로 표현되고, 2지점을 연결하는 선이 속도 벡터를 나타내는 그림에서 A와 B 사이의 상대적 운동을 보여준다. 이렇게 선 AB의 방향은 A와 B 사이의 상대적 움직임의 방향을 나타내고, 그것의 길이는 상대 속도의 크기에 비례한다. 선 ab는 해구 위와 아래로 이동하는 점의 궤적을 표현해야만 한다. 그때 이 선이 안정한 삼중합점의 궤적이다. 해구에 대해 위로 올라간 판 B의 어떠한 움직임도 없기 때문에 B는 ab 위에 놓인다.

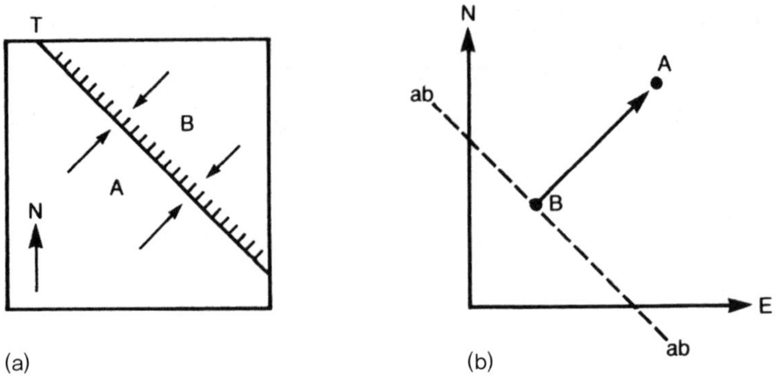

그림 5.21 (a) 판 A와 B 사이의 해구(T). (b) 그것의 관련된 삼중합점에 대응하는 속도 선분 ab로 속도 공간에서 그것의 표현

이제 판 B와 C 사이의 변환 경계(그림 5.22a), 그리고 속도 공간에서 그것의 표현을 고려하자(그림 5.22b). 다시, 선 BC는 판 사이의 상대 속도 벡터를 의미하나, 단층 위와 아래로 이동하는 점의 궤적 bc는 B와 C의 상대적 운동 방향이 그것의 경계를 따르기 때문에 벡터 BC와 동일한 센스이다.

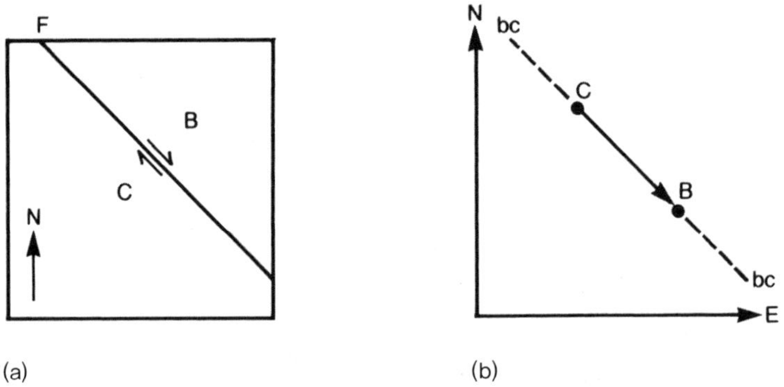

그림 5.22 (a) 판의 B와 C 사이의 변환 단층(F); (b) 그것의 관련된 삼중합점에 대응하는 속도 선분 bc로 속도 공간에서 그것의 표현

마지막으로 2판 A와 C를 분리하는 릿지(그림 5.23a)와 속도 공간에서의 그것의 표현(그림 5.23b)을 고려하자. 상대적 속도 벡터 AC는 현재 판 가장자리에 수직이고, 그래서 선 ac는 릿지를 따라 이동하는 점의 궤적을 나타낸다. 만일 부착성장 프로세스가 판 A와 C가 각각 부착성장의 절반 속도로 움직여서 대칭이라면, 릿지 정상은 속도 벡터의 CA의 중간 지점을 통과해야만 한다.

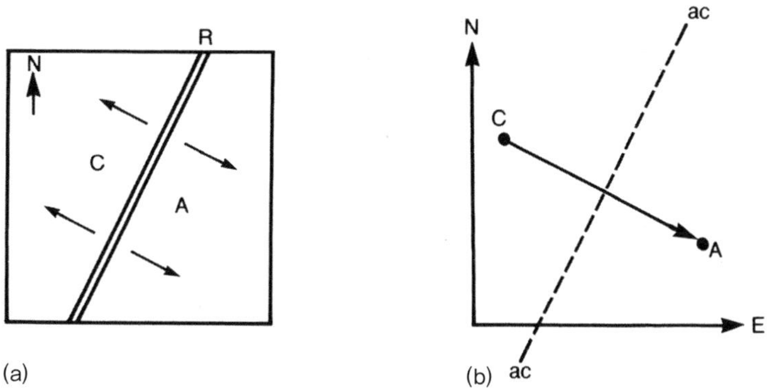

그림 5.23 (a) 판 A와 C 사이의 릿지(R); (b) 그것의 관련된 삼중합점에 대응하는 속도 선분 ac로 속도 공간에서 그것의 표현

속도 공간 표현을 결합시킴으로써(그림 5.24), 삼중합점의 안정성이 경계를 나타내는 속도 선분의 상대적 위치로부터 결정될 수 있다. 그것들은 한 점에서 교차한다면, 그 지점이 3개의 판 가장자리 모두를 위와 아래로 이동할 수 있는 특성을 가지고 있기 때문에 이것은 안정한 삼중합점이 존재하는 것을 의미한다. RTF 삼중합점의 경우에는, 속도 선 ac가 B를 통과하는 경우에만 혹은 ab가 bc와 동일한 경우, 즉 해구와 변환 단층이 여기서 보이듯이 동일한 해구를 갖는 경우에만 안정한 삼중합점이 존재함을 알 수 있다. 만일 속도 라인들이 한 점에서 교차하지 않으면, 삼중합점은 불안정하다. 불안정한 RTF 삼중합점의 보다 일반적인 경우가 그림 5.25에 표현된다.

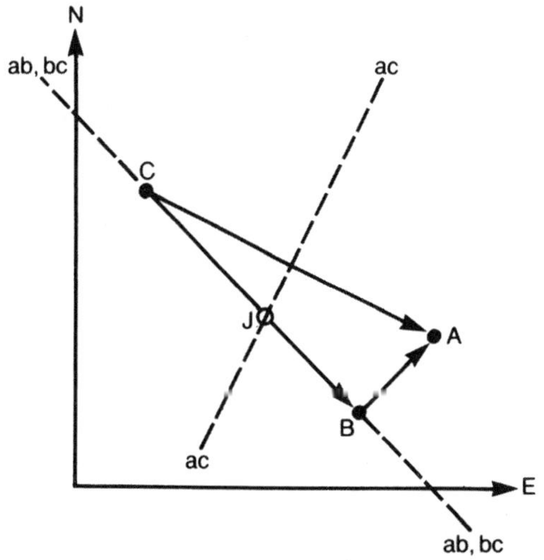

그림 5.24 그림 5.20에 도시된 판 시스템의 속도 공간 표현. 속도 선분 ab, bc 및 ac가 단일 지점 J에서 교차하고, 따라서 안정적인 삼중합점을 나타낸다.

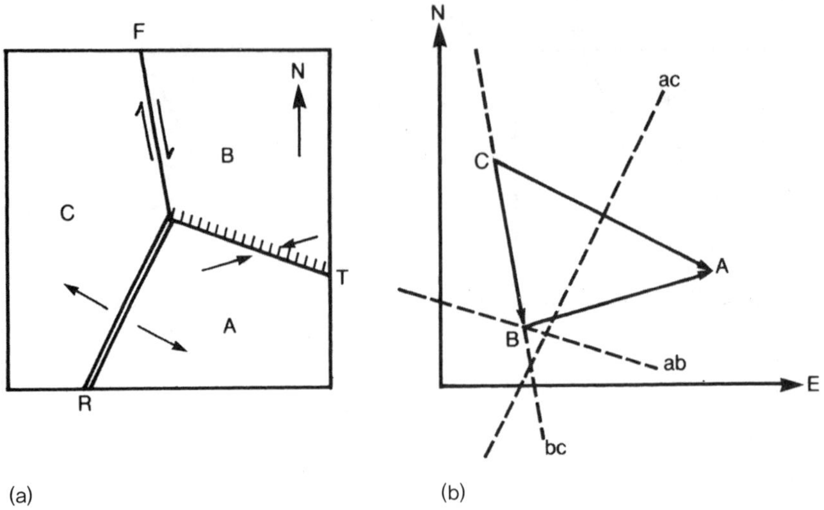

그림 5.25 (a) 판 A, B, 그리고 C 사이의 릿지(R)–해구(T)–변환 단층(F) 삼중합점. (b) 속도 공간에서 그것의 표현. 속도 선분 ab, bc, 및 ac가 하나의 지점에서 교차하지 않기 때문에, 삼중합점은 불안정하다.

그림 5.26은 어떻게 불안정한 삼중합점이 안정된 시스템으로 진화하고, 어떻게 이 진화가 운동 방향의 변화를 생산할 수 있는지를 보여준다. 그림 5.26a에 도시된 TTT 삼중합점은 해구를 나타내는 속도 선분들이 한 지점에 교차하지 않기 때문에 불안정하다(그림 5.26b). 머지않아 시스템은 새로운 삼중합점이 해구 AB를 따라 북쪽으로 이동한 안정적인 형상으로 진화한다(그림 5.26c). 점선들은 판 B와 C가 섭입되지 않았더라면 그것들이 있었을 위치를 보여준다. 점 X(그림 5.26a, c)는 삼중합점이 통과함에 따라 상대적 운동의 급격한 변화를 겪는다. 언더스러스트하는 방향의 명백한 변화는 그것이 판의 경계를 따라 다른 시간과 장소에서 발생하기 때문에 세계적인 변화로부터 구별될 수 있다. 안정되기 위해서 그림 5.26a에 도시된 판 형상은 그림 5.26d에서와 같아야만 한다. 속도 공간에 플롯되면(그림 5.26e) 그땐 속도 선분이 단일 지점에서 교차한다.

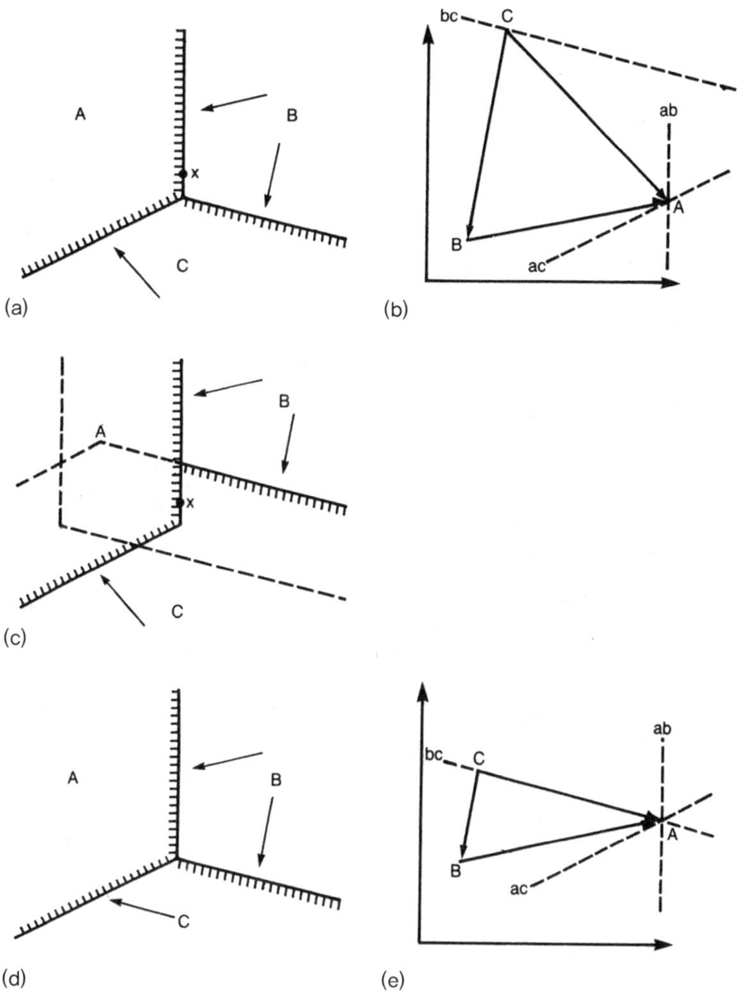

그림 5.26 (a) 판 A, B, 그리고 C를 분리하는 3개의 해구 사이의 삼중합점. (b) 그것의 불안정성을 나타내는 속도 공간에서의 그것의 표현. (c) 그것들이 소멸되지 않은 경우 판의 B와 C의 도달한 위치는 점선과 같이 표시된다. (d) 해구－해구－해구 삼중합접의 안정적 형상(stable configuration). (e) 속도 공간에서의 그것의 표현. ((a)와 (c)는 McKenzie & Morgan, 1969에서 다시 그려짐, Nature 224, 125–33의 허가로. 저작권 © 1969 Macmillan Publishers Ltd)

McKenzie와 Morgan(1969)은 해구의 2가지 가능한 극성을 고려하나 변환 단층을 고려하지 않고 해구, 릿지, 그리고 변환 단층의 16가지 가능한 조합의 형상과 안정성을 측정하였다(그림 5.27). 이들 중 오직 RRR 삼중합점만 릿지의 어느 방향에 대해서도 안정하다. 이는 관련된 속도 선분들이 속도 벡터 삼각형의 수직 이등분선이고 이것들은 항상 한 지점(삼각형의 외심)에서 교차하기 때문에 발생한다. FFF 삼중합점은 속도 선분들이 벡터 삼각형과 일치하고 물론, 삼각형의 변은 단일 지점에서 결코 만나지 않기 때문에 불안정하다. 다른 가능한 삼중합점은 병렬된 판 가장자리의 어떤 특정한 방향에서만 안정적이다.

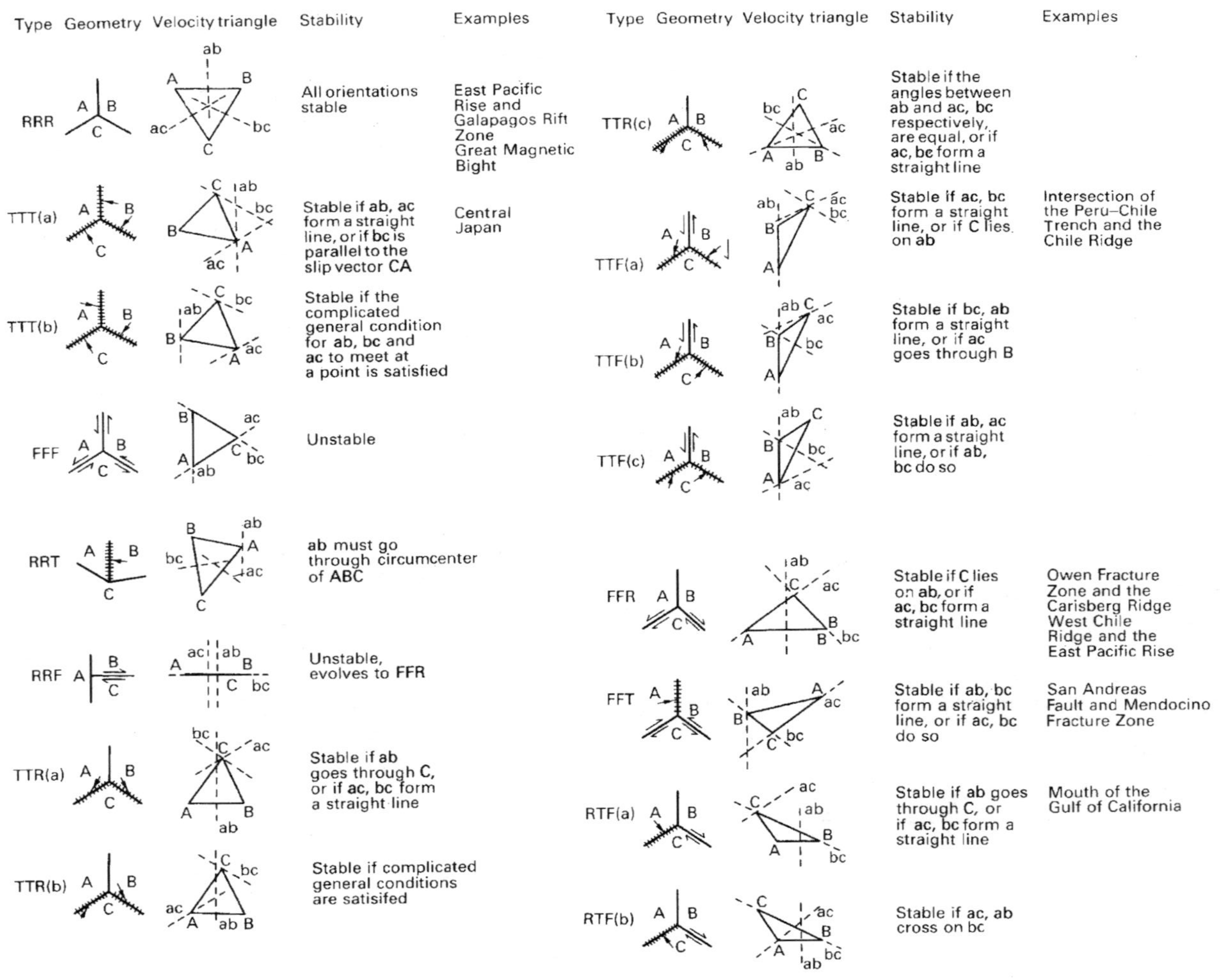

그림 5.27 모든 가능한 삼중합접의 기하학과 안정성(McKenzie & Morgan, 1969에서 다시 그려짐, Nature 224, 125-33의 허가로. 저작권 © 1969 Macmillan Publishers Ltd)

5.11 현재의 삼중합점

판 구조론의 현재 단계에서 6개 종류의 삼중합점만 존재한다. 이들은 RRR(예를 들면, 동태평양해령(East Pacific Rise)과 갈라파고스 열개대(Galapagos Rift Zone)의 교차점), TTT(일본 중부), TTF(페루-칠레 해구와 서칠레 융기대(West Chile Rise)의 교차점), FFR(아마도 오웬 단열대(Owen Fracture Zone)와 칼스버그 릿지(Carlsberg Ridge)의 교차점에서), FFT(산 안드레아스 단층과 멘도시노 단열대(Mendocino Fracture Zone)), 그리고 RTF(캘리포니아 만의 입구)이다.

산 안드레아스 단층의 진화는 삼중합점 역할의 중요성을 보여준다. 올리고세에(그림 5.28a), 동태평양해령(East Pacific Rise)이 태평양판과 파랄론(Farallon) 판을 분리했다. 이 릿지와 관련된 변환 단층이 단순화되어, 멘도시노(Mendocino)와 머레이(Murray) 단열대만 보인다. 파랄론 판은 북아메리카 판 아래로 언더스러스트되고 있었고, 소멸의 속도가 동태평양해령의 확장 속도를 초과한 이후 릿지 시스템은 해구쪽으로 움직였다. 해구와 조우한 릿지의 첫 번째 지점은 멘도시노 단열대의 동쪽 끝이었다. 4중합점이 약 28Ma에 순간적으로 존재하였으나, 이것은 곧 2개의 삼중합점으로 넘어갔다(그림 5.28b). 보다 북쪽은 FFT 타입, 남쪽은 RTF 타입이었고, 모두 안정적이었다(그림 5.28b의 삽화들). 시스템의 기하학 때문에 북부 삼중합점은 해구를 따라 북쪽으로 이동하고 남쪽 삼중합점은 남쪽으로 이동했다. 따라서 우수향(dextral) 산 안드레아스 단층이 이 삼중합점의 이동에 반응하여 형성되었다(그림 5.28c). 머레이 단열대의 동쪽 끝이 해구에 도달하였을 때 남쪽 삼중합점의 남쪽 이동이 멈추었다. 삼중합점은 FFT 타입으로 변하고 북쪽으로 이동하기 시작했다. 기하학이 머레이 단열대의 남쪽에 동태평양해령이 해구에 도달했을 때의 그림 5.28b에 도시된 그것으로 다시 변할 때까지 파랄론 판은 산 안드레아스 단층의 북쪽과 남쪽으로 계속해서 섭입되었다. 그리고 삼중합점은 RTF 타입으로 복귀하고, 해구를 따른 남쪽 이동으로 변하였다. 이것이 캘리포니아 만 입구에서 오늘날의 상황을 나타낸다.

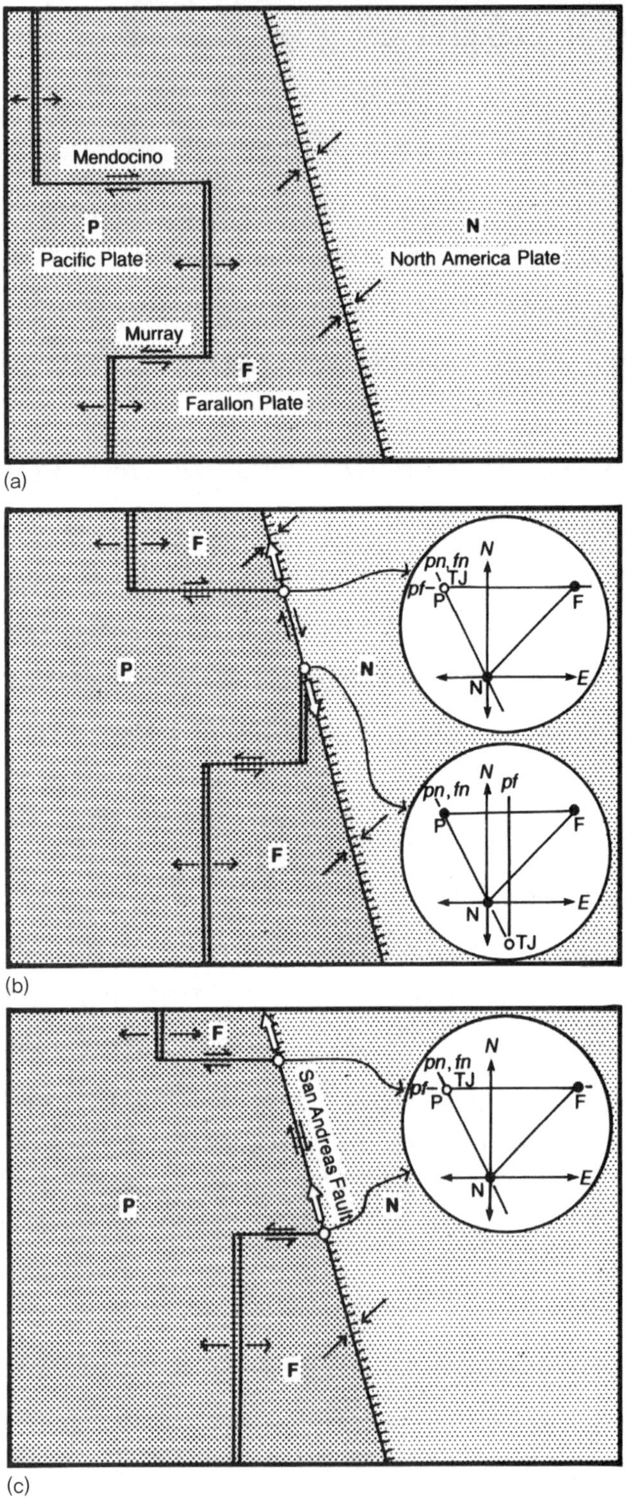

그림 5.28 산 안드레아스 단층(San Andreas Fault)의 진화(Cox & Hart, 1986에서 다시 그려짐, Blackwell Publishing의 허가로)

제6장

해령(ocean ridge)

GLOBAL TECTONICS

6.1 해령 지형(ocean ridge topography)

해령은 새로운 해양 암석권이 생성되는 부착성장 혹은 건설적인 판 가장자리를 표시한다. 그것들은 지구 표면의 가장 긴 선형의 융기된 지형을 나타내고, 정상 지역과 오프셋된 해령 정상 사이의 변환 단층을 따르는 천부 진원 지진 벨트에 의해 추적될 수 있다(그림 5.2). 중앙 해령 위의 확장하는 가장자리의 총길이는 약 55000km이다. 활동 중인 릿지-릿지 변환 단층의 전체 길이는 30000km를 초과한다. 중앙 해령의 지형학적 표현은 일반적으로 폭이 1000km와 4000km 사이이다. 그것들의 정상은 일반적으로 이웃하는 해양 분지보다 2-3km 높고, 국지적으로 지형이 매우 울퉁불퉁할 수 있고 정상에 평행으로 발달한다.

해령의 전반적인 형태는 분리 속도(separation rate)에 의해 제어되는 것 같다(Macdonald, 1982). 중앙 해령 시스템의 다른 지점들에서 확장 속도는 매우 다르다. 북극해의 유라시아 분지에서, 그리고 남서부 인도양 해령을 따라, 최고 확장 속도(부착성장 속도)는 20mm a^{-1} 미만이다. 나스카(Nazca) 판과 태평양판 사이의 동태평양해령(East Pacific Rise)에서 부착성장 속도는 150mm a^{-1}에 이르기도 한다. 그러므로 그러한 지형, 구조, 그리고 암석 종류와 같은 해령의 본질적인 특징의 많은 것이 확장 속도의 함수로 변화한다는 것은 놀라운 일이 아니다. 아주 일찍부터, 심지어 정상 지역에서조차 비교적 부드러운 동태평양해령의 전반적인 지형이 전형적으로 정상에 중간 열곡(median rift valley)을 갖고 있는 중앙 대서양 해령의 울퉁불퉁한 지형과 대조적이라는 것이 인식되었다. 이것은 2개 해령의 체계적으로 상이한 확장 속도(그림 5.5), 즉 각각 빠르고 느린 속도와 관련된 것으로 현재 알려져 있다. 해령 정상의 이러한 두 가지 유형이 깊게 견인된 계기 패키지(deeply towed instrument packages)를 사용하여 획득된 상세한 수심 정보에 의해 그림 6.1에 도시된다. 각각의 경우에, 확장 축은 열극대(zone of fissuring)로 측면이 이루어진 화산 활동의 좁은 지역에 의해 표시된다. 이 화산 지대에서 멀어지면 지형은 정단층의 수직 구조운동에 의해 형성된다. 축에서 10-25km의 거리 너머로, 암석권은 안정적이고 단단해진다. 이 안정된 지역이 해양 암석권이 생성되는 지역—'정상 부착성장대(crestal accretion zone)' 또는 '판 경계 구역(plate boundary zone)'으로 알려진 지역의 경계가 된다.

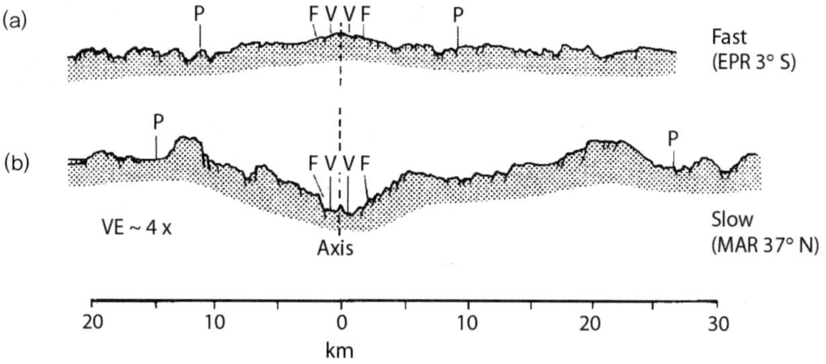

그림 6.1 빠르거나 느린 확장 속도에서 해령의 해저지형 단면(bathymetric profiles). EPR, 동태평양해령(East Pacific Rise); MAR, 중앙 대서양 해령(Mid-Atlantic Ridge). V에 의해 구획된 신화산 구역(Neovolcanic zone), F에 의해 구획된 열극대(fissuring zone), P에 의해 구획된 활동 중인 단층의 범위(MacDonald, 1982 Annual Review of Earth and Planetary Sciences 10의 허가로 다시 그려짐. 저작권 © 1982 by Annual Reviews)

빠르게 확장하는 해령 위의 단층 급경사(fault scarp)는 높이가 수십 미터이고, 그리고 높이가 400m에 이르고 폭이 1-2km에 이르는 지형적 고지의 축이 보통 존재한다. 이 고지 내에 폭이 100m 미만이고 깊이가 10m에 이르는 작은 선형의 저지대 혹은 지구(graben)가 때때로 발달한다(Carbotte & Macdonald, 1994). 축의 고지는 해령 정상을 따라 수십 혹은 수백 킬로미터 연속적일 수 있다. 느리게 확장하는 해령에서 중간 열곡은 전형적으로 폭이 30-50km이고 깊이가 500-2500m이며, 폭이 12km에 달하고 높이가 약 100m인 정단층 급경사로 경계된 내부 계곡 바닥을 갖고 있다. 또 폭이 1-5km이고 수백 미터의 기복을 갖고 있으나 축을 따라 단지 수십 킬로미터 연장하는 지형적 고지의 축이 종종 있다. 빠른 속도의 확장에서 고지는 얕은 깊이에서 뜨거운 바위의 부력으로 인해 생길 수 있으나, 느리게 확장하는 해령에서 그것은 폭이 1-2km인 작은 화산들의 합체에 의해 명확하게 형성되며, 따라서 축 화산 해령(axial volcanic ridge)으로 알려져 있다(Smith & Cann, 1993).

중앙 열곡의 자세한 연구가 수상선(surface craft)과 잠수정 모두를 사용하여 FAMOUS(프랑코-아메리카 중앙-대양 해저연구(Franco-American Mid-Ocean Undersea Study))로 알려진 지역인 위도 36°30′과 37°N 사이의 대서양에서 실시되었다(Ballard & van Andel, 1977). 이 지역의 중앙 열개는 폭이 약 30km이고 깊이가 약 1300m인 측면으로 경계되어지고, 깊이는 2500m와 2800m 사이이다. 일부 지역에서 내부 열곡은 폭이 1-4km이고 일련의 단층에 의한 테라스로 측면이 이루어진다(그림 6.2). 그러나 다른 곳에서 내부 바닥은 테라스가 매우 좁거나 발달되지 않아 더 넓다. 단구형성(terracing)과 내부 열개의 벽을 제어하는 정단층은 아마도 그것들이 해저 확장에 의해 열개로부터 측면으로 멀리 운반됨에 따라 지각 블록이 점진적으로 높아져 결국 열개의 벽이 되는 지점이다. Karson *et al.*(1987)는 잠수정, 깊이 견인된(deep-towed) 카메라와 사이드 스캔 소나를 사용하여 24°N에서 중앙 대서양 해령의 조사를 설명하였다. 그들은 길이가 약 80km인 약간의 해령을 따라 중앙 계곡의 형태, 구조 활동, 그리고 화산작용의 상당한 변화를 발견했다. 다른 곳의 중앙 대서양 해령의 조사에 의해 제공되는 데이터를 통합하여, 그들은 중앙 계곡 스타일의 발달은 구조적 확장과 화산 건설 단계 사이의 순환 프로세스일 수 있다는 결론을 내렸다.

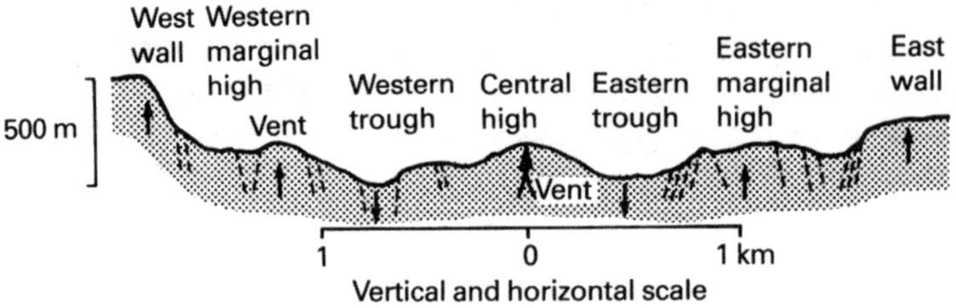

그림 6.2 FAMOUS 지역의 36°50'N 중앙 대서양 해령의 내부 열곡(inner rift valley)의 도식적인 단면(Ballard & van Andel, 1977에서 다시 그려짐, Geological Society of America의 허가로)

Bicknell *et al.*(1988)은 19°30'S의 동태평양해령의 상세한 조사에 대해 보고했다. 그들은 단층작용이 느리게 확장하는 해령에서보다 더 널리 퍼져 있다는 것을 발견하였고, 단층작용이 대다수 기복의 원인이 된다고 결론을 내렸다. 그들은 지루와 지구(horst and graben) 지형을 일으키는 내측과 외측을 향하는 단층 급경사 모두를 관찰하였다. 이것은 지형이 뒤로 경사지고(back-tilted) 내측을 향하는(inward-facing) 정단층에 의해 형성되는 느리게 확장하는 해령과 다르다. 활발한 단층작용은 해령 축의 8km 이내 지역에 국한되고, 동쪽 측면에 더 큰 강도를 갖고 있어 비대칭이다. 단층작용에 기인된 반 확장 속도(half extension rate)는 FAMOUS 지역의 중앙 대서양 해령에서 관찰된 1.6mm a^{-1}에 비교되는 4.1mm a^{-1}이다.

역사상, 수송자원의 이유로, 가장 느리게 확장하는 해령인 남서 인도양 해령과 북극해의 가켈 해령(Gakkel Ridge)이 자세히 연구할 수 있는 마지막 장소였다. 북극은 연중 내내 얼음으로 덮여 있어서 2개의 연구 쇄빙선을 필요로 하였다(Michael *et al.*, 2003). 이 연구의 결과를 통하여 Dick *et al.*(2003)은 확장 속도의 함수로서 해령의 세 가지 유형인 빠른, 느린, 그리고 초저속인(ultraslow) 해령이 있다고 제안하였다(그림 6.3). 초저속인 가켈 해령의 지형은 잘 발달된 중간 열개, 특유의 지각 두께(그림 6.3), 변환 단층의 부재, 그리고 별개의 부류로 제쳐 놓아진 이런 해령의 암석학을 전형적으로 갖고 있는 느리게 확장하는 해령과 유사하다. 중간, 그리고 매우 느린이라고 각각 칭해진 빠르고 느린, 그리고 느리고 초저속인 해령들 사이의 확장 속도를 갖는 2개의 추가적인 해령 범주가 있다는 것에 주의하라. 중간 확장 속도 해령은 느리게 혹은 빠르게 확장하는 해령의 특징을 나타낼 수 있으며, 시간이 지남에 따라 교대로 나타나는 경향이 있다. 마찬가지로, 매우 느리게 확장하는 해령은 느린 혹은 초저속의 해령의 특징을 나타낼 수 있다. 또한, 오늘날에 동태평양해령(East Pacific Rise)이 빠르게 확장하는 해령의 유일한 예이고 북극의 가켈 해령이 유일한 초저속으로 확장하는 해령이라는 것을 알아두는 것도 재미있다. 지각 구조와 빠른, 느린, 그리고 초저속 해령의 암석학 사이의 차이점은 6.6-6.9절에서 토의된다.

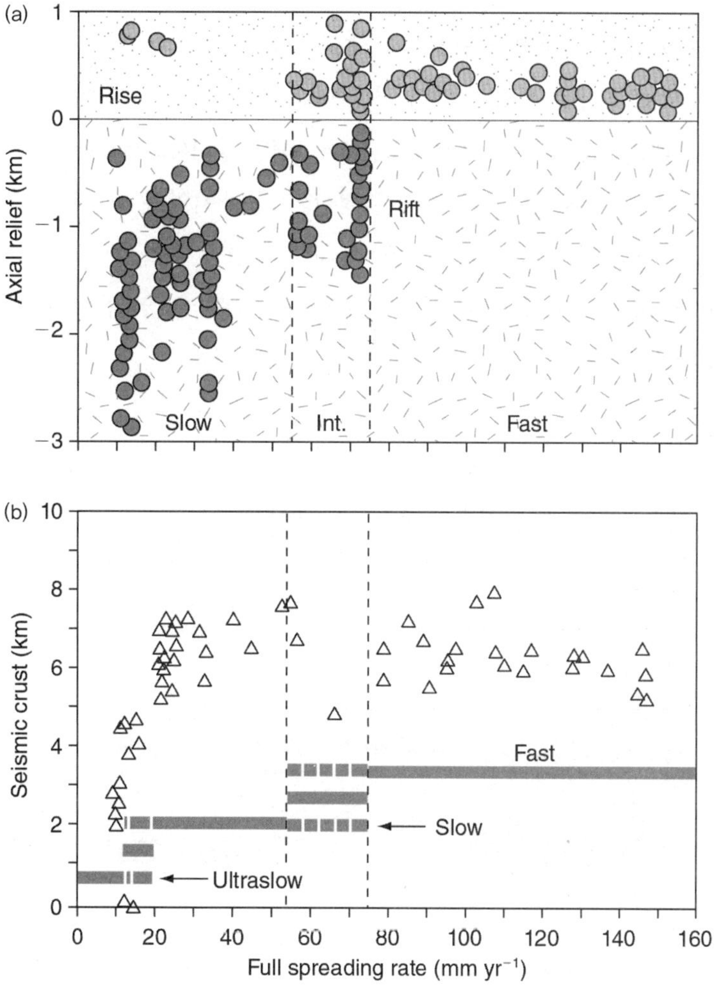

그림 6.3 중앙 해령 정상(crests)의 본격적인 확장 속도에 따른 (a) 축 기복과 (b) 지진 지각 두께(seismic crustal thickness). 해령 분류 체계는 초저속, 느린, 빠른, 그리고 2개의 중간 부류에 대한 확장 속도 범위를 나타내는 굵고 검은 선으로 표시된다(Dick *et al.*, 2003에서 수정됨, Nature 426, 405–12의 허가로. 저작권 © 2003 Macmillan Publishers Ltd).

6.2 해령 아래 상부 맨틀의 광범위한 구조

비록 소규모 지형적 특징이 보상되지 않고 양 및 음의 고도 이상(free air anomaly)을 일으키지만, 중력 측정치가 고도 이상이 해령 위에서 대체로 그것들이 지각평형의 상태(2.11.6절)를 나타내는 제로라는 것을 보여주었다(그림 6.4, 6.5). 해령의 정상과 측면에 걸친 각각 작고 긴 파장, 양과 음의 고도 이상은 양이 해령의 더 큰 고도에 의해 야기되고 음이 보상하는 물질 결핍에서 야기되는 보상의 결과이다. 보상의 중력 효과가 해령 정상에서 멀리 떨어진 중력장을 지배해서, 보상이 깊다는 것을 나타낸다.

Talwani *et al.*(1965)은 동태평양해령 위에서 수행된 탄성파 굴절 탐사를 통하여 지각이 주요 해양 분지에서 조우하는 것보다 약간 더 얇다는 것과 정상 지역 아래의 상부 맨틀 속도가 비정상적으로 낮다는 것을 보여주었다(그림 6.4). 해양 층 1(oceanic layer 1) 암석(2.4.5절)은 지형적 저지대 내에서만 존재하나, 층 2와 3은 정상의 좁은 지역을 제외하고 해령을 가로질러 연속적인 것으로 보인다. 유사한 구조가 중앙 대서양 해령에서 측정되었다(그림 6.5). 층 3이 해령을 가로질러 연속적이지 않다는 이런 후자 연구의 제안은 뒤에 반증되었다(Whitmarsh, 1975; Fowler, 1976).

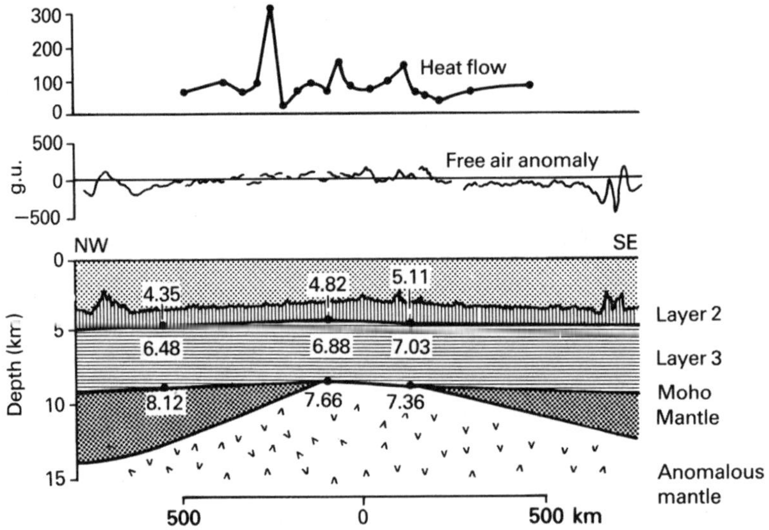

그림 6.4 동태평양해령의 15–17°S를 가로지르는 열류량(heat flow), 고도 중력 이상(free air gravity anomaly), 그리고 탄성파 굴절에 의해 정해진 지각 구조. P파의 속도 단위는 km s^{-1}(Talwani *et al.*, 1965에서 다시 그려짐, American Geophysical Union의 허가로. 저작권 © 1965 American Geophysical Union)

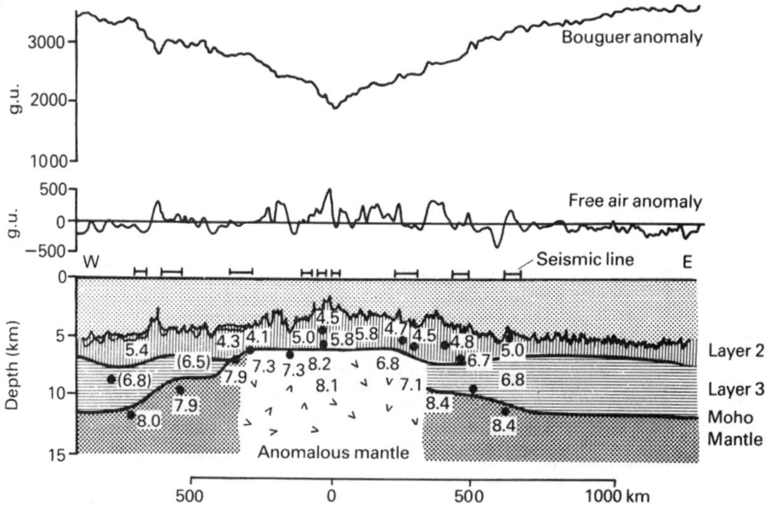

그림 6.5 약 31°N의 중앙 대서양 해령을 가로지르는 중력 이상과 탄성파 굴절에 의해 정해진 지각 구조. 부게 이상 환산 밀도(Bouguer anomaly reduction density)는 2.60 Mg m^{-3}, P파 속도 단위는 km s^{-1}(Talwani *et al.*, 1965에서 다시 그려짐, American Geophysical Union의 허가로. 저작권 © 1965 American Geophysical Union)

지각이 해령 아래에서 두껍지 않기 때문에, 지각평형 보상은 프래트형 메커니즘(Pratt-type mechanism, 2.11.3절)에 의해 상부 맨틀 내에서 발생해야만 한다. Talwani *et al.*(1965)은 해령 아래에서 감지되는 비정상적으로 낮은 상부 맨틀 속도는 밀도가 낮은 지역의 정부에 해당한다고 제안했다. 밀도는 P파 속도와 밀도 사이의 나페-드레이크(Nafe-Drake) 상관관계를 이용하여 결정되었고(Nafe & Drake, 1963), 지진파와 중력 데이터 모두를 만족시키는 일련의 모델들이 만들어졌다. 이들 중 하나가 그림 6.6에 도시되고, −0.25Mg m^{-3}의 밀도차(density contrast)를 갖고 약 30km의 깊이로 연장되는 암체가 해령 아래 존재한다는 것을 가리킨다. 이 큰 밀도차는 지질학적으로 설명하기 어렵다. Keen과 Tramontini(1970)에 의해 구축된 다른 해석이 그림 6.7에 보인다. −0.04Mg m^{-3}의 훨씬 작고 보다 현실적인 밀도차가 사용되고, 이상체(anomalous body)는 상당히 더 커서 200km의 깊이로 확장된다. 그러나 이 모델도 사용된 밀도가 너무 높고, 너무 낮은 밀도차를 제공하고, 이상 물체의 기저까지의 깊이가 너무 크다는 점에서 비판될 수 있다. 정상적인 그리고 비정상적인 맨틀에 대해 각각 3.35Mg m^{-3}와 3.28Mg m^{-3}의 밀도를 사용하고 100km의 깊이로 확장하는 이상 물체를 갖는 모델이 지질학적 및 지구물리학적 데이터에 더 일치할 것이다. 실제로, 지진파 토모그래피(2.1.8절)가 해령 아래의 저속 지역이 100km의 깊이까지 확장한다는 것을 알려준다(Anderson *et al.*, 1992). 중력 모델링에 내재된 모호성을 감안할 때, 제시된 두 해석은 아마도 한 벌의 가능한 해석의 최종 멤버(end member)

를 나타낸다. 그러나 그것들은 해령이 상부 표면이 해령 정상에서 먼 쪽으로 경사지는 크고, 낮은 밀도의 상부 맨틀 위에 놓인다는 것을 명백하게 보여준다.

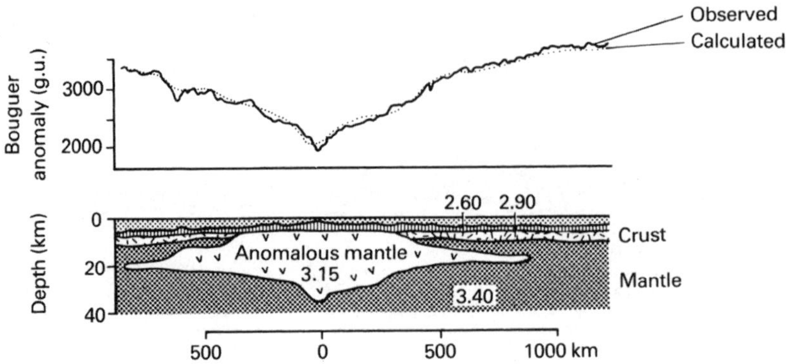

그림 6.6 탄성파 굴절 제어를 갖고 모델링한 중력으로부터 중앙 대서양 해령 아래 구조의 가능한 모델. 밀도 단위는 Mg m^{-3}(Talwani *et al.*, 1965에서 다시 그려짐, American Geophysical Union의 허가로. 저작권 © 1965 American Geophysical Union)

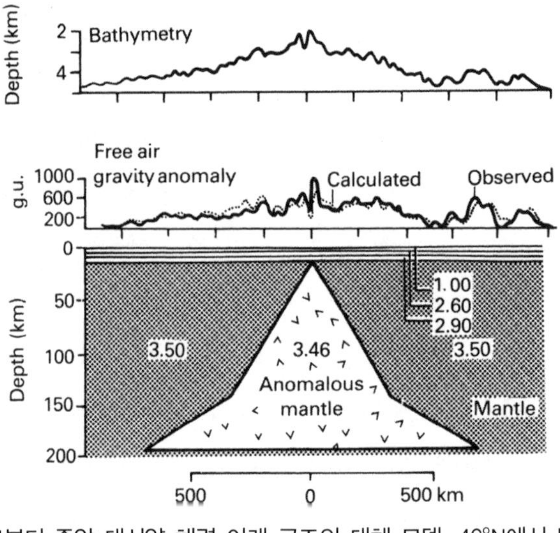

그림 6.7 중력 모델링으로부터 중앙 대서양 해령 아래 구조의 대체 모델. 46°N에서 단면. 밀도 단위는 Mg m^{-3} (Keen & Tramontini, 1970에서 다시 그려짐, Blackwell Publishing의 허가로)

6.3 해령 아래 비정상적인 상부 맨틀의 기원

해령 아래에 놓이고 해령을 지각평형적으로 지탱하는 낮은 밀도 지역의 3가지 가능한 근원이 있다(Bott, 1982). 즉, (i) 해저 확장이 그것을 열원으로부터 측면으로 멀리 운반함에 따라 수축이 뒤따르는 해령 정상 아래의 상부 맨틀 물질의 열적 팽창, (ii) 비정상적인 맨틀 내의 용융된 물질의 존재, (iii) 온도에 따른 상 변화(phase change)이다. 해령 정상 아래의 높은 온도가 낮은 밀도의 광물로 전이를 일으킬 수 있다.

모호면(Moho) 아래 100km 깊이의 평균 온도가 해령 정상의 측면에 위치하고 있는 지역 아래보다 500°C 더 높다면, 이 깊이까지의 평균 밀도는 3.3Mg m^{-3}이고, 열팽창의 볼륨 계수는 도(degree)당 3×10^{-5}이다. 이런 경우 100km의 깊이까지의 평균 맨틀 밀도는 측면에 위치하고 있는 해양 분지의 그것보다 0.05Mg m^{-3} 작을 것이다. 만일 지각평형이 달성되었다면, 이 저밀도 지역은 측면에 위치하고 있는 지역보다 2.2km 높은 정상을 지탱할 것이다. 만일 부분적인 용융의 정도가 1%라면, 밀도의 결과적인 감소는 0.006Mg m^{-3}이 될 것이다. 100km의 깊이로 확장된 이 밀도차는 0.25km의 상대적 해령 상승을 지탱할 것이다. 저밀도 상으로 변환할 수 있는 상부 맨틀 내의 알루미늄 광물도 또한 해령 정상 아래에서 형성되는 용융에 들어가는 광물이다. 따라서 그것들은 고려 중인 맨틀 볼륨의 대부분에 없어서, 고갈된 맨틀(depleted mantle), 즉 가장 낮은 용융점 물질의 일부가 제거된 맨틀로 구성되어 있다. 상 변화는 융기에 크게 기여하는 않는 것 같다.

해령 정상에서의 마그마 활동 때문에 상부 맨틀의 부분 용융은 명백한 사실이나, 그것의 정도는 추측의 문제였다. 그러나 1990년대 중반에 맨틀 전자기와 토모그래피(Mantle Electromagnetic and Tomography, MELT) 실험인 매우 큰 규모의 실험이 특히 해령 정상 아래의 부분 용융 지역의 수직 그리고 평면 범위를 정하기 위하여 동태평양해령 정상에서 실시되었다(MELT seismic team, 1998). 51개의 해저면 지진계와 지구 자기장과 전기장의 변화를 측정하는 47개 계기가 각 약 800km 길이의 2개의 선형 배열로, 15°S와 18°S 사이의 해령을 가로질러 배치되었다. 나스카(Nazca) 판과 태평양판 사이 해령의 긴 직선 부분의 중앙이고, 가장 빠른 확산 속도의 하나인 17°S에서 146mm a^{-1}을 갖고 있기 때문에 이 위치가 선택되었다. 따라서 맨틀의 부분 용융의 정도는 낮은 지진파 속도와 높은 전기 전도성으로 잘 밝혀져야만 한다. 광역적 및 원거리지진(teleseismic earthquake)로부터의 지진파, 그리고 지구의 전자기장의 변동이 약 6개월의 기간 동안 기록되었다. 데이터 분석을 통하여 해령 정상 아래에서 가장 얕고 100km의 깊이로 확장하나 해령 정상의 서쪽으로 350km와 동쪽으로 150km까지 확장하는 낮은 지진 속도의 비대칭 지대가 밝혀졌다(그림 6.8). 속도 이상치 및 전기 전도도 모두는 1-2% 부분 용융과 일치한다(Evans *et al.*, 1999). 180km의 깊이에 초기 용융(incipient melting)의 징후가 있다. 부분 용융 지역의 비대칭은 두 가지 효과의 조합에 의한 것으로 생각된다. 열점의 틀 내에서 해령의 서쪽 측면이 동쪽 측면보다 2배 이상의 속도로 이동하고 있다(그림 6.8). 또한 그것은 남태평양 초융기(South Pacific superswell, 12.8.3절)에 가까이 있다. 강화된 용승 따라서 초융기로부터 연약권의 흐름에 의한 강화된 용승과 빠르게 이동하는 태평양판 아래의 점성 저항(viscous drag)이 더 큰 속도의 흐름을 야기해 해령의 서쪽 측면 아래에 더 높은 온도를 생산하는 것으로 생각된다. 이러한 상승된 온도는 얕은 해저지형(6.4절)과 동쪽 측면에 비해 서쪽 측면 위의 더 높은 밀도의 해저산 화산 활동으로 반영된다.

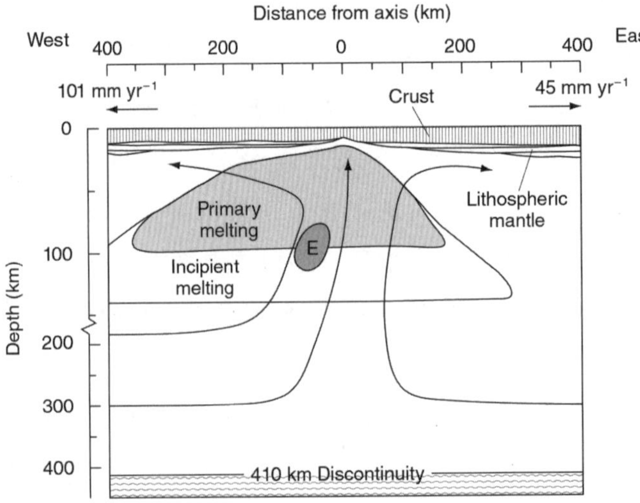

그림 6.8 MELT 실험의 결과로부터 추론된 맨틀의 부분 용융의 범위를 나타내는 17°S의 동태평양해령(East Pacific Rise) 아래의 도식적인 단면. 판 속도는 열점(hot spot)의 참조 프레임에서의 속도이다. 라벨 E지역(끼워넣어진 이질성)은 비정상적으로 농축된 맨틀 혹은 국지화된 용승에 의해 강화된 용융을 나타낸다(MELT seismic team, 1998, Science 280, 1215–18에서 수정됨, AAAS의 허가로).

MELT 실험에 의해 측정된 부분 용융 지역의 폭은 상당히 넓은 것으로 보인다. 그러나 이 지점의 확장 속도는 대부분이 중앙 대서양 해령보다 5배 이상으로 매우 높다는 것이 기억되어야만 한다. 사실 초기 용융 지역은 연령이 2-3Ma인 지각 아래에만 위치하는 반면, 해령의 비정상적인 융기는 연령이 70-80Ma인 지각으로 뻗어 있다. 따라서 상부 맨틀의 부분 용융은 해령 정상 융기의 일부를 설명할 수 있으나, 해령 측면의 융기를 설명할 수 없다.

6.4 해양 암석권의 깊이–연령의 관계

중앙 해령의 융기에 기여하는 중요 요인은 상부 맨틀 물질의 팽창과 수축이다. 새로 형성된 해양 지각이 중앙 해령에서 멀리 이동함에 따라, 그것은 하부에 놓이는 열원에서 멀어지고 냉각된다. 이 냉각은 두 가지 효과가 있다. 첫째, 암석권은 수축하고 밀도가 증가한다. 둘째, 암석권-연약권의 경계는 온도에 의해 제어되기(2.12절) 때문에, 암석권이 중앙 해령에서 멀어짐에 따라 냉각이 암석권의 두께를 증가시킨다. 이 후자의 현상은 태평양의 표면파 분산 연구에서 도출된 암석권 두께 추정에 의해 확인되었으며, 추정치가 해령 정상의 단지 수 킬로미터에서 5Ma 연령의 30km, 그리고 50Ma 연령의 100km 두께로 증가한다는 것을 보여준다(Forsyth, 1977).

열류량의 감소가 뒤따르기 때문에, 해령에서 멀어짐에 따라 암석권의 냉각과 수축이 암석권 상부까지의 깊이를 점진적으로 증가시킨다(Sclater & Francheteau, 1970). 해령의 폭은 확장 속도에 의존하기 때문에 빠르게 확장하는 동태평양해령과 더 느리게 확장하는 중앙 대서양 해령의 상대적인 폭의 차이가 있게 된다. Parsons와 Sclater(1977)는 해양 암석권의 연령-깊이 관계의 성질을 측정하였고, 깊이 d(m)는 다음의 식에 의해 연령 t(Ma)와 관련된다고 제안하였다.

$$d = 2500 + 350t^{1/2}$$

그러나 이 관계는 70Ma보다 젊은 해양 암석권에 대해서만 유효하다는 것이 발견되었다. 더 오래된 암석권에 대한 관계는 연령이 늘어남에 따라 깊이의 좀 더 점진적인 증가를 나타낸다. 이것을 설명하기 위해, Parsons와 McKenzie(1978)는 냉각하는 층이 Parsons와 Sclater(1977)에 의해 제안된 하나의 단위보다는 오히려 2개의 단위를 포함하는 모델을 제안했다. 이 모델에서 열이 전도에 의해 이동하는 상부 단위는 역학적으로 견고하고, 하부 단위는 점성 열적 경계층(viscous thermal boundary layer)이다. 암석권이 확장 중심에서 멀리 이동함에 따라, 두 단위는 두꺼워지고 전술된 관계 — 연령의 제곱근에 비례하는 깊이 — 를 제공한다. 그러나 하부 단위는 결국 불안정해지는 지점까지 두꺼워지고, 대류하기 시작한다. 이것이 여분의 열을 상부 층의 기저까지 가져오고 동일한 속도로 그것이 두꺼워지는 것을 방지한다. 그들은 70Ma보다 오래된 해양 지각에 대한 연령-깊이 관계는 다음의 식으로 주어진다고 제안하였다.

$$d = 6400 - 3200\exp(-t/62.8)$$

연령에 따른 해양 지각의 냉각과 수축에 대한 이들 두 모델은 반공간 모델(half space model)과 판 모델(plate model)로 지칭된다. 전자에서 암석권이 무기한으로 냉각하는 반면, 후자에서는 그것은 궁극적으로 암석권-연약권 경계의 온도와 이것이 연약권의 대류의 결과로서 발생하는 깊이에 의해 결정된 평형 상태에 도달한다. 분명히 이들 모델들의 주요 제약은 관찰된 깊이(퇴적물 적재에 대해 보정된)와 연령에 따른 해저면의 열 유속(heat flux)이다. 세계적으로 측정된 깊이와 열류량(heat flow)의 큰 데이터 세트를 사용하여 Stein과 Stein(1992)은 관찰에 가장 적합한 모델(GDH1 - 세계적인 깊이와 열류량 모델 1)을 이끌어내었다. 그러한 모델들은 해령 정상까지의 깊이와 열팽창 계수(thermal expansion coefficient), 열전도율, 비열(specific heat), 그리고 암석권의 밀도에 대한 가정을 한다. 그러나 Stein과 Stein(1992)은 데이터에 가장 적합함을 결정하는 중요한 변수는 판 두께를 제한하기와 암석권 판 기저의 온도임을 보여주었다. GDH1 모델에서 이것들의 값은 각각 95km, 1450°C이다.

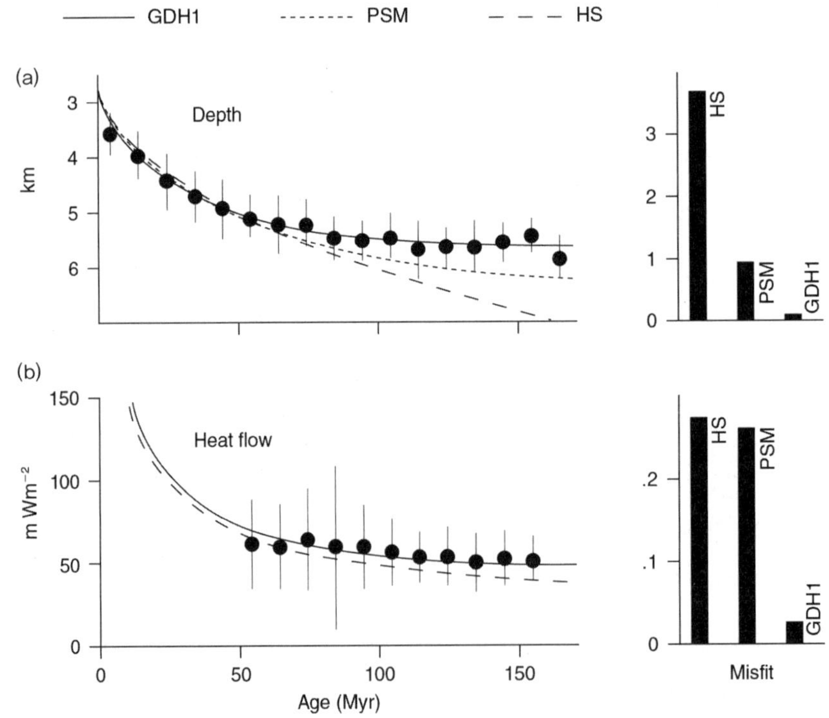

그림 6.9 암석권 연령에 따라 플롯된, 그리고 3개의 열 모델의 예측에 비교된 해령에 대한 관측된 깊이와 열류량: HS, 반공간 모델(half space model); PSM, Parsons, Sclater 및 McKenzie의 모델; GDH1, Stein과 Stein의 글로벌 깊이와 열류량 모델(Stein & Stein, 1996에서 다시 그려짐, American Geophysical Union의 허가로. 저작권 © 1996 American Geophysical Union)

반공간 모델, Parsons, Sclater과 McKenzie 모델, 그리고 GDH1에 의해 예측된 연령-깊이 관계의 비교가 그림 6.9a에 도시되고, GDH1에 대한 깊이-연령 방정식은 다음과 같다.

$t < 20$Ma이면 $d = 2600 + 365t^{1/2}$
그리고 $t > 20$Ma이면 $d = 5650 - 2473\exp(-t/36)$

6.5 열류량과 열수 순환 (heat flow and hydrothermal circulation)

연령에 따른 암석권 냉각의 반공간 모델은 해령 측면에서 해저를 통한 열 유속(heat flux)이 그것의 연령의 역제곱근에 비례하여 달라질 것이라고 예측하나, 오래된 해저를 가로질러 측정된 열류량값은 이것보다 더 느리게 변화하여 다시 판 모델을 지지한다. Stein과 Stein(1992)의 GDH1 모델은 연령 t(Ma)에 따른 열류량 q(mW m^{-2})에 대해 다음과 같은 값을 예측한다.

$t \leq 55$Ma이면 $q = 510t^{-1/2}$
그리고 $t > 55$Ma이면 $q = 48 + 96\exp(-t/36)$

3가지 열 모델에 의해 예측된 연령에 따른 열류량의 변화가 그림 6.9b에 도시되고, 관측된 열류량값들에 비교된다. 젊은 암석권에 대한 관측값이 플롯되지 않았음을 주의해야 할 것이다. 이것은 젊은 해양 지각에서 측정된 열 유속(그림 6.4)에 큰 차이가 있기 때문이다. 획득된 값은 모델에 의해 예측된 것보다 일반적으로 적고, 현재 이것에 대한 타당한 이유가 있을 것으로 생각된다. 특히, 해령 정상 근처의 열류량 크기에 큰 분산이 있다. 열적 낮음(thermal low)은 평평한 바닥의 계곡에서, 그리고 높음은 울퉁불퉁한 지형의 지역에서 발생하는 경향이 있다(Lister, 1980). 트로프(trough)는 해령 중 가장 퇴적이 일어나지 않은 지역 내에 있고, 또한 가장 젊고 따라서 가장 뜨겁기 때문에 퇴적물에 의한 담요작용(blanketing)이 낮은 열류량의 원인일 것 같지 않다. 이러한 현상을 설명하기 위하여 열류량 패턴이 해양 지각의 암석을 통한 해수의 순환에 의해 제어된다고 제안되었다.

비록 해저의 단단한 암석을 통한 물의 침투가 어려울 것 같지만, 열적 수축이 효율적 대류 흐름이 존재하기에 충분한 투과성을 유발할 수 있다는 것이 알려졌다. 균열이 급속히 진척되어 비교적 짧은 시간 내에 다량의 암석을 냉각시키리라 예측되고, 그래서 강열한 국지적인 열원이 표면에 생성된다. 거의 용융된 물질과 접촉하는 물에 의해 구동되는 활발한 지열 시스템들은 오래 가지 못할 것으로 예상되나, 아래에서 전도되는 열에 의해 구동되는 냉수의 비교적 완만한 순환은 얼마 동안 지속할 것이다. 그러나 해양 지각이 해령 정상에서 멀어지고 침강함에 따라, 그것은 불침투성 퇴적물로 뒤덮이고, 그 안의 공극과 균열이 순환하는 물에서 퇴적된 광물로 막히게 된다. 결국 그것을 통한 열 유속은 전도(conduction)에 의해서만 이루어지고 따라서 정상적인 열류량 측정치가 획득된다. 해양 지각의 이런 '밀봉 연령(sealing age)'은 약 60Ma인 것 같다.

갈라파고스 리프트(Galapagos Rift)에 대한 상세한 열류량 조사를 통해 대규모 분대(zoning)의 형태와 광범위한 개별 값이 열수 순환과 일치한다는 것이 밝혀졌다(Williams *et al*., 1974). 소규모 차이가 표면 근처 투과성의 차이로부터 발생하는 것으로 생각되는 반면, 대규모 변형은 지형, 국지적 뿜어냄(local venting), 그리고 기반암 노두에서의 재충전에 영향을 받는 수 킬로미터 두께의 투수 층(permeable layer)에 존재하는 대류 형태에 기인된다. 이런 대류의 침투력은 알려지지 않았으나, 그것이 지각 전체 범위일 가능성이 있다. 해령 아래 지각에 있는 해수의 열수 순환이 전 세계적인 열 손실의 약 25%를 담당하고, 명확하게 지구의 열 공급의 주요 요인이라고 생각된다(2.13절).

관찰된 열류량값을 설명하기 위한 중앙 해령의 열수 순환의 예측은 잠수정에 의해 해령 정상의 해저 및 해저 가까이의 자세한 조사에 의해 극적으로 확인되었다. 수많은 열수 통기구멍 밭(hydrothermal vent field)이 동태평양해령(East Pacific Rise)과 중앙 대서양 해령 모두에서 발견되었고, 이 중 많은 것들이 이전에 알려지지 않은 형태의 산소나 빛 없이 생존하는 색다른 생명체에 의해 밝혀졌다. 뿜어지는 유체의 물리적, 그리고 화학적 특성과 이런 통기구멍과 관련된 놀라운 미생물 및 대형 동물상 군집은 Kelly *et al*.(2002)에 의해 검토되었다. 뿜어지는 유체의 온도는 예외적으로 400°C만큼 높을 수 있다. 동태평양해령과 중앙 대서양 해령에 있는 열수 온천의 화학성분은 확장 속도의 큰 차이에도 불구하고 매우 유사하며, 그것들이 녹색편암 집단(greenschist assemblage) 광물로 안정화되었다는 것을 암시한다(Campbell *et al*., 1988). 놀랍게도 아마 해령 정상에서의 더 찬 환경 때문에 매우 느리게, 그리고 초저속으로 확장하는 가켈 해령의 특정 위치에서 높은 수준의 열수 활동이 있다. 이것은 이러한 지점에서 얕은 심도에서 더 높은 온도를 생성하는 마그마 활동의 집중에서 유래하는 것 같다(Michael *et al*., 2003).

열수 순환이 발생하는 추가적인 증거가 해령 정상의 금속을 함유하는 퇴적물의 존재에서 온다. 금속은 열수작용으로 쉽게 움직이는 것으로 알려졌고, 뜨거운 산성 황화물이 풍부한 용액에서 금속의 추출을 허용한 해수의 유입에 의해 해양 지각에서 침출되었음에 틀림없다 (Rona, 1984). 해저 위 또는 바로 아래의 차가운 해수와 접촉하자마자, 용액은 비금속 황화물 퇴적물(base metal sulfide deposits)을 침전시킨다. 이러한 퇴적물의 존재는 오피올라이트 (ophiolite) 연구(13.2.2절)에 의해 확인된다.

6.6 축 마그마 방(axial magma chamber)의 탄성파 증거

해양 지각의 형성에 대한 모델은 보통 마그마가 층 2(layer 2)의 용암류(lava flow)와 암맥 (dike)을 형성하기 위하여 분출하고 관입하는 해령 축의 아래에 마그마 방(magma chamber)를 필요로 한다. 방 내의 마그마 고결작용(solidification)이 대부분의 해양 층 3의 형성으로 이어지는 것으로 생각된다(6.10절). 굴절, 반사, 그리고 토모그래피 기술을 사용하여 실시된 해령 정상의 자세한 탄성파 조사로부터 이러한 마그마 방의 존재에 대한 증거를 찾았다.

빠르게 확장하는 동태평양해령(East Pacific Rise)에서 많은 조사가 8°와 13°N 사이의 시퀴에로스 단열대(Siquieros Fracture Zone)의 북쪽 지역에서 수행되었다. 9°30'N의 해령 정상을 중심으로 한 지역이 특히 집중적으로 연구되어 왔다(예를 들면, Herron *et al.*, 1980; Detrick *et al.*, 1987; Vera *et al.*, 1990). 최근 추가 실험이 해령의 가장 빠르게 확장하는 구획 중 하나인 14°15'S에서 실시되었다(Detrick *et al.*, 1993a; Kent *et al.*, 1994). 이러한 모든 연구에 의해 하부 지각에 있는 폭이 4-8km인 낮은 탄성파 속도 지역, 다양한 깊이에서 그러나 전형적으로 해저 아래 1-2km에서 마그마 방의 상부에 대한 증거가 드러났다. 동태평양해령의 9°N에 비해 14°S에서 마그마 방까지의 깊이가 체계적으로 작다는 약간의 징후가 있는데, 이것은 마그마 방 깊이와 확장 속도 사이에 역상관관계를 암시한다(Detrick *et al.*, 1993b). 확장된 수진기 펼침 멀티-채널 반사 단면(multi-channel expanded spread reflection profiling)을 사용하여 9°30'N에시 얻어진 결과에 내한 Vera *et al.*(1990)의 해석이 그림 6.10에 도시된다. 그들은 P파 속도가 3km s^{-1} 미만인 볼륨(volume)만이 용융물 렌즈(molten lens)로 간주될 수 있다고, 그리고 낮은 속도 구역의 많은 부분을 포함하고 있는 P파 속도가 5km s^{-1}보다 큰 지역은 고체로 행동한다고 생각하였다. Detrick *et al.*(1987)은 마그마 방의 상부와 관련된 것으로 생각되는 강한 반사면이 해령 축을 따라 수십 킬로미터에 걸쳐 거의 연속적으로 추적될 수 있다는 것을 보여주었다. 토모그래피 기법(2.1.8절)을 이용한 최근 연구의 대부분은 전단파 속도가 제로가 되도록 30% 정도의 결정으로 이루어진 높은 용융이 있는 지역은 아마도 두께가 수십 미터 정도이고, 폭이 1km 미만으로 대단히 작다는 것을 암시한다(Kent *et al*., 1990, 1994; Caress *et al*., 1992; Detrick *et al*., 1993a; Collier & Singh, 1997). 따라서 해령 정상 아래의 낮은 속도 구역의 대부분은 고체로서 행동하며 비정상적으로 뜨거운 암석 지역으로 해석된다.

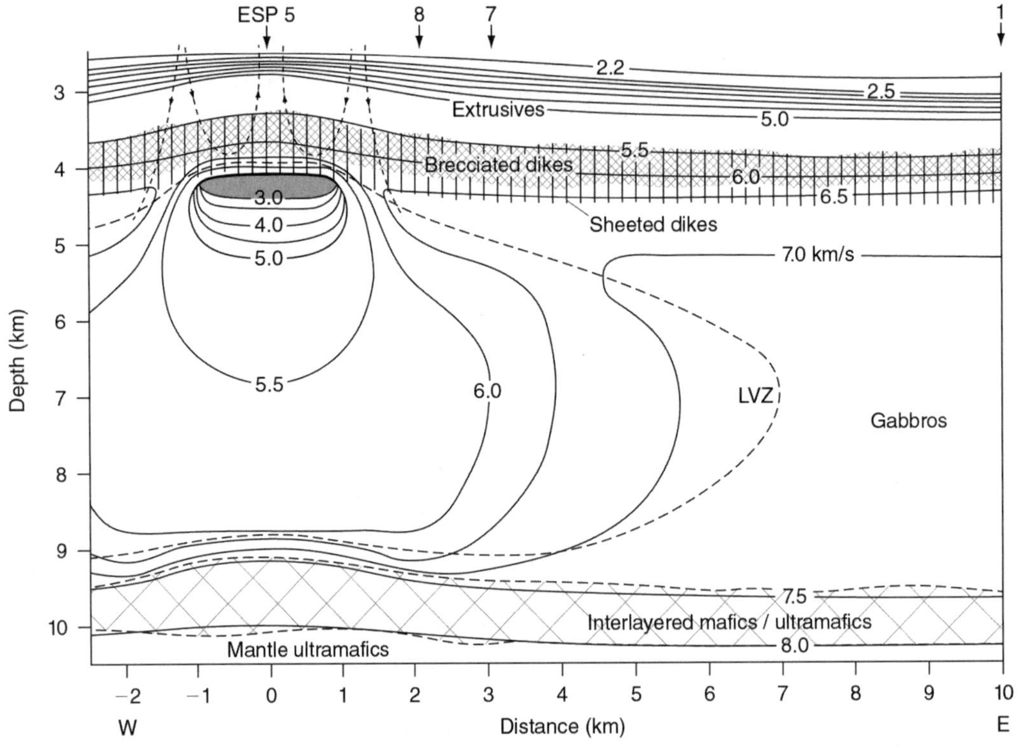

그림 6.10 확장된 수진기 전개(expanded spread, ESP) 및 공통 깊이점(common depth point) 탄성파 단면에서 추론된 9°30'N의 동태평양해령 정상에서 해양 지각의 P파 속도의 변화. 음영 지역은 높은 비율의 용융을 갖는 지역을 나타낸다. 암석 난위의 판짐으로 속도의 해석, 그리고 비정상적으로 낮은 탄성파 속도 구역(LVZ)의 범위 표시도 도시된다(Vera *et al*., 1990에서 다시 그려짐, American Geophysical Union의 허가로. 저작권 © 1990 American Geophysical Union).

동태평양해령을 위해 만들어진 그림과 대조적으로, 느리게 확장하는 중앙 대서양 해령에 대한 대부분의 탄성파 연구는 해령 정상 아래의 하부 지각에서 낮은 속도 구역을 인식할 수 있으나, 마그마 방 혹은 용융 렌즈에 대한 어떤 설득력 있는 증거도 밝히지 못했다(Whitmarsh, 1975; Fowler, 1976; Purdy & Detrick, 1986; Detrick *et al*., 1990). 그러나 Calvert(1995)은 23°17'N

에서 획득된 Detrick *et al.*(1990)의 데이터를 재분석하면서 1.2km의 깊이에서 4km의 폭을 갖는 추정된 마그마 방으로부터의 반사를 분리시켰다.

그러므로 정상 상태의 마그마 방은 느리게 확장하는 해령의 축 아래에서는 존재하지 않는 것 같다. 그러나 맨틀로부터 마그마 유입과 관련된 일시적인 마그마 방이 짧은 시간 동안 존재할 수 있다. 이 가설을 테스트하기 위해 매우 상세하게 결합된 탄성파, 그리고 전자기 실험이 남쪽 아이슬란드의 레이크제인스 해령(Reykjanes Ridge)을 가로질러 실시되었다(Sinha *et al.*, 1998). 이 연구는 의도적으로 57°45'N의 레이크제인스 해령에서 마그마적으로 활발한 축 화산 해령(axial volcanic ridge, AVR)을 중심으로 하였고, 동태평양해령에서 이미지화된 것들과 유사한 용융 렌즈와 결정 박쥐우산 구역(crystal mush zone)을 보여주었다. 이 사례에서 용융 렌즈는 해저 아래 2.5km 깊이에서 발생한다. 본 연구의 결과는 느리게 확장하는 해령에 지각 부착성장의 프로세스는 빠르게 확장하는 해령과 유사하나 관련된 마그마 방은 정상 상태보다 오래 가지 않는다는 가설을 강력하게 지지한다. 아이슬란드 열점에 근접해 있음에도 불구하고, 레이크제인스 해령 중 58°N의 남쪽 해령 정상은 전형적인 느리게 확장하는 해령의 특징(즉, 중간 계곡, 정상적인 지각의 두께와 깊이)을 갖고 있다.

용융물 렌즈의 유무를 테스트하는 데 필요한 기호논리학적으로 복잡한 탄성파 실험이 매우 느리게, 그리고 초저속으로 확장하는 가켈 해령에서는 아직 수행되지 않았다. 그것들은 현무암의 얇은 배갑(carapace)만 갖는 맨틀 감람암으로 구성되어 있다는 점에서, 용융물 렌즈는 이 해령의 마그마 활동이 없는 분할조각(amagmatic segment) 아래에 존재하는 것은 매우 어려울 것 같으나, 일시적인 용융 렌즈가 마그마 활동이 있는 분할조각, 그리고 화산 센터(6.9절) 아래에 발생하는 것은 가능할 것 같다. 그러나 1999년에 지진학적 및 선박용 소나 관측에서 지각의 마그마 방보다 맨틀 심부에서 직접 유래된 마그마와 더 일치하는 특성을 갖는 가켈 해령에서 수명이 긴 마그마적-확장 이벤트가 기록됐다(Tolstoy *et al.*, 2001).

Sinton과 Detrick(1992)은 그 시기에 사용할 수 있는 탄성파 데이터를 고려하고 마그마 방 프로세스에 대한 새로운 아이디어를 통합하여, 좁고 뜨거운 결정-용융 박쥐우산 구역으로 구성된 마그마 방 모델을 제안했다. 이 모델에서 마그마 방은 소량의 틈새형 용융을 갖는 대부분 응결된 지각으로 만들어진 뜨거운 외부 전이대(transition zone)와 매우 점성이 높아 유체처럼 행동하기에 충분한 용융을 갖는 결정 박쥐우산의 내부 구역으로 이루어져 있는 혼합된 구조로 생각된다. 박쥐우산 구역의 상부에 존속하기에 충분히 높은 속도의 마그마 공급이 있는 빠르게 확장하는 해령에서만 용융 렌즈가 발달한다(그림 6.11a). 이 렌즈는 해령 정상을 따라 수십 킬로미터로 확장할 수 있으나, 폭이 단지 1-2km이고 두께가 단지 수십 또는 수백 미터이다. 느리게 확장하는 해령은 용융 렌즈 발달에 불충분한 속도의 마그마 공급을 갖고 있는 것으로 생각되고, 화산분출은 맨틀로부터 마그마의 주기적인 유입이 있을 때만 발생한다고 생각된다(그림 6.11b). 이러한 모델은 해령에서의 탄성파 데이터와 마그마가 크고 잘 혼합된 방 내에서 발생할 수 없는 지각 내에서 분별작용(fractionation)에 의해 수정된 암석학적 관찰과 일치한다. 이것은 더 약한 분별작용이 느리게 확장하는 해령의 화산암에 나타나는 이유도 설명한다. 그러나 본 모델의 문제는 층 3(layer 3)에서 층을 이루고 있는 반려암(gabbro)이 발달하는 방법이 명백하지 않다는 것이다.

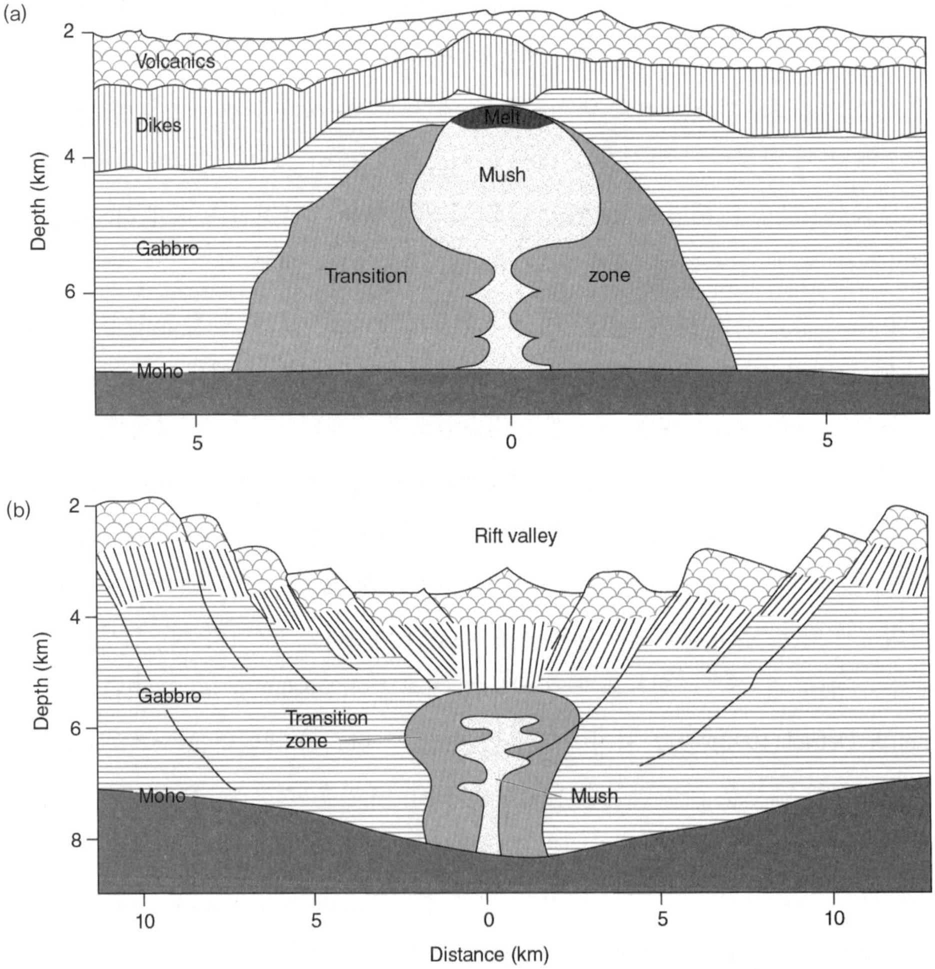

그림 6.11 빠르게(a), 그리고 느리게(b) 확장하는 해령 아래에 있는 마그마 방(magma chambers)의 해석 모델 (Sinton & Detrick, 1992에서 수정됨, American Geophysical Union의 허가로. 저작권 © 1992 American Geophysical Union)

동태평양해령의 14°S 근처에서 Detrick *et al.*(1993a)에 의해 획득된 반사 탄성파 데이터의 추가 처리를 포함한 Singh *et al.*(1998)에 의한 후속 연구는 특별히 용융물 렌즈의 탄성파 특성과 축을 따른 두께의 변화를 식별하는 데 초점이 맞추어졌다. 연구들의 결과로 단지 2-4km의 짧은 용융물 렌즈가 분출하여 상부 표면을 형성할 수 있을 정도의 순수한 용융을 포함한다는 것이 알려졌다. 길이가 15-20km인 용융 렌즈의 중간에 내재하는 부분은 결정 박쥐우산에 풍부하고 하부 지각의 형성에 기여하는 것으로 생각된다. 순수한 용융 포켓(pocket)은 맨틀로부터 가장 최근에 주입된 마그마와 관련되는 것 같다.

6.7 해령의 축을 따른 분할(along-axis segmentation)

해령의 많은 초기 조사는 그것들의 주향에 수직 방향인 꽤 넓은 간격의 단면들을 기반으로 하였다는 점에서 본질적으로 2차원적이었다. 최근에는 해양 지형의 전체 지역 커버리지(complete areal coverage)를 제공하는 '폭관측(swath)' - 지도작성 시스템이 사용된다. 이러한 시스템은 주향을 따른 해령 구조의 변화를 밝혀내기 위해 사용되어 왔다. 이러한 발전의 고찰이 Macdonald *et al.*(1988)에 의해 제공되었다.

동태평양해령(East Pacific Rise)의 연구들은 해령이 국지적 최대 수심이 나타나는 전파하는 열개(propagating rifts, 6.11절)와 중첩된 확장 센터(overlapping spreading centers, OSC)와 같은 변환 단층이 없는 해령 축의 불연속에 의해, 그리고 해령 축 심도의 부드러운 변화에 의해 그것의 주향을 따라 분할되는 것을 보여주었다. 이러한 지형은 시간이 지남에 따라 해령 축의 위 혹은 아래로 이동한다.

OSCs(MacDonald & Fox, 1983)는 해령의 확장 센터가 0.5-10km의 거리로 오프셋된 견고하지 않은 불연속면이고, 2개의 해령부분은 오프셋의 약 3배로 서로 중첩한다. OSCs는 측면 오프셋이 15km 미만인 빠르게 확장하는 해령에서 발생하고, 진정한 변환 단층은 암석권이 너무 얇고 약하기 때문에 발달하지 않는다는 것이 제안되었다. OSC 기하학은 분명히 불안정하고, 그것의 발달은 합리적 유사물을 나타내는 용융된 왁스 위에 떠다니는 고체 왁스 필름에 있는 슬릿(slit)의 행동에서 추론되어 왔다(그림 6.12a). 슬릿(확장 센터)에 수직으로 가해진 인장이 그것들의 측면 전파(그림 6.12b)를 그것들이 중첩할 때까지(그림 6.12c) 일으키고, 둘러싸인 구역은 전단변환(shear formation)과 회전변환(rotational formation)을 받는다. OSC는 하나의 끝이 다른 OSC와 연결될 때까지(그림 6.12d) 계속해서 발전한다. 그러면 하나의 확장 센터가 다른 OSC가 활동치 않게 됨에 따라 발달하고, 확장을 계속함에 따라 멀어져간다(그림 6.12e).

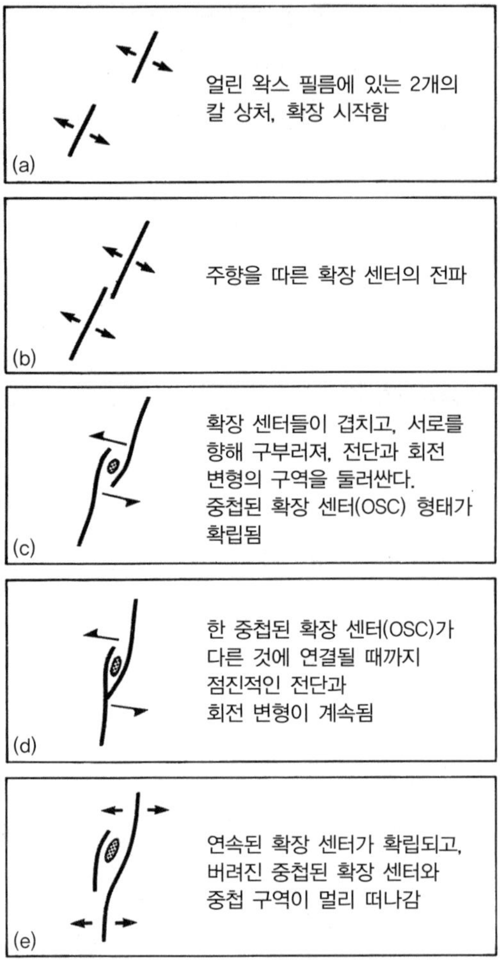

그림 6.12 중첩된 확장 센터(overlapping spreading center) 발달의 가능한 진화 순서(MacDonald & Fox, 1983에서 다시 그려짐, Nature 302, 55–8의 허가로. 저작권 © 1983 Macmillan Publishers Ltd)

빠르게 확장하는 해령은 몇몇의 다른 규모로 분할된다(그림 6.13). 1등급 분할은 큰 축 수심 이상(axial depth anomaly)으로 300-500km의 간격으로 해령을 분할하는 단열대(fracture zone, 4.2절)와 전파하는 열개(6.11절)에 의해 정의된다. 50-300km 간격인 2등급 분할은 견고하지 않은 변환 단층(여전히 얇고 뜨거운 지각에 영향을 미치는)과 수백 미터의 축 수심 이상을 야기하는 거대한 오프셋(3-10km) OSCs에 의해 만들어진다. 30-100km 간격인 3등급 분할은 수심 이상이 단지 수십 미터인 작은 오프셋(0.5-3km) OSCs에 의해 정의된다. 마지막으로, 10-50km 간격인 4등급 분할은 열개 축의 매우 작은 측면 오프셋(<0.5km)과 해령 축의 축

방향 직선에서 작은 편차(DEVALS)에 의해 발생한다. 이것들은 수심 이상과 거의 연관되지 않고 중앙 열개 내의 화산 활동이나 화학적 변화의 갭(gap)으로 표현될 수 있다. 분명히 4등급 분할은 Singh *et al.*(1998)에 의해 설명된 용융 렌즈에 있는 순수한 용융 포켓 사이의 간격과 동일한 축을 따른 길이 규모이다(6.6절).

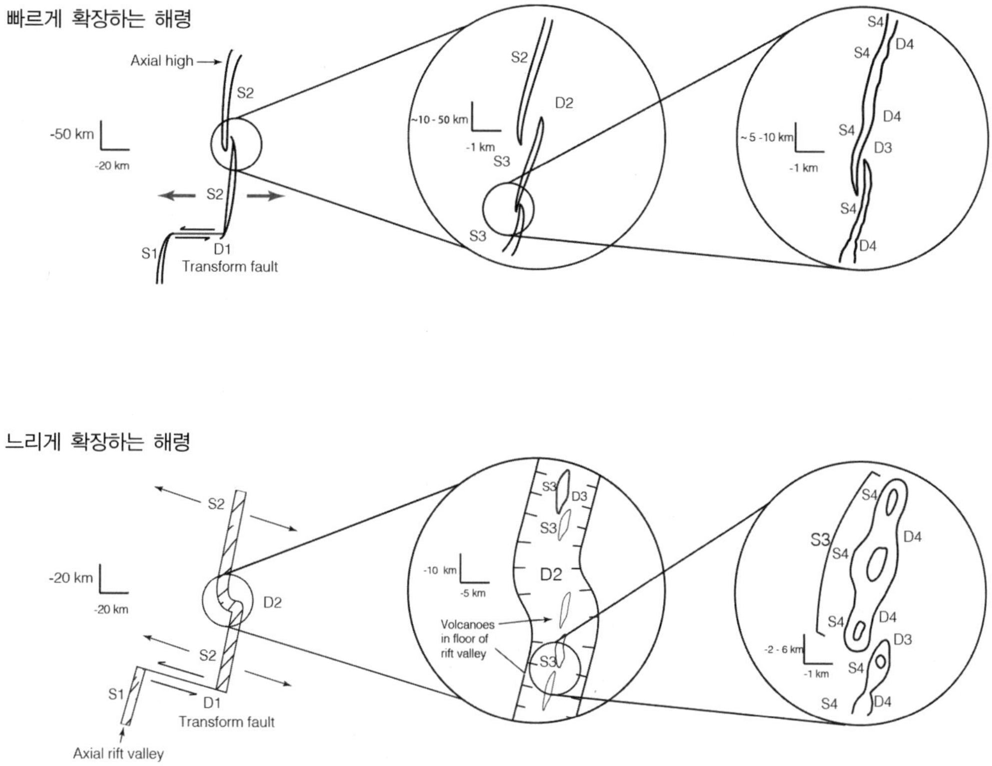

그림 6.13 빠르게 확장하는, 그리고 느리게 확장하는 해령에서 분할 계층 (hierarchy of segmentation)의 요약. S1, S2, S3 및 S4–1등급 내지 4등급 해령 분할조각(ridge segment). D1, D2, D3과 D4–1등급 내지 4등급 불연속(Macdonald *et al*, 1991, Science 253, 986–94에서 다시 그려짐, AAAS의 허가로)

3등급과 4등급 분할은 그것들의 효과가 확장하는 방향으로 단지 수킬로미터에 걸쳐 추적될 수 있기 때문에, 단명인 것으로 보인다. 그러나 2등급 분할은 수백 미터의 기복 차이를 일으키는 첨단 해령(cuspate ridge)과 길쭉한 분지로 이루어진 확장하는 지각의 축 자국(axis scar) 앞바다에 생성된다. 자국은 확장하는 극 주위에 작은 원 경로를 따르지 않으나, 해령에 60-80°로 V자 모양의 흔적을 형성한다. 이것은 분할을 야기하는 OSCs가 연간 수백 밀리미터까지의 속도로 해령을 따라 이동한다는 것을 나타낸다. 그림 6.14는 마그마 펄스 움직임의 관점에서 그러한 해령-축 불연속면의 진화에 대한 일반적인 세 가지 경우를 요약한다.

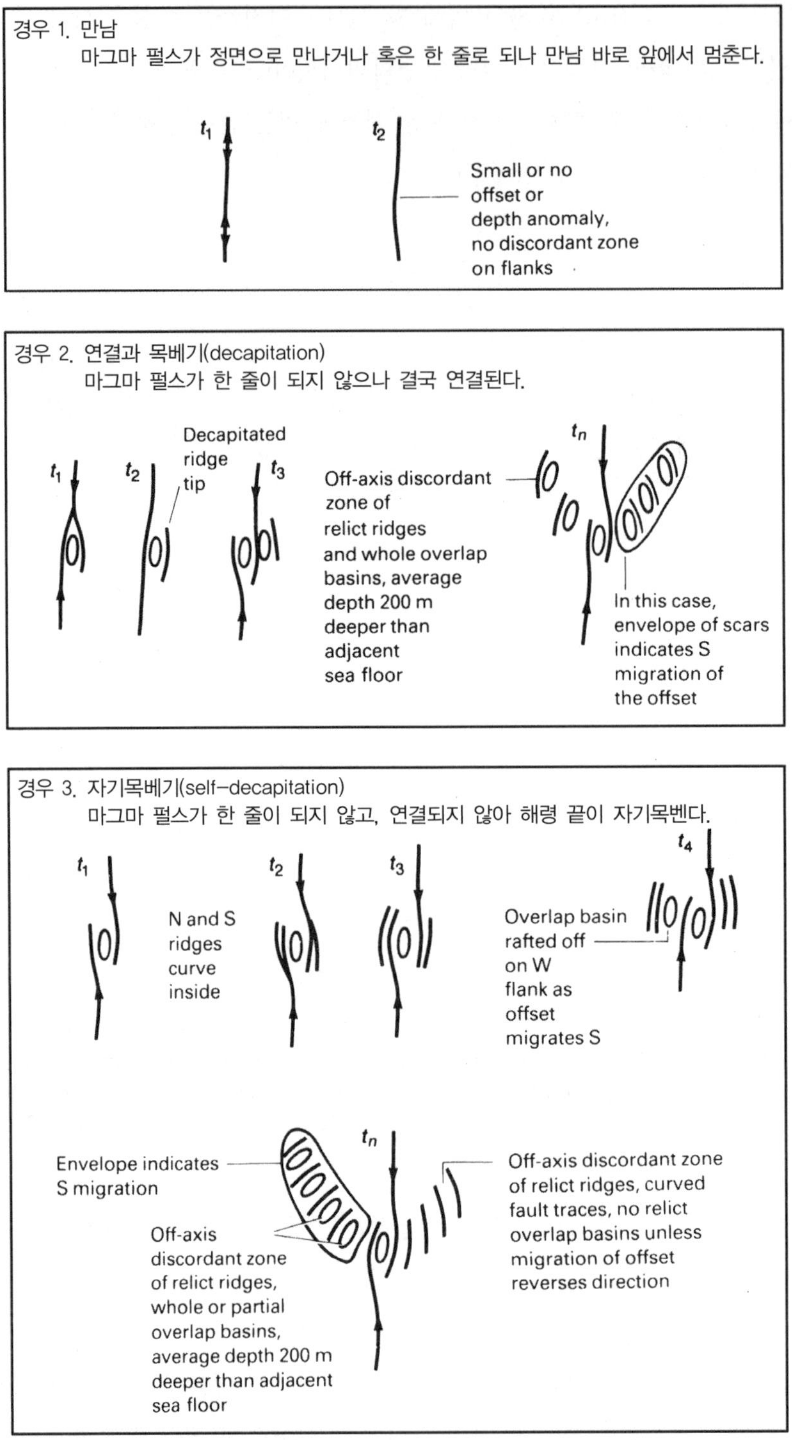

그림 6.14 해령-축 불연속의 진화에 대한 세 가지 경우들. 축 방향의 화살표는 마그마 펄스의 전파 방향을 의미한다. t_1, t_2, ⋯ , t_n은 시간 순서를 의미한다. 경우 2와 3은 2등급과 3등급 불연속에 적용된다(Macdonald *et al.*, 1988을 따름, Nature 335, 217-25의 허가로. 저작권 © 1988 Macmillan Publishers Ltd).

해령 분할의 다른 규모, 즉 '등급(order)'은 빠르게 확장하는 동태평양해령에서 처음으로 인식되었다. 또한 느리게 확장하는 중앙 대서양 해령에도 분할이 존재하나, 아마도 해령 정상이 더 차갑고 따라서 좀 더 취성이기 때문에 다소 다른 형태를 지니게 된다(Sempéré *et al*., 1990; Gente *et al*., 1995; 그림 6.13). 1등급 분할은 변환 단층에 의해 정의되나, 중첩하는 확장 센터가 없고, 2등급 분할조각들은 해저의 깊은 저지대와 관련된 해령 축의 비스듬한 오프셋에 의해 경계되어진다. 3등급과 4등급 분할은 지화학적 변형과 내부 계곡 바닥에서 화산 활동 중단의 형태이다. 후자는 길이가 2-20km이고 폭이 1-4km인 분리된 선형의 화산 해령을 낳는다(Smith & Cann, 1993). 또한 1등급과 2등급 분할은 수명이 길고, 3등급과 4등급 분할은 수명이 짧다. 변환 단층작용조차 보이지 않는 초저속으로 확장하는 가켈 해령(Gakkel Ridge)에서 분할은 화산과 구조적 혹은 마그마와 비마그마(amagmatic) 분할조각의 형태이다(Michael *et al*., 2003; 6.9절).

변환 단층인 1등급 분할조각의 경계는 뚜렷한 해저지형의 저지대로 표시된다(6.12절). 그것들은 종종 정상보다 얇은 지각과 금이 간 지각을 통하여 아래로 침투하는 해수의 결과로 맨틀의 부분적인 사문암화(sepentinization) 때문에 모호면(Moho) 아래 비정상적으로 느린 탄성파 속도 위에 놓인다. 단열대 부근의 이런 지각의 얇아짐은 특히 느리게 확장하는 중앙 대서양 해령에서 명료하다(White *et al*., 1984; Detrick *et al*., 1993b). 대조적으로, 분할조각의 중앙 부분은 융기되고, 정상적인 두께의 지각과 더 얇은 암석권을 갖는다. 이것은 맨틀로부터 마그마의 공급이 분할조각 센터에서 해령 축을 따른 격리된 지점들에 집중되고 있음을 의미한다. 두꺼운 지각과 증대된 마그마의 공급의 이런 지역은 음의 맨틀 부게 이상(mantle Bouguer anomalies, MBAs)에 의해, 그리고 그것들 사이의 얇아진 지각의 지역은 양의 MBAs에 의해 특징지어진다(Lin *et al*., 1990). 이런 후자 지역은 변환 단층에 더하여 2등급 불연속들을 포함한다. 분할조각 센터에서 마그마 공급의 집중에 대한 증거는 빠르게 확장하는 동태평양 해령에서는 덜 명확하지만, 마그마 방의 크기와 폭의 불연속 및 변형은 분할과 관련이 있다(Toomey *et al*., 1990). 이러한 관찰은 마그마가 분할조각 센터에 정치되고, 분할조각의 끝을 향해 해령 축을 따라 측면으로 이동한다는 것을 시사한다. 이것이 더 차갑고 느리게 확장하는 지각에서 이것이 분할조각 끝은 마그마가 고갈되고, 지각 부분의 일부가 사문암화된 맨틀로 구성되어 있다는 것을 의미한다는 것이 점차 인식되어지고 있다.

해령 정상에서 해양 지각의 확장(extension)은 마그마의 관입이나 확장 단층작용(extensional faulting) 중 하나에 의해 발생할 수 있다. 만일 변환 단층 부근의 해령 정상이 마그마를 공급받지 못하면, 비마그마 확장이 더 중요해진다. 아마도 이것의 가장 장엄한 표현은 느리게 확장하는 해령-변환 단층 교차점의 내측 모서리에 사문암화된 감람석과 반려암의 주름진 줄무늬의 대형 돔(dome, p.xix의 플레이트 6.1)을 생기게 하는 주요 저각도 분리 단층(low-angle detachment fault)의 출현이다(Ranero & Reston, 1999; MacLeod *et al.*, 2002; 7.3절). 이런 주름진 돔은 상부 맨틀과 해양 암석권의 하부 지각을 변형시키는 노출된 단층면이다. 주름들은 해저 확장 방향에 평행이고, 단층의 이동 방향을 나타낸다. 이러한 단층에서 오프셋(offset)은 일반적으로 적어도 10-15km이다(Cann *et al.*, 1997). 이러한 노출은 대륙 확장 구역의 변성 핵심 복합체(metamorphic core complex; 7.3절, 7.6.2절, 7.7.3절)를 형성하는 그것과 비슷한 확장, 분리 단층작용(detachment faulting), 그리고 지각의 휨(crustal flexure)을 포함하는 프로세스에서 발생하는 것으로 생각된다. 이러한 이유에서 해령-변환 단층 교차점에서 침식으로 드러난 감람석의 구역은 **해양 핵심 복합체(oceanic core complex)**로 칭해진다. 예로는 중앙 대서양 해령-아틀란티스 변환 교차점에 있는 아틀란티스 육괴(Atlantis Massif, p.xix의 플레이트 6.1; Blackman *et al.*, 1998; Schroeder & John, 2004; Karson *et al.*, 2006)와 호주 남쪽 남서 인도 해령(Southwest Indian Ridge)을 따른 아틀란티스 뱅크(Atlantis Bank; Baines *et al.*, 2003; Okino *et al.*, 2004)가 있다.

그림 6.15는 Cannat *et al.*(1995) 그리고 Sinton과 Detrick(1992)에 의해 각각 구상된 것과 같은 느리게 확장하는, 그리고 빠르게 확장하는 해령에 대한 축을 따른 해양 지각의 변화를 보여준다. 실제로 Cannat *et al.*(1995)은 해양 지각에서 사문암화된 암석이 단열대에서 멀리 떨어진 지역에서조차 이전에 가정된 것보다 훨씬 더 흔할 수 있다고 제안했다. 그들은 22-24°N의 북대서양 해령 지역에서 상대적으로 얇은 지각을 나타내는 양의 중력 이상의 지역 위에서, 그리고 정상적인 중력장을 갖는 지역 위에서 드렛지로 샘플링하였다. 조사 대상 지역의 약 23%를 구성하는 전자 위에서, 그들은 일반적으로 해양층 2(oceanic layer 2)를 특징짓는 현무암질 암석을 거의 갖지 않는 사문암을 회수하였다. 그들은 마그마 센터가 성장하고, 해령 축을 따라 이동하고 쇠퇴함에 따라 정상적인 해양 지각도 비슷하게 이동할 것이고 마그마가 없었던 곳에서 발생한 사문암질 지각(serpentinitic crust) 지역을 둘러쌀 것이라고 제안했다. 느리게 확장하는 해양에서 사문암화된 감람암이 이전에 인식된 것보다 더 흔하다는 것을 의미하기 때문에 이 연구는 중요하다. 거기에는 광범위한 의미가 있다. 감람암(Peridotite)은 현무암보다 바닷물에 훨씬 더 반응적이고, 풍화하자마자 마그네슘, 니켈, 크롬 및 귀금속을 방출한다. 비록 현재 섭입대로 들어가는 느린 확장 속도로 형성된 해양 지각의 유일한 예가 카리브(Caribbean)와 스코샤 호상(Scotia arc)이지만, 사문암 역시 풍화된 현무암보다 훨씬 더 많은 물을 포함하는데, 이것이 섭입대의 맨틀에 공급되는 많은 물을 설명할 수 있다(9.8절).

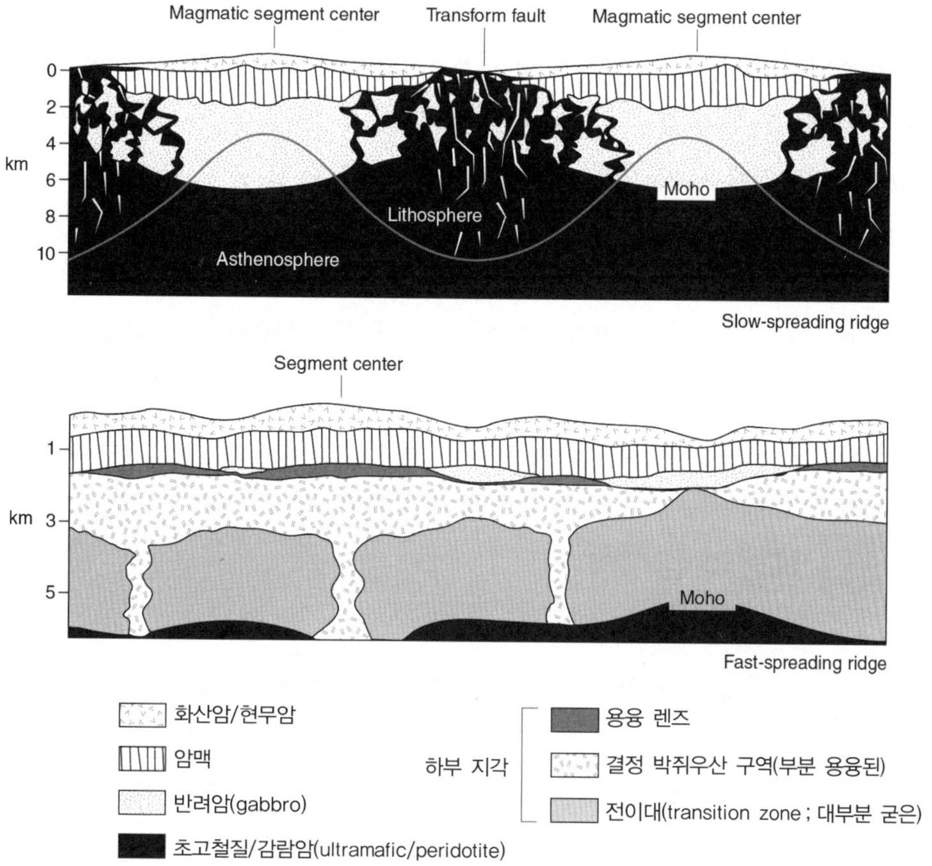

그림 6.15 Cannat *et al.*(1995) 및 Sinton과 Detrick(1992)에 의해 각각 구상된 바와 같이 느리게 확장하는, 그리고 빠르게 확장하는 해령에서 분할조각 센터와 분할조각 끝 사이의 지각 구조의 변화를 도해하는 축 방향의 단면(Geological Society of America 허가로 Cannat *et al.*, 1995에서 다시 그려지고, 그리고 Sinton & Detrick, 1992에서 수정됨, American Geophysical Union의 허가로. 저작권 © 1992 American Geophysical Union)

해령의 분할은 해령을 따라 격리된 위치의 마그마 방에 공급하고 국지적 수심 이상을 생성하는 해령 아래에 있는 부분 용융의 분포에 의해 제어되는 것 같다(Toomey *et al.*, 1990; Gente *et al.*, 1995; Singh *et al.*, 1998). 위에서 설명된 Sinton과 Detrick(1992)의 해령 모델은 해령을 따라 작은 축 마그마 방 내의 광범위한 혼합을 배제하고, 관측된 지구화학적 분할을 설명할 수 있다. 시간이 지나면서 내부의 압력이 서서히 작아짐에 따라 축 수심을 점진적으로 증가시키면서 마그마는 그것의 기원에서 멀어져갈 수 있다. 이런 현상이 Mutter *et al.*(1988)에 의해 지적된 마그마 방과 융기최고점의 비일치(noncoincidence)를 설명할 수 있다. 마그마 위에 놓이는 취성 껍질(brittle shell)은 늘어져 금이 가고, 마그마가 이 금을 따라 관입한다. 그래서 분출이 마그마 이동의 경로를 따른다. 분출 후 공급하는 마그마의 제거가 축 정상 지구

(graben)를 형성한다. 해저 확장이 단열작용(fracturing), 암맥 관입(dike injection), 그리고 풍부한 화산작용에 의해 발생하는 해령의 펄스 같은 간헐적인 확장에 대한 증거가 지진 연구와 직접 관찰(예를 들면, Dziak & Fox, 1999; Tolstoy *et al.*, 2001), 그리고 오피올라이트의 연구(Harper, 1978)에 의해 제공되었다. 따라서 해령 축 불연속들은 마그마 펄스가 결국 멈추게 된 곳에 발생한다. 변화무쌍한 수심과 관련된 지구물리학적 및 지화학적 차이는 해령의 인접한 분할조각들이 맨틀에 있는 별개의 서로 다른 공급원을 가지고 있음을 의미한다. 1등급에서 3등급 분할은 마그마의 이동과 관련된 다양한 깊이에 의해 발생된다. 4등급 효과는 마그마의 공급의 화학적 차이에 의해 발생한다.

6.8 해령의 암석학

정상적인 상태에서 상부 맨틀의 감람암(peridotite)은 용융되지 않는다. 그러나 해령에서 높은 열류량을 고려할 때 지열 구배가 약 50km의 깊이에서 감람암의 고상선(solidus)을 가로지르기(Wyllie, 1981, 1988) 때문에, 해양 지각의 모 마그마(parental magma)가 생성될 수 있다는 것을 의미한다(그림 2.36). 해양 암석권이 맨틀 플룸(mantle plume) 혹은 열점(hotspot, 5.5절)을 가로지를 때, 유사하게 높은 지열 구배가 대양 아래에 존재하는 것으로 생각되고, 그래서 유사한 메커니즘에 의해 현무암질 암석이 생성된다.

중앙 해령 현무암(mid-ocean ridge basalts, MORB)은 감람석 소레아이트(olivine tholeiite)의 성분을 가지고 있고(Kay *et al.*, 1970), 다양한 알루미나와 철 함량에 기인된 주 원소(major element) 성분의 소소한 차이를 보인다. 그것들은 감람석(olivine) 혹은 사장석(plagioclase) 또는 드물게 단사휘석(clinopyroxene; Nisbet & Fowler, 1978)의 반정(phenocryst)을 포함할 수 있다. 실험 암석학에서 제안된 대양 현무암의 화학성분에 대한 가장 단순한 해석은 부분 용융의 분리가 15-25km의 깊이에서 발생한다는 것이다. 그러나 다양한 대안적인 해석이 존재한다. 미량 원소(trace element)의 분석으로 많은 현무암의 성분 차이가 고차적 분별작용(high-level fractionation)의 관점에서 설명될 수 있다. 그러나 가장 극단적인 변화를 설명하기 위해, 일단의 마그마 혼합을 생각해내는 것이 필요하다. 심부 기원의 포획결정(xenocryst)의 빈번한 존재로 이 암석은 심부 마그마 방에서 단지 매우 짧은 시간을 보낸다는 것을 알 수 있다.

더 작은 규모로 동태평양해령(East Pacific Rise)에 대한 자세한 샘플링을 통해 그것의 주요,

그리고 미량 원소 화학에서 다양한 일련의 현무암이 Langmuir *et al.*(1986)에 의해 밝혀졌다. 이런 성분의 차이가 약 50-150km 이격된 지형적 고지와 관련된 해령의 정상을 따라서 일어나는 일련의 마그마 관입의 관점에서 해석되었다. 마그마는 분출의 온도가 분할조각의 중심(6.7절)에 해당하는 해저지형 고지의 최대에서 일정하게 감소하도록 주입 지점에서 능선을 따라 바깥쪽으로 이동한다. Batiza *et al.*(1988)은 남부 중앙 대서양 해령의 축을 따라 샘플링하여, 축을 따라 부분 용융의 깊이와 정도, 그리고 분별작용 정도의 차이로 인한 화학적 변화에 기인된 일정한 패턴이 있다는 것을 보여주었다. 그들은 이런 패턴이 축을 따른 제한된 용융 이동과 지각의 크지 않고 잘 혼합된 마그마 방을 갖는 깊은 중앙 마그마 공급처의 존재를 의미하는 것으로 결론지었다.

Flower(1981)는 중앙 해령에서 생성된 현무암의 암석학과 화학의 차이가 확장 속도와 간단한 상관관계를 갖는다는 것을 보여주었다. 초기 용융은 동일하게 나타나는 겉처럼 보이기 때문에 차이는 상부 맨틀에서의 프로세스와 관련이 없다. 그것들은 부분 용융 후 분별 환경을 반영한다고 생각된다. 느리게 확장하는 시스템은 칼슘 사장석(calcic plagioclase)의 광범위한 축적, 반정-유체 반응 형태학(phenocryst-liquid reaction morphologies)의 존재, 그리고 휘석에 지배되는(pyroxene-dominated) 분별 추출물이 있는 복잡한 마그마 방에 의해 특징지어진다. 이러한 현상은 일시적인 것처럼 보이는 방 내의 다양한 압력에서의 분별작용과 일치한다. 이 결론은 중앙 대서양 해령에서 채취된 현무암의 희토류 원소(rare earth element)의 패턴과 일치한다(Langmuir *et al.*, 1986). 비록 균질한 맨틀에서 기원되었지만, 인접 지역에서 채취된 샘플에서 명백한 희토류 화학의 차이는 분별작용의 복잡한 후속 이력을 나타낸다. 그러나 빠르게 확장하는 해령은 사장석 축적이 거의 없거나 결정-유체 상호 작용을 갖는 철분이 풍부한 조성물로의 저압 분별작용 경향을 암시한다. 이것은 안정적이고 정상 상태인 마그마 방과 일치한다.

매우 느리게, 그리고 초저속으로 확장하는 해령은 전형적인 MORB보다 더 낮은 나트륨 함량과 더 높은 철 함량을 갖으며, 이것은 맨틀 용융의 더 작은 정도의 맨틀 용융과 더 깊은 심도에서의 용융을 반영한다. 그러한 해령에서 드렛지된 감람암의 지화학도 역시 해령 아래 맨틀 용융의 정도가 낮다는 것을 가리킨다. 마그마가 가켈 해령(Gakkel Ridge)의 길이를 따라 공급되는 속도의 큰 차이와 확장 속도와의 상관관계 결핍은 추가적인 요소들이 관련되어야만 한다는 것을 암시한다. 다른 열 체제(different thermal regime) 혹은 해령을 따른 변화하는 맨틀 성분 혹은 상부 맨틀에서의 용융의 측면 이동이 가능성 중의 일부이다. 사실, 그러한 해령 아래 용융의 더 작은 수직적 범위 때문에(6.9절), 맨틀 온도 및/또는 성분의 작은 차이가 생성된 마그마 부피의 더 큰 비례 변화(proportional changes)로 이어질 것이다(Michael *et al.*, 2003).

6.9 축 지역의 천부구조(shallow structure of the axial region)

위에서 지적되었듯이(6.1절) 정상적인 해양 지각, 즉 열점 혹은 변환 단층 부근에서 형성되지 않은 해양 지각은 만일 20mm a^{-1}을 초과하는 최고 확장 속도로 형성된다면, 7±1km의 매우 균일한 탄성파 두께(seismic thickness)를 갖는다. 맨틀이 균질하다면 이것은 그러한 모든 해령 정상 아래에 동등한 열 구배와 고철질 지각의 균일한 두께를 생산하는 맨틀의 비슷한 부분 용융 정도를 의미한다. 해령 아래에 있는 열 체제(thermal regime)의 대동소이도 암석권의 연령과 깊이 관계(6.4절)에 의해 암시된다. 그러나 마그마가 지각에 공급되는 속도는 확장 속도에 좌우될 것이다. 빠르게 확장하는 해령에서 마그마 공급 속도는 비교적 얕은 심도에서 전체 정상 지역(whole crestal region)이 뜨겁게 유지되고 정상 상태(steady state)의 마그마 방이 존재할 정도의 속도이다. 실제로 마그마 방 위의 지각은 열수 순환(6.5절)의 냉각 효과가 없다면 훨씬 더 뜨겁고 약하다. 느리게 확장하는 해령에서 마그마 공급의 더 느린 속도는 맨틀로부터 마그마가 주입되는 사이에 열수 순환뿐만 아니라 전도에 의해 지각이 냉각될 수 있게 한다. 결과적으로 지각은 더 차갑고, 정상 상태의 마그마 방이 유지될 수 없다. 20mm a^{-1}보다 작은 확장 속도에서 마그마의 주입 사이의 이런 전도성 냉각은 맨틀로 확장하고 용융 발생을 억제한다. 이것이 남서 인도양과 가켈 해령(6.1절)에서 관찰된 바와 같이 마그마 공급 속도는 물론 마그마 공급을 줄이고, 따라서 생산된 고철질 지각(mafic crust)의 두께를 줄인다. 그것은 또한 화산 센터(6.6절) 아래를 제외하고는 오히려 있을 것 같지 않은 해령 아래에 일시적으로 마그마 방을 만든다.

빠르게 확장하는 해령의 비교적 매끄러운 축 지형은 높이가 400m에 이르고 폭이 1-2km인 축 고지, 수십 미터의 기복을 갖는 단층 급경사(fault scarp), 그리고 해령 축으로 혹은 멀리 경사지는 단층면으로 특징지어진다. 활발한 화산작용은 대체로 축 고지에 제한되고, 매끄러운 지형은 높은 분출 속도와 마그마의 낮은 점성도에서 유래되는 것으로 생각된다. 축 고지는 아래의 축 마그마 방의 부력에 상응하고 그것에 의해 지탱되는 것 같다. 태평양 지각에 있는 주요 단층 급경사와 DSDP/ODP 시추공 504B에서의 시추 코어에 대한 연구로 심부에서 용암류(lava flow)는 분출되었던 해령 축으로 기울고, 그것들 아래의 암맥은 해령 축에서 멀어지게 기운다는 것이 밝혀졌다(Karson, 2002). 이런 형태는 매우 좁고 연속적인 암맥 관입대(zone of dike intrusion), 그리고 분출 지점에서 멀어지면 용암류 단위의 두께가 증가함에 따른 침강(6.10절)을 나타낸다. 빠르게 확장하는 해령의 정상에서 상부 지각의 이런 비교적 간단한 구조가 그림 6.16에 도시된다.

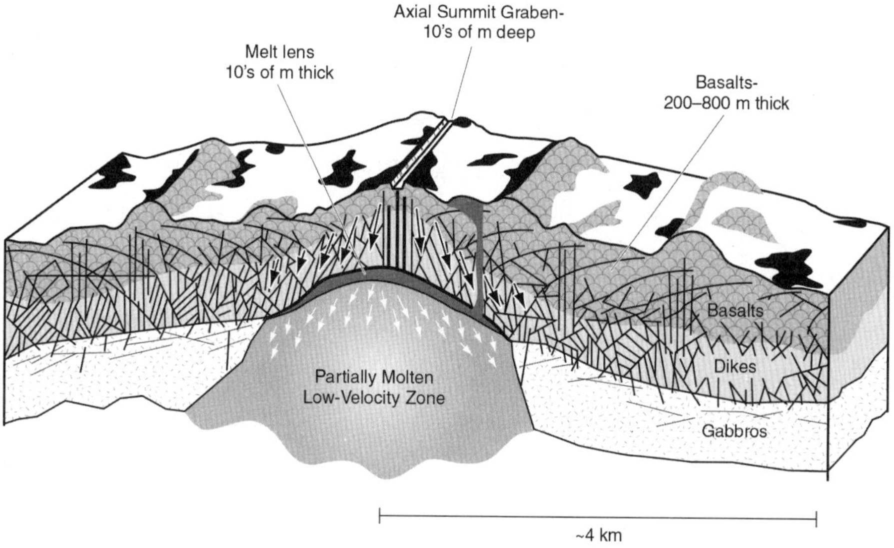

그림 6.16 빠르게 확장하는 해령에 대한 상부 지각 구조의 도식적인 그림(Karson *et al.*, 2002에서 다시 그려짐, American Geophysical Union의 허가로. 저작권 © 2002 American Geophysical Union)

느리게 확장하는 해령 정상의 천부 구조는 빠르게 확장하는 해령의 그것과 근본적으로 다르다(Smith & Cann, 1993). 마그마의 덜 빈번한 분출과 더 차갑고 더 부서지기 쉬운 지각의 결과로 정단층작용(normal faulting)에 의한 확장이 더 뚜렷하다. 단층 급경사는 약 100m의 기복을 갖고, 단층 평면은 해령 축으로 기울어진다. 화산작용은 기본적으로 내부 계곡 바닥에 제한되고, 한 번에 길이가 수십 킬로미터이고 폭이 1-5km인 축 화산 해령을 형성하는 특정 축에 평행한 균열을 따라 집중되는 것처럼 보인다. 추후 부착성장의 결과로 이런 해령이 축에서 멀어질 때, 이것들은 중앙 계곡의 경계를 정하는 급경사를 최종적으로 형성하는 단층들에 의해 절단될 수 있다. 이러한 경계 단층의 간격은 내부 계곡 폭의 약 3분의 1에서 절반, 즉 수 킬로미터인 것처럼 보인다. 내부 계곡 바닥 내에서 지형이 쪼개지고 작은 낙차 정단층에 의해 절단되는데, 이런 특징의 밀도가 그것의 연령을 암시한다. 내부 계곡 바닥으로 격리된 패킷의 마그마를 공급하는 일시적인 마그마 방이 있다면 예상한 대로 지각의 화산과 구조적(마그마와 비마그마(amagmatic)) 확장의 교호하는 단계의 명백한 증거가 있다.

매우 느리게 확장하는 해령은 얇은 고철질 지각과 맨틀이 해저에 직접 정치되었던 것으로 보이는 큰 지역의 감람암 노출에 의해 특징지어진다. 그러나 느리게 확장하는 해령 위의 2등급 분할조각과 유사한 마그마 분할조각도 있다. 이것들은 일반적으로 축 화산 해령의 형태로 풍부한 화산을 갖고 있다. 이것들은 길이가 15-25km이고, 축 계곡 바닥에서 400-1500m 솟아 있다. 비마그마 부분에서 열개 계곡(rift valley)은 종종 느리게 확장하는 해령보다 더 깊어서 곳곳에서 수심 5000m에 이르고, 열개 계곡 벽은 2000m에 이르는 기복을 갖고 있다. 가켈 해령에서 서부 부분은 마그마성이고, 중앙 부분은 본질적으로 열개 계곡의 20% 미만이 현무암 커버를 갖는 비마그마성이며, 그리고 초저속으로 확장하는 동부 부분은 매우 다르다. 그것은 축을 따라 15-50km에 걸쳐 확장하고 50-160km 떨어져 있는 집중된 여섯 개의 큰 화산 센터를 보유하고 있다. 이런 화산체는 다른 해령보다 더 크고 더 원형이다. 화산 센터 사이에서 기록된 자기 이상 현상의 진폭은 이런 조구조화된 구역(tectonized zone)에서 현무암 커버가 얇다는 것을 암시한다. 확장 속도와 관련되지 않은 마그마 공급의 크기에서 이런 두드러진 축을 따르는 차이는 해령 아래의 용융의 생성 및/또는 이동에 관한 흥미로운 질문을 제기한다(6.8절; Michael *et al.*, 2003).

6.10 해양 지각의 기원

해령에서 발생하는 널리 인정된 암석학적 프로세스 모델은 Cann(1970, 1974)에 의해 제안되었다. 이 모델에서 뜨거운 연약권 물질(asthenospheric material)이 현무암 용융 곡선을 통과할 정도로 충분히 빠르게 좁은 구역을 부력으로 상승(Nicolas *et al.*, 1994)하여 현무암 성분의 간극 용융(interstitial melt)을 제공한다. 연약권이 상승함에 따라 용융 파편의 부피가 증가하고, 최종적으로 모 물질을 떠나 독립적으로 상승하여 층 3의 수위에서 해양 지각의 하부 내에 마그마 방을 생산한다. 이 마그마의 일부는 지각의 갈라진 틈을 통해 상승하고 해저로 분출하여 베개 용암류(pillowed lava flow)를 생산한다. 흐름에 마그마를 공급하는 틈에서 마그마의 고화작용에 의해 형성된 암맥대(zone of dike)가 흐름 아래에 있다. 용암과 암맥이 함께 해양 지각의 층 2를 구성한다. Kidd(1977)는 이런 분출과 관입의 이러한 프로세스를 모델링하였고 그것을 오피올라이트 복합체(ophiolite complex)의 관찰과 비교했다. 층 2C는 전적으로 폭이 50m 미만인 구역을 통하여 관입된 판상 암맥(sheeted dike)으로 구성된다는 것이 밝혀졌다.

암맥은 다른 쪽보다 한쪽에 약 10% 더 냉각된 가장자리를 보여주는데, 원래 암맥의 가장자리가 해령 정상의 반대편에서 끝날 정도로 암맥의 약 10%가 나중의 암맥에 의해 절단되는 것을 보여준다. 암맥 관입이 기존 암맥이 가장 약한 뜨거운 중심축에 우선적으로 나아가기 때문에 해령 축에 대한 해저 확장의 대칭성이 설명된다. 암맥 위로 분출된 용암은 바닷물과 접촉으로 빠르게 냉각되고, 고화작용(solidification) 전에 2km 이내로 흐른다는 것이 제안되었다. 용암과 암맥은 지각평형 조정(isostatic adjustment)의 결과로 그것들이 분출된 지역에서 멀어짐에 따라 해령 정상을 향해 회전하리라 예측된다(그림 6.17). 그것들은 또한 해수가 있을 때에는 고온에서 평형을 이루고 있기 때문에 해령 축 근처에서 변성작용을 겪는다.

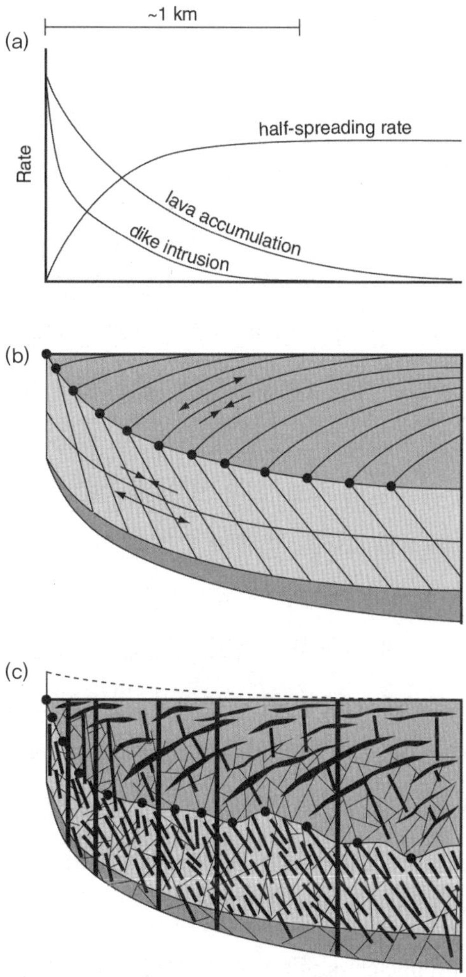

그림 6.17 빠르게 확장하는 해령 정상에서 층 2(Layer 2)의 형성에 대한 Kidd(1977) 모델의 지질학적 해석. 해령 축에서 멀어질수록 분출 층 두께의 급격한 증가와 해령 축 근처 얕은 깊이에 암맥 존재의 예측을 주목하라(Karson *et al.*, 2002에서 다시 그려짐, American Geophysical Union의 허가로. 저작권 © 2002 American Geophysical Union).

층 2의 기원에 대한 이 모델은 빠르게 확장하는 태평양 지각에 있는 주요 단층 급경사와 DSDP/ODP 시추공 504B에서의 시추 코어에 의해 밝혀진 상부 지각을 관통하는 단면의 연구에서 멋있게 확인되었다(Karson, 2002; 6.9절). 더구나 모델은 축 고지 아래에서 분출 층은 매우 얇아야만 하고 암맥은 해저에 가까이 있어야만 한다고 예측한다(그림 6.17). 이것은 축 고지 아래의 높은 탄성파 속도의 좁은 중앙 띠(band; Toomey *et al*., 1990; Caress *et al*., 1992)와 축 앞 1-2km 이내에서 빠르게 두꺼워지는 얇은 분출 층(extrusive layer; Detrick *et al*., 1993b; Kent *et al*., 1994)을 밝혀낸 탄성파 연구에 의해 확인된다.

Cann(1974)의 모델에서 낮은 위치의 지각은 축 마그마 방의 정출작용(crystallization)에서 발달한다. 마그마 방에서 정출하는 첫 번째 광물인 감람석, 크롬 스피넬(chrome spinel)은 마그마를 통과해서 하강하고 때때로 크롬철석(chromite)이 축적된 듀나이트(dunite) 기저층을 형성한다. 더 냉각하면 휘석(pyroxene)이 정출하고 쌓아올린 감람암질 층(cumulate peridotitic layer; 예를 들면, 감람석과 휘석의)이 형성되고, 휘석의 정출작용이 지배하기 시작하면 휘암(pyroxenite)으로 바뀐다. 최종적으로 사장석도 정출되고 층을 이룬 감람석 반려암(olivine gabbro)이 형성된다. 그다음에 여전히 매우 큰 부피를 차지하는 나머지 유체의 대부분은 상부의 '등방성' 반려암을 형성하는 아주 작은 온도 범위에서 고결된다. 본래 사장석과 석영으로 이루어진 이 분화작용 프로세스 중 작은 양의 휘발성 풍부한 잔류물이 정출하는 마지막 부분이고, 때때로 광맥과 위에 놓이는 막중 암맥 복합체 내에 '플라지오그라니트(plagiogranite)'의 작은 포켓을 형성하기 위해 위쪽으로 관입한다. 마그마 방 최상부의 휘발물질, 특히 물의 풍부함은 아래쪽으로 투과하는 해수와의 상호 작용 및/또는 마그마 방으로 위에 놓이는 열수로 변질된 암맥의 스토핑(stoping)에 적어도 부분적으로 기인될는지 모른다.

등방성, 그리고 층을 이룬 2개의 반려암 단위는 종종 탄성파 층 3A 및 3B와 각각 대비된다(2.4.7절). 감람석과 휘석이 풍부한 초고철질 축적물(ultramafic cumulate)이 모호면(Moho) 아래의 탄성파 속도(sub-Moho seismic velocity)를 설명한다. 따라서 모호는 고철질 단면의 기저에서 결정화된 마그마 방 내에서 발생한다. 그러나 축에서 벗어난 저온 환경에서, 최상부 초고철질들은 부분적으로 수화될 수 있고(즉, 사문암화되고), 결과적으로 더 특징적인 층 3B의 낮은 속도를 초래한다. 그때는 탄성파 모호면은 초고철질 단면 내의 다소 더 깊은 심부에 나타난다. 이런 불확실성의 결과로, 탄성파 모호면을 정의하는 데 암석학자는 추정된 마그마 방의 바닥, 즉 듀나이트/크로미타이트(dunite/chromitite) 경계면으로 지각의 기저를 정의하는 경향이 있다. 따라서 이 수위는 '암석학적 모호면(petrologic Moho)'으로 지칭된다.

Cann(1974)과 Kidd(1977)의 모델은 정상 상태의 마그마 방이 있는 빠르게 확장하는 해령 정상에서 만들어진 해양 지각의 알려진 구조와 암석학을 상당히 성공적으로 설명하였다. 그러나 느리게 확장하는 해령 정상에서 지각 부착성장의 구역은 더 넓고, 마그마 방은 오직 일시적인 것으로만 생각된다. 이 경우 해저 확장의 관점에서 오피올라이트의 초기 재해석으로부터 유래된 대체 모델이 더 적절할 수 있다. 이것이 남부 키프로스(southern Cyprus)의 트루도스 오피올라이트(Troodos ophiolite)의 모든 부층에서 관찰된 다수의 관입 관계에 비추어 주 지각 층 내에서 다수의 작은 마그마 방을 생각해내게 하였다(Moores & Vine, 1971; 2.5절). Smith와 Cann(1993)은 느리게 확장하는 해령 정상에서 해양 지각의 생성에 대한 이러한 모델을 선호한다(그림 6.18). 그러나 분할조각 센터에서 멀리 떨어져서, 특히 변환 단층 근방에서, 마그마 공급은 크게 줄어들 수 있고, 사문암화된 맨틀 감람암(mantle peridotite)이 얇아진 해양 지각의 흔한 성분인 것처럼 보인다. 이런 유형의 지각은 매우 느리게 확장하는 해령에서 훨씬 더 일반적이고, 궁극적으로 지각의 대부분은 현무암의 얇은 배갑을 갖거나 혹은 갖지 않고 효과적으로 노출된 맨틀이다. 초저속의 가켈 해령에서 지각은 기본적으로 사문암화되고, 100 × 50km의 간격으로 높은 화산 센터를 갖는 매우 조구조화된 맨틀 감람암(tectonized mantle peridotite)이다.

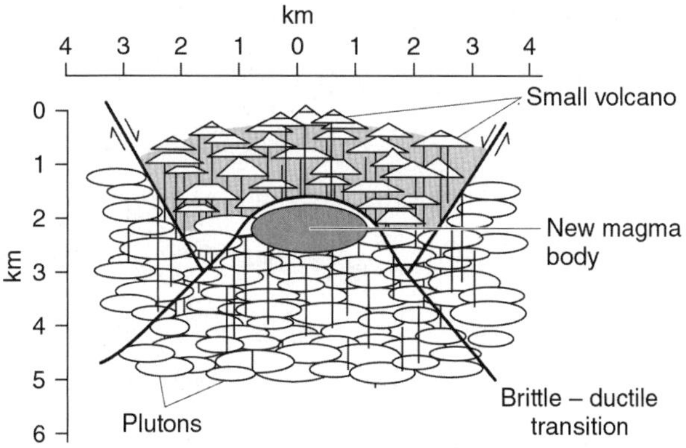

그림 6.18 느리게 확장하는 해령에서 해양 지각의 형성을 위한 모델. 일시적인 마그마 암체가 지각 내 취성-연성 전이(brittle–ductile transition)까지 상승하여 더 오래된 심성암을 옆으로 밀어내고 내리누른다. 마그마 암체의 일부는 해저 위의 화산 또는 허머키(hummocky) 용암류를 생기게 하는 균열을 통해 분출하고 나머지는 고화하여 주 지각 층의 일부를 형성한다(Smith & Cann, 1993에서 다시 그려짐, Nature 365, 707–15의 허가로. 저작권 © 1993 Macmillan Publishers Ltd).

중앙 해령 정상의 부착성장 프로세스를 이해하는 또 다른 방법은 열 모델링의 방법이다(Sleep, 1975; Kusznir & Bott, 1976; Chen & Morgan, 1990). Chen과 Morgan(1990)은 해령 정상에서의 열수 순환 효과와 해양 지각은 맨틀보다 높은 온도에서 더 연성이라는 맨틀에 비해 지각의 다양한 유동학적 특성을 포함함으로써 이러한 모델을 상당히 개량했다. 6.9절에 설명된 바와 같이, 해령 정상 아래의 열 체제는 확장 속도에 좌우되는 마그마가 지각에 공급되는 속도에 의해 영향을 받는다. 결과적으로 취성-연성 전이(brittle-ductile transition; 약 750°C에서)가 마그마 공급의 낮은 속도를 갖는 느리게 확장하는 해령의 천부 지각에서 발생한다. 이것은 빠르게 확장하는 해령에 연성 하부 지각의 훨씬 더 큰 부피, 즉 폭이 있음을 의미한다. 이런 연성 지각은 아래 대류순환 맨틀의 점성 저항(viscous drag)에서 위에 있는 취성 지각(brittle crust)을 효과적으로 분리시키고, 해령 축에서 판을 잡아 찢는 인장응력(tensile stress)이 매우 좁은 구역의 반복된 인장파괴(tensile fracture)로 확장하는 비교적 얇고 약한 층에 집중된다. 느리게 확장하는 해령에서 취성 층은 두껍고, 연성 지각의 부피도 훨씬 작다. 그 결과로, 인장응력이 큰 지역에 걸쳐 분산되어서 취성 지각에서 더 큰 점성 저항이 있다. 이런 상황에서 상부 취성 층은 중앙 계곡을 만드는 수많은 정단층의 형태로 정상 상태 감쇠(steady state attenuation) 또는 '넥킹(necking)'에 의해 변형된다.

Chen과 Morgan(1990)은 정상적인 두께와 적절한 모델 매개변수를 갖는 지각을 대상으로 부력의 축 고지를 갖는 매끄러운 지형에서 중앙 열개 계곡으로의 전이가 관찰된 바와 같이 약 70mm a^{-1}의 확장 속도에서 매우 급격하다는 것을 증명하였다. 또한 이 모델은 예를 들면 아이슬란드의 바로 남쪽 레이크제인스(Reykjanes) 해령에서와 같이 느린 확장 속도로 형성되는 더 두꺼운 지각에서 훨씬 더 큰 볼륨의 연성 지각이 있을 것이고 부드러운 지형이 열개 계곡 대신 발달된다는 것을 예측한다. 반대로, 지각이 느리게 확장하는 해령에서 예를 들면 중앙 대서양 해령의 단열대 부근에서 얇으면, 중앙 계곡이 분할조각 중심에서보다 더 뚜렷할 것이다. 정상보다 더 두껍거나 얇은 지각의 이러한 예들은 또한 각각의 경우에 효과를 향상시키는 각 정상적인 상부 맨틀의 온도보다 높거나 낮은 지역일 가능성이 있다. 이 모델은 동태평양해령(East Pacific Rise)에서 관찰된 바와 같은 마그마 방을 통합하기 위하여 Morgan과 Chen(1993)에 의해 확장되었다. 이 향상된 모델은 정상 상태 마그마 방은 50mm a^{-1}보다 큰 확장 속도에서만 존재할 수 있고, Chen과 Morgan(1990) 모델의 근본적인 특징을 유지하는 한, 방 상부까지의 깊이는 확장 속도가 증가함에 따라 감소할 것이라고 예측한다.

따라서 전반적으로 해양 지각의 생성에 대한 이론적 모델과 해저 현장과 오피올라이트에서 수행된 관찰이 잘 일치하고 있다. 그러나 어떤 측면은 여전히 문제가 된다. 부착성장이 발생함에 따른 중앙 계곡의 진화, 즉 그것의 측면이 융기되고 정단층이 결국 반전되는 방식이 빈약하게 이해된다. 이것은 맨틀 물질이 해저에 직접 정치되는 매우 느리게, 그리고 초저속으로 확장하는 해령의 비마그마 분할조각에서 특히 사실이다. 정상 상태 또는 일시적 마그마 방으로부터 반려암 층 3 형성의 세부 사항도 많은 논쟁의 대상이다.

6.11 전파하는 열개와 미소판(propagating rifts and microplates)

해령에서 확장의 방향이 오랜 기간 동안 항상 일정한 것은 아니고, 몇 가지 작은 변화를 겪을 수 있다. Menard와 Atwater(1968)는 북동부 태평양의 확장은 주요 변환 단층(5.9절)과 자기 이상 패턴 방향의 변화에 근거하여 방향을 다섯 번 변경했다고 제안했다. 확장 방향의 작은 변화가 또한 해양 단열대와 연관된 비정상적인 지형의 원인으로 제안되었다(6.12절).

Menard와 Atwater(1968)는 해령의 방향 전환은 그것들이 새로운 확장 방향에 수직이 될 때까지 각 해령 분할조각의 부드럽고 연속적인 회전에 의해 발생한 것이라고 가정했다(그림 6.19a). 그러면 해령은 본래의 자기 이상 패턴에 비스듬하게 놓인다. 이러한 방식으로 영향을 받은 해령의 긴 부분은 더 짧은 길이로 바뀔 것으로 예상되고, 이것이 해령 회전을 쉽게 하고 새로운 변환 단층을 만들 것이다(그림 6.19b). 따라서 확장 방향의 변화는 위치에 따라 폭이 변하는 자기 이상의 부채꼴 패턴을 생성하는 점진적이고 계속적인 회전으로 예상된다.

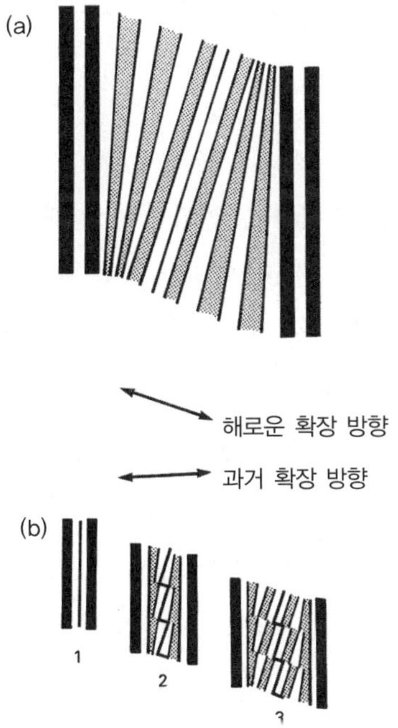

그림 6.19 (a) 확장 센터 조정의 해령 회전 모델; (b) 회전을 뒤따르는 계단 모양 해령(stepped ridge)의 진화(Hey *et al.*, 1988에서 수정됨, American Geophysical Union의 허가로. 저작권 © 1988 American Geophysical Union)

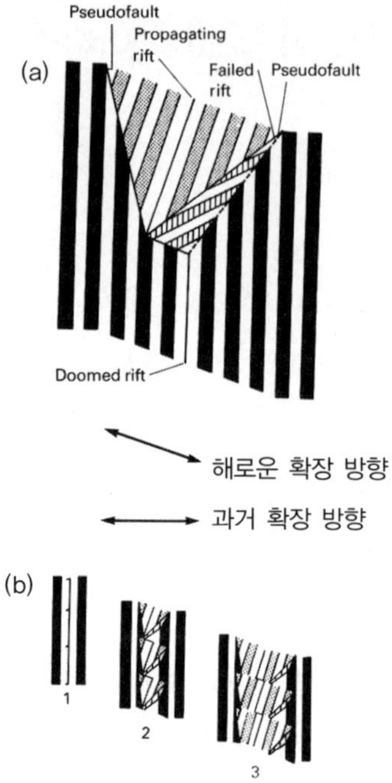

그림 6.20 (a) 열개 전파(rift propagation)에 의한 해령 조정; (b) 전파를 뒤따르는 계단 모양 해령의 진화(Hey *et al.*, 1988에서 수정됨, American Geophysical Union의 허가로. 저작권 © 1988 American Geophysical Union)

확장 방향 변화의 대체 모델은 새로운 확장 중심의 생성과 이전 해령을 훼손시키면서 이후의 성장을 구상한다. 이 메커니즘은 **전파하는 열개** 모델(**propagating rift** model)이라고 칭해져왔다(Hey, 1977; Hey *et al.*, 1980). 따라서 오래된 '운이 다한(doomed)' 열개는 새로운 확장 방향과 직교하는 전파하는 확장 센터로 점진적으로 대체된다(그림 6.20a). Kleinrock와 Hey(1989)는 전파하는 열개의 끝에서 일어나는 복잡한 프로세스를 묘사했다. 오래된 그리고 새로운 해령에서 형성된 지각 사이의 경계는 **가짜단층(pseudofault)**으로 불린다. 가짜단층은 전파 방향의 독특한 V자형 흔적 포인팅을 나타낸다. 전파하는, 그리고 약해지는 열개 사이에서 암석권은 매우 독특한 조직을 갖는 전단대(sheared zone)를 일으키면서 한 판에서 다른 판으로 점진적으로 옮겨진다. 따라서 해저의 지형과 자기 조직(magnetic fabric) 모두의 급격한 변화가 가짜단층과 실패한 열개에서 발생하고, 새로운 해령이 오래된 해령에서 대칭적인 부착성장에 의해 형성된 암석권의 분열로 전파된다. 그림 6.20b는 전파하는 모델이 균등한 간격의 단열대를 일으킬 수 있는 가능한 방법을 보여준다. 전파가 완료될 때까지 단열대가 형성되지 않기 때문에 이런 새로운 단열대는 가짜단층 및/또는 실패한 열개에 의해 경계된다. 따라서 그것들은 실패한 열개를 만들지 않는, 그리고 단열대가 매우 비대칭적인 해저 확장의 지역인 해령 회전 모델(그림 6.19b)과 대조적이다. 전파 모델은 서로 다른 방향의 균일한 자기 이상과 해저지형 방향성의 지역들 사이에서 갑작스러운 경계를 예측한다. 회전 모델은 방향이 오래된 것에서 새로운 확장 방향으로 변한 자기 이상의 연속적인 부채꼴 형상을 예측한다. 따라서 상세한 수심 조사와 자기 조사(magnetic survey)로 두 모델이 구별될 수 있어야만 한다.

Hey *et al.*(1988)은 사이드 스캔 소나, 자기측정(magnetometry), 그리고 탄성파 반사를 사용하여, 서베이어(Surveyor) 단열대의 주요 굽은 곳의 바로 북쪽에서 약 54Ma에 태평양-파랄론(Pacific-Farallon) 경계의 확장 방향이 변한 지역의 상세한 조사 결과를 보고하였다. 그들은 소나에 의해 밝혀진 해저 조직의 방향 변화는 갑작스럽고, 전파하는 열개 모델과 일치한다는 것을 발견했다. Caress *et al.*(1988)도 비슷한 결론에 도달하였다. Hey *et al.*(1980)은 96°W의 갈라파고스 제도의 서쪽 지역의 조사 결과를 기술하였다. 그들은 여기에 새로운 해령은 점진적으로 코코스 판(Cocos plate)을 관통하고, 자기 데이터(magnetic data)는 특히 해령 전파 메커니즘이 작용한다는 설득력 있는 증거를 제공하고 있다고 결론내렸다(그림 6.21). 이런 해석은 이 지역의 수심자료의 상세한 지도작성으로 확인되었다(Hey *et al.*, 1986). 이것이 가짜단층의 V자형 패턴, 활동 중인 그리고 실패한 열개, 그리고 옮겨진 암석권 전단대의 경사 구조 조직(oblique tectonic fabric)을 분명하게 드러냈다. 전파하는 열개 모델 또한 후안 데 푸카(Juan de Fuca) 해령의 방향 변화(그림 4.1)가 지난 10Ma 내에 달성되었던 방식을 세련되게 설명한다(Wilson *et al.*, 1984).

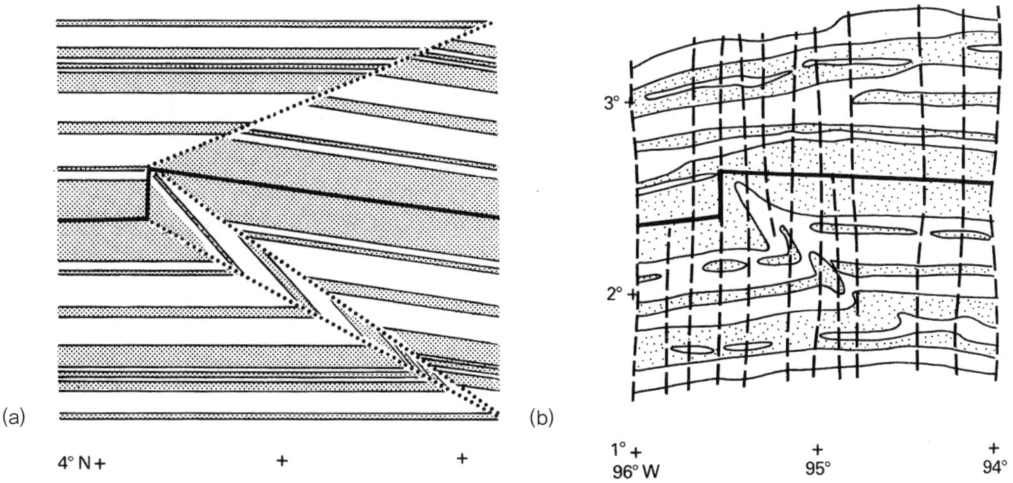

그림 6.21 (a) 해령 전파에서 발생하는 예측된 자기 선구조 패턴; (b) 갈라파고스 제도(Galapagos Islands)의 서쪽 96°W 근처에서 관찰된 자기 이상(Hey *et al.*, 1980에서 다시 그려짐, American Geophysical Union의 허가로. 저작권 © 1980 American Geophysical Union)

Engeln *et al.*(1988)은 위에서 설명된 전파하는 열개 모델은 새로 형성된 열개가 즉시 두 판 사이에서 본격적인 부착성장에 도달하여, 기존의 열개를 여분으로 만든다는 것을 가정한다고 지적했다. 그러나 만일 새로운 열개의 확장이 느린 속도로 시작되고, 수백만 년에 걸쳐 본격적인 속도로 오직 점차적으로만 높아진다면, 약해져가는 열개는 순 부착성장 속도를 유지하기 위하여 더 느리고 감소하는 속도이지만 계속해서 확장한다. 원래의 전파하는 열개 모델과 대조적으로, 이 모델에서 2개의 열개는 중첩하고 그것들 사이의 해양 암석권 지역은 시간에 따라 증가한다. 또한, 각 열개를 따라 확장 속도 구배의 결과로 개재하고 있는 암석권의 블록이 회전한다. 차례로 이 회전은 전파하는 열개의 끝 부분에 인접한 해양 지각에 압축을, 그리고 전파하는 열개가 시작된 지점과 원래의 열개가 쇠하기 시작했던 지점 사이의 지역에 횡인장(transtension, 8.2절)을 생성한다. 몇백만 년 후에 이런 횡압축(transpression)이 추가 전파하는 열개를 발생시킨다.

이런 두 번째 전파하는 열개 모델은 남동 태평양에 있는 미소판(microplate)의 놀라운 현상을 설명하기 위해 제안되었다(그림 6.22). 이스터(Easter)와 후안 페르난데스(Juan Fernandez) 미소판의 자세한 연구가 그것들의 해저지형 조직과 구조적 진화가 매우 유사하고 Engeln *et al.*(1988)의 모델의 예측과 잘 맞는다는 것을 보여준다(Searle *et al.*, 1989; Rusby & Searle, 1995; Larson *et al.*, 1992; Bird *et al.*, 1998). 후안 페르난데스 미소판(그림 6.23)의 구조적 요소는 동쪽에 원래의 전파하는 열개 특유의 가짜단층, 그리고 미소판의 남서쪽에 뒤이어 전파하는 열개를 보여준다. 미소판은 5백만–천만 년 정도 동안 존재한 것으로 생각되고, 이 시기 동안에 초기 열개가 후안 페르난데스 미소판의 경우, 한 판에서 다른 것으로 아마 나스카 판에서 남극 판으로 미소판의 해양 지각을 옮기는 것을 성공한다(Bird *et al.*, 1998). Tebbens *et al.*(1997)은 칠레 해령의 발디비아(Valdivia) 단열대에서 북서쪽으로 전파하는 새로이 형성된 열개가 궁극적으로 나스카 판에서 남극 판으로 암석권을 옮겼던 후기 마이오세의 유사한 예를 보고하였다. Brozena와 White(1990)는 남대서양에서 열개 전파를 보고하였고, 그래서 이 현상은 확장 속도에 관계없는 것처럼 보인다.

해령 전파 개시의 원인은 알려지지 않았으나, 여러 연구자들은 전파하는 열개가 열점(hotspot)의 근방에서, 그리고 기존 해령 정상의 열점 측면에서 형성되는 경향이 있다는 것에 주목하였다(예를 들면, Bird *et al.*, 1998; Brozena & White, 1990). 전파하는 열개의 단순한 존재에서의 중요한 추론은 그것이 해령 전파 동안에 아주 쉽게 올라타지는 것처럼 보이기 때문에 확장 센터에서의 릿지–밀기(ridge-push, 12.6절)가 제1의 구동 메커니즘이 아니라는 것이다.

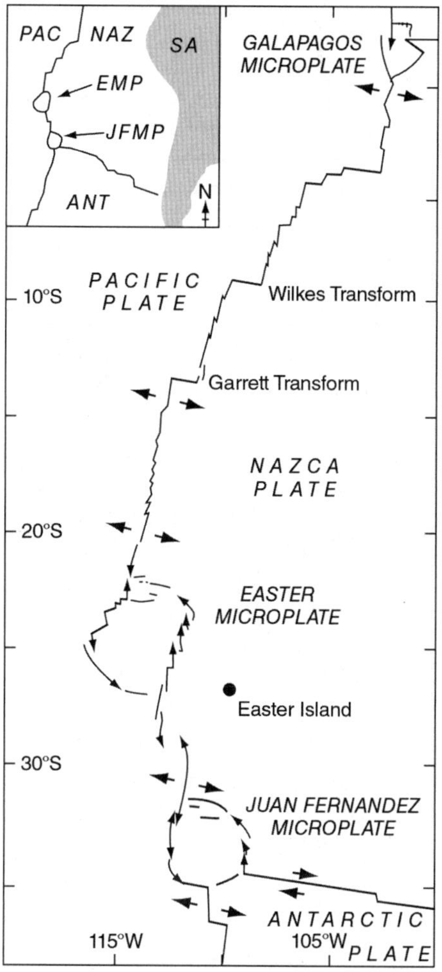

그림 6.22 남동쪽 태평양에 있는 갈라파고스(Galapagos), 이스터(Easter), 그리고 후안 페르난데스(Juan Fernandez) 미소판(microplate)의 위치와 크기를 보여주는 지도. 해령 분할조각에서 화살표는 활동 중인 혹은 이전에 활동했던 전파하는 열개를 나타낸다(Bird *et al.*, 1998에서 수정됨, American Geophysical Union의 허가로. 저작권 © 1998 American Geophysical Union).

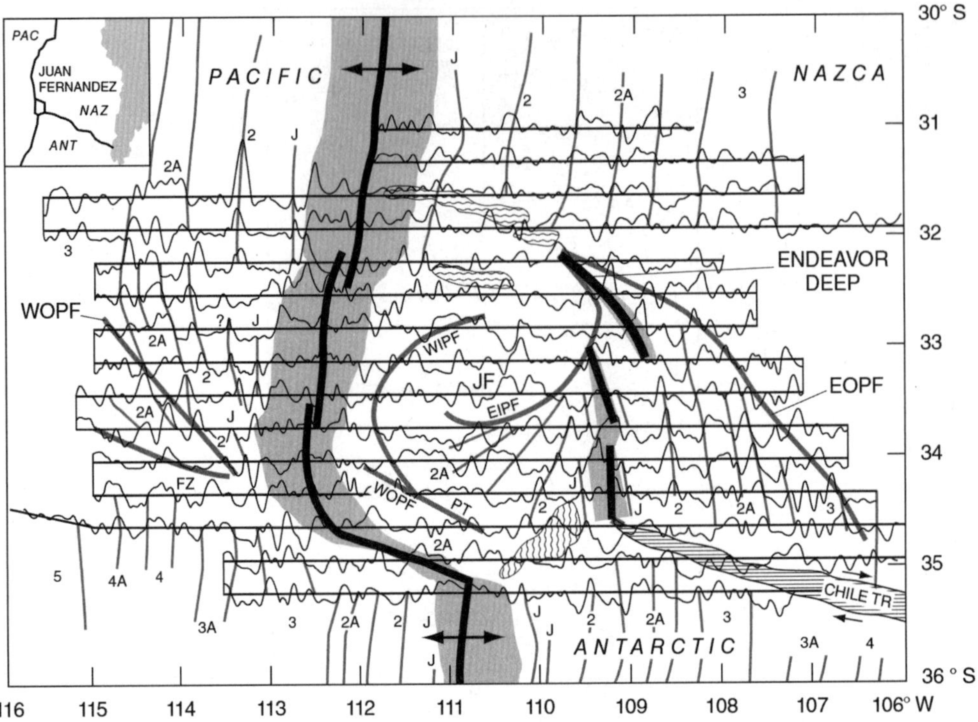

그림 6.23 그림 4.8의 지질연대에 따라 번호가 매겨진 자기 이상과 후안 페르난데스 미소판의 구조 요소들. TR, 변환 단층(transform); PT, 고-변환 단층; FZ, 단열대; WIPF, WOPF, EIPF, EOPF: 서부/동부, 내부/외부 가짜단층(pseudofaults; Larson *et al*, 1992에서 다시 그려짐, Nature 356, 571–6의 허가로. 저작권 © 1992 Macmillan Publishers Ltd)

6.12 해양 단열대(oceanic fracture zone)

해양의 변환 단층은 퇴적물 덮개가 없는 곳에서 단열대에 의해 잘 정해진다. 이것들은 오프셋된 해령에 수직인 지구 표면에 작은 원의 호를 정상적으로 따르는 선형의 긴 해저지형적 저지대이다(Bonatti & Crane, 1984). 해양 단열대의 상대적 단순함은 의심할 바 없이 그것들이 보통 해저 위로 몇 킬로미터 떨어진 해수면에서 연구되어진다는 사실에 일부 기인한다. 중앙 대서양 해령에서 단열대의 직접 관찰(Choukroune *et al.*, 1978)에 의하면 그것은 폭이 300-1000m인 지역을 점유하는 복잡한 단층무리로 구성되어 있다. Searle(1983)는 이러한 다중-단층대는 동태평양해령(East Pacific Rise)과 같은 빠르게 확장하는 해령에서 더 넓고 더 일반적이라고 제안한다.

단열대는 활동 중인 변환 분할조각과 그것의 화석화된 자취 모두를 표시한다. 단열은 해령 축의 방향으로 열적 수축에서 발생한다는 것이 제안되었다(Collette, 1979). 수축으로 인한 내부 응력이 암석의 파괴 강도(breaking strength)보다 훨씬 더 커서, 단열대가 결과로 발생하는 취약선을 따라 발달하는 것이 가능하다.

단열대의 드렛지샘플을 통해 정상적인 해양 지각 암석과 훨씬 더 큰 변성작용과 전단작용(shearing)을 보여주는 암석 모두가 회수되었다. 큰 블록의 사문암이 보통 단열대의 기저에 있다. Bonatti와 Honnorez(1976) 및 Fox *et al.*(1976)은 초고철질 반려암질, 그리고 현무암질 암석 타입과 그것의 변성되고 조구조화된 등가물로 구성된 것이 발견된 거대한 적도 대서양 단열대에 노출된 두꺼운 지각 부분에서 회수된 표본을 조사했다. 사문암 관입은 알칼리 현무암 화산 활동, 열수 활동, 그리고 광상성인(metallogenesis)을 동반하는 단열대 내에서 흔히 나타난다. 베마(Vema) 단열대의 조사(Auzende *et al.*, 1989)에서 정상적인 해양 성층(normal oceanic layering)과 비슷한 시퀀스가 나타났다. 적도 대서양에 있는 세인트 폴 단열대(St Paul Fracture Zone)와 관련된 해령에 있는 세인트 페터(St Peter) 암초와 세인트 폴 암초는 맨틀 감람암으로 구성되어 있다.

북대서양의 단열대 지각은 두께와 내부 구조에서 매우 이질적이다(Detrick *et al.*, 1993b). 그것은 종종 낮은 탄성파 속도를 갖고, 얇아서(<3km) 층 3이 존재하지 않는 것 같다. 지각의 얇아짐은 단열대에서 수십 킬로미터 확장할 수 있다. 지질학적으로, 이 구조는 사문암화된 초고철질 암석으로 덮인 심하게 단열되고 열수로 변질된 얇은 현무암층을 나타낼 수 있다. 명백한 두께 변화는 사문암화작용(serpentinization)의 서로 다른 정도를 반영할 수 있다. 얇은 고철질 지각은 6.7절에서 언급된 바와 같이 해령 오프셋에서 감소된 마그마 공급의 결과로 생각된다.

해양 단열대는 다른 연령대의 해양 지각을 병렬로 놓지 않으면 안 된다. 해저의 깊이는 그것의 연령에 달려 있으며(6.4절), 그래서 그것은 급경사가 젊고 높은 지각에서 낮고 오래된 지각으로 단열대를 가로질러 발달한다는 것이 예측될 것이다(Menard & Atwater, 1969; DeLong *et al.*, 1977; 그림 6.24, 6.25b). 해양 지각의 침강 속도는 그것의 연령의 제곱근에 역으로 좌우되어(DeLong *et al.*, 1977), 높고 젊은 지각이 낮고 오래된 지각보다 빠르게 침강한다. 수직 평면에서의 수축과 해령의 축 방향에 수평으로 수직인 수축의 결합은 단열대를 따라 확동 중인 변환 단층에서 멀어지는 경사이동(dip-slip) 운동의 작은 성분으로 나타난다. DeLong *et al.*(1977)은 이런 소량의 경사이동 운동이 단열대 지진과 바닥과 벽 내 암석의 변형을 야기할 수 있다고 제안했다.

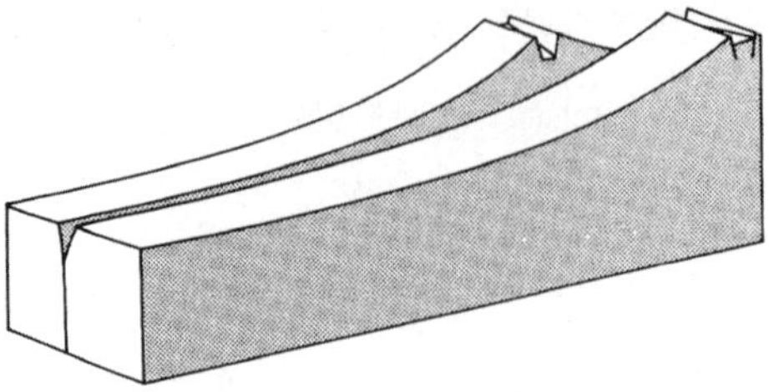

그림 6.24 해령 축의 변환 단층에서 생기는 차등 지형(differential topography)

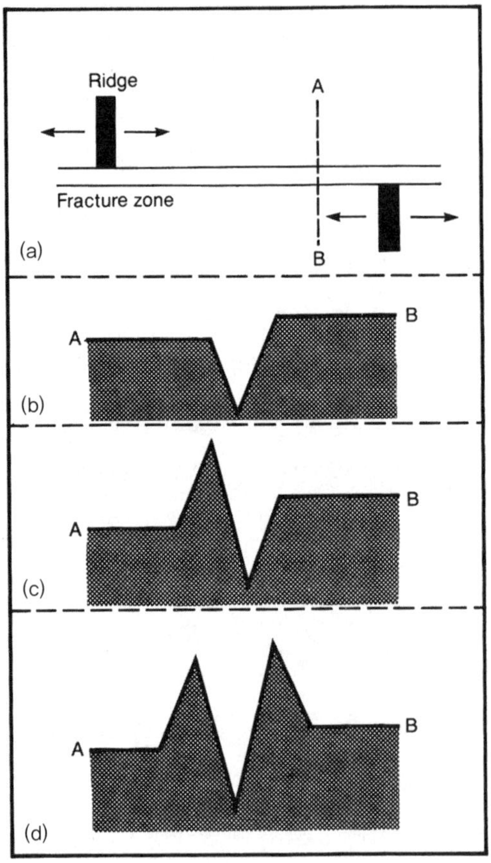

그림 6.25 단열대(fracture zones)를 가로지르는 기반 형태(basement morphology)의 다른 유형들(Bonatti, 1978에서 다시 그려짐, Elsevier의 허가로)

횡단 릿지(transverse ridges)가 종종 주요 단열대와 관련하여 발견되고, 6km의 수직 기복을 제공할 수 있다. 이것들은 한쪽 또는 양쪽 가장자리에서 단열에 평행이다(Bonatti, 1978). 그것들은 높이가 확장하는 해령(그림 6.25c, d)의 정상보다 더 높을 수 있다는 점에서 종종 이례적이다. 따라서 정상적인 해양 암석권의 나이 - 깊이 관계(6.4절)는 적용되지 않으며, 깊이는 같은 나이의 '정상적인(normal)'지각과 다르다. 릿지는 단열대 내의 화산 활동에 의해 또는 열점 활동(5.5절)에 의해 발생하지 않고, 오히려 지각과 상부 맨틀 블록의 구조적 융기에서 발생하는 것처럼 보인다. 따라서 횡단 릿지는 암석권 부착성장의 정상적인 프로세스에 의해 설명될 수 없다. Bonatti(1978)는 이런 융기에 대한 가장 합리적인 메커니즘은 확장 방향의 작은 변화에서 시작되고, 그래서 변환 움직임이 더 이상 정확하게 해령에 수직이지 않은 단열대를 가로지르는 압축, 그리고 인장 수평 응력이라고 생각한다. 확장 방향의 여러 작은 변화는 단열대의 다른 부분에 영향을 미치는 간헐적인 압축과 확장을 야기할 수 있다. 이것이 예를 들면, 세인트 페터(St Peter)와 세인트 폴(St Paul) 암초와 같은 섬으로 횡단 릿지를 출현시키고 그것들의 뒤이은 침강을 야기했다(Bonatti & Crane, 1984).

Lowrie *et al.*(1986)은 일부 단열대에서 급경사 높이가 100Ma 후에도 보존될 수 있음을 지적하였다. 그들은 단열대의 어떤 부분은 약하고, 활발한 화산작용에 의해 특징지어지고, 냉각하는 지각에 대해 예측된 이론적 깊이를 유지한다는 것을 인정한다. 그러나 다른 부분은 결합되어서 그것들의 초기의 차별적인 수심으로 고정되는 것처럼 보인다. 그때 차별적인 냉각 응력이 단열대의 양측에 암석권의 휨(flexure)을 일으킨다. 향후 연구는 단열대의 강하고 약한 부분들의 분포에 어떤 체계적인 패턴이 있는지 혹은 없는지를 밝히는 것이다.

단층면의 방향이 단층을 가로지르는 확장 성분이 있도록 양쪽에서 확장의 방향에 정확히 일치하지 않는 해양 변환 단층이 있다. 이것이 발생할 때, 단층은 작은 길이의 확장 센터로 결합된 일련의 단층 분할조각으로 넘어감으로써 확장 방향에 거의 평행해지도록 그것의 궤적을 조정할 수 있다(그림 6.26). 이런 형태로 새로운 지각이 생기는 단층 시스템은 누수 변환 단층(leaky transform fault)이라고 불린다(Thompson & Melson, 1972; Taylor *et al.*, 1994). 누수 변환 단층 발달에 대한 다른 메커니즘은 단층이 작은 원을 그리는 회전 극 위치의 작은 변화가 있을 때 발생한다. 그러면 단층은 누수가 됨으로써 새로운 작은 원의 방향을 조정할 것이다.

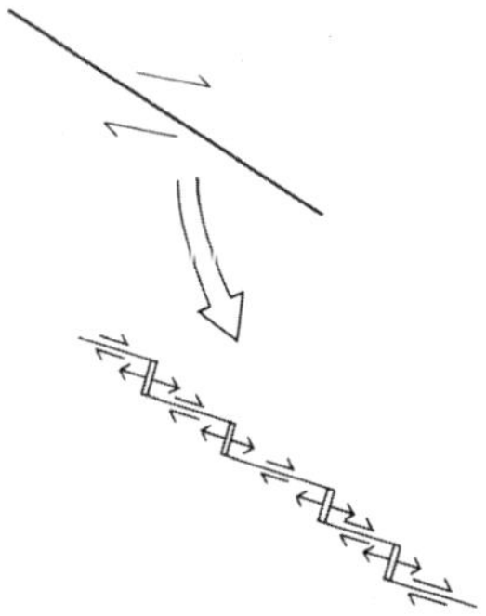

그림 6.26 회전축의 변화로 인한 누수 변환 단층(leaky transform fault)의 발달

제7장

대륙 열개와 열개된 대륙 주변부 (continental rifts and rifted margins)

GLOBAL TECTONICS

7.1 서 론

대륙 열개는 암석권의 전체 두께가 편차 인장(deviatoric tension)의 영향하에서 변형되는 확장 변형(extensional deformation)의 지역이다. 따라서 용어 '열개(rift)'는 주요 암석권 특징들에만 적용하고, 사실상 모든 유형의 변형에 관련하여 형성될 수 있는 작은 규모의 확장 구조를 포함하지 않는다.

열개는 확장이 암석권 파열과 새로운 해양 분지의 형성으로 이어질 수 있는 대륙 해체(continental break-up)의 초기 단계를 나타낸다. 만일 그것이 파열이라고 말할 정도까지 계속되면, 대륙 열개는 결국 중지되고 **비활동** 혹은 열개된 대륙 주변부(**passive** or rifted continental margin)가 형성된다. 이런 대륙 주변부는 얇아진 대륙 지각의 지각평형 보상의 결과로, 그리고 열개작용(rifting) 동안 연약권에서 판으로 옮겨진 열이 소실되기 때문에 해수면 아래로 침강한다. 그러나 모든 열개가 새로운 해양 지각이 생성될 정도까지 계속되는 것은 아니다. 실패한 열개(failed rift) 또는 **아울라코겐(aulacogen)**은 진화의 어떤 단계 동안에 비활성화된다. 실패한 열개의 예로 미국 북동부의 중생대 코네티컷 계곡(Conneticut Valley)과 북해 분지가 있다.

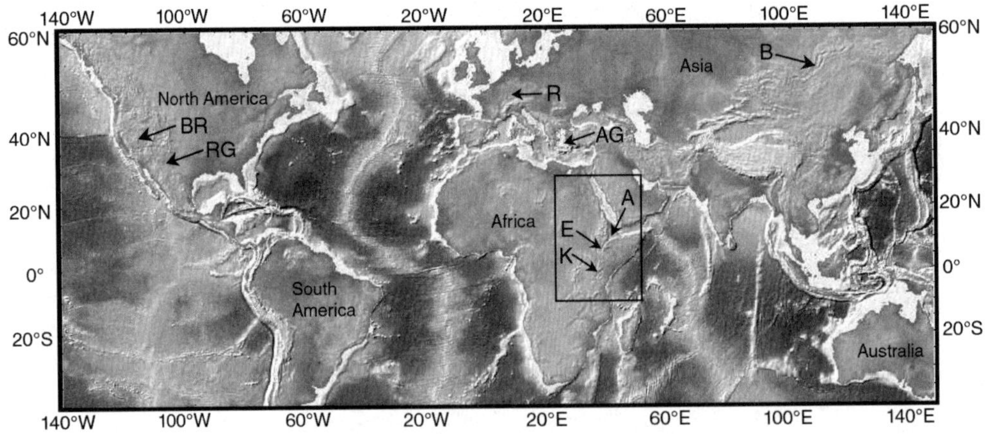

그림 7.1 구조적으로 활동 중인 선택된 열개를 보여주는 음영 기복지도(shaded relief map). 지도는 Smith와 Sandwell, 1997의 디지털 해저지형, 육지 지역에 대해 미국지질조사소(USGS) 글로벌 호 30초 간격(arc second) 고도 데이터(GTOPO30; USGS/EROS, Sioux Falls, SD, http//eros.usgs.gov./에서 사용 가능한 데이터), 그리고 컬럼비아 대학 라몬트-도허티(Lamont-Doherty) 지구 관측소의 해양지구과학 데이터 시스템(http//www.marin-geo.org)에서 제공된 소프트웨어를 사용하여 구축되었다. BR, 분지와 산맥(Basin and Range); RG, 리오그란데 리프트(Rio Grande Rift); R, 라인 지구(Rhine Graben); AG, 에게해(Aegean Sea); B, 바이칼 리프트(Baikal Rift); E, 메인 에티오피아 리프트(Main Ethiopian Rift); A, 아파르 디프레션(Afar depression); K, 케냐 리프트(Kenya Rift). 상자는 그림 7.2의 위치를 보여준다.

활동 중인 열개의 연구가 그것의 내부 구조, 역사, 그리고 규모가 매우 변화무쌍하다는 것을 보여준다(Ruppel, 1995). 이 변화성의 대부분은 열개작용이 시작한 시기에 암석권의 강도와 유동학의 차이(2.10절), 그리고 열개작용이 진행됨에 따라 이러한 속성에 영향을 미치는 프로세스(7.6.1절)에 의해 설명될 수 있다. 암석권이 두껍고 차고, 그리고 강한 경우, 열개는 폭이 100km 미만인 국지화된 좁은 변형대(zone of strain)를 형성하는 경향이 있다(7.2절). 바이칼 리프트(Baikal Rift), 동아프리카 리프트 시스템(East African Rift system), 그리고 라인 지구(Rhine Graben)가 이런 유형 열개의 예이다(그림 7.1). 지각이 얇고 뜨겁고 약한 경우, 열개의 변형대는 비국지화되고, 폭이 수백 킬로미터인 지역을 가로질러 형성되는 경향이 있다(7.3절). 이런 유형의 열개 예로는 분지와 산맥 지방(Basin and Range Province)과 에게 해(Aegean Sea)가 있다. 2종류의 열개 모두는 화산 활동과 관련될 수 있다(7.4절). 케냐, 에티오피아, 그리고 아파르(Afar)에 있는 것과 같은 일부 열개 분할조각(rift segment)은 방대한 마그마작용과 대륙 범람 현무암의 분출에 의해 특징지어진다. 동아프리카 리프트 시스템의 서쪽 분기와 바이칼 리프트 같은 다른 것들(그림 7.2)은 마그마가 결핍되어 있어 매우 작은 양의 화산암에 의해 특징지어진다.

본 장에서는 열개와 열개된 대륙 주변부(rift and rifted margin)의 몇몇 잘 연구된 예를 통하여 열개가 해저 확장으로 진행할 때 변형과 마그마작용이 어떻게 분포하는지를 설명하려고 한다. 또한 이 예들을 이용하여 지구과학자가 서로 다른 데이터 유형을 결합하는 방법과 이러한 특징들의 구조적 진화를 이어 맞추기 위하여 열개작용 패턴의 공간적 및 시간적 변화를 이용하는 방법을 보여준다.

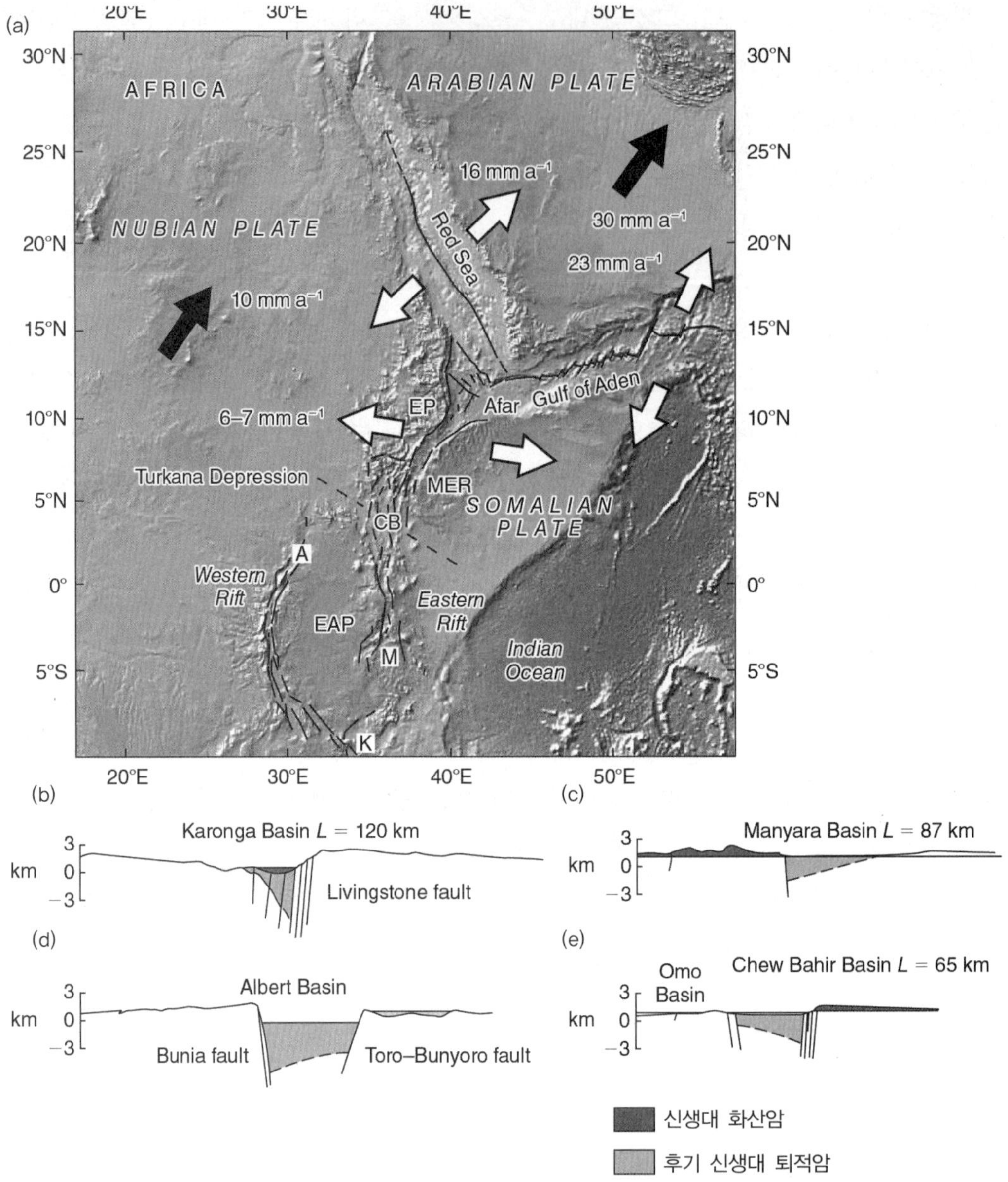

그림 7.2 (a) 그림 7.1에서 인용된 디지털 지형 데이터와 소프트웨어를 사용하여 구축된 음영 기복지도와 동아프리카 리프트 시스템(East African Rift system)의 지구동력학적 세팅(geodynamic setting). 흰색 화살표는 상대적 판 속도를 나타낸다. 검은색 화살표는 순회전이 없는(no-net-rotation, NNR) 측지 프레임워크(5.4절)에서의 절대적 판 움직임을 나타낸다. (b–e) 단층과 반 지구(half-graben) 형태를 보여주는 횡단면들(Ebinger *et al.*, 1999의 편집을 따름, Royal Society of London의 허가로). M, 만야라 분지(Manyara basin; Foster *et al.*, 1997에서); K, 카롱가 분지(Karonga basin; van der Beek *et al.*, 1998에서); A, 알버트 분지(Albert basin; Upcott *et al.*, 1996에서); CB, 츄 바히르 분지(Chew Bahir basin; Ebinger & Ibrahim, 1994에서); EAP, 동아프리카 고원(East African Plateau); EP, 에티오피아 고원(Ethiopian Plateau); MER, 메인 에티오피아 리프트(Main Ethiopian rift); L, 경계단층(border fault)의 길이

7.2 좁은 열개(narrow rifts)의 일반적 특성

구조적으로 활발한 좁은 대륙 내 열개(intracontinental rifts)의 가장 잘 연구된 예가 동아프리카에 존재한다(그림 7.2). 아파르 삼중합점(Afar triple junction)의 남서쪽에서, 누비아(Nubian) 판과 소말리아 판은 약 6-7mm a^{-1}의 속도로 서로 멀어지고 있다(Fernandes *et al.*, 2004). 이런 발산적인 판 이동은 웨스턴 리프트(Western Rift), 이스턴 열개(Eastern Rift), 메인 에티오피아 리프트(Main Ethiopian Rift), 그리고 아파르 디프레션(Afar Depression)을 포함하는 다양한 연령의 격리된 일련의 열개 분할조각(rift segment)에 국지화된 확장 변형으로 나타난다. 이런 분할조각은 비교적 강하고 차가운 대륙 암석권에 형성된 열개에 공통적인 특성을 보인다. 주요 특징은 다음과 같다.

1 정단층으로 경계되어진 비대칭 열개 분지(rift basins)

대륙의 열개는 정단층에 의해 경계되어지는 퇴적 분지의 형성과 관련된다. 대부분 구조적으로 활발한 열개 분지는 변형의 대부분이 분지의 깊은 쪽 경계를 이루는 경계 단층을 따라서 수용되는 반 지구 형태(half graben morphology)를 보여준다(그림 7.2b-e). 이러한 반 지구의 극성은 열개 축의 주향을 따라 변할 수 있고, 열곡(rift valley)의 분할로 나타난다(그림 7.3a). 평면도에서 경계 단층은 전형적으로 각 개별 분지 내의 가장 긴 단층이다. 암석권(7.6.4절)의 휨 지각평형 보상(flexural isostatic compensation)과 결합된 이러한 단층의 슬립(slip)은 열개 측면의 융기로 이어지고, 특유의 비대칭적 지형 단면을 생성한다. 분지의 낮은 기복 쪽에도 단층이 일어날 수 있고 분지 센터를 향하여 기울어지는 단사(monocline)를 보인다. 경계를 이루는 정단층의 슬립 동안에 퇴적은 단층면을 향하여 두꺼워지는 퇴적 및 화산 단위를 생성한다(그림 7.3b). 열개작용보다 먼저 형성된 단위는 물론 이런 **열개 동시(syn-rift)** 단위의 연령이 정단층작용과 화산작용의 타이밍에 대한 제어를 제공한다. 평면도에서 변위(displacement)는 인접한 분지의 경계를 이루는 다른 단층과 상호 작용하는 경계 단층의 끝을 향해 감소한다. 이러한 **이동대(tranfer zone)** 내에서 단층은 인접한 분지 사이의 차별적인 수평(주향이동을 포함하는) 및 수직 변위를 수용할 수 있다.

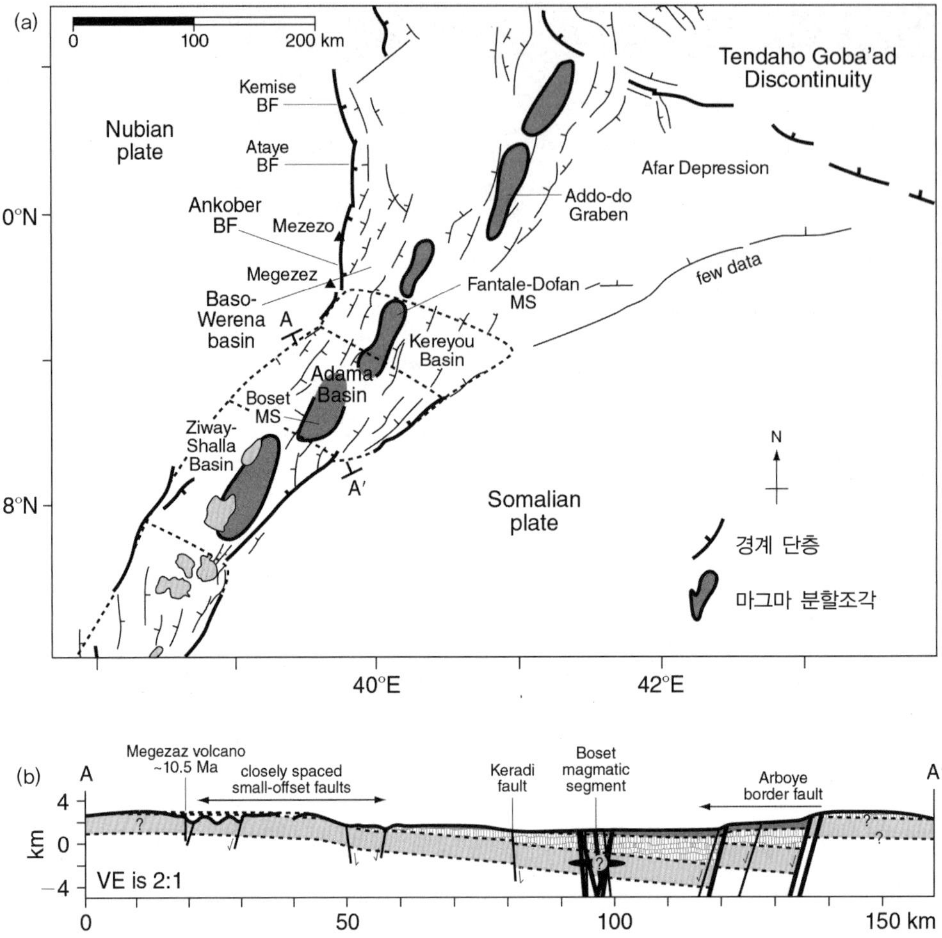

그림 7.3 (a) 북부 메인 에티오피아 리프트의 주요 단층들과 분할 패턴, 그리고 (b) 반 지구 형태를 보여주는 아다마 리프트 분지(Adama Rift Basin)의 단면(Wolfenden *et al.*, 2004에서 수정되어 C. Ebinger에 의해 제공된 이미지, Elsevier의 허가로). MS, 마그마 분할조각(magmatic segment); BF, 경계 단층(border fault). (b)에서 열개 동시의(syn-rift) 마이오세와 더 젊은 용결응회암(ignimbrite)과 화산 단위(수직으로 줄쳐진 무늬와 상부 음영 층)의 쐐기 모양 패턴에 주목하라. 열개 전(pre-rift) 올리고세 범람 현무암(최하부의 음영 층)은 균일한 두께를 보여준다.

2 천부 지진과 광역적 인장응력(tensional stresses)

대부분의 대륙 열개 축 아래에서 지진은 일반적으로 대륙의 다른 지역에 비해 얇은 **지진원 층(seismogenic layer)**을 나타내는 지각의 최상부 12-15km에 국한된다(2.12절). 열개 축에서 멀어지면, 지진은 30km 이상의 깊이에서 발생할 수 있다. 이러한 패턴은 열개작용과 얇아짐이 국부적으로 지각을 약화시키고 그것의 역학적 거동(7.6절)에 영향을 미친다는 것을 의미한다.

에티오피아에서 1960년부터 2005년까지의 지진 기록(그림 7.4a)이 대부분의 큰 규모 지진이 아파르 디프레션과 홍해 사이에서 발생하는 것을 보여준다. 이 기간 동안에 지진모멘트 릴리스(seismic moment release)에 대한 분석이 메인 에티오피아 리프트를 가로지르는 확장의 50% 이상이 무지진으로 수용된다는 것을 보여준다(Hofstetter & Beth, 2003). 지진은 수직, 경사, 그리고 주향이동 운동의 결합을 보여준다. 아파르 디프레션의 북쪽에서, 대부분의 최소 압축응력 축의 수평 성분은 북쪽으로 향하고, 북동쪽에서는 열개 분할조각의 방향에 큰 각도로 향한다.

Keir *et al.*(2006)은 북부 에티오피아 리프트와 그것의 측면 내의 지진 활동 패턴을 측정하기 위해 약 2000개의 지진을 사용했다(그림 7.4b). 열개 안쪽에서, 지진은 평행한 단층과 폭이 20km인 일련의 우향계단식 화산 활동 구역(right-stepping zone)에 있는 화산 센터에 국한되어 발생한다(그림 7.4c). 총확장 변형의 최대 80%가 이런 마그마 분할조각 내에 국한된다(Bilham *et al.*, 1999; Ebinger & Casey, 2001). 비록 지진 데이터가 경계단층 대부분이 무지진이라는 것을 나타내지만, 아주 큰 지진은 전형적으로 주요 경계단층을 따라서 혹은 근처에서 발생한다. 지진은 14km 미만 깊이의 화산과 균열(fissures)의 주위에 집중되는데(그림 7.4d), 아마도 암맥에서의 마그마 이동을 반영한다. 열개의 측면에서 지진 활동은 단층을 따른 움직임은 물론 지각의 휨을 반영할 수 있다(7.6.4절). 지진의 발진 메커니즘에서 결정된 최소 압축응력의 방향은 대략 수평이고, 103°의 방위각에 평행이다. 이 응력 방향은 아파르에서의 그것처럼, <7000년 된 젊은 용암에서 인장단열(tension fractures), 측지 측정, 전 세계적 판 운동학적 데이터로부터 추론된 확장 방향과 일치한다(그림 7.4c).

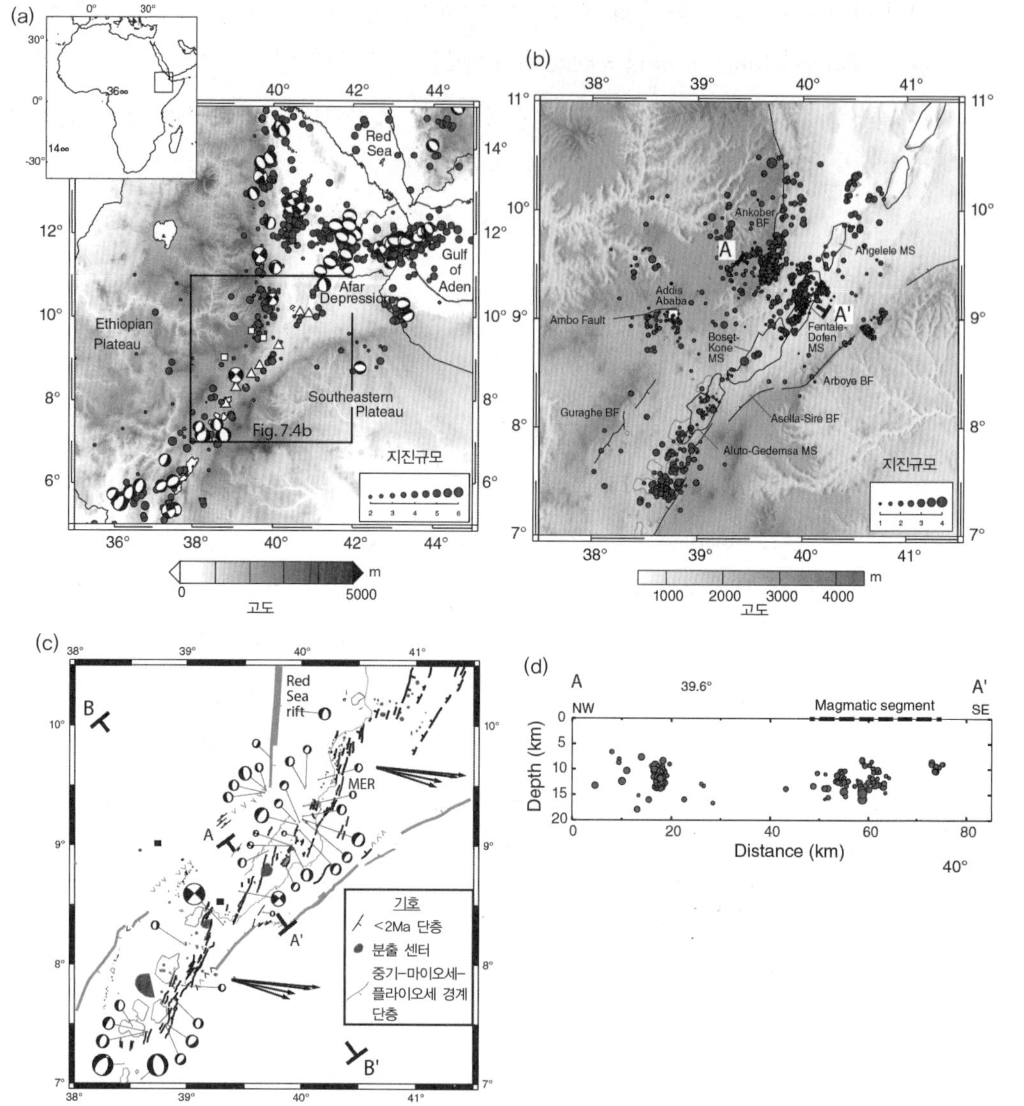

그림 7.4 (a) 1960년과 2005년 사이의 동아프리카 화산 활동과 발진 메커니즘(focal mechanisms). 후기 신생대 화산은 삼각형으로 표시됨. (b) 2001년 10월과 2003년 1월 사이에 북부 메인 에티오피아 리프트(MER)에서 열개 분할조각의 지진 활동. (c) 마그마 분할조각(MS)을 포함하는 <1.9Ma 용암과 후기 신생대 분출 센터를 절단하는 단층들. 열개 분지의 마이오세 경계 단층도 표시됨. 발진 메커니즘 솔루션의 크기는 지진의 상대적인 규모를 나타낸다. 검은색 화살표는 측지 데이터에서 도출된 판 속도 벡터의 대략적인 범위를 보여준다. (d) (c)에서 표시된 단면 A–A′에 걸친 지진 깊이의 분포. 단면 B–B′은 그림 7.5에 표현됨(Keir *et al*., 2006에서 수정되어 D. Keir에 의해 제공된 이미지, American Geophysical Union의 허가로. 저작권 © 2006 American Geophysical Union)

3 마그마 활동에 의해 수정된 국부적 지각 얇아짐

지구물리학 데이터에 의하면 대륙의 열개는 열개 축 아래에서 지각의 얇아짐에 의해 특징지어진다. 지각 두께는 열개 분지의 단층 형태와 같이 가변적이고 비대칭일 수 있다. 지각 얇아짐이 대개는 국지적인 현상임을 나타내는 마그마 관입의 결과로 두꺼운 지각이 열개 측면 아래에 나타날 수 있다(Mackenzie *et al.*, 2005;. Tiberi *et al.*, 2005). 지각 두께의 변화도 또한 물려받은(열개 전, pre-rift) 구조의 차이를 반영할 수 있다.

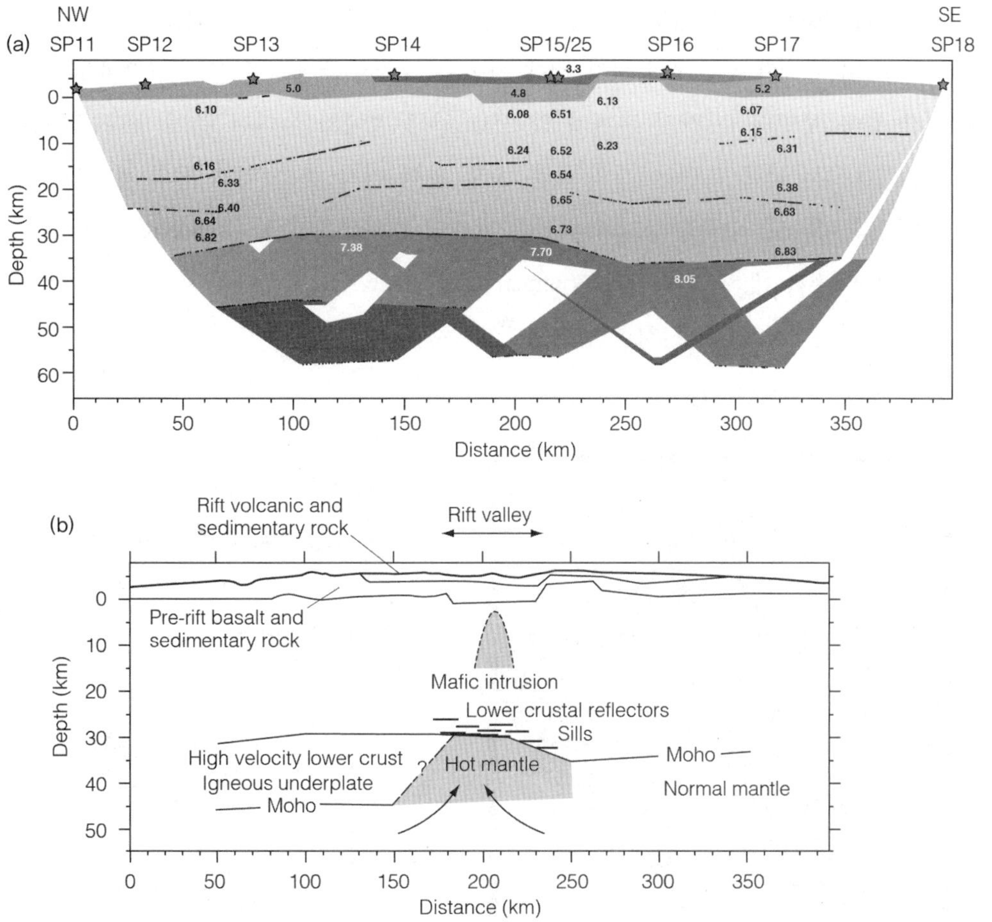

그림 7.5 (a) P파 속도 모델과 (b) 메인 에티오피아 리프트의 해석(Mackenzie *et al.*, 2005를 따름, Blackwell publishing의 허가로). 단면(B–B′)의 위치는 그림 7.4c에 표시됨

Mackenzie *et al.*(2005)은 메인 에티오피아 리프트의 북부에 있는 아다마 리프트 분지(Adama Rift Basin) 아래의 지각 속도 구조를 위하여 인공-소스(controlled-source) 탄성파 굴절 및 탄성파 반사 연구 결과를 사용했다(그림 7.5a). 그들의 속도 모델은 열곡(rift valley)의 약간 서쪽에서 최대로 얇아지는 비대칭 지각 구조를 보여준다. 낮은 속도(3.3km s^{-1})의 얇은 층이 열곡 내에 나타나고, 동쪽으로 1km에서 2.5km로 두꺼워진다. 중간 속도(4.5-5.5km s^{-1}) 퇴적암과 화산암의 2-5km 두께 시퀀스가 낮은 속도 층 아래에 놓이고, 단면의

길이를 따라 확장된다. 정상적인 지각 속도($P_n = 6.0\text{-}6.8 km\ s^{-1}$)는 P_n 속도가 열개 바깥보다 5-10% 더 큰(>6.5km s^{-1}) 열곡 중앙 아래의 상부 지각에서 20-30km 폭의 좁은 지역을 제외하고 30-35km의 깊이에 나타난다(그림 7.5a). 이러한 차이는 아마도 마그마 센터와 관련된 고철질 관입의 존재를 반영한다. 20-25km 깊이에 있는 거의 연속적인 지각 내 반사면과 30km의 모호면(Moho) 깊이가 열개 축 아래의 지각 얇아짐을 보여준다. 열개의 서쪽 측면은 ~45km 두께의 지각 위에 놓이고 ~15km 두께의 높은 속도(7.4km s^{-1}) 하부 지각 층을 보인다. 지각의 두께가 약 35km인 동편에서는 이런 층이 없다. Mackenzie *et al.*(2005)는 서쪽 측면 아래의 높은 속도 하부 지각 층을 열개 전의 올리고세 범람 현무암과 아마도 최근의 마그마 활동과 관련된 판하부착된 물질(underplated material)로 해석했다. 지각 내 탄성파 반사율(intracrustal seismic reflectivity)의 차이 역시 바로 열곡 아래에 관입의 존재를 시사한다(그림 7.5b).

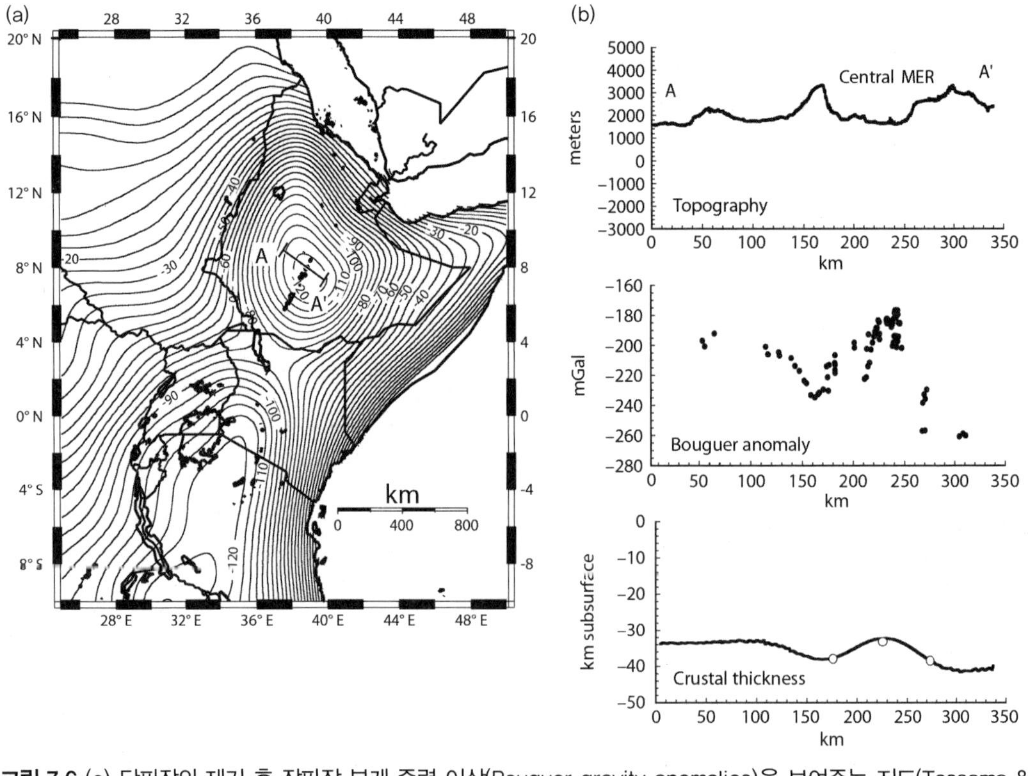

그림 7.6 (a) 단파장의 제거 후 장파장 부게 중력 이상(Bouguer gravity anomalies)을 보여주는 지도(Tessema & Antoine, 2004에서 수정되어 A. Tessema에 의해 제공된 이미지, Elsevier의 허가로). (b) 지형, 단파장 부게 중력 이상, 그리고 중앙 메인 에티오피아 리프트(MER)의 지각 두께 추정치의 단면(A–A')(Tiberi *et al.*, 2005에서 수정되어 C. Tiberi에 의해 제공된 이미지, Blackwell Publishing의 허가로). 단면 위치는 (a)에 표시됨. 지각 두께 단면에서 원은 수신기 함수 연구(receiver function studies)에서 추정된 깊이를 나타낸다.

중력 데이터가 열개 구역(rift zone)의 지각 구조가 열개작용 이전과 열개작용 동안 모두에서 나타나는 마그마에 의해 영구적으로 수정된다는 추가적인 증거를 제공한다. 에티오피아와 케냐에서, 2개의 긴 파장(>1000km)의 음의 부게 중력 이상(negative Bouguer gravity anomalies)이 2개의 ~2km 높이의 지형적 융기들(에티오피아 고원과 동아프리카 고원의 일부를 형성하는 케냐 돔)과 일치한다(그림 7.2, 7.6a). 에티오피아 고원의 가장 높은 부분은 높이가 3km 이상이다. 이런 큰 높이는 ~30Ma에 아덴만과 홍해의 열림과 일치하는 45Ma와 22Ma 사이의 많은 화산작용으로 거대한 양의 대륙 범람 현무암(7.4절) 분출에서 유래한다(Wolfenden *et al.*, 2005). 음의 중력 이상은 비정상적으로 낮은 밀도 상부 맨틀의 존재와 높은 지열을 반영한다(Tessema & Antoine, 2004). 각 구역에서 열곡은 냉각된 고밀도의 고철질 관입을 반영하는 단파장의 양의 부게 중력 이상(positive Bouguer gravity anomalies, 그림 7.6b)을 보인다(Tiberi *et al.*, 2005).

4 높은 열류량과 낮은 속도, 저밀도의 상부 맨틀

많은 열개 분지에서 70-90mW m^{-2}의 평균 열류량 측정치와 낮은 탄성파 속도는 인접한 열개 측면과 대륙괴(craton) 근처에서보다 더 큰 온도 구배(50-100°C km^{-1})를 암시한다. 연약권이 동아프리카에서와 같이 비정상적으로 뜨거운 곳에서, 돔형 융기(domal uplift)와 널리 퍼진 화산작용이 일어난다. 그럼에도 불구하고, 열개들 사이에 온도와 화산 활동의 차이가 크다. 예를 들면, 바이칼 리프트(Baikal Rift)는 훨씬 더 차다. 이 열개는 40-60mW m^{-2}의 낮은 지역적 열류량(Lysack, 1992)을 보이고 화산 활동이 없다.

동아프리카에 있는 에티오피아의 아다마 리프트 분지(그림 7.5a) 아래의 상부 맨틀에서 7.7km s^{-1}의 비교적 느린 P_n파 속도는 높아진 온도를 암시한다(Mackenzie *et al.*, 2005). 다른 경우에 상부 맨틀의 P_n파 속도는 8.0-8.1km s^{-1} 범위에 있고, 이것은 통상의 열류량을 갖는 안정된 지역에서 예상된다. P파 및 S파 데이터(그림 7.7a-c)의 토모그래피 역산에 의하면 열개 아래의 낮은 속도 구역은 폭이 약 75km인 평판 모양이며, 200-250km의 깊이까지 확장하는 것을 알 수 있다(Bastow *et al.*, 2005). 이 구역은 상부 100km에서 열개 축에서 멀어지면 분할되고 오프셋되나 100km 아래에서 열개 축 주위에 더 집중된다(그림 7.7c). 더 크게 확장된 에티오피아 리프트(그림 7.7d)의 북부 지역에서 낮은 속도 이상이 100km 아래에서 옆으로 넓어지고, 아파르 디프레션(Afar Depression) 아래 더 깊은 곳의 낮은 속도 구조에 연결될 수 있다(7.4.3절). 낮은 속도 구역의 넓어짐은 플라이오세－현세 시기 동안에 홍해와 아덴만의 더 오래된 확장 센터 쪽으로 메인 에티오피아 리프트의 전파와 일치한다.

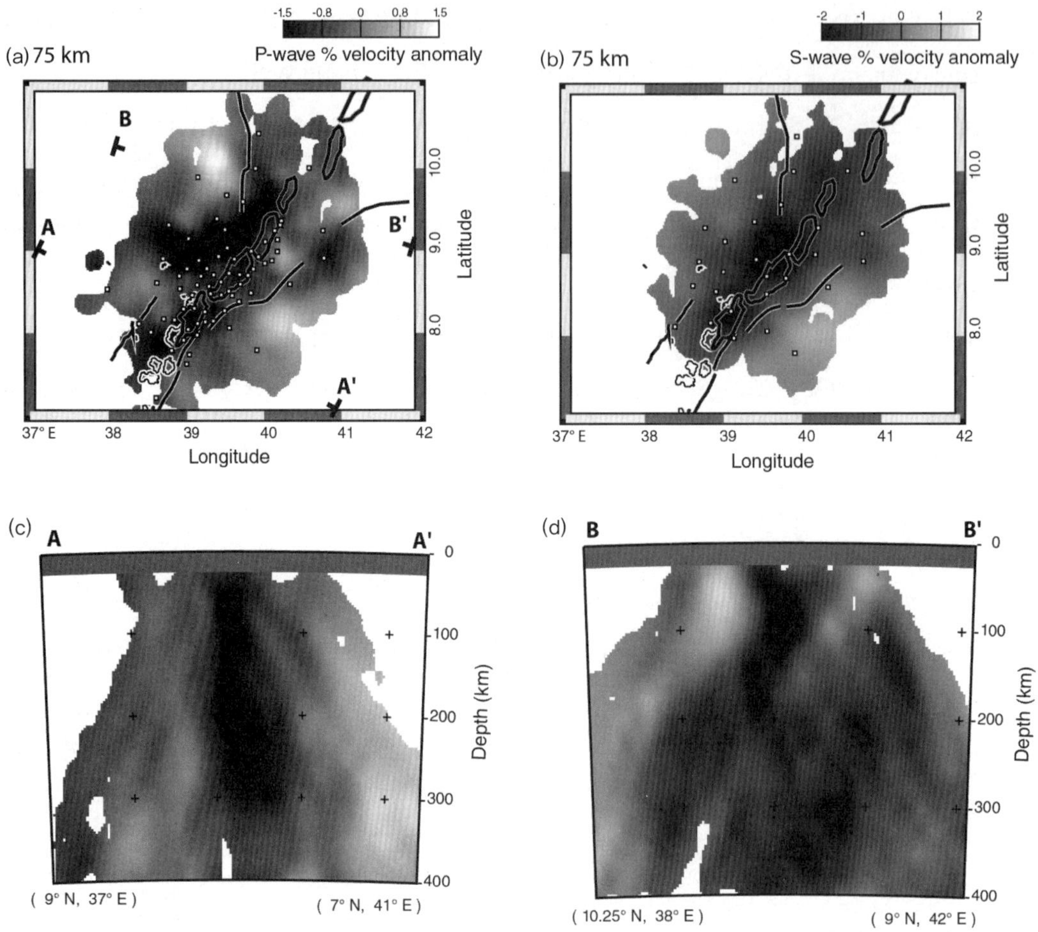

그림 7.7 메인 에티오피아 리프트의 75km 깊이에서 (a) P파 및 (b) S파 속도 모델을 통한 깊이 슬라이스 (depth slice). (c, d) P파 속도 모델을 통한 수직 단면(Bastow *et al.*, 2005에서 수정되어 I. Bastow에 의해 제공된 이미지, Blackwell Publishing의 허가로). (a)와 (b)의 굵고 검은 선들은 플라이스토세 마그마 분할조각과 중기 마이오세 경계 단층이다(그림 7.3과 비교하라). 토모그래피 역산에 기여하는 관측소의 위치는 (a)와 (b)의 흰색 사각형으로 표시된다. 단면 위치는 (a)에 표시됨. (c)와 (d)에서의 속도 스케일은 (a)에서와 동일하다.

높은 온도 외에 열개 아래의 낮은 속도 구역도 부분 용융의 존재를 반영할 수 있다. 케냐 리프트(Ayele *et al*., 2004)와 북부 에티오피아 리프트(Kendall *et al*., 2005) 아래로 전파하는 원거리지진파(teleseismic wave)의 전단파 분리(shear wave splitting) 및 지연 시간의 관측의 결과가 암석권의 상부 70-90km 내의 가파른 암맥에서 부분 용융의 정렬 혹은 뜨거운 물질이 열개 지대로 수평으로 흐를 때 연약권에서 감람석의 격자 선호 방향(lattice preferred orientation)

을 암시한다. 이러한 관측의 결과는 열개 아래에 놓이는 상부 맨틀이 낮은 속도, 저밀도, 그리고 비정상적으로 높은 온도의 물질에 의해 특징되어진다는 것을 나타낸다.

7.3 넓은 열개(wide rifts)의 일반적 특성

넓은 대륙 내 열개의 아주 흔히 인용되는 예 중 하나는 북아메리카 서부의 분지와 산맥 지방(Basin and Range Province)이다(그림 7.1). 이 지역에서 큰 확장 변형이 500km에서 800km 범위의 구역에 걸쳐 일어났다(그림 7.8). 이 지방 중앙 부분의 지표면에서 측정된 약 250-300km의 수평 확장은 ~16Ma 이래 계속 발생했다(Snow & Wernicke, 2000). 동부 네바다와 서부 유타에서만 수평 지표면 확장의 총량은 약 120-150km이다(Wernicke, 1992). 이들 값과 변형이 발생하는 지역의 폭은 좁은 대륙량 열개(7.2절)에서 관찰된 것들보다 상당히 크다.

따라서 분지와 산맥(Basin and Range) 예는 대륙 지각이 새로운 해양 분지를 형성하기 위해 파열(rupturing) 없이 크게 확장될 수 있음을 보여준다. 이 패턴은 비교적 얇고 뜨거운, 약한 대륙 지각에 형성되는 열개의 특징이다. 여기서 넓은 열개와 좁은 열개 대응물을 구분하는 주요 특징들이 분지와 산맥 지방과 에게 해(Aegean Sea) 지방 예를 사용하여 설명된다.

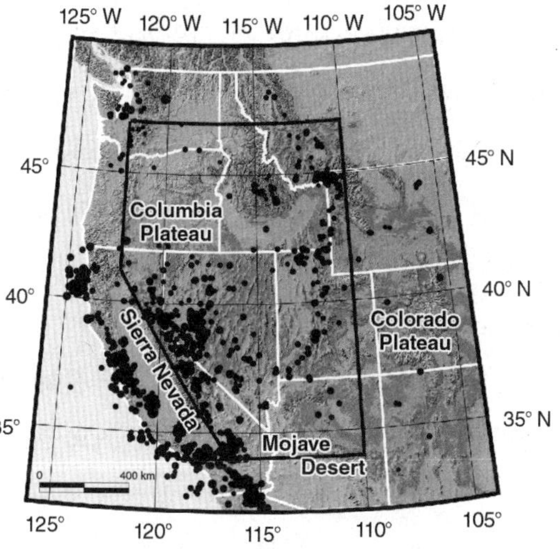

그림 7.8 분지와 산맥(Basin and Range)의 북부와 중부 구역에서 지형과 M≥4.8의 지진을 보여주는 미국 서부의 음영 기복지도(Pancha *et al.*, 2006에서 수정되어 A. Pancha와 A. Barron에 의해 제공된 이미지, Seismological Society of America의 허가로). 원 반경은 규모에 비례한다. 굵은 다각형으로 윤곽이 쳐진 부분은 분지와 산맥의 변형과 관련된 모든 주요 지진을 둘러싼다.

1 광범위하게 분포된 변형

분지와 산맥 지방은 서쪽으로 거대한 산 안드레아스 단층 시스템(San Andreas Fault system)과 시에라네바다-그레이트 벨리(Sierra Nevada-Great Valley) 미소판(microplate), 그리고 동쪽으로 콜로라도 고원(Colorado Plateau)에 의해 경계되어진다(그림 7.8, 7.9). 시에라와 고원 모두는 비교적 낮은 열류량값(40-60mW m^{-2})을 보여 사실상 신생대의 확장 변형을 보이지 않는다(Sass *et al.*, 1994; Bennett *et al.*, 2003). 이 두 단단한 블록 사이에서 신생대 변형은 수천 평방킬로미터에 걸쳐 얼추 균일한 크기와 간격을 갖는 선형의 북향 산맥들의 넓은 구역으로 나타났다. 산맥들은 약 15-20km의 폭으로 대강 30km 간격으로 떨어져 있고, 인접한 퇴적 분지 위로 ~1.5km 융기되어 있다. 대부분은 주요 산맥-경계 정단층에 의해 한쪽에서 경계되어진다. 약간의 주향이동 단층도 존재한다. 지방의 북부(위도 40°N)에 개략적으로 20-25개의 분지-산맥 쌍이 750km에 걸쳐 나타난다.

분지와 산맥의 현재 변형장(present day deformation field)이 지진의 패턴(그림 7.8, 7.10)과 연속적인 GPS 데이터에서 유추된(5.8절) 수평 속도 추정치(그림 7.11)를 통해 밝혀진다(Bennett *et al.*, 2003). 데이터가 시에라네바다의 동쪽, 그리고 콜로라도 고원의 서쪽을 따라 높은 변형률을 보여주는 두 개의 두드러진 띠를 보여준다. 이들은 각각 동 캘리포니아/중앙 네바다 지진대(seismic belt)와 산간 지진대이다(그림 7.9). 발진 메커니즘(그림 7.10)이 전자가 우수향(right lateral)과 수직 변위 모두를 수용하고 후자는 대부분 수직 운동을 수용한다는 것을 나타낸다. 사이에 낀 지역에서 변형은 널리 퍼져 분포하고 곳에 따라서 현재 속도장(velocity field)이 없다. 동부, 중부 및 서부 대분지(eastern, central and western Great basin)로 명명된 세 개의 소지방(sub-province)은 변형의 독특한 패턴을 보여준다(그림 7.9). 중앙 대분지와 콜로라도 고원 사이의 상대 운동은 2.8mm a^{-1}의 속도이고 부분적으로 동부 대분지에 걸쳐 확산하는 동서 확장에 의해 수용된다. 시에라네바다-그레이트 벨리(Sierra Nevada-Great Valley)와 중앙 대분지 사이의 상대 운동은 N37°W 방향으로 9.3mm a^{-1} 속도이고 서부 대분지에 걸친 확산 변형(diffuse deformation)에 의해 수용된다(8.5.2절). 중앙 대분지는 현재 내부 변형을 거의 보이지 않는다. 높은 변형률 구역들에 의해 멈추어진 분배된 변형의 비슷한 패턴이 중앙 그리스와 에게 해(Aegean Sea)의 확장 지방에 나타난다(Goldsworthy *et al.*, 2002).

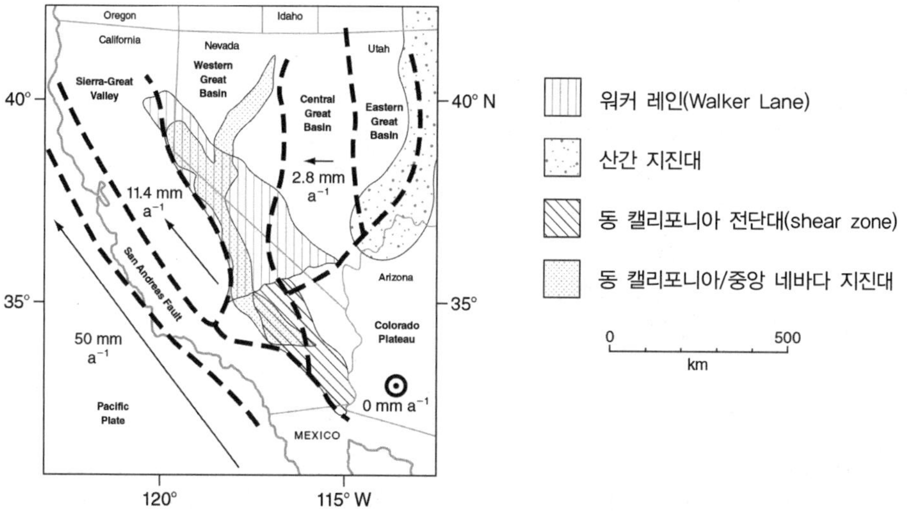

그림 7.9 측지 및 지질학적 데이터로부터 결정된 분지와 산맥(Basin and Range)의 다양한 구조지방(tectonic provinces)을 보여주는 지도(Bennett *et al.*, 2003에서 수정됨, American Geophysical Union의 허가로. 저작권 © 2003 American Geophysical Union). 주어진 속도는 북아메리카 판을 기준으로 한다.

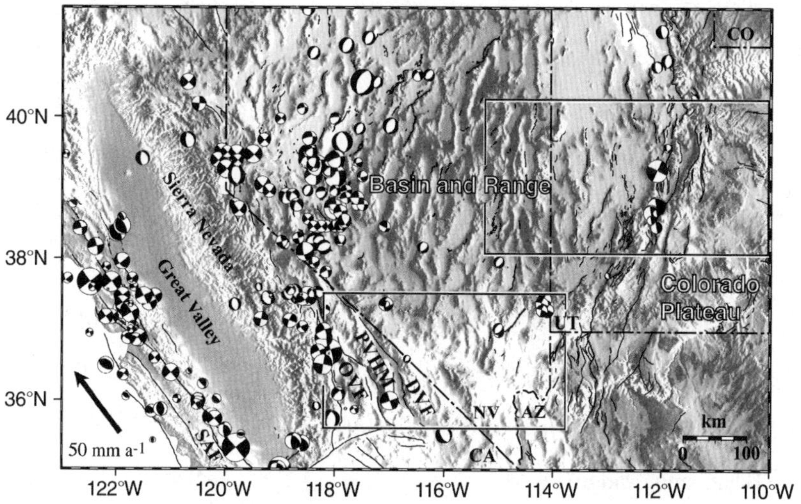

그림 7.10 주요 단층과 지진의 발진 메커니즘을 보여주는 북부 분지와 산맥의 음영 기복지도(Bennett *et al.*, 2003과 Shen-Tu *et al.*, 1998에서 수정되어, R. Bennett에 의해 제공된 이미지, American Geophysical Union의 허가로. 저작권 © 2003 and 1998 American Geophysical Union). SAF, 산 안드레아스 단층(San Andreas Fault). 시에라네바다-그레이트 벨리(Sierra Nevada-Great Valley) 미소판의 북쪽 이동은 오웬스 벨리(Owens Valley, OVF), 파나민트 벨리-헌터 산(Panamint Valley-Hunter Mountain, PVHM), 그리고 데스 벨리(Death Valley, DVF) 단층대(fault zones) 위의 주향이동 움직임에 의해 수용된다. 검은 상자는 그림 7.13(아래 상자) 및 그림 7.14(위 상자)의 대략적인 지역을 보여준다.

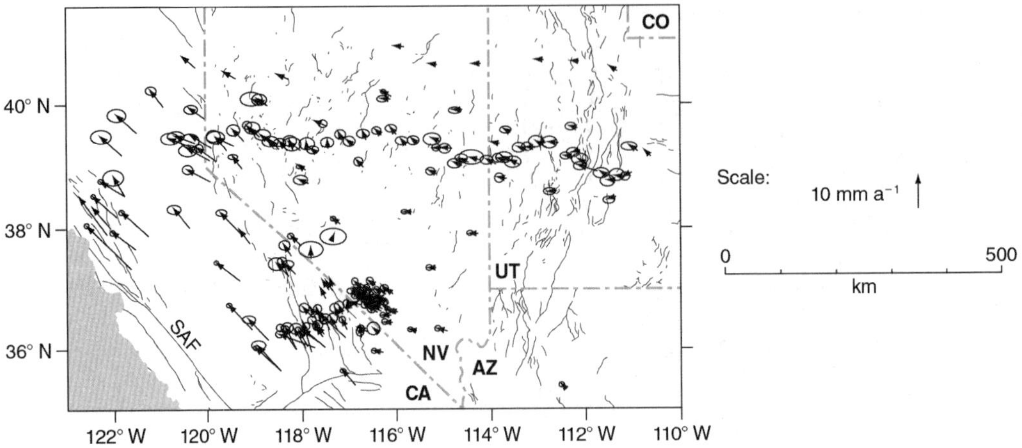

그림 7.11 북아메리카에 대한 시에라네바다-그레이트 벨리 미소판, 북부 분지와 산맥(northern Basin and Range), 그리고 콜로라도 고원에 있는 지점의 GPS 속도(Bennett *et al.*, 2003에서 수정되어, R. Bennett에 의해 제공된 이미지, American Geophysical Union의 허가로. 저작권 © 2003 American Geophysical Union). 에러 타원은 95% 신뢰 수준을 나타낸다. 속도 추정치는 북부 분지와 산맥 내와 주위의 GPS 네트워크에서 연속적인 GPS 데이터에서 추론되었다. SAF, 산 안드레아스 단층

분지와 산맥에서 변형 중 두 개의 다른 구역이 중부 마이오세-현세 지질 패턴에 기초하여 정해졌다. 워커 레인(Walker Lane; 그림 7.9)은 정단층작용과 우수향, 그리고 좌수향 주향이동 단층작용을 필요로 하는 다양한 방향과 복잡한 변위들의 산맥들을 보인다. 이 벨트는 남쪽으로 동 캘리포니아 전단대(Eastern California Shear Zone, 그림 8.1과 8.5.2절)와 중첩한다. Hammond와 Thatcher(2004)는 서부 분지와 산맥 내에 오른쪽 횡운동과 확장의 집중은 워커 레인의 약한 지각에서 발생한다고 판단하였다. 중력 에너지와 점성도의 선형 구배(linear gradient) 또한 변형을 집중할 수 있다(7.6.3절). 이러한 데이터를 통해 분지와 산맥의 넓은 지역이 현재 태평양과 북아메리카 판 사이의 총변형량의 약 25%를 수용한다는 것을 알 수 있다(Bennett *et al.*, 1999). 이 데이터는 또한 적어도 현재에 분지와 산맥(Basin and Range)의 수직과 주향이동 변위의 이질적인 결합을 포함한다.

미지진(microearthquake)의 깊이 분포 또한 분지와 산맥 지방(Basin and Range Province)이 대륙의 다른 지역에 비해 얇은 지진원층(seismogenic layer)에 의해 특징지어진다는 것을 보여준다. 지진의 약 98%가 유타(1962-1999)에서는 15km, 네바다(1990-1999)에서는 17km보다 얕은 곳에서 발생한다(Pancha *et al.*, 2006). 지진원층의 이런 두께는 분지와 산맥에서 수천 평방킬로미터의 지각에 걸쳐 발달한다는 것을 제외하고, 동아프리카를 포함한 대부분의 다른 열개에 나타나는 것과 유사하다. 이 패턴은 높은 지열 구배와 지각 얇아짐이 매우 큰 지역을 약화시켰다는 것을 의미한다.

변형이 넓은 지역에 분포되어 있기 때문에, 분지와 산맥의 주요 단층 대부분은 수천 년의 재발 기간을 갖는다(Dixon *et al*., 2003). 이 지방의 북부에서 수백 개의 단층이 130ka 이래 이동의 증거를 보이지만, 현재의 지진과 큰 역사적 지진의 증거는 그중 몇몇에 밀집된다. 이러한 관찰이 변형의 상당 부분이 무지진 변위(aseismic displacements)에 의해 수용된다는 가능성을 제기한다. Niemi *et al*.(2004)은 주요 단층으로부터의 지질학적 데이터와 동부 대분지에서의 측지 데이터를 결합하여 이 가능성을 조사하였다. 결과에 의하면 두 데이터 유형 모두가 지난 130ka에 걸쳐 폭이 ~350km인 넓은 동서 확장 벨트를 규정하는 것 같다. 서로 다른 지질연대에 걸쳐 측정된 변형 패턴을 조화시키는 것이 이곳, 그리고 활동적인 많은 다른 대륙 구조대(zone of tectonics)에서 조사되어야 할 주요 분야이다.

2 이전에 두꺼워진 지각의 이질적인 지각 얇아짐

넓은 열개는 확장이 두껍고 약한 대륙 지각에서 발생할 때 형성된다. 분지와 산맥 및 에게해(Aegean Sea)의 두꺼운 지각은 열개작용보다 앞선 수렴과 지각 단축(crustal shortening)의 역사에서 비롯된다. 사실상 북아메리카의 서부 가장자리 전부는 중생대 시기 동안 일련의 압축 조산 운동(compressional orogeny)을 겪었다(Allmendinger, 1992). 이런 이벤트는 일찍이 고생대 비활동 대륙 주변부(passive margin)의 일부를 형성했던 퇴적 시퀀스를 두껍게 했다. 과거 대륙 주변부는 동부 대분지를 가로질러 서쪽으로 두꺼워지고 중생대 세비어 스러스트 벨트(Sevier thrust belt)의 스러스트단층과 습곡으로 변형된 고생대와 원생누대(Proterozoic)의 천부 해양 퇴적물의 길쭉한 벨트에 의해 현재 표시된다(그림 7.12). 이런 변형은 신생대 확장 동안에 변형(7.6.1절)의 비국지화(delocalization)에 기여하던 약한 퇴적암의 두꺼운 더미를 만들었다(Sonder & Jones, 1999). 확장되지 않은 콜로라도 고원과 비슷한 50km의 열개 전(pre-rift) 지각 두께가 일부 지방에서 추정되었다(Parsons *et al*., 1996). 다른 곳에서는 50km 이상으로 추정되었다(Coney & Harms, 1984). 이런 확장 전 역사(pre-extensional history)가 분지와 산맥의 확장 변형의 이질적인 스타일에 기여하고 있는 가장 중요한 요소 중 하나이다.

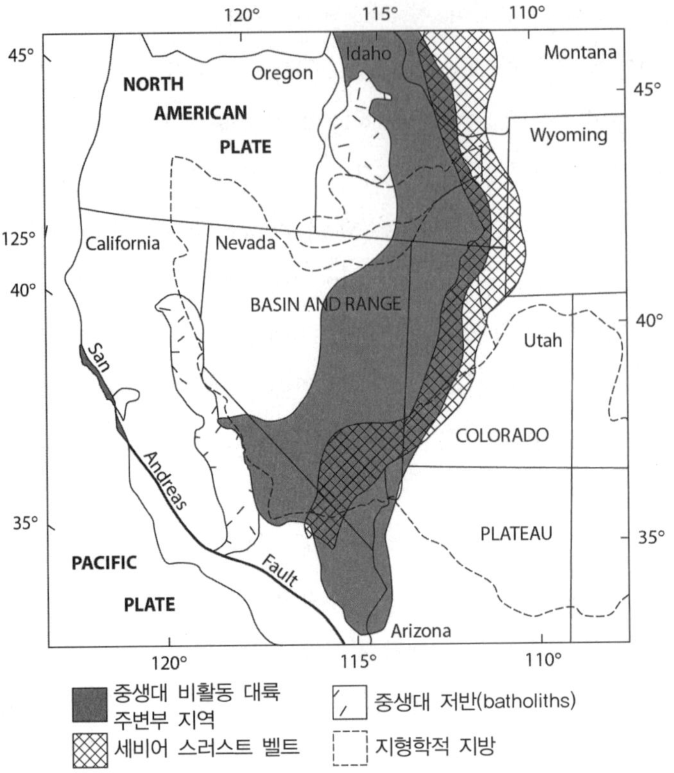

그림 7.12 고생대 비활동 대륙 주변부 시퀀스와 세비어 스러스트 벨트(Sevier thrust belt)의 범위를 보여주는 미국 서부의 지도(Niemi *et al.*, 2004를 따름, Blackwell Publishing의 허가로)

분지와 산맥에 있는 정단층의 크기와 간격의 한결같음과 지진원층의 겉보기 균일한 두께가 언뜻 보기에 변형과 지각 얇아짐이 지방 전체에 평균적으로 균일하게 분포되었을 것으로 생각되게 한다. 그러나 이 주장은 지질 및 지구물리학 조사의 결과와 충돌한다. Gilbert와 Sheehan(2004)은 동부 분지와 산맥 아래에서 북부 네바다와 유타의 북부에 나타나는 가장 얇은 지각(p.xx의 플레이트 7.1b), 그리고 남부 네바다에서 40km의 두께의 시각(p.xx의 플레이트 7.1c)을 갖는 30km에서 40km의 범위에 걸친 모호면 깊이(p.xx의 플레이트 7.1a)를 발견하였다(p.xx의 플레이트 7.1a-c). Louie *et al.*(2004) 또한 워커 레인(Walker Lane)과 북서 네바다 아래의 가장 얇은 지역에서 단지 19-23km의 심도를 보여주는 모호면 깊이의 상당한 차이를 발견했다. 이런 지각의 남쪽으로 두꺼워짐은 연령과 확장 이전 두께(pre-extensional thickness)의 차이를 포함하는 암석권의 신생대 이전 구성 체계(architecture)의 변화와 일치한다. 지각 두께의 균일하지 않은 비슷한 변화가 에게해(Aegean Sea) 아래에서 나타난다(Zhu *et al.*, 2006). 이러한 결과로 넓은 열개에서 지각 얇아짐은 균일하지 않고, 좁은 열개처럼 암석권의 기존 구조에 의해 강하게 영향을 받는

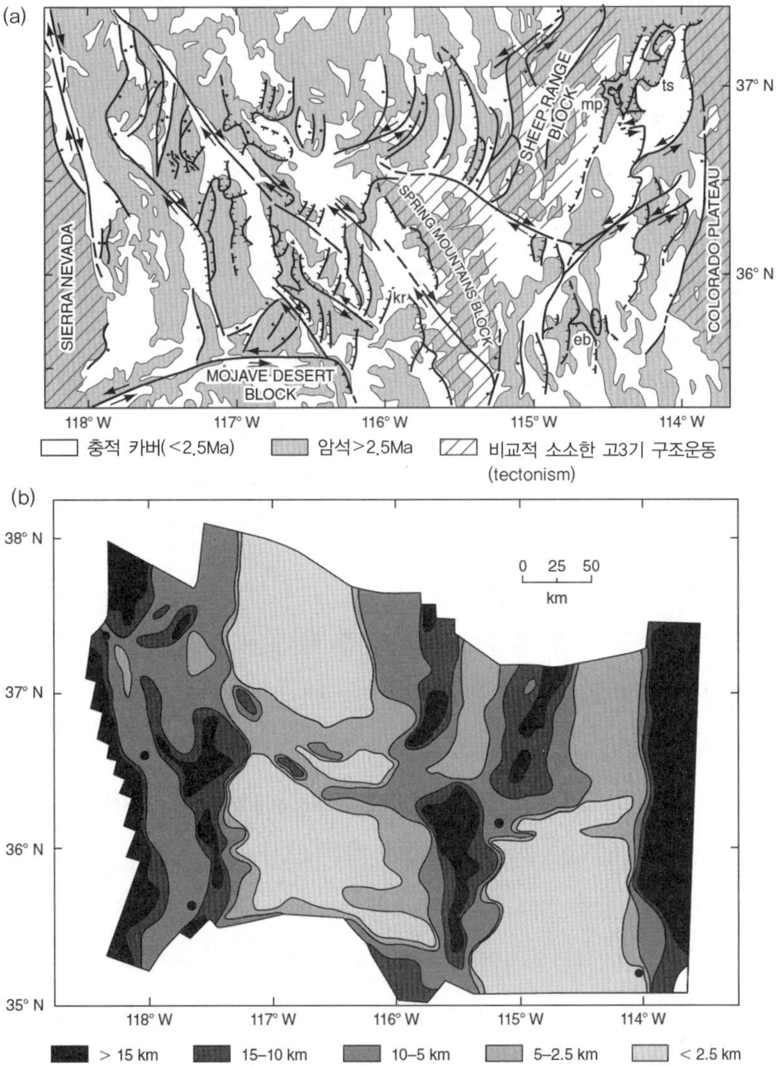

그림 7.13 (a) 중앙 분지와 산맥 지방(central Basin and Range Province)의 주요 신생대 단층(굵고 검은 선)과 (b) 확장 이전(pre–extensional) 마커를 사용하여 신생대 확장을 복원함으로써 추정된 상부 지각 얇아짐의 분포를 보여주는 지도(Snow & Wernicke, 2000에서 수정되어, B. Wernicke에 의해 제공된 이미지. 저작권 2000 by American Journal of Science. 저작권 통관 센터를 통해 형식 교과서에서 American Journal of Science의 허가로 재생산됨). (a)의 기호는 주향이동 단층(화살표), 높은 각도 정단층(볼과 바 기호), 낮은 각도 정단층(틱 마크), 그리고 스러스트단층(이 모양)을 나타낸다. 변성 핵심 복합체(metamorphic core complexes)의 큰 규모 분리단층(detachment faults)은 엘도라도–블랙 산맥(Eldorado–Black Mountains, eb), 모르몬 봉우리(Mormon Peak, mp), 툴 온천(Tule Springs, ts), 그리고 킹스턴 산맥(Kingston Range, kr) 분리 (detachments) 등이다. (b)의 등고선(contours)은 15km 두께의 확장 이전 신생대 대륙 지각의 잔여 두께를 나타내며, 옅게 음영된 지역이 가장 많이 얇아진 지역이다. 검은 점은 복원에 사용된 포인트이다.

다는 것이 설명될 수 있다.

분지와 산맥 지각 얇아짐의 불균일성은 상부 지각 내 단층작용의 패턴으로 표현된다. 동부 캘리포니아의 데스 벨리(Death Valley) 지역은 사실상 상부 지각의 변형을 보이지 않는 지역에 인접한 세계에서 큰 규모 확장의 가장 젊은 예제의 일부를 포함한다. ~16Ma에 시작한 동-서 확장은 시에라 고원과 콜로라도 고원 사이에 ~250km 확장으로 나타났다(Wernicke & Snow, 1998). 사이에 낀 지역은 확장, 주향이동 단층작용, 그리고 수축으로 강하게 변형된 지역에 의해 분리되는 비교적 확장되지 않은 지각 블록의 패치워크(patchwork)를 발달시키는 것으로 이런 발산에 반응하였다(그림 7.13a). 확장의 이질적인 분포가 15km의 원래 두께를 가정하고 확장 후 남아 있는 마이오세이전 상부 지각의 두께 추정치를 보여주는 그림 7.13b에 도시된다. 퓨너럴(Funeral) 산맥과 블랙(Black) 산맥과 같은 일부 지역에서는 상부 지각이 중앙 지각의 조각들이 노출될 정도로 절개되고 찢어졌다(Snow & Wernicke, 2000).

분지와 산맥 지방의 가장 불가해한 특징 중 하나는 상부 지각의 대규모 확장과 지각 아래 부분의 변형 분포 사이의 지역적인 관계이다. 일부 연구는 상부 지각 변형의 매우 다양한 패턴에도 불구하고, 지역적 지각 두께가 놀라울 정도로 균일하게 나타나는 것을 보여주었다(Gans, 1987; Hauser *et al*., 1987; Jones & Phinney, 1998). 이런 결과는 큰 변형이 모호면(Moho) 지형(7.6.3절)을 평탄하게 하는 약한 하부 지각의 측면 흐름에 의해 심부에서 보상되었다는 것을 의미한다. Park와 Wernicke(2003)는 지자기 데이터를 사용하여 이런 측면 흐름과 분지와 산맥에서 모호면의 편평해짐이 마이오세 동안에 발생하였다는 것을 보여주었다. 대조적으로, 에게 해(Aegean Sea)와 덴트르카스토 제도(D'Entrecasteaux islands, 7.8.2절)와 같은 다른 지역은 이런 관계를 보이지 않으며, 이는 크게 확장된 지역 아래에 흐름에 저항하는 더 높은 점성도를 갖는 하부 지각의 존재를 의미한다.

3 얇은 맨틀 암석권과 비정상적으로 높은 열류량

아주 넓은 열개답게, 분지와 산맥은 높은 표면 열류량, 음의 장파장 부게 중력 이상, 그리고 낮은 지각 P_n과 S_n 속도로 특징지어진다(Catchings & Mooney, 1991; Jones *et al*., 1992; Zandt *et al*., 1995; Chulick & Mooney, 2002). 분지와 산맥의 광역적 지형 또한 비정상적으로 높아 평균 해발 1.2km이다. 낮은 지진파 속도는 300-400km 깊이까지 식별할 수 있다. 지진파 토모그래피 모델이 1300°C의 단열 맨틀 온도가 대부분 지역 아래에 50km만큼 얕게 나타난다는 것을 가리킨다. 비교를 위해, 북아메리카의 안정된 동부 지역 아래의 대륙괴 맨틀(cratonic mantle) 내 50-100km의 온도는 분지와 산맥 아래보다 평균 500°C 더 차다. 모든 이러한 특성이 얕은 연약권과 매우 얇고 따뜻한 상부 맨틀을 암시한다(Goes & van der Lee, 2002).

지진파 속도 모델에서 유추된 110km 깊이에서의 온도가 분지와 산맥 아래의 얕은 맨틀에 작은 용융과 유체 포켓의 존재를 암시한다(Goes & van der Lee, 2002). 따뜻하고 저밀도 고상선 아래 맨틀(subsolidus mantle)도 지형의 높은 평균 고도와 대규모 변형에 기여할 수 있다. 높은 고도에 기여하는 다른 요인은 아마도 이전에 두꺼워진 대륙 지각과 마그마 관입에 의한 지각평형 효과이다. 그러나 지각의 두께 변화와 지표면 지형의 상관관계의 결여는 단순한 에어리 지각평형이 작용하는 것이 아니고, 미국 남서부를 가로지르는 높은 고도는 맨틀 구성 성분과 관련된다는 것을 가리킨다(Gilbert & Sheehan, 2004). 화산 활동은 확장 이전과 확장 중에 발생했던 분출을 포함하기 때문에 풍부하다. 이런 활동은 높은 열류량, 높아진 지열, 얕은 연약권의 증거와 일치한다. 열개 이전 화산작용은 성분에서 대부분 석회질 알칼리성이다. 확장을 수반하는 마그마 활동은 주로 현무암질이다. 네바다에서 현무암은 그것들이 암석권 아래(sublithospheric) 맨틀로부터 유래된 것을 암시하는 동위 원소들을 갖고 있다. 이 패턴은 열개 아래의 맨틀 용승(mantel upwelling)의 증거와 일치한다(Savage & Sheehan, 2000).

4 소규모 및 대규모 정단층작용

넓은 열개의 큰 확장 변형과 지각의 얇아짐은 부분적으로 정단층의 슬립(slip)에 의해 수용된다. 대조되는 두 패턴은 누구나 분명히 알 수 있다. 첫째로, 변형은 총확장의 다소 규칙적으로 이격된 수많은 정단층들이 각각 비교적 작은 양(<10km)을 수용하는 분산된 정단층작용을 포함할 수 있다. 둘째로, 변형은 수십 킬로미터의 큰 변위를 수용하는 비교적 적은 수의 정단층으로 크게 국지화될 수 있다. 두 패턴은 일반적이며 열개 진화의 여러 단계에서 발생할 수 있다.

분지와 산맥(basin and range)의 산맥을 경계짓는 많은 정단층은 비교적 작은 오프셋을 보인다. 이런 구조는 좁은 열개 분할조각을 특징짓는 것과 유사한 것 같다. 비대칭 반 지구(half graben)와 하반 융기(footwall uplift)는 변형의 대부분을 수용하는 지배적인 정단층에 의해 분리된다. 이러한 특징들의 지형은 암석권의 탄성 특성(7.6.4절)과 열개 동시(syn-rift) 퇴적과 침식의 효과에 의해 지배된다. 반 지구의 비대칭과 산맥을 경계짓는 단층의 경사 또한 보통 이웃하고 있는 분지-산맥 쌍에서 변한다. 구조적으로 활발한 단층의 대부분은 상부 지각까지 침투할 수도 있는 가파른 경사(>45°)를 유지한다. 그러나 동아프리카 경계 단층과 달리 분지와 산맥의 산맥을 경계짓는 단층의 일부는 낮은 각도 확장 분리 단층(extensional detachment fault)을 포함하는 형태를 보인다. 이런 낮은 각도 정단층의 몇몇은 매우 큰 변위를 수용하고 중앙 지각으로 아마 하부 지각까지 수십 킬로미터 침투한다. 확장 분리 단층은 낮은 각도(<30°)이고, 10-50km의 변위(Axen, 2004)를 수용하는 큰 지역 크기의 보통 돔형 단층면(domed fault surface)을 갖고 있다. 이러한 단층의 하반(footwalls)은 처음에 중간 또는 하부 지각에서 형성되고 나중에 그것이 확장 중에 지붕이 제거됨에 따라 마찰(취성) 슬립표면(slip surface)으로 진화하는 두꺼운(0.1-3km) 연성 전단대(ductile shear zone)를 노출시킬 수 있다(Wernicke, 1981). 분지와 산맥에서, 이러한 지형이 상부 지각이 완전히 찢어지고 한때 중간, 그리고 하부 지각에 존재하였던 변성암이 침식하여 노출될 정도(100-400% 확장)로 얇아진 지역의 특징이다. 깊이 삭박된 지각의 돔형 지역과 분리 단층작용이 코르디예라 확장(Cordilleran extensional) **변성핵심복합체(metamorphic core complex)**의 특징이다(Crittenden *et al*., 1980; Coney & Harms, 1984). 이런 지방에 고유한 것은 아니지만 핵심 복합체는 분지와 산맥(그림 7.13, 7.14)에서 비교적 흔하다. 대부분 후기 올리고세-중기 마이오세 동안에 형성되어서 그것들의 연령은 다양하다(Dickinson, 2002). 유사한 특징이 남부 에게 해(Aegean Sea)를 포함하는 많은 다른 세팅(setting)에서, 덴트르카스토 제도(D'Entrecasteaux islands, 7.8.2절)와 같은 섭입대 위에서 형성되는 열개에서, 확장 센터(6.7절) 근처에서, 그리고 충돌 조산대 내의 확장 구역(10.4.4절)에서 나타난다.

대부분의 저자는 핵심 복합체를 약한 지각 유동학이 깊은 지각에서, 그리고 어떤 경우에는 맨틀에서 측면 흐름을 용이하게 하여 상부 지각 확장을 좁은 대역으로 국지화시키는 지역의 특징으로 본다(7.6.2절, 7.6.5절). 그럼에도 불구하고, 낮은 각도 정단층 위의 슬립(slip) 메커니즘이 잘 이해되지 않는다. 불확실성의 대부분은 구체적인 예가 초기에 낮은 각도로 형성되거나 변형 동안에 가파른 방향에서 회전되었는지 여부에 집중된다(Axen, 2004). 의견일치는 아마 두 가지 유형이 모두 발생한다는 것이다(7.8.2절). 일부 낮은 각도의 큰 오프셋 정단층은 휨 회전(flexural rotation)에 의해 높은 각도 단층에서 진화할 수 있다(7.6.4절). 상반(hanging wall)이 단층에서 슬립(slip)으로 제거되기 때문에, 하반은 역학적으로 하중이 제거되고 지각평형 융기와 반구형 부풂으로 나타난다(Buck, 1988; Wernicke & Axen, 1988). 반구형 부풂은 정단층을 더 완만한 경사로 회전시키고 새로운 높은 각도 단층의 형성으로 이어진다.

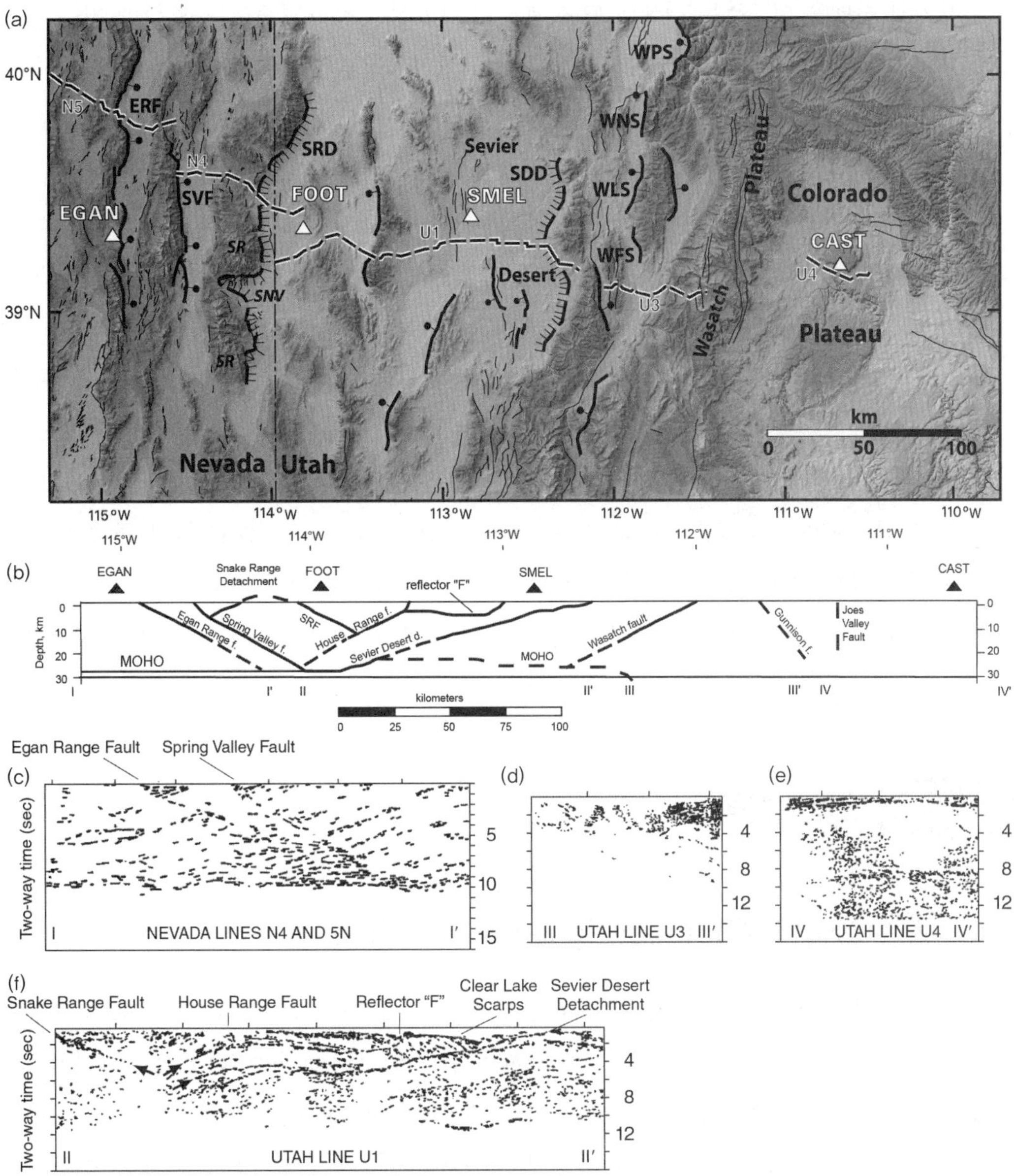

그림 7.14 (a) 산맥을 경계짓는 단층과 탄성파 반사 단면의 위치(검은 점선)와 GPS 사이트(흰색 삼각형)를 보여주는 동부 분지와 산맥의 일부 음영 기복지도(Niemi *et al.*, 2004에서 수정되어, N. Niemi에 의해 제공된 이미지, Blackwell Publishing의 허가로). 높은 각도 단층은 상반(hanging wall)에 볼과 바 기호를 보여주고, 낮은 각도 단층은 가는 선이 그려진 무늬를 보여준다. 본문에서 언급된 단층은 에간 산맥 단층(Egan Range Fault, ERF), 스프링 벨리 단층(Spring Valley Fault, SVF), 세비어 사막 분리(Sevier Desert Detachment, SDD), 워새치 단층대(Wasatch Fault Zone(WFS, WLS, WNS, WPS)), 그리고 스네이크 산맥 분리(Snake Range Detachment, SRD)을 포함한다. 단면 (b)는 (c) Hauser *et al.*, 1987과 (d) Allmendinger *et al.*, 1983(Geological Society of America의 허가로), 그리고 (e, f) Allmendinger *et al.* 1986(Allmendinger *et al.*, 1986에서 다시 그려짐, American Geophysical Union의 허가로. 저작권 © 1986 American Geophysical Union)으로부터의 탄성파 반사 데이터를 이용하여 구축되었다. SR, 스네이크 산맥 변성 핵심 복합체(Snake Range Metamorphic Core Complex)

분지와 산맥을 대표하는 신생대 단층 패턴의 다양성이 유타와 동부 네바다에 있는 동부 대분지의 분할조각을 보여주는 그림 7.14에 도시되어 있다(Niemi *et al.*, 2004). 350km 길이의 워새치 단층대(Wasatch Fault Zone)는 서쪽에서 35°에서 70°에 이르는 가장 큰 경사를 나타내는 여러 분할조각으로 구성되어 있다. 그것의 지하 형태는 잘 제약되지 않으나, 그것은 아마 적어도 상부 지각을 통과한다. 세비어 데저트 분리 단층(Sevier Desert Detachment Fault)는 서쪽으로 12° 기울어지고, 적어도 12-15km의 깊이까지 탄성파 반사 단면에서 지속적으로 추적될 수 있다(그림 7.14b). 산맥을 경계짓는 스프링 벨리(Spring Valley) 단층과 에간 레인지(Egan Range) 단층은 적어도 20km 깊이까지 침투하고, 아마 ~30°의 각도로 지각 전체 30km의 두께를 통과한다. 스네이크 레인지 분리(Snake Range Detachment) 역시 ~30° 기울어져 상부 지각의 대부분을 통과한다. 스네이크 레인지(Miller *et al.*, 1999)와 세비어 데저트(Stockli *et al.*, 2001) 분리 단층을 따른 큰 규모의 확장은 초기 마이오세, 그리고 후기 올리고세 혹은 초기 마이오세에 각각 시작되었다. 대부분의 지역에서 높은 각도 정단층은 이런 오래된 구조에 중첩된다.

7.4 화산 활동

7.4.1 대형 화성암 지방(large igneous province)

많은 열개와 열개된 대륙 주변부(7.7.1절)는 대륙 범람 현무암(continental flood basalt)의 지표 분출과 연관되어 있다. 이 분출은 **대형 화성암 지방들**(Large Igneous Provinces, LIPs)로 알려진 암석의 광범위한 그룹의 한 주요 하위 범주(subcategory)를 나타낸다.

대형 화성암 지방은 정상적인 해저 확장과 다른 프로세스에서 시작된 주로 고철질 분출암 및 관입암의 거대한 지각 정치(emplacement)이다. LIPs는 몇백만 평방킬로미터까지의 지역을 뒤덮을 수 있고 다양한 세팅(setting)에서 발생할 수 있다. 해양판 내 LIPs는 케르겔렌(Kerguelen)과 온통 자바(Ontong Java, 그림 7.15)와 같은 해양 대지(oceanic plateaux)를 형성한다. 이 후자의 예는 호주의 3분의 2 크기의 면적을 차지한다. 시베리아(Siberian)와 컬럼비아 강(Columbia River) 현무암은 대륙판 내부에서 분출한 예이다. 동아프리카의 에티오피아와 케냐(Ethiopian and Kenyan) 범람 현무암은 활발한 대륙 열개작용과 관련되고, 인도의 데칸 트랩(Deccan Traps)과 남아프리카의 카루 현무암(Karoo basalt)은 열개된 대륙 주변부 근처에 정치된다. 이러한 다양성은 모든 LIPs가 확장 구역과 관련되는 것은 아니라는 것을 나타낸다. 열개 내에서 그것들의 분출은 열개작용과 동시에 혹은 확장의 개시 수백만 년 이전이나 이후에 발생할 수 있다(Menzies *et al*., 2002).

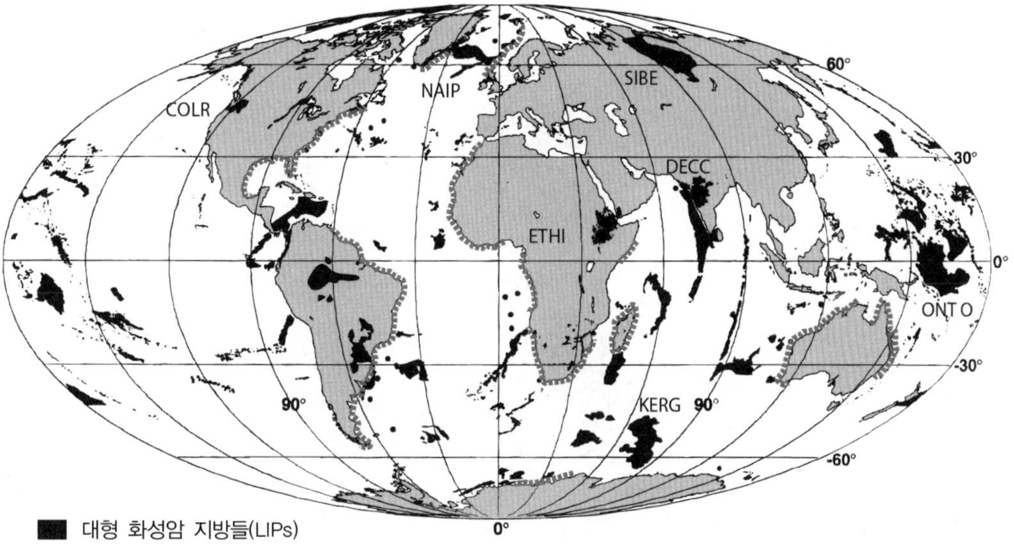

그림 7.15 대형 화성암 지방(Large Igneous Provinces)의 전 세계적인 분포를 보여주는 지도(Coffin & Edholm, 1994에서 수정됨, American Geophysical Union의 허가로. 저작권 © 1994 American Geophysical Union). 열개된 화산성 대륙 주변부(Rifted volcanic margins)는 Menzies *et al*.(2002)에서 왔다. 라벨이 붙은 대형 화성암 지방들(LIPs): 에티오피아 범람 현무암(ETHI); 데칸 트랩(DECC); 시베리아 현무암(SIBE); 케르겔렌(Kerguelen) 고원(KERG); 컬럼비아 강 현무암(COLR); 온통 자바(Ontong Java, ONTO); 북대서양 화성암 지방(NAIP)

LIPs에 있는 용암의 전체 부피 추정은 침식, 해저 확장에 의한 분열, 그리고 그것들의 분출보다 앞선 다른 구조적 프로세스에 의해 복잡해진다. 하와이 제도는 이와 관련하여 잘 연구되었다. 탄성파 데이터가 지각 아래에 아마도 지표 화산암과 동일한 맨틀 공급원에서 유래된 특히 높은 탄성파 속도를 갖는 암석 지역이 있음을 보여주었다. 하와이에서 속도 구조와 총화성암 부피 사이의 기본적인 관계가 존재한다(Coffin & Eldholm, 1994). 이 관계는 부피를 결정하려는 다른 LIPs에 적용되었다. 예를 들면, 컬럼비아 강 현무암의 부피는 1300000km^{3}인 반면에, 온통 자바 고원(Ontong Java Plateau)은 아마 이 양의 2배(5.5절)인 적어도 27000000km^{3}의 화산암으로 구성되어 있다. 이런 값들은 동아프리카의 대륙 범람 현무암의 값보다 훨씬 더 크다. 케냐에서 범람 현무암의 총부피는 약 924000km^{3}로 추정되었다(Latin *et al*., 1993). 에티오피아에서(그림 7.16), 현무암과 규장암(felsic rock) 층은 두께가 >2km에 이르고, 총부피는

350000km^{3}로 추정된다(Mohr & Zanettin, 1988). 고철질 마그마의 이렇게 큰 부피의 분출은 온실가스의 형성, 산성비의 생성, 해수면의 변화와 같이 심각하게 환경에 영향을 미친다(Coffin & Eldholm, 1994; Ernst *et al.*, 2005). 분출 또한 지각 성장(crustal growth)에 상당히 기여한다.

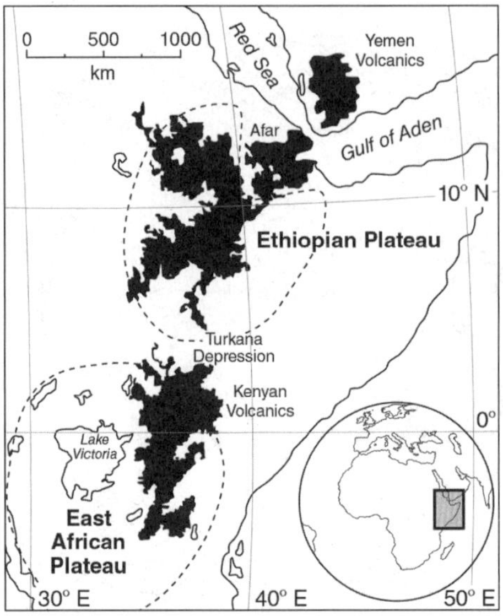

그림 7.16 에티오피아 고원과 동아프리카 고원(케냐 돔)의 신생대 범람 현무암의 위치를 보여주는 지도(Maconald *et al.*, 2001을 따름, Oxford University Press의 허가로)

일부 LIPs는 매우 빠르게 형성되는 것 같다. 많은 대륙 범람 화산암의 경우, 현무암의 70-80%가 3백만 년 미만 내에 분출하였다(Menzies *et al.*, 2002). 지질연대학적 연구가 그린란드(Tegner *et al.*, 1998), 데칸 트랩(Hofmann *et al.*, 2000), 그리고 에티오피아 트랩의 대부분(Hofmann *et al.*, 1997)의 주요 범람 이벤트 모두가 1백만 년 내에 분출하였다는 것을 보여주었다. 그럼에도 불구하고, 후자의 예(7.2절)는 45Ma와 22Ma 사이에 화산 펄스가 아파르(Afar) 지역의 범람 현무암 형성에 기여하였음을 또한 보여준다. 비록 더 적은 정보가 해저대지 유형의 LIPs에서 얻어지지만, 이것들도 아마 비슷한 속도로 형성되었다. 북대서양 지방과 온통 자바 대지는 3Ma 내에, 그리고 케르겔렌(Kerguelen) 대지는 4.5Ma 내에 형성되었다. 대부분의 화산 활동은 비교적 무활동(relative quiescence)의 오랜 기간으로 분리되는 짧고 격렬한 에피소드로 발생했다. 무활동의 기간을 포함하는 평균 형성율의 추정치는 온통 자바 대지에서는 12-18km^3 a^{-1}이고, 데칸 트랩에서는 2-8km^3 a^{-1}이다. 온통 자바의 정치 속도는 전체 중앙 해령 시스템의 현재 글로벌 생산 속도를 초과할 수도 있다(Coffin & Eldholm, 1994).

그런 짧은 기간 내에 많은 양의 고철질 마그마의 쏟아져 나옴(outpouring)은 맨틀 공급원을 필요로 한다. 이러한 지형의 존재와 중요성이 널리 논의되고 있지만(Anderson & Natland, 2005), 이런 특성이 심부 맨틀 플룸(mantle plume, 5.5절, 12.10절)에 관련시키는 해석을 촉진하였다. 맨틀 플룸은 거대한 해양 대지를 형성할 수 있으며, 일부 대륙 범람 현무암 또한 이것에 기인될 수 있다. 에티오피아 고원과 케냐 돔(동아프리카 고원 내의) 아래에 광범위한 화산 활동과 지형 융기는 이례적으로 뜨거운 연약권의 영향인 것 같다(Venkataraman *et al*., 2004). 짧은 기간에 걸쳐 분출된 화산암과 큰 부피의 고철질 용암의 동위 원소 특성(Hofmann *et al*., 1997; Ebinger & Sleep, 1998)은 융기 아래의 플룸 혹은 플룸들이 심부의 배기되지 않은 맨틀 공급원(deep undegassed mantle source)의 극히 일부를 포함하고 있다는 것을 암시한다(Marty *et al*., 1996; Furman *et al*., 2004). 심부 플룸은 상승함에 따라 주위의 압력에 좌우되는 용융의 양으로 감압 용융작용을 겪는다(7.4.2절). 따라서 더 적은 용융작용이 두꺼운 해양 지각 아래보다 두꺼운 대륙 지각 아래에서 예상된다. 그럼에도 불구하고, 많은 LIPs를 생성했던 마그마의 기원은 제대로 이해되지 않아, 어떤 단일 모델도 그것들 모두를 설명할 수 있을 가능성이 없다. Ernst *et al*.(2005)는 광상과의 관련성(13.2.2절)을 포함하는 LIPs 연구 및 그 형성 모델의 여러 측면을 고찰하였다.

7.4.2 열개 암석의 암석성인론(petrogenesis)

대륙 열개에서 분출된 고철질 화산암의 지화학이 열개작용 동안에 기원과 마그마 생성의 메커니즘에 대한 정보를 제공한다. 열개 현무암은 전형적으로 알칼리(Na_2O, K_2O, CaO), K, Ba, Rb, Sr, Pb^{2+}, 그리고 경희토류와 같은 큰 이온 친석원소(large ion lithophile element, LILE), 그리고 휘발성 물질 특히 CO_2 및 할로겐이 풍부하다. 소레아이트질 범람 현무암(tholeiitic flood basalt)이 또한 흔하며 유문암(rhyolite)을 포함하는 규산 용암과 연관될 수 있다. 동아프리카에서의 관찰을 통해 알칼리, 초-알칼리, 소레아이트질, 규장질 및 과도기 성분들을 포함하는 고철질 암석의 연속체(continuum)가 일반적으로 나타난다는 것을 알 수 있다(그림 7.17a). 이러한 다양성은 맨틀 공급원 지역의 성분 이질성과 고철질 마그마의 발생과 진화에 영향을 미치는 프로세스 모두에서 유래된다.

맨틀이 열개 아래에서 용융되어 현무암질 유체를 생산할 수 있는 세 가지 방법이 있다. 첫째, 용융작용은 정상적인 시열 이상으로 맨틀을 가열함으로써 달성될 수 있다(그림 7.18a). 지열의 교란은 심부 맨틀 플룸에 의해 열의 수직 이동과 관련될 수 있다. 예를 들면, 화산과 에티오피아 고원 및 동아프리카 고원과 관련된 화산 활동과 지형 융기가 비정상적으로 뜨거운 맨틀을 반영할 가능성이 있다. 동아프리카 리프트(East African Rift)의 동쪽 분기 아래의 P_n파 감쇠의 조사를 통해 주변의 맨틀에 비해 상당히 더 높은 암석권 아래(sublithospheric) 온도가 알려졌다(Venkataraman *et al.*, 2004). 맨틀을 용융하는 두 번째 메커니즘은 주위 압력을 낮추는 것이다(그림 7.18b). 암석권 스트레칭 동안에 뜨거운 맨틀의 상승(7.6.2절) 또는 맨틀 플룸의 상승이 다양한 깊이에서 감압 용융에 이르게 하는 압력의 감소를 야기하며, 용융작용의 정도는 상승 속도, 지열, 맨틀의 성분, 그리고 유체의 가용성에 좌우된다. 용융작용의 세 번째 메커니즘은 고상선 온도(solidus temperature)를 낮추는 효과를 갖는 휘발성 물질의 첨가를 필요로 한다. 이러한 메커니즘 셋 모두는 아마도 대륙 열개 아래에 현무암질 용융의 생성에 기여한다.

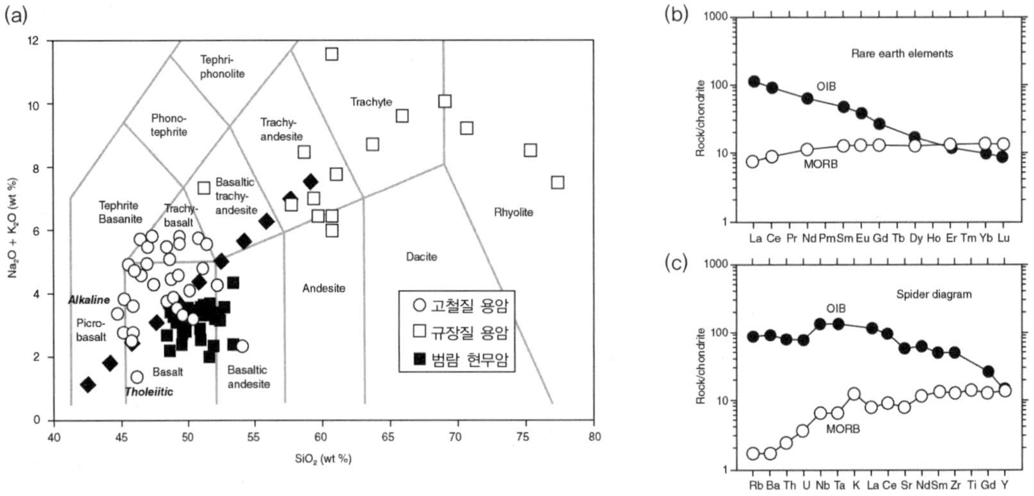

그림 7.17 (a) 에티오피아에서 용암의 지화학적 특성을 나타내는 총 알칼리–실리카도(total alkali–silica diagram; Kieffer *et al.*, 2004를 따름, Oxford University Press의 허가로). 점선은 소레아이트질 현무암(tholeiitic baslats)에서 알칼리를 구분한다. 전형적인 대양 섬 현무암(oceanic island basalt, OIB)과 전형적인 소레아이트질 중앙 해령 현무암(mid–oceanic ridge basalt, MORB)을 보여주는 희토류 원소(b)와 거미 다이어그램(c)(Winter, John D., An Introduction to Igneous and Metamorphic Petrology, 1st edition © 2001, p. 195에서, Perason Education, Inc., Upper Saddle River, NJ의 허가로 재인쇄됨)

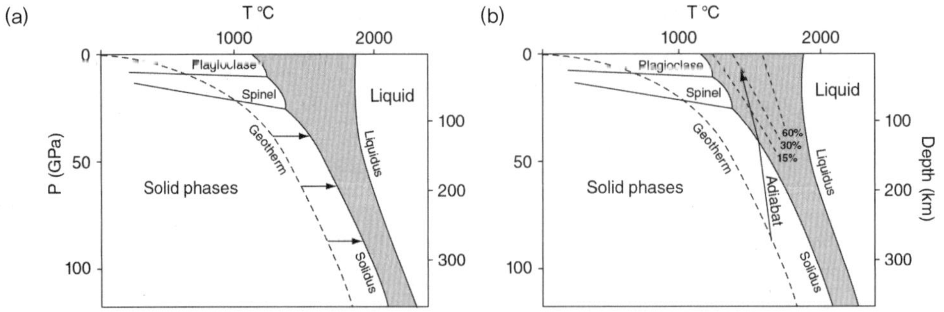

그림 7.18 (a) 상승하는 온도에 의한 용융. (b) 감소하는 압력에 의한 용융(Winter, John D., An Introduction to Igneous and Metamorphic Petrology, 1st edition © 2001, p. 195에서, Perason Education, Inc., Upper Saddle River, NJ의 허가로 재인쇄됨). (b)에서 용융은 단열곡선(adiabat)이 음영된 용융 구역에 진입했을 때 발생한다. 용융의 백분율이 표시된다.

일단 형성되면, 고철질 마그마의 성분은 **부분 용융작용(partial melting)**에 의해 영향을 받을 수 있다. 이런 프로세스는 고형 잔류물에서 유체의 분리로 나타나고, 이것이 단일 맨틀 공급원로부터 다양한 용융 성분을 생산할 수 있다. 초기 고철질 용융 또한 **분별하는(fractionate)** 경향이 있고, 이것에 의해 결정이 물리적으로 다양한 지각 압력에 걸쳐 용융에서 제거되어서, 성분상으로 독특한 암석 모음으로 나타난다. 현재 모델은 일반적으로 유문암(rhyolite)을 생성하는 지배적인 프로세스로서 천부 마그마 방에서 현무암 용융물의 분별 결정작용(fractional crystallization)을 지지한다. 성분 변화 또한 지각의 구성 요소와 **마그마 혼합(magma mixing)**의 **동화작용(assimilation)**을 반영한다. 최빈수를 둘 가지는(bimodal) 현무암-유문암 분출은 맨틀과 실리카가 풍부한 지각 용융물의 결합을 반영하는 것으로 생각된다.

미량 원소 농도(trace element concentration)와 동위 원소 특성의 비교가 대륙 열개에서 생성된 현무암은 대양 섬의 그것(5.5절)과 대체로 유사하다는 것을 알려준다. 두 암석 타입은 LILE를 포함하는 불화합 미량 원소(incompatible trace element)가 부화된(enriched) 맨틀 기원의 증거를 보존하고, 비교적 높은 방사성 스트론튬($^{87}Sr/^{86}Sr$) 및 낮은 네오디뮴($^{143}Nd/^{144}Nd$) 비율을 보여준다. 이러한 패턴은 불화합 미량 원소가 고갈되고(그림 7.17b, c) 낮은 스트론튬과 높은 네오디뮴의 비율을 보이는 중앙 해령 현무암에 의해 표현되는 패턴과 아주 다르다. 만일 미량 원소가 고체상(solid phase)에 비해 용융에 집중된다면, 그것은 **불화합성(incompatible)**으로 생각된다. 마그마 발생과 진화 조건의 관점에서 이러한 차이를 설명할 수 없기 때문에, 이런 마그마가 유래된 맨틀이 불균질해야만 한다. 일반적으로 연약권은 불화합 원소가 고갈된 것으로 인정되나, 부화된 공급원이 연약권 위 또는 아래에서 생기는지로 의견이 갈라진다. 고갈되지 않은 맨틀 플룸은 하나의 그럴듯한 부화된 맨틀 물질의 공급원을 제공한다. 부화작용(enrichment) 역시 암석권의 기저에서 원시의 고갈되지 않은 연약권의 트래핑(trapping) 혹은 연약권 혹은 더 깊은 맨틀에서 암석권으로 LILE가 풍부한 휘발성 물질의 확산으로 생길 수 있다.

미량 원소 농도와 동위 원소 특성을 근거로 하여, Macdonald *et al.*(2001)은 동아프리카 리프트(East African Rift) 시스템의 동쪽 분기의 고철질 마그마는 적어도 두 개의 맨틀 기원, 대양 섬 현무암을 생산하는 것과 유사한 암석권 아래(sublithospheric) 기원과 대륙 아래(subcontinental) 암석권 내의 기원에서 유래되었다고 추론하였다. 대륙 아래 맨틀에서 기여는 용암에 보존된 암석권 맨틀의 포획암, 특유의 희토류 원소 패턴, 그리고 현무암의 광물학으로 알 수 있다. 남부 케냐의 일부 고철질 용암에 있는 각섬석(amphibole)의 존재는 연약권보다는 오히려 대륙 아래 암석권의 마그마 기원을 의미한다(le Roex *et al.*, 2001; Späth *et al.*, 2001).

이러한 결론은 각섬석의 실험적으로 결정된 안정성 분야(stability field)가 있음 직한 대륙 지열과 정상적인 연약권 맨틀과 200°C 더 뜨거운 맨틀 플룸에 해당하는 단열곡선(adiabat)과 함께 표현된 그림 7.19에 도시된다. 단지 전형적인 수화 각섬석(hydrous amphibole)이 존재할 수 있는 것은 오직 비교적 차가운 암석권 맨틀 내이다. 특유의 희토류 원소 패턴에 의해 표시되는 기원에서 석류석(garnet)의 추가 조건이 75-90km로 용융의 깊이를 제한한다. 이것들과 다른 연구가 암석권 용융물의 생성은 특히 개발의 초기 단계 동안에 열개에서 흔하다는 것을 보여준다. 대륙 아래 암석권에서 유래된 용융물의 식별이 또한 열개 동안에 암석권 두께의 변화를 평가하기 위한 잠재적으로 유용한 방법을 제공한다.

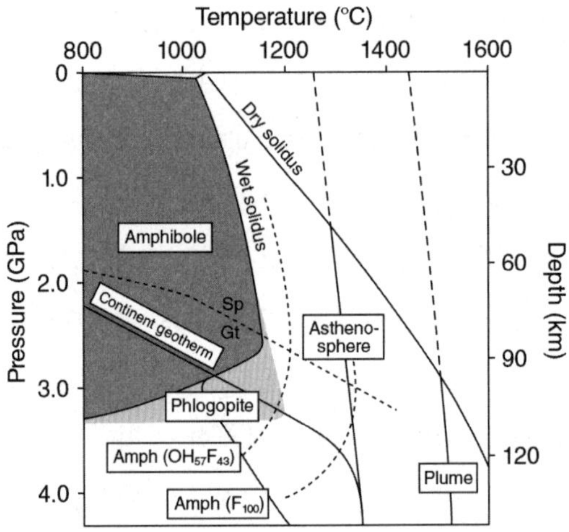

그림 7.19 각섬석(amphibole)의 안정성 분야(stability field)를 보여주는 압력-온도 다이어그램(le Roex *et al.*, 2001, Fig. 10을 따름. 저작권 © 2001, Springer Science and Business Media의 허가로). 각섬석은 지각 아래(subcontinental) 맨틀에서 안정적이나 연약권 맨틀 혹은 맨틀 플룸에 특유한 조건에서는 불안정하다. Gt, 가닛(garnet); Sp, 스피넬(spinel)

기원 지역과 관련된 성분 변화에 더하여, 많은 저자들은 현무암 성분과 열개 아래 맨틀에서 용융작용의 깊이 및 양 사이의 체계적인 상관관계를 추정했다(Macdonald *et al.*, 2001; Späth *et al.*, 2001). 소레아이트질 현무암(tholeiitic basalts)은 50km 이하의 얕은 맨틀 깊이에서 비교적 많은 양의 용융에서 비롯한다. 과도적인 현무암은 중간 깊이에서 더 적은 용융에 의해 생성되고, 높은 알칼리성 마그마는 비교적 적은 양의 용융에 의해 훨씬 큰 깊이(100-200km)에서 비롯된다. 이런 관계와 열개가 해저 확장(sea floor spreading)으로 진행함에 따라 중앙 해령 성분으로 고철질 마그마의 일반적인 진화가 용융작용 깊이의 감소와 시간에 따른 용융량의 증가와 일치한다는 것을 의미한다. 이런 일반화를 옹호하는 동아프리카의 토모그래피 이미지가 북부 탄자니아와 케냐의 그것과 같은 초생 열개 분할조각(juvenile rift segment) 아래의 비교적 두꺼운 맨틀 암석권에 작은 용융 파편의 존재를 보여준다(Green *et al.*, 1991; Birt *et al.*, 1997). 더 큰 용융 파편이 북부 에티오피아와 아파르 디프레션(Afar Depression)의 그것과 같은 더 성숙한 열개 분할조각 아래의 더 얕은 깊이에서 발생한다(Bastow *et al.*, 2005). 그러나 아래에서 설명하듯이, 대륙 열개에서 분출된 현무암질 용암의 성분 경향은 특히 암석권 분열 이전에 단순한 진행을 따르지 않을 수 있다.

시간에 따라 감소하는 알칼리도의 광범위한 경향이 있을 수 있지만, 지역적, 그리고 광역적 규모로 현무암의 체계적인 성분 경향을 정하는 것이 이루어지기 어려운 경우가 종종 있다. 예를 들면, 열개작용이 진행됨에 따라 암석권 오염 정도의 체계적인 감소를 증명하려는 시도는 이루어질 수 없다고 증명되었다. 만일 암석권이 얇아지고 결국 파열함에 따라 암석권 아래 맨틀에서의 용융물이 암석권에서 유래된 용융물과 상당한 상호 작용 없이 표면으로 침투하기 시작한다면, 그러한 감소가 예측될 수 있을 것이다. 그러나 케냐와 에티오피아의 연구는 열개 현무암 내 암석권 오염 정도의 체계적인 시간 또는 공간 패턴을 보여주지 않는다(Macdonald *et al.*, 2001). 이것은 해저 확장으로 전이하는 동안에 더 소레아이트질인 마그마를 향해 알칼리 마그마의 점진적 진화를 수반하는 열개 모델이 너무 단순하다는 것을 가리킨다. 대신에, 이 데이터는 고철질 용융물의 완전한 성분범위가 대륙 열개에서 공존할 수 있으며 마그마 생성이 열개 프로세스의 어떤 단계에서도 다중 기원을 포함할 수 있음을 시사한다. 예를 들면, 소레아이트는 보통 열개의 모든 단계 동안 존재하고 알칼리 현무암과 과도적인 현무암의 발생에 선행할 수 있다.

7.4.3 열개 아래 맨틀 용승(mantle upwelling)

열개 아래 상부 맨틀의 3차원적 속도 구조는 원거리지진의 주행 시간(teleseismic travel-time) 지연과 지진파 토모그래피를 사용하여 규명될 수 있다. Davis와 Slack(2002)은 서로 다른 속도의 파형을 이루는 층을 분리하는 두개의 가우스 표면을 사용하여 케냐 돔 아래에서의 이러한 유형의 데이터를 모델링하였다(p.xxi의 플레이트 7.2). 상부 층(그물 표면)은 열곡 아래 모호면(Moho)에서 최고가 되고, 8km s^{-1}의 맨틀에 비해 −6.8%의 속도 차이를 갖고 있다. 하부 층(그레이스케일 표면)은 약 70km 깊이에서 최고가 되고, 약 170km의 깊이까지 확장하는 −11.5% 차이를 갖는다. 탄성파 굴절 연구 결과와 잘 일치하는 이 모델은 케냐 열개의 중심에서 먼 쪽으로 경사지는 양편을 갖는 돔형 상부 맨틀 구조를 나타낸다. 저자는 이 구조는 용승하는 연약권이 암석권의 기저에 부딪쳐서 심도 70km와 170km 사이의 낮은 속도, 낮은 밀도의 용융 영역을 형성하는 흐름으로 분리되어서 발생한다고 제안하였다.

Park과 Nyblade(2006)는 동아프리카 리프트 시스템의 동쪽 분기 아래 500km 깊이까지의 맨틀 상부를 이미지화하기 위하여 원거리지진 P파의 주행시간을 사용했다. 그들은 심도 160km 위에 Davis와 Slack(2002)에 의해 모델링된 것과 유사한 가파른 측면이 있는 서쪽으로 기우는 낮은 속도 이상을 발견했다. 이 깊이 아래로 이상은 서쪽으로 넓어져 서쪽으로 향하는 경사를 나타낸다. 유사한 구조가 탄자니아(Ritsema *et al.*, 1998; Weeraratne *et al.*, 2003), 그리고 에티오피아의 일부분(Benoit *et al.*, 2006) 아래에서 이미지화되었다. Bastow *et al.*(2005)는 남부 에티오피아 아래에 판상의(75km 폭) 낮은 속도대(low velocity zone)가 더 크게 확장된 열개의 북쪽 단면 아래 >100km의 깊이에서 넓어지는 것을 발견했다(그림 7.7c, d). 이상(anomalies)은 ~150km 깊이에서 아주 뚜렷하다. 이러한 넓고, 경사진 구조는 잘 정의된 머리와 꼬리를 갖고 있는 플룸의 간단한 모델과 일치되기 어렵다. 대신 그것들은 다수의 플룸들 혹은 뜨거운 연약권이 남부 아프리카 아래의 이례적으로 뜨거운 맨틀의 광범위한 영역에 연결하는 토모그래피 모델(p.xxii의 플레이트 7.3) 중 하나와 더 일치하는 것처럼 보인다.

남아프리카 아래의 깊은 맨틀에서 Ritsema *et al.*(1999)이 핵-맨틀 경계에서 위쪽으로 뻗어 있는 넓은(4000 × 2000km^2 면적) 낮은 속도대를 이미지화하였고 그것이 동아프리카 아래의 맨틀 상부에 있는 낮은 속도대에 물리적 연결부를 가질 수 있음을 보여주었다(p.xxii의 플레이트 7.3). 심부 속도 이상의 경사는 용승이 수직이 아니라는 것을 보여준다. 심도 670과 1000km 사이에서 이상이 약해지는데, 이것은 그것이 차단될 수 있음을 시사한다. 이러한 관찰은 아프리카 아래의 이례적으로 뜨거운 연약권이 아프리카 초융기(superswell, 12.8.3절)로 알려진 용승의 넓고 깊은 구역에 어떤 식으로든 관련된다는 아이디어를 지지한다. 그럼에도 불구하고, 동아프리카 리프트 시스템 아래 뜨거운 맨틀 물질의 위치, 깊이 범위, 그리고 연속성에 대한 합의는 아직 도달되지 않았다(Montelli *et al.*, 2004a 참조).

다른 세팅의 열개 아래 맨틀 구조를 비교하면 맨틀 용승의 크기와 강도가 매우 변화무쌍함을 알 수 있다. Achauer과 Masson(2002)은 바이칼 리프트(Baikal Rift)와 남부 라인 그라벤(Rhine Graben)과 같은 비교적 차가운 열개에서, 낮은 속도대는 약하게 음(정상적인 맨틀 P파의 속도에 대해 −2.5%)이고, 160km 깊이 위에 주로 나타난다. 이러한 비교적 찬 세팅에서 최상부 맨틀의 낮은 속도대는 더 깊은 수위(>160km)에 연결을 보이지 않고, 열개 아래로 심도에 따라 용승하는 연약권의 넓어짐도 보이지 않는다. 리오 그랜드(Rio Grande) 열개와 같은 조용한 다른 세팅에서, 상부 맨틀에 있는 낮은 속도대는 용승이 열개 아래에서, 그리고 하강류가 그것의 가장자리에서 발생하는 소규모 대류 셀(convection cell)의 일부를 형성할 수 있다(Gao *et al.*, 2004).

7.5 열개 개시(rift initiation)

대륙 열개는 암석권을 쪼개기에 충분한 수평 편차 인장응력(horizontal deviatoric tensional stress)의 존재를 필요로 한다. 편차 인장은 다음과 같은 원인들의 결합에서 발생하는 응력들에 의해 야기될 수 있다. 즉, (i) 판 운동, (ii) 연약권의 용승에 의한 열 부력(thermal buoyancy force), (iii) 대류하는 연약권에 의해 생성된 암석권 기저에서 끌림 이동(traction) 및/또는 (iv) 지각 두께의 변화에 의해 생성된 부력(중력; Huismans *et al.*, 2001)이다. 이러한 응력은 이전의 구조 체제(tectonic regime)에서 상속될 수 있거나 또는 그것들이 확장 중에 생길 수 있다. 만일 유용한 응력이 전체 암석권의 강도를 초과한다면, 새로운 해양 분지의 형성으로 이어지는 지각의 완전한 파열이 발생한다. 이러한 이유로 암석권 강도는 대륙 열개와 열개된 대륙 주변부의 형성과 진화를 지배하는 가장 중요한 변수 중 하나이다.

전체 암석권을 파열하는 데 필요한 수평력(horizontal force)은 항복응력(yield stress)을 깊이에 대하여 적분함으로써 추정될 수 있다. 적분된 항복응력 또는 암석권 강도는 지각 성분과 지각 두께는 물론 높은 지열 구배에 민감하다(2.10.4절). 이들 요인들을 고려하면 50mW m^{-2}의 전형적인 열류량값을 갖는 암석권을 파열하는 데 3×10^{13}N m^{-1}의 힘이 요구됨을 알 수 있다(Buck *et al.*, 1999). 분지와 산맥 지방(Basin and Range Province)에서와 같이 2배의 열류량을 보이는 지역에서 그것은 10^{12}N m^{-1}보다 작은 값을 필요로 한다(Kusznir & Park, 1987; Buck *et al.*, 1999). 몇몇 저자는 열개를 가능하게 하는 구조적 힘의 범위는 $3\text{-}5 \times 10^{12}$N m^{-1}인 것으로 추정했다(Forsyth & Uyeda, 1975; Solomon *et al.*, 1975.). 이것이 옳다면, 최초에 얇은 암석권 또는 65-70mW m^{-2}보다 큰 열류량값을 갖는 암석권만이 다른 약화시키는 메커니즘의 부재에서도 상당한 확장을 겪을 것으로 예상된다(Kusznir & Park, 1987). 다른 경우에, 열개가 발생할 수 있도록 암석권을 충분히 약화시키기 위해 마그마 관입이나 물의 첨가를 필요로 할 수 있다.

열개가 발생할지 여부를 제어하는 또 다른 중요한 요소는 확장을 수용하는 데 유용한 메커니즘이다. 어떤 깊이에서 편차 인장은 단층작용, 연성 흐름(ductile flow) 혹은 암맥 관입에 의해 항복할 수 있고, 이러한 프로세스의 어느 것이 최소한의 응력을 필요로 하느냐에 좌우된다. 예를 들면, 만일 마그마 기원이 유용하다면, 그땐 수직 암맥의 형태로 현무암 관입이 암맥작용 없이 일어날 수 있는 것보다 훨씬 낮은 응력 수위에서 암석권을 분리할 수 있을 것이다. 현무암 암맥이 확장을 수용할 수 있게 하는 데 필요한 항복응력은 주로 암석권과 마그마 사이의 밀도 차이에 의존하기 때문에 이러한 효과가 발생한다(Buck, 2004). 대조적으로, 단층작용이나 연성 흐름을 유발하는 데 요구되는 항복응력은 암맥작용에 의한 암석권 분리에 필요한 것보다 10배에 이를 수 있는 항복 강도(yield strength)로 나타나는 다른 많은 요소들에 따라 달라진다(그림 7.20). 이전에 두꺼워진 대륙 지각의 열이완(thermal relaxation)에서 생길 수 있는 것과 같은 모호면에서 높은 온도(>700°C)도 또한 열개 개시에 필요한 구조적 힘에 기여할 수 있다. 높은 모호면 온도의 경우, 중력이 열개를 구동하는 응력에 점점 더 중요하게 된다.

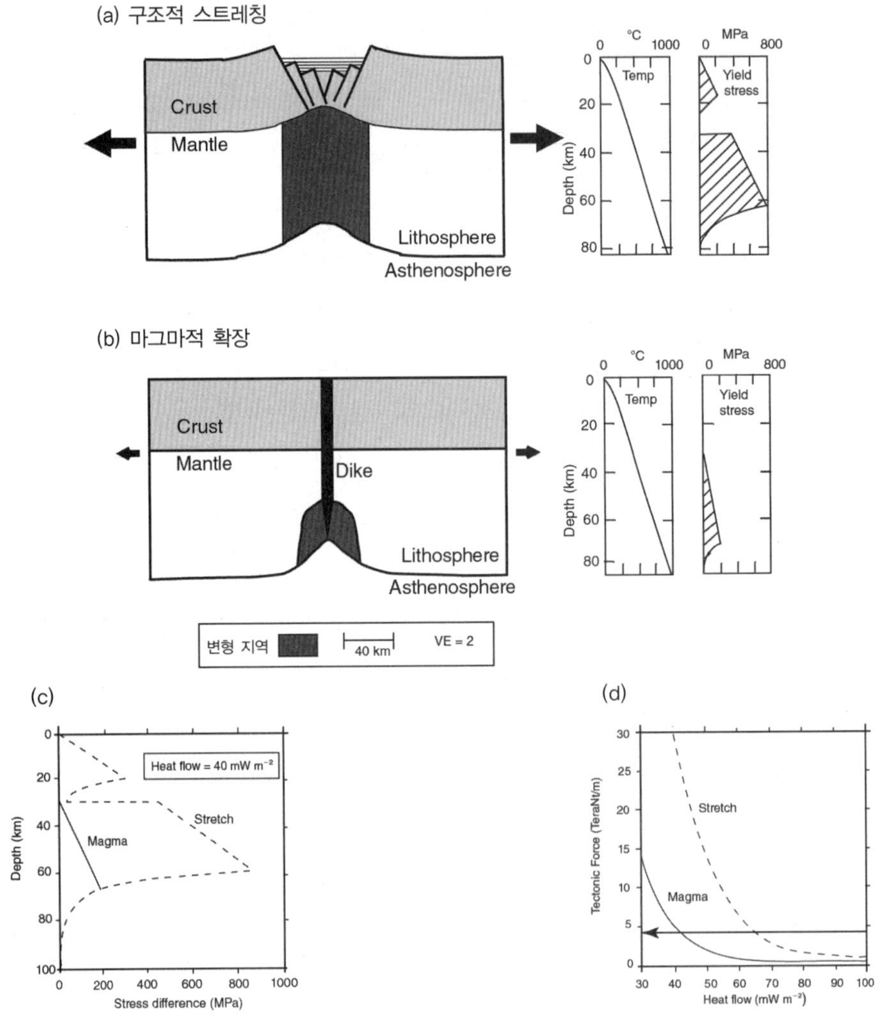

그림 7.20 암맥작용에 의한 마그마 관입이 없는 (a), 그리고 있는 (b)의 두꺼운 암석권 확장 사이의 차이를 보여주는 스케치. 각 경우에 대한 온도와 항복응력 곡선(yield stress curves)은 스케치의 오른쪽에 표현된다. VE, 수직 과장. (c) 30km 두께의 지각에서 변형 속도 $10^{-14}s^{-1}$에 대한 항복응력의 예. 실선, 마그마 열개에 대한 응력 차이; 점선, 암석권 스트레칭에 대한 응력 차이. (d) 열류량에 따른 마그마가 있는 그리고 없는 열개에 대한 구조적 힘(tectonic force). (d)에서 굵고 검은 선은 구동력의 추정치를 보여준다(Buck, 2004에서. 저작권 © 2004 from Columbia University Press. 출판사의 허가로 재인쇄됨).

마지막으로 열개가 시작될 때의 변형 위치와 분포는 암석권의 기존의 취약대의 존재에 의해 영향을 받을 수 있다. 암석권의 두께 또는 암석권의 강도와 온도의 대조가 변형을 국지화하거나 열개의 방향을 제어할 수 있다. 이 후자의 효과는 열개 축이 시생누대 탄자니아의 대륙괴(7.8.1절)의 차갑고 두꺼운 암석권 뿌리와 만나는 동아프리카 리프트 시스템의 동쪽 분기의 방향 변화에 의해 설명된다. 탄자니아 예는 지각의 얕은 수위 구조보다는 오히려 암석권-연약권 경계에서의 측면 이질성이 열개 형태를 크게 변경하는 데 필요하다는 것을 시사한다(Foster *et al.*, 1997).

7.6 변형 국지화와 비국지화 프로세스 (strain localization and delocalization processes)

7.6.1 서 론

확장하는 동안에 좁은 구역으로 변형의 국지화는 암석권의 역학적 약화로 이어지는 프로세스에 의해 달성된다. 암석권 약화는 암석권 스트레칭, 관입에 의한 가열, 암석권과 연약권 사이의 상호 작용 동안에 지열의 상승 및/또는 변형 중에 단층과 전단대(shear zone)의 거동을 제어하는 다양한 메커니즘에 의해 달성될 수 있다. 이러한 **변형 연화(strain softening)** 메커니즘에 반대되는 작용은 암석권의 역학적 강화를 촉진하는 프로세스이다. 암석권 강화는 지각의 얇아짐 동안에 강한 상부 맨틀에 의한 약한 지각의 교체에 의해, 그리고 확장으로 생기는 지각 두께 변화에 의해 이루어질 수 있다. 이들 및 다른 **변형 경화(strain hardening)** 메커니즘은 열개 중에 변형의 비국지화를 촉진한다. 이러한 메커니즘 간의 경쟁이, 그리고 그것들이 암석권의 순 약화 또는 순 강화로 나타나는지가 열개 내 변형 패턴의 점진적 변화를 제어한다.

암석권의 약화, 그리고 강화 메커니즘의 다른 조합이 확장에 대한 지각의 반응을 어떻게 제어하는지를 측정하기 위하여 지구과학자는 다른 접근 방법을 사용하여 열개의 물리적 모델을 개발했다. **운동학적 모델링(kinematic modeling)**이라고 불리는 하나의 접근방법은 열개와 열개된 대륙 주변부의 진화에 대한 예측을 수행하기 위하여 형태, 변위 및 변형의 유형에 대한 정보를 사용하는 것이다. 그림 7.4c, 7.10, 7.11은 이러한 유형의 모델을 생성하는 데 자주 사용되는 데이터 유형을 도시한다. 가장 일반적인 운동학적 예 중에는 **순수 전단(pure shear**; McKenzie, 1978), **단순 전단(simple shear**; Wernicke, 1985), 그리고 **지각 박층분리(crustal delamination**; Lister *et al*., 1986) 확장 모델이 있다(그림 7.21). 이런 모델들에서 예측은 열개와 열개된 대륙 주변부(rifted margins) 내에서 침강과 융기의 이력 관찰과 단층과 전단대에 의해 기록된 전위 패턴(displacement patterns)에 대한 정보로 테스트된다. 이런 방법은 단층작용의 형태와 일부 열개와 열개된 대륙 주변부 사이의 확장 이력 차이를 설명하는 데 성공적으로 사용되어 왔다. 그러나 운동학적 모델링의 한 가지 중요한 한계는 이러한 차이의 근본적인 원인이 해결되지 않는다는 것이다. 대조적으로, **역학적 모델(mechanical model)**은 서로 다른 물리적 프로세스가 열개 진화에 어떻게 영향을 미치는지를 테스트하기 위하여 암석권의 순 강도와 어떻게 그것이 열개 동안에 변하는지에 대한 정보를 사용한다. 이 후자의 접근방법이 비균질 변형, 그리고 암석권의 강도와 유동학의 변화가 열개 거동(rift behavior)에 어떻게 영향을 미치는지에 대한 정량적 평가를 가능케 한다. 열개작용과 암석권의 진화에 미치는 영향과 관련된 주요 물리적 프로세스가 본 절에서 검토된다.

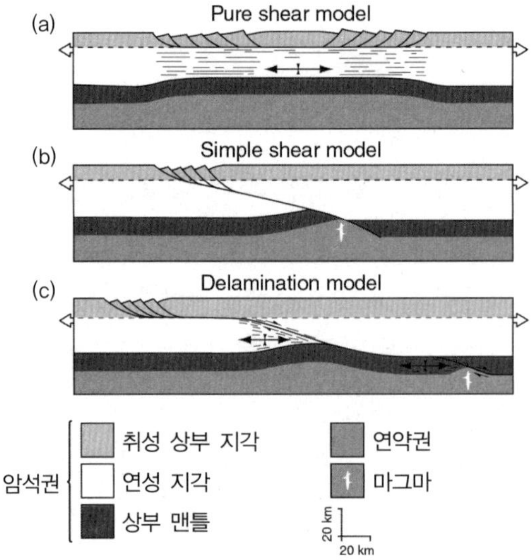

그림 7.21 대륙 확장의 운동학적 모델(Lister *et al*., 1986을 따름, Geological Society of America의 허가로)

7.6.2 암석권 스트레칭(lithospheric stretching)

수평 확장 동안에, 암석권 스트레칭은 지각의 수직 얇아짐과 얇아짐의 구역 내 지열 구배의 증가로 나타난다(McKenzie, 1978). 확장하는 구역의 물리적 물성의 이 두 가지 변화가 대조적인 방법으로 암석권 강도에 영향을 미친다. 지각 얇아짐 또는 네킹(necking)은 약한 지각 물질이 질량을 보전하기 위하여 위로 이동하는 강한 맨틀 암석권으로 대체되기 때문에 암석권을 강화시키는 경향이 있다. 맨틀의 상향 이동은 또한 열개 내에서 증가된 열류량으로 나타날 수 있다. **열 이류(heat advection)**라 불리는 이 프로세스는 지열이 열의 어떤 추가보다는 오히려 압축되기 때문에 열개에서 높은 열류량으로 나타난다. 압축된 지열은 암석권의 순 약화로 나타나는 경향이 있고, 그것의 통합된 강도는 온도에 매우 민감하다(2.10절). 그러나 이류의 약화 효과는 뜨거운 물질이 더 차가운 물질과 접촉하기 때문에 얇아짐 구역에서 멀어지는 열의 확산에 의해 방해된다. 만일 열 이류 속도가 열 확산과 냉각 속도보다 빨라서, 지각 기저 등온선이 압축되면, 열곡 아래의 지열은 증가하고, 암석권의 통합된 강도는 감소한다. 만일 열 확산이 더 빠르면, 등온선과 지각 온도는 그것의 열개 전 형상(pre-rift configuration)에 가까워지고, 암석권 약화는 억제된다.

England(1983)와 Kusznir과 Park(1987)는 열개에서 암석권의 통합된 강도와 냉각 및 이류 메커니즘 사이의 경쟁이 확장의 속도에 의해 영향을 강하게 받는다는 것을 보여주었다. 빠른 변형 속도($10^{-13}s^{-1}$ 또는 $10^{-14}s^{-1}$)는 느린 속도($10^{-16}s^{-1}$)보다 지열 구배의 더 큰 증가로 나타난다. 이 효과는 높은 변형 속도가 비효율적인 냉각이 얇아진 구역을 약하게 유지하기 때문에 변형을 국지화하는 경향이 있어서, 변형을 좁은 구역에 집중하게 한다는 것을 시사한다. 대조적으로, 느린 변형 속도는 효율적인 냉각이 지각을 강화시키고 변형을 열개의 중앙에서 더 쉽게 변형될 수 있는 지역으로 멀리 이동하게 하기 때문에 변형을 비국지화시키는 경향이 있다. 어떤 주어진 양의 스트레칭으로 인한 순 암석권 약화 또는 강화의 양은 또한 암석권의 초기 강도(initial strength)와 확장의 총량에 따라 달라진다. 확장 동안에 얇아짐의 총량은 보통 지각의 초기와 최종 두께 비율인 스트레칭 계수(stretching factor, β)에 의해 설명된다(McKenzie, 1978).

서로 다른 변형 속도로 암석권 스트레칭의 열적 및 역학적 효과가 van Wijk와 Cloetingh (2002)에 의해 수행된 수치 실험 결과를 보여주는 그림 7.22에 도시되어 있다. 이 모델에서, 암석권은 다른 유동학적 특성으로 설정된 상부 지각, 하부 지각, 그리고 맨틀 암석권으로 나누어진다(그림 7.22a). 그림 7.22b-d는 16mm a^{-1} 속도의 균일한 확장에 대한 지각의 열 진화를 보여준다. 이런 비교적 빠른 속도에서, 열 이류에 의한 가열은 열 확산보다 커서, 열개 아래의 증가된 온도와 얇아짐 구역의 변형 국지화(strain localization)로 나타난다. 지각이 얇아짐에 따라 좁은 열개 분지가 형성되고 깊어진다. 지각(β)과 맨틀(δ)에 대한 스트레칭 계수의 변화가 그림 7.22e, f에 표현된다. 모든 암석권 두께에 걸쳐 응력장(stress field)을 적분하여 얻어진 암석권의 총강도(그림 7.22g)는 스트레칭과 선택된 유동학의 강한 온도 의존성으로 인해 시간에 따라 감소한다. 매우 큰 변형에서, 열개와 연관된 열적 이상(thermal anomaly)은 결국 방산

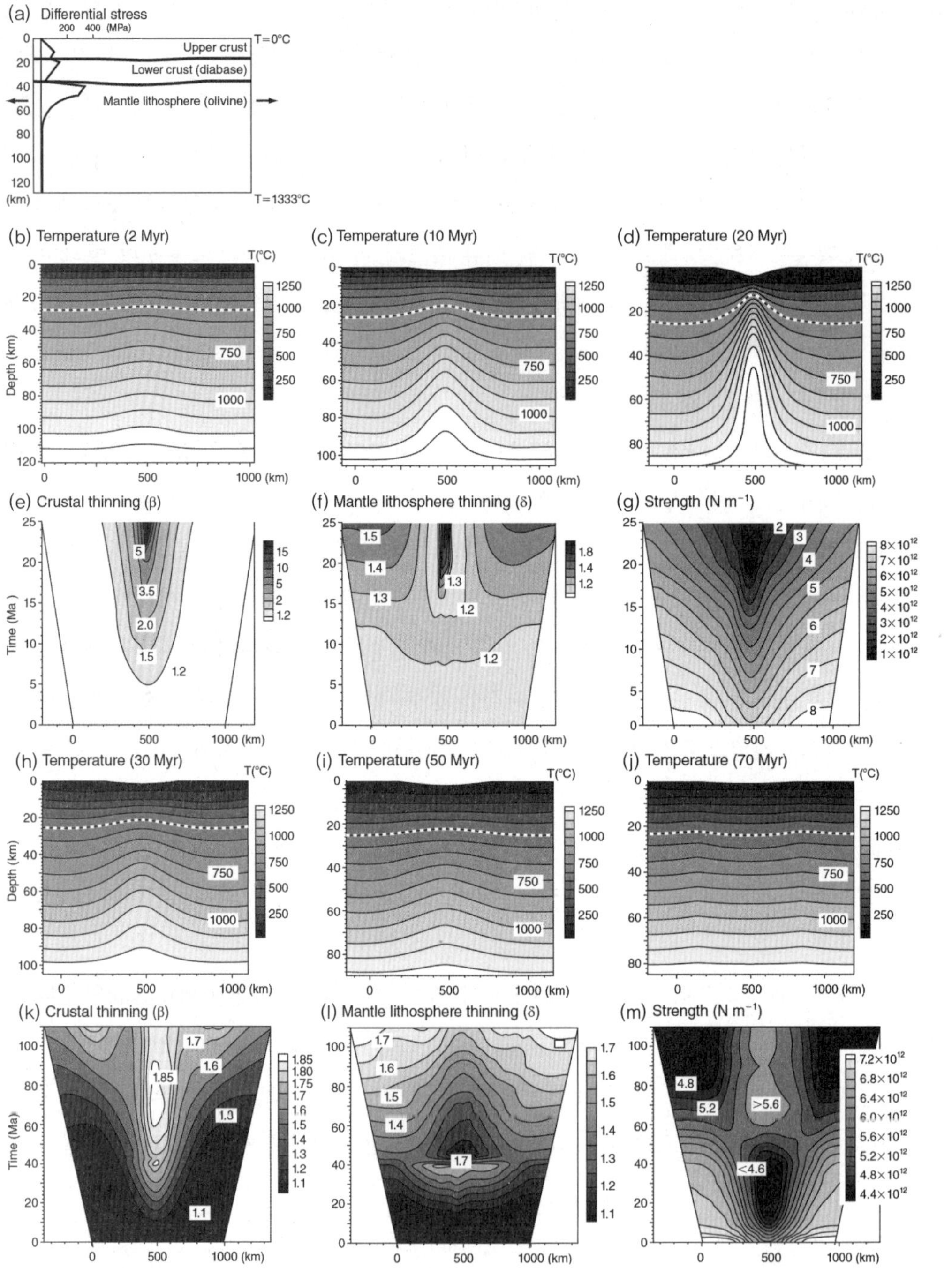

그림 7.22 (a) 암석권의 기저가 120km 깊이에서 1300°C 등온선에 의해 정의된 3층 암석권 모델. 차응력 곡선(differential stress curves)은 강한 상부 지각과 상부 맨틀, 그리고 깊이에 따라 약해지는 하부 지각을 보여준다. 16mm a^{-1}의 수평 확장 속도의 스트레칭 동안에 암석권(b–d)의 열적 진화. 암석권 강도(g), 그리고 16mm a^{-1}의 속도에 대한 지각(e)과 맨틀(f)에서 얇아짐 계수(thinning factors)의 진화. 6mm a^{-1}의 속도의 스트레칭 동안에 암석권(h–j)의 열적 진화. 암석권 강도(m) 및 6mm a^{-1}의 속도에 대한 지각(k)과 맨틀(l)에서 얇아짐 계수의 진화(van Wijk & Cloetingh, 2002에서 수정되어, J. van Wijk에 의해 제공된 이미지, Elsevier의 허가로)

될 것으로 예상된다. 암석권 스트레칭의 원칙을 근거로 한 열개 진화에 대한 이들 모델과 다른 많은 모델들은 약간의 열개와 열개된 대륙 주변부에서 관찰된 침강 패턴과 비슷하다(van Wijk & Cloetingh, 2002;. Kusznir *et al.*, 2004; 7.7.3절).

그림 7.22h-j에 표현된 실험은 6mm a^{-1}의 비교적 느린 속도로 암석권의 스트레칭 동안에 열개 매개변수들의 점진적인 변화를 보여준다. 초기 30Ma 동안에, 변형은 등온선과 맨틀 물질이 위로 이동함에 따라 암석권이 초기에 약화된 열개의 중앙에 국지화된다. 그러나 그림 7.22b-d에 보인 모델과는 대조적으로, 온도는 느린 변형 속도로 전도 냉각(conductive cooling)의 효율성으로 인하여 시간에 따라 감소하기 시작한다. 초기 얇아짐 구역의 맨틀 용승은 멈추고, 암석권은 중앙 열개의 양 측면의 온도가 증가함에 따라 냉각된다. 동시에, 얇아짐의 중심이 스트레칭이 계속되어도 더 이상 얇아지지 않는 초기 열개 분지의 양 측면으로 이동한다. 맨틀이 얇아짐 계수(그림 7.22l)가 이 거동을 설명한다. 처음 45Ma 동안에, 용승하는 맨틀이 δ을 주변보다 중앙 열개에서 더 커지게 한다. 이 시기가 지나면, δ은 새로운 용승 구역이 그것의 양측에 발달하기 때문에 중앙 열개에서 감소한다. 이 느린 변형 속도 모델에서 암석권의 총강도(그림 7.22m)는 약 55Ma까지 중앙 열개가 가장 약한 것을 보여준다. 이 시간이 지나면 가장 약한 지역은 중앙 열개 분지의 양 측면에서 발견된다. 이 모델은 온도에 암석권 강도의 강한 의존성이 어떻게 변형 비국지화와 느린 변형 속도로 다중 열개 분지로 구성된 넓은 열개의 형성을 일으키는지를 보여준다. 이 모델에 의하면 대륙 해체(continental break-up)는 충분히 느린 열개 속도에서는 발생하지 않을 것이라고 예측된다.

7.6.3 부력과 하부 지각의 흐름(buoyancy force and lower crustal flow)

지각 얇아짐과 지열 압축(7.6.2절)에 더하여, 암석권 스트레칭은 열개 동안에 변형 국지화에 영향을 미치는 부력의 두 가지 유형으로 나타난다. 첫째, 열개 내측과 외측 간의 온도 차이, 즉 밀도의 측면 차이가 수평 확장을 더욱 촉진하는 열적 부력(thermal buoyancy force)을 만든다(그림 7.23). 이 긍정적 강화(positive reinforcement)는 변형의 국지화를 촉진하는 암석권 스트레칭 양상을 강화하는 경향이 있다(7.6.2절). 둘째, 지각이 얇아지고 고밀도 물질이 열개 아래의 얕은 깊이로 오게 됨에 따라 지각 부력이 국지적(에어리) 지각평형 효과에 의해 생성된다(Fleitout & Froidevaux, 1982). 지각은 아래에 있는 맨틀보다 낮은 밀도이기 때문에 지각의 얇아짐은 열개의 중심에서 지표면 고도를 낮춘다(그림 7.23). 이 침하로 인해 열개는 확장을 구동시키는 힘에 대항하는 압축 상태에 놓인다. 대항하는 힘은 동일 지역에서 계속 변형하는 것을 어렵게 하여, 변형이 보다 용이하게 변형될 수 있는 지역으로 이동하기 때문에 변형의 비국지화로 나타난다(Buck, 1991).

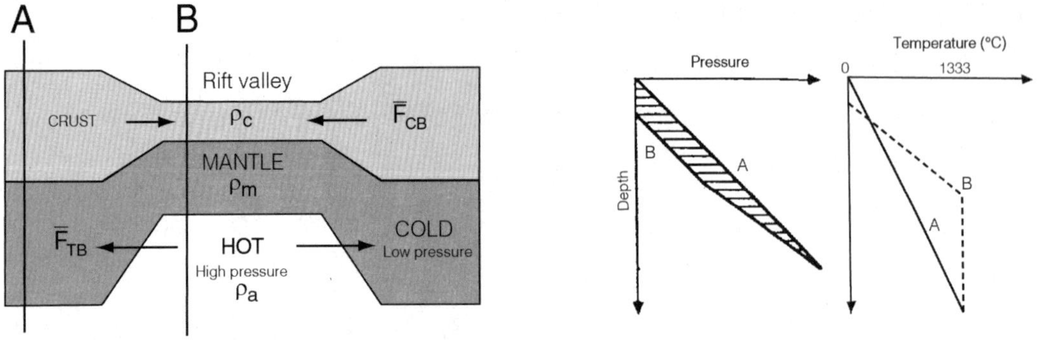

그림 7.23 열개 동안에 발생된 열적 및 지각 부력을 도해한 개략도. A와 B는 각각 열곡(rift valley)의 내부와 외부 수직 단면을 나타낸다. 각 단면에서 깊이에 따른 압력 및 온도가 스케치의 오른쪽에 도시되어 있다(Buck, 1991에서 수정됨, American Geophysical Union의 허가로. 저작권 © 1991 American Geophysical Union). 단면에서 차이가 측면 부력(lateral buoyancy forces)을 생성한다.

몇몇 프로세스가 암석권 스트레칭 동안에 지각 부력의 효과를 감소시키거나 향상시킬 수 있다. Buck(1991) 및 Hopper와 Buck(1996)는 최초에 지각이 얇고 차가운, 그리고 맨틀 암석권이 비교적 두꺼운 곳에서 암석권의 전반적인 강도(유효 점성도)가 일정한 변형 속도 조건 하에서 상대적으로 높게 유지된다는 것을 보여주었다(그림 7.24a). 이런 경우, 지각 부력의 효과는 줄어들고, 암석권 네킹(lithospheric necking)의 열적 효과는 향상된다. 항복 강도의 변화와 암석권 스트레칭에 동반하는 열적 부력이 힘의 균형을 지배하기 때문에 좁은 열개가 발생하며, 이것이 확장 변형을 계속해서 네킹 지역 내에 국지화되게 한다. 대조적으로, 최초에 지각이 두껍고 뜨거운, 그리고 맨틀 암석권이 비교적 얇은 곳에서, 암석권의 전반적인 강도는 비교적 낮게 유지된다. 이런 경우, 암석권 네킹에 기인한 가능한 약화(weakening)의 양이 비교적 작기 때문에 지각 부력이 지배적이고, 네킹 지역이 변형하는 데 더 적은 힘을 요구하는 지역으로 이동하기 때문에 변형 비국지화와 넓은 열개 구역의 형성으로 나타난다(그림 7.24b). 이러한 모델은 지각의 두께와 열개가 시작할 때 암석권의 열 상태가 확장의 스타일에 어떻게 큰 영향을 미치는지를 보여준다.

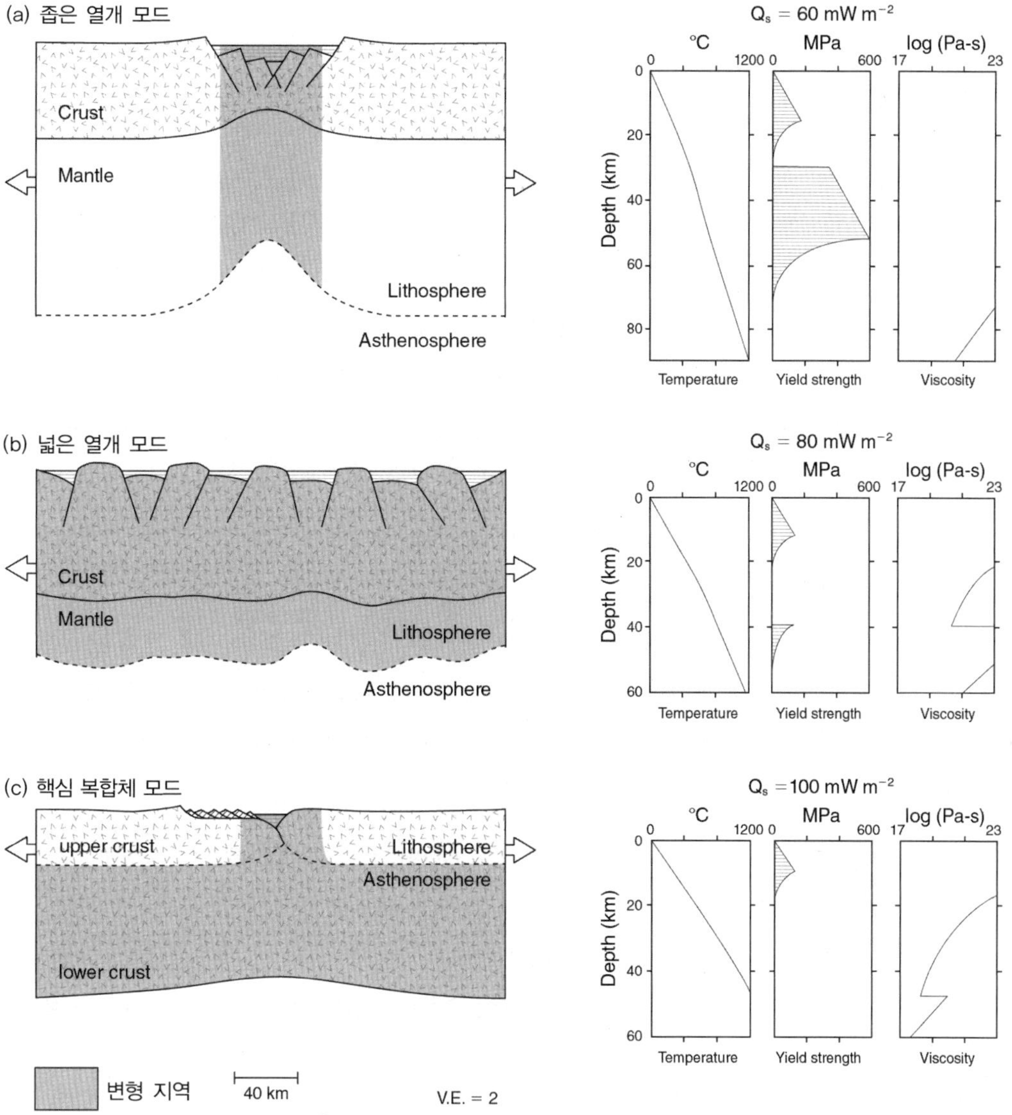

그림 7.24 가장 큰 양의 확장 변형(extensional strain)을 받는 지역을 강조하는 확장의 세 가지 모드를 설명하는 암석권의 스케치(Buck, 1991에서 수정됨, American Geophysical Union의 허가로. 저작권 © 1991 American Geophysical Union). (a) 좁은 모드, (b) 넓은 모드, (c) 핵심 복합체(core complex) 모드. 암석권은 >10^{21}Pa s^{-1}의 유효 점성도를 갖는 지역으로 정의된다. 각 스케치의 우측 플롯은 건조한 감람석(dry olivine) 맨틀 위에 놓인 건조한 석영 지각에 대한 초기 모델 지열, 항복응력($8 \times 10^{-15}s^{-1}$의 변형 속도에 대한), 그리고 효과적인 점성도를 보여준다. 위에서 아래로 지각의 두께는 30km, 40km 및 50km 이다. Q_s, 초기의 지표면 열류량. (c)는 2개의 스케일로 라벨이 붙여진 층을 보여준다. 다이어그램의 왼쪽의 상부 지각과 하부 지각 라벨은 약하고 변형하는 하부 지각(음영됨)을 보여준다. 다이어그램의 오른쪽의 암석권과 연약권 라벨은 지각 얇아짐의 지역(음영 기둥)이 약한 암석권의 비교적 좁은 지역에 국지화된다는 것을 강조하는 스케일을 보여준다.

지각 부력을 강조한 대륙 확장 모델은 하부 지각 내의 연성 흐름의 효과를 반영시킨다. Buck(1991) 및 Hopper와 Buck(1996)는 만일 지각이 두껍고 뜨겁다면, 열개의 내측과 외측 사이의 압력 차가 하부 지각을 얇아짐 구역으로 흐르게 한다는 것을 보여주었다. 두껍고 뜨거운 약한 하부 지각의 효율적인 측면 흐름은 지각의 두께 변화에서 발생하는 응력을 완화함으로써 지각 부력에 반하여 작용한다. 이런 효과가 분지와 산맥 지방(Basin and Range Province)의 일부 지역에서 모호면(Moho)의 현재 심도, 즉 지각 두께가 상부 지각에서 관찰된 확장의 다양한 양(7.3절)에도 불구하고 상당히 균일하게 남아 있는 이유를 설명할 수 있다. 낮은 항복강도와 하부 지각의 흐름이 지각 부력의 효과를 완화하는 경우에, 높은 변형이 지표면 근처에 축적되기 때문에 지각 얇아짐 구역은 고정되어 있을 수 있다. Buck(1991) 및 Hopper와 Buck(1996)는 변형의 이 후자 스타일을 핵심 복합체 모드(core complex-mode) 확장으로 정의하였다(그림 7.24c). 변성 핵심 복합체(metamorphic core complex)에 노출된 과거 하부 지각의 흐름 패턴의 연구(예를 들면, Klepeis *et al*., 2007)가 이런 견해를 지지한다.

열적, 그리고 지각 부력의 상대적인 크기는 두 개의 다른 변수에 의해 영향을 받을 수 있다. 변형 속도와 변형 크기(strain rate and strain magnitude). Davis와 Kusznir(2002)가 느린 변형 속도에서 지각 부력의 효과를 비국지화시키는 변형은 열 확산이 비교적 효율이 낮을 때(예를 들면, 그림 7.22h-j), 그리고 긴(>30백만 년) 시간 후에 중요하다는 것을 보여주었다. 게다가 열적 부력은 변형 크기가 비교적 작은 열개 직후 지각 부력을 지배할 수 있다. 이 후자의 효과는 지각 두께의 변화가 낮은 스트레칭 계수(β)에서 비교적 작기 때문에 발생한다. 이 연구, 그리고 Buck(1991) 및 Hopper와 Buck(1996)의 연구는 대륙 열개가 시간에 따라 진화하고 암석권 내의 열적, 그리고 지각 힘의 균형이 변하기 때문에 확장의 모드 변화가 예상된다는 것을 암시한다.

7.6.4 암석권 휨(lithospheric flexure)

융기된 측면을 갖고 있는 비대칭 열개 분지를 경계짓는 경계 단층은 대륙 열개의 가장 일반적인 특징 중 하나이다(그림 7.25). 이러한 특징적인 형태의 일부 측면은 정단층작용에 의한 지역적인 하중에 대한 지각의 탄성 반응으로 설명될 수 있다.

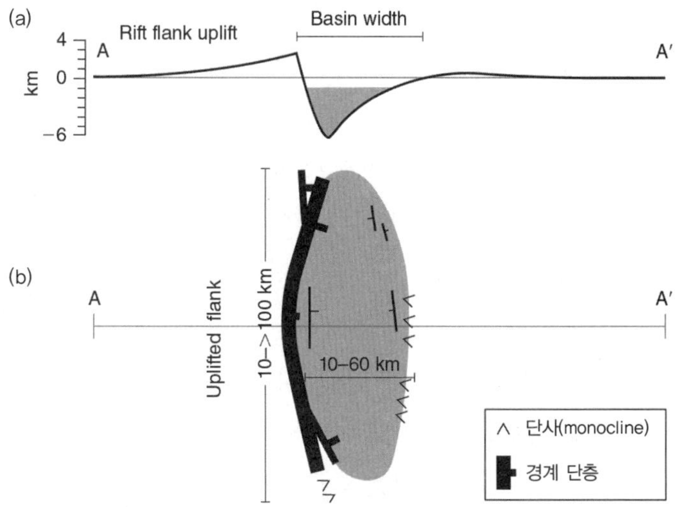

그림 7.25 (a) 단면 및 (b) 평면도에서 경계 단층을 보여주는 비대칭 열개 분지(asymmetric rift basin)의 일반화된 형태(Ebinger *et al.*, 1999를 따름, Royal Society of London의 허가로). 단면(A–A′)의 라인은 (b)에 표시됨. (b)의 음영은 저지대 지역을 표시한다.

판 휨(plate flexure, 2.11.4절)은 암석권이 장기(>10^5년)의 지질학적 하중에 어떻게 반응하는지를 설명한다. 다른 유형의 하중 근처에서의 휨을 비교함으로써 지형과 중력 이상 단면의 순행 모델(forward model)을 이용하여 대륙 지각의 유효한 장기 탄성 두께(elastic thickness, T_e, 2.12절)를 추정하는 것이 가능했다(Weissel & Karner, 1989; Petit & Ebinger, 2000). 분지와 산맥(Basin and Range)과 같은 많은 열개들의 T_e값은 높은 지열 구배의 약화 효과로 인해 작다(4km). 그러나 동아프리카와 바이칼 리프트를 포함하는 다른 열개에서 T_e값은 비교적 강한 암석권에서 30km를 초과한다(Ebinger *et al.*, 1999). T_e의 물리적 의미, 그리고 지진원층(seismogenic layer)의 두께(T_s)와의 관계는 상당한 토론의 주제이다. 실험적 암석 역학에서의 데이터를 기반으로 한 유동학을 고찰하면 T_e가 암석권의 통합된 취성, 탄성, 그리고 연성 강도를 반영한다는 것을 알 수 있다. 따라서 그것은 단기의(수년의 기간) 비탄성 변형(anelastic deformation)이 불안정한 마찰 미끄럼(frictional sliding)으로 발생하는 깊이를 나타내는 지진원층 두께와 다를 것으로 예상된다(Watts & Burov, 2003). 이러한 이유로 T_e는 일반적으로 안정된 내륙괴(continental craton)와 많은 대륙 열개에서 T_s보다 크다.

정단층의 슬립(slip)에 의한 지각의 편향은 여러 유형의 수직적 하중을 생성한다. 하반(footwall)의 역학적 하중제거는 위에 있는 상반(hanging wall)의 지각 물질이 아래쪽으로 옮겨져서 지각이 얇아지기 때문에 발생한다. 이런 프로세스가 표면 융기를 촉진하는 부력을 만든다. 상반의 하중적재는 퇴적물과 화산 물질이 열개 분지에 퇴적되기 때문에 발생할 수 있다.

이러한 하중은 암석권 스트레칭(7.6.2절) 동안에 생성된 것과 결합한다. 표면 융기를 촉진하는 하중은 밀도 차이로 이어지는 열개 아래의 지열 구배의 증가에 의해 생성된다. 침강을 촉진하는 하중은 밀도가 높은 상부 맨틀로 얇아진 지각의 교체에 의해, 그리고 열 확산이 가열을 초과하는 경우 암석권의 전도 냉각(conductive cooling)에 의해 생성될 수 있다.

Weissel과 Karner(1989)는 정단층작용과 지각 얇아짐에 의한 암석권의 역학적인 하중제거를 뒤따르는 휨적 지각평형 보상(flexural isostatic compensation, 2.11.4절)이 열개 측면의 융기로 이어진다는 것을 보여주었다. 융기의 폭과 높이는 탄성 암석권의 강도, 그리고 보다 적게 스트레칭 계수(β)와 분지 충진의 밀도에 따라 달라진다. 침식의 효과, 암석권 네킹의 깊이 변화(van der Beek & Cloetingh, 1992; van der Beek, 1997), 그리고 아마 아래에 놓이는 맨틀 내의 소규모 대류(Steckler, 1985)를 포함하는 다른 요인들이 융기의 정도와 패턴을 완화한다. Ebinger *et al.*(1999)은 동아프리카의 여러 열개 분지와 다른 곳에서 T_e와 T_s의 증가는 경계 단층의 길이와 열개 분지 폭의 증가에 체계적으로 대응한다는 것을 보여주었다. 경계 단층의 크기가 증가함에 따라, 경계 단층의 슬립(slip)에 의해 생성된 저지대로 판의 단사적 휨(monoclinal bending)을 수용하기 위하여 작은 단층들이 형성된다(그림 7.25). 이 굽음의 곡률 반경이 휨 강도(flexural rigidity)의 척도이다. 강한 판은 길고 넓은 분지와 지각으로 더 깊게 침투하는 긴 경계 단층을 갖는 변형대(deformation zone)로 나타난다. 약한 판은 많은 짧고 좁은 분지들과 얕게 침투하는 경계 단층을 갖는 매우 넓은 변형대로 나타난다. 이러한 연구의 결과로부터 암석권 상부의 유동학과 휨 강도가 특히 열개의 처음 몇백만 년 동안에 열개 구조와 형태의 몇 가지 주요 특징을 제어한다는 것을 알 수 있다. 연구 결과는 또한 지각과 상부 맨틀이 확장에서 상당한 강도를 보유할 수 있음을 시사한다(Petit & Ebinger, 2000).

암석권 휨은 대규모 정단층의 형성(7.3절) 동안에 중요한 역할을 한다. 확장이 진행됨에 따라 높은, 그리고 낮은 각도 단층면에서 큰 변위(displacement)가 하반의 지각평형 융기를 일으켜서, 돔 모양의(dome-shaped) 단층으로 나타난다(Buck *et al.*, 1988; Axen & Bartley, 1997; Lavier *et al.*, 1999; Lavier & Manatschal, 2006). Lavier & Manatschal(2006)은 경사각도(dip angle)가 깊이에 따라 감소하는(즉, 위로 오목한 단층) 점완 단층면(listric fault surface)은 심부 지각의 지붕을 제거하기에 충분히 큰 변위(>10km)를 수용할 수 없다는 것을 보여주었다. 대조적으로 경사가 깊이에 따라 증가하는 낮은 각도 정단층(즉, 아래로 오목한 단층)은 만일 단층작용이 중간 지각의 얇아짐과 하부 지각과 상부 맨틀에서 사문암(serpentinite)의 형성을 수반한다면 효과적으로, 그리고 짧은 기간 동안에 심부 지각의 지붕을 제거할 수 있다. 얇아짐과 사문암화작용이 지각을 약화시키고, 단층작용 동안에 암석권을 위로 구부리는 데 요구되는 힘을 최소화하여, 큰 크기의 슬립(slip)을 허용한다.

7.6.5 변형으로 유도된 약화(strain-induced weakening)

비록 암석권의 유효 탄성 두께와 휨 강도의 차이(7.6.4절)가 경계 단층의 길이와 열개 분지의 폭 변화를 설명할 수 있더라도, 그것들이 열개 변화성(즉, 단층과 전단대(shear zone)의 변형 국지화의 정도)의 또 다른 주요 원인을 성공적으로 설명할 수 없었다. 일부 세팅(setting)에서 많은 단층이 총확장의 비교적 적은 백분율을 수용하는 커다란 지역을 가로질러 정단층이 넓게 분산되어 있다(7.3절). 그러나 다른 지역 또는 다른 시간에, 확장이 총확장의 큰 백분율을 수용하는 비교적 적은 단층에 매우 국지화될 수 있다. 두 가지 방법이 변화성의 원인을 설명하기 위해 사용되어 왔다. 첫 번째는 단층과 전단대가 형성될 때 나타나는 암석의 변형으로 유도된 약화 효과를 반영시킨다. 7.6.6절에서 논의될 두 번째 방법은 지각 층의 유동학의 수직 차이가 확장 동안에 변형의 국지화와 비국지화에 어떻게 영향을 미치는지를 보여준다.

지각이 확장될 때 정단층이 계속해서 미끄러지기 위해서는 그것이 주변 암석보다 더 약하게 남아 있어야만 한다. 7.6.4절에서 설명되었던 바와 같이, 단층작용에 의한 지각의 편향은 단층을 둘러싸고 있는 응력장(stress field)을 변화시킨다. 탄성 거동을 가정하여, Forsyth(1992)가 이러한 변화는 단층의 경사, 단층의 오프셋 크기, 그리고 고유의 전단 강도 혹은 단층이 일어난 물질의 **응집력(cohesion)**에 의존한다는 것을 보여주었다. 그는 정단층작용에 의한 응력의 변화는 층의 항복 강도를 증가시키고 단층에서 계속된 슬립(slip)을 억제한다고 주장했다. 예를 들면, 높은 각도 단층에서 슬립은 낮은 각도 단층보다 더 효율적으로 지표면 지형을 만들고, 그래서 후자보다 전자에서 큰 양의 슬립에 더 많은 일(work)이 요구된다. 이러한 프로세스가 오래된 단층을 새로운 것으로 교체시켜서, 변형의 비국지화로 이어진다. Buck(1993)는 만일 지각이 탄성적이 아니라 유한의 항복응력(탄성-소성, elastic-plastic)으로 설명될 수 있다면, 주어진 응집력에 대한 개별 단층에서 슬립 양은 탄성-소성 층의 두께에 의존한다는 것을 보여주었다. 이 모델에서 탄성-소성 층의 점성도는 취성 변형에 대한 모어-쿨롬 기준(Mohr-Coulomb criterion, 2.10.2절)에 부합되도록 조정된다. 두께가 >10km이고 꽤 작은 값의 응집력을 갖고 있는 취성 층에서 단층은 새로운 것이 그것을 대체하기 전에 오직 짧은 거리(최대 수 킬로미터)만을 미끄러질 수 있다. 만일 취성 층이 매우 얇다면 슬립으로 인한 응력장의 변화로 발생하는 항복 강도의 증가가 작기 때문에, 오프셋 크기가 증가할 수 있다.

비록 층 두께와 고유의 전단 강도가 단층 패턴을 제어하는 데 중요한 역할을 하지만, 변형 국지화를 일으키고 매우 크게 오프셋된(수십 킬로미터) 단층의 형성으로 이끌 수 있는 기본적 프로세스는 단층이 일어난 물질의 응집력 감소이다. 확장 동안에, 응집력은 증가된 유체 압력(Sibson, 1990), 단층 점토(fault gouge)의 형성, 마찰가열(Montési & Zuber, 2002), 광물 전이(mineral transformation; Bos & Spiers, 2002), 그리고 변형 속도의 감소(2.10절)를 포함하는 다수의 요인에 의해 감소될 수 있다. Lavier *et al.*(2000)은 크게 오프셋된 정단층의 형성은 두 개의 파라미터인 취성 층의 두께와 단층작용 동안에 층의 응집력이 감소하는 속도에 의존한다는 것을 보여주기 위해 단순한 2개 층 모델을 사용하였다(p.xxiii의 플레이트 7.4a, b). 모델들은 매우 작은 점성도를 갖는 연성 층 위에 놓이는 균일한 두께의 상부 층을 포함한다. 연성 층에서 항복응력은 전위포행 흐름 법칙(dislocation creep flow laws, 2.10.3절)을 따라서 변형 속도, 그리고 온도에 의존한다. 상부 층에서, 취성 변형은 탄성-소성(elastic-plastic) 유동학을 사용하여 모델링된다. 결과는 취성 층이 특히 두꺼운(>22km) 곳에서 확장은 항상 다수의 정단층이 된다는 것을 보여준다(p.xxiii의 플레이트 7.4c). 이 경우에 단층대(zone of faulting)의 폭은 취성 층의 두께와 동등하다. 그러나 작은 취성 층 두께(<22km)에서 단층 패턴은 변형 동안에 얼마나 빨리 응집력이 감소하는지에 달려 있다(p.xxiii의 플레이트 7.4d, e). 하나의 크게 오프셋된 단층을 얻으려면, 약화의 속도가 휨적 구부림(flexural bending)으로 생긴 단층 위에서 계속되는 슬립에 대한 저항을 극복할 정도로 충분히 높아야만 한다.

이러한 연구는 층 두께와 단층작용 동안에 응집력의 손실이 변형의 분포, 그것의 대칭성, 그리고 크게 오프셋된 단층의 형성을 어떻게 제어하는지에 대한 약간의 통찰력을 제공한다. 그러나 열개의 규모에서 다른 프로세스가 또한 단층 패턴에 영향을 준다. 연성 전단대에서 광물 입도의 변화가 전위포행에서 입도에 민감한 확산 포행(diffusion creep)으로의 전환을 촉진할 수 있으며, 이것이 지각과 맨틀에 있는 층의 항복 강도를 줄일 수 있다(2.10.3절). 게다가 점성 물질(viscous material)의 흐르는 속도가 물질의 전반적인 강도에 중요한 영향을 미친다. 빠르게 흐르면 흐를수록, 흐름에 의해 생성된 응력은 더욱더 커지고 물질은 더욱더 강해진다. 이 후자의 프로세스는 단층작용 동안에 응집력 손실의 효과에 대항할 수 있고 연성-취성 전이(2.10.4절)의 깊이를 증가시킴으로써 암석권의 순 강화로 나타날 수 있다. 따라서 암석권의 규모에서, 열개의 변형 패턴을 재현하기 위해서는 연성과 취성 층 모두에서 일어나는 다양한 약화 메커니즘들 사이의 상호 작용을 조사하는 것이 필요해진다.

Huismans와 Beaumont(2003, 2007)는 암석권의 규모로, 그리고 수백만 년의 기간에 걸쳐서 열개의 변형 패턴에 대한 취성(마찰-소성)과 연성(점성) 권역 모두에서 변형에 유도된 약화의 영향을 조사함으로써 Lavier *et al.*(2000)의 연구를 확장했다. 이 연구는 지각과 맨틀에서 변형 연화(strain softening)가 크게 오프셋된 전단대를 만들 수 있고, 변형의 전체적인 대칭성을 제어한다는 것을 보여주었다. 그림 7.26a는 취성 변형이 대부분의 수리모형실험(physical experiments)에서와 같이 모어-쿨롬 파괴 기준(Mohr-Coulomb failure criterion)을 고수하도록 조정되는 마찰-소성 유동학을 사용하여 모델링된 간단한 3개 층 암석권을 보여준다. 연성 변형은 열적으로 활성화된 지수-법칙 유동학(power law rheology)을 사용하여 모델링된다. 각각의 실험 동안에, 주위 조건이 마찰-소성(취성) 또는 점성(연성) 변형인지를 제어한다. 점성 흐름은 응력의 상태가 마찰-소성 항복점 아래로 떨어질 때 발생한다. 지각 유동학(crustal rheology)의 선택을 변화시킴으로써 지각이 맨틀 암석권에 결합되거나 분리되는 경우를 또한 조사할 수 있다. 결합된 모델은 모조리 마찰-소성 권역(frictional-plastic regime) 내의 변형을 수반한다. 분리된 모델은 적당히 약한 점성의 하부 지각을 필요로 한다. 변형으로 유도된 약화는 마찰-소성 변형에 대한 내부 마찰(2.10.2절)의 유효 각도의, 그리고 점성 변형에 대한 유효 점성도의 선형 변화에 의해 명시된다. 변형은 작은 소성의 약한 지역에서부터 시작된다.

참조 모델(그림 7.26b, c)은 변형 연화가 없을 때 어떻게 확장 변형의 대칭 스타일이 생겨나는지를 보여준다. 변형의 초기 단계는 단층과 유사한 두 쌍의 마찰-소성 전단대(S1A/B)와 맨틀에 있는 2개의 강요된 전단대(forced shear zones, T1A/B)에 의해 제어된다. 후속 단계의 변형 동안에 2세대 전단대(shear zone)가 발달하고 맨틀의 변형이 열개 축 아래에 집중된 순수 전단 네킹(pure shear necking)으로 나타난다. 그림 7.26d와 e는 마찰-소성(취성) 변형 연화(strain softening)가 발생하고 생성된 변형이 비대칭인 다른 모델의 결과를 보여준다. 초기 단계는 참조 모델의 초기 단계와 매우 유사하나, 나중에 변형 연화가 쌍의 단층 중 하나(S1B)에 변형을 집중시킨다. 비대칭은 증가하는 변형과 내부 마찰의 감소된 각도에서 발생하는 강도 감소 사이에서 양의 피드백(positive feedback)에 의해 발생한다(2.10.2절). S2A와 T1B 전단대에서 큰 변위(displacement)가 점 C(그림 7.26, 삽입화면)에서 하부 지각(LC)의 일부분을 잘라내고, 하부 판을 침식 노출시키기 시작한다. 40Ma까지 하부 암석권의 대칭적 네킹과 비대칭 전단대에서의 계속된 운동은 맨틀 암석권이 노출될 때까지 점 P의 수직 이동으로 나타난다. 그림 7.26f와 g에 보이는 모델은 마찰-소성 및 점성 약화 메커니즘을 모두 결합한다. 초기의 진화는 S1B가 연성 맨틀로 계속된다는 것을 제외하고 그림 7.26d에 도시된 것과 유사하다. 2개의 연화 메커니즘이 결합하여 변위가 대부분 하나의 전단대에 집중되는 암석권의 모든 수위에서 비대칭인 변형을 만든다. 이러한 모델은 마찰-소성 혹은 점성 층의 지배적인 유동학의 연화(softening)가 약화(weakening)와 증가된 변형 사이에서 양의 피드백을 통해 열개의 변형 형태에 어떻게 영향을 미치는지를 보여준다.

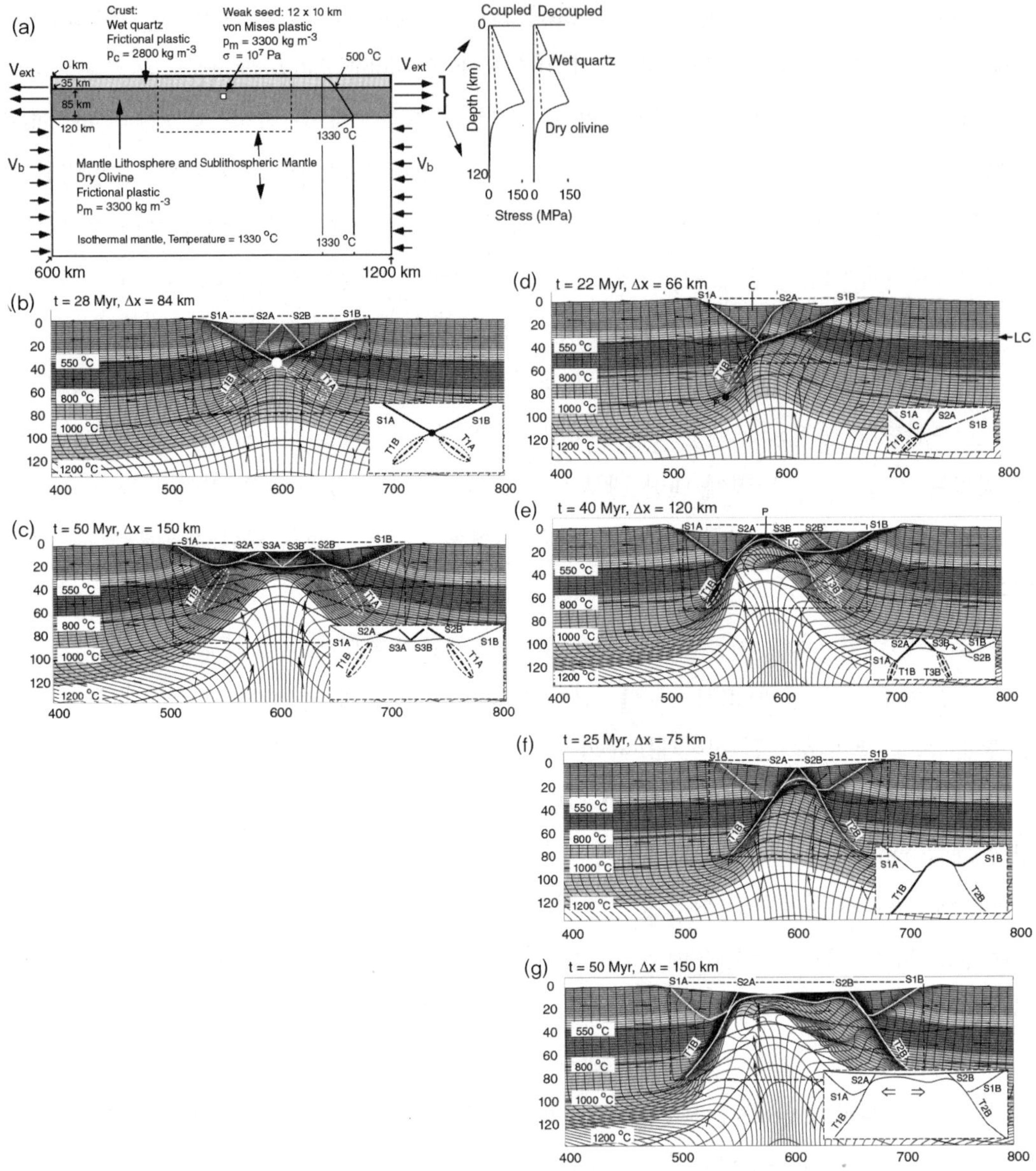

그림 7.26 (a) 지각, 맨틀 암석권과 암석권 아래(sublithospheric) 맨틀의 온도 구조를 보여주는 모델 기하학(Huismans & Beaumont, 2003에서 수정되어, R. Huismans에 의해 제공된 이미지, American Geophysical Union의 허가로. 저작권 © 2003 American Geophysical Union). 초기(실선) 및 변형 연화된(strain softened, 점선) 강도 피복층(strength envelopes)이 질량 균형을 달성하기 위해 선택된 V_b을 갖고 $V_{\mathrm{ext}} = 3\mathrm{mm\,a^{-1}}$로 부과된 수평 확장 속도에 대해 표현된다. 지각과 맨틀 사이의 디커플링(decoupling)은 하부 지각을 위한 습윤 규암(wet quartzite) 유동학을 사용하여 모델링된다. (b, c) 변형연화(strain softening)가 없을 경우 확장의 참조 모델. (d, e) 마찰-소성(frictional-plastic, 취성) 변형연화 및 (f, g) 마찰-소성과 점성 약화 메커니즘 모두를 포함하는 확장 모델. (b-g)의 모델은 상부 및 하부 지각, 강한 마찰 상부 맨틀 암석권, 연성 하부 암석권 및 연성 암석권 아래 맨틀로 지각과 맨틀의 세분을 보여준다. 석영 점성도 스케일링(scaling)이 모든 모델에 있는 3개의 상위 층을 마찰-소성으로 만든다. t, 백만 년 단위로 경과된 시간; Δx, 수평 확장의 양. 수직 및 수평 스케일은 킬로미터이다. 모든 모델에 대해 $V_{\mathrm{ext}} = 3\mathrm{mm\,a^{-1}}$이다.

단층 비대칭에 대한 변형에 좌우되는 약화의 효과도 열개 속도에 매우 민감하다. 이 민감도가 그림 7.27에 도시된 모델로 설명된다. 첫 번째 모델(그림 7.27a)은 속도가 5의 계수로 0.6mm a^{-1}까지 감소하는 것을 제외하고 그림 7.26d와 e에 도시된 것과 동일하다. 속도를 감소시키는 것은 마찰-소성 층의 두께를 유지하는 효과를 얻어서, 그림 7.26e에 보이는 것보다 마찰 권역에 의해 더 강하게 제어되는 변형을 나타난다. 전반적인 형태는 하부 판이 점진적으로 융기되고 열개작용 동안에 유일한 주요 연약대로 남아 있는 연성 전단대 아래에 침식 노출된 암석권-규모의 단순한 전단 모델(그림 7.21b 참조)과 일치한다. 대조적으로, 100mm a^{-1}까지 증가된 속도(그림 7.27b)는 느린 속도를 요구하는 모델에서의 그것보다 마찰 층(frictional layer)의 기저에서 점성 흐름에 의해 더 강하게 제어되는 변형으로 나타난다. 그러나 높은 속도에서 변형 연화는 부분적으로 높은 변형 속도에서 발생하는 높은 점성 응력 때문에 발달하지 않는다. 이 모델은 마찰 단층대(frictional fault zone)의 하나에 변형이 강하게 국지화되는 것을 보여주지 않는다. 연성 맨틀이 좁은 순수 전단 네킹(pure shear necking)을 겪는 동안 변형은 여전히 대칭이다. 이러한 결과들은 속도를 변화시키는 것이 변형하는 층의 지배적인 유동학을 변화시키기 때문에 증가하는 혹은 감소하는 열개 속도가 거대한 비대칭적 구조의 형성을 촉진할 수도 억제할 수도 있다는 것을 시사한다.

이러한 실험이 단층작용 및 연성 흐름 동안에 변형에 유도된 약화 메커니즘에 대한 변형 패턴의 민감도를 설명한다. 실험 결과에 의하면 마찰-소성의 단층대 약화 메커니즘, 비교적 강한 하부 지각, 그리고 느린 열개 속도를 포함하는 모델에서 확장은 비대칭일 가능성이 아주 높으리라 예상된다. 그러나 특정 자연 세팅(specific natural settings)에 이 결과를 적용하기 전에, 변형으로 유도된 약화의 효과는 암석권의 유동학에 영향을 미치는 다른 메커니즘에 의해 억제될 수 있음을 인식하는 것이 중요하다. 예를 들면, 약한 하부 지각을 갖는 모델(그림 7.27c)과 강한 하부 지각을 갖는 다른 모델(그림 7.27d)의 비교를 통하여 약한 지각이 어떻게 지각 비대칭을 줄이는지를 알 수 있다. 열개 동안에 발달하는 쌍의 마찰 전단이 그것들이 열개 측면 아래에서 측면으로 전파되는 약한 연성 하부 지각에서 사라져 가기 때문에 이런 억제가 발생한다. 열개가 진행함에 따라 약한 하부 지각의 점성 흐름은 하부 암석권의 거의 대칭적인 연성 네킹으로 나타난다. 이러한 예는 열개 비대칭의 정도가 변형 연화 메커니즘과 속도뿐만 아니라, 하부 지각의 강도에 의해 좌우된다는 것을 보여준다.

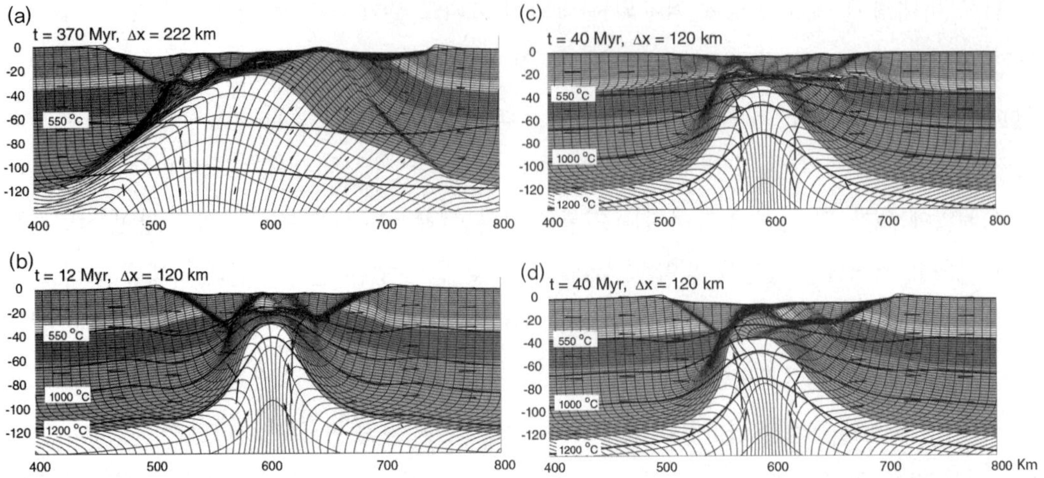

그림 7.27 (a) 낮은 확장 속도($V_{ext}=0.6\,mm\,a^{-1}$)에서, 그리고 (b) 높은 확장 속도($V_{ext}=100\,mm\,a^{-1}$)에서 마찰-소성(취성) 변형연화를 포함하는 확장 모델들. 모델들은 $V_{ext}=3\,mm\,a^{-1}$에서 (c) 약한, 그리고 (d) 강한 중간과 하부 지각에 대한 열개 민감도(rift sensitivity)를 또한 보여준다(Huismans & Beaumont, 2007에서 수정되어, R. Huismans에 의해 제공된 이미지, Geological Society of London의 허가로). t, 백만 년 단위로 경과된 시간; Δx, 수평 확장의 양. 수직 및 수평 스케일은 킬로미터이다.

7.6.6 암석권의 유동학적 성층(rheological stratification)

대륙 열개에 대한 대부분의 정량적 모델에서 암석권은 서로 다른 유동학에 의해 특징지어지는 여러 층으로 이루어졌다고 가정된다(2.10.4절). 이 수직 성층(vertical stratification)은 대륙 암석권의 지구물리학적 조사의 결과, 그리고 광범위한 물리적 조건에 걸쳐 지각과 맨틀 암석의 서로 다른 거동을 드러내 보인 실험실 실험의 결과와 잘 일치한다. 암석권의 상부에서, 응력이 단층면에서의 운동에 대한 마찰 저항을 초과하면 변형은 단층작용에 의해 수용된다. 연성 층에서 변형은 흐름 동안에 응력과 변형 속도를 관련시킨 온도에 좌우되는 지수-법칙 유동학(2.10.3절)을 사용하여 설명한다. 이러한 관계를 이용하여, 지각과 맨틀 암석에 대한 실험적으로 유도된 마찰과 흐름 법칙이 열개의 모델에 통합될 수 있다. 이런 접근방법을 통하여 크게 오프셋된 정단층(7.3절, 7.6.4절)의 발달을 포함하는 확장 동안의 변형 국지화와 비국지화 프로세스에 대한 유동학적 성층의 효과가 연구될 수 있다. 서로 다른 초기 조건을 위해 선택된 지각 유동학에 대한 변형 패턴의 민감도가 대륙 열개의 세 가지 다른 물리적 모델을 사용하여 아래에 예시되어 있다.

Behn *et al.*(2002)은 상부 지각 층과 하부 맨틀 층으로 이루어지는 단순한 2층 모델을 사용하여 지각 유동학의 선택이 확장 동안에 암석권 내의 변형 분포에 어떻게 영향을 미치는지를

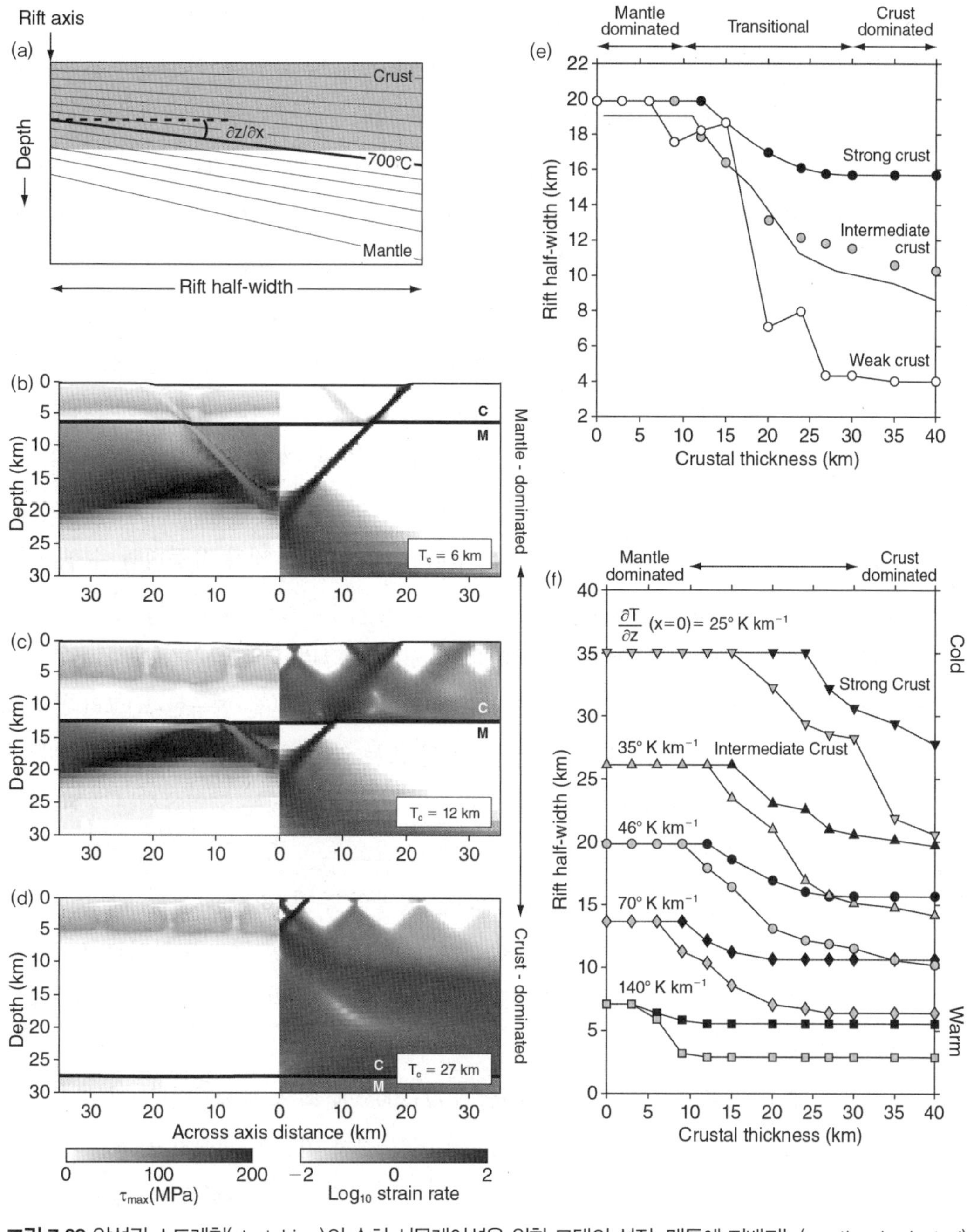

그림 7.28 암석권 스트레칭(stretching)의 수치 시뮬레이션을 위한 모델의 설정. 맨틀에 지배되는(mantle-dominated) 변형에서 지각에 지대되는(crust-dominated) 변형으로의 전이가 6km, 12km, 27km의 지각 두께(T_c)에 대한 1% 전체 변형 후의 변형 격자를 각각 보여주는 (b), (c) 및 (d)에 의해 도해된다. 그레이스케일(grayscale)은 왼쪽에 전단응력의 크기, 그리고 오른쪽에 정규화된 변형률의 크기를 나타낸다. C와 M은 각각 지각의 기저와 맨틀의 상단을 표시한다. (e) 예측된 열개 반폭(rift half-width)에 대한 지각 두께의 효과. (f) 예측된 열개 반폭에 대한 수직 지열 구배의 효과(Behn *et al*., 2002에서 수정되어, M. Behn에 의해 제공된 이미지, Elsevier의 허가로). (e) 및 (f)에서의 각 점은 실험을 나타낸다. 검정, 강한; 회색, 중간; 흰색 약한 유동학

탐사하였다(그림 7.28a). 이 저자들은 취성 거동과 단층 같은 전단대의 발달을 모델링하기 위하여 변형 속도 연화 유동학(strain-rate softening rheology)을 취하였다. 연성 변형은 지각과 맨틀의 전위 포행을 묘사하는 온도에 좌우되는 흐름 법칙을 사용하여 모델링되었다. 어떤 주어진 온도와 변형 속도에서 지각의 강도(유효 점성도) 차이는 암석 물리학적 실험에서 도출된 물질 매개변수에 의해 정해진다. 다른 광물과 물 함량을 갖는 암석에 대한 몇몇 흐름 법칙을 이용하여 저자는 유동학을 약한, 중간 또는 강한 중 하나로 분류하였다.

지각 두께와 열 구조의 변화가 이러한 매개변수와 상이한 유동학 사이의 상호 작용을 조사하기 위해 일련의 모델에 첨가되었다. 연성 층이 하부 지각에 발달하지 않을 정도로 지각 두께가 작은 경우에 변형은 맨틀에서 주로 발생하고, 열개 폭은 수직 지열 구배에 의해 주로 제어되는 것을 실험결과가 보여준다(그림 7.28b, f). 대조적으로, 지각 두께가 큰 경우에는 상부 지각에서의 응력 축적이 상부 맨틀에서의 응력 축적보다 훨씬 더 커진다(그림 7.28c, d). 이러한 경우 변형은 지각에 지배되고(crust-dominated), 열개 폭은 지각 유동학과 수직 지열 구배 모두의 함수이다(그림 7.28e, f).

그림 7.28e는 열개 형태(반폭, half-width)에 강한, 중간의, 그리고 약한 지각 유동학의 효과를 도해한다. 모델은 맨틀에 지배되는 변형에서는 동일한 열개 반폭을 예측한다. 그러나 맨틀에, 그리고 지각에 지배되는 변형 사이의 전이는 중간 또는 약한 유동학에서보다 강한 유동학에서는 약간 더 큰 지각 두께에서 시작한다. 게다가, 지각에 지배되는 권역에서는 강한 지각 유동학이 중간 유동학에 의해 예측된 값보다 ~1.5배 더 크고 약한 유동학에 의해 예측된 것보다 ~4배 더 큰 열개 반폭을 일으킨다. 그림 7.28f는 지각의 두께, 지각 유동학, 그리고 열개 반폭에서의 수직 지열 구배의 결합된 효과를 요약한 것이다. 이러한 결과가 암석권 스트레칭 동안에 변형 패턴의 진화는, 특히 지각이 비교적 두꺼운 곳에서, 지각 유동학의 선택에 매우 민감하다는 것을 예증한다.

지각 유동학에 대한 유사한 민감도가 Wijns *et al.*(2005)에 의해 관찰되었다. 이 저자들은 소성 항복 법칙(plastic yield law)이 특정 온도 아래에서 취성 거동을 제어하고, 온도 구배의 선택이 취성 상부 지각에서 연성 하부 지각으로의 전이를 지배하는 간단한 2층 모델을 사용하였다. 이런 공식화와 40km 두께의 하부 지각 위에 위치하는 20km 두께의 상부 지각을 갖는 실험을 통하여 그들은 역학적으로 성층된 지각이 확장 동안에 어떻게 단층 간격과 변형 분포에 영향을 미치는지를 조사할 수 있었다. 그들은 상부 및 하부 지각의 통합된 강도의 비율이 단층대에서 변형 국지화의 정도를 좌우한다는 것을 발견하였다. 하부 지각이 상대적으로 강할 정도로 이 비율이 작은 경우, 확장은 각 단층에 제한된 양의 슬립을 갖는 널리 분포된 조밀한 간격의 단층들로 이루어진다. 대조적으로, 하부 지각이 매우 약할 정도로 상부와 하부 지각 사이의 큰 강도 비율을 가지면 확장은 큰 변위를 수용하는 비교적 적은 단층들에 국지화된다. 후자의 경우, 크게 오프셋된 단층이 상부 지각을 절개하고 하부 지각을 침식 노출시켜서, 결국 변성 핵심 복합체(metamorphic core complexes)가 형성된다(7.3절). Wijns *et al.*(2005)는 또한 단층대 약화와 상부 및 하부 지각의 상대적 두께(7.6.5절)와 같은 보조 요인이 국지화된, 그리고 비국지화된 확장 사이의 전이를 제어하는 임계 비율(critical ratio)의 정확한 값을 결정하는 것으로 결론지었다.

Behn *et al.*(2002)에 의해 얻어진 것과 같은 Wijns *et al.*(2005)의 결과는 약한 하부 지각이 상대적으로 적은 단층으로 구성된 좁은 영역으로 변형의 국지화를 촉진한다는 것을 시사한다. 이러한 국지화 거동은 흐를 수 있고, 상부 지각으로 응력을 전달할 수 있는 약한 하부 지각의 능력을 반영하고, 이런 능력이 발달이 허용된 단층대의 숫자를 제어할 수 있다. 이런 해석은 변형과 변성 핵심 복합체에 노출된 과거 하부 지각의 유동학 차이의 현장 연구(예를 들면 Klepeis *et al.* 2007)와 일치한다. 그것은 점성 층 위에 놓이는 변형 국지화 특성을 갖는 취성 층에서는 연성 층의 점성도가 단층 간격을 제어한다는 것을 보여준 Montési와 Zuber(2003)의 결과와 또한 일치한다. 게다가 약한 하부 지각은 상부 지각의 단층 블록을 회전하게 하고, 이것이 단층작용에 의한 상부 지각의 절개와 분할을 용이하게 할 수 있다.

마지막으로, 열개의 세 번째 수치 모델은 변형으로 유도된 약화, 층 두께, 그리고 유동학 차이들 간의 상호 작용이 암석권의 4개 층 모델에서 변형 패턴에 어떻게 영향을 미칠 수 있는지를 도시한다. Nagel과 Buck(2004)은 12km 두께의 취성 상부 지각, 상대적으로 강한 10km 두께의 하부 지각, 얇고(3km) 약한 중앙 지각 층, 그리고 45km 두께의 상부 맨틀로 구성된 모델을 구축하였다(그림 7.29a). 이 모델은 지각과 맨틀의 점성 거동을 결정하는 온도에 좌우되는 지수-법칙 유동학(power law rheology)을 반영시킨다. 맨틀과 상부 및 하부 지각도 모어-쿨롬 파괴기준(Mohr-Coulomb failure criterion)을 따르고 단층작용 동안에 응집력 손실도 포함된다. 모델은 또한 확장의 초기에 변형을 국지화하는 데 도움이 되는 확장 중앙에 미리 정해진 종형(bell-shaped)의 열적 교란을 포함한다. 이 교란에 의해 생성된 수평 온도 구배, 그리고 미리 정해진 수직 성층이 열개 동안에 암석권의 역학적 거동을 제어한다.

확장이 시작될 때, 상부 맨틀과 하부 지각은 열개의 뜨겁고 약한 센터에서 국지화된 네킹을 겪는다. 상부 지각의 변형은 하부 지각과 맨틀의 네킹(necking) 지역 위에 하나의 지구(graben) 형태로 시작하고 이후 안쪽으로 기우는 평행한 정단층의 배열로 진화한다. 단층은 상부 지각에 분포된 변형이 모델의 강한 하부의 네킹(necking) 지역으로 이동되는 약한 중앙 지각 층으로 뿌리 내린다(그림 7.29b, c). ~25km 확장 후에, 하부 지각은 찢어지고 정단층의 변위가 열개 가장자리에서 상부 지각의 붕괴와 분할을 이끈다. 맨틀 물질은 붕괴하는 상부 지각이 맨틀 암석과 직접 접촉하는 얇아진 영역으로 솟아나온다. 40km 확장 후에, 정단층의 배열은 버려지고, 상부 지각 변형은 열개의 중앙에 집중된다. 마지막으로, ~75km 확장 후에는, 새로운 해양 암석권이 생성되고, 2개의 구조적으로 조용한 비활동 대륙 주변부(passive margin)가 남겨진다. 이것, 그리고 본 절에서 설명된 다른 물리적 모델이 지각을 약화시키거나 또는 강화시키는 경쟁하는 프로세스의 결합이 열개에서 관찰되는 변형 형태의 변화를 설명하는 데 어떻게 사용될 수 있는지를 보여준다.

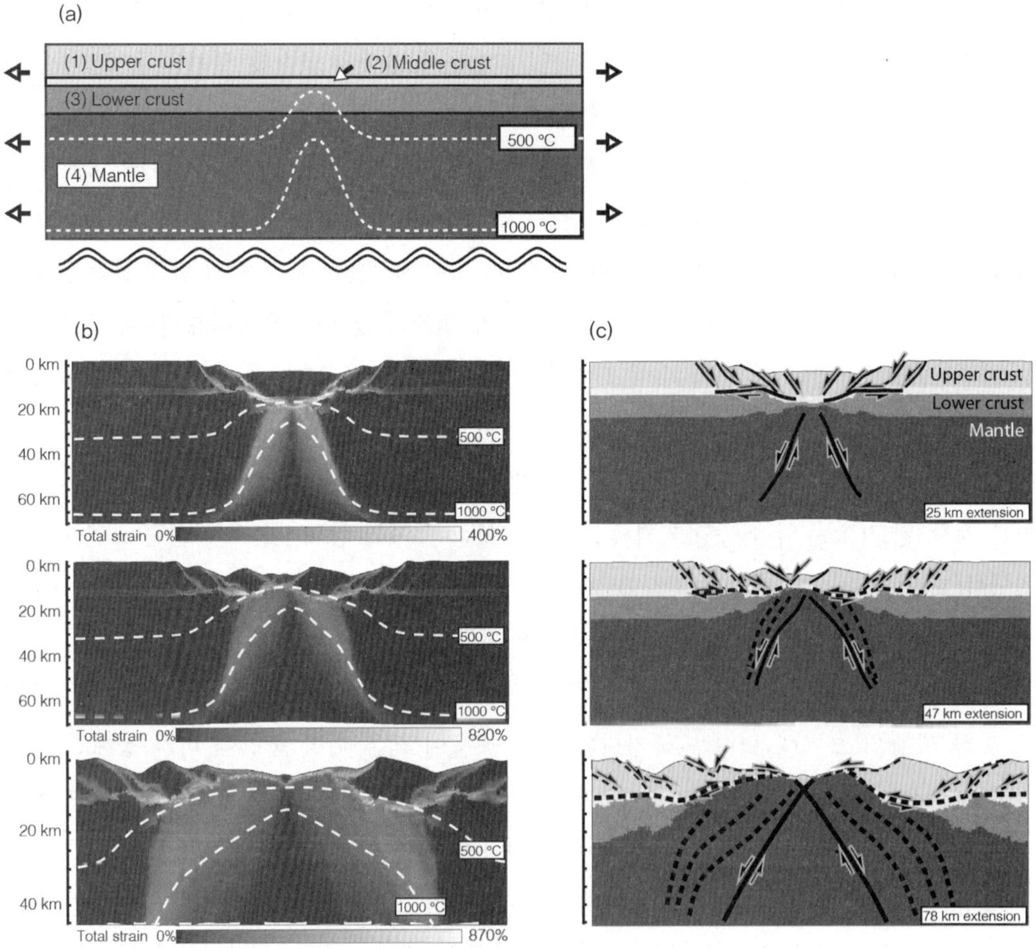

그림 7.29 대칭적인 열개작용 모델(Nagel & Buck, 2004에서 수정되어, T. Nagel에 의해 제공된 이미지, Geological Society of America의 허가로). (a) 모델의 설정. (b) 총변형, 그리고 (c) 25km, 47km 및 78km의 확장 후, 상부, 중앙 및 하부 지각과 맨틀의 분포. 검은 선, 변형의 활성 영역; 점선, 비활성 영역; 가늘고 검은 선, 취성 단층; 두꺼운 검은 선, 연성 전단대(ductile shear zones)

7.6.7 마그마-지원받은 열개(magma-assisted rifting)

대륙 열개(continental rifting)에 대한 가장 많은 양의 논문들이 암석권 조건 변화의 효과에 집중되어 있다. 열개의 많은 측면을 설명하는데, 이러한 모델의 성공과 지구과학자가 연약권에 비해 암석권의 물리적 특성을 제한할 수 있는 상대적 쉬움 때문에 이런 집중이 일어났다. 그럼에도 불구하고, 연약권과 암석권 사이의 상호 작용이 열개 시스템의 중요 성분을 형성하는 것은 명백하다(Ebinger, 2005). 이러한 상호 작용의 가장 중요한 측면 중 하나는 마그마작용(7.4절)이며, 이것이 지각을 약화시키고 변형 국지화를 일으킨다.

그것의 가능한 효과 중 하나는 고철질 마그마작용이 열개를 비교적 차거나 두꺼운 대륙 암석권 지역에서 시작하게 할 수 있다(7.5절)는 것이다. 약화시키는 효과 이외에, 현무암 마그마의 중요한 공급원일 가능성이 지각의 두께, 온도, 밀도, 그리고 암석권의 조성에 영향을 미친다. 열곡(rift valley) 아래의 부분적으로 용융된 뜨거운 물질의 존재는 열 부력(7.6.3절)으로 나타나는 밀도 차이를 생성한다. 열개의 양쪽이 갈라질 때, 마그마는 냉각됨에 따라 밀도가 증가하는 지각의 기저에 부착성장할 수 있고, 국지적인 지각 두꺼워짐으로 이어질 수 있다(7.2절, 그림 7.5). 이러한 프로세스는 판이 변하는 하중에 반응하기 때문에 굽힘력(bending force)을 형성할 수 있고, 열개 동안에 변형이 수용되는 방식에 영향을 미친다. 이런 변화는 열개와 열개된 대륙 주변부에 걸친 융기와 침강의 패턴으로 기록될 수 있다.

Buck(2004)는 열개와 마그마 관입이 어떻게 암석권을 약화시킬 수 있고, 침강과 융기 패턴에 영향을 미칠 수 있는지를 설명하기 위하여 단순한 2차원 열 모델을 개발했다. 열개에서 대량의 현무암 정치(emplacement)는 지각 얇아짐 없이 확장을 수용할 수 있다. 이런 프로세스는 단층에 의한 변형 수용이 마그마작용이 증가했을 때 크게 감소되었던 북부 에티오피아(7.8.1절)의 성숙한 열개 분할조각(segment)에서 관찰되었다(Wolfenden *et al.*, 2005). 만일 충분한 물질이 관입하면, 마그마작용에서 발생할 수 있는 지각 두꺼워짐은 열개의 침강량을 줄일 수 있고, 심지어 지역 융기로 이어질 수 있다. 이런 효과는 열 이완(thermal relaxation)에 의한 암석권 스트레칭의 전형적인 침강 곡선(McKenzie, 1978)에 비해 마그마 지원받은 열개에서는 시간 내내 평균 지각평형 고도(average isostatic elevation)를 보여주는 그림 7.30에 도시된다. 융기 혹은 침강은 지각 얇아짐, 현무암 관입과 100km 폭 열개에 걸쳐 150km의 깊이까지 적분된 온도 차이의 결합된 효과에 관련된 밀도의 변화에서 발생한다. Buck(2004)는 이런 프로세스가 캐나다의 동쪽 해안 앞바다(Royden & Keen, 1980)와 같은 일부 대륙 주변부가 냉각에 의해 유도된 장기(수천만 년)의 침강에 비해 지각 얇아짐에 관련된 작은 초기 구조적 침강을 보여주는 이유를 설명할 수 있다고 제안하였다.

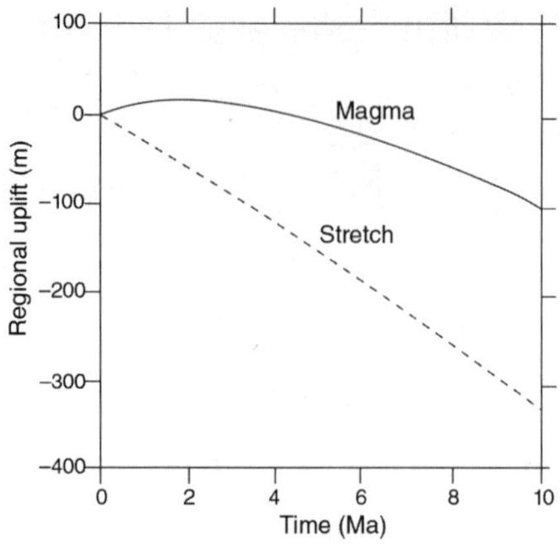

그림 7.30 마그마-도움받은(magma-assisted) 열개(실선)와 순수 전단 네킹(pure shear necking, 점선)에 대한 예측된 평균 광역적 지각평형 융기(isostatic elevation) 변화의 비교(Buck, 2004에서. 저작권 © 2004 from Columbia University Press. 출판사의 허가로 재인쇄됨)

마그마작용 및/또는 연약권 흐름의 효과를 통합함으로써 해결될 수 있는 열개 진화의 두 가지 다른 문제는 일부 열개된 대륙 주변부에서 관찰되는 여분의 침강과 비화산성 대륙 주변부(nonvolcanic margin)을 특징짓는 마그마의 부재이다(Buck, 2004). 이러한 효과는 7.7.3절의 열개된 대륙 주변부의 진화에서 논의된다.

7.7 열개된 대륙 주변부(rifted continental margin)

7.7.1 화산성 대륙 주변부(volcanic margin)

열개된 화산성 대륙 주변부는 다음 3가지 구성요소의 존재에 의해 정의된다. 두꺼운 범람 현무암과 규산 화산암 시퀀스로 이루어진 대형 화성암 지방(Large Igneous Provinces, 7.4.1절), 대륙-해양 전이대(transition zone)에 있는 높은 속도(V_P>7km s^{-1}) 하부 지각, 탄성파 반사 단면에서 **바다 쪽으로 기우는 반사면들(seaward-dipping reflectors)**을 야기하는 화산지층과 퇴적지층의 두꺼운 시퀀스(Mutter *et al*., 1982). 열개된 대륙 주변부 대부분은 고반 스피(Goban Spur), 서부 이베리아, 동부 중국, 남부 호주, 뉴펀들랜드 분지-래브라도 해(Newfoundland Basin-Labrador Sea)의 대륙 주변부로 대표되는 약간을 제외하고 화산성으로 보인다. 홍해와 남부 그린란드에서 분명한 관계는 연속체(continuum)가 아마도 화산성과 비화산성 대륙 주변부 사이에 존재한다는 것을 시사한다.

화산성 대륙 주변부의 높은 속도 하부 지각은 스트레칭된 대륙 지각과 정상 두께 해양 지각(그림 7.31, 7.32) 사이에 나타난다. 비록 이 층들이 직접 샘플링된 적은 없지만, 높은 P_n파 속도가 그것들이 대륙 열개 동안에 하부 지각으로 관입한 반려암의 두꺼운 축적으로 구성되어 있음을 시사한다. 이런 물질의 관입은 대륙 열개와 관련된 맨틀의 열적 이상(thermal anomaly)을 방산하는 데 도움이 된다.

노르웨이 앞바다의 로포텐-베스트라렌(Lofoten-Vesterålen) 대륙 주변부(그림 7.31, 7.32)는 적당한 확장을 경험한 화산성 대륙 주변부 지각 구조의 예증이 된다(Tsikalas *et al*., 2005). 대륙붕단과 로포텐(Lofoten) 분지 사이의 해양-대륙 전이대는 폭이 50-150km이고, 지각 얇아짐의 갑작스러운 측면 변화를 포함하고 바다 쪽으로 기울어지는 천부 반사면들을 보이는 화산 물질 층으로 덮여 있다(그림 7.32a). 비록 극단적인 얇아짐이 있는 경우에 구역의 폭이 수백 킬로미터일 수 있지만, 이 구역의 50-150km 폭은 많은 열개된 대륙 주변부의 전형이다. 이 지역의 지각 기복은 융기된 고지대의 윤곽을 그리는 단층이 일어난 블록과 관련이 있다. 로포텐(Lofoten) 예에서, 대륙-해양의 경계는 자기 이상 24B(53-56Ma)의 육지 쪽에 나타나고, 정상 해양 지각은 자기 이상 23의 바다 쪽에 나타난다(그림 7.31b). 지각 얇아짐은 모호면(Moho) 깊이의 변화로 표시된다. 모호면의 최대 깊이는 대륙붕 아래에서 26km에, 그리고 로포텐 분지 아래에서 11~12km에 이른다. 단면 A-A'을 따라 대륙-해양 전이대 내의 지각 두께가 12-16km인 지역은 높은 하부 지각 속도(7.2km s^{-1})로 특징지어지는 하부 지각 암체가 존재하는 지역과 일치한다(그림 7.32a, c). 이 지각 암체는 대륙 주변부를 따라 북쪽으로 얇아져 결국 사라지고, 남쪽으로 두꺼워져 한 지점에서 9km 두께를 갖는다(그림 7.31c). 해양 층은 4.5-5.2km s^{-1}의 속도를 보이고, 퇴적물은 $\leq$2.45km s^{-1}의 속도를 보여준다. 중력 모델과 결합된 이러한 탄성파 속도(그림 7.32b)는 대륙 주변부 내 물질의 성질에 대한 정보를 제공한다(그림 7.32c).

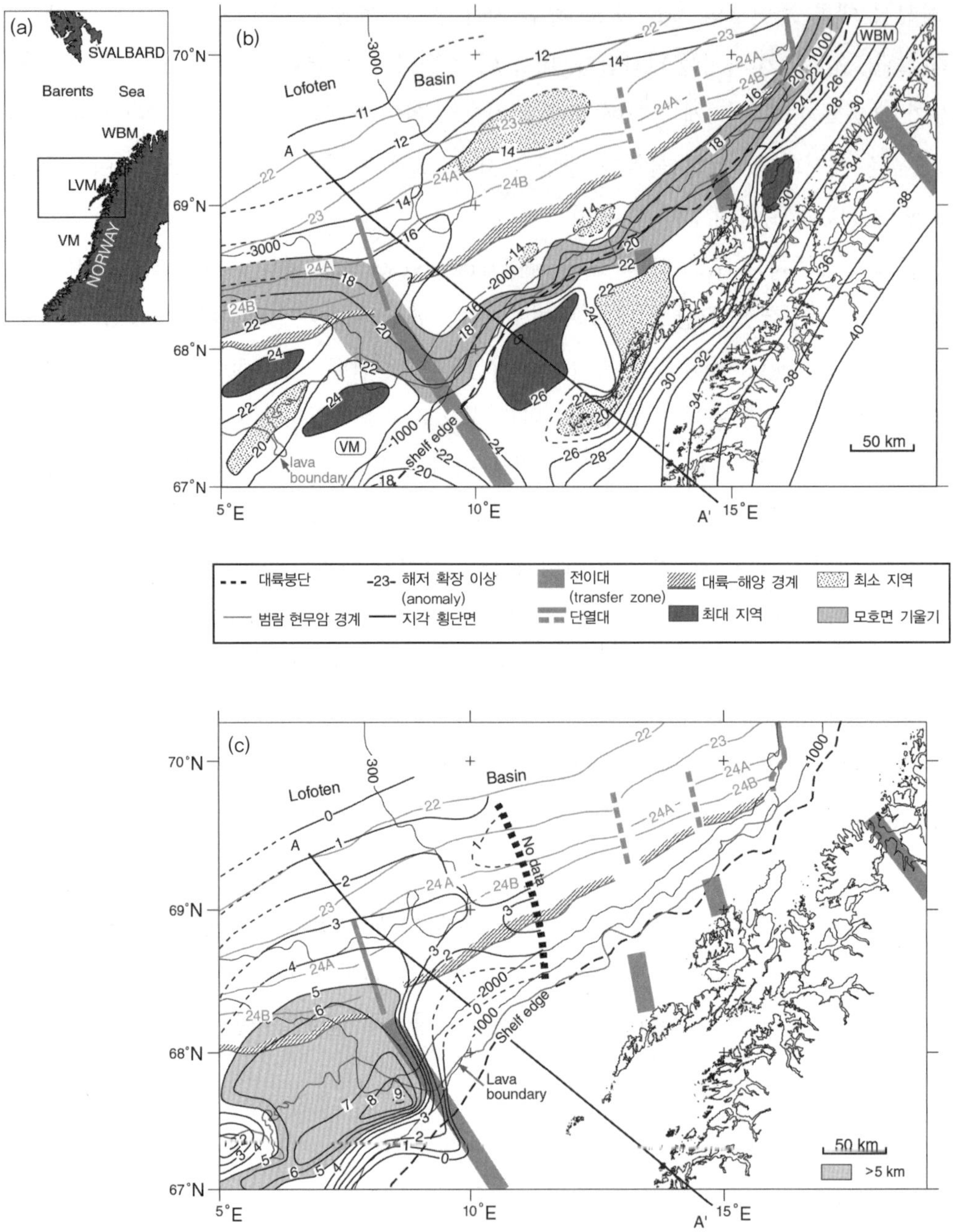

그림 7.31 로포텐–베스테라렌(Lofoten–Vesterålen) 대륙 주변부. 삽화 (a)는 뵈릉(Vøring, VM), 로포텐–베스테라렌(LVM), 서 바렌츠 해(WBM) 내륙 주변부를 보여준다. (b) 2km 등고선 간격으로 모호면(Moho)의 깊이를 보여주는 지도. (c) 1km의 등고선 간격으로 표현된 높은 속도 하부 지각 암체의 두께(Tsikalas *et al.*, 2005에서 수정되어, F. Tsikalas에 의해 제공된 이미지, Elsevier의 허가로). A–A'은 그림 7.32에 도시된 단면의 위치를 나타낸다.

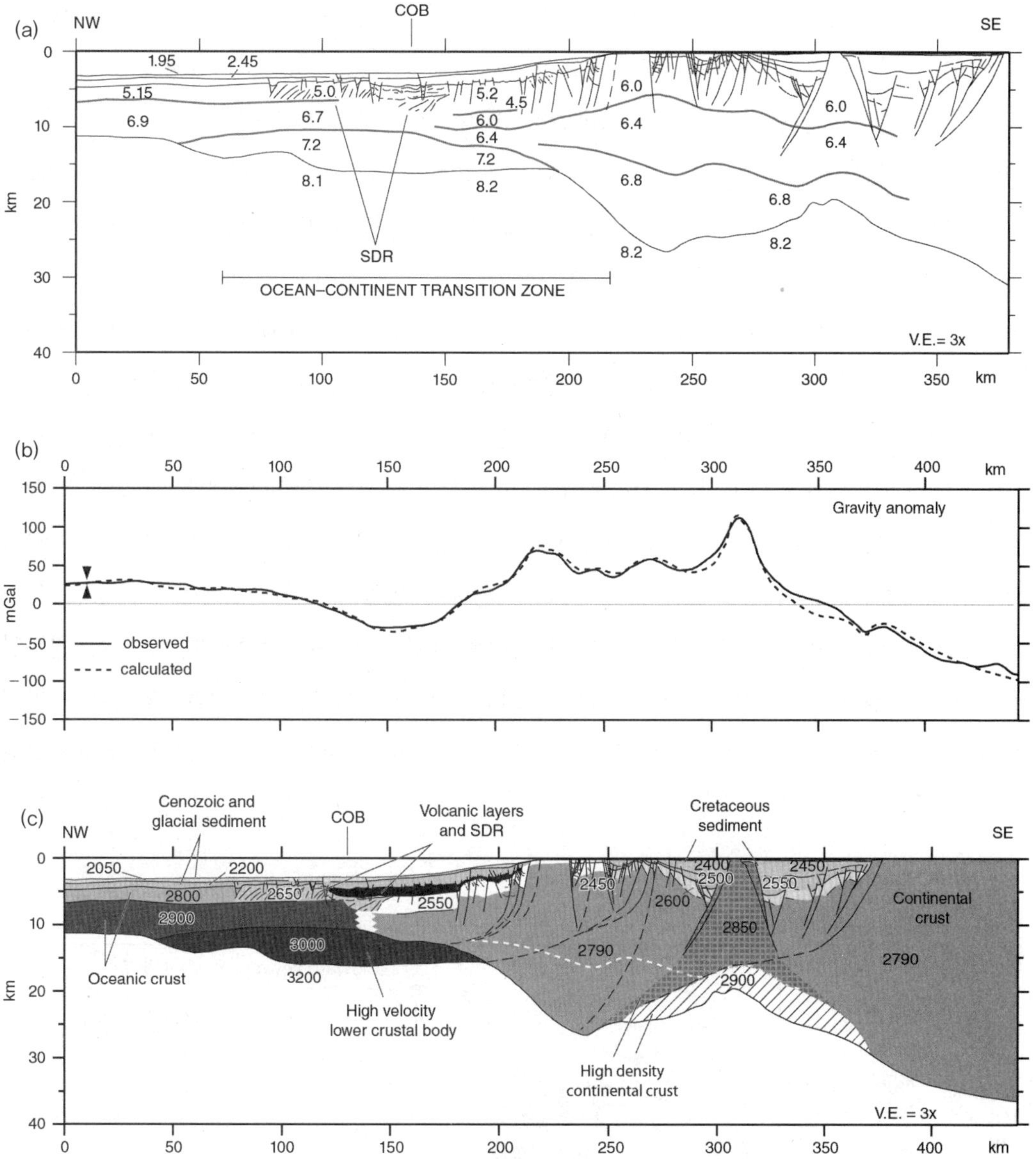

그림 7.32 (a) 남부 로포텐–베스테랄렌(Lofoten–Vesterålen) 대륙 주변부를 따른 탄성파 속도 구조. COB, 대륙–해양 경계. (b, c) 중력 모델링 횡단면과 지질학적 해석(Tsikalas *et al.*, 2005에서 수정되어, F. Tsikalas에 의해 제공된 이미지, Elsevier의 허가로). (c)에서 밀도는 입방미터당 kg으로 표시된다. SDR, 바다 쪽으로 기우는 반사면. 단면 위치는 그림 7.31을 보라.

대부분의 화산성 대륙 주변부에서 바다 쪽으로 기우는 반사면을 보이는 쐐기가 대륙-해양 전이대의 높은 속도 하부 지각의 위 또는 바다 쪽에 나타난다. 이런 시퀀스의 직접적인 샘플링을 통하여 그것들이 화산 흐름(volcanic flows), 화산쇄설 퇴적물, 그리고 지표나 해양 유형의 퇴적물 모두를 포함하는 비화산성 퇴적암으로 구성되어 있음이 밝혀졌다. Planke *et al*.(2000)은 보통 이러한 특징들과 관련된 6개의 단위(unit)를 확인하였다(그림 7.33). (i) 바다 쪽으로 기우는 반사면들을 보이는 외측 쐐기, (ii) 외부 고지, (iii) 바다 쪽으로 기우는 반사면들을 보이는 내측 쐐기, (iv) 육지 쪽 흐름, (v) 용암 델타, 그리고 (vi) 내측 흐름. 반사면 패키지의 쐐기 같은 모양은 빠르게 침강하는 기반암의 충진을 반영하는 것으로 해석된다. 외측 반사면들은 내측 반사면들보다 더 작고 약한 경향이 있다. 외부 고지는 언덕 모양(mounded)으로 보통 높이가 1.5km에 이르고 폭이 15-20km에 이를 수 있는 평정(flat-topped)이 특징이다. 일부 지역에서 이것은 화산(volcano) 또는 분출된 현무암의 더미일 수 있다. 육지 쪽 흐름은 흐름 사이의 퇴적물 층을 거의 보이지 않는 지표로 분출된 범람 현무암이다. 내측 흐름은 육지 쪽에, 그리고 특히 용암 델타 아래에 위치하는 시트 같은(sheet-like) 암체이다. 흐르는 현무암이 성장하는 범람 현무암의 앞에서 밖으로 넘칠 때 용암 델타가 형성된다. 이러한 지형의 정치는 대륙에서 해양 전이대 내에 정상보다 더 두꺼운 해양 지각의 형성과 연관된다(Planke *et al*., 2000).

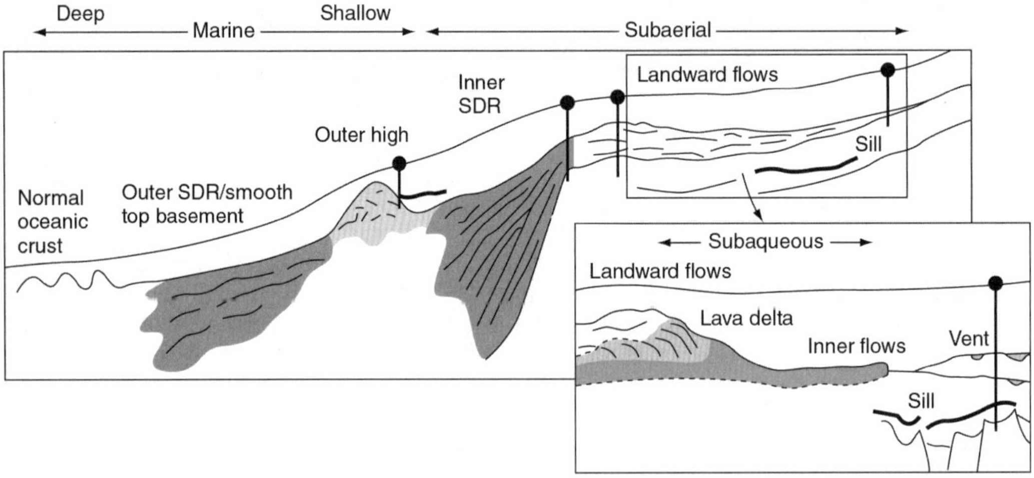

그림 7.33 화산성 대륙 주변부(volcanic margins)에서 분출 단위(extrusive units)의 주요 탄성파상(seismic facies)의 해석(Planke *et al*., 2000에서 수정됨, American Geophysical Union의 허가로. 저작권 © 2000 American Geophysical Union). 삽화는 용암 델타와 내부 흐름 단위가 흔하게 발생하는 육지 쪽 수중 흐름 지역의 확대를 보여준다. 수직선을 갖는 검은 원은 시추공이 여러 단위를 관통한 위치를 보여준다. SDR, 바다 쪽으로 기우는 반사면(음영됨). 굵고 검은 선, 수평 관입암상(sills)

화산성 열개된 대륙 주변부를 형성하는 조건과 프로세스는 매우 논쟁중이다. 일반적으로 두꺼운 화성 지각의 형성은 정상적인 중앙 해령에서 나타나는 것에 비해 더 큰 양의 맨틀 용융을 필요로 하는 것처럼 보인다. 이런 강화된 화성 활동의 기원은 불확실하지만, 중앙 해령에서 발견되는 것보다 더 높은 연약권의 온도 혹은 용승하는 맨틀 물질의 비정상적으로 높은 비율에 관련될 수 있다(Nielson & Hopper, 2002, 2004). 비록 이런 가설은 엄격한 테스트가 필요하지만, 이러한 메커니즘은 모두는 맨틀 플룸과 관련하여 발생할 수 있다(5.5절, 12.10절).

7.7.2 비화산성 대륙 주변부(nonvolcanic margin)

비화산성 대륙 주변부의 존재(그림 7.34a)가 지각의 극단적 얇아짐과 스트레칭이 반드시 대규모 화산작용과 용융을 수반하지는 않는다는 것을 보여준다. 비화산성 대륙 주변부에는 그것들의 화산성 대응물을 특징짓는 많은 양의 분출과 관입 물질이 없다. 대신, 이런 유형의 대륙 주변부를 특징짓는 지각은 많은 단층이 일어나고 확장된 대륙 암석권, 매우 느린 해저 확장에 의해 형성된 해양 암석권 혹은 마그마 암체(magmatic bodies)에 의해 관입된 대륙 지각을 포함할 수 있다(Sayers *et al.*, 2001). 게다가, 이러한 대륙 주변부는 침식 노출된 사문암화된 상부 맨틀로 이루어진 폭이 100km에 이르는 지역을 포함할 수 있다(그림 7.34b, c; Pickup *et al.*, 1996; Whitmarsh *et al.*, 2001). 탄성파 단면에서 기우는 반사면들 역시 비화산성 대륙 주변부 내에 나타난다. 그러나 화산성 대륙 주변부와는 달리 이런 반사면은 우선적으로 대륙 쪽으로 기울어질 수 있으며, 화산암의 시퀀스를 대변하지 않는다(Pickup *et al.*, 1996). 이런 **대륙쪽으로 기우는 반사면들(continentward-dipping reflectors)**의 일부는 열개 동안에 형성된 분리 단층(detachment fault, 7.3절)을 나타낸다(Boillot & Froitzheum, 2001).

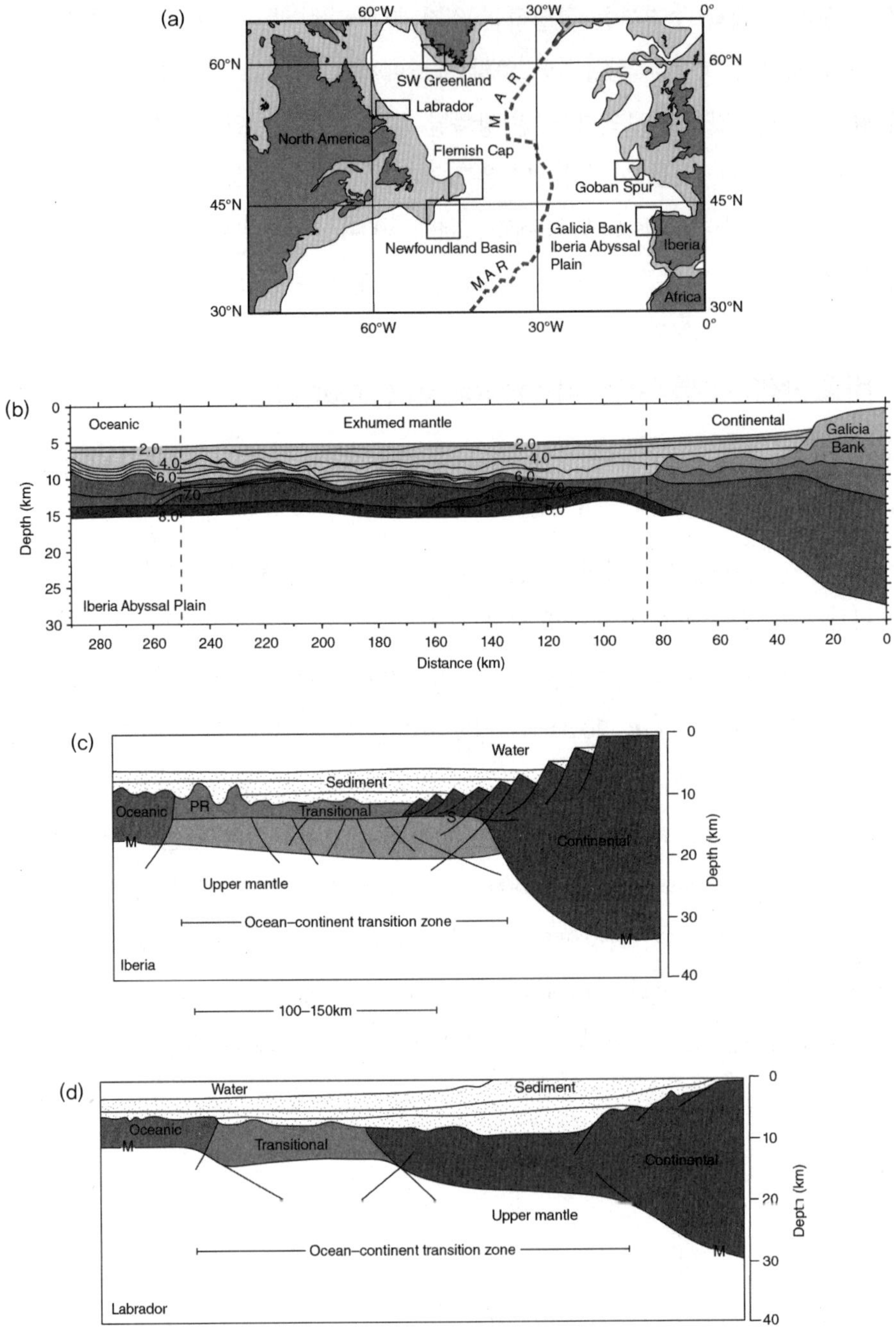

그림 7.34 (a) 선발된 비화산성 대륙 주변부(nonvolcanic margins)의 위치를 보여주는 북대서양의 지도. MAR, 중앙 대서양 해령. (b) 서부 이베리아 대륙 주변부(West Iberia margin)와 이베리아 심해평원(Abyssal Plain)의 속도 모델(Minshull, 2002에서 수정되어, T. Minshull에 의해 제공된 이미지, Royal Society of London의 허가로). 데이터는 Dean *et al.*(2000)에서 왔다. 점선은 해양 대륙 전이대(transition zone)의 대략적인 경계를 표시한다. 속도 단위는 km s^{-1}임. (c, d) 비화산성 대륙 주변부의 2가지 엔드–멤버(end–member) 유형(Louden & Chian, 1999에서 수정되어, K. Louden에 의해 제공된 이미지, Royal Society of London의 허가로). PR, 감람암 릿지(peridotite ridge); S, 분리 단층(detachment fault) 또는 전단대를 표현하는 것으로 해석되는 반사; M, 모호면(Moho) 반사

비화산성 대륙 주변부의 두 가지 엔드-멤버(end-member) 유형이 북대서양 지역에 보존된 관련성들에 근거해서 확인되었다(Louden & Chian, 1999). 첫 번째 경우는 남부 이베리아 심해 평원(Iberia Abyssal Plain), 갈리시아 뱅크(Galicia Bank), 그리고 서쪽 그린란드 대륙 주변부에서 유래된다. 이런 대륙 주변부에서 대륙의 열개는 지극히 얇은 대륙 지각 구역을 낳았다. 이런 얇은 지각은 아마도 지각-맨틀의 경계에서 사문암화된 전단대를 나타내는 두드러진 수평 반사면(S) 위에 놓이는 경사진 단층 블록들에 의해 특징지어진다(그림 7.34c; Reston *et al*., 1996). 이 반사면은 스트레칭된 대륙 기반암의 바다 쪽에, 그리고 사문암화된 맨틀의 높은 속도의 하부 층 위에 나타난다. 이 반사면 아래에서 탄성파 속도는 깊이에 따라 점차 증가하여 15-20km 깊이에서 정상 맨틀 속도에 접근한다. 얇아진 대륙 지각의 바다 쪽과 최초 해양 지각의 육지 쪽에 위치하는 전이대는 낮은 기반 속도, 거의 없는 반사율, 그리고 높은 속도 하부 지각과 유사한 속도(V_P>7.0km s^{-1})를 보여주는 사문암화된 맨틀(serpentinized mantle)인 하부 층으로 특징지어진다. 더 바다 쪽으로 기반암은 해양 확장 센터의 주향에 거의 평행한 해저 확장 자기 이상을 포함하는 일련의 복잡한 감람석 릿지(peridotite ridges, PR)에 의해 특징지어진다. 비록 이 구역은 주로 사문암화된 맨틀로 구성되어 있지만, 작은 관입을 또한 포함할 수 있다. 따라서 이러한 대륙 주변부의 기반은 단층이 일어난 대륙 블록, 부드러운 전이대, 그리고 융기된 고지들로 구성되어 있다. 모호면(Moho) 반사(M)는 해양-대륙 전이대 내에 존재하지 않는다. 대신, 이 지역은 15-20km의 깊이까지 뻗어 있는 육지 쪽, 그리고 바다 쪽으로 기우는 반사면들을 보인다.

주로 래브라도(Labrador) 예에 근거된 비화산성 대륙 주변부의 두 번째 유형(그림 7.34d)에서, 상부 대륙 지각의 하나 또는 두 개의 경사진 단층 블록이 관찰되나, S-유형 수평 반사가 없다. 얇아진 중간-하부 대륙 지각 구역이 두꺼운 퇴적 분지 아래에 나타난다. 전이 지역은 그림 7.34c에 보이는 단면과 유사한 방식으로 더 먼 바다 쪽에 나타난다. 그러나 상부 맨틀 내의 기우는 반사는 덜 퍼져 있다. 래브라도에서 확장된 하부 대륙 지각의 지역은 두꺼운 퇴적 분지를 갖고 매우 넓은 반면, 플레미스 캡(Flemish Cap)과 뉴펀들랜드 분지에서 확장된 하부 대륙 지각의 폭은 좁거나 없다. 모호면 반사(M)가 매우 얇은(~5km) 해양 지각을 나타낸다.

7.7.3 열개된 대륙 주변부의 진화(the evolution of rifted margin)

열개된 대륙 주변부의 진화는 대륙 내 열개(intracontinental rift, 7.6절)의 형성에 영향을 미치는 많은 동일한 힘과 프로세스에 지배된다. 비록 이러한 요소들 사이의 상대적 크기와 상호 작용이 해체 전(pre-breakup) 열개 단계의 그것들과는 차이가 있지만, 열적, 그리고 지각 부력, 암석권 휨, 유동학적 차이, 그리고 마그마작용 모두가 대륙 해체 동안에 대륙 주변부 거동에 영향을 미칠 수 있다. 열개에서 해저 확장으로의 전이 동안에 특히 중요한 프로세스의 두 세트는 다음을 포함한다. 즉, (i) 열개 후(post-rift) 침강과 스트레칭, 그리고 (ii) 분리 단층, 맨틀 침식노출(mantle exhumation), 그리고 비화산성 대륙 주변부에서 해양 지각 형성이다.

열개 후(Post-rift) 침강과 스트레칭

대륙 열개가 해저 확장으로 진행함에 따라 열개의 대륙 주변부는 지각평형으로 해수면 아래로 침강하고 결국 구조적으로 비활동적이 된다. 이런 침강은 부분적으로 암석권 스트레칭의 역학적 효과에 의해, 그리고 열개와 관련된 열적 이상의 점진적 이완에 의해 지배된다(7.6.2절). 균일한 스트레칭의 경우에 대한 이 2가지 효과를 통합한 이론적 고찰을 통해 지각이 구조적으로 얇아지기 때문에 초기에는 침강이 빠를 것이고, 최후에는 냉각의 효과가 지배하기 때문에 침강이 느릴 것이라고 예측할 수 있다(McKenzie, 1978). 그러나 침강량은 또한 퇴적과 화산작용, 그리고 마그마가 관입하고 용융이 정출하고 냉각함에 따른 밀도의 변화에 의해 생성된 하중에 암석권의 휨적 반응(flexural response)에 의해 영향을 받는다(7.6.7절). 마그마작용과 적재(loading)의 효과를 포함한 침강 모델은 이론적인 열 침강 곡선에서 상당한 이탈을 예측한다.

열개된 대륙 주변부에서 발생하는 침강량은 스트레칭 계수(β)의 크기에 관련된다. 관찰의 규모에 따라 이 매개변수의 값을 추정하는 방법이 여러 가지 있다(Davis & Kusznir, 2004). 취성 상부 지각에서, 확장의 양은 일반적으로 단층 경사에 평행한 방향의 탄성파 반사 단면에서 단층 위 오프셋(offset)의 합산에서 도출된다. 상부 지각의 확장과 낮은 지각 스트레칭을 결합한 추정치는 광각 탄성파 조사(side-angle seismic survey), 중력 연구, 그리고 탄성파 반사 데이터를 사용하여 측정된 지각 두께의 변화에서 얻을 수 있다. 이 후자의 접근 방법은 차이가 지각의 확장과 얇아짐의 결과라는 가정에 의한다. 전체 암석권의 규모에서 스트레칭 계수는 적재의 휨적 지각평형 반응(flexural isostatic response, 7.6.4절)과 열적 침강의 고찰을 통하여 얻어질 수 있다. 암석권 규모의 스트레칭 계수를 얻기 위해 가장 일반적으로 사용되는 방법 중 하나는 휨적 백스트리핑(flexural backstripping)으로 알려진 기술을 사용한다.

휨적 백스트리핑은 적재의 지각평형 효과를 고려하여 확장 퇴적 분지내 기반암까지 깊이의 변화를 복원하는 것을 필요로 한다. 이 방법 배후의 개념은 기반암이 물과 위에 놓이는 모든 층에 의해 생성된 하중이 없는 깊이를 결정하기 위해 분지의 층서학적 단면을 이용하는 것이다. 이것은 각 층에 의해 생성된 하중을 점진적으로 제거하거나 **백스트리핑(backstripping)** 하여, 그리고 각 층이 퇴적되었던 시기에 그것의 깊이로 기반을 복원하여 달성된다(그림 7.35). 수심의 지식과 결합된 이러한 결과를 통하여 이론적으로 스트레칭 계수(β)를 결정할 수 있다. 그럼에도 불구하고, 아래에 더 설명되는 바와 같이 스트레칭 계수와 침강 곡선 사이의 관계는 암석권과 암석권 아래 맨틀(sublithospheric mantle) 사이의 상호 작용에 의해 복잡해질 수 있다. 실제로, 휨적 백스프리핑은 각 층에 특정한 밀도와 탄성 두께(T_e)를 지정하고(7.6.4절), 연속적인 시간 간격 동안에 각 층의 효과를 합산함으로써 수행된다. 다음에 퇴적물의 압축에 의한 수정, 해수면의 변동, 화석이나 퇴적 지표(sedimentary indicators)를 사용한 수심의 추정치가 적용된다. 열개 동시(syn-rift) 단위는 확장 동안에 폐쇄 시스템(closed system)의 가정을 위반하기 때문에 이 방법은 일반적으로 열개 동시 단위보다는 오히려 열개 후(post-rift) 퇴적물에서 도출된 정보를 사용하는 것이 필요하다(Kusznir *et al.*, 2004). 연구결과는 보통 연속적인 시간 간격에서 열개된 대륙 주변부의 깊이가 스트레칭 계수(β)의 크기와 암석권의 굽힘 강도 모두에 의존한다는 것을 보여준다. 대부분의 적용들은 열개작용과 관련된 열적 이상(thermal anomaly)이 쇠퇴함에 따라 암석권의 탄성 두께가 증가한다는 것을 나타낸다.

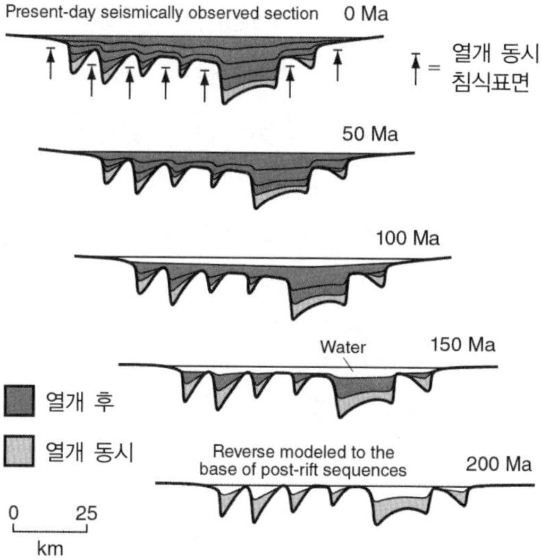

그림 7.35 층서 및 고해저지형(paleobathymetry)의 순차적인 복원을 예측하기 위하여 휨적 백스트리핑(flexural backstripping)의 적용과 열개 후(post-rift) 침강의 모델링을 보여주는 모식도. 복원된 단면은 암석권 확장의 크기를 정하는 데 사용된 스트레칭 계수 β와 암석권 휨 강도 (lithospheric flexural strength)에 따라 달라진다(Kusznir *et al.*, 2004를 따름, Blackwell Publishing의 허가로).

화산성과 비화산성 대륙 주변부 모두에서 암석권 규모의 스트레칭 계수 조사를 통해 몇 가지 독특한 관계가 밝혀졌다. 많은 대륙 주변부는 균일한 스트레칭에 대한 열적 침강 곡선(thermal subsidence curves)에 의해 예측되는 것보다 스트레칭으로 인한 초기 지각 단계 이후에 더 큰 침강을 보여준다. 노르웨이 앞바다(Roberts *et al.*, 1997), 호주 북서부 근처(Driscoll & Karner, 1998), 그리고 고반 스퍼(Goban Spur)와 갈리시아 뱅크(Davis & Kusznir, 2004)의 열개된 대륙 주변부는 상부 지각의 단층작용에 의해 표시된 확장의 크기로 예측된 것보다 훨씬 더 큰 침강을 보여준다. 게다가 많은 대륙 주변부에서 암석권 스트레칭의 크기가 해양-대륙 경계까지 ~150km 내에서 깊이에 따라 증가한다(Kusznir *et al.*, 2004). 더욱 먼 대륙 내에서, 상부 지각, 전체 지각, 그리고 암석권의 스트레칭과 얇아짐 추정치는 스트레칭 계수(β)가 감소함에 따라 수렴한다. 이러한 관찰에서 열개에서 해저 확장으로의 전이를 제어하는 프로세스에 대한 중요한 경계 조건을 찾을 수 있다. 그러나 여분의 침강과 깊이에 좌우되는 스트레칭의 원인은 불확실하다. 하나의 가능성은 여분의 침강이 해저 확장의 초기 단계 동안에 아마도 용승하는 비정상적으로 뜨거운 연약권의 결과로 여분의 융기에서 발생한다는 것이다(Hopper *et al.*, 2003; Buck, 2004). 대신에, 지각보다 맨틀 암석권의 더 큰 스트레칭 혹은 지각보다 좁은 맨틀 암석권 구역 내의 더 큰 스트레칭 역시 여분의 융기로 나타날 수 있다. 일단 이러한 초기 효과가 쇠퇴하면, 냉각 동안에 계속되는 열적 침강은 균일한 스트레칭의 모델이 예측한 것보다 더 클 것이다. 이 가설은 겉으로는 그럴듯하지만, 추가 테스트를 필요로 한다.

남동쪽 그린란드 화산성 대륙 주변부의 관측 자료는 해저 확장으로의 전환 기간 동안에 저밀도 맨틀의 흐름이 침강과 스트레칭 패턴에 강하게 영향을 미친다는 아이디어를 지지한다. Hopper *et al.*(2003)은 릿지 시스템의 중요한 수직 움직임을 나타내는 지각 내 현무암층 형태에서 특징적인 변화를 발견했다. 확장 시작 시에, 시스템은 확장이 적어도 1백만 년 동안 해수면 가까이에 위치하는 지표상에서 일어났다. 나중에 침강이 릿지를 얕은 물로, 그리고 그 후에 900m와 1500m 깊이 사이에 걸친 더 깊은 물로 가라앉혔다. 이런 역사는 확장의 개시 동안에 뜨거운 맨틀 물질의 용승에 의한 릿지 시스템의 동적 지탱(dynamic support)을 반영하는 것처럼 보인다. 그런 다음 이런 열적 이상의 소모가 동적 지탱의 상실과 2Ma의 기간에 걸친 릿지 시스템의 급격한 침강으로 이어졌다. 게다가 암맥과 화산 물질에 거의 두 배 부피가 북대서양 반대편에서 아이슬란드 남쪽에 위치한 한 쌍의 하톤 뱅크(Hatton Bank) 대륙 주변부에 비교되는 그린란드 쪽의 대륙 주변부에서 발생했다. 이러한 관찰로 뜨거운 연약권과 암석권 사이의 상호 작용이 해저 확장 센터가 확립되는 대륙 해체의 마지막 단계 동안에 열개된 대륙 주변부의 구조적 발달에 계속해서 영향을 미친다는 것을 알 수 있다.

열개 아래에서 밖으로 저밀도 용융-고갈된 연약권(melt-depleted asthenosphere)의 흐름도 또한 열개된 비화산성 대륙 주변부에서 관찰된 마그마 활동의 결여를 설명하는 데 도움이 될 수 있다. 거대 부피 마그마의 부재는 이전의 용융 에피소드, 뜨거운 연약권의 대류 냉각 및/또는 맨틀 용승 속도의 효과에 연결될 수 있다(Buck, 2004). 암석권 아래 맨틀이 열개 아래에서 솟아나오면서 그것은 용융되고 냉각된다. 이런 프로세스는 더 뜨겁고 밀도가 낮은 맨틀 위에 차갑고 밀도가 높은 용융-고갈된 물질의 존재로 인한 얕은 맨틀 대류(shallow mantle convection)로 나타날 수 있다. 냉각은 또한 고상선 온도 아래로 맨틀을 운반함으로써 더 이상의 용융을 제한한다(7.4.2절). 만일 이렇게 이전에 냉각되고 용융-고갈된 연약권의 일부가 해저 확장으로의 전이 동안에 열개의 활발한 부분 아래에서 끌어올려지면, 그것의 존재가 특히 열개 혹은 해저 확장이 느린 경우에 더 이상의 용해를 억제할 것이다. 느린 속도로 인해 심부의 고갈되지 않은 연약권이 많은 양의 용융을 생산하는 얕은 깊이에 도달할 수 없을 것이다.

마그마 부착성장, 맨틀 침식노출(mantle exhumation) 및 분리 단층작용(detachment faulting)

비화산성 대륙 주변부에서 열개에서 해저 확장으로의 전이는 상부 맨틀의 많은 부분의 침식노출(exhumation)로 표시된다. 뉴펀들랜드 대륙 주변부 앞바다의 플레미스 캡(Flemish Cap)에서 획득된 탄성파 반사 데이터는 이런 침식노출로 이어지는 메커니즘, 그리고 그것들이 어떻게 해양 지각 형성과 관련되는지에 대한 통찰력을 제공한다.

플레미스 캡은 뉴펀들랜드와 이베리아 근처 갈리시아 뱅크(Galicia Bank) 대륙 주변부 사이에서 중생대 열개작용 동안에 형성된 30km 두께 대륙 지각의 거의 원형 모양의 블록이다(그림 7.36a). 쌍으로 결합된 대륙 주변부는 뚜렷한 해체 비대칭(break-up asymmetry)을 보여준다. 갈리시아 뱅크에서의 탄성파 이미지가 역학적으로 지붕제거된(unroofed) 대륙 맨틀(그림 7.36b)로 구성된 전이대와 서쪽으로 기우는 광역적인 강한 S-형 반사를 보여준다(그림 7.36b, 단계 1과 2, 7.7.2절). 전이대는 갈리시아 뱅크 앞바다에서 폭이 수십 킬로미터이고, 남쪽 이베리아 앞바다인 남쪽으로 130km로 넓어진다. S-반사는 하부 지각과 일련의 단층으로 경계된 블록위에 놓이는 맨틀 사이의 분리 단층을 나타내는 것으로 해석된다. 대조적으로, 뉴펀들랜드 대륙 주변부에는 전이대가 없고, 어떤 S-형 반사 또는 분리 단층의 증거도 없다(Hopper *et al.*, 2004). 대신, 이 후자의 대륙 주변부에는 매우 얇은 대륙 지각과 비정상적으로 얇고(두께 3-4km) 심하게 조구조화된(tectonized) 해양 지각의 구역 사이에 갑작스러운 경계가 나타난다(그림 7.36b, 단계 3, 4와 5). 이 경계의 바다 쪽으로 해양 지각은 <1.3km로 더욱더 얇아지고, 특이한 반사 층(layering)(I)을 보인다.

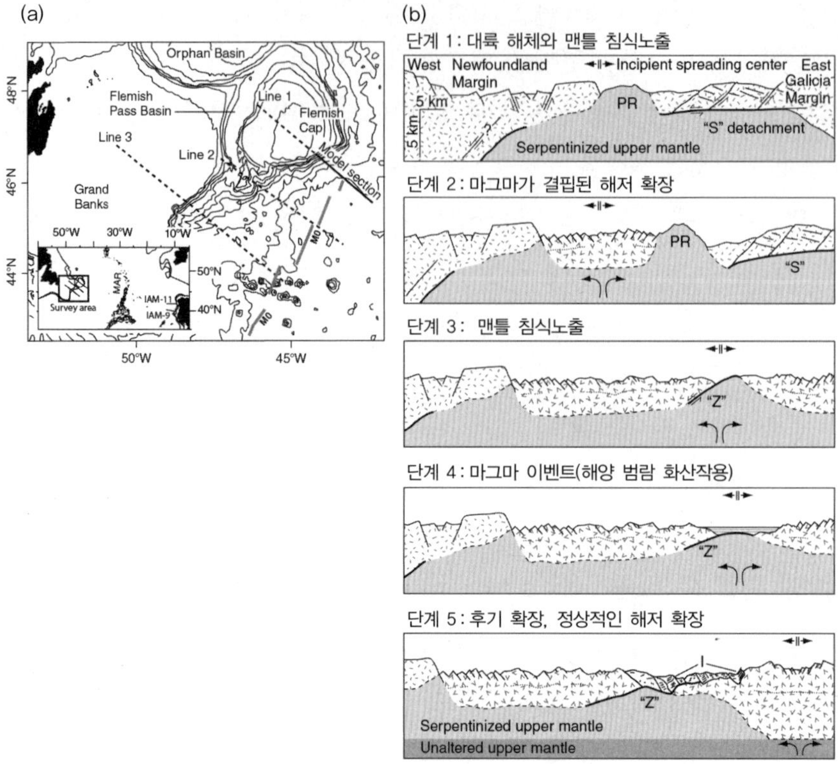

그림 7.36 (a) 플레미스 캡(Flemish Cap)의 탄성파 조사의 위치와 (b) 비화산성 대륙 주변부의 5단계 모델(Hopper *et al.*, 2004를 따름, Geological Society of America의 허가로). (a)에서 MO는 자기 이상이다. 무작위–대시(Random–dash) 무늬, 대륙 지각; v 무늬, 해양 지각; 연한 회색 음영, 사문암화된 상부 맨틀; 어두운 회색 음영, 변질되지 않은 상부 맨틀; 굵은 선, 강한 반사; 쇄선(dashed lines), 추론된 지각–맨틀 경계; 점선, 해양 층; PR, 감람암 릿지; S, 분리 단층을 표시하는 것으로 해석된 반사; I, 예외적으로 매우 반사적인 해양 지각; Z, 심해 해양 범람 현무암에 의해 매몰된 분리 단층을 나타내는 것으로 해석된 반사

Hopper *et al.*(2004)의 다섯 단계의 모델이 이러한 구조적 차이와 한 쌍의 대륙 주변부의 진화를 설명한다. 그림 7.36b에서 상단 패널은 대륙 지각이 단지 수 킬로미터의 두께로 얇아지는 최종적인 해체 시 그것들의 비대칭성을 강조하는 2개 대륙 주변부의 복원을 보여 준다(단계 1). 해체 동안에 확장 분리 단층 내의 변위(그림 7.36b에서 S로 표시됨)가 약한 사문암화된 상부 맨틀의 구역 위에서 감람암 릿지(PR)의 지붕암석을 제거하였다. 단계 2 동안에, 맨틀 용융이 표면에 도달하고 해저 확장이 확립되었을 때 릿지의 해체 서편이 그것을 갈리시아 뱅크 대륙 주변부위에 고립시켰다. 제한된 마그마작용이 정상보다 얇고(3-4km) 크게 조구조화된 해양 지각을 생산했다. 단계 3 동안에, 마그마 공급의 감소가 분리 단층작용에 의해 대부분 수용된 약 20km의 확장으로 이어졌다. 분리 단층작용은 맨틀의 침식노출로 이어지고, 릿지-변환 교차점(6.7절)에서 느리게 확장하는 환경에서 발견되는 것과 유사한 해양 핵

심 복합체(oceanic core complex)를 형성했다. 단계 4 동안에 부피가 크나 국지화된 마그마작용으로 분리면(detachment surface, 반사 Z)을 매몰시킨 1.5km 두께의 심해 범람 현무암층이 형성되었다. 반려암질 물질의 관입이 이런 화산 활동에 수반하여 일어날 수 있다. 이런 마그마의 활동은 정상적인(6km) 두께의 해양 지각을 형성하는 해저 확장의 시작을 표시했다(단계 5).

이 예는 우선적으로 비화산성 대륙 주변부에서 열개에서 해양 지각으로의 전이는 근본적으로 비대칭이고, 맨틀의 침식노출로 이어지는 마그마 결여의 기간을 필요로 한다는 것을 보여준다. 이런 유형의 대륙 주변부는 용융 공급의 큰 변동이 해저 확장의 초기 단계 동안에 일시적인 마그마 챔버에서 발생하는 느리게 확장하는 시스템(6.6절)의 전형일 수 있다.

7.8 사례 연구: 열개에서 열개된 대륙 주변부로의 전이

7.8.1 동아프리카 리프트 시스템(East African Rift system)

동아프리카 리프트 시스템(East African Rift system, 그림 7.2)은 대륙 열개에서 열개된 화산성 대륙 주변부(rifted volcanic margin)로 전이의 서로 다른 단계를 기록하는 몇 개의 분리된 열개 분할조각(rift segment)으로 구성되어 있다(Ebinger, 2005). 북부 탄자니아와 남부 케냐 사이의 동 리프트(East Rift)는 두껍고 차가운, 그리고 강한 대륙 지각에서 시작한 초기 열개의 예이다. 화산 활동과 퇴적은 ~5Ma경에 시작되었고, 가장 큰 단층 급사면은 ~3Ma경에 형성되었다. 변형과 마그마작용은 열개에 인접한 넓게 융기된 고원에서 탐지할 수 없는 변형을 갖고 좁은 비대칭 열개 분지 내에 국지화된다(Foster *et al.*, 1997). 지진 진원지는 지각의 전체 35km의 두께에 걸쳐 나타나는데, 이는 지각 가열(crustal heating)이 최소라는 것을 나타낸다(Foster & Jackson, 1998). 이 분지는 적은 양의 확장을 수용하는 100km 길이의 경계 단층을 갖고 있으며 얕다(~3km 깊이). 경계 단층은 그것의 길이를 따라 전파하는 짧은 분할조각에서 성장하여 근처의 다른 단층과 결합하여 이웃하는 분지 사이를 연결했다(Foster *et al.*, 1997). 열림 방향(opening orientation)에 대해 불리하게 배향된 단층은 변형이 경계 단층 위에 점진적으로 국지화됨에 따라 버려진다(Ebinger, 2005). 지구물리학적(Green *et al.*, 1991; Birt *et al.*, 1997) 및 지구화학적(Chesley *et al.*, 1999) 데이터는 맨틀 암석권이 약 140km까지 얇아졌다는 것을 보여준다. 다른 곳에서 암석권의 두께는 최저 200km이고 대부분 300-350km이다(Ritsema *et al.*, 1998). 이러한 패턴은 비교적 두꺼운 암석권 지역에서 암석권 스트레칭 모델의 예측(7.6.2

절, 7.6.3절)과 일치한다. 또한 그것들은 단면 형태와 초기 열개의 축을 따른 분할이 암석권의 휨 강도(flexural strength)에 의해 제어된다는 것을 보여준다(7.6.4절).

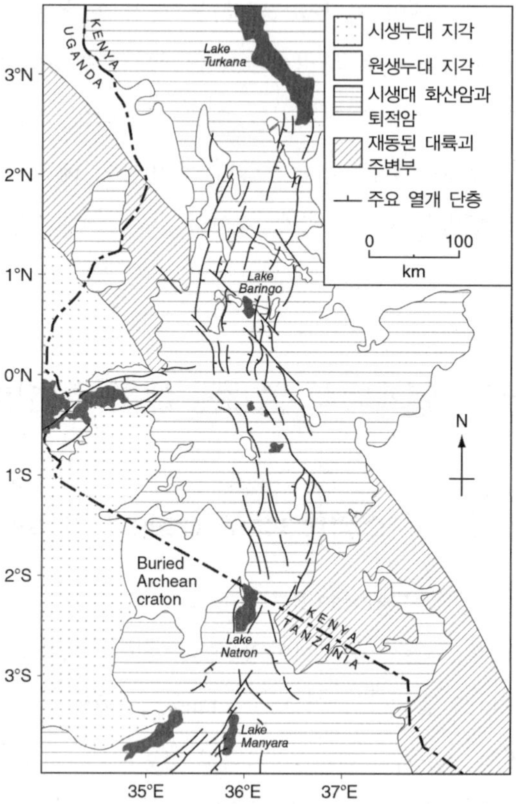

그림 7.37 시생누대 탄자니아 대륙괴의 경계에서 단층의 편향을 보여주는 케냐와 북부 탄자니아에 있는 동아프리카 리프트 시스템(East African Rift system)의 동쪽 가지의 구조도(Macdonald *et al.*, 2001을 따름, Journal of Petrology 42, 877–900의 허가로. 저작권 © 2001 by permission of Oxford University Press, 그리고 Smith & Mosely, 1993을 따름, American Geophysical Union의 허가로. 저작권 © 1993 American Geophysical Union)

열개 형태에 대한 기존 취약대의 효과가 또한 탄자니아의 동 리프트의 남쪽 분할조각에서 실증된다. 경계 단층과 반 지구(half graben)는 우선적으로 시생누대 탄자니아 대륙괴의 두껍고 차가운 암석권과 동쪽에 있는 얇고 약한 원생누대 암석권 사이의 현저한 차이에 의해 생성된 취약대(zone of weakness)에서 형성되었다(Foster *et al.*, 1997). 북쪽에서 남쪽으로, 열개의 축은 폭이 ~50km인 하나의 열개에서 3개의 좁은 분할조각으로 구성된 폭이 ~200km인 구역으로 발산한다(그림 7.2b). 이런 분할과 단층 방향의 변화는 열개가 시생누대 탄자니아 대륙괴(그림 7.37)와 만나는 곳에서 발생하며, 이는 두꺼운 지각이 열개의 방향을 비끼게 한다는 것을 나타낸다. 이러한 관찰을 통해 암석권-연약권의 경계에서 측면 이질성이 열개가 시작될 때 변형의 초기 위치와 분포에 강한 통제력을 발휘한다는 것을 알 수 있다(7.4절).

탄자니아 예보다 약간 더 진화된 열개의 예는 열개가 15Ma경에 시작된 중부와 북부 케냐에서 나타난다. 이 열개 분할조각에서 지각은 10km까지 얇아지고 암석권의 두께는 약 90km로 감소되었다(Mechie *et al.*, 1997). 모호면(Moho)의 점진적인 얕아짐은 열개가 ~100km에서 ~175km로 넓어지는 중부와 북부 케냐(그림 7.2b) 사이에서 나타난다. 케냐 북부에서 지각의 두께는 약 20km이며, 전체 표면 확장은 약 35-40km(β=1.55-1.65)이다(Hendrie *et al.*, 1994). 남쪽에서 지각의 두께는 35km로 5km에서 10km의 범위의 총확장 추정치를 갖는다(Strecker *et al.*, 1990; Green *et al.*, 1991). 지각 스트레칭 양이 증가하고, 암석권-연약권 경계가 열개 아래에서 상승함에 따라 감압 용융으로 발생하는 부분 용융의 양도 또한 증가한다(7.4.2절). 중부와 북부 케냐에 노출된 젊은 용암은 탄자니아의 그것보다 더 얕은 지역의 기원을 가리킨다(Furman *et al.*, 2004). 높은 속도, 고밀도 물질이 상부 지각과 하부 지각의 기저에 존재하고, 이것은 냉각된 현무암 관입을 시사한다(Mechie *et al.*, 1997; Ibs-von Seht *et al.*, 2001). 이러한 관계는 대륙 열개가 원숙해짐에 따라, 마그마 활동이 증가하고, 확장의 상당한 성분이 열개 축 아래의 마그마 관입에 의해 수용된다는 것을 가리킨다(Ebinger, 2005).

케냐 리프트 아래의 연약권-암석권 경계의 얕아짐에 동반하는 마그마 활동의 증가는 또한 암석권 강도를 감소시키는 증가된 지각 가열로 나타난다(7.6.7절). 이 효과는 지진 진원지 깊이의 감소, 그리고 35km에서 27km로 단층작용 깊이의 점진적인 감소에 의해 표시된다(Ibs-von Seht *et al.*, 2001). 이러한 패턴은 탄자니아 북부의 열개에 비해 암석권(7.6.4절)의 유효 탄성 두께(T_e)의 감소를 암시한다. 맨틀과 지각이 모두 얇아졌지만, 맨틀 암석권의 얇아짐이 지각 얇아짐을 초과한다. 이런 비대칭은 마그마의 충분한 양이 지각의 기저에 부착성장되어 어느 정도 지각 두꺼워짐으로 나타나기 때문에 일어난다. 그것은 또한 맨틀 암석권이 뜨거운 마그마 유체(magma fluid)와의 상호 작용에 의해 국부적으로 약화되기 때문에 생겨서, 스트레칭을 더욱더 국지화시킨다.

메인 에티오피아 리프트(Main Ethiopian Rift)에서 중부와 남부의 확장은 18Ma와 15Ma 사이에 시작되었고, 북쪽의 확장은 11Ma 이후에 시작되었다(Wolfenden *et al.*, 2004). 변형은 화산 센터의 체인으로 표시되는 일련의 높은 각도 경계 단층들의 형성으로 나타났다(그림 7.38a). 약 1.8Ma 이후 마그마작용과 단층작용의 중심은 점차 더 국지화되어, ~20km 폭과 60km 길이의 마그마 분할조각(그림 7.38b)들에 집중된다. 이런 국지화는 오래된 넓은 열개 분지의 오래된 긴 경계 단층에 중첩된 새로운 더 짧고 더 좁은 열개 분할조각의 형성을 수반했다. 짧은 분할조각으로 축의 이런 좁아짐은 긴 경계 단층이 형성될 때보다 효과적인 탄성 두께가 더 작은 판을 반영한다(Ebinger *et al.*, 1999). 풍부한 양의 화산암 분출도 또한 열개의 표면 형태와 내부 구조를 모두 수정하였다. 열개 분할조각의 관계는 수직 암맥 형태의 마그마 관입이 열개가 해저 확장에 접근함에 따라 처음에는 단층작용과 동일하게, 그리고 다음에는 단층작용보다 더 중요해진다는 것을 나타낸다(Kendall *et al.*, 2005). 반복된 분출은 약화된 판에 실려져 더 오래된 용암 흐름을 열개 축을 향해 아래로 구부러지게 하는 두꺼운 더미를 만든다. 이 프로세스가 열개된 화산성 대륙 주변부(7.7.1절)의 전형적인 바다 쪽으로 기우는 쐐기 용암(7.7.1절)을 만든다.

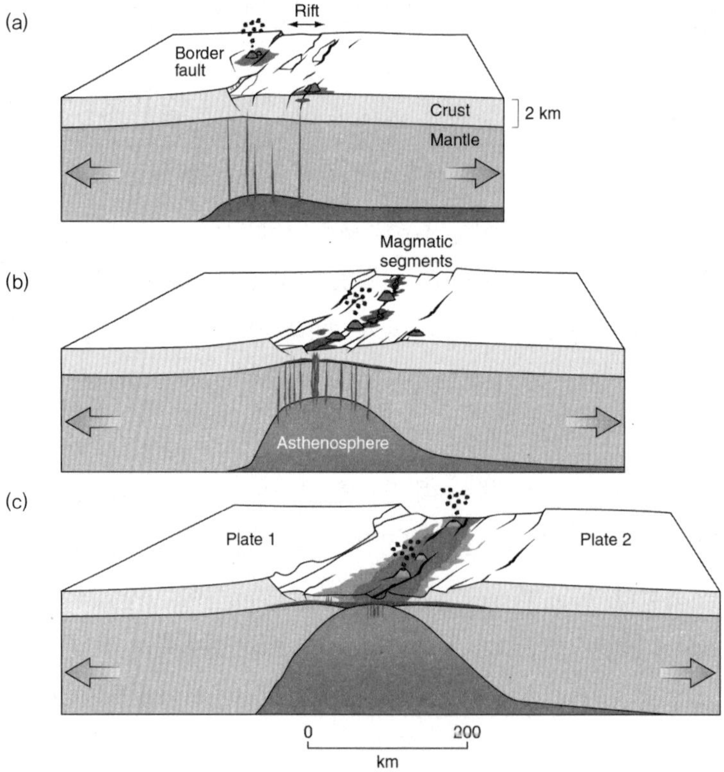

그림 7.38 화산성 비활동 대륙 주변부의 형성으로 이어지는 대륙 해체를 위한 세 단계의 모델(Ebinger, 2005를 따름, Blackwell Publishing의 허가로)

아파르 디프레션(Afar Depression)의 열개 분할조각은 확장이 증가하고 암석권의 두께가 감소함에 따라 연약권이 상승하고 감압되고 더 많은 용융이 생산된다는 것에 예증이 된다. 결국 열개의 모든 경계 단층들은 마그마작용이 확장을 수용하기 때문에 버려진다(그림 7.38c). 이 단계에서 열개는 얇아진 대륙 암석권으로 양쪽에 접해지는 느리게 확장하는 중앙 해령

구실을 한다(Wolfenden *et al*., 2005). 용융 공급이 증가하고 그리고/또는 변형 속도가 증가하기 때문에, 새로운 해양 지각이 마그마 분할조각에서 형성되고, 지각과 맨틀 암석권은 해수면 아래로 침강한다. 이런 전이가 쌍으로 결합된(conjugate) 열개된 대륙 주변부가 최근에 형성된 아덴 만(그림 7.2b)에서 발생했다. 만의 서쪽 대륙 주변부는 대부분 아파르(Afar) 맨틀 플룸에서 유래된 올리고세-마이오세 용암에 의해 매몰되었다. 동쪽 대륙 주변부는 퇴적물과 화산 물질이 없고, 비스듬한 열개 동안에 형성된 19-35Ma의 구조와 해저 확장으로의 전이를 보전하고 있다(d'Acremont *et al*., 2005). 후자의 대륙 주변부에 대한 탄성파 반사 연구를 통해 남쪽의 열개된 대륙 주변부가 북부의 그것보다 약 2배 넓고, 더 두꺼운 열개 후 퇴적층(post-rift deposits)이 퇴적되고 더 큰 양의 침강이 일어났다는 것이 밝혀졌다. 열개가 이 지역에서 해저 확장으로 바뀔 때, 변형은 마그마가 매우 얇은 대륙 지각으로 관입하는, 그리고 아마 북쪽편의 경우 맨틀을 노출시키는 40km 폭의 전이대에 국지화되었다. 2개 대륙 주변부의 서로 다른 폭과 구조가 아덴만에서 해저 확장으로의 전이가 비대칭 프로세스였음을 나타낸다.

7.8.2 우드라크 리프트(Woodlark Rift)

우드라크(Woodlark) 분지와 인접한 파푸아 반도(그림 7.39a)는 서쪽의 대륙 열개에서 동쪽의 해저 확장으로 횡적으로 변하는 활발한 확장 프로세스의 연속체(continuum)를 나타낸다. 이 예는 해저 확장 분할조각이 대륙 해체, 그리고 비화산성 대륙 주변부의 형성 동안에 공간적으로 어떻게 발달하는지에 대한 중요한 기록을 제공한다. 그것은 또한 열개 동안에 변성 핵심 복합체의 발달을 촉진하는 암석권 조건의 유형을 예증한다. 대륙 열개는 핵심 복합체와 높은 각도(≥45°)와 낮은 각도 모두(<30°)의 정단층이 플라이오세 이후 덴트르카스토 제도(D'Entrecasteaux islands)에 형성되는 파푸아 반도에서 현재 발생한다. 우드라크 분지 가장 동쪽에 있는 가장 오래된 부분의 해양 지각은 현재 북쪽으로 솔로몬 제도(Solomon Islands) 아래로 섭입되고 있다(그림 7.39b).

우드라크 지역의 열개 전 진화(pre-rift evolution)는 섭입, 호상 화산작용, 그리고 현재 포크링톤 라이즈(Pocklington Rise), 그리고 파푸아 반도의 남쪽 대륙 주변부와 부합하는 잔류 고제3기(Paleogene) 수렴형 판 경계를 따른 호상-대륙 충돌(arc-continent collision, 10.5절)을 포함한다(그림 7.39b). 산호 해(Coral Sea)가 62Ma에서 56Ma까지 열릴 때, 대륙 지각의 파편들이 호주에서 열개되어 떨어져 나오고, 이 판 경계를 따라 북쪽 방향의 섭입 동안에 고제3기 화산 호상과 충돌했다(Weissel & Watts, 1979). 우드라크 라이즈(Woodlark Rise)의 북쪽에 위치한 트로브리안드 트로프(Trobriand Trough, 그림 7.39b)는 솔로몬 해저의 남쪽 방향 운동을 수용하는 신제3기의 섭입대이다. 따라서 이 지역은 플라이오세 동안의 확장 시작 이전에 일어난 수렴과 지각 두꺼워짐의 역사를 갖고 있다.

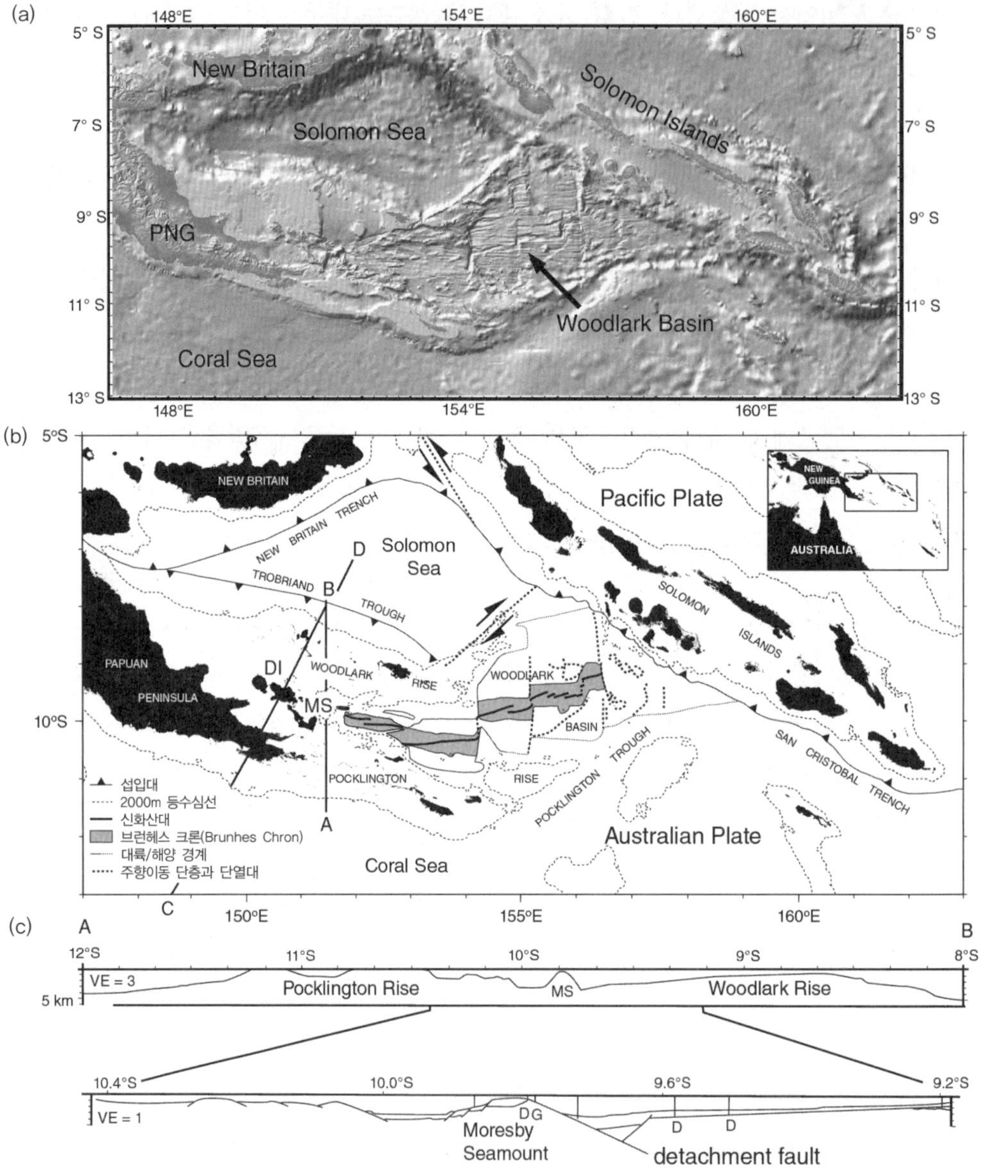

그림 7.39 (a) 그림 7.1과 같은 방법과 데이터를 사용하여 구축된 음영 기복지도. (b) 현재의 구조 세팅(tectonic setting)을 보여주는 동부 파푸아 뉴기니(PNG)와 솔로몬 제도(Solomon Islands)의 지체 구조도(tectonic map)와 (c) 지형과 분리 단층을 보여주는 서부 우드라크 리프트(Woodlark Rift)의 단면(A–B)(Taylor & Huchon, 2002에서 수정되어, B. Taylor에 의해 제공된 (b)와 (c)의 이미지, Ocean drilling Program, Texas A & M University의 허가로). DI, 덴트르카스토 제도(D'Entrecasteaux Islands); MS, 모레스비 해산(Moresby Seamount); D, 조립현무암(dolerite); G, 반려암(gabbro). 선 C–D는 그림 7.40a에 표현된 단면의 위치를 나타낸다.

플라이오세의 열개 개시가 유동학적으로 약한 대륙 조각과 우드라크 라이즈 및 포크링톤 라이즈 화산 호상을 쪼갰다. 이 약한 구역은 산호해와 솔로몬 해의 강한 해양 암석권의 두 지역 사이에 놓였고 열개 동안에 변형을 국지화하는 데 도움이 되었다(Taylor *et al*., 1995). 열개는 ~6Ma에 대륙 주변부의 1000km를 따라 거의 동시에 시작했다. 그러나 변형 국지화와 해저 확장은 이 큰 구역 내에서 동쪽에서 서쪽으로 시간을 가로지르는 방식으로 발달하였다. 해저 확장은 약 경도 157°E인 동쪽에서 시작하였고, ~3.6Ma까지 그곳에 집중되었다. ~3.6Ma에 확장하는 릿지가 갑자기 서쪽으로 ~300km 떨어진 경도 ~154°E까지 전파되었다. 탄성파 연구(Abers *et al*, 2002; Ferris *et al*., 2006)를 통해 지각이 덴트로카스토 제도 아래의 <20km에서 동부 파푸아 반도 아래의 30-35km로 두꺼워지는 것을 밝혀냈다.

열개는 결국 우드라크 분지의 북부와 남부 경계를 따른 비화산성 대륙 주변부의 형성으로 이어졌다. 현재 대륙의 해체(continental break-up)는 모레스비 해저산(Moresby Seamount)의 북쪽에 지진원층의 전체 두께(3-9km)를 가로지르는 낮은 각도(27°)의 확장 분리단층(그림 7.39c)에 의해 경계되는 비대칭 열개 분지에 집중되고 있다(Abers *et al*., 1997). Abers와 Roecker(1991)는 이 낮은 각도 분리 위의 활발한 슬립을 나타낼 수 있는 몇몇 가능한 지진을 확인했다. 대조적으로, 해체가 높은 각도 정단층에 의해 경계되는 대칭적 열개 분지를 따라 2Ma에 발생하였다. 확장과 낮은 각도 전단대에서 슬립이 깊은(최대 75km) 플라이오세 심성암과 섭입 이전에 형성된 변성암을 매우 빠르게(>10mm a^{-1}) 침식노출시켰다(Baldwin *et al*., 2004). 이런 핵심 복합체는 두꺼운 상부 지각이 확장에 의해 찢어질 때 형성되었다. 이 프로세스는 고제3기 충돌 동안에 저밀도 지각 위에 고밀도 오피올라이트질 물질(ophiolitic material) 정치에 의해 쉽게 이루어졌다(Abers *et al*., 2002). 집중된 확장은 국부적으로 암석권의 온도를 상승시켰고, 부력이 있는 하부 지각과 맨틀을 핵심 복합체 아래로 흐르게 하였다(그림 7.40a). 현재, 모호면(Moho)은 핵심 복합체 아래에서 융기되어 있는데, 이는 하부 지각이 약간의 강도를 유지하여 아직 이러한 모호면 심도 차이를 부드럽게 할 정도로 충분히 흐르지 않았다는 것을 나타낸다.

우드라크 리프트(Woodlark Rift)는 대륙 해체가 열개 지역화, 확장 센터의 핵형성, 확장 센터 전파, 그리고 마지막으로, 지역화된 열개의 다음 지점으로 점프의 연속적인 단계인 계단식의 방식으로 발생했다(Taylor *et al*., 1999). 열개된 비화산성 대륙 주변부 내의 확장은 해저 확장이 시작된 후 최대 1백만 년 동안 계속되었다. 열개에서 해저 확장으로의 전이는 200±40km 대륙 확장과 약 130-300% 변형 후에 발생하였다(Taylor *et al*., 1999). 확장하는 분할조각들은 수용 구역(accommodation zone)에 의해 서로 분리된 열개 분지에 응집되었다(그림

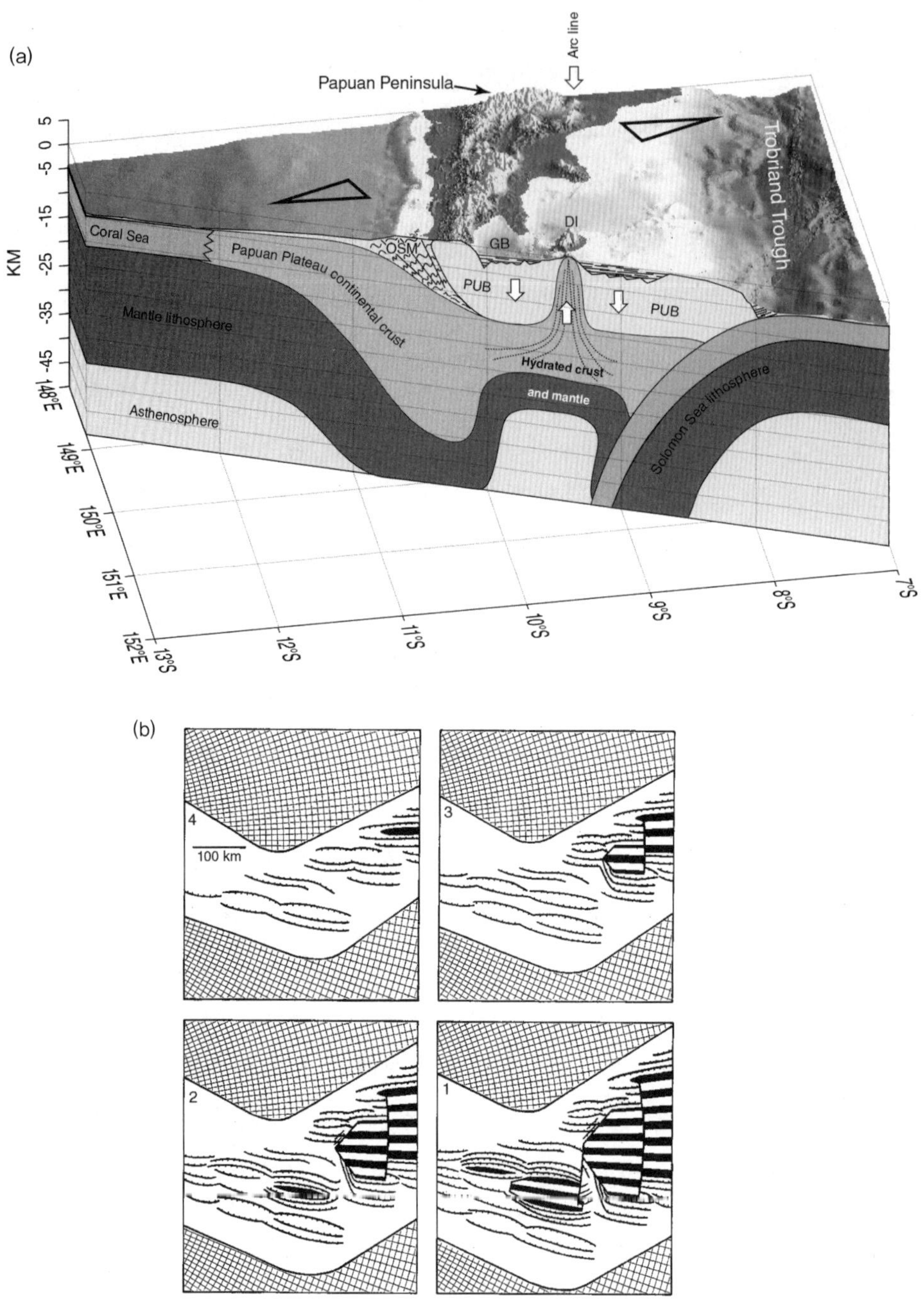

그림 7.40 (a) 그림 7.39b에 도시된 단면 C–D를 따른 지각 구조 해석(Martínez *et al*., 2001에서 수정되어, F. Martínez에 의해 제공된 이미지, Nature 411, 930–4의 허가로. 저작권 © 2001 Macmillan Publishers Ltd). DI, 덴트르카스토 제도(D'Entrecasteaux Islands); GB, 굿이너프 분지(Goodenough basin); PUB, 파푸아초고철질 벨트(ultramafic belt); OSM, 오웬 스탠리 변성암 벨트(Owen Stanley metamorphic belt). (b) 대륙 해체와 우드라크(Woodlark) 분지와 파푸아 뉴기니에서 파생된 바다 형성의 모델(Taylor *et al*., 1999에서 수정됨, American Geophysical Union의 허가로. 저작권 © 1999 American Geophysical Union). 흰색 지역은 대륙 암석권이다. 확장하지 않은 지역은 열림의 극으로 작거나 큰 원의 패턴으로 표시된다. 검은색과 흰색 줄무늬는 새로운 해양 암석권이다. 4Ma에서 1Ma까지 4단계가 표현된다.

7.40b). 초기 확장하는 분할조각은 핵형성에 그 길이의 대부분을 이루고, 이어서 확장이 열개하는 대륙 지각으로 전파할 때, 더 길어진다. 오프셋된 대륙 주변부는 파푸아 반도의 유동학적 취약대의 형태와 위치에 의해 제어되었다. 확장 센터는 열리는 방향에 거의 수직인 방향으로 응집되었으나, 발달하는 대륙 주변부가 이런 방향에 비스듬하기 때문에 핵형성 점프가 유동학적으로 약한 구역 내의 새로운 확장 센터를 유지하기 위하여 발생하였다. 이전의 열개 구조를 가로지르는 변형 단층이 오프셋된 대륙 열개에서 응집이 이루어진 및/또는 오프셋된 대륙 열개로 전파된 확장하는 분할조각을 연결한다. 이 관계는 변환 단층이 열개 분지 사이의 이동 단층(transfer fault)에서 진화된 것이 아니라는 것을 나타낸다. 게다가 우드라크 예는 암석권의 유동학적 취약대가 열개에서 해저 확장으로의 전이의 마지막 단계 동안에 어떻게 계속해서 대륙 해체를 제어하는지를 보여준다.

7.9 윌슨 주기(Wilson cycle)

대륙 내 열개에서 해양 분지로의 전이는 적어도 후기 시생누대(Late Archean) 이래 지구상에서 반복적으로 발생했다(11.3.5절). 현 해양 분지의 비교적 젊은 중생대-신생대 연령은 지구 역사 동안에 바다의 생성과 파괴의 많은 주기가 있었다는 것을 의미한다. 비록 그것의 존재가 대륙 복원(그림 3.4, 3.5)과 조산대(10.6.1절)의 오피올라이트 군집(ophiolite assemblage, 2.5절)으로 보존되는 과거의 해양 지각의 조각에 의해 암시되지만, 이런 과거 해양의 잔존물은 거의 없다. 바다의 형성과 폐쇄의 이런 주기는 판 구조론의 이론에 대한 공헌을 인정하여 J. Tuzo Wilson의 이름을 따서 명명된 윌슨 주기(Wilson cycle)로 알려져 있다(Dewey & Burke, 1974). 그림 7.41은 안정된 대륙괴의 초기 해체(그림 7.41a)와 대륙 지각의 얇아짐으로 시작되는 윌슨 주기의 다양한 단계의 도식적인 그림을 보여준다. 열개 뒤에 얇아지고 열개된 대륙 주변부가 발달하고(그림 7.41b), 결국 2개 대륙이 확장하는 해양을 가로질러 분리됨에 따라 해저 확장으로 바뀐다(그림 7.41c). 분지 열림(basin opening)의 종료는 하나 이상의 열개된 대륙 주변부(그림 7.41d)에서 섭입을 유발할 수 있는 판 충돌에 반응해서 발생할 수 있다. 분지 닫힘(basin closure)은 또한 새로이 다른 곳에서 형성된 해양 암석권을 보상할 수 있다. 수축하는 해양은 하나 혹은 양쪽의 대륙 주변부에서 섭입의 결과이다(그림 7.41e). 두 대륙이 충돌하여 해양 분지가 완전히 닫힐 때까지 이 단계가 계속될 것이다(그림 7.41f). 대륙-대륙 충돌은 히말라야형 조산대의 형성(10.1절)과 심부 지각 암석의 침식노출로 이어진다. 이때 섭입대가 일정한 지구 표면적을 유지하기 위해 다른 대륙 주변부에서 시작하지 않으면 안 된다. 이런 새로운 섭입대와 관련된 힘은 대륙을 인장(tension) 상태에 놓이게 하고, 만일 다른 조건이 현존하면열개 프로세스가 다시 시작한다(7.5절). 그림 7.41에 보인 해양의 현재 유사물은 다음과 같다. 그림 7.41c(확장하는 해양) = 아덴만(Gulf of Aden), 우드라크 리프트(Woodlark Rift), 그리고 대서양, 그림 7.41d, e(수축하는 해양) = 태평양이다. 제9장과 제10장에서 해양 분지가 닫히고 대륙이 충돌하는 동안 윌슨 주기의 파괴적인 부분에서 작동하는 프로세스가 논의된다.

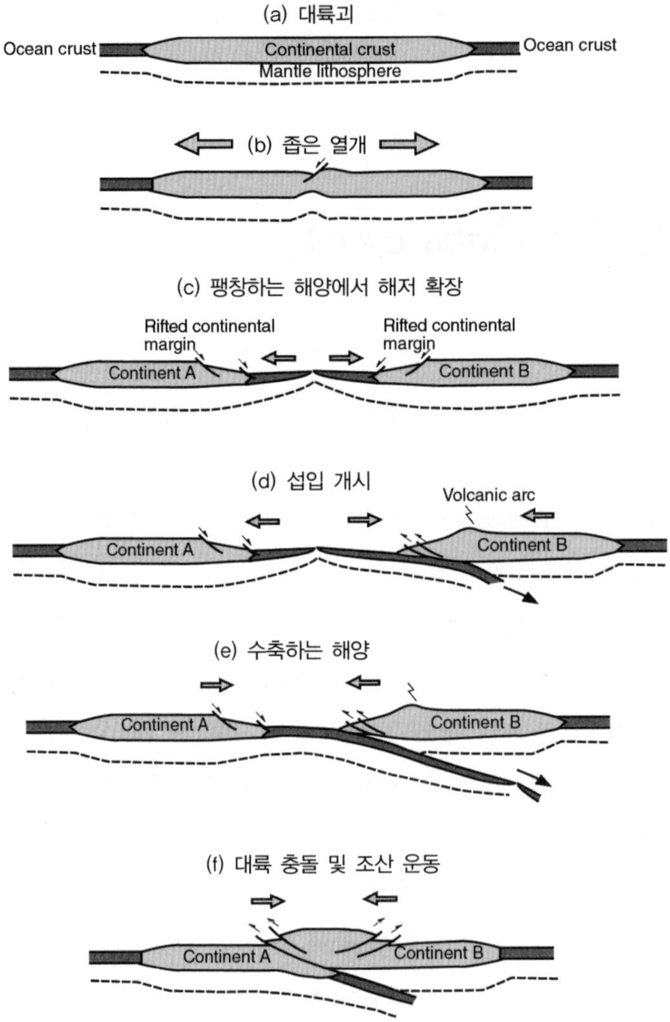

그림 7.41 다음의 과정을 보여주는 윌슨 주기(Wilson cycle): (a) 대륙괴(continental craton); (b) 좁은 열개의 형성; (c) 해저 확장의 시작과 팽창하는 해양 분지의 열개된 대륙 주변부(rifted continental margins)의 형성; (d) 섭입의 개시; (e) 닫히는 해양 분지; (f) 대륙 충돌 및 조산 운동

제8장

대륙 변환 단층(continental transforms)과 주향이동 단층

GL O BAL
TECTONICS

8.1 서 론

해양 대응물(4.2.1절)과 같이 대륙 변환 단층은 암석권이 생성되거나 소멸되지 않는 보전적인 판 경계이고, 주향이동 변형은 단층대에 걸친 측면 변위로 나타난다. 주향이동 단층은 일반적으로 사실 어떤 세팅에서도 다양한 규모로 발생할 수 있다. 오직 변환 단층만 판 경계를 나타낸다.

비교적 간단한 선형 트로프(linear trough, 6.12절)에 의해 특징지어지는 해양 단열대와 대조적으로, 대륙 변환 단층은 해양과 대륙 암석권의 두께, 성분, 그리고 압력-온도 단면의 차이(2.7절, 2.10.4절)를 반영하는 구조적 복잡성을 보인다. 예를 들면, 미국 남서부에서 태평양과 북아메리카 판 사이의 상대적 운동이 수백에서 수천 킬로미터의 범위에 걸치는 구역을 가로질러 분포된다(그림 8.1). 마찬가지로, 뉴질랜드(그림 8.2)에서 남 섬에 비스듬한 수렴이 태평양판의 대륙 부분에 >100km 폭의 변형대(zone of deformation)를 생기게 하였다. 이러한 확산의 보통 비대칭인 패턴은 일반적으로 암석권 강도의 측면 차이와 대륙 암석권이 특히 약한 지역(8.6.2절)을 반영한다. 대륙 암석권이 비교적 차고 강한 지역에서 변환은 좁은 구역의 변형을 보이는 경향이 있다. 사해 변환 단층(Dead Sea Transform)은 변형이 단지 20-40km 폭의 구역에 국지화된 후자 유형 시스템의 예이다(그림 8.3).

본 장에서는 대륙 변환 단층의 얕은(8.2절) 및 깊은(8.3절) 구조와 주요 주향이동 단층의 특징이 남서부 미국, 뉴질랜드, 중동, 그리고 다른 곳으로부터의 예제를 이용하여 설명된다. 다른 주제는 변환 단층의 대륙 주변부(8.4절)의 진화, 지각 운동(8.5절)을 설명하기 위해 속도장의 사용, 주향이동 단층작용 동안에 변형의 국지화와 비국지화를 제어하는 메커니즘(8.6절)이다. 이 후자의 주제와 대규모 주향이동 단층의 전체 강도(8.7절)가 대륙 변환 단층이 큰 크기의 슬립(slip)을 어떻게 달성하는지를 설명하는 데 특히 중요하다.

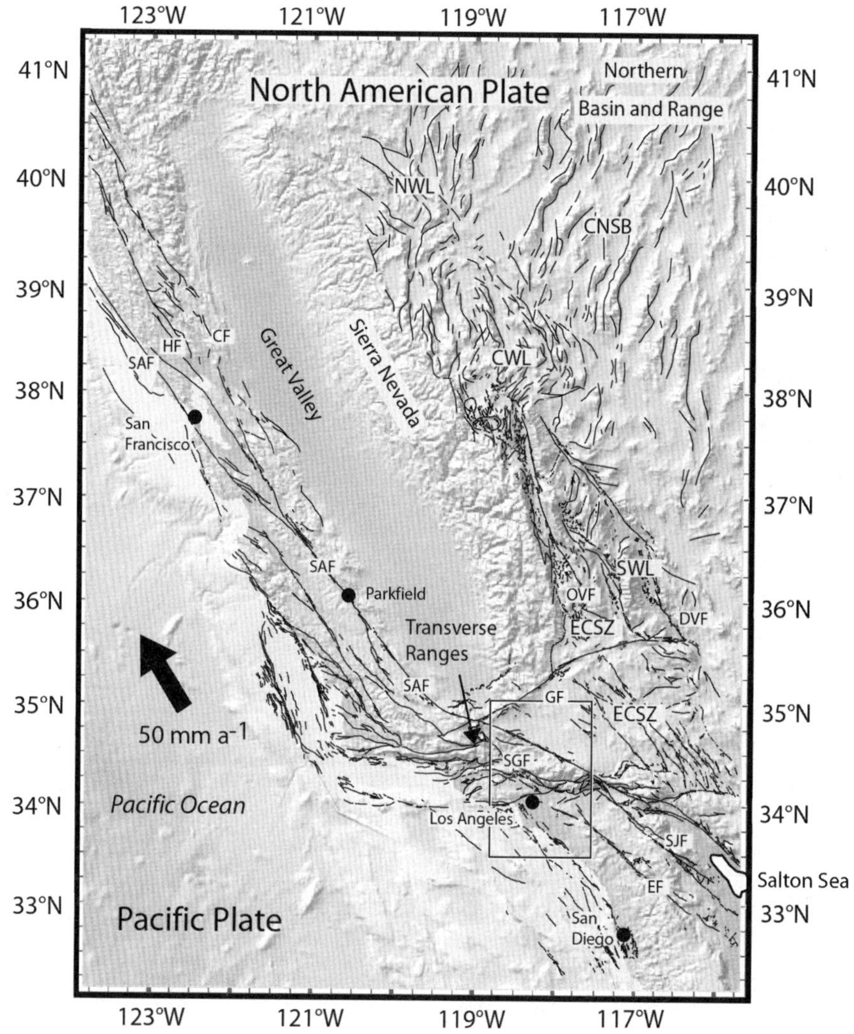

그림 8.1 캘리포니아와 서부 네바다의 주요 단층과 지형 특징을 보여주는 음영 기복지도. 단층 흔적은 Jennings (1994) 및 Oldow(2003)에서 왔다. SAF, 산 안드레아스 단층(San Andreas Fault); HF, 헤이워드 단층(Hayward Fault); CF, 캘라베라스 단층(Calaveras Fault); GF, 가록 단층(Garlock Fault); SGF, 산 가브리엘 단층(San Gabriel Fault); EF, 엘시노어 단층(Elsinore Fault); SJF, 샌 자신토 단층(San Jacinto Fault); ECSZ, 동 캘리포니아 전단대(Eastern California Shear Zone); OVF, 오웬스 벨리 단층(Owens Valley Fault); DVF, 데스 벨리 단층(Death Valley Fault); CNSB, 중앙 네바다 지진대(Central Nevada Seismic Belt). SWL, CWL 및 NWL은 각각 남부 중앙 및 북부 워커 레인(Walker Lane)이다. 상자는 그림 8.8a의 위치를 표시한다. 지도는 그림 7.1에서와 같은 동일한 지형 데이터 및 방법을 사용하여 구축되었다.

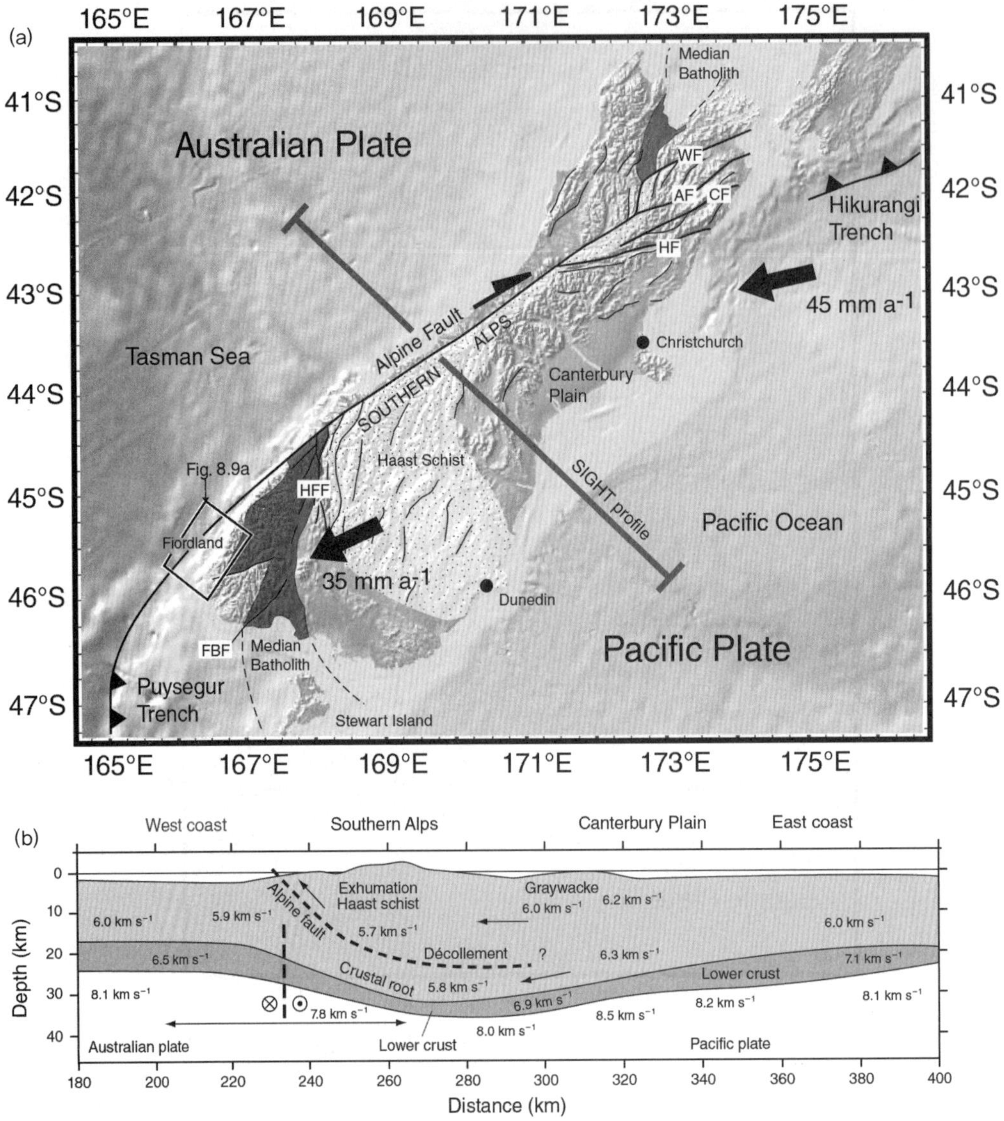

그림 8.2 (a) 뉴질랜드 남 섬에서 호주–태평양 판 경계의 주요 단층과 구조적 특징을 보여주는 음영 기복지도. 지도는 그림 7.1에서와 같은 동일한 지형 데이터 및 방법을 사용하여 구축되었다. WF, 와이라우 단층(Wairau Fault); AF, 아와테레 단층(Awatere Fault); CF, 클라렌스 단층(Clarence Fault); HF, 호프 단층(Hope Fault); HFF, 홀리포드 단층(Hollyford Fault); FBF, 피오르드랜드 경계 단층(Fiordland Boundary Fault). (b) 수직 과장 없이 구축된 탄성파 속도 단면(Van Avendonk *et al.*, 2004에서 수정됨, American Geophysical Union의 허가로. 저작권 © 2002 American Geophysical Union)

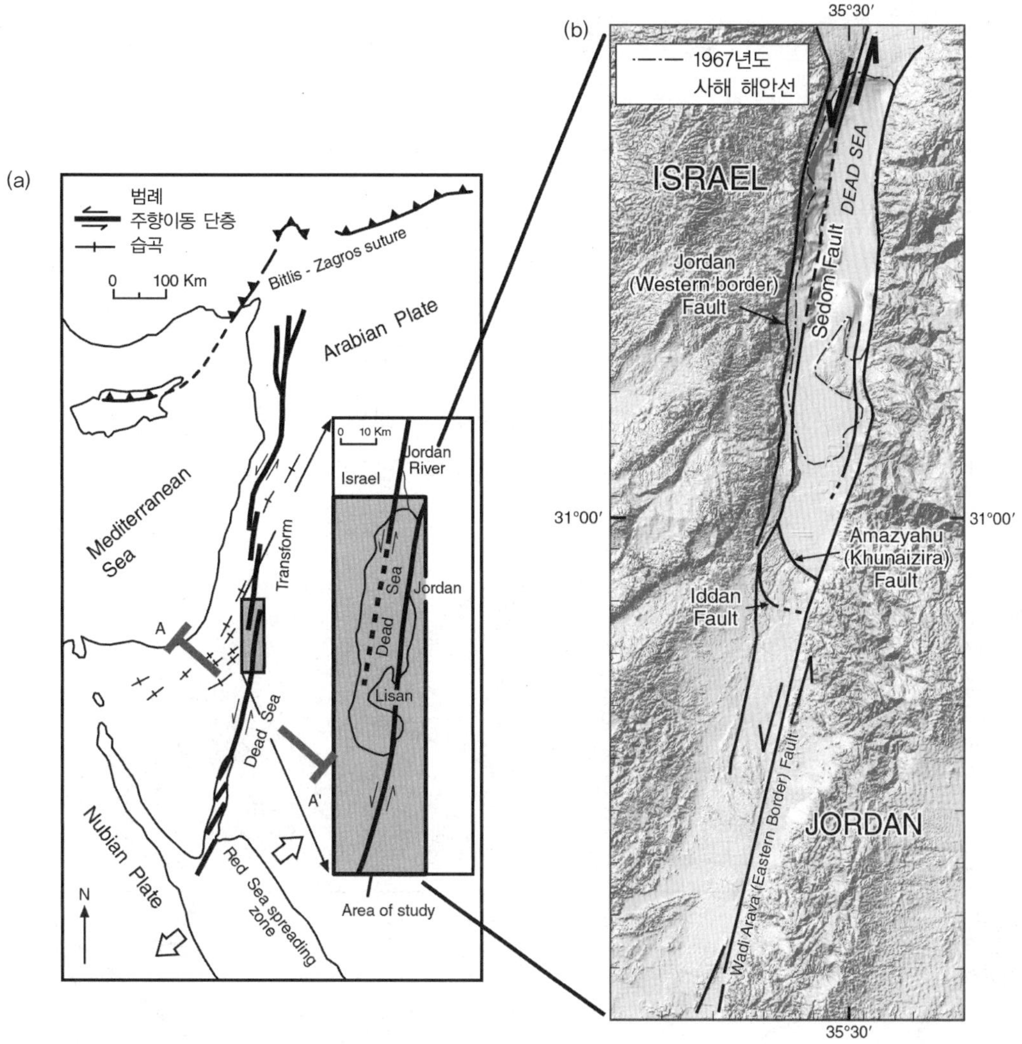

그림 8.3 사해 변환 단층(Dead Sea Transform)의 주요 단층 분할조각(segment)과 인리형 분지(pull-apart basin)를 보여주는 (a) 지체 구조도와 (b) 음영 기복지도(Al-Zoubi & ten Brink, 2002에서 수정되어, U. ten Brink에 의해 제공된 이미지, Elsevier의 허가로). (b)의 디지털 지형은 Hall(1993)에서 왔고, 분지의 침강을 보여주는 사해의 1967년 해안선은 Neev와 Hall(1979)에서 왔다. 단면 A–A'은 그림 8.11에 도시된다. 습곡은 중생대-초기 신생대의 단축(shortening)을 반영한다.

8.2 단층 스타일과 지형(fault style and physiography)

다음의 단층 스타일과 지형적 특징이 대륙 변환 단층 및 주요 대륙 주향이동 단층의 표면과 상부 지각을 특징짓는다.

1 선형 단층 급경사와 측면으로 오프셋된 지표면 특징

큰 대륙 주향이동 단층은 전형적으로 병렬된 물질의 차등 침식과 단층 점토 침식에서 생기는(Allen, 1981) 선형 급경사와 트로프(trough)를 보인다. 활성 또는 최근에 활성화된 단층 흔적을 따른 지표면 특징은 주향이동 운동으로 인해 측면으로 옮겨질 수 있다.

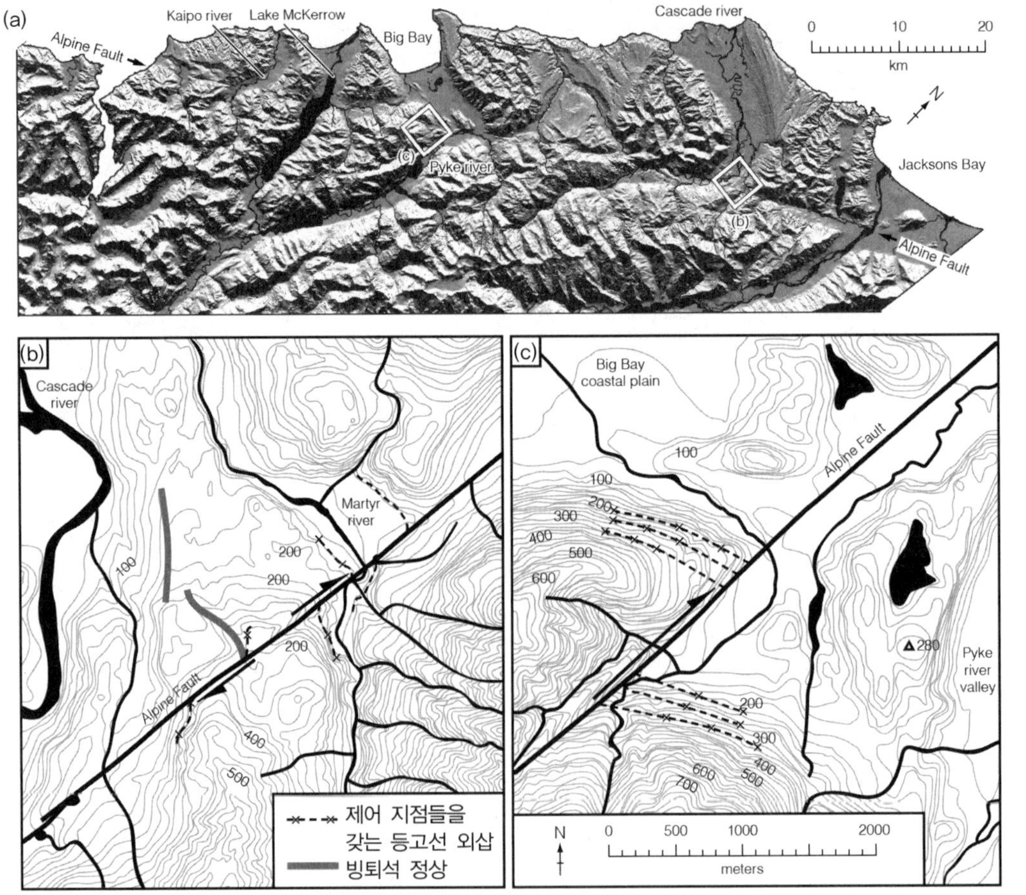

그림 8.4 (a) 음영 기복지도와 (b, c) 뉴질랜드의 남 섬에서 알파인 단층(Alpine Fault)의 분할조각을 따라 선형의 급경사와 오프셋된 표면 지형을 보여주는 1 : 50000 지형도(Sutherland *et al.*, 2006에서 수정되어, R. Sutherland에 의해 제공된 이미지, Geological Society of America의 허가로). 지도는 1 : 50000 NZMS 260 디지털 데이터에서 유래된다. (b)와 (c)의 굵은 검정 곡선은 강이나 지류이다. 등고선 간격은 20m이다.

이러한 오프셋의 연령과 크기가 슬립 속도를 결정하는 중요한 수단을 제공한다. 예를 들면, 뉴질랜드의 알파인 단층(Alpine Fault)은 남 섬을 가로질러 ~850km의 거리에 걸쳐 연장하는 거의 연속적인 선형 단층 흔적에 의해 표시된다(그림 8.2). 빙하 빙퇴석, 강, 계곡, 호수 해안, 그리고 기타 지형적 특징이 단층(그림 8.4)을 가로질러 횡으로 오프셋되며, 이를 통해 21-24mm a^{-1}의 후기 플라이스토세 슬립 속도를 알 수 있다(Sutherland *et al.*, 2006). 평행한 단층 분할조각들 사이의 수직 운동은 흔하고, 각각 압력 등성이(pressure ridge)와 침강분지(sag pond)로 표현되는 국지화된 융기와 침강의 지역을 만들 수 있다(Sylvester, 1988).

2 스텝오버(step-over), 밀어올림(push-up), 그리고 인리형 분지(pull-apart basin)

대부분의 큰 주향이동 단층은 다수의 단층 분할조각(segment)으로 이루어져 있다. 하나의 활성 분할조각이 다른 준평행한 분할조각 근처에서 끝나는 경우에, 운동은 사이에 낀 틈(intervening gap)을 가로질러 옮겨져서, 국지화된 확장이나 수축의 구역으로 나타난다(그림 8.5a). 이러한 스텝오버에서, 초기 형태와 인접한 단층에서 슬립의 센스(sense of slip)가 그것들을 분리하는 지역이 확장되는지 혹은 단축되는지를 제어한다(Dooley & McClay, 1997; McClay & Bonora, 2001). 정단층과 인리형 분지라고 불리는 확장 트로프(extensional troughs)는 사이에 낀 지역이 인장 상태에 빠진 스텝오버에서 형성된다. 스러스트단층, 습곡, 그리고 밀어올림(push-up)으로 알려진 지형적 융기는 사이에 낀 지역이 압축되는 곳에서 형성된다. 이런 세팅에서 주향이동 운동과 확장의 조합은 **횡인장(transtension)**으로 알려져 있다. 주향이동 운동과 수축의 조합은 **횡압축(transpression)**으로 알려져 있다.

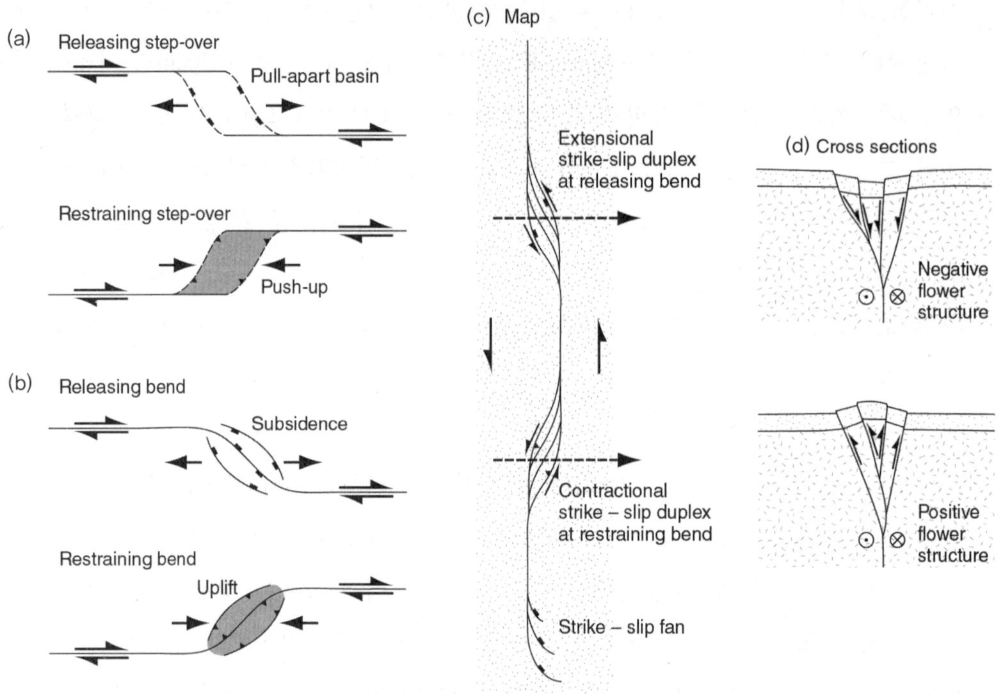

그림 8.5 (a) 스텝오버(step–overs)와 (b) 굽음(bend)과 관련된 구조의 지도보기(McClay & Bonora, 2001, Bull. Am. Assoc. Petroleum Geols. AAPG © 2001을 따름, 더 이상의 사용을 위해서는 허가가 요구되는 AAPG의 허가로 재인쇄됨). 굽음에서 발달되는 주향이동 듀플렉스(duplexes), 부채와 꽃 구조(fans and flower structures)의 (c) 지도 및 (d) 단면들(Woodcock & Rickards, 2003을 따름, Elsevier의 허가로)

중앙아메리카의 엘살바도르 단층대(El Salvador Fault Zone)는 확장 스텝오버에 공통적인 지형 및 구조의 특징들을 많이 보여준다. 이 지역에서, 코코스와 카리브 판(Cocos and Caribbean plates) 사이의 비스듬한 수렴(그림 8.6a)은 중앙아메리카 해구(Middle America Trench) 위의 화산 호상(volcanic arc) 내에서 우수향 운동(dextral motion)의 성분으로 나타난다(Martínez-Díaz *et al.*, 2004). 리오 렘파(Río Lempa) 인리형 분지는 산 비센테(San Vicente)와 베를린(Berlin) 단층 분할조가(그림 8.6b) 사이의 확장 스텝오버로 형성된 여러 불규칙한 저지대들과 비스듬한 정단층으로 표시된다(Corti *et al.*, 2005). 후기 플라이스토세 화산체(volcanic edifice), 강 테라스, 그리고 충적선상지는 두드러진 단층 급경사를 가로질러 오프셋된다.

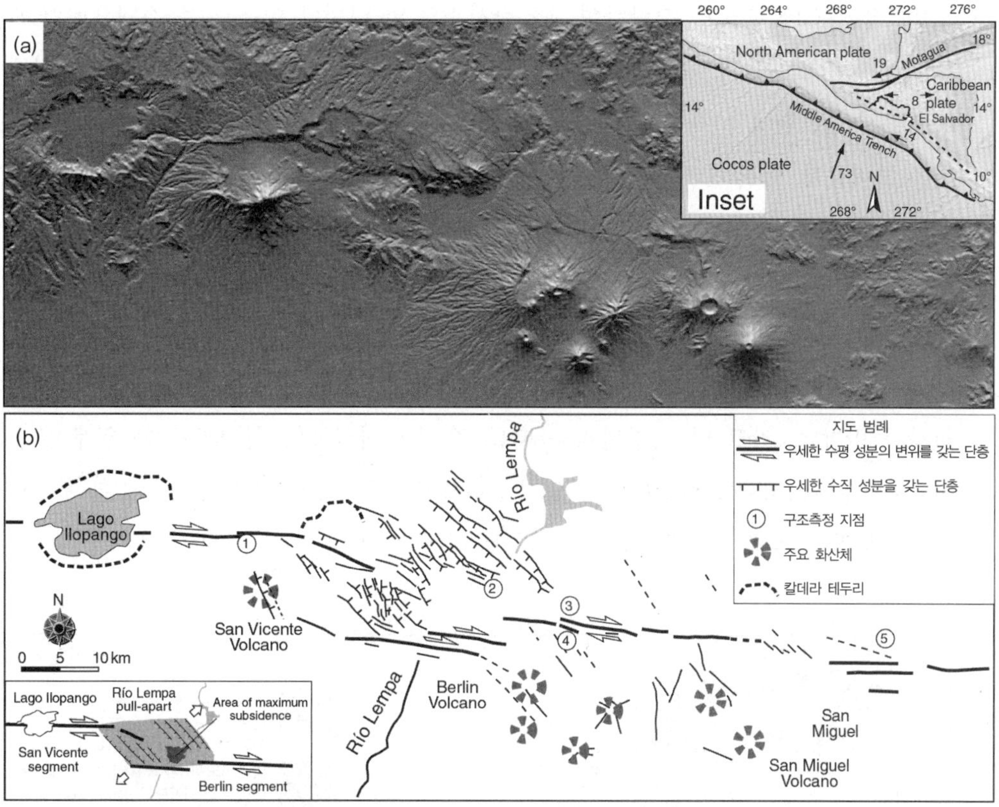

그림 8.6 (a) 음영 기복지도와 (b) 엘살바도르 단층대의 산 비센테(San Vicente)와 베를린(Berlin) 단층 분할조각 사이의 리오 렘파(Río Lempa) 인리형 분지의 해석(Corti *et al.*, 2005에서 수정되어, G. Corti에 의해 제공된 이미지, Geological Society of America의 허가로). 디지털 고도 모델은 SRTM 데이터(http://srtm.usgs.gov/)와 메릴랜드(Maryland) 대학, Global Land Cover facility에 의해 처리된 랜드샛(Landsat) ETM 7 위성 이미지에서 유래된다. 삽화는 중앙아메리카의 판 구조적 환경과 DeMets, 2001을 따른 판 속도(mm a^{-1})를 보여준다.

북부 캘리포니아에서 샌프란시스코 만 지역의 우수향 주향이동 단층은 일련의 수축 스텝오버와 관련된 지각 단축과 지형적 융기들을 기록한다. 만의 동쪽에, 디아블로 산(Mt. Diablo, 그림 8.7a)은 그린빌(Greenville)과 콩코드(Concord) 단층 사이에 형성된 복배사(anticlinorium)의 중심을 표시한다(Unruh & Sawyer, 1997). 후기 신생대 동안에 이 스텝오버를 가로지르는 약 18km의 우수향 주향이동 운동에 의한 이동은 전형적인 계단식으로 겹치는 안행형(en echelon pattern)을 형성하는 일련의 비스듬한 배사, 스러스트단층, 그리고 표면 융기들로 나타난다. 디아블로 산은 이 지역에서 가장 큰 밀어올림(push-up)이다. 변형된 하천 테라스의 연구가 지난 10000년에 걸쳐 3mm a^{-1}의 융기 속도를 암시하고, 이것은 인접한 단층에서의 슬립 속도에 필적한다(Sawyer, 1999).

Bürgmann *et al.*(2006)은 8년에 걸쳐 수집된 간섭계 합성개구 레이더(InSAR) 데이터

(2.10.5절)와 GPS 속도를 결합하여 샌프란시스코 만 근처에 여러 수축 스텝오버와 관련된 수직 지각 운동의 속도를 해결하였다. 계절적으로 변화는 지상 운동을 필터링한 InSAR 잔여(그림 8.7b)가 가장 높은 융기 비율이 디아블로 산 남쪽 기슭에서 발생한다는 것을 보여준다. 빠른 융기의 다른 구역은 헤이워드(Hayward)와 칼라베라스(Calaveras) 단층 사이의 미션 힐스(Mission Hills) 스텝오버, 그리고 산타크루즈(Santa Cruz) 산맥의 단층들 사이에서 발생한다. 전자의 지역에서 지진 활동은 미션 힐스를 통하여 북쪽 헤이워드(Hayward) 단층 위로 칼라베라스(Calaveras) 단층의 슬립 이동과 일치한다(Waldhauser & Ellsworth, 2002). 다른 수직 운동의 기원은 더 불확실하고 활발한 산사태, 대수층 위의 침강과 반발, 그리고 만 가장자리를 따른 미고결 퇴적물의 침전과 같은 일부 비구조 변위(nontectonic displacement)일 수 있다. 그럼에도 불구하고, 데이터가 활발한 주향이동 단층작용의 지역과 관련된 매우 국지화된 수직 운동의 패턴을 보여준다.

(a)

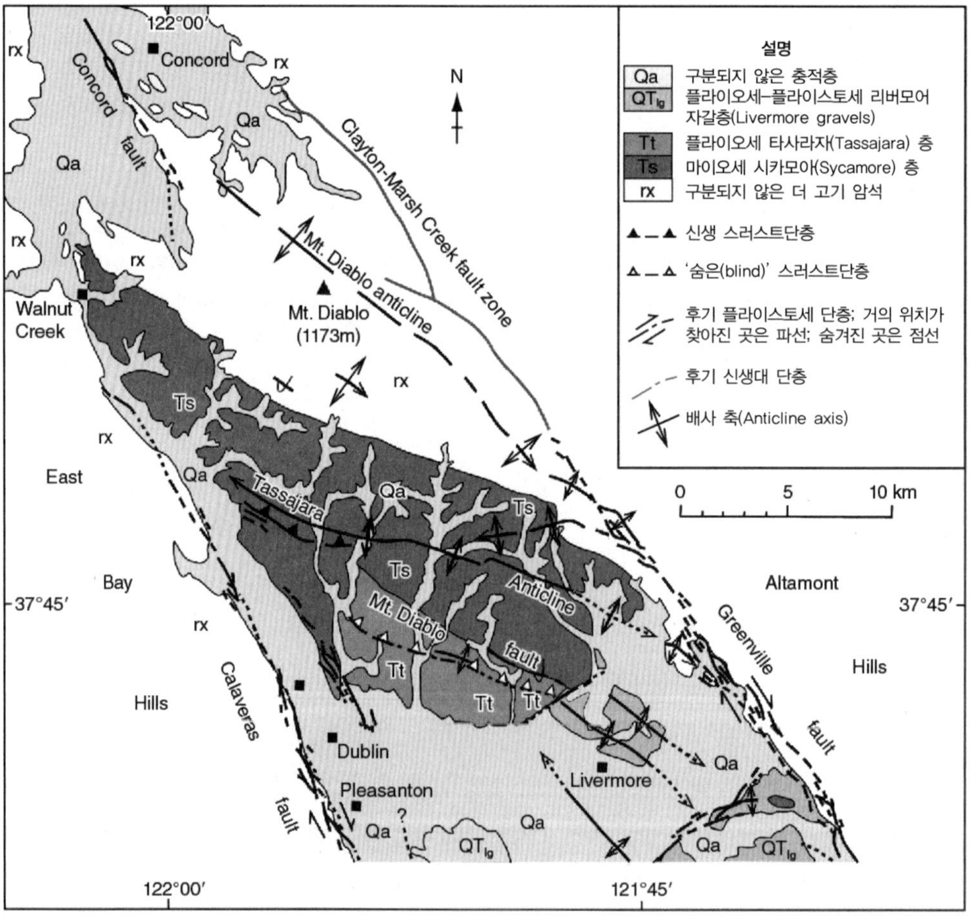

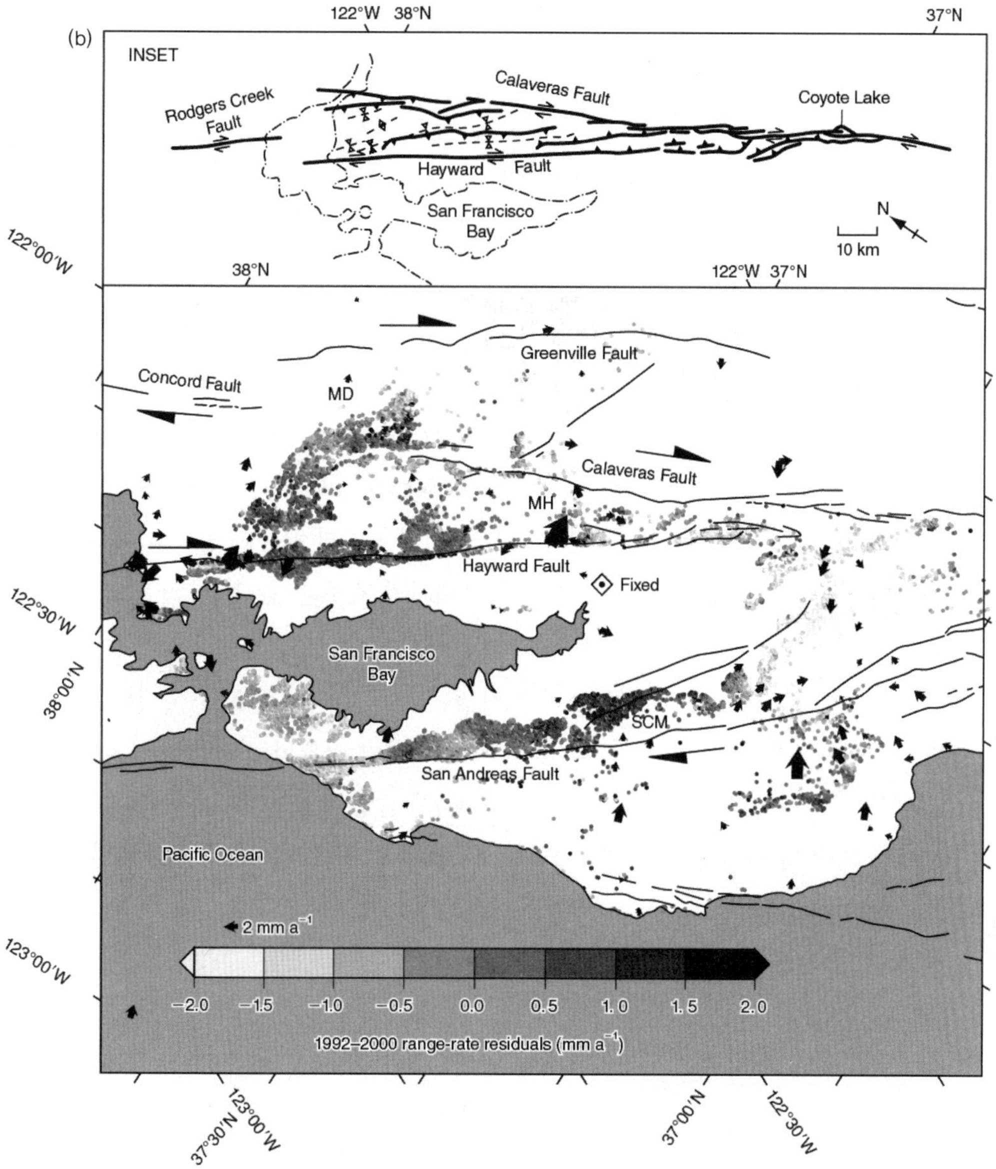

그림 8.7 (a) 디아블로 산(Mount Diablo) 수축 스텝오버의 지질도(Wakabayashi *et al.*, 2004를 따름, Elsevier의 허가로). 지질 데이터는 Wagner *et al.*(1990) 및 Unruh와 Sawyer(1997)에서 왔다. (b) 구조적 수평 운동의 기여를 제거한 후 잔류 고정 산란체(permanent scatterers) InSAR 비율(점)과 후기 플라이스토세 기저층(substrate)에 위치하는 모든 포인트들을 보여주는 단층 지도(Bürgmann *et al.*, 2006에서 수정되어, R. Bürgmann에 의해 제공된 이미지, Geological Society of America의 허가로). 고정 산란체는 시간에 좌우되는 표면의 움직임을 식별하는 데 사용되는 건물, 노두, 전신주 등과 같은 안정된 레이더상의 밝은 점이다. 모델링된 범위 정도는 1992–2000년 동안에 고정(FIXED)이라고 표시된 지점에 대해 115,487 고정 산란체를 포함한다. 양의 잔여는 융기에 해당한다. MD, 디아블로 산; MH, 미션 힐스(Mission Hills); SCM, 산타크루즈 산맥(Santa Cruz Mountains). 검은색 화살표는 모델이 관찰(8.5.3절)에 얼마나 잘 맞는지의 측정을 제공하는 잔류(모델링에서 관찰된 마이너스) GPS 수평 속도를 보여준다. (b)의 삽화는 헤이워드(Hayward)와 캘라베라(Calaveras) 단층 사이의 수축 스텝오버의 습곡과 스러스트단층의 기하학을 보여준다(Aydin & Page, 1984를 따름, Geological Society of America의 허가로).

3 인장성 그리고 압축성 굽음(Releasing and restraining bends)

주향이동 단층이 연속적인 구역에서 단층의 주향은 국지적으로 지구 표면상의 작은 원을 따르는 간단한 선형 추세에서 벗어날 수 있다. 이런 지역에서 단층면의 곡률은 굽음의 양측이 수렴하는지 또는 발산하는지 여부에 따라 국지화된 단축 및 확장의 구역을 생성한다(Harding, 1974; Christic-Blick & Biddle, 1985, 1985; 그림 8.5b). 이러한 구역은 스텝오버로 형성된 것과 유사하다. 인리형 분지, 침강과 퇴적의 구역, 그리고 정단층이 **인장성 굽음(releasing bend)**의 특징이다. **압축성 굽음(restraining bend)**은 스러스트단층, 습곡, 그리고 밀어올림(push-up)을 보인다.

남부 캘리포니아의 트랜스버스 산맥들(Transverse Ranges)은 산 안드레아스 단층의 거대한 압축성 굽음의 특성을 예증한다(그림 8.1, 8.8a). 이런 산맥들은 단층 시스템의 대체적인 주향보다 더 서측으로 향하는 단층 부분에 걸친 우수향 운동과 압축의 결합에 반응해서 융기되었다. 탄성파 반사 단면과 시추공에서의 정보를 통하여 스러스트단층이 산 가브리엘(San Gabriel) 산맥 아래에서 25-35°로 북쪽으로 기울고, ~21km의 중간 지각 깊이에서 거의 수직(83°)인 산 안드레아스 단층을 가로지르는 것을 알 수 있다(Fuis *et al*., 2001, 2003). 지진의 발진 메커니즘은 경사진 데꼴망 표면(décollement surface) 앞에서 위쪽으로 분기하는 단층 스프레이(fault splays)에 대한 스러스트 솔루션을 보여준다(그림 8.8b). 운동의 결합이 보통 **빅 벤드(Big Bend)**라고 칭해지는 횡압력과 지형적 융기의 구역으로 나타난다.

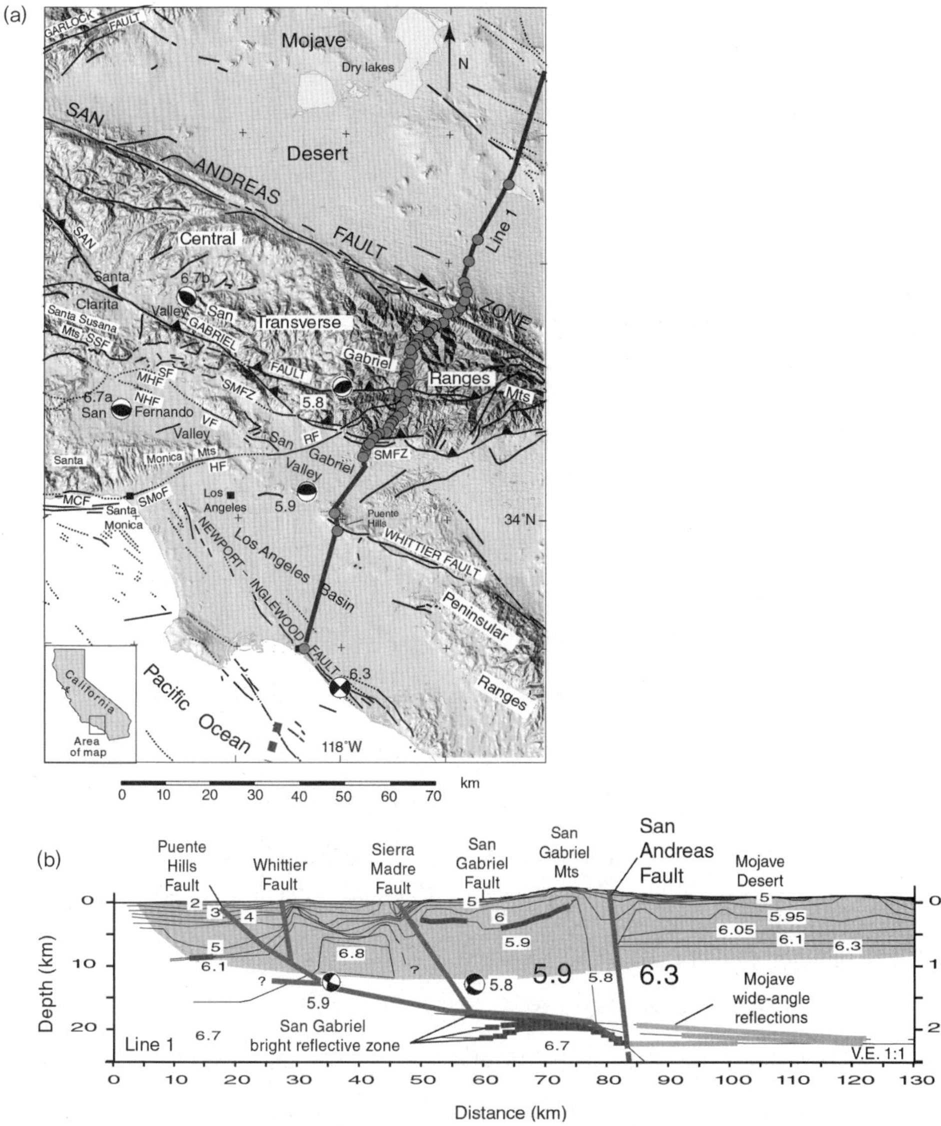

그림 8.8 (a) 음영 기복지도와 (b) 단층(검고 가는 선, 매몰된 곳에서는 점선), 발파점(shotpoints, 회색 원), 지진계(굵고 검은 선), 그리고 1933년 이후 M=5.8 이상 지진의 진앙을 보여주는 남부 캘리포니아의 중앙 트랜스버스 산맥(Central Transverse Ranges) 탄성파 단면(Fuis *et al*., 2003에서 수정되어, G. Fuis에 의해 제공된 이미지, Geological Society of America의 허가로). 규모가 첨부된 발진 메커니즘(focal mechanisms): 6.7a, 노스리지(Northridge; Hauksson *et al*., 1995); 6.7b, 산 페르난도(San Fernando; Heaton, 1982); 5.9, 위티어 내로우(Whittier Narrows; Hauksson *et al*., 1988.); 5.8, 시에라 마드레(Sierra Madre; Hauksson, 1994); 6.3, 롱 비치(Long Beach; Hauksson, 1987). HF, 할리우드 단층(Hollywood Fault); MCF, 말리부 해안 단층(Malibu Coast Fault); MHF, 미션 힐스 단층(Mission Hills Fault); NHF, 노스리지 힐스 단층(Northridge Hills Fault); RF, 레이몬드 단층(Raymond Fault); SF, 산 페르난도 지층이동(San Fernando surface breaks); SSF, 산타 수 자나 단층(Santa Susana Fault); SmoF, 산타 모니카 단층(Santa Monica Fault); SMFZ, 시에라 마드레 단층대(Sierra Madre Fault Zone); VF, 베르두고 단층(Verdugo Fault). (b)에서 회색 지역은 굴절 탐사범위를 나타내고, 검고 가는 선은 속도 등속선이나 경계를 나타낸다. 등속선 간격은 5.5km s^{-1}까지는 0.5km s^{-1}이고 5.5km s^{-1} 이상은 임의다. 산 안드레아스 단층 양쪽의 큰 숫자는 평균 기반 속도이다.

활발한 인장성 굽음과 주향이동 분지의 예는 남서 뉴질랜드의 알파인 단층(Alpine Fault)의 최남단을 따라 나타난다. 피오르드랜드(Fiordland) 근처에서 3개의 반연속 단층 분할조각(semicontinuous fault segment)이 호주와 태평양판 사이의 우수향 주향이동 운동을 수용한다. 지구물리학적 조사가 판 경계(그림 8.9a)의 레조루션(Resolution) 분할조각을 따라서 다그 분지(Dagg Basin)라 불리는 플라이스토세 인리형 분지가 존재한다는 것을 밝혀냈다(Barnes *et al*., 2001, 2005). 분지의 북부를 가로지르는 탄성파 반사 단면(그림 8.9b)은 그것이 북서쪽에서 활동 중인 역단층 위의 등성이에 의해 경계되어짐을 보여준다. 비활성 단층이 등성이 아래에 묻혀 있다. 분지의 중앙에서 위로 벌어지는 단층이 지구(graben)를 형성하면서 비스듬한 확장을 수용한다. 비록 2개의 부정합(표면 DB3과 DB4) 사이의 쐐기 모양 층의 퇴적이 그것들이 일찍이 동쪽으로 기우는 스프레이와 동시에 활동하였다는 것을 가리키지만 일부 서쪽으로 기우는 스프레이(west-dipping splay, 그림 8.9b에서 IA로 표시)가 현재 활동 중이다. 이 형태는 인리형 분지가 부정합 DB3 이전의 확장 스텝오버에서 처음으로 형성되었다는 것을 암시한다(Barnes *et al*., 2001, 2005). 파이브 핑거 분지(Five Fingers Basin)라고 불리는 또 다른 인리형 분지가 10km 더 남쪽의 유사한 스텝오버에서 형성되었다(그림 8.9a). 뒤이은 주향이동 운동이 스텝오버들 사이의 틈을 가로질러 연결하는 단층을 형성하였기 때문에 이완 굽음의 현재 부드러운 모양은 나중에, 즉 부정합 DB3 후에 형성되었다(그림 8.10a, b).

다그 분지의 북부를 특징짓는 확장과는 대조적으로, 분지의 남쪽 끝은 역단층작용과 융기의 증거를 보여준다. 이 지역의 압축성 굽음과 관련된 단축과 주향이동 단층작용의 결합이 서쪽에 있는 알파인 단층의 주요 흔적과 그것의 동부 가장자리 아래의 굽은 비스듬한 - 이동(oblique-slip) 단층 사이에서 위쪽으로 압착된 다그 등성이(Dagg Ridge)를 형성하였다(그림 8.9c). 등성이의 남쪽에, 브레이크시 분지(Breaksea Basin)가 그것이 일찍이 다그 분지와 연속이었다는 것을 가리키는 특징들을 보존하는데, 역단층작용이 인리형 분지가 형성된 후에 발생하였다는 것을 가리킨다(Barnes *et al*., 2005). 전체 판 운동과 슬립의 양이 증가함에 따라, 일부 단층은 버려지고 다른 것들은 확장 분지를 가로질러 연결되었고, 그것들이 압축성 굽음을 형성하는 곳에서 국부적인 밀어올림으로 나타난다(그림 8.10c). 이러한 관계는 큰 주향이동 단층은 전형적으로 매우 빠르게 진화하고 국지화된 주향이동 분지와 융기가 수만 년 내지 수십만 년의 기간 척도로 단층대의 다른 부분들을 따라(그림 8.10c) 어떻게 발달하는지를 보여준다.

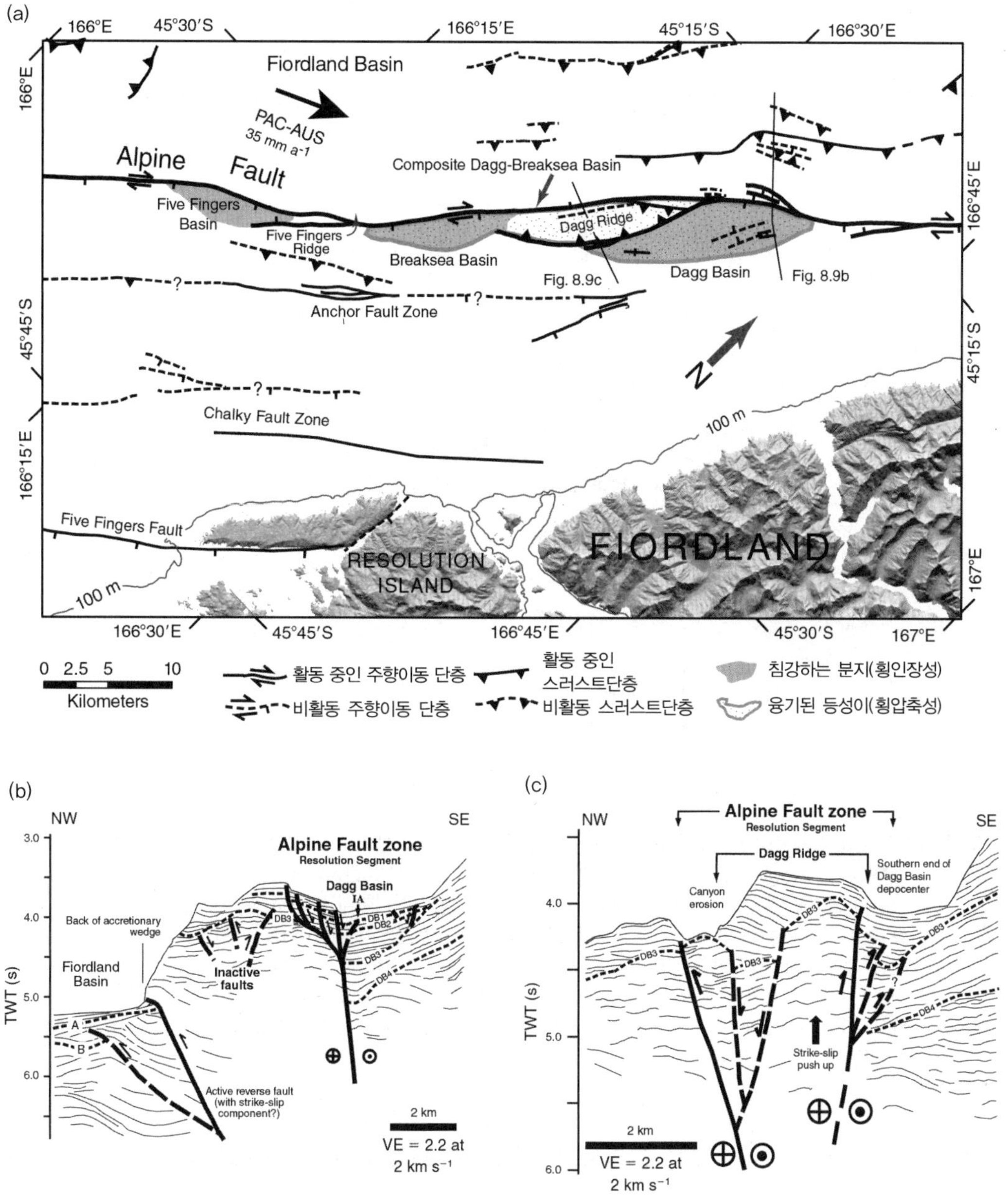

그림 8.9 (a) 피오르드랜드(Fiordland)의 남부-중앙 해안의 지도와 (b, c) 알파인 단층(Alpine Fault)의 남쪽 분할조각을 따라서 활동 중인 단층, 주향이동 분지, 그리고 다른 지형적 특징을 보여주는 탄성파 반사 단면의 라인 드로잉(line drawings; Barnes *et al.*, 2005에서 수정되어, P. Barnes에 의해 제공된 이미지, Geological Society of America의 허가로). 지도의 위치는 그림 8.2a에 표시됨. 단면 (b)는 다그 분지(Dagg Basin)의 침강하는 부분을 보여주고, 단면 (c)는 융기하는 부분을 보여준다. 단면 위치는 (a)에 표시된다. 실선 단층은 활동 중이고, 점선 단층은 비활동적이다. 라벨이 붙여진 반사들은 부정합이다.

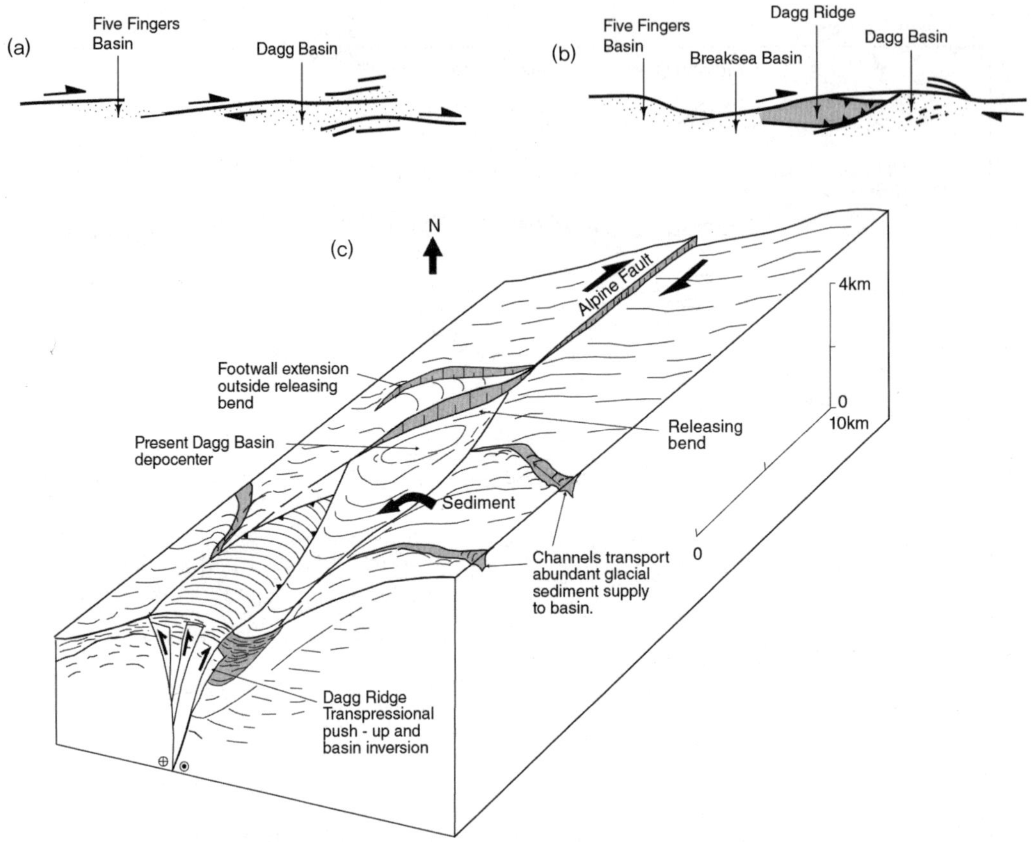

그림 8.10 (a) 확장 스텝오버 사이에 일련의 인리형 분지들이 형성되었던 ~1Ma와 (b) 단층들 사이의 연결이 다그 릿지(Dagg Ridge, 음영 표시됨)를 형성하면서 다그 분지를 절단하는 현재에 피오르드랜드 근처 알파인 단층의 레조루션 분할조각(Resolution segment)의 점진적 진화를 보여주는 스케치(Barnes *et al.*, 2005를 따름, Geological Society of America의 허가로). (c) 인접한 이완하고 억제하는 굽음의 3차원 형상을 보여주는 블록 다이어그램(Barnes *et al.*, 2001에서 수정되어, P. Barnes에 의해 제공된 이미지, Elsevier의 허가로). 분지의 남쪽 끝은 양의 꽃 구조(positive flower structure), 푸시-업(push-up), 그리고 횡압축(transpression)을 보인다. 분지의 북부 끝은 인리형 분지, 침강, 그리고 횡인장(transtension)을 보인다.

4 주향이동 듀플렉스, 부채꼴, 그리고 꽃 구조(Strike-slip duplexes, fans, and flower structures)

주향이동 듀플렉스는 2개 이상의 큰 경계 단층들 사이에서 발생하는 두 개 이상의 단층으로 경계되는 블록들과 분지들의 인편상 배열(imbricate array)이다(Woodcock & Fischer, 1986). 이러한 구조는 경사이동 단층(dip-slip fault)의 램프(ramp)에서 형성되나, 수직의 움직임이 상부 (지)표면에 제한되지 않는다는 점에서 상이한 듀플렉스와 유사하다. 듀플렉스를 특징짓는 단층으로 경계되는 분지는 일반적으로 렌즈 모양이다. 주향이동 단층에 의해 정해진 각각의 블록은 단층이 수렴할 때 단축되어 융기되고, 단층이 발산하는 곳에서 스트레칭되어 침강된다(그림 8.5c). 주향이동 단층이 발산하거나 수렴하는 이런 경향이 평면도상으로 특유의 꼬여진 패턴(braided pattern)을 생성한다. 판 움직임의 방향을 가장 가깝게 따르는 단층이 우세하고, 더 길게 성장하고 거의 수직 경사(vertical dip)를 나타낸다. 움직임의 전반적인 방향에 비스듬한 다른 단층은 정렬(alignment) 밖으로 멀리 회전할 수 있고 수직보다 상당히 작은 경사를 발달시킬 수 있다. 그래서 단층은 경사이동 운동의 성분을 포함한다. 만일 단층의 곡률이 그것을 확장의 지역에 전한다면, 비스듬한 이동(oblique-slip) 정단층이 발달한다. 만일 압축의 지역에 전한다면, 비스듬한 이동 역단층이 형성된다. 수직 또는 수직에 가까운 축 주위로 상당한 회전이 보통 발생한다(8.5절). 큰 주향이동 단층의 끝에서, 변위는 **부채꼴** 혹은 **말꼬리 스프레이(fans or horsetail splays)**를 형성하는 주요 단층에 연결되는 굽은 단층들의 배열을 따라 흩어질 수 있다(그림 8.5c). 이러한 구조는 굴곡 형상과 주요 단층 위에서 운동의 센스에 따라 수축 혹은 확장 변형을 나타낼 수 있다.

단면에서 주향이동 단층대의 다양한 스프레이(splays)는 심부에서 아래로 수렴하여 **꽃 구조(flower structure**, 그림 8.5d)로 알려진 단면상의 특징적 형상을 생성할 수 있다(Harding, 1985; Christie-Blick & Biddle, 1985). 음의 꽃 구조(Negative flower structure)는 위로 분기하는 단층들이 향사형(synform) 혹은 표면 저지대의 아래에서 대부분 정단층의 오프셋을 보이는 곳에서 나타난다(예를 들면, 그림 8.9b). 양의 꽃 구조(positive flower structure)는 위로 분기하는 단층들이 배사형(antiform) 혹은 표면 정상(surface culmination) 아래에서 대부분 역단층의 오프셋을 보이는 곳에서 나타난다. 양의 꽃 구조는 남부 다그 분지에 있는 단층의 형태에 의해 설명된다(그림 8.10).

5 횡압축과 횡인장에서 주향이동 분할(strike-slip partitioning in transpression and transtension)

비스듬하게 수렴하는 혹은 발산하는 블록과 판의 경계 사이에서 변위가 분산될 수 있는 몇 가지 방법이 있다. 한 가지 일반적인 방법은 분리된 주향이동, 그리고 수축성 혹은 확장성 구조에서의 동시 운동에 의한다. 이 시나리오에서, 주향이동 단층은 비스듬한 수렴/발산의 판 경계와 평행한 성분을 수용하고, 수축성 혹은 확장성 구조는 판 경계에 수직 방향의 성분을 수용한다. 주향이동과 경사이동 운동이 다른 장소에서, 그리고 분리된 구조에서 발생하는 이러한 시스템이 **분할된 주향이동(strike-slip partitioned)**이다. 대신에, 변형의 주향이동 성분과 가장자리에 수직인(margin-perpendicular) 성분 모두는 현재 뉴질랜드 알파인 단층(8.3.3절) 중앙의 비스듬한 이동 구간에서 발생하는 것과 똑같은 구조에서 발생할 수 있거나, 또는 양쪽 성분이 구역을 가로질러 다소 균일하게 분산될 수 있다. 주향이동과 가장자리에 수직인 변형의 상대적 기여도에 따라 주향이동에 지배되는(strike-slip-dominated), 그리고 스러스트(혹은 정단층)에 지배되는(thrust-(or normal-) dominated) 시스템으로 더 분류될 수 있다.

알파인 단층(Alpine Fault)의 남쪽 분할조각은 횡압력의 주향이동으로 분할된 스타일의 예증이 된다. 피오르드랜드(Fiordland) 대륙 주변부 근처에서(그림 8.9a) 단층은 태평양-호주 판 운동의 방위각에 낮은 각도(11-25°)로 놓여 있다(Barnes *et al.*, 2005). 이 낮은 각도는 이 지역에서 거의 수직인 알파인 단층의 활동 중인 흔적을 따라서 거의 순수한 주향이동으로 나타난다. 비스듬한 판 수렴에서 발생하는 변형의 수축 성분은 알파인 단층의 서쪽과 동쪽 모두에 있는 구조에 의해 수용된다. 서쪽에서 25km 폭의 스러스트 쐐기(thrust wedge)는 일련의 활동 중인 스러스트단층, 역단층, 그리고 알파인 단층을 향해 아래로 가파르게 경사진 비스듬한 이동 단층들로 이루어져 있다. 이런 단층 분할조각이 판 경계를 따라 다른 장소에서 단축이 어떻게 우수향 주향이동 운동과 동시에 발생하는지를 설명한다.

유사한 주향이동으로 분할된 시스템이 스러스트단층이 우수향 주향이동 운동과 동시에 수축을 수용하는 남부 캘리포니아의 '빅 벤드(Big Bend)' 지역에서 발생한다. 산 가브리엘(San Gabriel) 산맥(그림 8.8a) 내에서, 산 안드레아스 단층은 태평양과 북아메리카 판 사이의 상대적 운동의 방향에 대해 35°로 놓여 있다. 이 비스듬한 각도는 로스앤젤레스 분지의 북쪽 산맥 내에서 역단층작용과 습곡작용에 의해 수용되는 수축 성분으로 나타난다. 비스듬한 각도 역시 산 안드레아스 단층 자체를 포함하는 일련의 가파른 서-북서 방향의 단층들에 의해 수용되는 주향이동 운동으로 나타난다(Fuis *et al.*, 2003).

매우 약한 혹은 분할되지 않은 스타일의 횡압력 변형의 예가 뉴질랜드 남 섬의 알파인 단층의 중앙 부분을 따라 나타난다. 여기에서, 알파인 단층은 북동(55°)으로 향하고 남동으로 적당히 기울어진다(그림 8.2b, 8.3.3절). Norris와 Cooper(2001)가 피오르드랜드(Fiordland) 부분과 다르게 단층의 중앙 부분에서의 슬립은 비스듬하고 판 내 벡터(interplate vector)에 거의 평행하다는 것을 보여주었다(8.3.3절). 남 섬 위 변형의 동쪽과 서쪽 경계에서 역단층은 알파인 단층에 거의 평행하나, 주향이동 운동의 비교적 낮은 비율과 작은 성분을 갖고 있는 것으로 추론된다(Norris & Cooper, 2001; Sutherland *et al.*, 2006). 이러한 특성은 알파인 단층 시스템의 중앙 부분은 기껏해야 약하게 분할되었고 일부 지역에서는 분할되지 않는 것으로 보인다.

8.3 대륙 변환 단층의 심부 구조 (deep structure of continental transforms)

8.3.1 사해 변환 단층(Dead Sea Transform)

사해 변환 단층(Dead Sea Transform)은 홍해(Red Sea)와 동부 터키의 비틀리스(Bitlis) 봉합대(suture zone) 사이의 아라비아-누비아(Arabia-Nubia) 판 경계의 일부를 형성한다(그림 8.3a). 이 판 경계의 남쪽 부분은 비교적 차고(45-53mW m^{-2}) 강한 대륙 암석권에서 형성된 횡인장 변환(trantensional transform)의 중요한 예를 제공한다(Eckstein & Simmons, 1978; Galanis *et al*., 1986).

중기 마이오세 이래 약 105km의 좌수향 주향이동 운동과 ~4km의 단층에 수직인(fault-perpendicular) 확장이 판 경계의 남쪽 부분에서 발생하였다(Quennell, 1958; Garfunkel, 1981). 확장 성분은 플라이오세 동안에 시작되었다(Shamir *et al*., 2005). GPS 데이터(5.8절)에서 도출된 수평 속도에 의하면 아라비아와 누비아 판 사이의 상대 운동은 4.3mm a^{-1}의 비교적 느린 속도이다(Mahmoud *et al*., 2005). 이 운동의 대부분은 20km 내지 40km 폭의 좁은 변환 계곡(transform valley) 내에 일련의 안형 스텝오버(en echelon step-over)를 형성하는 단층에 의해 수용된다(그림 8.3a). 단층 분할조각이 왼쪽으로 나아가는 곳에서는 마름모 모양의 지구(rhomb-shaped grabens), 길쭉한 인리형 분지, 그리고 가파른 정단층이 형성되었다. 이러한 확장 지형의 가장 큰 것 중 하나는 길이가 ~135km이고 폭이 10-20km이며, 적어도 8.5km 퇴적물로 충진된 사해 분지(Dead Sea Basin)이다(그림 8.3b).

외면적으로 인리형 분지와 횡인장의 사해 변환을 따르는 정단층은 좁은 대륙 내 열개 분지(intracontinental rift basins)의 특징들(7.2절)과 유사하다. 양쪽 분지 유형 모두는 일반적으로 비대칭이고, 경계 단층으로 경계되고 주향을 따른 분할들을 보여준다(Lazar *et al*., 2006). 그러나 이들 2개 구조적 세팅 사이에 중요한 차이가 있다. 차이의 가장 중요한 것 중 하나는 횡인장의 변환 단층을 따른 확장은 거의 지각에 국한되어 있고, 상부 맨틀은 최소한으로 관련된다는 것이다(Al-Zoubi & ten Brink, 2002). 양쪽 중력 데이터(ten Brink *et al*, 1993)와 광각 탄성파 반사 및 굴절 단면(DESERT Group, 2004; Mechie *et al*., 2005)이 모호면(Moho)이 사해 분지에서 약간 상승되어(<2km) 있다는 것을 가리킴으로써 이 결론을 뒷받침해준다. 이러한 특성은, 비록 확장이 표면 형태와 확장 분지의 모양에 영향을 미치지만 그것이 리프트 분지에서와 같이 단층 시스템(8.6.2절)의 깊은 구조를 형성하는 데 지배적인 역할을 하지 않는다는 것을 시사한다.

아라바(Arava) 단층을 가로질러 획득된 탄성파 반사와 굴절 데이터(그림 8.3a)가 사해 변환 단층의 심부 구조를 드러낸다. 단층의 표면 흔적 아래에 17-18km 두께의 상부 지각의 기저(음향 기반)가 수직으로 3-5km 오프셋된다(DESERT Group, 2004; Mechie *et al*., 2005). 단층은 수직으로 연성 변형의 구역(그림 8.11)으로 아래로 넓어지는 하부 지각까지 내려간다. 이 하부 지각 구역의 폭은 일련의 강한 준수평 반사면으로 ~15km 폭의 갭(gap)에 의해 제한된다. 이러한 반사면은 좁은 구역 내에서 측면 이동(lateral displacement) 혹은 국지화된 수평 흐름의 영향과 관련된 성분 차이를 나타낼 수 있다(Al-Zoubi & ten Brink, 2002). 갭 아래에서, 모호면(Moho)은 약간 높아진 모습을 보이고 있으며, 이는 아라바 단층 아래의 좁은 변형대가 맨틀로 확장될 수 있음을 시사한다.

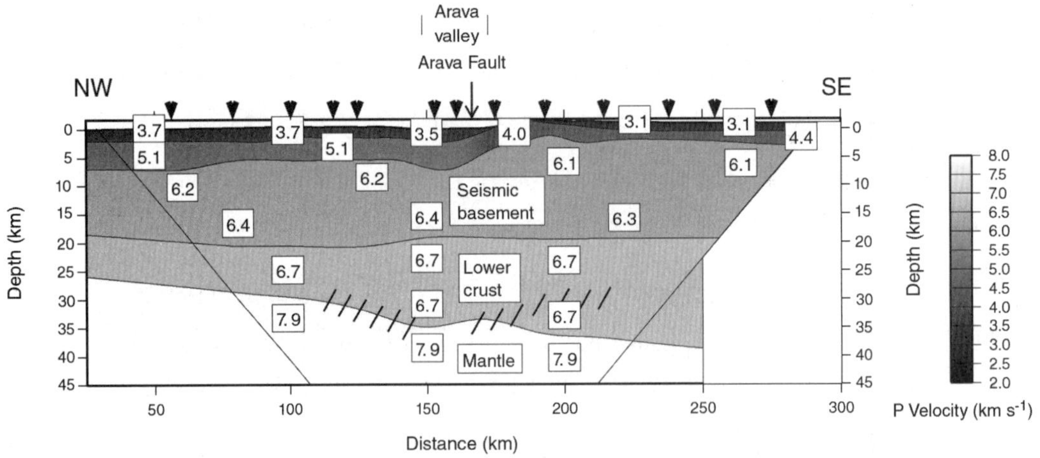

그림 8.11 사해 변환 단층(Dead Sea Transform)의 남쪽 분할조각 내에서 아라바 단층(Arava Fault) 아래 지각과 맨틀의 P파 속도 모델(DESERT Group, 2004에서 수정되어, M. Weber에 의해 제공된 이미지, Blackwell Publishing의 허가로). 단면 위치는 그림 8.3a에 표시된다. 수직 과장은 2 : 1이다. 삼각형은 속도(km s^{-1})를 얻기 위해 사용된 광각 탄성파 반사와 굴절조사 동안에 발파점을 나타낸다. 지각-맨틀의 경계 근처의 선이 그어진 지역은 강한 하부 지각 반사의 구역을 나타낸다. 단층의 북서쪽에 위치하는 경계와 P파 속도는 Ginzburg *et al.*(1979a, b)과 Makris *et al.*(1983)에서 왔다. 단층의 남동쪽의 P파 속도는 El-Isa *et al.*(1987a, b)을 기반으로 한다.

이러한 물리적 특성은 변환 단층의 동역학에 중요한 제약 조건을 제공한다. DESERT 지구물리학적 조사의 결과(DESERT Group, 2004; Mechie *et al*., 2005)가 아라비아와 누비아 판(그림 8.12a) 사이의 ~105km 좌수향 이동이 아바라 단층의 동쪽과 서쪽에 상당히 다른 지각 구조를 갖는 단면으로 나타남을 알려준다(그림 8.12b). 단층 분할조각 사이의 확장과 횡인장의 발생은 단층의 서쪽에 국지화된 침강과 지각 휨, 그리고 모호면의 미미한 유사한 기울어짐으로 나타난다(그림 8.12c). 침식과 퇴적이 판 경계의 현재 구조로 나타난다(그림 8.12d).

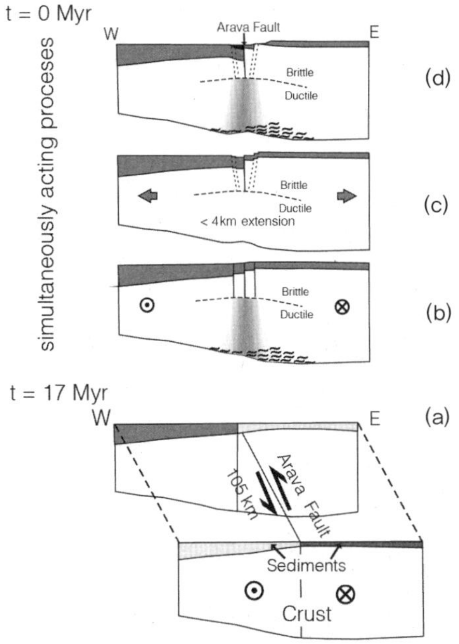

그림 8.12 그림 8.11에 표시된 지각 단면을 형성하는 데 관련된 프로세스를 보여주는 스케치(DESERT Group, 2004에서 수정되어, J. Mechie에 의해 제공된 이미지, Blackwell Publishing의 허가로). (a) 주향이동 운동 개시 이전 ~17백만 년의 지각 구조. (b) ~105km의 주향이동 변위는 아라바 단층의 동쪽과 서쪽에 상당히 다른 구조로 나타난다. (c) 소소한(~4km) 한 확장이 서쪽 블록의 침강과 휨, 그리고 동쪽 블록의 융기로 나타난다. 모호면(Moho)은 비슷한 편향을 보여준다. (d) 침식 및 퇴적이 현재 구조를 생성한다. 프로세스 (b–d)는 동시에 작동한다는 것에 주목하라.

8.3.2 산 안드레아스 단층(San Andreas Fault)

산 안드레아스 단층은 태평양-파랄론(Pacific-Fallalon) 확장 해령이 북아메리카의 서쪽 가장자리에 충돌한 올리고세에(Atwater, 1970, 1989) 형성되었다(그림 5.28a, 5.11절). 단층은 캘리포니아 만과 멘도시노 삼중합점(Mendocino Triple Junction)을 연결하고, 판 경계 구역(그림 8.1) 내에서 유일한 연속적인 구조이다. 비록 곳곳에 그것이 국지화된 횡압력, 그리고 횡인장과 관련되지만, 단층 위 변위는 주향이동(그림 7.10)이 지배적이다(8.2절). 열류량 측정(Sass *et al.*, 1994), 지진 활동(그림 7.8), 그리고 탄성파 반사와 굴절 조사(Henstock & Levander, 2000; Godfrey *et al.*, 2002)의 결과로 단층은 두께, 강도, 그리고 열 특성의 커다란 측면 변화로 특징지어지는 매우 이질적인 암석권에서 형성되었음이 밝혀졌다.

북부와 중앙 캘리포니아에서의 증거 대부분은 산 안드레아스 단층이 수직에 가까운 구조로 하부 지각으로 관통하고 모호면을 오프셋할 수 있음을 지적한다(Holbrook *et al.*, 1996; Hole *et al.*, 2000). 서에서 동으로, 5km 내지 6km 두께 하부 지각의 상단과 하단이 산 안드레아스 단층을 가로질러 4km까지 낙하한다. 단지 ~2km이지만 모호면도 비슷하게 오프셋된다. 상부 맨틀의 탄성파 속도가 태평양 아래의 8.1km s^{-1}에서 코스트 산맥(Coast Ranges) 아래의 약 7.9km s^{-1}로 단면을 가로질러 작은 변화를 보여주고 있는데, 이는 후자가 약간 낮은 밀도와 30km와 50km 심도 사이에서 ~550K 더 높은 온도에 의해 특징되어짐을 시사한다(Henstock & Levander, 2000).

트랜스버스 산맥(Transverse Ranges) 아래에서, 능동적 음원(active-source) 탄성파 자료를 이용하여 구축된 속도 모델(그림 8.13)이 산 안드레아스 단층의 지표면 흔적 아래에 중심이 있는 8km 두께의 지각 뿌리(crust root)의 존재를 알려준다(Godfrey *et al*., 2002). 이 지각 뿌리의 존재는 산 안드레아스 단층의 빅 벤드(Big Bend, 8.2절)와 관련된 횡압력이 전체 지각에 영향을 미친다는 것을 암시한다. 데이터는 또한 오프셋된 모호면을 보여준다. 오프셋 크기의 추정치들은 사용된 특정 속도에 의존하기 때문에 가변적이다. 발표된 추정치에 의하면 모호면은 단층의 북쪽에서 적어도 1km, 그리고 아마 수 킬로미터 더 깊다. 비슷한 작은 모호면 깊이의 혼란이 동 캘리포니아 전단대(Eastern California Shear Zone) 아래에 나타난다(Zhu, 2000; 그림 8.1). 이런 오프셋은 산 안드레아스 단층의 남쪽 부분을 둘러싸고 있는 취성 및 연성 변형의 좁은 구역이 역시 전 지각을 수직으로 관통하여 확장한다는 것을 암시한다.

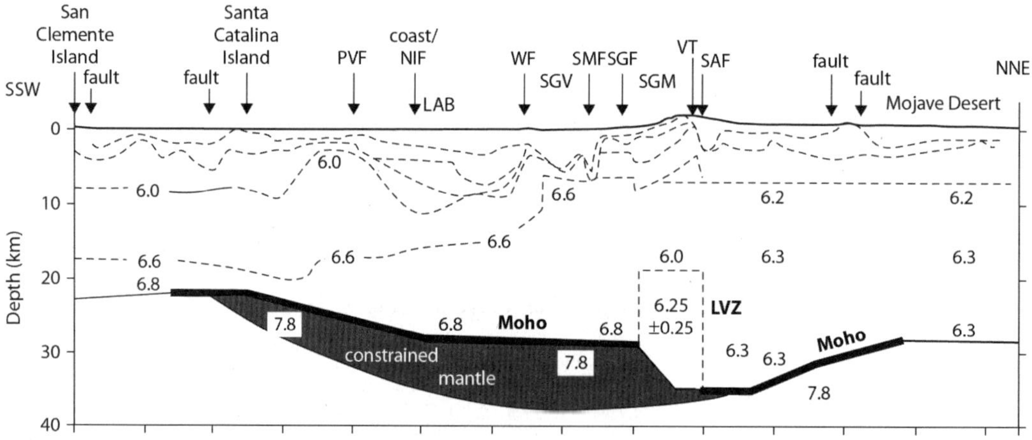

그림 8.13 로스앤젤레스 분지(Los Angeles Basin, LAB) 아래의 지각과 맨틀의 속도 모델(Godfrey *et al*., 2002에서 수정됨, American Geophysical Union의 허가로. 저작권 © 2002 American Geophysical Union). 단면은 그림 8.8a에 표시된 굵고 검은 단면선에 평행하다. 점선은 등속도선이다. 숫자는 km s^{-1}의 속도이다. 수직 과장은 2 : 10이다. 상부 10km은 지각 굴절 탐사에 의한 것이다. 음영 지역의 P_n파 데이터에 의해 제약된 맨틀의 일부분을 보여주고, 굵고 검은 선은 모호면의 관측된 부분을 가리킨다. LVZ, 낮은 속도 구역(low velocity zone); NIF, 뉴포트-잉글우드 단층(Newport-Inglewood Fault); PVF, 팔로스 베르데 단층(Palos Verde Fault); SAF, 산 안드레아스 단층; SGF, 산 가브리엘 단층(San Gabriel Fault); SGM, 산 가브리엘 산맥(San Gabriel Mountains); SGV, 산 가브리엘 벨리(San Gabriel Valley); SMF, 시에라 마드레 단층(Sierra Madre Fault); VT, 빈센트 스러스트(Vincent Thrust); WF, 위티어 단층(Whittier fault)

오프셋된 모호면 외에도 그림 8.13에 표현된 속도 모델은 약한 규산질 암석과 일치하는 비교적 느린 탄성파 속도(6.3km s^{-1})가 모하비 사막(Mojave Desert) 아래의 중간과 하부 지각의 특성임을 가리킨다. 대조적으로, 산 안드레아스 단층의 남쪽에 있는 하부 지각은 단층의 남쪽 지역이 장석 및/또는 감람석이 풍부한 강한 암석으로 구성되어 있음을 암시하는 상대적으로 빠른 속도(6.6-6.8km s^{-1})가 특징이다. 이 속도 구조는 단층 북쪽의 약한 지각이 남쪽으로 흘러서 트랜스버스 산맥 아래의 두꺼운 뿌리를 생성하였다는 아이디어와 조화된다(그림 8.14). 반사면 진폭이 특히 큰(그림 8.14의 구역 A와 B) 산 가브리엘 산맥(San Gabriel Mountains) 아래의 몇몇 두드러진 명점(bright spot)이 단열과 취성의 지진원 구역(seismogenic zone) 기저의 스러스트 데꼴망 표면(thrust décollement surface, 8.2절)을 따라 침투한 유체의 존재를 암시한다(Fuis *et al.*, 2001)는 것이 이 가설을 지지한다. 이 패턴은 데꼴망이 취성의 상부 지각 아래에 약하고 연성으로 흐르는 지각과 관련된다는 것을 의미한다.

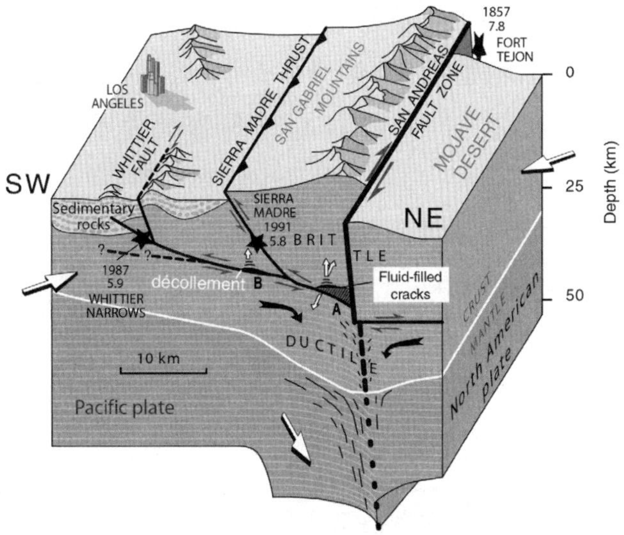

그림 8.14 로스앤젤레스 지역의 활동 중인 단층의 3차원 형태를 나타내는 블록 다이어그램(Fuis *et al.*, 2001에서 수정되어, G. Fuis에 의해 제공된 이미지, Geological Society of America의 허가로). 중간, 그리고 큰 지진은 검은 별, 날짜, 그리고 규모로 표시된다. 작은 흰색 화살표는 밝게 반사하는 지역 A와 B 근처 블록의 움직임을 보여준다. 큰 흰색 화살표는 태평양 및 북아메리카 판의 상대적 수렴 방향을 보여준다. 지역 A와 B는 심부로부터 위로 이동하는 유체를 운반하는 균열대(zones of cracks)이다. 데꼴망(décollement) 표면은 위로 취성의 상부 지각이 스러스트와 역단층을 따라 겹쳐지고, 그리고 아래로 하부 지각이 산 안드레아스 단층(검은색 화살표)으로 모호면을 아래로 누르면서 흐르고 있는 산 안드레아스 단층의 지역 A에서 올라간다. 태평양판의 맨틀은 산 가브리엘 산맥(San Gabriel Mountains) 아래로 침강한다.

트랜스버스 산맥(Transverse Ranges) 아래의 대륙 아래 맨틀 구조가 탄성파 이방성(2.1.8절)의 원리를 이용하여 연구되었다. 이 지역에서, 수직에 가까운 60-80km 폭의 높은 속도, 높은 밀도의 암체가 산 안드레아스 단층의 지표면 흔적 아래의 상부 맨틀로 약 200km까지 확장한다(Kohler, 1999). 이런 이상(anomaly)이 의미하는 바는 불확실하지만, 하부 지각 흐름을 구동하는 데 도움이 되고 트랜스버스 산맥 아래의 지각 수축을 향상시키는 함몰 물질(sinking material)의 구역을 나타낼 수 있다(Godfrey *et al.*, 2002).

전단파(SKS) 분리(shear wave splitting)를 측정하여 산 안드레아스 단층의 북쪽 부분과 중앙 부분 아래에서 깊이에 따라 속성이 변하는 이방성 상부 맨틀을 밝혀냈다(Özalaybey & Savage, 1995; Hartog & Schwartz, 2001). Özalaybey와 Savage(1995)는 중첩된 층의 관점에서 이러한 데이터를 해석했다. 하부 층은 ~15백만 년 전에 멘도시노 삼중합점(Mendocino triple junction)의 이동에 의해 야기된 연약권 흐름에서 발생할 수 있는 동서 방향의 빠른 분극조직(polarization)을 포함한다. 이와 달리, 이 패턴은 화석 이방성(fossil anisotropy)을 반영할 수 있다. 상부 층은 산 안드레아스 단층의 흔적에 평행하고 암석권이 비교적 얇고 뜨거운 산 안드레아스 단층의 북동쪽에서 잘 표현되는 빠른 분극조직 방향을 포함한다. 그것은 암석권이 비교적 두꺼운 남서 측에서 빈약하게 발달되어 있다. 산 안드레아스 단층 근처의 이런 상부 층 국지화가 이방성이 가파른 50-100km 폭의 맨틀 전단대의 변형에서 기인한다는 것을 암시한다(Teyssier & Tikoff, 1998). 그것의 두께는 잘 제약되지 않으나, 115-125km 두께에 도달할 수 있고, 연약권 맨틀을 포함할 수 있다. 단층 바로 아래에서 깊이에 따른 분극조직 방향의 변화는 우수향 전단작용(right lateral shearing)에 기인된 변형 양의 변화(Savage, 1999) 혹은 변형 방향의 변화(Hartog & Schwartz, 2001)에서 발생할 수 있다. 가정된 맨틀 전단대와 상부 지각의 단층작용 사이의 관계를 확립하기 위하여 추가 연구가 요구된다.

8.3.3 알파인 단층(Alpine Fault)

뉴질랜드에 있는 알파인 단층 시스템(그림 8.2a)은 그것의 구조가 단층에 수직인 단축(shortening)의 큰 성분을 반영하는 대륙 변환의 예를 제공한다. 뉴질랜드 남쪽 해저의 지구물리학적 관찰을 통해 수축이 11Ma와 6Ma 사이에 호주와 태평양판 사이의 상대적 운동의 변화에 기인되었다는 것이 알려졌다(Walcott, 1998; Cande & Stock, 2004). ~11Ma 이전에는 상대적인 판 운동은 단층에 수직인 단축의 작은 성분을 갖는 알파인 단층에서 대부분 주향이동 움직임으로 나타났다. ~11Ma 이후에, 그리고 다시 ~6Ma 이후에, 태평양과 호주 판 사이의 상대적 운동의 변화가 기존의 알파인 단층을 가로지르는 압축의 증가된 성분으로 나타났고, 증가된 단축과 남알프스의 급속한 융기로 이어졌다(Norris *et al.*, 1990; Cande & Stock, 2004). 이 변화가 남 섬에 비스듬한 대륙-대륙 충돌을 일으켰다. 섬의 중앙 부분에서 융기 속도는 5-10mm a^{-1}이고(Bull & Cooper, 1986), 높은 속도의 침식이 수반된다. 지각 단축과 더불어, 이런 프로세스는 한때 15-25km의 깊이에 있던 높은 변성도 편암의 침식노출로 이어졌다(Little *et al*., 2002; Koons *et al*., 2003).

알파인 단층은 남쪽의 퓌이세규어(Puysegur) 섭입대와 북쪽의 히쿠랑기(Hikurangi) 섭입대 사이의 남 섬을 가로지른다(그림 8.2a). 후기 신생대 동안에 단층은 점점 호주와 태평양판 사이 슬립의 중심지가 되었다. 측지 측정(Beavan *et al*., 1999)과 오프셋된 빙하 퇴적물(그림 8.4)을 통해 그것이 후기 플라이스토세 이래 상대적 운동의 60~80%를 수용했다는 것을 알 수 있다(Norris & Cooper, 2001; Sutherland *et al*., 2006). 나머지 운동은 단층의 동쪽에 주로 위치하는 >100km 폭의 구역에서 기울어지는 스러스트와 비스듬한 이동 단층의 슬립에 의해 수용된다(그림 8.2a). 기반 단위(basement units)의 지질학적 복원을 통해 총 850±100km의 우수향 움직임이 약 45Ma 이래 판의 경계를 따라 축적되었음이 밝혀졌다(Sutherland, 1999). 메디안 배소리스(Median Batholith, 그림 8.2a)와 다른 중생대 및 고생대 벨트의 우수향 오프셋으로 나타내진 바와 같이 이 움직임의 적어도 460km는 알파인 단층에 의해 수용되었다(Wellman, 1953; Sutherland, 1999). 단축의 약 100km가 ~10Ma 이후 남 섬을 가로질러 발생했다(Walcott, 1998).

중앙 남 섬 아래 알파인 단층의 지하 구조는 산 안드레아스 및 사해 단층과 같은 주향이동에 지배되는 변환에 의해 표현된 그것과 다르다. 탄성파 영상(Davey *et al*., 1995)이 알파인 단층의 중앙 부분이 25km를 초과하는 깊이까지 40-50°의 각도로 남동쪽으로 경사진다는 것을 알려준다(그림 8.2b). 단층에서 운동은 약 22° 경사지는 방향이며, 이것은 이 지역의 단층이 비스듬한 스러스트임을 가리킨다(Norris *et al*., 1990). 반대로, 단층의 피오르드랜드(Fiordland) 부분에서의 운동은 거의 순수한 주향이동이다(Barnes *et al*., 2005).

남 섬 지구물리학적 횡단면(South Island Geophysical Transect, SIGHT)의 일부로 구축된 600km 길이의 탄성파 속도 단면이 남알프스 아래에 큰 지각 뿌리의 존재를 드러냈다(그림 8.2b). 태평양 측에서 모호면의 심도는 캔터베리 플레인(Canterbury Plain) 아래의 ~20km에서 알파인 단층의 지표면 흔적의 45km 남동쪽에 위치한 점 아래에서 37km로 깊어진다. 뿌리는 비대칭이고, 지표면에서 남알프스의 점차 뾰족해지는 단면을 흉내 낸다. 단층의 동남부에서 모호면 깊이는 그것의 북서쪽에서보다 더 점진적으로 감소한다(Scherwath *et al*., 2003; Henrys *et al*., 2004). 뿌리는 주로 대부분 5.7km s^{-1}과 6.2km s^{-1} 사이의 탄성파 속도를 갖는 두꺼워진 상부 지각으로 이루어져 있다(Scherwath *et al*., 2003; Van Avendonk *et al*., 2004). 판 경계에서 멀리 떨어지면, 상부 지각은 ~15km의 정상적인 두께를 보여준다. 6.5-7.1km s^{-1} 범위의 속도를 갖는 얇은(3-5km) 하부 지각이 뿌리의 기저에 나타난다. 낮은 속도 구역이 높은 유체 압력의 가장 그럴듯한 결과(8.6.3절; Stern *et al.*, 2001, 2002)로 단층 흔적 아래의 중간, 그리고 하부 지각에 나타나고, 상부 맨틀까지 아래로 연장된다.

원거리지진 데이터(teleseismic data)의 분석에 의해 지각 뿌리 아래 변형은 깊이에 따라 점진적으로 넓어진다는 것이 드러났다. P_n파 속도의 측정(Scherwath *et al.*, 2002; Baldock & Stern, 2005)과 전단파(SKS) 분리(Klosko *et al.*, 1999; Duclos *et al.*, 2005)에 의해 알파인 단층 아래의 맨틀 상부에 분산된 연성 변형대의 존재가 밝혀졌다. 빠른 분극조직 방향은 일반적으로 단층 주향에 평행하며(그림 8.15), 이는 판의 경계에 평행인 흐름을 시사한다. Baldock와 Stern(2005)은 남 섬 아래 2개의 독특한 도메인에 대한 증거를 발견했다. 남쪽에 있는 335km 폭의 맨틀 변형대와 북쪽에 있는 더 좁은 ~200km 폭의 구역(그림 8.15). 이러한 폭과 맨틀 이방성의 방향은 지질학적 재구성에 의해 예측된 것에 가까운 800±200km의 우수향 주향이동 변위를 수반하는 횡압력의 모델과 일치한다.

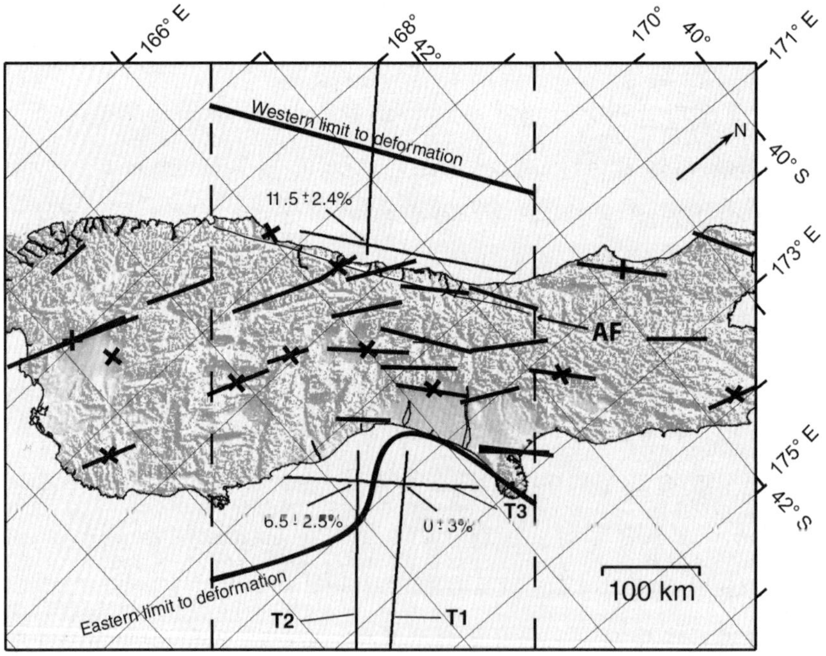

그림 8.15 알파인 단층(Alpine Fault, AF) 아래의 맨틀 변형의 해석과 함께 SIGHT 실험과 SKS 측징의 형태를 보여주는 지도(Baldock & Stern, 2005에서 수정되어, T. Stern에 의해 제공된 이미지, Geological Society of America의 허가로). 3개의 탄성파 탐사측선(T1, T2, T3)이 표시된다. 검은 바는 최대 지진파 속도의 방향을 나타낸다. 바 길이는 Klosko *et al.*(1999)의 SKS 결과로부터 결정된 전단파 분리(shear wave splitting)의 진폭에 비례한다. 11.5±2.4%의 P_n 이방성 측정은 Scherwath *et al.*(2002)에서 왔다.

남 섬 아래의 맨틀 뿌리의 수직 두께는 적어도 100km이다(Stern *et al.*, 2002). 지진은 30km와 70km 깊이 사이에서 발생한다(Kohler & Eberhart-Phillips, 2003). 이 뿌리는 뜨겁고 밀도가 낮고 속도가 더 느린 연약권으로 옮겨진 비교적 차고 고밀도의 높은 속도 맨틀 암석권의 핵을 갖고 있다(Scherwath *et al.*, 2006). 맨틀의 이 초과 질량은 관측된 중력 이상에 의해 요구되고, 남알프스의 지형을 지탱하기 위해 필요한 두께의 2배인 지각 뿌리를 유지하기에 충분한 힘을 제공한다(Stern *et al.*, 2000). 뿌리 형태의 한 가지 가능한 해석은 그것은 대칭이고 분산된 변형과 암석권의 균일한 두꺼워짐에 반응해서 형성되었다는 것이다(그림 8.16a). 다른 하나는, 맨틀 뿌리가 대륙 내 섭입(intracontinental subduction)에서 발생하는 기울어지는 스러스트 표면 위에 집중되는 변형을 필요로 하는 비대칭일 수 있다(그림 8.16b). 맨틀 뿌리 형성과 그것의 구조적 수정에 기여하는 이런 그리고 다른 프로세스는 대륙 변형 단층의 거의 모든 지역에서 연구의 핵심 요소이며(예를 들면, 7.5절, 7.8.1절, 10.2.5절, 10.4.6절), 11.3.3절에 더 자세히 논의된다. 이 가설 중 어느 것이 올바르든, 이상대(anomaly)가 남알프스 아래 상부 맨틀(upper mantle)의 낮은 온도가 충돌 지역 아래의 차가운 하강류에 의해 기인된다는 것을 시사한다. 게다가 원거리지진 데이터가 대륙 변환과 관련된 변위는 별개의 단층작용을 필요로 하지 않고 맨틀의 분산된 변형에 의해 수용될 수 있음을 가리킨다. 대륙 변환 단층에 비해 뉴질랜드 세팅에서 발견된 변형 구역의 큰 폭은 판 경계를 가로지르는 수렴의 큰 성분을 반영할 수 있다(Stern *et al.*, 2002).

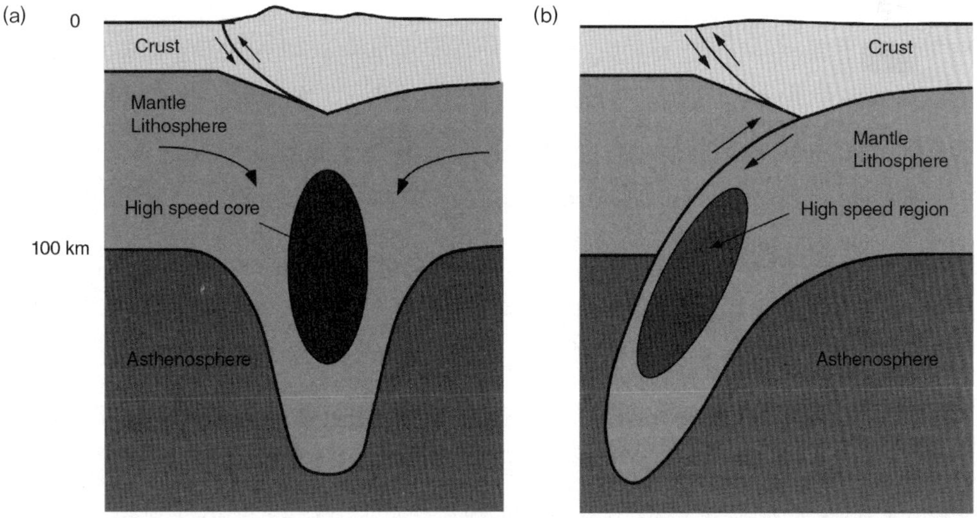

그림 8.16 알파인 단층 아래 맨틀에서 수렴의 두 가지 모드를 보여주는 만화(Stern *et al.*, 2002을 따름). (a) 균일한 단축과 두꺼워짐에 의해 형성된 대칭적 뿌리(symmetric root). (b) 대륙 내 섭입대를 형성하는 호주 판 아래로 태평양 맨틀 암석권의 서쪽 언더스러스트작용(underthrusting)

8.4 변환 단층의 대륙 주변부(transform continental margins)

변환 단층이 대륙 열개 동안에 발달하는 경우, 대륙 주변부는 변환 단층에 의해 정해지고, **변환 단층의 대륙 주변부(transform continental margin)**라고 칭해진다. Scrutton(1979)에 의해 처음으로 고찰된 이러한 대륙 주변부의 역사는 인접한 판의 대륙 대응물과 초기 접촉과 분리가 진행함에 따라 해양 암석권 및 해령과 뒤이은 접촉을 반영한다. 이러한 대륙 주변부는 좁은 (<30km) 대륙붕과 가파른 해양-대륙 전이대로 인해 열개된 또는 비활동 대륙 주변부(passive margin, 7.7절)와 다르다.

가장 잘 연구된 변환 단층의 대륙 주변부 중 하나는 기니 만(Gulf of Guinea)의 북쪽에 있는 상아 해안-가나(Ivory Coast-Ghana) 대륙 주변부이다. 이 대륙 주변부는 현재 로망슈 단열대(Romanche Fracture Zone) 내에서 변환 단층 운동을 동반하는 남대서양의 초기 백악기 열림 동안에 형성되었다(그림 8.17a; Mascle & Blarez, 1987; Attoh *et al*., 2004). 이 대륙 주변부는 뒤이은 수정을 거의 겪지 않아서 화석 변환 단층의 대륙 주변부를 대표한다고 생각될 수 있다. 상아 해안-가나 대륙 주변부는 삼각형 모양의 대륙붕, 가파른(15°) 대륙 사면, 그리고 좁은(6-11km) 해양-대륙 전이대(ocean-continent transition zone)를 보인다(그림 8.17b). 탄성파 반사 데이터가 코트디부아르-가나(Côte d'Ivoire-Ghana) 대륙 주변부 릿지(marginal ridge)를 따른 10-20km 폭의 구역 내에서 우수향 운동(dextral motion)과 관련된 습곡작용과 단층작용의 증거를 제공한다(Edwards *et al*., 1997; Attoh *et al*., 2004). 습곡은 우수향 운동과 조화되는 북동 방향의 축을 보여준다. 단층은 적어도 2번의 주향이동 변형의 에피소드를 반영하는 것으로 보이는 주향이동, 그리고 경사이동(남쪽편이 내려간) 변위 모두를 기록한다(Attoh *et al*., 2004). 첫 번째는 인리형 분지의 형성(8.2절)으로 이어진 북동 방향의 단층에서 주향이동 운동과 확장의 결합을 수반했다. 두 번째는 아마 변환 단층의 운동 방향 변화의 결과로 주향이동 운동과 습곡작용을 수반했다.

이런 그리고 다른 관찰에 근거하여, 상아 해안-가나 대륙 주변부의 대규모 진화를 재구성할 수 있었다. 네 개의 주요 단계가 그림 8.17c-f에 개략적으로 도시되어 있다. 1단계(그림 8.17c)에서, 두 대륙이 접촉하고 있다. 주향이동 운동은 인리형 분지와 회전된 지각 블록을 생성하는(8.5절) 상부 지각의 취성 변형과 심부의 연성 변형(2.10절)으로 나타난다. 2단계(그림 8.17d)에서, 열개와 지각 얇아짐이 발산형 대륙 주변부 형성을 수반함에 따라 정상적인 두꺼운 대륙 암석권과 얇고 스트레칭된 대륙 암석권 사이에 접촉이 있게 된다. 새로 생성된

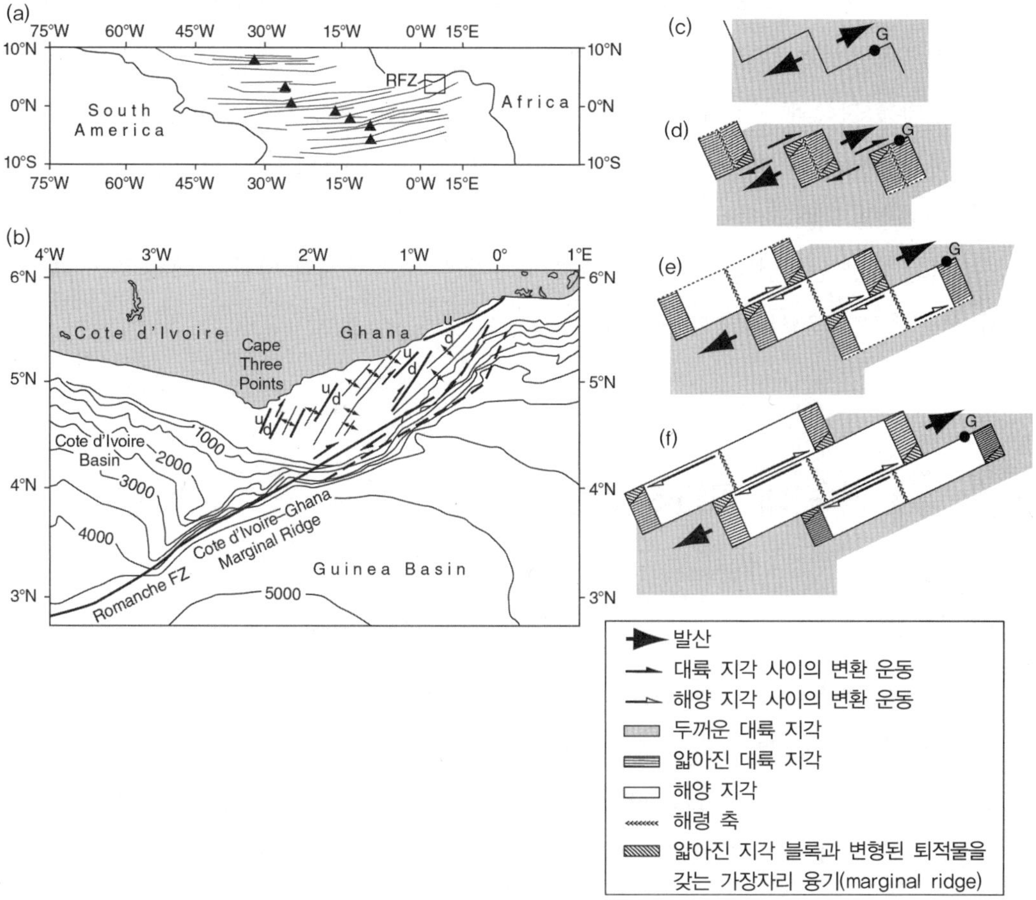

그림 8.17 (a) 중앙 대서양 해령을 오프셋하는 주요 단열대(삼각형)와 (b) 상아 해안–가나(Ivory Coast–Ghana) 변환 단층의 대륙 주변부의 위치를 보여주는 적도 대서양의 지체 구조도(Edwards *et al.*, 1997에서 수정됨, American Geophysical Union의 허가로. 저작권 © 1997 American Geophysical Union). RFZ, 로망슈 단열대(Romanche Fracture Zone). (b)의 단층과 습곡은 Attoh *et al.*(2004)에 의해 제시된 데이터에서 수정된다. u, 올라감; d, 내려감. (c–f) 변환 단층의 대륙 주변부 형성의 단순화된 모델(Mascle & Blarez, 1987을 따름, Nature 326, 378–81의 허가로. 저작권 © 1987 Macmillan Publishers Ltd). G, 가나 변환 대륙 주변부의 위치

열개 분지는 주변 대륙으로부터 빠른 퇴적과 지각 얇아짐과 관련된 침강(7.7.3절)을 경험한다. 퇴적물은 변환 단층 운동에 의해 습곡을 받고 단층이 일어나며, 블록은 융기되어(Basile & Allemand, 2002) 급경사와 대륙 주변부 릿지를 형성한다(6.2절 참조). 이런 구조운동(tectonism)은 퇴적 시퀀스와 탄성파 반사 단면에 이미지화된 다른 구조들에서 부정합으로 기록된다(Attoh *et al.*, 2004). 3단계(그림 8.17e)에서, 새로운 해양 암석권이 확장 센터를 따라 나타나서 활성 해양-대륙 변환 단층을 확립한다. 이 단계에서 단층이 일어난 대륙 주변부와 해양 지각 사이에 접촉이 있게 된다. 단층이 일어난 대륙 주변부가 확장 센터의 뜨거운 해양 지각 근처

를 통과하고, 그것을 경험한 열 교환은 특히 대륙-해양 경계 근처에서 단층이 일어난 대륙 주변부 내에서 가열과 차등의 융기로 나타난다. 탄성파 데이터를 통해 마그마가 변환 단층과 제휴하는 대륙 지각의 심부에서 마그마 판하부착작용(magmatic underplating)이 일어났다는 것이 알려졌다(Mohriak & Rosendahl, 2003). 4단계(그림 8.17f)에서 변환 단층은 해양 지각의 블록 사이에서만 활동 중이어서 단열대(6.12절)로 나타난다. 그 후 단층이 일어난 대륙 주변부는 냉각하는 해양 암석권과 접촉하고, 그것의 침강은 다른 열개된 비활동 대륙 주변부(7.7.3절)와 비슷한 방식으로 서서히 변한다.

8.5 연속 대 불연속 변형

8.5.1 서 론

대부분의 해양 지역에 비해 대륙에서의 변형이 분산되어 있다는 성질이 대륙 변형(2.10.5절, 5.3절)을 설명하기 위한 유일한 프레임워크의 발명으로 이어졌다. 이 프레임워크를 개발하는 데 가장 중요한 관점 중 하나는 별개의 변형 구역들에 의해 혹은 보다 공간적으로 연속적인 프로세스에 의해 분리된 많은 일관된 블록의 움직임에 의해 운동이 수용되는지 여부를 결정하는 것이다. 일부 지역에서 남서부 미국의 그레이트 벨리(Great Valley)와 시에라네바다(Sierra Nevada) 같은 큰 비지진(aseismic) 지역의 존재(그림 7.8, 7.10)가 대륙 지각의 일부는 단단하게 거동한다는 것을 암시한다. 그러나 워커 레인(Walker Lane)과 동부 캘리포니아 전단대와 같은 다른 지역에서 단단한 블록의 상대적 운동보다 광역적인 속도장(velocity field)에 의한 지진 활동의 표현이 더 명확한 변형의 확산 구역(diffuse zones)의 존재를 드러낸다.

가능성들을 구별하기 위해, 지구과학자들은 지역을 가로질러 변형이 어느 정도 연속적인지 또는 불연속적인지를 결정하는 데 지질학, 측지학 및 지진학적 데이터의 결합을 사용한다(Thatcher, 2003; McCaffrey, 2005). 변형하는 대륙 암석권의 정확한 운동과 유동학적 모델(8.6절)을 개발하기 위하여, 그리고 변형이 어디에서 가장 빠르게 수용되는지, 따라서 지진이 어디에서 일어날 가능성이 가장 높은지를 추정하기 위하여 이런 광역적인 속도장의 특성을 규정하는 것이 중요하다.

연속적인 속도장을 포함하는 모델에서 비록 상부 취성 지각이 단층으로 쪼개진다 하더라도, 단층은 비교적 가깝게 이격되고, 작은 슬립 속도를 갖고 지각의 탄성부분을 통해서만 확장되리라 예측된다. 이러한 관점에서, 속도장은 일반적으로 연성 포행에 의해 변형되는 두꺼운 층(80-100km) 위의 단층작용으로 변형되는 얇은 층(10-20km)으로 구성되어 있는 전체 암석권의 평균 변형을 나타내는 것으로 가정된다(Jackson, 2004). 단단한 블록 모델에서, 단층들은 널리 이격되고, 빠르게 미끄러지고 전체 지각을 수직적으로 관통하여 상부 맨틀에서 큰 연성 전단대로 끝나리라 예상된다(McCaffrey, 2005). 이런 후자의 속성은 대륙 지각을 변형시키는 것은 판 구조론(plate tectonics)과 유사한 타입의 거동으로 표현된다는 것을 암시한다. 두 종류의 모델에서, 변형은 지각 블록의 가장자리를 따라 작용하는 것들, 하부 지각과 상부 맨틀의 흐름으로 기인된 기저 견인력(basal traction), 그리고 중력을 포함하는 힘의 결합에 의해 구동될 수 있다.

대륙의 변형이 어느 정도로 연속 또는 불연속인지를 결정하는 것은 매우 어렵다고 많은 지역에서 입증되었다. 어려움에 대한 한 가지 이유는 측지 데이터로 측정된 단기(십 년 규모) 지표면 속도장은 일반적으로 큰 규모(수 킬로미터에서 수백 킬로미터)에서는 지속적으로 보인다는 것이다(2.10.5절). 이런 특성은 측지 위치확인 기술(geodetic positioning techniques)이 공간의 특정 지점에서 속도 추정치를 제공하기 때문에 발생하는데, 사용하려는 지점의 밀도는 지역과 조사 규모에 좌우된다(Bos & Spakman, 2005). 대부분의 해석 방법은 최종 해상도가 유용한 관측소의 숫자와 분포에 따라 달라지는 측지 데이터에 대한 약간의 보간법으로 시작한다(Jackson, 2004). 게다가 단층 슬립 속도에 대한 유용한 정보는 불완전하고, 짧은 기간에 걸쳐 계산된 것은 장기 슬립 속도를 대표하지 않을 수 있다(Meade & Hager, 2005; McCaffrey, 2005). 만일 모든 지각 단층에서 정확한 장기 슬립 속도가 사용될 수 있다면, 그 문제는 바로 해결될 수 있다. 더구나 비록 대륙 변형이 장기에 걸쳐 단층을 따라 국지화되더라도 단기에 걸친 탄성 상부 지각의 정상 상태 운동은 변형하는 물질의 유동학에 관한 정보를 거의 포함하지 않아서, 암석권의 전반적인 역학적 거동에서 단층의 중요성은 명확하지 않다. 이 후자의 불확실성이 대륙 변환(continental transforms)을 따른 변형이 가장자리 힘(edge force), 기저 견인력(basal traction) 또는 중력에 의해 주로 구동되는지 여부의 문제를 애매하게 한다(Savage, 2000; Zatman, 2000; Hetland & Hager, 2004; 8.5.3절).

대륙 변형을 정량화하는 데 관련된 어려움에도 불구하고, 많은 지역에서 지구과학자는 연속 및 불연속 표현의 요소가 관측과 일치하는 것을 보여줄 수 있었다. 이 절에서는 변형이 대륙 변환 단층을 따라, 그리고 대륙 변환 단층에 인접해서 구조적 다양성에 따라 다양한 방식으로 수용될 수 있다는 것을 보여주는 산 안드레아스 단층 시스템(San Andreas Fault system)에 관련해서 측지 측정과 속도장 모델링의 결과가 설명된다.

8.5.2 상대적 판 운동과 지표면 속도장(surface velocity fields)

남서부 미국에서 태평양과 북아메리카 판 사이의 상대적 운동은 약 48-50mm a^{-1}의 속도로 일어난다(DeMets & Dixon, 1999; Sella *et al.*, 2002). 측지 및 지진학적 데이터가 이 운동의 최대 70%는 현재 산 안드레아스 단층의 우수향 슬립에 의해 수용될 수 있음을 시사한다(Argus & Gordon, 2001). 올리고세 이후(Stock & Molnar, 1988) 주향이동 운동의 총거리 약 1100-1500km 가운데, 우수향 슬립의 오직 300km와 450km만 산 안드레아스 단층의 남부와 북부 구역을 따라 각각 축적되었다(Dillon & Ehlig, 1993; James *et al.*, 1993). 그러므로 나머지 움직임은 캘리포니아 해안에서 분지와 산맥(Basin and Range, 그림 8.1)에 퍼져 있는 변형의 확산 구역 내에서 수용되어야만 한다.

산 안드레아스 단층은 ~1200km 길이를 따라 서로 다른 단기의(short-term) 역학적 거동을 나타내는 분할조각(segment)으로 분할된다. 로스앤젤레스의 북쪽에, 그리고 샌프란시스코의 북쪽에 위치한 것과 같은 일부 분할조각은 큰 역사적 지진을 발생시키면서 최근 파열되었고, 현재는 슬립의 증거를 거의 보이지 않는다. 이런 분할조각은 심부에 갇혀져 있는 것 같고, 현재 그것들에게 중요한 잠재적 지진 위험을 만들어주는 지표면 근처에 큰 비영구적(탄성적) 변형을 축적하고 있다(2.1.5절). 2개의 갇혀진 분할조각(locked segments) 사이에, 비지진 슬립(aseismic slip), 얕은(<15km 깊이) 미지진(microearthquakes), 그리고 큰 역사적 지진이 거의 없음으로 특징지어지는 175km 길이의 중앙 캘리포니아에 있는 단층 분할조각이 있다. 이 분할조각을 따라, 비지진 슬립은 단층면 위에서 안정된 슬라이딩을 증진시키는 마찰 특성에서 생성되는 비교적 안정된 형태의 포행을 반영한다(Scholz, 1998). 이러한 서로 다른 거동, 그리고 특히 지표면에서 단층 위 혹은 근처의 비지진 포행의 발생이 수평 속도장의 추정을 까다롭게 한다(8.5.3절).

북부 캘리포니아에서 지진이 서쪽의 태평양판과 동쪽의 그레이트 벨리-시에라네바다(Great Valley-Sierra Nevada) 비소판 사이의 코스드 산맥(Coast Range) 내에서 ~120km 폭 단층대의 존재를 드러낸다(그림 8.18a). 이 지역에서, 수평 속도(그림 8.18b)는 N29°W를 향해 우수향 운동의 거의 균일한 분포를 보여준다(Savage *et al.*, 2004a). 이 방향은 산 안드레아스 단층의 지역적인 주향(N34°W)에 가깝고 지역의 주요 단층을 따른 주향이동 운동이 우세함을 나타낸다. 태평양-북아메리카 회전 극을 통과하는 큰 원을 따른 속도 단면(그림 8.18c)은 산 안드레아스 단층의 흔적에 평행 내지 수직으로 나타나는 운동의 성분들을 보여줌으로써 이 결과를 도시한다. 단층에 평행한 슬립 속도는 아주 높다. 다른 단층들은 낮은 속도를 보인다. 또한, 태평양판에 대해 그레이트 벨리-시에라네바다 블록의 서쪽으로 움직임(Dixon *et al.*, 2000;

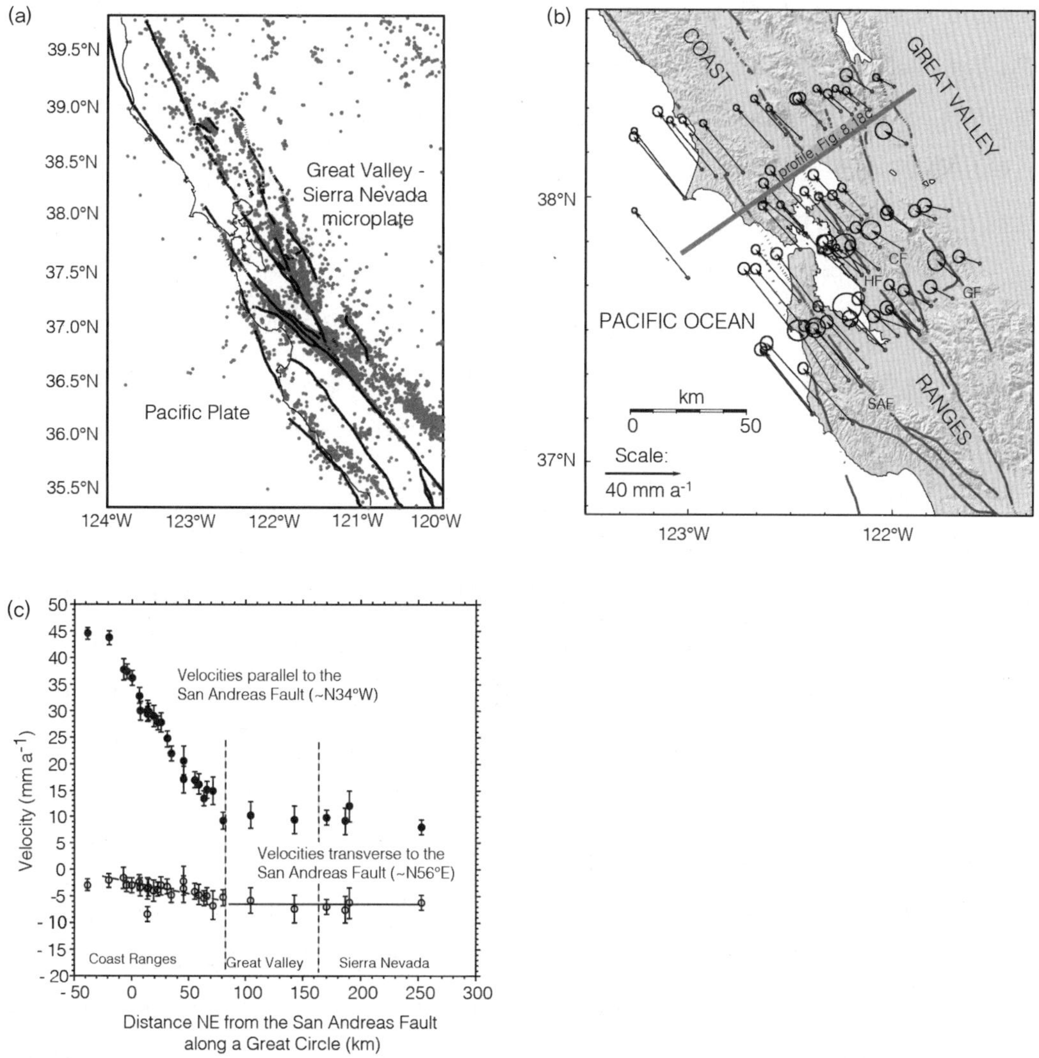

그림 8.18 (a) 1968년과 1999년 사이에 북부 캘리포니아 지진 네트워크에 의해 기록된 지진(Bokelman & Beroza, 2000에서 수정되어, G. Bokelmann에 의해 제공된 이미지, American Geophysical Union의 허가로. 저작권 © 2000 American Geophysical Union). 58000이 넘는 지진이 거대한 산 안드레아스 단층 시스템의 지진원 분할조각(seismogenic segment)을 보여준다. 샌프란시스코 만 지역에서 GPS 조사에서 추론된 속도를 보여주는 지도 (b)와 단면 (c)(Savage *et al.*, 2004a에서 수정되어, J. Savage에 의해 제공된 이미지, American Geophysical Union의 허가로. 저작권 © 2004 American Geophysical Union). (b)의 속도 화살표의 끝 오류 타원은 95% 신뢰성 한계를 나타낸다. SAF, 산 안드레아스 단층; HF, 헤이워드 단층(Hayward Fault); CF, 캘라베라 단층(Calaveras Fault); GF, 그린빌 단층(Greenville Fault). (c)의 속도 단면은 산 안드레아스 단층에 평행한, 그리고 수직인 성분을 보여준다. 단면은 태평양-북아메리카 회전 극 및 (b)에서 표시된 궤적을 통과한다. 오차 바는 플롯된 점들의 양쪽에 두 개의 표준 편차를 나타낸다.

Williams *et al*., 2006)과 이 움직임과 산 안드레아스 단층의 흔적 사이의 약간의 비스듬함 (Prescott *et al*., 2001; Savage *et al*., 2004a)이 코스트 산맥을 가로지르는 수축의 작은 성분을 생성한다. 이 후자의 결과는 지질학적 데이터(그림 8.7b, 삽화)와 그레이트 벨리의 서쪽에서 스러스트 솔루션을 보여주는 지진의 발진 메커니즘(그림 7.10) 모두에 의해 지지된다. 대조적으로, 그레이트 벨리를 가로질러, 그리고 시에라네바다 내에서는 변형이 거의 발생하지 않는데, 이것이 이 지역들은 일관된 단단한 블록을 형성하고 있다는 것을 암시한다.

남부 캘리포니아에서 지진의 분포를 보면 상대적 판 운동이 수백 킬로미터 폭의 구역에 걸쳐 수용되고 있음을 알 수 있다(그림 7.8). 위도 34°N의 남쪽에 약간의 운동이 샌 자신토(San Jacinto)와 산 안드레아스 단층 사이에 분배된다(그림 8.1). Becker *et al*.(2005)는 전자가 슬립의 약 15mm a^{-1}, 그리고 후자가 슬립의 ~23mm a^{-1}을 수용하는 것으로 추정하였다. 지각 단축과 표면 융기가 운동 성분을 수용하는 트랜스버스 산맥(Transverse Range, 그림 8.8) 내에서, 산 안드레아스 단층에서 슬립은 상당히 느린 것처럼 보인다(Meade & Hager, 2005). 기타 변위는 갈록(Garlock), 레이몬드 힐(Raymond Hill), 그리고 쿠카몽가(Cucamonga) 단층과 같은 주요 좌수향 단층(그림 8.8a)을 따라, 그리고 수직 축에 대한 지각 블록의 시계 방향과 반시계 방향의 회전으로 나타난다(Savage *et al*., 2004b; Bos & Spakman, 2005).

그림 8.19a는 국지적 참조 프레임(local reference frame)에서 남부 캘리포니아에 대한 속도장의 예를 보여준다(Meade & Hager, 2005). 북아메리카 판 위의 관측소는 상대적 판 속도의 약 반으로 남동쪽으로 이동하고, 태평양판 위의 그것들은 북서쪽으로 이동한다. 관찰된 속도는 산 안드레아스 단층을 가로질러 부드럽게 변한다. 두 개의 단면(그림 8.19b, 회색 음영 지역)은 비슷한 ~42mm a^{-1}의 총속도 변화를 보이나 분명히 다른 속도 구배를 보여준다. 북쪽 단면을 따라, 단층에 평행한 속도는 산 안드레아스 단층을 가로질러 ~30mm a^{-1}로 떨어지고 동부 캘리포니아 전단대를 가로질러 약 12mm a^{-1}을 분배시키기 전에 산 조아킨 벨리(San Joaquin Valley)을 통해 약간 감소한다. 대조적으로, 남쪽 단면은 총속도가 북쪽 단면 거리의 약 50%에 걸쳐 떨어진다는 것을 보여준다. 이것은 북에서 남으로 단층 시스템의 기하학적 차이를 반영한다. 북쪽 단면의 편평한 부분은 서쪽에서 산 안드레아스 단층의 중앙 분할조각을, 그리고 동쪽에서 동부 캘리포니아 전단대를 변형시키지만 ~200km 폭의 그레이트 벨리–시에라네바다 미소판의 상대적 안정성을 반영한다. 대조적으로, 남쪽 단면은 산 안드레아스와 샌 자신토(San Jacinto) 단층 사이에 있는 40km 폭의 구역이 상대적 판 운동의 약 80%를 수용한다는 것을 보여준다.

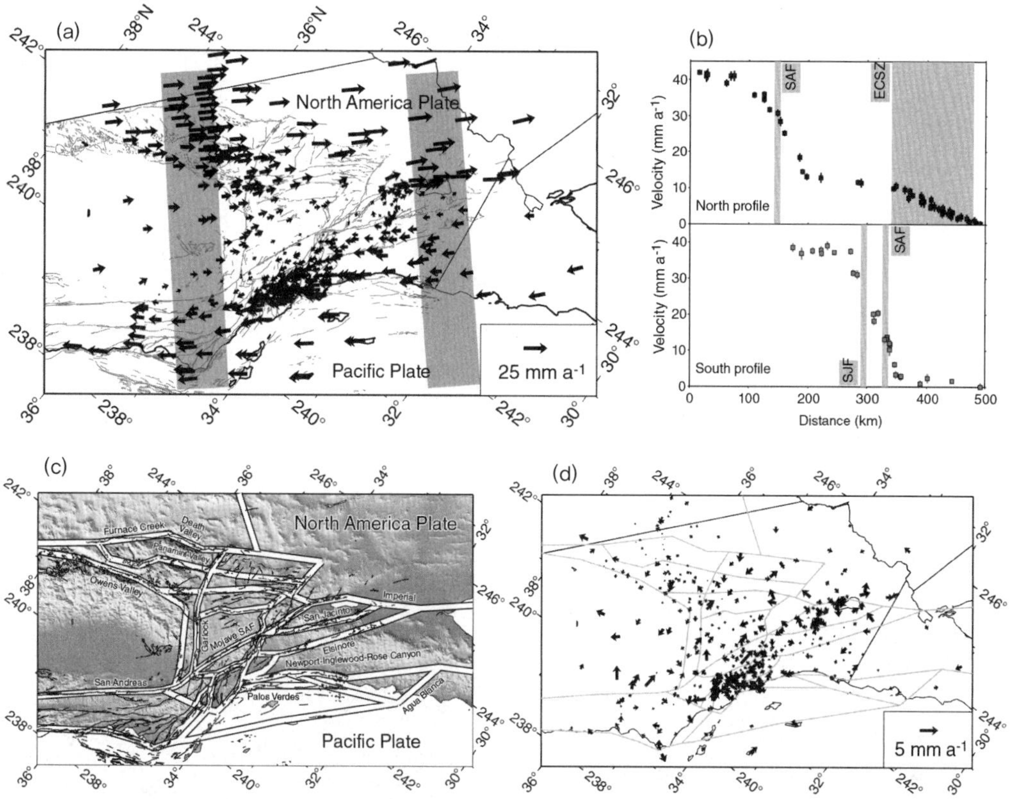

그림 8.19 GPS 측정 결과와 남부 캘리포니아의 지각 운동의 블록 모델링(Meade & Hager, 2005에서 수정되어, B. Meade에 의해 제공된 이미지, American Geophysical Union의 허가로. 저작권 © 2005 American Geophysical Union). (a) 변형 축적물이 탄성적이고 단층상의 상당한 슬립(slip)이 없을 경우, 지진들 사이 기간 동안에 관찰된 속도(즉, 지진 사이의 속도(interseismic velocities)). 신뢰 타원은 혼란을 줄이기 위해 제거되었다. 2개의 음영된 띠는 속도에 평행한 단층이 2개의 단면 (b)에 그려진 지역을 표시한다. 단면에서 수직 라인은 단일 표준 편차(one standard deviation)의 불확실성을 제공한다. 회색 음영된 지역은 산 안드레아스 단층(SAF), 샌 자신토 단층(San Jacinto Fault, SJF), 그리고 동 캘리포니아 전단대(ECSZ)의 위치를 표시한다. 속도 구배의 차이는 단층 간격을 반영한다. (c) 주요 단층 흔적을 보여주는 음영 기복지도에 중첩된 블록 모델의 경계(흰색 구역). (d) 잔류 속도. 회색 선은 블록 경계를 표시한다. 속도 벡터가 (a)에서보다 5배 이상 큰 스케일로 그려졌다는 것에 주목하라.

갈록(Garlock) 단층의 북쪽에서 상대적 운동은 남부 워커 레인(Walker Lane)의 변형에 의해 시에라네바다의 동쪽으로 편향된다(그림 7.9, 8.1). 이런 동쪽으로의 편향은 동부 캘리포니아 전단대의 북서 방향 단층과 시에라네바다의 동쪽 가장자리를 따라 위치하는 그것들 사이의 확장 스텝오버(extensional step-over)를 반영한다(Oldow, 2003). 스텝오버의 북쪽에서, 변형대는 중부와 북부 워커 레인, 그리고 중앙 네바다 지진 벨트로 넓어진다(그림 8.20a). 지진의 발진 메커니즘(그림 7.10)에 의해 후자 벨트의 변위는 다양한 방향의 단층에서 주향이동과 정단층 운동 모두를 포함한다는 것을 알 수 있다. 수평 속도는 중앙 그레이트 분지(Great

Basin, 7.3절)에서 시에라네바다 쪽으로 2-3mm a^{-1}에서 ~14mm a^{-1}로 증가한다(Oldow, 2003). 이 속도의 증가에 수반되어서, 운동의 방향이 서북서에서 북서로 시계 방향으로 회전하는데, 이는 동에서 서로 우수향 주향이동 변형 성분의 증가를 나타낸다(그림 8.20b). Oldow(2003)는 2개 독특한 횡인장의 구역이 이 벨트를 특징짓는다는 것을 보여주었다. 서쪽(영역 III)에 확장에 의해 지배되는 하나와 동쪽에 주향이동 운동에 지배되는 다른 하나(그림 8.20b의 영역 II). 중앙과 동부 분지와 산맥(Basin and Range, 7.3절)의 변형과 함께, 이 벨트가 태평양과 북아메리카 판 사이 상대적 운동의 25%까지 수용한다(Bennett *et al.*, 1999). 시에라네바다의 동쪽에서 운동의 이런 전달이 산 안드레아스 단층에서 관찰된 슬립의 제한된 양을 설명하는 데 도움이 된다.

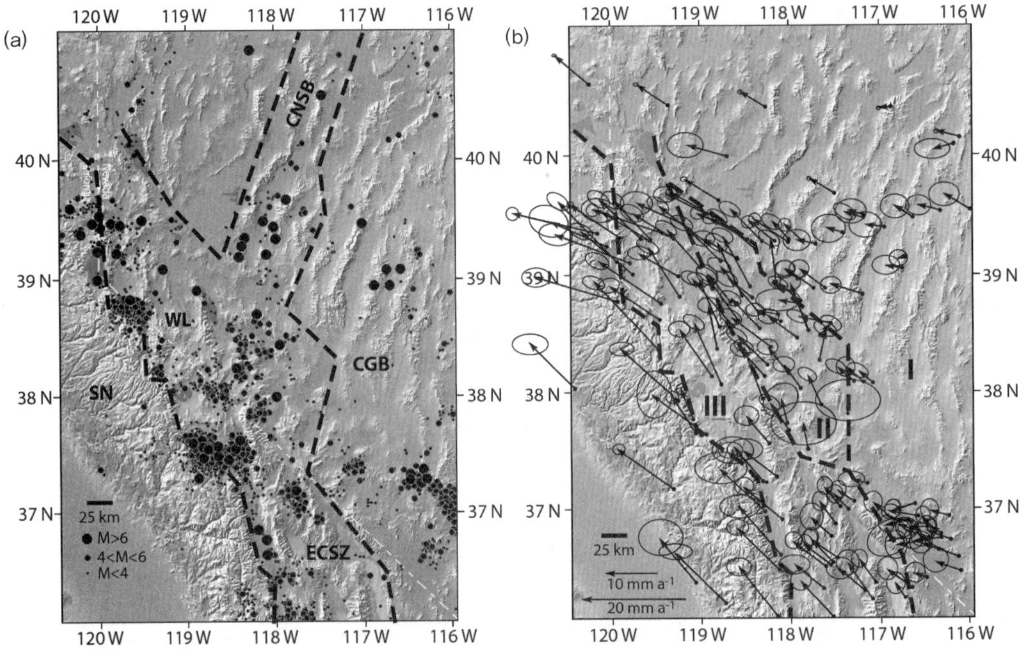

그림 8.20 (a) 지진 활동, 그리고 (b) 고정된 북아메리카 참조 프레임에서 GPS 속도를 보여주는 시에라네바다(SN) 및 중앙 그레이트 분지(central Great Basin, CGB)의 음영 기복지도(Oldow, 2003에서 수정되어, J. Oldow에 의해 제공된 이미지, Geological Society of America의 허가로). 지진 데이터는 미국 지질 조사소(USGS) 국립 지진 정보 센터(NEIC)와 Rogers *et al.*(1991)으로부터의 M<6인 1967–2000년 지진과 M>6인 1850–2000년 지진을 포함한다. CNSB, 중앙 네바다 지진대; WL, 워커 레인(Walker Lane); ECSZ, 동 캘리포니아 전단대. (b)에서 타원은 95%의 불확실성 한계를 나타낸다. (b)의 구조직 영역(tectonic domains, 점선)은 다음과 같다. I, 확장; II, 주향이동에 지배되는 횡인장(transtension); III, 정단층에 지배되는 횡인장

8.5.3 모델 민감도(model sensitivities)

모델링된 속도장을 평가하는 중요한 수단은 모델에 의한 암묵적인 주요 단층의 단기 슬립 속도(short-term slip rates)를 지질 데이터로부터 유추된 평균 장기 슬립 속도(long-term slip rates)와 비교하는 것이다. 일부 세팅에서, 이러한 비교가 속도장을 추정하는 연속체 접근방법(continuum approach)이 관찰된 변위 대부분을 설명한다는 것을 보여준다. 예를 들면, Savage *et al.*(2004a)은 코스트 산맥(Coast Ranges)의 120km 폭 구역 내에 분산된 우수향 전단을 포함하는 균일한 속도장(그림 8.18)이 구역에 걸친 모든 주요 단층에 대해 독립적으로 결정된 모든 평균 슬립 속도의 벡터 합과 일치한다는 것을 보여주었다. 코스트 산맥에 걸친 균일한 변형 속도의 개산치는 ~39mm a^{-1}의 슬립 속도를 낳고, 이것은 수십만 년에서 수만 년 범위의 기간에 걸친 오프셋된 지질학적, 그리고 문화적 특징을 사용하여 주요 단층들에 할당된 평균 슬립 속도와 일치한다. 그러나 단층 형태가 매우 복잡한 남부와 동부 캘리포니아(그림 8.19a)와 같은 다른 지역에서, 측지와 지질 슬립 속도 사이에는 큰 차이가 있다. 이러한 불일치가 연구자를 표면 변형을 설명하는 연속체 모델 접근 방법에 대한 대안을 사용하도록 자극하였다(McCaffrey, 2005; Meade & Hager, 2005; Bos & Spakman, 2005). 이러한 대안적 방법의 가장 유용한 것 중 하나는 블록 회전을 사용한다.

대륙 변형의 블록 모델은 단층작용에 의해 야기된 장기간의 불연속 변형의 양상을 속도장의 추정치로 통합하기 위한 프레임워크를 제공한다. 이러한 모델에서, 계산된 단층 슬립 속도는 수직 또는 경사된 축을 중심으로 단층으로 경계된 블록들의 회전과 단층 위에서 혹은 근처에서 변형(즉, 포행)의 정상 상태 탄성 축적의 효과 모두를 고려한다. 블록은 모델링된 지역을 커버하는 지구 표면에 닫힌 다각형의 어떤 숫자로 정해진다(그림 8.19c). 대부분의 적용에서, 블록 경계는 주요 단층과 일치한다. 그러나 일부 경우에 선택이 덜 명확하다. 블록 내부의 각 점은 동일한 각속도로 회전한다고 가정한다(McCaffrey, 2005). 운동의 모사는 수학적으로 큰 구조 판의 회전을 추정하는 방법과 유사하다(5.3절). 그러나 잠재적인 문제는 단기 측지 데이터의 사용이 블록 내부뿐만 아니라 그것들의 경계를 따른 탄성 변형 속도로 나타나서, 지표면 속도를 판 구조론의 '단단한 판(rigid plate)' 필요조건에서 벗어나게 한다는 것이다.

남부 캘리포니아의 경우에, 블록 회전과 주요 단층에서, 그리고 근처에서 포행과 관련된 소규모 변위 불연속의 통합이 유용한 측지 데이터에 비교적 잘 맞았다(Becker *et al.*, 2005; McCaffrey, 2005; Meade & Hager, 2005). 모델의 꼭 맞음을 평가하는 일반적인 방법은 모델링 값과 관찰값 사이의 차이를 나타내는 잔여 속도의 계산이다. 이러한 비교 중 하나의 예가 그림 8.19d에 보인다. 이런 적용에서, 지각 블록은 단층 흔적의 방향과 그것들에서 슬립의 센스 같은 알려진 경계 조건에 여전히 부합하면서, 오차를 최소화하도록 선택되었다. 이 비교는 몇몇 연속 모델보다 개선됨에도 불구하고 여전히 불일치의 지역이 있음을 보여준다. 예를 들면, 동 캘리포니아 전단대(Eastern California Shear Zone)에서, Meade와 Hager(2005)는 측지 데이터와 블록 모델의 결과를 사용하여 추정된 슬립 속도가 지난 10000년에 걸친 지질학적 추정치인 2mm a^{-1}(Beanland & Clark, 1994)보다 거의 두 배 빠르다는 것을 발견했다. 비슷한 불일치가 샌 자신토(San Jacinto) 단층에서 나타난다. 또한 산 안드레아스 단층의 샌 버너디노(San Bernadino) 분할조각의 모델링된 슬립 속도는 지난 14000년에 걸친 지질학적으로 측정된 속도보다 훨씬 느리다. 이러한 불일치를 설명하고 최소화하는 방법을 찾는 것이 연구의 중요한 영역으로 남아 있다.

왜 측지와 지질학적 속도가 일반적으로 불일치하는지에 대한 한 가지 가능한 설명은 큰 단층의 역학적 거동과 암석권 내에서 취성 단층작용의 수직 범위에 있다. 지표면 근처의 단층면에서 슬립은 그것의 마찰 특성에 의해 제어되기 때문에(2.1.5절), 단층은 특정 기간의 시간 동안 움직이지 못하거나 혹은 갇히는 경향이 있다(8.5.2절). 이런 로킹(locking)은 단기 측지 데이터에서 분명하나 영구 변위의 장기 기록에서는 분명하지 않은 탄성 변형률로 나타날 수 있다(McCaffrey, 2005). 이 문제를 해결하기 위해, 연구자들은 **탄성 로킹 깊이(elastic locking depth)**의 개념을 이용한다(Savag & Burford, 1973). 이 깊이는 단층면에서 국지화된 탄성 변형 축적에서 분산된 비지진 흐름으로의 전이가 일어나는 위치로 정의된다. 이 매개변수의 값은 단층의 역학적 강도와 표면의 기하학적 변형에 직접 관련된다. 강력한 단층과 넓은 구역의 지표면 변형은 더 깊은 로킹 깊이에 해당한다.

산 안드레아스 단층에 대한 로킹 깊이의 발표된 추정치는 일반적으로 0에서 25km에 걸친다. 그러나 로킹 깊이는 선험적으로 알려져 있지 않기 때문에 지진 활동, 장기의 지질학적 슬립 속도, 표면의 변형 패턴 혹은 암석권의 유동학에 대한 추론에 근거해서 추측되어야만 한다. 일반적인 지열에 대한 취성-연성 전이의 예측된 깊이(8-15km) 아래로 혹은 지진원 층(seismogenic layer) 아래로 상당히 떨어진 로킹 깊이는 보통 일종의 설명을 필요로 한다. 경우에 따라서는 단층에서의 느린 슬립 속도가 산 안드레아스 단층의 일부 분할조각(segment)에 대한 비교적 깊은 로킹 깊이를 추정하는 데 사용되었다(Meade & Hager, 2005; Titus *et al*., 2005). 이것과 다른 연구가 로킹 깊이의 선택이 주요 단층 또는 근처의 슬립 속도에 대한 추론과 어떻게 직접적으로 관련되는지를 보여준다.

측지학적, 그리고 지질학적 슬립 속도가 일반적으로 다른 이유는 샘플링 동안에 고유의 편향 혹은 시간이 지남에 따른 단층 거동의 변화일 수 있다. 장기의 영구적인 변형의 효과가 고려될 때 후자의 가능성이 특히 중요하다(Jackson, 2004). Meade와 Hager(2005)는 단층상의 계산된 슬립 속도와 지질학적 슬립 속도 간의 차이는 단층 시스템의 시간-의존적인 거동(time-dependent behavior)에 의해 설명될 수 있다고 결론을 내렸다. 이 해석에서, 산 안드레아스 단층의 샌 버너디노(San Bernadino) 분할조각은 지금은 과거에 있었던 것보다 덜 활동적이다. 대조적으로, 샌 자신토(San Jacinto) 단층과 동 캘리포니아 전단대의 단층은 아마 지진 클러스터(earthquake clusters)의 효과로 인해 지질학적 추정치에 비해 지금 상대적으로 더 활동적이다. 이러한 가능성을 통해 단층의 단기와 장기(영구적인) 거동 사이의 관계를 더 잘 이해하기 위해서는 지질학적, 측지학적, 그리고 지진학적 정보를 결합하는 것이 중요하다.

영구적인 변형의 요소를 블록 회전 모델로 통합함으로써, McCaffrey(2005)는 시에라네바다-그레이트 벨리 및 동부 분지와 산맥 지방(eastern Basin and Range Province)을 포함하는 미국 남서부에 있는 가장 큰 블록은 모든 비영구적(탄성) 변형이 데이터에서 삭제된 이후 거의 단단한 거동을 보여준다는 것을 발견하였다. 블록의 대부분은 태평양판(북아메리카에 대해)과 거의 동일한 속도로 수직 축을 중심으로 회전하며, 지역적으로 회전 속도가 블록에서 블록으로 전달된다는 것을 암시한다. 이것과 모델의 여러 가지 다른 특성은 회전하는 블록이 미소판(microplate)처럼 행동하는 미국 서부의 변형에 대한 판 구조론-스타일의 설명을 지지한다. 그럼에도 불구하고, 변형의 메커니즘을 결정하는 문제는 해결되려면 아직 멀었다. 측지 관측과 꼭 맞는, 그리고 대부분 연구자들이 변형은 아마도 단 하나보다는 오히려 메커니즘들의 결합으로 일어난다는 것에 동의하는 많은 다른 모델들이 이 동일 지역을 위해 제안되었다(예를 들면, Flesch *et al.*, 2000).

대륙 변형의 특정 메커니즘을 결정하는 문제점의 일부는 꼭 맞는 측지 관측의 성공이 어떤 주어진 모델을 증명하지도 않고 다른 가능성을 배제하지도 않는다는 것이다(McCaffrey, 2005). 게다가 역학적인 모델링의 결과가 탄성적인 상부 지각의 정상 상태 운동이 그 아래에 있는 어떤 유동장(flow field)의 특성에 민감하지 않다는 것을 보여주었다(Savage, 2000; Zatman, 2000; Hetland & Hager, 2004). 후자의 결과는 대규모 지진들 사이의 변형(즉, interseismic deformation(지진 간 변형))의 단기 측지 관측은 심부 지각 또는 맨틀의 점성 층의 장기 거동에 대한 진단적인 정보를 전혀 제공하지 않음을 의미한다. 하나의 특히 유망한 연구 분야가 큰 지진을 뒤따르는 일시적인 변형이 하부 점성층의 유동학을 추론할 수 있는 가능성을 제공한다는 말이 있다(Hetland & Hager, 2004). 그러나 현재 특정 메커니즘과 대부분의 지역에서의 변형에 가장자리 힘(edge force), 기저 견인력(basal traction), 그리고 부력의 상대적 기여도는 여전히 매우 이론적이어서 모델의 결과가 이용된 경계 조건에 크게 좌우된다.

8.6 변형 국지화 및 비국지화(localization and delocalization) 메커니즘

8.6.1 서 론

대륙 변환과 주요 주향이동 단층에 대한 가장 흥미로운 질문 중 하나는 이러한 구조가 그것 위에서 관찰된 큰 변위를 어떻게 달성하는가이다. 이러한 변위를 발생하게 하는 메커니즘을 결정하기 위하여, 지구과학자는 주향이동 단층작용 동안에 변형의 국지화 혹은 비국지화로 이끄는 프로세스를 조사하기 위한 역학적 모델을 개발하였다. 다른 구조적 세팅의 경우(예를 들면, 7.6.1절)와 똑같이, 이러한 프로세스 간의 경쟁, 그리고 그것들이 암석권의 순 약화(net weakening) 혹은 순 강화(net strengthening)로 나타나는지가 결국 변형의 대규모 패턴을 제어한다.

8.6.2 암석권의 이질성(lithospheric heterogeneity)

변형하는 대륙 암석권 내에서 변형의 분포는 온도, 강도, 그리고 두께의 수평 변화에 의해 강하게 영향을 받는다(예를 들면, 2.10.4절, 2.10.5절). 예를 들면, 뉴질랜드에서 남 섬의 중심 부분에 비스듬한 수렴은 호주 판을 비교적 교란시키지 않은 채, 태평양판 측에 거의 전적으로 발생하는 변형으로 나타났다(그림 8.2a). 이런 비대칭은 호주 판에 비해 태평양판의 더 큰 초기 지각의 두께와 더 약한 유동학을 반영하고, 이것이 태평양판을 더 쉽게 변형되게 한다(Gerbault *et al.*, 2002; Van Avendonk *et al.*, 2004).

주향이동 변형 패턴에 대한 지각의 두께와 암석권 온도의 초기 차이(initial variations)에 대한 효과를 알아보기 위하여 Sobolev *et al.*(2005)는 단순한 변환 단층의 수치 실험을 실시했다(그림 8.21). 이 모델에서, 지각은 맨틀 암석권 위에 놓인 두 개의 층으로 구성되어 있다. 30mm a^{-1}의 속도가 암석권의 양쪽에 적용되어, 좌수향 주향이동 변형의 구역을 형성한다. 비록 운동이 관찰의 평면 안에서 밖으로 발생하지만, 다른 모든 모델 매개변수는 2차원으로만 변한다. 지각 층의 유동학적 묘사는 어느 것이 가장 효율적이든지 간에, 변형의 취성과 연성 스타일 모두를 발달하게 한다. 취성 변형은 모어-쿨롬 탄성-소성 유동학(Mohr-Coulomb elastic-plastic rheology)에 가깝다. 연성 흐름은 비선형, 온도-의존의 점성-탄성 유동학을 사용한다(7.6.6절 참조). 양쪽 유동학은 변형 동안에 마찰 혹은 연성 흐름의 결과에 의한 가열을 고려한다.

첫 번째 모델(그림 8.21a)에서, 하부 지각은 오른쪽보다 왼쪽이 더 두껍고, 온도는 암석권의 기저에서 일정하게 유지된다. 두 번째(그림 8.21b)는 일정한 지각 두께와 모델의 중앙 부분에 열적 교란을 나타낸다. 세 번째 모델(그림 8.21c)에서, 지각의 두께와 온도 이질성 모두가 존재한다. 이 후자 모델은 지각의 두께가 오른쪽에서 왼쪽으로 선형적으로 감소하고 높은 암석권 온도가 가장 얇은 지각 아래의 천부에서 나타나는 열개된 대륙 주변부(7.7절)의 구조와 흡사하다. 세 가지 모델에서 다수의 단층이 최초 1-2Ma 동안에 취성 상부 지각에서 형성된다. 단 하나의 단층이 약 2Ma에 상부 지각을 지배할 때까지 활성화된 단층의 수는 점차 시간이 지남에 따라 감소한다. 시간이 지남에 따라 연성 하부 지각과 맨틀 암석권의 높은 변형률의 구역은 좁아지고 안정된다.

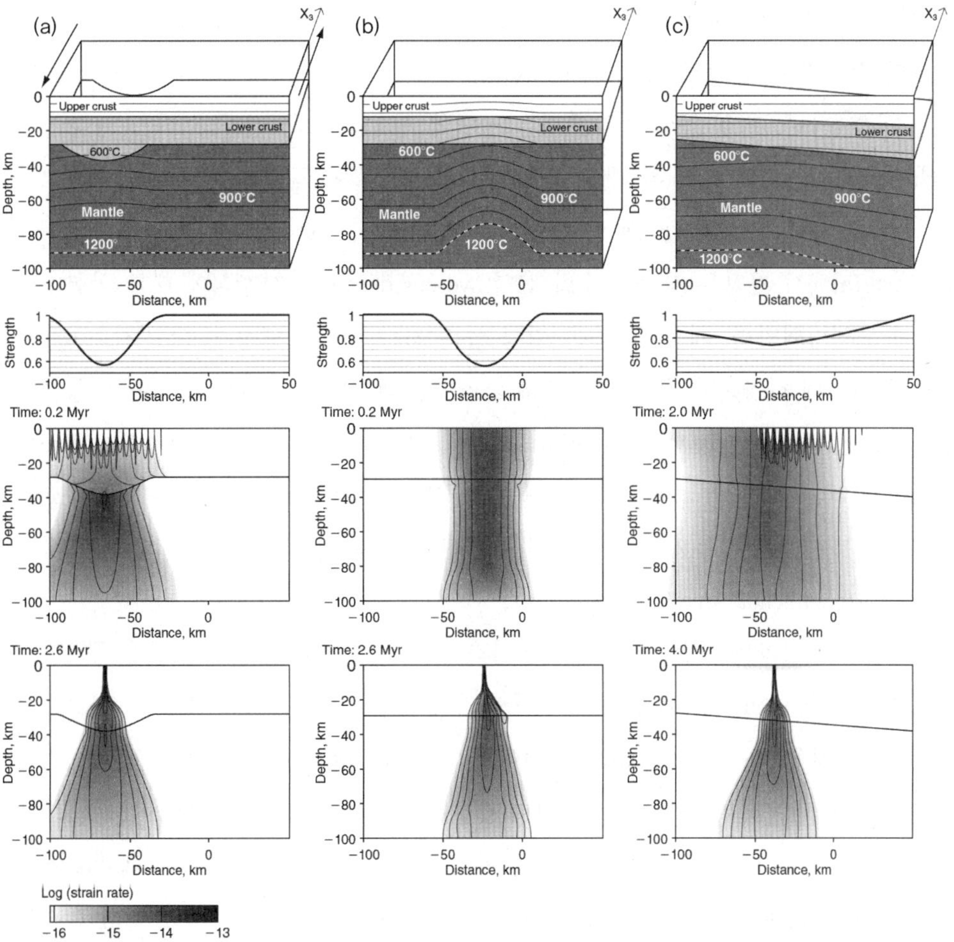

그림 8.21 (a) 지각 두께, (b) 암석권 온도, 그리고 (c) 지각 두께와 암석권 온도 모두의 초기 변화를 통합하는 3층 암석권에서 단순한 주향이동 단층작용의 열역학적 모델(Sobolev *et al.*, 2005를 따름, Elsevier의 허가로). 다이어그램의 맨 위 행은 아래의 변형 전에 상응하는 암석권 강도 곡선을 갖는 모델 설정 기하학을 보여준다. 가늘고 검은 선은 변형 이전 등온선이다. 다이어그램의 마지막 두 행은 변형 국지화 프로세스(strain localization process)를 보여주는 변형 속도 분포의 스냅 사진(snapshots)을 보여준다.

이러한 결과는 각 모델에서 변형은 약화의 원인에 관계없이 암석권 강도가 최소인 곳에 국지화된다는 것을 보여준다. 또한 그것들은 지각 두께와 암석권의 초기 열 상태가 주향이동 변형을 국지화하는 데 중요한 역할을 한다는 것을 보여준다. 이런 효과는 왜 주향이동 단층작용이 동 캘리포니아 전단대와 워커 레인(Walker Lane) 같은 남서부 미국의 일부 지역(그림 7.9, 8.1)에 국지화되고, 그레이트 벨리-시에라네바다와 중앙 그레이트 분지(Great Basin) 같은 다른 곳은 거의 변형되지 않은 채로 남겨두는지를 설명할 수 있다(Bennett *et al.*, 2003). 이 경우, 변형 국지화는 서부 분지와 산맥 지방(western Basin and Range Province)과 시에라네바다 사이의 열류량(heat flow)의 차이(7.3절)에 관련될 수 있다. 그러나 높아진 열 유속(heat flux)이 변형 국지화의 원인인지 생산물인지는 증명되지 않았다. 대신에, 지각 두께 차이, 그리고 중력 에너지와 점성도의 수평 구배가 변형을 집중시킬 수 있다(7.6.3절).

강도의 수평 변화에 더하여, 약하고 강한 층으로 암석권의 수직 층화(vertical stratification)가 변형이 주향이동 변형 동안에 수용되는 방법에 영향을 크게 미친다. 이 효과를 설명하기 위하여, Sobolev *et al.*(2005)는 두 개의 서로 다른 지각 유동학을 통합한 순수한 주향이동 변형의 두 가지 모델에서 변형 국지화와 비국지화의 패턴을 비교하였다. 첫 번째 모델(p.xxiv의 플레이트 8.1a)에서 지각은 강하고 수화 석영(hydrous quartz)과 사장석에 대한 실험 데이터를 사용하여 모델링되었다. 세 개의 층은 취성 상부 지각, 취성-연성 중간 지각, 그리고 주로 연성 하부 지각에 해당한다. 두 번째 모델(p.xxiv의 플레이트 8.1b)에서, 고정된 변형 속도에서 지각의 유효한 점성도는 10배로 저감된다. 모델은 또한 사해 변환 단층(Dead Sea Transform)에서 관찰된 것과 유사한 방식으로 오른쪽(동쪽)에서 왼쪽(서쪽)으로 지각 두께의 감소를 반영한다(그림 8.11). 암석권 두께는 1200°C의 등온선에 의해 정의되고 모델의 오른쪽에 두꺼운 대륙 순상지(continental shield)의 존재를 가장하여 동쪽으로 증가한다.

이 두 실험의 결과는 강한 지각과 약한 지각 모델 모두에서 변형은 온도에 제어되는 암석권 강도가 최소인 곳인 두꺼운 순상지 지역의 가장자리에 준수직으로 암석권-규모의 구역에 국지화된다는 것을 보여준다(p.xxiv의 플레이트 8.1a, b). 강한 지각의 경우, 가장 큰 지각 변형의 구역은 맨틀 변형의 지역 위에 위치하며 대부분 대칭이다(p.xxiv의 플레이트 8.1c). 이러한 특성은 지각과 상부 맨틀 층 사이의 강한 역학적 커플링(strong mechanical coupling)에서 발생한다. 15km 두께의 취성 상부 지각에서 전단 변형(shear strain)은 단 하나의 수직 단층에 국지화된다. 변형은 중간 지각의 확산 변형대(zone of diffuse deformation)로 깊이에 따라 넓어지고 그 후에 하부 지각의 최상부에서 약간 집중된다. 약한 지각 모델에서, 하부 지각은 상부 맨틀과 상부 및 중간 지각 모두에서 부분적으로 분리된다(p.xxiv의 플레이트 8.1d). 결과적으로,

변형은 비국지화되고 비대칭이며, 더 많은 상부 지각 단층을 수반한다. 점성도의 분포(p.xxiv의 플레이트 8.1e, f)도 또한 약한 지각 모델에서 역학적 디커플링(mechanical decoupling)을 나타낸다. 이런 분리는 변형하는 암석권이 변형에 유도된 가열로 인해 증가하는 변형 속도와 온도에 따른 점성도의 의존으로 인해 매우 약해지기 때문에 발생한다. 변환 단층에 수직인 확장의 소량 성분의 첨가를 포함하는 이런 모델의 몇몇 변형에서, 모호면(Moho)의 작은 편향, 깊은 퇴적 분지의 발달, 비대칭 지형적 융기와 같은 2차 효과가 나타난다(Sobolev *et al.*, 2005). 이런 후자의 특징은 사해 변환 단층에서의 관측과 일치한다(8.3.1절).

이 수치 모델은 주향이동 변형 동안에 변형의 국지화와 비국지화가 유동학의 수직적 차이뿐만 아니라 지각의 두께와 온도의 초기 수평적 차이에 의해 영향을 받는다는 것을 보여준다. 변형 구역의 폭은 주로 변형에 유도된 가열과 암석층 점성도의 온도와 변형률 의존성에 의해 제어된다. 암석권 두께는 단층대의 폭을 제어하는 데 작은 역할을 하는 것처럼 보인다. 이 결과가 또한 판 혹은 블록의 가장자리에 적용된 힘들 사이의 상호 작용과 하부 지각과 맨틀의 연성 흐름의 효과가 어떻게 암석권 내에서 변형의 수직, 그리고 수평적인 분할로 나타나는지를 확연하게 보여준다.

8.6.3 변형-연화 피드백(strain-softening feedbacks)

일단 변형이 국지화하기 시작하면(8.6.2절), 여러 메커니즘이 지각 약화를 증진시키고 변형을 계속하는 데 필요한 일의 양을 감소시킬 수 있다. 이러한 변형-연화 메커니즘의 가장 영향이 큰 것 중 2개는 지각 두꺼워짐에서 발생하는 증가된 공극 유체 압력, 그리고 집중된 표면 침식과 심부 지각 암석의 침식노출로 발생하는 열의 수직 이류(vertical advection)이다. 이러한 프로세스는 변형이 진행함에 따라 변형을 계속해서 국지화시킬 수 있고, 이것은 **양의 피드백(positive feedback)**으로 나타난다. 뉴질랜드 남 섬에서 횡압력 판 경계가 이러한 변형-연화 피드백이 경사진 단층면으로 하여금 어떻게 많은 양의 변형을 수용하게 하는지를 보여준다.

SIGHT 프로그램(8.3.3절)의 주요 결과 중 하나는 알파인 단층(Alpine Fault) 표면 흔적 아래의 낮은 속도 구역의 이미지이다(그림 8.2b). 낮은 탄성파 속도에 더하여, 이 구역은 일반적으로 알파인 단층의 경사에 평행한 중간 내지 하부 지각의 매우 낮은 저항(40ohm-m)의 길쭉한 지역을 포함한다(그림 8.22). 지자기 조사(magnetotelluric soundings)을 통해 이 지역이 알파인 단층의 흔적을 향해 북서쪽으로 상승하고, ~10km 깊이에서 거의 수직 방향을 이루고, 단층 흔적의 약 5-10km 남동쪽에서 표면에 가까이 가는 높아진 전도성의 U자형 패턴을 형성하는 것을 알 수 있다(Wannamaker *et al.*, 2002). Stern *et al.*(2001)은 낮은 속도와 저항은 변형 동안에 유체의 방출과 두꺼워지는 대륙 지각의 전진 변성작용(prograde metamorphism; Koons *et al*., 1998)에서 발생한다고 결론 내렸다. 깊은 지각 기원의 열수 광맥형성(hydrothermal veining)과 금 광화작용의 지역이 전도성 구역의 얕은 연장부와 일치하는 것이 이 해석을 지지한다(Wannamaker *et al*., 2002). 유사한 가파르게 기우는 전도성 특징은 산 안드레아스 단층(Unsworth & Bedrosian, 2004), 동 캘리포니아 전단대, 그리고 남부 워커 레인(Walker Lane; Park & Wernicke, 2003)를 포함하는 다른 세팅의 활동 중인 주향이동 단층과 일치한다. 이러한 관찰은 높아진 공극 유체 압력이 알파인 단층과 기타 주요 주향이동 단층대의 특징이라는 것을 시사한다.

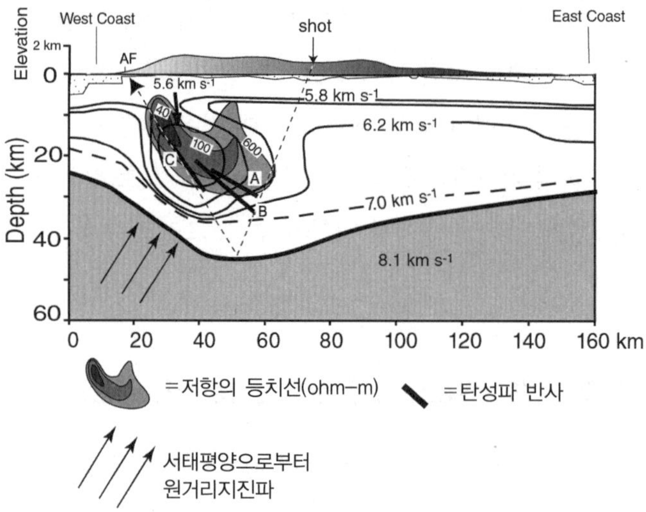

그림 8.22 광각 반사와 원지진 지연(teleseismic delays)을 만족시키는 낮은 P파 속도와 낮은 저항의 지역을 보여주는 알파인 단층(AF) 아래의 지각 구조(Stern *et al*., 2002에서 수정되어, T. Stern에 의해 제공된 이미지). 실선 및 파선으로 표시된 탄성파 속도의 등속도선의 단위는 km s^{-1}임. 음영은 가장 어두운 구역의 40ohm–m에서 가장 밝은 구역의 600ohm–m에 걸친 범위를 갖는 저항이다. 강력한 지각 반사율의 구역(A, B, C)은 Stern *et al*.(2001)에서 왔다. 점선은 광각 반사 및 P파 지연에 대한 선 경로를 나타낸다.

단층작용의 역학에 대한 실험실 실험에 의해 지각 내의 높은 유체 압력이 단층 위에서 미끄러지는 데 요구되는 차응력(differential stress)을 크게 감소시킨다는 것이 밝혀졌다(2.10.2절). 뉴질랜드에서, 지각 강도의 이런 감소는 알파인 단층 아래의 낮은 속도 구역의 상단과 일치하는 비정상적으로 얇은(8km) 지진원 층에 의해 넌지시 알려진다(Leitner *et al*., 2001; Stern *et al*., 2001). 이러한 관계는 높은 유체 압력이 알파인 단층상의 변형에 요구되는 일의 양을 감소시켰다는 것을 시사하고, 이것이 큰 크기의 슬립을 허용한다. 남 섬에 변형의 수렴 성분이 후반 신생대 동안에 증가했기 때문에, 지각 두꺼워짐의 크기와 유체 방출 또한 증가하였고, 이것이 단층대 내의 변형 집중으로 이어졌던 양의 피드백으로 나타났다.

높은 유체 압력에 더하여, 표면 융기와 증강된 침식 활동이 변형-연화 피드백으로 나타날 수 있다. 높은 침식 속도로 인한 지표 물질의 제거가 암석권을 제거하고(unload), 심부 지각 암석이 침식노출됨에 따라 위로 향한 열 이류를 일으킨다(Koons, 1987; Batt & Braun, 1999; Willett, 1999). 만일 침식노출이 이류된 열이 주변 지역으로 확산되는 속도보다 더 빠르면, 그땐 천부 지각의 온도가 상승한다(Beaumont *et al.*, 1996). 열에 대한 암석강도의 높은 민감성 때문에 이런 열 교란은 암석권을 약화시킨다(2.10절).

남쪽 알프스 경우에, 서쪽에서 불어오는 수분을 함유한 바람이 산맥의 서편에 침식을 집중시켰고, 이것이 빠른(5-10mm a^{-1}) 표면 융기, 비대칭 지형 단면, 그리고 산맥의 남동쪽 심부 지각 암석의 침식노출(exhumation)로 나타났다(그림 8.23a). 열연대적 데이터(thermochronologic data)와 변성암의 노출이 남동쪽에서 알파인 단층을 향해 침식노출 깊이의 증가를 보여준다(Kamp *et al.*, 1992; Tippet & Kamp, 1993). 초기 마이오세 이후 표면 융기와 침식노출이 점차적으로 알파인 단층 근처에 집중되어서, 한때 중간 지각 깊이에 있던 암석이 노출되었다(Batt *et al.*, 2004).

어떻게 침식, 침식노출, 그리고 열 이류가 이러한 비대칭을 야기하고 기우는 단층면에서 변형의 국지화로 나타나는지를 조사하기 위하여 연구자들은 판 수렴과 횡압력의 수치 실험을 개발하였다(Koons, 1987; Beaumont *et al.*, 1996; Batt & Braun, 1999; Willet, 1999). 이 실험의 대부분에서, 지각 변형은 인접한 고정 판 아래로 다른 판의 맨틀 지각을 언더스러스트함(underthrusting)에 의해 구동된다(그림 8.23b). 맨틀 암석권이 섭입할 때, 지각은 변형으로 수렴을 수용한다. 그것의 형상이 지각과 맨틀의 내부 강도, 기저 분리면(basal detachment)에서의 마찰 계수(Dahlen & Barr, 1989), 그리고 표면의 침식 패턴(Willett, 1992; Naylor *et al.*, 2005)에 의해 결정되는 이중으로 전향한 부착성장 쐐기(doubly vergent accretionary wedge)가 발달한다.

그림 8.23c, d가 남쪽 알프스에 적용된 실험의 결과를 보여준다. 이 경우, 이동하는, 그리고 정지한 블록은 각각 호주 판과 태평양판을 나타낸다. 초기 조건은 장석에 지배되는 유동학을 갖는 30km 두께의 지각과 그것의 기저에 500°C의 고정된 온도이다(Batt & Braun, 1999; Batt *et al.*, 2004). 10Ma의 기간에 걸쳐, 2개의 연성 전단대가 형성되고 시간이 지남에 따라 점차적으로 더 비대칭이 되는 이중으로 전향한 쐐기를 분명하게 한다(그림 8.23c, d). 후방-전단대(retro-shear zone)는 주요한 지각 규모의 스러스트로 발달한다. 전방-전단대(pro-shear zone) 또한 형성되나, 상당한 변형을 축적하지 않는다. 표면 침식과 지각의 침식노출은 2개의 전단대사이에 집중되고, 후방-전단대에서 최대에 도달한다. 이 프로세스의 효과는 선택된 입자의 침식노출 궤적을 보여주는 흰색 화살표로 그림 8.23c에 도시된다. 모델 위의 점선 덮개는

침식된 물질의 대략적인 양을 나타낸다. 열이 침식노출에 반응해서 위쪽으로 이류되기 때문에 변형하는 지역의 역학적 거동이 변한다. 열은 후방-전단대의 강도를 감소시켜서, 뜨거운 물질을 지각의 기저에서 표면으로 가져오고 단층을 약화시킨다. 전방-전단대에 비해 후방-전단대의 이런 우선적 약화가 후방-전단대에서 변형의 국지화를 증가시키고 모델의 비대칭성을 높인다(그림 8.23d).

이 실험의 결과가 어떻게 대륙 충돌 동안에 침식, 침식노출, 그리고 열적 약화가 상부 지각 내의 경사진 스러스트 표면을 따른 변형의 집중으로 나타나는지를 설명한다. 모델 예측은 남쪽 알프스에서 관찰된 많은 패턴과 일치한다. 그렇지만 불일치도 또한 존재한다. 예를 들면, 침식노출과 열 이류에 기인된 열적 약화와 변형 국지화에도 불구하고 그림 8.23b의 후방-전단대는 여전히 수 킬로미터의 두께를 유지하고 표면으로 좁아지지 않는다. Batt와 Braun (1999)은 뉴질랜드에서 모델과 관측 사이의 꼭 맞음의 이런 결여는 변형에 유도된 약화, 높은 유체 압력, 그리고 변형 국지화에 영향을 미치는 다른 프로세스(예를 들면, 7.6.1절)의 부재를 반영하는 것으로 추측하였다. 그럼에도 불구하고, 모델은 알파인 단층의 돌출을 남알프스에서 많은 양의 슬립을 수용하는 분리된 경사진 표면으로 설명한다.

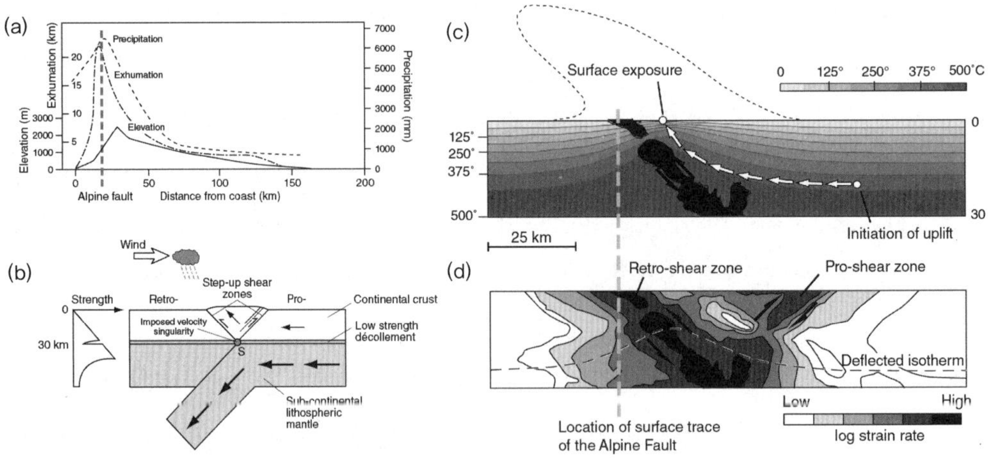

그림 8.23 (a) 평균 해발 고도, 강수량 및 중앙 남알프스의 횡단면을 따른 침식노출(exhumation; Willett, 1999에서 수정됨, American Geophysical Union의 허가로. 저작권 © 1999 American Geophysical Union). 침식노출은 Tippett와 Kamp(1993)에서 있다. 수치 모델 설정(b)과 30km 두께의 상부 지각의 열적 진화와 남알프스에 대해 모델링된 수렴형 조산 시스템을 통과하는 입자의 침식노출 역사(흰색 화살표)를 나타내는 결과(c)(Batt & Braun, 1999와 Batt *et al.*, 2004에서 수정됨, 각각 Blackwell Publishing & American Geophysical Union의 허가로. 저작권 © 2004 American Geophysical Union). 수렴은 10Ma에 걸쳐 10mm a^{-1}의 속도를 필요로 한다. 수평 및 수직 스케일은 동일하다. 검은 지역은 절정의 변형율을 표시하고 남알프스의 알파인 단층(Alpine Fault)과 같은 것으로 해석된다. 모델 위에 파선 피복층(dashed envelope)은 시스템에서 손실된 침식 물질의 대략적인 양을 나타낸다. (d) 전방–전단대, 그리고 후방–전단대(pro- and retro-shear zones)를 보여주는 Batt와 Braun(1999)에 따른 변형률

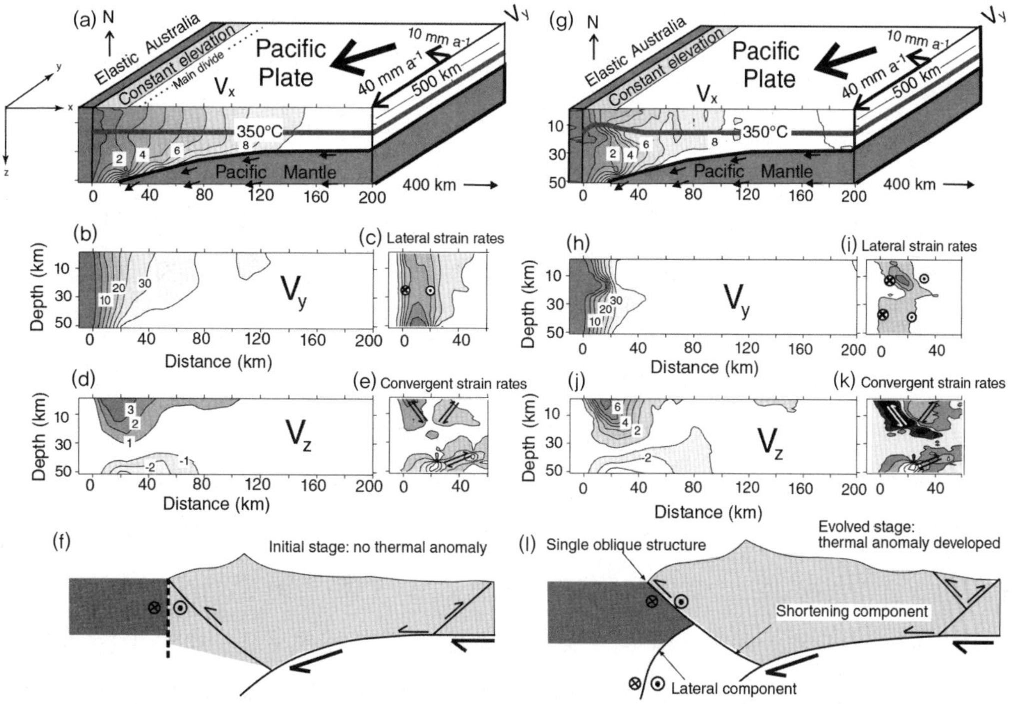

그림 8.24 맨틀 암석권 위의 2층으로 이루어진 지각을 포함하는 2판 사이 비스듬한 압축의 역학적 모델(Koons *et al.*, 2003에서 수정되어, P. Koons에 의해 제공된 이미지, Geological Society of America의 허가로). (a) 지각이 y-축에 평행한 40mm a^{-1}의 속도(V_y)로, 그리고 x-축에 평행한 10mm a^{-1}의 속도(V_x)로 지각기저를 따라 끌리는 초기 모델. 지각 유동학은 수평적이고 아직 이류(advection)에 의해 교란되지 않는다. (b) y-축에 평행한 움직임(속도 단위는 mm a^{-1})의 성분을 보여주는 x-축에 평행하게 구축된 수직 단면과 (c) 횡적 변형률의 플롯. (d) 수직 움직임의 분포를 보여주는 xz평면에 평행한 수직 단면과 (e) 수렴 변형률의 플롯. (f) 이 모델에서 측면과 수렴 성분은 2개의 분리된 구조에 수용된다. (g-k) 침식 노출 및 집중된 침식과 관련된 열적 약화(thermal weakening)를 포함하는 모델에 대한 속도 단면 및 변형률의 분석결과. 이 단계에서 움직임의 측면 및 수렴 성분 모두는 상부 지각의 단 하나의 경사지는 구조를 따라 수용되고(l), 하부 지각에서 분리될 수 있다.

양의 변형-연화 피드백(positive strain-softening feedback)이 알파인 단층에게 단 하나의 경사진 단층을 따른 비스듬한 슬립을 수용하게 하는지를 결정하기 위하여 Koons *et al.*(2003)은 두 개의 엔드-멤버(end-member) 경우에 대한 횡압력의 3차원 수치 묘사를 개발하였다. 양쪽 경우 모두에서, 3개 층으로 이루어진(three-layered) 태평양판이 모델의 좌측에 위치한 탄성 블록으로 그것의 기저를 따라 끌려간다(그림 8.24a). 탄성 블록은 강하고, 비교적 단단한 호주 판의 거동을 시뮬레이션한다. 태평양판의 지각 층들이 변형의 대부분을 수용한다. 압력에 의존하는 모어-쿨롬(Mohr-Coulomb) 유동학은 강한 상부 지각의 취성 거동을 시뮬레이션한다. 약한 하부 지각의 연성 변형은 열적으로 활성화된 소성 유동학(plastic rheology)을 사용하여 묘사된다. 이런 유형의 많은 다른 모델과 마찬가지로, 기저전단대(zone of basal shear)가

태평양 맨틀 암석권에서 하부 지각을 분리한다. 비스듬한 판 수렴은 수직 판 경계에 평행한 40mm a^{-1}의 속도와 수직 판 경계에 직각인 10mm a^{-1}의 속도로 나타난다. 일정한 고도에서 서쪽 경사를 유지하는 것이 표면에서의 비대칭 침식을 시뮬레이션한다.

첫 번째 실험(그림 8.24a-f)에서 태평양판은 수평으로 성층된 지각을 보인다. 변형이 진행됨에 따라, 2개의 명확한 단층대가 판 경계에서 상부 지각을 통해 아래로 확장하여, 이중으로 전향한 쐐기(doubly vergent wedge)를 형성한다. 이 쐐기는 측면(주향이동) 움직임과 심부 지각 암석이 이것을 따라서 침식노출되는 동쪽으로 기우는 수렴(스러스트) 단층을 수용하는 수직 단층을 포함한다(그림 8.24f). 두 번째 실험(그림 8.24g-l)에서, 태평양판은 뜨거운 암석의 이류가 상부 지각을 약화시키고 지각의 상부 10km 이내로 350°C 등온선을 올린 열적으로 교란된 지각을 보인다. 이 모델에서, 변형은 열적으로 교란된 지역 내에 집중된다. 상부 지각을 통해 변형의 횡적 성분과 수렴 성분이 동일한 동쪽으로 기우는 단층면을 따라 발생한다. 하부 지각에서 두 성분은 분리되고, 2개의 변형대를 생성한다(그림 8.24l). 이러한 결과가 비대칭 침식과 침식노출에서 발생하는 진화하는 열 구조가 어떻게 단 하나의 경사진 단층을 따른 비스듬한 충돌의 횡적, 그리고 수렴 성분을 안정시키는지를 설명하여준다. 그것들은 또한 열적 약화가 없을 경우 별도의 주향이동, 그리고 경사이동 단층 위로 변형의 분리가 선택된다는 것을 시사한다.

8.7 변환 단층 강도 측정하기

대륙 변환 단층과 대형 주향이동 단층의 강도 측정이 대륙 유동학의 모델을 테스트하고 대륙 변형의 구동력을 평가하는 잠재적으로 유용한 수단을 제공한다(8.5.1절). 많은 대륙 내 지역에서 변형 또는 변위의 측정으로부터 추론된 응력 방향과 그것의 상대적 크기의 장거리(1000-5000km) 균일함은 판 구동력이 전체 응력장의 가장 큰 성분을 제공한다는 것을 암시한다(Zoback, 1992). 남부 캘리포니아와 같은 일부 지역에서 GPS에서 추론된 수평 속도 모델은 이런 견해를 지지하는 것 같다(McCaffrey, 2005). 그러나 분지와 산맥 지방(Basin and Range Province, 7.3절)과 같은 다른 지역에서, 지각 부력(7.6.3절)의 측면 차이로 인한 응력 또한 수평 응력장에 크게 기여할 것처럼 보인다(Sonder & Jones, 1999; Bennett *et al.*, 2003).

다양한 지질 및 지구물리학적 지표들을 사용하여 산 안드레아스 단층의 강도를 평가하기 위한 수많은 시도가 있었다(Zoback *et al.*, 1987; Zoback, 2000). 일부 단층 분할조각(그림 8.25)의 경우, 응력 데이터가 최대 수평 압축($\sigma 1$, 2.10.1절)의 방향이 단층대에 높은 각도(β)로 존재한다는 것을 시사한다. 중앙 캘리포니아에서 이러한 각도는 $\beta = 85°$ 정도로 크다. 남부 캘리포니아에서 그것들은 $\beta = 68°$로 작다(Townend & Zoback, 2004). 단층작용의 고전 이론(2.10.2절)은 이렇게 작은 성분의 수렴을 갖는 주향이동 단층에 큰 각도의 압축을 설명할 수 없기 때문에 이러한 관찰은 문제가 있다. 더욱이 산 안드레아스 단층의 경우, 열류량 관찰(Lachenbruch & Sass, 1992)이 마찰로 발생된 열을 보이지 않아서 단층은 매우 낮은 전단응력에 반응해서 미끄러져야만 한다는 점에서 역설이 존재한다.

캘리포니아에서 높은 각도 응력 방향의 한 가지 가능한 설명은 산 안드레아스가 지역적으로 광역적인 응력 방향을 재조정하는 극히 약한 단층이라는 것이다(Mount & Suppe, 1987; Zoback *et al.*, 1987; Zoback, 2000). 이 해석에서, 단층에서 멀리 떨어진 전단응력은 높고 지각의 마찰 강도가 포함되어 있지만, 산 안드레아스 시스템의 '약한' 단층에 평행한 평면에서 전단응력은 상당히 낮아야만 한다. 따라서 산 안드레아스 단층과 평행한 평면에서 응력을 최소화하기 위해 주 응력 방향이 재조정된다. 이것은 만일 광역적인 압축 방향이 현재 발생하고 있는 45°를 초과하는 각도라면, 최대 수평 압축응력($\sigma 1$)이 단층에 거의 수직이 되도록 회전할 필요가 있다. 그러나 만일 이 각도가 45° 미만이라면, 최대 수평 압축은 단층과 근사한 평행으로 회전된다. 이 후자 유형의 회전은 상대적 판 운동이 현재와 다른 과거 어느 시간의 산 안드레아스 단층을 특징지을 수 있었다.

약한 대륙 주향이동 단층의 모델이 캘리포니아에서 충돌하는 지질과 지구물리 데이터에 대한 하나의 해석을 제공한다. 그러나 강하거나 중간 강도의 산 안드레아스 단층을 포함하는 대안적인 해석이 또한 제안되었다. 후자의 모델은 $\sigma 1$이 빅 벤드 지역(Big Bend region)에서 ~20-30km 폭 구역 내의 단층 흔적에서 ~45° 회전한다고 제안한 단층작용의 마찰 이론을 기반으로 한다(Scholz, 2000). Scholz(2000)는 이 지역에서 높은 $\sigma 1$ 각도의 보고를 광역 응력 대신에 습곡작용에 관련된 국부적 응력을 나타내는 것으로 해석했다. 그는 또한 응력 회전의 존재와 의미는 약한 단층보다는 강한 단층의 예측과 맞는 것으로 결론지었다. 높은 유체 압력(8.6.3절)이 단층의 강도를 감소시키는 가능한 하나의 메커니즘이며 응력의 약간의 회전을 설명할 수 있었다(Rice, 1992). 대신에 단층과 인접한 지각의 강도는 일반적으로 단층 역학의 고려에 의해 예측된 것보다 훨씬 더 낮을 수 있다(Hardebeck & Michael, 2004).

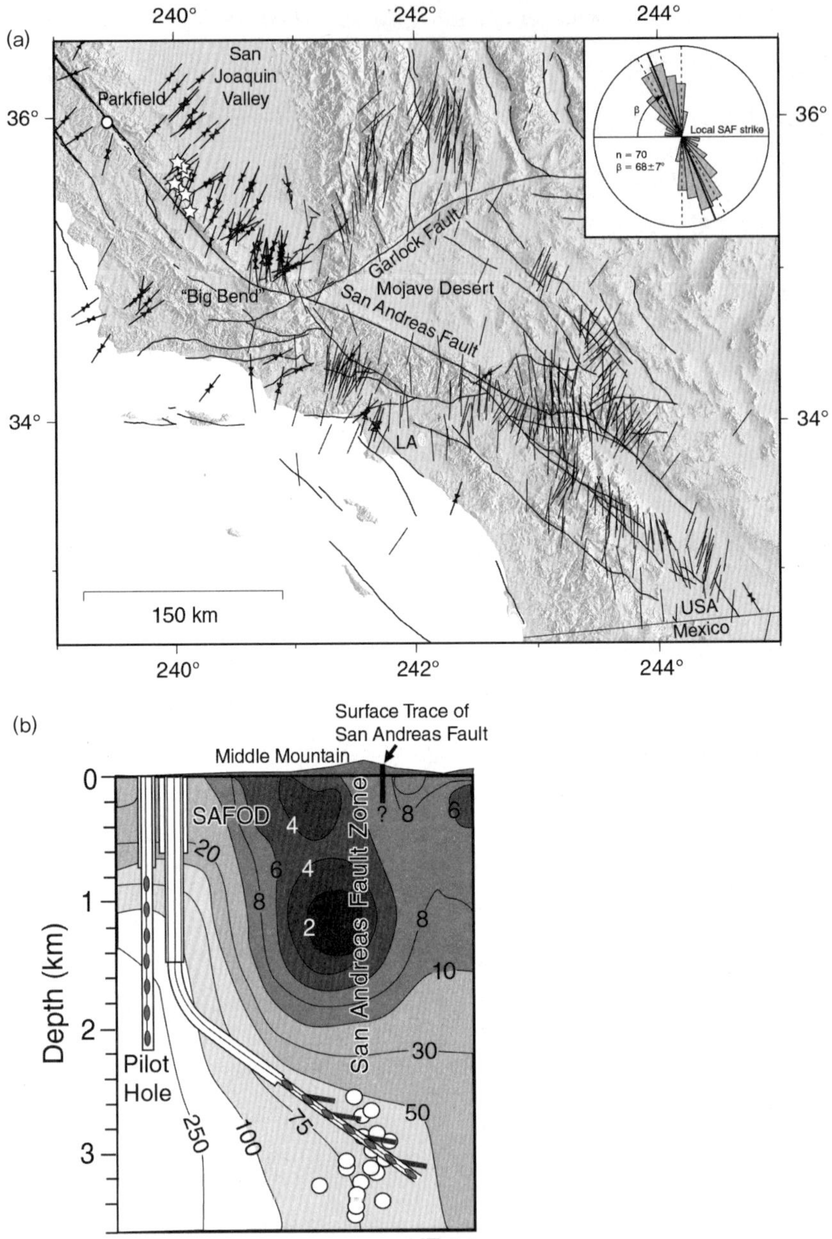

그림 8.25 (a) 남부 캘리포니아에서 최대 수평 압축(Townend & Zoback, 2004에서 수정되어, J. Townend와 M. Zoback에 의해 제공된 이미지, American Geophysical Union의 허가로. 저작권 © 2004 American Geophysical Union). 응력 측정법은 다음과 같다. 안쪽으로 향한 화살표, 시추공 브레이크아웃(borehole breakouts); 별, 수압 파쇄 실험(fracturing experiments); 일반 직선, 지진 발진 메커니즘. 삽화는 최대 주 압축응력과 산 안드레아스 단층(SAF)의 10km 내 지역적 단층 주향 사이의 각도(β)를 요약한다. 68±7°의 각도는 400km 길이의 단층 분할조각에 대한 비교적 낮은 마찰 강도를 암시한다. (b) 캘리포니아 파크필드(Parkfield) 근처 SAFOD 시추공 실험의 위치를 보여주는 수직 단면(Hickman *et al.*, 2004를 따름, American Geophysical Union의 허가로). 지자기 저항 판독은 Unsworth와 Bedrosian(2004)에서 왔다. 흰색 원은 지진 진원이다. 시추공(drill holes)의 타원은 다운-홀 센서(down-hole sensors)를 나타낸다. 등치선은 ohm-meters로 저항을 보여준다.

큰 주향이동 단층의 강도에 관한 이러한 충돌하는 관찰과 해석은 아직 해결되지 않았다. 산 안드레아스 단층의 경우, 논쟁의 일부는 단층의 포행하는 대 갇힌(creeping versus locked) 분할조각의 역학적 거동의 차이 혹은 응력을 추론하는 다른 방법에 관련될 수 있다. 이러한 문제를 해결하기 위해서는 크고 구조적으로 활동 중인 단층 내에서 주응력의 방향과 크기의 독립적인 측정이 요구된다. 심부의 산 안드레아스 단층 관측소(**S**an **A**ndreas **F**ault **O**bservatory at **D**epth, SAFOD) 시추 프로그램은 이러한 측정을 위한 것이다. 이 프로그램은 약 3km의 깊이에 캘리포니아 파크필드(Parkfield, 그림 8.1) 근처의 산 안드레아스 단층의 포행하는 분할조각 위에서 M≈2 지진을 반복하는 진원 지역까지의 시추를 포함한다. 목표는 지진이 발생하는 물리적, 화학적 조건의 다운-홀(down-hole) 측정을 얻기 위해, 그리고 실험실 분석을 위한 암석과 유체 샘플을 발굴하기 위해 이러한 반복하는 지진 가까이에 있는 관측소를 설립하는 것이다(Hickman *et al.*, 2004). 수평 응력 크기에 대한 예비 추정치가 여전히 상당히 불확실하지만, 2.2km 깊이의 예비 홀의 바닥 근처에서 응력 관찰(그림 8.25b; Hickman & Zoback, 2004), 그리고 열류량 측정치(Williams *et al.*, 2004)가 서로 다른 강한 지각 내의 국부적으로 약한 산 안드레아스 단층을 시사한다.

제9장

섭입대(subduction zones)

GLOBAL

TECTONICS

9.1 해양 해구(ocean trenches)

해양 해구는 언더스러스트하는(underthrusting) 해양 암석권의 직접적인 표현이며, 섬 호상(island arc)과 섭입대 위에 형성하는 안데스형 조산대의 바다 쪽에 발달된다(그림 9.1). 그것들은 지구 표면의 가장 큰 선형의 낮아진 지형을 나타내고, 그것들의 깊이와 연속성에 주목할 만하다. 페루-칠레 해구는 길이가 4500km이고 주위의 해저보다 2-4km 깊어서, 그것의 기저는 해수면 아래 7-8km이다. 서태평양의 해구는 동태평양 대륙 주변부의 해구보다 일반적으로 더 깊고, 마리아나와 통가-케메르데크(Tonga-Kermadec) 해구의 수심은 10-11km로 가장 큰 해구 수심을 보인다. 해양 암석권의 연령이 해구로 들어가는 해양 지각의 깊이를 결정하기 때문에(6.4절), 특정 해구의 최대 깊이에 대한 주요 제어는 섭입되고 있는 해양 지각의 연령인 것처럼 보일 것이다. 따라서 동태평양과 서태평양 해구 깊이의 현저한 차이는 주로 이들 지역에 있는 해저 연령의 체계적인 차이에 의해 설명된다(p.xviii의 플레이트 4.1).

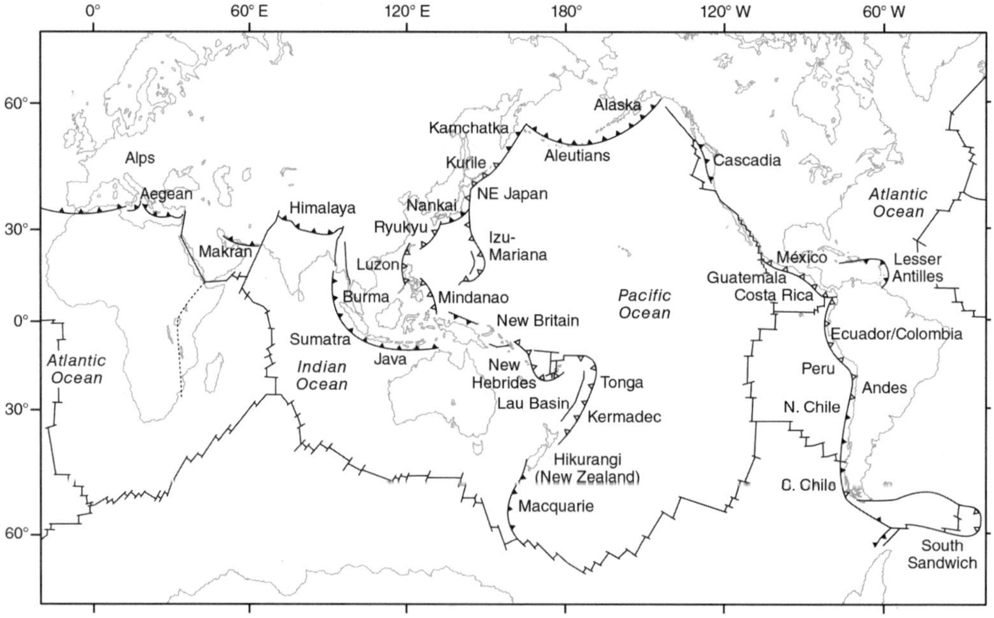

그림 9.1 수렴형 판 가장자리의 위치(바브(barbs)를 갖는 얇은 실선). 부착성장(accretionary) 가장자리는 검은 바브에 의해 표시되고, 침식 가장자리는 빈 바브에 의해 표시된다(9.6절, 9.7절). 굵은 실선은 활동 중인 확장 센터이고, 배호상 분지(backarc basins)의 확장 센터를 포함한다(9.10절; Stern, 2002 및 Clift & Vanucci, 2004에서 수정됨, American Geophysical Union의 허가로. 저작권 © 2002와 2004 American Geophysical Union).

해구는 일반적으로 폭이 50-100km이며, 단면상으로 언더스러스트하는 해저의 반대측면에서 8-20°의 가장 가파른 경사를 갖는 비대칭 V 모양을 형성한다. 해구의 퇴적물 충진은 크게 변할 수 있어서, 인접한 대륙 지역에서 퇴적물의 공급 때문에 통가-케메르데크(Tonga-Kermadec) 해구 같이 사실상 0인 곳에서 소앤틸리스(Lesser Antilles)와 알래스카 해구에서와 같이 거의 완전하게 이루어진 곳까지 있다. 해구 깊이는 또한 비지진 릿지(aseismic ridge)의 섭입에 의해 감소된다(10.2.2절).

9.2 섬 호상 시스템(island arc systems)의 일반 형태

섬 호상 시스템은 해양 암석권이 해양 지각 아래로 섭입될 때 형성된다. 따라서 그것들은 섬 호상의 대부분이 위치하는 태평양과 같은 축소하는 해양의 가장자리를 대표한다. 그것들은 또한 전반적인 서쪽 방향의 움직임을 거스르는 변환 단층에 의해 격리된 작은 해양판의 동쪽 가장자리에 형성되는 소앤틸리스(카리브, Caribbean)와 사우스샌드위치(South Sandwich; 스코샤, Scotia) 호상이 형성되는 대서양 서부에서도 나타난다.

섬 호상 시스템의 모든 구성 요소는 일반적으로 언더스러스트하는 해양으로 볼록하다. Frank(1968)에 의해 제안되었듯이 이런 볼록면은 구면 기하학(spherical geometry)의 결과일 수 있다. 만일 탁구공 같은 휘기 쉬운 구형 껍질이 각도 θ로 만입된다면(그림 9.2), 만입(indentation)은 껍질(R)과 동일한 반경의 구면이다. 만입의 가장자리는 그것의 반지름 r이 $r = 1/2R\theta$로 주어지는 원이고, 여기서 θ는 라디안이다. 이 이론이 지구 표면 위의 판에 적용되면, θ는 약 45°로 평균되어지는 해양 암석권의 언더스러스트 각도를 나타낸다. 그러면 지구 표면 위의 해구와 섬 호상의 곡률 반경은 약 2500km이다. 이 값은 전부는 아니지만 일부 섬 호상 시스템과 일치한다. 섬 호상 시스템의 일반적인 볼록면은 아마 구면 기하학의 결과이고, 편차는 이 방법의 지나친 단순화 특히 표면적의 보존이 판 구조론에 의해 요구되지 않는다는 사실에서 발생한다. 따라서 예를 들면, 마리아나 해구에서 언더스러스트의 각도는 거의 90°이지만, 그것은 가장 작은 곡률 반경 중 하나를 갖는다(Uyeda & Kanamori, 1979).

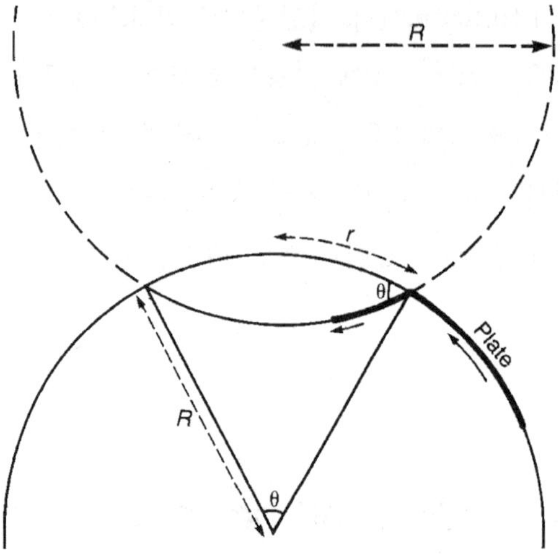

그림 9.2 비확장 물질(inextensible material)의 구에서 압입(indentation)의 기하학(Bott, 1982에서 다시 그려짐, Edward Arnold(Publishers Ltd)의 허가로)

모든 구성 요소가 모든 시스템에 존재하는 것은 아니지만, 섬 호상 시스템의 일반화된 형태가 그림 9.3에 도시된다. 시스템의 바다 측부터, 약 500m 높이의 휨적 부풂(flexural bulge)이 해구에서 바다 쪽으로 100km와 200km 사이에서 나타난다. 전호상 지역(forearc region)은 해구 자체, 부착성장 프리즘(accretionary prism), 그리고 전호상 분지(forearc basin)로 이루어진다. 부착성장 프리즘은 해구 충진(플리쉬, flysch) 퇴적물과 아마 위로 올라간 판(overriding plate)의 선단(leading edge)에 의해 내려가는 슬라브(downgoing slab)에서 긁어 벗겨진 해양 지각 퇴적물의 스러스트 슬라이스(thrust slices)로 구축된다. 전호상 분지는 부착성장 프리즘과 섬 호상 사이의 고요하고 평평한 층상 퇴적의 지역이다. 섬 호상은 외부 퇴적 호상(outer sedimentary arc)과 내부 마그마 호상(inner magmatic arc)으로 구성되어 있다. 퇴적 호상은 마그마 호상에서 발견되는 것보다 더 오래된 화산암 위에 놓이는 산호와 화산쇄설 퇴적물로 이루어져 있다. 이런 화산성 기저층(volcanic substrate)은 비교적 차가운 해양판이 하강을 시작할 때 화산작용의 초기 위치를 나타낼 수 있다. '차가운' 판이 연약권으로 더욱 뻗어짐에 따라 화성 활동의 위치는 현재 마그마 호상으로 표현되는 그것의 정상 상태(steady state) 위치까지 뒤로 이동하였다. 섬 호상의 형성에 기여하는 프로세스는 9.8절과 9.9절에서 논의된다. Vening Meinesz (1951)에 의해 처음으로 인식된 섬 호상과 잔류 호상(배호상 릿지, backarc ridge)이 섬 호상 뒤의 배호상 분지(backarc basin, 또는 대륙 주변 분지(marginal basin))를 둘러싼다. 그러나 모든 배호상 분지가 그림 9.3에 표시된 대로 활동 중인 섭입대 위의 확장에 의해 형성되는 것은 아니다(9.10절).

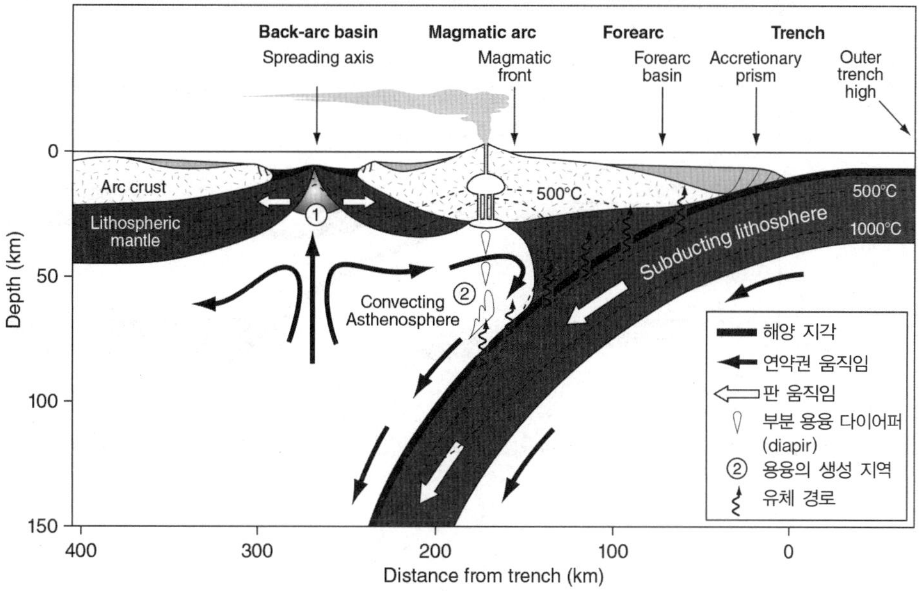

그림 9.3 섬 호상 시스템(island arc system)의 도식적인 단면(Stern, 2002에서 수정됨, American Geophysical Union의 허가로. 저작권 © 2002 American Geophysical Union)

9.3 섭입대의 중력 이상(gravity anomalies)

그림 9.4는 대부분의 섭입대를 대표하는 알류샨 호상(Aleutian arc)을 가로지르는 고도중력(free air gravity) 이상 단면을 보여준다. 해구의 바다 쪽에 내려가는 암석권의 휨적 부풂은 약 500g.u.의 양의 중력 이상으로 표현된다(Talwani & Watts, 1974). 해구와 부착성장 프리즘은 해수와 낮은 밀도 퇴적물로 지각 물질을 대체하는 데서 발생하는 약 2000g.u. 진폭의 큰 음의 이상으로 대표된다. 반대로, 섬 호상은 큰 양의 이상으로 표시된다. 해구와 호상 위의 지각평형 이상(isostatic anomalies)은 크고, 고도 이상과 동일한 극성을 보여준다. 이런 큰 이상은 압축으로 시스템에 부과된 동적 평형(dynamic equilibrium)에서 생겨서, 해구는 강제로 지각평형 아래로 내려가고 호상은 판을 구동하는 힘에 의해 지각평형 밖으로 올려진다.

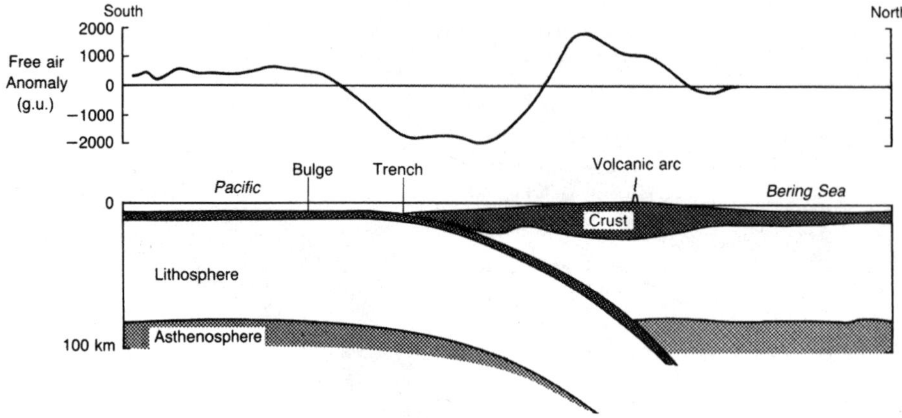

그림 9.4 해양 섭입대(subduction zone)의 중력 이상(Grow, 1973을 따름, Geological Society of America의 허가로)

9.4 지진으로부터 섭입대의 구조 (structure of subduction from earthquakes)

섭입대는 강렬한 지진 활동을 보인다. 수많은 지진이 언더스러스트하는 해양판에서 약 45°의 각도로 기우는 평면에서 발생한다(그림 9.5). 이 평면은 그것의 발견자(들)을 따라 베니오프(또는 베니오프-와다티)대(Benioff(or Benioff-Wadati) zone)로 알려져 있고, 그것 위의 지진은 지표면 근처에서 전호상 지역 아래로 최대 약 670km의 깊이까지 일어난다. 그림 9.5는 언더스러스트의 방향에 평행한 수직 평면상에 투영된 진원을 갖는 통가-케르마데크(Tonga-Kermadec) 섬 호상을 통과하는 단면을 보여준다. 진원은 통가 해구의 언더스러스트 지점에서 거리가 증가함에 따라 점진적으로 더 깊은 곳에서 나타나는 것으로 보인다. 베니오프대의 특성에 대한 추가 정보는 심부 지진으로부터 본체파 진폭(body wave amplitude) 연구에서 획득되었다(그림 9.6). 통가 같은 호상의 화산섬에 지진파 도착(seismic arrivals)은 라라통가(Raratonga)와 피지의 관측소와 같은 호상의 앞 또는 뒤에서 기록된 것보다 훨씬 더 큰 진폭인 것으로 밝혀졌다. 진폭의 차이는 일반적으로 특정 감쇠 계수의 역수인 Q-계수(Q-factor)로 정량적으로 묘사되고, 일반적으로 Q-계수가 높을수록 더욱더 강한 암석이다. 높은 Q 이동 경로는 거의 감쇠를 일으키지 않고, 반대도 또한 같다. 지진대의 길이쪽으로 전파되는 지진파는 높은 Q(약 1000)의 지역을 통과하는 것 같은 데 반해, 측면쪽 기록계로 전파되는 것들은 낮은 Q(약 150)의 보다 정상 지역을 통과한다. 따라서 베니오프대는 두께가 약 100km인 높은

Q 구역의 상부를 규정짓는 것 같다. 베니오프대는 원래 서로 다른 지각 지방(different crustal provinces) 사이에 큰 스러스트단층으로 해석되었다. 지진 데이터에 의해 새로운 해석이 맨틀로 언더스러스트되는 태평양 암석권의 높은 Q 벨트의 관점에서 이루어졌다. 이런 해석은 통가 호상의 지역에서 지역적 지진계 네트워크의 사용으로 Barazangi와 Isacks(1971)에 의해 개선되었다(그림 9.7). 이전의 결과에 더하여, 매우 높은 감쇠(약 50의 극히 낮은 Q)의 구역은 활동 중인 섬 호상(통가)과 배호상 릿지(라우 릿지, Lau Ridge) 사이에 뻗어 있는 폭이 약 300km인 지역에서 내려가는 슬라브 위의 최상부 맨틀로 규정된다. 이것은 배호상 분지(라우 분지) 아래의 맨틀이 다른 곳보다 훨씬 약하거나 또는 암석권이 상당히 더 얇다는 것을 의미한다. 데이터는 배호상 분지의 기원에 대한 중요한 파급 효과를 가지고 있어 9.10절에서 더 자세히 고찰될 것이다.

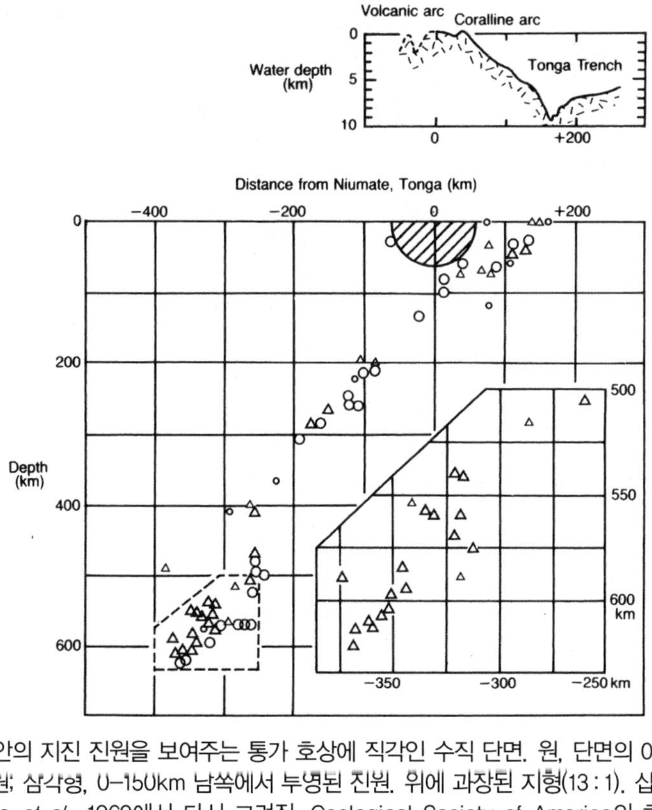

그림 9.5 1965년 동안의 지진 진원을 보여주는 통가 호상에 직각인 수직 단면. 원, 단면의 0–150km 북쪽 내에서 투영된 진원; 삼각형, 0–150km 남쪽에서 투영된 진원. 위에 과장된 지형(13 : 1). 삽화, 심부 지진 지역의 확대(Isacks *et al.*, 1969에서 다시 그려짐, Geological Society of America의 허가로)

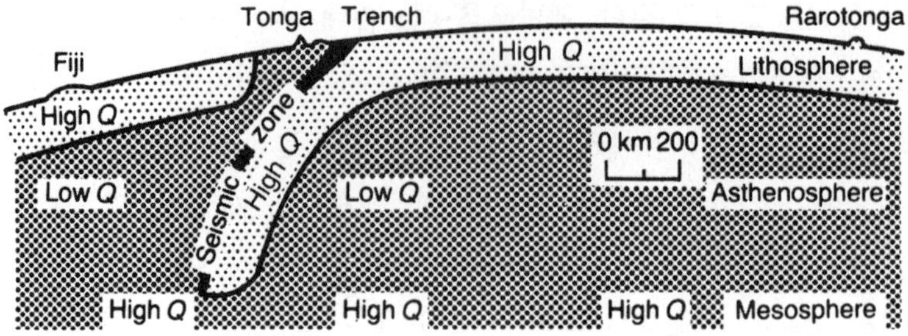

그림 9.6 지진파의 감쇠에 근거된 통가 호상을 가로지르는 가상의 단면(hypothetical section)(Oliver & Isacks, 1967에서 다시 그려짐, American Geophysical Union의 허가로. 저작권 © 1967 American Geophysical Union)

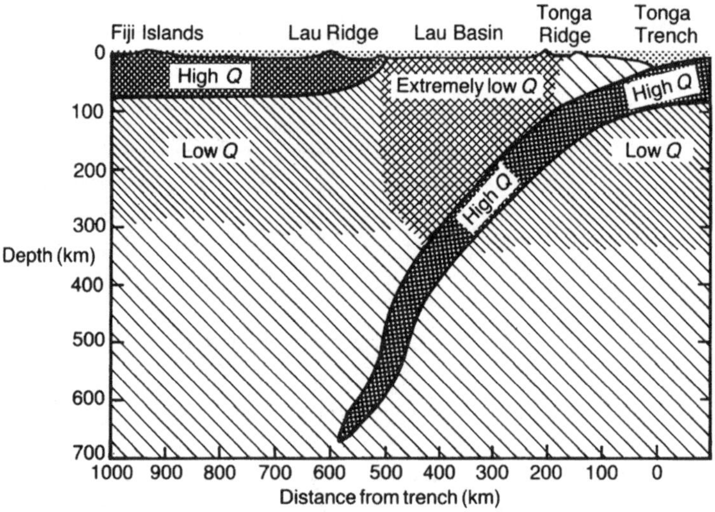

그림 9.7 라우 배호상 분지(Lau backarc basin) 아래의 매우 높은 지진파 감쇠를 보여주는 통가 호상을 가로지르는 도식적인 단면(Barazangi & Isacks, 1971에서 다시 그려짐, American Geophysical Union의 허가로. 저작권 © 1971 American Geophysical Union)

섭입하는 암석권 위 지역의 상세한 조사가 지진파 토모그래피(2.1.8절)를 사용하여 수행되었다. 플레이트 9.1(p.xxv)은 섭입하는 슬라브가 비교적 높은 P파 속도의 지역에 의해 명확하게 윤곽이 정해지는 통가 호상을 통과하는 단면을 보여준다. 이것 위로 라우 분지 아래(9.10절 참조)에 그림 9.7의 극히 낮은 Q의 영역에 상응하는 낮은 속도의 지역이 있다. 가장 낮은 속도는 통가 호상 화산 아래에 나타난다.

내려가는 슬라브와 관련된 지진 활동은 네 가지 프로세스의 결과로 발생한다(그림 9.8). 지역 'a'의 지진은 암석권이 하강을 시작할 때 그것의 굽음(bending)에 반응해서 생성된다. 굽음, 또는 암석권의 아래로 휨이 판의 상부 표면을 인장 상태로 만들고, 이 응력권역과 관련된 정단층작용이 최대 25km의 깊이까지 발생하는 지진을 일으킨다(Christensen & Ruff, 1988).

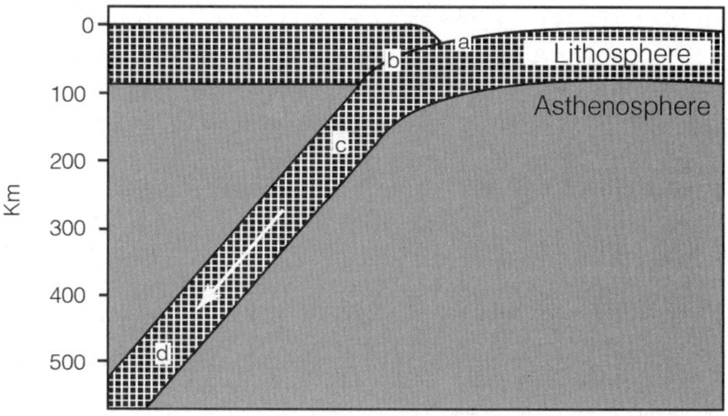

그림 9.8 섭입대의 판 모델; a, b, c 및 d는 독특한 발진 메커니즘 지역을 나타낸다.

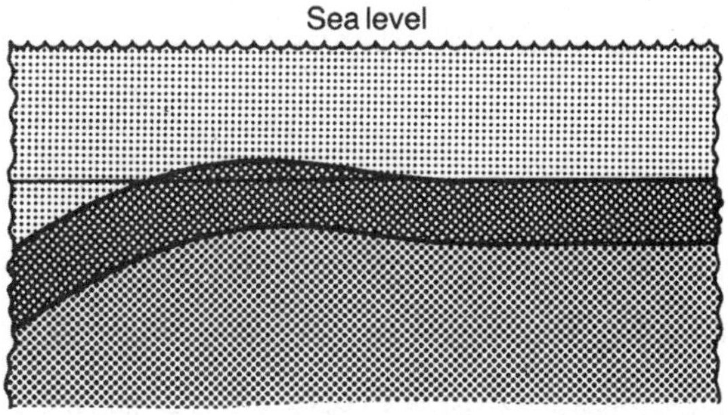

그림 9.9 섭입대에서 탄성 또는 탄성–완벽하게 소성(elastic–perfectly plastic) 판의 아래로 굽음(downbending; Turcotte *et al.*, 1978에서 다시 그려짐, Elsevier의 허가로)

암석권의 휨적 굽음(flexural bending)은 또한 섬 호상의 바다 쪽에 섭입하는 판에 존재하는 지형적 부풂(topographic bulge)을 일으킨다. 해저지형의 이런 광역적인 융기(regional rise)는 해구 축에서 외해로 100-200km 사이에 위치하고 수백 미터의 진폭을 가지고 있다. 단순한 빔 이론(beam theory)이 이런 부풂의 존재는 섭입하는 판의 하향 휨의 결과라고 예측한다(그림 9.9). 그러나 이러한 환경에서 암석권 거동의 더 정밀한 조사를 통해 휨은 완전히 탄성적이지 않고, 상당한 소성(영구적인) 변형을 포함하지 않으면 안 된다는 것을 알 수 있다(그림 9.10; Turcotte *et al.*, 1978). Chapple과 Forsyth(1979)는 상부 20km는 인장하에 하부 30km는 압축하에 있는 50km 두께의 2개층으로 이루어진 탄성 - 완전 소성(two layer elastic-perfectly plastic) 판의 굽음이 지형 단면과 아주 잘 맞고 이런 단면의 변화는 아마도 광역적인 응력장의 변화 때문이라고 추론하였다. 지역 ‘b’(그림 9.8)는 위로 올라간, 그리고 언더스러스트하는 판 사이의 접촉에 따른 스러스트단층작용에서 발생하는 지진으로 특징지어진다. 그림 9.8의 지역 'a' 및 'b'와 관련된 발진 메커니즘 솔루션(focal mechanism solution)이 알류샨 섬 호상(Aleutian island arc) 주위에 지진 유형의 분포를 나타내는 그림 9.11에 보인다(Stauder, 1968). 섬의 남쪽에 위치하는 지진대는 북서 방향으로 베링 해를 언더스러스트하는 태평양판의 상단 부분의 휨과 관련된 정단층작용에 의해 발생된다. 섬 체인의 아래 혹은 바로 남쪽에 위치하는 지진 그룹은 스러스트단층작용(thrust faulting)을 표시한다. 노달면(nodal plane)은 남쪽으로 가파르게 북쪽으로 완만하게 경사진다. 후자 평면은 단층면을 나타내고 이 지진은 태평양과 베링 해 암석권 사이의 상대적 움직임에 의해 발생된 것 같다. 주향이동 움직임을 나타내는 단 하나의 발진 메커니즘 솔루션이 도면에 표시된 것과 같이 섬 체인에 수직인 좌수향 주향이동 단층 혹은 대안으로 섬 체인에 평행한 우수향 주향이동 단층 위에 있다. 이 지역의 언더스러스트 방향이 비스듬한 것을 고려할 때, 후자의 해석이 옳을 가능성이 아마 더 높다(5.3절).

표면에서 암석권의 두께보다 더 큰 깊이인 구역 'c'(그림 9.8)의 베니오프대에서 발생하는 지진은 판과 접촉하고 있는 연약권이 너무 약해서 광범위한 단층작용에 필요한 응력을 견디지 못하기 때문에 내려가는 판의 상단에서 스러스트작용에 의해 발생하지 않는다. 이러한 깊이에서 지진은 암석권의 비교적 차갑고 하강하는 강한 슬라브의 내부 변형의 결과로서 발생한다. Hasegawa *et al.*(1978)은 지진계의 국지적 배열을 이용하여 경사 아래로 합쳐지는 것으로 보이는 일본 호상 아래에 있는 2겹의 베니오프대를 확인하였다(그림 9.12). 서로 다른 지진파의 도착 시간(arrival times)이 이러한 구역의 상부는 하강하는 슬라브의 지각 부분에 해당하고 하부는 암석권 맨틀에 해당한다는 것을 가리킨다(Hasegawa *et al.*, 1994).

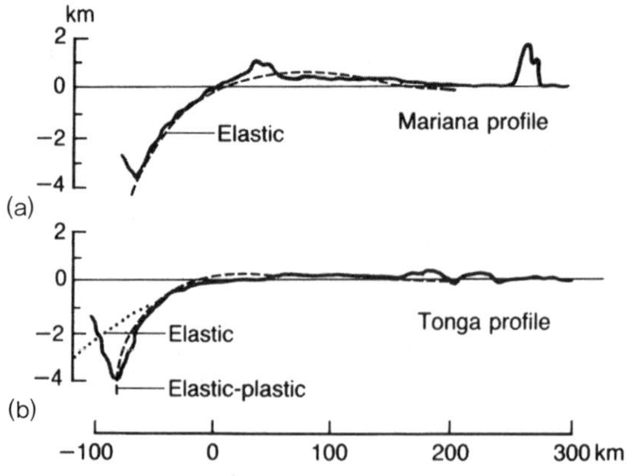

그림 9.10 해구에서 암석권 굽음(lithosphere bending)의 관측된, 그리고 이론적인 단면: (a) 29km 두께의 탄성 암석권을 갖는 마리아나 해구(Mariana Trench); (b) 32km 두께의 탄성–완벽하게 소성 판으로 더 잘 모델링된 통가 해구(Tonga Trench; Turcotte *et al.*, 1978에서 다시 그려짐, Elsevier의 허가로)

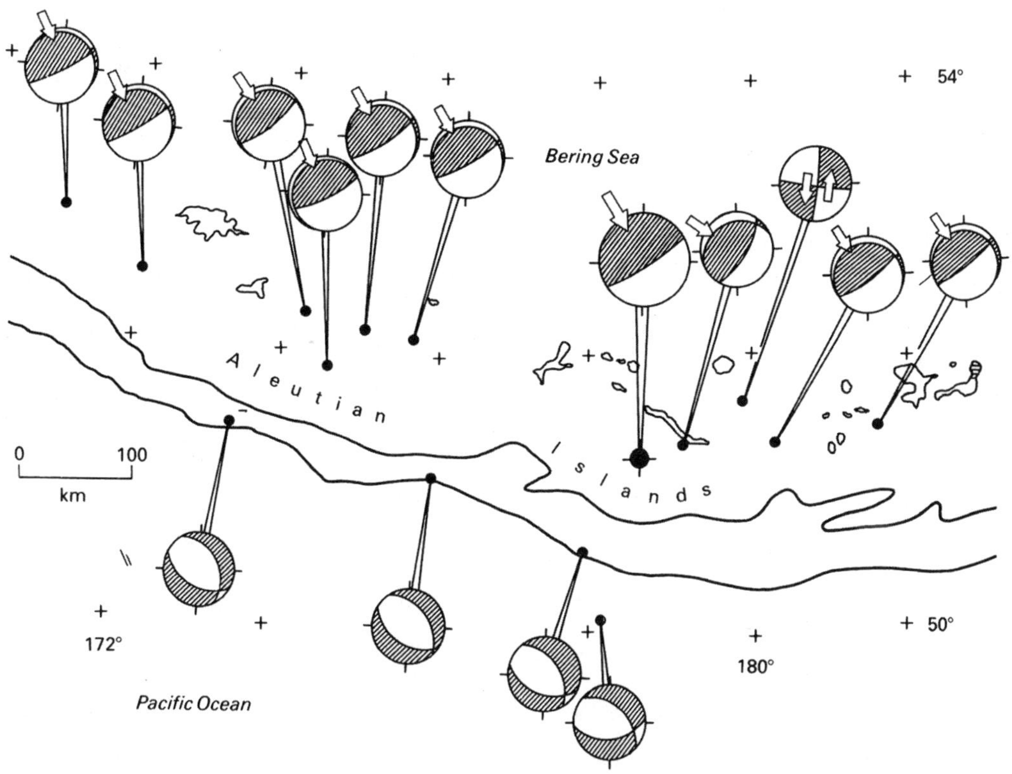

그림 9.11 알류샨 호상(Aleutian arc)에서 지진의 발진 메커니즘 솔루션(focal mechanism solutions). 압축 사분면이 음영으로 표시됨(Stauder, 1968에서 다시 그려짐, American Geophysical Union의 허가로. 저작권 © 1968 American Geophysical Union)

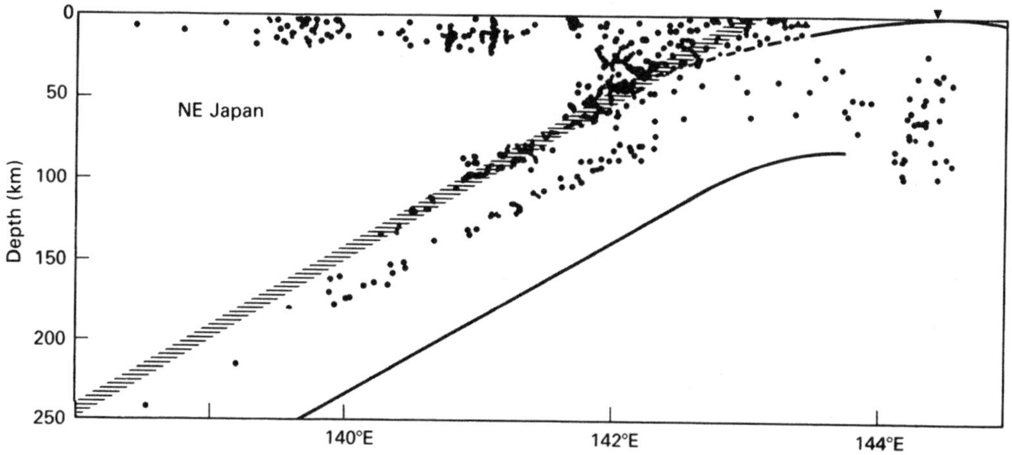

그림 9.12 북동부 일본 호상 아래의 지진 분포. 음영 처리된 선은 아마 하강하는 암석권의 상부이다(Hasegawa *et al.*, 1978에서 다시 그려짐, Blackwell Publishing의 허가로).

계속해서 70km와 200km 사이의 깊이에 2겹의 지진대가 다수의 잘 연구된 섭입대(Peacork, 2001)에서 보고되었고, 그것들이 섭입대 지진작용의 특징인 것 같다. 일부 사례에서 상부 구역 지진(upper zone earthquake)에 대한 발진 메커니즘 솔루션이 경사 아래 방향의 압축(down-dip compression)을 하부 구역 지진(lower zone earthquake)에 대한 그것은 경사 아래 방향의 인장을 암시한다. 이것은 판이 그것의 초기 하강 동안에 일정량의 영구적인 소성 변형을 겪었기 때문에 내려가는 판의 펴짐(unbending)이 중요할 수 있음을 시사한다(Isacks & Barazangi, 1977). 그러나 2겹의 지진대는 내려가는 판의 펴짐 지역을 꽤 넘어가는 깊이까지 확장한다. 현재 이런 지진의 대부분은 탈수를 포함하는 변성 반응에 의해 유발되는 것으로 생각된다. 즉, 상부 구역에서 에클로자이트(eclogite)의 형성과 관련된 그것(Kirby *et al.*, 1996), 그리고 하부 구역에서 사문암의 탈수와 관련된 그것(Meade & Jeanloz, 1991)이다. 탈수 반응은 섭입하는 해양 암석권에 있는 기존의 단층면을 따라 높은 공극 압력을 발생시키고, 취성 파괴에 의해 지진을 생산한다. 이 프로세스는 **탈수 취성화작용(dehydration embrittlement)**이라 불린다.

일본 동북부 아래의 섭입대에 대한 상세한 열 모델(thermal model)을 사용하여 Peacock (2001)는 진원 깊이가 70km에서 180km로 증가함에 따라 하부 지진대(그림 9.12)가 약 800°C에서 400°C로 등온선을 가로질러 이동하는 것을 보여주었다. 이러한 온도와 묵시적 압력이 P-T 그림에 플롯된다면, 압력/온도값과 음의 기울기는 사문석(serpentine)에서 포스테라이트(forsterite) + 엔스타타이트(enstatite) + 물로의 탈수 반응에 대한 그것과 매우 유사하다. 이것은 이런 지진이 내려가는 해양판 내에서 사문암화된 맨틀의 탈수 결과임을 강력히 시사한다. 중앙 해령에서 열수 순환과 변질작용은 지각에 한정되는 것으로 생각되는 데 반하여 해양 맨틀은 수십 킬로미터의 깊이까지 사문암화된다고 당연하게 생각되는 것이 이로써 설명된다. 그러나 해구의 외해쪽 해양 암석권의 외부 융기(outer rise) 및 굽음과 관련된 정단층작용이 수십 킬로미터의 깊이까지 해수의 유입과 암석권의 수화작용(hydration)을 허용할 수 있다 (Peacock, 2001).

300km(그림 9.8의 구역 'd') 아래에서 지진 메커니즘은 감람석(olivine)에서 첨정석(spinel) 구조로 급격한 상 변화(phase change)의 결과로 생각되며, 이것이 **변형** 또는 **역균열 단층작용 (transformational** or **anticrack faulting)**을 생성한다. 이것은 미세한 스피넬 결정이 성장하는 평면을 따라 결정 격자(crystal lattice)의 신속한 전단작용에 의해 발생한다(Green, 1994). 정상적인 맨틀 온도에서 이상 변화는 약 400km의 깊이에서 발생한다(2.8.5절, 9.5절). 그러나 내려가는 슬라브 중심부의 비정상적 낮은 온도는 잠재적으로 약 700°C의 온도에 도달할 때까지 감람석을 더 큰 깊이까지 준안정적으로 존재할 수 있게 한다(Wiens *et al.*, 1993). 오래되고

빠르게 섭입하는 슬라브에서 이것은 예외적으로 약 670km의 깊이일 수 있으며, 이것이 이 깊이에서 섭입대 지진 활동의 종료를 설명한다. 또한 엔스타타이트(enstatite)에서 일메나이트(ilmenite)로의 유사한 변환이 이 깊이 범위의 섭입대 지진 활동에 기여하는 것 같다(Hogrefe *et al*., 1994). 약 700km 깊이의 슬라브에서 발생하는 상 변화(2.8.5절, 9.5절)는 초소성 방식(superplastic manner)으로 거동하는 세립한 물질(fine-grained material)을 생산하는 것으로 생각되어서 지진을 일으킬 수 없다(Ito & Sato, 1991).

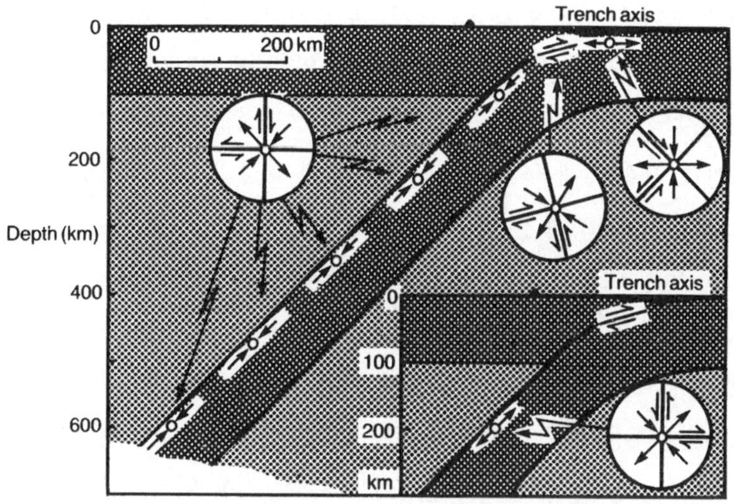

그림 9.13 섬 호상에 수직인 단면 위에 도식적인 발진 메커니즘 솔루션 분포. 삽화는 대안적인 중간 깊이 메커니즘을 보여준다(Isacks *et al*., 1969에서 다시 그려짐, Geological Society of America의 허가로).

지역 'c'와 'd'(그림 9.8)의 심부 지진은 하강하는 판의 경사에 평행 또는 직교하는 주응력 방향에 의해 특징지어진다(Isacks *et al*., 1969; 그림 9.13). 따라서 발진 메커니즘 솔루션에 의해 결정된 노달면은 베니오프대의 경사 또는 그것에 직교하는 평면에 해당하지 않는다. 주응력 방향은 하강하는 판이 경사 아래 방향의(down-dip) 압축 또는 확장 중 하나에 놓인다는 것을 보여준다. Isacks와 Molnar(1969)는 지진대의 응력 타입의 분포는 하강 동안에 판이 겪는 저항의 정도에서 유래할 수 있다고 제안하였고, Spence(1987)는 해령 밀기(ridge push)와 슬라브 당김(slab pull) 힘의 순 효과의 관점에서 이 저항을 기술하였다(12.6절). 그림 9.14a에서 판은 마이너스 부력 때문에 연약권을 통해 침강하고 있고, 그것의 침강이 방해받지 않을 때 경사 아래 방향의 인장 상태에 놓인다. 그림 9.14b에서 판의 바닥은 하강에 저항하고 선도하는 끝을 압축 상태에 놓이게 하는 중간권(mesosphere)에 접근한다. 판이 더욱 침강하면(그림 9.14c), 중간권이 더욱더 하강을 방지하고, 판의 하부 가장자리를 지탱하여서 지진대의 대부분이 압축을 경험한다. 그림 9.14d에서, 내려가는 슬라브의 한쪽이 분리되어, 판의 상부는 인장 상태에 놓이고, 하부는 압축 상태에 놓인다. 발진 메커니즘 솔루션(Isacks & Molnar, 1971)에서 결정된 응력 방향의 세계적인 요약이 그림 9.15에 보인다.

그림 9.14b, d에 표현된 응력 분포는 슬라브가 연속적인 것으로 알려진(James & Snoke, 1990) 페루－칠레 해구(그림 9.15)와 같은 특정 해구에서 베니오프대의 중앙 부분을 따라 관찰된 지진 갭에 대한 가능한 설명을 제공한다. 지진 갭의 또 다른 유형은 얕은 깊이에서 일부 섬 호상에 존재하는 것으로 나타난다. 그림 9.16은 알류샨－알래스카 호상에서 베니오프대를 통과하는 단면을 보여준다(Jacob *et al.*, 1977). 해구와 서쪽에서 동쪽으로 점차 커지는 화산 호상 쪽으로 약 중간 지점 사이에서 지진 활동의 눈에 띄는 갭이 있다. 언더스러스트(underthrusting)의 각도는 이 지역에서 매우 얕다. 이런 지진 갭과 얕은 언더스러스트의 가능한 원인은 알래스카에 인접한 해구의 해당 단면을 향해 점점 더 양이 많아지는 해구 내의 육성 퇴적물(terrigenous sediments)의 존재이다. 이러한 퇴적물의 미고결 특성이 아마도 지진을 일으키는 데 필요한 변형 에너지의 어떠한 축적도 방지하고, 그것의 높은 양의 부력이 섭입하는 판을 비정상적으로 얕은 각도로 섭입되게 강요한다.

다수의 섭입대에 대한 데이터를 검토해서, Fukao *et al.*(2001)은 섭입된 슬라브가 전이대(transition zone) 내에 혹은 바로 아래에서 수평적으로 편향되거나 또는 660km 불연속을 통과하여 하부 맨틀까지 하강한다(p.xxvi의 플레이트 9.2)는 것을 알아차렸다. 칠레, 알류샨 열도, 남부 쿠릴(Kurile), 그리고 이즈－보닌(Izu-Bonin) 아래에서 슬라브는 전이대 내에서 편평해지는 것으로 보이는 반면, 에게 해(Aegean), 일본 중부, 인도네시아, 그리고 중앙아메리카 아래에서 그것들은 하부 맨틀로 깊이 침투한다. 통가 아래의 슬라브는 전이대 내에서 평평해지고 또한 하부 맨틀로 확장한다(van der Hilst, 1995; p.xxvi의 플레이트 9.2e). 섭입하는 슬라브의 연령과 하부 맨틀로 침투 사이에는 아무런 상관관계가 없다. 일부 연구자들은 여기저기에 슬라브가 하부 맨틀을 통과하여 핵－맨틀 경계까지 하강하는 증거가 있다고 주장한다(12.8.2절). 다른 사람들은 1700km 깊이 아래까지의 슬라브 침투에 대한 증거가 거의 없다고 생각한다(Kárason & van der Hilst, 2000). 맨틀의 대류에 대한 이러한 토모그래피 결과의 가능성이 12.9절에서 고찰된다.

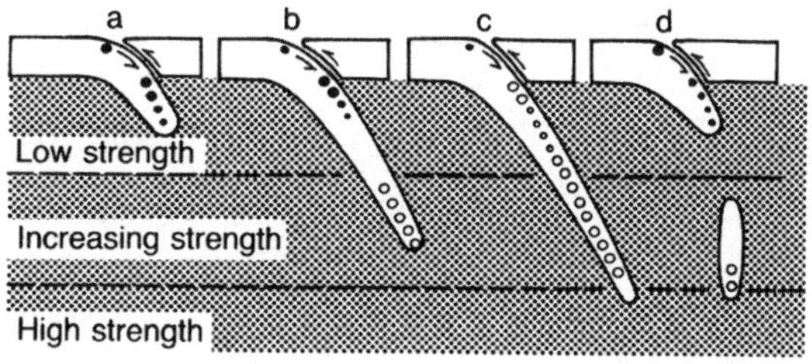

그림 9.14 하강하는 암석권의 응력 분포 모델. 검은 원, 경사 아래로 확장 응력(extensional stress down dip); 빈 원, 경사 아래로 압축응력(Isacks & Molnar, 1969에서 다시 그려짐, Nature 223, 1121–4의 허가로. 저작권 © 1969 Macmillan Publishers Ltd).

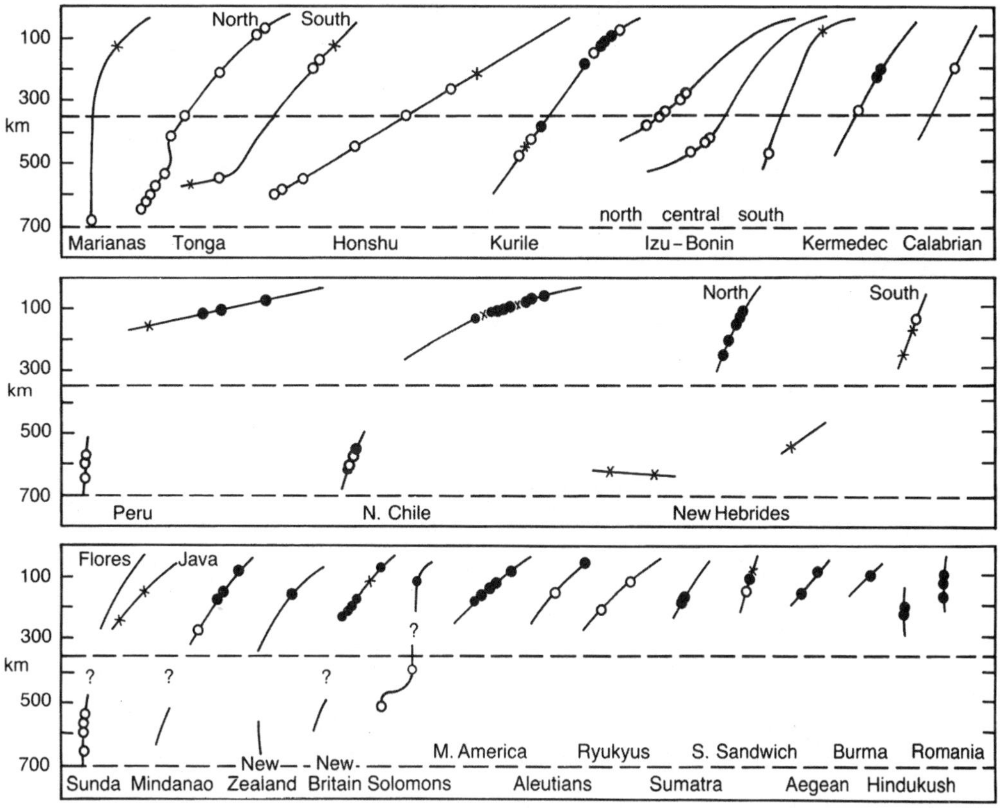

그림 9.15 베니오프대(Benioff zones)에서 경사 아래로의 응력 분포에 대한 요약. 빈 원, 베니오프대의 경사에 평행한 압축 축을 갖는 지진; 검은 원, 베니오프대의 경사에 평행하는 인장 축을 갖는 지진; x표, 베니오프대에 평행한 압축 축도 인장 축도 없음; 실선, 지진대(seismic zone)의 대략적인 형태(Isacks & Molnar, 1971에서 다시 그려짐, American Geophysical Union의 허가로. 저작권 © 1971 American Geophysical Union)

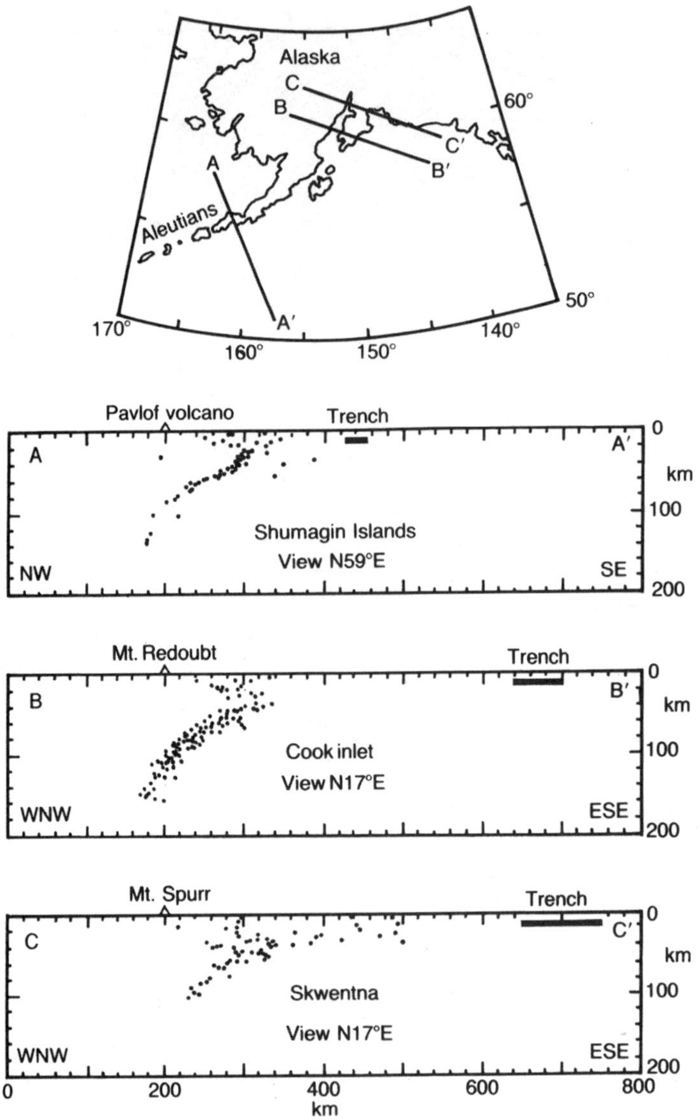

그림 9.16 위치도와 진원을 보여주는 알류샨 호상을 가로지르는 단면(Jacob *et al.*, 1977에서 다시 그려짐, American Geophysical Union의 허가로. 저작권 © 1977 American Geophysical Union)

9.5 내려가는 슬라브의 열 구조(thermal structure)

섭입하는 해양 암석권의 강도와 높은 음의 부력, 그리고 지진 발생의 갑작스러운 정지에 대한 그것의 수용능력은 이런 깊이에서 정상적인 맨틀 물질에 비해 상대적으로 낮은 온도의 결과이다. 섭입하는 암석권은 그것의 온도를 주변의 온도로 높이기에 충분한 열이 맨틀에서 전달될 때까지 그것의 격리된 열적 및 역학적 정체성을 상당한 깊이까지 유지할 수 있다.

침강하는 슬라브 내의 온도 변화는 그 열적 특성과 경계 상태(boundary states)가 명시된다면 열전도 방정식(heat conduction equations)으로부터 계산될 수 있다. 온도 분포를 제어하는 요인은 다음과 같다.

1 섭입의 속도: 하강이 빠르면 빠를수록 주위의 맨틀로부터 전도에 의한 열의 흡수를 위한 시간이 더욱더 적어진다.

2 내려가는 슬라브의 연령, 따라서 두께: 슬라브가 두꺼우면 두꺼울수록 그것이 주변 연약권과 열적으로 평형을 이루는 데 소요되는 시간이 더욱더 커진다.

3 슬라브의 하강이 연약권에 의해 저지될 때 슬라브 상하면의 마찰가열(frictional heating)

4 연약권에서 슬라브로 열의 전도

5 깊이에 따른 압력의 증가에 따라 슬라브의 압축과 관련된 단열 가열(adiabatic heating)

6 해양판은 방사성 광물이 거의 없기 때문에 작을 것 같지만 해양 암석권 내의 광물의 방사성 붕괴에서 유래된 열

7 깊이에 따른 고밀도 결정질 구조로 광물의 상 변이와 연관된 잠열(latent heat): 슬라브가 경험하는 주요 상 변화는 발열인 약 400km 깊이에서 감람석-첨정석 전이(olivine-spinel transition)와 흡열인 약 670km에서 첨정석-산화물의 전이(spinel-oxides transition)이다(2.8.5절).

온도 분포에 대한 다른 해법이 상기 현상의 상대적 기여도에 관해 만들어진 가정에 따라 다양한 연구자에 의해 도출되었다. Peacock와 Wang(1999)에 의해 도출되고 비교적 차갑고 따뜻한 섭입하는 암석권을 나타내는 두 모델이 플레이트 9.3(p.xxvii 참조)에 도시된다. 세부적으로 다른지만, 이러한 모든 모델은 내려가는 슬라브가 큰 깊이까지 열적 정체성을 유지하고, 예외적으로 1000°C에 이르는 온도 차이가 700km의 깊이에서 슬라브의 중심부와 정상적인

맨틀 사이에 존재할 수 있다는 것을 나타낸다.

9.4절에서 언급된 바와 같이, 베니오프대의 길이는 섭입하는 해양 암석권이 비교적 차가운 중앙 중심부를 유지하는 깊이에 따라 달라진다. Molnar *et al.*(1979)은 등온선(isotherms)의 아래로 편향, 따라서 지진대의 길이는 섭입의 속도와 암석권의 두께의 제곱 모두에 비례한다고 추론하였다. 암석권 두께는 그것의 연령의 제곱근에 비례한다(Turcotte & Schubert, 2002). 그래서 지진대의 길이는 수렴 속도와 연령의 곱에 비례하여야만 한다. 이것이 일반적으로 옳다는 것이 그림 9.17에 의해 도해되고, 그리고 비록 상당히 흩어져 있지만, 데이터는 길이(km) = 속도(mm a^{-1}) × 연령(Ma)/10의 관계에 맞는 것 같다.

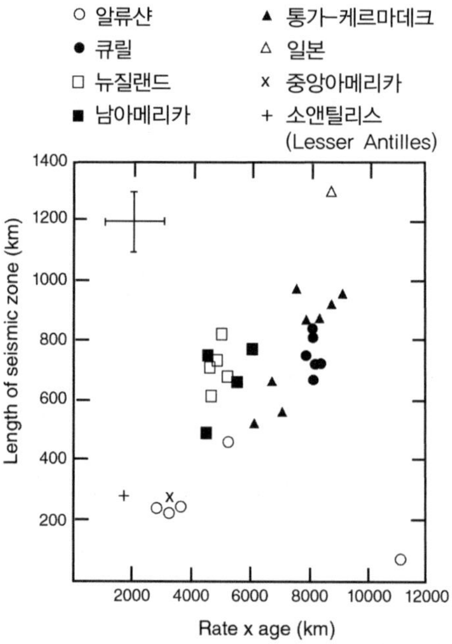

그림 9.17 베니오프대의 길이와 수렴 속도×연령 사이의 관계. 왼쪽 상단 모서리에 오차 막대에 의해 주어진 대략적인 불확실성(Molnar *et al.*, 1979에서 다시 그려짐, Blackwell Publishing의 허가로)

9.6 섭입대 특성 차이 (variations in subduction zone characteristics)

섭입하는 해양 암석권의 연령과 수렴 속도는 내려가는 슬라브의 열적 구조와 지진대의 길이는 물론 섭입대의 수많은 다른 특성에 영향을 미친다. 비록 일반적으로 설명된 바와 같이 베니오프대의 경사가 종종 약 45°이지만, 마리아나 아래 90°에서 페루 아래 10°까지 경사의 큰 변화가 있다는 것을 그림 9.15로부터 알 수 있다. 경사는 슬라브를 침강하게 하는 섭입하는 슬라브의 음의 부력과 슬라브를 들어올리는 경향이 있는 언더스러스트하는 암석권에 의해 유도된 연약권의 흐름 때문에 발생하는 힘에 의해 대체로 결정되는 것 같다. 언더스러스트의 더 높은 속도는 더 큰 크기의 들어올림을 낳는다. 젊은 해양 암석권은 비교적 얇고 뜨겁다. 따라서 더 오래된 해양 암석권보다 더 큰 부력이 있다. 그러므로 우리는 높은 속도로 언더스러스트하는 섭입하는 젊은 암석권이 페루와 칠레의 경우에서와 같이 가장 얕은 경사를 일으킬 것이라고 예측하곤 한다. 위로 올라간 판(overriding plate)의 절대적 운동이 또한 베니오프대의 경사를 결정하는 데 기여하는 요인일 가능성이 있다(Cross & Pilger, 1982).

얕은 경사를 갖는 섭입대는 위로 올라간 판과 더 강하게 커플링해서(Uyeda & Kanamori, 1979), 그림 9.8의 지역 'b'에서 더 큰 규모의 지진을 일으킨다. 얕은 경사는 또한 섭입대 위 맨틀 쐐기의 연약권 흐름을 제한하여, 극단적인 경우에 모든 섭입대 위의 마그마작용을 억제하고(10.2.2절), 모든 경우에 배호상 확장(backarc extension)보다는 오히려 배호상 압축을 일으킨다. 그래서 Uyeda와 Kanamori(1979)는 칠레와 마리아나 유형으로 칭했던 섭입대의 2개 엔드-멤버 유형을 인지하였다(그림 9.18).

섭입대 성질의 또 다른 1순위 차이는 그것들이 부착성장적인가 혹은 침식적인가(accretionary or erosive)이다. 역사적으로, 해양 해구와 마그마 호상(magmatic arcs)은 대륙과 해양 지각으로부터 유래된 물질이 전호상 지역(forearc region)의 퇴적물 쐐기의 형태로, 그리고 마그마 호상의 화성물체(edifice of igneous material)가 위로 올라간 판의 가장자리에 부착되는 세팅이라고 생각되었다. 그러나 점점 해양 지각과 원양 퇴적물의 대부분은 맨틀로 섭입되고, 수렴형 대륙 수변부(convergent margin)의 약 절반에서 위로 올라간 판의 일부가 침식되어 섭입된다는 것을 알게 되었다. 내려가는 판 위의 원양 퇴적물(pelagic sediments)이 섭입되는 프로세스는 **퇴적물 섭입(sediment subduction)**으로 알려져 있고, 상부 판으로부터의 암석 혹은 퇴적물이 섭입되는 프로세스는 **섭입 침식(subduction erosion)**으로 불린다. 후자는 해구의 육지 쪽 사면의 기저에서 혹은 상부 판의 밑바닥으로부터 유래될 수 있다. 또한, 마그마 호상에 부착성장된 물질의 대부분은 섭입된 지각보다는 오히려 맨틀로부터 유래된 것으로 생각된다(9.8절). 따라서 섭입대도 또한 부착성장 혹은 침식으로 특징지어져 왔다(그림 9.1, 9.19). 부착성장 대륙 주변부의 예는 난카이 트로프(Nankai Trough)와 바베이도스 프리즘(Barbados prisms, 9.7절; Saffer & Bekins, 2006)이 있다. 침식 프리즘은 코스타리카(Costa Rica; Morris & Villinger, 2006)와 칠레(10.2.3절)의 외해에 나타난다.

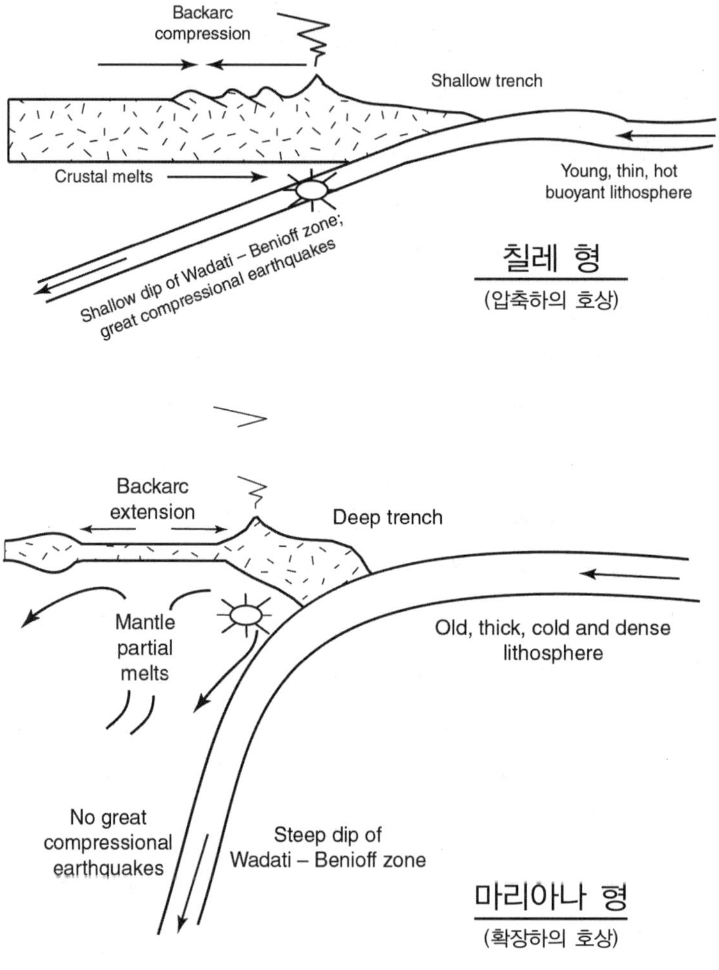

그림 9.18 언더스러스트하는 암석권(underthrusting lithosphere)의 연령과 위로 올라간 판(overriding plate)의 절대 운동에 근거된 섭입대의 엔드-멤버 유형(Uyeda & Kanamori, 1979, 그리고 Stern, 2002에서 수정됨, American Geophysical Union의 허가로. 저작권 © 1979과 2002 American Geophysical Union)

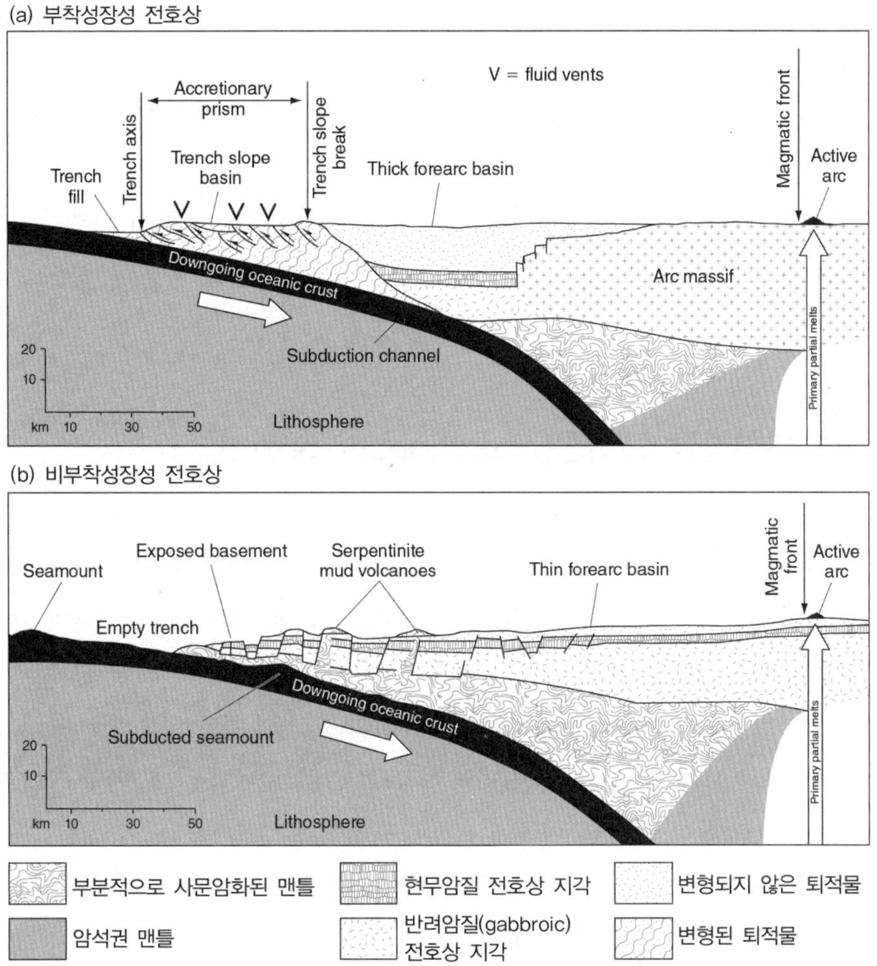

그림 9.19 (a) 부착성장(accretionary), 그리고 (b) 비부착성장(nonaccretionary) 수렴형 대륙 주변부의 특징을 대조하는 다이어그램(Stern, 2002에서 다시 그려짐, American Geophysical Union의 허가로. 저작권 © 2002 American Geophysical Union). V, 유체 탈출구(fluid vents)

탄성파 반사 단면 데이터에 근거하면, 해구로 들어가는 해양판 위의 퇴적물 두께는 퇴적물이 긁어 벗겨져 부착성장 프리즘에 더해지기 위해서는 400-1000m를 초과해야만 할 것 같다. 이것은 해구에 들어가는 원양 퇴적물의 아마 80%는 섭입되고, 전호상 지역에 부착된 퇴적물의 대부분은 대륙 물질에서 유래된 해구 저탁암(trench turbidites)라는 것을 의미한다(von Huene & Scholl, 1991). 그러므로 섭입대의 부착성장(accretionary) 또는 비부착성장(nonaccretionary) 성질은 부분적으로 해양판 퇴적물과 대륙에서 해구로 유래된 쇄설성 물질의 공급량에 따라 달라진다. 그러나 섭입 침식의 원인은 매우 빈약하게 이해된다(von Huene *et al*., 2004). 일반적으로 부착성장 대륙 주변부에서 해구 퇴적물의 두께는 1km를 초과한다(Saffer & Bekins,

2006). 부착하는 대륙 주변부와 서로 관련 있는 다른 매개변수는 다음과 같다. 76mm a^{-1} 미만의 직교 수렴 속도와 3° 미만의 전호상 해저지형 경사면. 침식 대륙 주변부에서 전호상 지역의 더 가파른 경사 외에도 전호상은 그것의 기저를 따라 상부 판의 얇아짐을 반영하는 침강으로 특징지어진다. 이 지역 퇴적 시퀀스에서의 시추 코어가 사용 가능하면 침강의 양이 측정될 수 있다. 그러면 전호상 지각의 기저에서의 침식 속도를 추정하는 것이 가능하다(Clift & Vannucchi, 2004).

9.7 부착성장 프리즘(accretionary prism)

존재한다면, 부착성장 프리즘은 해양 해구의 내부 벽에 형성된다. 이러한 지형의 내부 구조와 구축은 활동 중인 섭입대에서 탄성파 반사 단면과 시추로부터, 그리고 현재 육지에 노출된 과거 섭입 복합체(ancient subduction complexes)의 연구로부터 추론되어 왔다.

부착성장 프리즘은 해구-충진 저탁암(플리쉬, flysch)과 약간의 원양 퇴적물(pelagic sediments)이 위로 올라간 판의 선단(leading edge)에 의해 하강하는 해양판에서 긁어 벗겨지고, 그것들이 부착되는 곳에서 발달한다. 일본의 남쪽에 위치한 난카이 트로프(Nankai Trough, 그림 9.20a)가 두꺼운 퇴적 단면을 갖는 거대하고 활동 중인 부착성장 프리즘의 구조적, 암석학적, 그리고 수문학적 특성의 많은 것을 설명한다(Moore *et al.*, 2001, 2005). 프리즘 아래에서, 판 경계가 섭입되는 해구 퇴적물, 화산쇄설암, 그리고 아래의 현무암질 지각의 거의 변형되지 않은 부분과 위의 변형된 퇴적물 쐐기를 분리하는 20-30m 두께의 완만하게 경사지는 단층 혹은 전단대(shear zone)에 의해 정해진다(그림 9.20b). 이 경계 또는 **데꼴망(décollement)**은 더 강하고 더 투과하기 쉬운 해구 저탁암 아래에 놓이는 일반적으로 낮은 투과성 반원양성 진흙인 약한 퇴적층에서 발달한다. 데꼴망 위에 인편상 배열(imbricated array)을 형성하는 충서 단면을 통해 오르막이 되는 점완 스러스트 램프(listric thrust ramp)로 구성되는 **습곡과 스러스트(fold and thrust)** 벨트가 있다. 이러한 단층이 내부적으로 습곡되고 쪼개진 쐐기 모양 렌즈의 경계를 이룬다. 인편상 시리즈의 기저에서, 데꼴망은 그것이 점차 더 잘 발달되면 화산 호상을 향해 아래쪽으로 기울어진다. 그것은 해구에서 안쪽에 위치하는 첫 번째 작은 원시-스러스트와 습곡에 의해 표시되는 **변형 프런트(deformation front)**의 바다 쪽으로 짧은 거리를 확장한다. 더 먼 바다 쪽에 데꼴망을 시작하는 층서 지평선은 초기 또는 **원시-데꼴망(proto-décollement)**

지역으로 알려져 있는데, 여기서는 들어오는 퇴적 단면이 오직 약하게 변형된다.

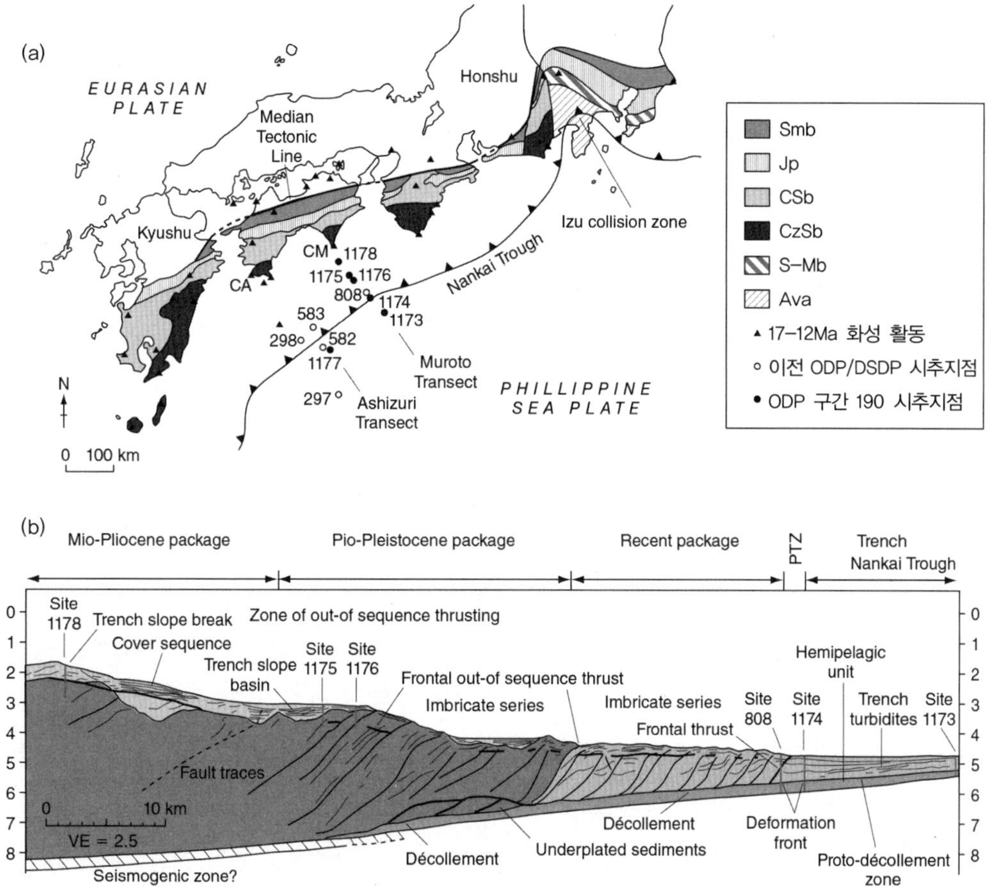

그림 9.20 (a) 구간(Leg) 190/196 해양시추 프로그램(ODP, 검은 원)과 이전 해양시추 프로그램(ODP)/심해시추 프로그램(DSDP, 빈 원) 시추 지점을 보여주는 난카이 부착성장 프리즘(Nankai accretionary prism)의 지질도(Moore *et al.*, 2001에서 수정됨, American Geophysical Union의 허가로. 저작권 © 2001 American Geophysical Union). CA, 케이프 아시즈리(Cape Ashizuri); CM, 케이프 무로토(Cape Muroto); Smb, 산바가와 변성대(Sanbagawa metamorphic belt;); Jp, 쥐라기 부착성장 프리즘; CSb, 백악기 시만토 벨트(Shimanto belt); CzSb, 신생대 시만토 벨트; S–Mb, 시만토와 미네오카 벨트(Mineoka belts); Ava, 부착성장된 화산 호상; PTZ, 원시스러스트대(protothrust zone). (b) 주요 구조 지방들(structural provinces)을 보여주는 무로토 탐사측선(Muroto transect)의 일반화된 횡단면(Moore *et al.*, 2005에서 수정됨, American Geophysical Union의 허가로. 저작권 © 2005 American Geophysical Union)

탄성파 반사 데이터와 변형된 퇴적물의 연령이 부착성장 프리즘의 가장 젊은 단층이 변형 프런트(deformation front)에서 발생하고 일반적으로 해구에서 멀어질수록 더 나이가 든다는 것을 암시한다(Moore *et al.*, 2001, 2005; 그림 9.20b). 단축(shortening)이 발생함에 따라, 오래된 스러스트 쐐기는 점차 위쪽으로 이동하고 프리즘의 발끝에 새로운 쐐기의 첨가에 의해 호상

쪽으로 회전된다. **전선 부착성장(frontal accretion)**이라 칭해지는 이 프로세스가 더 오래된 스러스트를 시간이 지남에 따라 더 가파르게 기울어지게 하고, 프리즘의 측면 성장을 일으키고 있다. 일부 오래된 스러스트는 회전 동안에 계속해서 활동 중일 수 있고, 일부 새로운 스러스트가 더 오래된 인편상 스러스트를 가로질러 형성되고 절단할 수 있지만, 측면 성장은 가장 강렬한 변형이 퇴적 더미의 바다 쪽 기저에서 발생해야 할 필요가 있다. 이런 후자의 가로절단 단층은 단층작용의 공통적인 호상 쪽 진행에 일치하지 않기 때문에 **비순서 스러스트 (out-of-sequence thrust)**라 불린다(그림 9.20b). 전선 부착성장 이외에도, 일부 들어오는 물질은 데꼴망 위의 스러스트단층작용에 의해 프리즘의 기저로 운반되거나 혹은 **판하부착되는 (underplated)** 변형 프런트를 지나 아래로 운반된다. 사면끝(toe)에서 긁혀 벗겨진 퇴적물과 달리, 이 판하부착된 물질은 깊이 묻혀지고, 고압 변성작용을 받을 수 있다(9.9절). 내부 단축과 더불어 구조적 판하부착작용(tectonic underplating)은 쐐기를 두껍게 하고, 그것의 상부 표면의 경사를 증가시킨다(Konstantinovskaia & Malavieille, 2005).

부착성장 프리즘의 상단은 **해구 경사도 전환점(trench slope break)**이라고 불리는 경사도의 비교적 갑작스러운 감소에 의해 정해진다. 이 전환점과 섬 호상 사이에 화산 호상과 기저층의 침식에서 유래된 퇴적물로 충진되는 전호상 분지(forearc basin)가 발달할 수 있다. 이런 분지는 편평하게 놓이는 단위가 쐐기의 가장 오래된 스러스트 슬라이스를 덮는 고요한 퇴적의 지역이다. 전호상 분지의 바다 쪽 해구 경사면에, 작은 포켓의 퇴적물이 오래된 스러스트 슬라이스의 상단에 또한 집적된다(그림 9.20b). 이러한 오래된 슬라이스의 연령과 프리즘의 사면끝으로부터의 거리가 측면 성장 속도를 추정할 수 있는 수단을 제공한다. 예를 들면, 난카이 프리즘 사이트 1175과 1176에서의 시추에 의해 해구 경사면 모래가 1Ma 또는 2Ma만큼 젊을 수 있는 스러스트 슬라이스 위에 부정합적으로 놓인다는 것이 밝혀졌다(Moore *et al.*, 2001; Underwood *et al.*, 2003). 정상 상태의 바다 쪽 성장을 가정하면, 변형 프런트에서 이런 스러스트 슬라이스까지의 거리는 지난 1백만 년에서 2백만 년에 걸쳐 40km만큼 높은 측면성장 속도를 의미한다. 이에 비해서, 멕시코 해안 앞바다의 중앙아메리카 부착성장 프리즘은 지난 1천만 년에 걸쳐 ~23km 폭으로 성장해왔고(Moore *et al.*, 1982), 동부 알류샨 부착성장 프리즘은 3백만 년에 20km 성장하여 왔다(von Huene *et al.*, 1998).

해구 경사면과 기타 육지 물질의 침식은 일반적으로 슬럼프 퇴적물(slump deposits)과 멀리 해구까지 물질을 운반할 수 있는 암설류(debris flow)가 되고, 해구에서 그것은 다시 긁혀지고 쐐기로 재순환된다. 난카이 프리즘의 사이트 1178에서 마이오세 저탁암(turbidites)으로 이루어진 스러스트 슬라이스의 존재를 통해 그 당시에 시코쿠 섬(Shikoku Island)에 노출된 암석의 침식에서 유래된 많은 양의 퇴적물이 해구에 집적되었다는 것을 알 수 있다(Moore *et al.*, 2005). **해저사태퇴적물(olistostromes)**이라고 칭해지는 슬럼프된 물질의 대형(100-1000m 길이) 블록이 운반 동안에 준응집성으로(semi-coherent) 남아 있다. 이 프로세스가 부착성장 프리즘을 더 넓게 성장시킬 수 있는 많은 물질을 제공한다(Silver, 2000). 시간이 지나면서 침식, 변형, 그리고 퇴적물 재순환은 쐐기 내에서 물질의 장기 순환으로 나타난다(Platt, 1986). 긁혀진 물질(offscraped material)은 처음엔 프리즘의 기저를 향해 아래로 이동하고, 그 후 다시 표면을 향하여 이동한다. 이 패턴은 해구에서 호상으로 일반적인 암석의 변성도 증가로 나타나고, 그래서 가장 오래되고 높은 변성도의 암석이 젊은 퇴적물에 비해 구조적으로 가장 높게 융기된다. 이 프로세스는 또한 **메랑지(mélange)**라고 칭해지는 화성암, 퇴적암과 변성암 종류의 무질서한 혼합물을 만들 수 있다(또한 10.6.1절을 보라). 메랑지의 가장 오래된 암석 조각의 일부는 적어도 30km의 매몰의 깊이를 나타내는 청색편암(blueschist) 또는 에클로자이트(eclogite) 상 변성작용을 나타낼 수 있다(9.9절).

단면상으로 부착성장 프리즘의 전체적인 모습은 폭이 점점 좁아지는 쐐기(tapered wedge)와 유사하고, 상부 표면은 아래에 놓이는 데꼴망의 그것에 반대 방향으로 기울어진다(그림 9.21a). Davis *et al.*(1983) 및 Dahlen(1990)은 만일 전체 쐐기가 함께 이동하고 시스템의 거동이 모어-쿨롬 파괴 기준(Mohr-Coulomb fracture criterion)을 따른다면(2.10.2절), 이런 폭이 점점 좁아지는 모습이 요구됨을 보여주었다. 표면 기울기(α)는 데꼴망 위에서 미끄럼 저항과 스러스트 쐐기의 암석 강도 사이의 상호 작용에 의해 결정된다. 이들 후자의 두 가지 요인 모두는 공극 유체 압력(λ), 기저 데꼴망의 경사(β), 그리고 위에 놓이는 암석의 중량에 의해 강하게 영향을 받는다(그림 9.21b). 구조적 단축과 판하부착작용(underplating)이 쐐기를 두껍게 하고, 그것에 의해 표면 경사가 가팔라진다. 표면 경사가 과하게 가팔라지면(oversteepened), 경사가 감소하여 정상 상태가 될 때까지 다양한 역학적 조정이 일어난다. 이러한 조정은 정단층작용 및/또는 데꼴망의 늘이기를 포함할 수 있는 대형 지형적 융기대의 중력 붕괴를 구동하는 동일한 힘에서 유래될 수 있다(10.4.6절). 쐐기의 역학적 거동은 또한 지형 기울기를 변화시키고 큰 규모로 지각의 열적 진화에 영향을 미치는(8.6.3절) 표면 침식과 퇴적에 의한 질량 재분배(mass redistribution)에 특히 민감하다(Konstantinovskaia & Malavieille, 2005; Stolar *et al*, 2006.).

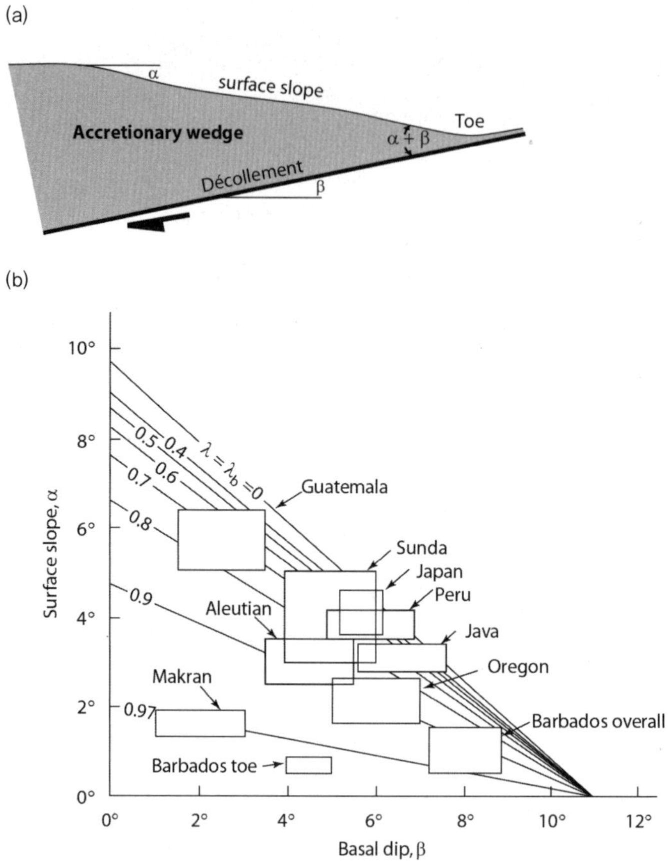

그림 9.21 (a) 쿨롬 쐐기(Coulomb wedge)의 도식적인 단면과 (b) 기저에서의 압력이 쐐기에서의 압력과 동일하다는 가정하에 해저 부착성장 프리즘에서 다양한 공극 유체 압력비(λ)에 대한 이론적인 쐐기 테이퍼(tapers; Davis *et al.*, 1993에서 수정됨, American Geophysical Union의 허가로. 저작권 © 1993 American Geophysical Union). (b)의 상자는 활동적인 쐐기의 테이퍼를 나타낸다. 계산에 사용된 쐐기 퇴적물 밀도는 2400kg m^{-3}이다.

활동 중인 프리즘까지 시추의 결과가 부착성장 프리즘 내의 유체 흐름과 공극 유체 압력 변화의 중요성에 대한 명백한 증거를 제공했다. 공극률, 밀도, 저항 및 기타 물리적 특성의 측정에 의해 부착된 퇴적물이 너무 빠르게 내려가서 그것들이 매몰 전에 탈수될 기회가 없다는 것이 밝혀졌다(Silver, 2000; Saffer, 2003; Moore *et al.*, 2005). 이 프로세스 및 해양 퇴적물을 대표하는 낮은 투과성은 유효한 응력을 줄이고 암석의 전단 강도를 낮추고(2.10.2절) 데꼴망 위 미끄러짐을 허락하는 상승된 공극 압력(elevated pore pressures)으로 나타난다. 간헐적인 유체 흐름과 이전 흐름 경로의 붕괴 또한 데꼴망을 쐐기 아래에서 측면으로 전파하게 한다(Ujiie *et al.*, 2003). 이러한 프로세스가 많은 부착성장 쐐기의 일반적으로 작은 테이퍼 각도(small taper angles)를 설명할 수 있는데, 이런 각도는 그 안에 물질이 매우 약하고 데꼴망상의 전단응력이 매우 낮은 경우에만 발생할 수 있다(Davis *et al.*, 1983; Saffer & Bekins, 2002). 또한 높은 공극 유체 압력이 진흙 화산과 다이아피(diapirs)를 포함하는 프리즘과 관련된 다른 많은 현상(Westbrook *et al.*, 1984)과 프리즘의 선단(leading edge)에서 독특한 화학적, 생물학적 환경의 발달(Schoonmaker, 1986; Ritger *et al.*, 1987)을 설명한다(그림 9.19).

공극 유체 압력이 빠른 매몰에 의해 증가하는 메커니즘 이외에, 쐐기 내의 공극 유체 압력을 감소시키는 경쟁 메커니즘(competing mechanism)이 또한 있다. 유체는 좁고 높은 투과성 채널과 수직 및 수평 도관을 통해 데꼴망과 해저로의 출구를 따라 흐르는 경향이 있다(Silver, 2000; Morris & Villinger, 2006). 이 도관의 일부는 높은 균열 투과성(high fracture permeability)이 유체를 탈출하게 하는 데꼴망 지역의 위에 놓이는 스러스트단층과 일치한다(Gulick *et al.*, 2004; Tsuji *et al.*, 2006). 이런 식의 유체 탈출은 데꼴망 지역이 이 지역에서 높은 공극 유체 압력의 증거와 분명하게 상충하는 조건인 주변보다 낮은 유체 압력을 가지고 있음을 의미한다. 그러나 명백한 상충은 데꼴망 지역 내의 유체 압력이 쐐기 내에서 공간적 및 시간적으로 변화하는 모델로 조정될 수 있다. 이러한 변화의 성질, 그리고 변형하는 쐐기의 진화에 대한 그것들의 효과는 수렴 속도와 들어오는 퇴적물의 층서, 암석, 광물 및 수문 특성과 같은 요인들에 의해 크게 영향을 받는다(Saffer, 2003).

유체 흐름과 공극 유체 압력의 변동에 대한 부착성장 프리즘의 민감도는 역학적, 그리고 수치 모델을 사용하여 상세하게 조사되었다. 지하수의 모델을 임계 테이퍼 이론(critical taper theory)과 결합해서(그림 9.22a), Saffer와 Bekins(2002)는 낮은 투과성, 높은 공극 압력, 그리고 빠른 수렴 속도는 저조한 배출 시스템을 유지하고 얕은 테이퍼로 나타나는 데 반해, 높은 투과성, 낮은 공극 압력, 그리고 느린 수렴은 잘 발달된 배출 시스템과 가파른 테이퍼 형태로 나타난다(그림 9.22b)고 결론을 내렸다. 이 저자들은 쐐기에 합병된 퇴적물의 층서 두께(stratigraphic thickness)와 성분(composition)이 쐐기의 공극 유체 압력을 지배하는 가장 중요한 요인 중 하나라는 것을 보여주었다(Saffer & Bekins, 2006). 두꺼운 퇴적 단면이 높은 공극 유체 압력과 낮은 안정적인 테이퍼 각도를 유지할 수 있는 대형 프리즘을 생기게 한다(그림 9.23a). 이 결과에 의하면 프리즘은 북부 앤틸리스(바베이도스, Barbados) 및 동부 난카이(아시즈리, Ashizuri)와 같은 주로 낮은 투과성의 세립질 퇴적물로 이루어진 프리즘은 얇은 테이퍼 각도를 보일 것이고, 카스카디아(Cascadia), 칠레, 그리고 멕시코와 같은 높은 비율의 높은 투과성 저탁암으로 특징지어지는 것들은 가파른 테이퍼 각도를 가질 것이라는 것을 알 수 있다(그림 9.23b). 부착된, 그리고 섭입된 퇴적물의 물리적 특성에 대한 이런 민감도는 퇴적물 암석 또는 두께의 어떤 주향을 따른 변화도 부착성장 프리즘의 형태와 역학적 거동에 영향을 강하게 미친다는 것을 의미한다. 마찬가지로 들어오는 퇴적물 두께와 성분의 시간에 따른 어떤 변화도 새로운 동적 평형에 도달할 때까지 부착성장 복합체를 재조정할 것이다.

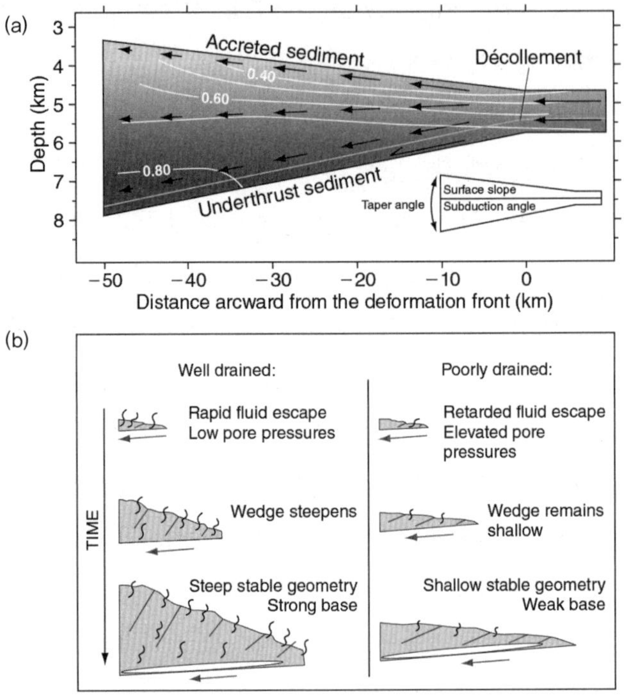

그림 9.22 (a) 부착성장 프리즘 내에서의 유체 흐름의 수치 모델의 개략도와 (b) 부착성장 쐐기 테이퍼 각도에 영향을 미치는 요인들 사이의 관계를 보여주는 횡단면(Saffer & Bekins, 2002에서 수정됨, Geological Society of America의 허가로). (a)에서 화살표는 변형 프런트(deformation front)에서 대략적인 퇴적물 속도를 나타낸다. 음영은 일반화된 공극률 분포를 보여주고, 등압선은 모델링된 정상 상태 공극 압력(steady-state pore pressures, λ)이다.

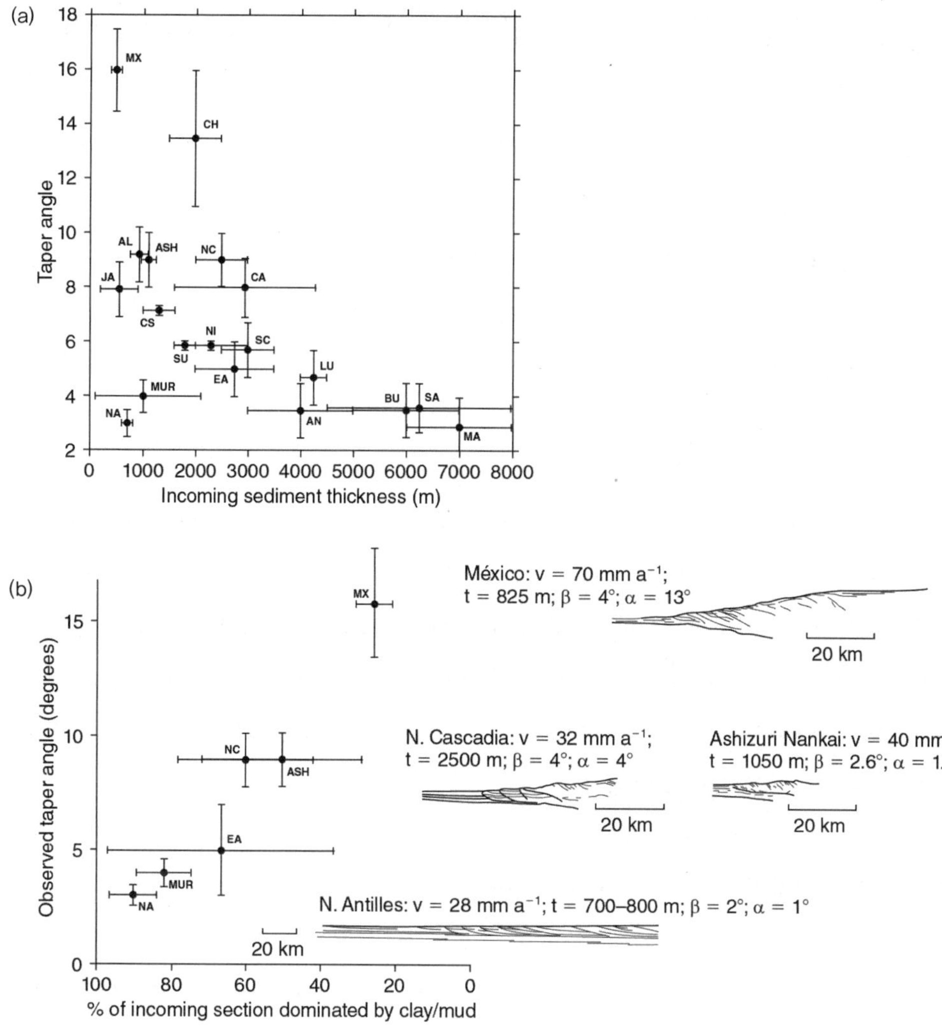

그림 9.23 (a) 들어오는 퇴적물 두께에 따라 그리고 (b) 들어오는 퇴적물 단면이 시추에 의해 샘플링된 곳의 암석에 따라 플롯된 활동 중인 부착성장 프리즘의 테이퍼 각도(Saffer & Bekins, 2006에서 수정됨, American Geophysical Union의 허가로. 저작권 © 2006 American Geophysical Union). 수평 오차 바는 암석학의 불확실성을 나타내고, 수직 오차 바는 테이퍼 각도의 주향을 따른(along-strike) 변화량을 나타낸다. NA, 북부 앤틸리스(northern Antilles); SA, 남부 앤틸리스; MUR, 난카이 무로토(Nankai Muroto); AL 동부 알류샨(160°W); EA, 동부 알류샨(148–150°W); CA, 중앙 알류샨(172–176°W); NC, 북 카스카디아(north Cascadia); SC, 남 카스카디아; ASH, 난카이 아시즈리(Nankai Ashizuri); MX, 멕시코; JA, 자바; CS, 중앙 수마트라; SU, 순다(Sunda); CH, 칠레; NI, 니코바르(Nicobar); AN, 안다만(Andaman); LU, 루손(Luzon); BU, 버마; MA, 마크란(Makran). (b)의 횡단면은 Saffer와 Bekins(2002)에서 왔다. 판 수렴 속도(v), 들어오는 층서의 두께(t), 데꼴망(décollement)의 경사(β), 그리고 표면 기울기(α)가 표시된다.

9.8 화산 활동과 심성 활동(volcanic and plutonic activity)

섭입하는 해양 암석권이 65-130km의 깊이에 도달할 경우, 화산 및 심성 활동이 발생하여, 해구 축에서 약 150-200km 떨어진 섬 호상(island arcs) 혹은 안데스형 대륙 호상(continental arc)을 생기게 한다(England *et al.*, 2004). 호상 지각의 두께는 시스템의 연령과 호상을 형성하는 지각의 유형 모두를 반영한다. 마리아나 화산 호상의 3-4Ma에 활동 중인 부분과 같은 비교적 젊은 섬 호상은 20km 정도 두께의 지각 위에 놓일 수 있다. 얇은 지각 역시 일반적으로 마리아나 호상 시스템에서와 같이 확장이 지배적인 세팅에서 발생한다(그림 9.18b; Kitada *et al.*, 2006). 신제3기 일본 호상 시스템과 같은 성숙한 섬 호상은 더 오래된 화성암과 변성암 위에서 건설되었기 때문에 일반적으로 30km에서 50km의 범위에 걸치는 지각 두께를 보여준다(Taira, 2001). 안데스와 카스카드(Cascades)를 포함하는 대륙 호상들은 대륙 암석권에 고유한 수많은 구조 및 성분 이질성(structural and compositional heterogeneities) 때문에 호상 시스템 중 구조적으로 가장 복잡하다. 대륙 지각 두꺼워짐이 발생하는 압축 대륙 세팅(compressional continental setting)에서(예를 들면, 그림 9.18a, 플레이트 10.1(p.xxix 참조)), 호상 지각은 70-80km의 두께에 도달할 수 있다(10.2.4절).

섭입대 위의(supra-subduction zone) 환경에서 나타나는 화산암의 종류는 일반적으로 3개의 화산 시리즈를 형성한다(Gill, 1981; Baker, 1982).

1 더 작은 볼륨의 철분이 풍부한 현무암질 안산암 및 안산암과 관련된 현무암질 용암에 의해 지배되는 낮은 칼륨 **소레아이트질(tholeiitic)** 시리즈

2 칼륨, 다른 불화합 원소, 그리고 경희토류원소(light rare earth element)가 적당히 풍부한 안산암에 지배되는(Thorpe, 1982) **칼크-알칼리(calc-alkaline)** 시리즈. 대륙 호상에서는 안산암류에 종속되지만 석영 안산암(dacites)과 유문암(rhyolites)이 풍부하다.

3 알칼리 현무암의 하위 집단(subgroups) 및 희귀하고 칼륨을 매우 높게 함유한(즉, 쇼쇼나이트질(shoshonitic)) 용암을 포함하는 **알칼리(alkaline)** 시리즈

일반적으로, 쇼쇼나이트질 마그마 시리즈는 젊은 섭입대 위에서 잘 나타난다. 이 암석은 65-100km의 비교적 얕은 맨틀 깊이에서 발생하는 초기 마그마로부터 감람석(olivine)의 분별정출작용(fractional crystallization)에 의해 파생되는 것으로 해석되고 있다. 칼크-알칼리 및

알칼리 시리즈는 더 성숙한 섭입대에서 조우하고, 소레아이트질 암석으로 나타나는 그것들보다 더 심부에서 생성된 마그마를 반영하는 것 같다. 안산암과 현무암질 안산암으로 대표되는 칼크-알칼리 마그마는 화산 시리즈 중 가장 풍부하다. 알칼리 마그마는 섬 호상에서는 매우 희박하게 보이고, 대륙 열개(continental rifts)와 판 내(intraplate) 환경에서 더 흔하다(7.4.2절).

일부 섬 호상은 화산 시리즈의 분포에서 공간적 패턴을 나타낸다. 예를 들면, 일본 섬 호상 시스템에서 소레아이트/칼크-알칼리/알칼리(tholeiite/calc-alkaline/alkaline) 화산암의 성분 경향은 해구에서 멀어짐과 더불어 명백하다. 이러한 경향은 점점 더 큰 깊이에서 및/또는 부분 용융의 정도 차이에서 유래된 마그마를 반영할 수 있다(Gill, 1981). 낮은 정도의 부분 용융은 작은 용융물 파편에 알칼리와 다른 불화합 원소를 집중시키는 경향이 있고(Winter, 2001), 용융의 더 큰 깊이 또는 물 가용성의 감소로 인해 해구로부터 멀어질수록 알칼리도의 증가로 이어질 수 있다. 그러나 다른 호상에서 이런 패턴에 많은 예외가 있어서, 지역 여건(local conditions)의 차이가 마그마 성분에 영향을 강하게 미치는 것을 알 수 있다. 예를 들면, 이즈-보닌-마리아나(Izu-Bonin-Mariana) 호상 시스템(그림 9.1)은 호상의 축을 따라 성분 경향을 나타낸다. 위도 35°N에서 25°N까지, 이즈와 보닌 호상 분할조각(segment)의 일부를 형성하는 화산들은 낮은, 그리고 중간의 칼륨 암석 모음(suites)에 지배된다(그림 9.24).

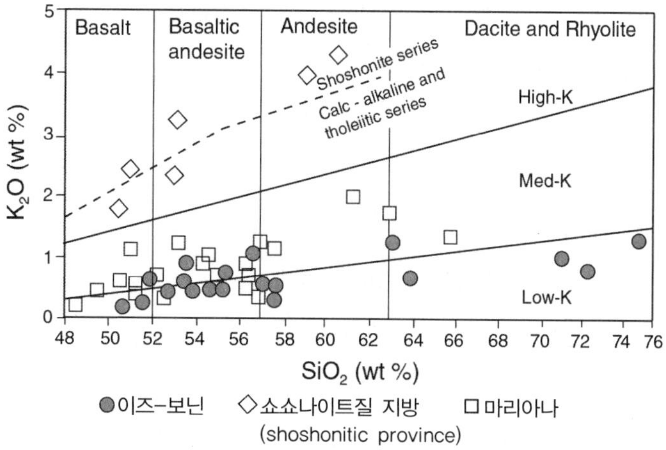

그림 9.24 이즈-보닌-마리아나(Izu-Bonin-Mariana) 호상 시스템을 따라 수집된 62개 화산의 평균 성분에 대한 칼륨-실리카(potassium silica) 다이어그램(Stern *et al.*, 2003에서 수정됨, American Geophysical Union의 허가로. 저작권 © 2003 American Geophysical Union)

마리아나 분할조각은 14°N에서 23°N까지 중간 칼륨 모음에 의해 지배되고, 쇼쇼나이트질 지방은 마리아나와 보닌 분할조각 사이에서 발견된다(Stern *et al.*, 2003). 암석 성분의 이런 커다란 스펙트럼이 부분 용융의 깊이와 정도, 마그마 혼합, 분별작용(fractionation), 그리고 동화작용(assimilation)을 포함하는 호상 마그마에 연루된 프로세스의 다양성을 반영한다(또한 7.4.2절을 보라). 일반적으로, 이러한 관찰을 통해 3가지 화산 시리즈가 암석 구성의 연속체(continuum)를 형성하고 절대적 마그마 유형에 또는 공급 지역에 일치하지 않는다는 것을 알 수 있다.

성숙한 호상 시스템, 특히 대륙 호상은 일반적으로 **저반(batholiths)**이라고 불리는 큰 선형 벨트의 심성암(plutonic rock)을 포함한다. 이런 벨트는 대륙 지각에서 매우 흔해 현재는 사멸한 과거의 수렴 대륙 주변부의 지표로 널리 사용된다(5.9절). 때때로 용어 **코르디예라형(Cordilleran-type)** 저반은 해양-대륙의 섭입대 위에서 생성된 심성암의 대형 복합체를 기술하는 데 사용된다. 이런 저반의 대부분은 성분에서 반려암, 토날라이트(tonalite)와 섬록암(diorite)에서 화강섬록암(granodiorite)과 화강암의 범위에 걸친 수백에서 수천의 개별 관입암으로 이루어져 있다. 많은 심성암과 일부 근처 화산암 사이의 성분 유사성이 전자가 한때 시스템의 얕은 부분에 공급하였던 깊은 마그마 방의 결정화된 잔류물을 표현한다는 것을 암시한다. 성숙한 호상에서 그것들의 노출은 장기간의 융기와 침식에서 생긴다.

하나의 중요하고, 매우 논쟁적인 연구 분야는 화산 복합체와 심성 복합체를 공급하는 마그마의 기원에 초점을 맞춘다. 깊이와 화산암 성분 및 원소 풍요함의 체계적인 변화 사이에 매우 강한 상관관계가 있으므로 확실히 마그마의 생성은 베니오프대에 어떤 식으로든 연결되어 있어야만 한다. 초기 모델(예를 들면, Ringwood, 1975)은 마그마가 내려가는 해양 슬라브 상단의 용융에서 유래된다고 제안하였다. 그러나 부분적으로 열 모델이 섭입되는 암석권은 거의 녹을 만큼 뜨거워지지 않는다는 것을 가리키기(Peacock, 1991) 때문에, 이 아이디어는 곧 일반적인 모델로는 거부되었다. 게다가, 암석학적 및 광물학적 증거(Arculus & Curran, 1972)와 헬륨의 동위원소 비율(Hilton & Craig, 1989)이 모 마그마(parental magma)는 하강 판 바로 위에 놓이는 연약권 맨틀의 부분 용융에 의해 발생한다는 것을 나타낸다. 그중에서도 Karig와 Kay(1981), Davidson(1983), 그리고 Hilton과 Craig(1989)는 특정 동위 원소 비율을 통해 대륙에서 유래된 퇴적물(continent-derived sediments)에서 보급된 동위 원소를 많이 함유하고 있다는 것을 증명하였다. 따라서 해구로부터의 퇴적물이 섭입대 아래로 운반되어야만 하고 연약권 용융(asthenospheric melt)에 합체되어야만 한다(Plank & Langmuir, 1993). 대부분의 저자는 아마 젊고 뜨거운 암석권이 섭입되거나 또는 맨틀 흐름(p.xxvii의 플레이트 9.3)에 의해 데워지는 특별한 환경을 제외하고, 섭입하는 암석권의 화성 지각(igneous crust)은 용융에 오직 매우 작은 양을 기여하는 것으로 결론을 내렸다. 이 후자의 경우에, **아다카이트(adakite)** 같은 독특한 용융 성분이 생산될 수 있다(Johnson & Plank, 1999; Yogodzinski, 2001; Kelemen *et al*., 2003).

호상 마그마작용의 주요 문제는 하강하는 슬라브 위의 연약권을 용융하는 데 필요한 열원이다. 이것은 원래 슬라브의 상단에서 오직 전단 가열(shear heating)에 의해 유래된 것으로 생각되었다. 그러나 연약권의 점성도가 증가하는 온도에 따라 감소하고, 부분적인 용융에 필요한 온도에서 연약권은 전단 용융(shear melting)이 발생할 수 없을 만큼 낮은 점성도 때문에, 이것은 맞지 않을 것 같다. Ringwood(1974, 1977)는 부분 용융은 내려가는 슬라브에서 다양한 광물 상의 탈수에서 생기는 높은 수증기압(water vapor pressure) 때문에 비교적 낮은 온도에서 일어난다고 제안했다. 실제로, 존재하는 물의 양이 많으면 많을수록, 맨틀의 용융 온도가 더욱 더 떨어진다(Stolper & Newman, 1994). 따라서 물이 호상 아래의 부분 용융을 구동하는 제1의 작인(primary agent) 역할을 한다.

섭입대 아래로 운반되는 물의 절반 정도가 전호상 지역 아래에서 부분적으로 지각으로, 그리고 또한 사문암을 생산하는 맨틀로 방출되는 것으로 생각된다(그림 9.19; Bostock *et al*., 2002). 큰 깊이까지 운반된 대부분의 물은 사문암을 포함하는 변질된, 그리고 변성된 지각의 수화 광물에서 격리된다. 압력이 증가함에 따라, 수화 현무암과 반려암은 점차 청색편암, 다음에 각섬암(amphibolite), 그리고 그다음에 에클로자이트(eclogite)로 변성된다(9.9절). 각각의 변형에서 물이 방출된다. 사문암은 물을 큰 깊이까지 운반하는 데 특히 효과적이나, 섭입하는 암석권이 사문암화되는 정도는 불분명하다. 빠른 확장 해양 지각은 거의 또는 전혀 사문암을 포함하지 않는 것으로 생각되지만, 느린 확장 지각은 일부, 아마도 10-20% 정도를 포함하는 것으로 알려져 있다(Carlson, 2001). 그러나 위에서(9.4절) 설명된 바와 같이, 내려가는 슬라브의 암석권 맨틀(lithospheric mantle)은 섭입대로 접근할 때 판의 굽음과 관련된 정단층작용의 결과로 수십 킬로미터의 깊이까지 수화될 수 있다.

호상 마그마작용의 일반화된 모델은 대륙이나 해양 암석권 아래로 수화된 현무암(hydrated basalts)의 섭입으로 시작한다(그림 9.3). 슬라브가 맨틀로 하강할 때, 열이 주변의 연약권으로부터 그것에 전달되고, 슬라브 상단부의 현무암은 변성 광물 반응(metamorphic mineral reactions, 9.4절, 9.9절)의 시리즈를 통해 탈수되기 시작한다. 현무암과 함께 섭입된 퇴적물도 또한 탈수되고 낮은 용융 온도로 인해 녹을 수 있다. 슬라브에서 변성 유체(metamorphic fluids)의 방출은 매우 빠른 것 같아서, 4만 년 내지 5만 년 정도 내에 발생한다(Turner & Hawkesworth, 1997). 대조적으로, 상부 맨틀로 섭입된 퇴적물의 재순환은 느릴(2-4Ma) 수 있다. 열이 슬라브로 전달되기 때문에, 온도 구배가 슬라브 근처의 연약권이 주위 지역보다 특히 슬라브의 상부 근처에서 더 차갑게 되고 점성도가 더 높아지도록 설정된다. 이런 점성도가 더 높은 연약권은 그림 9.3에 표현된 대로 점성도가 더 낮은 맨틀을 뒤따라 흘러 들어가게 하는 슬라브와 더불어 아래로 끌어당겨진다. 그것이 하강하는 맨틀과 맨틀의 부분 용융을 생산하는 것으로 생각되는 침강하는 슬라브에서 상승하는 수성 유체(aqueous fluids)의 상호 작용이다. 게다가 일부 용융은 맨틀 쐐기 내에서 뜨거운 맨틀 물질의 용승에서 생길 수 있다(Sisson & Bronto, 1998). 뜨거운 물질이 열이 거의 손실되지 않을 만큼 충분히 빠르게 상승하면, 압력의 감소가 압력 해제(pressure release) 또는 감압 부분 용융(decompression partial melting)을 야기할 수 있다(또한 7.4.2절을 보라).

지진 활동대, 따라서 호상 화산 바로 아래의 암석권 슬라브까지의 깊이에 대한 자세한 연구가 비록 이러한 깊이가 특정 호상 내에서 일관성이 있지만, 그것들이 65-130km의 범위 내에서 호상에 따라 크게 변한다는 것을 보여주었다(England *et al*., 2004). 놀랍게도 이러한 깊이는 섭입하는 암석권의 연령 혹은 언더스러스트 속도와 서로 관련이 없으나, 슬라브의 하강의 수직 속도와는 역의 상관관계가 있다. England와 Wilkins(2004)는 높은 속도의 하강이 맨틀 쐐기의 흐름, 따라서 뜨거운 맨틀이 쐐기의 모서리를 향해 끌어당겨지는 속도를 증가시킨다고 제안했다. 이것은 느린 하강의 속도의 경우보다 더 얕은 깊이에서 더 높은 온도 따라서 용융을 생성할 것이다.

충분한 부분 용융, 아마 10±5%(Pearce & Peate, 1995)가 발생하는 곳에서, 용융물이 모이고 지각의 기저를 향하여 상승하기 시작한다. 마그마가 지각으로 이동할 때 그것은 분별되고, 새로운 지각에서 유래된 용융 혹은 더 오래된 용융과 혼합할 수 있어서, 결국 칼크-알칼리 및 알칼리 시리즈로 나타나는 마그마를 형성한다(그림 9.25). 대륙 호상의 맥락에서, 대륙 지각의 용융점이 충분히 낮아서 부분 용융으로 나타날 수 있기 때문에 지각에서 유래된 용융(crust-derived melts)의 생성이 일반적인 것으로 보인다. 북미 서부(Tepper *et al*., 1993), 안데스 산맥(Petford & Atherton, 1996), 남극 서부(Wareham *et al*., 1997), 그리고 뉴질랜드(Tulloch & Kimbrough, 2003)의 중생대 코르디예라형 저반(Cordilleran-type batholiths)의 대부분은 하부 대륙 지각의 부분 용융에서 유래된 것으로 생각되는 화학적으로 독특한 심성암이다. 융점이 비교적 높은 온도(~1100°C)에서 발생하면 석영 섬록암의 이종인 토날라이트(tonalite)가 생성될 수 있다(또한 11.3.2절 참조). 용융이 더 낮은 온도(~1000°C)에서, 그리고 충분한 양의 물 존재하에서 발생하면 화강섬록암(granodiorite)이 생성될 수 있다. 두꺼운 층의 대륙 지각을 뚫고 이동하는 용융은 표면에 도달하기 전에 불화합 원소(incompatible elements)가 풍부해질 수 있다. 이러한 마그마는 또한 냉각과 함께 혹은 냉각 없이 수분의 일부를 잃고 결정화를 시작할 수 있다. 이 후자의 과정은 특징적으로 분별된, 반상적(porphyritic), 그리고 습한 화산암으로 나타난다. 시간이 지남에 따라, 지각은 판상부착작용(overplating) 및 판하부착작용(underplating, 그림 9.25)에 의해 두꺼워진다. 칠레 안데스(그림 9.18a)에서 발생하는 것과 같은 호상의 압축은 호상 지각의 두꺼워짐을 도와주는 변형으로 나타난다(10.2.4절).

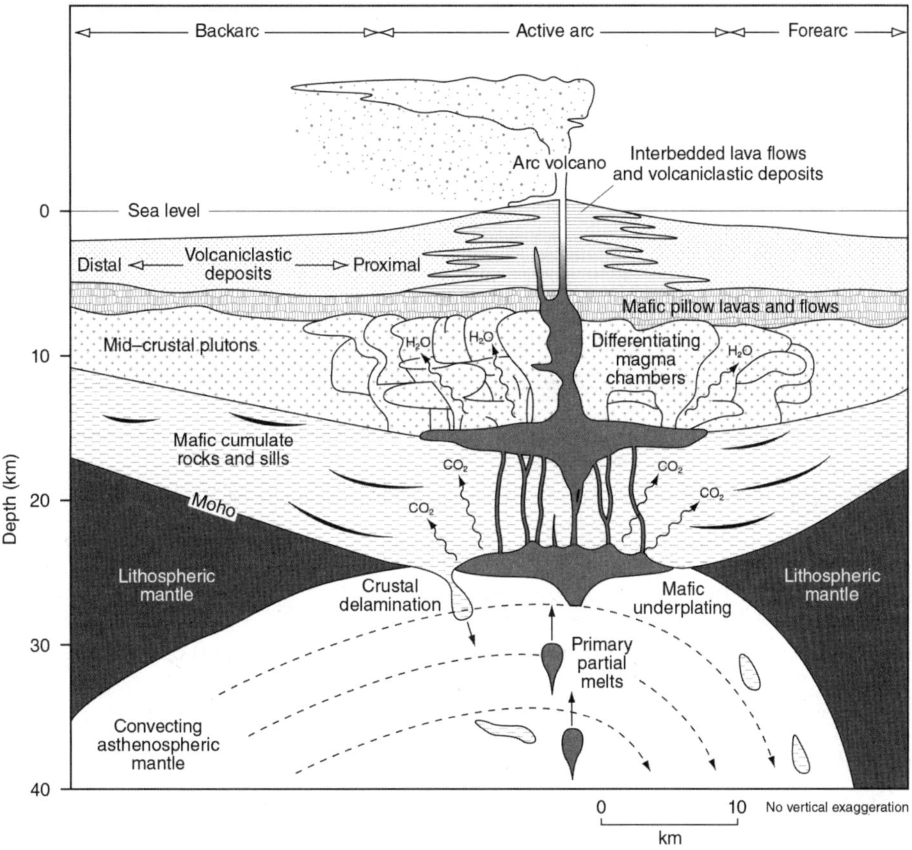

그림 9.25 구축에 관련된 많은 프로세스를 설명하는 섬 호상 전체의 이상화된 단면. 비슷한 프로세스가 안데스형 호상 아래에서 운용될 수 있다(Stern, 2002에서 다시 그려짐, American Geophysical Union의 허가로. 저작권 © 2002 American Geophysical Union).

용융이 맨틀과 지각을 통해 운반되는 메커니즘은 많은 논쟁의 근원이다. 일반적으로, 전송 프로세스는 적어도 2개의 다른 길이 규모(length scales)로 작동한다(Petford *et al.*, 2000). 즉, 공급원 지역 근처 용융의 센티미터 규모에서 10센티미터 규모의 분리와 지각을 통과해 정치의 최종 사이트로 마그마의 킬로미터 규모 상승이다. 입자경계를 따른 용융의 분리는 아마 연성 취성 변형에 의해 지원되는 공극 흐름 메커니즘(porous flow mechanisms)을 필요로 한다. 용융의 상승은 다른 깊이에 있는 공급원에서 복잡하고 수직이 아닌(nonvertical) 경로를 포함하는 것 같다. Schurr *et al.*(2003)은 변성 유체 및 부분 용융을 위한 다양한 가능한 공급원과 상승 경로를 밝히는 중앙 안데스 산맥 아래에서 P파의 도착에서 낮은 *Q*(9.4절)의 지역을 인식하였다(p.xxviii의 플레이트 9.4(위)). 중앙 안데스를 가로지르는 탄성파 반사 단면(그림 10.7)이 화산 호상 아래 20-30km 깊이에 부분 용융을 포함하는 유체의 존재를 암시한다(ANCORP Working Group, 2003).

섬 호상 용암의 단수명의 우라늄 시리즈 동위 원소 사이의 불균형 측정치가 공급원에서 표면까지 용융 상승 속도가 지극히 빠를(10^3m a^{-1}) 수 있다는 것을 암시한다(Turner *et al.*, 2001). 그런 속도는 너무 빨라서 상승이 입자-규모 침투 메커니즘(percolation mechanism)에 의해 발생할 수 없다. 대신, 용융은 아마도 다이아퍼로 분리되거나 암맥 또는 연성 전단대와 같은 흐름이 발생하는 낮은 밀도 도관(low density conduit)의 네트워크를 형성한다. 변형이 크게 마그마의 상승 속도를 향상시킨다는 것이 일반적으로 합의된 사항이다. Hall과 Kincaid(2001)에 의해 실시된 실험실 실험이 맨틀의 섭입에 유도된 변형과 결합된 용융의 부력으로 용승하는 다이아퍼가 채널화된 흐름(channelized flow)의 유형을 만들 수 있다는 것을 시사한다. 기원지에서 표면까지 **채널 흐름(channel flow)**에 의한 예측된 전송 시간은 수만 년에서 수백만 년의 범위에 걸친다. 아마 다양한 메커니즘이 여러 가지 기원에서 표면까지의 마그마 운반에 관여하는 것 같다.

지각 내부 또는 지각의 상단에 심성암 및 화산암의 정치(emplacement)는 마그마 운반의 마지막 단계를 나타낸다. 마그마 정치에 대한 대부분의 모델은 전단대(Collins & Sawyer, 1996; Saint Blanquat *et al.*, 1998; Brown & Solar, 1999; Marcotte *et al.*, 2005)에서 또는 단층(예를 들면, 10.4.2절), 균열, 그리고 전파하는 암맥(Clemens & Mawer, 1992. Daczko *et al.*, 2001)에서 다양한 유형의 변형을 강조하여 왔다. 일부 유형의 다이아퍼에서 부력 흐름(buoyant flow)은 특정 세팅(예를 들면, 11.3.5절)에서 적합할 수 있다. 심성암 및 저반을 구축하기 위한 다양한 메커니즘은 특히 Crawford *et al.*(1999), Petford *et al.*(2000), Brown과 McClelland(2000), Miller & Paterson(2001b), 그리고 Gerbi *et al.*(2002)에 의해 논의된다.

9.9 수렴형 대륙 주변부에서 변성작용

해양 현무암이 수렴형 대륙 주변부(convergent margins)에서 섭입됨에 따라, 그것은 상부 맨틀 쐐기로 물을 방출하는(9.8절), 그리고 섭입하는 슬라브의 밀도를 증가시키는 일련의 화학 반응을 겪는다. 이러한 반응은 비정상적으로 낮은 지열 구배(10°C km^{-1})와 섭입대 환경과 관련된 높은 압력(9.5절)을 반영하는 특정 변성 변환(metamorphic transformation)을 수반한다.

섭입 이전에, 해양 현무암은 제올라이트(zeolite)와 프레나이트-펌펠리아이트(prehnite-pumpellyite) 상의 저압(<0.6GPa)/저온(<350°C) 변성 광물 군집을 보일 수 있다(그림 9.26). 어떤 장소에서는 녹색편암(greenschist) 상 광물도 존재할 수 있다. 현무암에서, 이 후자의 상은 일반적으로 암석에 녹색 색상을 부여한 녹니석(chlorite), 녹렴석(epidote) 및 악티노라이트(actinolite)를 포함한다(또한 11.3.2절을 보라). 현무암의 이런 유형 변질은 해령 근처에 발달하는 열수 시스템의 뜨거운 해수의 순환(circulation of hot seawater)에서 생긴다(6.5절).

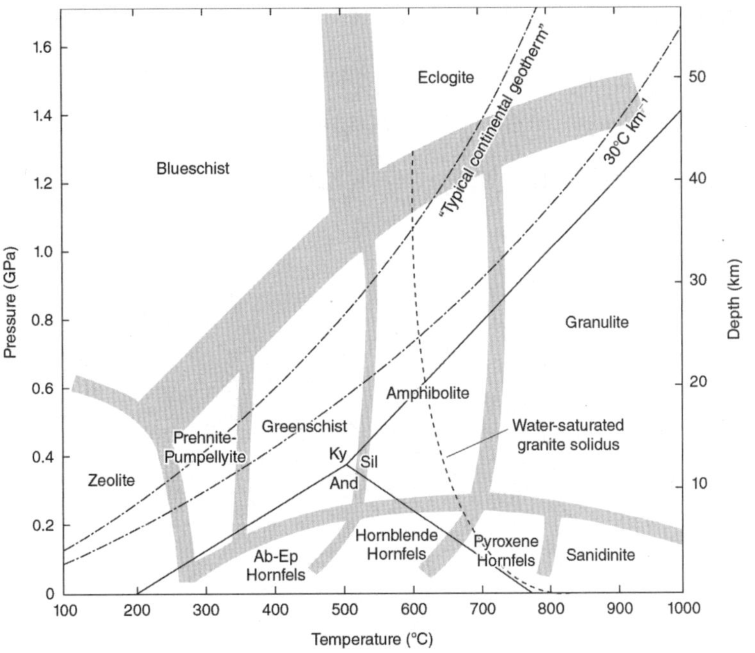

그림 9.26 변성상(metamorphic facies) 사이의 대략적인 경계를 보여주는 압력-온도 다이어그램(Winter, John D., Introduction to Igneous and Metamorphic Petrology, 1st edition © 2001, p.195에서, Pearson Education Inc., Upper Saddle River, NJ의 허가로 재인쇄됨). 높아진 대륙 지열(30°C km^{-1})의 예와 변성된 퇴적암에서 흔히 발견되는 세 가지 Al_2SiO_5 동질 이상(Ky, 남정석(kyanite); And, 홍주석(andalusite); Sil, 규선석(sillimanite)의 안정 범위(stability ranges)가 참고를 위해 표시된다. Ab 및 Ep는 각각 알바이트(albite)와 녹렴석(epidote)이다.

변질된 현무암이 섭입대로 하강함에 따라, 그것은 압력에 민감한 광물인 **남섬석(glaucophane**, 나트륨 청색 각섬석)과 **경옥(jadeite**, 휘석)의 존재에 의해 특징지어지는 **청색편암(blueschist)** 상의 압력-온도장(pressure-temperature field)을 통과한다(그림 9.26). 로오소나이트(lawsonite)의 존재에 의해 특징지어지는 전이대(transitional zone) 또한 청색편암 상으로의 변형 이전에 발생할 수 있다. 로오소나이트는 아직 남섬석과 경옥을 생산하기에 충분히 높지 않은 상황인 400°C 이하의 온도와 0.3-0.6GPa의 압력(Winter, 2001)에서 생산된다. 로오소나이트는 남섬석과 기타 각섬석 광물과 함께 섭입하는 해양 지각의 물을 위한 중요한 친암석(host)이다.

섭입하는 해양 지각의 탈수와 치밀화(densification)로 나타나는 가장 중요한 변성 반응 중 하나는 청색편암 상에서 에클로자이트 상(eclogite facies)으로의 변환이다(그림 9.26). 에클로자이트는 주로 석류석(garnet)과 옴페사이트(omphacite; 즉, 나트륨과 칼슘이 풍부한 단사휘석(clinopyroxene)의 이종)로 구성된 밀도가 높은 건조한 암석(dry rock)이다. 에클로자이트 상 반응이 발생하는 정확한 깊이는 섭입하고 있는 해양 지각의 압력과 온도에 따라 달라진다(Peacock, 2003). 북동 일본(p.xxvii의 플레이트 9.3a)에서와 같은 비교적 차가운 섭입대에서, 변환은 >100km의 깊이에서 발생할 수 있다(그림 9.27). 남서 일본(p.xxvii의 플레이트 9.3b)에서와 같은 비교적 따뜻한 섭입대에서, 변환은 50km만큼 얕은 깊이에서 발생할 수 있다(그림 9.27). 에클로자이트로의 이런 변환은 내려가는 암석권의 음의 부력을 높이고 섭입하는 판에 작용하는 슬라브 당김(slab-pull)에 도움이 된다(12.6절).

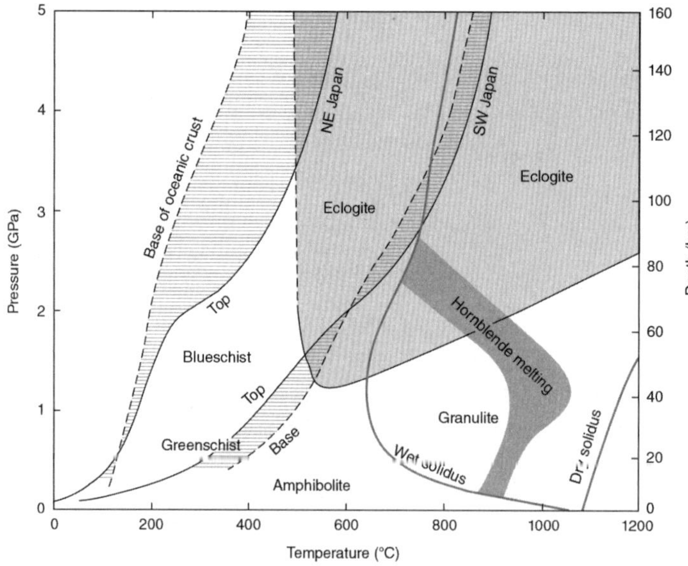

그림 9.27 북동 및 남서 일본 아래 섭입된 해양 지각의 상부와 기저에 대한 계산된 압력-온도 경로(pressure-temperature paths; Peacock & Wang, 1999를 따름, Science 286, 937-9의 허가로. 저작권 © 1999 AAAS). 습한, 그리고 건조한(wet and dry) 조건하에서 현무암에 대한 변성상 및 용융 곡선(어두운 회색선)이 표시된다.

수렴형 대륙 주변부(9.7절)에서 획득된 청색편암과 에클로자이트의 샘플이 섭입하는 암석권 내에서, 그리고 위에서 발생하는 물리적, 그리고 화학적 조건에 대한 중요한 정보를 제공한다. 전호상 아래의 섭입대 데꼴망(subduction zone décollement) 근방의 조건에 대한 최초의 직접적인 증거 중 일부가 마리아나 전호상의 관측에 의해 제공되었다. 이런 세팅에서 직경 30km, 높이 2km에 이르는 큰 사문석 진흙 화산(serpentine mud volcanoes)이 침식 대륙 주변부위의 전호상 사면에서 발생한다(그림 9.19). 사문석 외에도 화산은 150-250°C의 비교적 차가운 온도와 0.5-0.6GPa의 압력을 가리키는 슬라브에서 유래된 유체와 청색편암 상 쇄설물을 분출한다(Maekawa *et al*., 1993). 이러한 현상은 비정상적으로 낮은 지열 구배가 해구에서 차가운 해양 암석권의 빠른 하강(9.5절)에서, 그리고 낮은 내지 중간 수준의 마찰(Peacock, 1992)에서 생기는 슬라브-맨틀 접촉면의 열 모델(thermal models)과 일치한다. 마리아나 진흙 화산 시추에 의해 얻어진 물질의 샘플 또한 부착성장 프리즘에서 발생하는 공극 유체, 퇴적물과 변성암들 간의 상호 작용에 대한 증거를 제공한다(Fryer *et al*., 1999). **퇴적 사문암(sedimentary serpentinite)**으로 알려진 유사 물질이 대륙 지각 내에서 보존된 청색편암 상(blueschist facies) 변성대(metamorphic belts)에서 나타난다. 이런 벨트는 보통 사이에 낀 해양의 소멸에 뒤이은 과거 대륙 주변부의 봉합작용(suturing)을 나타내는 것으로 해석된다(10.4.2절, 11.4.3절). 청색편암 또한 일부 오피올라이트(ophiolites)가 초기 섭입대의 전호상 지역에서 형성된다(2.5절)는 해석에 지지를 제공하는 오피올라이트 모음(ophiolitic suite)과 관련된다(Ernst, 1973).

섭입대와 관련된 변성의 저온/고압 유형에 더해, 일부 수렴형 대륙 주변부는 높은 온도(>500°C)와 낮은 내지 중간 정도의 압력으로 특징지어지는 광역적 변성의 유형을 또한 나타낸다. 이런 유형의 변성작용은 보통 마그마 호상을 특징짓는 높은 지열 구배(high geothermal gradients)와 관련된다. 홍주석(andalusite)과 규선석(sillimanite, 그림 9.26)과 같은 변성된 퇴적암 내의 지시광물(index mineral)은 이런 지역에서 높은 온도의 증거를 제공한다. 최대 약 50°C km^{-1}에 달하는 25°C km^{-1} 이상의 온도 구배는 섭입되는 슬라브로부터의 수성 유체가 맨틀 쐐기에 침투하는 곳에서 생성된 마그마의 상승에서 유래된다(9.8절). 이런 유형의 변성작용은 또한 안데스형 조산대(orogens)의 형성에 동반되는(10.2.5절) 높은 차응력(differential stresses), 변형, 지각 두꺼워짐과 관련된다. 연관들 둘 다 수렴형 대륙 주변부에서 큰 지역의 지각에 영향을 미치고, 따라서 섭입 및 조산 운동과 관련된 대규모 열 및 구조적 교란(disturbance)을 반영한다.

광역적인 변성작용과 관련된 암석의 가장 일반적인 그룹은 녹색편암(greenschist), 각섬암(amphibolite), 그리고 그래뉼라이트 상(granulite facies)에 속한다(그림 9.26). 녹색편암 상에서 각섬암 상으로의 전이는 모든 변성 반응처럼 지각의 초기 성분뿐만 아니라 주위의 압력, 온도, 그리고 유체조건에 의존한다. 변성된 현무암에서 이러한 전이는 각섬석(amphibole)이 높은 온도(>500°C)에서 알루미늄과 알칼리의 증가하는 양을 받아들일 수 있기 때문에 악티노라이트(actinolite)에서 각섬석(hornblende)으로의 변화에 의해 표시될 수 있다(Winter, 2001). 650°C보다 큰 온도에서 각섬암은 그래뉼라이트로 변환한다. 그래뉼라이트는 매우 다양하여, 낮은, 중간 또는 높은 압력의 이종일 수 있다(Harley, 1989). 일반적으로 그래뉼라이트 상 암석은 사방휘석(orthopyroxene), 단사휘석(clinopyroxene), 그리고 사장석(plagioclase)과 같은 무수 광물 군집의 존재에 의해 특징지어진다.

고온에서의 조건이 수화물인 경우, 그땐 **혼성암(migmatite)**이 형성될 수 있다. 혼성암은 변성, 그리고 명백한 화성 물질 모두로 구성된 혼합된 암석을 기술하는 조직 용어(textural term)이다. 혼성암 형성에 대한 제안된 메커니즘은 암석의 부분 용융, 암석에 화성(화강암질 또는 토날라이트질) 물질의 관입, 그리고 화성 활동보다는 오히려 변성 활동 동안에 친암석(host)에서 규산염 물질의 분리를 포함했다. 혼성암은 이토질 변성퇴적암(pelitic metasedimentary rock)에서 가장 잘 발달되나 또한 고철질 암석과 화강암질암류(granitoids)에서 발생할 수 있다. Brown *et al.*(1999)은 이토질과 현무암질 암석에서 유래된 혼성암의 구조적 및 암석학적 특징들을 설명한다. Suda(2004)가 해양 내 섬 호상(intra-oceanic island arc) 세팅에서 혼성암의 형성과 중요성을 요약한다. Klepeis *et al.*(2003)과 Clarke *et al.*(2005)이 뉴질랜드 피오르드랜드(Fiordland)에 있는 고압(1.2-1.4GPa) 고철질의 그래뉼라이트와 관련된 혼성암대(migmatite belt)의 구조적 세팅, 그리고 가능한 해석을 요약하였다. 이 후자의 암석은 뒤이은 구조적 활동 중에 침식노출된 두꺼운 백악기 대륙 호상 지각의 뜨거운 하부 지각 뿌리를 나타낸다.

변성암의 고압/저온, 그리고 고온/저압 이종의 진화를 섭입대 프로세스의 맥락에 배치하려는 시도가 과학 문헌에서 흔하다. Miyashiro(1961, 1972, 1973)에 의한 하나의 중요한 초기 노력이 **쌍진 변성대(paired metamorphic belts)**의 개념으로 이어졌다. 홋카이도, 혼슈, 시코쿠의 일본 열도에서(그림 9.28), 미야시로(Miyashiro)는 현재의 일본 섭입대 방향에 거의 평행한 3쌍의 다른 연령 변성대를 확인했다. 이들 벨트의 각각은 고압/저온 청색편암의 외부 벨트와 저압/고온 암석의 내부 벨트로 구성되어 있다. 이런 공간적 관계와 각 외부와 내부 벨트의 비슷한 연령을 통하여 그는 벨트가 쌍으로 함께 형성되었다는 결론을 내렸다. 판 구조론의 도입 후, 이런 쌍의 벨트는 섬 호상 혹은 대륙 지각 아래로 해양 지각의 언더스러스트작용의 결과라고 해석되었다(Uyeda & Miyashiro, 1974). 외부 변성대는 섭입에 기인된 낮은 지열 구배 때문에 해구 근처에서 발달하는 것으로 해석되었다. 내부 벨트는 약 100-250km 떨어진 지열 구배가 높은 호상에서 형성되는 것으로 해석되었다.

일본에 쌍진 변성대 모델을 적용함으로써 일부 연구자는 과거 여러 경우에 섭입과 판 운동의 방향을 추론할 수 있었다. 현재, 태평양 암석권은 일본 호상 아래에서 북서 방향으로 섭입된다. 산군/히다(Sangun/Hida) 및 료케/산바가와(Ryoke/Sanbagawa) 쌍진 벨트의 변성 극성(metamorphic polarity)이 그것들이 북서 방향의 언더스러스트작용에 의해 유사하게 형성되었다는 것을 시사한다(그림 9.28). 히다카/카무이코투(Hidaka/Kamuikotu) 쌍진 벨트는 반대 변성 극성을 보여주고, 따라서 섭입의 방향이 일본의 서쪽에서인 판 운동의 다른 단계 동안에 형성되었을 수 있다. 그러나 이 해석에 약간의 모순이 있다. 예를 들면, 료케/산바가와(Ryoke/Sanbagawa) 벨트는 모델에 의해 예측된 것보다 훨씬 더 가깝고, 그래서 중간 구조선(Median Tectonic Line)이라 불리는 그들 사이의 경계가 약 400km의 주향이동 운동을 경험했다고 제안되었다(5.3절). 이 횡류 움직임(transcurrent movement)이 상세한 지도작성(Takagi, 1986)에 의해 확인되었고 주향이동 단층작용이 산바가와 및 료케 벨트를 병렬로 놓았다(그림 9.29).

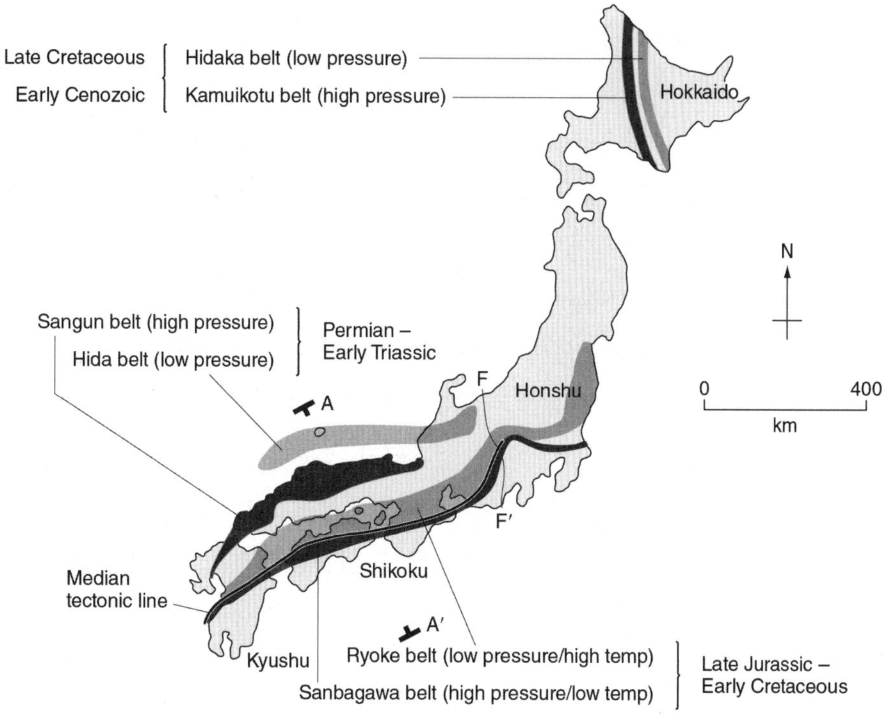

그림 9.28 일본에 있는 세 쌍의 변성대, F–F'은 이토이가와-시즈오카(Itoigawa–Shizuoka) 라인이다(Miyashiro, 1972에서. 저작권 1972 by American Journal of Science. 저작권 승인 센터를 통한 형식 교과서에서 American Journal of Science의 허가로 재인쇄됨). 단면 A–A'은 그림 9.29에 표현된다.

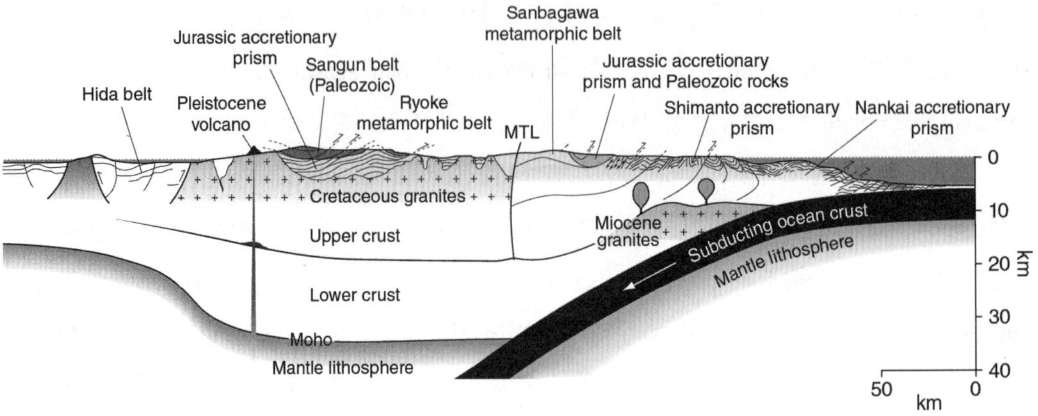

그림 9.29 남서 일본의 지질 단면(Taira, 2001, Annual Review of Earth and Planetary Sciences 29에서 수정됨, 저작권 © 2001 Annual Reviews). 단면의 위치는 그림 9.28에 표시된다. MTL, 중간 구조선(Median Tectonic Line)

Miyashiro(1961, 1972, 1973)의 연구 이래로, 쌍진 변성대의 해석이 섬 호상과 태평양 대륙 주변부 주위 안데스 유형 세팅 모두에서 시도되었다(그림 9.30). 이러한 단순한 해석이 흥미를 끈다. 그러나 일부 예에서, 다수의 모순이 존재한다. 대서양 지역과 알프스에서 많은 현생누대 변성대는 쌍의 하나가 없거나 그것들 사이의 대비가 명확하지 않다. 이러한 패턴, 그리고 많은 쌍진 변성대가 자신의 현재 위치에서 형성되지 않았다는 자각이 그것들의 전반적인 의미에 대한 회의로 이어졌다. Brown(1998)은 많은 수렴형 대륙 주변부와 조산대에서 쌍진 변성대 개념의 전반적인 소멸로 이어지는 생각의 진화를 요약하였다. 이에 대한 한 가지 이유는 대부분의 변성대는 주로 암석이 시간을 통해 다양한 지열에 걸친 진화를 기록하기 때문에 하나의 지열 구배에 의해 특징지어진다고 더 이상 생각되지 않는다는 것이다. 게다가 의심스러운 대륙편(suspect terranes)의 인식과 부착성장 프로세스의 중요성(10.6절)이 이러한 대륙 주변부를 따른 구조 단위가 섭입에 동반할 수 있거나 할 수 없는 프로세스의 복잡한 배열을 반영한다는 것을 시사한다. Taira(2001)는 일본 변성대의 진화에 대한 대륙편(terrane) 충돌의 중요성을 요약한다.

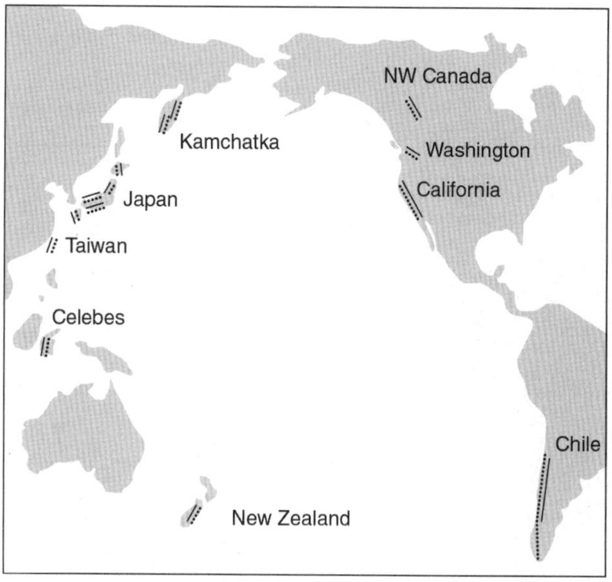

그림 9.30 환-태평양 지역의 쌍 변성대(paired metamorphic belts). 점선, 고압 벨트(high pressure belts); 실선, 저압 벨트(low pressure belts)(Miyashiro, 1973에서 다시 그려짐, Elsevier의 허가로)

9.10 배호상 분지(backarc basins)

배호상(또는 연변) 분지는 섭입대의 위로 올라간 판(overriding plate)의 화산 호상 배후에 형성된 해양 혹은 대륙 관련성(continental affinity)의 비교적 작은 분지이다(그림 9.3). 해양성 이종들(oceanic varieties)이 서부 태평양 지역에서 아주 흔하나, 카리브와 스코샤(Scotia) 호상 배후의 대서양에서도 발견된다. 이러한 모든 세팅에서, 분지는 섬 호상의 내부 오목한 편에 존재하고 많은 것이 배호상 릿지(잔류 호상)에 의해 호상 반대편에서 경계되어진다. 이런 분지 대부분은 확장 구조운동 및 높은 열류량(heat flow)과 관련되고, 해양성 이종의 대부분은 새로운 해양 지각이 생성되는 해저 확장 센터를 포함한다. 대륙 세팅에서 확장 배호상 분지는 안데스형 수렴 대륙 주변부의 맥락에서 설명되었다(10.2절). 이런 유형의 가장 잘 보존된 예의 일부가 중생대 동안에 남아메리카의 서쪽 대륙 주변부를 따라 형성되었다(10.2.1절). 활동 중인 대륙 배호상 분지의 예는 뉴질랜드의 북 섬에 있는 확장 타우포 화산지대(Taupo volcanic zone)이다(Stern, 1987; Audoine *et al*., 2004).

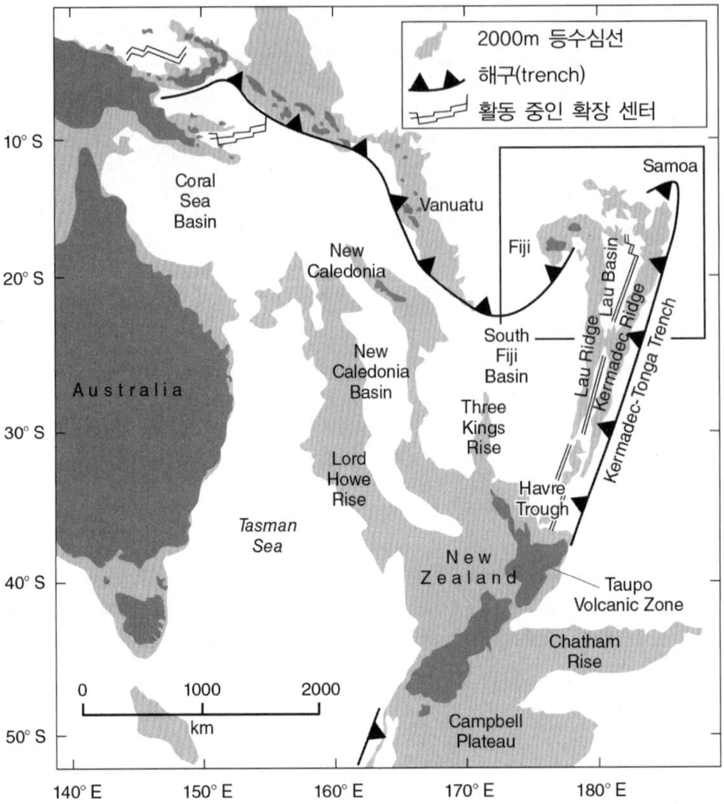

그림 9.31 라우 분지(Lau basin), 남 피지 분지(South Fiji basin), 뉴칼레도니아 분지(New Caledonian basin) 그리고 타우포 화산대(Taupo volcanic zone)를 포함하는 남서 태평양의 일부에 있는 배호상 분지들(backarc basins)의 위치를 보여주는 지도(Collins, 2002b에서 수정됨, American Geophysical Union의 허가로. 저작권 © 2002 American Geophysical Union). 상자는 그림 9.32의 위치를 표시한다.

Karig(1970)는 화산 및 잔류 호상에 해당하는 두 부분으로 그 길이를 따라 기존의 섬 호상의 열개작용(rifting)에 의해 배호상 분지가 형성된다고 제안한 최초의 사람 중 하나였다. 이런 해석은 통가-케르마데크(Tonga-Kermadec) 호상의 서쪽에 위치하고, 서쪽 편이 라우 릿지(Lau ridge)에 접하는 라우 분지(그림 9.31)의 관찰을 기반으로 하였다. Karig(1970)는 다음의 관찰 – (i) 분지의 중심에서 마주 보는 호상과 릿지 모두의 비대칭 단면, (ii) 호상과 릿지 모두에 평행하게 정렬된 분지의 지형 특징, (iii) 호상의 바다 쪽과 릿지의 육지 쪽에 존재하는 상당히 두꺼운 퇴적물과 분지 내에 퇴적물의 부재, 그리고 (iv) 뉴질랜드의 타우포 화산대에서 활동 중인 배호상 확장의 구역과 관련되는 남쪽에 호상-분지-릿지 시스템(arc-basin-ridge system)의 지속(그림 9.31) – 에 기초해서 확장이 분지 형성 동안 중요하다고 결론 내렸다. 확장에 대한 추가적인 지지는 그것들의 동적인 지원이 배호상 분지의 발달 후에 제거됨에 따른 잔류 호상의 침강, 지진의 발진 메커니즘 솔루션, 그리고 대륙 열개(7.2절)와 중앙 해령을 특징짓는 정단층과 확장 릿지의 분할된 형태(segmented geometry)에서 나온다. 신제3기 섭입대 위에서 열개에서 해저 확장으로의 전이를 기록하는(7.8.2절) 우드라크 리프트(Woodlark Rift, 그림 7.39b)가 이런 분할을 특히 잘 보여준다.

일반적으로 비록 어떤 경우에는 층 1(layer 1)이 비정상적으로 두껍지만 해양 배호상 분지 지각의 성분은 다른 해양 분지의 그것과 대체로 유사하다. 순 부착성장 속도는 중앙 해령에서 추론된 그것들과 비슷하여, 북부 라우 분지(northern Lau basin)의 약 160mm a^{-1}(Bevis *et al.*, 1995)에서 동 스코샤 해(East Scotia Sea)의 70mm a^{-1}(Thomas *et al.*, 2003), 그리고 마리아나 트로프(Mariana Trough)의 20-35mm a^{-1}(Martínez *et al.*, 2000)까지의 범위에 걸친다. 비록 총 지각 두께가 또한 마그마의 첨가 속도와 지각의 연령에 따라 다르지만, 이런 세팅의 지각은 일반적으로 정단층작용(normal faulting)에 의해 상당히 얇아진다. 예를 들면, 마리아나 트로프(그림 9.1)에서 지각 두께는 느린 확장 센터 혹은 마그마가 부족한(magma-starved) 지역에 해당하는 가장 얇은 값인 3.4km에서 높은 마그마 활동의 영역에 해당하는 가장 두꺼운 지각인 6.9km의 범위에 걸친다(Kitada *et al.*, 2006).

이러한 관찰과 확장 및 해저 확장에 대한 증거가 해양 세팅(oceanic settings)의 배호상 지각은 중앙 해령에서 발생하는 것과 유사한 방식으로 생성된다는 것을 암시한다(6.10절). 그러나 이 두 가지 환경의 현무암질 지각을 형성하는 프로세스에서 중요한 차이가 많이 있다. 중앙 해령에 해당하는 구조가 항상 배호상 분지 내에 존재하는 것은 아니고, 자기 선구조(magnetic lineations)가 미약하게 발달될 수 있다(Weissel, 1981). 존재하는 선구조는 비록 그것들이 더 짧은 경향이 있지만, 해양 이상치보다 더 낮은 진폭의, 그리고 덜 명확한 자기 극성 척도(magnetic polarity timescale, 4.1.6절)와 대비될 수 있다. 예를 들면, 남부 라우 분지에서 각 자기 이상 선구조는 분지의 주향을 따라 30km 이상 추적될 수 없다(Fujiwara *et al.*, 2001). 이런 짧은 길이는 아마 전형적으로 분할된 안행(en echelon) 패턴을 보이는 작은 크기의 기반 단층(basement faults)을 반영한다. 지구화학적 연구에 의하면 배호상 용암은 일반적으로 중앙 해령 현무암보다 더 높은 수분을 포함하기 때문에 더 큰 성분 차이를 보인다(Taylor & Martínez, 2003). 많은 배호상 용암은 화학적으로 인접한 섬 호상을 형성하는 용암과 관련된다. 이러한 관찰을 통해 배호상 분지의 지각부착성장(crustal accretion)은 섭입에 관련된 프로세스에 의해 강하게 영향을 받는다는 것을 알 수 있다(예를 들면, Kitada *et al.*, 2006).

활동 중인 배호상 확장 센터 아래에 있는 맨틀의 토모그래피 이미지가 배호상 지각부착성장과 섭입 사이에 존재하는 중요한 연결 고리를 확인했다. 가장 잘 연구된 호상-배호상(arc-backarc) 시스템 중 하나에서, Zhao *et al.*(1997)은 활동 중인 라우 확장 센터 아래에 매우 느린 지진파 속도와 통가 호상 아래의 적당히 느린 이상은 맨틀 쐐기의 얕은 깊이(<100km)에서 분리되나, 100km 아래에서 400km의 깊이로 병합하는 것을 보여준다(p.xxv의 플레이트 9.1). 속도 이상의 크기는 30-90km의 깊이에 약 1% 용융물의 존재와 일치한다(Wiens & Smith, 2003). 더 깊은 심도에서 이상은 수화 광물의 탈수에서 발생하는 휘발성 물질의 방출에서 유래할는지 모른다. 이러한 결과가 배호상 확장(backarc spreading)은 맨틀 쐐기의 대류 순환과 섭입하는 슬라브에서의 탈수 반응과 관련된다는 것을 나타낸다. 그것들은 또한 배호상 마그마 생산은 일차 마그마 생산의 깊이 범위 내의 섬 호상 공급원 지역(island arc source region)에서 떨어져 있음을 시사한다. 대조적으로, 100km 아래에서, 배호상 마그마가 슬라브 탈수에서 유래된 성분과의 혼합을 통해 발생하고, 전형적인 중앙 해령 현무암에 비해 배호상 마그마의 암석학적 고유한 특징 중 일부를 설명하는 데 도움이 될 수 있다.

다양한 메커니즘이 배호상 분지의 형성을 설명하기 위해 가정되어 왔다. 하나의 일반적인 견해는 이러한 환경을 특징짓는 확장과 지각부착성장은 섭입대의 위로 올라간 암석권 내의 광역적인 인장응력(extensional stress)에 반응해서 발생한다는 것이다(Packham & Falvey, 1971). 이런 응력은 섭입하는 슬라브가 가팔라지거나 혹은 해구 아래에서 '롤백(roll-back)'할 때 생기는 해구 흡입력(trench suction force)에서 유래될 수 있다(Chase, 1978; Fein & Jurdy, 1986; 12.6절). 이러한 롤백 메커니즘은 위로 올라간 판의 '절대적' 운동 방향이 해구에서 멀어지는 섭입 시스템에서 발생하는 것으로 가정되고 있다(예를 들면, 그림 10.9b, c, 10.37). 인장의 다른 원인은 언더스러스트하는 슬라브의 하강에 의해 유도된 상부 맨틀 쐐기의 대류(Hsui & Toksöz, 1981; Jurdy & Stefanick, 1983) 또는 깊이에 따른 섭입 각도의 증가(12.6절)를 포함할 수 있다. 비록 배호상 분지의 진화를 제어하는 이런 그리고 다른 메커니즘이 자주 논의되고 있지만, 대부분의 저자는 분지 진화는 섭입대 위 상부 맨틀 쐐기 내에서 흐름, 부분 용융, 그리고 용융 운반의 패턴에 의해 강하게 영향을 받는다는 것에 동의한다. 쐐기의 열 진화와 그 안에서 용융의 생산을 설명하기 위해 지구역학적 모델(geodynamic model)은 해구 이동(trench migration)과 슬라브 롤백과 관련된 입체적 순환 패턴에 점점 기대졌다(Kincaid & Griffiths, 2003; Wiens & Smith, 2003).

Martínez와 Taylor(2002)는 배호상 마그마작용의 메커니즘과 통가 호상의 마그마작용에 그것의 관련성을 설명하는 라우 분지에 대한 지각부착성장 모델(model of crustal accretion)을 개발했다. 이 저자들은 분지의 다양한 확장 센터(그림 9.32)가 호상으로부터의 거리와 상관관계가 있는 구조 및 성분 패턴을 보인다는 것을 관찰하였다. 대부분의 다른 해양 내 호상(intra-oceanic arc) 시스템에서와 같이, 지각은 중앙 해령 현무암에 비해 배호상에서 호상 쪽으로 증가하는 특정 원소의 전반적인 고갈(general depletion)을 보인다. 게다가 호상에 가장 가까운 확장 센터(발루 파(Valu Fa) 확장 릿지)는 다른 센터에 비해 향상된 마그마 공급에 의해 특징지어지는 것을 나타내는 구조, 심도, 그리고 형태를 보인다. 호상에서 더 멀리 떨어진 동 라우 및 중앙 라우 확장 센터는 각각 감소된, 그리고 정상적인 마그마의 공급을 보인다. Martínez와 Taylor(2002)는 이러한 변화는 상부 맨틀 쐐기를 통해 배호상 확장 센터에 공급하는 마그마 공급원 지역(magma source regions)의 이동에 기인한다고 제안하였다.

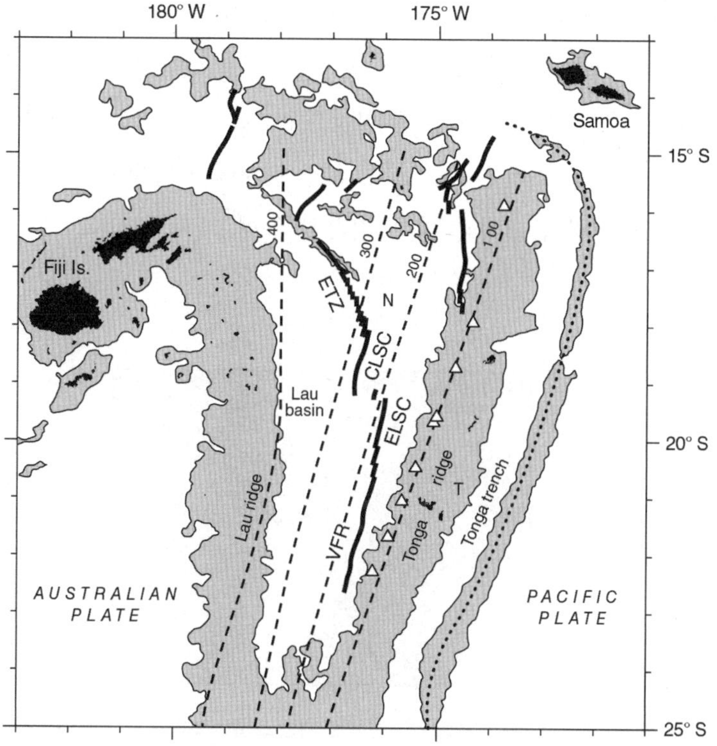

그림 9.32 배호상 확장 센터(굵은 선), 해구 축(점선), 호상 화산(흰 삼각형), 그리고 킬로미터로 표시된 섭입된 슬라브 등깊이선(contours, 파선)을 보여주는 라우 분지(Lau basin)의 위치도(Martínez & Taylor, 2002를 따름, Nature 416, 417–20의 허가로. 저작권 © 2002 Macmillan Publishers Ltd). N, 니우나포우 판(Niuafo'ou plate); T, 통가 판(Tonga plate); VFR, 바루 파 릿지(Valu Fa ridge); ELSC, 동 라우 확장 센터; CLSC, 중앙 라우 확장 센터; ETZ, 확장 변환대(extensional transform zone)

Martínez와 Taylor(2002)의 모델은 통가 해구 아래에서 태평양 슬라브의 롤백으로 시작한다(그림 9.33a의 큰 흰색 화살표). 이 운동은 라우 분지 아래에 맨틀 물질의 보상하는 흐름을 유도한다(작은 검은색 화살표). 맨틀이 섭입하는 슬라브에서 방출되는 물(9.8절)과 만날 때, 그것은 부분적으로 용융되고, 특정 용융 부분이 고갈된 잔류 맨틀을 남긴다. 그림 9.33a의 점채는 수화된 맨틀 지역을 나타낸다. 부분 용융의 지역은 점채 아래에 흰색 배경으로 표시된다. 섭입에 의해 유도된 흐름이 슬라브에서 증가된 물 농도가 추가 용해를 촉진하는 쐐기의 상단 모서리를 향해 고갈된 층을 몰아간다. 향상된 용융의 이런 지역(그림 9.33a의 윤곽이 그려진 지역)이 화산 프런트(volcanic front)에 가까운 발루 파(Valu Fa) 확장 릿지에 공급하는데, 화산 프런트는 그렇지 않고 화산 호상에 공급되는 용융물을 받는다. 이 지역의 향상된 용융은 또한 고갈된 맨틀(그림 9.33의 밝은 회색)을 계속해서 충분히 약하게 하여 섭입이 진행함에 따라 그것이 뒤집어져 배호상 분지 아래에 다시 운반될 때까지 흐르도록 한다. 용융 권역이 너무 멀어서 직접적인 호상 용융을 끌어낼 수 없기 때문에 고갈된 맨틀의 회귀 흐름은 화산 호상에서 더 먼 동 라우 확장 센터 쪽에 감소된 용융물 배달로 나타난다. 이 지역이 화산 프런트(volcanic front)에서, 그리고 슬라브의 영향으로부터 가장 멀리 떨어져 있는 맨틀 위에 놓여 있기 때문에 정상 용융 조건은 중앙 라우 확장 릿지에서 발생한다. 따라서 후자의 확장 센터는 전형적인 중앙 해령의 그것과 같은 지각의 두께, 형태, 그리고 지구화학을 보인다.

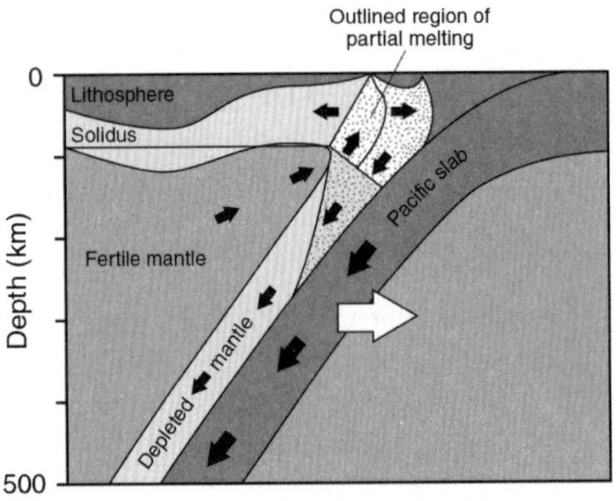

그림 9.33 라우 배호상 분지(Lau backarc basin)의 형성을 위한 모델(Martínez & Taylor, 2002를 따름, Nature 416, 417–20의 허가로. 저작권 © 2002 Macmillan Publishers Ltd). 큰 흰색 화살표는 통가 해구와 태평양 슬라브의 롤백을 나타낸다. 크고 검은 화살표는 태평양 슬라브의 섭입 성분을 보여주고, 작고 검은 화살표는 슬라브 섭입 및 배호상 확장에 의해 유도된 맨틀 쐐기의 흐름을 보여준다. 점묘된 비탈(stippled gradient)은 수화된 맨틀 지역을 나타내고, 물 농도는 슬라브를 향해 동쪽으로 증가한다. 부분 용융의 지역이 표시된다.

Taylor와 Martínez(2003)는 마리아나, 마누스(Manus), 그리고 동스코샤 해(East Scotia Sea) 분지를 포함하는 다른 해양 배호상 분지를 위한 이런 모델을 일반화하였다. 이러한 분지에서 현무암 지구화학의 변화 역시 맨틀 쐐기에서 용융기원지의 이동과 부분 용융의 정도와 깊이의 차이에 의해 설명될 수 있다. 화학적 데이터가 라우와 마누스 배호상 분지를 위한 맨틀 기원지가 섭입의 더 빠른 속도 때문에 마리아나와 스코샤보다 더 뜨겁다는 것을 알려준다.

이러한 증가된 속도는 맨틀 쐐기 내에서 더 큰 열의 수송을 유도하는 것 같다(England & Wilkins, 2004). 그래서 배호상과 중앙 해령 세팅에서 지각부착성장 사이의 근본적인 차이 대부분은 상부 맨틀 쐐기의 구조 및 유동 역학에 의해 설명될 수 있다. 그러나 섭입에 관련된 프로세스에 더하여, 일부 배호상 분지는 그것들 근처 판 경계의 특정 형태에 영향을 받을 수 있다는 것을 인식하는 것이 중요하다. 이러한 예는 배호상 확장 방향(backarc spreading direction)이 호상의 방향에 비정상적으로 낮은 각도(10-30°)인 북 피지 분지(North Fiji basin)를 들 수 있다. Schellart *et al.*(2002)은 이런 특이한 확장 방향은 분지의 비대칭 열림(asymmetric opening)과 판의 경계를 따라 발생하는 충돌 프로세스에 관련될 수 있다고 제안했다. 우드라크 리프트(Woodlark Rift, 7.8.2절)의 진화도 또한 암석권의 유동학적 약대를 포함하는 지역적 경계 조건에 의해 강하게 영향을 받는다.

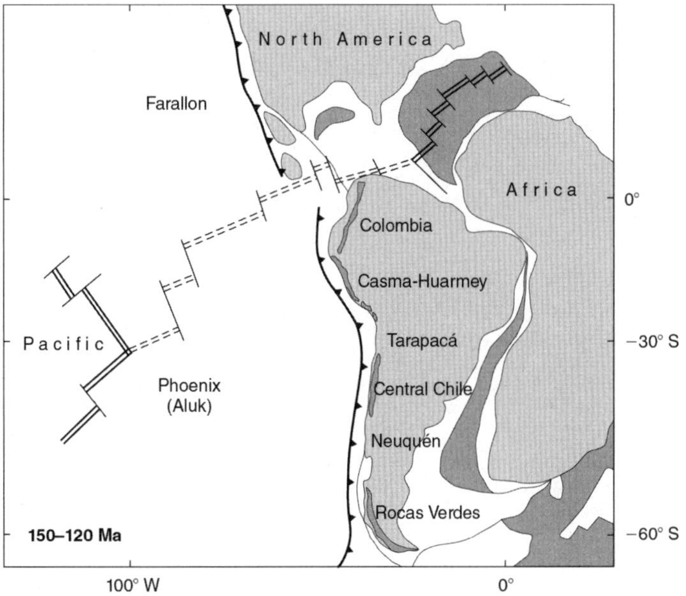

그림 9.34 남아메리카에 있는 초기 중생대의 확장 배호상 및 대륙 주변 분지(extensional backarc and marginal basins)의 위치를 보여주는 도식적인 판 복원(Mpodozis & Allmendinger, 1993에서 수정됨, Geological Society of America의 허가로). 콜롬비아와 칠레 남부의 대륙 주변 분지(로카스 베르데, Rocas Verdes)의 바닥은 해양 지각으로 이루어져 있다. 페루의 카스마-후아메이(Casma-Huarmey)와 중앙 칠레 분지는 얇아진 대륙 지각 위에 발달된 중단된 대륙 주변 분지이다. 타라파카(Tarapacá)와 네우껜(Neuquén)은 지배적으로 퇴적에 의한 중전이 이루어진 배호상 분지이다.

배호상 분지의 구조와 마그마 특성의 변동성도 또한 대륙 세팅에서 일반적이다. 예를 들면, 남아메리카의 서쪽 주변부를 따라, 일련의 확장 분지가 장수하는 섭입대 위에서 중생대 확장의 기간 동안 형성됐다(그림 9.34, 10.2.1절). 이런 분지의 대부분에서, 확장과 배호상 열개가 현무암질 분지 바닥이 형성되지 않은 채 발생했다(Mpodozis & Allmendinger, 1993). 콜롬비아와 남쪽 칠레에서만 확장이 대륙 지각의 완전한 파열(7.5절)이 발생하여 해양형 확장 센터가 발달하는 단계로 진행하였다. 이러한 해양 분지의 가능한 현대의 유사물은 남극 반도(그림 9.1) 근처 남셰틀랜드 해구 뒤에 위치하는 브랜스필드(Bransfield) 분지이다. 이 후자의 분지는 비대칭이고, 4-5백만 년 전에 시작한 기존 호상 지각을 통해 열개 전파에 의해 열린 증거를 보인다(Barker *et al*., 2003). Mora-Klepeis와 McDowell(2004)은 북서 멕시코의 바하 캘리포니아(Baja California) 지역의 호상 화산작용에서 열개작용까지의 유사한 전이를 기록하고 있는 암석의 지구화학적 징후(geochemical signatures)를 설명한다.

일반적이지만, 모든 대륙 배호상이 확장이나 열개와 연관되는 것은 아니다. 현대 안데스 대륙 주변부(10.2절)를 포함하는 해양-대륙 수렴의 많은 구역은 배호상 환경에서 단축과 조산 운동을 기록하고 있다. 그것들이 기록하고 있는 변형의 스타일에 관계없이, 대부분의 대륙 배호상은 비교적 얇고 뜨거운 암석권으로 특징지어지며(Hyndman *et al*., 2005; 예를 들면, 그림 10.7), 그것의 특성이 크게 수렴형 대륙 주변부의 역학적 발달(mechanical evolution)에 크게 영향을 미친다(예를 들면, 10.2.5절, 10.4.6절).

제10장

조산대(orogenic belts)

GLOBAL TECTONICS

10.1 서 론

조산대는 대륙 위에서 산맥 창조 동안에 발달한 길고 보통 아치형의 크게 변형된 암석의 광대한 지역이다. 조산대를 구축하는 프로세스 혹은 **조산작용(orogenesis)**은 수렴형 판 주변부에서 발생하고, 판 내 단축(intra-plate shortening), 지각 두꺼워짐, 그리고 지형적 융기를 수반한다. 그 지형이 침식에 의해 줄거나 혹은 제거된 과거의 조산대는 오래되고 활동을 그친 판 주변부의 위치를 표시하고, 따라서 과거 판 움직임에 대한 중요한 정보를 제공한다(예를 들면, 11.4.3절).

조산 운동을 제어하는 프로세스는 구조적 세팅(tectonic setting)과 변형에 관련된 암석권(lithosphere)의 유형에 따라 상당히 달라진다. **무충돌** 혹은 **안데스형(Noncollisional or Andean-type)** 조산대(10.2절)는 섭입을 제어하는 판 운동과 기타 요인(9.6절)이 위로 올라간 판(overriding plate) 내의 압축으로 이어지는 해양-대륙 수렴에서 생긴다. **충돌(Collisional)** 조산대(10.4절, 10.5절)는 대륙 또는 섬 호상이 섭입의 결과로 대륙 주변부(continental margin)와 충돌하는 곳에서 발달한다. 후자의 벨트에서 충돌하는 물질의 두께와 양의 부력(positive buoyancy)이 맨틀로의 하강을 방해하고 압축과 조산 운동으로 이끈다. 히말라야-티베트 벨트와 유럽 알프스는 주요 해양 분지의 닫힘(closure)에 이은 대륙-대륙 충돌(continent-continent collision)에 의해 형성되는 조산대를 대표한다(즉, **히말라야형(Himalaya-type)**). 대륙의 충돌이 매우 비스듬하고, 바다의 닫힘을 포함하지 않은 또 하나의 이종이 뉴질랜드의 남알프스(8.3.3절, 8.6.3절)에서 발생한다. 호상-대륙 충돌에 의해 형성되는 조산대는 대만의 벨트와 남서 태평양의 티모르-반다 호상(Timor-Banda arc) 지역이 있다.

충돌과 무충돌 조산대 모두에 의해 표시되는 대부분의 내적 변화는 대륙 암석권의 강도와 유동학의 차이, 그리고 조산 운동 동안에 이러한 속성에 영향을 미치는 프로세스에 의해 설명될 수 있다(10.2.5절, 10.4.6절). 예를 들면, 대륙 암석권이 비교적 차고 강한 곳에서 조산대의 폭은 100km와 400km 사이로 비교적 좁다. 뉴질랜드의 남알프스(그림 8.2a)와 위도 40°S 근처 남부 안데스(그림 10.1a)는 이런 특징을 보인다. 반대로, 대륙 지각이 비교적 뜨겁고 약한 곳에서, 변형이 비국지화하는(delocalize) 경향이 있고, 폭이 수천 킬로미터가 넘을 수 있는 지역에 걸쳐 분포한다. 위도 20°S 근처 중앙 안데스(그림 10.1a)와 히말라야-티베트 조산대(10.4절)는 이러한 후자의 특징을 나타낸다. 조산 운동 동안에 대륙 암석권의 강도와 유동학을 변화시키는 프로세스에는 보통 마그마 활동, 변성작용, 지각 용융작용, 퇴적, 그리고 침식이 있다.

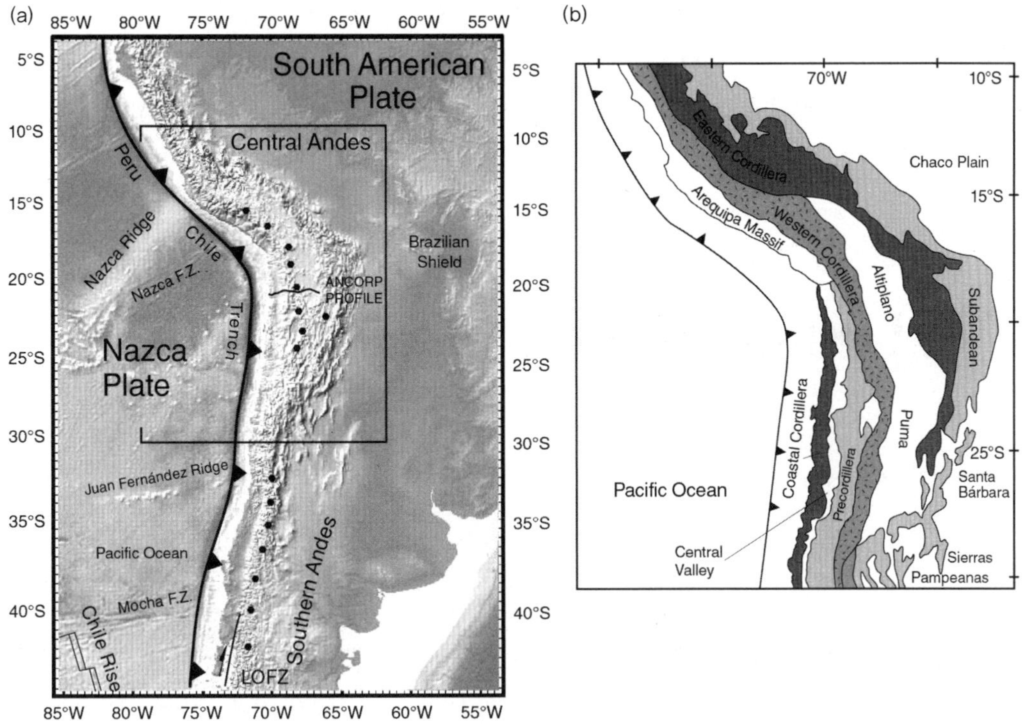

그림 10.1 (a) 나스카(Nazca)와 남아메리카 판의 지형 특징을 보여주는 중앙과 남부 안데스 산맥의 음영 기복지도. 지도는 그림 7.1에서와 동일한 지형 데이터 및 방법을 사용하여 만들어졌다. 검은 점은 활화산이다. LOFZ는 리큐녜-로프쿠이 단층대(Liquiñe-Ofqui fault zone)이다. 상자는 그림 10.1b의 위치를 표시한다. ANCORP 단면은 그림 10.6에서 보인다. (b) 중앙 안데스 산맥의 지형적 지방(physiographic provinces; Mpodozis *et al.*, 2005에서 수정됨, Elsevier의 허가로)

수백만 년에 걸쳐서 대륙 주변부에 대륙 조각(continental fragments), 섬 호상(island arcs), 그리고 해양 물질(oceanic material)의 점진적 부착성장은 선캄브리아기(Precambrian times) 이후 대륙이 성장해온 주요한 메커니즘 중 하나이다(10.6절, 11.4.2절, 11.4.3절). **대륙편(terranes)**이라 불리는(10.6.1절) 지각 물질의 독특한 군집이 충돌하고 대륙 주변부에 부착되는 곳에서 대부분의 과거 및 활동 중인 조산대는 부착성장과 조산 운동의 많은 사이클을 기록한다. 이 프로세스는 마그마 부가(magma addition), 퇴적, 그리고 확장 분지의 창조와 파괴를 포함하는 대륙 성장의 다른 메커니즘에 의해 증강된다(10.6.3절). 종종 해양 닫힘(ocean closure) 없이, 오랜 기간에 걸쳐 이러한 과정에 의해 크게 성장되어온 조산대는 일반적으로 **부착성장 조산대(accretionary orogens)**라고 칭해졌다. 예로는 북중국과 몽골의 대부분을 구성하는 고생대 알타이산맥(Altaids; Şengör & Natal'in, 1996), 북아메리카의 서부 코르디예라(western Cordillera, 10.6.2절, 11.4.3절), 그리고 남동 호주의 라클란 조산대(Lachlan Orogen, 10.6.3절) 등이 있다. 순수한 부착성장 조산대는 주요 대륙-대륙 충돌의 증거가 없을 수 있고, 많은 작은 대륙편과 장수 해양의 주변을 따라 발생하였던 호상-대륙 충돌로 이루어져 있을 수 있다.

본 장에서는 남아메리카, 아시아, 북아메리카, 호주, 그리고 남서 태평양에서의 예를 들어 조산대의 다양한 특징들과 압축 퇴적 분지의 진화를 포함하는 조산 운동의 주요 메커니즘을 설명한다.

10.2 해양-대륙 수렴(ocean-continent convergence)

10.2.1 서 론

해양-대륙 수렴에 의해 형성된 조산대의 가장 잘 연구된 사례 중 하나는 페루, 볼리비아, 칠레 북부, 그리고 아르헨티나의 중앙 안데스에 있다(그림 10.1). 여기서, 안데스는 가장 높은 평균 고도, 가장 큰 폭, 가장 두꺼운 지각, 그리고 조산대에서 가장 큰 단축량을 보인다(1988 Isacks; Allmendinger *et al*., 1997; ANCORP Working Group, 2003). 이 중앙 부분은 큰 조산대의 얼마나 많은 특유한 특징들이 대륙-대륙 충돌이 없는 곳에서 형성될 수 있는지를 보여준다.

안데스 산맥, 또는 **코르디예라(cordillera)**는 북쪽의 베네수엘라와 콜롬비아에서 남쪽의 티에라 델 푸에고(Tierra del Fuego)까지 약 7500km에 걸쳐 뻗어 있다. 산맥을 따라 조산대는 구조, 지질학적 역사, 그리고 구조 진화의 다양성을 놀라울 정도로 보여준다. 이러한 다양성이 그것의 서로 다른 분할조각 내에서 조산 운동을 제어하는 요인의 결정을 복잡하게 한다. 그럼에도 불구하고, 몇 가지 일반적인 요소가 무충돌 조산 프로세스(noncollisional orogenic processes)에 대한 중요한 경계 조건을 제공하는 것은 분명하다. 이러한 제약 중 하나는 활동중인 남아메리카 대륙 주변부가 후기 쥐라기와 초기 백악기 동안에는 비압축 또는 신장 권역 중 하나로 특징지어졌다는 것이다(Mpodozis & Ramos, 1989). 이때, 대륙 주변부의 대부분은 섭입 영역 위에 형성된 일련의 확장 배호상 및 대륙 주변 분지(marginal basin, 그림 9.34)로 해수면 아래에 있었다(Dalziel, 1981; Mpodozis & Allmendinger, 1993; Mora *et al*., 2006). 이런 이력은 섭입 그 자체로는 안데스형 조산대의 형성을 설명할 수 없음을 보여준다. 오히려, 이런 세팅에서 만들어지는 산은 오직 해양-대륙 수렴이 위로 올라간 판의 압축으로 이어지는 경우에만 형성된다(9.6절, 10.2.5절).

안데스 산맥에서, 압축 권역은 초기 중생대 이후 여러 번 있었으며, 약 25-30Ma에 가장 최근 단계가 시작되었다(Allmendinger *et al*., 1997). 압축의 최종 단계의 시작은 2개의 주요 프로세스

(남아메리카 판의 해구 쪽 가속(trenchward acceleration; Pardo-Casas & Molnar, 1987; DeMets *et al*., 1990; Somoza, 1998)와 섭입하는 해양 암석권과 위로 올라간 대륙 사이의 강한 판 내(inter-plate) 커플링(coupling; Jordan *et al*., 1983; Gutscher *et al*., 2000; Yáñez & Cembrano, 2004))을 반영하는 것으로 해석되었다. 안데스 산맥의 구조 연구의 주요 목적 중 하나는 이런 압축에 대한 남아메리카 판의 매우 다양한 반응의 기원을 결정하는 것이다. 이 절에서 지구과학자가 산맥의 기원을 추론할 수 있게 하는 중앙 및 남부 안데스 산맥의 제1급의(first-order) 물리적 특성에 대한 설명이 제공된다.

10.2.2 지진 활동, 판 운동 및 섭입 형태(subduction geometry)

안데스 산맥에서 지진 활동의 일반적인 패턴은 남아메리카 아래에 있는 나스카 판(Nazca plate)의 동쪽 섭입과 조화되어 있다(Molnar & Chen, 1982). 측지 데이터가 남아메리카에 대한 수렴 속도가 해구에서 66-74mm a^{-1}이라는 것을 알려준다(Norabuena *et al*., 1998; Angermann *et al*., 1999; Sella *et al*., 2002). 이런 속도는 판 운동의 NUVEL-1A 모델(5.8절)에 의해 예측된 77-80mm a^{-1}보다 느린데, 이는 25Ma의 약 150mm a^{-1} 절정에서 감속을 반영하는 것 같다(Pardo-Casas & Molnar, 1987; Somoza, 1998; Norabuena *et al*., 1999). 현재, 상대 운동은 대륙 주변부를 따라서 해구에 평행한 변위의 일정치 않은 성분으로 나타난다. 중앙 안데스 산맥에서, 이 성분은 중요치 않고, 섭입된 슬라브 자체 내에서 대부분 수용되는 것으로 보인다(Siame *et al*., 2005). 남부 안데스 산맥에서, 해구에 평행한 운동의 적당한 성분은 주요 주향이동 단층을 따른 슬립(slip)에 의해 수용된다(Cembrano *et al*., 2000, 2002).

천부(≤70km 깊이) 지진의 발진 메커니즘 솔루션은 남아메리카 판이 현재 압축 중인 것을 보여준다(그림 10.2). 페루-칠레 해구 근처에서 약간의 정단층작용이 섭입하는 해양 암석권 내의 굽음(bending) 및 다른 역학적 조정에 반응해서 발생한다. 더 먼 동쪽의 스러스트형 솔루션은 약간의 주향이동 운동이 아주 풍부하다(Gutscher *et al*., 2000; Siame *et al*., 2005). 일반적으로, 압축응력의 최대 응력 축은 판 운동 벡터와 일치되며, 이것은 판 경계 응력이 남아메리카 판으로 수백 킬로미터까지 전송된다는 것을 암시한다.

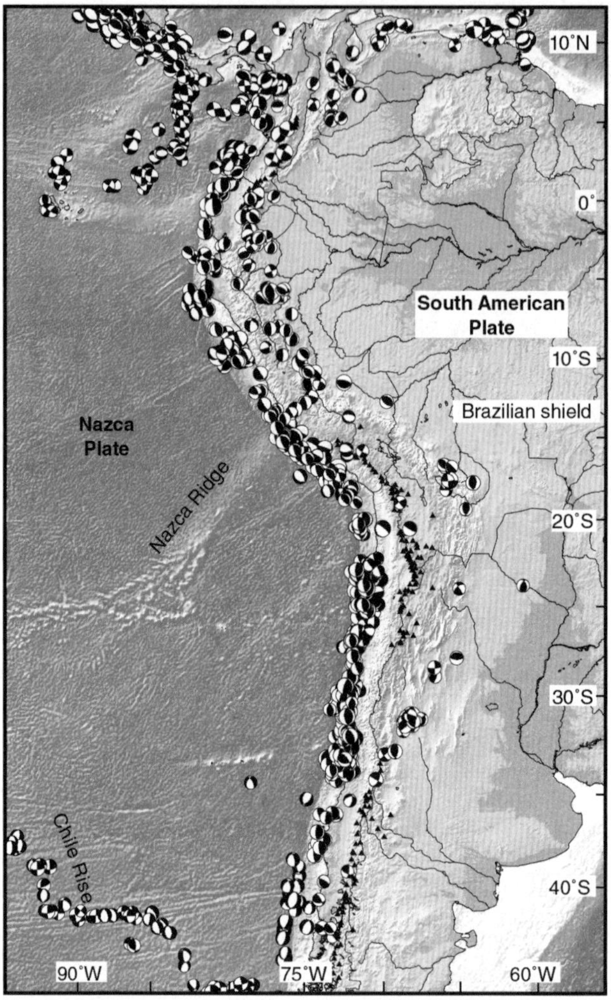

그림 10.2 하버드(Harvard) CMT 카탈로그에서 남아메리카의 천부(<70km) 지진 (1976–1999)에 대한 발진 메커니즘 솔루션(Gutscher *et al.*, 2000에서 수정되어, M.-A. Gutscher에 의해 제공된 이미지, American Geophysical Union의 허가로. 저작권 © 2000 American Geophysical Union). 음영 기복지도는 Smith와 Sandwell(1997)의 데이터베이스에서 왔다. 어두운 회색 삼각형은 화산이다.

깊이에 따른 진원지의 분포가 대륙 주변부가 편평한, 그리고 가파른 섭입 분할조각으로 나누어진다는 것을 나타낸다(Barazangi & Isacks, 1979, Jordan *et al.*, 1983.). 남부 페루와 볼리비아 아래에서 베니오프대(Benioff zone)는 약 30° 기울어진다(그림 10.3a, b). 북부-중앙 칠레 아래에서 그것은 처음에 ~100km의 깊이로 30°의 각도를 형성하고 그다음에 수백 킬로미터에 대해 0-10°의 각도로 기울어진다(그림 10.3c). 섭입이 그런 다른 각도로 발생하도록 하기 위해서는 암석권 찢김(lithospheric tear)이나 혹은 매우 비틀려진 내려가는 판이 편평한 그리고 가파른 분할부분들 사이의 전이를 수용하지 않으면 안 된다.

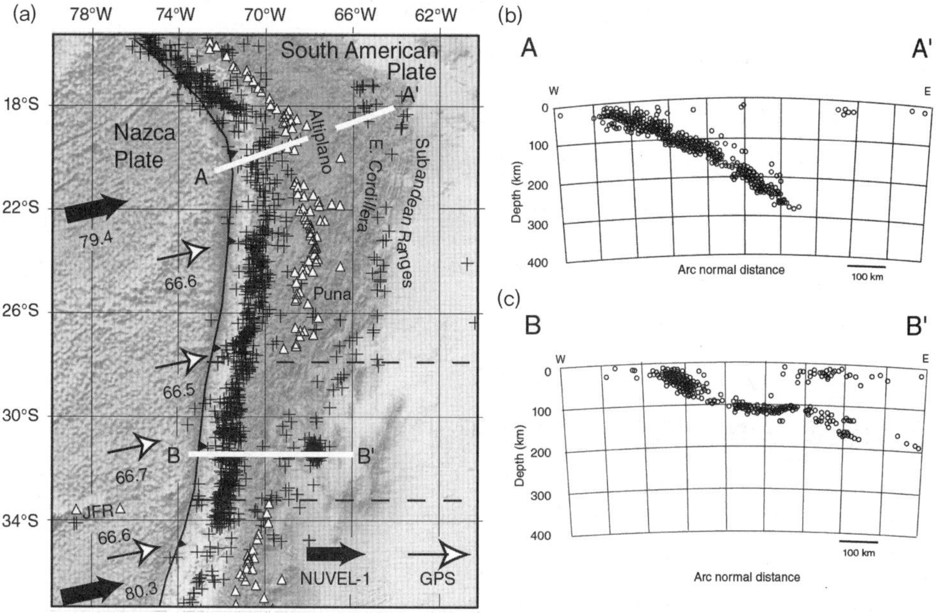

그림 10.3 (a) 대형 내지 중간 지진(+표), 그리고 플라이오세 이후 활동 중인 화산(삼각형)의 분포를 보여주는 중앙 안데스 산맥의 음영 기복지도. 지형 데이터베이스는 Hastings와 Dunbar(1998), 그리고 Smith와 Sandwell (1997)에서 왔다. 지진은 USGS 국립 지진 정보 센터의 천부(≤70km) 지진에 대한 예비 결정 진원 카탈로그(1973–현재)에서 왔다. 검은색과 흰색 화살표는 NUVEL–1에서 나스카와 남아메리카 판의 상대적 수렴 (DeMets *et al.*, 1990, 1994)과 지속적인 GPS 관측(Kendrick *et al.*, 1999, 2003)을 mm a^{-1} 단위로 보여준다. (b, c) 재배치된 지진의 깊이 분포를 나타내는 횡단면들(Engdahl *et al.*, 1998; Siame *et al.*, 2005에서 수정되어, L. Siame에 의해 제공된 이미지, American Geophysical Union의 허가로. 저작권 © 2005 American Geophysical Union). JFR, 후안 페르난데스 릿지(Juan Fernández Ridge)

편평한 섭입대 위에서, 천부 지진은 이웃하는 가파른 분할부분보다 더 풍부하고 더 넓게 분포된다(Barazangi & Isacks, 1979; Jordan *et al.*, 1983). 편평한 슬라브 위에 있는 상부 판(upper plate)에서 방출된 지진 에너지는 해구에서 250km와 800km 사이의 가파른(>30°) 슬라브 분할조각 위에 있는 것에서의 에너지에 비해 평균 3-5배 이상 크다(Gutscher *et al.*, 2000). 이러한 차이는 편평한 슬라브 분할부분이 위에 놓인 대륙판에 강하게 커플링된 것을 시사한다(9.6절). 커플링은 대륙 암석권 아래의 천부에 차가운 슬라브의 존재에 의해 제어되는 것으로 보이고, 이것이 상부 판을 강화하고 응력을 장거리에 걸쳐 전송할 수 있게 한다.

섭입하는 판의 경사 변화는 역학적 거동에 영향을 미치는 것 이외에 화산의 패턴에도 영향을 미친다. 슬라브가 가파르게 경사진 중앙 안데스 산맥에서, 신제3기 화산 활동이 풍부하다(p.xxix의 플레이트 10.1a). 대조적으로, 북부-중앙 페루와 칠레(30°S 위도)의 편평한 슬라브 분할조각 위에는 중요한 신제3기 화산 활동이 없다. 이런 화산 갭과 편평한 슬라브 분할조각은 부분적으로 섭입된 비지진 릿지(subducted aseismic ridges)의 위치에 일렬로 늘어선다.

Gutscher *et al*.(2000)은 중앙과 북부 안데스 산맥 아래의 섭입된 나스카 판의 3차원 토모그래피 영상(p.xxix의 플레이트 10.1b)을 작성하기 위하여 70km의 깊이 아래에 재배치된 진원지(Engdahl *et al*., 1998)를 사용하였다. 이 이미지는 부분적으로 섭입된 나스카 릿지(subducted Nazca Ridge)와 잉카 고원 아래에 완전히 섭입된 릿지에 해당하는 두 개의 지형적 고지를 보여준다. 암석권 찢김이 편평한 슬라브의 북서쪽 가장자리에서 발생할 수 있다. 이러한 관계는 두껍고, 부력이 있는 해양 지각의 섭입이 편평한 섭입으로 이어지고, 연약권 쐐기(9.6절)를 없앰으로 마그마 활동을 종결시킬 수 있다는 해석을 지지한다.

10.2.3 중앙과 남부 안데스의 일반 지질학

중앙 안데스는 서 코르디예라(Western cordillera)와 동 코르디예라(Eastern cordillera)로 불리는 2개의 주요 산맥을 보인다(그림 10.1b). 섭입하는 나스카 판이 가파르게 기울어지는 위도 15°S의 남쪽에서, 서 코르디예라는 활동 중인 화산 호상을 포함한다. 활동 중인 호상이 없는 이 위도의 북쪽에서, 그것은 신생대 분출암으로 구성되어 있다. 중생대 - 신생대 화산과 퇴적 시퀀스로 맞접힌(interfolded) 고생대 변성퇴적암이 동 코르디예라를 구성한다.

위도 약 15°S의 남쪽에, 서부와 동 코르디예라는 알티플라노 - 푸나(Altiplano-Puna)라 불리는 대형 복합 고원 주변에서 갈라진다(그림 10.1b). 이 조산 고원은 높이가 3.8-4.5km, 길이가 1800km, 그리고 폭이 350-400km이다(Isacks, 1988). 오직 티베트 고원(10.4.2절)만이 이보다 더 크고 더 넓다. 알티플라노 - 푸나는 넓고 내부적으로 낮은 기복의 배수 영역을 포함하고 표면 침식을 거의 기록하지 않는다. 그것의 융기 역사는 판 수렴 속도가 절정이었던 마이오세 동안에 시작했다(Allmendinger *et al*., 1997). 융기의 초기 단계는 주요 용결응회암 표출(ignimbrite flare-up)과 일치하고 처음에 동과 서 코르디예라에서 발생하였고(Allmendinger & Gubbels, 1996) 나중에 서브 - 안데스(sub-Andes) 지역과 차코 융기대전면 분지(Chaco foreland basin, 10.3.2절)로, 즉 동쪽으로 이동하였던 강렬한 지각 단축의 시기와 일치한다. 이 단축은 고원 아래의 매우 두껍고 뜨거운 대륙 지각으로 귀착됐다(10.2.4절). 측지 데이터가 조산대의 선단(leading edge)에서 단축이 지금도 5-20mm a^{-1}의 속도로 발생하는 것을 알려준다(Klotz *et al*., 1999; Hindle *et al*., 2002).

서 코르디예라(화산 호상)와 페루 - 칠레 해구 사이에서, 단지 60-75km의 수평 거리에 걸쳐 고도가 평균 해수면 아래 7-8km의 깊이까지 낮아진다. 이 좁은 전호상 지역(forearc region)은 중앙 안데스 주변의 일부가 주향이동 단층작용 혹은 섭입 침식(von Huene & Scholl, 1991; 9.6절)에 의해 제거되었다는 것을 의미한다. 전호상은 신생대 퇴적물로 충진된 중앙 계곡에 의해 분리되는 2개의 주요 암석 벨트를 포함한다. 계곡의 동쪽에 있는 프리코르디예라(Precordillera)는 선캄브리아기 기반, 중생대 퇴적 시퀀스, 그리고 신생대 관입과 분출 바위를 노출시킨다. 남부 페루의 선캄브리아기 아레키파 육괴(Arequipa Massif)와 정렬하는 이런 벨트(그림 10.1b)의 존재는 안데스 조산대가 선캄브리아기 대륙 지각 위에 구축되어 있음을 나타낸다. 중앙 계곡의 서쪽에 있는 해안 코르디예라(Coastal Cordillera)는 대륙 주변부를 따라 섭입의 오랜 역사의 증거인 초기 중생대 화성암으로 구성되어 있다. 아타카마 단층 시스템(Atacama Fault System)을 포함하는 해안 코르디예라에 있는 높은 각도 단층은 정단층, 스러스트, 주향이동 변위의 길고 복잡한 역사를 기록한다(Cembrano *et al.*, 2005).

조산대의 폭이 >800km인 20°S 근처에서(그림 10.1a), 배호상 지역(backarc region)은 300-350km의 신제3기 단축을 기록한다(Allmendinger *et al.*, 1997; McQuarrie, 2002). 이 단축의 대부분은 스러스트단층과 습곡의 결합이 **융기대전면 습곡과 스러스트 벨트(foreland fold and thrust belt)**에 있는 신생대, 중생대, 그리고 고생대 암석 시퀀스를 변형시키는 서브-안데스 구역(sub-Andean zone)에서 발생한다(9.7절, 10.3.4절 참조). 서브-안데스 산맥의 동쪽에 있는 200km 폭의 차코 융기대전면 분지는 브라질 순상지(Brazilian Shield)의 상부에 적어도 5km의 신제3기 퇴적물로 충진된다. 이 분지는 중앙 안데스 산맥의 신생대의 융기, 침식, 퇴적의 중요한 기록을 제공한다(10.3.2절).

안데스 융기대전면에 세 가지 다른 스타일의 지각 단축이 보인다(그림 10.4). 즉, (i) 7-10km의 깊이로 고생대 퇴적 시퀀스 내에서 분리된 얇은 껍질의 습곡과 스러스트(thin-skinned fold and thrust) 벨트(Lamb *et al.*, 1997), (ii) 10-20km 깊이로 선캄브리아기 기반의 유추된 분리(detachments)를 갖는 두꺼운 껍질의 습곡과 스러스트(thick-skinned fold and thrust) 벨트, (iii) 전 지각을 관통하는 것 같은 융기대전면 기반 스러스트(Kley *et al.*, 1999)가 그것이다. 이러한 서로 다른 스타일의 기원은 부분적으로 신제3기 이전의 암석권 구조, 온도, 그리고 층서의 차이에 의한 것이다(10.3.4절). 게다가 팜피아나스(Pampeanas) 융기대전면(그림 10.5) 심층부의 기반 스러스트는 편평한 섭입의 지역에 해당하며, 가능한 원인 관계를 암시한다(Jordan *et al.*, 1983; Ramos *et al.*, 2002).

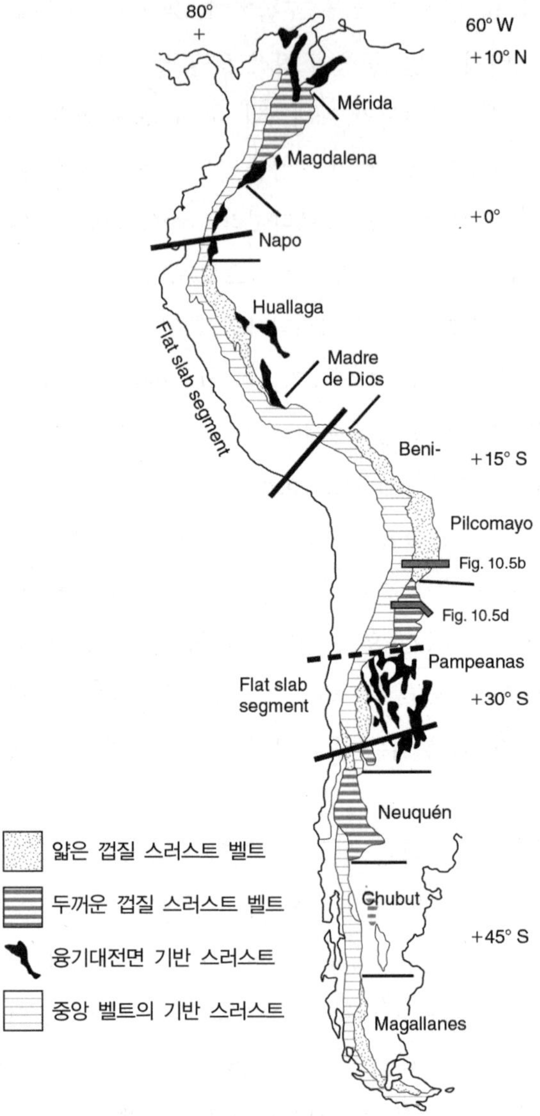

그림 10.4 안데스 산맥에서 융기대전면 변형(foreland deformation)의 분할된 스타일의 분포(Kley *et al.*, 1999를 따름, Elsevier의 허가로). 편평한 슬라브 분할조각(segments)이 표시된다.

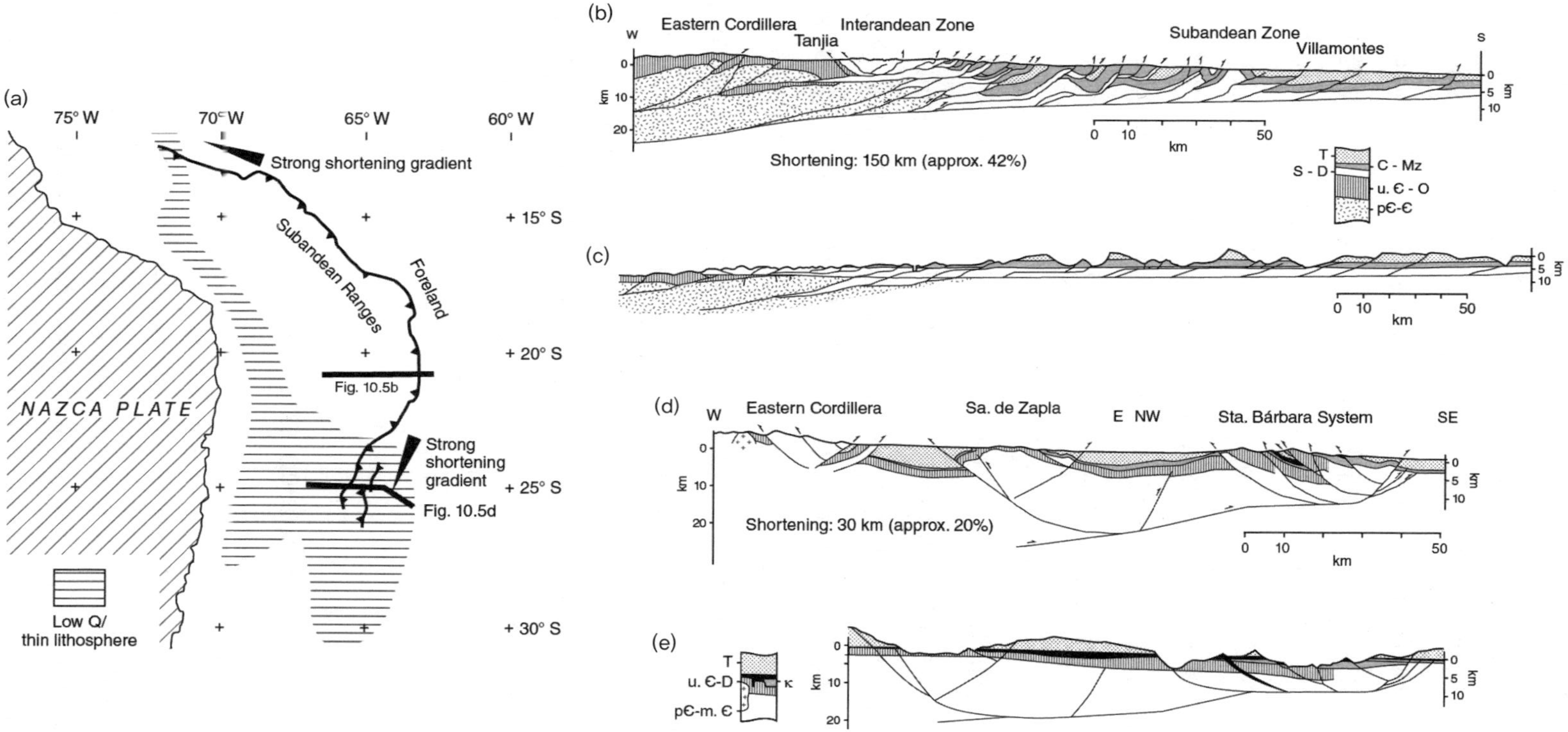

그림 10.5 (a) 지진파의 감쇠 데이터로부터 알려진 바와 같은 중앙 안데스 산맥 아래에 두꺼운 암석권에서 얇은 암석권으로의 전이를 보여주는 스케치 지도. 두꺼운 암석권의 구역은 아주 강한 단축 구배의 지역과 관계가 있다. 산타 바바라 시스템(Santa Bárbara system, SBS)은 두꺼운 껍질 변형(thick-skinned deformation)에 의해 특징지어진다. 얇은 껍질(thin-skinned) 스러스트 벨트 (b)와 Baby *et al.*(1992), Dunn *et al.*(1995), 그리고 Kley(1996)으로부터의 데이터를 사용한 볼리비아 서브-안세스 산맥(sub-Andean ranges)의 복원된 단면 (c). 두꺼운 껍질 스러스트 벨트 (d)와 산타 바바라 시스템의 복원 단면 (e)(Kley *et al.*, 1999에서 수정된 모든 이미지, Elsevier의 허가로). 단면 (b)와 (d)의 위치는 그림 10.4에 표시된다.

조산대의 주향을 따라 단축의 서로 다른 스타일 사이의 교호가 안데스 융기대전면의 지질학적 분할을 낳았다. 가장 잘 연구된 전이(transitions) 중 하나가 위도 24°S의 남쪽에서 발생한다. 북쪽에서 남쪽으로, 서브-안데스 벨트 단축의 얇은 껍질 스타일(그림 10.5b, c)이 시에라 드 산타 바바라(Sierra de Santa Bárbara)와 북부 시에라 팜피아나스(Sierras Pampeanas)의 두꺼운 껍질 스타일로 변한다(그림 10.5d, e). 이러한 변화는 단축 양의 감소를 수반한다. 단축 크기의 유사한 변화가 14°S의 북쪽에 발생하며(그림 10.5a), 이것은 중앙 안데스 산맥의 현재 아치형은 조산대의 주향을 따라 단축 양의 차이에서 유래하였거나 혹은 강조되었다는 것을 의미한다(Isacks, 1988). 아치형 또는 **조산만곡(orocline)** 및 단축의 구배도 또한 중앙 안데스가 신제3기 동안에 수직축을 중심으로 회전하였다는 것을 의미한다. GPS 데이터뿐만 아니라 고지자기 및 지질지표가 이 회전이 굽음의 북쪽 페루와 볼리비아에서 반시계 방향이고, 굽음의 남쪽에서 시계 방향이라는 것을 알려준다(Allmendinger *et al*., 2005).

위도 40°와 46°S 사이에서, 섭입하는 나스카 판의 연령은 38°S의 ~25Ma에서 칠레 릿지(Chile Ridge)가 현재 섭입하는 46°S의 영(zero)으로 감소한다(Herron *et al*., 1981; Cande & Leslie, 1986). 이런 분할조각을 따라, 수렴이 해구에 직교로부터 ~26°의 각도로 발생한다(Jarrard, 1986). 비스듬한 수렴은 <1km의 평균 고도를 특징으로 하는 비교적 좁은(300-400km) 조산대 내의 후기 신생대 변형을 주도하여 왔다(Montgomery *et al*., 2001). 활동 중인 화산호상(active volcanic arc)이 전호상이 단축을 겪고 있는 섭입하는 릿지의 북쪽에 나타난다. 호상 안쪽에, 1000km 길이의 리퀴네-오프퀴(Liquiñe-Ofqui) 단층대의 우수향 주향이동 단층이 상대적 판 운동의 해구에 평행한 성분을 수용한다(Cembrano *et al*., 2000, 2002; 5.3절). 배호상 지역에서, 단축은 비교적 작고(<50km), 중생대 확장 분지의 부분적인 구조 역전(partial tectonic inversion, 10.3.3절)에 의해 제어된다(Ramos, 1989; Kley *et al*., 1999). 따라서 남부 안데스 산맥은 호상 화산 활동, 비교적 낮은 기복, 그리고 좁은 횡압력(8.2절) 조산대 내에 집중된 변형에 의해 특징지어진다.

10.2.4 중앙 안데스의 심부 구조(deep structure)

1996년에, 안데스 대륙 연구 프로젝트(Andean Continental Research Project; ANCORP '96)에 종사하고 있는 지구과학자들이 위도 21°S에서 중앙 안데스를 가로지르는 400km 길이의 탄성파 반사 단면 작성을 완료했다(그림 10.6). 지질학적(Allmendinger *et al*., 1997; McQuarrie, 2002), 그리고 다른 지구물리학적 연구(Patzwahl *et al*., 1999; Beck & Zandt, 2002)의 결과를 포함한 이 단면은 태평양 연안과 브라질 대륙괴 사이의 >1000km 횡단면의 일부를 형성한다

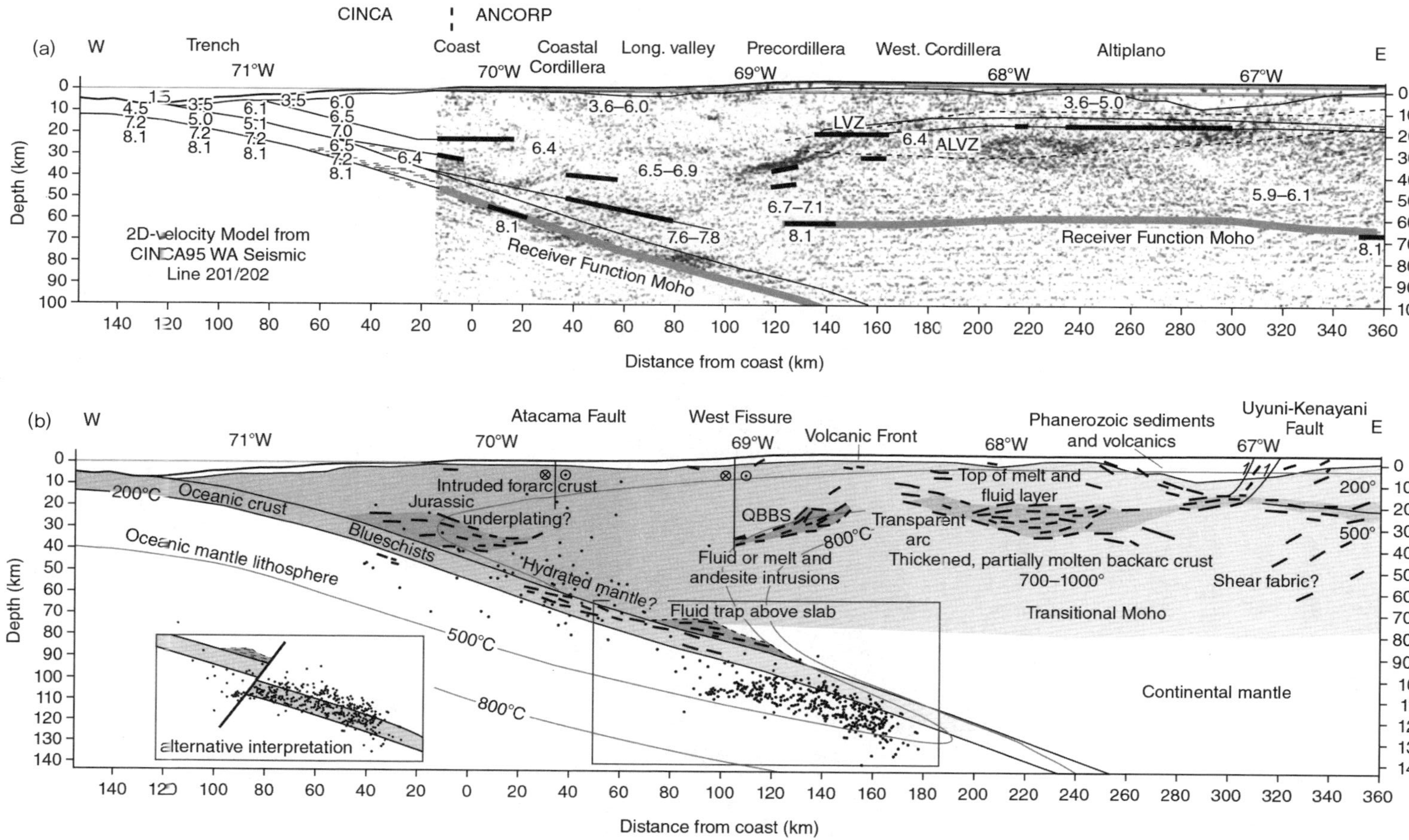

그림 10.6 CINCA 실험의 외해 결과(offshore results; Patzwahl *et al.*, 1999)와 합쳐진 Yuan *et al.*(2000)의 육지 광각, 그리고 수신 함수(receiver function)를 포함하는 깊이-참반사 보정된(depth-migrated) ANCORP 반사 데이터의 탄성파 결과(a)와 해석(b)(ANCORP Working Group, 2003에서 수정되어, O. Oncken에 의해 제공된 이미지, American Geophysical Union의 허가로. 저작권 © 2003 American Geophysical Union). 단면의 위치는 그림 10.1a에 표시됨. (b)에서 삽화는 슬라브 기하학과 지진의 다른 해석을 보여준다. ALVZ, 알티플라노(Altiplano) 느린 속도 구역; QBBS, 케브라다 블랑카 명점(Quebrada Blanca Bright Spot)

(그림 10.7). 중앙 안데스 전호상(forearc) 아래에서 탄성파 반사 단면은 섭입하는 나스카 판의 상부를 표시하는 동쪽으로 기울어지는(~20°) 반사면의 패키지를 보여준다(ANCORP Working Group, 2003). 포획된 유체(trapped fluids)와 하강하는 슬라브 상부에 전단되고 수화된 맨틀의 존재를 나타내는 두껍고 반사율이 높은 구역이 슬라브 위에, 그리고 슬라브에 평행하게 존재한다. 이 지역의 일부 확산 지진 활동(diffuse seismicity)은 아마 탈수 취성화작용(dehydration embrittlement, 9.4절)과 관련된다. 해안 코르디예라(Coastal Cordillera) 아래 준수평 반사면은 중생대 호상 마그마 활동 중에 정치된 과거의 관입암을 나타낼 수 있다.

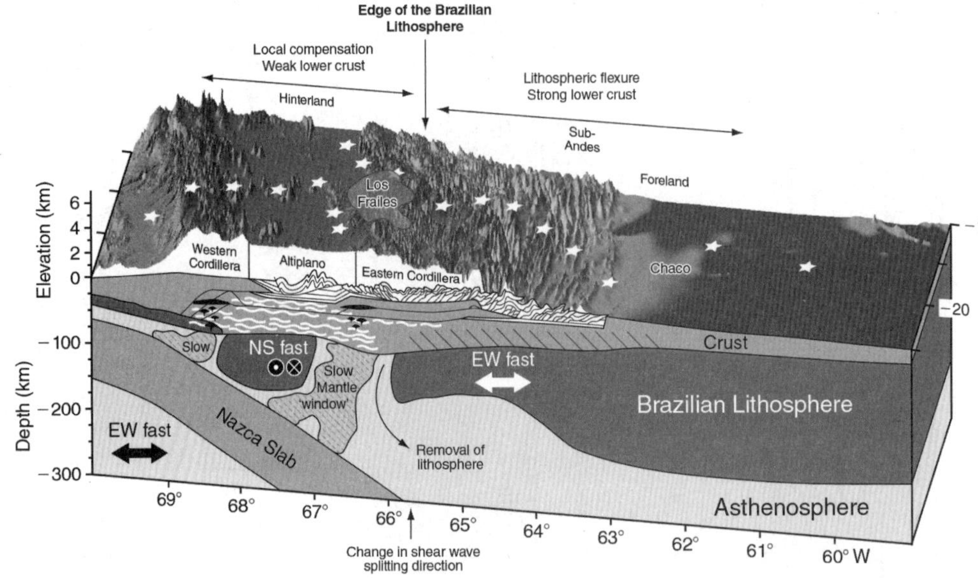

그림 10.7 지각과 맨틀 구조의 해석을 보여주는 위도 18–20°S의 중앙 안데스 산맥의 암석권 규모의 단면(McQuarrie *et al.*, 2005에서 수정되어, N. McQuarrie에 의해 제공된 이미지, Elsevier의 허가로). 빠른 맨틀 상부 P파 속도(어두운 회색)와 느린 P파 속도(흰색과 회색 음영)가 표현된다. 흰 파형, 지각의 느린 속도 구역. 횡단면은 동 코르디예라(Eastern Cordillera) 아래의 기반 스러스트 시트(basement thrust sheets)를 보여주고, 커버 암석은 흰색이다. 흰색 별은 데이터 기록 관측소이다.

전호상의 동쪽에, 역산된(압축 내지 전단) 원거리지진파(teleseismic wave)가 서 코르디예라와 알티플라노(Western Cordillera and Altiplano) 아래에서 지각의 두께가 약 35km에서 약 70km로 두꺼워진다는 것을 나타낸다(Yuan *et al.*, 2000; Beck & Zandt, 2002). 또한 지각의 두께는 조산대의 주향을 따라 변해서, 북부 알티플라노에서 최대인 75km에 달하고 푸나 고원(Puna Plateau)에서 최소인 50km에 달한다(Yuan *et al.*, 2000, 2002). 암석권의 두께는 알티플라노 아래에서 100-150km이고(Whitman *et al.*, 1996), 푸나(Puna) 아래에서 수십 킬로미터 더 얇다. 후자의 분할조각 아래에서 암석권 얇아짐이 비교적 얕은 모호면(Moho) 위에 푸나의 고도(~4km)를 설명한다. 이 동일한 지역의 얇은 껍질(thin-skinned) 스러스트단층작용에서 두꺼운 껍질(thick-skinned) 스러스트단층작용으로의 남쪽 전이(그림 10.5)는 (암석권 박층분리(lithospheric delamination)에 의한) 초과 맨틀 암석권의 제거가 브라질 순상지의 서쪽 방향 언더스러스트작용(westward underthrusting)을 수용한다는 것을 시사한다(McQuarrie *et al*., 2005).

ANCORP '96 탄성파 반사 단면(그림 10.6)을 가로질러, 명확한 모호가 눈에 띄지 않는다. 약한 반사율의 광범위한 전이대가 예상되는 깊이에서 나타난다. 경계의 이런 확산 특징의 원인은 맨틀 암석의 수화와 하부 지각 아래, 그리고 지각 내의 마그마 정치(emplacement of magma)를 포함하는 활발한 유체에 도움받는 프로세스(fluid-assisted process)와 관련된 것 같다. 단면에서 반사율의 대부분은 유체의 방출, 트랩핑(trapping) 및/또는 소진과 관련된 암석학적 프로세스에 연결되어 있다(ANCORP Working Group, 2003). 이러한 프로세스가 탄성파 반사 단면을 구조와 암석 대비의 관점으로만 해석할 수 있는 화석 산맥(그림 10.33b, 10.34b, 11.15b, c)을 가로질러 수집된 것과 비교되는 탄성파 반사 단면을 생성하였다.

지각 내 탄성파 속도분석을 통해 서 코르디예라와 알티플라노-푸나 아래 14-30km의 깊이에 15에서 20km 두께의 낮은 탄성파 속도 구역의 존재가 알려졌다(Yuan *et al*., 2000, 2002). 고원 아래의 1.77의 평균 지각 V_p/V_s 비율과 비교되는 활동 중인 화산 호상 아래의 1.80-1.85의 최고값이 높은 지각의 온도와 광범위한 지각 내 용융의 존재를 시사한다. 프리코르디예라(Precordillera)와 알티플라노 아래 약 20-30km 깊이에 높은 진폭 반사의 패치와 확산하는 반사율의 구역이 심부 단층대를 통해 상승하는 유체의 존재를 암시한다(ANCORP Working Group, 2003). 이런 패치의 가장 큰 것 중 하나는 퀘브라다 블랑카 명점(Quebrada Blanca Bright Spot)이다(그림 10.6). 기타 느린 속도 구역 및 밝은 반사면이 동 코르디예라와 배호상 지역 아래 중간 지각 깊이에서 나타난다. 이러한 특징의 존재가 지각의 두께와 알티플라노와 푸나의 고도 차이를 설명하는 데 도움이 된다. 신제3기의 단축과 고원 성장 동안에 광범위한 유체 운송 및 중간과 하부 지각의 부분 용융이 충분히 그것을 흐르게 할 정도로 지각을 약화시켰던 것으로 보인다(Gerbault *et al*., 2005). 티베트 고원 아래 유사한 특징(10.4.5절)을 보면 조산대 고원은 일반적으로 매우 약한 지각을 포함한다는 것을 알 수 있다.

알티플라노-푸나의 동쪽에서, 수신기 함수 측정(receiver function determinations)이 지각 두께가 동 코르디예라 아래의 60-74km에서 차코 평원 아래의 약 30km로 감소한다는 것을 보여준다(Yuan *et al*., 2000; Beck & Zandt, 2000). 맨틀의 토모그래피 이미지는 30km 깊이에서 낮은 탄성파 속도 구역이 로스 프라일레스(Los Frailes) 용결응회암 산지 아래에 있는 지각을 통과해 확장하는 것을 나타내며(그림 10.7), 이것은 화산 활동이 맨틀에 뿌리를 두고 있고, 이 지역의 맨틀 암석권이 변질되었거나 또는 제거되었음을 시사한다(Myers *et al.*, 1998). 이 낮은 속도 구역의 동쪽에, 천부 맨틀의 높은 탄성파 속도, 높은 *Q*(9.4절), 그리고 전단파 이방성의 빠른 방향의 변화가 브라질 순상지의 두껍고 강하고 차가운 암석권의 존재를 시사한다(Polet *et al.*, 2000). 부게 중력 이상(Bouguer gravity anomalies)이 암석권 휨(2.11.4절, 10.3.2절)이 동 코르디에라와 서브-안데스 구역(sub-Andean zone)의 일부를 지탱한다는 것을 보여준다(Watts *et al.*, 1995). 지표면 고도와 지각 두께 사이의 관계(Yuan *et al.*, 2002)가 서브-안데스 벨트 아래 130-150km의 암석권 두께와 더 동쪽에 훨씬 두꺼운 맨틀 암석권을 암시한다(그림 10.7).

10.2.5 무충돌 조산 운동(noncollisional orogenesis)의 메커니즘

해양-대륙 수렴형 대륙 주변부에서 조산 운동은 두 가지 조건이 충족되는 곳에서 시작한다(Dewey & Bird, 1970). (i) 상부 대륙판이 압축 상황에 놓이고 (ii) 수렴하는 판들이 압축응력이 상부 판 내부로 전달될 수 있도록 충분히 결합된다.

섭입대의 연구를 통해 일반적으로 위로 올라간 판(overriding plate)의 응력 권역은 섭입하는 해양 암석권의 속도와 연령에 의해 영향을 받는다는 것이 알려졌다(Uyeda & Kanamori, 1979; Jarrard, 1986). 높은 수렴 속도와 젊고 두꺼운 그리고/또는 부력이 있는 암석권의 언더스러스트작용은 압축을 유도하고, 슬라브 경사를 감소시키고 압축응력의 이전을 향상시키는 경향이 있다(10.2.2절). 그러나 이러한 요인들이 칠레형과 마리아나형 섭입대 사이의 일반적인 차이점을 설명할 수 있지만(9.6절), 안데스 조산대의 구조와 진화의 주향을 따른 차이를 설명할 수 없다(10.2.3절, 10.2.4절). 안데스 예는 편평한 섭입 혹은 젊은 및/또는 부력이 있는 해양 암석권의 언더스러스트작용 어느 것도 최대 단축, 그리고 지각 두꺼워짐의 지역을 제어하지 않는다는 것을 보여준다(Yáñez & Cembrano, 2004). 알티플라노 지역의 북쪽과 남쪽에서 슬라브 연령(Jordan *et al.*, 1983; McQuarrie, 2002)이나 혹은 수렴 속도(Jordan *et al.*, 2001)에 직접 상응하는 지각 단축과 두꺼워짐의 총량 감소가 있다. 이러한 관찰은 섭입하는 암석권의 형태, 속도, 그리고 연령 이외의 요인이 압축에 대한 상부 판의 반응을 제어한다는 것을 나타낸다. 이러한 다른 요인 중 가장 중요한 것은 다음과 같다. (i) 해구에서 판간 커플링의 강도와 (ii) 대륙판의 내부 구조(internal structure)와 유동학(rheology)이다.

1 해구에서 판간 커플링(Interplate coupling at the trench)

Yáñez와 Cembrano(2004)는 상부 판 변형에 대한 해구에서 판간 커플링의 가변적인 양의 효과를 조사하기 위하여 연속체 역학 접근법(continuum mechanics approach)을 이용했다.

이 저자들은 안데스에서 지진 활동의 패턴이 편평한 섭입이 강한 판간 커플링의 일부 지역을 제어한다는 것을 암시한다고 지적했다(10.2.2절). 그러나 편평한 분할조각(segment) 위의 큰 지진 에너지 방출이 해구에서 수백 킬로미터에 이르는 내륙에서 발생한다(Gutscher *et al.*, 2000). 대조적으로, 페루-칠레 해구에서 지진 활동은 편평한, 그리고 가파른 슬라브 분할부분 모두에서 거의 동등하다. 이러한 관찰, 그리고 판간 단축(interplate shortening)의 양과 편평한 슬라브 분할조각 사이의 상관관계 결여는 해구에서 판간 커플링의 정도가 상부 판의 변형을 제어하는 데 동등하거나 더 중요할 수 있음을 시사한다.

이 아이디어를 테스트하기 위해, Yáñez와 Cembrano(2004)는 남아메리카 판을 다른 힘의 균형에 의해 특징지어지는 2개의 구조적 영역(전호상, 그리고 배호상-융기대전면(forearc and backarc-foreland))으로 나누었다. 전호상에서 해양 지각의 연령과 수렴 속도가 해양-대륙 접촉면을 가로지르는 커플링의 강도를 제어한다. 커플링의 강도는 변형의 양을 조절한다. 저자들은 내부 해구 사면(inner trench slope) 모습의 주향을 따른 변화를 이용하여 해구 지형과 활주계면(slipping interface)을 가로지르는 커플링 정도 사이의 경험적 관계를 도출했다(그림 10.8a). 이러한 접근 방법은 50-10Ma의 평형화 기간 후에, 해구 지형은 섭입과 연관된 구조적 힘과 부력 힘의 균형을 반영한다고 제안한 Wdowinski(1992)의 연구에 기초한다. 판 접촉면의 강도가 낮은 경우 대륙 지각과 연관된 부력이 힘의 평형을 지배하여, 전호상의 상향 움직임으로 나타난다(그림 10.8b). 판 접촉면의 강도가 큰 경우 해양 암석권의 침강과 관련된 구조적 힘이 지배적이어서 전호상의 하향 움직임을 야기한다. 해구 지형은 이러한 힘들과 평형을 이루고 있다고 가정함으로써 Yáñez와 Cembrano(2004)는 상이한 범위의 슬립 파라미터에 대해 가장 작은 변위장(displacement field)을 찾음으로써 계면의 강도를 추정하였다.

그림 10.8c는 모델링의 결과를 요약한 것이다. 도면에서 활주계면(slip interface)의 점성도가 강도를 제어한다. 슬라브 경사, 수렴 속도, 그리고 섭입하는 판의 연령이 또한 비교를 위해 표시된다. 이 결과는 가장 강력한 판간 커플링이 내부 해구 사면이 아주 가파르고 섭입되는 지각의 나이가 아주 많은 위도 21°S 근처의 중앙 안데스에서 나타난다는 것을 나타낸다(그림 10.8a). 약한 커플링은 해양 지각의 나이가 상당히 더 작고 해구 사면이 완만한 35°S 남쪽의 남부 안데스 산맥에서 나타난다. 일정한 수렴 속도에서, 젊은 해양 지각과 비지진 릿지(aseismic ridges)의 섭입은 이런 지역의 해양 암석권의 더 높은 온도가 해양-대륙 접촉면의 열적 리세팅(thermal resetting)으로 나타나기 때문에 약한 커플링으로 나타난다.

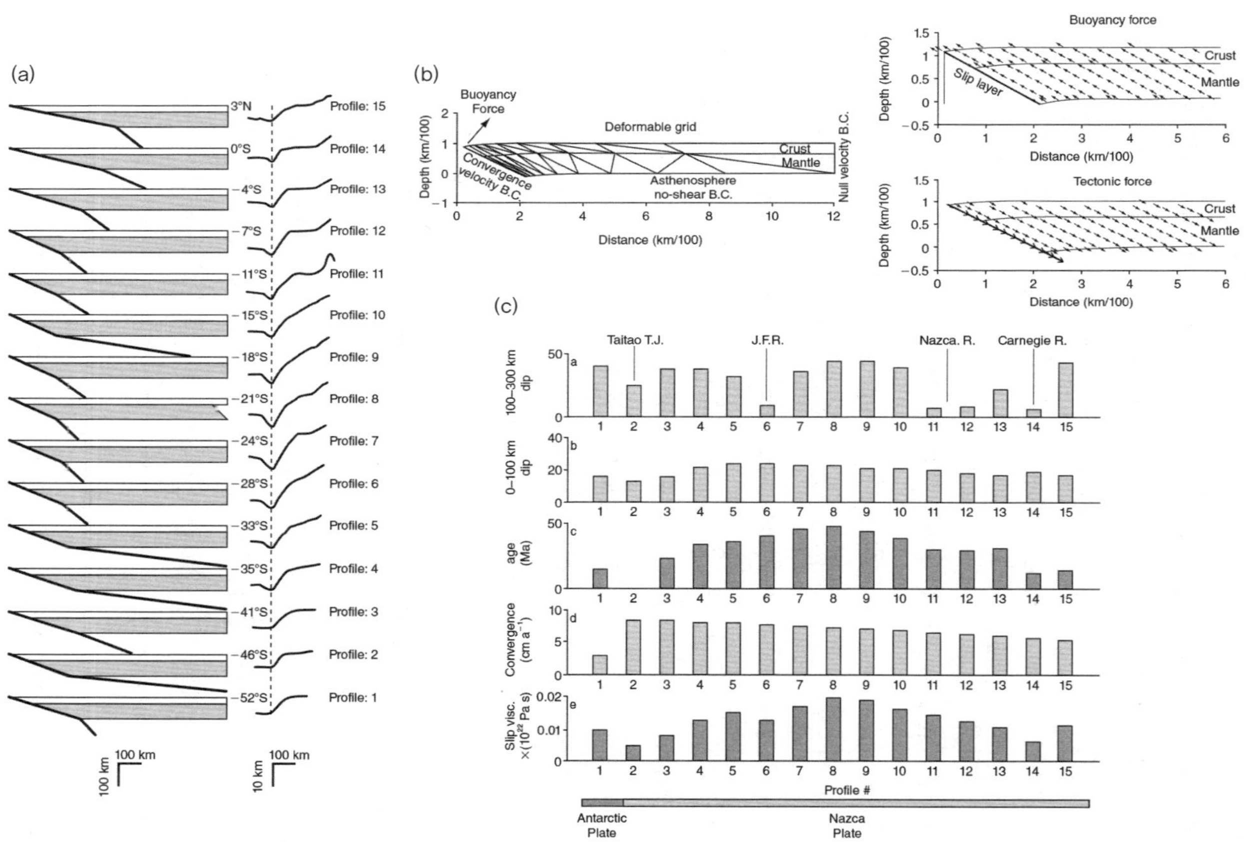

그림 10.8 (a) 1:1 스케일로 베니오프대의 경사(왼쪽)를 보여주는 3°N와 56°S 사이에 있는 안데스의 15개 단면에 대한 해구 지형. 오른쪽 수심 단면은 10의 수직 과장을 보여준다. (b) 망상 그리드(mesh grid)와 경계 조건(B.C.)을 보여주는 해구 지형의 점성 모델. 해구의 동적 평형은 경쟁하는 부력(오른쪽 위)과 구조적(오른쪽 아래) 힘에 의해 제어된다. 화살표로 표시된 속도장(velocity fields)은 오직 참조용이다. (c) 연약권 쐐기 아래의 슬라브 경사, 해구 근처의 슬라브 경사각도, 해구에서 섭입하는 슬라브의 견령, 수렴 속도, 10km 두께의 층에 대한 슬립 레이어(slip layer) 점성도를 보여주는 모델 결과(Yáñez & Cembrano, 2004에서 수정된 모든 이미지, American Geophysical Union의 허가로. 저작권 © 2004 American Geophysical Union). T.J., 삼중합점(triple junction); J.F.R., 후안 페르난데스 릿지(Juan Fernández Ridge)

배호상-융기대전면 영역에서 변형은 대륙판의 절대 속도, 그것의 유동학, 그리고 해구에서 판간 커플링의 강도에 의해 제어된다(Yáñez & Cembrano, 2004). 강한 커플링은 지각 단축과 두꺼워짐을 증가시키는 배호상에 많은 양의 압축으로 나타난다. 매우 약한 커플링은 배호상 단축을 방해한다. 대륙판(continental plate)의 유동학은 맨틀 암석권의 강도와 모호면(Moho)에서의 온도에 의해 결정된다. 슬립 구역(slip zone)에서 커플링의 강도를 변화시킴으로써, 그리고 온도와 변형률에 민감한 지수-법칙(power-law) 유동학(2.10.3절)을 통합함으로써 이 저자들은 중부와 남부 안데스 산맥의 몇 가지 주요 특징을 재현했다. 이것들은 안데스의 평균 지형 기복의 변화, 알티플라노 지역에서 관찰된 단축 속도와 지각 두께, 그리고 블록 회전을 포함한다(10.2.3절). 회전은 지각의 두께 변화에 의한 부력의 차이, 그리고 알티플라노의 북쪽과 남쪽에서 판간 커플링의 강도 차이에 의해 유도된다. 비록 대안적 모델이 제안되었지만(예를 들면, von Huene *et al*., 2004), 판간 커플링 강도의 변화가 또한 대륙 주변부를 따라 섭입 침식(subduction erosion, 9.6절)의 강도 차이를 설명할 수 있다.

섭입하는 암석권의 속도와 연령에 더하여, 페루-칠레 해구를 따라 판간 커플링의 강도를 제어할는지 모르는 또 하나의 요소는 지표면 침식(surface erosion)과 퇴적의 양이다. Lamb와 Davis(2003)는 칠레와 페루의 해안을 따라 흐르는 한류(cold water current)에 의해 수분 증발이 억제되어 매우 적은 강우량, 소량의 침식, 그리고 해구로 최소한의 퇴적물 이동이 일어난다고 가정하였다. 건조하고, 퇴적물이 결핍된(sediment-starved) 해구는 나스카-남아메리카 판 접촉면을 따라 높은 수준의 마찰로 귀착될 수 있고, 이것이 전단응력(shear stress)을 증가시키고 중앙 안데스의 압축과 융기로 이어진다. 대조적으로, 서풍, 풍부한 강우량, 그리고 빙하의 효과가 높은 침식율로 나타나는 남부 안데스에 있는, 페루-칠레 해구는 퇴적물로 충진된다. 이 지역에서 다량의 약한 퇴적물의 존재는 판 접촉면을 따라 마찰을 감소시킬 수 있고, 이것이 효과적으로 전단응력의 크기를 줄이고 낮은 융기 지형과 적은 판 내 변형으로 나타난다.

2 대륙판의 구조와 유동학(the structure and rheology of the continental plate)

대륙판의 초기 구조와 유동학의 변화가 또한 중앙과 남부 안데스 진화의 몇몇 제1등급 차이(first-order difference)를 설명할 수 있다. 이러한 차이 중에는 알티플라노-푸나 아래 브라질 순상지의 언더스러스트작용과 중앙 안데스의 주요 암석권 얇아짐, 그리고 남부 안데스 산맥에서 이러한 특징들의 부재 등이 있다.

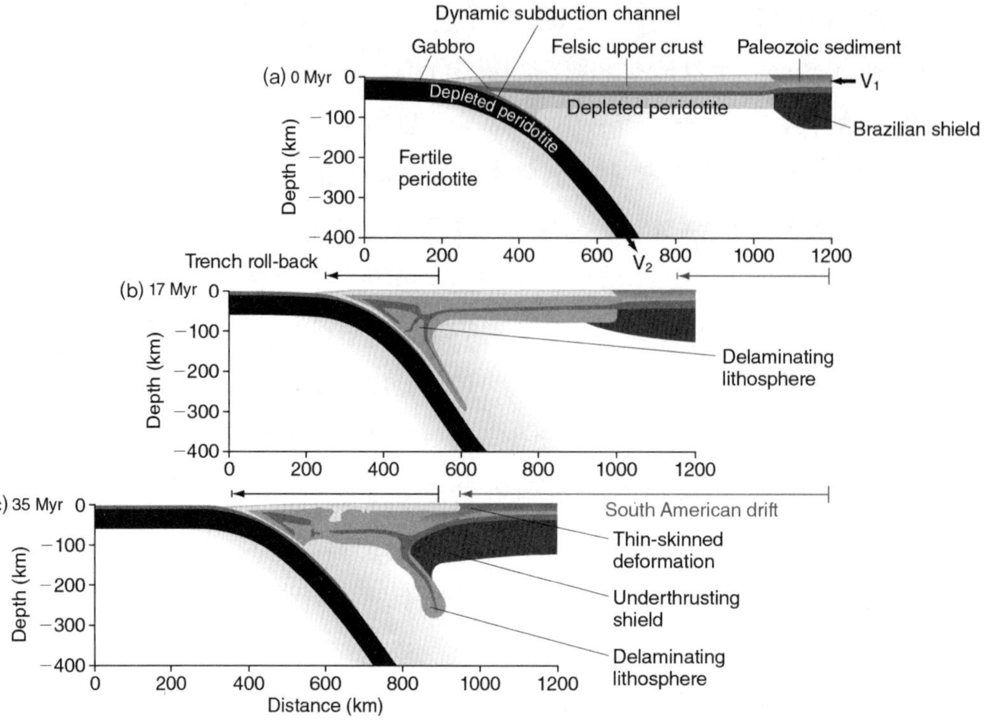

그림 10.9 (a–c) 중앙 안데스의 역학적 모델에서 단축(shortening)의 진화를 보여주는 시간 스냅촬영(time snapshots; Sobolev & Babeyko, 2005에서 수정됨, Geological Society of America의 허가로)

Sobolev와 Babeyko(2005)는 2개의 다른 초기 구조를 사용하여 중앙과 남부 안데스의 변형을 시뮬레이션한 일련의 2차원 열역학적 모델(그림 10.9)을 수행했다. 중앙 안데스는 두꺼운 규장질(felsic) 상부 지각, 얇은 현무암질 하부 지각, 그리고 40-45km의 총두께를 필요로 한다. 이런 형상은 지각이 변형의 시작 이전인 30-35Ma에 이미 단축되었다고 간주된다(Allmendinger *et al.*, 1997; McQuarrie *et al.*, 2005). 남부 안데스는 동일한 두께의 상부 및 하부 지각과 35-40km의 총지각 두께로 구성되어 있다. 모든 모델에서 섭입은 처음에 100-130km 두께의 대륙 지각(그림 10.9a) 아래에서 낮은 각도로 발생하고 섭입이 진행됨에 따라 자유롭게 움직일 수 있다. 상부 판은 남아메리카 판의 서쪽 표류(Somoza, 1998)를 흉내 내어 왼쪽(V_1)으로 밀린다. 슬라브는 관측에 일치되는 속도(V_2)로 아래에서 낭겨진나. 얇은 섭입 채널은 미찰(취성) 유동학이 천부에서의 변형을 제어하는 판 접촉면을 시뮬레이션하고, 점성 흐름은 심부에서 발생한다. 유동학의 이런 변화 깊이와 슬립 구역(slip zone)의 강도는 마찰 계수를 사용하여 조절된다.

중앙 안데스의 구조를 가장 잘 복제한 수치실험이 그림 10.9에 도시된다. 이 모델에서 35백만 년 기간 동안 남아메리카 서쪽 표류의 58%가 나스카 판(Nazca plate)의 롤백(9.10

절)에 의해 수용되었고, 나머지는 판 내 단축(37%)과 섭입 침식(5%)에 의해 수용되었다. 단축 동안에 지각 두께는 두 배가 된 반면, 하부 지각과 맨틀 암석권은 박층분리(delamination)에 의해 더 얇아진다(그림 10.9b). 박층분리는 하부 지각에서 반려암에서 에클로자이트로의 변환에 의해 구동되고, 이것이 밀도를 증가시키고 그것의 껍질이 벗겨져 맨틀로 침강되게 한다. 암석권 두께를 감소시키기 위한 또 다른 가능한 메커니즘은 맨틀의 대류에 의해 구동된 지각 침식이다(Babeyko *et al.*, 2002). 이러한 프로세스는 모호면에서의 온도 상승으로 이어지고, 이것이 지각을 약화시키고 그것의 하부 부분을 흐르게 한다.

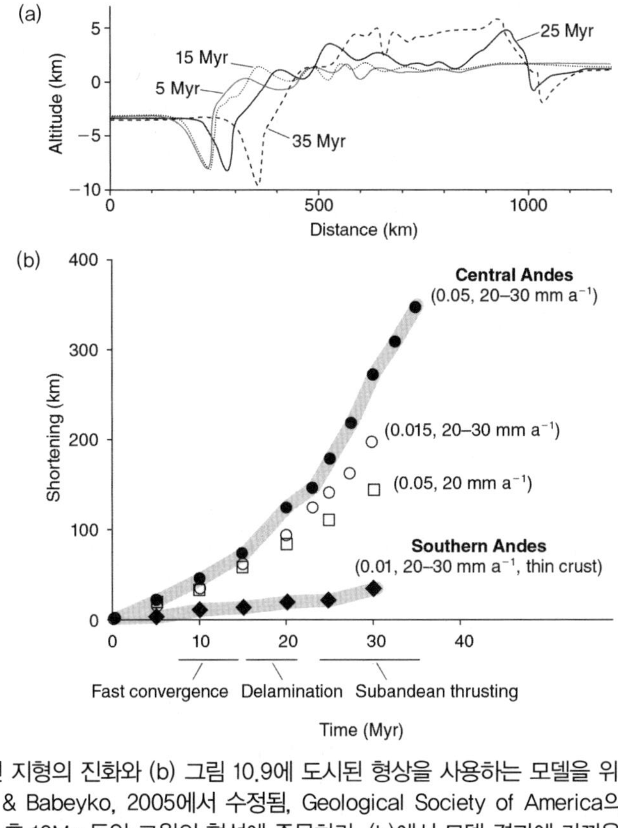

그림 10.10 (a) 지표면 지형의 진화와 (b) 그림 10.9에 도시된 형상을 사용하는 모델을 위한 시간 대 계산된 단축(Sobolev & Babeyko, 2005에서 수정됨, Geological Society of America의 허가로). (a)에서 높은 지형과 그 후 10Ma 동안 고원의 형성에 주목하라. (b)에서 모델 결과에 가까운 숫자는 섭입 채널 마찰 계수(subduction channel friction coefficient, 첫 번째 숫자)와 남아메리카 판이 서쪽 이동 속도(숫자의 두번째 그룹)를 나타낸다.

모델 시간에서 20-25백만 년 후, 구조적 단축은 마그마 호상과 브라질 순상지(그림 10.10a) 사이의 높은 지형을 생성한다. 큰 지형 구배가 지각의 두께와 표면 지형을 평평하게 하는 약한 중간 및 하부 지각에서의 흐름을 일으키고, 이것이 30-35백만 년 후에 4km 높이의 조산대 고원을 만든다. 또한 이 모델은 25백만 년 모델 시간에 고원 아래에서 브라질 순장지의 언더스러스트작용에 수반된 융기대전면에서의 얇은 껍질(thin-skinned) 스러스트단층작용(10.3.4절)에 의해 고생대 퇴적물 쐐기의 기계적 파괴를 예측한다(그림 10.9c). 융기대전면 퇴적물의 붕괴는 순수 전단 변형(pure shear deformation)에서 단순 전단 변형(simple shear deformation)으로의 단축 모드의 변화를 표시한다(예를 들면, 10.3.4절, 그림 10.12). 그림 10.10b의 검은 원의 곡선으로 표시된 바와 같이 단축은 30-35백만 년에 300-350km에 달한다.

이들과 다른 모델들은 안데스의 구조적 단축을 제어하는 지배적인 프로세스가 남아메리카 판 서쪽 표류의 가속화라는 것을 인정한다. 그러나 중앙 안데스의 주요 구조적 특징을 설명하기 위하여 높은 수렴 속도와 강력한 판간 커플링이 초기의 두껍고 약한 대륙 지각을 동반하여야만 한다(Sobolev & Babeyko, 2005; McQuarrie *et al.*, 2005). 지질학적 증거는 이러한 조건이 아마도 단지 가능성 높은 수렴 속도, 편평한 섭입 및/또는 두껍고 부력이 있는 해양 지각의 언더스러스트의 결과로 중앙 안데스에서 달성되었음을 시사한다. 게다가 두꺼운 퇴적암 더미의 기계적 파괴, 대륙 언더스러스트, 그리고 암석권 얇아짐이 내부적으로 대륙판을 약화시키고 조산작용이 진행됨에 따라 그것의 거동에 영향을 미쳤다.

10.3 압축 퇴적 분지(compressional sedimentary basins)

10.3.1 서 론

광역적인 압축에 반응해서 형성되거나 혹은 진화한 퇴적 분지가 조산대에 흔하다. 대부분의 반복되는 유형 중에는 조산작용에 동반하는 지각 두꺼워짐과 지형적 융기의 직접적인 결과로 형성되는 융기대전면 분지(10.3.2절), 그리고 처음에 확장 또는 횡인장(transtension)의 시기 동안에 형성되고 나중에 뒤이은 압축의 기간 동안에 진화한 분지들이 있다. **분지 역전(basin inversion,** 10.3.3절)이라 불리는 이 후자의 프로세스는 또한 주향이동 단층작용과 관련하여 발생하고(그림 8.10), 오래된 비활동 대륙 주변부 시퀀스가 대륙 충돌 동안에 변형하는 메커니즘이다(10.4.6절). 압축을 받는 모든 퇴적 분지는 대륙 암석권의 강도와 기존의 층서 이질성 및 구조 이질성의 효과를 반영하는 특성을 보유한 습곡과 스러스트 벨트를 발달시킬 수 있다(10.3.4절).

10.3.2 융기대전면 분지(foreland basin)

융기 지형 외에도 조산작용은 일반적으로 **융기대전면 분지(foreland basin)** 혹은 **포오디이프(foredeep)**라 불리는 침강 지역으로 나타난다(Dickinson, 1974). **융기대전면(foreland)**은 변형되지 않은 대륙 내부 쪽으로 조산대의 외부 가장자리에 위치한다(예를 들면, 그림 10.7). 화산호상(volcanic arc)이 있는 경우에 그것은 대륙 주변부의 배호상 지역(backarc region)과 일치한다. 그것의 대응물인 **배후 지역(hinterland)**은 산이 아주 높고 암석이 가장 강렬하게 변형된 조산대의 내부 구역에 해당한다.

융기대전면 분지는 지각 두꺼워짐과 지형적 융기가 대륙괴(continental craton)의 휨(flexure)을 야기하기에 충분히 큰 지각 덩어리를 만드는 곳에서 형성된다(2.11.4절). 이런 휨은 두꺼워진 지각의 가장자리보다 주변의 대륙괴로 훨씬 더 확장하는 저지대를 만든다. 그것은 한편에서 전진하는 스러스트 프런트(advancing thrust front)에 의해, 그리고 다른 편에서는 **전방부풂(forebulge,** 예를 들면, 그림 10.18)이라고 불리는 작은 휨적 융기에 의해 경계되어진다. 그것들이 침식을 겪고 스러스트 시트(thrust sheets)가 물질을 대륙괴에 운반하기 때문에 분지는 융기하는 산맥에서 쏟아져 나온 퇴적 물질(몰라세, molesse)을 모은다. 그것의 층서는 조산 이벤트의 타이밍, 고지형(paleogeography) 및 점진적 진화의 중요한 기록을 제공한다.

융기대전면 분지의 모습은 암석권의 강도와 유동학에 의해 제어된다. 젊고 뜨겁고 약한 암석권을 특징짓는 낮은 휨 강도(low flexural rigidity)인 곳에서는 좁고 깊은 분지가 발달하다. 오래되고 차갑고 강한 암석권을 특징짓는 높은 휨 강도인 곳에서는 더 잘 발달된 전방부풂을 갖는 넓은 분지가 발달한다(Flemings & Jordan, 1990; Jordan & Watts, 2005). 따라서 암석권의 강도와 온도의 변화가 융기대전면 분지의 특성을 조산대의 주향을 따라 변하게 할 수 있다. 물려받은(inherited) 층서학적 및 구조적 불균일성과 같은 다른 요인도 또한 분지 형태에 영향을 미친다. 안데스 산맥에서, 융기대전면의 주향을 따른 분할은 부분적으로 이러한 속성의 변화와 섭입되는 나스카 판(10.2.3절)의 분할된 형태와 일치한다.

암석권 휨의 결과로, 융기대전면 분지의 퇴적 두께는 산 전방(mountain front)에서 전방부풂의 페더에지(feather edge) 쪽으로 감소한다(Flemings & Jordan, 1990; Gómez *et al.*, 2005). 퇴적물은 산맥 가까이에서 조립질이고 얕은 물 혹은 육성 환경에서 퇴적된다. 페더에지에서 세립질이고 종종 저탁류암질이다. 따라서 퇴적물은 분지가 성장하고 수렴 동안에 바깥쪽으로 이동함에 따라 그것의 층서가 분지의 침강 역사를 반영하는 단면상으로 독특한 쐐기 모양의 시퀀스를 형성한다. 그러므로 층서는 측면으로 얇아지고, 더 오래된 부층(members)을 넘거나, 또는 침식에 의해 절단될 수 있는 단위들로 특징지어진다.

층이 스러스트단층에 의해 습곡지고 포개진 변형된 퇴적암(deformed sedimentary rock)의 벨트가 융기대전면 분지에 흔하다. 부착성장 프리즘(9.7절, 그림 9.20) 및 횡압축(8.2절, 그림 8.8b) 구역의 대응물과 같이, **융기대전면 습곡과 스러스트 벨트(foreland fold and thrust belts)**는 지각이 압축 권역에서 단축될 때 형성된다(그림 10.5). 단축 동안에 **피기백 분지(piggyback basins)**라는 작은 퇴적 분지가 움직이는 스러스트 시트의 상단에 형성될 수 있다.

10.3.3 분지 역전(basin inversion)

많은 퇴적 분지들이 진화의 다른 단계에서 경사이동 단층(dip-slip fault) 위 이동의 센스로 반전을 기록한다. 이 반전은 **역전(inversion)**으로 알려져 있다. 현재 이 프로세스의 보편적인 정의가 없다. 그러나 가장 일반적인 유형은 퇴적 분지와 원래 확장 혹은 횡인장에 의해 형성된 비활동 대륙 주변부(passive margin)에 있는 기존의 정단층의 압축 재활성화(compressional reactivation)를 나타낸다(Turner & Williams, 2004). 단층 재활성화는 분지의 구성체계(architecture)를 변화시키고 보통 이전에 침강된 지역의 융기와 전에 매몰된 암석의 침식노출(exhumation)로 나타난다. 역전의 이러한 유형의 증거가 충돌 및 무충돌 조산대, 그리고 주향이동 단층의 지역을 포함하는 많은 다른 세팅에서 광범위한 규모로 나타난다. 수렴형 대륙 주변부에서 확장 배호상과 호상 내 분지의 구조적 역전은 지각 단축을 수용하고 수축변형을 국지화하는 특히 중요한 프로세스이고, 대륙 주변부의 주향을 따른 분할(along-strike segmentation)로 나타난다.

많은 분지에서, 단층에 제어되는 역전을 인식하기 위한 일반적인 기준은 수직 단면에서 **정지점(null point)** 혹은 3차원에서 **정지선(null line)**의 식별이다. 그림 10.11은 인도네시아에 있는 역전된 반 지구(half graben)의 형태를 도시하는 단면도를 보여준다(Turner & Williams, 2004). 단면은 그것의 기저에서 정단층의 순 변위로, 그것의 상단에서 역단층의 순 변위로 변하는 재활성화된 단층을 보여준다. 정지점은 단층을 따라 순 변위가 제로이고 정단층 변위를 보여주는 것에서 역단층 변위를 보이는 지역을 나누는 곳에 나타난다. 역전의 크기가 증가함에 따라, 정지점은 단층을 따라 이동할 것이다. 열개 동시(synrift) 및 열개 후(postrift) 퇴적물의 융기와 습곡작용 또한 역전이 정단층의 압축 재활성화에 의해 발생했음을 가리킨다.

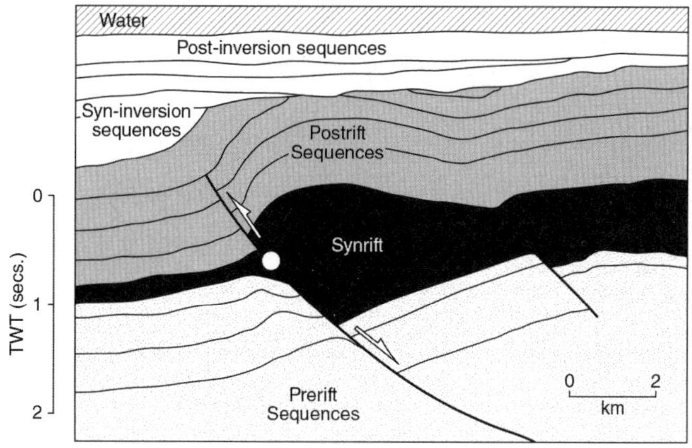

그림 10.11 인도네시아 동 자바 해 분지에서 역전된 반 지구(half graben)를 보여주는 탄성파 반사에서 유래된 횡단면(Turner & Williams, 2004에서 다시 그려짐, Elsevier의 허가로). TWT는 탄성파 반사의 왕복주행 시간(two-way-travel time)이다. 흰 점은 정지점(null point)을 나타낸다.

분지 역전은 다양한 메커니즘에 의해 발생한다. 대륙-대륙 또는 호상-대륙 충돌은 압축, 융기, 그리고 단층 재활성화로 나타난다. 섭입 속도와 경사의 변화(10.2.2절, 그림 9.18) 또한 해양-대륙 수렴형 대륙 주변부에서 분지 역전을 야기할 수 있다. 주향이동 단층의 지역에서, 단층 위 이동의 센스로 재빠른 반전이 해제하는 굽음(releasing bends)과 억제하는 굽음(retraining bends, 8.2절, 그림 8.9) 사이에서 발생한다. 지각평형, 휨, 그리고 열적 메커니즘이 또한 분지 역전과 관련된 융기를 설명하기 위해 제안되었다. 그러나 많은 저자는 이런 후자의 메커니즘들을 단층의 압축 재활성화를 구동하는 외부 수평 응력에 부수적인 것으로 본다.

10.3.4 융기대전면 습곡-스러스트 벨트에서 단축 모드(modes of shortening)

습곡과 스러스트 벨트의 공통적인 특성은 퇴적암과 화산암의 단축된 시퀀스 아래에 놓이는 하나 이상의 **데꼴망(décollement** 또는 분리(detachment)) 표면의 존재이다(9.7절). 이러한 표면의 형태는 그것들이 형성되는 퇴적 단면과 화산 단면의 모양과 일치하는 경향이 있다. 대부분의 융기대전면 분지에서 퇴적 시퀀스는 융기대전면으로 얇아지고, 배후 지역(hinterland)으로 기울어지는 데꼴망으로 나타난다(그림 10.5b, 10.7). **얇은 껍질(thin-skinned)** 스러스트 벨트(10.2.4절, 그림 10.5b)에서, 최하단 또는 기저의 데꼴망은 측면으로 옮겨진 퇴적 커버와 그것의 원래 위치에 여전히 있는 아래에 놓이는 기반을 분리한다. **두꺼운 껍질(thick-skinned)** 스타일(그림 10.5d)에서, 데꼴망 표면은 결정질 기반을 베어내어 결정질 기반을 포함한다.

얇은 껍질 혹은 두꺼운 껍질 스타일 단축의 발달은 일반적으로 지각에 있는 물려받은 층서학적 및 구조적 이질성의 존재에 의해 제어된다. 예를 들면(10.2.3절), 중앙 안데스 융기대전면에서 퇴적 시퀀스의 두께와 분포의 차이는 신제3기 단축의 서로 다른 모드와 연결되었다(Kley *et al*., 1999). 얇은 껍질 스타일은 우선적으로 >3km의 퇴적물이 집적된 지역에서 발생하며, 여기서 시퀀스의 낮은 역학적 강도가 결정질 기반위의 변형을 국지화한다(Allmendinger & Gubbels, 1996). 두꺼운 껍질 스타일은 중생대 확장 분지가 역전된(9.10절, 10.3.3절) 지역에서 발생하는 경향이 있다. 후자의 분지가 확장에서 수축으로의 변화를 경험하기 때문에, 기반암을 포함하는 오래된 정단층이 재활성화한다(Turner & Williams, 2004; Saintot *et al*., 2003; Mora *et al*., 2006).

많은 습곡과 스러스트 벨트에서, 그리고 특히 두꺼운 껍질 변종에서, 단축은 기저 데꼴망에 반대 방향으로 경사지는 약간의 단층으로 나타나고, 이것이 앞에서 파괴하는(forward-breaking), 그리고 뒤에서 파괴하는 스러스트(back-breaking thrusts)로 구성된 **이중으로 전향한 스러스트 쐐기(doubly vergent thrust wedge)**를 만든다. 이러한 이중으로 전향한 쐐기는 비교적 작은 기반 대산괴(basement massifs, 그림 10.5d)에서 전체 충돌 조산대의 규모(그림 8.23b, d)에 이르는 어떤 규모로도 발생할 수 있다. 그것들의 이중으로 전향한 형태(bivergent geometry)는 전진하는 스러스트 시트의 혹은 판의 상부에 있는 물질이 계속되는 전진 이동(forward motion)에 대한 저항을 만나는 상황을 반영한다(Erickson *et al*., 2001; Ellis *et al*., 2004). 저항은 쐐기가 두꺼워지거나 또는 물질이 스러스트 램프(thrust ramp) 위를 넘어갈 때 데꼴망 표면을 따른 마찰에서 기원할 수 있다(9.7절). 그것은 또한 전진하는 스러스트 시트가 부착성장 프리즘의 화산 호상(9.7절) 혹은 단단한 판과 더 약한 판 사이의 경계(8.6.3절)와 같은 강한 물질로 만들어진 부벽(buttress)을 조우하는 곳에서 발생할 수 있다. 부벽은 또한 오래된 정단층 혹은 스러스트단층을 가로지르는 암석의 변화에서, 퇴적암의 두꺼워지는 시퀀스에서, 그리고 어떤 다른 메커니즘에서도 발생할 수 있다.

스러스트 쐐기의 측면(주향을 가로질러) 성장(9.7절)과 변형 심도의 관련성은 온도와 천부 및 심부 지각의 상대적 강도에 의해 지배된다. 상부 지각이 강하고 심부 지각이 상대적으로 뜨겁고 약한 경우, 단축은 좁은 구역에 국지화될 수 있고 두꺼운 껍질 스타일의 변형이 발생할 수 있다(Ellis *et al*., 2004; Babeyko & Sobolev, 2005). 약한 중간 및 하부 지각은 연성 흐름을 촉진하고 스러스트 쐐기의 측면 성장을 억제한다. 깊은 지각 흐름도 또한 낮은 임계 테이퍼(low critical tapers, 9.7절) 및 앞으로 파괴하는 및 뒤로 파괴하는 스러스트 모두를 포함하는 대칭적 지각 구조로 나타나는 경향이 있다. 분지 역전 동안에, 중간 또는 하부 지각이 상부 지각에 비해 약하면, 더 많은 정단층이 재활성화하는 경향이 있다(Nemcok *et al*., 2005; Panien *et al*., 2005). 대조적으로, 상부 지각이 약하고 심부 지각이 차갑고 강하다면, 그땐 단축이 상부 지각 시퀀스의 기계적 파괴로 이끌고 조산대는 얇은 껍질 변형에 의해 측면으로 성장한다. 강한 하부 지각을 포함하는 시나리오에서는 스러스트 쐐기는 높은 테이퍼, 비대칭 스타일(주로 앞으로 파괴하는 스러스트), 그리고 빠른 측면의 성장을 보여주는 경향이 있다.

이런 효과들의 결합이 수축 변형이 왜 중앙 안데스 산맥에서는 융기대전면 습곡과 스러스트 벨트의 급속한 측면 성장으로 이어졌으나 남부 안데스 산맥에서는 이어지지 않았는지를 설명할 수 있다(10.2.3절). Allmendinger와 Gubbels(1996)은 이런 두 지역의 변형이 2개의 독특한 단축 모드를 포함한다는 것을 인식하였다. 더 오래된 단축의 **순수 전단(pure shear)** 모드에서, 상부와 하부 지각의 변형이 암석의 동일한 수직 원주에서 동시에 발생하였다. 23°S의 북쪽에서 이런 유형의 변형이 알티플라노(Altiplano) 내에 집중되었다. 나중에, 후기 마이오세 동안에 변형이 동쪽으로 이동하여, 알티플라노의 중간과 하부 지각이 변형을 계속하는 동안에 서브-안데스 산맥(sub-Andean ranges)에서 얇은 껍질 융기대전면 습곡과 스러스트 벨트를 형성하였다. 상부 지각과 심부 지각의 변형이 측면으로 분리되는 단축의 이런 후자 모드는 **단순 전단(simple shear)**으로 알려져 있다. 알티플라노 아래로 브라질 순상지의 언더스러스트가 아마도 단순 전단을 구동시켰다(10.2.5절). 23°S의 남쪽에서 단축의 순수 전단 모드가 더 길게 지속되었고, 순수 및 단순 전단 모두의 혼합을 포함하는 두꺼운 껍질 스러스트 벨트로 대체되었다.

안데스 산맥의 주향을 따른 단축 스타일과 모드의 이러한 차이는 융기대전면 암석권의 강도와 온도의 변화에 관련이 있는 것으로 보인다. Allmendinger와 Gubbels(1996)는 위도 23°S의 남쪽 시에라 산타 바바라 산맥(Sierra Santa Bárbara ranges)의 더 얕은 기반과 두꺼운 퇴적 커버의 부재가 얇은 껍질 변형을 방해하였고 변형을 장시간에 걸쳐 푸나(Puna)의 열적으로 연화된 지각에 남아 있게 하였다고 가정하였다. 또한 푸나 아래에 있는 맨틀 암석권은 알티플라노 아래에서보다 훨씬 더 얇은데, 이것은 이전의 지각이 더 뜨겁고 약했다는 것을 시사한다.

이 아이디어를 테스트하기 위해, Babeyko와 Sobolev(2005)는 브라질 순상지의 차갑고 단단한 암석권이 인접한 알티플라노-푸나의 따뜻하고 부드러운 암석권에 들어간 일련의 열역학적 실험을 실시했다. 그림 10.12a가 왼쪽에 두꺼운 고원 지각과 맨틀 암석권 위의 오른쪽에 3층의 지각을 포함하는 모델 설정을 보여준다. 3층의 지각은 8km 두께의 고생대 퇴적물 층을 포함한다. 이 층의 역학적 강도와 융기대전면의 온도가 이 모델의 두 가지 주요 변수이다. 모어-쿨롬 탄성소성 유동학(Mohr-Coulomb elastoplastic rheology)이 취성 변형을 시뮬레이션하고, 온도 및 변형률에 좌우되는 점성탄성 유동학은 연성 변형을 시뮬레이션한다. 전체 시스템은 모델의 오른쪽에 적용된 10mm a^{-1}의 일정한 단축 속도에 의해 구동된다.

50km의 단축 후에, 모델은 단축의 독특한 모드를 보여준다. 고생대 퇴적물이 강하고(또는 없고), 차갑고 강한 브라질 순상지의 상부에 놓이는 경우(그림 10.12b)에, 지각과 맨틀은 순수 전단 모드로 함께 균일하게 변형된다(그림 10.12d). 찬 온도가 스러스트 쐐기의 측면 성장을 억제하는 압입 융기대전면(indenting foreland)에서는 어떤 변형도 발생하지 않는다. 고생대 퇴적물이 약하고 융기대전면이 차고 강한 경우(그림 10.12e)에, 융기대전면은 단순 전단 얇은 껍질 모드의 변형을 보인다. 순상지의 언더스러스트는 8-14km 깊이에서 얕은 데꼴망 위의 얇은 껍질 스러스트 벨트의 동쪽 전파를 동반하고 고원 아래에 하부 지각의 변형을 구동한다. 이런 스타일은 알티플라노의 동쪽과 23°S 북쪽에서의 관찰과 잘 일치한다. 그것은 또한 티베트 고원 남쪽의 히말라야 습곡-스러스트 벨트의 조건을 시뮬레이션한다(10.4.4절). 고생대 퇴적물이 적고 융기대전면이 따뜻하고 약한 경우(그림 10.12c)에, 융기대전면의 변형은 ~25km 깊이에 심부 데꼴망을 갖는 두꺼운 껍질 모드이다(그림 10.12f). 후자의 스타일은 푸나의 동쪽에서, 그리고 23°S 남쪽에서의 관찰과 잘 일치하고, 융기대전면이 휘어짐(buckling)에 의해 변형될 수 있을 정도로 충분히 약하기 때문에 발생한다.

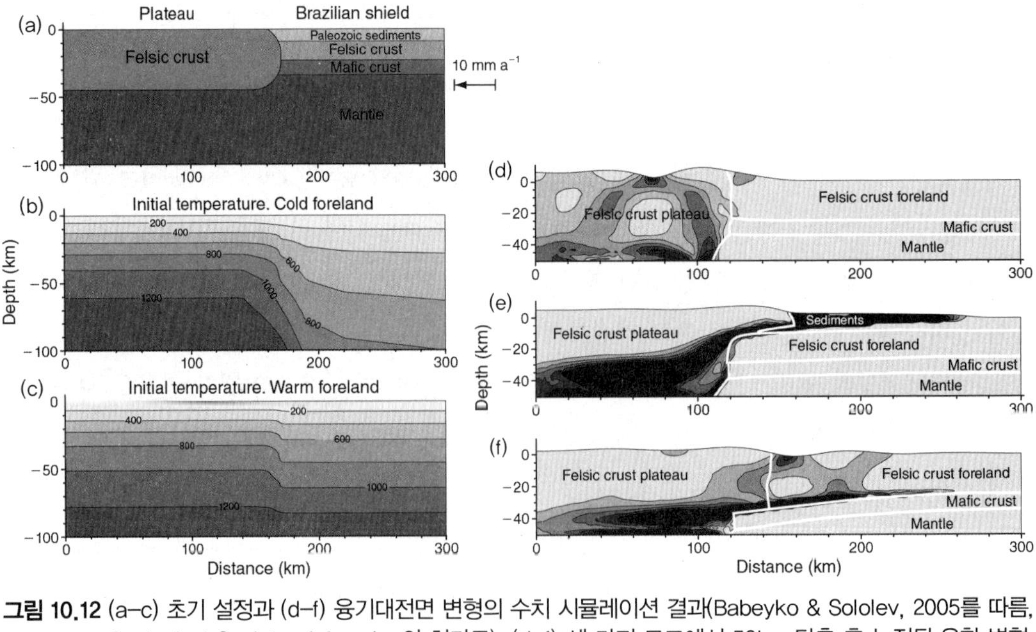

그림 10.12 (a–c) 초기 설정과 (d–f) 융기대전면 변형의 수치 시뮬레이션 결과(Babeyko & Sololev, 2005를 따름, Geological Society of America의 허가로). (d–f) 세 가지 모드에서 50km 단축 후 누적된 유한 변형. 백색 실선은 암석 단위의 경계이다. 설명을 위해 텍스트를 보라.

이러한 관찰과 실험은 암석권 강도와 유동학의 변화가 압축 분지와 습곡-스러스트 벨트의 구조적 진화를 제어하는 중요한 역할을 한다는 것을 보여준다. 이런 효과는 개개의 스러스트 시트에서 전체 암석권에 이르기까지 다양한 규모로 두드러진다.

10.4 대륙–대륙 충돌(continent–continent collision)

10.4.1 서 론

충돌 산맥은 지구 표면에서 가장 장엄하고 우뚝 솟은 지형의 일부를 형성한다. 예로는 히말라야-티베트 조산대, 애팔래치아 산맥, 칼레도나이드(Caledonides), 유럽 알프스, 우랄(11.5.5절), 뉴질랜드의 남알프스(8.3.3절, 8.6.3절), 그리고 많은 원생누대의 조산대(예를 들면, 11.4.3절)가 있다. 이러한 벨트의 해부는 부분적으로 충돌하는 판의 크기, 모양 및 역학적 강도의 차이와 다른 충돌 이전의 구조적 역사의 효과로 인해 매우 다양하다. 게다가 대륙 충돌은 뉴질랜드의 남 섬에서 발생하는 바와 같이 매우 비스듬함에서 거의 직각에 이르는 각도로 일어날 수 있다. 이러한 차이는 충돌 조산작용의 메커니즘에 크게 영향을 미친다(10.4.6절).

히말라야-티베트 조산대(그림 10.13)는 주요 해양 분지의 닫힘을 뒤이어서 조산 고원(orogenic plateau)을 형성한 대규모 대륙-대륙 충돌(continent-continent collision)을 연구하기에 가장 좋은 장소 중 하나이다. 활동 중인 구조운동, 다양한 구조, 그리고 이 벨트의 비교적 잘 알려진 판 경계 역사가 구조적 관계를 직접 측정할 수 있게 하고, 변형의 구동 메커니즘과 변형이 수용된 방식에 대한 중요한 제약을 제공한다(Yin & Harrison, 2000). 게다가 이 조산대의 엄청난 크기와 높은 고도가 산 구축과 전 세계적인 기후가 어떻게 서로 밀접하게 관계되는지를 설명한다. 이러한 상호 작용이 모두는 아니지만, 많은 세팅에서 조산작용의 중요한 요소를 형성한다.

본 절에서는 히말라야-티베트 조산대의 네 가지 주요 측면에 대한 검토를 제공한다. 그것은 (i) 인도와 유라시아의 상대적 운동과 충돌 이전의 구조 역사(tectonic history), (ii) 지진 및 측지 데이터에 의해 밝혀진 대륙 충돌 후 수렴 변형(post-collisional convergent deformation)의 성질, (iii) 히말라야와 티베트 고원의 지질 역사, 그리고 (iv) 조산대의 심부 구조이다. 10.4.6절은 조산대의 역학적 진화를 제어하는 주요 요인에 대한 설명을 제공한다.

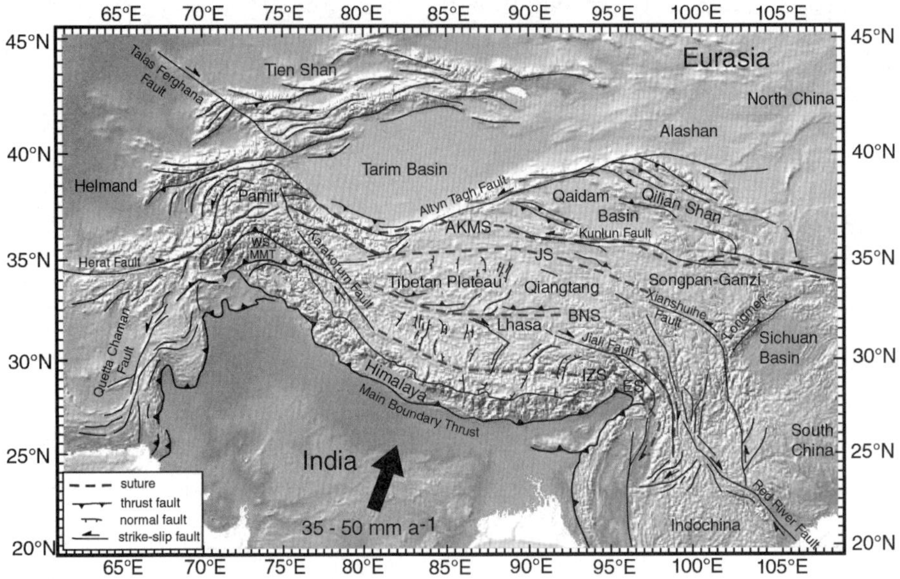

그림 10.13 히말라야-티베트 조산대의 주요 단층과 지형적 특징을 보여주는 음영 기복지도. 단층 흔적(fault traces)은 Hodges(2000), Yin과 Harrison(2000), 그리고 Tapponnier *et al.*(2001)에서 왔다. WS, 서 히말라야 신택시스(Syntaxis); ES, 동 히말라야 신택시스; MMT, 메인 맨틀 스러스트(Main Mantle Thrust); AKMS, 아이마친–쿤륜–무츠타그(Ayimaqin–Kunlun–Mutztagh) 봉합; JS, 진사(Jinsha) 봉합; BNS, 반공–누지앙(Bangong–Nujiang) 봉합; IZS, 인더스–장보(Indus–Zangbo) 봉합. 지도는 그림 7.1에서와 동일한 지형 데이터와 방법을 사용하여 만들어졌다.

10.4.2 상대적 판 운동과 충돌 역사

히말라야-티베트 조산대는 지난 70-50백만 년에 걸쳐 인도와 유라시아 간의 충돌에 의해 주로 만들어졌다(Yin & Harrison, 2000). 이 조산대는 서쪽의 지중해에서 동쪽에 있는 인도네시아의 수마트라 호상(Sumatra arc)까지 >7000km의 거리에 걸쳐 뻗어 있는 거대한 히말라야-알프스 시스템의 일부이다. 이런 합성 벨트는 테티스 해(Tethyan oceans, 예를 들면, 그림 11.27)가 2개의 거대한 수렴하는 대륙인 북쪽의 로라시아(Laurasia)와 남쪽의 곤드와나(Gondwana; Şengör & Natal'in, 1996) 사이에서 닫힘에 따라 고생대 이후 진화하여 왔다. 테티스(Tethys)는 서쪽에서는 불과 몇백 킬로미터의 폭이었으나 동쪽으로 적어도 수천 킬로미터의 폭을 갖는 바다를 형성할 정도로 열려 있었다.

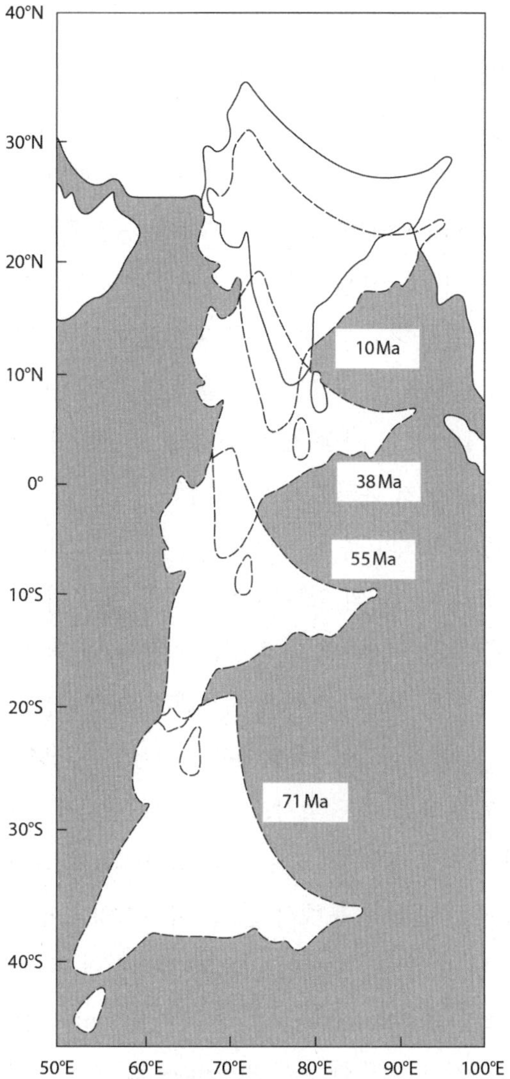

그림 10.14 인도양과 대서양의 자기 선구조(lineations)로부터 결정된 71Ma에서 현재까지 아시아에 대한 인도의 북쪽 이동(Molnar and Tapponnier, 1975, Science 189, 419–26에서 다시 그려짐, AAAS의 허가로)

인도-유라시아 충돌은 중생대 동안에 아프리카와 남극 동부에서 인도의 열개에 의해 (11.5.5절), 그리고 사이에 있는 해양 암석권이 유라시아 판(Eurasian Plate) 아래로 섭입됨에 따라 북쪽으로 그것의 이동에 의해 초래되었다. 인도양에서의 자기 이상과 동경 90도 해령 (Ninety-East Ridge)과 인도 아대륙에서의 고지자기 측정이 인도 판의 북쪽 표류를 기록하고 그것의 고위도 복원을 할 수 있게 한다(그림 10.14). 이 데이터에 의하면 55-50Ma에 인도와 유라시아 판 사이의 상대 속도가 급격히 감소하였다. 이 시기가 일반적으로 인도-유라시아 충돌의 시작을 가리키는 것으로 해석된다. 그러나 감소가 유라시아와 충돌할 때 인도 판의 지속적인 움직임에 대한 저항의 증가에 기인한 것인지 혹은 단순히 남인도의 중앙 해양 능선을 따라 확장 속도의 급격한 감소를 반영하는 것인지는 불명확하다. 이 후자의 가능성이 인도와 유라시아 사이의 초기 접촉의 연대가 55-50Ma보다 더 오래될 수 있다고 생각하게 한다.

층서학적 및 퇴적학적 데이터가 인도-유라시아 충돌의 연령과 점진적인 진화에 대한 추가 정보를 제공한다. Gaetani와 Garzanti(1991)가 55-50Ma에 해양 퇴적이 중지하고 아시아의 남쪽 주변부를 따라 육성 퇴적이 시작하였다는 것을 보여주었는데, 이 연대는 자기 이상에서 도출된 초기 충돌의 연령의 해석과 일치한다. 그러나 인도의 비활동 대륙 주변부의 500-1000km 정도가 아시아 아래로 언더스러스트되어, 잠재적으로 충돌의 초기 기록을 제거하였기 때문에, 사실 이러한 관찰은 충돌 시작의 가능한 가장 젊은 연령을 제약할 뿐이다(Yin & Harrison, 2000). Beck *et al.*(1995)은 파키스탄 근처 유라시아 판의 남쪽 주변부를 따라 해구와 전호상 물질이 66Ma 후, 그리고 55Ma 전에 인도의 북쪽 가장자리 위로 스러스트되었다는 것을 보여주었다. Willems *et al.*(1996)은 인도와 아시아의 일부 지역 사이의 초기 접촉이 이미 70Ma에 발생했을 수 있음을 암시하는 남부-중앙 티베트에서 퇴적암 퇴적상 및 퇴적 패턴의 변화를 발견했다. 이러한 관계는 초기 충돌이 이미 백악기 후기에 시작했을 수 있음을 시사한다. 일반적으로 대부분의 저자는 모든 테티스 해양 암석권이 45Ma까지 사라졌고, ~36Ma에 100mm a^{-1} 이상에서 약 50mm a^{-1} 이하로 인도의 북쪽 표류 속도의 감소가 있었다는 것에 동의한다. 이 후자의 시간은 사실 대륙-대륙 충돌의 마지막 단계를 표시할 수 있다(Yin & Harrison, 2000).

티베트와 중국에서의 지질 관찰을 통해서 인도-유라시아의 충돌에 이르기까지 계속되는 이벤트를 아주 상세하게 알 수 있다. 지질이 인도와 유라시아 사이의 주요 충돌은 고생대와 중생대 동안에 여러 미소대륙(microcontinents), 플리쉬(flysch) 복합체 및 섬 호상의 충돌에 이어 일어났다는 것을 가리킨다. 이러한 대륙편(terranes)의 충돌과 부착성장은 그것의 일부가 오피올라이트와 고압 변성암(9.9절) 블록을 보존하는 일련의 봉합대(suture zone)에 의해 표시된다(그림 10.13). 이러한 봉합 중 일부에 일반적으로 지르콘(zircon)과 석류석(garnet)의 무반응상(unreactive phases)의 함유물(inclusion)로, 코사이트(coesite) 및 미세다이어몬드(microdiamond)과 같은 초고압(ultra-high-pressure, UHP) 광물의 잔유물이 노출된다. 이런 광물의 존재, 그리고 그것들이 형성된 고압력(2.5-4.0GPa)은 대륙 지각의 한 부분이 섭입대로 들어가서 내려가는 판에서 분리되기 이전에 60-140km의 깊이까지 내려간다는 상황을 반영할 수 있다(Ernst, 2003; Harley, 2004). UHP 및 기타 고압 변성암을 표면에 침식노출시킨 메커니즘은 판 경계 지역의 진화에 동반하는 수축, 확장 및/또는 주향이동 변형일 수 있다. Hacker *et al.*(2004)은 중국 남부에 있는 UHP 대륙편의 침식노출과 관련된 프로세스를 설명한다.

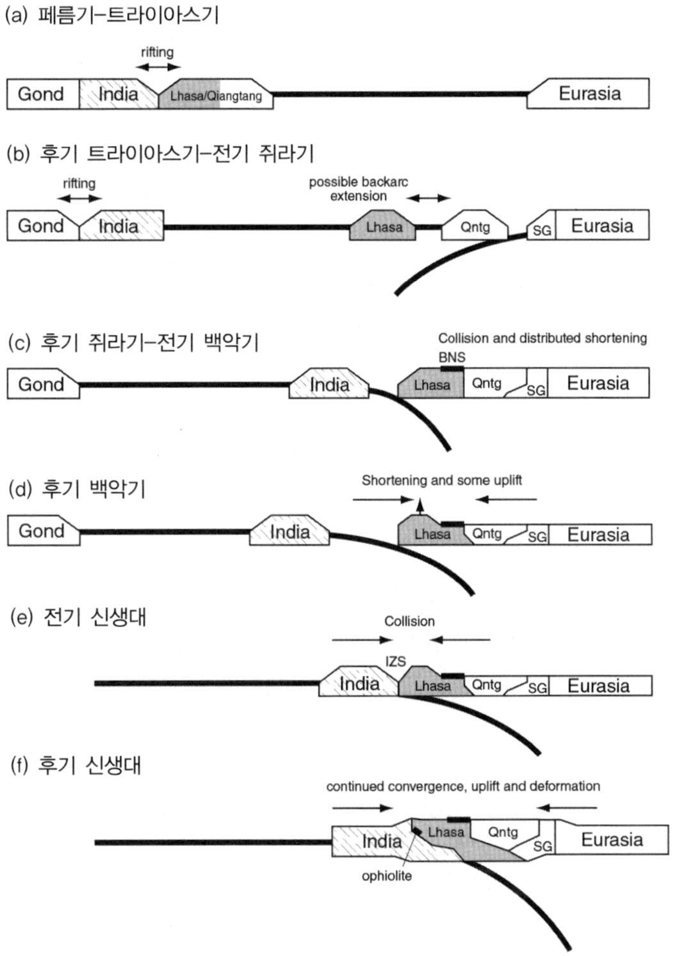

그림 10.15 히말라야-티베트 조산대의 진화에서 가능한 순차적 이벤트(Haines *et al.*, 2003에서 수정됨, American Geophysical Union의 허가로. 저작권 © 2003 American Geophysical Union). 해석은 Allègre *et al.*(1984), 그리고 Yin과 Harrison(2000)에 의해 진전된 관계를 반영한다. BNS, 반공-누지앙(Bangong-Nujiang) 봉합; SG, 송판-간지 대륙편(Songpan-Ganzi terrane); Gond, 곤드와나; Qntg, 첸탕 대륙편(Qiantang terrane); IZS, 인더스-장보(Indus-Zangbo) 봉합

송판-간지 대륙편(Songpan-Ganzi terrane)에 북중국의 비활동 대륙 주변부에 속하는 고생대 해양 퇴적물의 상단에 놓여 있는 두꺼운 트라이아스기 플리쉬 시퀀스(flysch sequences)가 노출된다. 이 시퀀스는 북중국과 남중국 블록 사이에서 트라이아스기 충돌 동안에 퇴적 융기 및 변형되어서 아이마친-쿤륜-무츠타그(Ayimaqin-Kunlun-Mutztagh) 봉합을 형성하였다(Yin & Harrison, 2000). 트라이아스기의 말경에(그림 10.15a), 라사와 치앙탕 대륙편(Lhasa and Qiangtang terranes)은 곤드와나에서 열개되었고 유라시아를 향해 여행을 시작했다(그림 10.15b). 치앙탕 대륙편은 140Ma경에 송판-간지와 충돌하였고, 진사 봉합(Jinsha suture)을 형성하였다. 계속된 수렴

이 라사 대륙편을 치앙탕(Qiangtang)과 병렬로 놓았고, 결국 2개의 분할조각을 결합시켰으며 그 결과 반공-누지앙(Bangong-Nujiang) 봉합이 형성되었다. 라사(그림 10.15c) 아래에 새로운 섭입대의 형성은 안데스형 조산대(그림 10.15d)를 만들었고 결국 인도와 유라시아(그림 10.15e) 사이의 충돌로 귀착되었으며, 그 결과 인더스-장보(Indus-Zandbo) 봉합이 형성되었다. 계속된 수렴(그림 10.15f)은 판 내 단축과 융기로 나타났는데, 이는 인도양에서 형성하기 시작한 새로운 판 경계와 관련된다(Van Orman *et al.*, 1995). 인더스-장보 봉합은 현재 해발 5000m 이상에 위치하고 백만 평방킬로미터 이상의 면적에 걸치는 티베트 고원의 남쪽 경계를 형성한다(그림 10.13).

이 역사는 히말라야-티베트 조산대가 인도-유라시아의 주된 충돌 이전에 유라시아 판에 결합되어진 외래성 물질(exotic material)의 콜라주(collage)에 의거함을 보여준다(Şengör & Natal'in, 1996; Yin & Harrison, 2000). 장기간의 섭입 동안에 이런 유형의 미소대륙과 다른 물질의 순차적 융합은 부착성장 조산대(accretionary orogen)의 특징(10.6.2절)이고 초대륙(11.5절)을 형성하는 가장 효율적인 메커니즘 중 하나이다. 이 역사는 또한 인도와의 충돌 이전에 유라시아 대륙판이 뜨겁고 약하였다는 것을 알려준다.

10.4.3 지표면 속도장(surface velocity fields)과 지진 활동

약 50Ma 이래로, 둔화된 속도로 인도와 유라시아 사이에 수렴이 계속되었으며, 이것이 인도를 아시아로 약 2000km 침투하게 하였다(Dewey *et al.*, 1989; Johnson, 2002). 이 운동이 히말라야 산맥의 ~3000km 북쪽까지 뻗어나간 활발한 변형대를 만들었다(그림 10.13). 위성위치확인 시스템(GPS) 측정을 통해 인도가 시베리아에 대해 약 35-38mm a^{-1}의 속도로 북동쪽으로 이동하는 것을 알 수 있다(Larson *et al.*, 1999; Chen *et al.*, 2000; Shen *et al.*, 2000; Wang *et al.*, 2001). 이 속도는 글로벌 판 운동 모델(global plate motion model; DeMets *et al.*, 1994)로부터 산성된 45-50mm a^{-1}의 장기 속도보다 상당히 느린데, 이는 측지 데이터를 사용하여 측정된 값이 단기간 지진간 변형 속도(short-term inter-seismic strain rates)를 대표하기 때문이다(예를 들면, 8.5절).

측지 데이터는 티베트 고원 내부와 그 주변의 변형이 인도와 유라시아 판 사이의 상대운동의 90% 이상을 흡수하며 남부 티베트의 50km 폭 지역에 대부분 집중되어 있다는 것을 알려준다(Wang *et al.*, 2001). 고원 내부 단축이 전체 수렴의 3분의 1 이상을 차지한다. 속도가 이 지역에서 잘 알려져 있지 않지만, 단축의 추가 성분이 티베트 고원의 북쪽 파미르(Pamir), 텐산(Tien Shan), 치렌 산(Qilian Shan), 그리고 다른 곳에서 수용된다.

쿤륜 단층(Kunlun Fault)의 남쪽(그림 10.13)에서, 지표면 속도장은 티베트 고원이 인도와 아시아 모두에 대해 동쪽으로 밀려나 있음을 보여준다(그림 10.16). 지각 슬라이스(slices of crust)가 주향이동 단층상의 슬립에 의해 충돌하는 판의 방향에서 옆으로 이동하는 이런 운동은, **측면 탈출(lateral escape)**이라고 한다. 이 움직임은 또한 동부 히말라야 신탁시스(syntaxis)라고 불리는 미얀마의 휘어진 벨트 주위로 물질의 회전을 포함한다. 용어 **신탁시스(syntaxis)**는 산맥이 히말라야의 방향에 거의 직각으로 부딪치는 미얀마와 파키스탄에서 히말라야의 양쪽에 발생하는 방향의 급격한 변화를 말한다. 고원의 동쪽에서, 북중국과 남중국이 안정된 유라시아에 대해 각각 2-8mm a^{-1}와 6-11mm a^{-1}의 속도로 동－남동으로 이동하고 있다.

티베트 고원을 가로지르는 GPS 속도 단면(그림 10.16a)은 고원의 남쪽 끝에서 히말라야를 가로지르는 높은 구배를 제외하고는 대부분 인도－유라시아 충돌의 예측된 방향(N21°E)에 평행한 선형이다(Wang *et al*., 2001). 이런 주로 선형의 경향은 고원을 가로지르는 단축이 광범위하게 분포되어 있음을 암시한다. 그렇지 않으면 개별 단층대를 가로지르는 상당한 편차가 예상된다. 그러나 변형의 이런 일반적으로 연속적인 스타일은 고원 자체에 대부분 제한된 것으로 보인다. 단단한 블록 같은 움직임이 타림 분지(Tarim Basin)와 북중국과 남중국 블록을 포함하는 고원의 북쪽과 북동쪽 지역을 특징짓는 것으로 보인다. 이러한 관찰 및 지질 데이터는 조산대의 북쪽 성장이 순조롭고 연속적인 프로세스가 아니라 불규칙한 일련의 단계로 발생했다는 것을 시사한다. 수렴 방향에 직교하는 방향(N111°E)의 수평 이동이 티베트 고원을 가로지르는 히말라야(그림 10.16b)에서 북쪽으로 꾸준히 증가하는데, 이는 인도와 유라시아 모두에 대한 후자의 동쪽 움직임을 반영한다. 그것의 북쪽 가장자리 속도는 쿤륜과 다른 단층상의 좌수향 주향이동 움직임의 결과로 급속하게 감소한다(Wang *et al*., 2001). 용문산(Longmen Shan, 그림 10.13)은 남중국 블록과 함께 동쪽으로 이동한다(Burchfiel, 2004).

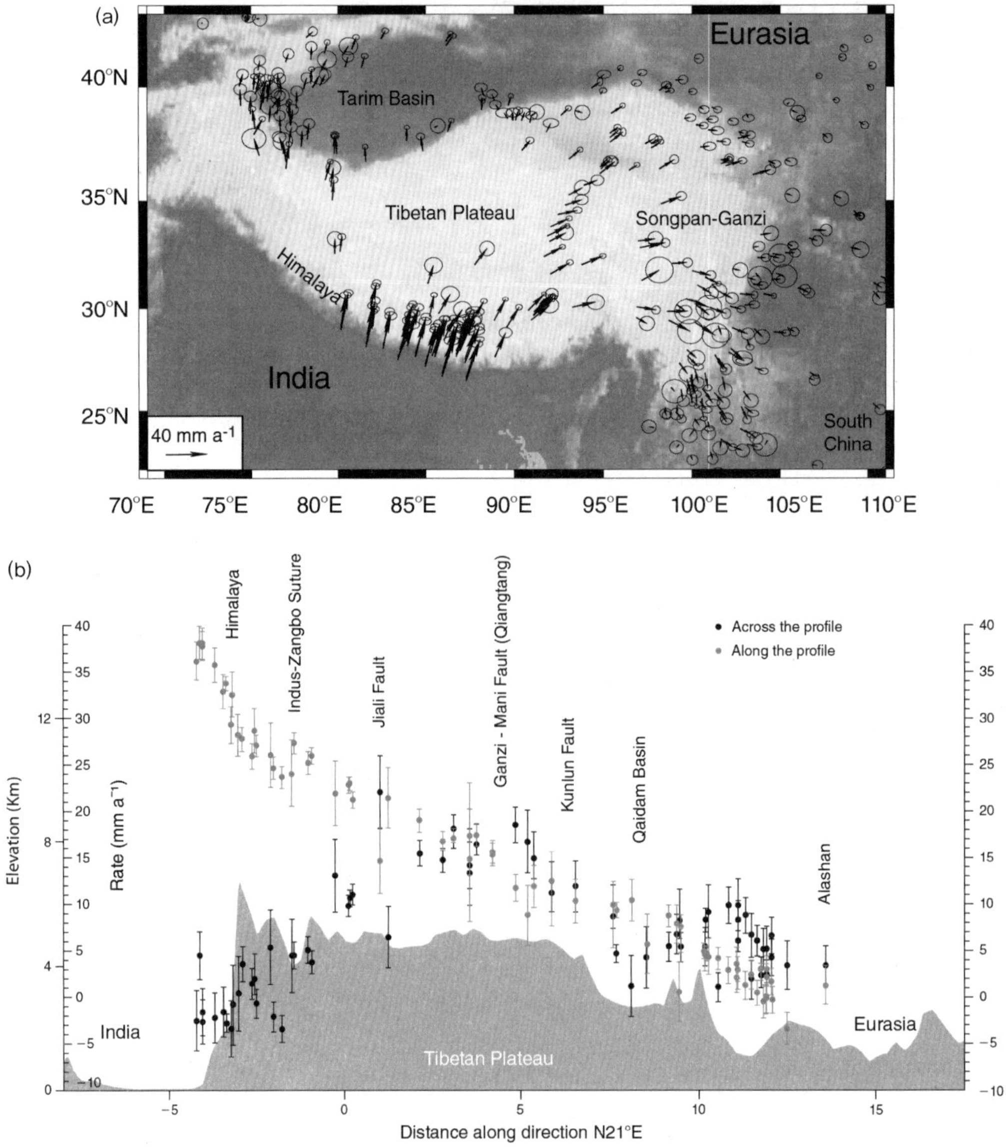

그림 10.16 (a) 안정적인 시베리아에 대한 GPS 속도장(velocity field)(Liu & Yang, 2003에서 수정되어, Y. Yang과 M. Liu에 의해 제공된 이미지, American Geophysical Union의 허가로. 저작권 © 2003 American Geophysical Union). 오류 타원은 95% 신뢰이다. 속도 스케일은 왼쪽 하단 모서리에 표시된다. (b) N21°E 방향으로 티베트 고원을 가로지르는 GPS 속도 단면(Wang *et al.*, 2001, Science 294, 574-7을 따름, AAAS의 허가로). 검은 다이아몬드는 단면에 수직인 속도 성분을 나타내고, 밝은 회색 다이아몬드는 단면에 평행한 성분을 나타낸다.

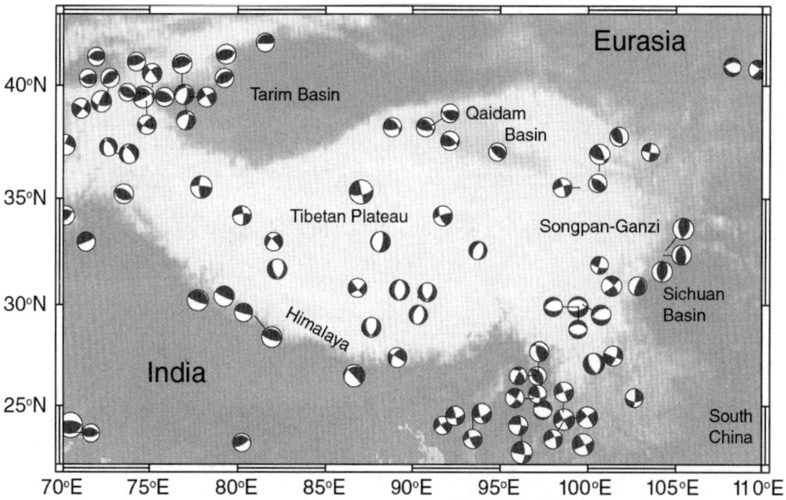

그림 10.17 티베트 고원의 지배적인 동서 지각 확장을 보여주는 지진 발진 메커니즘 솔루션(Liu & Yang, 2003에서 수정되어, Y. Yang과 M. Liu에 의해 제공된 이미지, American Geophysical Union의 허가로. 저작권 © 2003 American Geophysical Union). 데이터는 하버드(Harvard) 카탈로그(1976–2000)에서 규모 >5.5이고 심도 <33km인 지진들이다.

Liu와 Yang(2003)에 의해 1976-2000년 동안에 집계된 발진 메커니즘 솔루션(focal mechanism solutions)이 히말라야-티베트 조산대 내 활성 단층의 스타일을 알려준다(그림 10.17). 집중된 스러스트단층대가 티베트 고원의 북부, 남부, 동부 가장자리 모두를 따라 발생한다. 히말라야 내에는 스러스트단층이 우세하다. 히말라야의 남쪽(그림 10.18)에서, 판 내 지진과 기타 지구물리학적 증거가 인도 판은 히말라야 아래로 구부러지고 미끄러진다는 것을 나타내고, 여기서 인도 판은 큰 지진 동안에만 북쪽으로 미끄러진다(Bilham *et al.*, 2001). 변형의 전반적인 패턴은 해양판이 섭입대 아래로 휘어지는 해양-대륙 수렴대(ocean-continent convergence zone)에서 발생하는 것과 유사하다. 히말라야 북쪽에서는, 정단층작용과 동-서 확장이 남부와 중부 티베트에서 우세하다. 주향이동 단층은 히말라야의 북쪽 약 1500km 폭의 지역에서 우세하고 인도차이나(Indo-China) 쪽인 동쪽으로 연장된다. 산맥에서 아주 먼 곳에 시베리아의 바이칼 리프트(Baikal Rift)에서 북중국해(northern China Sea)까지 퍼지는 지각의 확장과 정단층작용 지역이 있다. 활성 주향-단층작용이 또한 파키스탄의 서부 히말라야 신탁시스(Himalayan syntaxis)와 미얀마의 동부 히말라야 신탁시스에서 각각 발생한다. 파키스탄 신탁시스의 남쪽에, 북쪽주향 단층을 따르는 움직임은 좌수향이 지배적이다. 미얀마 남쪽에서 그것은 대부분 우수향이다. 인도의 양쪽에 이런 반대 센스의 움직임은 남부 아시아로 인도의 북쪽 침투와 조화된다.

이러한 관찰을 통해 인도와 유라시아 사이의 수렴이 단축, 동서 확장, 주향이동 단층작용,

측면 탈출(lateral escape), 그리고 시계 방향의 회전(clockwise rotations)에 의해 수용되고 있음을 알 수 있다. 게다가 마이오세(Miocene time)경에 티베트 고원의 높은 고도 융기(Blisniuk *et al*., 2001; Kirby *et al*., 2002)는 상당한 수직 융기가 인도가 아시아와 충돌한 뒤에 발생했음을 나타낸다. 현재 히말라야는 0.5 mm a^{-1}와 4mm a^{-1} 사이의 속도로 빠르게 융기하고 있고, 남쪽 측면을 따라 매우 높은 비율의 침식을 경험한다(Hodges *et al*., 2001).

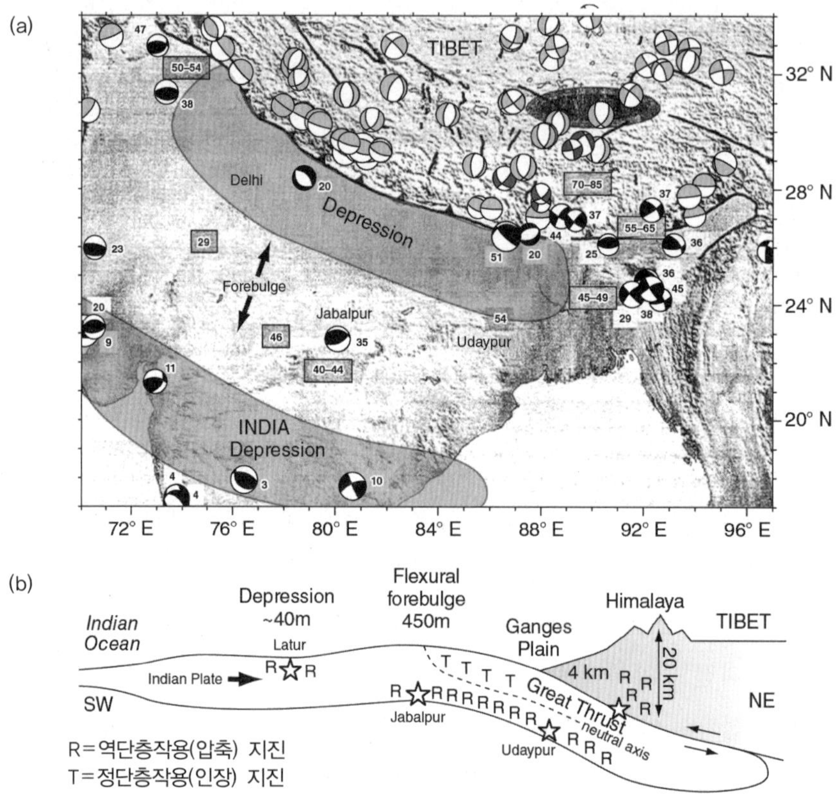

그림 10.18 (a) 인도와 남부 티베트의 지진의 발진 메커니즘 솔루션(Jackson *et al*., 2004에서 수정됨, Geological Society of America의 허가로). 숫자는 심도를 나타낸다. 검은 솔루션은 인도 대륙괴 내에서 발생하는 지진에서 왔고 밝은 회색 솔루션은 10 15km의 깊이에 위치한다. 상자에 의해 강조된 심도는 수신기 함수(receiver function) 연구로부터의 모호면(Moho) 깊이이다. 티베트의 타원은 Tilmann *et al*.(2003)에 의해 이미지화되고 플레이트 9.4(아래)(p.xxviii 참조)에 표현된 높은 속도 이상이다. (b) 티베트 아래에서 북쪽으로 언더스러스트됨에 따라 인도 암석권의 휨(flexure)을 보여주는 도식적인 단면(Bilham, 2004에서 수정됨). 휨적 부풂(flexural bulge)의 정상(crest)에서 인도 판의 표면은 인장(*T*) 상태이고, 그것의 기저는 압축(*R*) 상태이다.

10.4.4 히말라야와 티베트 고원의 일반 지질학

히말라야는 4개의 주요 단층 시스템으로 구분된 3개의 대형 인편상 스러스트 슬라이스

(imbricated thrust slices)와 관련된 습곡으로 구성된다(그림 10.19, 10.20). 약 250-350km의 폭으로 단면을 차지하는 이런 인편상 스러스트는 인도와 유라시아 사이의 충돌 후 단축(post-collisional shortening) ~2000km 중 대략 3분의 1에서 절반을 수용하는 것 같다(Besse & Courtillot, 1988; DeCelles *et al.*, 1998). 겹쌓임(stack)의 기저에 대부분의 매몰된 메인 프런탈 스러스트(Main Frontal Thrust)가 산맥의 지형 프런트(front)를 따라 자리 잡고 있다(Wesnousky *et al.*, 1999). 이 단층은 산맥에서 가장 젊고 활동적인 단층이며, 히말라야의 암석을 히말라야 남쪽의 강가(Ganga) 융기대전면 분지라고 불리는 휨적 포오디이프(flexural foredeep, 10.3.2절)로 운반한다. 강가 분지는 후기 플라이스토세 충적층으로 덮인 5km 이상의 마이오세-플라이오세 육성 퇴적 시퀀스를 포함한다(DeCelles *et al.*, 2001). 히말라야 기슭의 언덕을 형성하는 이 분지의 북부는 일반적으로 서브-히말라야(Sub-Himalaya)라고 칭해지는 10km에서 25km 폭의 지형적 지방을 규정짓는다.

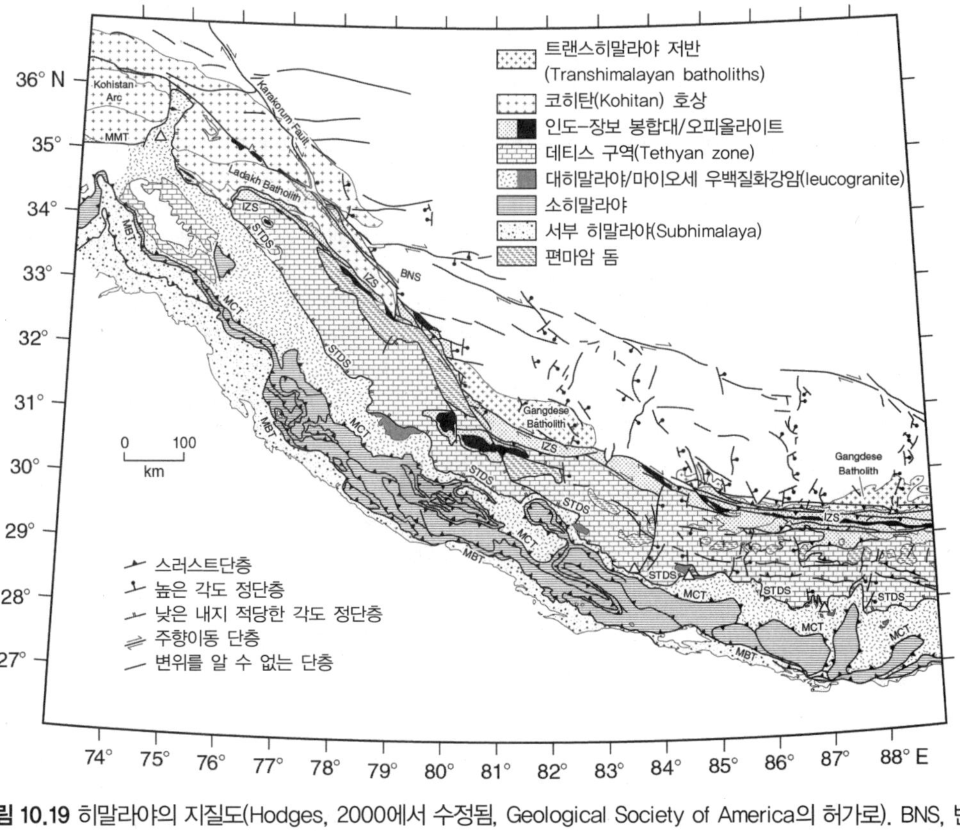

그림 10.19 히말라야의 지질도(Hodges, 2000에서 수정됨, Geological Society of America의 허가로). BNS, 반공-누지앙 봉합; IZS, 인더스-장보 봉합; MBT는 메인 바운더리 스러스트(Main Boundary Thrust); MCT, 메인 센트럴 스러스트(Main Central Thrust); MMT, 메인 맨틀 스러스트(Main Mantle Thrust); STDS, 남 티베트 분리 시스템(South Tibetan Detachment System)

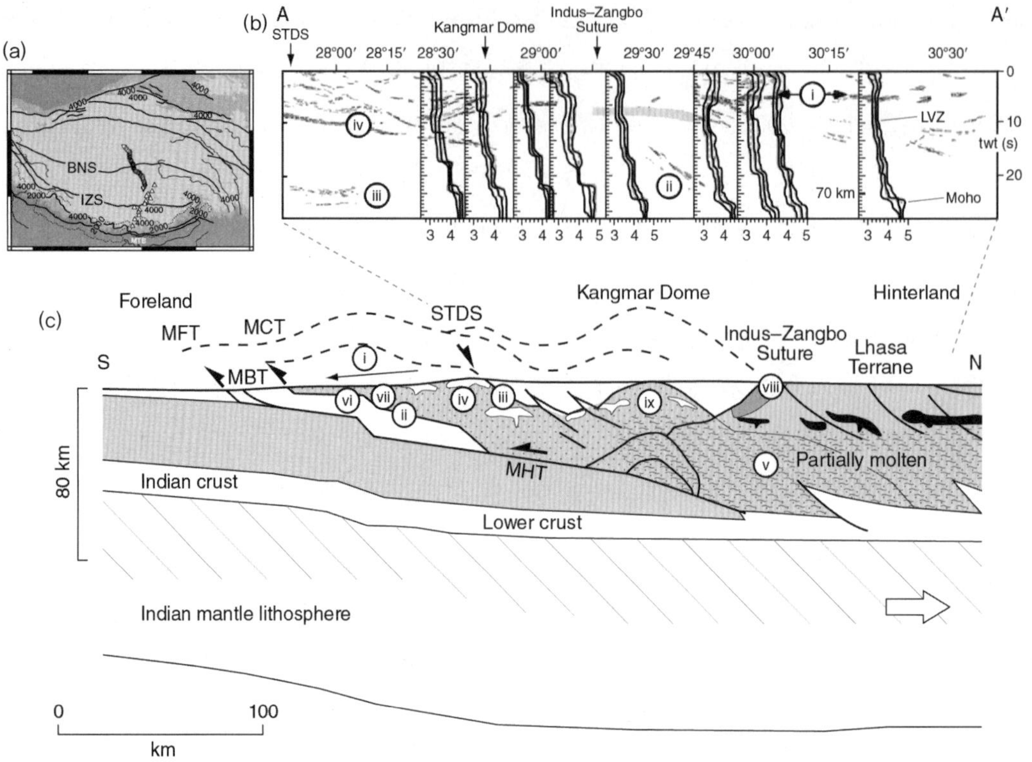

그림 10.20 (a) INDEPTH 단면의 위치를 보여주는 지도(Xie *et al.*, 2001에서 수정됨, American Geophysical Union의 허가로. 저작권 © 2001 American Geophysical Union). 제대로 된 삼각형, INDEPTH I, II; 거꾸로 된 삼각형, INDEPTH III. (b) 광대역 지진 데이터의 파형 모델링에서 유래된 S파 속도 모델(중앙 단면 주위에 표시된 오차 바)과 인더스–장보 봉합의 아래와 북쪽의 광각 반사 데이터를 포함하는 INDEPTH 탄성파 정보의 합성물(Nelson *et al.*, 1996, Science 274, 1684–8에서 수정됨, AAAS의 허가로). LVZ, 중간 지각 느린 속도 구역; STDS, 남티베트 분리(South Tibetan Detachment); i, 반사 15–20km 깊이에 있는 유체를 표현하는 것으로 해석되는 반사; ii, 스러스트작용을 표현하는 것으로 해석되는 하부 지각의 가파른 반사; iii, 75km 깊이에 있는 모호면(Moho); iv, 티베트 아래에서 인도의 언더스러스트작용(underthrusting)을 수용하는 단층. (c) 중앙 히말라야와 남부 티베트의 해석 횡단면(Beaumont *et al.*, 2004의 편집에서 수정되어, C. Beaumont에 의해 제공된 단면, American Geophysical Union의 허가로. 저작권 © 2004 American Geophysical Union). 단면에는 Nelson *et al.*(1996), Hauck *et al.*(1998), 그리고 DeCelles *et al.*(2002)로부터의 관찰이 반영되어 있다. 로마 숫자는 10.4.6절에 설명되어 있다. MFT, 메인 프런탈 스러스트(Main Frontal Thrust); MHT, 메인 히말라야 스러스트. 다른 약어는 그림 10.19에서와 같다.

메인 프런탈 스러스트(Main Frontal Thrust)의 위와 북측에 메인 바운더리 스러스트(Main Boundary Thrust)가 있다(그림 10.19). 이 후자의 단층 시스템은 북쪽으로 완만하게 기울어지고, 슬립이 후기 마이오세–플라이오세 중에 시작했을 수 있지만, 플라이스토세 동안 주로 활동했던 것처럼 보인다(Hodges, 2000). 단층이 소(또는 하부) 히말라야(Lesser(or Lower) Himalaya)의 선캄브리아기–중생대의 저변성도의(low-grade) 편암과 변성되지 않은 퇴적암을 서브–히말라야 위로 남쪽으로 운반한다. 소히말라야(Lesser Himalaya)는 약 1500m와 3000m 사이의 고도에 대역을 형성한다. 소히말라야 위로, 대(또는 높은)히말라야(Greater(or Higher) Himalaya)의 고변성도의 편마암과 화강암이 메인 센트럴 스러스트(Main Central Thrust)를 따라 남쪽으로 운반된다(DeCelles *et al*., 2001). 이 후자 스러스트는 초기 마이오세와 플라이오세 동안에 상당한 단축을 수용하였고, 오늘날 대부분의 장소에서 비활동적인 것 같다(Hodges, 2000).

8000m 이상의 고도에 도달한 대히말라야(Greater Himalaya)는 테티스 해 기원의 고생대와 중생대 퇴적암으로 덮여 있는 선캄브리아기 편마암으로 구성되어 있다. 이 암석은 100km를 초과하는 거리를 남쪽으로 스러스트되었다. 이 단위는 혼성암(migmatite)과 우백질화강암(leucogranite)이라고 불리는 마이오세의 밝은색 화강암체에 의해 관입된 각섬암 변성도(amphibolite grade) 변성암을 포함한다(Hodges *et al*., 1996; Searle *et al*., 1999). 혼성암과 우백질화강암은 티베트 아래 하부 지각의 부분 용융에 의해 생겼으며(Le Fort *et al*., 1987), 대히말라야의 북쪽에는 없다.

히말라야 내에서 북쪽에서 남쪽으로 스러스트작용 연령의 점진적인 감소는 융기대전면으로 전파하는(foreland-propagating) 습곡-스러스트 시스템의 특징을 나타낸다. 심부에서, 시스템의 3개 주요 스러스트 각각은 메인 히말라야 스러스트(Main Himalayan Thrust)라는 공통 데꼴망으로 아래로 합체한다(그림 10.20). 탄성파 반사와 속도 단면(Zho *et al*., 1991; Nelson *et al*., 1996)에 의해 데꼴망(décollement)이 남부 티베트 아래에 부분적으로 용융된 암석의 구역을 표현하는 것으로 생각되는 약한 반사율의 구역 가운데에서 사라지는 대히말라야(Greater Himalaya) 아래로 계속된다고 밝혀졌다(10.4.5절).

표면에서 스러스트 겹쌓임(stack) 상단의 경계를 정하는 것은 남 티베트 분리 시스템(South Tibetan Detachment System)을 형성하는 정단층 시스템이다(Burchfiel *et al*., 1992). 기저 분리(basal detachment)는 북쪽으로 완만하게 적당히 기울어지고, 대히말라야의 고변성도의 편마암을 테티스 구역(Tethyan zone)에 있는 저변성도의 캄브리아기-에오세 암석에서 분리한다(그림 10.19). 이 후자의 암석은 유라시아와의 충돌에 앞서 북부 인도의 비활동 대륙 주변부에서 퇴적되었다. 기저 분리는 메인 센트럴 스러스트(Main Central Thrust)에서 남쪽 방향의 움직임과 동시에 발생하였던 적어도 35-40km의 마이오세, 그리고 아마도 플라이오세의 북쪽 방향 정단층 변위를 기록한다(Hodges, 2000). 상반에 있는 테티스 암석은 그것의 누적 변위가 기저 분리의 변위에 거의 근접하는 스플레이 단층(splay faults, 그림 10.19)의 복잡한 배열에 의해 나누어진다(Searle, 1999).

테티스 구역의 도처에 편마암 돔(gneiss dome)이라고 불리는 변성 정점(metamorphic culminations)의 불연속 시리즈가 있다. 이들 중 가장 광범위하게 연구된 것은 덜 변성된 석탄기-트라이아스기 암석의 덮개로 둘러싸인 선캄브리아기 변성암 기반을 핵으로 하는 배사형(antiform)의 일부를 형성하는 캉마르 편마암 돔(Kangmar gneiss dome)이다(Burg *et al.*, 1984). 몇몇의 아주 큰 편마암 돔은 각섬암-변성상(amphibolite-facies) 군집에 의해 덧인쇄된 에클로자이트-변성상(eclogite-facies) 군집을 보전한다(Guillot *et al.*, 1997). 돔은 정단층에 의해 절개되고, 서부 미국과 다른 곳의 확장 변성 핵 복합체(extensional metamorphic core complexes, 7.3절)와 다소 닮은 데가 있다. 그러나 그것들의 기원은 잘 이해되지 않은 상태이고, 정단층작용에 더해 스러스트단층작용과 습곡작용과 하부 지각 흐름을 포함하는 여러 가지 상이한 메커니즘이 그것들을 설명하기 위하여 제안되었다.

테티스 구역(Tethyan Zone)의 북쪽 끝에서 인더스-장보 봉합이 라사 대륙편(10.4.2절)의 고생대-중생대 암석에서 일찍이 인도 판의 일부를 형성하였던 암석을 분리한다. 봉합은 테티스 오피올라이트와 청색편암(blueschist, 9.9절)뿐만 아니라 인도와 유라시아 판 모두에서 유래된 성분들의 변형된 혼합에 의해 특징지어진다. 오피올라이트는 연속되지 않으며, 여기저기에서 전호상 환경에서 퇴적된 퇴적물로 대체된다. 남쪽으로 기우는 스러스트와 주향이동 단층이 이 암석 단위를 변형시킨다. 봉합의 북쪽에, 남부 티베트의 대부분을 구성하는 고생대-중생대 퇴적암은 트랜스히말라야대(Transhimalayan zone)의 백악기-에오세 강데스 저반(Gangdese batholith)에 의해 관입된다(그림 10.19). 이 저반은 인도-유라시아 충돌 이전에 테티스 해양 암석권의 북쪽 언더스러스트(섭입)에 반응해서 해양-대륙 수렴 판 주변부를 따라 형성되었다(그림 10.15c, d). 서부 히말라야에서 해당 단위는 중기 백악기에 테티스 해에서 형성된 섬 호상(island arc)이다. 반공-누지앙(Bangong-Nujiang) 봉합이 이 단위를 그것의 북쪽에 있는 카라코람 화강암 저반(Kafakorum granite batholith)에서 분리한다(그림 10.19).

인더스-장보 봉합의 북쪽에는 활성 정단층과 동서 확장이 지배적이다. 이런 스타일의 변형이 거의 남-북 방향인 일련의 젊은 열개 분지(rift basins)를 형성하였다. 대부분의 이런 분지에서 수십 킬로미터의 확장이 기록된다. 대부분은 플라이오세와 더 젊은 역암으로 충진되고, 마이오세 이후 형성된 것으로 보인다. 일부는 지알리 단층(Jiali Fault)과 같은 주요 주향이동 단층과 관련되고, 인리형 분지(pull-apart basins)를 나타낼 수 있다(8.2절). 이러한 관찰과 지질연대 데이터가 동서 확장이 남티베트 분리 시스템(South Tibetan Detachment System)에 의해 기록된 남북 확장보다 더 젊거나 더 오래 계속되었다는 것을 암시한다(Harrison *et al.*, 1995). 후기 신생대 관입과 분출 활동이 남부와 중앙 티베트에서 나타난다(Chung *et al.*, 2005).

반공-누지앙 봉합과 차이다무 분지(Qaidam Basin) 사이(그림 10.13)에 3개의 주요 중기-후기 신생대 습곡-스러스트 벨트가 있다. 3개 모두 융기대전면 분지의 발달과 관련된다(Yin &

Harrison, 2000). 이 벨트들에 의해 수용된 단축의 누적 양은 미약하게 제약되지만 수백 킬로미터에 달할 수 있다. 티베트 북쪽 가장자리에서 변형은 알틴 타그(Altyn Tagh)와 쿤륜(Kunlun) 단층을 포함하는 활성 습곡 및 스러스트작용과 여러 주요 활성 주향이동 단층 사이에 분할된다. 전자의 단층을 따라서 좌수향 주향이동 움직임이 치롄 산(Qilian Shan)의 270km 정도의 북동-남서 단축에 옮겨진다. 치롄 산의 멀리 동쪽과 남동쪽에서, 동쪽 주향의 주향이동 단층이 용문산(Longmen Shan)의 활동 중인 북쪽 주향의 스러스트단층에 옮겨지는 곳에서 단축 방향은 동-서로 바뀐다(Burchfiel, 2004). 이 후자의 산맥 또한 중생대 단축을 기록하고, 티베트 고원을 따라 가파른 프런트(fronts) 중 하나를 형성하는 단단하고 거의 변형되지 않은 사천 분지(Sichuan Basin) 위로 6km 이상 솟아 있다(Clark & Royden, 2000). 분지의 남쪽으로, 지알리(Jiali)와 시안수이헤(Xianshuihe) 단층을 포함한 많은 주요 주향이동 단층이 구부러진다. 이러한 단층은 남중국에 대해 동부 히말라야 신탁시스 주위를 시계 방향으로 회전한다(Wang *et al.*, 1998).

고원 북쪽으로 활발한 단축이 중국 북부와 몽골의 톈산(Tien Shan)과 알타이 산맥(Altai ranges)에서 또한 발생한다. 이 지역에서의 변형은 유라시아 암석권의 기존의 강도 이질성에 의해 주로 제어되는 것 같다.

10.4.5 심부 구조(deep structure)

속도 모델과 레일리 표면파(Rayleigh surface waves, 2.1.3절)의 연구에서 도출된 토모그래피 이미지가 인도 순상지의 지각과 최상부 맨틀이 높은 지진파 속도로 특징지어진다는 것을 보여준다(Mitra *et al.*, 2006). 이 특성은 아대륙이 비교적 차고 강한 암석권으로 구성되어 있음을 시사한다. 순상지의 북쪽 가장자리에서 비교적 낮은 속도가 강가 포오디이프(Ganga foredeep)의 몰라세 퇴적물과 충적 커버의 결과로 갠지스 평원(Gangetic plains) 아래에 나타난다. 낮은 속도는 또한 히말라야와 티베트 고원 아래에 두꺼운 지각을 특징짓는다. 히말라야의 남쪽에 광대역 원거리지진(broad-band teleseismic) 데이터가 지각의 두께가 35-44km 범위라는 것을 가리킨다(Mitra *et al.*, 2005). 인도 판이 유라시아 아래에서 북쪽으로 언더스러스트되기 때문에(10.4.3절), 이런 변화는 인도 판의 휨을 부분적으로 반영한다(그림 10.18).

히말라야 아래의 탄성파 반사와 전단파 속도 단면(그림 10.20b)이 남부 티베트 아래 70-80km의 깊이까지 단일의 매끄러운 표면으로 하강하는 45km 깊이의 명확한 모호면을 보여준다(Nelson *et al.*, 1996; Schulte-Pelkum *et al.*, 2005). 모호면 위 지각 대꼴망 표면은 서브-히말라야(Sub-Himalaya) 아래의 8km에서 대히말라야(Greater Himalaya) 아래의 20km의 중간 지각 깊이로 북쪽으로 기울어진다. 데꼴망 위에 빠른 탄성파 속도로 특징지어지는 강한(20%) 이방성 층(anisotropic layer)이 국지화된 전단작용(localized shearing)에 반응해서 형성되었다. 대히말라야의 약간 북쪽에 인도 순상지의 하부 지각은 에클로자이트를 포함할 수 있는 높은 속도 지역을 보여준다. 이러한 관찰을 통해 인도 지각의 상부와 중간 부분이 전단대의 기저를 따라 분리되고 하부 지각이 남부 티베트 아래로 하강을 계속하는 동안에 히말라야에 통합된다는 것을 알 수 있다(그림 10.21). 이러한 결론은 대히말라야 아래 모호면 깊이의 증가를 예측하는 중력 측정치와 일치한다(Cattin *et al.*, 2001).

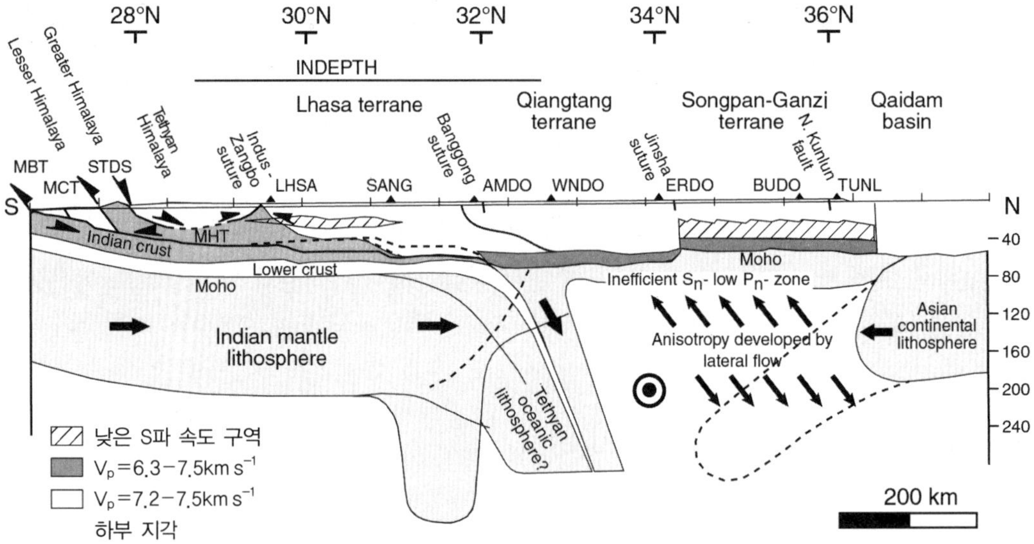

그림 10.21 히말라야-티베트 조산대의 대표적인 남북 횡단면(Beaumont *et al.*, 2004의 편집에서 수정되어, C. Beaumont에 의해 제공된 단면, American Geophysical Union의 허가로. 저작권 © 2004 American Geophysical Union). 단면에는 Owens와 Zandt(1997), DeCelles *et al.*(2002), Johnson(2002), Tilmann *et al.*(2003), 그리고 Haines *et al.*(2003)로부터의 관찰이 반영되어 있다. 삼각형은 7개 지진 기록 관측소를 나타낸다(LHASA, SANG, AMDO, WNDO, ERDO, BUDO, TUNL). 단층 약어는 그림 10.19와 10.20에서와 같다. 과녁의 한복판 기호는 지면의 평면 밖으로 물질의 측면 방향 이동을 나타낸다.

티베트 고원의 심부 구조는 INDEPTH(**I**nter**N**ational **DE**ep **P**rofiling of **T**ibet and the **H**imalaya)라고 불리는 여러 학문 분야가 관련된(interdisciplinary) 프로젝드의 일환으로 수동 및 능동 음원 탄성파 조사, 지자기 측정, 그리고 지표지질 연구를 이용하여 연구되고 있다. 지구물리학적 데이터는 티베트 아래 모호면 반사가 중앙 안데스(그림 10.6)의 고원을 가로지르는 탄성파 반사 단면에서 관찰된 것과 유사하게 꽤 확산적이라는 것을 나타낸다(그림 10.20b). 중앙 안데스처럼, 티베트의 남쪽 부분은 지각의 낮은 속도 구역과 수성 유체(aqueous fluids)의 집중 또는 부분 용융의 존재에서 유래된 15-20km 깊이에서 밝은 지각 내 반사 밴드로 특징지어진다(Nelson *et al*., 1996; Makovsky & Klemperer, 1999). 이 지역의 낮은 Q의 값(~90)은 부분적으로 용융된 지각뿐만 아니라 비정상적으로 높은 온도와 일치한다(Xie *et al*., 2004). 표면 전기 비저항(8.6.3절 참조)을 측정한 지자기 데이터는 암석 기질(rock matrix)에서 서로 연결된 유체의 존재에 민감하다. Unsworth *et al*.(2005)이 티베트 고원의 남쪽 가장자리의 적어도 1000km를 따라 낮은 비저항을 발견했으며, 이는 그것이 약하고 낮은 점성도의 지각으로 특징지어진다는 것을 시사한다. 이 약한 구역은 대히말라야의 단층이 발생되는 인도 지각에 의해 남쪽 편에 한정되고, 뻿뻿한 인도 맨틀에 덮인다(Rapine *et al*., 2003).

중앙 티베트에서 원거리지진 데이터와 수신 함수(receiver function)가 지각 구조와 반공-누지앙 봉합(Bangong-Nujiang suture) 아래의 변형에 대한 메커니즘에 관한 정보를 제공한다(Ozacar & Zandt, 2004). 상부 지각의 강한(>10%) 탄성파 이방성(seismic anisotropy)은 봉합과 더 젊은 주향이동 단층 모두에 평행한 서북서-동남동 방향인 조직(fabric)을 보여준다. 탄성파 이방성(18%)이 중간 지각인 24-32km 깊이에서 또한 나타난다. 이 후자의 구역은 남북 방향으로 중간 지각 흐름을 암시하는 거의 수평이고 완만하게 기우는 조직을 보여준다. 봉합 자체는 지구물리학적 표현을 거의 가지고 있지 않지만(Haines *et al*., 2003), 하부 지각과 상부 맨틀의 탄성파 특성은 봉합을 가로질러 변한다(McNamara *et al*., 1997; Huang W. *et al*., 2000). 하부 지각에서, 일부 북쪽으로 기우는 반사가 연성 스러스트 슬라이스(ductile thrust slices) 혹은 쐐기를 의미할 수 있고(그림 10.20c), 능동 음원 탄성파 데이터(active-source seismic data)가 경계의 북쪽 편에 모호면이 최대 5km로 얕아지는 것을 보여준다(Haines *et al*., 2003). 이러한 관찰들 그리고 티베트의 상부 지각에 기록된 비교적 소량의 단축은 상부 지각(upper crust)이 약하고 연성적으로 흐르는 중간 지각에 걸쳐 있는 하부 층에서 역학적으로 분리된다는 것을 시사한다.

표면파 연구(Curtis & Woodhouse, 1997) 및 상부 맨틀의 P_n과 S_n파의 관찰(McNamara *et al*., 1997; Zho *et al*., 2001)을 통해 의해 빠른 맨틀 속도가 남부 티베트에 느린 맨틀 속도가 반공-누지앙 봉합(Bangong-Nujiang suture)의 북쪽에 나타남을 알 수 있다(그림 10.21). 이러한 차이는 남부 티베트 아래에 차고 강한 맨틀, 그리고 중앙과 북부 티베트 아래의 비정상적으로 따뜻하고 약한 맨틀의 존재를 암시한다. 이 패턴은 인도 암석권이 적어도 티베트 고원의 중앙 아래의 어떤 지점까지 언더스러스트되었다는 것을 나타낼 수 있다. 그러나 이 해석은 충돌이 시작된 이후 수렴과 암석권 단축(shortening of the lithosphere)의 총량 추정치와 충돌한다. 자기 이상, 고지자기 연구, 그리고 충돌 후(post-collisional) 단축의 최소량(Johnson, 2002)에서 도출된 총수렴(~2000km)의 추정치는 차가운 인도 암석권도 북부 티베트 아래에 나타날 수 있다는 것을 시사한다.

맨틀 상부의 고해상도 토모그래피 이미지가 이러한 불일치를 해결하는 데 도움이 될 수 있다. Tilmann *et al.*(2003)은 100km와 400km 깊이 사이에 반공-누지앙(Bangong-Nujiang) 봉합의 남쪽에 위치한 준수직의 높은 속도 구역을 해석하였다(p.xxviii의 플레이트 9.4(아래)). 이 준수직적 구역은 내려가는 인도 맨틀 암석권을 나타낼 수 있다. 추가적인 인도 암석권이 히말라야 산맥과 티베트 단축의 총량을 설명하는 데 도움이 된다. 이 하강류가 또한 북부와 중앙 티베트 아래에 따듯한 맨틀의 존재를 설명할 수 있고, 이것은 하강류에 의해 야기된 연약권의 부족분을 상쇄하기 위해 위쪽으로 흐를 것이기 때문이다. 남부와 중앙 티베트에서 칼크-알칼리형 화산암의 출현은 대륙 지각의 일부를 남쪽에서 북쪽으로 티베트 아래의 맨틀로 언더스러스트되게 할 필요가 있기 때문에 이 해석을 지지할 수 있다(Yin & Harrison, 2000). 그럼에도 불구하고, 인도 암석권이 단축하고 티베트 아래로 언더스러스트되는 메커니즘은 논쟁 중이다.

티베트의 북부와 북서부 가장자리에서, 모호면은 알틴 타그(Altyn Tagh) 단층을 가로질러, 그리고 타림 분지(Tarim Basin) 아래에서 50-60km의 깊이로 갑자기 얕아진다(Wittlinger *et al.*, 2004). 모호면이 송판-간지(Songpan-Ganzi) 대륙편 아래의 진사(Jinsha) 봉합을 가로질러 얕아지는 것 같다(그림 10.21). 수신 함수(receiver functions)에서 모호면이 인도 또는 유라시아 암석권의 일부인지 여부를 구별하는 것은 불가능하다. 비교적 두꺼운(60km) 지각이 텐산 아래에 나타나고, 점차적으로 북쪽으로 얇아져서 유라시아의 순상지 아래에서 평균 42km에 이른다(Bump & Sheehan, 1998). 텐산 아래의 두꺼운 지각은 이 지역의 지각 단축의 증거와 일치한다(10.4.3절).

10.4.6 대륙 충돌 메커니즘

대륙의 변형(continental deformation)의 다른 모든 주요 구역(예를 들면, 7.6절, 8.6절, 10.2.5절)과 마찬가지로, 충돌 조산대의 진화는 광역적 및 지역적 힘 사이의 균형, 대륙 암석권의 강도 및 유동학, 그리고 시간에 따른 이런 매개변수를 변화시키는 프로세스에 의해 지배된다. 이러한 요인들 사이의 상호 작용이 히말라야-티베트 조산대의 발달을 어떻게 제어하는지를 결정하기 위해, 지구과학자는 대륙 충돌의 물리적 및 유사 모델(physical and analogue models)을 개발했다. 본 절에서는 주요 결과와 이 분야의 연구에서 사용된 서로 다른 접근 방법에 대한 설명을 제공한다.

1 충돌 이전 역사(Precollisional history)

대륙 충돌이 시작될 때 대륙 암석권의 강도와 유동학은 충돌하는 2판의 충돌 이전 역사에 지배된다. 히말라야-티베트 조산대의 경우, 수백만 년에 걸친 섭입, 호상 마그마작용, 대륙편 부착성장(terrane accretion), 그리고 유라시아의 남쪽 주변을 따라 지각 두꺼워짐(10.4.2절)이 암석권을 약화시켰다. 인도-유라시아 충돌 동안에, 많은 봉합대, 두꺼운 플리쉬 시퀀스(flysch sequences), 그리고 유라시아를 특징짓는 다른 연약대(weak zones)가 변형을 대륙의 내부로 깊이 확장되게 하였다(Yin & Harrison, 2000; Tapponnier *et al.*, 2001).

유라시아와는 달리, 인도의 비교적 차갑고 뿌리 깊은 선캄브리아기 순상지는 충돌 동안에 단축에 저항하는 비교적 강한 판으로 나타났다. 인도 암석권의 일반적으로 높은 역학적 강도와 높은 탄성 두께 때문에 그것이 남부 티베트 아래로 언더스러스트되었다(10.4.3절). 인도에서 일반적으로 높은 강도의 예외는 초기 원생누대에서 팔레오세까지 북부 인도의 비활동 대륙 주변부에서 퇴적된 퇴적물이다. 충돌 동안에, 이런 약한 시퀀스는 파괴되고 내려가는 판에 긁혀져서 히말라야 습곡과 스러스트 벨트를 형성하였다.

2 대륙 언더스러스트(continental underthrusting)

다른 대륙판 아래로 대륙 암석권의 언더스러스트 혹은 섭입은 대륙 충돌대에서 수렴을 수용하는 가장 중요한 메커니즘 중 하나이다. 2판의 유동학과 그들 사이의 역학적 커플링(mechanical coupling)의 정도가 단축과 위로 올라간 판 내 응력의 진화를 제어한다. 히말라야-티베트 조산대에서, 인도 대륙 암석권의 언더스러스트가 인도 판의 앞쪽 가장자리에서의, 그리고 티베트 및 아마 더 먼 북쪽 아시아에서의 판 내 단축(intra-plate shortening)을 구동한다. 결과로서 생성된 단축이 70-80km 두께(10.4.5절)에 이르는 지각을 생성하였고, 티베트 고원의 융기와 성장에 기여하여 왔다. 중앙 안데스 산맥에서의 대응물(10.2.4절)과 마찬가지로, 고원은 지각을 충분히 약화시켜 그것을 흐르게 하는 높은 지각 온도와 광범위한 지각 내 용융(intra-crustal melting)과 관련된다. 이 프로세스가 근원적인 수렴 운동에서 티베트 지각을 분리하고 조산대의 역학을 변경시켰다.

지구물리학 관측이 인도 암석권은 중앙 티베트 아래의 적어도 어떤 지점까지 언더스러스트되었음을 보여주지만, 해석은 이 프로세스가 수용된 방법에서 차이가 있다(Dewey *et al.*, 1989; Yin & Harrison, 2000; Johnson, 2002). 가장 큰 문제는 언더스러스트가 티베트 아래에서 아시아 지각의 제거 또는 변위를 필요로 한다는 것이다(10.4.5절). 여러 메커니즘이 이 문제를 다소 해결할 수 있는데, 이에는 반공-누지앙 봉합 아래에서 인도 맨틀 암석권의 하강(downturning, 그림 10.21, p.xxviii의 플레이트 9.4(아래)), 티베트 아래에서 암석권 맨틀의 대류 제거 또는 박층분리(delamination; England & Houseman, 1988; Molnar *et al*., 1993), 아시아 맨틀의 남쪽으로 섭입(Willett & Beaumont, 1994), 그리고 티베트의 측면 탈출(lateral escape) 동안에 주향이동 단층작용에 의한 아시아 맨틀의 제거(10.4.3절) 등이 있다. 이러한 각종 프로세스의 역할이 불확실하게 남아 있지만, 메커니즘들의 조합이 티베트 아래에서 단축을 수용하는 것 같다.

3 압입, 측면 탈출, 그리고 중력 붕괴(indentation, lateral escape, and gravitational collapse)

충돌한 이후 인도와 유라시아 사이의 수렴의 총량과 조산대의 습곡-스러스트 벨트에 의해 수용된 단축의 총량 추정치를 비교하면 500km에서 1200km 이상의 범위에 걸치는 단축 부족이 있다(Dewey *et al*., 1989; Johnson, 2002). 이 부족 때문에 습곡작용과 스러스트작용으로 설명될 수 없는 수렴이 어떻게 수용되었을지를 설명하기 위한 수많은 시도가 있었다. 유력한 가설은 아시아로 인도의 압입과 동부 티베트의 측면 탈출(10.4.3절)이다. 압입(indentation)은 수렴 동안에 단단한 블록이 부드러운 블록에 눌러 넣어지고 그것을 변형시키는 프로세스이다. 압입의 이론은 원래 플라스틱 재료를 변형시킴에 있어, 최대 전단응력의 선(lines of maximum shear stress) 또는 슬립 라인(slip line)의 윤곽을 예측하기 위하여 기계 공학자에 의해 개발되었다. 지질학적 응용에서, 슬립 선은 그 패턴이 압자(indenter)의 모양과 플라스틱 매체에 배치된 측면의 제약에 의해 제어되는 우수향 및 좌수향 주향이동 단층에 해당한다(Tapponnier & Molnar, 1976; Tapponnier *et al*., 1982). 한 선구적인 적용에서, Tapponnier *et al*.(1982)은 단단한 50mm 폭의 블록(인도)이 엽층리 소상용 점토(laminated plasticine)로 만들어진 더 부드러운 블록(아시아)을 뚫고 들어가게 함으로써 압입의 효과를 탐험했다. 그림 10.22는 소상용 점토가 압자의 움직임에 평행한 2모서리에서 양측으로 제약되거나(그림 10.22a-c) 또는 모서리의 하나에서만 제약되는(그림 10.22d-f) 2가지 진화의 연속적인 장면을 보여준다. 양측으로 제약된 경우는 빠르게 압자에 밀착되는 '죽음의 삼각형(dead triangle)'의 전방에 대칭 패턴의 슬립 라인을 생성한다. 삼각형의 정점 근처에 수많은 단명의 우수향 및 좌수향 단층 생성에 의해 침투가 진행한다. 한측만의 경우는 F_1과 같은 자유변(free edge) 쪽으로 변위를 허용하는 단층이 우세한 비대칭 패턴을 생성한다. 옆으로 이동된 블록은 약 25° 시계 방향으로 회전하고 최대 약 40°로 첫번째 블록의 지속적인 회전을 허용하는 다른 좌수향 단층,

F_2를 따라서 두번째 블록의 압출이 뒤따른다. 인리형 분지(8.2절)가 그것들의 불규칙한 형상 때문에 좌수향 단층을 따라 발달한다. 이런 움직임이 진행함에 따라 갭이 압자와 압출된 소상용 점토 사이에서 자란다. Tapponnier *et al.*(1982)은 이러한 결과가 중국에서 좌수향 오프셋(offset)의 우세를 설명한다고 제안하였다(그림 10.22g). 인리형 구조(pull-apart structure)는 산시(Shansi), 몽골, 바이칼의 확장 권역(extensional regimes)과 비슷할 수 있다. 알틴 타그 단층(Altyn Tagh Fault)은 주요 단층 F_2와 레드 리버 단층(Red River Fault)은 F_1과 대비될 수 있다. 이 비교를 통해 압입이 티베트의 원인이 되었다는 것을 알 수 있다. 결국, 알틴 타그와 레드 리버 단층 사이와 남동쪽으로 측면 압출이 남중국해(Shouth China Sea)와 태국 만(Gulf of Thailand)에서 관찰되는 패턴과 유사한 확장으로 나타난다(그림 10.22g).

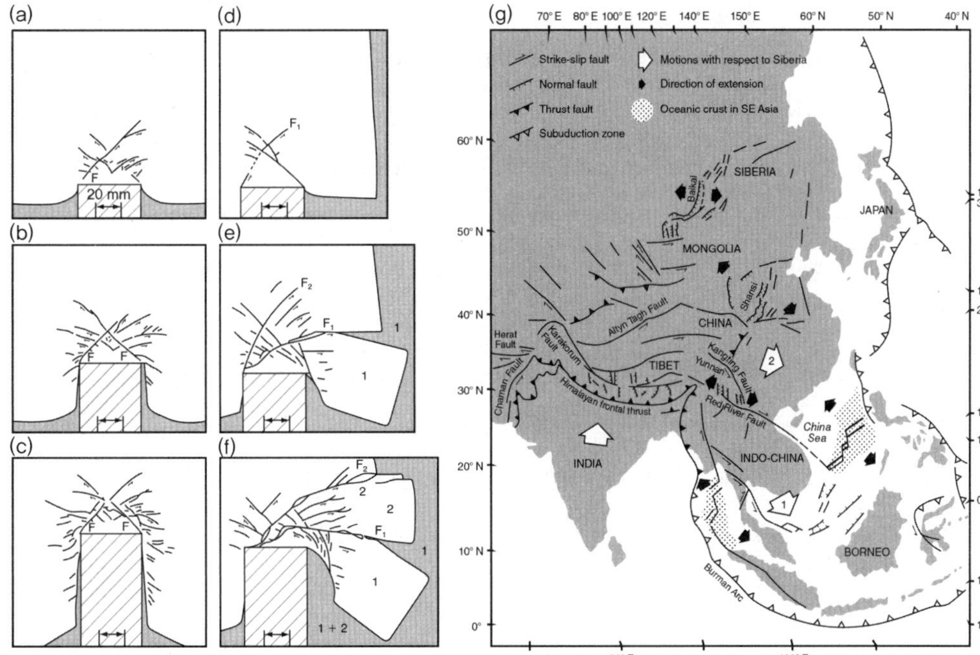

그림 10.22 (a–f) 소상용 점토(plasticine) 위의 압입 실험(Indentation experiments)과 (g) 동아시아의 압출 구조론(extrusion tectonics)을 보여주는 개략적인 지도(Tapponnier *et al.*, 1982에서 다시 그려짐, Geological Society of America의 허가로). F, 주요 단층. (g)에서 화살표와 관련된 숫자는 압출 단계: 1, ~50–20Ma; 2, ~20–0Ma

1970년대 후기와 1980년대 초기의 개발 이후, 대륙 충돌의 압입 모델(indentation model)은 상당히 진화했다. Tapponnier et al.(1982)의 모델이 동부 티베트와 동남아시아에 있는 주향이동 단층의 전반적인 패턴과 분포를 설명하지만, 그것은 변형의 다른 측면을 성공적으로 설명하기에는 부족한 면이 있다. 하나의 문제는 그것이 티베트 내의 큰 주향이동 단층에서 수백 내지 일천 킬로미터의 횡 방향 변위를 예측한다는 것이다. 그러나 지금까지 슬립 크기의 추정을 통해 주요 주향이동 단층에서 매우 큰 크기의 변위를 확인하는데 실패했다. 예를 들면, 알틴 타그 단층은 단지 200km의 좌수향 슬립을, 그리고 시안수이헤(Xianshuihe) 단층은 약 50km의 슬립을 가질 수 있다(Yin & Harrison, 2000). 이러한 관찰은 측면 탈출(lateral escape)이 발생하는 동안 그것이 원래 예측되어진 것보다 작은 규모로 발생할 수 있다는 것을 시사한다.

그림 10.22에 보인 적용에 또 다른 문제는 그것은 변형 동안에 지각 두께 변화의 효과를 예측 혹은 고려할 수 없다는 것이다. 게다가 티베트의 동서 확장과 정단층의 지역은 모델에서 유사물이 없다. 확장에 대한 한 가지 가능한 설명은 그것은 고원의 큰 두께와 높은 고도와 관련된 중력 부력에서 유래한다는 것이다. 이 견해로 말하면, 부력이 있는 지각 뿌리(crustal root)의 존재와 대류 침식(convective erosion) 또는 박층분리에 의해 맨틀 암석권의 가능한 제거(10.2.5절 참조)에 의해 강화된 중력 에너지의 과잉이 과하게 두꺼워진 지각(overthickened crust)의 **중력 붕괴(gravitational collapse)**를 구동한다(Dewey, 1988; England & Houseman, 1989). 중력 에너지의 측면 구배는 고원이 퍼지는데, 그리고 그것이 다른 암석권 요소와 상호 작용하는 동부 저지대를 향해 옆으로 이동하는 데 도움을 줄 수 있다. 이 확장에 대한 다른 기원이 또한 제안되었지만, 이 힘을 양적으로 고려하면 고원의 진화는 압입 또는 인도와 유라시아 판의 가장자리에서 발생하는 응력에 의존하는 것만큼 부력과 지역적 경계 조건에 의존한다는 것을 알 수 있다(Royden, 1996; Liu & Yang, 2003). 과하게-두꺼워진 지각의 중력 붕괴는 또한 많은 지역에서 그것이 확장 변성 핵심 복합체(7.3절)의 형성에 연결된 곳에서 수렴이 멈춘 후 조산대의 진화를 설명한다.

이러한 영향을 설명하기 위하여, 연구자들은 대륙의 충돌에서 발생하는 모서리 힘(edge force)과 지각 두께의 차이에서 생성되는 내부 힘(internal force) 모두에 반응해서 변형되는 점성 시트(viscous sheet)를 사용하여 아시아의 변형을 시뮬레이션하였다(England & Houseman, 1989; Robl & Stüwe, 2005a). 각 단층의 변위를 모델링하기보다는 오히려, 이런 연속체 모델(continuum model)은 충돌하는 판들 사이에서 분산된 흐름의 구역으로 변형을 시뮬레이션한다. 대개의 사람들은 단축하는, 그리고 두꺼워지는 지각의 구역이 전진하는 압자의 앞면에, 그리고 적절한 경계 조건이 있으면 측면에 성장한다고 예측한다. 이 결과들은 인도-유라시아 충돌에 직접 관련된 변형의 구역이 소상용 점토 모델(plasticine models)에 의해 예측된 것보다 훨씬 작고, 동남아시아에 있는 다른 변형 지역은 충돌에서 발생하는 국부적 및 구조적 힘과 관련이 없음을 시사한다. 대신, 이 후자 지역의 변형은 아시아의 남쪽과 동쪽에 위치하는 판 경계와 관련된 광역적인 구조적 응력장에서 유래될 수 있다.

압입의 연속체 모델은 일반적으로 동부 티베트의 측면 탈출을 포함하는 아시아의 비대칭 변형을 설명하는 데 성공했다. 그것들은 또한 인도와 아시아에서 관찰된 변형의 스타일에 암석권 강도와 유동학 변화의 영향을 조사하는 데 적합하다. 예를 들면, Robl과 Stüwe(2005a, 2005b)는 측면 탈출하는 동안에 아시아의 측면 및 수직 변형 모두의 패턴에 대륙적 압자의 모양, 수렴 각도, 그리고 유동학 변화의 영향을 탐구하였다. 이들 저자들은 이러한 파라미터의 조합을 포함하는 압입에 대한 변형하는 점성 시트의 민감도를 조사하였다. 그들의 적용에 특히 흥미로운 점은 지각 두꺼워짐에서 발생하는 부력이 어떻게 압입에서 유래된 모서리 힘에 의해 균형이 잡히는지에 대한 조사이다.

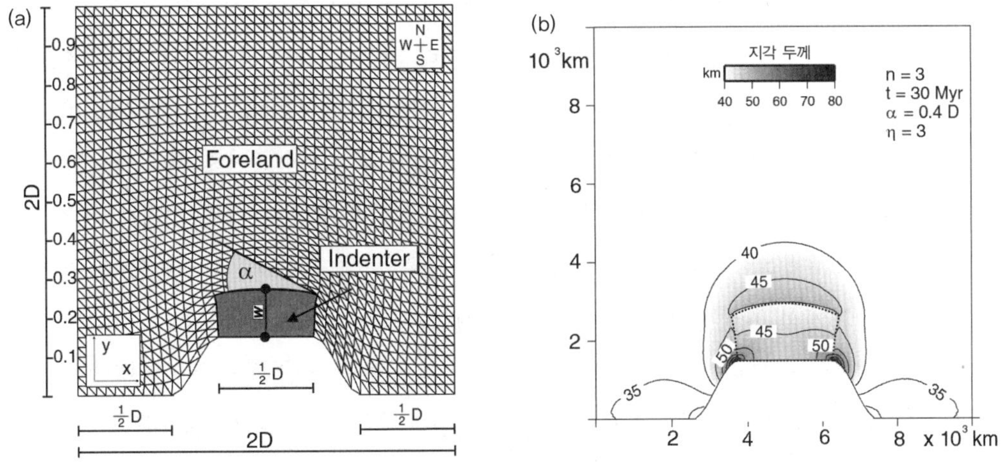

그림 10.23 압입의 유한 요소 모델의 기하학과 경계 조건(Robl & Stüwe, 2005a에서 수정되어, J. Robl에 의해 제공된 이미지, American Geophysical Union의 허가로. 저작권 © 2005 American Geophysical Union). (a) 3200개 삼각형으로 구성된 정규 그물. 음영된 지역은 압자(indenter)이고 엷은 지역은 융기대전면(foreland)이다. (b) D=5000km의 길이 축척과 50mm a^{-1}의 압입 속도에 대해 비례축소된 대표적인 모델 결과. 그레이 스케일(gray scale)은 압자와 융기대전면 사이에 분포된 지각 두꺼워짐을 나타낸다.

Robl과 Stüwe(2005a)의 실험에서 아시아는 3200개의 삼각형(그림 10.23a)을 갖는 정사각형 그물로 구성되어 있는 점성 시트로 모델링된다. 그물의 동부, 서부, 북부 경계는 단단하고 이동할 수 없다. 이러한 제약은 북쪽에 타림 분지, 그리고 서쪽에 파미르의 효과를 흉내 낸다. 남쪽 경계에서 폭($D/2$)과 길이(ω)의 압자가 50mm a^{-1}에 맞춰진 속도로 북쪽으로 이동한다. 이러한 운동은 북쪽에 압자(indenter)와 융기대전면 사이에 분포된 변형과 두꺼워짐으로 나타난다(그림 10.23b). 2개의 중요한 변수는 압자와 융기대전면 사이의 점성도 차이(η)와 압자 전면과 압입의 방향 사이의 각도(α)이다. 모든 물질은 변형 속도가 응력(2.10.3절)에 관련된 방법을 설명하는 지수(n)을 갖는 지수-법칙 유동학(power law rheology)을 사용하여 설명된다.

변형의 분포에 대한 압자 모양의 영향은 압자가 강한 시뮬레이션에서 매우 잘 도시된다. 점성도 차이 $\eta = 1000$과 $\eta = 100$이 이 조건을 흉내 낼 수 있다. 결과에 의하면 $\alpha = 45^\circ$의 압입 각도와 강하고 점성이 있는 압자에 대한 변형은 충돌하는 블록들 사이의 접촉면을 따라 국지화하고 수평 속도장(horizontal velocity field)은 매우 비대칭적이다. 지각의 두꺼워짐은 서쪽 끝의 북쪽에서 최대이고 북동쪽 모서리의 앞에서 약간 더 작다(그림 10.24a, b). 동쪽으로 움직이는 일단의 물질이 압자의 북동쪽에 발달한다(그림 10.25a). 이러한 비대칭성은 높은 점성도를 갖는 직사각형 압자를 둘러싸는 대칭 패턴과 대비된다(그림 10.23b, 10.25b). 저점성도 압자($\eta = 2$ 또는 3)에 대해, 압자 각도는 보조 역할만 한다. 이러한 후자의 경우에, 시간이 지남에 따라 패턴이 점차적으로 더 대칭적이 되고 비국지화되면서 압자가 단축과 두꺼워짐의 대부분을 수용한다(그림 10.24c, d). 그림 10.25c와 d는 직사각형 압자에 대한 수평 속도장이 $\alpha = 45^\circ$의 압자 각도를 갖는 것과 유사하다는 것을 보여준다. 이러한 결과는 경계 조건의 주어진 세트에 대해, 지각의 측면 탈출(lateral escape)이 비교적 강한 압자 유동학에 대한 압도 각도와 함께 증가하고 동부 티베트에서 관찰된 변위의 패턴을 흉내 낸다는 것을 나타낸다.

아시아 암석권이 특히 점성이 있고 강한 상황에서, 측면 탈출은 블록이 단단한 압자의 방향에서 비켜날 때 수평 압축에서 주로 유래된다. 이러한 경우에, 두꺼워짐은 매우 국지화되거나 혹은 물질의 높은 강도에 의해 억제되는 경향이 있기 때문에 지각 두꺼워짐에서 발생한 부력은 수평 속도장에 거의 기여하지 않는다. 아시아의 강도가 감소함에 따라, 지각 두꺼워짐의 크기와 분포는 증가하고, 중력 부력(gravitational buoyancy forces)이 점점 더 중요해진다. Robl과 Stüwe(2005a) 및 다른 사람들(Liu & Yang, 2003)의 수치 시뮬레이션은 티베트에서와 같이 약하고 두꺼운 지각에 발달하는 부력이 측면 탈출의 속도를 향상시킨다는 것을 암시한다.

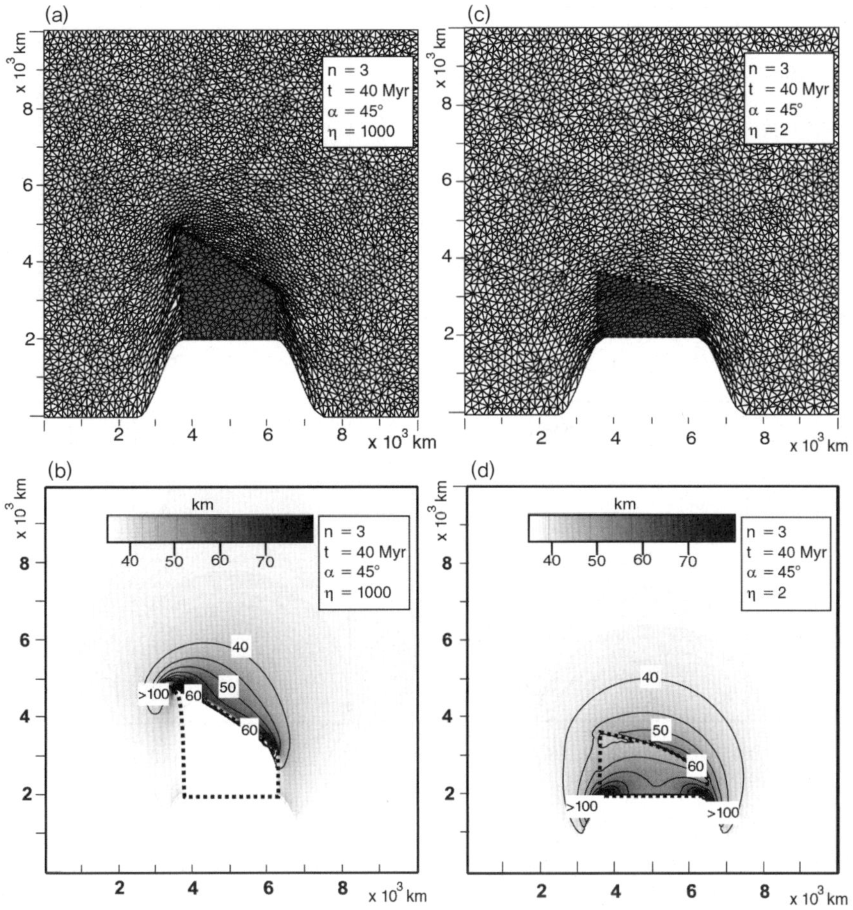

그림 10.24 비스듬한 압자의 진화에 대한 점성도 차이의 영향을 보여주는 유한 요소 모델(Robl & Stüwe, 2005a에서 수정되어, J. Robl에 의해 제공된 이미지, American Geophysical Union의 허가로. 저작권 © 2005 American Geophysical Union). 두 모델 실행에서, 기하학은 동일했고, $n=3$, 그리고 $\alpha=45°$ 이다. 굵은 점선은 압자의 윤곽이다. (a, b) 점성도 차이 $\eta=1000$. (c, d) 점성도 차이 $\eta=2$. (a)와 (c)는 4천만 년 후의 무한 요소 그물, (b)와 (d)는 지각의 두께에 대한 등층후선으로 그려진 상응하는 다이어그램을 보여준다.

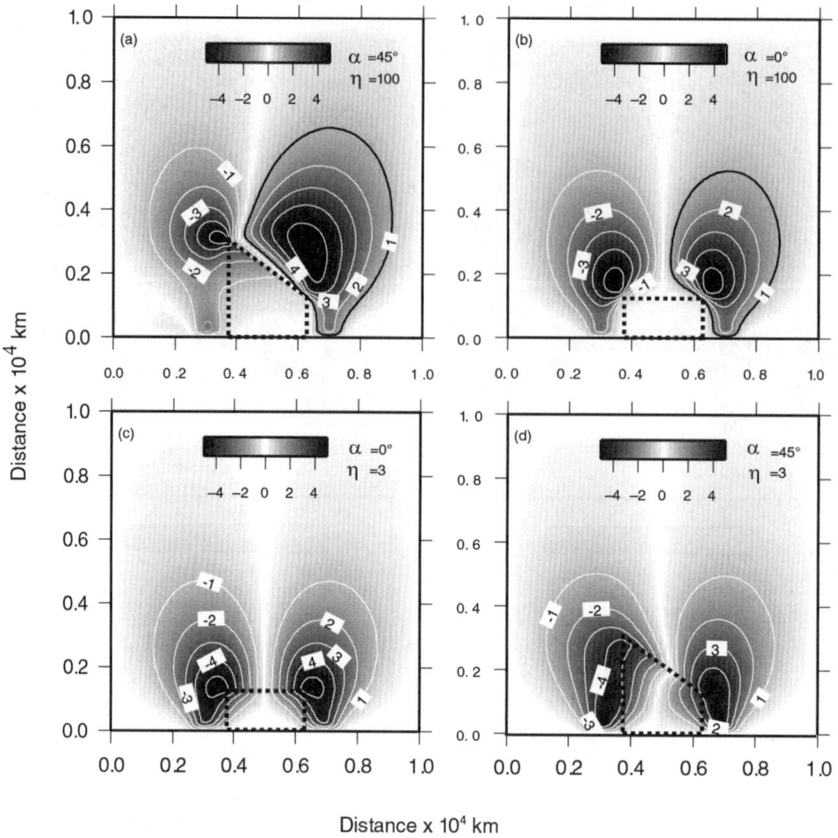

그림 10.25 2개의 서로 다른 압자 유동학(indentor rheologies)과 2개의 압자 각도(indentor angles, α)로 압입하는 동안의 동시적인 측면 변위장(lateral displacement field)을 보여주는 유한 요소 모델링의 결과(Robl & Stüwe, 2005a에서 수정되어, J. Robl에 의해 제공된 이미지, American Geophysical Union의 허가로. 저작권 © 2005 American Geophysical Union). (a)와 (b)는 압자와 $\eta = 100$의 융기대전면 사이의 점성도 차이를 보여준다. (c)와 (d)는 $\eta = 3$의 차이를 보여준다. $\alpha = 0°$와 $\alpha = 45°$의 압입 각도가 표현된다. 그레이 스케일 바는 수평 속도를 보여준다. 등속도선 간격은 1mm a^{-1}이다. 동쪽으로 이동하는 지역은 (a)에 표현된 비스듬한 압자에 대해서 가장 크다.

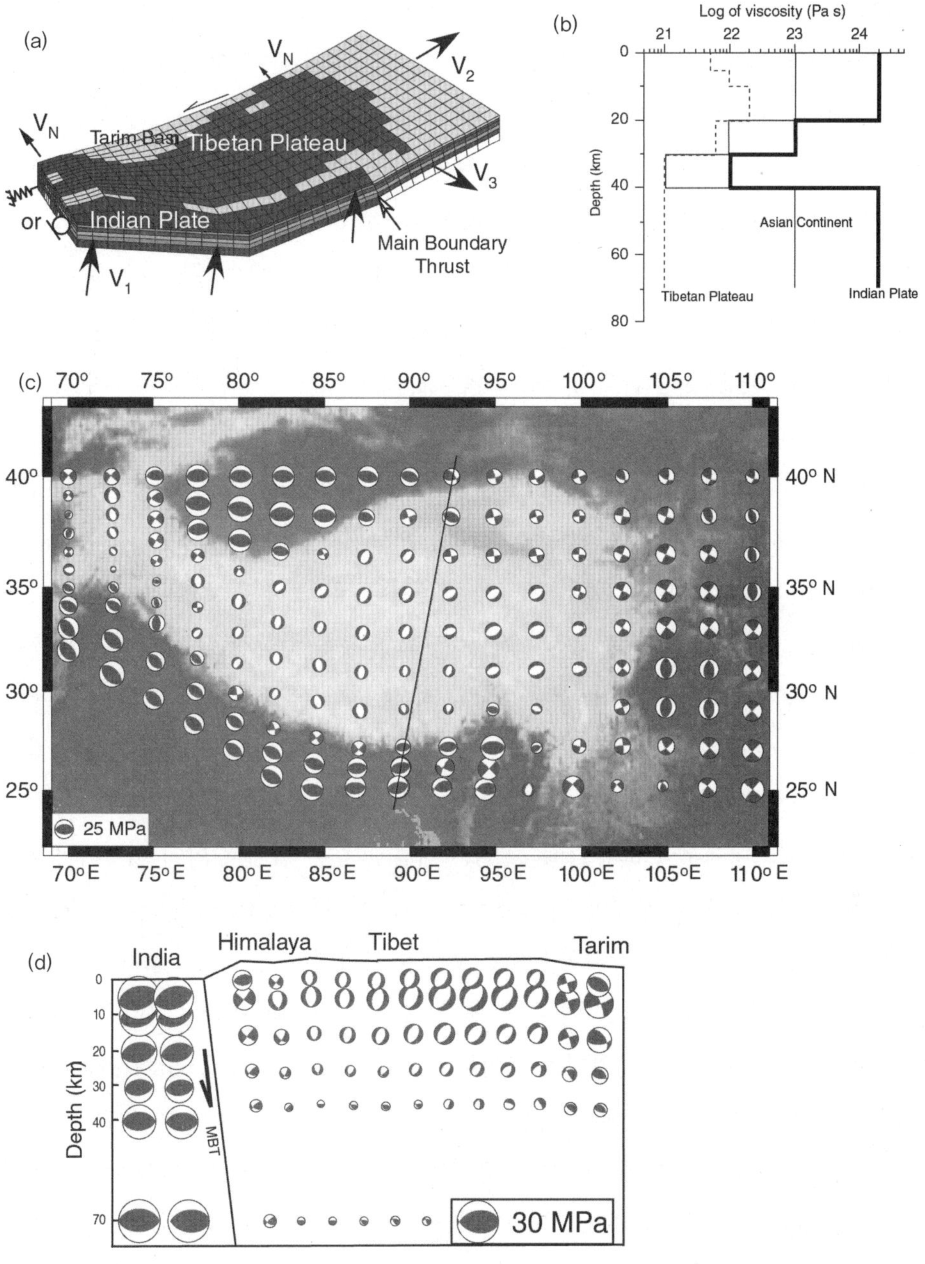

그림 10.26 (a, b) 초기 조건과 (c, d) 히말라야-티베트 조산대의 유한 요소 모델의 결과(Liu & Yang, 2004에서 수정되어, Y. Yang과 M. Liu에 의해 제공된 이미지, American Geophysical Union의 허가로. 저작권 © 2004 American Geophysical Union). 메인 바운더리 스러스트(Main Boundary Thrust)가 인도 판과 유라시아 대륙 사이의 역학적 커플링 정도를 반영하기 위해 조정된 약대(weak zone)로 시뮬레이션된다. (b)에서 유효 점성도 단면은 티베트 고원(점선), 인도 판(굵은 선), 그리고 유라시아 대륙의 나머지 부분(얇은 선)에 해당한다. (c) 10km 깊이에서의 예측된 응력을 보여준다. 각 기호는 지진 발진 메커니즘에 사용되는 것과 유사한 3차원 응력 상태의 하부 반구 스테레오망 투영(stereonet projection)이다. (d)는 깊이에 따른 예측된 응력의 변화를 보여준다. 깊이 변화는 (b)에서 사용되는 유동학적 모델과 관련된다. 스케일은 오른쪽 하단에 표시됨

Liu와 Yang(2003)에 의해 개발된 3차원 점성탄성 모델(viscoelastic model)은 다양한 가능한 구동력과 수직 및 수평 변화 모두를 포함하는 유동학적 구조가 티베트와 그 주변 지역의 변형 패턴에 어떻게 영향을 미치는지를 보여준다. 대부분의 다른 것과 같이 이 모델은 유라시아에 대해 일정한 속도로 변형할 수 있는 유라시아 대륙과 충돌하는 단단한 인도 판을 필요로 한다. 2개의 판은 메인 바운더리 스러스트(Main Boundary Thrust)를 흉내 내는 단층대를 가로질러 결합된다(그림 10.26a). 모델의 동부와 남동부 측면에서 경계 조건은 지각의 측면 탈출을 흉내 내도록 설정된다. 서쪽에서, 스프링 또는 롤러의 효과가 파미르의 단단한 블록의 측면 저항력을 흉내 낸다. 모델의 북쪽에서 경계 조건은 단단한 타림 분지에 의한 움직임에 대한 저항에 가깝다. 상단 표면은 실제 지형에 근접하고 바닥은 70km 깊이에 있다. 수직 지형 하중은 유한 요소 모델(finite element model)의 각 표면 격자의 암석 기둥 중량을 계산함으로써 셈에 넣어진다. 지각평형 복원력(isostatic restoring force)이 모델의 바닥에 적용된다. 많은 다른 모델과는 달리, 이 실험은 딱딱한 인도 판, 약한 티베트 고원, 그리고 고원의 북쪽에 중간 강도 아시아 대륙을 포함하는 3개 지각 블록을 사용하여 유동학의 측면 변화를 또한 반영시킨다. 게다가 서로 다른 실제 점성도를 갖는 물질로 이루어진 여섯 층은 이들 블록의 유동학의 수직 변화를 나타낸다(그림 10.26b).

이 프레임워크 내에서, Liu와 Yang(2003)은 다음과 같은 힘의 결합이 히말라야와 티베트 고원에서 응력의 현재 상태에 기여하는 것으로 생각했다. (i) 아시아와 인도의 충돌로 인한 수평 압축 힘, (ii) 지각평형적으로 보상된 지형에서 유래된 부력, (iii) 인도가 티베트 아래로 미끄러질 때 유라시아 판에 대한 기저 전단(basal shear), 그리고 (iv) 아시아의 남쪽과 동쪽에 위치하는 섭입대의 당기는 힘에서 발생하는 수평력(horizontal forces). 응력장은 GPS 데이터, 진원 메커니즘, 지형, 그리고 다른 관찰에 의해 제약된다. 그림 10.26c와 d는 측지 데이터에 기초하여 작성된 속도 경계 조건(velocity boundary conditions)을 이용하여 상부 지각(10km 깊이)에서 예측된 응력을 보여준다. 히말라야 프런트(Himalayan front)에서 N20°E를 향해 44mm a^{-1}(V_1), 동편에서 동쪽으로 7mm a^{-1}(V_2), 그리고 모델의 남동편에서 남동쪽으로 10mm a^{-1}의 균일한 수렴 속도(V_3). 북쪽으로 20mm a^{-1}의 속도(V_N)가 모델의 서쪽에서 나타나고 동쪽 편에서 제로로 감소한다. 이 효과가 역학적으로 약한 메인 바운더리 스러스트대(Main Boundary Thrust Zone)에 의해 오프셋될 수 있지만 더 높은 수렴 속도는 유라시아와 인도 판 사이의 향상된 역학적 커플링(mechanical coupling)으로 이어진다.

모델 결과는 지표면 속도장과 조산대에서 변형의 체제(10.4.3절)가 중력 부력, 압입하는 인도 판, 그리고 고원의 특정한 형태와 경계 조건 사이의 역학적 균형을 반영한다는 것을 암시한다. 지각의 두꺼워짐과 지형적 융기는 모델의 북쪽 끝에서 단단한 후방방어벽(back-stop) 역할을 하는 타림 분지의 존재에 의해 강화된다. 관찰된 동서 확장과 티베트의 높은 고도를 얻으려면, 티베트 지각은 매우 약해지지 않으면 안 된다. 이 모델은 지각이 변형되고 두꺼워지기 때문에 힘 균형은 시간을 통해 진화한다는 것을 시사한다. 고원이 약 5km인 현재의 높이보다 50% 낮을 때, 주향이동 및 역단층이 고원 지역을 지배한다. 상당한 지각 확장이 고원이 현재 고도의 75%에 도달할 때 발생한다. 또한 이 모델은 원거리장(far field) 확장력이 고원의 붕괴를 높일 수 있지만 그것들이 필수적이지 않다는 것을 시사한다. 북부 티베트에서 단축이 증가하고 있는 동안 기저 전단이 또한 히말라야와 남부 티베트의 확장 권역(extensional regime)을 증가시킨다. 이 후자의 효과는 기저 전단이 티베트의 남쪽 가장자리에서 확장을 구동하는 부력과 균형을 이루는 압축(압입) 응력을 완화하기 때문에 발생한다. 이것은 확장을 향상시키는 상부 지각에서 압축응력의 감소로 이어진다. 인더스-장보 봉합의 북쪽에서, 기저 전단이 수평 압축에 추가되어, 증가된 단축으로 나타난다.

4 하부 지각의 흐름과 연성 분출(lower crustal flow and ductile extrusion)

상기된 압입의 단순한 수치 및 유사체 실험은 국부적 경계 조건과 암석권 유동학의 변화에 대한 충돌 벨트의 변형 민감도를 나타낸다. 수치 실험 중 특히 흥미로운 그룹이 대륙 충돌의 역학에 대한 약하고 흐르는 중간과 하부 지각(flowing middle and lower crust)의 효과를 탐구하였다. 이런 약한 지각의 조건은 티베트 아래의 중간 지각이 뜨겁고, 유체가 풍부하고 및/또는 부분적으로 용융된다는 것을 나타내는 지질 및 지구물리학적 관측과 잘 일치한다(10.4.5절).

Royden(1996) 및 Ellis *et al.*(1998)은 강하고 약한 층으로 암석권의 수직 성층(vertical stratification)이 수렴 동안에 변형의 국지화 정도에 영향을 미친다는 것을 보여주었다. 하부 지각이 비교적 강하고 흐름에 저항하는 경우, 지각은 단축 동안에 하부에 놓이는 맨틀에 결합되는 경향이 있고, 표면에 비교적 좁은 구역의 국지화된 변형으로 나타난다. 이 효과는 동부 알프스와 뉴질랜드 남알프스의 비교적 좁은 폭, 삼각형 모습, 그리고 높은 조산대 고원의 결여를 설명할 수 있다. 대조적으로 하부 지각이 비교적 약하고 쉽게 흐르는 경우, 지각은 맨틀에서 분리되고 확산 변형으로 나타난다. 이 후자의 효과는 낮은 점성도의 구역이 지각 두꺼워짐 동안에 심부 지각에서 발달하였고, 넓고 가파른 측면을 갖는 고원이 약한 구역(weak zone) 위에 형성된 티베트와 중앙 안데스 산맥에 적용할 수 있다(10.2.4절, 10.4.5절).

약한 하부 지각의 연성 흐름의 결과로 지각의 수직 디커플링(vertical decoupling)이 티베트의 북쪽과 동쪽 가장자리를 따라서 잘 도시된다. 이 지역에서 균형적 단면(cross-sections)이 스러스트단층들이 중간 지각의 데꼴망으로 모인다는 것을 보여준다(Yin & Harrison, 2000). 측지 데이터(그림 10.16a)와 지질학적 관찰의 비교를 통해 동부 티베트의 용문산 지역에서 지각의 측면 움직임은 표면에서 발생하는 단층으로는 거의 없고 대부분 하부 지각 흐름에 의해 수용된다는 것을 알 수 있다(Burchfiel, 2004). Clark & Royden(2000) 및 Clark *et al.*(2005)는 이런 관계를 측면 움직임이 사천 분지의 강한 지각과 맨틀을 만날 때 부분 용융된 하부 지각의 측면 흐름에서 유래된 역학적 압력의 결과로 설명했다. 분지의 서쪽 가장자리에서, 흐르는 하부 지각은 고생대-중생대 친링 봉합(Qinling suture)과 일치하는 유동학적으로 약한 지각 회랑지대를 따라 북동쪽으로 전환한다. 이 흐름에 대한 상부 지각의 반응은 동적 융기와 주향이동 단층작용일 수 있으며, 이것은 그것의 중부와 남부 구역에 비교되는 동부 티베트의 비정상적으로 높은 지형으로 나타난다.

향상된 표면 침식과 결합된 대륙 언더스러스트작용의 변형-연화(strain-softening) 효과 역시 조산작용의 역학을 변경시키는 변형 국지화로 나타날 수 있다. 이런 프로세스의 훌륭한 예는 뉴질랜드의 남알프스(8.6.3절)에서 발생한다. 변형-연화 피드백은 히말라야 습곡 및 스러스트 벨트와 인도 암석권이 유라시아 아래에서 북쪽으로 언더스러스트되는 남부 티베트의 구조 진화(tectonic evolution)에 크게 기여했다. Hodges(2000)가 조산대의 정량적 모델에서 설명이 필요한 이런 비교적 좁은 구역의 9가지 주요 지질학적 및 구조적 특징을 요약하였다. 이러한 특징들은 다음과 같다(그림 10.20c). (i) 히말라야의 남쪽 측면의 빠른 침식, (ii) 남쪽에 메인 센트럴 스러스트(MCT) 시스템 위의 단축, (iii) 남 티베트 분리(STD) 시스템의 확장, (iv) 대히말라야(Greater Himalaya)의 고변성도 변성작용과 지각 용융, (v) 티베트 아래에서 중간 지각의 지각 용융, (vi) MCT를 가로질러 대조되는 암석의 병렬, (vii) 고변성도 암석이 MCT를 따라 소히말라야(Lesser Himalaya) 위로 스러스트된 반전된 변성 시퀀스, (viii) 인더스-장보 봉합의 위치, 그리고 (ix) 남부 티베트 고원의 남북 확장을 수용하는 정단층이다.

대륙 언더스러스트작용과 결합된 향상된 침식이 어떻게 이런 주용 특징들을 설명할 수 있는지를 판정하기 위하여 Beaumont *et al.*(2001, 2004)은 2개의 관련된 프로세스의 결합을 포함하는 열역학적 모델을 구축하였다. 첫째 프로세스는 연성 중간 내지 하부 지각의 **채널 흐름(channel flow)**이다. 채널 흐름은 전단대로 위와 아래가 경계되어지는 좁은 구역의 부분적으로 용융된 지각의 측면 이동이다. 이 저자들은 티베트 고원의 점진적인 성장을 설명하기 위하여 이런 유형의 흐름을 사용했다. 두 번째 프로세스는 동시대의 정단층성향의, 그리고 스러스트성향의 전단대(normal-sense and thrust-sense shear zones) 사이에서 고변성도 변성암의 **연성 분출(ductile extrusion)**이다. 이 후자의 프로세스는 산맥의 남쪽 측면을 따른 대히말라야 암석의 침식노출(exhumation)을 설명하는 데 사용된다. 모델에서 이 두 프로세스는 고원의 남쪽 가장자리를 따라 집중된 표면 침식(즉, 지표면 물질의 제거)과 낮은 점성도, 티베트 아래의 부분적으로 용융된 지각 존재의 효과를 통해 연결되어 있다. 높은 고원과 강가 융기대전면(Ganga foreland) 사이의 지각 두께의 변화, 삭박의 속도, 그리고 상부 지각 강도도 역시 변형의 스타일에 영향을 미친다. 모델은 채널 이질성(channel heterogeneities)과 모델링된 고원 아래에서 맨틀 암석권 거동의 변화에는 비교적 민감하지 않다.

Beaumont *et al.*(2004)의 열역학적 모델은 지각과 맨틀 층으로 나누어진 수직 평면으로 구성되어 있다(그림 10.27a). 수동적 마커 격자와 번호가 붙은 수직 마커가 수렴 동안에 모델의 점진적인 변형을 추적할 수 있게 한다. 봉합(S)은 인도 암석권이 유라시아 아래로 섭입되고 일정한 속도(V_P)와 일정한 경사각(θ)으로 맨틀로 하강하는 위치를 표시한다. 이 지점은 수렴 중에 이동이 허락된다. 기저 속도 조건(basal velocity condition)이 상부판의 흐름을 구동한다. 지각은 점성소성(viscous-plastic) 지수-법칙 유동학을 사용하여 모델링된 건조한 백립암 하부 지각(dry granulitic lower crust) 위에 놓이는 상부 및 중간 석영장석질(quartzofelspathic) 층으로 이루어져 있다. 초기 열 구조(그림 10.27b)는 지각에 내부의 열을 제공하는 두 개의 방사성 층(A_1, A_2)을 보여준다. 암석권-연약권의 경계는 1350°C의 등온선으로 정의된다. $q_m = 20\,\mathrm{mW\,m^{-2}}$의 기저 열류량(heat flux), $q_s = 71.25\,\mathrm{mW\,m^{-2}}$의 지표면 열류량, 그리고 모델의 측면들을 통한 열류량이 없는 0°C의 표면 온도(T_s)가 주어지면, 모호면 온도는 704°C가 된다. 다른 중요한 모델 속성은 소량의 부분 용융과 1.0-20mm a^{-1}로 비율에 따라 정해진 지표면 삭박의 존재를 흉내 내는 지각의 점성도 약화의 별도 증가(extra increment)를 포함한다.

그림 10.27c-e는 히말라야와 남부 티베트의 대규모 형상과 구조적 특징의 내부적으로 일관성 있는 설명을 제공하는 모델의 결과를 보여준다. 이 모델은 인도 압자가 유라시아

로 침투함에 따라 충돌 전(precollisional) 봉합대가 단단한 인도 압자를 감싸는 방식을 모방하는 50mm a^{-1}의 수렴 속도와 전진하는 섭입을 반영시킨다. 지표면 삭박도 역시 봉합(S)이 전진하도록 요구하는데, 이는 $V_S = 25\,\text{mm a}^{-1}$의 속도로 모델링된다. S가 모델 동안에 움직이지만, 그림 10.27c-e의 결과는 다이어그램의 크기를 다루기 쉽게 유지하기 위해 고정된 점 'S'로 표시된다. 전진하는 섭입은 유라시아 암석권의 제거를 필요로 하는데, 이는 섭입으로 모델링된다. 인도 하부 지각은 그것의 하부에 놓이는 맨틀 암석권과 함께 섭입된다. 어떠한 변위도 모델의 평면에서 발생하지 않는다.

인도 암석권이 남부 티베트 아래로 언더스러스트될 때, 채널 흐름이 고원(그림 10.27c, d) 아래 중간-하부 지각의 부분적으로 용융된 물질의 발달에 의해 시작된다. 같은 시대의 스러스트-센스, 그리고 정단층-센스(normal-sense) 전단대가 채널의 하부와 상부를 가로질러 각각 발달한다. 이 전단대는 메인 센트럴 스러스트 및 남티베트 분리 단층(South Tibetan Detachment Fault)에 해당하는 것으로 해석된다. 채널은 수렴하는 지각을 통해 전파한다. 고원의 남쪽 가장자리에서 효율적인 침식은 채널 흐름과 지표면 삭박 사이의 커플링으로 이어진다. 삭박이 모델링하는 내내 지각 물질 유량의 불균형을 만들기 때문에 봉합(S)의 지표면 위치를 맨틀에 대해 인도 쪽으로 이동시킨다(그림 10.27c-e). 51-54Ma 후에 봉합의 최종 위치는 티베트 고원 내의 인더스-장보 봉합의 위치를 모방한다.

채널 흐름과 지표면 삭박 간의 커플링은 결국 동시대의 스러스트와 정단층 사이 채널의 뜨거운 물질의 연성 분출과 침식노출로 이어진다(그림 10.27d, e). 침식노출은 대히말라야(Greater Himalaya)의 고변성도 변성암과 혼성암(즉, 변성암과 화성암 성분 모두로 구성된 혼합된 암석)을 노출시킨다. 채널 물질의 출처는 두 공급원으로부터 유래된다. 처음, 중간 지각의 용융 약화(melt weaking)가 지점 'S'의 바로 남쪽에 발생한다(그림 10.27c). 나중에, 봉합이 남쪽으로 이류됨(advected)에 따라 물질이 봉합의 유라시아 측면에서 유래된다. 이 프로세스는 인더스-장보 봉합의 남쪽 채널 지각은 인도 지각 유사성을 보여주는 반면, 봉합의 북쪽 채널 물질은 지질학적 관찰(10.4.4절)에 얼마간 부합하는 유라시아 지각 유사성을 가질 것으로 예언한다. 다른 유사한 모델이 대히말라야에서 관찰된 것과 유사한 편마암 돔(gneiss domes)의 형성을 예언한다.

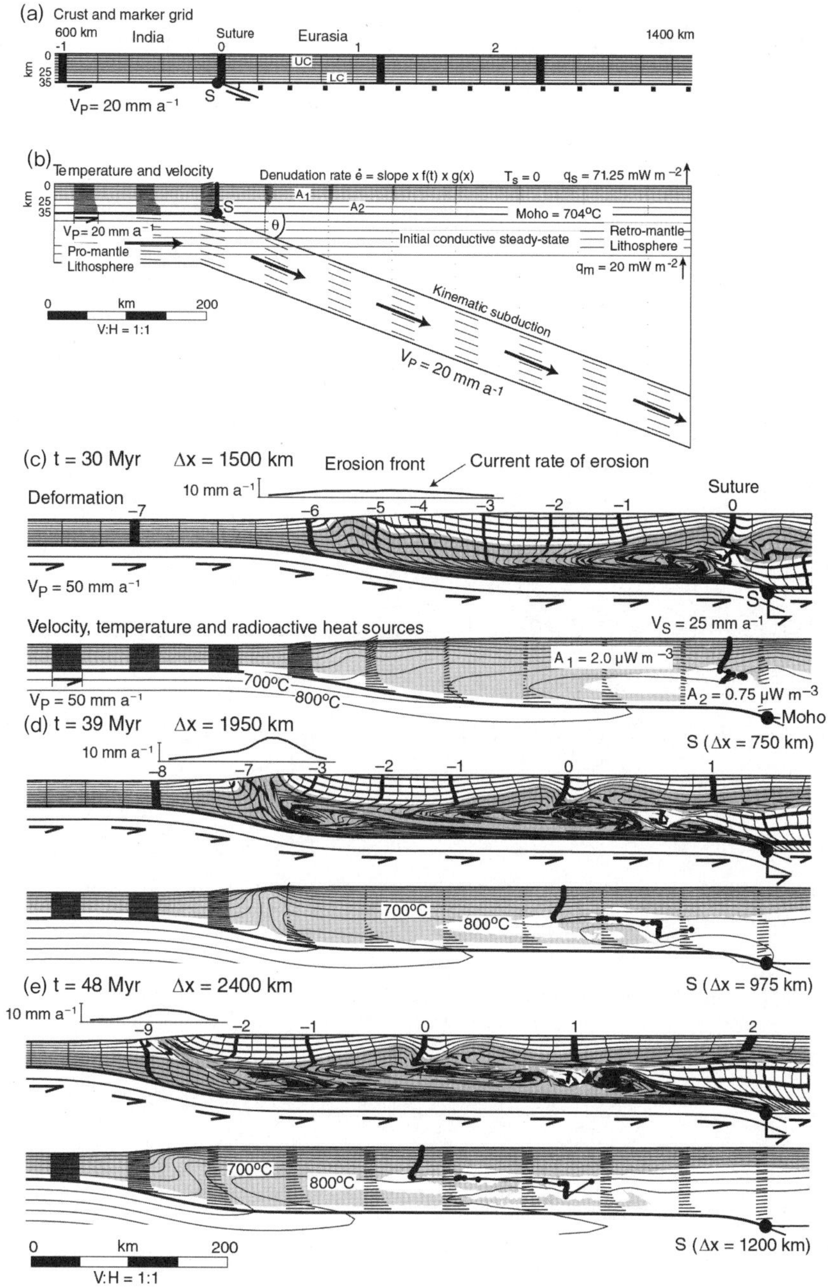

그림 10.27 (a, b) 초기 조건과 (c–e) 히말라야-티베트 조산대의 열역학적 모델의 결과(Beaumont *et al*., 2004에서 수정되어, C. Beaumont에 의해 제공된 이미지, American Geophysical Union의 허가로. 저작권 © 2004 American Geophysical Union). 수동적인 마커 그리드(passive marker grid)와 역학적 층들이 (a)에 표시된다. 초기의 열 구조, 방사성 층(radioactive layers), 등온선, 그리고 동시적인 속도 벡터가 (b)에 표현된다. (c–e)에서 위 패널은 변형된 마커 그리드, 아래 패널은 진화된 열 구조를 보여준다. 점들을 갖고 있는 굵은 선은 모델 봉합(수직 마커 0)의 위치를 나타내고, S는 그 위치가 수평 거리(Δx)에 의해 추적된 맨틀 봉합(mantle suture)이다. 단면 위의 플롯은 모델 표면을 가로질러 경사에 좌우되는 침식의 분포와 비율을 보여준다. 1500km에서 2400km까지 진행하는 수렴의 양은 또한 수평 거리 Δx로 표시된다.

10.5 호상-대륙 충돌(arc-continent collision)

섬 호상과 대륙 사이의 충돌에서 생긴 조산대는 일반적으로 대륙-대륙 충돌에 의해 형성되는 것보다 작다(Dewey & Bird, 1970). 호상-대륙 충돌(Arc-continent collision) 또한 그것이 일반적으로 수축하는 해양 분지 닫힘 동안의 중간 단계를 나타내기 때문에 비교적 단명인 경향이 있다. 이러한 유형의 조산대 중 활동 중인 예는 대만(Huang C.-Y. *et al.*, 2000, 2006), 파푸아 뉴기니(Wallace *et al.*, 2004), 그리고 호주의 북쪽 티모르-반다(Timor-Banda) 호상 지역(Audley-Charles, 2004)에 나타난다. 이들 벨트는 대륙편(terranes)의 부착성장에 의한 것을 포함해서 대륙이 성장하는 메커니즘에 대한 중요한 정보를 제공한다(10.6.3절).

호상-대륙 충돌 동안에 발생하는 연속적인 이벤트는 섬 호상이 사이에 있는 해양의 소진에 의해 대륙에 접근할 때 시작된다. 대륙 주변부가 해구의 내측 벽 아래로 드라이브될 때 충돌이 시작된다. 이때 대륙 암석권의 양의 부력(positive buoyancy)이 언더스러스트의 속도를 느리게 하고 해구를 고정시킬 수 있다. 대륙 주변부가 울퉁불퉁하거나 또는 섬 호상에 대해 어떤 각도로 놓여 있다면, 호상-대륙 충돌의 타이밍은 조산대 주향을 따라 달라질 수 있다. 일단 충돌이 시작되면, 전호상 지역(forearc region)과 부착성장 쐐기(accretionary wedge)는 스러스트단층이 플리쉬 슬라이스와 해양 지각을 대륙판 위로 운반함에 따라 융기되고 변형된다. 두 판이 계속해서 수렴하면, 새로운 해구가 섬 호상의 해양 쪽(또는 배호상)에 생길 수 있다.

티모르-반다(Timor-Banda) 호상 지역은 발달의 초기 단계에 있는 호상-대륙 충돌의 예를 제공한다. 3Ma 이전에, 인도-호주 판의 해양 지각이 자바 해구(Java Trench)에서 북쪽으로 유라시아 판 아래로 섭입되었다(그림 10.28a). 이 섭입은 반다 화산 호상과 적어도 700km의 깊이로 확장하는 북쪽으로 기우는 베니오프대(Benioff zone)를 만들었다. 3Ma와 2Ma 사이에서, 섭입이 호주 대륙 암석권을 운반해 반다 전호상과 접촉하게 하였고, 반다 전호상의 일부분은 충돌하는 호주 대륙 주변부 위에서 남쪽으로 스러스트되었고, 현재 티모르(Timor)에 잘 노출되어 있다(Harris *et al.*, 2000; Hall, 2002). 내려가는 호주 대륙사면이 섭입대를 메우고 전호상 시퀀스와 호주 대륙 주변부의 구조적으로 섭입되지 않은 하부 커버 시퀀스를 모두 변형시킨 습곡과 스러스트 벨트를 만들었다(그림 10.28b). 호주 시퀀스는 곤드와나 대륙괴 분지의 열개 전(pre-rift) 후기 쥐라기에서 페름기의 퇴적암, 그리고 열개된 대륙사면과 대륙붕에 집적된 더 젊은 열개 후(post-rift) 후기 쥐라기에서 플라이오세의 대륙 주변부 퇴적물을

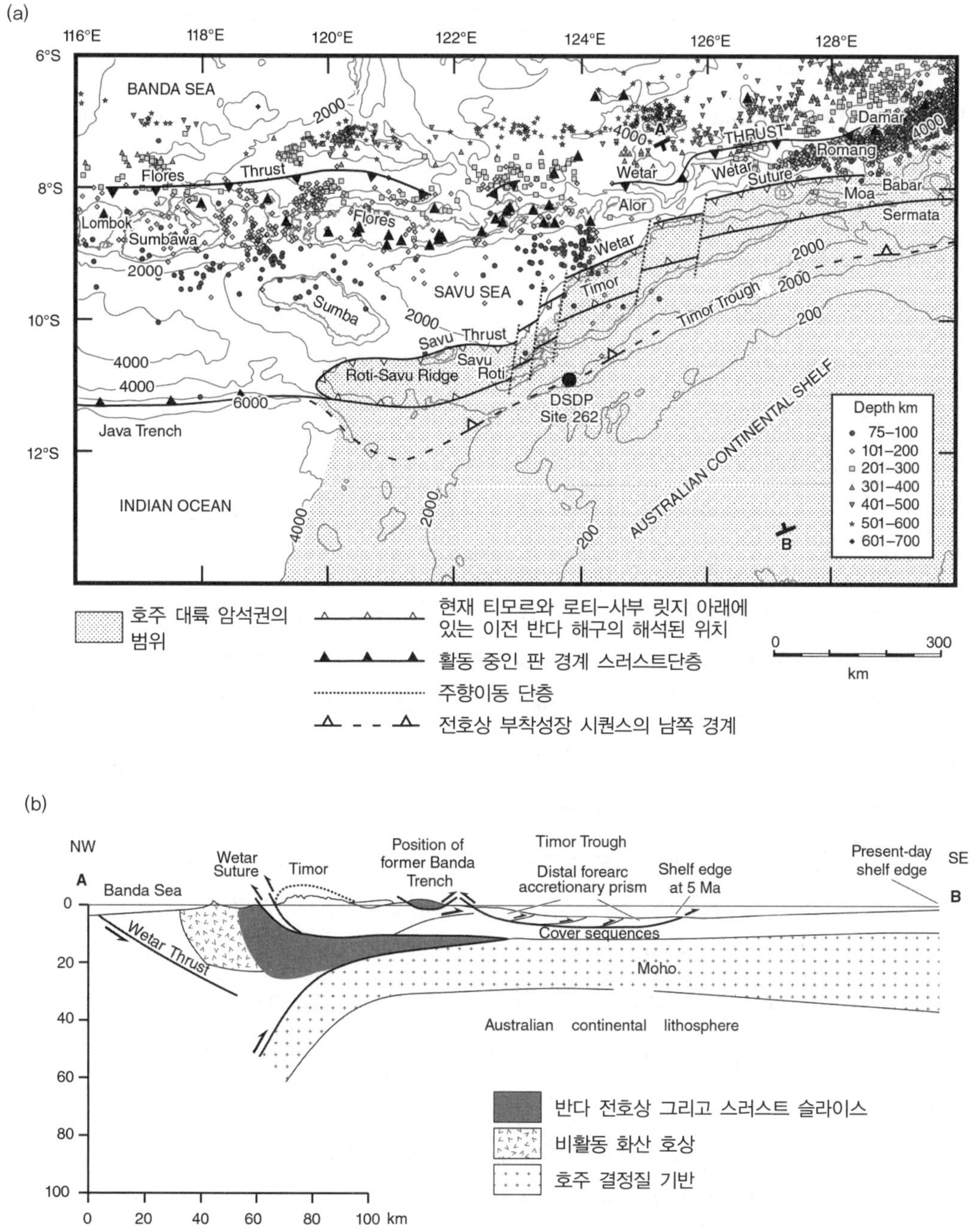

그림 10.28 (a) 지체구조도(Tectonic map)와 (b) 호주-반다 호상(Australia-Banda arc) 충돌대의 해석 횡단면(Audley-Charles, 2004에서 수정되어, M. Audley-Charles와 R. Hall에 의해 제공된 이미지, Elsevier의 허가로). 삼각형은 활화산이다. 75km 깊이 아래의 지진에 대한 진원이 북쪽으로 기우는 호주 암석권 슬라브를 설명하고, Engdahl *et al.*(1998)의 데이터 세트에 근거된다. 지질 단면은 Hughes *et al.*(1996), Richardson과 Blundell(1996), Harris *et al.*(2000), Hall과 Wilson(2000), 그리고 Hall(2002)로부터의 데이터를 반영하고 있다. 호주 대륙붕단(continental shelf edge)은 200m 등수심선으로 표시된다. (a)에서 점선 무늬는 호주 대륙 암석권이 사부(Savu), 로티(Roti), 티모르(Timor), 모아(Moa), 세르마타(Sermata) 그리고 바바(Babar) 섬들 아래에 놓여 있음을 보여준다. 5Ma의 대륙붕단은 심해 시추 프로그램 시추 사이트 262(검은 원)에서 추정된다.

포함한다(Audley-Charles, 2004). 티모르 북쪽에 인접한 화산 호상 내에서, 화산 활동은 알로르(Alor), 웨타르(Wetar) 및 로망(Romang) 섬에서 중지되었다. 구조적 충돌대의 서쪽에 플로레스(Flores), 숨바와(Sumbawa)와 롬복(Lombok) 섬과 삼각형의 사부-웨타르(Savu-Wetar) 전호상 분지의 북쪽에서 화산 활동이 여전히 있다(그림 10.28a).

동부 인도네시아의 호주-티모르 충돌대의 동쪽에서, 지진 패턴은 반다 해(Banda Sea) 아래로 인도 해양 암석권의 북쪽으로 과거 섭입의 증거를 제공한다(Milsom, 2001). 그림 10.28a는 호주 대륙 지각과의 충돌에 의해 말소되기 전에 자바 해구의 동쪽 지속을 나타내는 이전 반다 해구(Banda Trench) 추정 위치를 보여준다. 웨타르 해협(Wetar Strait)과 반다 호상 아래 진원지의 분포는 300km의 깊이 아래로 하강하는 대륙 암석권(continental lithosphere)의 위치를 표시한다(Engdahl *et al*., 1998). 지진 기록은 티모르(Timor) 지역에 있는 섭입대의 상부 및 하부 판은 지금 고정되어 있음을 암시한다(McCaffrey, 1996; Kreemer *et al*., 2000). 반다 호상의 북쪽에서, Silver *et al*.(1983)은 충돌에 대한 반응으로 형성되고 있는 새로운 섭입대의 변형 이전 형태(precursors)를 나타내는 것으로 보이는 2개의 북쪽 방향 스러스트단층들(웨타르와 플로레스 스러스트, Wetar and Flores thrusts)을 발견하였다(그림 10.28a, b).

비스듬한 호상-대륙 충돌의 예가 대만과 그것의 외해 지역에 존재한다. 루손 호상(Luzon arc)과 유라시아 대륙 주변부 사이의 비스듬한 수렴 각도가 북에서 남으로(그림 10.29) 충돌대의 점진적인 젊어짐(younging)으로 나타나기 때문에 이 벨트는 특히 흥미롭다. 이런 형태의 충돌에 의한 변형, 융기, 그리고 퇴적 형태의 공간적 변화를 이용하여 지구과학자들이 비스듬한 충돌의 점진적인 진화를 짜 맞추었다. C.-Y. Huang *et al*.(2000, 2006)은 해양 내 섭입으로 시작하여 호상과 전호상이 붕괴하고 침강하기 전에 초기와 진보된 단계를 걸쳐 발전하는 호상-대륙 충돌의 4단계를 제안하기 위하여 이 접근방법을 사용하였다.

대만 남부 앞바다 위도 21°N 근처(그림 10.29)에서, 필리핀 해 판 아래로 남중국해 해양 암석권의 섭입은 화산 활동으로 나타나고 부착성장 프리즘과 전호상 분지를 형성하였다(그림 10.29, 10.30a). 헝춘 릿지/카오핑 사면(Hengchun Ridge/Kaoping slope)과 북 루손 트로프(North Luzon Trough)가 이런 2개의 구조적 요소를 각각 나타낸다. 더 북쪽 22°N 부근에서, 북 루손 트로프는 확장하는 부착성장 프리즘 덕택에 좁아진다(그림 10.29). 후자의 지역에서 호상-대륙 충돌이 약 5Ma에 시작되었고 호상과 프리즘 사이에 봉합의 형성으로 귀착되었다. 봉합은 수렴, 그리고 좌수향 주향이동 움직임 모두를 기록하고(Malavieille *et al*., 2002), 대조되는 구조적 전향(structural vergence)의 2개 구역을 분리한다. 동쪽에서, 전호상 시퀀스가 후아퉁 릿지(Huatung Ridge, 그림 10.29)를 형성하면서, 호상을 향해 동쪽으로 스러스트되었다. 서쪽에서는, 아시아 대륙사면과 남중국해(South China Sea) 분지에 전호상 물질이 성장하고 있는 부착성장 프리즘 내에서 서쪽으로 운반된다. 헝춘 반도에, 마이오세 점판암(slate)과 프리즘의 저탁류암(turbidites)이 융기, 노출되어 있다. 이들과 다른 관찰이 비스듬한 호상-대륙 충돌의 초기 단계는 다음 프로세스를 포함한다는 것을 암시한다(그림 10.30b).

1 부착성장 프리즘의 융기와 침식, 그리고 전호상 분지 시퀀스의 계속된 퇴적
2 약해지는 호상 화산 활동과 비활성 화산 섬 위에 둘레초(fringing reef)의 형성
3 호상 침강, 주향이동 단층, 그리고 호상 내(intraarc) 인리형 분지의 발달
4 봉합, 시계 방향 회전, 그리고 충돌 동시의(syn-collisional) 습곡과 스러스트 벨트를 형성하는 전호상 시퀀스의 단축

후아퉁 릿지의 북쪽 23°N 부근에서, 호상-대륙 충돌은 진보된 단계에 도달했다(Huang *et al.*, 2006). 여기서, 플라이오-플라이스토세 이래 충돌은 서쪽 방향 스러스트작용과 부착성장 쐐기와 아시아 대륙 위로 루손 호상과 전호상 시퀀스의 부착성장으로 나타났다(그림 10.30c). 이러한 이벤트는 동부 대만의 해안 산맥(Coastal Range)에 언더스러스트된 유라시아 대륙 지각의 융기와 침식노출로 이어졌다. 충돌/부착성장 프로세스의 마지막 단계는 아마도 류큐 해구(Ryukyu Trench)에서 최북단 해안 산맥의 북서쪽 섭입(그림 10.29)의 결과로 부착성장된 호상과 전호상의 붕괴와 침강이 지난 1백만 년 혹은 2백만 년에 걸쳐 일어났다(그림 10.30d). C.-Y. Huang *et al.*(2000)은 종 벨리-칭수이 단층(Longitudinal Valley-Chingshui fault)이 섭입대에 접급하는 호상의 붕괴된 흔적을 표시한다고 가정했다. 이러한 연속적인 이벤트는 호상-대륙 충돌에 의해 형성된 조산대는 단지 수백만 년 내에 충돌의 초기 단계를 거쳐 진보된 단계와 호상과 전호상의 붕괴로까지 급속하게 발전할 수 있음을 알려준다.

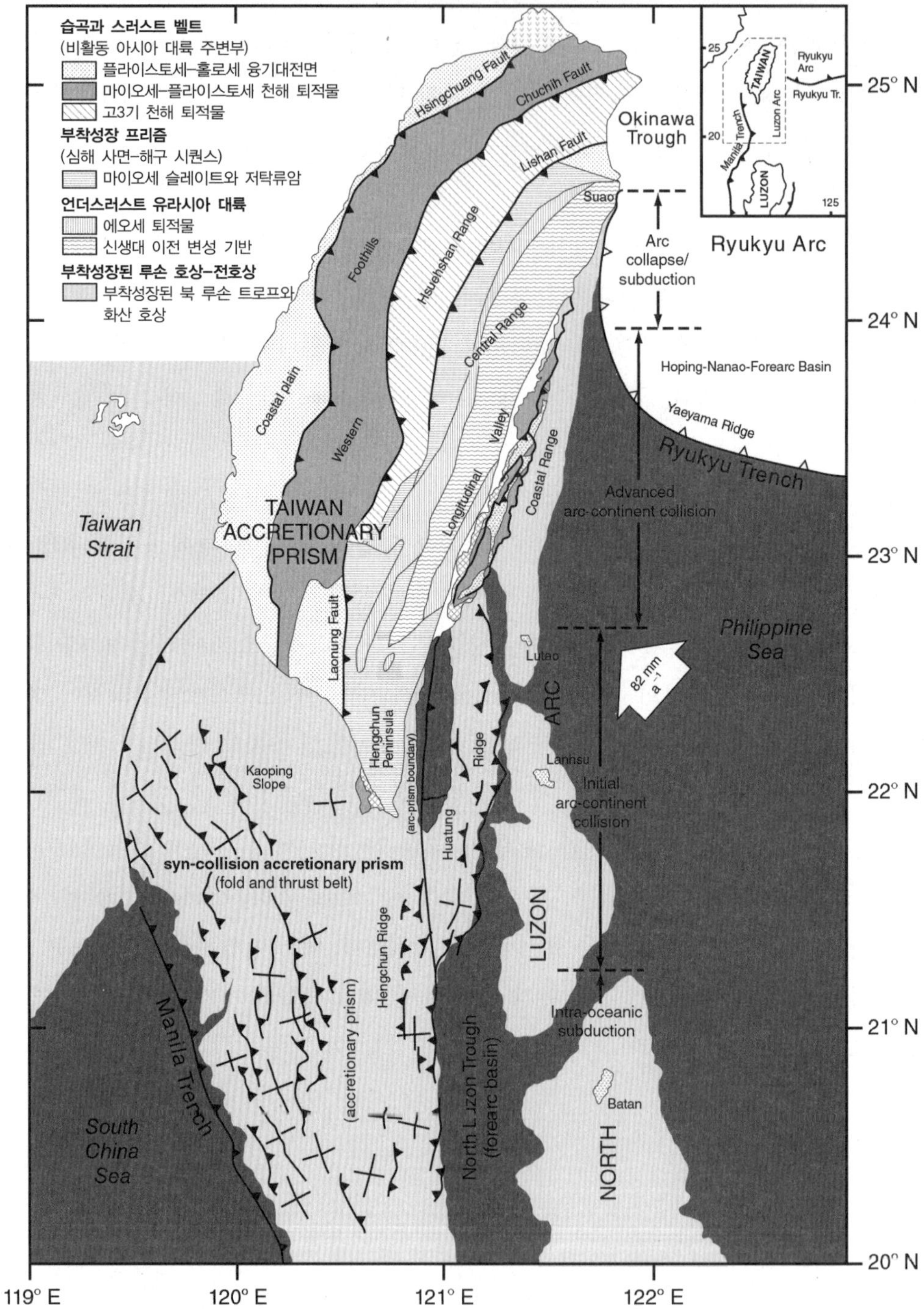

그림 10.29 대만 호상–대륙 충돌의 지체구조도(Huang C.–Y. *et al.*, 2000에서 수정되어, C.–Y. Huang에 의해 제공된 이미지, Elsevier의 허가로)

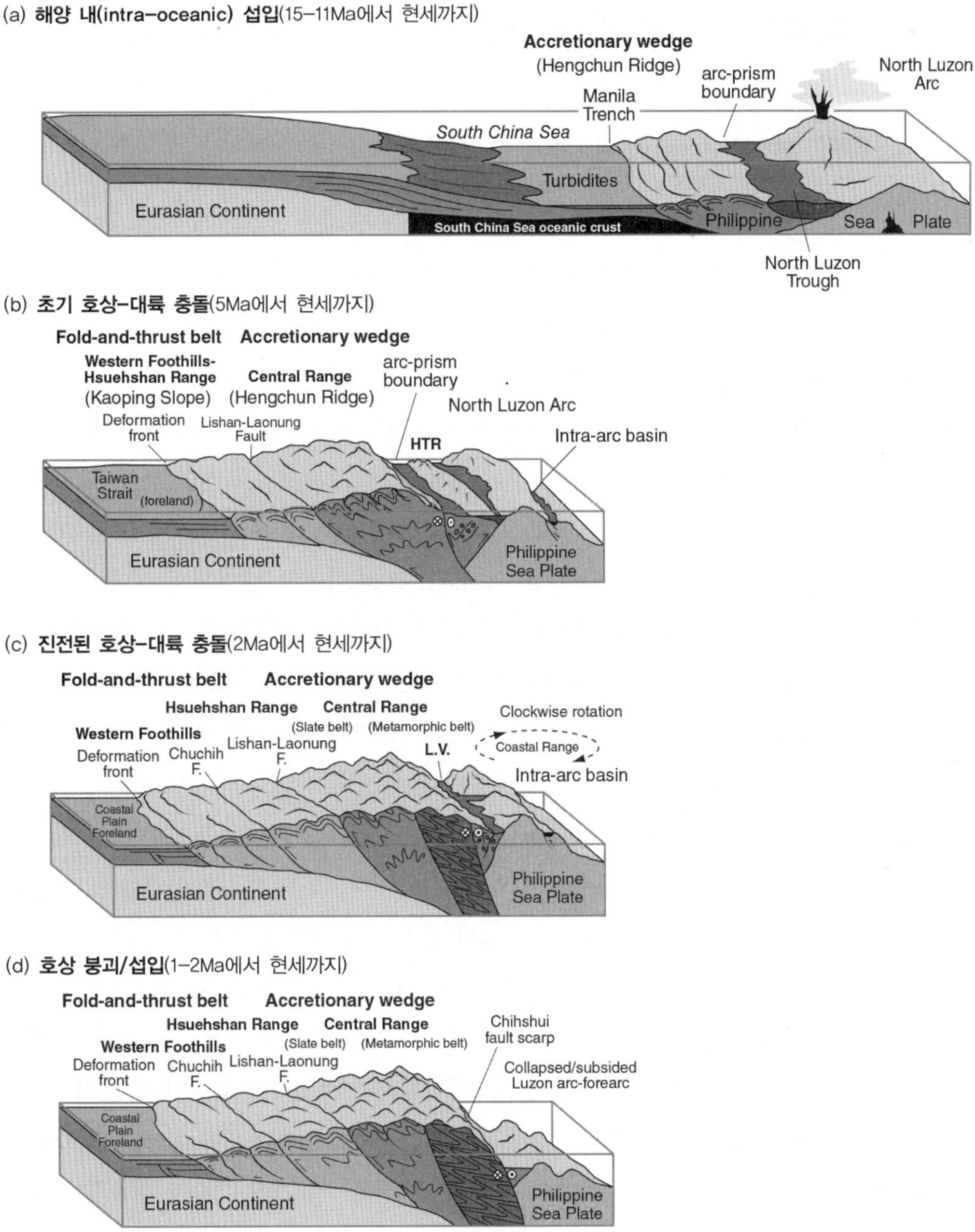

그림 10.30 대만 호상–대륙 충돌의 구조적 진화(Huang C.–Y. *et al.*, 2000에서 수정되어, C.–Y. Huang에 의해 제공된 이미지, Elsevier의 허가로). (a) 해양 내(intra–oceanic) 섭입. (b) 초기 호상–대륙의 충돌. (c) 신선된 호상–대륙의 충돌. (d) 호상 붕괴, 침강, 그리고 섭입. LV, 종곡(Longitudinal Valley); HTR, 화동 릿지(Huatung Ridge)

10.6 대륙편 부착성장(terrane accretion)과 대륙 성장

10.6.1 대륙편 분석(terrane analysis)

많은 조산대는 인접한 블록들과 관련이 없는 지질학적 역사를 보존하는 단층으로 경계되는 블록의 콜라주로 구성된다. 이러한 블록은 대륙편(terranes)으로 알려져 있으며 수백에서 수천 평방킬로미터 크기를 갖는다. 대륙편은 일반적으로 그것들이 인접한 대륙의 대륙괴(continental cratons; 예를 들면, 11.5.5절)에 토착이냐 또는 외래이냐 여부에 따라 그룹으로 분류된다. 외래(exotic 또는 타지성(allochthonous)) 대륙편은 인접한 암체에 대해 이동하였고, 어떤 경우에는 매우 먼 거리를 이동한 것들이다. 예를 들면, 고지자기 조사를 통해 일부 대륙편은 수천 킬로미터의 남북운동 성분을 갖고 있고(Beck, 1980; Ward *et al.*, 1997), 60°에 이르는 회전을 경험했다는 것이 증명되었다(Cox, 1980; Butler *et al.*, 1989). 대륙편의 경계는 정단층 역단층 혹은 주향이동 단층일 수 있다. 때때로 그것들은 얇은 오피올라이트, 청색편마암 또는 크게 변형된 플리쉬(flysch)를 보존할 수 있다. 대륙편은 인접한 대륙편 또는 대륙 주변부에 관한 그것들의 고지리학(paleogeography)에 대해 의심의 여지가 있는 경우 '의심스럽다(suspect)' (Coney *et al.*, 1980; Howell, 1989).

대륙편의 식별과 분석은 조산대의 장기 진화, 대륙 성장 메커니즘, 그리고 대륙 암석권 구성 성분의 출처를 결정하는 가장 유용한 방법 중 하나이다. 많은 경우에 이것들은 더 젊은 이벤트에 의해 파괴되었거나 수정되었지만, 대륙편 인식은 상세한 층서 및 구조 역사의 대비를 기반으로 한다. 마찬가지로 많은 대륙편 경계 단층의 본질은 변성작용(metamorphism), 화성 활동(igneous activity) 또는 변형(deformation)에 의해 가려질 수 있다. 따라서 인접 대륙편의 지질학적 역사가 그것들의 현재 공간적 관계와 조화하는지를 결정하기 위하여 매우 상세하고 포괄적인 구조적, 지화학적, 그리고 동위 원소 조사가 필요하다(예를 들면, Keppie & Dostal, 2001; Vaughan *et al.*, 2005). 실제로는 다음의 대조를 포함하는 몇 가지 기준이 대륙편의 정체를 구별하는 데 사용된다.

1 기원, 층서 및 퇴적 역사
2 암석발생학적(petrogenetic) 유사성과 마그마작용과 변성작용의 역사
3 변형의 성질, 역사, 그리고 스타일
4 고생물학 및 고환경(paleoenvironments)

5 고-극(paleopole) 위치와 고편각(paleodeclination)

대륙편을 구성하고 있는 암석 조합(rock associations)은 조산대 사이에서 유사한 경향이 있다. 따라서 연구자들은 그것들을 몇 가지 일반적인 종류로 그룹화했다(Jones *et al*., 1983; Vaughan *et al*., 2005).

1 밀도류(density currents)에 의해 외해로 운반되어 심해 환경에서 퇴적된 육상에서 유래된 퇴적물의 두꺼운 더미로 특징지어지는 저탁류암 대륙편(turbidite terranes). 이 시퀀스는 일반적으로 규산쇄설성이고 또한 석회질일 수 있다. 이런 대륙편의 대부분은 부착성장 동안에 혹은 후에 스러스트단층작용에 의해 변성되었고, 비늘처럼 겹쳐졌다. 일부는 결정질 기반을 보존할 수 있다. 세 가지 주요 이종이 나타난다.

(a) 큰 비율의 현무암질 암석을 가진 전호상 세팅(9.7절)의 부착성장 프리즘의 일부를 형성하는 저탁류암

(b) 미미한 비율의 현무암질 암석을 갖는 전호상 세팅의 부착성장 프리즘의 일부를 형성하는 저탁류암

(c) 탈출되어 부착성장 프리즘에 통합된 저탁류암

2 변성된 현무암과 사문암, 처트, 석회암, 경사암(graywacke), 셰일, 그리고 세립질의 크게 변형되고 쪼개진 이암 매트릭스의 변성암 조각(청색 편마암을 포함하는)의 이종의 군집(heterogeneous assembly)으로 구성된 구조적, 그리고 퇴적 멜랑지 대륙편(mélange terranes). 이런 대륙편은 일반적으로 플리쉬(flysch), 저탁류암 대륙편, 그리고 충돌-섭입대 군집(9.7절)과 관련되며, 다른 대륙편 사이의 경계를 따라 나타날 수 있다.

3 형성되는 환경에 따라 주로 고철질 또는 규장질일 수 있는 마그마 대륙편(magmatic terranes). 고철질 이종은 일반적으로 원양 및 화산기원의 퇴적물, 지표면 범람 현무암, 평상 암맥(sheeted dikes), 그리고 심성 복합체와 관련된 오피올라이트, 베개 현무암을 포함한다. 이 범주는 해저 확장, 대형 화성암 지방(LIP) 형성(7.4.1절), 호상 화산 활동, 대양 섬, 그리고 배호상과 전호상 분지에서 유래된 기반 조각들에 의해 생성된 암석을 나타낼 수 있다. 일부 경우에 해양 분할조각(oceanic fragments)은 심해에서 대륙 주변부

환경까지의 이동을 나타내는 위에 놓이는 퇴적 시퀀스와 관련된다. 규장질 이종은 일반적으로 칼크-알칼리 심성암과 오래된 대륙 지각의 분산된 분할조각을 포함한다.

4 두 범주로 나누어지는 비탁류암질(nonturbiditic) 쇄설, 탄산, 또는 증발암 퇴적 대륙편

(a) 대륙 주변부와 얕은 분지에 퇴적된 것과 같은 잘 층화된(well-bedded) 천해 하천 혹은 육성 시퀀스

(b) 해저산이 부착성장 프리즘에 합체될 때 해저산의 꼭대기를 벗겨낸 것과 같은 괴상의 석회암

5 부착성장 이전에 대륙에 융합된 다양한 2개 이상의 대륙편의 콜라주로 구성된 복합 대륙편. 이런 유형의 대륙편 예로는 캐나다 코르디예라(Cordillera)의 산간 및 섬 초대륙편(Intermontane and Insular Superterranes, 그림 10.33a)과 아발로니아(Avalonia, 그림 10.34, 11.24b)가 있다.

대륙 위에 대륙편 부착성장의 연대기적 순서는 부착성장의 뒤에 일어나는 인접한 대륙편에 연결시키는 지질학적 이벤트로부터 결정될 수 있다(그림 10.31). 이것들은 대륙편 경계를 가로질러 퇴적물의 퇴적(그림 10.31a), 인접한 대륙편에서 유래된 퇴적물의 출현(그림 10.31b), 그리고 심성 활동에 의한 대륙편의 '철하기(stitching)'(그림 10.31c)를 포함한다.

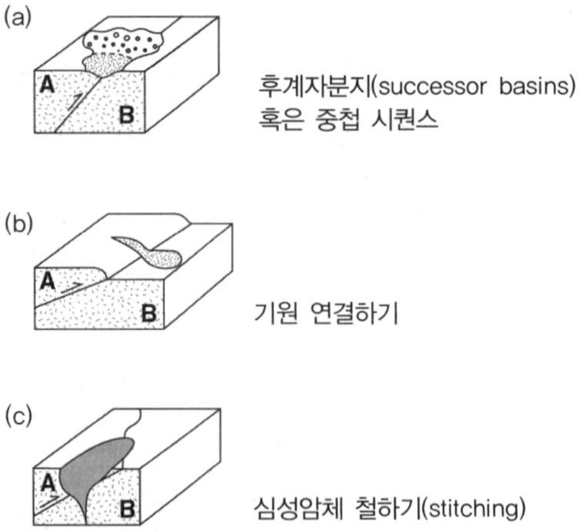

그림 10.31 대륙편(terrane) 융합과 부착성장의 타이밍을 설정하는 데 도움이 되는 지질 관계(Jones *et al.*, 1983에서 다시 그려짐)

조산대를 구성하는 대륙편의 식별에 이어, 다양한 분석 도구들을 통해 그것들이 인접한 대륙괴(cratons)에 외래성인지 또는 토착인지 여부를 확인할 수 있다. 고지자기, 구조학적 및 고생물학적 연구에 추가로, 이것들은 대륙편의 열적 진화, 출처 역사(provenance history), 그리고 지각 기원을 결정하기 위한 동위 원소 지구화학 및 지질연대학의 응용을 포함한다. 가장 일반적으로 사용되는 출처 기술(provenance techniques)은 연대측정과 우라늄(U), 납(Pb) 및 하프니움(Hf) 동위 원소 성분을 사용하는 지르콘(zircon)의 지구화학적 특성을 포함한다(예를 들면, Gehrels, 2002; Hervé *et al.*, 2003; Griffin *et al.*, 2004). 지르콘은 일반적으로 화강암류 및 퇴적암에서 나타나는 화성 및 변성 성장의 여러 단계의 동위 원소적 증거를 보존할 수 있는 매우 내화성이 강한 광물(refractory mineral)이다. 퇴적암과 변성퇴적암(metasedimentary rocks)에서 수집된 쇄설성 지르콘 집단에서 연령 스펙트럼의 비교가 출처 역사를 결정하는 데 특히 유용하다(예를 들면, 3.3절, 11.1절). 심부에서 표면으로 운반된 포획암(xenoliths)의 성분과 암석학적 진화의 분석이 그것들의 연령, 기원, 그리고 구조적 진화를 결정하기 위해 대륙편의 깊은 뿌리를 탐사하는 또 다른 중요한 수단을 제공한다(예를 들면, 11.3.3절).

10.6.2 부착성장 조산대의 구조

부착성장된 대륙편의 가장 완벽하게 조사된 벨트 중 하나는 서부 북아메리카의 코르디예라(Cordillera)이다(그림 10.32). 이 지역에 있는 대륙편의 분포는 대륙의 약 30%를 구성하는 약 500km 폭의 대역을 형성한다(Coney *et al.*, 1980). 코르디예라의 대륙편 대부분은 중생대 동안에 조상 북아메리카(ancestral North America)의 가장자리에 부착성장하였다(Coney, 1989). 일부는 주향이동 단층을 따라서 측면 이동을 또한 경험하였다. 부착성장된 대륙편이 분리되고 가장자리를 따라 재분포하는 곳에서, 분산의 이런 후자 프로세스는 활동 중인 주향이동 단층이 캐나다, 미국, 그리고 멕시코 내의 대륙편을 해체하고 운반하기 때문에 현재도 여전히 발생하고 있다.

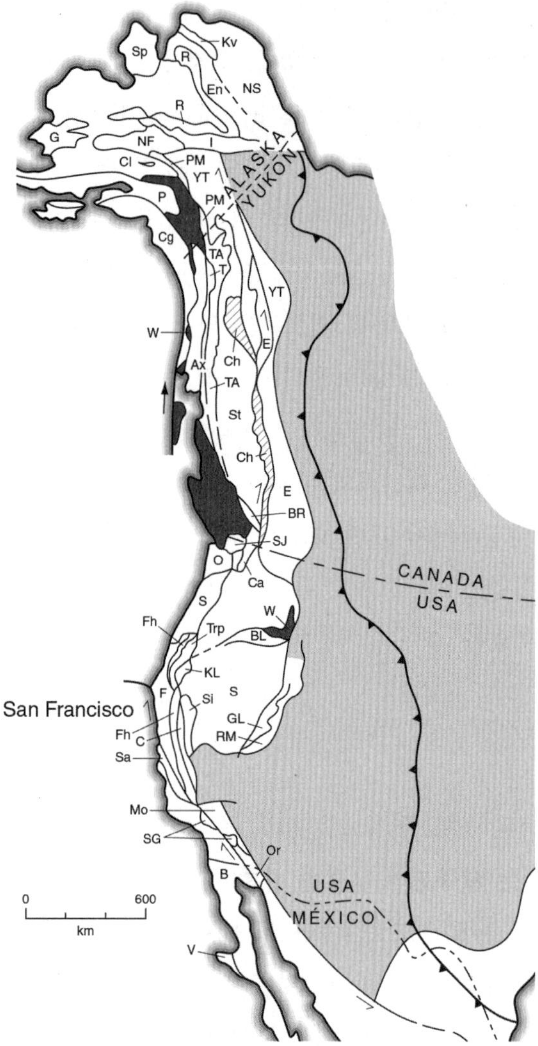

주요 대륙편들

알래스카와 서부 캐나다

NS North Slope
Kv Kagvik
En Endicott
R Ruby
Sp Seaward Peninsula
I Innoko
NF Nixon Fork
PM Pingston and McKinley
YT Yukon – Tanana
Cl Chuiitna
P Peninsular
W Wrangellia
Cg Chugach and Prince William
TA Tracy Arm
T Taku
Ax Alexander
G Goodnews

Ch Cache Creek
St Stikine
BR Bridge River
E Eastern assemblages

워싱턴, 오리곤 및 캘리포니아

Ca Northern Cascades
SJ San Juan
O Olympic
S Siletzia
BL Blue Mountains
Trp Western Triassic and Paleozoic of Klamath Mountains
KL Klamath Mountains
Fh Foothills Belt
F Franciscan and Great Valley
C Calaveras
Si Northern Sierra
SG San Gabriel
Mo Mohave
Sa Salinia
Or Orocopia

네바다

S Sonomia
RM Roberts Mountains
GL Golconda

멕시코

B Baja
V Vizcaino

그림 10.32 서부 북아메리카에 있는 의심스러운 대륙편(suspect terranes)의 일반화된 지도. 점묘된 장식(stippled ornament), 북아메리카 대륙괴 기반(cratonic basement); 미늘이 있는 선(barbed line), 코르디예라(Cordilleran) 중생대–신생대 변형의 동쪽 경계; 검은 장식, 랭겔리아(Wrangellia); 대각선 장식, 캐시 크릭 대륙편(Cache Creek terrane; Coney *et al.*, 1980에서 다시 그려짐, Nature 288, 329–33의 허가로. 저작권 © 1980 Macmillan Publisher Ltd)

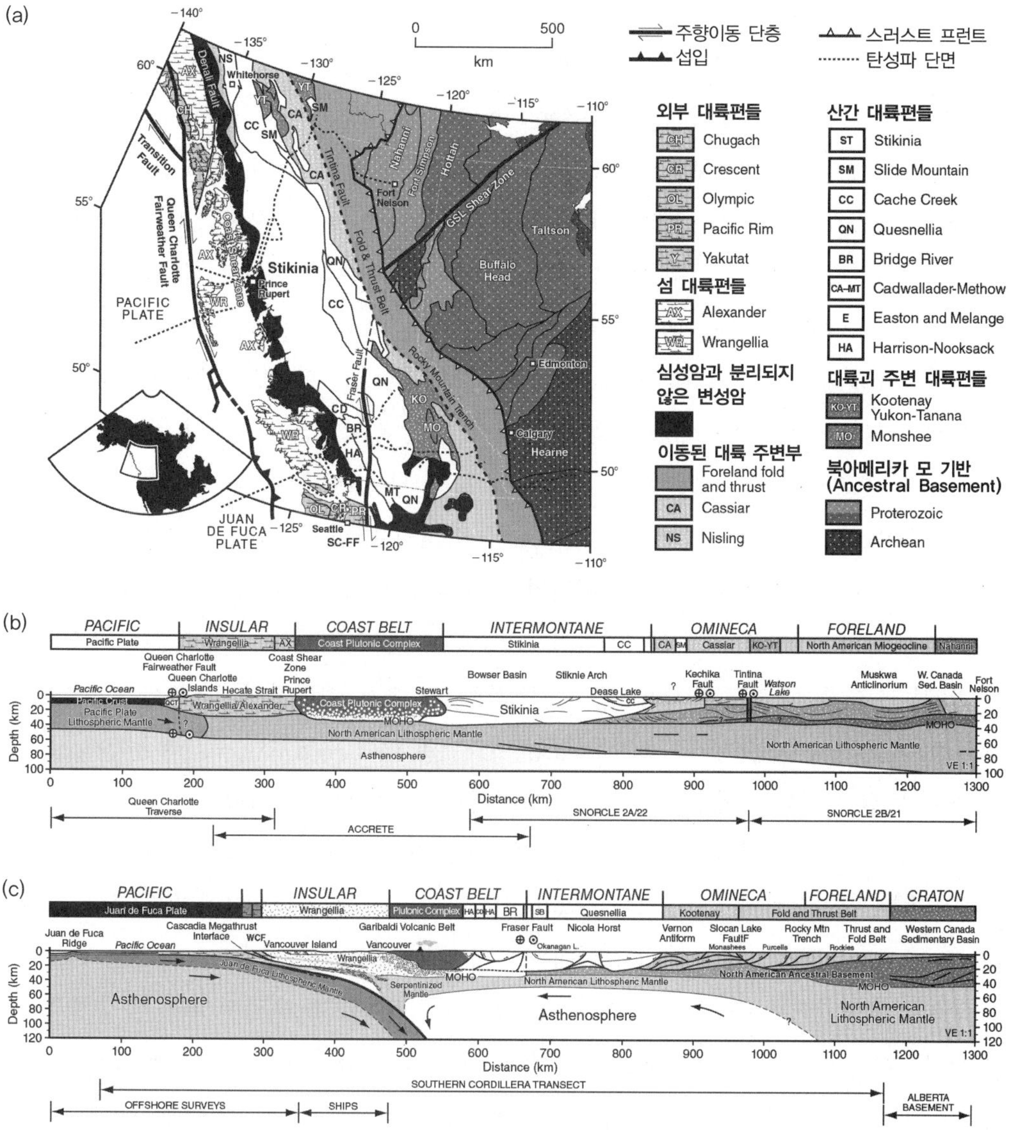

그림 10.33 (a) 구조적 대륙편 지도와 암석권 속도, 탄성파 반사 데이터(검은 선), 그리고 지질정보를 기반으로 하여 해석된 (b) 북부와 (c) 남부 캐나다 코르디예라(Canadian Cordillera)의 횡단면(Hammer & Clowes, 2007에서 수정되어, R. Clowes와 P. Hammer에 의해 제공된 이미지, Geological Society of America의 허가로). 데이터 출처: 퀸 샬롯 트래버스(Queen Charlotte Traverse)—Spence와 Asudeh(1993), Dehler와 Clowes(1988); 어크리트(Accrete)—Morozov*et al.*(1998, 2001), Hammer *et al.*(2000); SNORCLE—Hammer와 Clowes(2004), Cook *et al.*(2004), Welford *et al.*(2001); 해양 조사(Offshore surveys)—Rohr *et al.*(1988), Hasselgren과 Clowes(1995), Drew와 Clowes(1990); SHIPS—Ramachandran *et al.*(2006); 남부 코르디예라 횡단측선(Southern Cordillera Transect)—Clowes *et al.*(1987), Hyndman *et al.*(1990), Clowes *et al.*(1995),Varsek *et al.*(1993), Cook *et al.*(1992); 앨버타 기반(Alberta Basement)—Chandra와 Cumming(1972), Lemieux *et al.*(2000). QCT, 퀸 샬롯 변환(Queen Charlotte Transform); WCF, 서해안 단층(West Coast Fault)

캐나다 코르디예라(Canadian Cordillera)를 가로지르는 2개의 합성 단면(그림 10.33a)이 주요 부착성장 조산대의 대규모 지각 구조를 보여준다. 단면들은 리소프로브 슬레이브 북부 코르디예라 암석권 진화(Lithoprobe Slave-Northern Cordillera Lithospheric Evolution, SNORCLE) 및 남부 코르디예라 횡단면으로부터의 심부 탄성파 반사 및 굴절 데이터와 지질 정보 및 다른 지구물리학적 조사의 결과를 결합하여 구축되었다(Clowes *et al.*, 1995, 2005; Hammer & Clowes, 2007). 그림 10.33b는 북부 코르디예라의 일부를 보여주는데, 여기서는 섭입이 멈추고 조산대의 서편이 활동 중인 주향이동 단층작용의 대역으로 표시된다. 그림 10.33c는 섭입이 여전히 일어나고 있는 남부 코르디예라의 일부를 보여준다. 이 횡단면은 북아메리카의 서쪽 가장자리를 따라 섭입, 호상-대륙 충돌, 그리고 대륙편 부창성장의 사십억 년 역사의 가장 젊은 부분을 명료하게 한다(Clowes *et al.*, 2005, 또한 11.4.3절을 보라).

원생누대(Proterozoic) 동안에 캐나다 순상지의 융합(11.4.3절)에 이어, 1.74Ga와 중기 데본기 사이의 수많은 열개 이벤트가 북아메리카 대륙괴의 원생누대 지각 위에 퇴적된 두꺼운 비활동 대륙 주변부 시퀀스를 만들었다(Thorkelson *et al.*, 2001). 이 시퀀스들은 SNORCLE 라인 2B/21의 중앙 부분을 차지한다(그림 10.33a, b). 중기 쥐라기 동안에 산간 초대륙편(Intermontane Superterrane)이라고 불리는 합성 대륙편이 대륙 주변부에 부착성장하기 시작했다. 충돌이 비활동 대륙 주변부 시퀀스를 단축시켜서 동쪽으로 이동시켰으며, 이것들은 현재 동부 코르디예라의 대부분을 형성하는 주요 융기대전면 습곡과 스러스트 벨트로 나타난다. 융기대전면 서쪽의 오미네카 벨트(Omineca belt)는 산간 초대륙편-북아메리카(Intermontane-North American) 충돌에 의해 생성된 봉합대를 나타내는 중기 쥐라기의 고도로 변형되고 변성된 암석으로 구성되어 있다. 북부 코르디예라 횡단면(그림 10.33b)의 주요 결과는 부착성장된 대륙편의 대부분이 10km 이하의 수직 크기를 갖는 비교적 얇은 지각 조각들이라는 것이다. 지각의 두께는 비정상적으로 얇고 전체 코르디예라를 가로질러 거의 균일한데, 33km와 36km 사이의 범위를 갖는다(Clowes *et al.*, 2005). 암석권의 두께도 또한 비정상적으로 얇고 선캄브리아기 순상지 아래인 동쪽으로 점차적으로 두꺼워진다. 이러한 관찰에 의해 많은 부착성장된 대륙편(accreted terranes)은 많은 대륙의 대륙괴(continental cratons)를 특징짓는 두꺼운 맨틀 뿌리가 없다는 것이 입증된다(11.3.1절, p.xxx의 플레이트 11.1).

후기 백악기 동안, 북아메리카 코르디예라는 섬 초대륙편(Insular Superterrane)이라 불리는 다른 합성 대륙편이 가장자리에 부착성장되면서 다시 서쪽으로 성장했다. 이 합성 군집은 북아메리카에 외래성이며 주로 2개의 섬 호상 대륙편(two island arc terranes)으로 이루어졌다. 알렉산더와 랭겔리아(Alexander and Wrangellia). 알래스카의 랭겔 산맥(Wrangell Mountains)의 이름을 따서 명명된(Jones *et al.*, 1977) 후자 대륙편은 특히 잘 연구되었고, 두꺼운 지표면의 용암류(lava flow)로 피복되고 다시 트라이아스기 탄산염 시퀀스에 의해 덮여진 상부 고생대 섬 호상 암석으로 구성되어 있다. 이런 독특한 지질을 통해 연구자들은 거의 24°의 위도 폭을 차지하는 코르디예라의 약 2500km를 따라 현재 흩어져 있는 대륙편의 여러 분할조각을 식별할 수 있었다(그림 10.32). 그러나 일부 고지자기 데이터는 원래의 폭이 4°임을 암시하는데, 이는 다량의 부착성장후(post-accretion) 분할과 분산이 발생했었다는 것을 의미한다. 분할조각의 고-위도(paleolatitude)는 10°N 또는 S(트라이아스기 동안 지구 자기장의 극성의 불확실성 때문에 반구를 알 수 없다)에 집중되고, 그것들의 지질학에 의해 암시된 열대 환경과 일치한다. 따라서 랭겔리아(Wrangellia)는 트라이아스기에 뉴기니(New Guinea)의 현재 위치 근처의 서태평양에서 생겼던 것 같다. 그것의 형성에 이어, 그것은 완전한 개체로 태평양을 횡단하여 북아메리카에 부착성장되었고, 그 이후에 주향이동 단층작용에 의해 조각으로 나뉘고 현재 위치로 이동되었던 것으로 보인다.

섬 초대륙편의 도착이 북아메리카 대륙의 내부를 변형시켰고, 해안 벨트(Coast belt)의 주요 부분을 형성했다. 융합 이전, 그리고 동안에, 대륙 주변부 아래로의 섭입이 마그마의 첨가에 의한 지각 성장의 주요 기간 동안에 해안 심성 복합체(Coast Plutonic Complex)를 형성했다(Hutchison, 1982; Crawford *et al.*, 1999; Andronicos *et al.*, 2003). 해안 벨트를 가로지르는 ACCRETE 해양 탄성파 횡단면(Hollister & Andronicos, 1997; 그림 10.33b)은 층을 이루는 높은 속도의 관입과 평균보다 얇은(32km) 대륙 지각의 존재를 보여준다(Morozov *et al.*, 1998; Hammer *et al.*, 2000). 그것의 서쪽 가장자리에, 암석권 규모의 해안 전단대(Coast Shear Zone; Klepeis *et al.*, 1998)가 해안 심성 복합체 암석과 두께가 단지 25km인 대륙 지각 위에 놓이는 알렉산더 대륙편의 심성 복합체 암석을 분리한다. 태평양과 북아메리카 판 사이의 경계를 형성하는 퀸샬럿 단층(Queen Charlotte Fault)은 조산대의 서쪽 경계와 일치한다. 이 변환과 서부 유콘(Yukon)과 알래스카 남동부에 있는 데날리 단층(Denali Fault)은 횡단면에서 유일하게 주요 활동 중인 주향이동 단층을 나타낸다.

주향이동 변위가 캐나다 코르디예라에 있는 부착성장된 대륙편과 북아메리카 사이의 상대운동을 일부 수용한다. 이러한 지역이 가장 눈에 띄는 것 중 하나는 서쪽의 부착성장된 대륙편과 동쪽의 조상 북아메리카(ancestral North America) 사이의 경계를 현재 형성하는 틴티나 단층(Tintina Fault)이다. 이 단층은 팔레오세 이후 수백 킬로미터의 우수향 변위를 기록할는지 모르는 중요한 암석권 규모의 구조이다(Clowes *et al.*, 2005). 다른 주요 주향이동 변위(strike-slip displacements)는 더 추리적이다. 예를 들면, 일부 고지자기 데이터는 90Ma에서

50Ma까지, 남동 알래스카와 브리티시컬럼비아(British Columbia)의 많은 대륙편이 현재 캘리포니아의 바하(Baja) 근처 위도에서 대륙 주변부에 평행하게 북쪽으로 수천 킬로미터 옮겨졌다는 것을 암시한다(Umhoefer, 1987; Irving *et al*., 1996). 이런 해석은 바하-브리티시컬럼비아(Baja-British Columbia) 혹은 바하-BC 가설로 알려져 있다. 그러나 대륙편을 먼 거리로 이동시킬 수 있었던 단층이 발견되지 않기 때문에 가정된 큰 크기의 변위가 주로 반론되고 있다(예를 들면, Cowan *et al*., 1997). 단층을 가로지르는 층서와 구조의 많은 상관관계를 살펴보면 변위가 일부 고지자기 데이터가 나타내는 것보다 훨씬 적다는 것을 알 수 있다. 이러한 상반되는 관측을 해결하기 위하여 다음을 포함하는 수많은 시도가 제안되었다. 그것들은 (i) 다른 종류의 데이터를 사용하여 고지자기 데이터의 테스트(Housen & Beck, 1999; Keppie & Dostal, 2001), (ii) 큰 이동을 기록하는 주향이동 단층이 보존될 것 같지 않은 이유를 관측하기(Umhoefer, 2000), 그리고 (iii) 대륙편을 가로지르는 단위의 대안적인 상관관계를 평가하기(Johnston, 2001)이다. 아마 고지자기 데이터, 판 운동, 고생물학적 데이터 및 지질학적 증거를 결합하는 다학문 분야에 걸치는 접근방법을 통해서만 서부 북아메리카에서 거대한 크기의 대륙편 이동이 해결될 것 같다.

일반적으로, 캐나다 코르디예라와 다른 곳에서의 이런 관측을 통해 과거의 부착성장 조산대가 다음과 같은 내용의 특징을 갖는다는 것을 알 수 있다(Clowes *et al*., 2005).

1 얇은(<10km 두께) 지각 조각으로 구성되고 많은 대륙의 대륙괴를 특징짓는 두꺼운 맨틀 뿌리가 없는 대부분의 대륙편과 함께 얇은 껍질(thin-skinned) 및 두꺼운 껍질(thick-skinned, 10.3.4절) 변형 모두에 의해 형성된 지각의 매우 이질적인 탄성파 속도 구조. 완전한 지각 크기를 보여주는 스티키니아 대륙편(Stikinia terrane, 그림 10.33b)과 같은 이런 '얇은 조각(thin flake)' 패턴에 예외가 있다. 두꺼운 껍질 벨트는 일반적으로 압입과 깍지끼기(interfingering)의 복잡한 패턴으로 특징지어지는 지각-규모의 구조적 쐐기를 표시한다.

2 관찰된 지각의 두께는 대륙 확장 구역의 평균을 제외한 전 세계적 평균(2.4.3절)에 비해 비정상적으로 얇다(33-36km).

3 모호면은 지각 부착성장의 연령 또는 마지막 주요 지각 변형이 발생했던 연령에 관계없이 대부분 평탄하다. 지각 두께의 측면 변화는 점진적인 경향이 있으나 주요 대륙편 경계(major terrane boundaries)에서 급격한 변화가 나타난다.

4 주향이동 단층작용에 의한 대륙편의 분산은 대부분의 조산대에서 발생하는 중요한 프로

세스이다. 탄성파 속도 및/또는 지각 두께의 미묘한 차이가 일반적으로 이러한 단층을 가로질러 나타난다.

침강이 일어나고 있는 남부 코르디예라(그림 10.33c)의 구조가 암석권 규모로 북부 횡단면의 많은 특성으로 귀착되는 메커니즘에 대한 약간의 추가 정보를 제공한다. 이 남부 대륙 주변부는 전호상 지역(forearc region)의 단축 및 지각 두꺼워짐과 해안 벨트 내의 활동적인 화산 호상(volcanic arc)을 보여준다. 맨틀 암석권은 호상 아래의 상부 맨틀 쐐기에서 열수 변질(사문암화)의 증거와 대륙의 내부를 향해 수백 킬로미터에 걸친 상당한 얇아짐을 보여준다. 배호상 지역(backarc region)에서 암석권의 이런 얇아짐은 다른 해양-대륙 수렴 대륙 주변부(예를 들면, 그림 10.8)에서 관찰된 것과 유사하며, 섭입과 밀접하게 관련된 프로세스를 반영하는 것으로 보인다. 이러한 프로세스는 박층분리(delamination)에 의한 또는 맨틀의 대류 흐름(10.2.5절)에 구동된 구조적 침식(tectonic erosion)에 의한 얇아짐일 수 있다.

그림 10.33b와 c에서 보여준 횡단면보다 작은 규모의 과거 부착성장 조산대 구조가 섭입과 지각-규모 쐐기(crustal-scale wedges)의 형성을 포함하는 대륙편 부착성장에 관련된 프로세스의 기록을 제공한다. 예를 들면, 뉴펀들랜드의 애팔래치아 조산대(Appalachian orogen)를 가로질러 수집된 탄성파 반사 데이터가 몇몇 외래성 대륙편이 로렌시아(Laurentia)의 가장자리에 부착성장될 때 생긴 오르도비스기-데본기 충돌대(collisional zone)의 이미지(그림 10.34)를 제공한다(Hall *et al.*, 1998; van der Velden *et al.*, 2004). 충돌 이전에, 두꺼운 퇴적암 시퀀스가 대륙괴의 외부에 위치하는 비활동 대륙 주변부에서 퇴적되었다. 이 시퀀스는 이아페투스 해(Iapetus Ocean)가 후기 원생누대(Late Proterozoic)와 초기 캄브리아기(Early Cambrian) 동안에 열렸을 때 원생누대 대륙 암석권의 스트레칭, 얇아짐, 그리고 종국의 열개(7.2절, 7.7절)를 기록한다. 이 열개 이벤트는 애팔래치아 산맥의 고생대 조산 운동을 형성했던 일련의 대륙편 충돌과 부착성장 주기로 이어졌다(11.5.4절). 메구마(Meguma)와 아발로니아(Avalonia)와 같은 부착성장된 많은 대륙편은 초기 오르도비스기 동안에(11.5.5절, 그림 11.24a) 북서부 곤드와나에서 열개된 미소대륙들(rifted microcontinents)과 합성된 대륙편이었다.

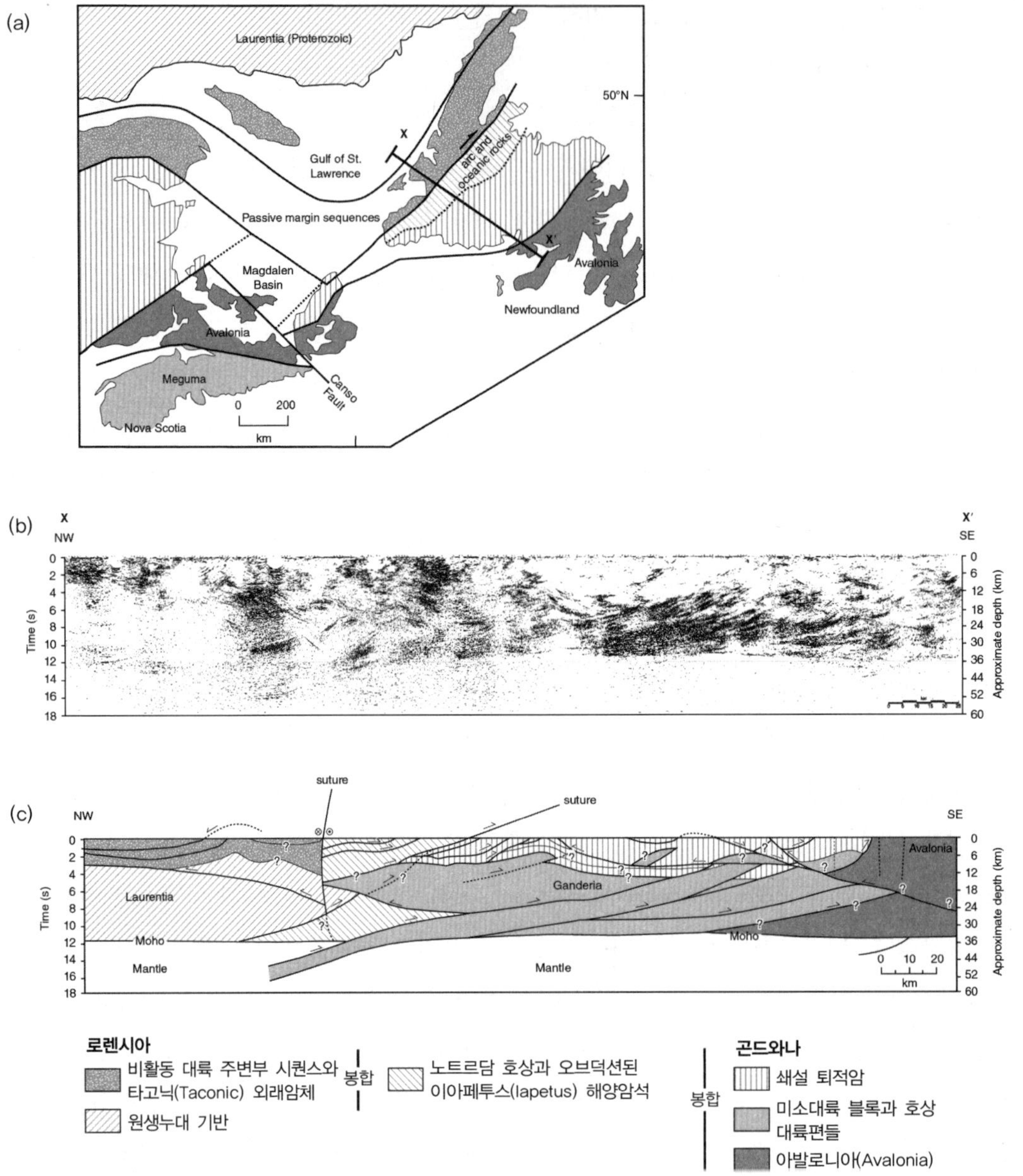

그림 10.34 (a) 동부 캐나다 뉴펀들랜드의 구조 지역(tectonic provinces)과 탄성파 반사 데이터의 플롯(b), 그리고 해석(c)(van der Velden *et al.*, 2004를 따름, Geological Society of America의 허가로). 참반사 보정된(migrated) 데이터는 수직 과장 없이, 그리고 6km s^{-1}의 가정된 평균 속도로 플롯된다.

탄성파 반사 데이터(그림 10.34b)가 서쪽으로 가늘어져 분명한 모호면에 합체하는 애팔래치아 지각의 깊은 곳에 눈에 띄는 반사율을 보여준다(van der Velden *et al.*, 2004). 이러한 반사의 모양과 특성은 그것들이 오래된 오르도비스기-데본기 섭입대의 위치를 표시한다는 것을 시사한다. 유사한 특징이 캐나다 순상지(그림 11.15b) 아래에 나타나는데, 이들은 과거의 섭입 채널의 보존이 비교적 흔할 수 있음을 시사한다. 고섭입대(paleosubduction zone)의 위와 동쪽에 일련의 경사진 스러스트단층과 융합된 대륙편의 층상구조 슬라이스(interlayered slice)로 구성된 구조적 쐐기가 있다. 일부 반사는 전체 지각을 관통하는 수직에 가까운 주향이동단층에 의해 절단된다.

애팔래치아 산맥과 북부 캐나다 코르디예라에서 관찰된 이런 그리고 다른 상관관계를 보면 과거의 부착성장 조산대는 대규모 구조론적 구조(tectonics structures), 그리고 대륙편 부착성장 및 분산과 관련된 암석학적 차이를 보존하는 경향이 있음을 알 수 있다. 대조적으로, 안데스 산맥, 히말라야-티베트 조산대, 그리고 남부 캐나다 코르디예라 같은 활동 중인 조산대에서 획득된 탄성파 반사 단면은 섭입대 위에서 유체의 방출, 트랩핑(trapping), 그리고 소모와 관련된 프로세스의 효과를 드러내는 심부 구조를 보여준다(그림 10.6a, 10.20b).

10.6.3 대륙편 부착성장의 메커니즘

북아메리카 코르디예라, 애팔래치아 산맥, 그리고 다른 많은 과거 조산대의 관찰로부터 대륙편의 부착성장과 분산은 현재의 조산대에서 발생하고 있는 그것들과 유사한 프로세스를 필요로 한다는 것을 알 수 있다. 예를 들면, 남서 태평양에서 활동 중인 호상-대륙 충돌(10.5절)의 체제(regimes)는 다양한 구조적 및 퇴적암 대륙편이 어떻게 발생하고 어떻게 대륙 주변부로 옮겨지는지에 대한 우수한 유사물(analogues)을 제공한다. 일반적으로, 해양 암석권의 침강이 대륙, 해양, 그리고 섬 호상 물질의 두꺼운 시퀀스를 운반해 해구와 접촉시키기 때문에, 그것들의 양의 부력이 섭입대를 막히게 한다. 일단 충돌이 시작되면, 전호상과 부착성장 쐐기는 융기되고 스러스트단층에 의해 대륙 주변부위로 운반되거나 혹은 오브덕션된다(obducted). 섭입이 둔화되거나 또는 멈출 때, 새로운 해구가 과거 해구의 해양 쪽에 발달할 수 있고(10.5절), 부착성장의 프로세스가 다시 시작할 수 있다.

많은 외래성 대륙편이 초대륙(supercontinent)의 형성과 해체(예를 들면, 그림 11.24)와 관련된 열개 이벤트 동안에 생성되는 것으로 보인다. 다른 것들은 현재 해양 분지 면적의 약 10%를 구성하는 많은 해령, 해양 고지(rises), 그리고 해대(plateaux)에 그것의 기원을 둘 수 있다(Ben-Avraham *et al*., 1981). 이러한 지형적 고지의 대부분은 활동을 그친 섬 호상, 침수된 미소대륙, 그리고 대형 화성암 지방(LIP, 7.4.1절)을 나타낸다. 이러한 지형이 해구에 운반되자마자, 그것들의 양의 부력이 또한 섭입을 억제하고 그것들을 외래성 대륙편으로 부착성장되게 한다.

본 장의 다른 곳에서 설명된 프로세스에 더하여, 대륙편 부착성장과 대륙 성장에 대한

2개의 추가 메커니즘이 더 언급될 가치가 있다. 즉, 오피올라이트의 오브덕션(obduction, 2.5절), 그리고 마그마작용, 퇴적, 그리고 배호상(backarc), 호상간(intraarc) 및 전호상(forearc) 분지의 형성과 파괴에 의한 대륙 성장이다.

조산대의 오피올라이트 군집(ophiolitic assemblages)의 존재는 부착성장 구조적 프로세스의 중요한 마커(marker)를 제공한다(2.5절, 10.4.3절, 11.4.3절). 2.5절에서 표현된 바와 같이, 오피올라이트 오브덕션(ophiolite obduction)의 모델은 부분적으로 이러한 군집을 형성할 수 있는 환경과 그것들이 융기되고 상부 자각에 정치되는 방법의 다양성 때문에 상당히 가변적인 경향이 있다. 한 가정된 모델에서, Wakabayashi와 Dilek(2000)은 배호상 환경(backarc environment)의 오피올라이트 물질이 그것의 오브덕션 이전에 전호상 세팅(forearc setting)에서 포획될 수 있는 방법을 설명했다. 섭입의 위치 혹은 극성의 변화가 어떻게 그것이 정치된 환경과 다른 환경에서 원래 형성되었던 물질의 포획으로 나타나는지를 설명하기 때문에 이 모델은 흥미롭다. 이 메커니즘은 또한 더 큰 규모로 발생할 수 있어, 여기에서 그것은 해양 지각의 고정화(entrapment)에 의한 연해(marginal sea)의 형성으로 나타날 수 있다. 동부 카리브 해(eastern Caribbean Sea)와 베링 해(Bering Sea)와 같은 배호상 확장에 대한 설득력 있는 증거가 없는 현재의 몇몇 연해는 이런 방법으로 형성되었을 수 있다(Ben-Avraham *et al.*, 1981; Cooper *et al.*, 1992).

Wakabayashi와 Dilek(2000) 모델에서, 서부 북아메리카의 해안 산맥(Coast Range) 오피올라이트는 외해에 위치하고 서쪽으로 기우는 섭입대 위의 중생대 섬 호상 뒤에서 형성된다(그림 10.35a). 나중에, 섬 호상은 대륙과 충돌하여 새로운 동쪽으로 기우는 섭입대가 시작하고, 이것이 발달하는 전호상에서 오피올라이트를 포획한다(그림 10.35b, c). 뒤이어 지각의 층들이 압축의 결과로 분리되고 융기될 때 오피올라이트 오브덕션이 전호상 세팅에서 발생한다(그림 10.35d). 압축은 해구에 부력이 있는 물질의 도착을 포함하는 많은 메커니즘에서 유래될 수 있다.

충돌과 외래성 대륙편의 부착성장에 더하여, 상당한 대륙 성장이 마그마 부가(magma addition)와 퇴적에 의해 발생할 수 있다. 주로 후자의 메커니즘에 의해 700km 이상으로 성장했던 부착성장 조산대의 예로는 호주 남동부의 중기 고생대 라클란 조산대(Lachlan orogen)가 있다(Foster & Gray, 2000; Collins, 2002a; Glen, 2005). 이 조산대는 외래성 대륙편, 높은 지형의 발달, 심층부의 스러스트단층, 그리고 고압력 변성암의 노출과 같이 주요 충돌 조산대를 특징짓는 많은 특징이 없다. 대신 그것은 거대한 부피의 화강암질 암석(그림 10.36), 화산 시퀀스, 그리고 얇아진 대륙 지각과 해양 유사성의 고철질 하부 지각 위에 놓이는 광범위한 저변성도

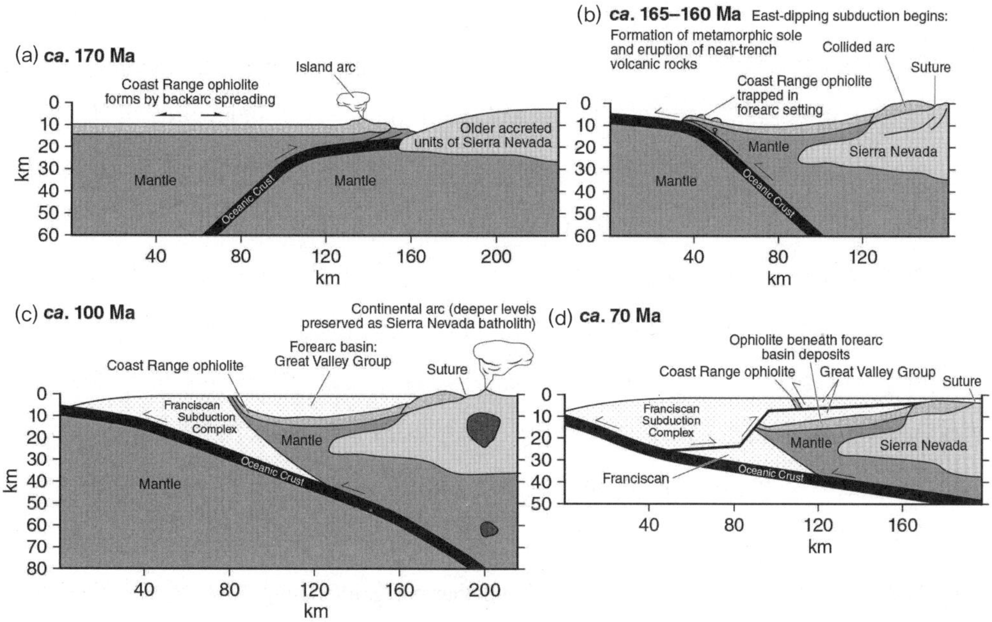

그림 10.35 캘리포니아의 앞바다 배호상 세팅(forearc setting)에서 해안 산맥 오피올라이트(Coast Range ophiolite)의 가능한 진화와 전호상 세팅(forearc setting)에서 그것의 뒤이은 정치(emplacement)(Wakabayashi & Dilek, 2000을 따름, Geological Society of America의 허가로). (a) 해안 산맥 오피올라이트가 중생대의 섬 호상 뒤에서 형성된다. (b, c) 섬 호상이 대륙과 충돌하고 새로운 동쪽으로 기울어지는(east-dipping) 섭입대가 시작되고, 전호상에서 오피올라이트를 포획한다. (d) 오피올라이트 오브덕션(ophiolite obduction)이 전호상 세팅에서 발생한다.

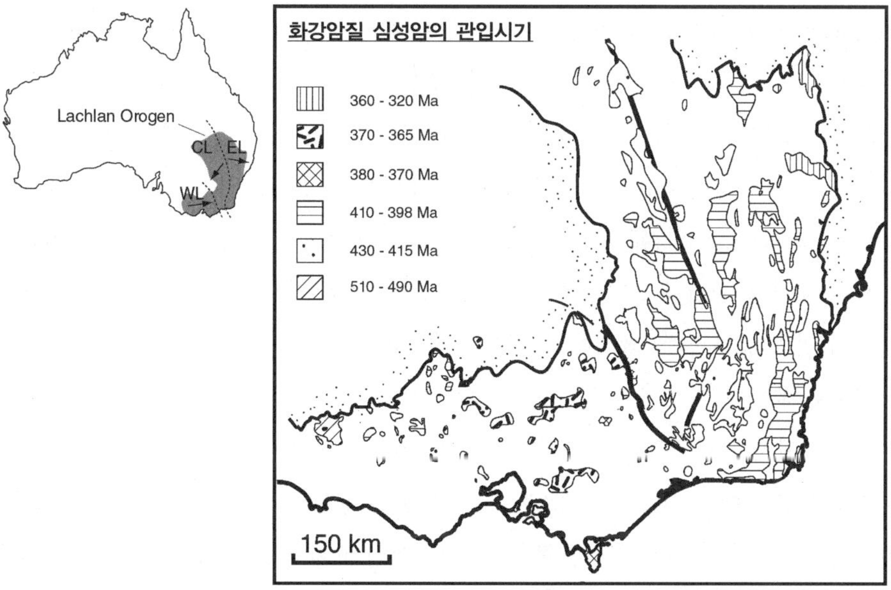

그림 10.36 화강암류와 그것들의 관입 연령의 분포를 나타내는 라클란 조산대(Lachlan orogen)의 서부(WL), 중앙(CL), 그리고 동부(EL) 지방의 지질도(Foster & Gray, 2000, Annual Review of Earth and Planetary Sciences 28의 허가로 다시 그려짐. 저작권 © 2000 Annual Reviews)

의 석영이 풍부한 저탁류암에 의해 지배된다(Fergusson & Coney, 1992). 중생대-신생대 안데스 산맥처럼, 그것은 약 2억 년 지속하였고, 확장과 수축(extension and contraction)의 많은 주기를 포함하였던 해양-대륙 수렴의 역사를 기록한다(Foster *et al.*, 1999). 현무암과 반려암이 바닥을 이루는 대형(1000km 폭에 이르는) 확장 분지는 결국 대륙 주변부위로 부착성장되었던 하나 이상의 섬 호상 뒤에서 만들어졌다(Glen, 2005). 초기 고생대 동안에 곤드와나 대륙 주변부를 따라 발달하였던 거대한 해저 퇴적물 분산 시스템의 부착성장된 일부가 화산암 사이에 존재한다. 수축과 주향이동 변형의 시간을 가로지르는 펄스(diachronous pulse)가 각 확장 사이클을 뒤따랐으며, 이로 인해 지각의 상부 15km에 일련의 스러스트 쐐기에 있는 수직 습곡과 덧인쇄된 벽개(cleavage)가 생성되었다. 이런 스타일의 단축은 명확한 융기대전면 분지의 발달 혹은 안데스(그림 10.5)와 히말라야(그림 10.19, 10.20)에서 볼 수 있는 유형의 융기대전면 습곡과 스러스트 벨트 중 어느 것으로도 이어지지 않았다. 대신, 그것은 저탁류암의 두꺼운 (10km) 연속체와 지역적으로 높은 지열 구배(geothermal gradients)에 의해 제어되었다. 이러한 관계는 라클란 조산대의 조산 운동과 지각 성장이 마그마작용과 후기 오르도비스기에서 초기 석탄기까지 지속되었던 확장과 수축의 사이클 동안에 대륙 암설(continental detritus)의 재순환에 지배되었다는 것을 시사한다.

라클란 조산대에서 발생했던 것과 같은 배호상 및 호상 내 확장의 사이클은 수축, 충돌, 그리고 조산 운동의 뒤이은 단계 동안에 변형을 국지화할 수 있는 얇고 뜨거운 암석권을 생성한다(Hyndman *et al.*, 2005). Collins(2002b)는 장수의 섭입대 위에 현지성(autochthonous) 배호상 분지(9.10절)의 형성과 닫힘을 필요로 하는 조산 운동의 모델에서 이런 프로세스를 보여준다. 이 모델은 섭입하고 있는 슬라브의 롤백(9.10절)에 반응해서 진화하는 호상 내(inter-arc) 확장의 구역으로 시작한다(그림 10.37a). 이런 세팅은 뉴질랜드 북 섬의 현재 타우포 화산지대(Taupo volcanic zone)와 유사하다. 호상이 쪼개지고 해구에서 멀리 이동함에 따라, 배호상 분지와 잔류 호상(remnant arc)이 형성(그림 10.37b)되어서, 침강과 지각 얇아짐으로 이어진다. 배호상 지역 밑의 상부 맨틀 쐐기에서의 감압 용융(9.8절)이 고철질 마그마가 판하부착성장하고(underplates) 얇아진 지각에 관입함으로써 현무암질 지각(basaltic crust)을 생성한다. 다음에, 섭입대가 편평해지고 아마도 섭입대에 해양 대지(oceanic plateau) 혹은 섬 호상(island arc)의 도착의 결과로 조산대의 상부 판은 압축 상태에 놓인다(그림 10.37c). 이 단계는 또한 안데스 산맥(10.2.2절)의 일부를 특징짓는 편평한 슬라브 섭입과 수축의 양식과 유사할 수 있다. 수축 변형과 지각 두꺼워짐이 열적으로 연화된 배호상 지역에 집중된다. 수축이 배호상 분지를 닫고 대륙 주변 부위로 호상과 전호상의 부착성장으로 이어질 수 있다. 퇴적물의 두꺼운 시퀀스가 분지를 충진하였다면, 뜨거운 단명의(~10Ma) 좁은 조산대가 형성된다. 일단 해양 대지가 섭입되었다면, 확장이 다시 확립되고 새로운 호상-배호상 시스템이 대륙 주변부를 따라 형성된다(그림 10.37d).

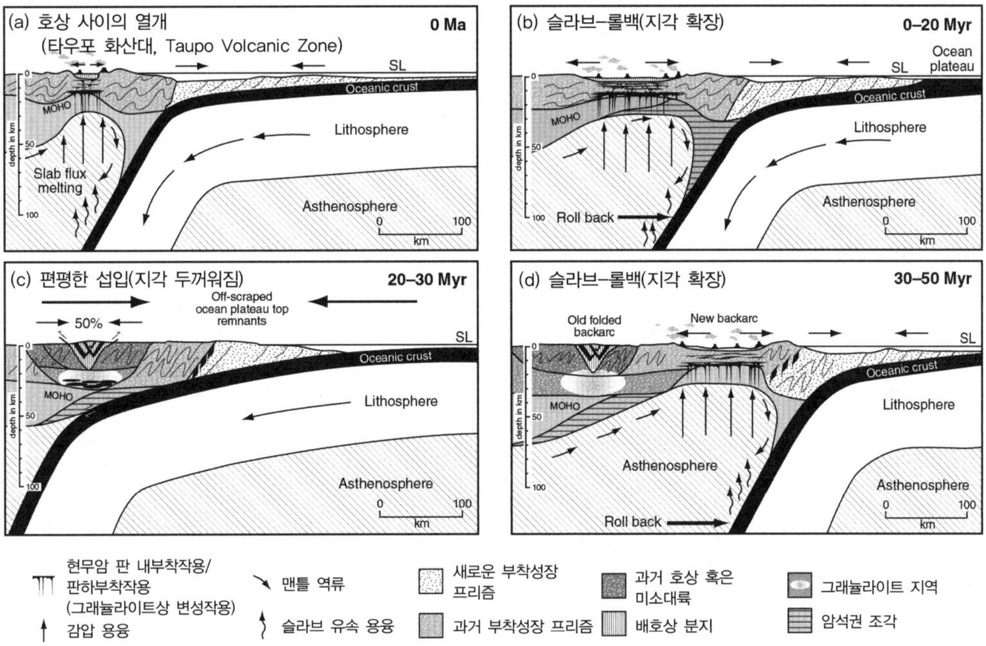

그림 10.37 해양-대륙 섭입대 위에서 배호상 분지의 생성과 파괴를 필요로 하는 부착성장 구조론(accretionary tectonics)을 통해 남동 호주의 라클란 조산대의 진화를 보여주는 모델(Collins, 2002a를 따름, Geological Society of America의 허가로). (a) 섭입하는 슬라브의 롤백(roll-back)으로 인한 호상 내 확장(Intra-arc extension). (b) 배호상 분지와 잔류 호상이 형성된다. (c) 섭입대가 편평해지고 조산대의 상부 판은 압축 상태에 놓인다. 수축과 지각 두꺼워짐이 열적으로 연화된 배호상에 집중된다. (d) 확장이 다시 설정되고 새로운 호상-배호상 시스템이 형성된다.

이와 같은 부착성장 조산대의 모델은 추측이지만 일부 대륙 주변부가 주요 충돌 이벤트의 부재에서도 성장할 수 있는 방법을 보여준다. 부착성장에 의해 성장했던 것처럼 보이는 대륙 주변부의 또 다른 예는 캘리포니아 바하(Baja)의 중생대 역사에 보존되어 있다(Busby, 2004). 여기서, 라클란 조산대에서와 같이 섭입대 위의 확장은 수렴 동안에 상부 판(upper plate)에 부착성장되는 부력이 있는 호상, 전호상, 그리고 오피올라이트를 만들었으며, 이것들은 상당한 대륙 성장으로 귀착되었다.

제11장

선캄브리아기 구조론(Precambrian tectonics)과 초대륙 주기

GLOBAL TECTONICS

11.1 서 론

대륙의 비교적 편평하고 안정된 지역은 약 44억 년에서 25억 년 전에 형성된 시생누대(Archean) 지각의 잔존물을 포함한다(p.xxx의 플레이트 11.1a). 이런 대륙괴 핵(cratonic nucleii)의 형성은 너무나 뜨겁고 활동적이어서 어떤 지각의 잔존물도 보존되지 않았던 초기 지구에서 지각 보존이 가능하게 된 상태로의 변이를 나타낸다. 대륙괴의 대부분은 적어도 200km의 깊이로 확장하는 높은 속도 맨틀 루트에 연결된다(King, 2005; p.xxx의 플레이트 11.1b, c). 이런 대륙괴 뿌리는 그것의 저항 특성(resistant qualities)이 시생누대 대륙 암석권의 장기적인 생존에 기여한 뻣뻣하고 화학적으로 부력이 있는 맨틀 물질(11.3.1절)로 구성된다(Carlson *et al.*, 2005).

시생누대(Archean Eon)의 시작은 가장 오래된 대륙 지각의 연령과 일치한다. 통념적 견해는 이 연령을 약 4.0Ga에 놓는데, 이는 지구에서 지금까지 발견된 가장 오래된 암석의 연령과 일치한다. 북서부 캐나다의 슬레이브 대륙괴(Slave craton)의 아카스타 편마암(Acasta gneisses; Bowring & Williams, 1999). 그러나 논란의 여지가 있지만 서부 호주의 일가른(Yilgarn) 대륙괴에서 발견된 >4.4Ga 쇄설 지르콘 광물(Wilde *et al.*, 2001)이 일부 대륙 지각은 4.4-4.5Ga 정도로 더 일찍이 형성되었을 수 있음을 암시한다(Harrison *et al.*, 2005, 2006; Valley *et al.*, 2006). 대륙 지각과 가장 오래된 것으로 알려진 암석과 광물의 연령에 대한 증거가 지속적으로 시간을 거슬러 올라가기 때문에, 시생누대는 정해진 하부 경계가 없다(Gradstein *et al.*, 2004). 원생누대(Proterozoic Eon)의 시작을 표시하는 시생누대의 끝은 구조운동 스타일과 선캄브리아기 암석의 암석학적 특성의 추리된 변화(inferred changes)와 거의 일치한다. 선캄브리아기의 구조활동(tectonic activity)의 성질에 대한 논쟁의 중심은 바로 이러한 추론이다. 가장 중요한 문제 중에는 판 구조론의 어떤 형태가 초기 지구에서 작동하였는지 여부와 그렇다면 그것은 언제 시작했는가라는 것이 있다. 현재 증거(11.3.3절, 11.4.3절)는 섭입을 포함하는 판 구조론적 메커니즘이 적어도 2.8-2.6Ga경에, 그리고 아마도 훨씬 이전에 발생하였음을 시사한다(van der Velden *et al.*, 2006; Cawood *et al.*, 2006).

선캄브리아기 구조적 프로세스의 성질을 고려하는 데 세 가지 접근방법이 채택되었다(Kröner, 1981; Cawood *et al.*, 2006). 첫째, 엄격한 균일설 접근방법은 현생누대(Phanerozoic)를 특징짓는 판 구조론과 같은 메커니즘이 선캄브리아기 대륙괴(Precambrian cratons)에 적용된다는 점에서 취해진다. 시생누대 대륙괴(Archean cratons)의 일부에 또한 적용되어 왔지만, 이 접근 방법은 원생누대 벨트(Proterozoic belts)의 해석에서 일반적이다. 둘째, 수정된 균일설 접근방법은 지각과 맨틀에 영향을 미치는 물리적 조건이 지질학적 시간을 통해 변화되었기 때문에 선캄브리아기의 판 구조론적 프로세스가 현재와 다소 차이를 보였다는 점에서 가정될 수 있다. 이 접근방법은 시생누대와 초기 원생대 지질 모두의 연구에서 사용되었다. 셋째, 판 구조론적 메커니즘의 대안이 선캄브리아기를 위해 생각해내질 수 있다. 이 후자의, 비균일설(nonuniformitarian) 접근방법은 초기 및 중기 시생대에 아주 종종 적용된다. 이 세 가지 방법의 각각은 유익한 결과를 낳았다.

11.2 선캄브리아기의 열류량(Precambrian heat flow)

지질시대 동안 계속해서 변화했던 가장 중요한 물리적 매개변수의 하나는 열류량이다. 지열 생산의 대부분은 핵, 맨틀, 그리고 대륙 지각에 걸쳐 흩어진 방사성 동위 원소의 붕괴에서 비롯된다(2.13절). 과거의 열류량은 이런 동위 원소의 지수함수형 붕괴 속도(exponential decay rates)로 인해 현재보다 훨씬 더 컸어야만 한다(그림 11.1). 지각 암석의 측정으로부터 유추된 칼륨/우라늄(K/U) 비를 갖는 지구 모델의 경우, 4.0Ga에 지각의 열류량은 오늘날보다 3배 컸었고, 2.5Ga에는 현재 값보다 약 2배였다(Mareschal & Jaupart, 2006). 지각 암석의 칼륨/우라늄 비율보다 높은 콘드라이트 운석(chondritic meteorites)과 유사한 칼륨/우라늄 비율의 경우, 감소의 정도는 더했을 것이다.

시생누대의 증가된 열류량은 맨틀이 오늘날보다 젊은 지구여서 더 뜨거웠다는 것을 의미한다. 그러나 얼마나 더 뜨거웠는지, 그리고 더 뜨거운 맨틀이 젊은 대륙 지각을 현재보다 훨씬 뜨겁게 하였는지 여부는 불확실하다. 초기 지구의 열 생산에 대한 열 손실의 비율을 결정하는 직접적인 방법이 없기 때문에 이런 불확실함이 발생한다. 열 손실이 주로 전도(conduction)라는 상대적으로 비효율적인 메커니즘에 의해 주로 발생하였다면 그땐 암석권은 더 따뜻했을 것이다. 그러나 열 손실의 주요 메커니즘이 해양 암석권 아래의 열을 방산하는 매우 효과적인 대류(convection)였다면, 그땐 대륙 암석권은 훨씬 더 뜨거울 필요가 없었다(Lenardic, 1998). 과거 지구의 구조적 프로세스를 재구성하기 위해, 그리고 그것들이 오늘날의 그것과 다른지 여부를 평가하기 위해 시생누대 열 체제(thermal regime)의 이러한 측면을 명확히 하는 것은 필수적이다.

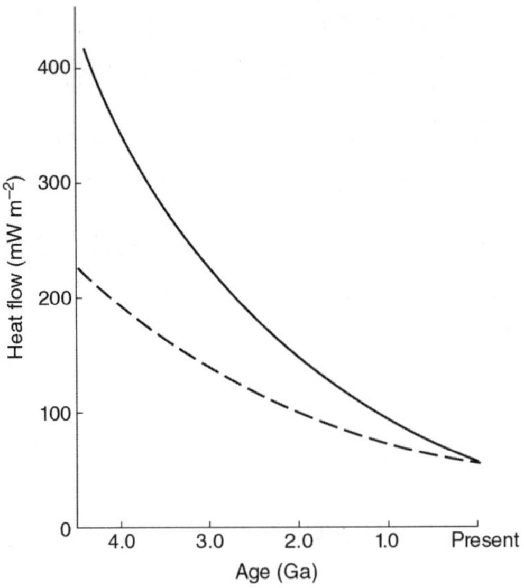

그림 11.1 시대에 따른 지표면 열류량의 변화. 실선, 콘드라이트 모델(chondritic model)에 기초하여; 점선, 지각 암석에서 도출된 칼륨/우라늄(K/U) 비율에 기초하여(McKenzie & Weiss, 1975에서 다시 그려짐, Blackwell Publishing의 허가로)

선캄브리아기 열 체제를 결정하는 데 힘든 다른 부분은 시생누대 암석권의 지각과 맨틀 부분의 관찰에서 오는 명백한 불일치를 해결하는 것이다. 풍부한 고온/저압(high temperature/low pressure) 변성 광물 군집과 큰 부피의 화강암류(11.3.2절)의 관입을 포함하는 많은 대륙괴에서의 지질학적 증거가 현재 높은 지열의 지역에서 발생하는 것과 대충 유사한 상대적으로 높은(500-700°C 또는 800°C) 시생누대 동안의 지각 온도를 암시한다. 대조적으로, 지구물리학적 조사와 맨틀 단괴(mantle nodules)의 동위원소 연구(isotopic studies)가 대륙괴 맨틀은 강하고 차가움을, 그리고 지열은 시생누대 이후 비교적 낮았음을 암시한다(11.3.1절). 차가운 맨틀 암석권의 가장 강력한 증거 중 일부는 시생누대 다이아몬드의 규산 포유물(silicate inclusion)의 열기압 연구(thermobarometric studies)에서 오며, 이 증거는 후기 시생대 동안 150-200km 깊이에서의 온도가 그 깊이에서 현재의 온도와 유사했다는 것을 암시한다(Boyd *et al*., 1985; Richardson *et al*., 2001). 지구과학자가 아직 이 명백한 불일치를 조정하지 않았지만, 이 관계가 시생누대와 원생누대 구조적 프로세스의 열 모델에 대한 중요한 경계 조건을 제공한다.

맨틀 포획암의 증거는 과거 맨틀 지열의 추정치를 줄 뿐만 아니라 대륙괴 아래의 차가운 맨틀 뿌리는 시생누대 동안에 신속하게 ≥200km의 현재 두께에 도달했음을 나타낸다(Pearson *et al*., 2002; Carlson *et al*., 2005). 이 두께는 오래된 해양 암석권의 두께보다 더 크나 암석권이 단순히 시생누대 이후 전도(conduction)에 의해 위에서부터 냉각된 경우의 것보다는 훨씬 얇다

(Sleep, 2005). 맨틀 뿌리가 깊이에 따른 연령의 진행을 표시하지 않기 때문에 전도 냉각에 의한 점진적인 두꺼워짐 역시 배제될 수 있다(James & Fouch, 2002, Pearson *et al*., 2002). 대신 대륙괴 뿌리의 비교적 작은 두께와 장기 보존은 그것들이 아래에 있는 맨틀에서의 대류 열전달에 의해 얇게 유지되고 있어야만 했다는 것을 나타낸다(Sleep, 2003). 일단 대륙괴 뿌리가 안정되면, 맨틀의 나머지에서 암석권의 기저에 공급되는 열은 표면까지 위로 흐르는 열과 균형을 이루어야만 했다. 이 모델에서, 암석권의 화학적으로 부력이 있는 층이 대류하는 맨틀 위에 큰 저항성 덮개(lid)를 형성하고, 이것이 그것을 시간이 흘러도 거의 일정한 두께로 유지하게 한다. 이러한 고찰을 통해 대륙괴 아래의 차가운 맨틀 뿌리의 형성과 장기 생존이 선캄브리아기 동안의 열전달(heat transfer) 메커니즘을 제한하는 데 어떻게 도움이 되었는지가 설명된다.

지구 내부에서 열 손실에 대한 추정된 메커니즘의 차이는 선캄브리아기 동안 작동하였을 수 있는 구조론의 스타일에 대한 대비되는 견해로 나타났다(예를 들면, Hargraves, 1986; Lowman *et al*., 2001; van Thienen *et al*., 2005). 통념적 견해는 시생누대 맨틀의 증가된 열 공급이 해령 시스템의 길이를 증가시킴으로써 또는 현재에 비해 판 생성 속도를 증가시킴으로써 해소될 수 있다는 것이다(Bickle, 1978). Hargraves(1986)는 해양 암석권을 통한 열 손실은 중앙 해령의 총길이의 세제곱근에 비례한다는 결론을 내렸다. 비팽창 지구(12.3절)를 가정하면, 판 생산의 증가된 속도는 판의 섭입 속도의 비슷한 증가를 의미한다. 이러한 계산은 판 구조론의 일부 형태가 오늘날보다 훨씬 더 큰 속도로 선캄브리아기 동안 발생하고 있었음을 시사한다. 빠른 속도는 암석권이 현재 존재하는 상대적으로 적은 큰 판과 대조를 이루는 많은 작은 판으로 분리되었던 초기 지구의 고체 표면의 이미지를 연상시킨다. 이런 해석은 작은 판이 큰 판보다 지구 내부에서 더 많은 열을 방출할 수 있음을 보여주는 맨틀 대류의 수치 모델의 결과와 일치한다(Lowman *et al*., 2001).

최근의 계산이 적어도 후기 시생대에 대한 이 통념적 견해에 이의를 제기했다. Van Thienen *et al*.(2005)는 시생누대 맨틀로부터 증가된 열 유속(heat flux)은 암석권을 얇게 함으로써, 그리고 암석권을 통한 열류량을 증가시킴으로써 방출되었을 수 있다고 제안했다. 이 저자들은 꾸준히(지수함수적으로) 냉각하는 지구에서, 판 구조론은 현재 작동 속도에 비교되는 혹은 이보다 낮은 판 구조적 속도로도 요구된 모든 열을 제거할 수 있다는 결론을 내렸다 이 결과는 더 빠른 확장(spreading)이 여분의 열을 제거하기 위해 더 뜨거운 지구에 요구된다는 의견에 반하는 것이다(예를 들면, Bickle, 1978). 그것은 또한 더 뜨거운 맨틀에서 감소된 슬라브 당김(slab pull)과 해령 밀기(ridge push) 힘이 현재 지구에 비해 더 느린 속도의 판 구조론으로 나타날 것이라는 것을 시사한다. Korenaga(2006)는 시생누대 동안의 더 굼뜬 스타일의 판 구조론이 지각과 맨틀에 있는 열-생성 요소의 풍부함에 대한 모든 화학적 제약과 전체 맨틀 대류의 틀 안에서 시간에 따른 맨틀의 점진적인 냉각에 대한 증거를 만족시킨다는 것을 보여주었다. 이 결과는 광범위한 해령 및/또는 빠른 확장과 섭입을 가져야 한다는 열적 필요성을 제거한다. 그러나 이들과 다른 대안적인 해석이 호기심으로 남아 있을 정도로 시생누대 동안의 열 조건은 꽤 추측적이라는 것이 음미되어야만 한다.

11.3 시생누대 구조론(Archean tectonics)

11.3.1 대륙괴 맨틀 암석권(cratonic mantle lithosphere)의 일반적인 특성

대륙괴 맨틀 암석권의 결정적 특징은 적어도 200km의 깊이, 그리고 국부적으로 250-300km의 깊이까지 정상적인 대륙 아래(subcontinental) 맨틀보다 더 빠른 탄성파 속도이다(p.xxx의 플레이트 11.1b, c). 많은 원생누대 벨트는 비슷한 깊이에서 이러한 빠른 속도 이상(velocity anomalies)이 없다. 게다가 시생누대(Archean) 대륙괴는 인접한 원생누대(Proterozoic)와 현생누대(Phanerozoic) 지각보다 약 20mW m^{-2} 더 낮은 열 유속(heat flux)을 갖는 지구상의 모든 지역 중 가장 낮은 지표면 열류량에 의해 특징지어진다(Jaupart & Mareschal, 1999; Artemieva & Mooney, 2002). 동위 원소 연령 측정과 맨틀 단괴의 레늄-오스뮴(Re-Os) 연구(Pearson *et al.*, 2002; Carlson *et al.*, 2005)가 맨틀 뿌리는 연대가 시생누대이고, 지난 2-3Ga에 걸쳐 열적으로, 그리고 역학적으로 거의 안정적이었다는 것을 확실히 한다. 이러한 관찰결과는 시생누대 대륙괴의 뿌리는 차고, 강하고 주변의 맨틀과 성분상으로 다르다는 것을 나타낸다.

해양 분지에서, 해양 암석권의 기저는 일반적으로 지각 아래 100km 미만의 깊이에서 전단파 속도의 강한 감소로 표시된다(2.8.2절, 2.12절). 비슷한 낮은 속도 구역(low velocity zones)이 분지와 산맥 지방(Basin and Range Province)과 같은 구조적으로 활발한 대륙 지역에서 나타나나, 안정적인 대륙괴 아래에서 낮은 속도 구역은 극히 희박하거나 전혀 존재하지 않는다(Carlson *et al.*, 2005). 따라서 대륙 암석권의 기저는 탄성파 데이터로는 잘 정해지지 않는다. 증가하는 깊이에 따라 안정적인 암석권의 높은 탄성파 속도는 점차적으로 200km 아래의 넓고 분명하지 않은 전이대(transition zone)를 가로질러 대류하는 맨틀의 그것에 접근한다. 열 모델링과 맨틀 포획암으로부터의 지구화학적 데이터가 암석권-연약권 경계면의 위치를 정하는 데 도움이 되었다. 이 연구결과는 대륙 암석권의 기저는 평온한 대륙괴 지역에서 가장 깊고

(~250km) 현생누대 열개와 조산대 아래에서 가장 얕다(~180km)는 것을 알려준다(O'Reilly *et al.*, 2001). 이 결정은 지진 관측과 일반적으로 일치한다.

맨틀 포획암의 연구결과는 시생누대 맨틀 뿌리가 차갑고 강하다는 것뿐만 아니라 화학적으로 부력이 있고 불화합 원소(incompatible elements)가 크게 고갈되어 있다는 것을 가리킨다(O'Reilly *et al.*, 2001; Pearson *et al.*, 2002). 맨틀 용융이 발생할 때, 칼슘, 알루미늄, 그리고 특정 방사성 원소와 같은 원소는 용융에 의해 추출되어 용융물에 농축되는 반면, 다른 원소들, 특히 마그네슘은 선택적으로 고체 잔류물(solid residue)에 남는다. 용융에 의해 농축되는 이러한 원소는 불화합적이라고 알려져 있다(2.4.1절). 부력과 화학적 고갈 모두는 부분 용융과 맨틀 암석권의 경우, 마그네슘이 풍부한 하이즈버어자이트(harzburgites), 러어졸라이트(lherzolites) 및 감람암(peridotite)을 남겨놓는 용융 추출에 의해 동시에 달성된다(O'Reilly *et al.*, 2001). 에클로자이트(eclogite)도 또한 대륙괴 암석권에 존재하는 것으로 보인다. 그러나 크고 밀도가 큰 에클로자이트 덩어리와 일치하는 높은 속도 암체(high velocity bodies)가 대륙 맨틀에서 관찰된 적이 없다(James *et al.*, 2001; Gao *et al.*, 2002). 카프발 대륙괴(Kaapvaal craton)에서 맨틀 포획암의 조사가 에클로자이트는 대륙 맨틀에서 볼륨으로 단지 1%에 달한다는 것을 알려준다(Schulze, 1989). 이러한 특징은 최대 30억 년(11.4.2절)에 이르는 기간 동안 대륙괴의 역학적 및 열적 안정성으로 나타났다.

11.3.2 시생누대 대륙괴의 일반 지질학

시생누대 대륙괴는 그것들의 변성도(metamorphic grade)를 기준으로 구별되는 암석의 광대한 2개 그룹을 노출시킨다. **녹색암 벨트(greenstone belts)**와 **고변성도 편마암 지형(high grade gneiss terrains;** Windley, 1981). 대량의 화강암류(granitoids)가 양 그룹을 관입한다. 이런 암석과 함께 시생누대 **화강암-녹색암 벨트(granite-greenstone belts)**가 형성된다. 이런 벨트의 구조와 성분이 시생누대 지각의 기원과 초기 지구의 진화에 대한 정보를 제공한다.

녹색암은 녹색편마암 변성상(greenschist facies)인 낮은 압력(200-500MPa)과 저온(350-500°C)의 광역적 변성을 보이는 변성화산암 및 변성퇴적암(metavolcanic and metasedimentary rocks)으로 구성되어 있다. 그것들의 어두운 녹색은 일반적으로 녹니석(chlorite), 악티노라이트(actinolite) 및 녹렴석(epidote)을 포함하는 변질된 고철질(즉, 마그네슘 및 철이 풍부한) 화성암에서 나타나는 광물의 존재에서 비롯된다. 세 가지 주요 층서학적 그룹이 녹색암 벨트 내에서 인식된다(Windley, 1981). 하부 그룹은 소레아이트질(tholeiitic) 및 코마티아이트질(komatiitic) 용암으로 구성되어 있다. 남아프리카 공화국 카프발 대륙괴의 바버튼 녹색암 벨트(Barberton

Greenstone belt)의 코마티 층(Komati Formation)의 이름을 따서 명명된 코마티아이트(Komatiites; Viljoen & Viljoen, 1969)는 시생누대 지각에 거의 독점적으로 나타나는 마그네슘이 풍부한 현무암과 초고철질(ultramafic) 용암의 이종이다. 이 암석의 높은 마그네슘 함량(>18의 중량% MgO; Nisbet *et al*., 1993; Arndt *et al*., 1997)은 일반적으로 현대 현무암질 마그마보다 더 높은 용융온도(melting temperatures)를 추론하는 데 사용된다(11.3.3절). 중간 그룹은 미량 및 희토류 원소(trace and rare earth elements)가 일부 섬 호상 암석에서 발견된 것과 유사한 중간 및 규장질 화산암을 포함한다. 상부 그룹은 경사암(graywackes), 사암, 역암 및 호상철광층(banded iron formations, BIFs)과 같은 쇄설성 퇴적물로 구성되어 있다. 이 후자의 암석은 처트, 석회암, 그리고 실리카가 풍부한 층과 교호하는 철 산화물 층으로 구성된 화학적-퇴적 단위이다(또한 13.2.2절을 보라).

고변성도 편마암 지형은 일반적으로 각섬암(amphibolite) 또는 그래뉼라이트(granulite) 변성상(9.9절)인 낮은 압력, 높은 온도(>500°C)의 광역적 변성을 나타낸다. 이러한 벨트가 시생누대 대륙괴 지역의 대부분을 형성한다. 대부분 화강섬록암(granodiorite)과 토날라이트(tonalite) 성분의 석영장석질 편마암(quartzofeldspathic gneiss), 층상의 감람암-반려암-아놀쏘사이트(peridotite-gabbro-anorthosite) 또는 우백질반려암-아놀쏘사이트(leucogabbro-anorthosite) 복합체, 그리고 변성화산성 각섬암 및 변성퇴적물을 포함하는 다양한 유형이 흔히 보인다(Windley, 1981). 감람암(2.4.7절, 2.5절)은 감람석(olivine)과 휘석(pyroxene) 광물이 풍부한 초고철질 암석이다. 우백질반려암(leucogabbro)은 사장석(plagioclase)의 존재로 인해 비정상적으로 밝은 색상의 반려암질 암석을 말한다. **아놀쏘사이트(anorthosites)**는 >90% 사장석으로 구성된 심성암이고, 알려진 화산 등가물이 없다. 후자의 암석들은 시생누대와 원생누대 지각에서만 나타난다. 대부분의 저자들은 시생누대 아놀쏘사이트를 철, 알루미늄과 칼슘 성분이 풍부한 현무암 혹은 아마 코마티아이트와 같은 원시 마그마(primitive magma)에서 분화하였던 것으로 본다(Winter, 2001). 고변성도 편마암 지형은 크게 변형되고 구조적으로 저변성도 녹색암 벨트 아래에서 혹은 벨트에 인접해서 동시대에 형성될 수 있다(Percival *et al*., 1997).

녹색암 및 고변성도 편마암을 관입하는 화강암류는 **토날라이트-트론제마이트-화강 섬록암(tonalite-trondhjemite-granodiorite)** 또는 **TTG 모음(TTG** suites)으로 알려진 성분상으로 특징적인 그룹을 형성한다(Barker & Arth, 1976). 토날라이트(tonalites, 9.8절)와 트론제마이트(trondhjemites)는 일반적으로 칼륨장석(potassium feldspar)이 결핍된 석영 섬록암(quartz diorite)의 이종이다. 이런 화성암 모음(igneous suites)은 시생누대 지각에서 가장 방대한 암석 조합을 형성하고 원시 맨틀에서 규장질 대륙 지각의 형성에 중요한 단계를 나타낸다(11.3.3절).

11.3.3 시생누대 암석권의 형성

대륙괴 아래에 있는 뻣뻣하고 부력이 있는 맨틀 뿌리의 독특한 성분과 물리적 특성(11.3.1절)은 원시 맨틀에서 화학적 고갈과 용융 추출에서 생긴다. 이 두 프로세스는 밀도를 낮추고 부분 용융에서 남은 잔류물의 점도를 상승시켰으며 대부분 높은 마그네슘 감람석(olivine)과 높은 마그네슘 사방휘석(orthopyroxene)으로 이루어진 용골(keel)로 나타난다(O'Reilly *et al.*, 2001; Arndt *et al.*, 2002). 이러한 구성 요소 모두는 비옥한(fertile; 고갈되지 않은) 맨틀 감람암에는 없고, 현재의 해양 지각과 대양 섬을 생산하는 것과 같은 정상적인 맨틀 용융의 잔류물에도 드물다. 따라서 대부분의 연구자들은 특유의 성분은 맨틀 압력(mantle pressures)의 범위(4-10GPa)를 넘어서는 비정상적으로 높은 온도(30-40%)의 맨틀 용융과 관련된다는 결론을 내렸다(Pearson *et al.*, 2002; Arndt *et al.*, 2002). 맨틀 감람암의 높은 온도의 부분 용융이 코마티아이트질 성분(komatiitic composition)을(11.3.2절), 그리고 시생누대(Archean) 암석권 맨틀의 성분과 매우 유사한 고체 잔류물의 마그마를 생성한다(Herzberg, 1999; Arndt *et al.*, 2002).

용융 추출과 시생누대 뿌리 형성이 발생했던 시기를 결정하는 데 상당히 유용한 방사성 동위원소 시스템은 ^{188}Os로 ^{187}Re의 붕괴이다(Walker *et al.*, 1989; Carlson *et al.*, 2005). 이 동위 원소 시스템의 주요 특징은 오스뮴(Os)이 맨틀 용융 동안에 화합성(compatible)이고 레늄(Re)은 적당히 불화합성(incompatible)이라는 것이다. 따라서 용융 추출 후 남아 있는 어떤 잔류물질도 맨틀 용융 또는 비옥한 맨틀에서보다 더 낮은 레늄과 더 높은 오스뮴 농도를 가질 것이다. 이런 특징이 맨틀 포획암의 레늄-오스뮴의 동위 원소 분석을 통해 용융 추출 시기에 대한 정보를 산출할 수 있게 한다. 맨틀 포획암에서의 데이터는 가장 오래된 용융 이벤트의 시기가 초기-중기 시생대(Early-Middle Archean)라는 것을 보여준다. 상당량의 암석권 맨틀도 역시 후기 시생대(Late Archean times)에 형성되었고, 방대한 고철질 마그마작용과 관련된다(Pearson *et al.*, 2002).

높은 온도의 부분 용융이 의심할 여지없이 발생했지만, 이 프로세스 단독으로는 시생누대 맨틀 암석권의 기원을 설명할 수 없다. 이런 결론에 대한 주된 이유는 시생누대 지각 기록에서 발견된 코마티아이트(komatiite)의 수량이 너무너무 낮아 대륙괴 맨틀에서 발견된 매우 고갈된 감람석의 양과 균형을 이루지 못한다는 것이다(Carlson *et al.*, 2005). 이런 불균형은 코마티아이트질 마그마의 많은 부분이 결코 지표면에 도달할 수 없었거나 다른 프로세스가 뿌리 형성에 기여했어야만 한다는 것을 의미한다. 이러한 프로세스 중 하나는 다른 모든 것의 희생으로 시생누대 맨틀 암석권의 색다른 구성 요소를 농축시켰던 효율적인 분급 메커니즘(sorting mechanism)이다(Arndt *et al.*, 2002). 정확히 어떻게 일어났었는지는 불확실하지만, 분급의 가장 가능성 있는 구동력은 부력과 높은 마그네슘 함량의 감람석과 사장휘석의 높은 점성도이다. 이러한 광물의 비중과 점성도는 그것들의 마그네슘-철 비율과 물 함량에 각각 좌우된다. 이것들은 정상적인 연약권 맨틀(asthenospheric mantle)에 비해 시생누대 맨틀 암석권(Archean mantle lithosphere)에서 더 낮다. Arndt *et al.*(2002)은 시생누대 동안에 지구 표면 근처의 부력이 있는 점성 맨틀(viscous mantle) 층의 역학적 분리와 축적으로 나타날 수 있었던 세 가지 프로세스를 생각했다. 첫째, 맨틀 플룸의 중심부에서 용승하는 부력이 있는 잔류물은 더 차갑고, 더 밀도가 높은 외부로부터 분리되고 상승 동안에 축적될 수 있었을 것이다(그림 11.2a). 이 모델에서, 용융은 고압(~200km 깊이)에서 시작되고 얕은 깊이까지 계속되며, 이 지점쯤에서 용융 부피는 커지고, 초기의 낮은 온도 용융의 밀도가 높은 잔류물은 맨틀 흐름에 의해 휩쓸려 사라진다. 둘째, 물질이 섭입대 아래로 운반되고 대류 셀로 맨틀(그림 11.2b)을 통해 재순환되기 때문에 부력이 있는 잔류물은 천천히 분리될 수 있었다. 셋째, 일부 지각 하부 암석권(subcontinental lithosphere)은 지구 부착성장의 최종 단계에서 형성된 시생누대 마그마 바다(Archean magma ocean)에서 결정화된 초기 지각의 잔해물일 수 있다(그림 11.2c). 세 가지 경우 모두에서, 부력이 있는 점성 물질은 상승하고 맨틀의 흐름 동안에 더 높은 비중의 잔류물에서 분리된다. 이들 또는 다른 프로세스의 조합이 대륙괴 용골을 형성하는 데 도움이 되었는지 아닌지는 매우 불확실하다. 그럼에도 불구하고, 그들은 몇몇 다른 메커니즘이 표면 근처의 층으로 맨틀 용융 잔류물의 일부를 농축시킬 수 있었던 방법을 도시한다.

높은 온도의 부분 용융과 효율적인 선별에 더하여, 대부분의 저자들은 또한 맨틀 암석권의 형성과 진화는 많은 구조적 및 마그마 이벤트를 필요로 하는 다단계 이력을 포함한다고 결론지었다(James & Fouch, 2002). 그러나 뿌리 구축이 섭입되는 해양 슬라브의 언더스러스트와 겹쌓기(stacking; Carlson *et al.*, 2005), 호상 물질의 부착성장과 두꺼워짐(Lee, 2006) 혹은 뜨거운 맨틀 플룸에서 용융의 추출(Wyman & Kerrich, 2002)을 우선적으로 필요로 하는지를 둘러싸고 의견이 나누어진다. 다양한 기준을 적용함으로써 약간의 지질학적 연구가 과거의 맨틀 플룸이 시생누대 암석권의 진화에 중요한 역할을 했다는 것을 주목하지 않을 수 없게 만들었다(Tomlinson & Condie, 2001; Ernst *et al.*, 2005). 탄성파 단면, 지질연대학적 연구, 그리고 동위 원소 분석에서의 데이터가 많은 뿌리가 후기 시생대 동안에 고철질 마그마작용의 큰 펄스에 의해 영향을 받았다는 것을 나타낸다(Wyman & Kerrich, 2002; James & Fouch, 2002). 그러나 다른 연구는 시생누대 맨틀 암석권의 진화를 설명하기 위해 섭입대 세팅(subduction zone setting)을 강조했다. 대부분의 대륙괴는 그것들의 역사에서 적어도 어떤 단계 동안에 대륙편 충돌(terrane collisions)과 두꺼워짐에 의한 대륙괴 뿌리의 중요한 수정에 대한 증거를 보여준다(James & Fouch, 2002; Schmitz *et al.*, 2004). 섭입대 메커니즘을 지지하는 후기 시생대(2.8-2.6Ga) 화석 섭입대(그림

11.3)가 캐나다 북부의 아비티비 대륙괴(Abitibi craton) 내에서 획득된 탄성파 데이터에서 발견되었다(Calvert & Ludden, 1999; van der Velden *et al*., 2006). 그럼에도 불구하고, 시생누대 맨틀 뿌리가 아마도 하나 이상의 구조적 환경에서 생성되었다는 것과 어떠한 단일 세팅 또는 이벤트도 모든 경우에 적용할 수 없다는 것을 인식하는 것이 중요하다.

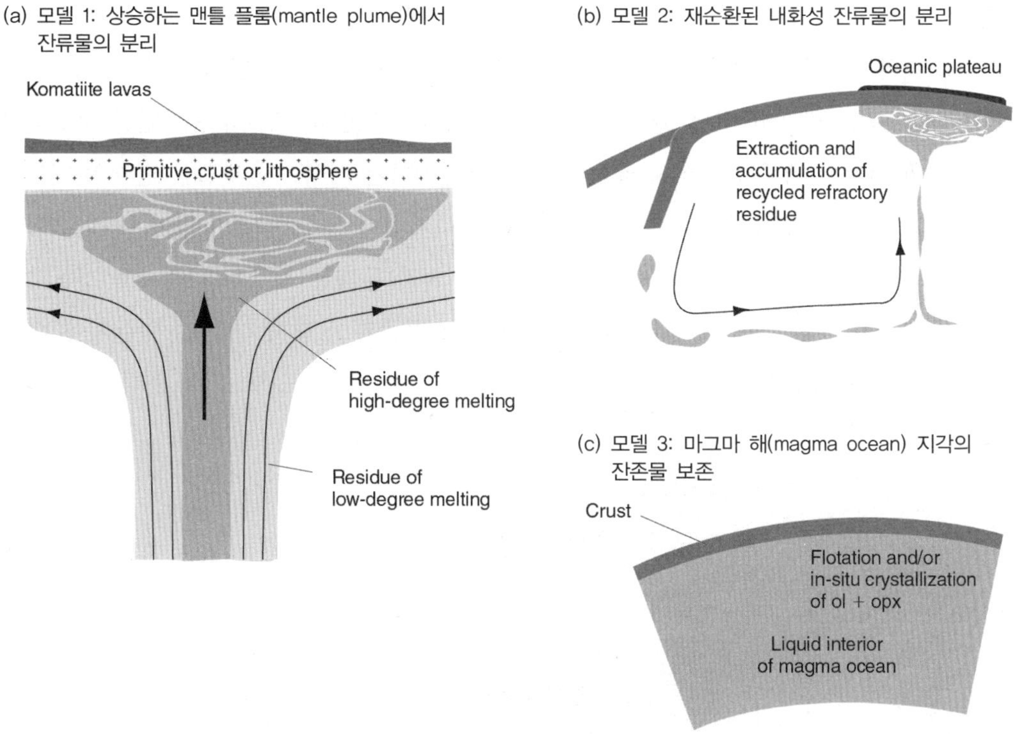

그림 11.2 (a–c) 지구 표면 근처의 높은 마그네슘 감람석(olivine)과 사방휘석류(orthopyroxene)의 분리와 축적을 허용할 수 있는 3가지 가능한 메커니즘(Arndt *et al*., 2002를 따름, Geological Society of London의 허가로)

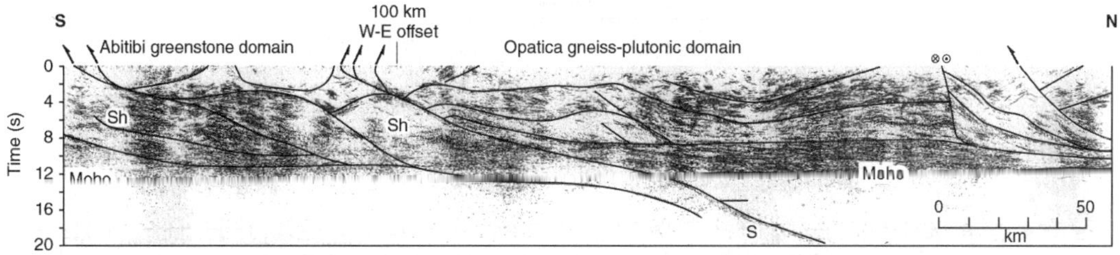

그림 11.3 북부 캐나다의 슈피리어 주(Superior Province)의 오파티카–아비티비 벨트(Opatica–Abitibi belt)의 탄성파 반사 단면(van der Velden *et al*., 2006에서 수정됨, American Geophysical Union의 허가로. 저작권 © 2006 American Geophysical Union). 해석은 Calvert *et al*.(1995), Lacroix와 Sawyer(1995), 그리고 Calvert와 Ludden(1999)에서 수정되었다. S, 화석 섭입대; Sh, 중간 지각의 겹쳐진 물질을 암시하는 싱글 반사(shingle reflections)

화강암-녹색암 벨트(granite-greenstone belts)를 구성하는 독특한 암석 조합(11.3.2절)이 시생누대 암석권의 형성과 진화에 기여하였던 메커니즘을 평가하는 다른 중요한 방법을 제공한다. 답해야 할 핵심 질문 중 하나는 녹색암의 대부분을 형성하는 코마티아이트질(komatiitic) 및 소레아이트질(tholeiitic) 용암이 현재의 구조적 환경과 대체로 비슷한 환경에서 형성되었는지 아닌지 여부이다. 예를 들면, 이러한 용암이 흔히 생각되는 바와 같이, 현재의 중앙 해령 현무암의 시생누대 등가물을 막연히 표현한다면, 그러면 그것들은 시생누대에 화산 활동의 대부분이 해양 지각의 생성과 파괴를 포함하였다고 추론하는 데 사용될 수 있다(Arndt *et al.*, 1997). 그러나 이러한 비교의 문제점 중 하나는 화학적으로 변경되지 않은 완전한 시생누대 해양 지각의 어떠한 예도 보존되지 않는다는 것이다. 게다가 시생누대 맨틀은 현재의 맨틀보다 어느 정도 더 뜨거웠으며(11.2절), 이것이 의심할 여지없이 성분, 공급원 깊이, 그리고 화산 활동의 패턴에 영향을 미쳤다(Nisbet *et al.*, 1993). 이러한 문제는 시생누대 지각을 생산하고 재순환시켰던 프로세스와 그것들이 현재 환경에서 그것들과 어떻게 다를 수 있는지에 대한 해석을 복잡하게 하였다.

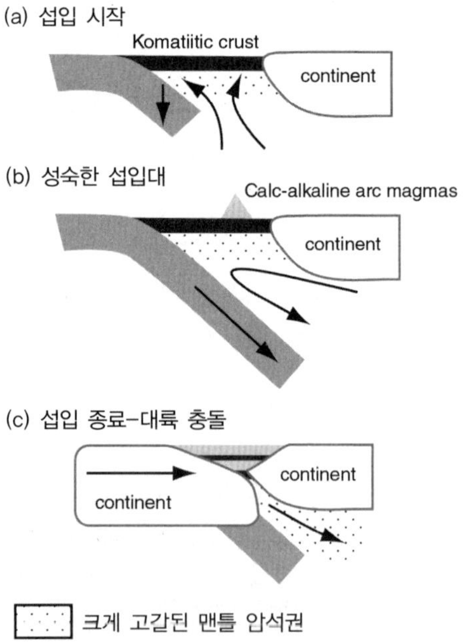

그림 11.4 섭입대에서 부분 용융에 의한 코마티아이트(komatiites)와 대륙괴 맨틀의 생성을 위한 개념적 모델(Parman *et al.*, 2004를 따름. 저작권 © 2004 Geological Society of South Africa). (a) 부분 용융이 전호상 세팅에서 코마티아이트질 마그마를 생성한다. (b) 성숙한 섭입이 잔류 맨틀을 냉각시키고 수화시킨다. (c) 코마티아이트질 지각의 오브덕션(obduction)이 충돌 동안에 발생한다.

대부분의 저자들은 높은 마그네슘 함유량과 코마티아이트(komatiites)의 형성과 관련된 높은 온도의 용융이 현재의 현무암질 마그마의 그것보다 더 높은 용융 온도(1400-1600°C)를 반영한다고 결론을 내렸다(Nisbet *et al.*, 1993). 그러나 정확하게 얼마나 더 뜨거운지는 모른다. Parman *et al.*(2004)은 이즈-보닌-마리아나(Izu-Bonin-Mariana) 섬 호상에서 보니나이트(boninites)를 생산했던 것과 유사한 이런 암석에 대해 섭입에-관련된 기원을 제안했다(그림 11.4). 보니나이트는 젊은 섭입대 위의 비정상적으로 뜨거운 전호상 지역에서 수화 맨틀의 용융에 기인하는 것으로 생각되는 높은 마그네슘 함량의 안산암(andesites)이다(Crawford *et al.*, 1989; Falloon & Danyushevsky, 2000). 만일 코마티아이트가 수화 맨틀의 용융에 의해 생성되었다면, 그러면 용융 깊이는 섭입대에서와 같이 비교적 얕은 수 있고 시생누대 맨틀은 단지 현재보다 약간 더 뜨거우면(~100°C) 된다(Grove & Parman, 2004). 이런 해석에서, 얕은 용융과 섭입은 얼마 후에 대륙 아래의 대륙괴 맨틀로 통합되는 매우 고갈된 맨틀 암석권의 형성과 두꺼워짐으로 나타난다. 그 대신에, 만일 코마티아이트의 기원암이 건조(dry)했다면, 그러면 시생누대 맨틀의 높은 주변 온도가 용융을 섭입대에서 발생하는 것보다 훨씬 더 큰 깊이, 아마도 용승하는 맨틀 플룸에서 또는 중앙 해령 아래의 비정상적으로 깊은 위치(~200km)에서 시작하게 했다. 더 깊은 심도의 용융은 거대한 양의 현무암과 오늘날보다 훨씬 두꺼운(20~40km) 해양 지각을 생산하였을 것이다(Bickle *et al.*, 1994). 거대한 양의 고철질 마그마와 높은 분출 속도의 증거가 해양 대지와 대륙의 범람 현무암이 그런 두꺼운 고철질 지각에 가장 좋은 현대 유사물이라는 것을 암시하였고, 현생누대 대형 화성암 지방(LIPs, 7.4.1절)과의 비교를 유인한다(Arndt *et al.*, 1997, 2001). 후자의 맥락에서, 현재와 과거 암석 간의 차이는 용융의 깊이와 두꺼운 올라탄 암석권(overriding lithosphere) 효과의 차이로 설명된다(그림 11.5). 이들 및 다양한 다른 모델(그림 11.6)들이 코마티아이트를 생산하였던 용융의 깊이와 기원에 대한 정보가 초기 지구의 구조적 세팅과 열적 진화 모두에 얼마나 중요한지를 예시한다.

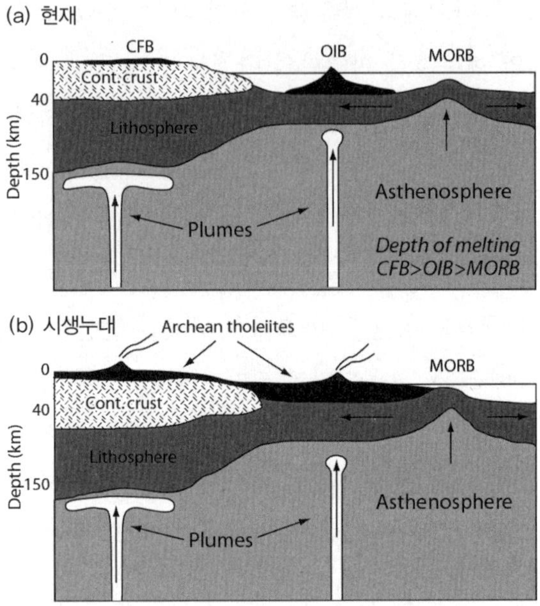

그림 11.5 맨틀 플룸을 필요로 하는 코마티아이트질(komatiitic) 및 소레아이트질(tholeiitic) 현무암 형성의 모델(Arndt *et al.*, 1997을 따름, Oxford University Press의 허가로). 모델은 용융의 깊이에 대한 암석권 두께의 영향을 보여주며, 여기서 CFB는 대륙 범람 현무암, OIB는 해양 섬의 현무암, 그리고 MORB는 중앙 해령 현무암이다.

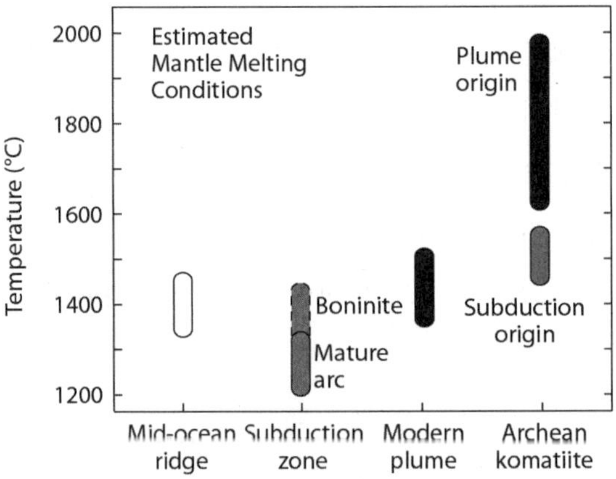

그림 11.6 플룸 모델(검은 타원)과 섭입 모델(회색 타원)에 의한 코마티아이트 용융 생성에 대한 추론된 온도에 비교된 다양한 현재의 구조적 세팅에서 추정된 맨틀 용융 생성 온도의 범위(Grove & Parman, 2004를 따름, Elsevier의 허가로)

다양한 구조적 모델 역시 시생누대 대륙 지각의 기원을 위해 가정되어 왔다. Windley(1981)는 시생누대 토날라이트-트론제마이트-화강 섬록암(tonalite-trondhjemite-granodiorite, TTG) 모음과 안데스형 섭입대(9.8절)와 관련된 침식노출된 화강암류 사이의 지질학 및 지구화학적 유사성을 지적했다. 그는 이것을 방대한 양의 토날라이트가 생산될 수 있는 환경으로 생각하였고, 이것이 시생누대의 이런 암석 형성에 대한 적절한 유사물을 나타낸다고 결론지었다. 뒤이은 연구로 이런 섭입 모델은 후시 시생대에 적용할 수 있다는 대체적인 합의가 이루어졌다. 그러나 두꺼운 해양 지각이 섭입을 억제했을 수 있는 전기와 중기 시생대(Early and Middle Archean times)에 그것들의 적용은 더욱 논란거리다. 섭입에 대한 대안으로, Zegers와 van Keken(2001)은 TTG 모음은 두꺼운 해양 대지의 밀도가 높은 하부의 제거와 침강에 의해 형성되었다고 가정했다. 밀도가 큰 에클로자이트 뿌리의 벗겨냄(peeling away) 혹은 박층분리(delamination)는 융기, 확장, 그리고 TTG 모음 마그마(TTG suite magmas)를 생성하는 부분용융으로 나타난다. 이런 프로세스는 일부 해양 물질을 맨틀로 돌려보낼 수 있었고, 초기-중기 시생대의 해양성 대륙편들(oceanic terranes) 사이의 충돌을 수반했을는지 모른다. 그러나 섭입의 부재는 비팽창 지구(12.3절)를 생각하면 이런 시기 동안에 해양 암석권 형성의 매우 빠른 속도는 해양 암석권 또한 빠른 속도로 파괴되는 메커니즘이 동반되어야만 했다는 점에서 문제를 야기한다.

TTG 모음의 기원에 대한 중요한 측면은 마그마를 생산하기 위해 용융된 기원 물질의 유형이다. 초기 암석학적 연구는 이런 마그마가 물의 존재에서 섭입되는 해양 지각의 부분 용융에서 발생할 수 있다고 제안했다(Martin, 1986). 그러나 최근의 연구는 호상의 하부 지각과 두꺼운 해양 대지의 기저를 포함하는 다른 기원을 강조하고 있다(Smithies, 2000; Condie, 2005a). 기원 물질의 중요성은 Foley *et al.*(2003)에 의해 제안된 2단계 모델에 의해 설명된다. 이 모델은 전기 시생대 동안에 해양 지각은 너무나 두꺼워 하나의 단위로 섭입될 수 없었고, 그래서 그것의 최하부는 박층분리되어 용융되었다고 상상했다(그림 11.7a). 이러한 하부 뿌리는 초고철질 축적 층(ultramafic cumulate layers)의 변성작용에 의해 형성된 휘암(pyroxenites)이었으리라 추정된다. 휘암의 용융은 TTG 용융물을 형성하지 않고, 대신에 현무암 용융물을 생산하였다. 해양 지각이 냉각되고 점점 얇아지면서 전체 지각이 섭입될 수 있는 시기가 후기 시생대에 도래되었다(그림 11.7b). 이때 각섬암(amphibolite)과 같은 열수작용으로 변질된 지각이 섭입대로 이끌려오고, TTG 모음(TTG suites)의 광범위한 형성으로 이어졌다. 이 모델은 최초 대륙 지각의 형성이 섭입과 수화 고철질 기원(hydrous mafic source)의 용융을 필요로 한다는 의견을 지지한다.

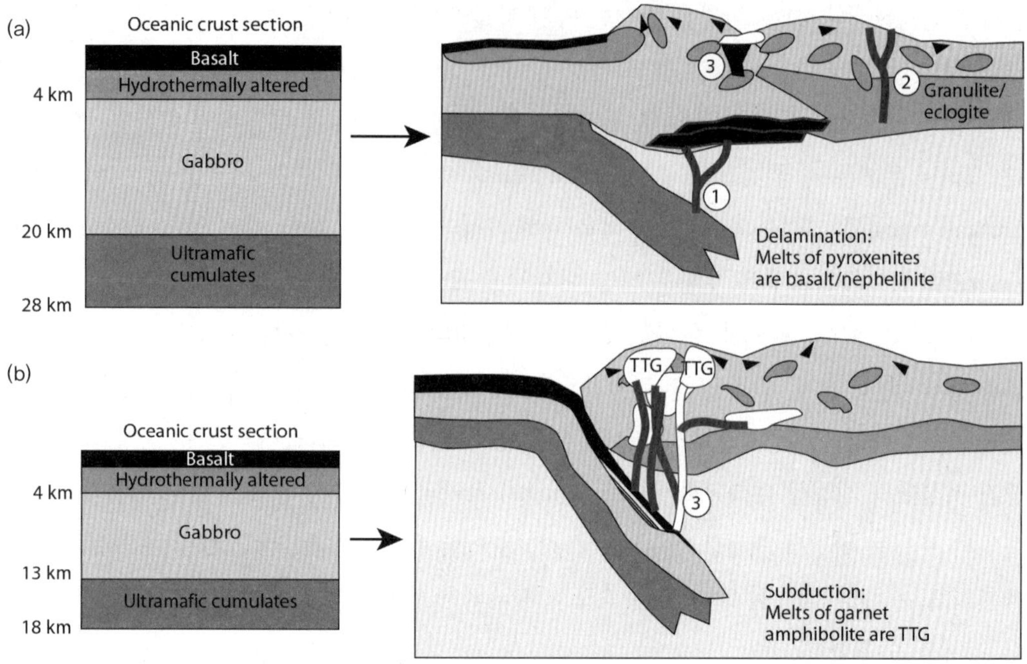

그림 11.7 시생누대 지각 진화의 두 단계 모델(Foley *et al.*, 2003을 따름, Nature 421, 249–52의 허가로. 저작권 © 2003 Macmillan Publishers Ltd). (a) 두꺼운 해양 지각의 초기 시생누대 박층분리(delamination)와 휘암(pyroxenites)의 용융(1). 하부 지각(2)과 석류석 각섬암(garnet amphibolite)(3)의 지역적 용융이 또한 발생하여, 작은 볼륨의 규장질 마그마를 생성할 수 있다. (b) 후기 시생누대 전체-지각 섭입과 TTG 모음(TTG suites)(3)을 생산하는 석류석 각섬암의 대규모 용해

11.3.4 지각 구조(crustal structure)

화강암-녹색암 벨트는 다양한 구조적 스타일과 노두 패턴을 보이며, 그것의 많은 것들은 현생누대 조산대에 또한 나타난다(Kusky & Vearncombe, 1997). 시생누대와 현생누대 벨트 모두는 공통으로 스러스트단층과 주향이동 전단대에 의해 변형된 변성 화성암과 퇴적암의 거대한 지역이다(예를 들면, 그림 10.13, 10.19). 일반적으로 돔과 킬 구성체계(dome-and-keel architecture)라고 불리는 다른 패턴은 시생누대 지각에서만 나타난다. 이 후자의 구조 스타일이 본 절에서 논의의 중심점이다.

돔과 킬(Dome-and-keel) 지방은 편마암, 화강암질암류, 그리고 혼성암(migmatite, 9.8절)으로 구성된 타원 및 알 모양의 돔을 둘러싸는 녹색암으로 구성된 트로프 모양의(trough-shaped) 또는 향사곡 킬(synclinal keels)로 구성되어 있다. 돔과 킬 사이의 접촉은 일반적으로 고변성도 연성 전단대(high-grade ductile shear zones)이다. Marshak *et al.*(1997)은 이러한 지역의 두 가지 유형을 구별하였다. 한 유형은 녹색암과 관련된 변성 퇴적 지층(11.3.2절)으로 구성된 킬과 녹색암보다 비슷한 연령이나 혹은 약간 더 젊은 화강암질암으로 구성된 돔을 갖고 있다. 다른 유형은 주로 편마암과 혼성암질 기반암의 돔과 돔 암석보다 더 젊은 녹색암으로 구성된 킬을 갖고 있다.

북서부 호주의 동부 필바라 대륙괴(Pilbara craton, 그림 11.8)는 3.72-2.83Ga에 걸친 역사를 갖는 화강암-녹색암 벨트와 돔과 킬 지방의 가장 오래되고 가장 잘 보존된 예 중 하나이다(Collins *et al*., 1998; Van Kranendonk *et al*., 2002, 2007). 대륙괴는 35km에서 120km에 이르는 직경을 갖는 9개의 화강암질류 돔을 노출시킨다. 탄성파 굴절 데이터 및 중력과 자기 이상(Wellman, 2000)의 연구가 돔의 가장자리는 일반적으로 가파르고 ~14km의 중간 지각 깊이까지 뻗어 있다는 것을 알려준다. 그것들의 간단한 윤곽에도 불구하고, 돔의 내부 구조는 복잡하다. 각각은 더 젊고 칼륨을 더 많이 함유하는 화성암 모음(3.33-2.83Ga)에 의해 관입되는 3.50-3.43Ga TTG 모음 화강암질류(11.3.2절)의 잔해를 포함한다(그림 11.9a). 돔은 성분의 대상분포(compositional zonations)와 다양한 정도의 변형을 보여준다. 많은 경우에, 가장 젊은 암체는 가장자리에 더 오래되고 더 변형된 화강암질류를 갖는 돔의 중심에 위치한다. 이 내부 구조는 각 돔은 수억 년에 걸친 많은 관입의 정치(emplacement)를 통해 구성되었고, 변형이 마그마작용에 수반되었음을 나타낸다.

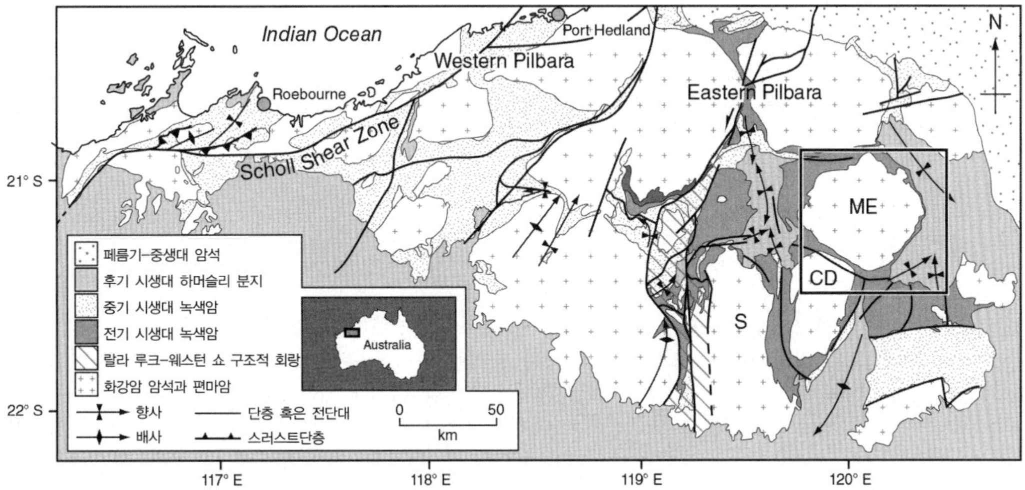

그림 11.8 녹색암 벨트에 의해 둘러싸인 TTG 모음 화강암류의 전형적인 타원형 패턴을 보여주는 필바라 화강암-녹색암 벨트(Pilbara granite–greenstone belt)의 지질도(Van Kranendonk *et al*., 2007에서 추가적인 구조 정보와 함께 Zegers & van Keken, 2001에서 수정됨, Geological Society of America의 허가로). ME, 에드가 돔 산(Mt. Edgar Dome); CD, 코루나 다운스 돔(Corunna Downs Dome); S, 쇼 돔(Shaw Dome). 검은 박스는 그림 11.9의 위치를 표시한다.

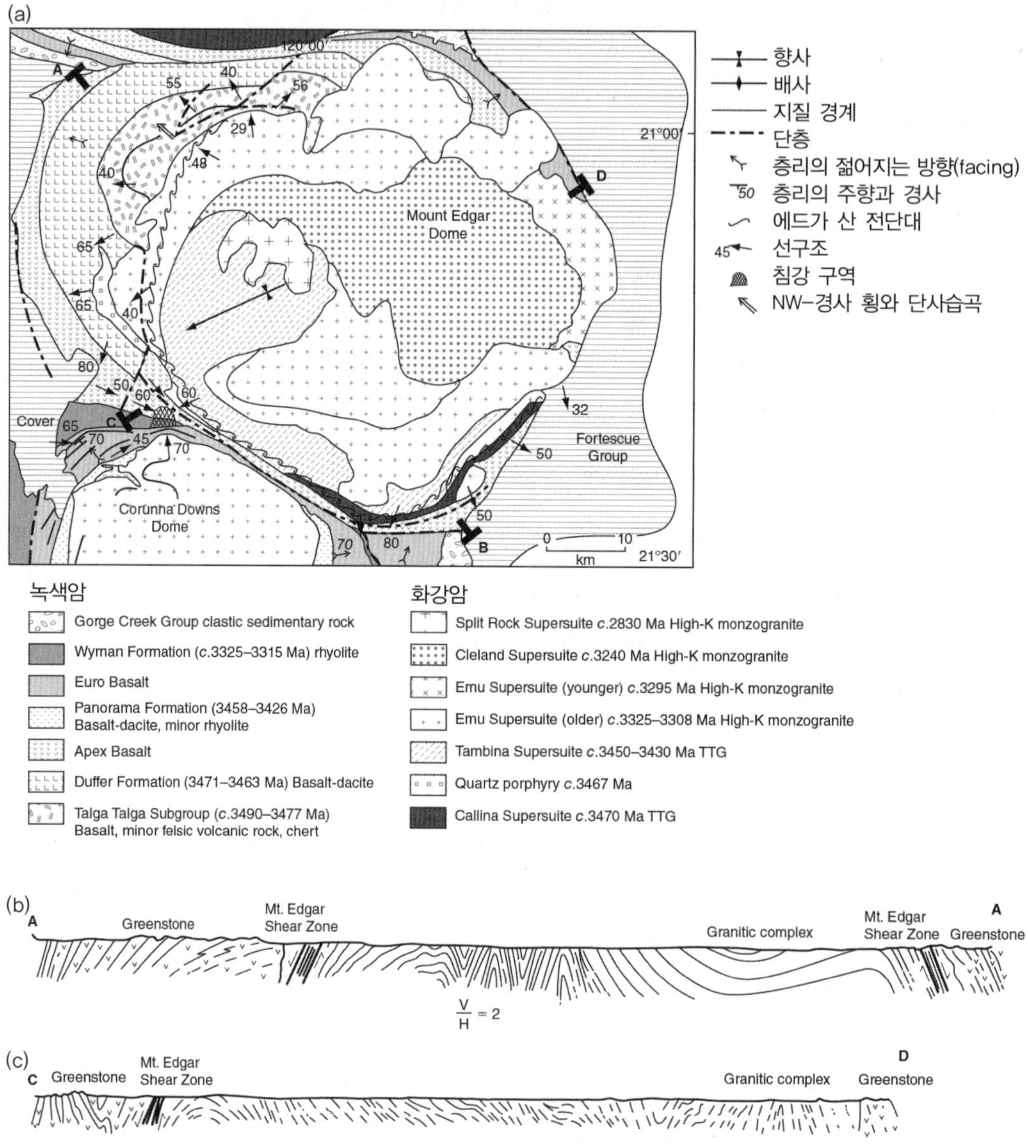

그림 11.9 (a) 에드가 돔 산(Mt. Edgar Dome)과 동부 필바라 화강암 복합체의 지질도(Van Kranendonk *et al.*, 2007을 따름, Blackwell Publishing의 허가로). 지도는 돔의 내부 구조와 에드가(Edgar) 산, 고루니 디운스(Corunna Downs) 및 쇼(Shaw; 도시되지 않음) 돔 사이에 있는 침강의 수직 구역에 수렴하는 3.32–3.30Ga의 변성 광물 신장 선구조(elongation lineations, 화살표)의 방사상 분포를 보여준다. 이러한 특징은 화강암–녹색암 접촉을 따라 형성된 아치형 전단대와 동시대이다(그림 11.8). (b, c) 에드가 돔 산 내 엽리 표면(foliation surfaces)과 전단대(shear zones)의 방향을 보여주는 횡단면(Collins, 1989를 따름, Elsevier의 허가로)

화강암질류 돔 사이에 최대 23km 두께의 경사진 화산과 퇴적 시퀀스로 구성된 녹색암의 향사지역이 존재한다(Van Kranendonk *et al.*, 2002). 이 지층의 연속적인 그룹은 더 오래된 녹색암의 향사(syncline) 위에 발달하는 현지성 분지(autochthonous basins)에 퇴적되었다. 이 벨트에서 규장질 화산 활동의 에피소드는 화강암질류 돔의 정치에 동반하였다. 변성의 정도와 지층의 연령은 돔의 변형된 가장자리에서 멀어짐에 따라, 그리고 녹색암이 약하게 변형된 향사의 중심을 향해 점차 감소한다. 이런 약하게 변형된 지역은 미묘한 시생누대 스트로마톨라이트(stromatolites)와 초기 생명체의 다른 증거를 보존할 수 있다(Buick, 2001). 돔 사이에 있는 향사의 형태가 동 필바라(Eastern Pilbara)의 전체 역사를 통하여 발달했던 높은 진폭(~15km), 장파장(120km) 돔과 킬 구조를 만든다.

동 필바라에서 화강암질류 돔과 녹색암 사이의 접촉은 관입하기에서 부정합, 고리단층(ring faults), 그리고 고변성도 전단대까지 다양하다. 전단대와 고리단층은 돔 주위로 동심이고, 일반적으로 가파른 내지 준수직(subvertical) 방향을 나타낸다(그림 11.8, 11.9b, c). 에드가 산 전단대(Mt. Edgar Shear Zone)를 포함하는 이런 전단대의 대부분은 3.32-3.30Ga 기간 동안에 형성되었다(Van Kranendonk *et al.*, 2007). 대륙괴의 중앙 부분은 랄라 루크-웨스턴 쇼(Lalla Rookh-Western Shaw) 구조적 회랑이라 불리는 5km 내지 15km 폭의 연성 변형대이다(그림 11.8). 이 구역은 수축의 기간(~2.94Ga) 동안에 형성되었고, 여러 세대의 습곡과 연성 암석 조직(ductile rock fabrics)에 의해 특징지어진다(Van Kranendonk & Collins, 1998).

11.3.5 수평 및 수직 구조운동(horizontal and vertical tectonics)

시생누대 대륙괴의 유일한 돔과 킬 구성체계(11.3.4절)의 기원은 시생누대 구조운동의 성질을 이해하는 데 중요하다. 일반적으로, 해석은 이런 패턴을 생산하는 데 수직 및 수평 변위의 상대적 역할에 대한 대조적인 견해로 나누어질 수 있다. 서부 호주의 동 필바라 대륙괴(Eastern Pilbara craton)는 수직 및 수평 구조적 모델이 돔과 킬 주조 스타일을 설명하기 위해 어떻게 적용되어 왔는지를 예증한다. 이 토의 동안에, 필바라 예에 의해 도해된 것과 같이 지각 구조는 하나의 지각 에피소드보다는 오히려 여러 에피소드의 변형, 변성, 그리고 심성암 정치(pluton emplacement)의 산물임을 명심하는 것이 중요하다.

수직 구조적 모델은 중간 및 상부 지각의 부분 대류 전도(partial convective overturning)의 결과로 뜨거운 화강암질류 돔의 다이아피어적(diapiric) 상승을 설명한다. Collins *et al.*(1998) 및 Van Kranendonk *et al.*(2004)은 변형 패턴, 돔측상승/녹색암측하강(dome-side-up/greenstone-side-down) 센스의 전단대 이동(displacement), 그리고 돔과 킬 구조의 형성을 녹색암의 침강에 연결시키는 다른 특징들을 사용했다. 프로세스는 더 오래된 녹색암 연속체로 뜨거운 TTG 모음(11.3.2절) 화강암질류의 정치로 시작한다(그림 11.10a). 돔은 TTG 마그마의 측면으로 균일치 않은 정치로 인해 규장질 화산 센터에서 시작된다. 수천만 년의 중단 후에, 밀도가 낮은

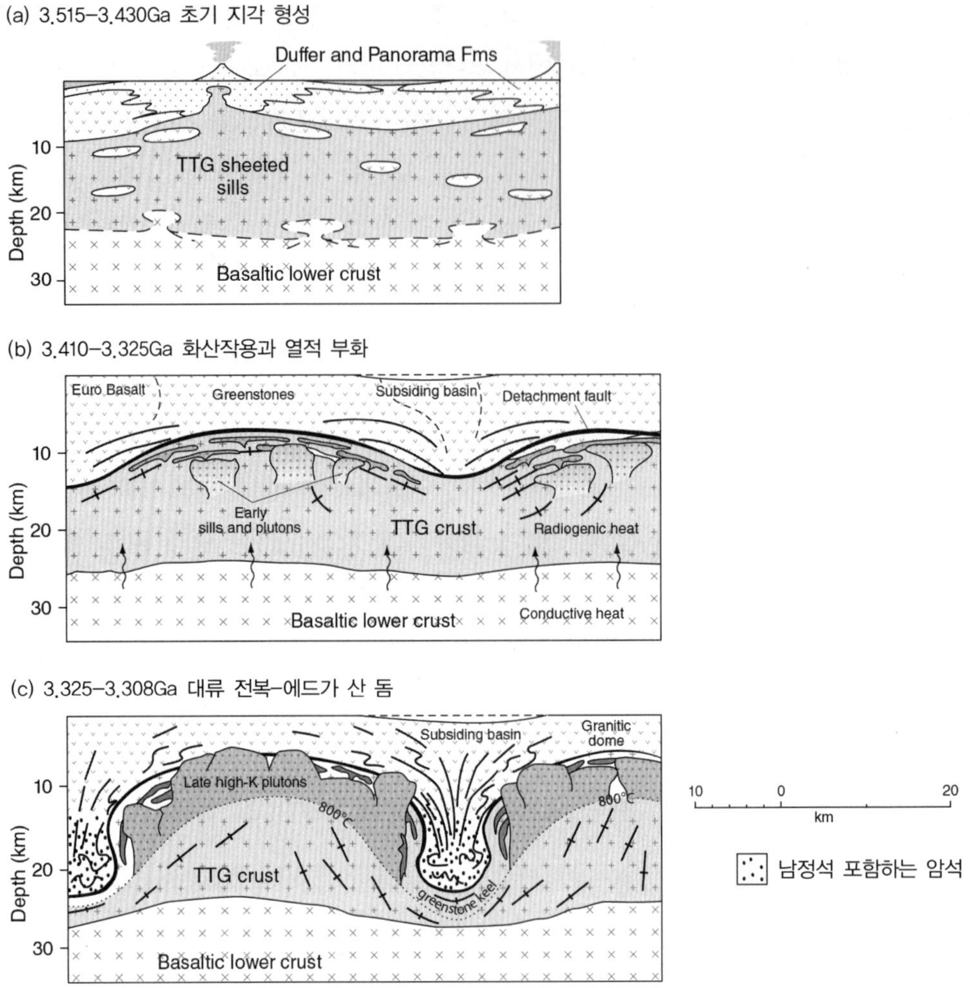

그림 11.10 동부 필바라 대륙괴의 돔–과–킬(dome-and-keel) 지방의 3단계 다이어피어적 모델(diapiric model; Collins *et al*, 1998을 따름, Pergamon Press의 허가로. 저작권 Elsevier 1998; 단계의 연령–기간은 Van Kranendonk *et al*., 2007에서 왔다)

화강암질류의 상단에 현무암의 두꺼운 더미의 정치가 반전된 지각의 밀도 단면을 생성한다(그림 11.10b). 마그마작용은 그것들이 방사성 열의 비축과 아마도 맨틀 플룸 활동에서 열이류(advection)로 인해 부분적으로 용융되는 중간 지각 심도로 화강암질류를 매몰시킨다. 열연화(thermal softening)와 중간 지각 점성도의 감소가 녹색암의 침강을 용이하게 하고, 다음에는 이것이 아래에 놓이는 부분 용융을 상승하는 높은 진폭의 화강암질류 돔으로 밀어 넣는다(그림 11.10c). 대류 전도(convective overturning)가 녹색암지역의 지열을 낮추어서, 지역적 냉각과 중간–낮은 압력(~600MPa)과 온도(500°C에서)에서 평형을 이루는 남정석(kyanite)을 품고 있는 변성암의 보존으로 나타난다. 이 모델은 단단한 판 혹은 판 경계 힘(plate boundary forces) 없이 돔과 킬 구조의 형성을 설명하며, 인도의 다르와르 대륙괴(Dharwar craton)의 돔과 킬 구조의 형성을 위해 제안된 침강(sinking) 혹은 새그덕션(sagduction) 모델과 유사하다(Chardon *et al.*, 1996).

동 필바라(Eastern Pilbara)에 대한 수평 구조적 모델은 녹색암이 수평 수축과 확장의 하나 이상의 기간에 의해 영향을 받았던 것으로 제안한다(Blewitt, 2002). 이러한 해석에서, 수축은 전기 시생대 충돌(10.4절, 10.5절)과 대륙편 부착성장(10.6절) 에피소드에서 생긴다. 수평 확장의 기간은 지각 분리(crustal detachment)의 형성과 화강암질류 돔의 정치로 나타난다. Kloppenburg *et al.*(2001)은 에드가산 돔(Mt. Edgar Dome)은 초기에 확장 변성 핵심 복합체(7.3절, 7.6.3절, 7.6.6절)로 형성했다는 것을 제안하기 위하여 다수의 가로 자른 조직(cross cutting fabrics)과 스트레칭 선구조(stretching lineations)의 단방향 패턴의 관찰을 사용했다. 3.32Ga 전에 초기 기간의 대륙편 충돌과 스러스트작용이 전기 시생대 와라우나 녹색암 벨트(Warrawoona Greenstone Belt)를 두껍게 하고 그것이 부분적으로 용융되는 중간 지각 위치까지 화강암질류 기반을 매몰시킨다. 부분 용융은 두꺼워진 지각의 확장 붕괴를 용이하게 하고, 이것이 현생누대 핵심 복합체(예를 들면, 그림 7.14b, 7.39c)에서 발견되는 것과 비슷한 분리단층(detachment fault; 즉, 에드가산 전단대, 그림 11.11a)을 형성한다. 부력이 있는 부분적으로 용융된 기반 위에 놓이는 밀도가 높은 녹색암에 의해 생성된 밀도 전도가 확장 동안의 고체 상태 흐름에 의한 화강암질류 돔의 상승을 3.31Ga에 유발한다(그림 11.11b). 이런 확장은 에드가산 전단대 위의 변위와 편마암 기반 내의 이동대(transfer zone)에서의 측면 주향이동 운동에 의해 수용된다. 정단층-센스 변위가 상승하는 돔들 사이로 녹색암을 떨어뜨린다. 돔들의 정치가 분리를 가파르게 하고, 그것의 구조가 더 이상 현생누대 핵심 복합체의 그것을 닮지 못하도록 시스템의 형태를 변화시킨다(그림 11.11c). 단축 기간 동안의 가팔라짐(steepening)은 화강암질류 돔의 수직에 가까운 측면의 대안적인 설명을 제공한다.

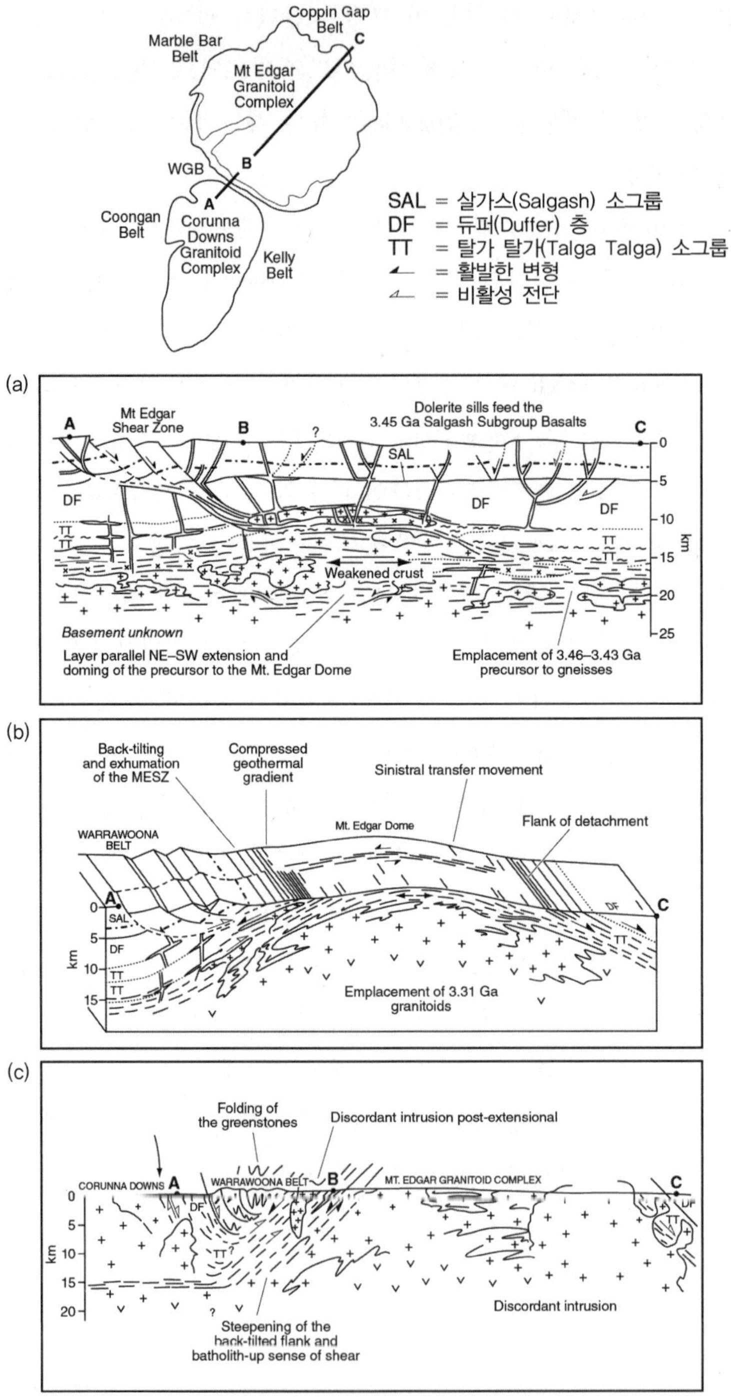

그림 11.11 수평적 확장에 의한 와라우나 녹색암 벨트(Warrawoona Greenstone Belt, WGB)와 에드가 산 돔의 구조적 그리고 마그마 발달을 요약하는 만화(Kloppenburg *et al.*, 2001을 따름, Elsevier의 허가로). (a) 3.33Ga 이전에 반려암/섬록암과 조립현무암(dolerite) 관입, NE–SW 확장, 그리고 에드가 산 화강암질 복합체의 돔 형성(doming). (b) 3.31Ga에 에드가 산 전단대(MESZ) 위의 차등 확장과 화강암질 복합체 내의 이동구역(transfer zone)을 따른 수평 방향 운동. (c) 확장 후(post–extensional) 심성암의 비조화적 관입이 뒤따르는 MESZ의 최종적인 국지화된 수직 변위와 가팔라짐(steepening)

시생누대 대륙괴에 수직 및 수평 모델의 적용은 많은 불확실성을 포함한다. 다이아피어적(diapiric) 모델의 문제는 일반적으로 대류 전도의 타이밍과 전도된 밀도 단면이 어떻게 유지될 수 있는지 혹은 스러스트단층작용 없이 7억 5천 년 역사에 걸쳐 어떻게 주기적으로 확립될 수 있는지를 둘러싸고 있는 불확실성이다(Van Kranendonk *et al*., 2004). 화강암질류의 뻣뻣한 유동학이 어떻게 다이아피리즘(diapirism)을 허용하는지도 불분명하다. 수평 구조적 모델의 문제는 일부 지역에서 스러스트에 의한 녹색암의 대규모 구조적 중복(tectonic duplication)의 증거부족과 변성 핵심 복합체의 형성이 화강암질류의 독특한 계란형 패턴을 생성할 수 있는 방법을 둘러싼 불확실성일 수 있다. 수평 구조적 모델도 역시 일반적으로 운동학과 많은 화강암질류 돔을 경계짓는(Marshak, 1999) 전단대의 말굽 모양의 형태를 설명하는 어려움과 마주친다.

다양한 시생누대 대륙괴 진화를 비교하면 수평과 수직 구조적 프로세스 모두가 서로 다른 장소와 다른 시간에 발생하였다는 것을 알 수 있었다. Hickman(2004)은 ~2.95Ga 이전에 필바라 대륙괴의 동쪽 부분과 서쪽 부분 사이에 수많은 구조적 차이와 변성 차이를 강조했다. 그는 동부 필바라의 다소 현지성 돔과 킬 구조와는 달리, 서 필바라(Western Pilbara)는 일련의 스러스트와 주향이동 전단대(그림 11.8)에 의해 분리되고 판 구조론의 현생누대 스타일을 닮은 수평 압축의 에피소드를 포함했던 일련의 융합된 대륙편(10.6.1절)을 보전한다는 것을 보여주었다. 이러한 차이는 수직 및 수평 구조 운동 모두가 필바라 대륙괴의 형성 동안에 중요한 역할을 하고 있음을 시사한다.

11.4 원생누대 구조론(proterozoic tectonics)

11.4.1 원생누대 지각의 일반 지질학

원생누대 벨트는 그것들의 변성도(metamorphic grade)와 변형 역사를 근거로 하여 구별되는 두 그룹의 암석을 보인다. 첫 번째 그룹은 시생누대 대륙괴 상단위의 큰 분지에 퇴적되었던 약하게 변형되고, 변성되지 않은 퇴적암과 화산암의 두꺼운 시퀀스로 이루어져 있다. 두 번째 그룹은 큰 조산대를 규정하는 크게 변형된 고변성도 변성암으로 구성되어 있다. 이런 그룹 모두는 화성암의 독특한 모음(suites)을 포함한다.

전기-중기 원생대 지각의 약하게 변형된 부분에서 가장 흔한 암석 군집은 약 10km의 두께에 달하는 석영-탄산염-셰일(quartzite-carbonate-shale) 시퀀스이다(Condie, 1982b). 석영-자갈 역암과 괴상의 사층리 사암(massive, cross-bedded sandstones)도 흔하다. 이런 시퀀스의 대부분은 호상철광상(banded iron formations), 처트, 그리고 화산암과 교호된다. 시생누대 벨트에서 드물거나 또는 없는 다른 암석 종류가 이 시기에 나타났는데, 이는 광범위한 증발암, 인이 풍부한 퇴적 시퀀스, 그리고 적색층 퇴적체(red bed deposits)이다(3.4절). 후자의 암석은 일반적으로 2.0Ga 이후 안정된 얕은 물 환경(shallow water environments)에서 집적되었던 것으로 해석된다. 그렇게 두꺼운 퇴적암 시퀀스의 출현과 보존은 원생누대 동안에 선캄브리아기 대륙 지각의 안정화를 반영하는 것으로 해석되고 있다(Eriksson *et al.*, 2001, 2005; 11.4.2절). 호주 북서부 필바라 지역(그림 11.8)에서 2.78-2.45Ga의 조립한 쇄설성 퇴적암의 퇴적과 해머즐리 분지(Hamersley Basin)에 있는 얕은 플랫폼 환경의 화산 시퀀스(Trendall *et al.*, 1991)가 이런 안정화를 반영한다. 1.8Ga 즈음해서, 크고 안정된 대륙과 지구 대기권의 유리 산소의 존재가 현생누대를 특징짓는 잘 알려진 모든 퇴적 환경을 발달하게 하였다(Eriksson *et al.*, 2005).

원생누대 지각의 크게 변형된 지역은 두 가지 유형으로 나누어질 수 있다(Kusky & Vearncombe, 1997). 첫 번째 유형은 현생 조산대의 그것과 비슷한 선형의 습곡과 스러스트 벨트로 변형된 두꺼운 퇴적 시퀀스로 이루어져 있다(그림 10.5, 10.19). 두 번째 유형은 그래뉼라이트(granulite)와 상부 각섬암 변성상(amphibolite facies)의 고변성도 편마암으로 구성되어 있다. 후자 벨트의 가장 크고 잘 알려진 것 중 일부는 북아메리카, 남아메리카, 아프리카, 남극대륙, 인도, 그리고 호주의 ~1.0Ga 그렌빌 지역(Grenville provinces)을 형성한다(그림 11.19). 다른 벨트(그림 11.12)는 2.1-1.8Ga 기간 동안 서서히 발전했다(Zhao *et al.*, 2002). 이 조산대는 독특한 대륙편을 분리하는 거대한 연성 스러스트대(ductile thrust zones)를 포함하고 있다. 일부는 ~1Ga보다 더 오래된 오피올라이트에서 그것의 기저에 크게 변형된 맨틀에서 유래된 암석의 결여를 제외하고 현생누대의 예를 닮은 오피올라이트(2.5절)를 포함한다(Moores, 2002). 이러한 특징들의 존재가 원생누대 대륙 주변부를 따라 섭입, 충돌 및 대륙편 부착성장의 중요성을 반영한다(Carr *et al.*, 2000; Karlstrom *et al.*, 2002).

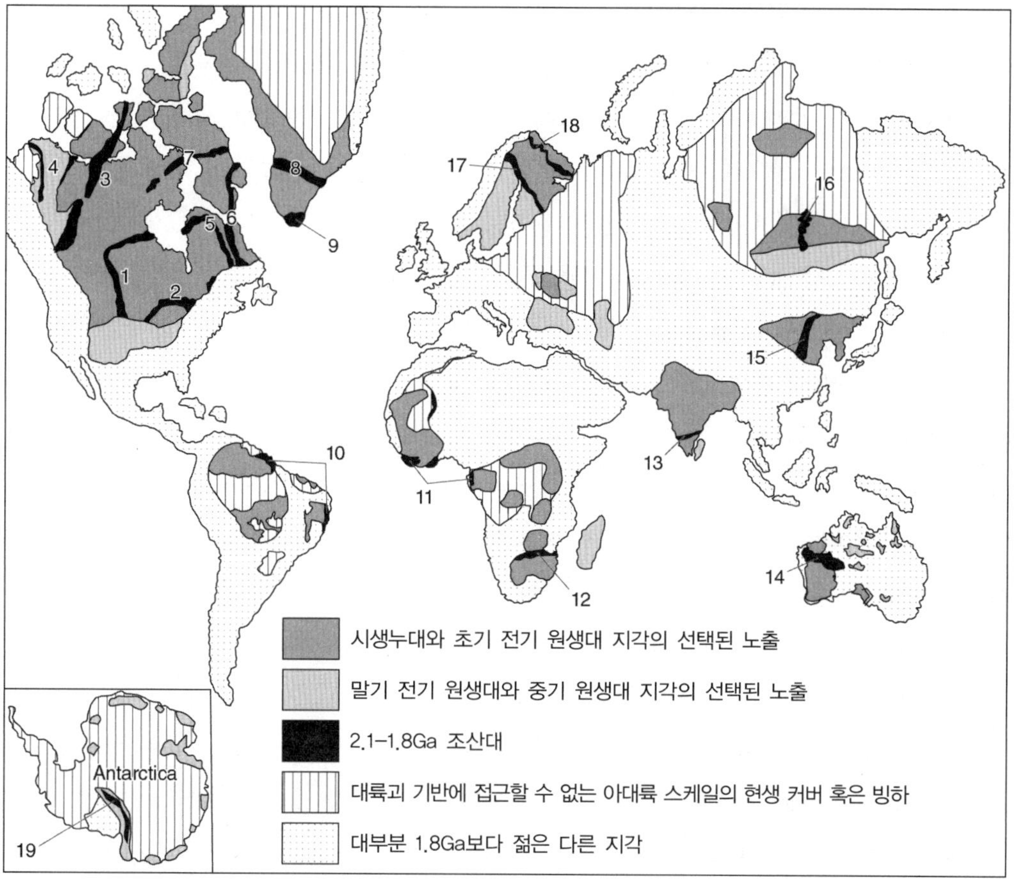

그림 11.12 시생누대와 전기 원생대 기반(basement)의 선발된 지역을 보여주는 2.1–1.8Ga 조산대의 세계적 분포(Zhao *et al.*, 2002를 따름, Elsevier의 허가로). 라벨된 조산대는 다음과 같다. 1, 트랜스-허드슨; 2, 페노키안(Penokean); 3, 톨손-텔론(Taltson–Thelon); 4, 워프메이(Wopmay); 5, 케이프 스미스-뉴 퀘벡(Cape Smith–New Quebec); 6, 톤가트(Torngat); 7, 폭스(Foxe); 8, 나그수그토키디안(Nagssugtoqidian); 9, 마코비키안-케티리디안(Makkovikian–Ketilidian); 10, 트랜스아마조니안(Transamazonian); 11, 에버니안(Eburnian); 12, 림포포(Limpopo); 13, 모야르(Moyar); 14 카프리콘(Capricorn); 15, 트랜스-북중국(Trans–North China); 16, 중앙 알단(Central Aldan); 17 스베코페니안(Svecofennian); 18, 콜라-카레리안(Kola–Karelian); 19, 트랜스안타크틱(Transantarctic)

시생누대와 원생누대 벨트의 화성암 비교로부터 시간이 지남에 따라 지각 전체 성분(bulk composition)의 점진적인 변화를 알 수 있다(Condie, 2005b). 전기 시생대 동안에는 현무암이 아주 풍부하였다(11.3.2절). 나중에 섭입대에서 또는 해양 대지(oceanic plateaux)의 기저에서 이러한 암석의 부분 용융이 대량의 TTG 모음 화강암질류를 생산하였다(11.3.2절, 11.3.3절). 3.2Ga경에 화강암이 지질학적 기록에 처음으로 나타났고, 2.6Ga 이후에 대량으로 생산되었다. 현무암에서 토날라이트(tonalite)로, 그리고 화강암으로의 성분 변화는 일반적으로 후기 시생대에서 전기 원생대로의 전이 동안에 섭입과 지각 재순환작용의 증가에 기인된다.

큰 무리의 고철질 암맥이 후기 시생대 - 전기 원생대 동안, 그리고 계속해서 시생누대 대륙괴와 그것들의 카버 암석에 관입되었다. 이들 중 가장 잘 노출된 예 중 하나는 캐나다 순상지의 1.27Ga 맥켄지 암맥 무리(MacKenzie dike swarm)이며, 이것은 100° 호를 넘는 부채꼴로 펼쳐지고 2300km 이상으로 뻗어 있는 암맥을 보인다(Ernst *et al*., 2001). 이 순상지 지역 중 일부는 수백 내지 수천 평방킬로미터를 차지하는 고철질과 초고철질 암석의 거대한 수평관입암상(sills)과 층상 관입(layered intrusions)을 또한 포함한다. 이러한 관입은 선캄브리아기 마그마 방의 깊은 배관 시스템에 대한, 그리고 지각 - 맨틀의 상호 작용에 대한 정보를 제공한다. 가장 잘 알려진 예 중 3개는 북부 캐나다의 ~1.27Ga 머스크옥스(Muskox) 관입체(Le Cheminant & Heaman, 1989; Stewart & DePaolo, 1996), 남아프리카 공화국의 ~2.0Ga 부시벨트(Bushveld) 복합체(Hall, 1932; Eales & Cawthorn, 1996), 그리고 미국 몬태나의 ~2.7Ga 스틸워터(Stillwater) 복합체이다(Raedeke & McCallum, 1984; McCallum, 1996). 시생누대 고변성도 편마암 지형(gneiss terrains)의 층상 화성암 모음(11.3.2절)과는 달리, 이러한 관입은 거의 변형되지 않는다.

원생누대 동안에 관입된 아놀쏘사이트 대산괴(anorthosite massifs, 11.3.2절)도 시생누대 예와 다르다. 원생누대 아놀쏘사이트는 화강암과 관련되고, 시생누대 아놀쏘사이트보다 적은 사장석을 포함하고 있다(Wiebe, 1992). 이 암석은 아놀쏘사이트 - 맨저라이트 - 차아노카이트 - 화강암(anorthosite-mangerite-charnockite-granite, AMCG) 모음으로 알려진 조합의 일부를 형성한다. **차아노카이트(charnockites)**는 화성 혹은 고변성도 변성 기원일 수 있는 고온의 거의 무수 암석이다(Winter, 2001). 마그마의 기원과 아놀쏘사이트의 세팅은 논란의 대상이다. 대부분의 연구는 그것들을 대륙 지각에 의해 오염된 맨틀에서 유래된 용융(Musacchio & Mooney, 2002)에서 결정화되었던 것으로 혹은 더 낮은 대륙 지각에서 유래된 1차 용융(primary melts; Schiellerup *et al*., 2000)으로 해석한다. 현재 증거는 전자 모델을 선호한다. 몇몇 저자는 이러한 암석은 열개 혹은 배호상 환경에서 관입되었고 후에 조산 운동의 시기를 겪었다고 제안하였고, 다른 사람은 그것들은 조산 프로세스에 밀접한 관련이 있다고 주장하였다(Rivers, 1997). 이들의 정치는 원생누대 대륙의 성장과 지각 재순환(crustal recycling)의 중요한 메커니즘을 나타낸다.

11.4.2 대륙의 성장과 대륙괴 안정화(craton stabilization)

원생누대 벨트(11.4.1절)를 구성하는 대부분의 지질학적 특징을 보면 대륙 암석권이 원생누대 동안에 광범위한 구조적 안정성(tectonic stability)을 이루었다는 것을 알 수 있다. 구조적 안정성은 대규모 암석권 재순환 프로세스에 대한 대륙괴의 전반적인 저항을 의미한다. 탄성파와 암석학적 연구 결과(11.3.1절, 11.3.3절)와 수치 모델링(Lenardic *et al*., 2000; King, 2005) 모두를 통해서 성분적 부력(compositional buoyancy)과 아주 높은 점성도 대륙괴 맨틀이 대륙괴를 수십억 년에 걸쳐 보존하였다는 것을 알 수 있다. 이러한 특성과 더 깊은 대류 맨틀로부터 격리가 맨틀 암석권을 그것의 역학적 완전무결을 유지하게 하고 대규모 섭입, 박층분리(delamination) 및/또는 하부로부터의 침식에 저항하게 하였다. 현생누대의 구조적 프로세스는 대륙 암석권의 일부 재순환(예를 들면, 10.2.4절, 10.4.5절, 10.6.2절)으로 나타났으나, 대륙괴의 크기에 비해 이런 프로세스의 규모는 작다.

첫번째 대륙의 핵은 약 30억 년 전에 섭입 또는 박층분리에 의해 다시 맨틀로 반환되는 것에 저항할 수 있을 정도로 충분한 크기와 두께에 도달하였던 것으로 보인다. Collerson과 Kamber(1999)는 3.8Ga 이후 대륙 지각의 순 생산 속도를 추론하기 위하여 니오븀/토륨(Nb/Th) 및 니오븀/우라늄(Nb/U) 비율의 측정치를 사용하였다. 이 방법은 부분 용융 동안에 이런 원소들의 거동 차이와 맨틀의 화학적 고갈을 이용한다. 상이한 비율은 잠재적으로 화학적 고갈의 정도와 다른 시대에 지구상에 존재했던 대륙 지각의 양에 대한 정보를 제공한다. 이 연구와 동위원소 연령 측정의 결과(그림 11.13)가 지각 생산은 2.7Ga, 1.9Ga, 그리고 1.2Ga에 급속한 순 성장을 하여 간헐적이었고, 이후 더 느리게 성장하였다는 것을 알려준다(Condie, 2000; Rino *et al*., 2004). 이러한 펄스의 각각은 ≤100Ma를 지속하는(Condie, 2000) 짧은 시간이었을 수 있다. 사용 가능한 데이터에 기초하여, Condie(2005b)는 대륙 지각의 39%가 시생누대에, 31%가 전기 원생대에, 12%가 중기-후기 원생대에, 그리고 18%가 현생누대에 형성되었다고 결론을 내렸다.

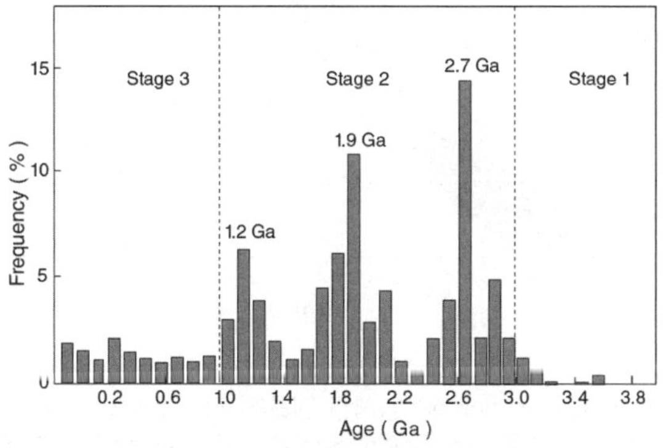

그림 11.13 대륙 지각의 우라늄-납 지르콘 연령(U-Pb zircon ages)의 분포를 보여주는 플롯(Condie, 1998을 따름, Elsevier의 허가로)

후기 시생대와 전기 원생대의 대륙 성장과 대륙괴 뿌리(cratonic root) 진화의 가장 중요한 메커니즘 중 2가지는 마그마 부가(magma addition, 9.8절)와 대륙편 부착성장(terrane accretion, 10.6절)이었다. 여러 저자들(예를 들면, Condie, 1998; Wyman & Kerrich, 2002)은 맨틀 플룸의 부력 있는 고철질 물질의 상승이 지각 형성을 시작했을 수 있고, 빠른 순 성장의 기간 동안에 뿌리 형성을 시작했거나 수정했을 수 있다고 제안하였다(11.3.3절). Schmitz *et al.*(2004)은 남아프리카 공화국의 시생누대 카프발 대륙괴(Kaapvaal craton)의 형성과 안정화를 2.9Ga에 섭입, 호상 마그마작용, 그리고 대륙편 부착성장에 관련지어 생각했다. 이런 그리고 다른 대륙괴의 대부분에서, 맨틀 포획암과 다양한 지각 군집(crustal assemblages)에서의 동위 원소 연령이 맨틀 암석권의 화학적 고갈은 위에 놓인 지각의 부착성장 프로세스에 관련지어졌음을 나타낸다(Pearson *et al.*, 2002). 이런 폭 넓은 일치는 지각과 아래에 놓이는 암석권 맨틀이 다소 동시적으로 형성되었고, 적어도 후기 시생대 이후로 역학적으로 결합된 채 남아 있었다는 강력한 증거이다. 시생누대 이후 암석권 맨틀의 고갈 정도의 점진적인 감소(그림 11.14) 형태가 시생누대-원생누대의 경계에서 지각 형성 프로세스의 성질이 크게 변화하였고, 현생누대 동안에는 더 점진적으로 변화하였다는 것을 가리킨다(O'Reilly *et al.*, 2001). 이러한 변화의 가장 확실한 구동 메커니즘은 지구의 오랜 세월에 걸친 냉각이다(11.2절). 게다가 섭입, 충돌, 대륙편 부착성장, 그리고 마그마 부가와 관련된 프로세스가 또한 대륙 암석권을 형성하고 안정화시키는 데 도움이 되었다.

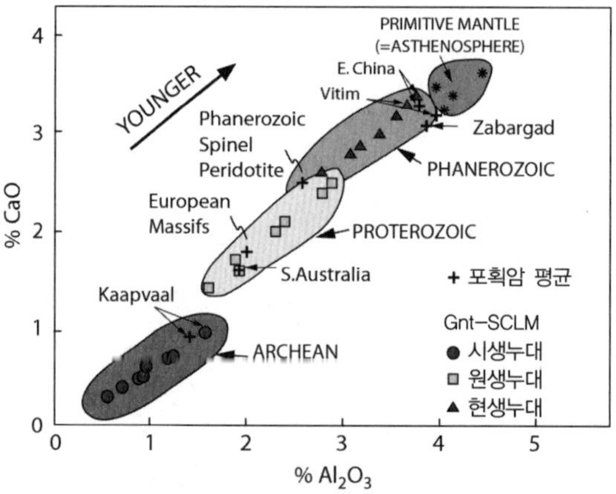

그림 11.14 위에 놓이는 지각의 가장 젊은 구조열 이벤트(tectonothermal event)의 연령과 일치되는 선택된 대륙괴들에 대한 대륙 아래(subcontinental) 암석권 맨틀(SCLM) 성분의 범위를 보여주는 CaO–Al_2O_3 플롯(O'Reilly *et al.*, 2001을 따름, Geological Society of America의 허가로). 성분은 석류석 포획결정(garnet xenocrysts, Gnt)에서 계산되었다. 비교를 위해 도시된 포획암 평균. 플롯은 새로 형성된 대륙 아래 암석권 맨틀이 시생누대에서 원생누대와 현생누대로 가면서 알루미늄(Al)과 칼슘(Ca) 함유량이 점차 덜 고갈되었다는 것을 보여준다. 젊은 확장 지역(예를 들면, 동부 중국, 러시아 바이칼 지역의 비팀(Vitim), 그리고 홍해의 자바르가드(Zabargad) 섬)으로부터의 석류석 감람암 포획암은 지화학적으로 매우 낮은 정도의 용융 고갈을 나타내는 원시 맨틀에 유사하다.

이런 그리고 다른 많은 조사가 시생누대 대륙괴의 형성과 안정화에 기여했던 프로세스의 일부를 식별해왔지만, 많은 질문이 여전히 남아 있다. 암석학적 연구로부터 결정된 대륙괴 뿌리의 성분을 탄성파 속도 연구의 결과와 조화시키는 것은 문제가 있다(King, 2005). 섭입과 맨틀 대류가 있는 곳에서 역학적 침식과 재순환을 겪지 않고 어떻게 수십억 년 동안 안정성이 달성될 수 있는지에 대한 많은 불확실성이 있다. 또 다른 문제는 수치 실험에서 대륙괴 뿌리를 안정화하는 데 요구되는 맨틀 물질의 강도가 실험실 측정으로부터 유래된 이러한 물질의 강도 추정치를 초과한다는 것이다(Lenardic *et al.*, 2003). 이러한 문제 및 대륙괴 맨틀이 맨틀 대류의 패턴과 상호 작용하여 패턴에 영향을 미치는 정도가 현재 미해결이다. 구조, 대륙 지각과 암석권 맨틀의 연령과 화학적 진화의 향상된 해상도(improved resolution)가 지구과학자가 미래에 이러한 문제를 해결하는 데 도움이 될 듯하다.

11.4.3 원생누대의 판 구조론(plate tectonics)

원생누대 암석권의 초기 구조적 모델(early tectonic models)은 시생누대 대륙괴가 변형이 전적으로 과거 해양 분지와 동일시할 수 없는 암석 조합을 갖는 시알지각(ensialic) 변동대(mobile belts)에 의해 세분된다고 구상하였다. 원생누대의 조산 운동이 대륙 주변부에서 멀리 떨어져서 발생하였다는 이러한 해석은 그 후 지지를 잃었다. 대부분의 연구가 원생누대 조산대(그림 11.12)가 현재의 판 구조론(modern plate tectonics)의 그것과 유사했던 프로세스에 의해 암석권 판의 가장자리를 따라 진화하였음을 시사한다.

판 구조론적 프로세스에 의해 형성된 전기 원생대 조산대의 가장 잘 연구된 사례 중 하나는 북서부 캐나다의 슬레이브 대륙괴(Slave craton)와 현생누대 캐나다 코르디예라(Canadian Cordillera) 사이에 자리 잡고 있다. 이 지역은 암석권 발달(lithospheric development)의 거의 40억 년의 기록을 제공한다(Clowes *et al.*, 2005). 캐나다 순상지(10.6.2절 참조)의 Litho-probe SNORCLE(**S**lave-**Nor**thern **C**ordillera **L**ithospheric **E**volution; 슬레이브-북부 코르디예라 암석권 진화) 횡단면의 일환으로 획득된 심부 탄성파 반사 데이터가 2.1Ga와 1.84Ga 사이에 시생누대 슬레이브 대륙괴의 가장자리를 따라 현재의 판 구조론적 스타일의 호상-대륙 충돌, 대륙편 부차성장, 그리고 섭입의 증거를 제공한다(Cook *et al.*, 1999). 이러한 프로세스는 전기 원생대 워프메이 조산대(Wopmay Orogen, 그림 11.15a)를 형성하였고 호타(Hottah)와 포트 심슨(Fort Simpson) 대륙편과 그레이트 베어(Great Bear) 마그마 호상을 포함하는 일련의 마그마 호상의 부가를 통한 대륙의 성장으로 나타났다.

슬레이브 대륙괴의 최종 합체(final assembly)는 ~2.5Ma 동안 발생했나. Cook *et al.*(1999)은

옐로나이프 분지(Yellowknife Basin, 그림 11.15b) 아래의 낮은 각도(low-angle) 탄성파 반사가 이 합체 동안의 단축을 수용하는 표면을 나타낸다고 제안하였다. 이러한 반사의 일부는 상부 맨틀로 돌출하고 동쪽으로 기울어지는 후기 시생대 섭입대의 잔재를 나타낸다. 대륙괴의 융합 후, 호타(Hottah) 대륙편이 1.92Ga와 1.90Ga 사이에 과거 대륙 주변부의 어느 정도 거리 바깥쪽의 마그마 호상으로 형성되었다. 워프메이 조산대(Wopmay Orogen)의 칼데리안(Calderian) 단계(1.90-1.88Ga) 동안에 이 호상 대륙편은 압축, 단축, 그리고 외래성 물질의 동쪽 이동을 일으키면서 슬레이브 대륙괴와 충돌하였다(그림 11.15c). 탄성파 단면(그림 11.15b)에서, 부착성장된 원생누대 지각은 모호면을 향해 아래로 평평해지는 분리단층 위의 스러스트 슬라이스인 것처럼 보이는 반사면 위에 놓이는 완만하게 습곡된 상부 지각 층으로 표현된다. 충돌과 관련된 오래되고 동쪽으로 기울어지는 섭입대의 잔재가 슬레이브 대륙괴 아래 200km 이상으로 투영하는 반사로 오늘날 여전히 볼 수 있다.

일단 호타 대륙편의 부착성장이 종료되면, 대륙 주변부 아래 동쪽으로 해양 암석권의 섭입이 1.88-1.84Ga 그레이트 베어 마그마 호상(Great Bear Magmatic arc)을 만들었고 1.71Ga 이전 어떤 시간에 포트 심슨 대륙편(Fort Simpson terrane)의 충돌로 이어졌다(그림 11.15c, d). 이 호상-대륙 충돌 동안의 섭입과 단축을 기록하고 있는 맨틀 반사는 그레이트 베어 마그마 호상 아래 하부 지각에서 100km의 깊이까지 동쪽으로 기운다(그림 11.15b, c, d). 맨틀 반사가 하부 지각으로 편평해지는 곳에서, 그것들은 인편상 스러스트 슬라이스를 보이는 암석권-규모의 부착성장 쐐기를 형성하면서 서쪽으로 기울어지는 지각 반사와 합병한다. 이렇게 단층이 일어난 물질과 언더스러스트된 하부 지각은 캐나다 코르디예라(그림 10.33) 내의, 그리고 로렌시아(Laurentia)의 고생대 주변을 따른(그림 10.34) 섭입과 부착성장을 기록하고 있는 구조와 현저히 닮은 전기 원생대 섭입대의 일부를 나타낸다. 탄성파 굴절 및 광각(wide-angle) 반사 데이터(Fernández-Viejo & Clowes, 2003)에 의해서 이 단면의 다른 부분(그림 11.16a, b, d)과 비교되는 지역에 있는(그림 11.16c) 비정상적으로 높은 속도($7.1 km\,s^{-1}$)의 하부 지각과 비정상적으로 낮은 속도($7.5 km\,s^{-1}$)의 상부 맨틀의 존재가 드러난다. 이런 관찰은 충돌, 침강 및 맨틀 쐐기 암석의 수반하는 물리적 변화의 영향들이 그것들이 형성된 후 18억 4천만 년 계속해서 식별할 수 있음을 암시한다.

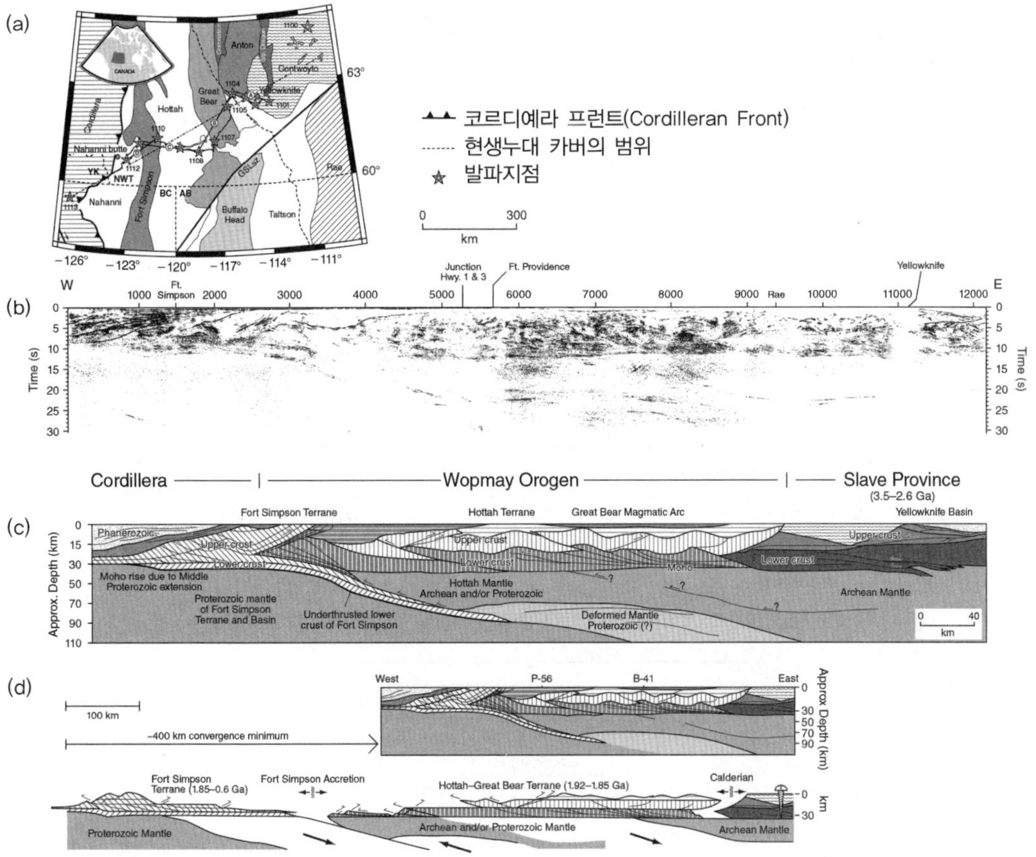

그림 11.15 (a) 워프메이 조산대(Wopmay Orogen)의 구조 요소들과 SNORCLE 탐사측선의 위치를 보여주는 지도(Fernández–Viejo & Clowes, 2003을 따름, Blackwell Publishing의 허가로). 검은 직선(원 문자)은 지각 구조의 해석에 사용된 부분이다. 오리곤(Oregon)은 코로네이션(Coronation), 그레이트 배어(Great Bear), 홋타(Hotta), 포트 심슨(Fort Simpson), 그리고 나하니(Nahanni) 영역을 포함한다. BC, 브리티시 콜롬비아(British Colombia); AB, 앨버타(Alberta); YK, 유콘(Yukon); NWT, 캐나다 북서부의 연방직할지(Northwest Territories); GLSsz, 그레이트 슬레이브 레이크 전단대(Great Slave Lake shear zone). 워프메이 조산대와 슬레이브 지방의 (b) 탄성파 단면, (c) 해석과 (d) 복원(Cook *et al.*, 1999에서 수정됨, American Geophysical Union의 허가로. 저작권 © 1999 American Geophysical Union). 복원은 중요한 단층(굵고 검은 선)을 따라 만들어졌고 최소 추정치를 표시한다.

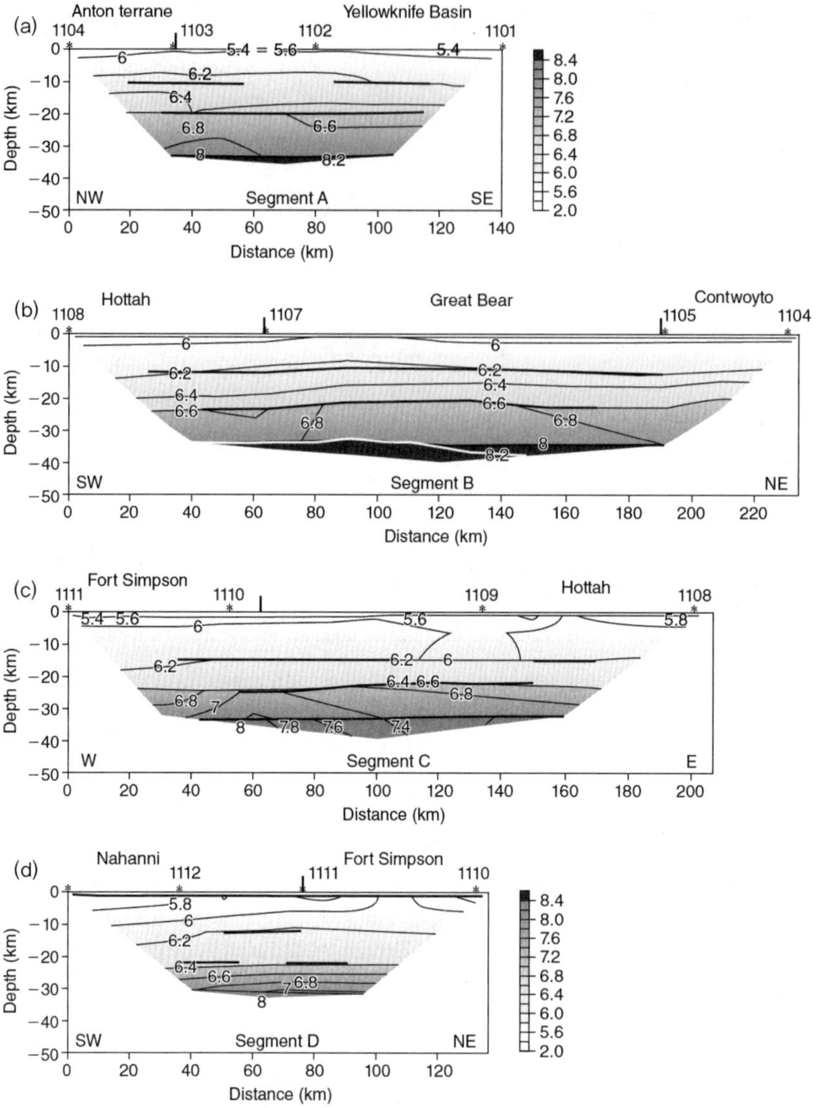

그림 11.16 (a) 슬레이브 지방, (b) 워프메이 조산대의 동쪽 부분과 슬레이브 주(Slave Province)로의 전이 지역 (c) 호타(Hottah)와 포트 심슨(Fort Simpson) 대륙편, 그리고 (d) 포트 심슨 대륙편과 나하니(Nahanni) 영역에 대한 P파 속도 모델(Fernández-Viejo & Clowes, 2003을 따름, Blackwell Publishing의 허가로). 측선 조각은 그림 11.15a에 표시됨. 등속도선은 0.2km s^{-1} 단위로 그려진다. 굵고 검은 선은 광각 반사(wide-angle reflections)가 관측되었던 위치이다.

서부 호주에서, 자기 이상의 독특한 패턴이 ~2.2Ga 즈음해서 시작한 시생누대 일가른(Yilgarn)과 필바라(Pilbara) 대륙괴의 충돌과 봉합에 대한 직접적인 증거를 제공한다(Cawood & Tyler, 2004). 캐프리콘 조산대(Capricorn Orogen, 그림 11.17a, b)는 전기 원생대 심성 모음들, 중변성도 내지 고변성도 변성암, 일련의 화산-퇴적 분지, 그리고 2개의 시생누대 대륙괴의 변형된 가장자리로 구성되어 있다. 후기 시생대 열개작용과 필바라 대륙괴의 남쪽 가장자리에서 비활동 대륙 주변부 시퀀스의 퇴적이 해머즐리 분지(Hamersley Basin)의 기저 시퀀스에 기록되어 있다. 대륙괴 사이의 열개에 뒤이어, 수축 변형과 변성작용의 주요 펄스가 2.00-1.96Ga, 1.83-1.78Ga, 그리고 1.67-1.62Ga 동안에 발생하였다. 이러한 이벤트는 분지 변형과 상이한 연령과 구조적 경향의 대륙괴들 병치(juxtaposition of cratons)로 나타났다(그림 11.17b, c). 수축과 충돌의 다수 에피소드에 뒤이은 열개의 에피소드 역사는 후기 시생대-전기 원생대 해양 분지의 개폐를 포함하는 적어도 하나, 그리고 아마도 2개의 윌슨 주기(Wilson cycle, 7.9절)에 상응한다(Cawood & Tyler, 2004). 로렌시아, 발티카(Baltica), 시베리아, 중국, 그리고 인도의 유사한 충돌 조산대의 존재가 중간-전기 원생대가 판 구조론적 프로세스에 의한 초대륙 합체의 기간을 표시한다는 것을 암시한다(그림 11.12, 11.5.4절).

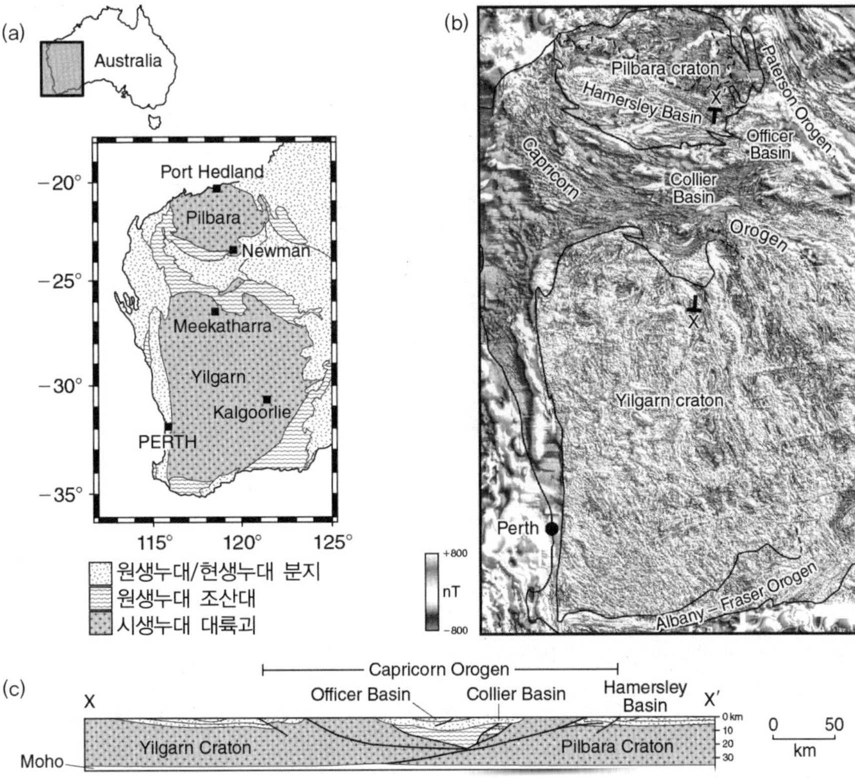

그림 11.17 (a) 지체구조도(Hackney, 2004를 따름, Elsevier의 허가로)와 (b) 총자기 강도의 구배를 강조하는 자기 이상 이미지(Kilgour & Hatch, 2002를 따름, Geoscience Australia의 허가로. Geological Survey of Western Australia의 M. Van Kranendonk에 의해 제공된 이미지). 자기 이상 이미지는 항공, 해양 및 육상 지구물리학 조사에서 편집된 나노텔사(nanoteslas, nT)로 측정된 총자기 강도를 보여준다. 필바라(Pilbara)와 일간(Yilgarn) 대륙괴에서의 독특한 자기 이상 패턴은 선캄브리아기 판 구조론적 프로세스에서 유래한 다른 구조적인 경향을 반영한다. (c) 봉합된 대륙괴를 보여주는 카프리콘 조산대(Capricorn Orogen)의 해석 횡단면(Cawood & Tyler, 2004를 따름, Elsevier의 허가로)

에클로자이트 및 기타 >1GPa의 고압 변성 군집(high-pressure metamorphic assemblages; 예를 들면, 9.9절, 10.4.2절)을 포함하는 전기 원생대 동안의 섭입과 대륙 충돌의 변성 산물의 출현이 현생누대 지구에서 보이는 것과 유사한 구조적 프로세스 시작의 중요한 마커를 나타낸다(O'Brien & Rötzler, 2003; Collins *et al*., 2004; Brown, 2006). 현생누대 에클로자이트는 부분적으로 ~50km 이상의 깊이까지 섭입되었다가 빠르게 침식노출되었다는 증거를 보통 보존한다(그림 11.18; Collins *et al*., 2004). 현재의 지구에서, 이러한 비정상적인 조건은 섭입-부착성장 복합체에서, 그리고 비교적 차가운 지각이 지각 아래 깊이까지 매몰되는 대륙 충돌의 지점에서 조우하게 된다. 이런 섭입된 암석이 보존된 에클로자이트 변성상 광물 군집을 갖고 지구 표면에 되돌아가려면, 그것들은 구조적으로 낮아진 등온선이 다시 평형을 이루고 더 높은 온도의 그래뉼라이트 변성상 광물(granulite facies minerals)로 이 군집을 덧인쇄하기 이전에 신속하게 침식노출되지 않으면 안 된다.

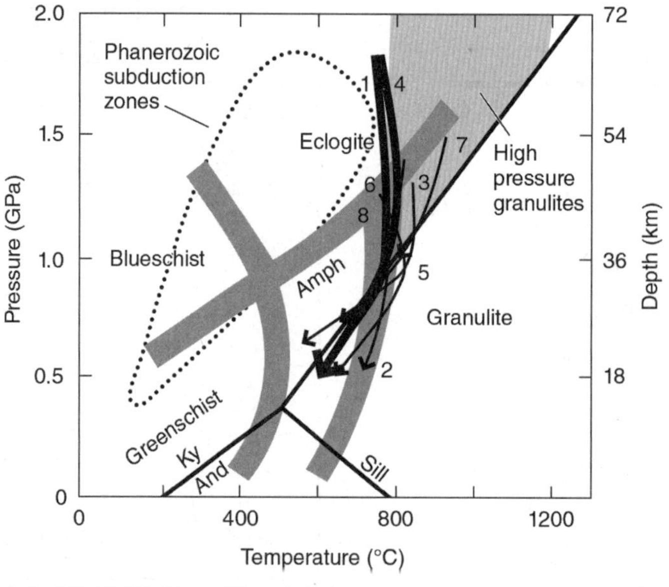

그림 11.18 1.5Ga보다 오래된 적당한 온도 에클로자이트(moderate temperature eclogite)와 고압 그래뉼라이트상(granulite facies) 변성암의 발표된 경로를 보여주는 압력-온도 플롯(Collins *et al*., 2004를 따름, Elsevier의 허가로). 1, 탄자니아의 우사가란 벨트(Usagaran Belt); 2, 중국의 항산 벨트(Hengshan Belt); 3, 중국의 쌍간 벨트(Sanggan Belt); 4, 탄자니아의 우벤디안 벨트(Ubendian Belt); 5, 중국의 젠핑 벨트(Jianping Belt); 6, 아프가니스탄의 사레 상, 바닥산 블록(Sare Sang, Badakhshan Block); 7, 캐나다의 스노우버드 구조대(Snowbird tectonic zone); 8, 라플란드 그래뉼라이트 벨트(Lapland Granulite Belt). 두꺼운 화살표는 우사가란/우벤데(Usagaran/Ubende) 에클로자이트를 의미한다. 현생누대 섭입대 변성작용과 변성상(metamorphic facies)에 대한 필드는 두꺼운 회색 곡선으로 표시됨. 참조용으로 플롯된 알루미노규산염 동질이상(aluminosilicate polymorph) 필드. And, 홍주석(andalusite); Ky, 남정석(kyanite); Sill, 규선석(sillimanite); Amph, 각섬암(amphibolite)

원위치 에클로자이트(즉, 포획암이 아닌 암석)의 가장 오래된 예는 북중국 대륙괴와 탄자니아 대륙괴를 둘러싼 원생누대 조산대에서의 1.80Ga와 2.00Ga 이종들(<1.8GPa, 750°C)이다(Zhao *et al.*, 2001; Möller *et al.*, 1995). 1.9-1.88Ga에 ~1.2GPa와 650-700°C의 조건을 기록하고 있는 에클로자이트가 핀란드의 라플란드 그래뉼라이트 벨트(Lapland Granulite Belt)에서 또한 나타난다(Tuisku & Huhma, 1998). 시베리아의 알단 순상지(Aldan Shield; Smelov & Beryozkin, 1993)와 캐나다의 레 앤드 헌 대륙괴(Rae and Hearne cratons) 사이의 스노우버드 구조대(Snowbird tectonic zone; Baldwin *et al.*, 2003)가 1.90Ga의 후퇴된 에클로자이트(retrogressed eclogites)를 보존한다. 시생누대 에클로자이트 변성상 암석의 부재는 전기 원생대 이전에는 그러한 암석을 생산할 수 있는 조건이 존재하지 않거나, 에클로자이트-변성상 광물 군집을 보존하기에 충분한 속도로 침식노출시키는 프로세스가 존재하지 않거나 또는 모든 기존 예가 뒤이은 구조적 이벤트에 지워졌다는 것을 암시한다.

선캄브리아기 조산대의 오피올라이트질 군집의 존재는 현생누대 동안에 작동하는 그것과 유사한 구조적 프로세스의 또 다른 가능한 마커를 제공한다(de Wit, 2004; Parman *et al.*, 2004). 이러한 해석은 일반적으로 논란거리이지만, 일부 시생누대 녹색암 벨트가 오피올라이트(ophiolites)로 해석되고 있다. 가장 오래된 명확한 예들은 연령이 전기 원생대이고, 해저 확장과 관련된 해양 지각 형성이 이 시대 즈음해서 판 구조론의 확립된 메커니즘에 의한 것이었다는 해석을 지지한다. 전기 원생대 예제의 가장 잘 보존되고 가장 덜 모호한 것 중 하나는 북부 캐나다의 헌(Hearne)과 슈피리어(Superior) 대륙괴 사이에 있는 트랜스-허드슨 조산대(Trans-Hudson Orogen)의 푸르투니크 복합체(Purtuniq Complex)이다(Scott *et al.*, 1992; Stern *et al.*, 1995; p.xxx의 플레이트 11.1). 다른 예가 아라비아-누비아 순상지(Arabian-Nubian Shield; Kröner, 1985)와 남서부 미국(Condie, 1986)의 야바파이-마자짤 조산대(Yavapai-Mazatzal orogens)에서 나타난다. 이러한 특징의 존재는 바다의 열림과 닫힘의 완전한 윌슨 주기(7.9절)와 오피올라이트 오브덕션(ophiolite obduction)이 적어도 2.0Ga경에 발생하고 있었다는 것을 의미한다.

동시에 이러한 관찰은 판 구조론적 메커니즘이 후기 시생대 이후에 점점 더 중요하게 되었다는 것을 강력하게 암시한다. 대부분의 저자는 이런 발달을 이 누대(11.4.2절) 동안에 대륙지각의 증가된 안정성에 관련짓는다. 그럼에도 불구하고, 원생누대 구조론(Proterozoic tectonics)에 대한 많은 불확실성이 남아 있다는 것을 아는 것이 중요하다. 암석 단위의 형성연령과 광역적인 변성작용, 변형 및 냉각의 타이밍은 많은 지역에서 빈약하게 알려져 있다. 마그마작용의 기원, 그리고 지각 재순환의 양과 메커니즘도 또한 일반적으로 불분명하다. 게다가 시생누대는 물론 원생누대 동안의 대륙과 해양의 정확한 복원을 가능하게 할 고해상도 고지자기와 지질연대학적 데이터가 계속해서 요구되고 있다(11.5.3절). 이러한 데이터는 원생누대 암석권의 구조적 진화를 결정하는 데, 그리고 원생누대와 현생누대 조산대 사이의 자세한 비교(detailed comparisons)에 매우 중요하다.

11.5 초대륙 주기(supercontinent cycle)

11.5.1 서 론

시생누대 이후 대륙 충돌과 열개의 반복된 발생에 대한 지질학적 증거가 대륙은 주기적으로 초대륙(supercontinents)이라 불리는 거대한 대륙으로 합체했었다는 가설을 낳았다. 초대륙 중 가장 잘 알려진 것은 곤드와나(Gondwana, 그림 3.4)와 팡게아(Pangea, 그림 11.27)이며, 이들은 원생누대 말과 후기 고생대(late Paleozoic times)에 각각 형성되었다. 로디니아(Rodinia)와 로러시아(Laurussia)와 같은 다른 초대륙이 또한 후기 원생대와 후기 고생대 동안에 형성되었다고 각각 제안되었다. 그것들의 합체와 분산을 유발했을 수 있는 맨틀의 프로세스는 12.11절에서 설명된다.

11.5.2 중생대 이전 복원(pre-Mesozoic reconstructions)

중생대와 신생대에 대한 고지리학적 지도가 해령의 양쪽에 대륙 주변부 또는 같은 나이의 해양 선구조(lineations)의 꼭맞추기(fitting together)에 의해 어림잡아질 수 있다(제3장, 제4장). 고극(paleopoles)의 위치는 고지자기 측정으로부터 결정될 수 있고(3.6절), 그래서 복원에서 유일하게 알 수 없는 것은 경도의 기순자오선(zero meridian)이다. 이런 결합된 기술은 원생대 해양 지각이 없기 때문에 중생대 이전 복원에 사용될 수 없다.

중생대 이전 시대의 판 운동을 정량화하는 방법은 초정밀 지질연대학과 결합된 고지자기 데이터의 이용을 필요로 한다. 과거 판의 가장자리는 다소 왜곡되었지만 결합된 대륙과 부착성장된 대륙편 사이의 과거 봉합을 나타내는 조산대(orogenic belts)와 오피올라이트 군집(ophiolite assemblages, 2.5절, 11.4.3절)에 의해 표시된다. 식물군(flora)과 동물군(fauna)의 과거 분포와 고기후의 지표(indicators)로부터 제공된 증거 역시 이런 판 복원에 도움이 된다(3.4절,

3.5절). 특정 시대 동안에 각 과거 판에 대한 고지자기 극은 임의의 한 자극을 중심으로 회전되고, 판위의 대륙은 같은 오일러 회전(Eulerian rotation)을 이용하여 재투영된다. 그 후에 대륙은 대륙 주변부의 중복이 최소화될 때까지 연속적으로 고정된 위도를 따라 이동된다. 즉, 자극을 중심으로 회전된다. 고지자기 데이터가 일련의 복원을 유일하게 제공하지 않지만, 그것들은 분명히 과거 시대 동안의 판 움직임의 전반적인 방향(gross trends)을 나타낸다. 특정 지역의 진화에 대한 더 자세한 추론은 판 구조론적 메커니즘의 관점에서 본 그것들의 지질학에서 만들어진다.

선캄브리아기(Precambrian)에 대한 고지자기 방법의 적용은 3가지 주요 이유로 현생누대에 대한 것보다 더 복잡하다(Dunlop, 1981). 첫째 동위원소 연령의 오차 한계가 일반적으로 크다. 둘째, 동위 원소와 자기 기록은 변성작용 동안에 정도가 다르게 부분적으로 재설정될 수 있으며, 조산 운동 전과 후의 동위 원소와 자기의 덧인쇄 사이의 구분이 어려울 수 있다. 셋째, 덧인쇄가 조산 운동 후 냉각과 융기 동안에 발생하고, 동위원소 시스템이 닫히고 자화(magnetizations)가 안정되는 온도가 달라서, 그래서 연대가 수천만 년의 격차로 자화보다 더 젊거나 오래될 수 있다. 그러나 이러한 불확실성과 특정 연령의 적당한 샘플의 부족으로부터 발생하는 고지자기 기록의 틈을 고려하더라도, 대륙 위의 지질 기록에 근거된 중생대 이전 시대에 대한 고지리 북원의 유효성이 이런 데이터를 통해 테스트될 수 있다.

11.5.3 후기 원생대의 초대륙

서부 캐나다와 동부 호주(Bell & Jefferson, 1987; Young, 1992)의 후기 원생대 지질학적 기록 사이와 남서부 미국과 동 남극 대륙 사이의 유사점이 이들 지역은 후기 원생대 동안에 병치되었었다는 것을 시사한다(Dalziel, 1991, 1995; Moores, 1991; Hoffman, 1991; 그림 11.19a). 이런 외관상 과격한 제안은 SWEAT(**S**outh **W**est US and **E**ast **A**n**T**arctica) 가설로 언급되었다. 널리 퍼져 있는 후기 원생대보다 앞선 그렌빌(Grenville) 조산대는 많은 다른 대륙 조각이 **로디니아(Rodinia,** 그림 11.19a)라고 불리는 후기 원생대의 초대륙을 형성하기 위해 이 복원에 추가될 수 있음을 시사한다. 로렌시아(Laurentia; 북아메리카와 그린란드)가 초대륙이 핵을 형성하고 동 남극(East Antarctica)이 북쪽 측면에 접한다. 복원은 북아메리카 그렌빌 지방이 동 남극으로 곧장 계속되고, 이 연령의 유사한 벨트가 곤드와나 분할조각들(Gondwana fragments)의 대부분에서 추적될 수 있다는 것을 보여준다. 해체와 관련된 가장 오래된 퇴적암의 연령과 쪼개진 조각에 걸친 특정 동물 그룹의 지방색(provinciality)이 초대륙이 약 750Ma에 조각났다는 것을 암시한다(Storey, 1993). 분할하는 동안 현재 동 곤드와나(동 남극 대륙, 호주, 그리고 인도)를 구성하는 블록은 반시계 방향으로 움직여 원시-태평양해(판탈라사, Panthalassa)를 열었고, 서 곤드와나(콩고, 서 아프리카, 그리고 아마조니아(Amazonia))의 블록과 충돌하였다. 사이에 있는 모잠비크 해(Mozambique Ocean)는 이런 블록들의 집게 같은(pincer-like) 움직임에 의해 닫혔고, 곤드와나는 그것들이 충돌해 동아프리카와 마다가스카르의 모잠비크 벨트를 형성하였을 때 만들어졌다. 곤드와나는 약 200Ma 후에 시계 방향으로 회전하여 로렌시아에서 멀어졌다. 남부 아프리카는 이러한 움직임의 회전축에 위치하였고, 발티카(Baltica)는 이아페투스 해(Iapetus Ocean)를 열면서 독립적으로 로렌시아에서 멀어졌으며, 이 바다는 뒤이은 팡게아(11.5.5절)의 합체 동안에 닫혔다. 그림 11.19b는 500Ma에 가정된 전체 형상을 보여준다.

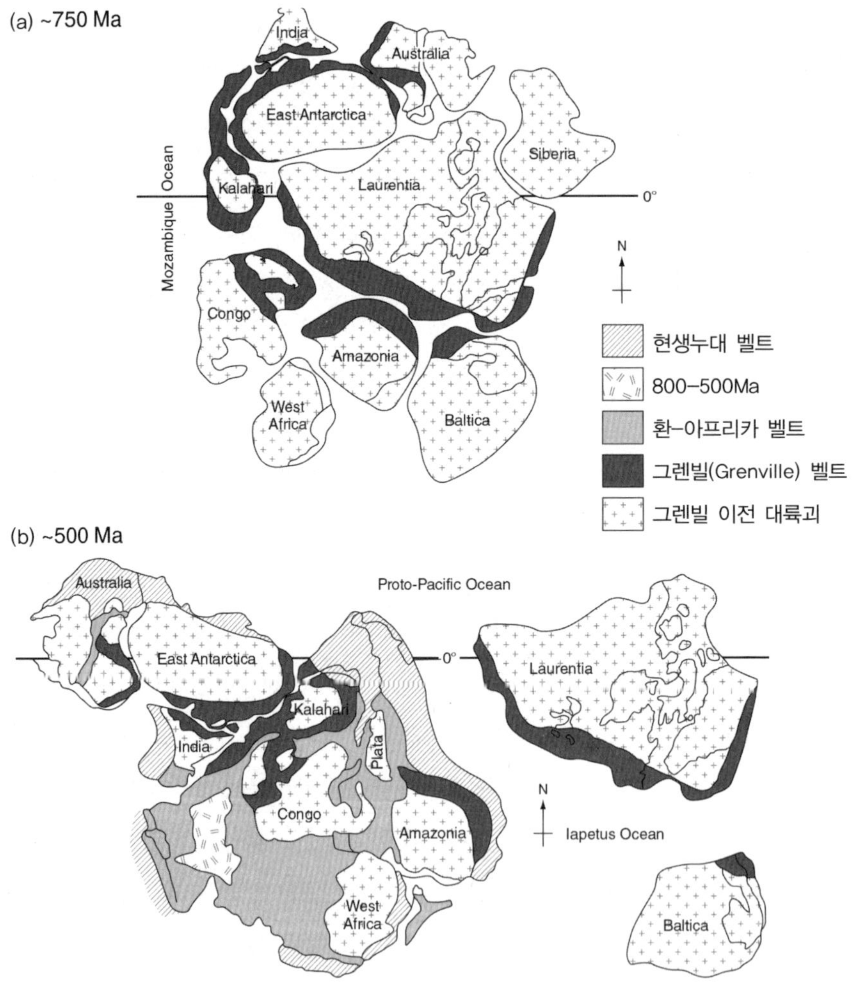

그림 11.19 (a) 후기 원생대의 초대륙 로디니아(Rodinia)의 복원. (b) 로디니아의 해체와 곤드와나의 형성 후 후기 캄브리아기 고지리(paleogeography; Hoffman, 1991, Science 252, 1409–12을 따름, AAAS의 허가로)

SWEAT 가설의 첫번째 고지자기 테스트가 로렌시아와 동 곤드와나에 대한 1055Ma와 725Ma의 고지자기 극이 로디니아(Rodinia) 복원에 따라 위치가 변경될 때 일치하여, 이것이 가설을 지원한다는 것을 보여주었던 Powell *et al*.(1993)에 의해 수행되었다. 725Ma와 캄브리아기 사이에 겉보기 극이동 경로들(APWPs)이 발산하는데, 이는 동 곤드와나가 525Ma 이후에 로렌시아에서 떨어져 나갔다는 것을 암시한다. 1100-725Ma 동안에 자세한 겉보기 극이동(APW) 경로가 정해질 수 있는 로디니아의 유일한 분할조각은 로렌시아(Laurentia)이다(McElhinny & McFadden, 2000). 따라서 이것은 다른 로디니아 분할조각에서 딴 장소로 옮겨진 고지가기 극이 비교될 수 있는 기준 경로(reference path)로서 사용되고 있다. 그러나 많은 테스트가 고품질 지질연대의 부족으로 방해받았다. 새로운 데이터가 수집됨에 따라, 다수의 수정이 제안되어 왔지만, 후기 원생대 초대륙의 존재가 받아들여졌다(Dalziel *et al*., 2000b; Karlstrom *et al*., 2001; Meert & Torsvik, 2003). 아마조니아(Amazonia)를 제외하고 남아메리카와 아프리카의 대륙괴들은, 아마 가까이에 있었을지는 모르지만, 로디니아의 일부분인 적이 없었다는 상당한 지질 및 고지자기 증거가 현재 있다(Kröner & Cordani, 2003). 최신 모델도 또한 로디니아의 단편적인 합체가 1.3-1.2Ga에 동부 캐나다와 호주의 그렌빌-연대의 충돌로 시작하고, 뒤이어 1.2Ga에 아마조니아-로렌시아 충돌이 일어나고, 1.1Ga와 1.0Ga 사이에 대부분의 합체가 이루어지고(Tohver *et al*., 2002), 1.0Ga와 0.9Ga 사이에 사소한 충돌(Li *et al*., 2008)이 있었음을 나타낸다. 로디니아에 대한 대부분의 현재 모델은 더 오래된 가설들과 실질적으로 다른 750Ma 대륙괴들 사이의 꼭 맞음을 보여준다(Wingate *et al*., 2002). Torsvik(2003)는 이러한 변화 중 일부를 요약하는 모델(그림 11.20)을 발표했다. 대륙들의 위치가 로디니아의 해체가 850Ma 또는 800Ma경에 서부 로렌시아와 호주-동 남극 대륙(Australia-East Antarctica) 사이에 원시-태평양(proto-Pacific ocean)의 열림으로 시작했다는 것을 암시한다. 780Ma에 서쪽 로렌시아의 고철질 암맥 무리의 정치가 이런 분열(fragmentation)을 반영할 수 있다(Harlan *et al*., 2003). 호주-동 남극 대륙의 위치가 또한 인도는 ~550Ma가 지나서야 동 남극 대륙에 연결되었음을 시사한다. 이 모델은 로디니아의 내부 기하학적 배열이 아마 그것이 존재했던 수억 년 동안 반복적으로 변화했다는 것을 강조한다.

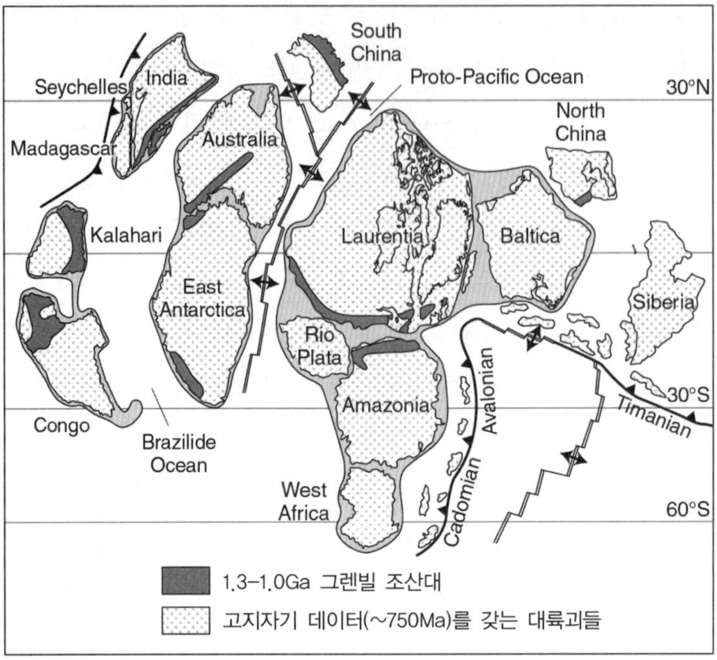

그림 11.20 ~750Ma에 로디니아(Rodinia) 복원(Torsvik, 2003, Science 300, 1379–81을 따름, AAAS의 허가로)

로디니아의 새로운 및 기존 모델 간 차이는 선캄브리아기 복원의 논쟁적이고 유동적인 성질의 예증이 된다. 대륙의 상대적 위치의 수많은 불확실성이 존재하고, 단지 약간의 대륙괴 고위도가 임의의 주어진 시대에 대해 알려졌을 뿐이다. 고지자기 방법은 고경도(paleolongitude)를 제어할 수 없어서, 그것의 주향이 대륙괴들을 병치시키는 데 사용된 오일러 극으로 향하는 선형의 대륙괴 내 지역들(intercratonic regions)은 어떤 특정 폭을 가지는 것으로 제한되지 않는다(3.6절). 이러한 이유로, 대부분의 복원은 조산 운동 역사들, 퇴적 기원, 열개와 대륙 주변부 형성의 연령, 그리고 맨틀 플룸 이벤트의 기록에 기초된 지질학적 상관관계를 포함하는 다양한 데이터 세트의 결합에 의존한다(Li *et al.*, 2008).

로디니아 초대륙의 또 다른 논쟁점은 과거 기후에 대한 그것의 분산 효과(effect of its dispersal)에 관한 것이다. 일부 연구는 로디니아가 분열할 때 행성은 간헐적으로 완전히 얼음으로 덮였던 빙실(icehouse) 또는 **눈덩이 지구(snowball Earth)** 상태에 들어갔었다고 제안하였다(Evans, 2000; Hoffman & Schrag, 2002). 이런 간헐적이지만 광범위한 빙하작용에 대한 지질학적 증거는 탄산염 암설을 포함하고 있거나 따뜻한 물을 나타내는 탄산염 암석으로 바로 피복된 후기 원생대의 빙하 퇴적층이다. 게다가 고지자기 데이터가 적어도 2개의 후기 원생대 빙하 에피소드 동안에 대륙 빙하(ice sheets)가 적도까지 도달하였다는 것을 시사한다. 이러한 관찰의 한 가지 가능한 설명은 후기 원생대 동안 글로벌 빙하의 기간이 비정상적으로 낮은 대기 내 CO_2 농도에 의해 조절되었다는 것이다(Hyde *et al*., 2000; Donnadieu *et al*., 2004). 해체(break-up) 동안에, 대륙의 변화하는 고지리(paleogeography)가 대기 CO_2 농도를 감소시켰던 대륙의 풍화를 통해 지표수 유출(runoff), 따라서 CO_2 소진의 증가로 이어졌을지도 모른다(13.1.3절). CO_2의 화산 가스방출이 얼음을 녹일 수 있는 충분히 큰 온실 효과를 생성할 때 극단적인 빙하 상황이 종료되었을 수 있다. 그 결과로 발생하는 '온실(hothouse)'은 고해수면 동안에 빙하 퇴적층의 상단에 탄산염의 퇴적을 일으키면서 강수량과 풍화를 강화하였을 것이다(Hoffman *et al*., 1998). 그 대신에, 이러한 전환은 대륙 분할조각들의 변화하는 전체 배치와 해양 순환(13.1.2절, 13.1.3절)에 미치는 그것의 영향에서 주로 발생하였을 수 있다. 어떤 견해가 올바르든, 이런 해석은 로디니아의 해체가 지구 기후에 큰 변화를 촉발하였다는 것을 시사한다. 그러나 후기 원생대 빙하 작용의 기원, 범위 및 종료, 그리고 초대륙 해체에 그것들의 가능한 관련성은 해결되지 않은 채로, 그리고 매우 논쟁적인 문제로 남아 있다(Kennedy *et al*., 2001; Poulsen *et al*., 2001).

11.5.4 더 이전 초대륙(earlier supercontinents)

최초 초대륙의 기원과 그것이 형성되었을는지 모르는 시기는 매우 불확실하다. Bleeker (2003)는 오늘날 약 35개의 시생누대 대륙괴가 있고(p.xxx의 플레이트 11.1a), 대부분이 더 큰 대륙에서 분리되었다는 것을 나타내는 열개된 대륙 주변부(rifted margin)를 보인다는 것을 관찰했다. 몇 가지 가능한 시나리오가 후기 시생대에서 전기 원생대로의 전환 동안에 대륙괴의 글로벌 분포를 위해 구상되어 왔다(그림 11.21). 이러한 가능성은 캐나다 슈피리어 지방(Canadian Superior Province)의 조산 운동 이벤트 이후에 Williams *et al*.(1991)에 의해 **케노랜드(Kenorland)**라고 불리는 하나의 초대륙과 **초대륙괴들(supercratons)**이라고 불리는 몇몇 혹은 많은 독립적인 집합체의 존재를 포함한다. Bleeker(2003)는 노출된 대륙괴 간의 지질학적 유사성의 정도가 하나의 초대륙 혹은 많은 작은 분산된 대륙들보다는 오히려 여러 과도적이고 다소 독립적 초대륙괴의 존재를 두둔한다고 결론 내렸다. 그는 다른 융합과 해체의 역사를 보이는 최소한의 세 초대륙괴, **스칼비아(Sclavia)**, **슈피리아(Superia)** 및 **발바라(Vaalbara)**를 정의했다(그림 11.21b). **스칼비아(Sclavia)** 초대륙괴는 2.6Ga 즈음해서 안정화되었던 것으로 보인다. 이런 시험적인 그룹핑(groupings)은 35개 시생누대 대륙괴 각각에 대한 자세한 연대층서학적(chronostratigraphic) 단면이 수집되어야 확인될 수 있을 것이다.

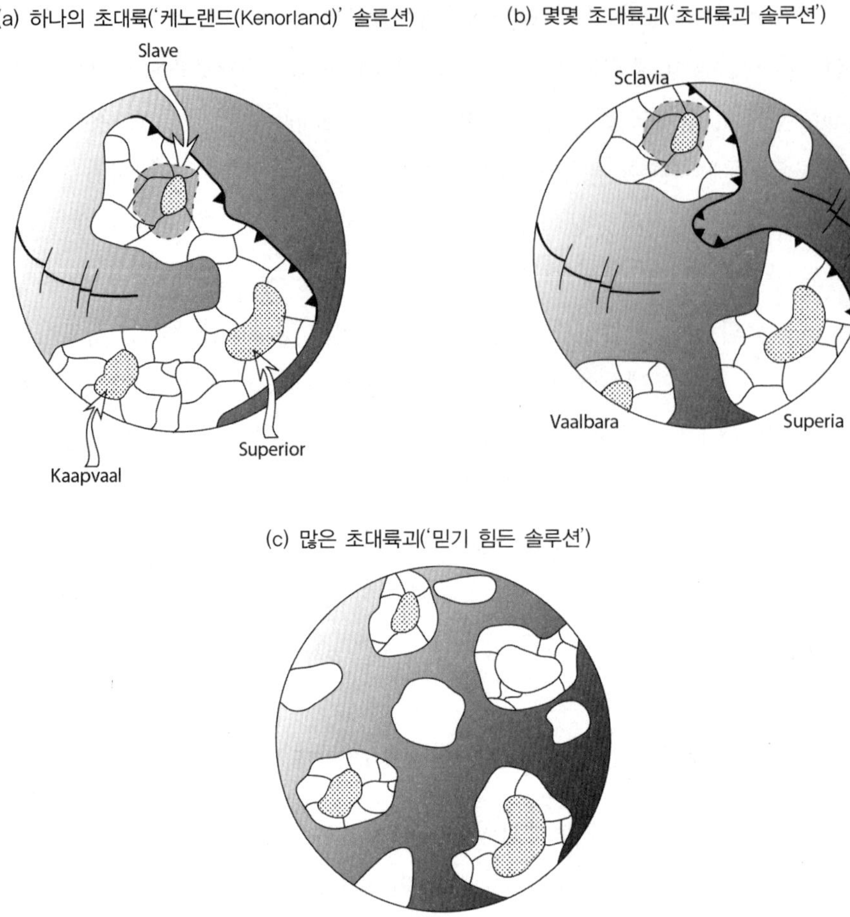

그림 11.21 후기 시생대–전기 원생대 동안에 가능한 대륙괴 형상을 나타내는 만화. 3개의 잘 알려진 대륙괴(슬레이브(Slave), 슈피리어(Superior) 및 카프발(Kaapvaal))이 (a)에서 음영되어 표현된다. 이런 대륙괴가 (b)에 표현된 더 큰 초대륙괴(supercratons)를 낳았을 수 있다(Bleeker, 2003을 따름, Elsevier의 허가로).

Bleeker(2003)에 의해 정의된 초대륙괴의 시간을 가로지르는 해체(diachronous break-up)는 35개 이상의 독자적으로 표류하는 대륙괴를 낳으면서 2.5-2.0Ga 기간 동안에 발생하였다. 고지자기 증거는 고-위도(paleolatitudes)의 상당한 차이가 전기 원생대(Early Proterozoic) 동안에 적어도 이런 조각의 몇몇 사이에 존재했었다는 결론을 지지한다(Cawood *et al.*, 2006). 해체 후 대륙괴는 다양한 초대륙으로 합병되었던 것으로 보인다. Hoffman(1997)은 **누나(Nuna)**라고 불리는 중기 원생대(Middle Proterozoic) 초대륙을 가정하였으며, 이를 Bleeker(2003)는 최초의 진정한 초대륙을 의미하는 것으로 간주하였다. Zhao *et al.*(2002)도 또한 대부분의 대륙이 2.1-1.8Ga 조산 운동 이벤트(11.4.3절, 그림 11.12)에 대한 증거를 포함하고 있다는 사실을 인지하였다. 그들은 이런 조산대가 **컬럼비아(Columbia,** 그림 11.22)라는 전기-중기 원생대(Early-

Middle Proterozoic) 초대륙의 충돌 합체를 기록한다고 가정했다.

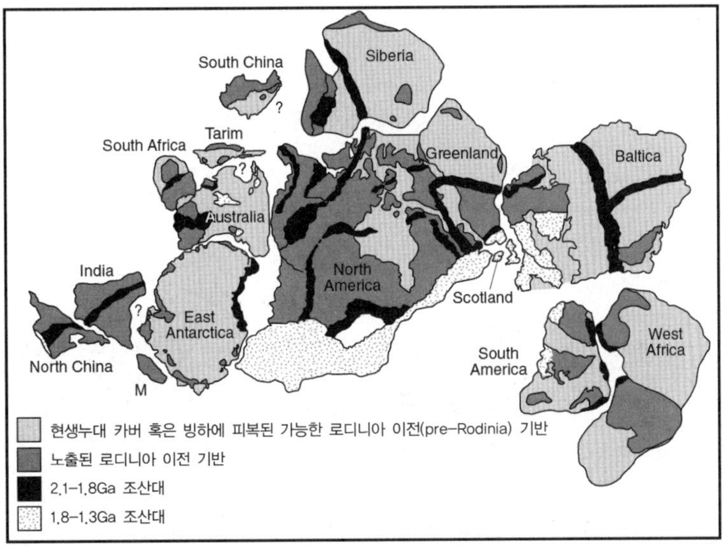

그림 11.22 가정된 전기–중기 원생대의 초대륙 컬럼비아(supercontinent Columbia)의 복원(Zhao *et al.*, 2002를 따름, Elsevier의 허가로). M, 마다가스카르. 전기 원생대 조산대(2.1–1.8Ga)가 그림 11.12에서 확인된다.

11.5.5 곤드와나-팡게아(Gondwana-Pangea) 합체와 분산

곤드와나의 합체는 후기 원생대의 로디니아(Rodinia)의 해체 후 즉시 시작했다. SWEAT 가설(11.5.3절)에 따르면 범아프리카 조산대(Pan-African orogens)를 만들면서, 원시-태평양의 열림 동안에 아프리카와 남아메리카 대륙괴를 둘러쌌던 많은 작은 해양 분지들이 닫히면서 서 곤드와나(West Gondwana)가 형성되었다(그림 11.19b). 모잠비크 바다의 뒤이은 닫힘이 서 곤드와나와 동 곤드와나(East Gondwana) 블록들의 충돌과 융합으로 나타났다. 이 융합이 **판토니아(Pannotia)**라고 불리는 단명의 전기 캄브리아기(Early Cambrian)의 초대륙을 생성할 수 있었다. 이 초대륙의 존재시간은 로렌시아와 곤드와나 사이의 열개 시기에 따라 달라진다(Cawood *et al.*, 2001). 판토니아(그림 11.23a)의 모델은 대부분 후기 원생대 말기에 로렌시아와 곤드와나가 부착되거나 혹은 매우 근접했던 지질학적 증거를 기반으로 한다(Dalziel, 1997). 그러나 이 두 대륙의 고지자기 극은 겹쳐지지 않는데, 이는 로렌시아가 이 시기에 곤드와나와 분리되는 다른 형태가 또한 가능하다는 것을 시사한다(Meert & Torsvik, 2003).

대부분의 모델은 판토니아(Pannotia)의 해체가 로렌시아가 남아메리카와 발티카(Baltica)에서 열개되어 멀어짐에 따라 이아페투스 해(Iapetus Ocean)의 원생대 말 또는 전기 캄브리아기 열림으로 시작했다고 제안한다(그림 11.19b, 11.23b). 이어서 섭입대가 일련의 화산 호상, 확장 배호상 분지, 그리고 열개된 대륙 조각들을 만들면서 이아페투스의 곤드와나와 로렌시아 대륙 주변부를 따라 형성되었다. 바다가 닫힘에 따라 이런 복잡한 대륙편 군집(complex assemblage of terranes)은 로렌시아와 곤드와나 대륙 주변부에 부착성장되었다. 이 대륙편들의 기원이 팡게아의 페름기-석탄기 합체 이전에 이 두 대륙의 상대적인 경도와 고지리에 대한 제어정도를 제공한다(Dalziel, 1997).

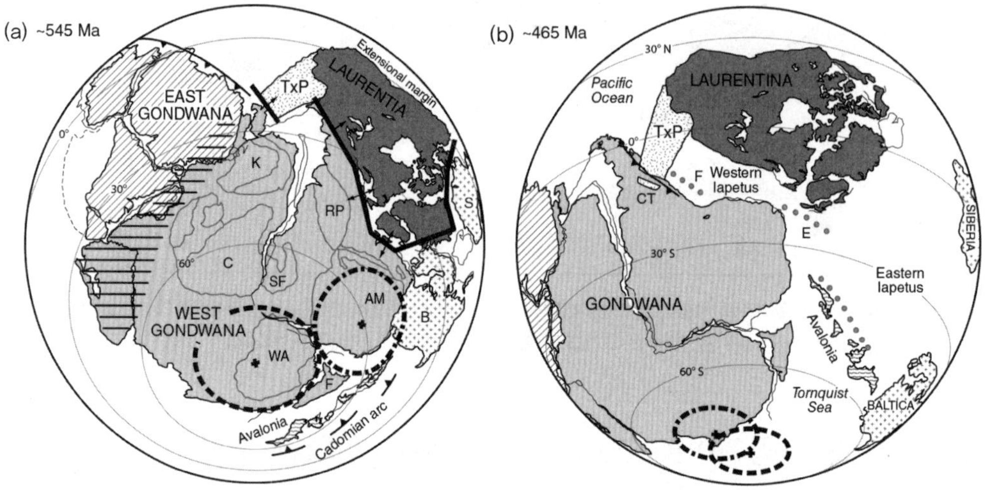

그림 11.23 (a) ~545Ma에 파노티아(Pannotia)의 가정된 복원과 (b) 곤드와나(Gondwana)에 대한 로렌시아(Laurentia)의 고지리(paleogeography)를 강조하는 ~465Ma에 로렌시아와 곤드와나의 열개(rifting)의 가정된 복원(Dalziel, 1997을 따름, Geological Society of America의 허가로). (a)에서 파선과 파선-점선으로 표현된 95% 신뢰 원을 갖는 십자가는 각각 로렌시아와 곤드와나에 대한 고지자기 극을 나타낸다. (a)에서 가로 선들은 모잠비크 조산대(Mozambique orogenic belt)의 범위를 나타낸다. 굵고 검은 선은 로렌시아-곤드와나 열개(rift)의 위치를 표시한다. (b)에서 고지자기 극은 로렌시아 + 발티카(Baltica) + 시베리아 + 아발로니아(Avalonia)(파선의 신뢰도 원을 갖는 십자)와 곤드와나(파선-점선의 신뢰도 원을 갖는 십자)에 대한 것이다. 쿠야니아(Cuyania, CT)는 곤드와나 대륙 주변부에 부착성장하였다. 약어: C, 콩고; K, 칼라하리(Kalahari); WA, 서 아프리카; AM, 아마조니아(Amazonia); RP, 리오 데 라플라타(Río de la Plata); SF, 상 프란시스코(São Francisco); S, 시베리아; B, 발티카(Baltica); TxP, 가상의 텍사스 고원; F, 파마티나 호상(Famatina arc); E, 익스플로이츠 호상(Exploits arc)

로렌시아(Laurentia)와 곤드와나(Gondwana)에 속하는 전기 고생대에 부착성장된 대륙편은 그것들이 인접 대륙괴에 토착성인지 혹은 외래성인지에 따라 그룹으로 분류된다(Keppie & Ramos, 1999; Cawood, 2005). 로렌시아에 토착인 것들은 전기-중기 오르도비스기 동안에 로렌시아 근처에서 형성되고 로렌시아에 부착성장된 노트르담-셸번 폴스(Notre Dame-Shelburne Falls; 타코닉, Taconic)와 락-나푸이(Lough-Nafooey) 화산 호상이다(그림 10.34, 11.24a). 이러한 충돌은 애팔래치아 산맥의 타코닉 조산 운동(Taconic Orogeny; Karabinos *et al.*, 1998), 영국 제도의 그램피언 조산 운동(Grampian Orogeny), 스칸디나비아의 핀마키안 조산 운동(Finnmarkian Orogeny)의 일환이었다. 같은 시기 동안에, 곤드와나 유사성의 파마티나(Famatina) 호상 대륙편(그림 11.23b)이 남아메리카의 서쪽 대륙 주변부 근처에서 형성되었고 거기에 부착성장되었다(Conti *et al*., 1996).

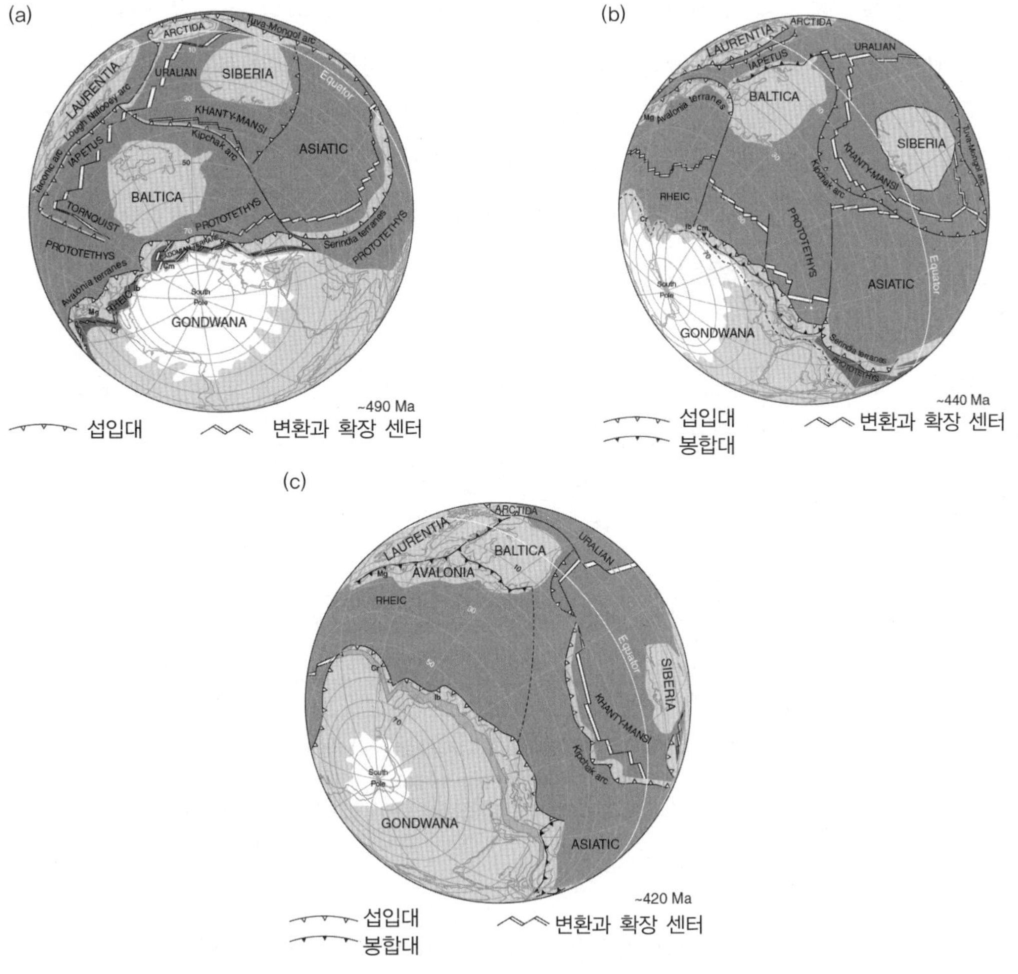

그림 11.24 북부 곤드와나에서 유래된 대륙편들(terranes)의 고지리와 레익 해(Rheic Ocean)의 열림을 강조하는 (a) 490Ma,(b) 440Ma, 그리고 (c) 420Ma에 대한 가정된 고생대 판 복원(plate reconstructions; von Raumer et al, 2003 그리고 Stampfli & Borel, 2002에서 수정되고, G.M. Stampfli에 의해 제공된 이미지, Elsevier의 허가로). 해석은 가정된 발산형, 수렴형, 그리고 변환 판 경계의 역학을 반영한다. (a)에서 라벨이 붙은 대륙편(terranes): Mg, 메구마(Meguma); Cm, 카도미아(Cadomia); Ib, 이베리아(Iberia); Cr, 캐롤라이나(Carolina)

로렌시아에 외래성인 대륙편은 아발로니아(Avalonia), 메구마(Meguma), 캐롤라이나(Carolina),

그리고 카도미아(Cadomia)이다(그림 11.24a). 이들과 다른 대륙편들이 전기 오르도비스기의 북서부 곤드와나에서 열개되었으며, 나중에 북부 애팔래치아 산맥과 발티카와 그린란드의 칼레도나이드(Caledonides)의 실루리아기-데본기 아카디안과 살리닉 조산대의(Acadian and Salinic orogens) 일부를 형성하면서, 로렌시아 대륙 주변부에 부착성장되었다(그림 11.24c, 11.25). 오늘날 아르헨티나(그림 11.23b)에 위치한 외래성 대륙편인 쿠야니아(Cuyania)는 전기 캄브리아기 동안에 남부 로렌시아에서 열개되었고 나중에 곤드와나 대륙 주변부에 부착성장되었다(Dalziel, 1997). 이러한 구조 교환(tectonic exchanges)은 곤드와나와 로렌시아의 일부를 따라 섭입대를 형성하는 적어도 두 개의 서로 다른 판 권역(plate regimes)이 고생대 동안에 동부와 서부 이아페투스에 존재하였었다는 것을 시사한다(그림 11.24a). 판 경계의 형태가 매우 불확실하지만, 독특한 판 권역의 해석이 팡게아의 합체 이전에 대륙편의 부착성장으로 양 대륙의 단편적인 성장을 설명한다.

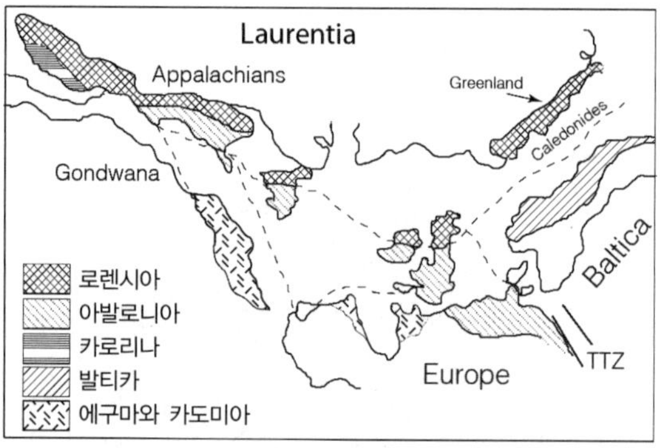

그림 11.25 실루리아기-데본기 애팔래치안(아카디안과 살리닉(Acadian and Salinic))-칼레도니안 조산대(Caledonian orogens)를 보여주는 후기 고생대 복원(Kellerdhk Hatcher, 1999를 따름, Elsevier의 허가로). TTZ은 발티카와 남부 유럽 사이의 주요 지각 경계를 나타내는 테이세이레-톤퀴스트(Teisseyre-Tornquist) 구역이다.

후기 캄브리아기와 전기 오르도비스기의 곤드와나에서 아발리아 대륙편들(Avalonia terranes)의 열개는 곤드와나 본토와 외해 지각 조각(offshore crustal fragments) 사이에 레익 해(Rheic Ocean)의 열림으로 이어졌다(그림 11.24a, b). 이아페투스의 닫힘과 아발로니아의 부착성장 후, 폭은 불확실하지만 레익 해가 로렌시아와 곤드와나 사이에 계속해서 존재했다(그림 11.24c). 이 시기 동안에 새로운 시리즈의 호상 대륙편이 곤드와나 대륙 주변부에서 열개되고, 고테티스 해(Paleotethys Ocean)의 열림으로 나타났다(그림 11.26a). 고테티스의 열림과 레익 해의 닫힘은 결국 로렌시아에 이런 곤드와나에서 유래된 대륙편의 부착성장으로 나타났고 뒤이어 로러시아(Laurussia)와 곤드와나 사이의 대륙-대륙 충돌(continent-continent collision)이 일어났다(그림 11.26b). 이 후자의 충돌은 북아메리카, 아프리카, 그리고 남서 유럽의 페름기-석탄기 앨러게이니안과 바리스칸 조산 운동(Alleghenian and Variscan orogenies)을 낳았다. ~280Ma에 우랄 조산대(Ural Orogen)를 형성하는 발티카와 시베리아의 봉합을 포함하는 아시아의 충돌은 팡게아의 최종 합체로 나타났다. ~250Ma의 가장 큰 초대륙이 그림 11.27에 보인다.

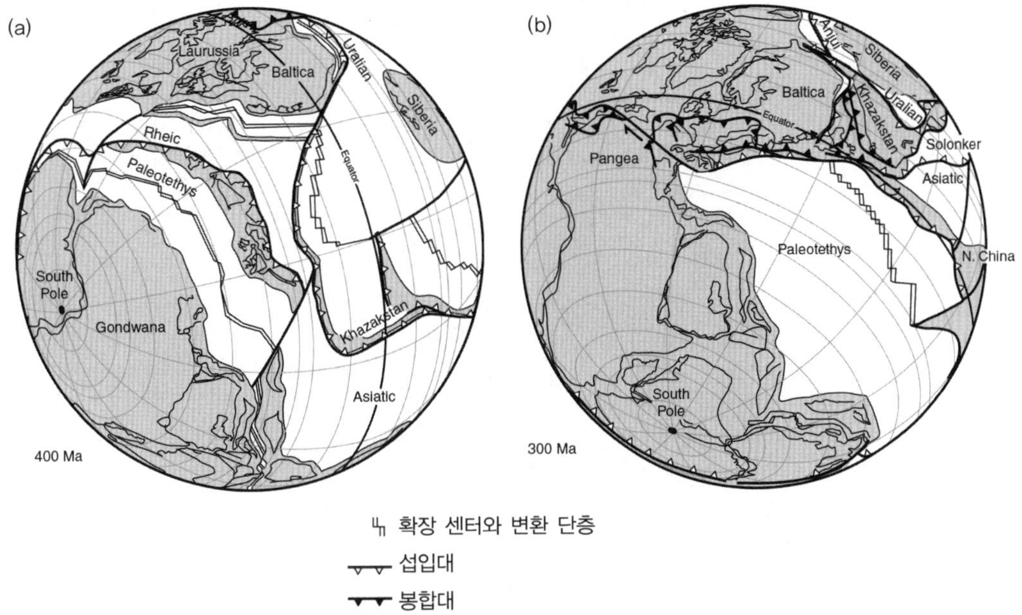

그림 11.26 (a) 400Ma와 (b) 300Ma에 대한 가정된 고생대 판 복원(Stampfli & Borel, 2002에서 수정되어, G.M. Stampfli에 의해 제공된 이미지, Elsevier의 허가로). (a)에서 고테티스 해(Paleotethys)가 열림에 따라 레익 해(Rheic Ocean)가 닫힌다. (b)에서 곤드와나는 유럽의 바리사이드(Variscides)와 앨러게니 조산대(Alleghenian Orogen)를 만들면서 로러시아(Laurussia)와 충돌했다.

그것의 합체와 같이 팡게아의 분열도 이질적이었다. 해체는 중기-쥐라기에 곤드와나에서 라사(Lhasa)와 서 버마(West Burma)의 열개와 180Ma 직후 중앙 대서양의 열림으로 시작되었다(Lawver *et al.*, 2003). 자기 이상은 135Ma경에 남부 대서양이 열리기 시작했다는 것을 나타낸다. 북아메리카와 유럽 사이의 열개는 140-120Ma 동안에 시작했다. 아프리카와 남극 대륙은 150Ma경에 분리되기 시작했다. 호주도 또한 거의 동시에 남극 대륙에서 분리하는 인도와 함께 95Ma경에 남극에서 열개되기 시작했다. 이런 자료가 팡게아 해체의 대부분이 150-95Ma 동안에 발생했다는 것을 나타낸다. 바하 캘리포니아(Baja California)와 아라비아와 같은 대륙 지각의 작은 조각들이 팡게아의 대륙 잔해에서 계속해서 열개되고 있다. 더 오래된 초대륙과 마찬가지로, 팡게아의 해체는 고테티스 해와 신테티스 해(Paleotethys and Neotethys, 그림 11.27)와 같은 바다의 닫힘과 남부 아시아(그림 10.13), 서부 유럽, 그리고 인도네시아(그림 10.28)에서 현재 일어나고 있는 충돌을 동반한다.

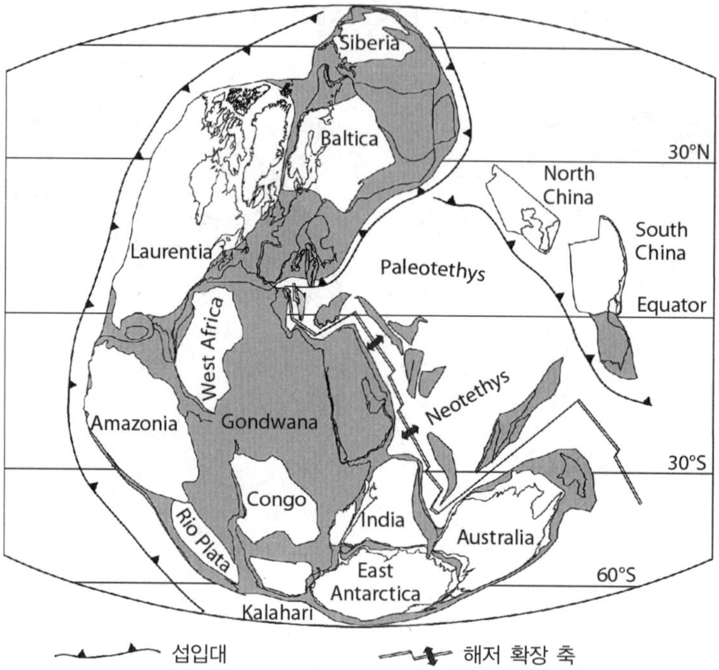

그림 11.27 250Ma에 팡게아(Pangea)의 복원(Torsvik, 2003, Science 300, 1379–81을 따름, AAAS의 허가로). 주요 대륙괴들이 표시된다.

제12장

판 구조론의 메커니즘

GLOBAL
TECTONICS

12.1 서 론

판의 움직임을 후원하는 메커니즘은 여전히 논란이 있다. 지구의 가정된 수축 또는 확장에 의존하는 지구 표면의 주요 구조적 특징의 기원에 대한 오래된 이론은 현재 무시된다. 심부로부터 열전달에 대한 가장 가능한 메커니즘은 대류인 것처럼 보인다. 본 장에서는 이런 대류의 형태와 열 에너지가 판을 구동하는 데 사용되는 방식이 설명된다.

12.2 수축하는 지구 가설

형성 이후로 지구는 열 전도(thermal conduction)에 의한 열 손실에 의해 냉각되어 왔다고 생각되었다. 최초에 용융된 지구의 냉각 속도에 의거하여 지구나이를 계산한 켈빈경(Lord Kelvin)에 의해 100Ma라는 지구나이의 잘못된 추정치가 19세기에 처음으로 제공되었다. 추론으로, 지구의 냉각에 수반하는 수축이 산맥 구축을 위한 메커니즘을 제공할 수 있을 것이라고 제안되었다. 지구 둘레가 지구의 부착성장 이후로 200-600km 감소했다고 추정되었다. 19세기 말에 방사능의 발견으로 그것이 암석을 연대측정하는 정확한 방법을 제공하였고 지구가 그 자신의 내부 열 기원을 보유하고 있음이 증명됨으로써 초기 연구의 대부분은 부정되었다.

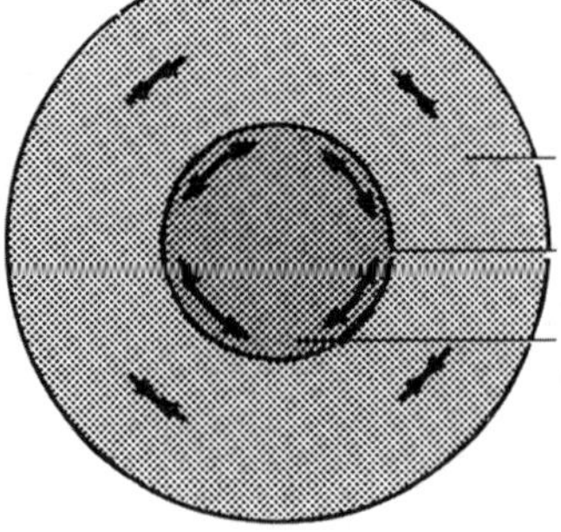

그림 12.1 수축하는 지구 모델

수축 가설은 지구의 중앙 지역이 외측 부분보다 더 급속한 냉각과 수축을 겪어서 접선 인장(tangential tension) 상태에 놓여 있었다고 상상하였다. 변형이 없는 지평선 위에서, 지구의 외각(outer shell)은 그것이 수축하는 중앙 안쪽으로 붕괴하기 때문에 접선압축하에 놓이게 되었다(그림 12.1). 암석권은 너무 두꺼워서 버클링(buckling)으로 이 압축에 반응하지 못하고, 스러스트단층작용에 의해 스러스트 슬라이스의 겹쌓음(stacking)으로 산맥을 낳았을 것이다.

수축하는 지구는 2가지 설득력 있는 이유로 구조 활동에 대한 가능한 메커니즘으로 더 이상 인식되지 않는다.

1 지구는 수축과 일치할 정도로 충분히 빠르게 냉각되지 않고, 냉각 속도에 대한 현재의 평가는 단지 수십 킬로미터의 총수축을 의미한다. 따라서 수축 가설은 지질학적 시간에 걸쳐 산맥에서 발생했음에 틀림없는 수만 킬로미터의 지각수축을 설명할 수 없다.

2 가설은 암석권이 어디서나 압축하에 있고, 정단층 해령, 그리고 열곡(rift valley)과 같은 인장 권역(tensional regimes)에서 시작했음에 틀림없는 현상을 위한 설명을 제공할 수 없다는 것을 의미한다.

12.3 팽창하는 지구 가설

팽창하는 지구 가설은 1920년대에 처음으로 제안되었고, 뒤에 몇몇 지질학자에 의해 대륙의 해체, 대륙 열개의 형성, 그리고 정단층 같은 확장 지형(extensional features) 존재의 배후 메커니즘으로 채택되었다(Carey, 1976, 1988). 그들의 제안은 대륙 암석권은 원래 더 작은 반경 지구의 표면에 걸쳐 연속적이었는데, 지구가 팽창하여 그것의 표면적이 증가하였기 때문에 대륙 암석권은 분열되고 분사되었는 데 반해 맨틀 물질이 결과로서 발생하는 틈으로 솟아나와 해양을 형성하였다는 것이다. 팽창하는 지구 가설에 대한 독자적인 증거는 우주가 팽창하고 그 구성 물질이 더 광범위하게 분산되면서 만유인력 상수가 시간이 지남에 따라 감소한다고 제안한 특정 이론 물리학자에 의해 제공된 것처럼 보였다. 중력이 지구를 구면 모양으로 묶음에 주된 원인이고, 중력 상수는 직접적으로 질량 사이의 인력 힘의 크기를 제어하기 때문에, 그것의 감소는 결합력의 점진적인 이완(relaxation)과 지구 반경의 증가를 의미할 것이다.

팽창하는 지구 가설의 가장 최근 버전은 빠른 팽창의 시기를 팡게아의 해체와 분할의 지난 200Ma와 대비한다. 이것들은 대륙의 복원이 더 작은 반경의 구체로 보다 정확하게 재배열될 수 있다고 주장하고, 이 기간 동안에 지구의 표면적은 그것의 현재 값의 63%에서 반경의 증가와 약 12mm a^{-1}인 평균 방사상 팽창 속도(radial expansion rate)를 의미하는 2.5의 계수로 증가하였다고 제안한다.

팽창하는 지구 가설을 직접 테스트하는 데 사용할 수 있는 두 가지 방법이 있다.

12.3.1 지구의 과거 관성 모멘트(moment of inertia)의 계산

주어진 축을 중심으로 강체의 관성 모멘트는 $\sum mr^2$으로 정의되고, 여기서 m은 암체의 각 작은 원소의 질량이고 r은 회전축으로부터 원소의 거리이다. 균일한 구형의 관성 모멘트는 $2MR^2/5$로 주어지고, 여기서 M은 구형의 질량이고, R은 그것의 반경이다. 직선 운동 상태에 대한 역학의 뉴턴의 법칙은 시스템의 운동량(질량×속도)은 그것에 외력이 작용하지 않는 한 보존된다고 말한다. 이러한 법칙은 각 운동량(관성 모멘트×각속도)은 시스템에 외부 토크가 작용하지 않는 한 보존된다는 점에서 각(회전) 운동에 동일하게 적용된다.

지구의 질량은 일정하기 때문에, 지구의 과거 관성 모멘트의 어떤 측정도 그것의 과거 반경의 계산을 허용하고 그래서 어떤 팽창이 발생했는지를 증명한다.

그러한 측정 배후의 이론은 운동량(momentum)이 지구와 달을 포함하는 시스템 내에서 보존된다는 사실에 의해 복잡하게 된다. 지질 시대를 통해 지구와 달을 형성하기 위해 부착성장된 조각들에서 이어받은 각 운동량(angular momentum)이 조수 상호 작용(tidal interaction)으로 알려진 메커니즘에 의해 시스템의 회전 에너지를 줄이는 방향으로 두 물체 사이에 점진적으로 분할되어 왔다. 현재 단계는 달이 매우 느리게 회전하는 상황에 도달되어서, 결과적으로 운동량이 그것의 궤도 운동(orbital motion)에 보존되도록 과거보다 지구로부터 더 먼 거리에 위치하여야만 한다. 지구에 대한 달의 조수 상호 작용은 비슷하게 지구의 각회전(angular rotation)을 감속시키고 있다. 태양의 전 궤도에서 회전 수는 일 년의 날짜 수를 결정하기 때문에, 과거의 일 년은 현재보다 더 많은 날짜로 구성되었을 것이다. 이것은 또한 하루의 길이(length of the day)가 점진적으로 증가하여 왔음을 의미한다.

그러므로 지구에서 달로 각운동량의 전달은 하루의 길이를 증가시킨다. 이런 현상에 더 크게 기여하는 것은 지구의 관성 모멘트의 증가일 것이고, 이는 각운동량을 회전의 더 느린 속도에 의해 보존될 수 있게 할 것이다. 태음달(lunar month) 길이의 지식을 통해 지구의 회전 감속(Earth's rotational deceleration)에 달의 기여를 추정할 수 있고, 관성 모멘트의 어떠한 변화도 분리할 수 있다.

지구-달 시스템의 회전에 대한 정보는 성장 패턴이 낮의 효과에 의해 강하게 영향을 받는 화석 생물의 상세한 검토로부터 제공되었다. 특히, 중기 데본기 시대(390Ma)의 특정 주름이 진 산호는 성장의 매일, 매월, 그리고 연간 사이클에 기인될 수 있는 상각 띠(epithecal banding)를 보이는 것으로 밝혀졌다(Scrutton, 1967). 이러한 연구를 통해 중기 데본기의 1년은 400±7일로 구성되었고, 그리고 30.5일의 13개 음력 달로 나누어진다는 것이 밝혀졌다. 현재까지 1일 길이의 평균 증가는 20s Ma^{-1}이다.

데본기 음력 달의 길이를 통해 그 시기에 달의 각운동량을 개략적으로 계산할 수 있고, 따라서 조수 마찰로 인한 지구의 회전의 감속을 추정할 수 있다. 이러한 방식으로 설명되지 않는 감속은 데본기 지구의 관성 모멘트의 추정치를 제공하는 데 사용될 수 있는데, 현재 값의 99.4-99.9%로 구해진다. 계산의 불확실성을 감안할 때, 관성 모멘트가 크게 변경된 것 같지 않다. 대륙의 이동을 야기하는 데 필요한 지구 팽창은 데본기의 관성 모멘트가 현재 값의 오직 94%였을 때만 가능하다는 것을 의미한다. 따라서 이러한 급속한 팽창은 배제될 수 있다.

12.3.2 지구의 과거 반경 계산

팽창 지구 가설을 테스트하는 덜 복잡한 방법은 고지자기 기법을 사용한 지구 고반경(paleoradius) 측정을 필요로 한다(Egyed, 1960).

이 방법은 동일한 고자오선(paleomeridian), 그리고 가능한 한 다른 고-위도(paleolatitude)상 동일 연령의 샘플링 위치를 선택하지 않으면 안 된다. 그것들은 또한 위치가 그것들의 초기 잔류자화(primary remanent magnetizations)를 획득한 시간 이후 안정적이었던 대륙에 있어야만 한다(그림 12.2). 그런 다음에 위치의 고위도(ϕ_1, ϕ_2)를 측정하는 것은 원래 지구의 중심에 대응되는 각도($\phi_1 + \phi_2$)를 제공한다. 위치의 알려진 격리 거리(d)는 관계식 $R_a = d/(\phi_1 + \phi_2)$에 따라서 지구의 고반경($R_a$)을 계산하는 데 사용될 수 있다. 여기서 각은 래디안(radians)으로 표현된다. 그러나 동일한 고자오선상에서 2개의 고지자기 샘플링 위치를 찾는 것은 매우 드물고, 그래서 실제로 이 방법의 적용은 제한적이다. Ward(1963)는 임의로 분산된 샘플링 위치의 분석을 용이하게 하는 보다 일반적인 **최소 분산법(minimum dispersion method)**을 고안했다. 동일한 연령의 위치와 알려진 상대적 고지리 위치로부터 고지자기 극의 분산은 지구 반경의 상이한 값을 위한 구상의 분산에 대한 Fisher(1953) 방법을 이용하여 계산된다. 극의 분산이 최소인 반경은 고반경의 최선의 추정치로 생각된다. McElhinny *et al.*(1978)은 이 방법을 사용하여 그 시기의 사용 가능한 고지자기 데이터를 분석하였다. 그들은 지난 400Ma 동안에 평균 고반경은 현재 반경의 102±2.8%였다는 것을 발견했다. 지구의 작은 수축 또는 아주 작은 팽창은 이 분석에 의해 허용될 수 있지만, 팽창하는 지구 가설에 필요한 반경의 매우 큰 증가는 배제될 수 있다. McElhinny와 McFadden(2000)에 의한 추가 분석이 매우 유사한 결과를 제시하였다.

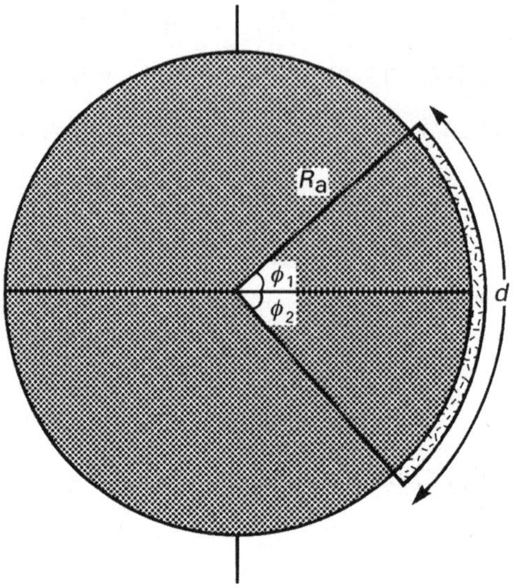

그림 12.2 고지자기 데이터로부터 지구 고반경(paleoradius)을 추정하는 데 사용되는 매개변수

분명히 팽창하는 지구 가설은 직접 테스트에 의해 증명되지 못한다. 또한 간접적으로 가설은 현재 관찰 가능한 현상을 설명할 수 없다. 대륙 이동설이 이 메커니즘에서 유래한다면, 해양 암석권의 소멸을 위한 섭입대의 필요성이 없을 것이고, 충돌 구조론에 의해 영향을 받는 광범위한 구역에 대한 어떤 설명도 제공되지 않는다. 판의 대부분은 현재 동서 의미에서 확산되고 있다. 이러한 패턴이 팽창하는 지구에서 유래한다면 적도 부풂(equatorial bulge) 크기의 점진적 증가를 의미하는 것이니, 이것은 일어나고 있지 않다. 지구의 팽창은 판이 지구의 곡률 반경 증가에 적응하려고 꾀하기 때문에 막 응력(membrane stresses)에 지배되는 광범위한 구역의 존재를 의미하는 것이나, 이것들은 존재하지 않는다. 마지막으로, 이론은 중생대 이전 시대에 발생했다고 알려진 대륙의 이동을 위한 메커니즘을 제공하지 않는다(11.5절).

12.4 열류량의 의미(implications of heat flow)

지구 표면의 평균 수직 온도 구배는 약 25°C km^{-1}이다. 이 구배가 깊이에 따라 일정하게 유지하는 경우, 100km 깊이에서의 온도는 2500°C일 것이다. 이 온도는 이런 깊이의 맨틀 암석 용융 온도를 초과하며 그래서 유체 층(fluid layer)이 있어야 한다. S파가 이 지역을 전파하는 것으로 알려져 있기 때문에(2.1.3절) 이러한 용융 층은 존재하지 않는다. 두 가지 가능성이 이런 현상을 설명할 수 있다. 그것은 첫째, 열원이 100km의 깊이 위에 집중되어 있다는 것, 둘째, 전도(conduction)보다 더 효율적인 메커니즘이 열이 훨씬 더 낮은 온도 구배에서 전송되는 이 깊이 아래에서 작동한다는 것이다. 이러한 프로세스는 다른 지각 유형의 방사성 광물의 함량 변화와 관련하여 지구 표면 도처의 열류량(heat flow) 차이를 고려함으로써 구별될 수 있다.

열류량은 일반적으로 지각의 연령에 따라 감소한다(Sclater *et al*., 1980). 해양 내에서 열류량은 해령에서 접하고 있는 분지로 감소하고, 이런 냉각은 해양 암석권의 점진적인 두꺼워짐과 수심의 증가와 상관관계에 있다(6.4절). 마찬가지로, 현재 활동 중인 분지는 아주 큰 열류량을 나타내지만 배호상 분지(9.10절)의 열류량은 연령에 따라 감소한다. 대륙 지역 내에서 열류량은 일반적으로 마지막 구조적 이벤트 이후 시간이 증가함에 따라 감소한다. 따라서 선캄브리아기 순상지는 가장 낮은 열류량으로, 그리고 젊은 산맥은 가장 높은 값으로 특징지어진다.

관측 밀도는 등치선(contours)의 위치가 단지 소수의 측정에 의해 크게 치우치게 될 수 있을 정도로 매우 가변적이기 때문에 열류량의 전 세계적인 패턴을 표현하기는 어렵다. Chapman과 Pollack(1975)은 해양 암석권의 연령과 대륙 지각에 영향을 미치는 마지막 구조적 이벤트의 연령과 열류량의 상관관계에 기초하여 이들 지역에서의 열류량을 예측하여 일부 지역의 제한된 관찰 문제를 극복하였다. 그림 12.3에 그들의 결과가 세계의 5° × 5° 그리드 지역에서 측정된 또는 예측된 열류량의 구면 조화 분석(spherical harmonic analysis)에 의해 제공된다. 이 조처가 약 3300km보다 작은 파장의 변화가 표시되지 않도록 참 패턴을 특정하게 매끄럽게 한다. 그림 12.3은 해령 시스템과 서태평양의 아주 젊은 대륙 주변부 분지와 관련된 높은 열류량을 보여준다. 낮은 열류량값은 오래된 해양 지각과 선캄브리아기 순상지와 연관되어 있다.

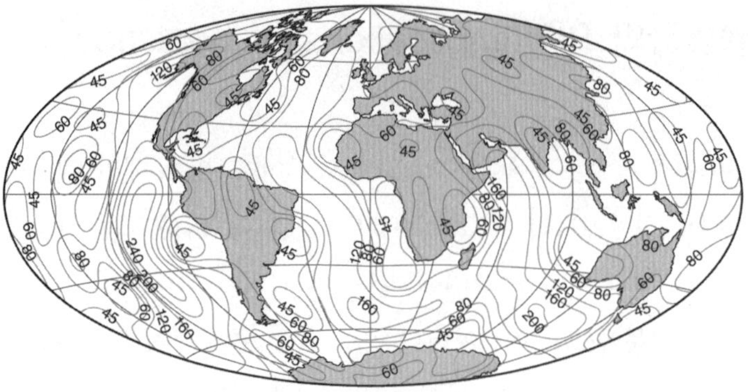

그림 12.3 구면 조화 분석에 의해 표현된 글로벌 열류량(global heat flow)의 패턴. 등치선 간격은 40mW m^{-2}임 (Chapman & Pollack, 1975를 따름)

해양과 대륙에서 열류량 측정의 막대그래프(histograms)가 그림 12.4에 제시되어 있다. 해양 값의 큰 분산은 해령의 정상(crest)에 국지화된 극단적인 값에서 발생하는 변동성을 반영한다. 대조적으로, 대륙값에는 극히 높거나 혹은 낮은 값이 더 적게 존재한다. 해양 열류량 측정의 평균치는 67mW m^{-2}이다. 그러나 이것은 오직 전도(conduction)에 의한 열 손실을 나타내며, 물과 용암 같은 뜨거운 유체의 유출에 의해 표면에 도달하는 열은 무시된다. 열수 기여가 전 세계적인 열 손실의 1/4을 차지하고, 평균 해양 열류량이 101mW m^{-2}라는 것이 현재 알려져 있다. 대륙의 평균 열류량은 용암으로부터의 작은 기여를 포함하여 65mW m^{-2}이다. 전 세계적인 평균 열류량은 87mW m^{-2}이다(Pollack *et al.*, 1993).

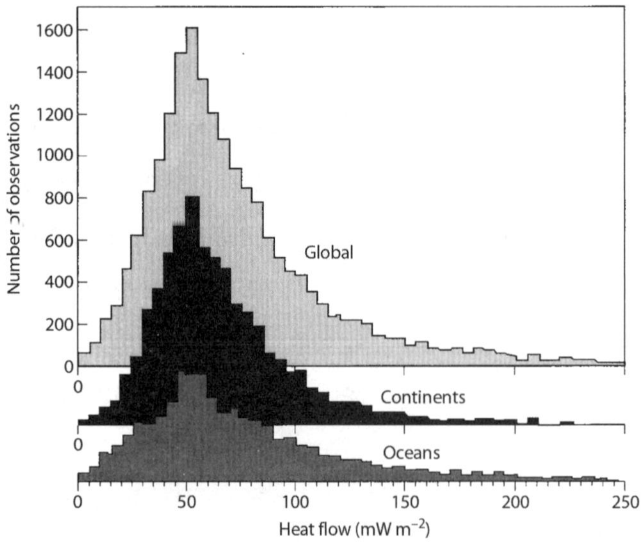

그림 12.4 대륙과 해양 열류량(heat flow)의 비교(Pollack *et al.*, 1993에서 다시 그려짐, American Geophysical Union의 허가로. 저작권 © 1993 American Geophysical Union)

지표면에서 달아나는 열의 대부분은 지구의 나이와 같은 차수의 반감기를 갖는 우라늄, 토륨, 그리고 칼륨(2.13절)의 수명이 긴 방사성 동위 원소의 붕괴에서 생긴다. 이 동위 원소는 상대적으로 상부 대륙 지각에 풍부하고, 그것들의 붕괴가 관찰된 열류량에 18-38mW m^{-2}를 기여하는 것으로 추정되었다(Pollack & Chapman, 1977). 따라서 대륙 지역에서 열 흐름의 약 60%까지가 지각의 상부 10-20km 내에서 생성될 수 있다. 그러나 해양 지각은 방사성 동위 원소가 사실상 거의 없으며, 단지 약 4mW m^{-2}가 이런 열원에 기인될 수 있다. 해양 열류량의 96% 이상은 지각 아래에서 시작해야만 하고, 그래서 열 공급의 다른 프로세스가 대륙과 대양 아래에서 작용하여야만 한다(Sclater & Francheteau, 1970).

따라서 대륙 열류량의 큰 부분은 얕은 깊이에서 농축된 기원에서 오고, 단지 작은 지각-아래 성분이 요구된다. 반대로, 해양 열류량의 대부분은 지각-아래 수위에서 생겨야만 한다. 위에서 설명된 용융 문제 때문에, 이런 열은 낮은 열 구배의 영향하에서 전송되어야만 한다. 대류에 의한 열전달 메커니즘은 이러한 제약에 적합한 유일한 타당한 프로세스이다. 따라서 전도에 의한 열전달이 단단한 암석권 내에서 발생하더라도 대류에 의한 열전달이 암석권 아래 맨틀(sublithospheric mantle)에서 우세해야만 한다. 참으로, 전도 메커니즘에 의한 열 전달률이 요구되는 것보다 훨씬 더 느리기 때문에 전도는 어느 정도 큰 깊이까지 발생할 수 없다. 그러한 대류의 타당성과 형태가 다음 절에서 설명된다.

12.5 맨틀의 대류(convection)

12.5.1 대류 프로세스(convection process)

맨틀에서 대류 흐름의 성질은 문제가 있다. 분석적인 해답은 전이대(transition zone)의 존재(2.8.5절), 대류하는 층 내뿐만 아니라 그 아래 열원의 존재, 대류 패턴에서 위에 놓이는 단단한 암석권의 영향, 그리고 대류하는 층이 구형 껍질의 형태를 갖고 있다는 사실을 포함하는 복잡한 유동학적 구조 때문에 어렵다. 그러나 수치 시뮬레이션과 유사물 모델링의 진전, 그리고 탄성파 토모그래피에 의해 제공된 대류 패턴과 과거 및 현재 판 운동에 대한 제약(constraints)의 결과로, 현재 대류 프로세스에 대한 상당한 정보를 도출하는 것이 가능하다.

유체의 대류는 유체 일부의 양 또는 음의 부력, 즉 수평 밀도 차이(horizontal density contrasts) 또는 그 안의 구배에 기인된 유체의 움직임에 의한 열 수송을 포함한다. 후자는 일반적으로 차가운 경계층으로부터 밀도가 더 큰 하강류(downwellings)에 의하거나 뜨거운 경계층으로부터 밀도가 더 낮은 용승(upwellings)에 의해 생성되나, 그것들은 또한 성분 기원(compositional origin)일 수 있다. 실제로 우리는 아래에서 가열되고 위에서 냉각됨으로써 대류하는 유체 층을 생각하는 경향이 있으며, 이런 경우 기저에 뜨거운 열 경계층과 상부에 차가운 열 경계층이 있다(그림 12.5a). 그러나 이들 중 하나의 경계층이 약하거나 존재하지 않을 수 있을 가능성이 있다. 게다가 유체 층은 내부로부터 가열될 수 있다(그림 12.5b, c). 그림 12.5b에서 하부 경계층이 없고 유체는 내부적으로 가열된다. 상부 경계층에서 침강하는 차가운 고밀도 유체가 대류를 구동하고 용승은 부력보다는 수동적이다. 유체는 침강하는 차가운 유체를 위한 공간을 만들기 위해 위쪽으로 이동해야만 한다. 맨틀은 핵으로부터의 열 흐름(heat flowing)에 의해 아래로부터, 그리고 방사능에 의해 내부로부터 가열된다는 점에서 아마 그림 12.5c에 더 가깝다. 그림 12.5에서, 하부 경계의 온도가 각각의 경우에서 고정된다면, 그러면 온도 단면은 그림의 우측에 표시된 것과 같다. 아래로부터 가열이 없을 경우, 유체의 내부 온도는 유체 층 기저의 온도와 동일할 것이다(그림 12.5b).

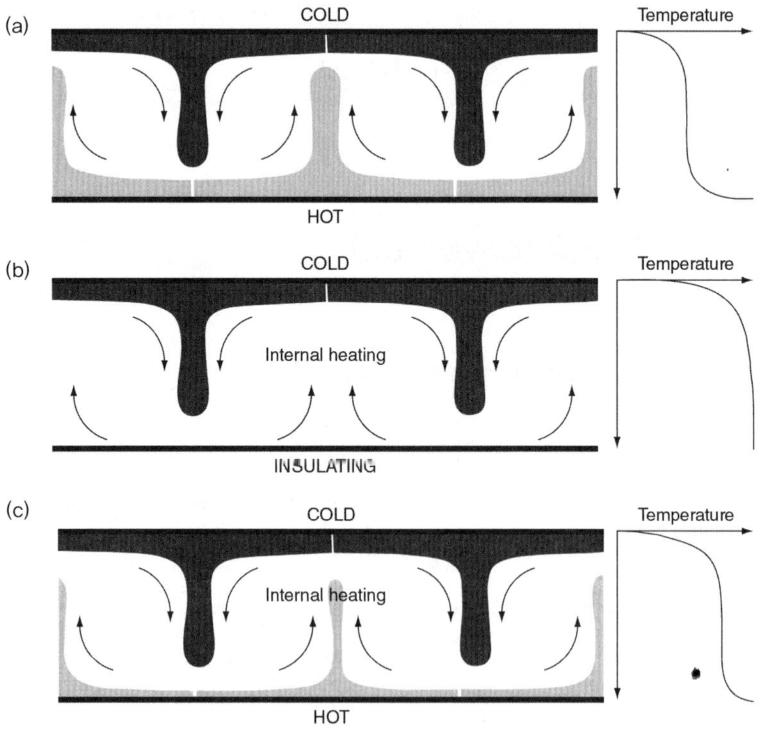

그림 12.5 유체 층(fluid layer)이 가열되는 방식에 따라 하부 열 경계층의 변화하는 성질을 나타내는 대류하는 유체 층의 스케치와 그것들의 연관된 온도-깊이 단면들(Davies, 1999에서. 저작권 © Cambridge University Press의 허가로 재생산됨)

내부 가열에 더하여 아래로부터 약간의 가열이 있는 경우(그림 12.5c), 그땐 대류하는 유체의 내부는 경우 (a)와 (b) 사이의 중간 온도를 가질 것이다. 이것은 경우 (a)에 비해, 상부 경계층을 가로질러 온도의 커다란 강하와 하부 경계층을 가로질러 온도의 더 낮은 하강으로 나타난다. 따라서 상부 경계층은 강화되고 바닥 경계층은 약화되게 하는 내부 가열(internal heating)의 이러한 효과가 맨틀에 적용될 수 있다.

내부 가열과 하부 열 경계층 결여의 효과가 그림 12.6에 도시된다. 이것은 맨틀에 적절한 매개변수들을 갖는 2개의 수치 모델 결과를 보여준다. 왼쪽에 있는 세 개의 프레임은 아래로부터의 가열이 있고 내부 가열이 없는 모델과 관련되고, 오른쪽의 그것들은 내부 가열이 있고 하부 경계면이 없는 모델과 관련된다. 첫 번째 경우에, 우리는 그림 12.5a에 유사한 차가운 침강 기둥과 뜨거운 상승 기둥을 명확하게 볼 수 있다. 오른쪽 경우에는 하강류(downwellings)은 명백하고, 용승은 수동적이고 넓게 분포된다(그림 12.5b 참조).

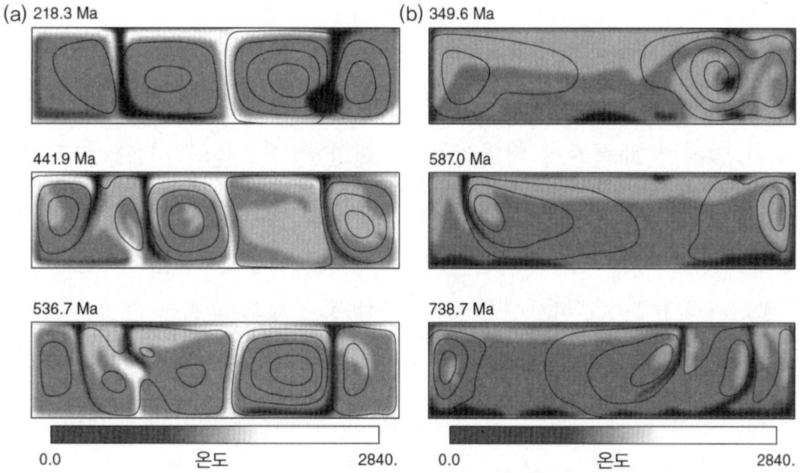

그림 12.6 (a) 아래로부터 가열된 층의 대류와 (b) 내부적으로 가열되고 아래로부터 열이 없는 층의 대류를 나타내는 수치 모델의 프레임(Davies, 1999에서. 저작권 © Cambridge University Press의 허가로 재생산됨)

유익하지만, 이런 모델들은 그것들이 대류하는 층을 통해 균일한 점성도, 구면 층(spherical layer)보다는 오히려 평행면 층, 열 대류만 있고 유체의 상 변화가 없음을 가정하기 때문에 아마 정확하게 맨틀 대류를 시뮬레이션한다고 볼 수 없다. 지구의 맨틀에서, 점성도는 깊이에 따라 증가하고 부력이 부분적으로 성분 차이에 의해 생성된다는 것으로 현재 생각되어지고 있다. 12.9절에서 설명되는 바와 같이 이 두 요소가 대류 패턴을 수억 년 동안 안정화하는 것으로 보이는 반면, 그림 12.6의 모델에서 개발된 대류 패턴은 이런 긴 시간 동안에는 명확하게 불안정하다.

12.5.2 맨틀 대류의 타당성(feasibility)

구면의 회전하는 지구 내에서 대류의 타당성 및 성질에 대한 통찰력을 얻기 위해서는, 맨틀은 뉴턴형 유체(Newtonian fluid)에 근사하다고 가정하는 것이 편리하다. 이러한 가정이 틀릴 수 있지만, 그것이 정말로 대류 프로세스에 대한 간단한 계산을 할 수 있게 한다.

열적 대류의 개시를 위한 조건은 점성력(viscous forces)과 열확산(thermal diffusion)의 반발 효과에 대한 구동 부력의 비율로 정의되는 무차원 레일레이 수(dimensionless Rayleigh number, R_a)의 크기에 의해 제어된다.

$$R_a = \alpha\beta\rho g d^4 / k\eta$$

여기서 α는 열팽창 계수, β는 초단열(superadiabatic) 온도 구배(증가하는 압력과 관련될 것으로 예측되는 초과 구배), ρ는 유체의 밀도, g는 중력 가속도, d는 대류하는 유체의 두께, k는 열 확산율(밀도와 일정한 체적에서 비열의 곱에 대한 열전도율의 비율), 그리고 η는 동적 점성도이다(2.10.3절). 맨틀 대류에서, 대류의 발생에 상응하는 레일레이 수는 약 10^3이다. 이것은 대류가 발생하는 데 요구되는 최소한의 온도 구배에 상응한다. 실제의 온도 구배에 대한 레일레이 수는 10^6 정도 또는 그 이상이다. 이것은 대류에 매우 유리한 조건을 의미하고 결과로서 총층의 두께에 비해 얇은 경계층을 의미한다.

대류하는 유체에서 흐름의 성질은 층류(laminar flow)와 난류(turbulent flow) 간의 식별을 허용하는 레이놀즈 수(Reynolds number, Re)의 크기로 판단될 수 있다. Re는 다음과 같이 정의된다.

$$Re = vd/\nu$$

여기서 v는 흐름의 속도, 그리고 ν는 운동학적 점성도(kinematic viscosity, 밀도에 대한 동적 정성도 η의 비율)이다. $v = 200\,\mathrm{mm\,a^{-1}} = 6\times10^{-9}\,\mathrm{m\,s^{-1}}$, $d = 3000\,\mathrm{km} = 3\times10^{6}\,\mathrm{m}$와 $\nu = 2\times10^{17}\,\mathrm{m^2\,s^{-1}}$을 취하면 $Re = 9\times10^{-20}$이다. 이런 매우 작은 값은 점성력이 우세하고, 따라서 흐름이 층류임을 나타낸다. 대류에 대한 지구 회전의 효과는 다음과 같이 정의되는 테일러 수(Taylor number, T)의 크기로 판단할 수 있다.

$$T = (2wd^2/\nu)^2$$

여기서 w는 회전의 각속도이다. $w = 7.27 \times 10^{-5}$ rads^{-1}와 다른 값들을 위와 같이 대입하면 $T \approx 4 \times 10^{-17}$이다. 1보다 작은 T의 값은 대류에 대한 회전의 효과가 거의 없음을 의미하며 그래서 지구의 회전은 맨틀 대류의 패턴에 영향을 주지 않아야만 한다.

대류의 효율은 열전도에 의해 단독으로 전송된 것에 대한 전송된 전체 열의 비율인 넛셀 수(Nusselt number, *Nu*)로 측정된다. Elder(1965)는 실험적으로 *Nu*와 R_a 사이의 관계를 계산하였다. 그는 가장자리 대류(marginal convection)에 적합한 R_a의 값에서 *Nu*는 1이고 대류에 의해 열이 거의 전송되지 않는다는 것을 발견하였다. 맨틀에 적합한 10^6 이상의 R_a 값에서, *Nu*는 대류에 의한 열전달의 우세를 나타내는 약 100이다.

12.5.3 대류의 수직 범위(vertical extent)

맨틀 전이대(transition zone, 2.8.5절)는 맨틀에서 대류의 성질 혹은 수직 범위에조차도 영향을 잘 미칠 수 있다. 이 구역이 화학적 성분(chemical composition)의 변화를 나타내는 경우, 그땐 대류가 그것을 가로지르지 않는다는 것을 의미한다. 이런 경우 대류 순환의 분리된 층이 전이대 위와 아래에서 발생할 것이며, 열은 전이대의 전체 혹은 일부분 내에서 열 경계층을 가로질러 전도(conduction)로 전달된다.

맨틀 전이대의 성질은 모호하나, 대부분의 견해는 맨틀 물질의 광물이 화학적 성분의 변화를 나타내기보다는 깊이에 따라 더 높은 압력 형태로 변화(2.8.5절)하는 고체 상 변화(solid state phase)가 일어나는 영역을 나타내는 것으로 생각한다. 예를 들면, Watt와 Shankland(1975)는 속도-밀도 데이터의 역산으로부터 맨틀의 평균 원자량이 전이대를 가로질러 조금도 변동이 없다는 것을 보여주었다. 이 경우, 위상 변화가 매우 빠르게 일어나는 한, 대류 흐름은 전이대를 가로지를 수 있고, 그땐 대류 셀(convection cells)의 폭은 맨틀 전체가 될 것이다. 온도 및 압력에 의존하고 잠열(latent heat)을 포함하고 있기 때문에 상 변화(phase changes)는 대류에 2가지 중요한 효과를 미칠 것이다. 감람석(olivine)에서 첨정석(spinel)으로의 경우, 낮은 압력에서 높은 압력 형태로의 변화가 차가운 하강 흐름에서는 평균 깊이보다 얕은 곳에서, 그리고 뜨거운 상승 흐름에서는 평균 깊이보다 더 큰 곳에서 일어난다. 따라서 저밀도 광물은 상승 중에는 더 깊은 곳에서 생성되고, 더 큰 밀도의 고압 형태는 하강 중에는 더 얕은 깊이에서 생성된다. 그것들의 양 및 음의 부력은 각각 대류 셀을 구동하는 데 도움이 된다. 상 변화는 또한 잠열의 방출 또는 흡수와 연관되며, 고압에서 저압으로의 반응은 발열(exothermic)이고 저압에서 고압으로의 반응은 흡열(endothermic)이다. 이것이 전이대를 가로질러 열 구배의 가팔라짐(steepening)을 유발하고, 그래서 하부 맨틀의 온도가 전이대가 존재하지 않은 경우보다 100-150°C 더 높다.

Tackley *et al.*(1993)은 전이대의 기저에서 흡열 위상 변화를 갖는 3차원적 맨틀 대류를 수치적으로 모델링했다. 그들은 차가운 하강하는 물질은 660km 위에 축적되고 그 후 주기적으로 하부 맨틀로 왈칵 흐른다고 제안한다. 이것은 일부 슬라브가 전이대 내에서 편평해지고 다른 것은 전이대의 기저를 뚫고 하부 맨틀로 하강하는 지진파 토모그래피 영상의 결과와 잘 일치한다(9.4절, p.xxvi의 플레이트 9.2).

따라서 전이대는 맨틀-폭의 대류에 장벽이 아닐 수 있고, 수많은 연구자가 이런 전제와 일치하는 증거를 제시하였다. Kanasewich(1976)는 태평양과 아프리카 판은 거의 타원형 형상을 갖고 이들 2개의 큰 판 사이에 체계적으로 배열된 더 작은 판들로 거의 원형으로 둘러싸여 있는 판의 조직화된 분포를 지적했다. 카나세위치(Kanasewich)는 이런 조직화는 맨틀-폭의 대류 덕분으로 생각했다. Davies(1977)는 모델 실험을 실시하고 극단적인 점성도 차이만이 대류를 상부 맨틀에 제한할 것이라고 결론 내렸으며 그러한 차이가 존재하지 않는다고 주장하였다. Elsasser *et al.*(1979)은 대류의 깊이가 알려진 매개변수의 함수로 도출되는 비례 축소 분석(scaling analysis)을 이용하여, 이 깊이는 전체 맨틀(entire mantle)을 관통하는 대류와 일치한다는 결론을 내렸다. 맨틀 전이대의 기저 지형은 이 깊이에서 상 변화보다는 오히려 화학적 변화에 대해서 예측된 것보다 더 낮은 크기 정도인 약 30km의 진폭을 갖는다(Shearer & Masters, 1992). Morgan과 Shearer(1993)는 지진파 토모그래피 지도에서 맨틀의 부력 분포를 도출하였고, 하부와 상부 맨틀 사이에(between the lower and upper mantle) 중요한 흐름이 있어야만 한다는 결론을 내렸다. 그러나 van Keken *et al.*(2002)에 의해 요약된 다른 연구는 대양 화산암에서 발견된 미량 원소의 지화학적 및 동위 원소 패턴이 맨틀의 일부가 지구 역사의 대부분 동안 화학적으로 고립되었었다는 모델을 지지한다고 제안한다. 이것은 전체 맨틀 대류에 의해 암시된 혼합이 발생하지 않았고, 층을 이루고 있는 대류가 더 그럴 듯하다는 것을 시사한다. 그러나 맨틀 전체 대류에 대한 지구물리학적 증거를 고려하여 많은 지화학자는 별개의 화학 물질 저장소가 이런 맥락 내에서 보존될 수 있다는 모델을 도출했다(예를 들면, Tackley, 2000; Davies *et al.*, 2002). 따라서 대류 순환은 맨틀 전체가 될 가능성이 아주 높고 전이대(transition zone)에 의해 제약을 받지 않는 것으로 보인다.

12.6 판(plates)에 작용하는 힘

구조적 스타일과 판 가장자리 및 내부의 구조 발달을 이해하기 위하여, 판에 작용하는 모든 힘의 성질과 크기를 고려할 필요가 있다. Forsyth와 Uyeda(1975)는 관찰된 움직임과 판의 기하학으로부터 판 힘의 상대적인 크기를 결정하려는 역문제(inverse problem)를 해결했다. 판의 현재 속도가 일정한 것 같기 때문에 구동력은 억제하는 힘에 의해 균형이 잡혀, 각 판은 동적 평형 상태에 있어야만 한다. Forsyth와 Uyeda(1975)는 지구 표면을 이루는 것으로 가정한 12판에 힘의 상대적인 크기를 결정하기 위해, 각각의 플레이트에 토크의 합이 0이 되어야만 한다는 추론을 사용했다. 이 시나리오에서 연약권의 역할은 본질적으로 수동적이라고 간주되었다. 비슷한 방법에 근거된 계산의 유사한 세트가 Chapple과 Tullis(1977)에 의해 만들어졌고, 유사한 결과를 제공하였다. 힘들에 관한 다음 설명은 Bott(1982)에 의해 만들어진 Forsyth와 Uyeda(1975) 연구의 확장을 근거로 한다.

해령(ocean ridges)에서 릿지밀기 힘(ridge push force) F_{RP}(그림 12.7)가 갈라지는 판의 가장자리에서 작용한다. 이것은 릿지의 높이, 따라서 릿지 정상(ridge crest)에서 더 얇은 암석권에 작용하는 얕은 깊이에서 추가적인 정수두(hydrostatic head)를 일으키는 뜨거운 유입 물질의 부력으로부터 유래한다. 그것은 또한 릿지에서 멀어질수록 해양 암석권의 냉각과 두꺼워짐(6.4절)에서 발생할 수 있으며, 릿지 지역(ridge region)에서 당김을 발휘한다. 따라서 그것은 근본적으로 중력이다. 맨틀 플룸(5.5절)이 릿지 아래에 놓인다면 릿지 정상에서 연약권의 증가된 압력 때문에 릿지-밀기 힘은 2배 또는 3배로 더 클 수 있다(Bott, 1993). 해령에서 판의 갈라짐은 취성 상부 지각에서 생기고 그것의 존재가 릿지 정상에서 지진 활동에 의해 입증되는 작은 릿지 저항 R_R에 의해 저지된다. 저항하는 힘은 순 효과가 구동력으로 출현될 정도로 작다.

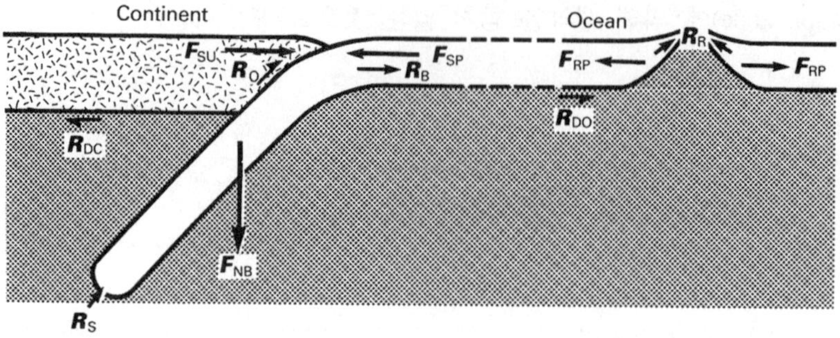

F_{RP} – 릿지 밀기
F_{NB} – 음의 부력
F_{SP} – 슬라브 당김
F_{SU} – 해구 흡입

R_R – 릿지 저항
R_B – 굽음 저항
R_S – 슬라브 저항
R_O – 위로 올라간 판 저항
R_{DO} – 해양 아래의 맨틀 끌기
R_{DC} – 대륙 아래의 맨틀 끌기

그림 12.7 판에 작용하는 힘의 일부(Forsyth & Uyeda, 1975, 1982에서 발전됨, Edward Arnold(Publishers) Ltd의 허가로 재생산됨)

만일 아래에 놓이는 연약권의 속도가 판의 그것과 다르다면, 판 내부 아래에서 맨틀 견인력(drag force)이 해양과 대륙 암석권 모두의 기저에 작용한다. 만일 연약권 속도가 판의 그것을 초과하면, 맨틀 끌기(mantle drag)는 판 운동을 강화하나(F_{DO}, F_{DC}), 연약권 속도가 더 낮으면, 그림 12.7에서 보이는 바와 같이 맨틀 끌기는 판 운동을 저지하는 경향이 있다(R_{DO}, R_{DC}). 대륙 아래의 맨틀 끌기는 바다 아래에서 끌기의 약 8배이다. 이것은 대륙괴 지역 아래에 있는 대륙 아래(subcontinental) 암석권의 증가된 두께에 기인할 수 있다(Sleep, 2003).

섭입대에서 판에 작용하는 주요 힘은 하강하는 암석권의 차갑고 밀도가 큰 슬라브의 음의 부력(F_{NB})에서 생긴다. 이런 수직적인 힘의 일부는 슬라브 당김력(slab-pull force) F_{SP}로 판에 전달된다. 밀도 차이, 따라서 F_{NB}는 감람석-첨정석(olivine-spinel) 변이가 슬라브에서 발생하는 300-400km의 깊이에서 향상된다. F_{SP}는 그것의 상부와 하부 표면 위의 점성 저항(viscous drag)보다 5-8배 큰 하강하는 판의 선단(leading edge)에 주로 작용하는 슬라브 저항(slab resistance, R_S)에 의해 저지된다. 언더스러스트(underthrusting)는 F_{NB}에 반응해서 암석권의 하향 휨(downward flexure)을 수반하고, 그것이 상부 수십 킬로미터에서 탄성 방식으로 거동하기 때문에 휨은 굽음 저항(bending resistance, R_B)에 의해 저지된다. 섭입대에서 운동에 더 추가된 저항은 두 판 사이의 마찰이다. 이 위로 올라간 판 저항(overriding plate resistance, R_O)은 파괴적인 판 가장자리의 얕은 깊이에서 관찰되는 강렬한 지진과 구조적 활동으로 표현된다. 내려가는 슬라브는 F_{SP}가 $R_S + R_O$와 거의 균형을 이룰 때 최종 속도(terminal velocity)에 이른다. 만일 F_{SP}가 $R_S + R_O$를 초과하면, 슬라브는 터미널 속도보다 큰 속도로 내려가고 얕은 깊이에서 슬라브를 인장 상태에 놓이게 한다. 만일 F_{SP}가 $R_S + R_O$보다 작으면 슬라브는 압축 상태에 놓인다. 따라서 구동력과 저항하는 힘 사이의 균형은 발진 메커니즘 솔루션에 의해 드러나듯이 내려가는 슬라브 내의 응력 유형(stress types)의 분포를 제어할 수 있다(9.4절).

섭입대의 육지 쪽 지역에서 올라탄 암석권(overriding lithosphere)은 해구 흡입력(trench suction force, F_{SU})에 의해 인장 상태에 놓인다. 이 힘의 가능한 원인이 여러 가지 있다(그림 12.8.).

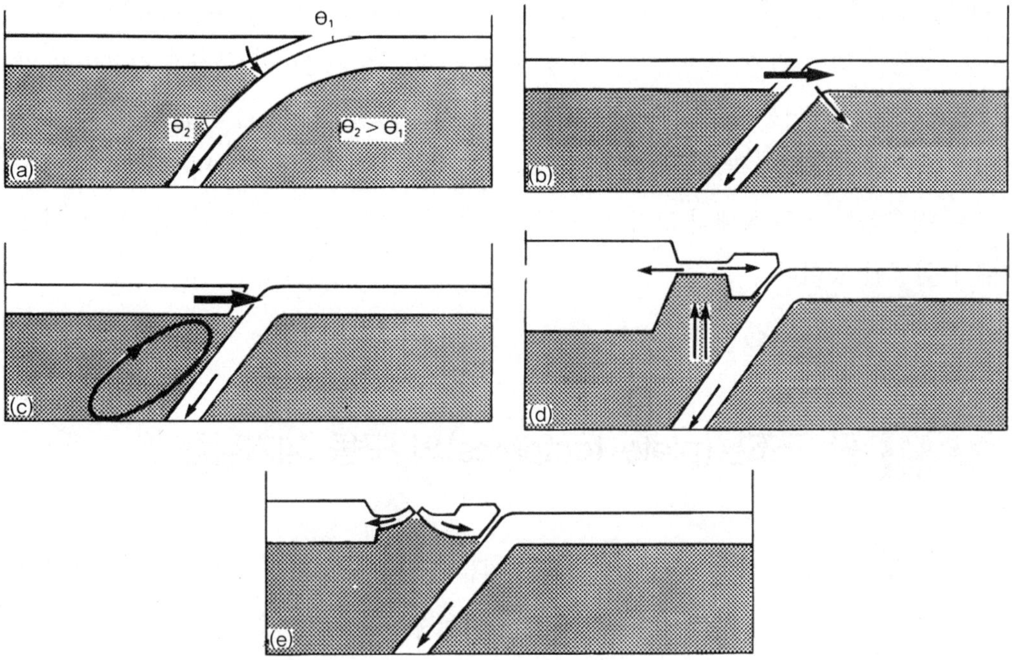

그림 12.8 해구 흡입력(trench suction force)의 가능한 기원(Forsyth & Uyeda, 1975를 따름, Blackwell Publishing의 허가로)

1 그것은 섭입의 각도가 깊이에 따라 점진적으로 더 커지기 때문에 발생할 수 있다(그림 12.8a). 그땐 위로 올라간 판이 해구를 향해 붕괴되기 때문에 인장(tension)이 발생할 것이다.

2 인장은 언더스러스트하는(underthrusting) 판의 '롤백'에서 발생할 수 있다(그림 12.8b). 즉, 내려가는 슬라브가 위로 올라간 판에서 후퇴한다.

3 인장은 내려가는 슬라브 위에 놓이는 지역에서 2차 대류 흐름에 의해 생성될 수 있다(그림 12.8c). 이것은 연약권의 상대적으로 낮은 점성도를 야기하는 비교적 높은 지열 구배를 요구할 것이다(12.5.2절).

4 인장은 9.10절에서 설명된 바와 같이 섭입대의 육지 쪽에 배호상 분지의 형성을 위해

제안된 여러 가지 메커니즘 중 어떤 것에서나 발생할 수 있다(그림 12.8d). 그러나 일단 배호상 확장이 시작되면, 육지 쪽 판은 해구 시스템에서 분리된다(그림 12.8e).

대륙 암석권의 2개판이 사이에 있는 바다의 완전한 소멸 후에 섭입대에서 접촉될 때, 움직임에 대한 더 추가된 저항은 충돌 저항(collision resistance)으로 알려져 있다. 이 저항의 메커니즘은 판 사이의 봉합, 그리고 위로 올라간 판 내 모두에서 발생할 수 있기 때문에(10.4.3절, 10.4.6절) 복잡하다. 마지막으로, 변환 단층 저항(transform fault resistance)은 대륙과 해양 지역 모두의 보존력 있는 판 가장자리에 영향을 미친다. 저항은 단층에 평행하게 작용하고 얕은 깊이에 제한된 주향이동 메커니즘(2.1.5절)을 갖는 지진을 일으킨다. 움직임이 순수한 주향이동적이지 않을 정도로 단층 방향이 굽이진 곳(8.2절)에서 더 복잡한 저항과 마주친다.

판에 작용하는 힘의 상대적 크기와 판 구조론의 구동 메커니즘에 그것들의 관련성이 12.7절에서 설명될 것이다.

12.7 판 구조론(plate tectonics)의 구동 메커니즘

판 운동을 구동할 수 있는 에너지는 맨틀의 대류에 의해 표면으로 운반되는 핵과 맨틀에서 발생된 열이다. 현재 이 열 에너지가 암석권 판(lithospheric plates)을 구동하는 데 이용되는 방법을 생각하는 것이 남아 있다. 판은 열점(hotspot)에 의해 암석권의 기저로 운반된 물질의 수평 흐름에 의해 구동된다는 Morgan(1971, 1972b)에 의한 제안은 측면 흐름은 아마 모든 수평 방향으로 동일할 것이고 그래서 판에 방향성 힘을 적용할 수 없을 것이기 때문에 처음에 무시되었다(Chapple & Tullis, 1977). 두 가지 모델이 제안되었다. 고전적인 혹은 맨틀 끌기(mantle drag) 모델은 대류 시스템 상부의 차가운 경계층이 연약권의 상부로 표시되고 판은 그것의 기저에서 연약권의 점성 끌기(viscous drag)에 의해 구동된다고 생각한다. 반대로, 가장자리-힘(edge-force) 모델은 암석권 그 자체를 대류 셀의 상부의 차가운 경계층으로 인식하고 판은 그것의 가장자리에 작용된 힘에 의해 구동된다고 제안한다. 따라서 2개 모델은 Forsyth와 Uyeda(1975)에 의해 기술된 판에 작용하는 다양한 힘(12.6절)에 놓이는 중요성에 차이가 있다.

12.7.1 맨틀 끌기 메커니즘(mantle drag mechanism)

맨틀 끌기(mantle drag)는 처음으로 제안된 구동 메커니즘이었으며, 암석권의 기저에서 가해진 점성 끌기(viscous drag)에 반응한 판 운동을 연약권의 맨틀 대류 셀(convection cell) 상부의 측면 이동으로 구상한다(그림 12.9a). 따라서 대류 셀은 해령 아래에서 상승하고 해구 아래에서 하강하며, 이러한 것들은 대륙 지역 아래에서는 대체로 없다. 이 메커니즘은 해양 암석권이 해령에서는 인장 상태, 그리고 해구에서는 압축 상태일 것이라고 예측한다.

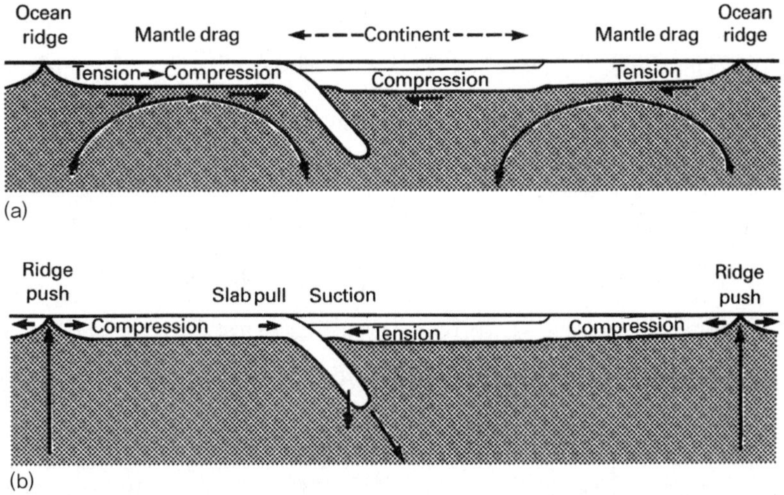

그림 12.9 판 구동 메커니즘의 두 개념: (a) 암석권 위의 맨틀 끌기(mantle drag)를 발휘하는 셀을 갖는 셀 방식의 대류(cellular convection); (b) 가장자리 힘(edge forces)에 의해 구동되는 판을 갖는 오로완–엘사서형(Orowan–Elsasser–type) 대류(Botti, 1982에서 다시 그려짐, Edward Arnold(Publishers) Ltd의 허가로)

부착성장, 그리고 파괴적 판 가장자리에 셀들의 연관성 때문에, 맨틀 끌기에 동력을 제공하는 대류 셀의 가로 크기는 해양의 약 절반 폭, 즉 3000km로 예측될 것이다. 이 큰 측면 크기는 셀이 비교적 간단한 형태를 가져야만 한다는 것을 의미한다. 따라서 간단한 형상의 셀이 일단의 변환 단층을 따라 오프셋(offset)된 적도 위도의 중앙 대서양 해령과 같은 불규칙한 모양을 갖는 판을 어떻게 구동시킬 수 있는지를 설명하는 것은 어렵다. 또한, 대류 셀의 일정한 형태는 중앙 대서양과 칼스버그 릿지(Carlsberg ridges) 사이에서 일어나고 있는 것과 같은 판 가장자리 사이의 상대적인 움직임을 설명할 수 없다. 셀의 큰 가로 크기는 거의 그것만의 개별적 대류 시스템에 의해 구동될 수 없는 카리브 판과 필리핀 판 같은 작은 판의 움직임을 설명할 수 없다.

따라서 고전적인 맨틀 끌기 메커니즘은 판의 이동성을 일으키는 주된 프로세스가 아닌 것으로 보인다. 그러나 맨틀 끌기에 대한 우리의 견해가 현재의 대륙이 분산되어 있다는 사실에 편견을 가질 가능성이 있다. Ziegler(1993)는 맨틀 끌기가 초대륙 해체 동안에 중요한 메커니즘이었을 수 있다고, 그리고 참으로 현생누대 판 운동은 이 메커니즘을 요구하는 것 같다고 주장한다(12.11절).

12.7.2 가장자리-힘 메커니즘(edge-force mechanism)

이 메커니즘에서 해양 암석권은 대류 시스템의 상부를 나타내며, 판은 그것들의 가장자리(edges)에 작용하는 힘에 반응해서 이동한다(그림 12.9b). 이 메커니즘은 Orowan(1965) 및 Elsasser(1969, 1971)에 의해 처음으로 제안되었으며, 때때로 오로완-엘사서(Orowan-Elsasser)형 대류로 지칭된다(Davies & Richards, 1992).

맨틀로부터 공급되는 에너지의 작은 양만이 판을 구동하는 데 사용 가능하나, 이 양이 현재의 판 운동에 동력을 공급하는 데 충분하다(Bott, 1982). 에너지는 암석권에 의해 이용되어서 여러 가지 방법으로 판을 구동한다. 릿지-밀기 힘(ridge-push force, 12.6절)은 그 아래에 있는 비정상적으로 뜨거운 연약권에 의한 릿지 정상(ridge crest)의 융기에서 유래한다. 이것은 부착성장하는 해양 암석권의 뒤쪽으로 측면 밀기(lateral push)를 제공한다. 슬라브-당김 힘(slab-pull force, 12.6절)은 해구에서 내려가는 슬라브의 음의 부력에서 발생하고, 증가된 압력에서 슬라브의 광물에 영향을 미치는 더 큰 밀도 형태로의 상 변화(phase changes)에 의해 지원된다. 비록 실제로 이 힘의 대부분은 아마 슬라브 저항을 극복하는 데 이용되지만 슬라브-당김 힘은 잠재적으로 릿지-밀기 힘의 약 4배이다(Chapple & Tullis, 1977). 해구 흡입력(trench suction force, 12.6절)은 내려가는 슬라브의 기하학에서 유래하고 또한 상당한 구동력을 제공한다.

가장자리-힘 메커니즘은 맨틀 끌기 메커니즘보다 많은 현상을 특히 다음과 같이 더 만족스럽게 설명할 수 있다.

1 그것은 보다 열역학적으로 받아들일 수 있고 맨틀로부터 열을 수송하는 데 있어 훨씬 더 효과적이다.

2 그것은 판 내(intraplate)의 관찰된 응력 패턴과 일치한다. 12.7.1절에서 설명된 바와 같이, 맨틀 끌기 메커니즘은 해령에서 인장을, 그리고 해구에서 압축을 의미한다. 가장자리-힘 메커니즘은 반대되는 응력 형상(opposite stress configuration)을 야기할 것이고, 이는 판 내 지진의 발진 메커니즘 솔루션으로 나타낸 응력 체제(stress regime)와 일치한다.

3 그것은 현재의 판 운동 특히 Forsyth와 Uyeda(1975)의 관측과 일치한다.

(a) 판 속도는 판 면적에 독립적이다(그림 12.10a). 만일 맨틀 끌기가 작용한다면, 가장 큰 속도는 맨틀 끌기가 작용하는 가장 큰 면적을 갖는 판에 의해 경험된다고 예상될 것이다.

(b) 내려가는 슬라브에 부착된 판은 다른 판보다 더 빠른 속도로 이동한다(그림 12.10b). 이것은 판에 영향을 미치는 다른 힘보다 더 큰 슬라브-당김 힘과 일치한다.

(c) 대륙 지각의 큰 면적을 갖는 판은 더 느리게 이동한다(그림 12.10c). 이것은 맨틀 끌기가 그것들을 구동하기보다는 이러한 판의 움직임을 억제한다는 것을 의미한다.

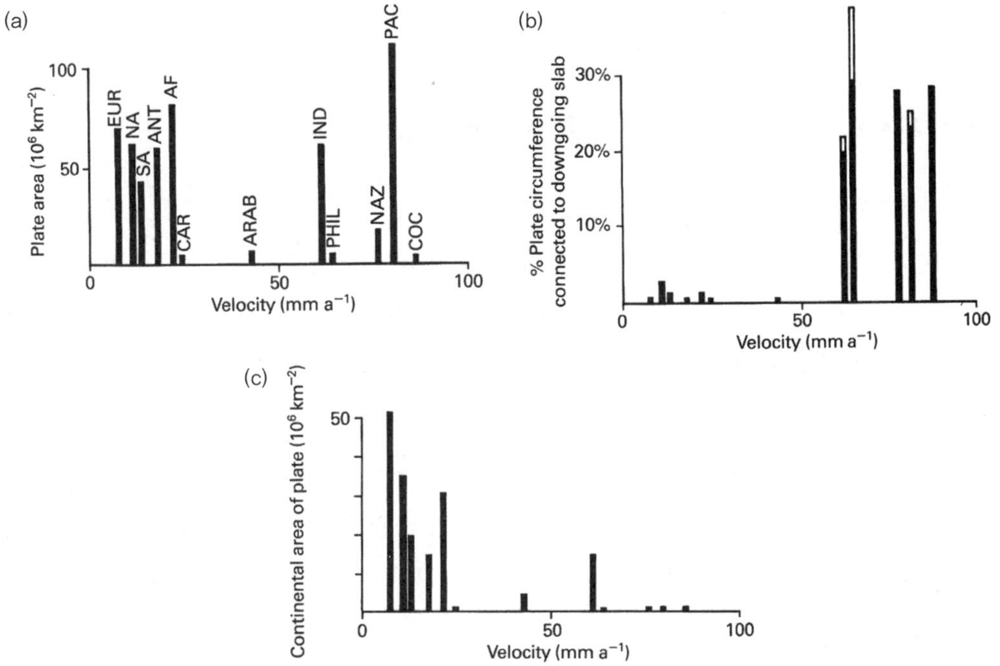

그림 12.10 판 속도와 판 매개변수의 상관관계: (a) 판 면적; (b) 내려가는 슬라브에 연결된 판 둘레(빈 바, 총길이; 흑색 바, 유효 길이); (c) 판의 대륙 면적(Forsyth & Uyeda, 1975에서 다시 그려짐, Blackwell Publishing의 허가로)

이 메커니즘은 또한 작은 판 움직임의 합리적인 설명을 제공한다.

결과적으로, 관찰되는 모든 현상이 판 운동에 대한 가장자리-힘 메커니즘으로 훨씬 더 성공적으로 설명될 수 있는 것으로 보이고, 대부분의 연구자들에 의해 확실히 오늘날 판 운동에 대한 메커니즘으로 채택되고 있다.

12.8 맨틀 대류 증거

12.8.1 서 론

판 구조론의 기본 원리는 해양 암석권이 중앙 해령 정상에서 맨틀 물질로부터 형성되고 섭입대에서 맨틀에 되돌려진다. 따라서 판의 생성, 이동 및 파괴는 맨틀의 대류에 대한 증거를 제공한다. 섭입대와 관련된 맨틀에서의 하강과 중앙 해령 정상 아래에서의 용승이 있어야만 한다. 그러나 이것 이외에 판 구조론은 맨틀에서 회복 흐름(return flow)의 위치 또는 섭입하는 슬라브와 관련된 지진 활동 외에 대류의 깊이 범위에 대한 증거를 제공하지 않는다(9.4절). 따라서 우리는 심부 맨틀의 대류 패턴에 대한 정보를 위해 다른 라인의 증거로 시선을 돌리지 않으면 안 된다.

12.8.2 지진파 토모그래피(seismic tomography)

맨틀의 3차원적 구조에 대한 중요한 정보의 대부분은 지진파 토모그래피(2.1.8절)에 의해 제공되었다. 대류는 온도 및 밀도의 측면 차이(lateral difference)에 의해 구동된다. 이러한 변수는 일반적으로 감소하는 밀도와 증가하는 온도에 따라 감소하는 지진파 속도에 영향을 미친다(Dziewonski & Anderson, 1984). 맨틀에서의 속도를 지도로 작성함으로써 대류의 결과인 온도 및 밀도의 차이를 추측하는 것이 가능하다. 또한, 수직적 혹은 수평적 지진파 이방성을 지도로 작성함으로써 맨틀 흐름 방향의 어림치를 얻는 것이 가능하다.

토모그래피 기술에 의해 도출된 맨틀에 대한 첫 번째 3차원적 지진파 속도 모델이 1980년대 초에 발표되었다(Woodhouse & Dziewonski, 1984). 그 후 데이터 품질, 지리적 범위, 그리고 자료처리(processing) 기술에서 큰 진보가 있었기 때문에, 후속 모델의 해상도가 크게 향상되었다. 그러나 속도 차이의 근본적 특징의 대부분은 초기 모델에서 명백하였다. 플레이트 12.1(p.xxxi 참조)은 Masters *et al.*(1996)의 모델 S16B30을 따라서 맨틀의 12개 깊이에서 전단파(shear wave) 속도의 변화를 보여준다. 가장 큰 차이가 맨틀의 상부 및 하부 근처, 아마 열 경계층(thermal boundary layers) 내 또는 근방에서 발생한다는 것이 바로 명백하다. 상부 200km 내에서의 교란은 표면 구조적 특징(surface tectonic features)과 매우 밀접하게 관련된다. 해령, 북동아프리카의 열개, 그리고 서태평양의 활동 중인 배호상 분지는 모두 비정상적으로 낮은 속도 맨틀 위에 놓여 있다. 대륙 지역 특히 순상지 지역은 일반적으로 가장 높은 속도 위에 놓이고, 오래된 해양 지각도 비교적 높은 속도 위에 놓인다. 이러한 차이는 본질적으로 다른 온도 구배 따라서 이런 지역들의 암석권 두께를 반영한다(11.3.1절). 200km와 400km 사이에서 이러한 일반화의 대부분이 여전히 적용되나, 속도 차이는 더 작다. 주목할 만한 예외는 더 얕은 깊이에서의 느린 속도가 근처의 제로 이상대로 교체된 배호상 분지 아래의 맨틀이다. 전이대(transition zone; 예를 들면, 530km)에서의 변화는 일반적으로 꽤 작고, 표면 특징과의 상관관계는 대부분 깨졌다. 그밖에 예외는 아마도 이 깊이에서 차가운 섭입된 암석권과 관련된 높은 속도로 특징지어지는 서태평양의 배호상 분지 아래의 맨틀이다. 하부 맨틀(660km 이상의 깊이)에서 전단파 속도의 변화는 일반적으로 꽤 작으나(±1.5% 이하), 지속적인 특징은 태평양의 가장자리 아래에 평균보다 더 높은 속도의 고리(ring)이다. 이것은 특히 맨틀의 가장 아래쪽 400km(예를 들면, 2500km와 2750km의 깊이)에서 두드러진다. 2000km보다 더 큰 깊이에서 비정상적으로 낮은 속도의 큰 지역이 중앙 태평양 아래, 그리고 남부 아프리카와 남대서양의 일부 아래에서 나타난다.

플레이트 12.2(p.xxxii 참조)는 Masters *et al*.(1996)의 전단파 속도 모델을 통해 4개 단면을 보여주며, 각각은 지구 중심을 통과하는 평면 위에 있다. 이러한 단면의 3개는 종단면(longitudinal sections), 즉 평면이 또한 북극과 남극을 통과한다. 넷째는 적도 단면(equatorial section)이다. 각 단면에서 단면의 평면과 지구 표면의 교점을 나타내는 큰 원은 도면 위의 가장 작은 동그라미라는 것에 주목하라. 플레이트 12.2a(p.xxxii 참조)는 북아메리카와 유라시아와 같은 대륙 지역과 관련된 높은 속도, 그리고 동태평양해령(East Pacific Rise)과 중앙-인도양 릿지와 같은 중앙 해령과 관련된 낮은 속도가 상부 맨틀 내에서 오직 200-400km의 깊이까지만 확장하는 모습을 명확하게 보여준다. 플레이트 12.2b(p.xxxii 참조) 단면은 중앙 태평양 및 남부 아프리카를 통과하고, 이 지역 아래의 최하부 맨틀의 저속 지역, 그리고 그것들은 핵-맨틀 경계에서 그것들의 가장 큰 크기를 가지는 모습을 드러낸다. 이 단면에서는 알래스카 아래에 평균 속도보다 더 높은 속도가 표면에서 핵으로 확장한다는 것, 그리고 태평양 일부 아래와 남아프리카의 남쪽에 낮은 속도가 표면에서 핵-맨틀 경계로 뻗는다는 것에 주목할 만하다. 플레이트 12.2c(p.xxxii 참조)는 아조레스 제도(Azores)와 북대서양의 카나리아 제도(Canary Islands)의 지역 아래에서 낮은 속도가 표면에서 핵까지 존재한다는 것을 또한 보여준다. 플레이트 12.2a-c(p.xxxii 참조)에 표현된 단면들이 모두 양 극을 통과하기 때문에 그것들은 모두가 북극 대륙과 관련된 상부 맨틀의 낮은 속도 지역과 남극 대륙 아래에 있는 맨틀 상부의 높은 속도를 갖고 있다. 적도 단면은 그것이 남부 아프리카와 중앙 태평양 아래 최하부 맨틀의 저속 지역을 통과할 뿐만 아니라 남아메리카와 인도네시아 지역 아래 섭입과 관련된 높은 속도 지역이 전이대와 하부 맨틀을 통과하여 계속해서 핵-맨틀 경계까지 뻗는 것을 보여준다는 점이 특히 유익하고 흥미로운 사실을 드러낸다.

더욱이 그것은 각각 뜨거운 용승과 차가운 하강을 나타낼는지 모르는 2쌍의 특징이 서로 거의 정반대로 있음을 보여준다.

2.10.6절에서 논의된 바와 같이, 맨틀의 지진파 이방성(seismic anisotropy) 측정이 흐름의 패턴에 대한 정보를 낳을 수 있다. 변형 메커니즘과 관련된 광물에 따라 결정격자가 지진파를 서로 다른 방향으로 다른 속도로 전파시키도록 우선적으로 정렬될 수 있다. 예를 들면 상부 맨틀 흐름에 의해 감람석의 우선적 정렬은 흐름 방향으로 최고 지진파 속도를 발생시킨다(Karato & Wu, 1993). 상부 맨틀에서 지진파 이방성의 연구가 중앙 해령 아래와 섭입대 부근의 수직 흐름의 암시를 갖는 판 운동에 평행한 흐름 방향을 알려준다(Park & Levin, 2002).

하부 맨틀의 대부분은 등방성이다. 이것은 아마 하부 맨틀에 속한 온도, 압력 및 변형 메커니즘 하에서 페로브스카이트(perovskite) 및 마그네토뷔스타이트(magnetowüstite)와 같은 광물은 사실상 등방성이기 때문이다(Karato *et al*., 1995). 가장 밑의 맨틀, 층 D″(D″ layer)에서 지진파 이방성이 관찰되었다(2.10.6절). 그것은 일반적으로 수평 흐름에 의한 변형을 반영하는 것으로 생각되지만, 중앙 태평양 및 남부 아프리카 아래 저속 지역의 기저에 용승의 개시를 암시하는 수직 흐름의 징후가 있다(Panning & Romanowicz, 2004).

12.8.3 초융기(superswells)

지진파 토모그래피에 의해 밝혀진 하부 맨틀의 가장 뚜렷한 특징은 남대서양과 남부 아프리카, 그리고 중앙과 남서 태평양 아래에 있는 2개의 광대한 낮은 속도 지역이다(pp.xxxi-xxxii의 플레이트 12.1, 12.2). 이것들은 이 지역에서 지구 표면의 비정상적으로 높은 고도와 관련된다. 실제로 각각의 경우에 지형적 융기(topographic swell)의 수천 킬로미터에 달하는 폭은 너무 거대해서 그것들은 **초융기(superswells)**라고 칭해졌다(McNutt & Judge, 1990; Nyblade & Robinson, 1994). 이것은 일반적으로 1000km 미만에 걸치는 열점(hot spot)과 관련된 지형적 융기와 대조적이다. 그러나 초융기의 높아진 육지지형 및 해저지형(bathymetry)은 이 지역 아래에 있는 암석권과 연약권의 비정상적으로 높은 온도 및/또는 저밀도 암석 유형에 의해 설명될 수 없다(Ritsema & van Heijst, 2000). 유일한 그럴듯한 설명은 그것들이 동적으로 하부 맨틀의 뜨거운 물질의 주요 용승에 의해 지탱되는 것이다(Hager *et al*., 1985; Lithgow-Bertelloni & Silver, 1998). 지진파 토모그래피에 의해 정의된 이 뜨거운 낮은 속도 지역은 핵-맨틀 경계의 열 경계층(thermal boundary layer)에서 형성되는 것처럼 보인다(p.xxxii의 플레이트 12.2, 12.8.4절).

맨틀의 용승이 지구 표면의 광역적 융기를 만드는 것처럼, 하강류(downwellings)는 광역적 침강을 일으킨다(Gurnis, 2001). 현재의 낮아진 지각의 가장 주목할 만한 예는 인도네시아 지역(Indonesian region)이다. 이것은 전이대와 아마 내려가는 암석권 슬라브의 합류를 반영하는 하부 맨틀의 상부(p.xxxii의 플레이트 12.2b)의 비정상적으로 높은 지진파 속도 위에 자리 잡고 있다. 지진파 토모그래피가 현재 낮고 높은 속도의 지역을, 따라서 가능한 용승 및 하강류를 유일하게 지도로 작성할 수 있다. 그러나 지구 지각의 광역적 규모의 융기와 침강에 대한 지질학적 기록에서의 증거가 특정 지역이 과거에 주요 맨틀 용승 또는 깊게 섭입하는 슬라브 위에 놓여왔음을 가리킨다. 원래 대륙 지각 위에 중요한 해양 해침과 해퇴(marine transgressions and regressions)를 야기하는 해수면의 변화는 활동 중인 구조운동의 지역에서 멀어짐에 따라 전 세계적으로 동시적이었다고 가정되었다. 그러나 더 많은 데이터가 축적됨에 따라 명백한 설명이 부족하지만 이 때문이 아니었다는 것이 명확해졌다. 맨틀의 대류와 관련된 암석권의 융기와 침강이 이전에 매우 수수께끼 같은 관찰의 일부가 무엇인지에 대한 설명을 제공할 수 있다는 것이 명백하다.

중앙 미국 콜로라도의 덴버(Denver)는 1.6km의 고도를 가지고 있지만 얕은 물 퇴적(shallow water deposition)의 전형인 백악기 퇴적물 위에 놓인다. 그 당시 파랄론 판(Farallon plate), 즉 북동 태평양의 동태평양해령(East Pacific Rise)의 동쪽 측면은 서부 및 중앙 북아메리카 아래로 섭입되고 있었으며, 그 위에 있는 지각에 저지대(depression)를 만들었던 것으로 생각된다. 후기 신생대 동안에 북동 태평양의 동태평양해령의 점진적인 제거로, 파랄론 판은 분리되었고 계속해서 동쪽으로 하강하여서 서부와 중앙 미국 지각의 부력이 다시 효력을 발휘하게 하였고, 그것에 의해 콜로라도 지역의 융기가 일어났다. Van der Hilst *et al.*(1997)는 지진파 토모그래피를 이용하여 동부 미국 1600km 아래에 침강하는 파랄론 판을 이미지화하였다. 초기 백악기 이후 호주 일부의 비슷한 비정상적인 수직적 움직임은 처음에는 호주의 동쪽에 최근에는 북쪽에 섭입대에 의해 생성된 하강류의 영향에 의한 것으로 생각되고 있다(Gurnis *et al.*, 1998).

12.8.4 층 D″(D″ layer)

지구 내의 물리적 특성 및 화학 성분의 가장 큰 차이는 핵-맨틀 경계에서 발생한다는 것이, 그리고 이것은 열-화학적 경계층의 위치가 거의 확실하다는 것이 오래전부터 인식되어 왔다(2.8.6절). 처음에 지진학자는 하부 맨틀에 있는 어떤 성층(layering)도 감지할 수 없어서, 그것을 층 D(Layer D)로 불렀다(Bullen, 1949). 그 후 아마도 2-300km 두께인 맨틀 기저의 층이 비록 가변적이지만 다음과 같은 독특한 특성(즉, 전형적으로 더 낮은 지진파 속도 혹은 위에 있는 하부 맨틀에서보다 더 낮은 속도 구배)을 갖는다는 것이 알려졌다. 따라서 하부 맨틀은 현재 2개 지진학적 층 D′과 D″으로 분할된다. 지진학적 기술의 추가적인 개선으로, 핵-맨틀 경계에서 반사되고 굴절되고 회절된 지진파의 연구가 층 D″의 복잡성과 측면 변화의 놀라운 세부 사항을 밝혀냈다. 지진과 지진학적 관측소의 지리적 분포 때문에 층의 모든 부분이 동일한 정도로 자세하게 연구될 수는 없다. 분명히 이것이 현재 암석권의 그것과 유사한 수직적 그리고 수평적 변화를 갖고 있는 것으로 생각되는 이렇게 멀리 떨어진 층에 대한 미래 지진학적 연구를 도전적으로 수행할 것을 재촉한다.

그림 12.11은 자세한 연구가 가능했던 매우 다른 3개 지역(즉, 중앙아메리카, 하와이, 남부 아프리카 아래)에 대한 층 D″의 특징을 알려주고 있는 그림이다. 층의 상부 경계는 속도 불연속으로 특징지어진다. 이것 아래에 지진파 속도 특히 전단파(shear wave) 속도의 증가 혹은 감소가 있을 수 있거나 깊이에 따른 속도 구배(velocity gradient)의 감소가 있을 수 있다. 속도 증가는 중앙아메리카와 같이 섭입하는 슬라브가 있는 지역 아래에서 매우 두드러진다(그림 12.11a). 핵-맨틀 경계 바로 위 5km 내지 50km 두께의 층에 10-50%의 전단파 속도의 감소를 갖는 초저 지진파 속도(ultra-low seismic velocities)의 구역이 종종 있다. 이것은 15% 이상의 용융물을 갖는 부분적인 용융을 의미한다(Thybo *et al*., 2003). 이러한 초저 속도 구역(ultra-low velocity zones, ULVZ)은 하와이 같은 주요 열점(그림 12.11b) 아래에, 그리고 중앙 태평양과 남부 아프리카의 초융기, 그리고 추론된 용승(그림 12.11c) 아래에 매우 강하게 발달된다. 하부 맨틀의 주요 부분에서 대체로 온도차에 의한 것으로 생각되는 지진파 속도의 변화와 달리, 층 D″ 내에 두드러진 측면 및 수직 변화는 화학적 성분의 변화, 광물학적 상 변화 및/또는 온도 차이에 더하여, 부분 용융의 다양한 정도에 의해 발생될 수 있다. 성분 변화는 맨틀의 페로브스카이트(perovskite)와 핵에서 용융된 철의 혼합으로 새로운 고압 광물이 형성되기 때문일 수 있다(2.8.6절). 이것은 높은 온도, 부분 용융, 그리고 낮은 점성도에 의해 용이해진 ULVZs에서 발생할 가능성이 가장 높은 것으로 생각된다. 결과적으로 화학적으로 구별되는 고밀도이나 낮은 점성도를 갖는 층이 생성될 것이다. 층 D″의 일부분이 두드러진 이방성을 보이기 때문에, 더 큰 밀도와 강한 이방성 형태로 페로브스카이트의 상 변화가 흥미 있는 가능성이다. 이런 이방성은 하강류 아래의 섭입된 슬라브(subducted slabs), 그리고 용승 아래의 전단 흐름(shear flow)에 의해 유발될 수 있다고 생각된다.

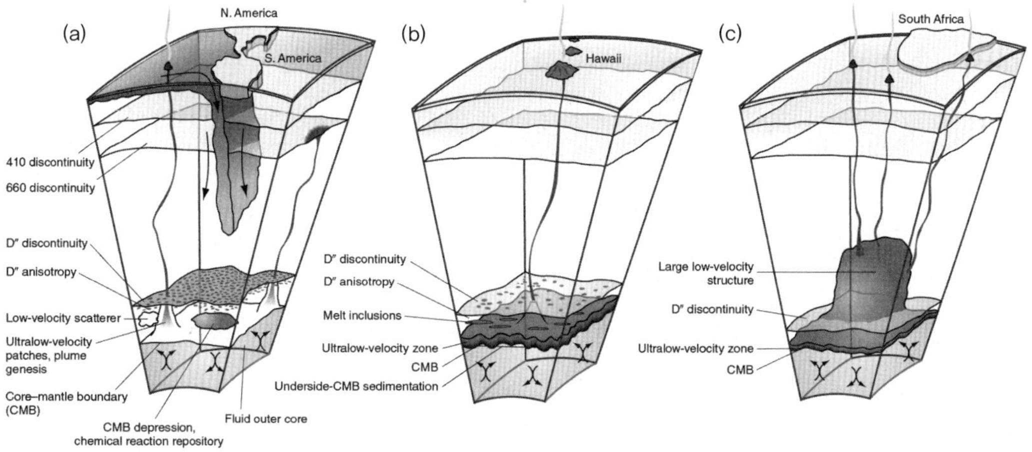

그림 12.11 층 D″(D″ layer) 성질의 변화를 보여주는 (a) 중앙아메리카, (b) 하와이 및 (c) 남아프리카를 중심으로 한 지역 아래의 지구 내부를 관통하는 단면(Garnero, 2004, Science 304, 834–6에서 다시 생산됨, AAAS의 허가로)

하부 맨틀로 섭입된 암석권의 슬라브가 그것들 아래 층 D″의 성질, 특히 그것의 온도에 영향을 미칠 것으로 보인다. 차례로 이것은 핵의 대류와 지구 자기장의 성질에 영향을 미치는 핵으로부터의 열의 흐름을 조절하고 흐름이 층 D″ 내에서, 그리고 위에서 발생할는지 모르는 위치를 결정할 것이다.

12.9 맨틀 대류의 성질

지진파 토모그래피와 지구 표면의 광역적 융기 및 침강의 연구로부터 맨틀 대류에 대한 증거가 이런 대류를 위한 2개의 주요 구동력(driving forces)이 있음을 강력하게 시사한다. 차가운 섭입하는 암석권의 음의 부력(negative buoyancy)이 하강류의 주요 위치를 결정하는 것으로 보일 것이고, 맨틀의 가장 아래 층 D″에서 발생하는 뜨겁고 낮은 점성도 물질의 양의 부력(positive buoyancy)이 용승을 결정한다. 맨틀 대류의 이런 2가지 보완적인 모드는 각각 판 모드(plate mode) 그리고 플룸 모드(plume mode)라고 불려왔다(Davies, 1999). 양쪽 모두 열 경계층에서 자신의 기원을 갖는다. 즉, 지구 표면 바로 아래 암석권의 판 모드와 핵-맨틀 경계 바로 위 맨틀의 층 D″의 플룸 모드이다. Davies(1993)가 적절하게 지적했듯이, 판 모드는 해양 암석권의 생성에 의한 맨틀의 냉각이 매우 중요하고 플룸 모드는 핵에서 방출하는 열이 중요하다.

판 모드로 방출된 열은 맨틀이 방사능에 의해 내부적으로 가열되기 때문에 핵으로부터 방출되는 것보다 훨씬 클 것으로 생각된다. 따라서 판 모드가 지배적이라고 예상될 것이다. 대류의 이런 두 가지 상이한 모드는 반드시 매우 강하게 결합될 필요는 없다. 그러나 현재의 남부 아프리카와 남쪽 중앙태평양 아래의 2개 주요 용승이 각각 곤드와나(Gondwana)라는 것 주위 섭입대의 확장하는 고리와 태평양 주변 섭입대의 수축하는 고리의 중심에 위치한다는 것, 따라서 핵-맨틀 경계까지 확장하는 것처럼 보이는 섭입하는 슬라브의 냉각 효과에서 멀리 떨어져 있음에 주목할 필요가 있다(플레이트 12.2(p.xxxii 참조), 그림 12.12). 또한 이 2개의 활동 중인 용승이 중앙 해령에 직접 상응하지 않는다는 것이 놀랍다. 이것은 릿지(ridges) 아래 용승이 전적으로 수동적이라는 해석과 일치한다. Meguin과 Romanowicz(2000) 및 Montelli *et al.*(2004b)은 아프리카 용승에서 대서양과 인도양 해령으로, 그리고 태평양 용승에서 동태평양해령(East Pacific Rise)으로 상부 맨틀의 측면 흐름에 대한 그것들의 맨틀 토모그래피 모델의 증거가 있다고 말한다. 만일 그렇다면 이것은 섭입대에서 중앙 해령으로의 회복 흐름의 알기 어려운 경로를 완성하거나 혹은 적어도 하나의 경로(route)를 제공할 것이다.

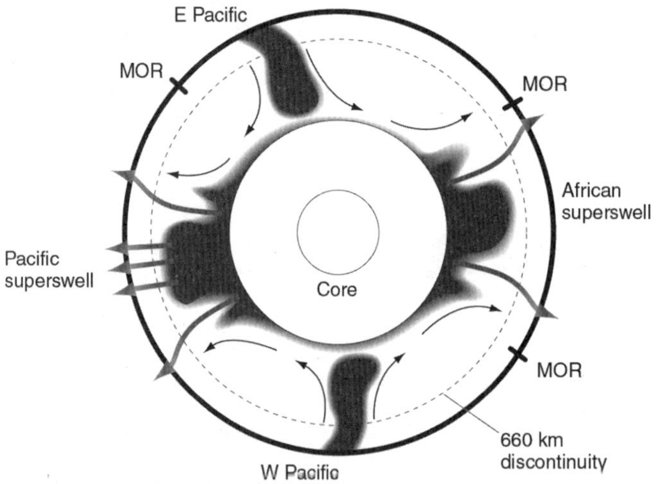

그림 12.12 지구를 관통하는 얼추 적도 단면을 보여주고, 맨틀 순환의 전반적인 패턴과 섭입대, 초융기(superswells), 플룸(plumes), 그리고 중앙 해령(MOR)의 가능한 관계를 나타내는 만화. 아파르(Afar), 레위니옹(Reunion), 트리스탄(Tristan), 하와이, 이스터(Easter) 그리고 루이빌(Louisville)과 같은 심부에 위치한 혹은 1차 플룸은 초융기에 부수적이고 2차 플룸은 태평양 초융기 위에서 흔하다는 것에 주목하라. 중앙 해령은 판 분리에 대한 수동적인 반응이지 주요 대류 패턴에 체계적으로 관련된 것이 아니다.

맨틀 대류의 이런 총체적인 패턴의 규모 또는 파장(wavelength)은 유사체 실험(analogue experiments)과 10^6보다 큰 레일리 수(Rayleigh number)를 가정한 초기 수치 모델에 의해 예측된 것보다 더 크다. 이것은 이런 모델들은 대류 층 전체에 걸쳐서 균일한 점성도를 가정하였기 때문인 것으로 알려진다. 지구의 맨틀에서 점성도는 온도와 압력 모두에 따라 달라진다. 맨틀에 관련된 온도 구배에서 깊이에 따라 증가하는 압력의 효과는 거의 확실히 하부 맨틀의 점성도가 상부 맨틀의 그것보다 상당히 크다는 것을 의미한다. Bunge *et al.*(1997)은 하부 맨틀의 점성도가 상부 맨틀의 그것에 30배인 맨틀의 삼차원 구형 대류 모델(spherical convection models)을 연구하였다. 그들은 결과적으로 발생하는 대류의 파장이 더 클 뿐만 아니라 긴 선형 하강류가 상부 경계층에서 형성된다는 것을 발견했다. 즉, 맨틀에 대해 추론된 것에 매우 필적하는 대류의 패턴을 만드는 양쪽 효과를 발견했다. 대류 패턴은 또한 더 큰 시간적 안정성을 가졌다.

연구자들은 맨틀 대류에 대한 전이대의 기저인 660km 깊이에서 흡열 상 변화(endothermic phase change)의 영향을 조사하였다. 이런 상 변화의 설득력 있는 물리적 특성 변화에 대한 연구결과는 그것이 그것을 통하는 용승 및 하강류의 통과를 억제할 수 있지만, 막지 않는다는 것을 시사한다. 이것은 전이대가 얼마간의 영향을 미치지만 전체적인 맨틀 대류를 방해할 정도로 충분한 영향을 미치지 않는다는 것을 나타내는 지진파 토모그래피의 결과와 일치한다(Montelli *et al.*, 2004b).

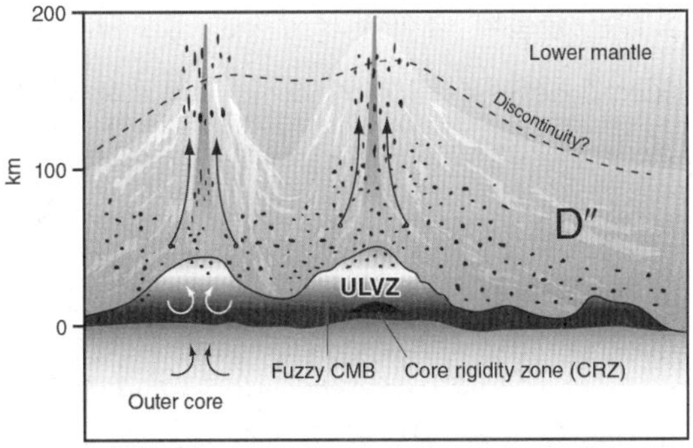

그림 12.13 층 D″의 평균 온도보다 더 뜨거운 층 D″의 만화. 이 지역은 부분 용융과 화학적 이질성, 화학적 및 용융 산란체(melt scatterers), 그리고 아마 플룸 기원지점으로 특징지어지는 것으로 생각되는 초저 속도 구역(ultra-low-velocity zone, ULVZ)을 포함한다(Garnero, 2000에서 다시 그려짐, Annual Review of Earth and Planetary Sciences, 28의 허가로. 저작권 © 2000 Annual Reviews).

층 D″(12.8.4절)의 화학적 이질성은 그것이 열 경계층보다는 오히려 열화학적 경계층 역할을 한다는 것을 의미한다. 참으로 매우 뜨거운 곳에서 그것은 본질적 화학 경계층 위에 열 경계층, 즉 초저속 구역(ULVZ)이다. 낮은 점성도, 그리고 낮은 밀도 열 경계층의 용승은 이러한 점에서 용승의 강도에 따라 50-100km의 높이까지 낮은 점성도이나 더 높은 밀도의 화학적 경계층을 동반이행한다(그림 12.13). 유사제 실험(Davaille, 1999)은 용승의 성질이 불안정한 열 밀도 이상(thermal density anomaly)에 대한 안정한 화학 밀도 이상(chemical density anomaly)의 비율에 의존한다는 것을 알려준다. 만일 이것이 1보다 크면, 플룸 같은 용승이 형성되고, 만일 그것이 약 0.5이면, 상승 기류(넓은 용승 또는 돔)가 생산된다. 어느 경우에도 고밀도 화학 경계층의 동반이행(entrainment)이 플룸 또는 상승기류 용승의 위치를 안정화시키는 것으로 생각된다(Jellinek & Manga, 2004). 그러나 더 큰 안정성 비율의 결과로, 플룸은 매우 장기간 유지되는 경향이 있다.

맨틀에서 대류의 이런 일반적인 그림이 옳다면, 섭입대와 맨틀 기저의 화학적 경계층의 역할이 대류의 패턴과 성질을 결정하는 데 중요하다. 사실 섭입대의 위치(location of subduction zones)가 그것들이 하강류가 발생하는 것을 결정할 뿐만 아니라 핵-맨틀 경계의 경계층이 아주 뜨거운 곳, 따라서 용승이 발생하는 곳을 결정한다는 점에서 아주 근본적이라고 주장될 수 있다. 그러나 섭입대는 지질학적 시간의 틀 내에서 일시적인 지형이다. 초대륙 주기 내에서(11.5절) 섭입대가 대륙 해체의 결과로 시작하고, 대륙-대륙 충돌에 의해 종료되는 시기가 있다. 이러한 이벤트는 맨틀 대류의 총체적인 패턴의 변화를 야기할 수 있고, 회전축 위치, 즉 관성 모멘트(moment of inertia)가 최대인 축의 변화를 일으키는 지구 내의 질량 분포를 변화시킬 수조차 있다. 이것은 섭입대의 최초 발달이 전이대(transition zone)에 궁극적으로 하부 맨틀로 쇄도하는 섭입된 물질의 축적을 포함하는 경우에 특히 사실일 것이다. 이러한 진극이동(True Polar Wander, 5.6절)은 섭입대의 개시, 그리고 유라시아와 인도의 충돌 및 이 구역에서의 섭입속도의 큰 변화를 동반하는 팡게아의 해체에 일관된 기간인 130Ma와 50Ma 전 사이에 발생했다고 생각된다(Besse & Courtillot, 2002). 하와이-엠페러 해저 산열(Hawaiian-Emperor seamount chain)의 방향 변화, 태평양과 인도-대서양 열점(hotspot) 참조 프레임(5.5절) 사이 상대 운동의 변화 또한 40-50Ma 전에 인도 충돌 시에 발생한다. 따라서 이것들 역시 맨틀의 열 체제(thermal regime)와 대류 패턴의 필연적 변화에 따른 아프리카와 태평양 반구 내 대류의 2개 주요 대류 셀(wo major convection cells)의 상대적인 위치를 반영한다.

12.10 플룸(plumes)

지표면의 특정 화산성 열점들(volcanic hotspots)은 본질적으로 지구의 깊은 내부에 고정되어 있고 지난 40Ma 동안 판 운동에 대한 절대적인 기준 프레임을 제공하는 것으로 보인다(5.5

절). Wilson(1963)에 의해 처음으로 제안된 하와이와 같은 열점의 고정된 성질을 고려하여 Morgan(1971)은 그것들이 하부 맨틀 혹은 핵-맨틀 경계에서 용승한 맨틀 물질의 플룸 위에 위치한다고 제안했다. 플룸 가설(plume hypothesis)은 이 같은 플룸의 명백한 증거를 제공하는 것이 어렵기 때문에 논란이 되었고 또 계속되고 있다(Foulger & Natland, 2003). 그러나 현재 모델링과 관측 데이터 모두에서 지구 표면의 일부 열점은 핵-맨틀 경계 위의 기본적으로 고정된 지점에서 상승하는 고온, 그리고 낮은 점성도 물질의 좁은 플룸에 의해 공급될 수 있다는 더 확실해지고 있는 증거가 있다. 또한 다른 열점을 위한 기원물질이 맨틀 전이대(mantle transition zone) 혹은 하부 맨틀의 최상부 내 또는 암석권 바로 아래 훨씬 더 얕은 깊이로부터 유래될 수 있다는 이론적 및 실험적 증거가 있다. 후자는 암석권 해체의 다양한 형태에 대한 수동적인 반응(passive response)이다(Anderson, 2000). 그것들의 기원 깊이 측면에서, 열점의 세 가지 유형이 있다는 제안이 주로 맨틀의 3개 잠재적 열 경계층의 역할을 고려함으로써 Courtillot *et al.*(2003)에 의해 추론되었다. 그러나 지진파 토모그래피의 결과가 이를 실질적으로 지지한다(Montelli *et al.*, 2004a, 2004b). 맨틀 상부의 낮은 지진파 속도 위에 놓이는 열점은 수가 한정되어 있는 것으로 보인다. 그것이 매우 큰 상부 맨틀 이상대 위에 놓이지만 그림 5.8에서 예들은 보위(Bowie), 콥(Cobb), 갈라파고스, 동 호주, 그리고 놀랍게도 아마 아이슬란드이다(Montelli *et al.*, 2004b). 아이슬란드는 깊은 맨틀 기원의 지구화학적 지표, 용암에서의 특히 $^{3}He/^{4}He$과 $^{186}Os/^{187}Os$의 비율의 측면에서 또한 비정상이다(Foulger & Pearson, 2001; Brandon, 2002). Montelli *et al.*(2004b)은 옐로스톤(Yellowstone) 아래의 토모그래피 이상이 거의 존재하지 않는 것으로 묘사한다.

실험실 실험은 충분히 밀도가 큰 층 D″에 있는 초저속 구역(ULVZ) 위에 발달하는 고봉(peaks)이 ULVZ의 표면에 있는 만형들(embayments) 사이의 등성이가 높여진 지점 혹은 아레트(arête)와 만나는 곳에서 형성된다는 것을 나타낸다(Jellinek & Manga, 2004). 따라서 이들 고봉을 생산하는 열 경계층의 용승은 좁은 원통형 도관에 집중된다. 이런 플룸과 주변 맨틀 사이의 온도 차이는 아마 200-300°C이며, 이는 그것들 사이의 경계면을 가로지르는 점성도의 크기 감소가 두 자릿수(100배) 이상임을 의미한다. 부분적인 용융이 용승하는 열 경계층 내에 존재하는 경우에도 이것이 점성도를 낮출 것이다. ULVZ로부터 동반이행된 부분 용융물은 오스뮴의 공급원이 외핵이라는 것을 나타내는 것으로 생각되는 특정 열점 용암의 오스뮴 동위 원소 비율을 설명하기 위해 필요할는지 모른다(Brandon *et al.*, 1998).

깊은 맨틀에서 발생하는 이러한 뜨겁고 낮은 점성도 플룸의 수치 모델과 유사체 모델이 플룸 모양과 이동성은 주변의 맨틀과 점도 차이의 크기에 의해 제어된다는 것을 알려준다

(Kellogg & King, 1997; Lowman *et al*., 2004; Lin & van Keken, 2006). 차이가 증가함에 따라, 플룸 도관은 더 좁아지고, 그것의 머리는 넓어져서 고온 물질이 더욱 효율적으로 상방으로 움직일 수 있기 때문에 버섯 모양(mushroom-shaped)이 된다(그림 12.14). 버섯 모양의 플룸 머리와 기원의 깊이까지 뻗어 있는 가늘고 긴 꼬리를 가진 이 모델은 광범위하게 적용되었다. 그럼에도 불구하고, 최하위 맨틀의 화학 변화로 인한 밀도 차이가 플룸 형성의 모델(12.9절)에 통합된 경우에 수치 모델은 플룸의 매우 다양한 모양과 크기를 또한 예측한다(Farnetani & Samuel, 2005; Lin & van Keken, 2006).

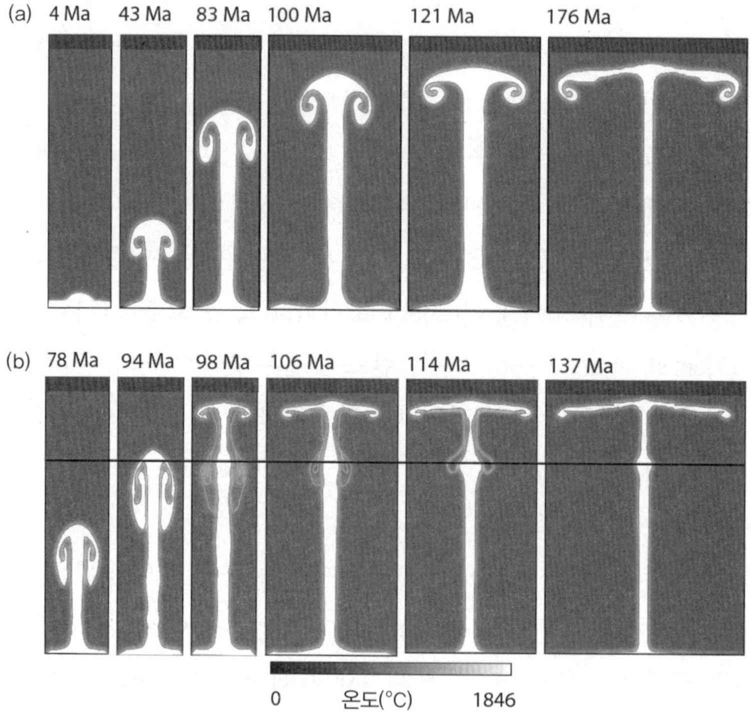

그림 12.14 맨틀에 거의 비례 축소된 플룸이 열 경계층에서 성장하는 수치 모델의 결과(sequences). (a)에서 점성도는 온도의 함수이며, (b)에서 점성도는 700km의 깊이에서 20배로 증가한다. (b)에서 플룸은 700km 불연속을 통과하며 느려지고 두꺼워지나, 낮은 점성도 상부 층에서 좁아지고 속도를 낸다(Davies, 1999에서. 저작권 © Cambridge University Press의 허가로 재생산됨).

일반적으로, 좁은 버섯 모양의 플룸 모델은 얇아진 암석권 아래에 플룸 머리의 도착과 꼬리에 의해 형성된 화산성 릿지 혹은 화산 라인의 형태로 열점의 뒤이은 흔적을 반영하는 대륙 범람 현무암 혹은 해양 대지의 측면에서 일부 열점의 초기 표현과 잘 일치한다. Courtillot *et al*.(2003)은 이러한 열점들은 1차 열점(primary hotspots)으로 칭해질 것을 제안한다(5.5절).

그들은 또한 1차 열점의 수명은 약 140Ma가 될 수 있음을 제안했다. 아파르(Afar)와 레위니옹(Reunion)과 같은 지난 100Ma 내에서 시작된 그것들은 여전히 활동 중이다. 연령이 100Ma 내지 140Ma인 것들, 즉 루이스빌(Louisville)과 트리스탄(Tristan)은 약해지고 있을 수 있고, 카루(Karoo)와 시베리아(Siberia)와 같은 140Ma 전 이전에 형성된 것들은 활동 중인 흔적을 갖지 않는다. 이론적 논의는 그렇게 큰 플룸 머리와 수명이 긴 꼬리는 큰 심부의 열 경계층, 아마 핵-맨틀 경계의 층 D″에서 발생해야만 한다고 예측한다. 주요 플룸은 단지 두께 수십 킬로미터와 직경 500-1000km의 볼륨인 층 D″에서 100Ma 동안 공급될 수 있는 것으로 판단되어 왔다.

남부 아프리카와 남태평양 아래의 그것들과 같은 주요 용승이 전이대의 기저에 도달하면, 그것들은 2차 플룸이 생성될 수 있는 이 깊이에 열 경계층을 형성할 수 있다(Brunet & Yuen, 2000; Courtillot *et al.*, 2003). 이것들은 상대적으로 수명이 짧고 초기 범람 현무암이 없으나 소사이어티(Society)와 쿡-오스트럴(Cook-Austral) 제도, 사모아, 핏케언 제도(Pitcairn), 그리고 캐롤라인(Caroline, 그림 5.8)과 같은 남태평양 초융기(superswell) 위의 열점을 잘 설명할 수 있다(Adam & Bonneville, 2005). 대조적으로, 태평양에서와 같이 그것 주위에 몇몇 잠재적인 깊은 맨틀 플룸 또는 1차 플룸이 있지만, 남부 아프리카 초융기 내에는 플룸이 없다(그림 5.8, 12.11c). 이런 차이는 또한 2개 지역 아래 상부 맨틀의 지진파 속도 이상의 두드러진 차이로 반영된다(p.xxxii의 플레이트 12.2b, d). 아프리카와 태평양 초융기의 다른 특성은 남태평양 용승(south Pacific upwelling)이 이 지역의 백악기 초플룸(Cretaceous superplume)의 잔류물이라는 사실에서 발생할 수 있다(5.7절). 남부 아프리카의 융기 또한 중기 백악기에 시작되었고, 이는 주요 맨틀 용승 또는 초플룸이 초대륙의 합체와 해체의 수명주기(life cycle)과 유사한, 그리고 아마 관련된 수명주기를 가질 수 있다는 것을 암시한다.

12.11 초대륙 주기(supercontinent cycle)의 메커니즘

초대륙의 합체와 분산은 대륙 암석권과 맨틀에서 작동하는 프로세스 사이의 상호 작용을 반영한다. 상호 작용의 첫 번째 유형은 맨틀 대류 셀을 확정하는 광범위 용승과 하강류를 포함한다(12.9절). 두 번째 유형은 대륙 지각의 기저에 깊은 맨틀 플룸(12.10절)의 부딪침과 관련될 가능성이 있다.

수치 시뮬레이션은 맨틀 대류 패턴(mantle convection patterns)과 판 운동 사이의 가능한 관계를 조사하는 중요한 수단을 제공하고 있다. Gurnis(1988)는 분산의 기간 동안 대륙들이 맨틀의 차가운 하강류 위에 모이는 경향이 있고, 여기서 그것들이 절연 담요(insulating blanket) 역할을 한다고 제안했다. 결과적으로 맨틀은 대류 패턴을 변경하면서 뜨거워지고, 초대륙은 결과적으로 발생하는 인장에 반응해서 쪼개진다. 그리고 대륙 조각은 변경된 대류 권역(changed convective regime)에서 유래하는 새로운 차가운 하강류를 향해 이동한다. 거니스(Gurnis)는 아프리카를 제외한 대륙이 현재 열점이 거의 없고 높은 지진 속도로 특징지어지는 맨틀의 차가운 지역으로 이동하고 있다는 사실을 강조했다. 약 200Ma 전에, 팡게아는 오늘날 남부 아프리카 아래의 용승이라는 것 위에 있었던 것으로 보인다. 아프리카는 열점 기준 프레임에 대하여 천천히 이동했기 때문에 팡게아는 모델과 일치하여 해체 이전에 이 용승위에 자리 잡고 있었을 것 같다. 따라서 양의 피드백(positive feedback)이 맨틀 대류의 패턴과 초대륙의 형성 사이에 존재하는 것으로 생각될 것이다.

실험 결과가 또한 여러 메커니즘이 초대륙의 성장과 분산(growth and dispersal)을 촉진하는 대류 패턴을 생성한다는 것을 암시한다. 대륙 암석권 다수의 절연 특성은 그것들의 내부 아래에 맨틀 용승을 만든다(Gurnis, 1988; Zhong & Gurnis, 1993; Guillou & Jaupart, 1995). 거대한 판 또한 그것들 아래의 맨틀이 섭입에 의해 냉각되는 것을 방지하고, 이것이 용승을 더욱 촉진한다(Lowman & Jarvis, 1999). 하강류의 위치는 대륙 암석권의 고유 부력에 의해 제어될 수 있고, 이에 따라 대륙 가장자리를 따라 섭입대를 집중시키는 경향이 있다. 이 효과는 하강류의 위치에서 2개 대륙의 충돌이 가장자리에서의 하강류와 그것의 내부 아래의 용승으로 이어지는 대류 패턴의 재구성을 촉발할 수 있다는 것을 보여주었던 Lowman과 Jarvis(1996, 1999)에 의해 설명되었다(그림 12.15). 이 저자들은 또한 슬라브-당김(slab-pull)과 해구 흡입(trench suction) 힘(12.6절)이 아마 초대륙 해체에서의 맨틀 용승만큼 중요하다는 것을 보여주었다.

맨틀 대류의 패턴과 판 운동 사이의 관계에 영향을 미치는 또 다른 중요한 프로세스는 내부 가열(internal heating)이다(12.5.1절). Lowman *et al.*(2001, 2003)은 내부적으로 가열된 모델에서, 맨틀 순환 패턴이 시계 방향에서 반시계 방향으로, 그리고 반대로 변경될 때 판 움직임이 방향의 간헐적인 역전으로 특징지어진다는 것을 보여주었다. 이러한 역전은 대류 셀 내부에서의 열과 부력의 트랩핑(trapping) 및 축적에 의해 기인되고, 이것이 대류 패턴을 불안정하게 한다. 모델링의 결과가 판의 한 가장자리에 차가운 물질의 하강류가 판 아래에 갇힌 뜨거운 물질을 동반이행할 수 있고, 그것을 하부 맨틀로 끌고갈 수 있다는 것을 시사한다.

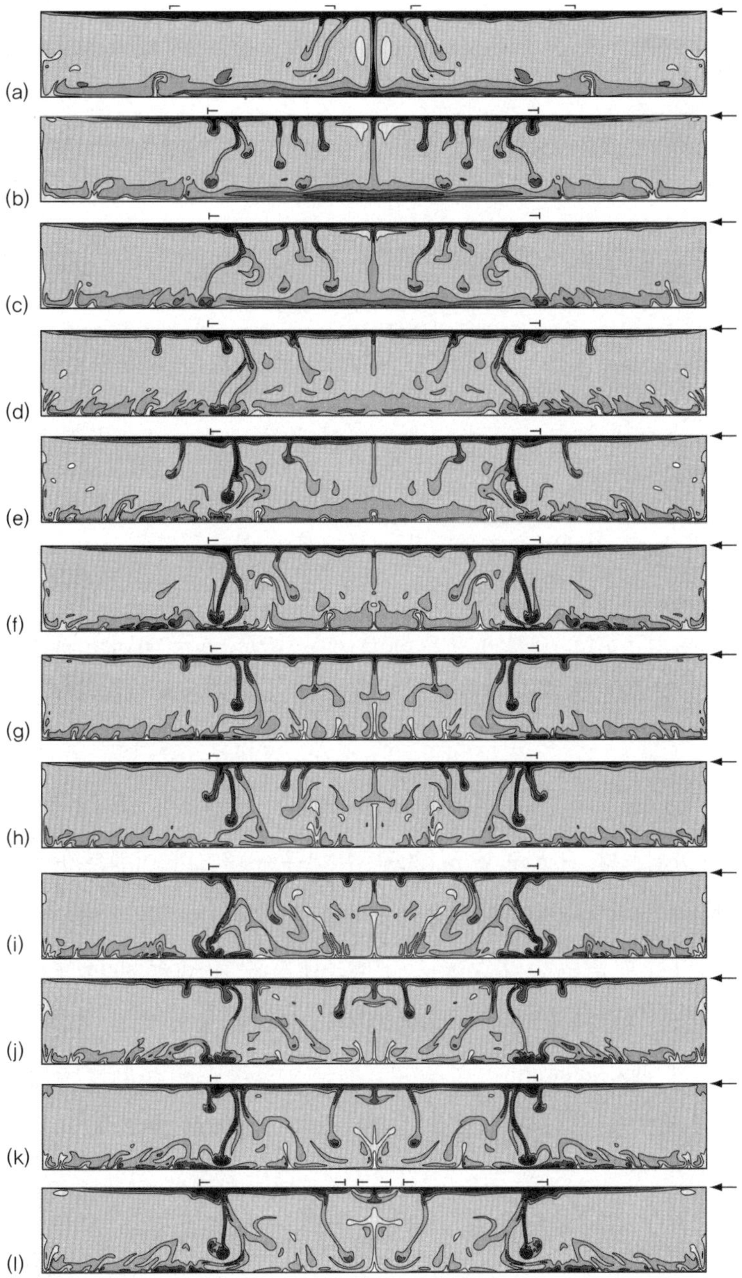

그림 12.15 5800km 폭의 두 대륙을 합체하는 전체 맨틀 대류의 수치 모델의 온도장(temperature fields; Lowman과 Jarvis, 1999에서 수정됨, American Geophysical Union의 허가로, 저작권 © 1999 American Geophysical Union). 어둡고 밝은 음영은 각각 차가운 그리고 따뜻한 온도를 나타낸다. 상단의 표시는 대륙 가장자리의 위치를 나타낸다. 대륙들은 패널 (a) 및 (b) 사이의 모델 대칭 평면에서 충돌하여, 폭 11600km의 초대륙을 형성한다. 두 대륙 사이의 섭입(흑색 하강류)이 중단됨에 따라, 새로운 섭입대가 대륙의 가장자리를 따라 형성된다. 결국 따뜻한 물질의 중앙 용승이 초대륙 아래에 형성된다. 초대륙은 그것의 형성 후 약 6억 년에 패널 (k)와 (l) 사이에서 갈라진다.

그 후에 뜨겁고 부력이 있는 물질은 차가운 하강류의 끌기가 약해짐에 따라 상승하기 시작한다. 뜨거운 물질의 상승은 측면으로 판을 밀고 판의 다른 편에 새로운 차가운 하강류를 유도하며, 이로 인해 새로운 용승과 반대 방향으로 판 운동의 주기가 시작된다. 판 운동과 내부적으로 가열된 맨틀 대류 사이의 이런 유형의 피드백 관계가 일부 판이 약 3억 년의 지질연대로 갑자기 방향을 변경하는 이유를 설명할 수 있다.

많은 지질학적 연구(예를 들면, Hill, 1991; Storey, 1995; Dalziel *et al*., 2000a)가 대형 화성암 지방들(LIPs), 열점, 그리고 초대륙 분할 사이의 시간－공간 관계를 증명하였다. 그럼에도 불구하고, 대륙 해체 동안에 열점 또는 용승하는 깊은 맨틀 플룸의 역할은 불명확하다. 맨틀 용승에 의한 열적 부력과 대류하는 연약권에 기인된 암석권 기저에서 끌림 이동(traction)이 대륙 암석권을 쪼개기에 충분한 수평 편차 인장(horizontal deviatoric tension)에 기여할 수 있다(7.5절). Lowman과 Jarvis(1999)는 초대륙의 내부에서의 인장응력은 판의 크기, 맨틀 대류의 레일레이 수(Rayleigh number, 12.5.2절), 맨틀의 점성도 단면, 그리고 존재하는 방사성 열 양에 의존한다는 것을 보여주었다. 게다가 그들의 모델은 내부적으로 가열된 맨틀이 주어지면 섭입대에서 발생된 응력은 고정된 초대륙에서 열개를 일으킬 수 있을 정도로 충분히 클 수 있음을 암시한다.

일부 지질학적 데이터는 플룸에 관련된 마그마작용이 초대륙의 해체보다는 오히려 합체와 일치한다는 것을 암시한다. Hanson *et al*.(2004)은 대규모 마그마 이벤트가 로디니아(Rodinia, 11.5.3절)의 원생누대 합체 동안에 대륙 내부에서 발생했었다는 것을 보여주었다. 이 저자들은 대륙 암석권의 기저에 맨틀 용승의 충돌은 아마 초대륙 주기(supercontinent cycle)와 관계없이 발생했었다고 결론을 내렸다. Isley와 Abbott(2002)는 시간을 통한 맨틀 플룸 이벤트를 식별하기 위해 대규모 암맥 떼(dike swarms), 높은 마그네슘 함량의 분출암(예를 들면, 11.3.2절), 범람현무암 및 성층된 관입을 포함하는 일련의 플룸 프록시(plume proxies)를 사용했다. 적어도 2개의 세계적 규모의 이벤트가 후기 시생대와 원생누대의 대륙의 합체와 일치하였다. 이러한 관계로부터, 두 가지 유형의 맨틀 플룸 이벤트, 초대륙의 해체와 연관된 것들 및 그것의 형성과 관련된 것들이 있을 수 있는 것으로 보인다(Condie, 2000). 이런 연구는 맨틀 플룸과 초대륙 주기 사이의 흥미로우나 불명확한 관계를 강조한다.

제13장

판 구조론의 영향

GLOBAL TECTONICS

13.1 환경 변화

13.1.1 해수면과 해수 화학 변화(change in sea level and seawater chemistry)

대륙 지역의 퇴적 기록은 지질학적 시간을 통해 죽 해수면의 변화에 의한 해양 해침과 해퇴에 의해 특징지어진다. 예를 들면, 가장 높은 해수면 중 하나는 매우 순수한 해양 석회암인 백악(chalk)이 북서 유럽의 대부분에 걸쳐 퇴적되었던 후기 백악기에 발생하였다.

100m 이상의 해수면 주요 변화는 대량의 담수가 육지에 묶인 빙상(ice sheets)에 갇힌 빙하시대(ice ages) 동안을 제외하고 설명하기 어렵다. 그러나 대부분의 지질학적 시간 동안, 주요 빙하작용이 없었으나, 그럼에도 불구하고 해수면의 큰 변화가 있었다. 해저 확장, 열점, 그리고 플룸의 개념이 이런 문제를 해결하기 위한 그럴듯한 메커니즘을 제공한다. 해저 확장에 의해서만 형성된 해양 지각 위의 수심은 더 젊은 지각이 더 얕은 깊이에서 나타나듯이 지각의 연령과 관련이 있다(6.4절). 이러한 지각은 본래 6-7km의 균일한 두께다(2.4.4절). 그러나 이런 지각이 열점 혹은 플룸 위에서 증대된 화성 활동의 결과로 두꺼워진다면, 수심은 연령/깊이 관계에 의해 예측된 것보다 더 얕을 것이다. 예외적으로, 아이슬란드 및 아조레스(Azores)의 경우에서와 같이, 화산체(volcanic edifice)가 해수면 위로 치솟는다. 따라서 해저 확장의 향상된 속도, 열점 혹은 플룸 활동이 물을 위쪽으로 옮겨 해수면의 상승을 일으키는 상승된 해저를 생성할 수 있다. 예를 들면, 백악기 동안에 높은 해수면은 5.7절에 설명된 바와 같이 해저 확장의 예외적으로 높은 속도와 플룸 활동에 기인하는 것도 당연한 일이었다.

확장 속도 및/또는 활발하게 확장하는 해령의 총길이 변화의 결과로 해양 지각 형성의 순 비율 변화가 젊고 상승된 해저의 몫을 변화시키는, 따라서 장기적으로 해수면의 변화를 제조하는 매우 효과적인 방법이다. 순 부착성장 속도의 차이는 또한 해수의 화학적 성질에 영향을 미치는 확장 센터에서의 화성 활동과 열수 활동량의 변화를 의미한다. 순환하는 해수와 해령 정상(ridge crests)의 뜨거운 현무암 사이의 상호 작용이 해수에서 마그네슘과 나트륨을 제거하고 암석에서 칼슘 이온을 방출시키는 것으로 생각된다. 또한 황산이온은 해저에서 혹은 근처에서 호기 조건(oxic conditions)을 만날 때 물에서 제거되는 것이 가능하다. 이러한 변화가 해수 내의 Mg/Ca, SO_4/Cl, 그리고 Na/K 비율이 빠른 해저 지각의 형성과 높은 열수 활동의 기간 동안에 감소한다는 것을 예측할 수 있게 한다.

Stanley와 Hardie(1999)는 해수 화학의 이러한 변화는 현생누대(Phanerozoic)에 걸친 해양 증발암과 탄산염 퇴적물의 광물학에 반영된다고 제안한다. 그들은 1등급(first order) 해수면

곡선이 지난 550Ma에 걸쳐 해양 지각의 생성 속도 따라서 열수 염수 유속(hydrothermal brine flux)의 변동에 대한 대용물(proxy)로 사용될 수 있다고 생각한다(그림 13.1). 이것으로부터 해수의 마그네슘/칼슘(Mg/Ca) 비의 시간적 변화가 계산된다(Hardie, 1996). 높은 해수면 시기와 연관된 낮은 마그네슘/칼슘 비의 기간 동안에, 무골격 탄산염(nonskeletal carbonates)은 (낮은 마그네슘) 방해석(calcite)으로 구성되며, 해양 증발암은 나중에 형성되는 KCl(칼리암염, sylvite)로, 그리고 마그네슘 암염(Mg salts)의 부재로 특징지어진다. 대조적으로, 높은 마그네슘/칼슘 비의 기간은 높은 마그네슘 방해석과 아라고나이트(방해석의 동질이상) 및 황산마그네슘($MgSO_4$)이 증발의 마지막 단계 동안에 형성된 해양 증발암으로 이루어진 무골격 탄산염으로 특징지어진다. 전자 기간은 '방해석해(calcite seas)'의 기간이라고 칭해져 왔고 높은 탄산가스 분압(pCO_2) 및 높은 표면 온도와 관련된 것으로 생각된다. 즉, 아마 백악기를 특징짓는 것과 같은 '온실 지구(Greenhouse Earth)'이다. 높은 마그네슘/칼슘 비의 기간은 '아라고나이트해(aragonite seas)'의 시기라고 칭해져 왔다. 이것들은 낮은 탄산가스 분압과 낮은 표면 온도의 시대와 관계있는 것으로 보이고, 빙하기, 즉 '빙실 지구(Icehouse Earth)'이다.

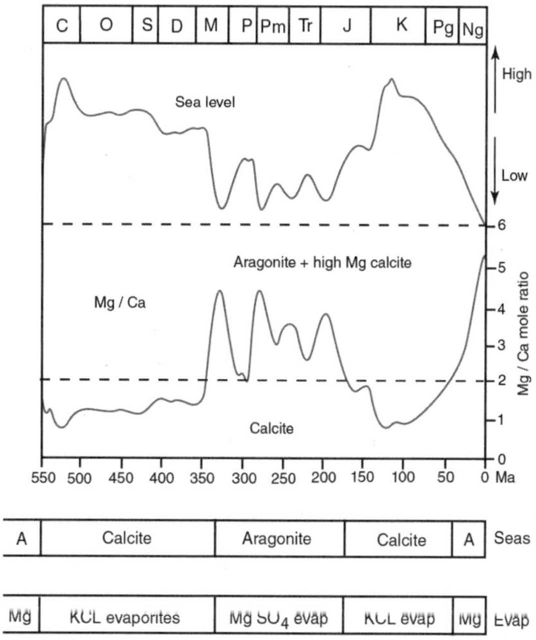

그림 13.1 지난 550Ma 동안에 해수의 마그네슘/칼슘 비율에서 예측된 변화와의 상관관계를 설명하는 가정된 해수면의 장기적인 변화의 곡선, 그리고 무골격(nonskeletal) 탄산염 광물의 요약(아래), 그리고 해양 증발암에서 Hardie, 1996에 의해 계산된 해수의 마그네슘/칼슘 비율(Mg/Ca ratio)의 변화(Stanley & Hardie, 1999의 그림 2에 근거됨)

지질학적 과거에서 대기의 탄산가스 분압 변화는 화산 활동에서 탄산가스(CO_2)의 가스 방출에 크게 기인되었던 것으로 생각된다. 따라서 해수면의 절대적 해수면 변화(eustatic changes), 해수 화학의 변화, 그리고 과거 지구 대기에서의 탄산가스 농도의 변화는 모두 해저 확장의 속도와 플룸 활동(plume activity)의 변화와 관련될 수 있다.

13.1.2 해수순환(oceanic circulation)의 변화와 지구 기후

지구 기후에 아주 큰 영향 중 2가지는 대기의 온실 가스 농도(5.7절, 13.1.1절)와 해양의 크기, 분포, 그리고 해저지형(bottom topography)이다. 해양 분지의 배치가 표면 해류와 심해 순환(deep-water circulation)에 의한 해양에서 열의 운송에 영향을 주고, 그것에 의해 해양 지역 대기의 온도와 수분 함량에 영향을 미친다. 표면 해류는 본질적으로 바람에 구동되고, 따라서 크게 대기의 순환에 의해 결정된다. 지구의 회전과 열대 내에 들어오는 태양 복사의 집중이 저위도에서 표면 동풍(무역풍) 중간 위도에서 편서풍(westerlies), 그리고 고위도(60° 이상)에서 편동풍(easterlies)을 만든다.

만일 지구 표면 전체가 바다로 덮여 있었다면, 결과적으로 발생하는 서쪽 방향의 적도 해류, 중간 위도의 동쪽 방향의 해류, 극지 해류는 북반구에서는 시계 방향으로, 그리고 남반구에서는 반시계 방향으로 순환하는 불규칙한 '환류들(gyres)'로 묶일 것이다. 이 상황에서 세계를 일주하는 적도와 극지 해류는 저위도에서 고위도로 표면해류에 의한 열전달을 억제하는 경향이 있을 것이고, 적도와 극 사이의 온도 구배가 두드러지게 될 것이다. 그 결과로, 해빙(sea ice)이 북극 바다에 형성될 수 있다. 그러나 저위도와 중위도에 남북 방향의 해안선을 갖고 있는 대륙은 적도해류와 극지해류를 북반구에서는 오른쪽으로, 그리고 남반구에서는 왼쪽으로 편향시킬 것이며, 그것으로 환류를 강화시키고 서안경계류(western boundary currents)에 의해 열대에서 고위도로 열을 전달한다. 이 시나리오에서 온도 구배는 감소된다. 현재의 고전적인 예는 북대서양 끝의 해양 위 공기를 따뜻하게 하는 서쪽 북대서양의 멕시코 만류(Gulf Stream)이며, 그것으로 아이슬란드와 북서부 유럽의 기후를 개선한다. 따라서 대륙 이동(continental drift)의 결과로 적도 또는 극지 해류를 위한 통로(gateways)의 개폐가 지구 기후에 뚜렷한 영향을 준다(Smith & Pickering, 2003).

지난 200Ma 동안에 팡게아라는 초대륙이 점차적으로 열개되어 떨어졌다. 그 결과로 생긴 분할조각들은 연속적인 열대 항로인 신-테티스 해(neo-Tethys)가 형성되도록 지구의 표면을 가로질러 표류했고, 이후 신-테티스 해는 닫히고 남쪽 바다가 점차 남극 주위에서 열렸다(그림 13.2-13.7). 중기-신생대 경에 완전한 남극 순환 해류가 존재하게 되었고, 이것이 남극을

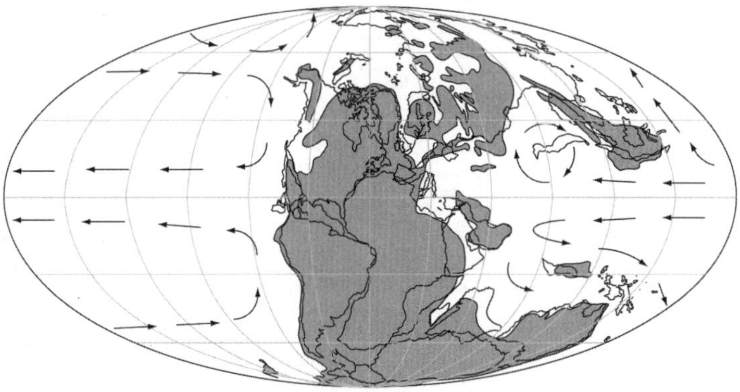

그림 13.2 초기 트라이아스기(245Ma) 동안에 표면 해류의 가능한 순환 패턴. 그림 13.2–13.7. 대륙의 복원, 그리고 현재 해안선과 고-해안선(paleo-shorelines)은 Smith et al., 1994에서 왔다(저작권 © Cambridge University Press의 허가로 재생산됨). 육지 영역은 음영됨. 표면 적도반류(surface equatorial counter current)의 어떤 징후도 지질학적 과거에서 그것의 존재와 위치를 둘러싼 불확실성 때문에 생략되었다. 그림 13.3, 13.5, 13.6 및 그림 13.7에 표시된 해류는 Haq, 1989에 부분적으로 근거를 두고 있다.

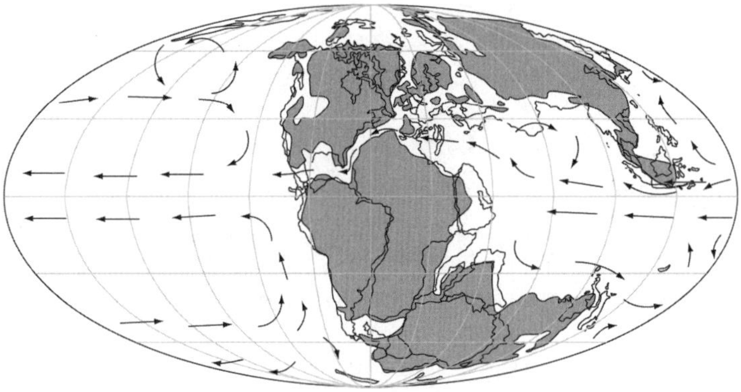

그림 13.3 그림 13.2에서와 같이, 후기 쥐라기(160Ma)에 대하여

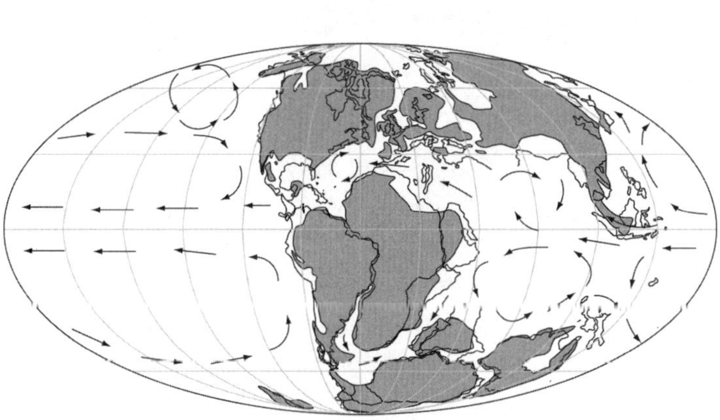

그림 13.4 그림 13.2에서와 같이, 전기 백악기(130Ma)에 대하여

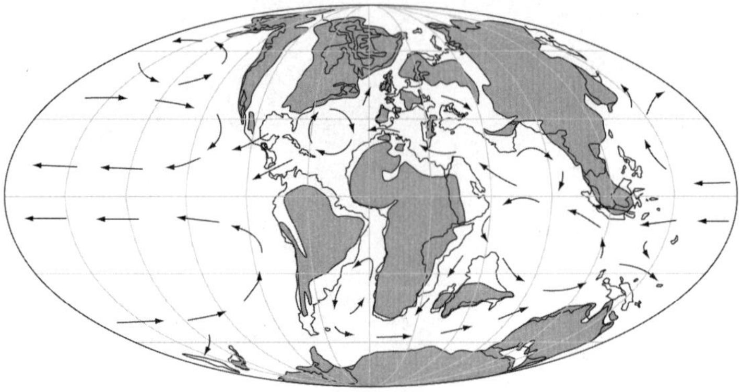

그림 13.5 그림 13.2에서와 같이, 중기 백악기(95Ma)에 대하여

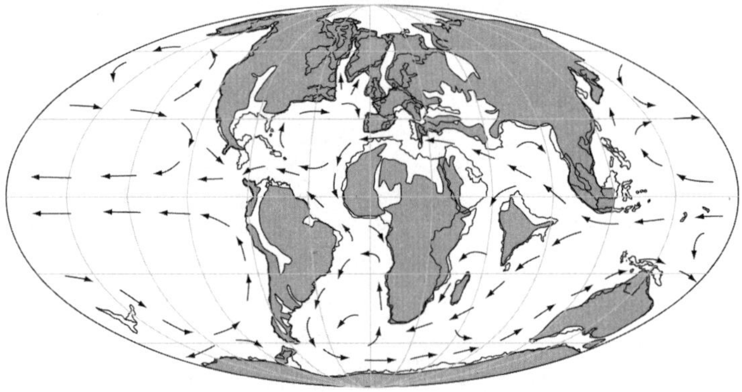

그림 13.6 그림 13.2에서와 같이, 중기 팔레오세(60Ma)에 대하여

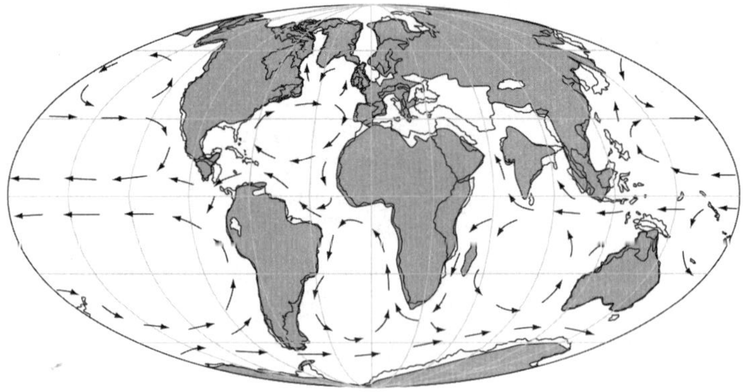

그림 13.7 그림 13.2에서와 같이, 중기 올리고세(30Ma)에 대하여

고립 절연시켰고, 아마 남극의 만년설의 첫 번째 주요 축적을 유발하는 데 힘이 되었다(Kennett, 1977).

중생대의 초기인 250Ma 전에, 팡게아라는 초대륙이 어느 한 반구에 광범위한 북극 대륙 없이 극에서 극까지 뻗어 있었다(그림 13.2). 팡게아의 동쪽 해안선 앞바다에 강한 서안경계류가 고위도로 따듯한 물을 운반하였고, 이것이 대륙빙하(ice-sheets)의 형성을 방지하고 서쪽에 비해 동향의 해안을 따듯하게 한다. 초대륙의 내부는 강한 계절 극치(seasonal extremes)를 가졌다. 160Ma 즈음에(그림 13.3) 초대륙 열개의 첫 번째 단계의 결과로 저위도에 동서 바닷길이 현재 북아메리카와 북서 아프리카라는 것 사이에 열리기 시작했다. 이것은 약 180Ma 전에 시작되었다. 따라서 팡게아의 '테티스 만(Tethyan embayment)'(그림 13.2)이 환-지구 적도 해류를 용이하게 하도록 서쪽으로 확장되었다. 이것은 일부 열대 물이 북쪽이나 남쪽으로 돌아가서 고위도를 따뜻하게 하기 전에 더 높은 온도까지 가열되었다는 것을 의미했다. 이러한 방식으로 전체 지구가 더 따뜻해지고, 적도에서 극지로의 온도 구배가 더욱 감소되었다.

약 165Ma 전에 시작한 아프리카에서 남극 대륙의 분리는(그림 13.4) 곤드와나 해체의 첫 번째 단계였다. 약 125Ma에 남쪽에서 시작하여 북쪽으로 전파하는 남아메리카와 아프리카의 열개되어 떨어짐이 뒤이어 일어났다. 이것은 변환 단층작용으로 인한 적도 대서양 지역의 복잡한 단열대(fracture zone) 패턴과 결합되었기 때문에 북과 남대서양 사이의 통로가 약 95Ma까지 열리지 않았다는 것을 의미한다(그림 13.5; Poulsen *et al*., 2001). 이 통로(gateway)의 열림에서 발생한 심층수 순환의 초기 변화가 그 시기에 인접한 지역의 넓게 퍼진 흑색 셰일을 생산했던 '무산소 이벤트(anoxic event)'를 설명할 수 있다(Poulsen *et al*., 2001). 95Ma경에 인도가 남극 대륙에서 분리되었고, 주요 남대양(Southern Ocean)이 아프리카와 인도의 남쪽에 열리기 시작했다. 그러나 후기 백악기, 심지어 초기 신생대(그림 13.6)에, 적도일주 해류(circumequatorial current)가 여전히 존재하였고, 고위도 해양의 표층수는 여전히 오늘날보다 훨씬 더 따듯하였다.

신생대 동안에, 아프리카, 인도, 그리고 호주는 계속해서 남극 대륙에서 멀어지며 북쪽으로 이동하였고, 그것에 의해 남 대양과 인도양이 확대되고, 궁극적으로 유라시아와 아프리카 및 인도의 충돌 결과로 알프스와 히말라야 산맥이 형성되었다(10.4.1절). 30Ma경(그림 13.7)에, 테티스 바닷길(Tethyan seaway)은 사실상 닫혔고, 남 대양이 태즈메이니아(Tasmania)의 남쪽, 그리고 남아메리카의 남쪽 드레이크 해협(Drake Passage)에 통로가 열림으로 완전히 남극 대륙을 둘러쌌다. 대륙 이동의 이러한 결과는 표면 근처 해양 순환의 주요 변화를 일으켰다. 완전한 적도일주 해류는 더 이상 없었고, 확고한 극지일주 해류(circum-polar current)가 남 대양에 확립되었다. 따라서 적도 물은 덜 따뜻해졌고, 남극 대륙은 태평양, 대서양 및 인도양의 주요 남반구 환류에서 순환하는 따뜻한 물에서 격리되었다. 플랑크톤과 저서 생물의 미세 화석 껍질의 산소 동위 원소 비율의 변화(Shackleton & Kennett, 1975)와 남극 대륙에 얼음의 첫 번째 주요 축적은 이러한 발달과 일치하였고, 온실에서 빙실 지구로의 전이를 표시하는 것처럼 보인다. 산소 동위 원소 값의 변화는 특히 뚜렷하고 잘 보고되었으며, 본질적으로 에오세-올리고세 경계(Eocene-Oligocene boundary)와 일치한다(그림 13.8). 이것은 또한 남쪽 태즈메이니아 통로의 열림 시기이다(Exon *et al*., 2002). 드레이크 해협의 완전한 열림은 덜 제약되나, 아마 이 직후였다(Livermore *et al*., 2004). 산소 동위 원소 비율과 40m의 해수면 하강이 초기 올리고세 동안에 남극 얼음의 부피가 아마 현재 부피의 절반만큼 축적되었다는 것을 암시한다. 이런 그리고 이후의 얼음 부피의 증가와 해수면의 변화가 육지 지역의 출현과 대륙 지각 위 얕은 바다 지역의 감소를 일으켰다(그림 13.6과 13.7을 비교하라).

후기 올리고세의 온난화와 간빙기시기에 이어(그림 13.8), 남극 얼음 부피의 추가적인 주요 증가와 해수면의 관련된 하강이 중기-마이오세와 마이오세 말에 발생하였다고 생각된다. 6Ma에 얼음 부피의 증가와 관련된 해수면의 하강이 지브롤터 해협(Strait of Gibraltar)에서 문지방(sill) 노출의 결과로 지중해의 고립과 뒤이은 건조를 설명할 수 있으며(Van Couvering *et al*., 1976), 그리고 북아메리카와 남아메리카 사이의 바다 통로를 통한 물의 흐름을 제한하였을 것이다. 그러나 완전한 육지다리가 형성되기 전, 약 3Ma 전에 북아메리카와 남아메리카 사이의 포유류의 교류에서 결정된 바와 같이(Marshall, 1988) 추가적인 구조적 움직임이 요구되었다. 파나마 지협의 점진적 형성은 멕시코 만류(Gulf Stream)의 강화로 이어졌을 것이고, 궁극적으로 아마도 북반구 빙상의 형성으로 이어졌다(Haug & Tiederman, 1998).

멕시코 만류의 따뜻한 물은 북대서양 지역에서 상대적으로 높은 위도에 더 따뜻하고 습한 공기, 따라서 더 많은 강수량을 야기하였을 것이다. 대륙빙하의 지리적 분포는 차가운 주위 온도뿐만 아니라, 강수량의 가용성(availability of precipitation)에 의해서도 결정된다. 북반구의 플라이오-플라이스토세 대륙빙하는 이러한 이유로 그린란드, 북부 북아메리카와 북서 유럽에 한정되었다. 마찬가지로, 열대 우림의 출현은 높은 온도에 의해서뿐만 아니라 따뜻한 적도 해류에 의한 강수량의 배달에 의해서도 결정된다. 예를 들면, 석탄기의 열대 석탄 숲은 팡게아의 초기 초대륙에서 적도 테티스 만(Tethyan embayment)의 서쪽 끝 부분에서 형성되었다(그림 3.9). 오늘날 열대 우림의 가장 광대한 지역은 현재 바다의 주요 서쪽 방향의 적도 해류에 따뜻해진 지역인 아마존 분지와 동남아시아의 섬 많은 바다(archipelago)에 있다. 특히 고위도에서 지난 50Ma 동안의 지구 기후의 점진적인 냉각은 강수량의 전반적인 감소와 건조의 증가로 이어졌다. 따라서 이전에 숲이 우거진 고위도 지역은 툰드라로 변하였고, 온대지방(temperate latitudes)은 초지로 변하였다. 약 6Ma에 주요 냉각의 결과로, 심지어 일부 저위도의 열대 우림은 사바나(savannah)로 변환되었다. 이것이 포유동물, 그리고 궁극적으로 인간의 진화에 지대한 영향을 미쳤다고 생각되고 있다.

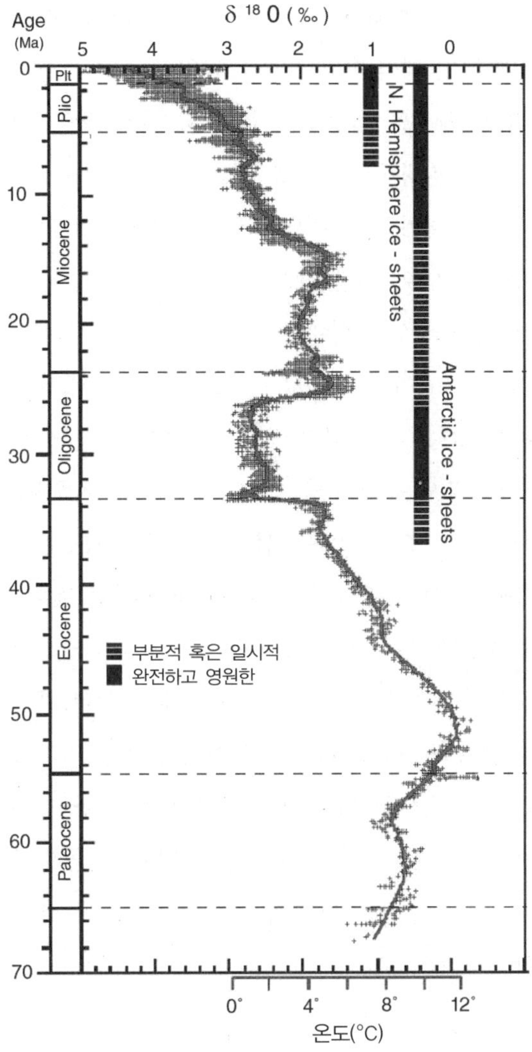

그림 13.8 수많은 심해시추 프로젝트(Deep Sea Drilling Project) 및 해양시추 프로젝트(Ocean Drilling Project) 코어로부터의 저서 동물에 대한 측정에서 편집된 전 세계적 심해 산소 동위 원소 기록. 꼭 맞는 곡선(fitted curve)은 부드러워진 다섯 점 연속 평균치(running mean)이다. 온도 스케일은 얼음이 없는 바다에 관련되고 따라서 남극의 대규모 빙하작용의 시작(약 35Ma)하기 전 시기까지만 적용한다. $\delta^{18}O$기록의 뒤이은 변화의 대부분은 남극과 북반구의 얼음 부피의 변화를 반영한다. 바닷물이 증발할 때, 동위 원소 ^{16}O를 포함하고 있는 더 가벼운 분자가 더 쉽게 증발한다. 따라서 대기 중의 수증기가 극지방에 눈으로 내릴 때, ^{18}O이 고갈된 물이 극지방의 빙하에 격리되고 해수의 ^{18}O의 비율이 증가한다(Zachos *et al.*, 2001의 그림 2의 일부, Science 292, 686–93과 AAAS의 허가로 재생산됨).

'온실 지구' 상황 동안에 바다는 매우 미약한 심층수 순환(deep-water circulation)을 갖고 따듯하다. 결과적으로 저층수는 산소가 제거되고, 유기 물질의 보존 따라서 흑색 셰일 퇴적층의 형성에 대한 가능성이 있다(3.4절, 5.7절). 수직 혼합이 있다면, 그것은 열대에서 해수의 염분도 따라서 밀도의 광역적인 변화에 의해 유발된다. 약한 순환, 그리고 유기물의 보존은 현재 해양에 비해 훨씬 적은 영양소의 용승(upwelling of nutrients)이 있었다는 것을 의미한다. 따라서 백악기 해양의 전반적인 생식력(fertility)은 낮았으나 백악기 해양 근원암(source rocks)으로부터 석유가 궁극적으로 형성될 가능성이 높았다. '빙실 지구' 상황에서 차갑고 큰 밀도의 물이 극지방에서 형성되고, 침강하여 적도로 흐르며, 그것에 의해 비교적 활발하고 확실히 매우 중요한 심층수 순환이 만들어진다. 에오세-올리고세의 경계쯤에서 온실에서 빙실지구로의 전환을 표시하는 냉각이 아마 처음으로 남극 대륙의 가장자리 주위에 해빙(sea ice)의 형성을 가능케 하였다. 해빙의 형성 동안에 바닷물의 소금 함량의 대부분은 방출되어, 얼음 아래 해수의 밀도를 증가시킨다. 이런 차갑고 큰 밀도의 물은 해저로 침강할 것이고, 그것이 현재에 하듯이 북쪽으로 흘렀다.

지구의 후기 신생대 냉각의 수수께끼 중 하나는 중기-마이오세(그림 13.8)에 남극 얼음의 비교적 갑작스러운 축적이다. 한 가지 흥미롭고 놀라운 가능성은 구조적 프로세스의 결과로 그것이 북대서양 끝 해저지형의 변화에 의해 야기되었다는 것이다(Schnitker, 1980). 그린란드-아이슬란드-페로 릿지가 이 시기에 북극에서의 차가운 물이 이 문턱을 흘러 넘쳐 해저를 향해 가라앉기에 충분할 정도로 침강하였던 것으로 보인다. 차갑고 고염분이지만, 그것은 북쪽으로 이동하는 남극 저층수만큼 밀도가 크지 않다. 결과적으로, 북극의 물은 중간 깊이에서 남쪽으로 이동하고, 궁극적으로 남극 앞바다의 표면을 향해 편향된다. 여기서 그것은 주변 해수에 비해 '따뜻한' 상태이고, 더 많은 수분을 함유한 공기를 생성하고, 따라서 남극 강수량을 늘렸다. 이 모델은 다시 대륙빙하의 형성을 촉진하는데, 영하의 온도에 더하여, 강수량의 중요성을 강조한다.

13.1.3 육역과 기후(land areas and climate)

육역의 크기, 분포, 그리고 지형 또한 지구 기후에 영향을 미친다. 육지는 바다보다 더 빨리 가열되고 냉각된다. 해안 지역의 해륙풍(sea and land breezes)의 일일 사이클은 이것의 알려진 결과이다. 더 긴 시간인 계절의 시간 규모로, 그리고 더 넓은 지역에 영향을 미치는 유사한 현상은 인도와 아라비아 해의 몬순 기후이다. 북부의 여름에는 남부 아시아의 큰 대륙이 가열되고, 이 위로 상승하는 공기는 저압 지역을 만들어 북서쪽 인도양의 수분을 함유한 공기를 빨아들인다. 이것이 남서 몬순(southwest monsoon)이다. 겨울에는 차가운 육역 위에 차갑고 큰 밀도의 공기가 고기압을 만들고, 육지에서 바다로 부는 건조한 북동 몬순(northeast monsoon)을 일으킨다. 사하라 사막을 통한 공기의 계절적 가열 및 냉각이 중앙아프리카와 기니 만의 적도 대서양에 걸쳐서 비슷하지만 작은 규모의 효과를 일으키고, 이곳에 유사한 몬순 권역(monsoon regime)이 존재한다. 이 두 몬순 지역인 중앙아프리카, 버마, 스리랑카, 그리고 인도 일부에 열대 우림이 형성된다.

육역의 알베도(albedo)는 식생피복(vegetative cover)의 유형 또는 결핍에 따라 변할 수 있으나, 낮은 알베도를 갖는 바다 지역에서보다 일반적으로 더 높다. 땅과 바다의 분포, 그리고 과거에 지구의 알베도에 대한 그것의 효과가 기후에 상당한 영향을 주었을 것으로 예상되지만, 아직까지 이것은 빈약하게 밝혀졌다. 얼음이나 눈으로 덮인 땅 또는 바다는 높은 알베도를 가지고 있으며, 특히 그것이 양의 피드백 메커니즘을 제공한다는 점에서 확실히 중요하다. 얼음 및/또는 눈의 크기가 클수록, 냉각의 정도가 더 크다. 산맥은, 저위도에서조차, 영구적인 혹은 계절적인 눈으로 덮일 수 있으며, 그것에 의해 지구의 알베도가 증가한다. 그러나 산맥의 형성은 지구 표면에서 풍화의 속도를 변화시킴으로써 보다 실질적인 방식으로 기후에 영향을 미칠 수 있고, 이것은 차례로 대기 중 이산화탄소의 양에 영향을 미친다.

빗물이나 대기 또는 토양에서 이산화탄소의 분리에 의해 형성된 약한 탄산 용액에 의한 육지에 노출된 탄산염의 풍화가 하천에 의해 바다로 운반되는 칼슘 및 중탄산염이온(bicarbonate ions)을 생성한다. 바다에서 풍화 반응은 뒤집힌다. 탄산칼슘이 생물에 의해 그것들의 껍데기를 생상하기 위하여 분비되고, 이것이 만일 유기체의 죽음 후에 보존되면 해저에 탄산염을 형성한다.

$$CaCO_3 + CO_2 + H_2O \leftrightarrow Ca^{2+} + 2HCO_3^- \qquad (식\ 1)$$

그렇게 방출된 이산화탄소는 결국 대기로 되돌아온다. 따라서 육지의 탄산염에 고정된 탄소는 대기의 탄산가스(CO_2) 함량의 순 변화없이 해저에 재퇴적된다. 그러나 탄산에 의한 규산염 암석의 풍화는 중요한 차이를 갖는다. 단순화한 풍화 반응은 다음과 같이 표현될 수 있다.

$$\text{규산염 광물} + 2CO_2 + \text{물} \rightarrow 2HCO_3^- + \text{점토 광물} + \text{양이온(들)} \qquad (식\ 2)$$

바다에서 HCO_3^- 이온은 식 1의 역으로와 같이 Ca^{2+}와 결합하여 탄산칼슘을 형성한다. 이 경우, $CaCO_3$가 바다에서 형성될 때 대기로 되돌려진 모든 분자에 대해 두개의 CO_2 분자가 대기에서 제거된다. 따라서 규산염 암석의 증가된 풍화는 대기의 CO_2 함량을 끌어내리고, 세계적인 냉각의 가능한 원인이 될 수 있다(Raymo & Ruddiman, 1992).

대륙 이동의 가장 최근 단계의 결과로, 신생대는 특히 알프스-히말라야 산맥을 통한 조산운동(mountain building)의 주요 에피소드와 후기 신생대의 티베트 고원 융기의 절정에 의해 특징지어진다. 산맥의 융기는 특히 그것들의 바람이 불어오는 측면에 비를 집중시킬 때 물리적 및 화학적 풍화 프로세스를 크게 증가시켰을 것이다. 예를 들면, 티베트 고원의 융기는 히말라야의 남쪽 경사면에 훨씬 심한 비를 가져오고, 그리고 훨씬 더 강렬한 풍화를 일으키는 남서 몬순을 강화시켰던 것으로 생각된다. 티베트/히말라야 지역이 지구 육지 면적의 불과 5%를 차지하지만, 하천 용존 물질의 전 세계적 유량의 23%가 이 지역에 기원을 갖는 강에서 유래하기 때문에 티베트와 주변 지역의 융기는 특히 중요하다. 약 8Ma 전에 남서 몬순의 주요 강화가 있었다는 동물군과 식물군, 그리고 북부 인도의 퇴적 기록으로부터 약간의 징후(indication)가 있다(An *et al.*, 2001). 그러나 이것이 티베트 고원의 융기(10.4.3절)와 관계된 일인지의 문제가 남아 있다. 티베트 아래 두꺼워진 지각의 대류 제거(convective removal)를 포함할 수 있는 이 융기(10.4.6절)에 대한 현재 모델은 최종 융기 단계가 지질학적 측면에서 비교적 갑작스러웠을 수 있다는 것을 의미한다. 고식물학적(paleobotanical) 증거 혹은 단층 시스템의 연대측정을 사용하여, 이 융기 타이밍의 독자적인 추정치를 얻으려는 시도하였으나, 티베트의 최종 융기에 대해 일부 결과는 8Ma 연대를 확인하나 다른 것은 14-15Ma의 연대를 나타내어서 결정적이지 못함만 증명했다(Spicer *et al.*, 2003). 스파이서등(Spicer *et al.*)은 이에 대한 가능한 설명을 위해 융기가 6-7백만 년의 기간에 걸쳐 점진적으로 남쪽에서 북쪽으로 발생했다고 제안했다.

후기 마이오세의 규산염 암석의 크게 향상된 풍화가 지구 대기로부터 탄산가스를 제거했을 것이고 마이오세-플라이오세 경계 혹은 근처, 즉 약 6Ma 전의 산소 동위 원소 연구에 의해 밝혀진 뚜렷한 전 세계적인 냉각을 잘 설명할 수 있다(그림 13.8). 위에서 나타내진 바와 같이 이것이 결국 약 3Ma 전 빙하기의 시작으로 이끄는 효과를 일으켰을는지 모른다.

따라서 판 구조론적 프로세스가 지구의 현재 장기적인 기후 변화를 결정하는 것으로 생각되는 모든 주요 요인에 영향을 미친다. 특정 시점에서 대기 중의 CO_2 농도는 그 시기에 화산 활동의 양에 의해 주로 결정되는 것으로 생각된다. 그러므로 백악기의 '온실 지구'와 관련된 CO_2의 예외적으로 높은 수준은 초플룸(super-plume) 활동, 그리고 해저 확장과 섭입의 높은 속도와 관련되고, 3가지 모두는 향상된 화산 활동을 일으킨다. 반대로, 플룸 활동과 판 부착성장 및 파괴의 체계적인 감소는 지구 냉각을 일으킬 것이다. 그러나 지난 50Ma 동안 화산활동의 감소와 연관된 뚜렷한 전 세계적인 냉각 시기가 없다(그림 5.13). 따라서 우리는 '빙실지구'로의 중기-신생대 전환, 그리고 결국 지난 3Ma의 빙하기 유발을 설명하기 위해 지구의 기후에 대한 판 구조론적 프로세스의 다른 잠재적 영향, 특히 해양 순환의 변화, 조산 운동의 결과, 그리고 향상된 풍화를 생각해내는 것이 필요할 것 같다.

13.2 광상학

13.2.1 서 론

경제적인 광물과 탄화수소 광상의 탐사에 판 구조론적 이론의 적용은 광상학(economic geology) 분야의 일반적인 접근방법이다. 판 구조론(plate tectonics)은 탐사 지질학자에게 특정 환경과 경제적인 광상의 공간적 관계를 관련시킬 수 있는 뼈대(framework)를 제공하고 있다(Rona, 1977; Bierlein *et al.*, 2002; Richards, 2003). 덮여 있는 작은 광상에 대한 탐색이 점차적으로 중요해지기 때문에 이런 종류의 연구가 증가하여 왔다. 이런 방법은 판 구조론적 프로세스에 따른 경제적인 광상의 분류로 이어졌다. 이런 분류(아래에 열거된)를 지원하는 관측의 대부분은 Mitchell과 Garson(1976, 1981), Rona(1977), Tarling(1981), Hutchinson(1983), Sawkins(1984), 그리고 Evans(1987)에 의해 토의된다.

1 판 가장자리와 내부의 마그마작용과 직접적으로 관련된 현지성 광상(autochthonous deposits)

2 판 가장자리 마그마작용과 관련된 타지성 광상(allochthonous deposits)

3 판 운동에 의해 형성된 퇴적 분지와 관련된 광상

4 기후와 판 운동에서 유래한 고-위도(paleolatitude) 변화와 관련된 광상

판 구조론적 이론이 경제적인 광상의 기원과 진화를 이해하는 데 유용한데 반하여, 새로운 접근방법이 특히 광물 광상과 관련하여 사용되어 왔다. 현재 연구의 한 영역은 광상의 형성, 대형 화성암 지방들(LIPs, 7.4.1절)의 진화, 깊은 맨틀 플룸의 영향 사이의 잠재적인 링크를 조사하는 것이다(Ernst *et al.*, 2005). 대형 화성암 지방(LIPs)의 형성과 깊은 맨틀 플룸의 상승

은 판 운동에 상관없이 작동하는 구조적 활동과 마그마 활동을 포함할 수 있다. 게다가 시생누대 대륙괴의 광물 광상의 이해는 초기 지구(11.1절)에서 작동하는 독특한 지질학적 또는 구조적 프로세스의 가능성에 의해 복잡해진다. 이러한 차이는 시생누대 지질과 구조운동의 독특한 측면을 통합하는 모델을 필요로 한다(Herrington *et al.*, 1997).

13.2.2 현지성 및 타지성 광물 광상(mineral deposits)

많은 금속 광상이 발견되는 다양한 판 구조론적 환경이 그림 13.9에 표현된다. 대륙의 초기 열개는 알칼리성 및 과알칼리성(peralkaline) 화성암의 정치(emplacement)와 높은 지열 구배의 확립(각각 7.4.2절, 7.2절)을 포함한다. 광석광물(ore minerals)은 이 마그마작용과 그것에 의해 활발해진 열수 유체의 대규모 순환으로부터 생성된다. 광범위한 광화작용(mineralization)과 종종 관련된 화성암의 한 그룹은 **카보네타이트(carbonatites)**이다. 이것들은 알칼리 암석 내 환상 복합체(ring complexes)를 형성하는 50% 이상의 탄산염 광물로 이루어진 특이한 암석이다. 이런 환경에서 발견되는 중요한 원소는 인(인회석으로), 니오븀(niobium; 파이로클로어, pyrochlore), 희토류(rare earths; 모나자이트(monazite), 바스트뇌사이트(bastnaesite), 구리, 우라늄, 토륨, 지르콘(zircon))이다. 자철광(magnetite), 형석(fluorite), 중정석(barite), 스트론티아나이트(strontianite) 및 질석(vermiculite) 또한 발견된다. 그것들이 알칼리 암석의 풍화에서 유래될 가능성이 있지만, 카보네타이트는 또한 동아프리카 열개 시스템의 호수에서 방대한 양으로 발견된 탄산나트륨, 염화물, 그리고 플루오르화물(fluoride)의 한 원인일 수 있다. 약알카리성(subalkaline) 화강암과 관련된 반암과 암맥형 몰리브덴 광상, 고철질 관입과 관련된 구리-니켈 광상, 그리고 열수 구리 광상은 마그마작용과 직접적으로 관련된다. 열개와 관련된 퇴적물 내에서 큰 부피의 성층 구리 광상은 특정 셰일 또는 사암 경계면(sandstone horizons)과 연관되어 있다. 이러한 산재된 광석은 대륙 내부로 첫 번째 해양 해침 동안에 형성된 것으로 생각되고, 적색층(red bed) 경계면 위에 놓이고 이미 열개의 상승된 열 흐름에 반응해서 구리가 풍부한 열개 현무암(rift basalts)에서 유래된다. 탄산염에 친암석화된 납-아연-중정석 광석(lead-zinc-barite ores)도 또한 대륙괴 내 열개(intracratonic rifts)와 열개된 대륙 주변부에서 발견되며(7.7절), 이는 북아메리카의 상부 미시시피 벨리(Upper Mississippi Valley)의 광상으로 대표된다. 대륙 열개 환경의 마그마작용에 관련된 광범위한 광물 광상을 상승하는 맨틀 플룸의 효과에 연결하려는 시도도 있어왔다(Pirajno, 2004).

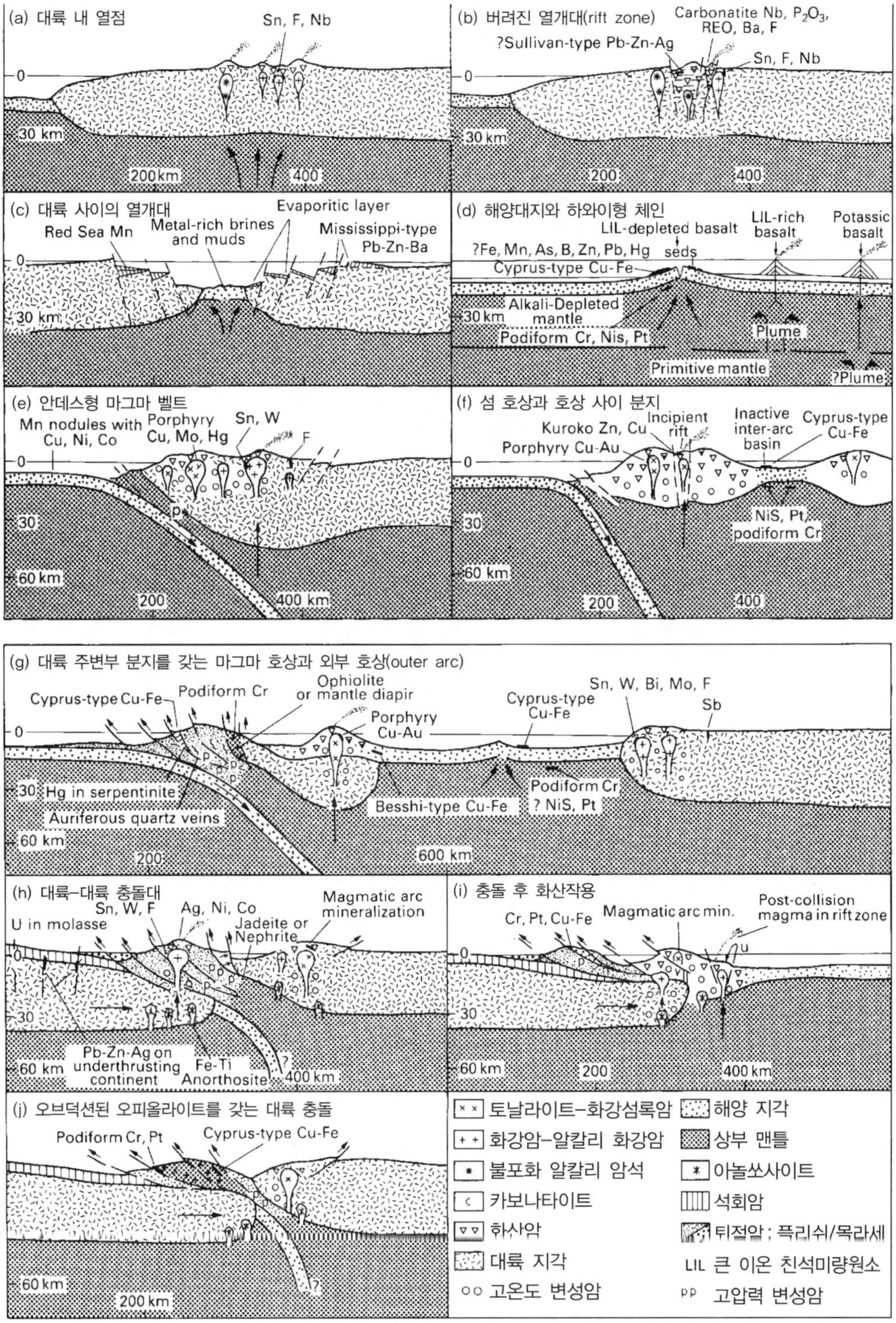

그림 13.9 (a–j) 광화작용의 판 경계에 관련된 구조적 세팅을 통한 도식적 횡단면(Mitchell & Garson, 1976에서 다시 그려짐)

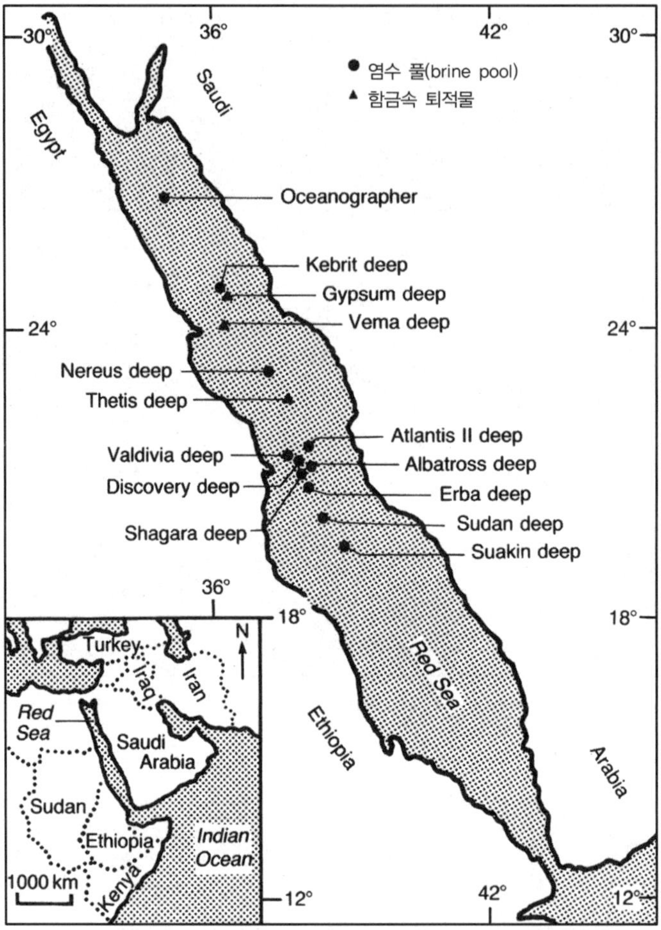

그림 13.10 홍해의 뜨거운 염수 풀(hot brine pools)과 함금속 퇴적물의 위치(Bignell *et al.*, 1976에서 다시 그려짐, Geological Association of Canada의 허가로)

열개된 대륙 조각 사이의 좁은 해양 분지의 발달과 함께, 새로운 광물 광상이 중앙 해령에서 생성된다. 이런 환경의 현재 예는 홍해이다. 여기에 뜨거운 염수의 13개 풀(pool, 그림 13.10)이 변환 단층에 의해 교차되는 중앙 해령을 따라 위치하고 있다. 이것들은 가능한 경제적 가치가 있는 아연-구리-납 퇴적물을 함유하는데, 예로는 20m 두께로 50km^{2}의 면적을 커버하는 최대 20%의 아연 함량을 갖는 황화물 층들을 포함하는 아틀란티스 II 심연(Atlantis II Deep)이 있다. 금속은 화산 기원이고, 화산암과 이 지역에서 발견되는 두꺼운 증발암 시퀸스를 통과하는 열적으로 유도된 해수의 순환에 의해 염수(brine)에 농축되어 왔다는 것에 일반적으로 동의한다(Cowan & Cann, 1988). 해양 분지가 진화함에 따라, 이런 광상은 퇴적물에 의해 매몰될 수 있으며, 구조작용(tectonism)이 원래 세팅을 덮어 감추는 충돌 조산대에 다시 나타날 수 있다. 또한 비활동 대륙 주변부에 두꺼운 대륙에서 유래된 쇄설 퇴적물에서 나타나는 퇴적물에 친암석화된(sediment-hosted) 대규모 황화 광상도 열개의 이런 진전된 단계와 관련된다. 그것들은 미미한 은과 구리를 갖는 하나 또는 다수의 렌즈 형태 황철광(pyrite), 방연광(galena), 그리고 섬아연광(sphalerite) 광석을 포함한다. 이것들은 일반적이지 않고, 아마도 수명이 긴 지열 시스템에서 동력이 공급된 금속이 풍부한 지층수(metal-rich-formation waters)의 영향을 반영한다.

해양 분지가 계속해서 성장함에 따라, 동시에 발생하는 광화작용(mineralization)이 중앙해령에서 발생하고, 태평양(Corliss *et al.*, 1979), 대서양(Scott *et al.*, 1973), 그리고 인도양 해령을 따라 특정 위치에서 관찰되었다. 광화작용은 열수 기원(hydrothermal origin)이며, 그것의 위치는 마그마 방(magma chamber) 위에 놓이는 유체를 비교적 쉽게 통과하게 하는 높은 투과성의 해양 지각의 유효성에 따라 달라진다. 낮은 강도의 열수 프로세스는 망간철 단괴(ferromanganese nodules)의 형성과 층 1－층 2 경계면(layer 1-layer 2 interface)에서 베개 현무암에 철과 망간의 피복(encrustations)으로 이어진다. 더 높은 강도의 열수 프로세스는 2가지 유형의 방출(discharge)이 있는 동태평양해령(East Pacific Rise)에서와 같은 특정 지점에서 관찰되었다. **연기 열수공(Black smokers)**은 자황철광(pyrrhotite) 입자가 방출되는 구멍이고, 이것이 아연이나 철이 풍부하고 적은 양의 코발트, 납, 은, 그리고 카드뮴을 포함할 수 있는 광석을 생산한다. **백색 열수공(white smokers)**에서는 작은 황화물 물질은 거의 방출되지 않고, 주 침전물은 중정석(barite)이다.

열린 바다 상황에서 망간철 단괴와 피복(encrustations)이 현무암이나 강한 해류가 쇄설성 퇴적물의 집적을 방지하는 곳의 퇴적물 상단에 형성한다. 이런 광상은 수화 기원(hydrous origin)이고 때때로 광대한 포도(pavement)를 형성하면서 천천히 집적된다. 철과 망간뿐만 아니라, 그것들은 적은 양의 구리, 니켈, 코발트를 함유한다.

위에서 설명된 광화작용의 가스분출 프로세스(exhalative process)에 더해, 광체(ore bodies)가 해양 암석권이 생성될 때 그것 내에서 형성될 수 있다. 이런 광상에 대한 우리 지식의 대부분은 충돌하는 조산 운동 동안에 대륙 지각 내에서 구조적으로 정치된 해양 또는 배호상 분지 암석권의 타지성 슬라이스로 해석된 오피올라이트(ophiolites, 2.5절)의 연구에서 추론된다. 가장 집중적으로 연구된 이런 유형의 광체 중 하나는 키프로스 트루도스 복합체(Troodos complex)이고(그림 13.11), 다른 예로는 북서부 뉴펀들랜드의 오피올라이트, 오만의 세마일 오피올라이트(Semail Ophiolite), 그리고 터키 에르가니 마덴(Ergani Maden)의 오피올라이트이다. 암석권의 높은 위치에서 대규모 황화 광상(백철광, 황동광 및 섬아연광)은 층 2(layer 2)의 베개 용암 상단이나 내에서 나타난다. 이들 황화물은 홍해의 염수와 비슷한 방법으로 혹은

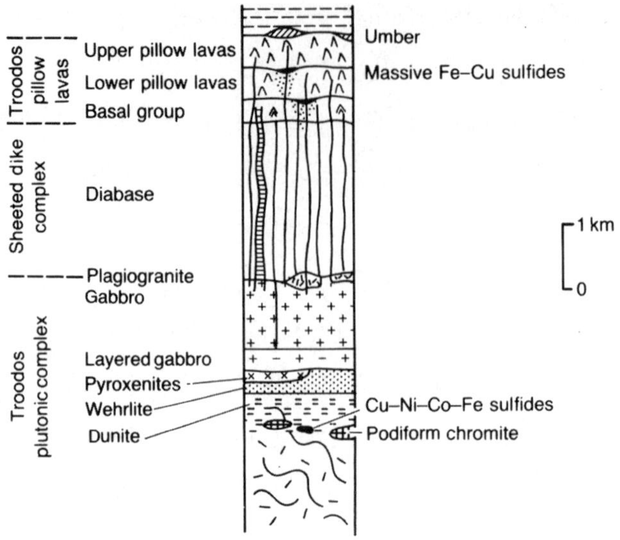

그림 13.11 트루도스 오피올라이트(Troodos Ophiolite)의 광화작용(Searle & Panayiotou, 1980에서 다시 그려짐, Ministry of Agriculture and Natural Resources, Cyprus의 허가로)

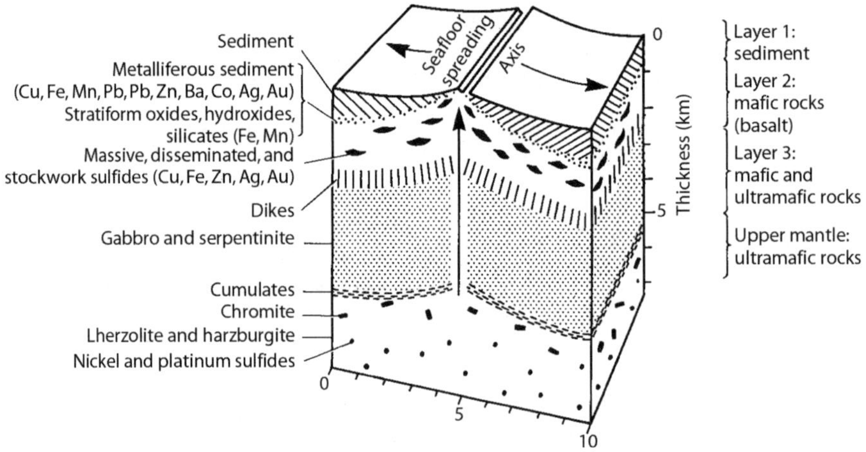

그림 13.12 해양 암석권에서 광물 광산의 잠재적인 분포를 나타내는 개략적인 블록 다이어그램(Rona, 1984에서 다시 그려짐, Elsevier의 허가로)

화산암 내에서 순환함으로써 금속이 풍부해진 열수 용해(hydrothermal solutions)에서 침전에 의해 형성된다고 제안되었다. 오피올라이트의 더 깊은 심성의 부분(plutonic portions)은 크로마이트(chromite)의 경제적 광상을 포함하는데, 이것은 상부 암석권 맨틀의 하이즈버자이트(harzburgites)와 감람암(dunites) 내에서 포디폼 광체(podiform bodies) 및 판상 덩어리로 나타난다. 이런 광상은 원시 맨틀 물질의 부분 용융 또는 해령 아래에 놓이는 마그마 방(6.10절) 내에서 결정 분별작용(crystal fractionation)에 의해 형성되었을 수 있다. 니켈과 백금 황화물도 마그마 방과 비슷하게 관련된다. 오피올라이트 연구로부터 추론된 해양 암석권의 광화작용을 위한 모델이 그림 13.12에 도시된다(Rona, 1984).

또한, 니켈, 구리, 백금족 원소로 이루어진 광상(ore deposits)의 형성은 대형 화성암 지방들(LIPs, 7.4.1절)의 형성으로 나타나는 고철질 및 초고철질 마그마작용과 연관될 수 있다. 이런 유형의 광상의 예로는 현재 세계 팔라듐의 70%를 생산하는 시베리아의 250Ma 노릴스크(Noril'sk) 광상과 대량의 백금과 크롬을 생산하는 남아프리카 공화국의 원생누대 부시벨드(Bushveld) 관입(11.4.1절)이 있다(Naldrett, 1999). 대형 화성암 지방들의 형성과 함께하는 이런 광상의 특성들을 통합하는 탐사 모델은 마그마의 기원과 그것이 지각을 통과하여 운반되는 심부 배관 시스템(deep plumbing systems)에 대한 자세한 정보에 의존한다(Pirajno, 2004).

광화작용의 몇몇 형태들이 섭입대 환경에 존재하고, 그것들의 유형은 위로 올라간 암석권(overriding lithosphere)이 대륙성이냐 혹은 해양성이냐에 좌우된다. Hedenquist와 Lowenstern(1994)는 이러한 환경에서 열수 광상의 형성에 대한 마그마의 역할을 검토했다. 가장 중요한 광화작용은 반암 구리(porphyry coppers)이다. 이것은 섬 호상(island arcs)과 관련되면 금이 풍부하고 몰리브덴이 빈약한, 그리고 안데스 형 산맥에서는 금이 빈약하고 몰리브덴이 풍부한 비교적 드문 저품위 광상이다. 예를 들면, 그것들은 필리핀, 대만, 푸에르토리코, 그리고 류큐와 버마 호상뿐만 아니라 안데스 산맥 자체에서 발견된다. 이러한 세계적인 광상의 광범위한 균일성은 그것들의 위치에 대한 제어가 1차적인 섭입과 관련되는 마그마작용(subduction-related magmatism)과 관련되고, 어떤 특별한 지각 혹은 마그마 유형의 존재를 필요로 하지 않는다는 것을 시사한다. 마그마가 정치될 수 있으면, 반암 구리는 어디서나 화산 호상을 따라 형성될 수 있지만, 마그마의 상승이 오랜 기간에 걸쳐 집중되는 곳에서는 대규모 광상이 형성될 가능성이 매우 높을 것이다. Richards(2003)는 수렴형 대륙 주변부에서 반암 광상의 형성으로 이어지는 대규모 마그마 및 구조적 프로세스의 많은 것을 검토했다.

해양 섭입대(그림 13.13)와 관련된 것으로 알려진 다른 중요한 부류는 일본에서 출현지역의 유형을 따라서 쿠로코형(Kurokotype) 광석으로 알려진 아연, 납, 구리의 성층 괴상 황화물(stratiform massive sulfides)이다. 이 광석은 화산암에 친암석화된(volcanic-hosted) 혹은 화산기원의 괴상 황화물(volcanogenic massive sulfide, VMS) 광상으로 또한 알려져 있다. 그것들은 얕은 해양 환경에서의 퇴적을 반영하고, 화산 쇄설암 및 규산질 칼크-알칼리성 용암과 교호하며 나타난다. 대부분이 화산 호상 진화의 후기 단계에서 발생하는 것으로 보인다. Halbach *et al.*(1989)은 그것들이 배호상 분지(9.10절)에서 형성되었다고 제안하고, 현대 유사물로 오키나와 트로프(Okinawa Trough)를 인용한다. 그것들은 마그마 분별작용의 최종 단계 동안에 수성 광석 유체(aqueous ore fluids)의 분리에서 혹은 더 오래된 화산암의 침출에서 발생하는 염성의 해저 온천(saline submarine hot springs)에 의해 퇴적되었을 수 있다. 쿠로코형 광석은 스페인의 리오 틴토(Río Tinto), 이집트의 음 사미우키(Umm Samiuki), 뉴펀들랜드의 버컨(Buchans) 광산과 같은 대륙-섬 호상 충돌 동안에 대륙에 통합될 수 있다.

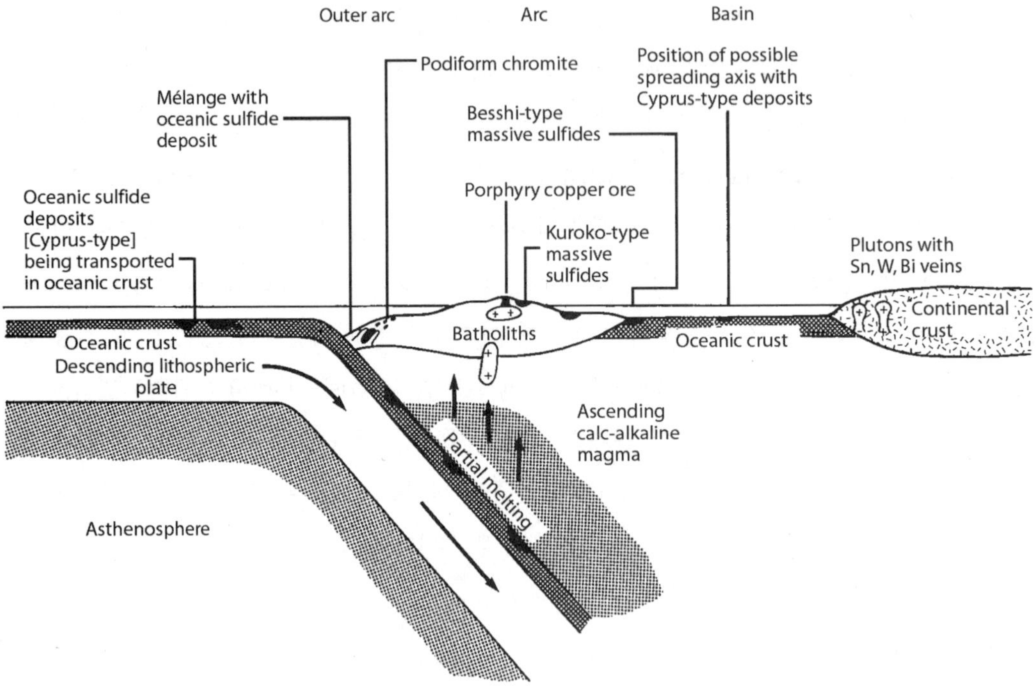

그림 13.13 섭입에 관련된 세팅에서 광물 광상(mineral deposits)의 발달과 정치(emplacement; Sillitoe, 1972a, 1972b의 데이터를 사용하여 Evans, 1987에서 다시 그려짐, Economic Geology Publishing Co.와 Institute of Mining and Metallurgy의 허가로)

또한 키프로스형 또는 쿠로코형과 그것들의 퇴적 환경에서 차이가 있는 층상 괴상 황화물이 다른 형태가 존재한다. 그것들은 탄소질 이암, 쇄설성 석회암 또는 규암(quartzites)을 갖고 있는 중간 내지 염기성 화산암과 관련되고, 이것들 모두는 해령, 해양 분지 또는 섬 호상과는 달리 심층수 환경(deep water environment)을 암시한다. 그것들은 벳시형(Besshi-type) 광상으로 칭해져왔다. 그것들은 해구(trench) 또는 인장 환경에서 형성되었을 수 있으나, 그것들의 기원은 여전히 모호하다.

안데스형 섭입에 고유한 광상의 여러 종류가 있다. 이것들은 칠레에서 발견된 것과 같은 간헐적인 칼크알카린 화산 활동과 밀접한 관련이 있고 반상 안산암 용암 내에서 나타나는 성층(stratabound) 황화구리 광상들(copper sulfide deposits)이다. 주요 광물은 휘동석(chalcosite),

반동광(bornite) 및 황동광(chalcopyrite)이며, 그것들은 상당한 양의 은을 함유한다. 얕은 해양 및 육상 퇴적층과 이런 광상의 교호는 작은 석호(lagoons)에서 그것들의 형성을 암시한다. 주석과 텅스텐 광화작용은 반암 구리 벨트(porphyry copper belt)의 육지 측인 페루와 볼리비아의 동 안데스 산맥에서 나타난다. 그것은 마그마와 동일한 베니오프대 지역에서 유래된 것으로 보이고, 그것의 존재는 이 지역의 섭입대의 비정상적으로 얕은 경사의 탓일 수 있다 (10.2.2절).

태평양의 안데스형 섭입대의 배호상 환경(backarc environment)에서, 적은 양의 몰리브덴, 비스무트(bismuth), 그리고 형석을 갖고 있는 주석과 텅스텐 광상을 포함하는 화강암 벨트가 있다. 주석의 기원은 특히 논쟁 중이다. 주석은 해양 지각에 미량만이 존재하고, 섬 호상에도 유사하게 미량이다. 주석의 해양 기원은 가능성이 없는 것 같다. 하나의 가설은 주석이 배호상 확장 동안에 대륙에서 멀어지게 이동하고 있는 베니오프대의 깊은 곳에서 유래된다는 것이다. 이런 위치에서 발생하는 불소가 여전히 뜨거운 화강암질 심성암의 깊은 위치에서 주석을 추출하여 가까이의 표면에 그것을 퇴적시켰을 것이다. 다른 가설은 주석의 생성은 안데스 산맥, 알래스카, 그리고 고지대 미얀마(upper Myanmar)의 주석 벨트에 존재하는 것과 같은 두꺼운 대륙 지각과 열 및 휘발성 물질의 공급원으로 작용하는 얕게 경사지는 베니오프대의 존재를 필요로 한다는 것이다. 이 경우 주석은 하부 대륙 지각의 기존 농축물에서 생길 수 있다.

규소알루미늄질(ensialic) 배호상 분지 내에서 암맥형 금과 은 광상은 네바다의 그레이트 분지(Great Basin)에서 발견되듯이 흔하다. 이것들은 안산암, 석영안산암(dacites) 및 유문암 (rhyolites)과 관련되고, 단층작용의 주요 에피소드보다 먼저 형성되었다. 그것들은 아마도 마그마적으로 관련된 염수에서 발생한다. 해양 섭입대 위에서 형성되는 배호상 분지에서 지각은, 다른 방식으로 생성되지만, 해양성과 비슷하고, 그래서 광물 광상이 해양 지각의 그것들에서 크게 다를 것으로 예상되지 않는다. 이러한 세팅에서의 광화작용은 확장하는 해령의 초기 발달 동안에 형성되는 것과 유사할 수 있으며, 따라서 마그마적 그리고 가스분출(exhalative) 화산 프로세스와 관련될 수 있다.

대륙 충돌 및 대륙편 부착성장(10.4절, 10.6절)의 구역 또한 광범위한 금속 광상을 침압석화한다. 이런 벨트는 오피올라이트, 망간철 단괴, 섭입과 관련된 퇴적층, 그리고 열개의 초기 단계에 관련된 광화작용과 같은 지각 부착성장의 초기 단계 동안에 형성된 광물 조합을 포함하는 타지성 대륙편을 표시할 수 있다. 또한 대륙 충돌 동안에 발생한 광상이 존재한다. Solomon(1990)은 남서부 태평양 테두리에서, 반암 구리－금 광상은 대부분 충돌 이벤트를 뒤따르는 호상 극성의 반전 이후에 형성된다고 지적했다. 수은 광상(진사(cinnabar) 혹은 수은(quicksilver)과 같은)은 때때로 반암 구리와 관련되고, 비슷한 방식으로 유래했을 수 있다. 화강암체는 일반적으로 충돌 이벤트 동안, 그리고 후에 정치된다. 석석(cassiterite)과 철망간중석(wolframite)의 주석-텅스텐 광상과 일부 경우에 우라늄의 암맥형 광상은 이런 화강암과 연관된다. 이 광화작용은 화강암처럼 하부 대륙 지각의 부분 용융에서 유래될 수 있다.

남동 호주의 고생대 라클란 조산대(Lachlan Orogen)가 저부(base)의 유형과 수명이 긴 부착성장 조산대(10.6.3절)에서 형성되고 보존된 귀금속의 예증이 된다. Bierlein *et al.*(2002)은 주요 반암 구리-금 광상이 곤드와나의 태평양 가장자리의 외해에 있던 해양 섬 호상을 형성하는 동안 발달하는 부착성장 쐐기 내에서 진화하였던 조산대의 금광상이라고 말했다. 해양 시퀀스, 화산 호상 및 호주 주변에 부착성장된 미소대륙이 변형되는 동안, 퇴적물에 친광물화된(sediment-hosted) 구리-금, 그리고 납-아연 광상이 수명이 짧은 호상 내 분지에서 형성되는 반면, 화산기원의 대규모 황화물 광산이 전호상 지역에서 생성되었다. 이런 분지의 역전(inversion)으로 이어지는 압축(10.3.3절)도 조산대 금 광화작용의 펄스를 발생시켰다. 이것과 다른 연구(Groves *et al.*, 2003)는 금이 풍부한 광상은 조산대 진화의 어떤 단계에서도 형성될 수 있음을 보여준다.

해양 변환 단층은 그것들이 높은 열류량과 관련되고 해수의 하방 침투 및 광화시키는 유체의 상향 이동 모두를 위한 크게 부서져 투과성 있는 도관을 제공할 수 있기 때문에 광화작용에 유리한 환경이다. 철 황화물이 이 메커니즘으로 생길 수 있었던 적도 대서양의 로망슈 단열대(Romanche Fracture Zone)에서 보고되었다. 홍해의 염수 풀(brine pools)은 변환 단층들이 중앙 해령을 교차하는 곳에 위치하는 것으로 보이며, 금속이 이런 단층을 따라서 올라가는 것이 가능하다. 사실, 비금속 광상(base metal deposits)이 단층의 대륙 연장부분을 따라 발견된다. 유사한 메커니즘이 캘리포니아 솔턴호(Salton Sea)의 염수에 대해 가정되어 왔다. 단열대(6.12절)에서 발생하는 초고철질 관입은 높은 함량의 니켈, 코발트 및 구리를 포함할 가능성이 있다.

시생누대 대륙괴의 광화작용에 대해, 일부 현생누대 퇴적물의 판 구조적 세팅과 유사할 수 있다. 예를 들면, 많은 시생누대 녹색암 벨트는 현생누대 기록 전반에 걸쳐 나타나는 화산기원의 대규모 황화물(쿠로코형), 구리-아연-납 황화물과 금 광상을 친광물화한다. 그러나 시생누대 광상성인(metallogenesis)의 많은 측면은 추가 연구를 필요로 한다. 일반적으로 섭입대 환경과 명확한 연관을 갖는 반암 구리는 몇몇 논란의 예를 제외하고 시생누대에 극히 드물다(Herrington *et al.*, 1997). 게다가 시생누대 녹색암 벨트의 코마티타이트(komatiites, 11.3.2절)

에 의해 친암석화된 니켈-황화물 광상은 현재의 유사체가 없다. 일부 연구(de Ronde *et al.*, 1997)는 시생누대의 유체 순환이 지구 역사에서 다른 시간 동안보다 더 큰 규모로 발생하였고, 이것이 열수 광상의 형성에 영향을 미쳤을 것이라고 제안했다. 이러한 특징이 현생누대에 비해 시생누대 동안 작동했던 근본적으로 다른 구조적 프로세스 및/또는 지각 프로세스를 반영할 수 있다(11.3절).

호상 철광상(banded iron formations, BIFs)은 그것들 또한 데본기만큼 젊은 암석에서 나타나지만, 시생누대 대륙괴(11.3.2절)에서 흔하다. 이런 암석은 자철광, 적철광, 황철석, 능철석 및 기타 철분이 풍부한 규산염을 포함한다. 두 가지 주요 유형이 인식되었다(Pirajno, 2004). 알고마 유형(Algoma type)은 배호상 환경의 화산 시퀀스와 연관된다. 슈피리어 유형(Superior type)은 열개된 대륙 주변부의 대륙붕에 퇴적된 퇴적 시퀀스와 관련된다. 후기 시생대(Late Archean)와 전기 원생대(Early Proterozoic) 동안 세계적인 규모로 BIFs의 발달은 강화된 맨틀 플룸 활동의 기간을 또한 반영할 수 있다.

원생누대 광물 광상은 널리 판 구조적 환경 특히 발산하는 판 가장자리와 섭입대에 관련된 환경에서 형성되는 것으로 널리 해석된다(Gaál & Schulz, 1992). 이러한 접근방법으로 해석이 불가능한 것은 자철광(magnetite) 및 티탄철석(ilmenite)의 철-티타늄 광상과 연관된 육괴형(massif-type) 아놀쏘사이트(anorthosite) 복합체가 있다. 이 마그마에 친암석화된(magma-hosted) 광상은 하부 지각 용융(11.4.1절)의 에피소드 동안에 발생할 수 있다. 일부 연구는 그러한 마그마작용을 초대륙의 해체, 대륙 열개의 구역, 그리고 맨틀 플룸에 연관시켰다(Pirajno, 2004).

마그마에 친암석화된 광상의 또 다른 유형은 킴벌라이트 파이프(kimberlite pipes)에 나타나는 다이아몬드이다. 킴벌라이트는 맨틀에서 발생하는 작은 칼륨 초고철질 관입으로 구성되어 있다. 이러한 관입은 현생누대는 물론 거의 모든 시생누대 대륙괴에서 발생한다. 북아메리카와 남아메리카의 여러 곳과 같은 일부 지역에 있는 대부분의 킴벌라이트는 아마 초대륙 곤드와나의 해체와 관련된 강화된 열점 또는 맨틀 플룸 활동(5.5절, 5.7절)의 시기 동안 생성되었다는 좋은 증거가 있다. 킴벌라이트 마그마작용(kimberlite magmatism), 초대륙 합체와 분산, 지각과 맨틀의 상대적 안정성, 그리고 다이아몬드 생산성 사이의 관계는 Heaman *et al.*(2003)에 의해 더욱 자세히 토의된다.

13.2.3 퇴적 분지 내 광상

화석 연료(fossil fuels)의 대부분은 그것의 형성이 판 운동에 직접 또는 간접적으로 관련될 수 있는 퇴적 분지 내에서 발견된다. 퇴적 환경에 더하여, 매우 엄격한 조건이 이러한 자원의 발달과 보존을 위해 필요하다.

이후로 탄화수소로 지칭되는 석유 및 가스의 발달에 충족되지 않으면 안 되는 4개 주요 기준이 있다. 이것은 퇴적물 연속체 내에 유기물이 풍부한 층, 탄화수소로 유기 물질의 성숙을 위한 충분한 시간 동안 가해진 열원, 탄화수소의 움직임을 가능하게 하는 투과성 있는 경로, 그리고 그것의 상부가 불투과성 덮개층(capping beds)에 의해 밀봉된 다공성 저류암(reservoir)이다.

퇴적물 내의 흩뿌려진 유기물 혹은 케로젠(kerogens)의 주요 기원은 플랑크톤이다. 플랑크톤의 풍부함은 기후, 사용 가능한 양분의 양, 그리고 수체 기하학(water body geometry)에 의해 제어된다. 처음 두 요소는 위도에 의존하고, 석유 분지의 대부분은 저위도에서 생긴다. 위도가 판 운동의 북-남 성분에 의해 명백히 영향을 받는 데 반해, 어떤 주어진 시간에 판 형상(plate configuration)이 수체 기하학을 결정한다. 유기 물질은 큰 델타로 주요 강 유출(river runoff)이 있는 대륙 주변부를 따라 특히 풍부하다.

케로젠의 보존은 산화되지 않는 조건을 필요로 한다. 이것들은 유기 물질의 생산이 그것들을 이산화탄소로 변환하는 자유 산소의 유용성을 초과하는 대륙 사면을 따라, 그리고 닫힌 무산소 분지(closed anoxic basins)에서 이루어진다. 그러한 환경에서 생산된 셰일과 이암(mudstones)은 그것들이 케로젠을 흡수하고 자유 산소의 영향으로부터 이들을 떼어놓을 수 있는 능력을 갖기 때문에 가장 일반적인 근원암(source rock)인 것은 당연하다.

매몰 후 케로젠이 겪는 온도는 중요하며 국지적 지열 구배에 좌우된다. 70-85°C의 온도가 액체를 발달시키는데, 그리고 건조 가스(dry gas)를 위해서는 150-175°C의 온도가 요구된다. 이런 온도에 임계 노출 시간을 초과하는 것도 중요하므로 분지는 이 기간 동안 구조운동(tectonism) 및 융기가 없어야만 한다.

형성된 후 탄화수소는 세립질 근원암에서 1차 이동(primary migration)과 그것들이 높은 공극률의 저류암에 농축되고 집적되는 의미로서의 2차 이동(secondary migration)을 경험한다. 이동(migration)은 탄화수소의 부력으로 인해 발생하며 모든 탄화수소 축적이 타지성인 것은 당연하다. 더 이상의 상향 이동을 방지하는 불투과성 덮개를 갖는 저류암에 캐핑(capping)을 제공하는 효과를 갖는 배사, 단층, 층서적, 그리고 암석학적 트랩(traps)을 포함하는 오일 트랩(oil trap)의 여러 종류가 있다.

탄화수소가 생성되고 갇혀 있는 퇴적 분지의 형성과 보존에 대한 책임이 있다는 점에서 판 구조론은 저류암의 위치를 제어한다. 이것들은 다음을 포함한다.

1 파리와 미시간 분지와 같은 열점 활동에 의해 형성된 대륙괴내(intracratonic) 분지
2 아덴만과 홍해와 같은 대륙 열개와 관련된 분지
3 북해와 같은 아울라코겐(aulacogens, 7.1절)
4 가봉 분지(Gabon Basin)와 같은 비활동 대륙 주변부 분지
5 에콰도르와 페루의 오리엔테 분지(Oriente Basin)와 같은 규소알루미늄질 배호상 분지(ensialic backarc basin)
6 안다만 해(Andaman Sea)와 같은 연해
7 에콰도르와 페루의 해안 유전과 같은 부착성장 프리즘(accretionary prisms)
8 남 알래스카의 쿡 후미(Cook Inlet)와 같은 전호상 분지(forearc basins)
9 미국 서부 로스앤젤레스 분지(Moody, 1973)와 같은 주향이동 단층과 관련된 인리형 분지(pull-apart basins, 8.2절)
10 남서부 프랑스 아키텐 분지(Aquitaine Basin)와 같은 조산대의 융기대전면 분지(foreland basins, 10.3.2절)
11 남아시아 및 티베트와 같은 압입 구조운동(indentation tectonics, 10.4.6절)과 관련된 인장 분지(tensional basins)

판 구조론은 탄화수소 광상의 산지를 만들 수 있을 뿐만 아니라, 특정 지역이 이런 퇴적층에서 특히 풍부한 이유를 설명할 수 있다. 지구의 탄화수소 매장량의 상당 부분은 중동에 위치하고 있으며, 이런 퇴적층의 발달과 보존은 판의 상호 작용의 특정한 패턴의 결과였다(Irving *et al*., 1974).

중생대와 초기 신생대 동안에 2개의 큰 만(embayments)이 테티스 해(Tethys Ocean)의 남쪽에 있는 아프리카-아라비아 대륙의 대륙붕에 존재했다(그림 13.5, 13.6). 멕시코 만과 페르시아 만을 포함하는 테티스 주변의 그러한 만은 저위도에 위치된 원시-지중해(proto-Mediterranean Sea) 또는 테티스-대서양 바닷길을 통해 연결되어 있었을 수 있다. 약 100Ma에 바닷길의 확장 속도가 증가하였고, 확장 센터에서 영양소를 대량으로 공급받는 광범위하고 따뜻한 얕은 바다의 형성 때문에 탄화수소 근원암의 발달을 극대화시켰다. 이후 바닷길은 북쪽 가장자리에 섭입대의 발달에 이어 닫히기 시작했을 때, 판 운동의 기하학(geometry)이 주요 구조운동(tectonism)에서 페르시아 만을 보호하였다. 이것은 인도 판의 빠른 북쪽 움직임이 유라시아 판과 충돌에 관련된 에너지의 대부분을 흡수하기 때문에 발생했다. 멕시코 만도 대 앤틸리스 제도(Greater Antilles)의 북동쪽 움직임에 의해 유사하게 보호되었다.

석탄은 중량을 기준으로 50%를 초과하는 탄소질 물질을 함유하는 가연성 퇴적암이다. 그것은 육성 및 담수 식물 파편 축적의 분해, 압축 및 속성작용(diagenesis)에 의해 형성된다. 따라서 석탄은 처음으로 식물이 나타났던 데본기부터 지질학적 기록에 나타난다.

생화학적 분해에 의한 식물성 물질의 완전한 파괴를 방지하기 위해, 매우 습한 조건이 유독성 폐기물의 축적에 의한 부패를 중지하기 위해 요구된다. 이런 프로세스가 발생하는 조건은 기후와 지형에 의해 제어된다. 일반적으로 따뜻하고 습한 기후가 무성한 성장을 촉진하는 데 필요하고, 이것은 일정한 괴어 있는 물(standing water)의 조건하여야만 한다. 큰 강우량의 지역에서 피트가 고지대에서 형성되지만, 이런 환경이 겪는 침식으로 인해 거의 보존되지 않는다. 석탄 형성을 위한 주요 조건은 정체된 물을 갖는 습지에 의해 침범되는 편평한 저지대이다. 이런 지역의 느린 침강이 점진적인 매몰에 의해 유기물 층을 보존한다.

석탄화(coalification) 프로세스는 상승하는 온도와 압력에 반응하여 매몰 후 유기물이 겪는 물리적 및 화학적 변화를 말한다. 압축 중에 물과 휘발성 물질이 배출되어 퇴적물은 탄소가 풍부하게 된다. 석탄화의 정도는 저품위 갈탄(lignite)에서 고품위 무연탄(anthracite)까지 다양한 서로 다른 품위의 석탄으로 반영된다.

판 구조론은 그것이 지역의 위도를 제어하고(3.4절), 유기물의 보존에 필요한 환경(가장 중요한 곳은 비활동 대륙 주변부, 7.7절)을 만든다는 점에서 석탄 형성에 영향을 준다. 이러한 주변부에 형성된 델타는 석탄 형성에 가장 유리한 조건을 생성하고, 습지가 광역적인 규모로 발달할 수 있다. 현재의 예는 니제르(Niger), 아마존, 미시시피 델타가 있고, 과거의 예는 북아메리카와 북서 유럽의 석탄기의 석탄이 있다. 라인(Rhine)과 같은 대륙괴 내 델타(intracratonic deltas)는 유사하게 생산적이고 안정된 주변 환경으로 인해 보존될 것 같다. 석탄 광상은 아룰라코겐(aulacogens)과 규소알루미늄질(ensialic) 배호상 분지에서 또한 발견된다. 충돌 조산대와 관련된 구조운동은 석탄이 고압 변성작용(high-pressure metamorphism)에 의해 품위가 향상되는 환경을 제공한다.

13.2.4 기후에 관련된 광상

탄화수소와 석탄 광상의 형성은 기후와 퇴적의 특수 조건 모두에 좌우된다는 것이 이미 주장되어 왔다. 그러나 기후에 전적으로 관련이 있는 것으로 보이는 특정 광상이 있다. 기후는 위도에 따라 크게 좌우되기 때문에, 남-북 판 운동이 이러한 퇴적물의 형성을 제어하는 것으로 간주될 수 있다. 그것들은 라테라이트(laterites)와 증발암이다.

가장 중요한 라테라이트 광상은 열대 조건하에서 오피올라이트 광체의 초고철질 부분의 극단적인 풍화에서 유래하는 니켈 라테라이트(nickel laterite)이다. 신선한 감람암(fresh peridotite)의 원래 니켈 함량은 침투하는 지하수에 의한 그러한 풍화의 영향하에서는 약 7배로 농축된다. 이런 광상이 니켈의 점점 더 중요한 공급원이 되고 있고, 남서 태평양 및 북부 카리브 해에서 채광된다.

유사한 퇴적물은 알루미늄수산화물(aluminum hydroxide)이 농축된 잔류 퇴적물인 보크사이트(bauxite)이며, 이것이 세계 알루미늄의 대부분을 제공한다. 이것은 알칼리염류와 실리카의 강렬한 침출에 의해 습한 열대 기후의 안정된 준평원(peneplaned) 지형에서 알루미노실리케이트(aluminosilicate) 광물의 현지 풍화로 형성된다. 보크사이트는 적도의 30° 내에서만 형성되고 큰 강수량과 높은 주변 온도를 필요로 한다. 그것은 자메이카, 호주 북부, 중국에서 채굴된다.

증발암은 주기적인 해양 유입(marine influxes)을 받는 반고립된 분지에서 해수의 증발에 의해 건조한 기후에서 형성된다. 이것이 증발암 광상의 관찰된 거대한 두께를 설명할 수 없기 때문에 그것들은 하나의 고립된 수체의 증발에 의해 발달될 수 없다. 침전된 광물의 시퀀스는 탄산칼슘 및 황산칼슘, 염화나트륨, 그리고 마지막으로 마그네슘 또는 칼륨 광물이다. 증발암은 화학 산업에서 특히 칼륨염(potash salts)이 상업적으로 중요하다. 낮은 밀도이어서 매몰 후 그것들이 움직여 퇴적층들을 통하여 상승하기 때문에 그것들은 또한 탄화수소 트랩의 생성에 중요하다. 이러한 할로키네시스(halokinesis)는 상승하는 소금 덩어리의 측면을 따라 단층 트랩과 상승 중에 습곡된 덩어리 위에 층의 배사 트랩을 제공한다. 이것은 예를 들면 페름기 시대의 소금 퇴적층 위에 놓이는 북해와 멕시코 만에서 중요한 프로세스이다.

13.2.5 지열 발전(geothermal power)

수직 열 구배가 약 25°C km^{-1}인 평균값의 예닐곱 배여서 180°C 이상의 지표면 가까이의 온도를 산출할 때 지열 에너지는 전력 생산에 실제로 이용될 수 있다. 아이슬란드와 뉴질랜드의 북섬 각각에 있는 지열 발전소에 의해 예시된 바와 같이 이런 조건은 건설적, 그리고 파괴적인 판 가장자리에서 이루어진다. 비정상적으로 높은 지열 구배는 그것들이 종종 화강암질 심성암과 관련된 판 내(intra-plate) 지역에 또한 존재한다. 정상적인 지열 구배는 투과성 퇴적물의 두꺼운 더미가 수 킬로미터의 깊이까지 유체의 순환을 허용하는 곳은 어디든지 난방(space heating)용으로서 더 낮은 에너지 발전에 이용될 수 있다. 이런 유형의 예는 20000 주거 공간의 난방이 깊은 유체 순환에 의해 제공되는 파리 분지(Paris Basin)이다.

13.3 자연 재해(natural hazards)

구조적 활동에서 발생하는 가장 명백한 자연 재해는 지진과 화산 폭발이다. 그러나 이 둘은 대륙붕단 혹은 화산 섬의 가파른 사면에서 주요 사태(slide)나 슬럼프(slump)를 유발함으로써 직접, 또는 간접적으로 해일(tidal waves)을 일으킬 수 있다. 아주 큰 해일 또는 쓰나미(tsunamis)는 일반적으로 해양 해구 주변에서, 그리고 해저의 섭입과 관련되어서 해저를 옮기는 단층상의 지진에 의해 발생된다(그림 9.5). 최근의 예는 2004년 12월 26일의 인도네시아 지진으로부터 발생한 남아시아 쓰나미였다. 화산 섬의 화산 폭발은 화산 호상 화산의 경우에서처럼 특히 그것들이 폭발적이면, 매우 파괴적인 해일을 생성할 수 있다. 크레타의 미노아(Minoan) 문명의 일부를 심각하게 손상시켰던 B.C. 17세기에 에게 해의 산토리니(Aegean Santorini) 화산 폭발, 그리고 1883년에 인도네시아 크라카토아(Krakatoa) 화산 폭발은 고전적인 예이다. 해저의 상세한 지도작성을 통해 노르웨이 앞바다 스토레가 사태(Storega slide)와 같은 대륙 사면 앞바다, 그리고 하와이 체인의 그것과 같은 화산 섬 주위에 주요 암설 사태(debris slide)가 밝혀졌다. 이런 사태의 대부분은 선사 시대이기 때문에 우리는 그것들이 모두 지진 화성 활동에 의해 촉발되었다고 확신할 순 없으나 그랬을 가능성이 매우 높다.

수십만 지진이 매년 글로벌 지진계 네트워크에 의해 기록된다. 대부분은 너무 작아서 사람에 의해 탐지되지 않고, 1% 미만, 약 1000개가 손상을 일으킨다. 지진은 판 경계나 부근에서, 그리고 그림 5.10에 도시된 변형의 다른 구역에서 아주 흔하다. 다행히 파괴적인 큰 규모의 지진은 1년에 평균 하나 또는 두 개로 비교적 드물고, 이러한 주요 지진대(major earthquake zones)에 한정되어 있다. 따라서 어떤 한 지리적 지역에서 큰 파괴적인 지진 사이의 간격은 몇백 년이 될 수 있다. 발생 빈도(frequency)는 규모에 반비례하고, 작은 규모 지진은 특히 주요 지진대에서 매우 흔하다. 지진은 판 구동력에 의한 판 내에 쌓여진 응력과 변형의 결과로 주요 지진대에서 멀리 떨어진 판 내부에서도 발생한다. 그러한 지진은 종종 오늘날의 응력장(stress field)에 대해 적절한 방향을 갖는 기존의 단층에서 발생한다. 특정한 판 내 지역(intra-plate region)에서 지진 사이의 재발 간격은 수백 년 또는 수천 년으로 대체로 매우 길다. 판 내 지역 및 주요 지진 지역의 매우 큰 규모 지진들 사이의 긴 시간 간격 때문에, 지진이 실제로 발생할 때 주민들은 종종 놀라고, 대비가 안 되어 있다.

주요 화산 폭발은 훨씬 덜 빈번하지만 지진 상황과는 달리 화산 폭발의 유용한 예측을 제공하기 위한 기술이 더 큰 가능성을 보여주고 있고, 점점 더 생명을 구하게 될 것이다. 화산 폭발의 성질은 관련된 마그마의 화학적 성질에 따라 달라진다. 섬 호상 화산의 비교적 실리카 및 휘발성 물질이 풍부한 마그마는 비교적 저온, 고점성도, 그리고 높은 가스 함량의 결과로 폭발적인 분출을 야기한다. 그러한 화산은 많은 양의 화산재, 느리게 이동하는 점성의 용암, 그리고 최악의 과열된 가스의 난류 구름과 **열운(nuees ardentes)**으로 알려진 백열 화산재를 생기게 한다. 아이슬란드와 하와이의 그것과 같은 실리카와 휘발성이 부족한 소레아이트질 마그마(tholeiitic magma)는 그것의 공급원에서 쉽게 흐르는 낮은 점성도 용암의 조용한 분출을 일으키나, 그것들이 냉각됨에 따라 느려지고 지형적 저지대를 채운다. 영향하에 있는 주민들은 보통 전진하는 용암류(lava flow)를 피할 수 있으나 백열 화산재 구름을 피할 수는 없다. 폭발적인 화산의 경사면에 집적된 부석(pumice)과 화산재는 화산 폭발에 동반하는 먼지 입자의 구름에 의해 유발되는 집중 호우에 의해 다시 움직여질 수 있다. 그 결과로 발생하는 이류(mudflows)는 큰 속도로 측면을 휘몰아치고, 더 많은 물질을 모아서, 궁극적으로 그것의 경로에 있는 도시와 마을을 삼켜버린다.

지진 및 화산과 관련된 자연 재해는 통렬하지만 그것들은 지구 내부의 동적 상태(dynamic state)의 피할 수 없는 결과이다. 그러한 프로세스가 없다면 지구는 표면 지형과 그것의 표면에, 그리고 근처에 에너지와 광물 자원 농축의 관점뿐만 아니라 생명의 기원과 진화의 관한 모든 가능성에서 그처럼 독특한 행성이 될 수 없을 것이다.

복습 질문들(review questions)

1 a. 지진학 연구로부터 도출된 지구의 규산염 맨틀과 금속 핵의 세분을 요약하라. 당신이 언급한 각 층에 대한 증거를 제공하는 지진학적 연구나 관찰의 유형을 간단히 나타내라.

b. 이런 서로 다른 층의 물리적 상태 및 유동학적 특성과 일치하는 지구 내의 설득력 있는 온도 분포를 제시하라.

2 a. 온 세계의 수많은 지진 관측소에서 지진파의 '초동(first motion)'이 충분히 큰 규모의 지진에 대한 발진 메커니즘 솔루션을 획득하는 데 사용될 수 있는 방법을 기술하라.

b. 지표면 근처 지진에 대한 그러한 솔루션은 단층작용의 단순한 이론, 즉 지진 근방의 주응력 방향과 단열상의 움직임의 센스에 어떻게 관련될 수 있는지를 설명하라.

3 상부 맨틀의 낮은 강도의 층(연약권)이 있다는 것을 암시하는 다양한 분야의 지구물리학적 증거를 비판적으로 고찰하라. 만약 있다면 이 층의 깊이는 다른 지질 지방 아래에서는 어떻게 다를까?

4 1960년대 후반에 지진학의 네 가지 측면이 판 구조론 개념의 수립을 위한 기초를 제공했다.

a. 더 정확한 진앙 및 진원 심도의 결정

b. 표면파와 자유 진동의 연구

c. 감쇠 연구

d. 발진 메커니즘 솔루션(focal mechanism solution)의 측정

이러한 기여의 각 성질과 중요성을 간단히 설명하라. 판 구조론의 거의 완전한 서술이 오로지 지진학에서 도출될 수 있는 방법을 보여주어라.

5 a. 대륙 지역의 고-위도와 방향을 결정하기 위한 고지자기 방법의 기초가 되는 가정을 설명하라. 그러한 고지자기 연구를 수행하는 데 관련된 여러 단계를 개략적으로 설명하라.
b. 암석의 잔류자화를 기반으로 한 연구가 대륙 이동의 검증 및 판 구조론의 형성에 기여했던 두 가지 방법을 설명하라.

6 a. 용어 변환 단층(transform fault)을 정의하고, 삼중합점(triple junctions)에서 결정할 수 없는 활동 중인 우수향 변환 단층에 대한 6개의 이론적 가능성을 도시하라. 각 유형의 기하학이 시간에 따라 진화하는 방식을 나타내고, 가능하다면, 과거 혹은 현재의 예를 들어라.
b. 인접한 암석권 판 사이의 상대 운동을 추론할 때 변환 단층의 중요성을 설명하라.

7 암석권 판(lithospheric plates) 사이의 상대 운동의 방향과 속도가 지표면에 발달된 판 경계의 다른 유형에 대해 추론되는 원리를 설명하라. 지구의 깊은 내부에 대해 이런 '상대적(relative)' 움직임을 '절대적인(absolute)' 판의 움직임으로 변환하는 데 사용되는 논거의 유형을 간단하게 고찰하라. 절대적인 판 움직임에 대한 결과로 생기는 모델은 어느 정도로 다른가?

8 a. 고지자기 연구를 하는 데 관련된 기본 가정(basic assumptions)을 간단히 개략적으로 설명하라.
b. 지난 200Ma 동안에 형성된 암석에 대한 글로벌 고지자기 데이터 셋을 테스트하기 위한 분석 방법을 질적으로 설명하라.
i. 지구의 자기장에 대한 지구 중심의 다이폴 모델(dipole model)
ii. 절대적인 판 운동을 위한 열점 모델(hotspot model)
iii. 북아메리카의 서부 코르디예라의 대부분은 '옮겨진' 또는 '의심스러운' 대륙편으로 구성되어 있다는 제안

각 경우에 있어서의 모든 가정과 방법의 제약을 말하라.

9 구체적인 예로 당신의 답을 도시하여 다음의 판 구조론 개념을 설명하라.

a. 실패한 팔 혹은 열개

b. 삼중합점(triple junctions)

c. 배호상 확장(backarc spreading)

d. 베니오프면 반전(Benioff plane reversal)

10 화산성과 비화산성 열개된 대륙 주변부(rifted continental margin) 사이의 주요 구조적 차이를 설명하라. 대륙 해체 프로세스의 관점에서 어떻게 두 가지 유형의 주변부가 형성되는지 토론하라.

11 판 구조론의 주요 원칙이 어떻게 대륙 지각이 변형하는지를 설명하는 데 여하히 실패하나? 어떤 유형의 데이터가 대륙 변형의 얼마나 큰 구역이 반응하는지를 결정하는 데 사용되나?

12 대륙 열개(continental rifts)의 진화는 암석권 스트레칭, 변형에 유발된 약화(strain-induced weakening) 및 마그마 관입을 포함하는 수많은 경쟁 메커니즘에 의해 제어되는 것으로 생각된다. 어떻게 이러한 메커니즘이 열개 진화에 영향을 미치는지를 설명하라.

13 지진의 발진 메커니즘 솔루션이 어떻게 진원 근처 응력장의 표시를 조짐을 보일 수 있는지 설명하라. 발진 메커니즘 솔루션 및 발생하는 지진에 대한 추정된 최대 및 최소 주압축응력 방향의 예를 인용하라.

a. 판 경계에서

b. 판 내에서(within plates)

14 융기대전면 분지와 융기대전면 습곡과 스러스트 벨트의 단축 모드의 형태(geometry)에 대한 제어는 무엇인가?

15 섭입 모델의 관점에서 기술된 모든 특징을 설명하면서 섭입대(subduction zone)의 일반화된 형태를 기술하라.

16 대륙의 이동, 해저 확장 및 판 구조론의 틀 안에서 해양 분지에 대한 가능한 ‘생명주기(life cycle)’을 계통적으로 서술하라. 당신의 제안된 주기의 다양한 단계를 설명하는 오늘날의 예를 들어라.

17 시생누대(Archean) 대륙과 맨틀 암석권의 물리적 및 화학적 특성을 기술하고 이러한 특성이 어떻게 장기 생존에 기여하는지에 대해 설명하라. 시생누대 지각이 어떻게 형성될 수 있었는지를 설명하는 적어도 2개의 모델을 토론하라.

18 다른 구조적 환경에서 예상되는 화성암 모음(igneous rock suites)에 대한 자세한 설명을 제공하라. 어떻게 시생누대 모음이 현생누대를 특징짓는 그것들과 유사하고 다른가?

19 어떻게, 그리고 왜 초기 시생누대 구조 권역(tectonic regime)은 현재의 그것과 달랐는가?

20 일부 지질학자와 지구물리학자는 구조적 세팅(structural setting), 내부 구조, 그리고 오피올라이트(ophiolites)의 성분 연구가 섭입대와 해령 정상(ocean ridge crests)에서 발생하는 프로세스의 더 나은 이해에 매우 적절하다고 주장한다. 오피올라이트에서 도출된 증거를 기술하고 이러한 주장의 중요한 고찰을 제공하라.

21 대륙 지각 대 해양 지각의 속성과 역학적 거동을 비교하고 대조하라.

22 지각평형(isostasy)의 연구가 지구의 동적 거동(earth’s dynamic behavior)을 고려하는 데 중요한 이유를 설명하라.

23 수렴형 대륙 주변부에서 조산 고원(orogenic plateaus)의 형성에 관여될 수 있는 프로세스를 설명하라.

24 지구과학자가 판 구조론(plate tectonics)이 처음으로 행성 지구에 시작했을 시기를 결정하는 데 사용한 관측을 요약하라.

25 대륙의 복원(continental reconstructions) 제작에 사용되는 데이터와 기술을 서술하라.

26 지각열류량(terrestrial heat flow)의 연구가 판 구조론에 여하히 기여하는가?

27 과거의 판 운동과 지역을 결정하기 위한 고기후학적(paleoclimatological) 기술의 강점과 한계를 설명하라.

28 원생누대에 작동하는 판 구조론적 프로세스에 대한 증거를 기술하라.

29 수렴형 대륙 주변부의 서로 다른 지방에서 예상되는 변성작용의 유형을 설명하라.

30 판 구조론의 기본 틀 내에서 초대륙(supercontinents)의 역할을 토론하라.

31 대형 화성암 지역들(LIPs)의 주요 특성과 가능한 기원을 제약하는 주요 관찰을 요약하라. 이러한 특징이 행성의 구조적 진화(tectonic evolution)에 중요한 이유를 설명하라.

32 호상-대륙 충돌의 결과로 발생하는 수렴형 대륙 주변부의 물리적 변화를 설명하라.

33 경제적 광물 광상의 기원과 진화(origin and evolution)를 설명하는 판 구조론의 기본 원칙을 적용하는 장점과 단점을 평가하라.

34 대륙에 적용된 것과 같은 대륙편 분석(terrane analysis)의 원리를 기술하고, 대륙이 선캄브리아기부터 성장했던 메커니즘에 대해 그것이 무엇을 밝혔는지를 설명하라.

35 수렴형 대륙 주변부 상부 판 내에서 변형을 제어하는 주요 요인을 기술하라. 요인의 어떤 조합이 중앙 및 남부 안데스 산맥의 안데스 조산대 폭의 차이를 설명하는가?

36 대륙 변환(continental transforms)이 그것들에서 관찰되는 매우 큰 변위를 달성할 수 있게 하는 메커니즘을 설명하라.

37 동남아시아에 가해진 것과 같은 압입 구조론(indentation tectonics)을 지지하는, 그리고 반대하는 증거를 설명하라.

38 맨틀의 대류에 대한 증거를 토론하라.

39 판 운동 원인의 현재 이론으로 이끌었던 데이터를 개략적으로 설명하고 토론하라.

40 맨틀에서 연성 포행(ductile creep)의 다양한 메커니즘을 설명하라.

41 유체 흐름(fluid flow)과 공극유체 압력(pore fluid pressure)의 변화가 부착성장 프리즘(accretionary prisms) 구조와 역학적인 발전에 어떻게 영향을 미치는지를 설명하라.

42 부착성장 조산대(accretionary orogens)의 주요 특징과 그것들이 어떻게 형성되는지를 설명하라.

43 섭입대에서 탈수 프로세스(dehydration processes)와 그것들이 어떻게 수렴형 대륙 주변부의 구조적 진화에 영향을 미치는지를 토론하라.

44 집중된 지표면 침식과 심부 지각 암석의 침식노출(exhumation)이 조산대의 역학적 진화에 어떻게 영향을 미치는지를 설명하라.

45 a. 인리형 분지(pull-apart basins)와 융기의 국지화된 지역이 어떻게 대륙 주향이동 단층을 따라 형성되는지를 설명하라.
b. 변형이 횡인장(transtension) 및 회압력(transpression)의 구역 내에 수용될 수 있는 다양한 방법을 설명하라. 답을 도해하는 간단한 스케치를 제공하라.
c. 산 안드레아스(San Andreas)와 알파인(Alpine) 단층 시스템의 심층 구조를 비교하고 대조하라. 이 대륙 변환의 모델은 어떻게 다른가?

46 대륙 충돌을 수용하는 프로세스에 대한 우리의 이해에서 적어도 2개의 문제점을 기술하고 이러한 문제가 미래에 해결될 수 있는 방법을 토론하라.

47 다음의 표는 북아메리카의 2개의 구조 지방(tectonic provinces)에서 얻은 자료를 열거한다. 각 지점의 열류량을 계산하고 그래프 혹은 계산을 적절하게 이용하여 결과의 의미를 토론하라.

Site	Heat production of surface rocks (10^{-6}W m^{-3})	Thermal conductivity ($Wm^{-1°}K^{-1}$)	Temperature gradient (°K km^{-1})
Cenozoic province(last thermal event at 20Ma)			
A1	4.28	6.6	15.0
A2	5.50	4.9	22.5
A3	5.90	3.8	30.0
A4	3.78	3.9	23.9
Cenozoic province(last thermal event at 400Ma)			
B1	2.14	2.0	25.0
B2	2.90	3.0	18.5
B3	3.57	3.0	20.2
B4	4.83	4.2	16.0

48 지각평형 보상에 대한 에어리 메커니즘(Airy's mechanism)에 완벽하게 따른다고 가정하고, 어떤 지점에서 대륙 지각의 두께가 그 지점에서 지형 높이의 1차 함수임을 보여라. 유토피아의 산악 지역에 대한 부게 중력 이상지도가 에어리 모델을 이용하여 지각평형 보상을 위해 수정되었다. 결과적으로 생성되는 지각평형 이상 지도의 이상들은 음의 이상치(negative anomalies)의 넓은 대역이 유지하였던 한 지역을 제외하고 대체로 무시할 수 있었다. 이것은 그 후 침식에 의해 제거된 지형에 대한 보상에서 발생하는 것으로 해석되었다. 이 잔류 지각평형 이상(residual isostatic anomaly)이 -1000g.u.의 진폭을 갖고 그 지역이 넓다면, 뿌리의 초과 두께를 추정하라. 이것은 침식된 지각 물질의 어떤 두께까지 해당하는가?

($G = 6.67 \times 10^{-11}$ $m^3kg^{-1}s^{-2}$, $1g.u. = 10^{-6}$ ms^{-2},
지각의 평균 밀도= 2.85 Mgm^{-3},
상부 맨틀의 밀도= 3.35 Mgm^{-3})

49 허드슨 강과 뉴욕의 도시를 내려다보는 팰리세이드 수평관입암상(Palisade Sill)의 열잔류 자화(thermoremanent magnetization)가 북쪽을 지향하고 아래쪽으로 25.6°의 복각(inclination)을 가지고 있다. 묵시적 고지자기 자극 위치(오늘날 좌표로), 그리고 그것의 관입의 시기 약 190Ma에 수평관입암상(sill)의 지리적 위도를 계산하라.

수평관입암상의 현재와 고-위도 사이의 차이가 지리적 극에 대한 북아메리카의 이동에 기인한다고 가정하고, 과거 190Ma 동안 이동의 묵시적 평균 속도(implied average rate)를 계산하라. 이것이 절대의, 최대의 또는 최소의 평균 속도인가? 설명하라. (수평관입암상의 현재 위도와 경도=40.5°N, 75°W, 위도 1°=111km)

50 아래에 도시된 판 구조론적 상황에서 3개의 판(A, B 및 C)가 R에서 대칭적으로 확장하는 릿지와 T에서 섭입대로 분리된다. 만일 R에서의 확장 속도가 릿지 측면당 xmm a^{-1}이고, T에서 섭입의 속도가 ymm a^{-1}이라면, 상황이 다음과 같은 다섯 가지 경우 각각에 대해 시간에 따라 전개되는 방식을 기술하라.

a. x보다 작은 y

b. x와 동일한 y

c. x와 $2x$ 사이에 y

d. $2x$와 같은 y

e. $2x$보다 큰 y

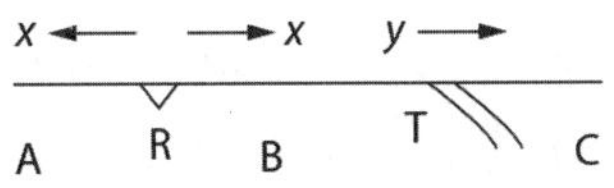

힌트: 판 C를 고정된 것으로 생각하고 속도를 x와 y의 관점에서 C에 대한 A, R 및 B에 대입하라.

참고문헌

Abers, G.A. & Roecker, S.W. (1991) Deep structure of an arc–continent collision: earthquake relocation and inversion for upper mantle P and S wave velocities beneath Papua New Guinea. *J. geophys. Res.* **96**, 6379–401.

Abers, G.A., Mutter, C.Z. & Fang, J. (1997) Earthquakes and normal faults in the Woodlark–D'Entrecasteaux rift system, Papua New Guinea. *J. geophys. Res.* **102**, 15301–17.

Abers, G.A. *et al.* (2002) Mantle compensation of active metamorphic core complexes at Woodlark rift in Papua New Guinea. *Nature* **418**, 862–5.

Achauer, U. & Masson, F. (2002) Seismic tomography of continental rifts revisited: from relative to absolute heterogeneities. *Tectonophysics* **358**, 17–37.

Adam, C. & Bonneville, A. (2005) Extent of the south Pacific superswell. *J. geophys. Res.* **110**, B09408, doi:10.1029/ 2004JB003465.

Afonso, J.C. & Ranalli, G. (2004) Crustal and mantle strengths in continental lithosphere: is the jelly sandwich model obsolete? *Tectonophysics* **394**, 221–32.

Aki, K., Christofferson, A. & Husebye, E. (1977) Determination of three-dimensional seismic structures of the lithosphere. *J. geophys. Res.* **82**, 277–96.

Allègre, C.J. *et al.* (1984) Structure and evolution of the Himalaya–Tibet orogenic belt. *Nature* **307**, 17–22.

Allen, C.R. (1981) The modern San Andreas Fault. *In* Ernst, G. (ed.) *The Geotectonic Development of California*, pp. 511–34. Prentice Hall, Englewood Cliffs, NJ.

Allmendinger, R.W. (1992) Fold and thrust tectonics of the western United States exclusive of the accreted terranes. *In* Burchfiel, B.C., Lipman, P.W. & Zoback, M.L. (eds) *The Cordilleran Orogen: conterminous US. Geology of North America*, **G3**, pp. 583–607. Geological Society of America, Boulder, CO.

Allmendinger, R.W. & Gubbels, T. (1996) Pure and simple shear plateau uplift, Altiplano–Puna, Argentina and Bolivia. *Tectonophysics* **259**, 1–14.

Allmendinger, R.W. *et al.* (1983) Cenozoic and Mesozoic structure of the eastern Basin and Range Province, Utah, from COCORP seismic-reflection data. *Geology* **11**, 532–6.

Allmendinger, R.W. *et al.* (1986) Phanerozoic tectonics of the Basin and Range–Colorado Plateau transition from COCORP data and geological data; a review. *In* Baraxangi, M. & Brown, L.D. (eds) *Reflection*

Seismology; the continental crust, pp 257–67. Geodynamics Series. American Geophysical Union, Washington, DC.

Allmendinger, R.W. *et al.* (1997) The evolution of the Altiplano– Puna plateau of the central Andes. *Annu. Rev. Earth Planet. Sci.* **25**, 139–74.

Allmendinger, R.W. *et al.* (2005) Bending the Bolivian orocline in real time. *Geology* **33**, 905–8.

Al-Zoubi, A. & ten Brink, U. (2002) Lower crustal flow and the role of shear in basin subsidence: an example from the Dead Sea basin. *Earth planet. Sci. Lett.* **199**, 67–79.

An, Z. *et al.* (2001) Evolution of Asian monsoons and uplift of the Himalaya–Tibetan plateau since Late Miocene times. *Nature* **411**, 62–6.

ANCORP Working Group (2003) Seismic imaging of a convergent continental margin and plateau in the central Andes. *J. geophys. Res.* **108**, 23–28.

Anderson, D.L. (1982) Hot spots, polar wander, Mesozoic convection and the geoid. *Nature* **297**, 391–3.

Anderson, D.L. (1994) Superplumes or supercontinents? *Geology* **22**, 39–42.

Anderson, D.L. (2000) The thermal state of the upper mantle: no role for mantle plumes. *Geophys. Res. Lett.* **27**, 3623–6.

Anderson, D.L. (2007) *New Theory of the Earth*, 2nd edn. Cambridge University Press, Cambridge, UK.

Anderson, D.L. & Natland, J.H. (2005) A brief history of the plume hypothesis and its competitors: concept and controversy. *In* Foulger, G.R. *et al.* (eds) *Plates, Plumes, & Paradigms. Geol. Soc. Amer. Sp. Paper* **388**, 119–45.

Anderson, D.L., Tanimoto, T. & Zhang, Y. (1992) Plate tectonics and hotspots: the third dimension. *Science* **256**, 1645–51.

Anderson, E.M. (1951) *The Dynamics of Faulting*, 2nd edn. Oliver and Boyd, Edinburgh.

Andrews, J.A. (1985) True polar wander: an analysis of Cenozoic and Mesozoic palaeomagnetic poles. *J. geophys. Res.* **90**, 7737–50.

Andronicos, C.L. *et al.* (2003) Strain partitioning in an obliquely convergent orogen, plutonism, and synorogenic collapse: Coast Mountains Batholith, British Columbia, Canada. *Tectonics* **22**, 1012, doi:10.1029/2001TC001312.

Angelier, J. (1994) Fault slip analysis and palaeostress reconstruction. *In* Hancock, P.L. (ed.) *Continental Deformation*, pp. 53–100. Pergamon Press, Tarrytown, NY.

Angermann, D., Klotz, J. & Reigber, C. (1999) Space-geodetic estimation of the Nazca–South America angular velocity. *Earth planet. Sci. Lett.* **171**, 329–34.

Arculus, R.J. & Curran E.B. (1972) The genesis of the calc-alkaline rock suite. *Earth planet. Sci. Lett.* **15**, 255–62.

Argus, D.F. &. Gordon, R.G. (2001) Present tectonic motion across the Coast Ranges and San Andreas fault system in California. *Bull. geol. Soc. Am.* **113**, 1580–92.

Arndt, N.T., Albaréde, F. & Nisbet, E.G. (1997) mafic and ultramafic volcanism. *In* De Wit, M.J. & Ashwal, L.D. (eds) *Greenstone Belts*, pp. 398–420. Clarendon Press, Oxford.

Arndt, N.T., Bruzak, G. & Reischmann, T. (2001) The oldest continental and oceanic plateaus: geochemistry of basalts and komatiites of the Pilbara Craton, Australia. *In* Ernst, R.E. & Buchan, K.L. (eds) *Mantle Plumes: their identification through time. Geol. Soc. of Amer. Sp. Paper* **352**, 359–87.

Arndt, N.T., Lewin, E. & Albarède, F. (2002) Strange partners: formation and survival of continental crust and lithospheric mantle. *In* Fowler, C.M.R., Ebinger, C.J. & Hawkesworth, C.J. (eds) *The Early Earth: physical, chemical and biological development. Spec. Pub. geol. Soc. Lond.* **199**, 91–103.

Artemieva, I.M. & Mooney, W.D. (2002) On the relations between cratonic lithosphere thickness, plate motions, and basal drag. *Tectonophysics* **358**, 211–31.

Ashby, M.F. & Verrall, R.A. (1977) Micromechanisms of flow and fracture, and their relations to the rheology of the upper mantle. *Phil. Trans. Roy. Soc. Lond. A* **288**, 59–95.

Attoh, K., Brown, L., Guo, J. & Heanlein, J. (2004) Seismic stratigraphic record of transpression and uplift on the Romanche transform margin, offshore Ghana. *Tectonophysics* **378**, 1–16.

Atwater, T. (1970) Implications of plate tectonics for the Cenozoic tectonic evolution of Western North America. *Bull. geol. Soc. Am.* **81**, 3513–36.

Atwater, T. (1989) Plate tectonic history of the northeast Pacific and western North America. *In* Winterer, E.L., Hussong, D.M. & Decker, R.W. (eds) *The Eastern Pacific and Hawaii. The Geology of North America* **N**, pp. 21–72. Geological Society of America, Boulder, CO.

Audley-Charles, M.G. (2004) Ocean trench blocked and obliterated by Banda forearc collision with Australian proximal continental slope. *Tectonophysics* **389**, 65–79.

Audoine, E., Savage, M.K. & Gledhill, K. (2004) Anisotropic structure under a back arc spreading region, the Taupo Volcanic Zone, New Zealand. *J. geophys. Res.* **109**, B11305, doi:10.1029/ 2003JB002932.

Auzende, J.-M. *et al.* (1989) Direct observation of a section through slow-spreading oceanic crust. *Nature* **337**, 726–9.

Axen, G.J. (2004) Mechanics of low-angle normal faults. *In* Karner, G.D. *et al.* (eds) *Rheology and Deformation of the Lithosphere at Continental Margins*, pp. 46–91. Columbia University Press, New York.

Axen, G.J. & Bartley, J.M. (1997) Field test of rolling hinges: existence, mechanical types, and implications for extensional tectonics. *J. geophys. Res.* **102**, 20515–37.

Aydin, A. & Page, B.M. (1984) Diverse Pliocene–Quaternary tectonics in a transform environment, San Francisco Bay region, California. *Bull. geol. Soc. Am.* **95**, 1303–17.

Ayele, A., Stuart, G.W. & Kendall, J.-M. (2004) Insights into rifting from shear-wave splitting and receiver functions: an example from Ethiopia. *Geophys. J. Int.* **157**, 354–62.

Babeyko, A.Y. & Sobolev, S.V. (2005) Quantifying different modes of the late Cenozoic shortening in the central Andes. *Geology* **33**, 621–4.

Babeyko, A.Y. *et al.* (2002) Numerical models of the crustal scale convection and partial melting beneath the Altiplano–Puna plateau. *Earth planet Sci. Lett.* **199**, 373–88.

Baby, P. *et al.* (1992) Geometry and kinematic evolution of passive roof duplexes deduced from cross section balancing: example from the foreland thrust system of the southern Bolivian Subandean Zone. *Tectonics* **11**, 523–36.

Baines, A.G. *et al.* (2003) Mechanism for generating the anomalous uplift of oceanic core complexes: Atlantis Bank, southwest Indian Ridge. *Geology* **31**, 1105–8.

Baker, P.E. (1982) Evolution and classification of orogenic volcanic rocks. *In* Thorpe, R.S. (ed.) *Andesites*, pp. 11–23. Wiley, Chichester.

Baldock, G. & Stern, T. (2005) Width of mantle deformation across a continental transform: evidence from upper mantle (Pn) seismic anisotropy measurements. *Geology* **33**, 741–4.

Baldwin, J.A., Bowring, S.A. & Williams, M.L. (2003) Petrological and geochronological constraints on high pressure, high temperature metamorphism in the Snowbird tectonic zone, Canada. *J. metam. geol.* **21**, 81–98.

Baldwin, S.L. *et al.* (2004) Pliocene eclogite exhumation at plate tectonic rates in eastern Papua New Guinea. *Nature* **431**, 263–7.

Ballard, R.D. & van Andel, T.H. (1977) Morphology and tectonics of the inner rift valley at lat 36°50′N on the mid-Atlantic ridge. *Bull. geol. Soc. Am.* **88**, 507–30.

Banks, R.J., Parker, R.L. & Huestis, S.P. (1977) Isostatic compensation on a continental scale: local versus regional mechanisms. *Geophys. J. Roy. astr. Soc.* **51**, 431–52.

Barazangi, M. & Dorman, J. (1969) World seismicity maps compiled from ESSA, Coast and Geodetic Survey epicenter data, 1961–1967. *Bull. seism. Soc. Am.* **59**, 369–80.

Barazangi, M. & Isacks, B. (1971) Lateral variations of seismic wave attenuation in the upper mantle above the inclined earthquake zone of the Tonga island arc: deep anomaly in the upper mantle. *J. geophys. Res.* **76**, 8493–516.

Barazangi, M. & Isacks, B. (1979) Subduction of the Nazca plate beneath Peru: evidence from spatial distribution of earthquakes. *Geophys. J. Roy. astr. Soc.* **57**, 537–55.

Barker, D.H.N. *et al.* (2003) Backarc basin evolution and cordilleran orogenesis: insights from new ocean-bottom seismograph refraction profiling in Bransfield Strait, Antarctica. *Geology* **31**, 107–10.

Barker, F. & Arth, J.G. (1976) Generation of trondjhemitic-tonalitic liquids and Archaean bimodal trondhjemite-basalt suites. *Geology* **4**, 596–600.

Barker, P.F. (1979) The history of ridge crest offset at the Falklands–Agulhas Fracture Zone from a small circle geophysical profi le. *Geophys. J.* **59**, 131–45.

Barnes, P.M. *et al.* (2001) Rapid creation and destruction of sedimentary basins on mature strike-slip faults:

an example from the offshore Alpine fault, New Zealand. *J. struct. Geol.* **23**, 1727–39.

Barnes, P.M., Sutherland, R. & Delteil, J. (2005) Strike-slip structure and sedimentary basins of the southern Alpine Fault, Fiordland, New Zealand. *Bull. geol. Soc. Am.* **117**, 411–35, doi:10.1130/B25458.1.

Basile C. & Allemand, P. (2002) Erosion and flexural uplift along transform faults. *Geophys. J. Int.* **151**, 646–53.

Bastow, I.D., Stuart, G.W., Kendall, J.-M. & Ebinger, C.J. (2005) Upper-mantle seismic structure in a region of incipient continental breakup: northern Ethiopian rift. *Geophys. J. Int.* **162**, 479–93.

Båth, M. (1979) *Introduction to Seismology.* Birkhäuser Verlag, Basel.

Batiza, R., Melson, W.G. & O'Hearn, T. (1988) Simple magma supply geometry inferred beneath a segment of the Mid-Atlantic Ridge. *Nature* **335**, 428–31.

Batt, G.E. & Braun, J. (1999) The tectonic evolution of the Southern Alps, New Zealand: insights from fully thermally coupled dynamical modelling. *Geophys. J. Int.* **136**, 403–20.

Batt, G.E. *et al.* (2004) Cenozoic plate boundary evolution in the South Island of New Zealand: new thermochronological constraints. *Tectonics* **23**, TC4001, doi:10.1029/2003TC001527.

Beanland, S. & Clark, M.M. (1994) The Owens Valley fault zone, eastern California, and surface faulting associated with the 1872 earthquake. *US Geol. Surv. Bull.* **1982**, 1–29.

Beaumont, C. *et al.* (1996) The continental collision zone, South Island, New Zealand: comparison of geodynamical models and observations. *J. geophys. Res.* **101**, 3333–59.

Beaumont, C. *et al.* (2001) Himalayan tectonics explained by extrusion of a low-viscosity crustal channel coupled to focused surface denudation. *Nature* **414**, 738–42.

Beaumont, C. *et al.* (2004) Crustal channel flows: 1. Numerical models with applications to the tectonics of the Himalayan– Tibetan orogen. *J. geophys. Res.* **109**, B06406, doi:10.1029/ 2003JB002809.

Beavan, J. *et al.* (1999) Crustal deformation during 1994–98 due to oblique continental collision in the central Southern Alps, New Zealand, and implications for seismic potential of the Alpine fault. *J. geophys. Res.* **104**, 25233–55.

Bechtel, T.D. *et al.* (1990) Variations in effective elastic thickness of the North American lithosphere. *Nature* **343**, 636–8.

Beck, M.E. Jr (1980) The palaeomagnetic record of plate margin tectonic processes along the western edge of North America.

J. geophys. Res. **85**, 7115–31. Beck, R.A. *et al.* (1995) Stratigraphic evidence for an early collision between northwest India and Asia. *Nature* **373**, 55–8.

Beck, S.L. & Zandt, G. (2002) The nature of orogenic crust in the central Andes. *J. geophys. Res.* **107**, 2230, doi:10.1029/ 2000JB000124.

Becker, T.W., Hardebeck, J.L. & Anderson, G. (2005) Constraints on fault slip rates of the southern California plate boundary from GPS velocity and stress inversions. *Geophys. J. Int.* **160**, 634–50.

Behn, M.D., Lin, J. & Zuber, M.T. (2002) A continuum mechanics model for normal faulting using a strain-rate softening rheology: implications for thermal and rheological controls on continental and oceanic rifting. *Earth planet. Sci. Lett.* **202**, 725–40.

Bell, R. & Jefferson, C.W. (1987) An hypothesis for an Australian–Canadian connection in the Late Proterozoic and the birth of the Pacific Ocean. *In Proceedings of Pacific Rim Congress, 1987*, pp. 39–50. Australian Institute of Mining and Metallurgy, Parkville, Victoria.

Ben-Avraham, Z. *et al.* (1981) Continental accretion and orogeny. From oceanic plateaus to allochthonous terranes. *Science* **213**, 47–54.

Ben-Avraham, Z., Nur, A. & Jones, D. (1982) The emplacement of ophiolites by collision. *J. geophys. Res.* **87**, 3861–7.

Bennett, R.A., Davis, J.L. & Wernicke, B.P. (1999) Present-day pattern of Cordilleran deformation in the western United States. *Geology* **27**, 371–4.

Bennett, R.A. *et al.* (2003) Contemporary strain rates in the northern Basin and Range province from GPS data. *Tectonics* **22**, 1008, doi:10.1029/2001TC1355.

Benoit, M.H., Nyblade, A.A. & Pasyanos, M.E. (2006) Crustal thinning between the Ethiopian and East African plateaus from modeling Rayleigh wave dispersion. *Geophys. Res. Lett.* **33**, L13301, doi:10.1029/2006GL025687.

Besse, J. & Courtillot, V. (1988) Paleogeographic maps of the continents bordering the Indian Ocean since the Early Jurassic. *J. geophys. Res.* **93**, 11791–808.

Besse, J. & Courtillot, V. (1991) Revised and synthetic polar wander paths of the African, Eurasian, North American and Indian plates and true polar wander since 200 Ma. *J. geophys. Res.* **96**, 4029–50.

Besse, J. & Courtillot, V. (2002) Apparent and true polar wander and the geometry of the geomagnetic field over the past 200 Ma. *J. geophys. Res.* **107**, B11, doi:10.1029/2000JB000050.

Bevis, M. *et al.* (1995) Geodetic observations of very rapid convergence and back arc extension in the Tonga arc. *Nature* **374**, 249–51.

Bickle, M.J. (1978) Heat loss from the Earth: a constraint on Archaean tectonics from the relation between geothermal gradients and the rate of plate production. *Earth planet. Sci. Lett.* **40**, 301–15.

Bickle, M.J., Nisbet, E.G. & Martin, A. (1994) Archean greenstone belts are not oceanic crust. *J. Geol.* **102**, 121–38.

Bicknell, J.D. *et al.* (1988) Tectonics of a fast spreading center – a deep-tow and seabeam survey at EPR 19°30′S. *Marine geophys. Res.* **9**, 25–45.

Bierlein, F.P., Gray, D.R. & Foster, D.A. (2002) Metallogenic relationships to tectonic evolution – the Lachlan Orogen, Australia. *Earth planet. Sci. Lett.* **202**, 1–13.

Bignell, R.D., Cronan, D.S. & Tooms, J.S. (1976) Red Sea metalliferous brine precipitates. *In* Strong, D.F. (ed.) *Metallogeny and Plate Tectonics. Geol. Assoc. Can. Spec. Paper* **14**, pp. 147–79. St. John's, NL.

Bilham, R. (2004) Earthquakes in India and the Himalaya; tectonics, geodesy and history. *Ann. Geophys.* **47**, 839–58.

Bilham, R. *et al.* (1999) Secular and tidal strain across the Main Ethiopian rift. *Geophys. Res. Lett.* **26**, 2789–92.

Bilham, R., Gaur, V.K. & Molnar, P. (2001) Himalayan seismic hazard. *Science* **293**, 1442–4.

Bird, R.T. *et al.* (1998) Plate tectonic reconstructions of the Juan Fernandez microplate: transformation from internal shear to rigid rotation. *J. geophys. Res.* **103**, 7049–67.

Birt, C. *et al.* (1997) A combined interpretation of the KRISP '94 seismic and gravity data: evidence for a mantle plume beneath the East African plateau. *Tectonophysics* **278**, 211–42.

Blackman, D.K. *et al.* (1998) Origin of extensional core complexes: evidence from the Mid-Atlantic Ridge at Atlantis Fracture Zone. *J. geophys. Res.* **103**, 21315–33.

Bleeker, W. (2003) The late Archean record: a puzzle in ca. 35 pieces. *Lithos* **71**, 99–134.

Blewitt, R.S. (2002) Archaean tectonic processes: a case for horizontal shortening in the North Pilbara Granite–Greenstone Terrane, Western Australia. *Precambrian Res.* **113**, 87–120.

Blisniuk, P.M. *et al.* (2001) Normal faulting in central Tibet since at least 13.5 Myr ago. *Nature* **412**, 628–32.

Boillot, G. & Froitzheum, N. (2001) Non-volcanic rifted margins, continental break-up and the onset of seafloor spreading: some outstanding questions. *In* Wilson, R.C.L. *et al.* (eds) *Non-volcanic Rifting of Continental Margins: a comparison of evidence from land and sea. Spec. Pub. geol. Soc. Lond.* **187**, 9–30.

Bokelmann, G.H.R. & Beroza, G.C. (2000) Depth-dependent earthquake focal mechanism orientation: evidence for a weak zone in the lower crust. *J. geophys. Res.* **105**, 21683–95.

Bonatti, E. (1978) Vertical tectonism in oceanic fracture zones. *Earth planet. Sci. Lett.* **37**, 369–79.

Bonatti, E. & Crane, K. (1984) Oceanic fracture zones. *Sci. Am.* **250**, 36–47.

Bonatti, E. & Honnorez, J. (1976) Sections of the Earth's crust in the equatorial Atlantic. *J. geophys. Res.* **81**, 410–6.

Bonatti, E. *et al.* (1977) Easter volcanic chain (southeast Pacific): a mantle hot line. *J. geophys. Res.* **82**, 2457–78.

Bos, A.G. & Spakman, W. (2005) Kinematics of the southwestern US deformation zone inferred from GPS motion data. *J. geophys. Res.* **110**, B08405, doi:10.1029/2003JB002742.

Bos, B. & Spiers, W. (2002) Frictional-viscous flow of phyllosilicate-bearing fault rock; microphysical model and implications for crustal strength profiles. *J. geophys. Res.* **107**, B2, 2028, doi:10.1029/2001JB000301.

Bostock, M.G., Hyndman, R.D., Rondenay, S. & Peacock, S.M. (2002) An inverted continental Moho and serpentinization of the forearc mantle. *Nature*, **417**, 536–8.

Bott, M.H.P. (1967) Solution of the linear inverse problem in magnetic interpretation with application to oceanic magnetic anomalies. *Geophys. J. Roy astr. Soc.* **13**, 313–23.

Bott, M.H.P. (1982) *The Interior of the Earth, its structure, constitution and evolution*, 2nd edn. Edward Arnold, London.

Bott, M.H.P. (1993) Modelling the plate driving mechanism. *J. geol. Soc. Lond.* **150**, 941–51.

Bowring, S.A. & Williams, I.S. (1999) Priscoan (4.00–4.03 Ga) orthogneisses from northwestern Canada. *Contrib. Mineral. Petrol.* **134**, 3–16.

Boyd, F.R., Gurney, J.J. & Richardson, S.H. (1985) Evidence for a 150–200 km thick Archaean lithosphere from diamond inclusion thermobarometry. *Nature* **315**, 387–9.

Brace, W.F. & Kohlstedt, D.L. (1980) Limits on lithospheric stress imposed by laboratory experiments. *J. geophys. Res.* **85**, 6248–52.

Brandon, A.D. (2002) 186Os–187Os systematics of Gorgona komatiites and Iceland picrites (abstract). *Geochim. cosmochim. Acta* **66**, 100.

Brandon, A.D. *et al.* (1998) Coupled 186Os and 187Os evidence for core–mantle interaction. *Science* **280**, 1570–3.

Brett, R. (1976) The current status of speculations on the composition of the core of the Earth. *Rev. Geophys. Space Phys.* **14**, 375–83.

Briggs, J.C. (1987) *Biogeography and Plate Tectonics, developments in palaeontology and stratigraphy 10.* Elsevier, Amsterdam.

Brown, E.H. & McClelland, W.C. (2000) Pluton emplacement by sheeting and vertical ballooning in part of the southeast Coast plutonic complex, British Columbia. *Bull. geol. Soc. Am.* **112**, 708–19.

Brown, M. (1998) Unpairing of metamorphic belts: *P–T* paths and a tectonic model for the Ryoke Belt, southwest Japan. *J. metam. geol.* **16**, 3–22.

Brown, M. (2006) Duality of thermal regimes is the distinctive characteristics of plate tectonics since the Neoarchean. *Geology* **34**, 961–4.

Brown, M. & Solar, G.S. (1999) The mechanism of ascent and emplacement of granite magma during transpression; a syntectonic granite paradigm. *Tectonophysics* **312**, 1–33.

Brozena, J.M. & White, R.S. (1990) Ridge jumps and propagations in the South Atlantic Ocean. *Nature* **348**, 149–52.

Brunet, D. & Yuen, D.A. (2000) Mantle plumes pinched in the transition zone. *Earth planet. Sci. Lett.* **178**, 13–27.

Buck, W.R. (1988) Flexural rotation of normal faults. *Tectonics* **7**, 959–73.

Buck, W.R. (1991) Modes of continental lithospheric extension. *J. geophys. Res.* **96**, 20161–78.

Buck, W.R. (1993) Effect of lithospheric thickness on the formation of high-and low-angle normal faults. *Geology* **21**, 933–36.

Buck, W.R. (2004) Consequences of asthenospheric variability on continental rifting. *In* Karner, G.D. *et al.* (eds) *Rheology and Deformation of the Lithosphere at Continental Margins*, pp. 1–30. Columbia

University Press, New York.

Buck, W.R. *et al.* (1988) Thermal consequences of lithospheric extension: pure and simple. *Tectonics* **7**, 213–34.

Buck, W.R., Lavier, L.L. & Poliakov, A.N.B. (1999) How to make a rift wide. *Phil. Trans. Roy. Soc. Lond. A* **357**, 671–93.

Buick, R. (2001) Life in the Archaean. *In* Briggs, D.E.G. & Crowther, P.R. (eds) *Palaeogeology II*, pp. 13–21. Blackwell, Oxford.

Bull, W.B., & Cooper, A.F. (1986) Uplifted marine terraces along the Alpine Fault, New Zealand. *Science* **240**, 804–5.

Bullard, E.C., Everett, J.E. & Smith, A.G. (1965) The fit of the continents around the Atlantic. *Phil. Trans. Roy. Soc. Lond. A* **258**, 41–51.

Bullen, K.E. (1949) Compressibility–pressure hypothesis and the Earth's interior. *Geophys. J. R. Astron. Soc.* **5**, 355–68.

Bump, H.A. & Sheehan, A.F. (1998) Crustal thickness variations across the northern Tien Shan from teleseismic receiver functions. *Geophys. Res. Lett.* **25**, 1055–8.

Bunge, H.-P., Richards, M.A. & Baumgardner, J.R. (1997) A sensitivity study of three-dimensional spherical mantle convection at 10^8 Rayleigh number: effects of depth-dependent viscosity, heating mode, and an endothermic phase change. *J. geophys. Res.* **102**, 11991–12007.

Burchfiel, B.C. (2004) New technology; new geological challenges. *GSA Today* **14**, 4–9.

Burchfiel, B.C. *et al.* (1992) The south Tibetan detachment system, Himalayan orogen: extension contemporaneous with and parallel to shortening in a collisional mountain belt. *Geol. Soc. Am. Sp. Paper* **269**, 1–41.

Burg, J.P. *et al.* (1984) Himalayan metamorphism and deformations in the North Himalayan belt, southern Tibet, China. *Earth planet Sci. Lett.* **69**, 391–400.

Bürgmann, R. *et al.* (2006) Resolving vertical tectonics in the San Francisco Bay Area from permanent scatterer InSAR and GPS analysis. *Geology* **34**, 221–4.

Busby, C. (2004) Continental growth at convergent margins facing large ocean basins: a case study from Mesozoic convergent-margin basins of Baja California, Mexico. *Tectonophysics* **392**, 241–77.

Butler, R. *et al.* (1989) Discordant paleomagnetic poles from the Canadian Coast Plutonic Complex: regional tilt rather than large-scale displacement? *Geology* **17**, 691–94.

Butler, R. *et al.* (2004) The Global Seismograph Network surpasses its design goal. *EOS Trans. Amer. Geophys. Un.* **85**, 225–9.

Byerlee, J.D. (1978) Friction of rocks. *Pure Appl. Geophys.* **116**, 615–26.

Bystricky, M. (2003) Mantle flow revisited. *Science* **301**, 1190–1.

Calvert, A.J. (1995) Seismic evidence for a magma chamber beneath the slow-spreading Mid-Atlantic Ridge.

Nature **377**, 410–14.

Calvert, A.J. & Ludden, J.N. (1999) Archean continental assembly in the southeastern Superior Province of Canada. *Tectonics* **18**, 412–29.

Calvert, A.J. *et al.* (1995) Archaean subduction inferred from seismic images of a mantle suture in the Superior Province. *Nature* **375**, 670–4.

Campbell, A.C. *et al.* (1988) Chemistry of hot springs on the Mid-Atlantic Ridge. *Nature* **335**, 514–9.

Cande, S.C. & Kent, D.V. (1992) A new geomagnetic polarity time scale for the late Cretaceous and Cenozoic. *J. geophys. Res.* **97**, 13917–51.

Cande, S.C. & Kent, D.V. (1995) Revised calibration of the geomagnetic polarity timescale for the Late Cretaceous and Cenozoic. *J. geophys. Res.* **100**, 6093–5.

Cande, S.C. & Leslie, R.B. (1986) Late Cenozoic tectonic of the Southern Chile Trench. *J geophys. Res.* **91**, 471–96.

Cande, S.C. & Stock, J.M. (2004) Pacific–Antarctic–Australia motion and the formation of the Macquarie Plate. *Geophys. J. Int.* **157**, 399–414.

Cande, S.C. *et al.* (1989) *Magnetic Lineations of the World's Ocean Basins*, pp. 13, 1 sheet. American Association of Petroleum Geologists, Tulsa, Oklahoma.

Cande, S.C. *et al.* (1999) Cenozoic motion between East and West Antarctica. *Nature* **404**, 145–50.

Cann, J.R. (1970) New model for the structure of the ocean crust. *Nature* **226**, 928–30.

Cann, J.R. (1974) A model for oceanic crustal structure developed. *Geophys. J. Roy. astr. Soc.* **39**, 169–87.

Cann, J.R. *et al.* (1997) Corrugated slip surfaces formed at ridge–transform intersections on the Mid-Atlantic Ridge. *Nature* **385**, 329–32.

Cannat, M. *et al.* (1995) Thin crust, ultramafic exposures, and rugged faulting patterns at the Mid-Atlantic Ridge (22°–24°N). *Geology* **23**, 49–52.

Carbotte, S.M. & MacDonald, K.C. (1994) The axial topographic high at intermediate and fast spreading ridges. *Earth planet. Sci. Lett.* **128**, 85–97.

Caress, D.W., Menard, H.W. & Hey, R.N. (1988) Eocene reorganization of the Pacific–Farallon spreading center north of the Mendocino fracture zone. *J. geophys. Res.* **93**, 2813–38.

Caress, D.W., Burnett, M.S. & Orcutt, J.A. (1992) Tomographic image of the axial low velocity zone at 12°50′N on the East Pacific Rise. *J. geophys. Res.* **97**, 9243–64.

Carey, S.W. (1958) A tectonic approach to continental drift. *In* Carey, S.W. (ed.) *Continental drift: a symposium,* pp. 177–355. Univ. of Tasmania, Hobart.

Carey, S.W. (1976) *The Expanding Earth.* Elsevier, Amsterdam.

Carey, S.W. (1988) *Theories of the Earth and Universe.* Stanford University Press, Stanford, CA.

Carlson, R.L. (2001) The abundance of ultramafic rocks in the Atlantic Ocean crust. *Geophys. J. Int.* **144**, 37–48.

Carlson, R.W., Pearson, D.G. &. James, D.E. (2005) Physical, chemical, and chronological characteristics of continental mantle. *Rev. Geophys.* **43**, RG1001, doi:10.1029/2004RG000156.

Carr, S.D. *et al.* (2000) Geologic transect across the Grenville orogen of Ontario and New York. *Can. J. Earth Sci.* **37**, 193–216.

Carter, W.E. & Robertson, D.S. (1986) Studying the earth by very-long-baseline interferometry. *Sci. Am.* **255**(5), 44–52.

Catchings, R.D. & Mooney, W.D. (1991) Basin and Range and upper mantle structure northwest to central Nevada. *J. geophys. Res.* **96**, 6247–67.

Cattin, R. *et al.* (2001) Gravity anomalies, crustal structure and thermo-mechanical support of the Himalaya of central Nepal. *Geophys. J. Int.* **147**, 381–92.

Cawood, P.A. (2005) Terra Australis Orogen: Rodinia breakup and development of the Pacific and Iapetus margins of Gondwana during the Neoproterozoic and Paleozoic. *Earth Sci. Rev.* **69**, 249–79.

Cawood, P.A. & Suhr, G. (1992) Generation and obduction of ophiolites: constraints from the Bay of Islands complex, western Newfoundland. *Tectonics* **11**, 884–97.

Cawood, P.A. & Tyler, I.M. (2004) Assembling and reactivating the Proterozoic Capricorn Orogen: lithotectonic elements, orogenies, and signifi cance. *Precambrian Res.* **128**, 201–18.

Cawood, P.A., McCausland, P.J.A. & Dunning, G.R. (2001) Opening Iapetus: constraints from the Laurentian margin in Newfoundland. *Bull. geol. Soc. Am.* **113**, 443–53.

Cawood, P.A. *et al.* (2003) Source of the Dalradian Supergroup constrained by U-Pb dating of detrital zircon and implications for the East Laurentian margin. *J. geol. Soc. Lond.* **160**, 231–46.

Cawood, P.A., Kröner, A. & Pisarevsky, S. (2006) Precambrian plate tectonics: criteria and evidence. *GSA Today* **16**, 4–11.

Cembrano, J. *et al.* (2000) Contrasting nature of deformation along an intra-arc shear zone, the Liquiñe–Ofqui fault zone, southern Chilean Andes. *Tectonophysics* **319**, 129–49.

Cembrano, J. *et al.* (2002) Late Cenozoic transpressional ductile deformation north of the Nazca–South America–Antarctica triple junction. *Tectonophysics* **354**, 289–314.

Cembrano, J. *et al.* (2005) Fault zone development and strain partitioning in an extensional strike-slip duplex: a case study from the Mesozoic Atacama fault system, Northern Chile. *Tectonophysics* **400**, 105–25.

Chandra, N.N. & Cumming. G.L. (1972) Seismic refraction studies in Western Canada. *Can. J. Earth Sci.* **9**, 1099–109.

Chapman, D.S. & Pollack, H.N. (1975) Global heat flow: a new look. *Earth planet. Sci. Lett.* **28**, 23–32.

Chapple, W.M. & Forsyth, D.W. (1979) Earthquakes and bending of plates at trenches. *J. geophys. Res.* **84**, 6729–49.

Chapple, W.M. & Tullis, T.E. (1977) Evaluation of the forces that drive plates. *J. geophys. Res.* **82**, 1967–84.

Chardon, D., Choukroune, P. & Jayananda, M. (1996) Strain patterns, décollement and incipient sagducted greenstones terrains in the Archaean Dharwar craton (south India). *J. struct. Geol.* **18**, 991–1004.

Chase, C.G. (1978) Plate kinematics: the Americas, east Africa, and the rest of the world. *Earth planet. Sci. Lett.* **37**, 355–68.

Chen, Y. & Morgan, W.J. (1990) Rift valley/no rift valley transition at mid-ocean ridges. *J. geophys. Res.* **95**, 17571–81.

Chen, Z. *et al.* (2000) Global positioning system measurements from eastern Tibet and their implications for India/ Eurasia intercontinental deformation. *J. geophys. Res.* **105**, 16215–27.

Chesley, J.T., Rudnick, R.L. & Lee, C.-T. (1999) Re–Os systematics of mantle xenoliths from the East African Rift: age, structure, and history of the Tanzanian craton. *Geochim. cosmochim. Acta* **63**, 1203–17.

Choukroune, P., Francheteau, J. & Le Pichon, X. (1978) *In situ* structural observations along Transform Fault A in the FAMOUS area, Mid-Atlantic Ridge. *Bull. geol. Soc. Am.* **89**, 1013–29.

Christensen, D.H. & Ruff, L.J. (1998) Seismic coupling and outer rise earthquakes. *J. geophys. Res.* **93**, 13421–44.

Christensen, N.I. & Fountain, D.M. (1975) Constitution of the lower continental crust based on experimental studies of seismic velocities in granulite. *Bull. geol. Soc. Am.* **86**, 227–36.

Christensen, N.I. & Mooney, W.D. (1995) Seismic velocity structure and the composition of the continental crust: a global view. *J. geophys. Res.* **100**, 9761–88.

Christensen, N.I. & Salisbury, M.H. (1972) Seafloor spreading, progressive alteration of layer 2 basalts, and associated changes in seismic velocities. *Earth planet. Sci. Lett.* **15**, 367–75.

Christie-Blick, N. & Biddle, K.T. (1985) Deformation and basin formation along strike-slip faults. *In* Biddle, K.T. & Christie-Blick, N. (eds) *Strike-slip Deformation, Basin Formation, and Sedimentation. Soc. Econ. Pal. Mineral. Spec. Pub.* **37**, 1–35.

Christodoulidis, D.C. *et al.* (1985) Observing tectonic plate motions and deformations from satellite laser ranging. *J. geophys. Res.* **90**, 9249–63.

Chulick, G.S. & Mooney, W.D. (2002) Seismic structure of the crust and uppermost mantle of North America and adjacent oceanic basins: a synthesis. *Bull. seis. Soc. Am.* **92**, 2478–92.

Chung, S.-L. *et al.* (2005) Tibetan tectonic evolution inferred from spatial and temporal variations in post-collisional magmatism. *Earth Sci. Rev.* **68**, 173–96.

Clague, D.A. & Dalrymple, G.B. (1989) Tectonics, geochronology and origin of the Hawaiian–Emperor chain. *In* Winterer, E.L., Hussong, D.M. & Decker, R.W. (eds) *The Eastern Pacific and Hawaii. The Geology of North America* **N**, pp. 188–217. Geological Society of America, Boulder, CO.

Clark, M.K. & Royden, L.H. (2000) Topographic ooze: building the eastern margin of Tibet by lower crustal flow. *Geology* **28**, 703–6.

Clark, M.K., Bush, J.W.M. & Royden, L.H. (2005) Dynamic topography produced by lower crustal flow against rheological strength heterogeneities bordering the Tibetan Plateau. *Geophys. J. Int.* **162**, 575–90.

Clark, T.A. *et al.* (1987) Determination of relative site motions in the western United States using Mark III Very Long Baseline Interferometry. *J. geophys. Res.* **92**, 12741–50.

Clarke, G.L. *et al.* (2005) Roles for fluid and/or melt advection in forming high-P mafic migmatites, Fiordland, New Zealand. *J. metam. geol.*, **23**, 557–67.

Clarke, P.J. *et al.* (1998) Crustal strain in central Greece from repeated GPS measurements in the interval 1989–1997. *Geophys. J. Int.* **135**, 195–214.

Clemens, J. D. & Mawer, C.K. (1992) Granitic magma transport by fracture propagation. *Tectonophysics* **204**, 339–60.

Clift, P. & Vannucchi, P. (2004) Controls on tectonic accretion versus erosion in subduction zones: implications for the origin and recycling of continental crust. *Rev. Geophys.* **42**, RG2001, doi:10.1029/2003RG000127.

Clouard, V. & Bonneville, A. (2001) How many Pacific hotspots are fed by deep mantle plumes? *Geology* **29**, 695–8.

Clowes, R.M. *et al.* (1987) Lithoprobe–Southern Vancouver Island: Cenozoic subduction complex imaged by deep seismic reflection. *Can. J. Earth Sci.* **24**, 31–51.

Clowes, R.M. *et al.* (1995) Lithospheric structure in the southern Canadian Cordillera from a network of seismic refraction lines. *Can. J. Earth Sci* **32**, 1485–513.

Clowes, R.M. *et al.* (2005) Lithospheric structure in northwestern Canada from Lithoprobe seismic refraction and related studies: a synthesis. *Can. J. Earth Sci.* **42**, 1277–93.

Coe, R.S., Hongre, L. & Glatzmaier, G.A. (2000) An examination of simulated geomagnetic reversals from a paleomagnetic perspective. *Phil. Trans. Roy. Soc. Lond. A* **358**, 1141–70.

Coffin, M.F. & Eldholm, O. (1994) Large igneous provinces: crustal structure, dimensions, and external consequences. *Rev. Geophys.* **32**, 1–36.

Cohen, S.C. & Smith, P.E. (1985) LAGEOS scientifi c results: introduction. *J. geophys. Res.* **90**, 9217–20.

Collerson, K.D. & Kamber, B.S. (1999) Evolution of the continents and the atmosphere inferred from Th–U–Nb systematics of the depleted mantle. *Science* **282**, 1519–22.

Collette, B.J. (1979) Thermal contraction joints in spreading seafloor as origin of fracture zones. *Nature* **251**, 299–300.

Collier, J.S. & Singh. S.C. (1997) Detailed structure of the top of the melt body beneath the East Pacific Rise at 9°40′N from waveform inversion of seismic reflection data. *J. geophys. Res.* **102**, 20287–304.

Collins, A.S. *et al.* (2004) Temporal constraints on Palaeoproterozoic eclogite formation and exhumation (Usagaran Orogen, Tanzania). *Earth planet. Sci. Lett.* **224**, 175–92.

Collins, W.J. (1989) Polydiapirism of the Archean Mount Edgar Batholith, Pilbara Block, Western Australia. *Precambrian Res.* **43**, 41–62.

Collins, W.J. (2002a) Hot orogens, tectonic switching, and creation of continental crust. *Geology* **30**, 535–8.

Collins, W.J. (2002b) Nature of extensional accretionary orogens. *Tectonics* **21**, doi:1029/2000TC001272.

Collins, W.J. & Sawyer, E.W. (1996) Pervasive granitoid magma transfer through the lower-middle crust during non-coaxial compressional deformation. *J. metam. geol.* **14**, 565–79.

Collins, W.J., Van Kranendonk, M.J. & Teyssier, C. (1998) Partial convective overturn of Archaean crust in the east Pilbara Craton, Western Australia: driving mechanisms and tectonic implications. *J. struct. Geol.* **20**, 1405–24.

Condie, K.C. (1982a) *Plate Tectonics and Crustal Evolution.* Pergamon Press, Oxford.

Condie, K.C. (1982b) Early and middle Proterozoic supracrustal successions and their tectonic settings. *Amer. J. Sci.* **282**, 341–57.

Condie, K.C. (1986) Geochemistry and tectonic setting of early Proterozoic supracrustal rocks in the southwestern United States. *J. Geol.* **94**, 845–64.

Condie, K.C. (1998) Episodic continental growth and supercontinents: a mantle avalanche connection? *Earth planet. Sci. Lett.* **163**, 97–108.

Condie, K.C. (2000) Episodic continental growth models: afterthoughts and extensions. *Tectonophysics* **322**, 153–62.

Condie, K.C. (2005a) TTGs and adakites: are they both slab melts? *Lithos* **80**, 33–44.

Condie, K.C. (2005b) *Earth as an Evolving Planetary System.* Elsevier, Amsterdam.

Coney, P.J. (1989) Structural aspects of suspect terranes and accretionary tectonics in western North America. *J. struct. Geol.* **11**, 107–25.

Coney, P.J. & Harms, T.A. (1984) Cordilleran metamorphic core complexes: Cenozoic extensional relics of Mesozoic compression. *Geology* **12**, 550–4.

Coney, P.J., Jones, P.L. & Monger, J.W.H. (1980) Cordilleran suspect terranes. *Nature* **288**, 329–33.

Conti, C.M. *et al.* (1996) Paleomagnetic evidence of an early Paleozoic rotated terrane in Northwest Argentina; a clue for Gondwana–Laurentia interaction? *Geology* **24**, 953–6.

Cook, F.A. (2002) Fine structure of the continental reflection Moho. *Bull. geol. Soc. Am.*, **114**, 64–79.

Cook, F.A. *et al.* (1992) Lithoprobe crustal reflection cross-section of the southern Canadian Cordillera I: foreland thrust and fold belt to Fraser River fault. *Tectonics* **11**, 12–35.

Cook, F.A. *et al.* (1999) Frozen subduction in Canada's Northwest Territories: Lithoprobe deep lithospheric reflection profiling of the western Canadian Shield. *Tectonics* **18**, 1–24.

Cook, F.A. *et al.* (2004) Precambrian crust beneath the Mesozoic northern Canadian Cordillera discovered by Lithoprobe seismic reflection profiling. *Tectonics* **23**, doi:10.1029/ 2002TC001412.

Cooper, A.K. *et al.* (1992) Evidence for Cenozoic crustal extension in the Bering Sea region. *Tectonics* **11**, 719–31.

Corliss, J.B. *et al.* (1979) Submarine thermal springs on the Galapagos Rift. *Science* **203**, 1073–83.

Corti, G. *et al.* (2005) Activc strikc-slip faulting in El Salvador, Central America. *Geology* **33**, 989 92.

Courtillot, V. & Besse, J. (1987) Magnetic field reversals, polar wander and core–mantle coupling. *Science* **237**, 1140–7.

Courtillot, V. *et al.* (2003) Three distinct types of hotspots in the Earth's mantle. *Earth planet. Sci. Lett.* **205**, 295–308.

Cowan, D., Brandon, M. & Garver, J. (1997) Geologic tests of hypotheses for large coastwise displacements–a critique illustrated by the Baja British Columbia controversy. *Amer. J. Sci.* **297**, 117–173.

Cowan, J. & Cann, J. (1988) Supercritical two-phase separation of hydrothermal fluids in the Troodos ophiolite. *Nature* **333**, 259–61.

Cox, A. (1980) Rotation of microplates in western North America. *In* Strangway, D.W. (ed.) *The Continental Crust and its Mineral Deposits. Geol. Assoc. Canada. Spec. Paper* **20**, pp. 305–21.

Cox, A. & Hart, R.B. (1986) *Plate Tectonics. How it works*. Blackwell Scientific Publications, Oxford.

Cox, A., Doell, R.R. & Dalrymple, G.B. (1964) Geomagnetic polarity epochs. *Science* **143**, 351–2.

Cox, A.V., Dalrymple, G.B. & Doell, R.R. (1967) Reversals of the Earth's magnetic field. *Sci. Am.* **216**, 44–54.

Crawford, A.J., Falloon, T.J. & Green, D.G. (1989) Classification, petrogenesis, and tectonic setting of boninites. *In* Crawford, A.J. (ed.) *Boninites and Related Rocks*, pp. 1–49. Unwin-Hyman, London.

Crawford, M.L. *et al.* (1999) Batholith emplacement at mid-crustal levels and its exhumation within an obliquely convergent margin. *Tectonophysics* **312**, 57–78.

Creer, K.M. (1965) Palaeomagnetic data from the Gondwanic continents. *In* Blackett, P.M.S., Bullard, E. & Runcorn, S.K. (eds) *A Symposium on Continental Drift. Phil. Trans. Roy. Soc. Lond. A* **258**, 27–90.

Crittenden, M.D., Jr, Coney, P.J. & Davis, G.H. (1980) Cordilleran metamorphic core complexes. *Geol. Soc. Am. Mem.* **153**, 490pp.

Cross, T.A. & Pilger, R.H. (1982) Controls of subduction geometry, location of magmatic arcs, and tectonics of arc and back-arc regions. *Bull. geol. Soc. Am.* **93**, 545–62.

Crough, S.T. (1979) Hotspot epeirogeny. *Tectonophysics* **61**, 321–33.

Curtis, A. & Woodhouse, J.H. (1997) Crust and upper mantle shear velocity structure beneath the Tibetan plateau and surrounding regions from interevent surface wave phase velocity inversion. *J. geophys. Res.* **102**, 11789–813.

d'Acremont, E. et al. (2005) Structure and evolution of the eastern Gulf of Aden conjugate margins from seismic reflection data. *Geophys. J. Int.* **160**, 869–90.

Daczko, N.R., Clarke, G.L. & Klepeis, K.A. (2001) Transformation of two-pyroxene hornblende granulite to garnet granulite involving simultaneous melting and fracturing of the lower crust, Fiordland, New Zealand. *J. metam. geol.* **19**, 549–62.

Dahlen, F.A. (1990) Critical taper model of fold-and-thrust belts and accretionary wedges. *Annu. Rev. Earth planet. Sci.* **18**, 55–99.

Dahlen, F.A. & Barr, T.D. (1989) Brittle frictional mountain building: 1. Deformation and mechanical energy budget. *J. geophys. Res.* **94**, 3906–22.

Dalziel, I.W.D. (1981) Back-arc extension in the Southern Andes; a review and critical reappraisal. *Phil. Trans. Roy. Soc. Lond. A* **300**, 319–35.

Dalziel, I.W.D. (1991) Pacific margins of Laurentia and East Antarctica–Australia as a conjugate rift pair: evidence and implications for an Eocambrian supercontinent. *Geology* **19**, 598–601.

Dalziel, I.W.D. (1995) Earth before Pangea. *Sci. Am.* **272**, 38–43.

Dalziel, I.W.D. (1997) Neoproterozoic–Paleozoic geography and tectonics: review, hypothesis, environmental speculation. *Bull. geol. Soc. Am.* **109**, 16–42.

Dalziel, I.W.D., Lawver, L.A. & Murphy, J.B. (2000a) Plumes, orogenesis, and supercontinental fragmentation. *Earth planet. Sci. Lett.* **178**, 1–11.

Dalziel, I.W.D., Mosher, S. & Gahagan, L.M. (2000b) Laurentia– Kalahari collision and the assembly of Rodinia. *J. Geol.* **108**, 499–513.

Davaille, A. (1999) Simultaneous generation of hotspots and superswells by convection in a homogeneous planetary mantle. *Nature* **402**, 756–60.

Davey, F.J. *et al.* (1995) Crustal reflections from the Alpine Fault zone, South Island, New Zealand. *NZ J. Geol. Geophys.* **38**, 601–4.

Davidson, J.P. (1983) Lesser Antilles isotopic evidence of the role of subducted sediment in island arc magma genesis. *Nature* **306**, 253–5.

Davies, D. (1968) A comprehensive test ban. *Sci. J. Lond.* Nov. 1968, 78–84.

Davies, G.F. (1977) Whole mantle convection and plate tectonics. *Geophys. J. Roy. astr. Soc.* **49**, 459–86.

Davies, G.F. (1993) Cooling the core and mantle by plume and plate flows. *Geophys. J. Int.* **115**, 132–46.

Davies, G.F. (1999) *Dynamic Earth: plates, plumes and mantle convection.* Cambridge University Press, Cambridge, 458pp.

Davies, G.F. & Richards, M.A. (1992) Mantle convection. *J. Geol.* **100**, 151–206.

Davies, J.H., Brodholt, J.P. & Wood. B.J. (eds) (2002) Chemical reservoirs and convection in the Earth's mantle. *Phil. Trans. Roy. Soc. Lond. A* **360**, 2361–648.

Davis, D., Suppe, J. & Dahlen, F.A. (1983) Mechanics of fold-andthrust belts and accretionary wedges. *J. geophys. Res.* **88**, 1153–72.

Davis, M. & Kusznir, N. (2002) Are buoyancy forces important during the formation of rifted margins? *Geophys. J. Int.* **149**, 524–33.

Davis, M. & Kusznir, N. (2004) Depth-dependent lithospheric stretching at rifted continental margins. *In* Karner, G.D. *et al.* (eds) *Rheology and Deformation of the Lithosphere at Continental Margins*, pp. 31–45. Columbia University Press, New York.

Davis, P.M. & Slack, P.D. (2002) The uppermost mantle beneath the Kenya dome and relation to melting, rifting and uplift in East Africa. *Geophys. Res. Lett.* **29**, doi:10.1029/ 2001GL013676.

Dean, S.M. *et al.* (2000) Deep structure of the ocean–continent transition in the southern Iberia Abyssal Plain from seismic refraction profiles. II. The IAM-9 transect at 40°20′N. *J. geophys. Res.* **105**, 5859–86.

DeCelles, P.G. *et al.* (1998) Eocene–early Miocene foreland basin development and the history of Himalayan thrusting, western and central Nepal. *Tectonics* **17**, 741–65.

DeCelles, P.G., Robinson, D.M., & Zandt, G. (2002) Implications of shortening in the Himalayan fold-thrust belt for uplift of the Tibetan Plateau. *Tectonics* **21**, 1062, doi:10.1029/ 2001TC001322.

DeCelles, P.G. *et al.* (2001) Stratigraphy, structure, and tectonic evolution of the Himalayan fold-thrust belt in western Nepal. *Tectonics* **20**, 487–509.

Dehler, S.A. & Clowes, R.M. (1988) The Queen Charlotte Islands refraction project. Part I. The Queen Charlotte Fault Zone. *Can. J. Earth Sci.* **25**, 1857–70.

DeLong, S.E., Dewey, J.F. & Fox, P.J. (1977) Displacement history of oceanic fracture zones. *Geology* **5**, 199–201.

DeMets, C. (2001) A new estimate for present-day Cocos– Caribbean plate motion: implications for slip along the Central American volcanic arc. *Geophys. Res. Lett.* **28**, 4043–6.

DeMets, C. & Dixon, T.H. (1999) New kinematic models for Pacific–North America motion from 3 Ma to present: 1. Evidence for steady motion and biases in the NUVEL-1A model. *Geophys. Res. Lett.* **26**, 1921–4.

DeMets, C. *et al.* (1990) Current plate motions. *Geophys. J. Int.* **101**, 425–78.

DeMets. C. *et al.* (1994) Effect of recent revisions to the geomagnetic time scale on estimates of current plate motions. *Geophys. Res. Lett.* **21**, 2191–94.

de Ronde, C.E.J., Channer, D.M. DeR. & Spooner, E.T.C. (1997) Archaean Fluids. *In* De Wit, M.J. & Ashwal, L.D. (eds) *Greenstone Belts*, pp. 309–35. Clarendon Press, Oxford.

DESERT Group (2004) The crustal structure of the Dead Sea Transform. *Geophys. J. Int.* **156**, 655–81.

Detrick, R.S. *et al.* (1987) Multi-channel seismic imaging of a crustal magma chamber along the East Pacific Rise. *Nature* **326**, 35–41.

Detrick, R.S. *et al.* (1990) No evidence from multi-channel reflection data for a crustal magma chamber in the MARK area on the Mid-Atlantic Ridge. *Nature* **347**, 61–4.

Detrick, R.S., White R.S. & Purdy, G.M. (1993a) Crustal structure of North Atlantic fracture zones. *Rev. Geophys.* **31**, 439–57.

Detrick, R.S. *et al.* (1993b) Seismic structure of the southern East Pacific Rise. *Science* **259**, 499–503.

Detrick, R. *et al.* (1994) *In situ* evidence for the nature of the seismic layer 2/3 boundary in oceanic crust. *Nature* **370**, 288–90.

Dewey, J.F. (1969) Evolution of the Appalachian/Caledonian orogen. *Nature* **222**, 124–9.

Dewey, J.F. (1976) Ophiolite obduction. *Tectonophysics* **31**, 93–120.

Dewey, J.F. (1988) Extensional collapse of orogens. *Tectonics* **7**, 1123–39.

Dewey, J.F. & Bird, J.M. (1970) Mountain belts and the new global tectonics. *J. geophys. Res.* **75**, 2625–47.

Dewey, J.F. & Burke, K.C.A. (1974) Hot spots and continental break-up: implications for collisional orogeny. *Geology* **2**, 57–60.

Dewey, J.F., Cande, S. & Pitman, W.C. (1989) Tectonic evolution of the India–Eurasia collision zone. *Ecol. Geol. Helv.* **82**, 717–34.

de Wit, M.J. (2004) Archean Greenstone Belts do contain fragments of ophiolites. *In* Kusky, T.M. (ed.) *Precambrian Ophiolites and Related Rocks. Developments in Precambrian Geology*, **13**, pp. 599–613. Elsevier, Amsterdam.

Dick, H.B.J., Lin, J. & Schouten, H. (2003) An ultraslow-spreading class of oceanic ridge. *Nature* **426**, 405–12.

Dickinson, W.R. (1971) Plate tectonic models of geosynclines. *Earth planet. Sci. Lett.* **10**, 165–74.

Dickinson, W.R. (1974) Plate tectonics and sedimentation. *In* Dickinson, W.R. (ed.) *Tectonics and Sedimentation. Soc. econ. Pal. Mineral. Spec. Pub.* **22**, 1–27.

Dickinson, W.R. (2002) The Basin and Range Province as a composite extensional domain. *Int. geol. Rev.* **44**, 1–38.

Dietz, R.S. & Holden, C. (1970) The breakup of Pangaea. *Sci. Am.* **223**, 30–41.

Dietz, R.S. (1961) Continental and ocean basin evolution by spreading of the sea floor. *Nature* **190**, 854–7.

Dillon, J.T. & Ehlig, P.L. (1993) Displacement on the southern San Andreas fault. *In* Powell, R.E., Weldon, R.J.I. & Matti, J.C. (eds) *The San Andreas Fault System: displacement, palinspastic reconstruction, and geologic evolution. Geol. Soc. Am. Mem.* **178**, 199–216.

Dixon, T.H. (1991) An introduction to the Global Positioning System and some geological applications. *Rev. Geophys.* **29**, 249–76.

Dixon, T.H., Norabuena, E. & Hotaling, L. (2003) Paleoseismology and Global Positioning System; earthquake-cycle effects and geodetic versus geologic fault slip rates in the Eastern California shear zone. *Geology* **31**, 55–8.

Donnadieu, Y. *et al.* (2004) A "snowball Earth" climate triggered by continental break-up through changes in runoff. *Nature* **428**, 303–6.

Dooley, T. & McClay, K.R. (1997) Analog modelling of strike-slip pull-apart basins. *Bull. Am. Assoc. Petroleum Geols.* **81**, 804–26.

Drew, J.J. & Clowes, R.M. (1990) A re-interpretation of the seismic structure across the active subduction zone of western Canada – CCSS Workshop Topic I, onshore–offshore data set. *In* Green, A.G. (ed.) *Studies of Laterally Heterogeneous Structures Using Seismic Refraction And Reflection Data. Proceedings of the 1987 Commission on Controlled Source Seismology Workshop, Geol. Surv. Canada*, Paper 89–13, pp. 115–32.

Driscoll, N.W. & Karner, G.D. (1998) Lower crustal extension across the Northern Carnarvon basin,

Australia: evidence for an eastward dipping detachment. *J. geophys. Res.* **103**, 4975–91.
du Toit, A.L. (1937) *Our Wandering Continents.* Oliver & Boyd, Edinburgh.
Duclos, M. *et al.* (2005) Mantle tectonics beneath New Zealand inferred from SKS splitting and petrophysics. *Geophys. J. Int.* **163**, 760–4.
Dugda, M.T. *et al.* (2004) Crustal structure in Ethiopia and Kenya from receiver function analysis: implications for rift development in eastern Africa. *J. geophys. Res.* **110**, doi:10.1029/ 2004JB003065.
Duncan, R.A. & Richards, M.A. (1991) Hotspots, mantle plumes, flood basalts, and true polar wander. *Rev. Geophys.* **29**, 31–50.
Dunlop, D.J. (1981) Palaeomagnetic evidence for Proterozoic continental development. *Geophys. J. Roy. astr. Soc.* **301A**, 265–77.
Dunn, J.F., Hartshorn, K.G. & Hartshorn, P.W. (1995) Structural styles and hydrocarbon potential of the Sub-Andean Thrust Belt of Southern Bolivia. *In* Tankard, A.J., Suárez–Soruco, R. & Welsink, H.J. (eds) *Petroleum Basins of South America. Amer. Assoc. Pet. geol. Mem.* **62**, pp. 523–43. Tulsa, Oklahoma.
Dziak, R.P. & Fox, C.G. (1999) The January 1998 earthquake swarm at Axial Volcano, Juan de Fuca Ridge: evidence for submarine volcanic activity. *Geophys. Res. Lett.* **26**, 3429–32.
Dziewonski, A.M. (1984) Mapping the lower mantle: determination of lateral heterogeneity up to degree and order 6. *J. geophys. Res.* **89**, 5929–52.
Dziewonski, A.M. & Anderson, D.L. (1984) Seismic tomography of the Earth's interior. *Am. Sci.* **72**, 483–94.
Eales, H.V. & Cawthorn, R.G. (1996) The Bushveld Complex. *In* Cawthorn R.G. (ed.) *Layered Intrusions*, pp. 181–229. Elsevier, Amsterdam.
Ebinger, C.J. (2005) Continental break-up: the East African perspective. *Astro. Geophys.* **46**, 216–21.
Ebinger C.J. & Casey, M. (2001) Continental breakup in magmatic provinces: an Ethiopian example. *Geology* **29**, 527–30.
Ebinger, C.J. & Ibrahim, A. (1994) Multiple episodes of rifting in Central and East Africa: a reevaluation of gravity data. *Geol. Rundsch.* **83**, 689–702.
Ebinger, C.J. & Sleep, N.H. (1998) Cenozoic magmatism throughout east Africa resulting from impact of a single plume. *Nature* **395**, 788–91.
Ebinger, C.J. *et al.* (1999) Extensional basin geometry and the elastic lithosphere. *Phil. Trans. Roy. Soc. Lond. A* **357**, 741–65.
Eckstein, Y. & Simmons, G. (1978) Measurements and interpretation of terrestrial heat flow in Israel, *Geothermics* **6**, 117–42.
Edgar, N.T. (1974) Acoustic stratigraphy in the deep oceans. *In* Bur, C.A. & Drake, C.L. (eds) *The Geology of Continental Margins*, pp. 243–6. Springer-Verlag, Berlin.
Edwards, R.A., Whitmarsh, R.B. & Scrutton, R.A. (1997) The crustal structure across the transform

continental margin off Ghana, eastern equatorial Atlantic. *J. Geophys. Res.* **102**, 747–72.

Egyed, L. (1960) Some remarks on continental drift. *Geofis. Pura Appl.* **45**, 115–16.

Elder, J.W. (1965) Physical processes in geothermal areas. *In* Lee, W.M.K. (ed.) *Terrestrial Heat Flow. Geophys. Monogr. Ser.* **8**, pp. 211–39. American Geophysical Union, Washington, DC.

El-Isa, Z. *et al.* (1987a) A crustal structure study of Jordan derived from seismic refraction data. *Tectonophysics* **138**, 235–53.

El-Isa, Z., Mechie, J. & Prodehl, C. (1987b) Shear velocity structure of Jordan from explosion seismic data. *Geophys. J. Roy. astr. Soc.* **90**, 265–81.

Ellis, S. *et al.* (1998) Continental collision including a weak zone: the vise model and its application to the Newfoundland Appalachians. *Can. J. Earth Sci.* **35**, 1323–46.

Ellis, S., Schreurs, G. & Panien, M. (2004) Comparisons between analogue and numerical models of the thrust wedge development. *J. struct. Geol.* **26**, 1659–75.

Elsasser, W.M. (1969) Convection and stress propagation in the upper mantle. *In* Runcorn, S.K. (ed.) *The Application of Modern Physics to the Earth and Planetary Interiors*, pp. 223–46. Wiley-Interscience, London.

Elsasser, W.M. (1971) Sea-floor spreading as thermal convection. *J. geophys. Res.* **76**, 1101–12.

Elsasser, W.M., Olsen, P. & Marsh, B.D. (1979) The depth of mantle convection. *J. geophys. Res.* **84**, 147–55.

Elthon, D. (1981) Metamorphism in oceanic spreading centres. *In* Emiliani, C. (ed.) *The Oceanic Lithosphere. The Sea* **7**, pp. 285–303. Wiley, New York.

Elthon, D. (1991) Geochemical evidence for formation of the Bay of Islands ophiolite above a subduction zone. *Nature* **354**, 140–3.

Engdahl, E.R., van der Hilst, R. & Buland, R. (1998) Global teleseismic earthquake relocation with improved travel times and procedures for depth determination. *Bull. seis. Soc. Am.* **88**, 722–43.

Engebretson, D.C., Cox, A. & Gordon, K.G. (1985) Relative motion between oceanic and continental plates in the Pacific Basin. *Geol. Soc. Am. Sp. Paper* **206**.

Engeln, J.F. *et al.* (1988) Microplate and shear zone models for oceanic spreading center reorganisations. *J. geophys. Res.* **93**, 2839–56.

England, P. (1983) Constraints on extension in the continental lithosphere. *J. geophys. Res.* **88**, 1145–52.

England, P. & Molnar, P. (1997) Active deformation of Asia: from kinematics to dynamics. *Science* **278**, 647–50.

England, P. & Wilkins, C. (2004) A simple analytical approximation to the temperature structure in subduction zones. *Geophys. J. Int.* **159**, 1138–54.

England, P., Engdahl, R. & Thatcher, W. (2004) Systematic variation in the depth of slabs beneath arc volcanoes. *Geophys. J. Int.* **156**, 377–408.

England, P.C. & Houseman, G. (1988) The mechanics of the Tibetan plateau. *Phil. Trans. Roy. Soc. Lond.*

A **326**, 301–19.

England, P.C. & Houseman, G. (1989) Extension during continental convergence, with application to the Tibetan Plateau. *J. geophys. Res*. **94**, 17561–79.

Erickson, S.G., Strayer, L.M. & Suppe, J. (2001) Initiation and reactivation of faults during movements over a thrust-fault ramp: numerical mechanical models. *J. struct. Geol.* **23**, 11–23.

Eriksson, P.G. *et al.* (2001) An introduction to Precambrian basins: their characteristics and genesis. *Sed. Geol.* **141–142**, 1–35.

Eriksson, P.G. *et al.* (2005) Patterns of sedimentation in the Precambrian. *Sed. Geol.* **176**, 17–42.

Ernst, R.E., Grosfi ls, E.B. & Mege, D. (2001) Giant Dike Swarms: Earth, Venus and Mars. *Ann. Rev. Earth planet. Sci.* **29**, 489–534.

Ernst, R.E., Buchan, K.L. & Campbell, I.H. (2005) Frontiers in Large Igneous Province research. *Lithos* **79**, 271–97.

Ernst, W.G. (1973) Blueschist metamorphism and P–T regimes in active subduction zones. *Tectonophysics* **17**, 255–72.

Ernst, W.G. (2003) High-pressure and ultrahigh-pressure metamorphic belts – subduction, recrystallization, exhumation, and significance for ophiolite study. *In* Dilek, Y. & Newcomb, S. (eds) *Ophiolite Concept and the Evolution of Geological Thought. Geol. Soc. Am. Sp. Paper* **373**, 365–84.

Evans, A.M. (1987) *An Introduction to Ore Geology*, 2nd edn. Blackwell Scientific Publications, Oxford.

Evans, D. (2000) Stratigraphic, geochronological, and paleomagnetic constraints upon the Neoproterozoic climatic paradox. *Amer. J. Sci.* **300**, 347–433.

Evans, R.L. *et al.* (1999) Asymmetric electrical structure in the mantle beneath the East Pacific Rise at 17°S. *Science* **286**, 752–6.

Exon, N. *et al.* (2002) Drilling reveals climatic consequences of Tasmanian Gateway opening. *EOS Trans. Amer. Geophys. Un.* **83**, pp. 253, 258–9.

Eyles, N. (1993) Earth's glacial record and its tectonic setting. *Earth Sci. Rev.* **35**, 1–248.

Falloon, T.J. & Danyushevsky, L.V. (2000) Melting of refractory mantle at 1.5, 2 and 2.5 GPa under anhydrous and H_2O undersaturated conditions: implications for the petrogenesis of high-Ca boninites and the infl uence of subduction components on mantle melting. *J. Petrol.* **41**, 257–83.

Farnetani, C.G. & Samuel, H. (2005) Beyond the thermal plume paradigm. *Geophys. Res. Lett.* **32**, L07311, doi:10.1029/ 2005GL022360.

Faul, U.H., Fitzgerald, J.D. & Jackson, I. (2004) Shear wave attenuation and dispersion in melt-bearing olivine polycrystals: 2. Microstructural interpretation and seismological implications. *J. geophys. Res.* **109**, BO6202, doi:10.1029/2003JB002407.

Fein, J.B. & Jurdy, D.M. (1986) Plate motion controls on back-arc spreading. *Geophys. Res. Lett.* **12**, 545–8.

Fergusson, C.L. & Coney, P.J. (1992) Implications of a Bengal Fan-type deposit in the Paleozoic Lachlan fold belt of southeastern Australia. *Tectonophysics* **214**, 417–39.

Fernandes, R.M.S. et al. (2004) Angular velocities of Nubia and Somalia from continuous GPS data: implications on present-day relative kinematics. *Earth planet. Sci. Lett.* **222**, 197–208.

Fernández-Viejo G.F. & Clowes, R.M. (2003) Lithospheric structure beneath the Archaean Slave Province and Proterozoic Wopmay orogen, northwestern Canada, from a LITHOPROBE refraction/wide-angle reflection survey. *Geophys. J. Int.* **153**, 1–19.

Ferris, A. *et al.* (2006) Crustal structure across the transition from rifting to spreading: the Woodlark rift system of Papua New Guinea. *Geophys. J. Int.* **166**, 622–34.

Fisher, R.A. (1953) Dispersion on a sphere. *Proc. Roy. Soc. London* **A217**, 295–305.

Fleitout, L. & Froidevaux, C. (1982) Tectonics and topography for a lithosphere containing density heterogeneities. *Tectonics* **1**, 21–56.

Flemings, P.B. & Jordan, T.E. (1990) Stratigraphic modeling of foreland basins; interpreting thrust deformation and lithosphere rheology. *Geology* **18**, 430–4.

Flesch, L.M. *et al.* (2000) Dynamics of the Pacific–North American plate boundary in the western United States. *Science* **287**, 834–6.

Flower, M.F.J. (1981) Thermal and kinematic control on ocean ridge magma fractionation: contrasts between Atlantic and Pacific spreading axes. *J. geol. Soc. Lond.* **138**, 695–712.

Flower, M.F.J. & Dilek, Y. (2003) Arc–trench rollback and forearc accretion: 1. A collision–induced mantle flow model for Tethyan ophiolites. *In* Dilek, Y. & Robinson. P.T. (eds) *Ophiolites in Earth History. Spec. Pub. geol. Soc. Lond.* **218**, 21–41.

Foley, S.F., Buhre, S. & Jacob, D.E. (2003) Evolution of the Archaean crust by delamination and shallow subduction. *Nature* **421**, 249–52.

Force, E.R. (1984) A relation among geomagnetic reversals, sea floor spreading rate, paleoclimate, and black shales. *EOS Trans. Amer. Geophys. Un.* **65**, 18–19.

Forsyth, D.W. (1975) The early structural evolution and anisotropy of the oceanic upper mantle. *Geophys. J. Roy. astr. Soc.* **43**, 103–62.

Forsyth, D.W. (1977) The evolution of the upper mantle beneath mid-ocean ridges. *Tectonophysics* **38**, 89–118.

Forsyth, D.W. (1992) Finite extension and low-angle normal faulting. *Geology* **20**, 27–30.

Forsyth, D.W. & Uyeda, S. (1975) On the relative importance of the driving forces of plate motion. *Geophys. J. Roy. astr. Soc.* **43**, 163–200.

Foster, A.N. & Jackson, J.A. (1998) Source parameters of large African earthquakes: implications for crustal rheology and regional kinematics. *Geophys. J. Int.* **134**, 422–48.

Foster, A.N. *et al.* (1997) Tectonic development of the northern Tanzanian sector of the East African Rift system. *J. geol. Soc. Lond.* **154**, 689–700.

Foster, D.A. & Gray, D.R. (2000) Evolution and structure of the Lachlan fold belt (orogen) of Eastern

Australia. *Ann. Rev. Earth planet. Sci.* **28**, 47–80.

Foster, D.A., Gray, D.R. & Bucher, M. (1999) Chronology of deformation within the turbidite-dominated Lachlan orogen: implications for the tectonic evolution of eastern Australia and Gondwana. *Tectonics* **18**, 452–85.

Foulger, G.R. & Natland, J.H. (2003) Is "hotspot" volcanism a consequence of plate tectonics? *Science* **300**, 921–2.

Foulger, G.R. & Pearson, D.G. (2001) Is Iceland underlain by a plume in the lower mantle? Seismology and helium isotopes. *Geophys. J. Int.* **145**, F1–F5.

Fowler, C.M.R. (1976) Crustal structure of the Mid-Atlantic ridge crest at 37°N. *Geophys. J. Roy. astr. Soc.* **47**, 459–91.

Fowler, C.M.R. (2005) *The Solid Earth: an introduction to global geophysics*, 2nd edn. Cambridge University Press, Cambridge.

Fox, P.J. & Stroup, J.B. (1981) The plutonic foundation of the oceanic crust. *In* Emliani, C. (ed.) *The Oceanic Lithosphere, The Sea*, **7**, pp. 119–218. Wiley, New York.

Fox, P.J. *et al.* (1976) The geology of the Oceanographer Fracture Zone: a model for fracture zones. *J. geophys. Res.* **81**, 4117–28.

Frakes, L.A. (1979) *Climates throughout Geologic Time.* Elsevier, Amsterdam.

Francheteau, J. (1983) The oceanic crust. *Sci. Am.* **249**, 68–84.

Frank, F.C. (1968) Curvature of island arcs. *Nature* **220**, 363.

Frankel, H. (1988) From continental drift to plate tectonics. *Nature* **335**, 127–30.

Fryer, P., Wheat, C.G. & Mottl, M.J. (1999) Mariana blueschist mud volcanism: implications for conditions within the subduction zone. *Geology* **27**, 103–6.

Fuis, G.S. *et al.* (2001) Crustal structure and tectonics from the Los Angeles basin to the Mojave Desert, southern California. *Geology* **29**, 15–8.

Fuis, G.S. *et al.* (2003) Fault systems of the 1971 San Fernando and 1994 Northridge earthquakes, southern California: relocated aftershocks and seismic images from LARSE II. *Geology* **31**, 171–74.

Fujiwara, T., Yamazaki, T. & Joshima, M. (2001) Bathymetry and magnetic anomalies in the Havre Trough and southern Lau Basin: from rifting to spreading in back-arc basins. *Earth Planet. Sci. Lett.* **185**, 253–64.

Fukao, Y., Widiyantoro, S. & Obayashi, M. (2001) Stagnant slabs in the upper and lower mantle transition region. *Rev. Geophys.* **39**, 291–323.

Furman, T. *et al.* (2004) East Africa Rift System (EARS) plume structure: insights from Quaternary mafic lavas of Turkana, Kenya. *J. Petrol.* **45**, 1069–88.

Fyfe, W.S. & Londsdale, P. (1981) Ocean floor hydrothermal activity. *In* Emiliani, C. (ed.) *The Oceanic Lithosphere, The Sea* **7**, pp. 589–638. Wiley, New York.

Gaál, G. & Schulz, K.J. (eds) (1992) Precambrian metallogeny related to plate tectonics. *Precambrian Res.*

58, 1–446.

Gaetani, M. & Garzanti, E. (1991) Multicyclic history of the northern India continental margin (northwestern Himalaya). *Bull. Am. Assoc. Petroleum Geols.* **75**, 1427–46.

Gaina, C., Müller, R.D. & Cande, S.C. (2000) Absolute plate motion, mantle flow and volcanics at the boundary between the Pacific and Indian Ocean mantle domains since 90 Ma. *In* Richard, M., Gordon, R.G. & van der Hilst, R.O. (eds) *The History and Dynamics of Global Plate Motions. Geophys. Monogr. Ser.* **121**, pp. 189–210. American Geophysical Union, Washington, DC.

Galanis Jr, S.P. *et al.* (1986) Heat flow at Zerqa Ma'in and Zara and a geothermal reconnaissance of Jordan. *USGS Open-File Report* **86–631**, 110pp.

Gans, P.B. (1987) An open system, two-layer crustal stretching model for the Eastern Great Basin. *Tectonics* **6**, 1–12.

Gao, S. *et al.* (1998) Chemical composition of the continental crust as revealed by studies in east China. *Geochim. cosmochim. Acta* **62**, 1959–75.

Gao, S.S., Silver, P.G. & Liu, K.H. (2002) Mantle discontinuities beneath southern Africa. *Geophys. Res. Lett.* **29**, 1491.

Gao, W. *et al.* (2004) Upper mantle convection beneath the central Rio Grande rift imaged by P and S wave tomography. *J. geophys. Res.* **109**, B03305, doi:10.1029/2003JB002743.

Garfunkel, Z., Zak, I. & Freund, R. (1981) Active faulting in the Dead Sea Rift. *Tectonophysics*, **80**, 1–26.

Garland, G.D. (1979) *Introduction to Geophysics*, 2nd edn. W.B. Saunders, Philadelphia, PA.

Garnero, E.J. (2000) Heterogeneity of the lowermost mantle. *Ann. Rev. Earth planet. Sci.* **28**, 509–37.

Garnero, E.J. (2004) A new paradigm for the Earth's core–mantle boundary. *Science* **304**, 834–6.

Garnero, E.J. *et al.* (1998) Ultralow velocity zone at the core–mantle boundary. *Geodyn. Ser.* **28**, 319–34.

Gass, I.G. (1980) The Troodos massif; its role in the unravelling of the ophiolite problem and its significance in the understanding of constructive plate margin processes. *In* Panayistou, A. (ed.) *Ophiolites*, pp. 23–35. Geol. Surv. Cyprus.

Gehrels, G. (2002) Detrital zircon geochronology of the Taku terrane, southeast Alaska. *Can. J. Earth Sci.* **39**, 921–31.

Gente, P. *et al.* (1995) Characteristics and evolution of the segmentation of the Mid-Atlantic Ridge between 20°N and 24°N during the last 10 million years. *Earth planet. Sci. Lett.* **129**, 55–71.

Gerbault, M., Davey, F. & Henrys, S. (2002) Three-dimensional lateral crustal thickening in continental oblique collision: an example from the Southern Alps, New Zealand. *Geophys. J. Int.* **150**, 770–9.

Gerbault M., Martinod, J. & Hérail, G. (2005) Possible orogeny-parallel lower crustal flow and thickening in the Central Andes. *Tectonophysics* **399**, 59–72.

Gerbi, C., Johnson, S.E. & Paterson, S.R. (2002) Implications of rapid, dike-fed pluton growth for host-rock strain rates and emplacement mechanisms. *J. struct. Geol.* **26**, 583–94.

Gilbert, H.J. & Sheehan, A.F. (2004) Images of crustal variations in the intermountain west. *J. Geophys. Res.* **109**, B03306, doi:10:1029/2003JB002730.

Gill, J.B. (1981) *Orogenic Andesites and Plate Tectonics*. Springer-Verlag, Berlin.

Ginzburg, A. *et al.* (1979a) A seismic study of the crust and upper mantle of the Jordan–Dead Sea Rift and their transition toward the Mediterranean Sea. *J. geophys. Res.* **84**, 1569–82.

Ginzburg, A. *et al.* (1979b) Detailed structure of the crust and upper mantle along the Jordan–Dead Sea Rift. *J. geophys. Res.* **84**, 5605–12.

Glatzmaier, G.A. & Roberts, P.H. (1995) A three-dimensional self-consistent computer simulation of a geomagnetic field reversal. *Nature* **377**, 203–9.

Glatzmaier, G.A. *et al.* (1999) The role of the Earth's mantle in controlling the frequency of geomagnetic reversals. *Nature* **401**, 885–90.

Glen, R.A. (2005) The Tasmanides of eastern Australia. *In* Vaughan, A.P.M., Leat, P.T. & Pankhurst, R.J. (eds) *Terrane Processes at the Margins of Gondwana. Spec. Pub. geol. Soc. Lond.* **246**, 23–96.

Godfrey, N.J. *et al.* (2002) Lower crustal deformation beneath the central Transverse Ranges, southern California. *J. geophys. Res.* **107**, doi:10.1029/2001JB000354.

Goes, S. & van der Lee, S. (2002) Thermal structure of the North American uppermost mantle inferred from seismic tomography. *J. geophys. Res.* **107**, 2050, doi:10.1029/2000JB000049.

Goldsworthy, M., Jackson, J. & Haines, J. (2002) The continuity of active fault systems in Greece. *Geophys. J. Int.* **148**, 596–618.

Gómez, E. *et al.* (2005) Development of the Colombian foreland– basin system as a consequence of diachronous exhumation of the Northern Andes. *Bull. geol. Soc. Am.* **117**, 1272–92.

Gordon, R.G. (1995) Present plate motions and plate boundaries. *In Global Earth Physics: A Handbook of Physical Constants. AGU Reference Shelf* **1**, pp. 66–87. American Geophysical Union, Washington, DC.

Gordon, R.G. (1998) The plate tectonic approximation: plate non-rigidity, diffuse plate boundaries, and global plate reconstructions. *Ann. Rev. Earth planet. Sci.* **26**, 615–42.

Gordon, R.G. (2000) Diffuse oceanic plate boundaries: strain rates, vertically averaged rheology, and comparisons with narrow plate boundaries and stable plate interiors. *In* Richards, M.A., Gordon, R.G. & van der Hilst, R.D. (eds) *The History and Dynamics of Plate Motions. Geophys. Monogr. Ser.* **121**, pp. 143–59. American Geophysical Union, Washington, DC.

Gordon, R.G. & Stein, S. (1992) Global tectonics and space geodesy. *Science* **256**, 333–42.

Gradstein, F.M., Ogg, J.G. & Smith, A.G. (eds) (2004) *A Geologic Time Scale 2004*. Cambridge University Press, Cambridge, 610pp.

Green, H.W. (1994) Solving the paradox of deep earthquakes. *Sci. Am.* **271**, 50–7.

Green, W.V., Achauer, U. & Meyer, R.P. (1991) A three dimensional seismic image of the crust and upper mantle beneath the Kenya rift. *Nature* **354**, 199–203.

Griffin, W.L. *et al.* (2004) Archean crustal evolution in the northern Yilgarn Craton: U-Pb and Hf-isotope evidence from detrital zircons. *Precambrian Res.* **131**, 231–82.

Gripp, A.E. & Gordon, R.G. (2002) Young tracks of hotspots and current plate velocities. *Geophys. J. Int.* **150**, 321–61.

Grove, T.L. & Parman, S.W. (2004) Thermal evolution of the Earth as recorded by komatiites. *Earth planet. Sci. Lett.* **219**, 173–87.

Groves, D.I. *et al.* (2003) Gold deposits in metamorphic belts: overview of current understanding, outstanding problems, future research, and exploration significance. *Econ. Geol.* **98**, 1–29.

Grow, J.A. (1973) Crustal and upper mantle structure of the central Aleutian arc. *Bull. geol. Soc. Am.* **84**, 2169–92.

Guillot, S. *et al.* (1997) Eclogitic metasediments from the Tso Morari area (Ladakh, Himalaya): evidence for continental subduction during India–Asia convergence. *Contrib. Mineral. Petrol.* **128**, 197–212

Guillou, L. & Jaupart, C. (1995) On the effect of continents on mantle convection. *J. geophys. Res.* **100**, 24217–38.

Gulick, S.P.S. *et al.* (2004) Three-dimensional architecture of the Nankai accretionary prism's imbricate thrust zone off Cape Muroto, Japan: prism reconstruction via en echelon thrust propagation. *J. Geophys. Res.* **109**, B02105, doi:10.1029/ 2003JB002654.

Gurnis, M. (1988) Large-scale mantle convection and the aggregation and dispersal of supercontinents. *Nature* **332**, 695–9.

Gurnis, M. (2001) Sculpting the Earth from inside out. *Sci. Am.* **284**, 40–47.

Gurnis, M., Müller, R.D. & Moresi, L. (1998) Cretaceous vertical motion of Australia and the Australian–Antarctic discordance. *Science* **279**, 1499–1504.

Gutscher, M.-A. *et al.* (2000) Geodynamics of flat subduction: seismicity and tomographic constraints from the Andean margin. *Tectonics* **19**, 814–33.

Hacker, B.R., Ratschbacher, L. & Liou, J.G. (2004) Subduction, collision and exhumation in the ultrahigh-pressure Qinling–Dabie Orogen. *In* Malpas, J. *et al.* (eds) *Aspects of the Tectonic Evolution of China. Spec. Pub. geol. Soc. Lond.* **226**, 157–75.

Hackney, R. (2004) Gravity anomalies, crustal structure and isostasy associated with the Proterozoic Capricorn Orogen, Western Australia. *Precambrian Res.* **128**, 219–36.

Hager, B.H. *et al.* (1985) Lower mantle heterogeneity, dynamic topography and the geoid. *Nature* **313**, 541–5.

Haines, S.S. *et al.* (2003) INDEPTH III seismic data: from surface observations to deep crustal processes in Tibet. *Tectonics* **22**, 1001, doi:10.1029/2001TC001305.

Halbach, P. *et al.* (1989) Probable modern analogue of Kurokotype massive sulphide deposits in the Okinawa Trough back-arc basin. *Nature* **338**, 496–9.

Hall, A.L. (1932) The Bushveld igneous complex of the Central Transvaal. *Mem. Geol. Surv. S. Afr.* **28**,

544pp.

Hall, J., Marillier, F. & Dehler, S. (1998) Geophysical studies of the structure of the Appalachian orogen in the Atlantic borderlands of Canada. *Can. J. Earth Sci.* **35**, 1205–221.

Hall, J.K. (1993) The GSI digital terrain model (DTM) project completed. *Curr. Res. Geol. Surv. Isr.* **8**, 47–50.

Hall, P.S. & Kincaid, C. (2001) Diapiric flow at subduction zones: a recipe for rapid transport. *Science* **292**, 2472–5.

Hall, R. (2002) Cenozoic geological and plate tectonic evolution of SE Asia and the SW Pacific: computer-based reconstructions, model and animations. *J. Asian Earth Sci.* **20**, 353–431.

Hall, R. & Wilson, M.E.J. (2000) Neogene sutures in eastern Indonesia. *J. Asian Earth Sci.* **18**, 781–808.

Hallam, A. (1972) Continental drift and the fossil record. *Sci. Am.* **227**, 56–66.

Hallam, A. (1973a) *A Revolution in the Earth Sciences.* Clarendon Press, Oxford.

Hallam, A. (1973b) Provinciality, diversity and extinction of Mesozoic marine invertebrates in relation to plate movements. *In* Tarling, D.H. & Runcorn, S.C. (eds) *Implications of Continental Drift to the Earth Sciences*, **1**, pp. 287–94. Academic Press, London.

Hallam, A. (1975) Alfred Wegener and the hypothesis of continental drift. *Sci. Am.* **232**, 88–97.

Hallam, A. (1981) Relative importance of plate movements, eustasy, and climate in controlling major biogeographical changes since the early Mesozoic. *In* Nelson, G. & Rosen, D.E. (eds) *Vicariance Biogeography, a critique*, pp. 303–40. Columbia University Press, New York.

Hammer, P.T.C. & Clowes, R.M. (2004) Accreted terranes of northwestern British Columbia, Canada: lithospheric velocity structure and tectonics. *J. geophys. Res.* **109**, B06305, doi:10.1029/2003JB002749.

Hammer, P.T.C. & Clowes, R.M. (2007) Lithospheric-scale structures across the Alaskan and Canadian Cordillera: comparisons and tectonic implications. *In* Sears, J., Harms, T. & Evenchick, C. (eds) *Whence the Mountains? Inquiries into the Evolution of Orogenic Systems: A volume in honor of Raymond A. Price. Geol. Soc. Am. Sp. Paper* **433**, 99–116.

Hammer, P.T.C., Clowes, R.M. & Ellis, R.M. (2000) Crustal structure of NW British Columbia and SE Alaska from seismic wide-angle studies: Coast Plutonic Complex to Stikinia. *J. geophys. Res.* **105**, 7961–81.

Hammond, W.C. & Thatcher, W. (2004) Contemporary tectonic deformation of the Basin and Range province, western United States: 10 years of observation with the Global Positioning System. *J.geophys. Res.* **109**, B08403, doi:10.1029/ 2003JB002746.

Handy, M.R. & Brun, J.-P. (2004) Seismicity, structure and strength of the continental lithosphere. *Earth planet. Sci. Lett.* **223**, 427–41.

Hanson, R.E. *et al.* (2004) Coeval large-scale magmatism in the Kalahari and Laurentian cratons during Rodinia assembly. *Nature* **304**, 1126–9.

Haq, B.U. (1989) Paleoceanography: a synoptic overview of 200 million years of ocean history. *In* Haq, B.U. & Millman, J.D. (eds) *MarineGgeology and Oceanography of Arabian Sea and Coastal Pakistan*, pp. 201–31. Van Nostrand Reinhold, New York.

Hardebeck, J.L. & Michael, A.J. (2004) Stress orientations at intermediate angles to the San Andreas Fault, California. *J. geophys. Res.* **109**, B11303, doi:10.1029/2004JB003239.

Hardie, L.A. (1996) Secular variation in sea water chemistry: an explanation for the coupled secular variation in the mineralogy of marine limestones and potash evaporites over the past 600 Ma. *Geology* **24**, 279–83.

Harding, T.P. (1974) Petroleum traps associated with wrench faults. *Bull. Am. Assoc. Petroleum Geols.* **58**, 1290–304.

Harding, T.P. (1985) Seismic characteristics and identifi cation of negative flower structures, positive flower structures and positive structural inversion. *Bull. Am. Assoc. Petroleum Geols.* **69**, 582–600.

Hargraves, R.B. (1986) Faster spreading or greater ridge length in the Archean? *Geology* **14**, 750–2.

Harlan, S.S. *et al.* (2003) Gunbarrel mafic magmatic event: a key 780-Ma time marker for Rodinia plate reconstructions. *Geology* **31**, 1053–6.

Harley, S.L. (1989) The origin of granulites: a metamorphic perspective. *Geol. Mag.* **126**, 215–47.

Harley, S.L. (2004) Extending our understanding of ultrahigh temperature crustal metamorphism. *J. Mineral. Petrol. Sci.* **99**, 140–58.

Harper, J.F. (1978) Asthenosphere flow and plate motions. *Geophys. J. Roy. astr. Soc.* **55**, 87–110.

Harris, R.A. *et al.* (2000) Thermal history of Australian passive margin cover sequences accreted to Timor during Late Neogene arc–continent collision, Indonesia. *J. Asian Earth Sci.* **18**, 47–69.

Harrison, C.G.A. & Bonatti, E. (1981) The oceanic lithosphere. *In* Emiliani. C. (ed.) *The Oceanic Lithosphere. The Sea* **7**, pp. 21–48. Wiley, New York.

Harrison, C.G.A. & Sclater, J.G. (1972) Origin of the disturbed magnetic zone between the Murray and Molokai fracture zones. *Earth planet. Sci. Lett.* **14**, 419–27.

Harrison, T.M., McKeegan, K.D. & Le Fort, P. (1995) Detection of inherited monazite in the Manaslu leucogranite by $^{208}Pb/^{232}Th$ ion microprobe dating: crystallization age and tectonic significance. *Earth planet. Sci. Lett.* **133**, 271–82.

Harrison, T.M. *et al.* (2005) Heterogeneous Hadean Hafnium: evidence of continental crust at 4.4 to 4.5 Ga. *Science* **310**, 1947–50.

Harrison, T.M. *et al.* (2006) Response to comment on "Heterogeneous Hadean Hafnium: evidence of continental crust at 4.4 to 4.5 Ga". *Science* **312**, 1139b.

Hartog, R. & Schwartz, S.Y. (2001) Depth-dependent mantle anisotropy below the San Andreas fault system: apparent splitting parameters and waveforms. *J. geophys. Res.* **106**, 4155–67.

Hasegawa, A., Umino, N. & Takagi, A. (1978) Doubleplaned seismic zone and upper-mantle structure in the northeastern Japan arc. *Geophys. J. Roy. astr. Soc.* **54**, 281–96.

Hasegawa, A., Horiuchi, S. & Umino, N. (1994) Seismic structure of the northeastern Japan convergent margin: a synthesis. *J. geophys. Res.* **99**, 22295–311.

Hastings, D.A. & Dunbar, P.K. (1998) Development and assessment of the Global Land One-km base digital elevation model (GLOBE), *ISPRS Arch.* **32**, pp. 218–21. *Int. Soc. Photogramm. Remote Sens.* (*ISPRS*), Stuttgart, Germany.

Hauck, M.L. *et al.* (1998) Crustal structure of the Himalayan orogen at ~90° east longitude from Project INDEPTH deep reflection profiles. *Tectonics* **17**, 481–500.

Haug, G.H. & Tiederman, R. (1998) Effect of the formation of the Isthmus of Panama on Atlantic Ocean thermohaline circulation. *Nature* **393**, 673–6.

Hauksson, E. (1987) Seismotectonics of the Newport–Inglewood fault zone in the Los Angeles basin, southern California. *Bull. seis. Soc. Am.* **77**, 539–61.

Hauksson, E. (1994) The 1991 Sierra Madre earthquake sequence in Southern California: seismological and tectonic analysis. *Bull. seis. Soc. Am.* **84**, 1058–74.

Hauksson, E. *et al.* (1988) The 1987 Whittier Narrows earthquake in the Los Angeles metropolitan area, California. *Science* **239**, 1409–12.

Hauksson, E., Jones, L.M. & Hutton, K. (1995) The 1994 North-ridge earthquake sequence in California: seismological and tectonic aspects. *J. geophys. Res.* **100**, 12335–55.

Hauser, E. *et al.* (1987) Crustal structure of eastern Nevada from COCORP deep seismic reflection data. *Bull. geol. Soc. Am.* **99**, 833–44.

Heaman, L.M., Kjarsgaard, B.A. & Creaser, R.A. (2003) The timing of kimberlite magmatism in North America: implications for global kimberlite genesis and diamond exploration. *Lithos* **71**, 153–84.

Heaton, T.H. (1982) The 1971 San Fernando earthquake: a double event? *Bull. seis. Soc. Am.* **72**, 2037–62.

Hedenquist, J.W. & Lowenstern, J.B. (1994) The role of magmas in the formation of hydrothermal ore deposits. *Nature* **370**, 519–27.

Heirtzler, J.R. *et al.* (1968) Marine magnetic anomalies, geomagnetic field reversals and motions of the ocean floor and continents. *J. geophys. Res.* **73**, 2119–36.

Heirtzler, J.R., Le Pichon, X. & Baron, J.G. (1966) Magnetic anomalies over the Reykjanes Ridge. *Deep Sea Res.* **13**, 427–43.

Helffrich, G.R. & Wood, B.J. (2001) The Earth's mantle. *Nature* **412**, 501–7.

Hendrie, D. *et al.* (1994) A quantitative model of rift basin development in the northern Kenya Rift: evidence for the Turkana region as an "accommodation zone" during the Palaeogene. *Tectonophysics* **236**, 409–38.

Henrys, S.A. *et al.* (2004) Mapping the Moho beneath the Southern Alps continent–continent collision, New Zealand, using wide-angle reflections. *Geophys. Res. Lett.* **31**, L17602, doi:10.1029/ 2004GL020561.

Henstock, T.J. & Levander, A. (2000) Lithospheric evolution in the wake of the Mendocino triple junction: structure of the San Andreas Fault system at 2 Ma. *Geophys. J. Int.* **140**, 233–47.

Herring, T.A. *et al.* (1986) Geodesy by radio interferometry: evidence for contemporary plate motion. *J. geophys. Res.* **91**, 8341–7.

Herrington, R.J., Evans, D.M. & Buchanan, D.L. (1997) Metallogenic aspects. *In* De Wit, M.J. & Ashwal, L.D. (eds) *Greenstone Belts*, pp. 177–219. Clarendon Press, Oxford.

Herron, E.M. (1972) Sea-floor spreading and the Cenozoic history of the East–Central Pacific. *Bull. geol. Soc. Am.* **83**, 1671–92.

Herron, E.M., Cande, S.C. & Hall, B.R. (1981) An active spreading center collides with a subduction zone, a geophysical survey of the Chile margin triple junction. *Geol. Soc. Am. Mem.* **154**, 683–701.

Herron, T.J., Stoffa, P.L. & Buhl, P. (1980) Magma chamber and mantle reflections – East Pacific Rise. *Geophys. Res. Lett.* **7**, 989–92.

Hervé, F., Fanning, C.M. & Pankhurst, R.J. (2003) Detrital zircon age patterns and provenance of the metamorphic complexes of southern Chile. *J. S. Am. Earth Sci.* **16**, 107–23.

Herzberg, C. (1999) Formation of cratonic mantle as plume residues and cumulates. *In* Fei, Y., Bertka, C. & Mysen, B.O. (eds) *Mantle Petrology: field observations and high pressure experimentation*, pp. 241–57, Geochemical Society, Houston, TX.

Hess, H.H. (1962) History of ocean basins. *In Petrologic Studies: a volume in honor of A.F. Buddington*, pp. 599–620. Geological Society of America, New York.

Hetland, E.A. & Hager, B.H. (2004) Relationship of geodetic velocities to velocities in the mantle. *Geophys. Res. Lett.* **31**, L17604, doi:10.1029/2004GL020691.

Hey, R.N. (1977) A new class of pseudofaults and their bearing on plate tectonics: a propagating rift model. *Earth planet. Sci. Lett.* **37**, 321–5.

Hey, R.N., Dunnebier, F.K., & Morgan, W.J. (1980) Propagating rifts on mid-ocean ridges. *J. geophys. Res.* **85**, 3647–58.

Hey, R.N. *et al.* (1986) Sea Beam/Deep-Tow investigation of an active propagating rift system, Galapagos 95.5°W. *J. geophys. Res.* **91**, 3369–94.

Hey, R.N. *et al.* (1988) Changes in direction of seafloor spreading revisited. *J. geophys. Res.* **93**, 2803–11.

Hickman, A.H. (2004) Two contrasting granite-greenstone terranes in the Pilbara craton, Australia: evidence for vertical and horizontal tectonic regimes prior to 2900 Ma. *Precambrian Res.* **131**, 153–72.

Hickman, S. & Zoback, M. (2004) Stress orientations and magnitudes in the SAFOD pilot hole. *J. geophys. Res.* **31**, L15S12, doi:10.1029/2004GL020043.

Hickman, S., Zoback, M. & Ellsworth, W. (2004) Introduction to special section: preparing for the San Andreas Fault Observatory at Depth. *Geophys. Res. Lett.* **31**, L12S01, doi:10.1029/ 2004GL020688.

Hill, R.I. (1991) Starting plumes and continental breakup. *Earth planet Sci. Lett.* **104**, 398–416.

Hilton, D.R. & Craig, H. (1989) A helium isotope transect along the Indonesian archipelago. *Nature* **342**, 906–8.

Hindle, D. *et al.* (2002) Consistency of geologic and geodetic displacements during Andean orogenesis. *Geophys. Res. Lett.* **29**, doi:10.1029/2001GL013757.

Hirth, G. & Kohlstedt, D. (2003) Rheology of the uper mantle and the mantle wedge: a view from experimentalists. *In* Eiler, J. (ed.) *Inside the Subduction Factory. Geophys. Monogr. Ser.* **138**, pp. 83–106. American Geophysical Union, Washington, DC.

Hodges, K.V. (2000) Tectonics of the Himalaya and southern Tibet from two perspectives. *Bull. geol. Soc. Am.* **112**, 324–50.

Hodges, K.V., Parrish, R.R. & Searle, M.P. (1996) Tectonic evolution of the central Annapurna Range, Nepalese Himalayas. *Tectonics* **15**, 1264–91.

Hodges, K.V., Hurtado, J.M. & Whipple, K.X. (2001) Southward extrusion of Tibetan crust and its effect on Himalayan tectonics. *Tectonics* **20**, 799–809.

Hoffman, P.F. (1991) Did the breakout of Laurentia turn Gondwanaland inside out? *Science* **252**, 1409–12.

Hoffman, P.F. (1997) Tectonic genealogy of North America. *In* Van der Pluijm, B.A. & Marshak, S. (eds) *Earth Structure and Introduction to Structural Geology and Tectonics*, pp. 459–64. McGraw Hill, New York.

Hoffman, P.F. & Schrag, D.P. (2002) The snowball Earth hypothesis: testing the limits of global change. *Terra Nova* **14**, 129–55.

Hoffman, P.F. et al. (1998) A Neoproterozoic snowball Earth. *Science* **281**, 1342–6.

Hofmann, A.W. (1997) Mantle geochemistry: the message from oceanic volcanism. *Nature* **385**, 219–29.

Hofmann, C. *et al.* (1997) Timing of the Ethiopian flood basalt event and implications for plume birth and global change. *Nature* **389**, 838–41.

Hofmann, C., Feraud, G. & Courtillot, V. (2000) $^{40}Ar/^{39}Ar$ dating of mineral separates and whole rocks from the Western Gnats lava pile: further constraints on the duration and age of the Deccan Traps. *Earth planet. Sci. Lett.* **180**, 13–28.

Hofstetter, R. & Beth, M. (2003) The Afar Depression: interpretation of the 1960–2000 earthquakes. *Geophys. J. Int.* **155**, 715–32.

Hogrefe, A. et al. (1994) Metastability of estatite in deep subducting lithosphere. *Nature* **372**, 351–3.

Holbrook, W.S. et al. (1996) Crustal structure of a transform boundary: San Francisco Bay and the central California continental margin. *J. geophys. Res.* **101**, 22311–34.

Hole, J.A. *et al.* (2000) Three-dimensional seismic velocity structure of the San Francisco Bay area. *J. geophys. Res.* **105**, 13859–74.

Hollister, L.S. & Andronicos, C.L. (1997) A candidate for the Baja British Columbia fault system in the Coast Plutonic Complex. *GSA Today* **7**, 1–7.

Holmes, A. (1928) Radioactivity and Earth movements. *Trans. Geol. Soc. Glasgow* **18**, 559–606.

Hopper, J.R. & Buck, W.R. (1996) The effect of lower crustal flow on continental extension and passive margin formation. *J. geophys. Res.* **101**, 20175–94.

Hopper, J.R. *et al.* (2003) Structure of the SE Greenland margin from seismic reflection and refraction data: implications for nascent spreading center subsidence and asymmetric crustal accretion during North Atlantic opening. *J. geophys. Res.* **108**, 2269, doi:10.1029/2002JB001996.

Hopper, J.R. *et al.* (2004) Continental breakup and the onset of ultraslow seafloor spreading off Flemish Cap on the Newfoundland rifted margin. *Geology* **32**, 93–6.

Housen, B.A. & Beck, M.E. (1999) Testing terrane transport: an inclusive approach to the Baja B.C. controversy. *Geology* **27**, 1143–46.

Howell, D.G. (1989) *Tectonics of Suspect Terranes: mountain building and continental growth.* Chapman & Hall, London.

Hsui, A.T. & Toksöz, M.N. (1981) Back-arc spreading: trench migration, continental pull or induced convection? *Tectonophysics* **74**, 89–98.

Huang, C.-Y. *et al.* (2000) Geodynamic processes of Taiwan arc–continent collision and comparison with analogs in Timor, Papua New Guinea, Urals and Corsica. *Tectonophysics* **325**, 1–21.

Huang, C.-Y., Yuan, P.B. & Tsao, S.-J. (2006) Temporal and spatial records of active arc–continent collision in Taiwan: a synthesis. *Bull. geol. Soc. Am.* **118**, 274–88.

Huang, W. *et al.* (2000) Seismic polarization anisotropy beneath the central Tibetan Plateau. *J. geophys. Res.* **105**, 27979–89.

Hughes, B.D. *et al.* (1996) Detailed processing of seismic reflection data from the frontal part of the Timor trough accretionary wedge, eastern Indonesia. *In* Hall, R., & Blundell, D. (eds) *Tectonic Evolution of Southeast Asia. Spec. Pub. geol. Soc. Lond.* **106**, 75–83.

Huismans, R.S. & Beaumont, C. (2003) Symmetric and asymmetric lithospheric extension: relative effects of frictional-plastic and viscous strain softening. *J. geophys. Res.* **108**, 2496, doi:10.1029/2002JB002026.

Huismans, R.S. & Beaumont, C. (2007) Roles of lithospheric strain softening and heterogeneity in determining the geometry of rifts and continental margins. *In* Karner, G.D., Manatschal, G. & Pinhiero, L.M. (eds) *Imaging, Mapping and Modelling Continental Lithosphere Extension and Breakup. Spec. Pub. geol. Soc. Lond.* **282**, 107–34.

Huismans, R.S., Podladchikov, Y.Y. & Cloetingh, S. (2001) Transition from active to passive rifting: relative importance of asthenospheric doming and passive extension of the lithosphere. *J. geophys. Res.* **106**, 11271–91.

Hurley, P.M. (1968) The confirmation of continental drift. *Sci. Am.* **218**(4), 52–64.

Hutchinson, C.S. (1983) *Economic Deposits and their Tectonic Setting.* MacMillan Press, London.

Hutchison, W.W. (1982) Geology of the Prince Rupert–Skeena map area, British Columbia. *Mem. Geol. Surv. Can.* **394**, 1–116.

Hyde, W.T. *et al.* (2000) Neoproterozoic "snowball Earth" simulations with a coupled climate/ice-sheet model. *Nature* **405**, 425–9.

Hyndman, R.D., Currie, C.A. & Mazzotti, S.P. (2005) Subduction zone backarcs, mobile belts, and orogenic heat. *GSA Today* **15**, doi:10.1130/1052-5173(2005)15<4:SZBMBA>2.0CO;2.

Hyndman, R.D. *et al.* (1990) The northern Cascadia subduction zone at Vancouver Island: seismic structure and tectonic history. *Can. J. Earth Sci* **27**, 313–29.

Ibs-von Seht, M. *et al.* (2001) Seismicity, seismotectonics and crustal structure of the southern Kenya Rift – new data from the Lake Magadi area. *Geophys. J. Int.* **146**, 439–53.

Irving, E., Emslie, R.F. & Ueno, H. (1974) Upper Proterozoic paleomagnetic poles from Laurentia and the history of the Grenville structural province. *J. Geophys. Res.* **79**, 5491– 502.

Irving, E., North, F. & Couillard, R. (1974) Oil, climate and tectonics. *Can. J. Earth Sci.* **11**, 1–17.

Irving, E. *et al.* (1996) Large (1000–4000 km) northward movements of tectonic domains in the northern Cordillera, 83 to 45 Ma. *J. geophys. Res.* **101**, 17901–16.

Isacks, B. & Molnar, P. (1969) Mantle earthquake mechanisms and the sinking of the lithosphere. *Nature* **223**, 1121–4.

Isacks, B. & Molnar, P. (1971) Distribution of stresses in the descending lithosphere from a global survey of focal mechanism solutions of mantle earthquakes. *Rev. Geophys. Space Phys.* **9**, 103–74.

Isacks, B., Oliver, J. & Sykes, L.R. (1968) Seismology and the new global tectonics. *J. geophys. Res.* **73**, 5855–99.

Isacks, B., Sykes, L.R. & Oliver, J. (1969) Focal mechanisms of deep and shallow earthquakes in the Tonga–Kermadec region and tectonics of island arcs. *Bull. geol. Soc. Am.* **80**, 1443–69.

Isacks, B.L. (1988) Uplift of the central Andean plateau and bending of the Bolivian orocline. *J. geophys. Res.* **93**, 3211–31.

Isacks, B.L. & Barazangi, M. (1977) Geometry of Benioff zones: lateral segmentation and downward bending of the subducted lithosphere. *In* Talwani, M. & Pitman, W.C. III (eds) *Island Arcs, Deep Sea Trenches and Backarc Basins*, pp. 99–114. American Geophysical Union, Washington, DC.

Isley, A.E. & Abbott, D.H. (2002) Implications of the temporal distribution of high-Mg magmas for mantle plume volcanism through time, *J. Geol.* **110**, 141–58.

Ito, E. & Sato, H. (1991) Aseismicity in the lower mantle by superplasticity of the descending slab. *Nature* **351**, 140–1.

Jackson, H.R. (2002) Seismic refraction profiles in the Gulf of Saint Lawrence and implications for extent of continuous Grenville lower crust. *Can. J. Earth Sci.* **39**, 1–17.

Jackson, J. (2002) Strength of continental lithosphere: time to abandon the jelly sandwich? *GSA Today* **12**, 4–10.

Jackson, J. (2004) Velocity fields, faulting, and strength on the continents. *In* Karner, G.D. *et al.* (eds) *Rheology and Deformation of the Lithosphere at Continental Margins*, pp. 31–45. Columbia University

Press, New York.

Jackson, J.A., Haines, A. & Holt, W. (1992) The horizontal velocity field in the deforming Aegean Sea region determined from the moment tensors of earthquakes. *J. geophys. Res.* **97**, 17657–84.

Jackson, J.A. *et al.* (2004) Metastability, mechanical strength and the support of mountain belts. *Geology*, **32**, 625–8.

Jacob, K.H., Nakamura, K. & Davies, J.N. (1977) Trench– volcano gap along the Alaska–Aleutian arc: facts and speculations on the role of terrigenous sediments for subduction. *In* Talwani, M. & Pitman, W.C. III (eds) *Island Arcs, Deep Sea Trenches and Back–arc Basins. Maurice Ewing Series* **I**, pp. 243–58. American Geophysical Union, Washington, DC.

Jacobs, J.A. (1991) *The Deep Interior of the Earth.* Chapman & Hall, London.

Jacobs, J.A. (1994) *Reversals of the Earth's Magnetic Field.* Cambridge University Press, Cambridge.

James, D.E. & Fouch, M.J. (2002) Formation and evolution of Archaean cratons: insights from southern Africa. *In* Fowler, C.M.R., Ebinger, C.J. & Hawkesworth, C.J. (eds) *The Early Earth: physical, chemical and biological development. Spec. Pub. geol. Soc. Lond.* **199**, 1–26.

James, D.E. & Snoke, J.A. (1990) Seismic evidence for continuity of the deep slab beneath central and eastern Peru. *J. geophys. Res.* **95**, 4789–5001.

James, D.E. *et al.* (2001) Tectospheric structure beneath southern Africa. *Geophys. Res. Lett.* **28**, 2485–8.

James, E.W., Kimbrough, D.L. & Mattinson, J.M. (1993) Evaluation of displacements of pre-Tertiary rocks on the northern San Andreas fault using U-Pb zircon dating, initial SR, and common Pb isotopic ratios. *In* Powell, R.E., Weldon, R.J.I. & Matti, J.C. (eds) *The San Andreas Fault System: displacement, palinspastic reconstruction, and geologic evolution. Geol. Soc. Am. Mem.* **178**, 257–71.

Jarrard, R.D. (1986) Relations among subduction parameters. *Rev. Geophys.* **24**, 217–84.

Jaupart, C. & Mareschal, J.C. (1999) The thermal structure and thickness of continental roots. *Lithos* **48**, 93–114.

Jellinek, A.M. & Manga, M. (2004) Links between long-lived hot spots, mantle plumes, D″, and plate tectonics. *Rev. Geophys.* **42**, 3002.

Jennings, C.W. (1994) Fault activity map of California and adjacent areas. *Geol. Data Map* **6**, Calif. Dep. of Conserv. Div. Mines and Geol., Sacramento, CA.

Johnson, M.C. & Plank, T. (1999) Dehydration and melting experiments constrain the fate of subducted sediments. *Geochem. Geophys. Geosyst.* **1**, doi:10.1029/1999GC000014.

Johnson, M.R.W. (2002) Shortening budgets and the role of continental subduction during the India–Asia collision. *Earth Sci. Rev.* **59**, 101–23.

Johnston, S.T. (2001) The great Alaskan terrane wreck: reconciliation of paleomagnetic and geologic data in the northern Cordillera. *Earth planet. Sci. Lett.* **193**, 259–72.

Jones, C.H. & Phinney, R.A. (1998) Seismic structure of the lithosphere from teleseismic converted arrivals observed at small arrays in the southern Sierra Nevada and vicinity, California. *J. geophys. Res.* **103**, 10065–90.

Jones, C.H. *et al.* (1992) Variations across and along a major continental rift: an interdisciplinary study of the Basin and Range Province, Western USA. *Tectonophysics* **213**, 57–96.

Jones, D.G., Silberling, N.J. & Hillhouse, J. (1977) Wrangellia – a displaced terrane in northwestern North America. *Can. J. Earth Sci.* **14**, 2565–77.

Jones, D.L. *et al.* (1983) Recognition, character and analysis of tectonostratigraphic terranes in western North America. *In* Hashimoto, M. & Uyeda, S. (eds) *Accretion Tectonics in the circum-Pacific Regions*, pp. 21–35. Terra Scientifi c, Tokyo.

Jones, E.J.W. (1999) *Marine Geophysic.* Wiley, Chichester, England.

Jordan, T.A. & Watts, A.B. (2005) Gravity anomalies, flexure and the elastic thickness structure of the India–Eurasia collisional system. *Earth planet. Sci. Lett.* **236**, 732–50.

Jordan, T.E. *et al.* (1983) Andean tectonics related to geometry of subducted Nazca plate. *Bull. geol. Soc. Am.* **94**, 341–61.

Jordan, T.E. *et al.* (2001) Extension and basin formation in the southern Andes caused by increased convergence rate: a mid-Cenozoic trigger for the Andes. *Tectonics* **20**, 308–24.

Jurdy, D.M. & Stefanick, M. (1983) Flow models for back-arc spreading. *Tectonophysics* **99**, 191–206.

Kamp, P.J.J., Green, P.F. & Tippett, J.M. (1992) Tectonic architecture of the mountain front–foreland basin transition, South Island, New Zealand, assessed by fission track analysis. *Tectonics* **11**, 98–113.

Kanasewich, E.R. (1976) Plate tectonics and planetary convection. *Can. J. Earth Sci.* **13**, 331–40.

Karabinos, P. *et al.* (1998) Taconic orogeny in the New England Appalachians: collision between Laurentia and the Shelburne Falls arc. *Geology* **26**, 215–18.

Kárason, H. & van der Hilst, R.D. (2000) Constraints on mantle convection from seismic tomography. *In* Richards, M.A., Gordon, R. & van der Hilst, R.D. (eds) *The History and Dynamics of Global Plate Motion. Geophys. Monogr. Ser.* **121**, pp. 277–88. American Geophysical Union, Washington, DC.

Karato, S.-I. (1998) Seismic anisotropy in the deep mantle, boundary layers and the geometry of mantle convection. *Pure Appl. Geophys.* **151**, 565–87.

Karato, S.-I. & Wu, P. (1993) Rheology of the upper mantle: a synthesis. *Science* **260**, 771–8.

Karato, S.-I., Zhang, S. & Wenk, H.-R. (1995) Superplasticity in the Earth's lower mantle: evidence from seismic anisotropy and rock physics. *Science* **270**, 458–61.

Karig, D.E. (1970) Ridges and basins of the Tonga–Kermadec island arc system. *J. geophys. Res.* **75**, 239–54.

Karig, D.E. & Kay, R.W. (1981) Fate of sediments on the descending plate at convergent margins. *Phil. Trans. Roy. Soc. Lond. A* **301**, 233–51.

Karl, D.M. *et al.* (1988) Loihi Seamount, Hawaii: a mid-plate volcano with a distinctive hydrothermal system. *Nature* **335**, 532–5.

Karlstrom, K.E. & Williams, M.L. (1998) Heterogeneity of the middle crust: implications for strength of continental lithosphere. *Geology* **26**, 815–18.

Karlstrom, K.E. *et al.* (2001) Long-lived (1.8–1.0 Ga) convergent orogen in southern Laurentia, its extensions to Australia and Baltica, and implications for refi ning Rodinia. *Precambrian Res.* **111**, 5–30.

Karlstrom, K.E. *et al.* (2002) Structure and evolution of the lithosphere beneath the Rocky Mountains: initial results from the CD-ROM Experiment. *GSA Today* **12**, 4–10.

Karson, J.A. (2002) Geologic structure of the uppermost oceanic crust created at fast-to intermediate-rate spreading centers. *Annu. Rev. Earth planet. Sci.* **30**, 347–84.

Karson, J.A. *et al.* (1987) Along-axis variations in seafloor spreading in the MARK area. *Nature* **328**, 681–5.

Karson, J.A. *et al.* (2002) Structure of Uppermost fast-spread oceanic crust exposed at the Hess Deep Rift: implications for subaxial processes at the East Pacific Rise. *Geochem. Geophys. Geosyst.* **3**, doi: 10.1029/2001GC000155.

Karson, J.A. *et al.* (2006) Detachment shear zone of the Atlantis Massif core complex, Mid-Atlantic Ridge, 30°N. *Geochem. Geophys. Geosyst.* **7**, Q06016, doi:10.1029/2005GC001109.

Kaula, W.M. (1975) Absolute plate motions by boundary velocity minimizations. *J. geophys. Res.* **80**, 244–8.

Kay, R, Hubbard, N.J. & Gast, P.W. (1970) Chemical characteristics and origin of oceanic ridge volcanic rocks. *J. geophys. Res.* **75**, 1585–613.

Kearey, P., Brooks, M. & Hill, I. (2002) *Introduction to Geophysical Exploration*, 3rd edn. Blackwell Publications, Oxford.

Keen, C. & Tramontini, C. (1970) A seismic refraction survey on the Mid-Atlantic ridge. *Geophys. J. Roy. astr. Soc.* **20**, 473–91.

Keir, D. *et al.* (2006) Strain accommodation by magmatism and faulting as rifting proceeds to breakup: seismicity of the northern Ethiopian rift. *J. geophys. Res.* **111**, B05314, doi:10.1029/ 2005JB003748.

Kelemen, P.B., Yogodzinski, G.M. & Scholl, D.W. (2003) Along-strike variation in lavas of the Aleutian arc: genesis of high Mg andesite and implications for continental crust. *In* Eiler, J. (ed.) *Inside the Subduction Factory. Geophys. Monogr. Ser.* **138**, pp. 223–76. American Geophysical Union, Washington, DC.

Keller, R.G. & Hatcher, Jr, R.D. (1999) Some comparisons of the structure and evolution of the southern Appalachian–Ouachita orogen and portions of the Trans-European Suture Zone region. *Tectonophysics* **314**, 43–68.

Kellogg, L.H. & King, S.D. (1997) The effect of temperature dependent viscosity on the structure of new plumes in the mantle: results of a finite element model in a spherical axisymmetrical shell. *Earth planet. Sci. Lett.* **148**, 13–26.

Kelly, D.S. *et al.* (2001) An off-axis hydrothermal vent field near the Mid-Atlantic Ridge at 30°N. *Nature* **412**, 145 9.

Kelly, D.S., Baross, J.A. & Delaney, J.R. (2002) Volcanoes, fluids and life at mid-ocean ridge spreading centers. *Annu. Rev. Earth planet. Sci.* **30**, 385–491.

Kendall, J.-M. *et al.* (2005) Magma-assisted rifting in Ethiopia. *Nature* **433**, 146–8.

Kennedy, M.J., Christie-Blick, N. & Prave, A.R. (2001) Carbon isotopic composition of Neoproterozoic glacial carbonates as a test of paleoceanographic models for snowball Earth phenomena. *Geology* **29**, 1135–8.

Kennett, B.L.N. (1977) Towards a more detailed seismic picture of the oceanic crust and mantle. *Marine geophys. Res.* **3**, 7–42.

Kennett, B.L.N., & Orcutt, J.A. (1976) A comparison of travel time inversions for marine refraction profiles. *J. geophys. Res.* **81**, 4061–70.

Kennett, B.L.N., Engdahl, E.R. & Buland, R. (1995) Constraints on seismic velocities in the Earth from traveltimes. *Geophys. J. Int.* **122**, 108–24.

Kennett, J.P. (1977) Cenozoic evolution of Antarctic glaciation, the circum-Antarctic current, and their impact on global paleoceanography. *J. geophys. Res.* **82**, 3843–60.

Kent, D.V. & Gradstein, F.M. (1985) A Cretaceous and Jurassic geochronology. *Bull. geol. Soc. Am.* **96**, 1419–27.

Kent, D.V. & Gradstein, F.M. (1986) A Jurassic to recent chronology. *In* Vogt, P.R. & Tucholke, B.E. (eds) *The Western North Atlantic region. The Geology of North America* **1**, pp. 45–50. Geological Society of America, Boulder, CO.

Kent, G.M. *et al.* (1994) Uniform accretion of oceanic crust south of the Garrett transform at 14°15′S on the East Pacific Rise. *J. geophys. Res.* **99**, 9097–116.

Kent, G.M., Harding, A.J. & Orcutt, J.A. (1990) Evidence for a smaller magma chamber beneath the East Pacific Rise at 9°30′N. *Nature* **344**, 650–3.

Keppie, J.D. & Dostal, J. (2001) Evaluation of the Baja controversy using paleomagnetic and faunal data, plume magmatism, and piercing points. *Tectonophysics* **339**, 427–42.

Keppie, J.D. & Ramos, V.A. (1999) Odyssey of terranes in the Iapetus and Rheic oceans during the Paleozoic. *In* Ramos, V.A. & Keppie, J.D. (eds) *Laurentia-Gondwana Connections before Pangea. Geol. Soc. Am. Sp. Paper* **336**, 267–76.

Kidd, R.G.W. (1977) A model for the process of formation of the upper oceanic crust. *Geophys. J. Roy. astr. Soc.* **50**, 149–83.

Kieffer, B. *et al.* (2004) Flood and shield basalt from Ethiopia: magmas from the African superswell. *J. Petrol.* **45**, 793–834.

Kilgour, B. & Hatch, L. (compilers) (2002) *Magnetic Anomaly Images of the Australian Region* [Digital Dataset]. Geoscience Australia, Canberra.

Kincaid C. & Griffiths R.W. (2003) Laboratory models of the thermal evolution of the mantle during rollback subduction. *Nature*, **425**, 58–62.

King, S.D. (2005) Archean cratons and mantle dynamics. *Earth planet. Sci. Lett.* **234**, 1–14.

Kirby, S.H., Engdahl, E.R. & Denlinger, R. (1996) Intermediate depth intraslab earthquakes and arc volcanism as physical expressions of crustal and upper mantle metamorphism in subducting slabs. *In* Bebout, G.E. *et al.* (eds) *Subduction: top to bottom. Geophys. Monogr. Ser.* **96**, pp. 195–214. American Geophysical Union, Washington, DC.

Kirby, E. *et al.* (2002) Late Cenozoic evolution of the eastern margin of the Tibetan Plateau: inferences from $^{40}Ar/^{39}Ar$ and (U-Th)/He thermochronology. *Tectonics* **21**, 1001, doi:10.1029/ 2000TC001246.

Kitada, K. *et al.* (2006) Distinct regional differences in crustal thickness along the axis of the Mariana Trough, inferred from gravity anomalies. *Geochem. Geophys. Geosyst.* **7**, Q04011, doi:10.1029/2005GC001119.

Klein, E.M. *et al.* (1988) Isotope evidence of a mantle convection boundary at the Australian–Antarctic Discordance. *Nature* **333**, 623–9.

Kleinrock, M.C. & Hey, R.N. (1989) Detailed tectonics near the tip of the Galapagos 95.5°W propagator: how the lithosphere tears and a spreading axis develops. *J. geophys. Res.* **94**, 13801–38.

Klepeis, K.A., Crawford, M.L. & Gehrels, G. (1998) Structural history of the crustal-scale Coast shear zone near Portland Canal, Coast Mountains orogen, southeast Alaska and British Columbia. *J. struct. Geol.* **20**, 883–904.

Klepeis, K.A, Clarke, G.L. & Rushmer, T. (2003) Magma transport and coupling between deformation and magmatism in the continental lithosphere. *GSA Today* **13**, 4–11.

Klepeis, K.A. *et al.* (2004) Processes controlling vertical coupling and decoupling between the upper and lower crust of orogens: results from Fiordland, New Zealand. *J. struct. Geol.* **26**, 765–91.

Klepeis, K.A., King, D., De Paoli, M., Clarke, G.L. & Gehrels, G. (2007) Interaction of strong lower and weak middle crust during lithospheric extension in western New Zealand. *Tectonics* **26**, TC4017.

Kley, J. (1996) Transition from basement-involved to thin skinned thrusting in the Cordillera Oriental of southern Bolivia. *Tectonics* **15**, 763–75.

Kley, J., Monaldi, C.R. & Salfi ty, J.A. (1999) Along-strike segmentation of the Andean foreland: causes and consequences. *Tectonophysics* **301**, 75–94.

Kloppenburg, A., White, S.H. & Zegers, T.E. (2001) Structural evolution of the Warrawoona Greenstone Belt and adjoining granitoid complexes, Pilbara craton, Australia: implications for Archaean tectonic processes. *Precambrian Res.* **112**, 107–47.

Klosko E.R. *et al.* (1999). Upper mantle anisotropy in the New Zealand region. *Geophys. Res. Lett.* **26**, 1497–500.

Klotz, J. *et al.* (1999) GPS-derived deformation of the central Andes including the 1995 Antofagasta Mw= 8.0 earthquake. *Pure Appl. Geophys.* **154**, 709–30.

Knittle, E. & Jeanloz, R (1991) Earth's core–mantle boundary: results of experiments at high pressures and temperatures. *Science* **251**, 1438–43.

Kohler, M.D. (1999) Lithospheric deformation beneath the San Gabriel Mountains in the Southern California Transverse Ranges. *J. geophys. Res.* **104**, 15025–41.

Kohler, M.D. & Eberhart-Phillips, D. (2003) Intermediate-depth earthquakes in a region of continental convergence: South Island, New Zealand. *Bull. seis. Soc. Am.* **93**, 85–93.

Kono, M. & Roberts, P.H. (2002) Recent geodynamo simulations and observations of the geomagnetic field. *Rev. geophys.* **40**(4), doi:101029/2000RG000102, 1013.

Konstantinovskaia, E. & Malavieille, J. (2005) Erosion and exhumation in accretionary orogens: experimental and geological approaches. *Geochem. Geophys. Geosyst.* **6**, Q02006, doi:10.1029/ 2004GC000794.

Koons, P.O. (1987) Some thermal and mechanical consequences of rapid uplift; an example from the Southern Alps, New Zealand. *Earth planet. Sci. Lett.* **86**, 307–19.

Koons, P. *et al.* (2003) Influence of exhumation on the structural evolution of transpressional plate boundaries: an example from the Southern Alps, New Zealand. *Geology* **31**, 3–6.

Koons, P.O. *et al.* (1998) Fluid flow during active oblique convergence: a Southern Alps model from mechanical and geochemical observations. *Geology* **26**, 159–62.

Korenaga, J. (2006) Archean geodynamics and the thermal evolution of the Earth. *In* Benn, K., Mareschal, J.C., & Condie, K. C. (eds) *Archean Geodynamics and Environments*. *Geophys. Monogr. Ser.* **164**, pp. 7–32. American Geophysical Union, Washington, DC.

Kreemer, C. *et al.* (2000) Active deformation in eastern Indonesia and the Philippines from GPS and seismicity data. *J. geophys. Res.* **105**, 663–80.

Kröner, A. (1981) Precambrian plate tectonics. *In* Kröner, A. (ed.) *Precambrian Plate Tectonics*, pp. 57–90. Elsevier, Amsterdam.

Kröner, A. (1985) Ophiolites and the evolution of tectonic boundaries in the late Proterozoic Arabian–Nubian Shield of northeast Africa and Arabia. *Precambrian Res.* **27**, 277–300.

Kröner, A. & Cordani, U. (2003) African, southern Indian and South American cratons were not part of the Rodinia supercontinent: evidence from field relationships and geochronology. *Tectonophysics* **375**, 325–52.

Kurtén, B. (1969) Continental drift and evolution. *Sci. Am.* **220**, 54–65.

Kusky, T.M. & Polat, A. (1999) Growth of granite–greenstone terranes at convergent margins, and stabilization of Archean cratons. *Tectonophysics* **305**, 43–73.

Kusky, T.M. & Vearncombe, J.R. (1997) Structural Aspects. *In* de Wit, M.J. & Ashwal, L.D. (eds) *Greenstone Belts*, pp. 91–124. Clarendon Press, Oxford, UK.

Kusznir, N.J. & Bott, M.H.P. (1976) A thermal study of the formation of oceanic crust. *Geophys. J. Roy. astr. Soc.* **47**, 83–95.

Kusznir, N.J. & Park, R.G. (1987) The extensional strength of the continental lithosphere: its dependence on geothermal gradient, and composition and thickness. *In* Coward, M.P., Dewey, J.F. & Hancock, P.L. (eds) *Continental Extensional Tectonics*. *Spec. Pub. geol. Soc. Lond.* **28**, 35–52.

Kusznir, N.J., Hunsdale, R. & Roberts, A.M. (2004) Timing of depth-dependent lithosphere stretching on the S. Lofoten rifted margin offshore mid-Norway: pre-breakup or post-breakup? *Basin Research* **16**, 279–96.

Lachenbruch, A.H. & Sass, J.H. (1992) Heat flow from Cajon Pass, fault strength, and tectonic implications. *J. geophys. Res.* **97**, 4995–5015.

Lacroix, S. & Sawyer, E.W. (1995) An Archean fold-thrust belt in the northwestern Abitibi greenstone belt: structural and seismic evidence. *Can. J. Earth Sci.* **32**, 97–112.

Lamb, A. & Davis, P. (2003) Cenozoic climate change as a possible cause for the rise of the Andes. *Nature* **425**, 792–7.

Lamb, S. *et al.* (1997) Cenozoic evolution of the central Andes in Bolivia and northern Chile. *In* Burg, J.-P. & Ford, M. (eds) *Orogeny through Time*. *Spec. Pub.geol. Soc. Lond.* **121**, 237–64.

Langmuir, C.H., Bender, J.B. & Batiza, R. (1986) Petrological and tectonic segmentation of the East Pacific Rise, 5°30′–14°30′N. *Nature* **322**, 422–9.

Larson, K.M. *et al.* (1999) Kinematics of the India–Eurasia collision zone from GPS measurements. *J. geophys. Res.* **104**, 1077–93.

Larson, R.L. (1991a) Latest pulse of Earth: evidence for a mid-Cretaceous superplume. *Geology* **19**, 547–50.

Larson, R.L. (1991b) Geological consequences of superplumes. *Geology* **19**, 963–6.

Larson, R.L. (1995) The mid-Cretaceous superplume episode. *Sci. Am.* **272**, 66–70.

Larson, R.L. & Pitman, W.C. III (1972) World-wide correlation of Mesozoic magnetic anomalies, and its implications. *Bull. geol. Soc. Am.* **83**, 3645–61.

Larson, R.L. *et al.* (1992) Roller-bearing tectonic evolution of the Juan Fernandez microplate. *Nature* **356**, 571–6.

Latin, D., Norry, M.J. & Tarzey, R.J.E. (1993) Magmatism in the Gregory Rift, East Africa: evidence for melt generation by a plume. *J. Petrol.* **34**, 1007–27.

Lavier, L.L. & Buck, W.R. (2002) Half graben versus large-offset low-angle normal fault: importance of keeping cool during normal faulting. *J. geophys. Res.* **107**, 2122, doi:10.1029/ 2001JB000513.

Lavier, L.L. & Manatschal, G. (2006) A mechanism to thin the continental lithosphere at magma-poor margins. *Nature* **440**, 324–8.

Lavier, L.L., Buck, W.R. & Poliakov, A.N.B. (1999) Self-consistent rolling hinge model for the evolution of large-offset low-angle normal faults. *Geology* **27**, 1127–30.

Lavier, L.L., Buck, W.R. & Poliakov, A.N.B. (2000) Factors controlling normal fault offset in an ideal brittle layer. *J. geophys. Res.* **105**, 23 431–42.

Lawver, L.A. & Müller, R.D. (1994) Iceland hotspot track. *Geology* **22**, 311–4.

Lawver, L.A. *et al.* (2003) The PLATES 2003 Atlas of Plate Reconstruction (750 Ma to Present Day). PLATES Progress Report No. 280-0703. *University of Texas Institute for Geophysics Technical Report* No. 190. University of Texas Press, Houston, Texas.

Lazar, M., Ben-Avraham, Z. & Schattner, U. (2006) Formation of sequential basins along a strike-slip fault – geophysical observations from the Dead Sea basin. *Tectonophysics* **421**, 53–69.

Le Cheminant, A.N. & Heaman, L.M. (1989) Mackenzie igneous event, Canada; Middle Proterozoic hotspot magmatism associated with ocean opening. *Earth planet. Sci. Lett.* **96**, 38–48.

Lee, C.-T.A. (2006) Geochemical/petrologic constraints on the origin of cratonic mantle. *In* Benn, K., Mareschal, J.C., & Condie, K.C. (eds) *Archean Geodynamics and Evironments. Geophys. Monogr. Ser.* **164**, pp. 89–114. American Geophysical Union, Washington, DC.

Le Fort, P. *et al.* (1987) Crustal generation of Himalayan leucogranites. *Tectonophysics* **134**, 39–57.

LeGrand, H.E. (1988) *Drifting Continents and Shifting Theories.* Cambridge University Press, Cambridge, UK.

Leitner, B. *et al.* (2001) A focused look at the Alpine fault, New Zealand: seismicity, focal mechanisms, and stress observations, *J. geophys. Res.* **106**, 2193–220.

Lemieux, S., Ross, G.M. & Cook, F.A. (2000) Crustal geometry and tectonic evolution of the Archean crystalline basement beneath the southern Alberta Plains, from new seismic reflection and potential field studies. *Can. J. Earth Sci.* **37**, 1473–91.

Lenardic, A. (1998) On the partitioning of mantle heat loss below oceans and continents over time and its relationship to the Archaean paradox. *Geophys. J. Int.* **134**, 706–20.

Lenardic, A., Moresi, L.N. & Muehlhaus, H. (2003) Longevity and stability of cratonic lithosphere; insights from numerical simulations of coupled mantle convection and continental tectonics. *J. geophys. Res.* **108**, 2303, doi:10.1029/2002JB001859.

Lenardic, A. *et al.* (2000) What the mantle sees; the effect of continents on mantle heat flow. *In* Richards, M.A., Gordon, R.G. & van der Hilst, R.D. (eds) *The History and Dynamics of Global Plate Motions. Geophys. Monogr. Ser.* **121**, pp. 95–112. American Geophysical Union, Washington, DC.

Le Pichon, X. (1968) Sea-floor spreading and continental drift. *J. geophys. Res.* **73**, 3661–97.

Le Pichon, X., Francheteau, J. & Bonnin, J. (1973) *Plate Tectonics.* Elsevier, Amsterdam.

le Roex, A.P., Späth, A. & Zartman, R.E. (2001) Lithospheric thickness beneath the southern Kenya Rift: implications from basalt geochemistry. *Contrib. Mineral. Petrol.* **142**, 89–106.

Li, L. *et al.* (2004) Stress measurements of deforming olivine at high pressure. *Phys. Earth planet. Int.* **143–144**, 357–67.

Li, Z.X. *et al.* (2008) Assembly, configuration, and break-up history of Rodinia: a synthesis. *Precambrian Res.* **160**, 179–210.

Lin, J. *et al.* (1990) Evidence from gravity data for focused magmatic accretion along the Mid-Atlantic Ridge. *Nature* **344**, 627–32.

Lin, S.-C. & van Keken, P.E. (2006) Dynamics of thermochemical plumes: 1. Plume formation and entrainment of a dense layer. *Geochem. Geophys. Geosyst.* **7**, Q02006, doi:10.1029/ 2005GC001071.

Lister, C.R.B. (1980) Heat flow and hydrothermal circulation. *Ann. Rev. Earth planet. Sci.* **8**, 95–117.

Lister, G.S., Etheridge, M.A. & Simons, P.A. (1986) Detachment faulting and the evolution of passive continental margins. *Geology* **14**, 246–50.

Lithgow-Bertelloni, C. & Silver, P.G.(1998) Dynamic topography, plate driving forces and the Africal superswell. *Nature* **395**, 269–72.

Little, T.A., Holcombe, R.J. & Ilg, B.R. (2002) Kinematics of oblique collision and ramping inferred from microstructures and strain in middle crustal rocks, central Southern Alps, New Zealand. *J. struct. Geol.* **24**, 219–39.

Liu, M. & Yang, Y. (2003) Extensional collapse of the Tibetan Plateau: results of three-dimensional finite element modelling. *J. geophys. Res.* **108**, 2361, doi:10.1029/2002JB002248.

Livermore, R., Vine, F.J. & Smith, A.G. (1984) Plate motions and the geomagnetic field – II. Jurassic to Tertiary. *Geophys. J. Roy. astr. Soc.* **79**, 939–61.

Livermore, R. *et al.* (2004) Shackleton fracture zone: no barrier to early circumpolar ocean circulation. *Geology* **32**, 797–800.

Lottes, A.L. & Rowley, D.B. (1990) Early and Late Permian reconstructions of Pangaea. *In* McKerrow, W.S. & Scotese, C.R. (eds) *Paleozoic Paleogeography and Biogeography. Geol. Soc. Lond. Mem.* **12**, 383–95.

Louden, K.E. & Chian, D. (1999) The deep structure of non-volcanic rifted continental margins. *Phil. Trans. Roy. Soc. Lond. A* **357**, 767–805.

Louie, J.N. *et al.* (2004) The northern Walker Lane refraction experiment: Pn arrivals and the northern Sierra Nevada root. *Tectonophysics* **388**, 253–69.

Lowman, J.P. & Jarvis, G.T. (1996) Continental collisions in wide aspect ratio and high Rayleigh number two-dimensional mantle convection models. *J. geophys. Res.* **101**, 25 485–97.

Lowman, J.P. & Jarvis, G.T. (1999) Effects of mantle heat source distribution on supercontinent stability. *J. geophys. Res.* **104**, 12,733–46.

Lowman, J.P., King, S.D. & Gable, C.W. (2001) The infl uence of tectonic plates on mantle convection patterns, temperature and heat flow. *Geophys. J. Int.* **146**, 619–36.

Lowman, J.P., King, S.D. & Gable, C.W. (2003) The role of the heating mode of the mantle in intermittent reorganization of the plate velocity field. *Geophys. J. Int.* **152**, 455–67.

Lowman, J.P., King, S.D. & Gable, C.W. (2004) Steady plumes in viscously stratified, vigorously convecting, three-dimensional numerical mantle convection models with mobile plates. *Geochem. Geophys. Geosyst.* **5**, Q01L01, doi:10.1029/ 2003GC000583.

Lowrie, A., Smoot, C. & Bartiza, R. (1986) Are oceanic fracture zones locked and strong or weak? New evidence for volcanic activity and weakness. *Geology* **14**, 242–5.

Lysack, S. (1992) Heat flow variations in continental rifts. *Tectonophysics* **208**, 309–23. Lyzenga, G.A. *et al.* (1986) Tectonic motions in California inferred from very long baseline interferometry observations, 1980–4. *J. geophys. Res.* **91**, 9473–87.

Macdonald, K.C. & Fox. P.J. (1983) Overlapping spreading centres: new accretion geometry on the East Pacific Rise. *Nature* **302**, 55–8.

Macdonald, K.C. (1982) Mid-ocean ridges: fine scale tectonic, volcanic and hydrothermal processes within a plate boundary zone. *Ann. Rev. Earth planet. Sci.* **10**, 155–90.

Macdonald, K.C. *et al.* (1988) A new view of the mid-ocean ridge from the behaviour of ridge-axis discontinuities. *Nature* **335**, 217–25.

Macdonald, K.C., Sheirer, D.S. & Carbotte, S. (1991) Mid-ocean ridges: discontinuities, segments and giant cracks. *Science* **253**, 986–94.

Macdonald, R. *et al.* (2001) Plume–lithosphere interactions in the generation of the basalts of the Kenya Rift, East Africa. *J. Petrol.* **42**, 877–900.

Mackenzie, G.D., Thybo, H. & Maguire, P.K.H. (2005) Crustal velocity structure across the Main Ethiopian Rift: results from two-dimensional wide-angle seismic modelling. *Geophys. J. Int.* **162**, 994–1006.

Mackwell, S.J., Zimmerman, M.E. & Kohlstedt, D.L. (1998) High-temperature deformation of dry diabase with application to tectonics on Venus. *J. geophys. Res.* **103**, 975–84.

MacLeod, C.J. *et al.* (2002) Direct evidence for oceanic detachment faulting at the Mid-Atlantic Ridge, 15°45′ N. *Geology* **30**, 879–82.

Maekawa, H. *et al.* (1993) Blueschist metamorphism in an active subduction zone. *Nature* **364**, 520–3.

Mahmoud, S. *et al.* (2005) GPS evidence for northward motion of the Sinai Block: implications for E. Mediterranean tectonics. *Earth planet. Sci. Lett.* **238**, 217–24.

Makovsky, Y. & Klemperer, S.L. (1999) Measuring the seismic properties of Tibetan bright spots: evidence for free aqueous fluids in the Tibetan middle crust. *J. geophys. Res.* **104**, 10,795–825.

Makris, J. *et al.* (1983) Seismic refraction profiles between Cyprus and Israel and their interpretation. *Geophys. J. R. astr. Soc,* **75**, 575–91

Malavieille, J. *et al.* (2002) Arc–continent collision in Taiwan: new marine observations and tectonic evolution. *Geol. Soc. Am. Sp. Paper* **358**, 187–211.

Marcotte, S.B. *et al.* (2005) Intra-arc transpression in the lower crust and its relationship to magmatism in a Mesozoic magmatic arc. *Tectonophysics* **407**, 135–63.

Mareschal, J.-C. & Jaupart, C. (2006) Archean thermal regime and stabilization of the cratons. *In* Benn, K., Mareschal, J.C., & Condie, K.C. (eds) *Archean Geodynamics and Evironments*. *Geophys. Monogr. Ser.* **164**, pp. 61–73. American Geophysical Union, Washington, DC.

Marshak, S. (1999) Deformation style way back when: thoughts on the contrasts between Archean/Paleoproterozoic and contemporary orogens. *J. struct.Geol.* **21**, 1175–82.

Marshak, S. *et al.* (1997) Dome-and-keel provinces formed during Paleoproterozoic orogenic collapse-core complexes, diapirs, or neither?: examples from the Quadrilátero Ferrífero and the Penokean orogen. *Geology* **25**, 415–18.

Marshall, L.G. (1988) Land mammals and the great American interchange. *Amer. Sci.* **76**, 380–8.

Martin, H. (1981) The late Palaeozoic Gondwana glaciation. *Geol. Rund.* **70**, 480–98.

Martin, H. (1986) Effects of steeper Archean geothermal gradient on geochemistry and subduction-zone magmas. *Geology* **14**, 753–6.

Martínez, F. & Taylor, B. (2002) Mantle wedge control on back-arc crustal accretion. *Nature* **416**, 417–20.

Martínez, F., Fryer, P. & Becker, N. (2000) Geophysical characteristics of the Mariana Trough, 11°50′N–13°40′N. *J. Geophys. Res.* **105**, 16,591–607.

Martínez, F., Goodliffe, A.M. & Taylor, B. (2001) Metamorphic core complex formation by density inversion and lower-crust extrusion. *Nature* **411**, 930–4.

Martínez-Díaz, J.J. *et al.* (2004) Triggering of destructive earthquakes in El Salvador. *Geology* **32**, 65–8.

Marty B., Pik, R. & Gezahegan, Y. (1996) Helium isotopic variations in Ethiopian plume lavas: nature of magmatic sources and limit on lower mantle contribution. *Earth planet. Sci. Lett.* **144**, 223–37.

Marvin, U.B. (1973) *Continental Drift: the evolution of a concept.* Smithsonian Institution, Washington, DC.

Mascle, J. & Blarez, E. (1987) Evidence for transform margin evolution from the Ivory Coast–Ghana continental margin. *Nature* **326**, 378–81.

Mason, R. (1985) Ophiolites. *Geology Today* **1**, 136–40.

Mason, R.G. & Raff, A.D. (1961) Magnetic survey off the west coast of North America, 32°N latitude to 42°N latitude. *Bull. geol. Soc. Am.* **72**, 1259–66.

Massonnet, D. & Feigl, K. (1998) Radar interferometry and its application to changes in the Earth's surface. *Rev. Geophys.* **36**, 441–500.

Masters, G. *et al.* (1996) A shear velocity model of the mantle. *Phil. Trans. Roy Soc. London A* **354**, 1385–411.

Maxwell, A.E. *et al.* (1970) Deep sea drilling in the South Atlantic. *Science* **168**, 1047–59.

McCaffrey, R. (1996) Slip partitioning at convergent plate boundaries of SE Asia. *In* Hall, R. & Blundell, D.J. (eds) *Tectonic Evolution of Southeast Asia. Spec. Pub. geol. Soc. Lond.* **106**, 3–18.

McCaffrey, R. (2005) Block kinematics of the Pacific–North America plate boundary in the southwestern United States from inversion of GPS, seismological, and geologic data. *J. geophys. Res.* **110**, B07401, doi:10.1029/2004JB003307.

McCallum, I.S. (1996) The Stillwater Complex. *In* Cawthorn, R. G. (ed.) *Layered Intrusions*, pp. 441–83. Elsevier, Amsterdam.

McClay, K. & Bonora, M. (2001) Analog models of restraining stepovers in strike-slip fault systems. *Bull. Am. Assoc. Petroleum Geols.* **85**, 233–60.

McElhinny, M.W. & McFadden, P.L. (2000) *Paleomagnetism: continents and oceans*. Academic Press, San Diego.

McElhinny, M.W., Taylor, S.R. & Stevenson, D.J. (1978) Limits to the expansion of Earth, Moon, Mars and Mercury and to changes in the gravitational constant. *Nature* **271**, 316–21.

McKenzie, D.P. (2003) Estimating T_e in the presence of internal loads. *J. geophys. Res.* **108**, doi: 10.1029/2002JB001766.

McKenzie, D.P. & Morgan, W.J. (1969) Evolution of triple junctions. *Nature* **224**, 125–33.

McKenzie, D.P. & Parker, R.L. (1967) The North Pacific: an example of tectonics on a sphere. *Nature* **216**, 1276–80.

McKenzie, D.P. & Sclater, J.G. (1971) The evolution of the Indian Ocean since the late Cretaceous. *Geophys. J. Roy. astr. Soc.* **24**, 437–528.

McKenzie, D.P. & Weiss, N. (1975) Speculations on the thermal and tectonic history of the earth. *Geophys. J. Roy. astr. Soc.* **42**, 131–74.

McLennan, S.M. & Taylor, S.R. (1996) Heat flow and the chemical composition of continental crust. *J. Geol.* **104**, 369–77.

McNamara, D.E. *et al.* (1997) Upper mantle velocity structure beneath the Tibetan Plateau from Pn travel time tomography. *J. geophys. Res.* **102**, 493–505.

McNutt, M.K. & Judge, A.V. (1990) The superswell and mantle dynamics beneath the south Pacific. *Science* **248**, 969–75.

McQuarrie, N. (2002) The kinematic history of the central Andean fold-thrust belt, Bolivia: implications for building a high plateau. *Bull. geol. Soc. Am.* **114**, 950–63.

McQuarrie N. *et al.* (2005) Lithospheric evolution of the Andean fold-thrust belt, Bolivia, and the origin of the central Andean plateau. *Tectonophysics* **399**, 15–37.

Meade, B.J. & Hager, B.H. (2005) Block models of crustal motion in southern California constrained by GPS measurements. *J. geophys. Res.* **110**, B03403, doi:10.1029/2004JB003209.

Meade, C. & Jeanloz, R. (1991) Deep focus earthquakes and recycling of water into the Earth's mantle. *Science* **252**, 68–72.

Mechie, J. *et al.* (1997) A model for the structure, composition and evolution of the Kenya Rift. *Tectonophysics* **278**, 95–119.

Mechie, J. *et al.* (2005) Crustal shear velocity structure across the Dead Sea Transform from 2-D modeling of DESERT explosion seismic data. *Geophys. J. Int.* **160**, 910–24.

Meert, J.G. & Torsvik, T.H. (2003) The making and unmaking of a supercontinent: Rodinia revisited. *Tectonophysics* **375**, 261–88.

Meguin, C. & Romanowicz, B. (2000) The three-dimensional shear velocity structure of the mantle from the inversion of body, surface and higher waveforms. *Geophys. J. Int.* **143**, 709–28.

MELT seismic team (1998) Imaging the deep seismic structure beneath a mid-ocean ridge: the MELT experiment. *Science* **280**, 1215–8.

Menard, H.W. (1964) *Marine Geology of the Pacific.* McGraw-Hill, New York.

Menard, H.W. & Atwater, T. (1968) Changes in direction of sea floor spreading. *Nature* **219**, 463–7.

Menard, H.W. & Atwater, T. (1969) Origin of fracture zone topography. *Nature* **222**, 1037–40.

Menzies, M.A. *et al.* (2002) Characteristics of volcanic rifted margins. *In* Menzies, M.A. *et al.* (eds) *Volcanic Rifted Margins. Geol. Soc. Am. Sp. Paper* **362**, 1–14.

Merrill, R.T., McElhinny, M.W. & McFadden, P.L. (1996) *The Magnetic Field of the Earth: paleomagnetism, the core and the deep mantle*. Academic Press, San Diego.

Michael, P.J. *et al.* (2003) Magmatic and amagmatic sea floor spreading at the ultraslow-spreading Gakkel Ridge, Arctic Basin. *Nature* **423**, 956–61.

Miller, E.L. *et al.* (1999) Rapid Miocene slip on the Snake Range– Deep Creek Range fault system, east-central Nevada. *Bull. geol. Soc. Am.* **111**, 886–905.

Miller, R.B. & Paterson, S.R. (2001a) Influence of lithological heterogeneity, mechanical anisotropy, and magmatism on the rheology of an arc, North Cascades, Washington. *Tectonophysics* **342**, 351–70.

Miller, R.B. & Paterson, S.R. (2001b) Construction of mid-crustal sheeted plutons; examples from the North Cascades, Washington. *Bull. Geol. Soc. Am.* **113**, 1423–42.

Milsom, J. (2001) Subduction in eastern Indonesia: how many slabs? *Tectonophysics* **338**, 167–78.

Minshull, T.A. (2002) The break-up of continents and the formation of new ocean basins. *Phil. Trans. R. Soc. Lond. A* **360**, 2839–52.

Minster, J.B. & Jordan, T.H. (1978) Present-day plate motions. *J. geophys. Res.* **83**, 5331–54.

Mitchell, A.H.G. & Garson, M.S. (1976) Mineralization at plate boundaries. *Minerals Sci. Engineering* **8**, 129–69.

Mitchell, A.H.G. & Garson, M.S. (1981) *Mineral Deposits and Global Tectonic Settings.* Academic Press, London.

Mitchell, A.H.G. & Reading, H.G. (1969) Continental margins, geosynclines, and ocean floor spreading. *J. Geol.* **77**, 629–46.

Mitchell, A.H.G. & Reading, H.G. (1986) Sedimentation and tectonics. *In* Reading, H.G. (ed.) *Sedimentary Environments and Facies*, pp. 471–519. Blackwell Scientifi c Publications, Oxford.

Mitra, S. *et al.* (2005) Crustal structure and earthquake focal depths beneath northeastern India and southern Tibet. *Geophys. J. Int.* **160**, 227–48.

Mitra, S. *et al.* (2006) Variation of Rayleigh wave group velocity dispersion and seismic heterogeneity of the Indian crust and uppermost mantle. *Geophys. J. Int.* **164**, 88–98.

Miyashiro, A. (1961) Evolution of metamorphic belts. *J. Petrol.* **2**, 277–311.

Miyashiro, A. (1972) Metamorphism and related magmatism in plate tectonics. *Am. J. Sci.* **272**, 629–56.

Miyashiro, A. (1973) Paired and unpaired metamorphic belts. *Tectonophysics* **17**, 241–54.

Mohr, P.A. & Zanettin, B. (1988) The Ethiopian flood basalt province. *In* MacDougall, J.D. (ed.) *Continental Flood Basalts*, pp. 63–110. Kluwer Academic Publishers, Dordrecht, Netherlands.

Mohriak, W.U. & Rosendahl, B.R. (2003) Transform zones in the South Atlantic rifted continental margins. *In* Storti, F., Holdsworth, R.E. & Salvini, F. (eds) *Intraplate Strike-slip Deformation Belts*. *Spec. Pub. geol. Soc. Lond.* **210**, 211–28.

Möller, A. *et al.* (1995) Evidence for a 2 Ga subduction zone: eclogites in the Usagarian belt of Tanzania, *Geology* **23**, 1067–70.

Molnar, P. & Chen, W.-P. (1982) Seismicity and mountain building. *In* Hsü, K.G. (ed.) *Mountain Building Processes*, pp. 41–57. Academic Press, London.

Molnar, P. & Tapponnier, P. (1975) Cenozoic tectonics of Asia: effects of a continental collision. *Science* **189**, 419–26.

Molnar, P., Freedman, D. & Shih, J.S.F. (1979) Lengths of intermediate and deep seismic zones and temperatures in downgoing slabs of lithosphere. *Geophys. J. Roy. astr. Soc.* **56**, 41–54.

Molnar, P., England, P. & Martinod, J. (1993), Mantle dynamics, uplift of the Tibetan Plateau, and the Indian monsoon. *Rev. Geophys.* **31**, 357–96.

Montelli, R. *et al.* (2004a) Finite-frequency tomography reveals a variety of plumes in the mantle. *Science* **303**, 338–43.

Montelli, R. *et al.* (2004b) Global P and PP traveltime tomography: rays versus waves. *Geophys. J. Int.* **158**, 637–54.

Montési, L.G.J. & Zuber, M.T. (2002) A unified description of localization for application to large-scale tectonics. *J. geophys. Res.* **107**, 2045, doi:10.1029/2001JB000465.

Montési, L.G.J. & Zuber, M.T. (2003) Spacing of faults at the scale of the lithosphere and localization instability: 1. Theory. *J. geophys. Res.* **108**, 2110, doi:10.1029/2002JB001923.

Montgomery, D.R., Balco, G. & Willett, S.D. (2001) Climate, tectonics, and the morphology of the Andes. *Geology*, **29**, 579–82.

Moody, J.D. (1973) Petroleum exploration aspects of wrench-fault tectonics. *Am. Assoc. Pet. Geol.* **57**, 449–76.

Mooney, W.D., Laske, G. & Masters, T.G. (1998) CRUST 5.1: a global crustal model at 5 × 5°. *J. geophys. Res*. **103**, 727–47.

Moore, G.F. *et al.* (2001) New insights into deformation and fluid flow processes in the Nankai Trough accretionary prism: results of Ocean Drilling Program Leg 190. *Geochem. Geophys. Geosyst.* **2**, doi:10.1029/2001GC000166.

Moore, G.F. *et al.* (2005) Legs 190 and 196 synthesis: deformation and fluid flow processes in the Nankai Trough accretionary prism. *In* Mikada, H. *et al.* (eds) *Proceedings of the Ocean Drilling Program. Scientific Results.* **190/196**, pp. 1–26. College Station, Texas.

Moore, J.C. *et al.* (1982) Geology and tectonic evolution of a juvenile accretionary terrane along a truncated convergent margin: synthesis of results from Leg 66 of the Deep Sea Drilling Project, southern Mexico. *Bull. geol. Soc. Am.* **93**, 847–61.

Moores, E.M. (1982) Origin and emplacement of ophiolites. *Rev. Geophys. Space Phys.* **20**, 737–60.

Moores, E.M. (1991) South west US–East Antarctic (SWEAT) connection: a hypothesis. *Geology* **19**, 325–8.

Moores, E.M. (2002) Pre–1 Ga (pre-Rodinian) ophiolites: their tectonic and environmental implications. *Bull. geol. Soc. Am.* **114**, 80–95.

Moores, E.M. & Vine, F.J. (1971) The Troodos Massif, Cyprus, and other ophiolites as oceanic crust; evaluation and implications. *Phil. Trans. Roy. Soc. Lond. A* **268**, 443–66.

Mora, A. *et al.* (2006) Cenozoic contractional reactivation of Mesozoic extensional structures in the Eastern Cordillera of Colombia. *Tectonics* **25**, 2010, doi:10.1029/2005TC001854.

Mora-Klepeis, G. & McDowell, F.W. (2004) Late Miocene calcalkalic volcanism in northwestern Mexico: an expression of rift or subduction-related magmatism? *JS Amer. Earth Sci.* **17**, 297–310.

Morgan, J.P. & Chen, Y.J. (1993) Dependence of ridge-axis morphology on magma supply and spreading rate. *Nature* **364**, 706–8.

Morgan, J.P. & Shearer, P.M. (1993) Seismic constraints on mantle flow and topography of the 660-km discontinuity: evidence for whole-mantle convection. *Nature* **365**, 506–11.

Morgan, W.J. (1968) Rises, trenches, great faults and crustal blocks. *J. geophys. Res.* **73**, 1959–82.

Morgan, W.J. (1971) Convection plumes in the lower mantle. *Nature* **230**, 42–3.

Morgan, W.J. (1972a) Plate motions and deep mantle convection. *Geol. Soc. Am. Mem.* **132**, 7–22.

Morgan, W.J. (1972b) Deep mantle convection plumes and plate motions. *Bull. Am. Assoc. Petroleum Geols.* **56**, 203–13.

Morgan, W.J. (1981) Hot spot tracks and the opening of the Atlantic and Indian Oceans. *In* Emiliani, C. (ed.) *The Oceanic Lithosphere. The sea* **7**, pp. 443–87. Wiley, New York.

Morgan, W.J. (1983) Hotspot tracks and the early rifting of the Atlantic. *Tectonophysics* **94**, 123–39.

Morozov, I.B. *et al.* (1998) Wide-angle seismic imaging across accreted terranes, southeastern Alaska and western British Columbia. *Tectonophysics* **299**, 281–96.

Morozov, I.B. *et al.* (2001) Generation of new continental crust and terrane accretion in Southeastern Alaska and Western British Columbia: constraints from P-and S-wave wide-angle seismic data (ACCRETE). *Tectonophysics* **341**, 49–67

Morris, J.D. & Villinger, H.W. (2006) Leg 205 synthesis: subduction fluxes and fluid flow across the Costa Rica convergent margin. *In* Morris, J.D., Villinger, H.W. & Klaus, A. (eds) *Proceedings of the Ocean Drilling Program. Scientific Results*, **205**, pp. 1–54. College Station, TX.

Mount, V.S. & Suppe, J. (1987) State of stress near the San Andreas Fault: implications for wrench tectonics. *Geology* **15**, 1143–6.

Mpodozis, C. & Allmendinger, R.W. (1993) Extensional tectonics, Cretaceous Andes, northern Chile (27°S). *Bull. geol. Soc. Am.* **105**, 1462–77.

Mpodozis, C. & Ramos, V. (1989) The Andes of Chile and Argentina. *In* Ericksen, G.E., Cañas Pinochet, M.T. & Reinemund, J.A. (eds) *Geology of the Andes and its Relation to Hydrocarbon and Mineral Resources. Circum-Pacific Council for Energy and Mineral Resources Earth Science Series* **11**, pp. 59–90. Houston, TX.

Mpodozis, C. *et al.* (2005) Late Mesozoic to Paleogene stratigraphy of the Salar de Atacama Basin, Antofagasta, Northern Chile: implications for the tectonic evolution of the Central Andes. *Tectonophysics* **399**, 125–54.

Müller, B. *et al.* (1997) Short-scale variation of tectonic regimes in the western European stress province north of the Alps and Pyrenees. *Tectonophysics* **275**, 199–219.

Müller, R.D. *et al.* (1997) Digital isochrons of the world's ocean floor. *J. geophys. Res.* **102**, 3211–14.

Müller, R.D., Royer, J.Y. & Lawver, L.A. (1993) Revised plate motions relative to the hotspots from combined Atlantic and Indian Ocean hotspot tracks. *Geology* **21**, 275–8.

Murakami, M. *et al.* (2004) Post-perovskite phase transition in MgSiO3. *Science* **304**, 855–8.

Musacchio, G. & Mooney, W.D. (2002) Seismic evidence for a mantle source for mid-Proterozoic anorthosites and implications for model soft crustal growth. *In* Fowler, C.M.R., Ebinger, C.J. & Hawkesworth, C.J. (eds) *The Early Earth: physical, chemical and biological development. Spec. Pub. geol. Soc. Lond.* **199**, 125–34.

Mutter, J., Talwani, M. & Stoffa, P. (1982) Origin of seaward-dipping reflectors in ocean crust off the Norwegian margin by subaerial seafloor spreading. *Geology* **10**, 353–7.

Mutter, J.C. *et al.* (1988) Magma distribution across ridge axis discontinuities on the East Pacific Rise from multichannel seismic images. *Nature* **336**, 156–8.

Myers, S. *et al.* (1998) Lithospheric scale structure across the Bolivian Andes from tomographic images of velocity and attenuation for P and S waves. *J. geophys. Res.* **103**, 21,233–52.

Nafe, J.E. & Drake, C.L. (1963) Physical properties of marine sediments. *In* Hill, M.N. (ed.) *The Earth Beneath the Sea. The sea* **3**, pp. 794–815. Interscience Publishers, New York.

Nagel, T.J. & Buck, W.R. (2004) Symmetric alternative to asymmetric rifting models. *Geology* **32**, 937–40.

Naldrett, A.J. (1999) World-class Ni-Cu-PGE deposits: key factors in their genesis. *Miner. Depos.* **34**, 227–40.

Naylor, M. *et al.* (2005) A discrete element model for orogenesis and accretionary wedge growth. *J. geophys. Res.* **110**, B12403, doi:10.1029/2003JB002940.

Neev, D., & Hall, J.K. (1979) Geophysical investigations in the Dead Sea. *Sedim. Geol.* **23**, 209–38.

Nelson, K.D. *et al.* (1996) Partially molten middle crust beneath southern Tibet: synthesis of project INDEPTH results. *Science* **274**, 1684–88.

Nemcˇok, M., Schamel, S. & Gayer, R. (2005) Thrustbelts, Structural Architecture, Thermal Regimes and

Petroleum Systems. Cambridge University Press, New York.

Newman, R. & White, N. (1997) Rheology of the continental lithosphere inferred from sedimentary basins. *Nature* **385**, 621–4.

Nicolas, A. (1989) *Structure of Ophiolites and Dynamics of Oceanic Lithosphere.* Kluwer Academic Publishers, Dordrecht.

Nicolas, A., Boudier, F. & Ildefonse, B. (1994) Evidence from the Oman ophiolite for active mantle upwelling beneath a fast-spreading ridge. *Nature* **370**, 51–3.

Niell, A.E. *et al.* (1979) Comparison of a radiointerferometric differential baseline measurement with conventional geodesy. *Tectonophysics* **52**, 49–58.

Nielsen T.K. & Hopper, J.R. (2002) Formation of volcanic rifted margins: are temperature anomalies required? *Geophys. Res. Lett.* **29**, 2022, doi:10.1029/2002GL015681.

Nielsen T.K. & Hopper, J.R. (2004) From rift to drift: mantle melting during continental breakup. *Geochem. Geophys. Geosyst.* **5**, Q07003, doi:10.1029/2003GC000662.

Niemi, N.A. *et al.* (2004) BARGEN continuous GPS data across the eastern Basin and Range province, and implications for fault system dynamics. *Geophys. J. Int.* **159**, 842–62.

Nisbet, E.G. & Fowler, C.M.R. (1978) The Mid-Atlantic Ridge at 37 and 45°N: some geophysical and petrological constraints. *Geophys. J. Roy. astr. Soc.* **54**, 631–60.

Nisbet, E.G. *et al.* (1993) Constraining the potential temperature of the Archean mantle: a review of the evidence from komatiites. *Lithos* **30**, 291–307.

Norabuena, E.O. *et al.* (1998) Space geodetic observations of Nazca–South America convergence across the central Andes. *Science* **279**, 358–62.

Norabuena, E.O. *et al.* (1999) Decelerating Nazca–South America and Nazca–Pacific plate motions. *Geophys. Res. Lett.* **26**, 3405–8.

Norris, R.J. & Cooper, A.F. (2001) Late Quaternary slip rates and slip partitioning on the Alpine Fault, New Zealand. *J. struct. Geol.* **23**, 507–20.

Norris, R.J., Koons, P.O. & Cooper, A.F. (1990) The obliquely-convergent plate boundary in the South Island of New Zealand: implications for ancient collisional zones. *J. struct. Geol.* **12**, 715–25.

Norton, I.O. (1995) Plate motion in the North Pacific: the 43 Ma nonevent. *Tectonics* **14**, 1080–94.

Norton, I.O. & Sclater, J.G. (1979) A model for the evolution of the Indian Ocean and the break up of Gondwanaland. *J. geophys. Res.* **84**, 6803–30.

Nunns, A.G. (1983) Plate tectonic evolution of the Greenland– Scotland Ridge and surrounding areas. *In* Bott, M.H.P. *et al.* (eds) *Structure and Development of the Greenland–Scotland Ridge. NATO Conference Series IV*, **8**, pp. 11–30. Plenum Press, London.

Nyblade, A.A. & Robinson, S.W. (1994) The African superswell. *Geophys. Res. Lett.* **21**, 765–68.

O'Brien, P.J. & Rötzler, J. (2003) High pressure granulites: formation, recovery of peak conditions and implications for tectonics. *J. metam. geol.* **21**, 3–20.

O'Connell, RJ. & Budiansky, B. (1977) Viscoelastic properties of fluid-saturated cracked solids. *J. geophys. Res.* **82**, 5719–35.

O'Reilly, S.Y. *et al.* (2001) Are lithospheres forever? Tracking changes in subcontinental lithospheric mantle through time. *GSA Today* **11**, 4–10.

Okino, K. *et al.* (2004) Development of oceanic detachment and asymmetric spreading at the Australian–Antarctic Discordance. *Geochem. Geophys. Geosyst.* **5**, Q12012, doi:10.1029/ 2004GC000793.

Oldow, J.S. (2003) Active transtensional boundary zone between the western Great Basin and Sierra Nevada block, western US Cordillera. *Geology* **31**, 1033–6.

Oliver, J. (1982) Tracing surface features to great depths: a powerful means for exploring the deep crust. *Tectonophysics* **81**, 257–72.

Oliver, J. & Isacks, B. (1967) Deep earthquake zones, anomalous structures in the upper mantle, and the lithosphere. *J. geophys. Res.* **72**, 4259–75.

Opdyke, N.D. & Channel, J.E.T. (1996) *Magnetic Stratigraphy.* Academic Press, San Diego.

Opdyke, N.D., Burckle, L.H. & Todd, A. (1974) The extension of the magnetic time scale in sediments of the central Pacific Ocean. *Earth planet. Sci. Lett.* **22**, 300–6.

Opdyke, N.D. *et al.* (1966) Palaeomagnetic study of Antarctic deep sea cores. *Science* **154**, 349–57.

Oreskes, N. (1999) *The Rejection of Continental Drift: theory and method in American earth science.* Oxford University Press, New York.

Oreskes, N. (2001) (ed.) *Plate Tectonics: an insider's history of the modern theory of the Earth.* Westview press, Boulder, CO.

Orowan, E. (1965) Convection in a non-Newtonian mantle, continental drift, and mountain building. *Phil. Trans. Roy. Soc. Lond. A* **258**, 284–313.

Owens, T.J. & Zandt, G. (1997) Implications of crustal property variations for models of Tibetan plateau evolution. *Nature* **387**, 37–43.

Ozacar, A.A. & Zandt, G. (2004) Crustal seismic anisotropy in central Tibet: implications for deformational style and flow in the crust. *Geophys. Res. Lett.* **31**, L23601, doi:10.1029/ 2004GL021096.

Özalaybey, S. & Savage, M.K. (1995) Shear-wave splitting beneath western United States in relation to plate tectonics. *J. geophys. Res.* **100**, 18 135–49.

Packham, G.H. & Falvey, D.A. (1971) An hypothesis for the formation of marginal seas in the Western Pacific. *Tectonophysics* **11**, 79–110.

Pakiser, L.C. (1963) Structure of the crust and upper mantle in the western United States. *J. geophys. Res.* **68**, 5747–56.

Pancha, A., Anderson, J.G. & Kreemer, C. (2006) Comparison of seismic and geodetic scalar moment rates across the Basin and Range Province. *Bull. seis. Soc. Am.* **96**, 11–32.

Panien, M., Schreurs, G. & Pfiffner, A. (2005) Sandbox experiments on basin inversion: testing the influence of basin orientation and basin profiles. *J. struct. Geol.* **27**, 433–45.

Panning, M. & Romanowicz, B. (2004) Inferences on flow at the base of Earth's mantle based on seismic anisotropy. *Science* **303**, 351–3.

Pardo-Casas, F. & Molnar, P. (1987) Relative motion of the Nazca (Farallon) and South American plates since Late Cretaceous time. *Tectonics* **6**, 233–48.

Park, J. & Levin, V. (2002) Seismic anisotropy: tracing plate dynamics in the mantle. *Science* **296**, 485–9.

Park, R.G. (1983) *Foundations of Structural Geology.* Blackie, London & Glasgow.

Park, Y. & Nyblade, A.A. (2006) P-wave tomography reveals a westward dipping low velocity zone beneath the Kenya Rift. *Geophys. Res. Lett.* **33**, L07311, doi:10.1029/2005GL025605.

Park, S.K. & Wernicke, B. (2003) Electrical conductivity images of Quaternary faults and Tertiary detachments in the California Basin and Range. *Tectonics* **22**, 1030, doi:10.1029/ 2001TC001324.

Parman, S.W., Grove, T.L. & Dann, J.C. (2004) A subduction origin for komatiites and cratonic lithospheric mantle. *S. Afr. J. Geol.* **107**, 107–18.

Parsons, B. & McKenzie, D.P. (1978) Mantle convection and the thermal structure of the plates. *J. geophys. Res.* **83**, 4485–96.

Parsons, B. & Sclater, J.G. (1977) An analysis of the variation of ocean floor bathymetry and heat flow with age. *J. geophys. Res.* **82**, 803–27.

Parsons, T. *et al.* (1996) Crustal structure of the Colorado Plateau, Arizona: application of new long-offset seismic data analysis techniques. *J. geophys. Res.* **101**, 11,173–94.

Patzwahl, R. *et al.* (1999) Two-dimensional velocity models of the Nazca plate subduction zone between 19.5°S and 25°S from wide angle seismic measurements during the CINCA95 project. *J. geophys. Res.* **104**, 7293–317.

Peacock, S.M. (1991) Numerical simulation of subduction zone pressure–temperature–time paths: constraints on fluid production and arc magmatism. *Philos. Trans. R. Soc. London Ser. A* **335**, 341–53.

Peacock, S.M. (1992) Blueschist-facies metamorphism, shear heating, and P–T–t paths in subduction shear zones. *J. geophys. Res.* **97**, 17 693–707.

Peacock, S.M. (2001) Are the lower planes of double seismic zones caused by serpentine dehydration in subducting oceanic mantle? *Geology* **29**, 299–302.

Peacock, S.M. (2003) Thermal structure and metamorphic evolution of subducting slabs. *In* Eiler, J. (ed.) *Inside the Subduction Factory. Geophys. Monogr. Ser.* **138**, pp. 7–22. American Geophysical Union, Washington, DC.

Peacock, S.M. & Wang, K. (1999) Seismic consequences of warm versus cool subduction zone metamorphism: examples from northeast and southwest Japan. *Science* **286**, 937–9.

Pearce, J.A. (1980) Geochemical evidence for the genesis and eruptive setting of lavas from Tethyan ophiolites. *In* Panayiotou, A. (ed.) *Ophiolites*, pp. 261–72. Geol. Surv., Cyprus.

Pearce, J.A. & Peate, D.W. (1995) Tectonic implications of the composition of volcanic arc magmas. *Annu. Rev. Earth Planet. Sci.* **23**, 251–85.

Pearson, D.G. *et al.* (2002) The development of lithosperic keels beneath the earliest continents: time constraints using PGE and Re–Os isotope systematics. *In* Fowler, C.M.R., Ebinger, C.J. & Hawkesworth, C.J. (eds) *The Early Earth: physical, chemical and biological development. Spec. Pub. geol. Soc. Lond.* **199**, 65–90.

Peltier, W.R. & Andrews, J.T. (1976) Glacial–isostatic adjustment – I. The forward problem. *Geophys. J. Roy. astr. Soc.* **46**, 605–46.

Percival, J.A. *et al.* (1997) Tectonic evolution of associated greenstone belts and high-grade terrains. *In* de Wit, M.J. & Ashwal, L.D. (eds) *Greenstone Belts*, pp. 398–420. Clarendon Press, Oxford.

Perez-Gussinge, M. & Watts, A.B. (2005) The long-term strength of Europe and its implications for plate forming processes. *Nature* **436**, 381–4.

Petford, N. & Atherton, M.P. (1996) Na-rich partial melts from newly underplated basaltic crust: the Cordillera Blanca batholith, Peru. *J. Petrol.* **37**, 1491–521.

Petford, N. *et al.* (2000) Granite magma formation, transport and emplacement in the Earth's crust. *Nature* **408**, 669–73.

Petit, C. & Ebinger, C. (2000) Flexure and mechanical behavior of cratonic lithosphere: gravity models of the East African and Baikal rifts. *J. geophys. Res.* **105**, 19,151–62.

Petronotis, K.E. & Gordon, R.G. (1999) A Maastrichtian paleomagnetic pole for the Pacific plate from a skewness analysis of marine magnetic anomaly 32. *Geophys. J. Int.* **139**, 227–47.

Pickup, S.L.B. *et al.* (1996) Insight into the nature of the ocean–continent transition off West Iberia from a deep multichannel seismic reflection profile. *Geology* **24**, 1079–82.

Pilger, R.H. Jr (1982) The origin of hotspot traces: evidence from eastern Australia. *J. geophys. Res.* **87**, 1825–34. Piper, J.D.A. (1987) *Palaeomagnetism and the Continental Crust.* Open University Press, Milton Keynes, UK.

Pirajno, F. (2004) Hotspots and mantle plumes: global intraplate tectonics, magmatism and ore deposits. *Mineral. Petrol.* **82**, 183–216.

Pitman, W.C. III & Heirtzler, J.R. (1966) Magnetic anomalies over the Pacific–Antarctic ridge. *Science* **154**, 1164–71.

Pitman, W.C. III & Talwani, M. (1972) Sea-floor spreading in the North Atlantic. *Bull. geol. Soc. Am.* **83**, 619–46.

Plank, T. & Langmuir, C.H. (1993) Tracing trace elements from sediment input to volcanic output at subduction zones. *Nature* **362**, 739–43.

Planke, S. *et al.* (2000) Seismic volcanostratigraphy of large-volume basaltic extrusive complexes on rifted margins. *J. geophys. Res.* **105**, 19 335–51.

Platt, J.P. (1986) Dynamics of orogenic wedges and the uplift of high-pressure metamorphic rocks. *Bull. geol. Soc. Am.* **97**, 1037–53.

Plumstead, E.P. (1973) The enigmatic Glossopteris flora and uniformitarianism. *In* Tarling, D.H. & Runcorn, S.K. (eds) *Implications of Continental Drift to the Earth Sciences*, I, pp. 413–24. Academic Press, London.

Polet, J. *et al.* (2000) Shear wave anisotropy beneath the Andes from the BANJO, SEDA, and PISCO experiments. *J. geophys. Res.* **105**, 6287–304.

Pollack, H.N. & Chapman, D.S. (1977) The flow of heat from the Earth's interior. *Sci. Am.* **237**, 60–76.

Pollack, H.N., Hunter, S.J. & Johnson, J.R. (1993) Heat flow from the Earth's interior: analysis of the global data set. *Rev. Geophys.* **31**, 267–80.

Poulsen, C.J. *et al.* (2001) Response of the mid-Cretaceous global ocean circulation to tectonic and CO2 forcings. *Paleoceanography,* **16**, 576–92.

Powell, C. McA. *et al.* (1993) Paleomagnetic constraints on timing of the Neoproterozoic breakup of Rodinia and the Cambrian formation of Gondwana. *Geology* **21**, 889–92.

Prawirodirdjo, L. & Bock, Y. (2004) Instantaneous global plate motion model from 12 years of continuous GPS observations. *J. geophys. Res.* **109**, B8, B08405, doi:10.1029/2003JB002944.

Prescott, W.H. *et al.* (2001) Deformation across the Pacific–North America plate boundary near San Francisco, California. *J. geophys. Res.* **106**, B4, 6673–82.

Prevot, M. *et al.* (2000) Evidence for a 20° tilting of the Earth's rotation axis 110 million years ago. *Earth planet. Sci. Lett.* **179**, 517–28.

Pritchard, M.E. & Simons, M. (2004) Surveying volcanic arcs with satellite radar interferometry: the Central Andes, Kamchatka, and beyond. *GSA Today* **14**, 4–11.

Purdy, G.M. (1987) New observations of the shallow seismic structure of young oceanic crust. *J. geophys. Res.* **92**, 9351–62.

Purdy, G.M. & Detrick, R.S. (1986) The crustal structure of the Mid-Atlantic Ridge at 23°N from seismic reflection studies. *J. geophys. Res.* **91**, 3739–62.

Raedeke, L.D. & McCallum, I.S. (1984) Investigations of the Stillwater Complex: Part II. Petrology and petrogenesis of the Ultramafic series. *J. Petrol.* **25**, 395–420.

Raff, A.D. & Mason, R.G. (1961) Magnetic survey off the west coast of North America, 40°N latitude to 52°N latitude. *Bull. geol. Soc. Am.* **72**, 1267–70.

Rainbird, R.H., Hamilton, M.A. & Young, G.M. (2001) Detrital zircon geochronology and provenance of the Torridonian, NW Scotland, *J. geol. Soc. Lond.* **158**, 15–27.

Ramachandran, K., Hyndman, R.D. & Brocher, T.M. (2006) Regional P wave velocity structure of the Northern Cascadia Subduction Zone. *J. geophys. Res.* **111**, B12301, doi:10.1029/ 2005JB004108.

Ramos, V.A. (1989) Foothills structure in northern Magallanes Basin, Argentina. *Amer. Assoc. Pet. geol.* **73**, 887–903.

Ramos, V.A., Cristallini, E.O. & Pérez, D.J. (2002) The Pampean flat-slab of the Central Andes. *J. S Am. Earth Sci.* **15**, 59–78.

Ranalli, G. (1995) *Rheology of the Earth*, 2nd edn Chapman & Hall, London.

Ranalli, G. (2001) Mantle rheology: radial and lateral viscosity variations inferred from microphysical creep laws. *J. Geodyn.* **32**, 425–44.

Ranalli, G. & Murphy, D.C. (1987) Rheological stratification of the lithosphere. *Tectonophysics* **132**, 281–96.

Ranero, C.R. & Reston, T.J. (1999) Detachment faulting at ocean core complexes. *Geology* **27**, 983–6.

Rapine, R. *et al.* (2003) Crustal structure of northern and southern Tibet from surface wave dispersion analysis. *J. geophys. Res.* **108**, doi:10.1029/2001JB000445.

Raymo, M.E. & Ruddiman, W.F. (1992) Tectonic forcing of Late Cenozoic climate. *Nature* **359**, 117–22.

Reston, T.J., Krawczyk, C.M. & Klaeschen, D. (1996) The S reflector west of Galicia (Spain): evidence from prestack depth migration for detachment faulting during continental breakup. *J. geophys. Res.* **101**, 8075–92.

Rice, J.R. (1992) Fault stress states, pore pressure distributions, and the weakness of the San Andreas fault. *In* Evans, B. & Wong, T.F. (eds) *Fault Mechanics and Transport Properties of Rocks*, pp. 475–504. Academic Press, New York.

Richards, J.P. (2003) Tectono-Magmatic Precursors for Porphyry Cu-(Mo-Au) Deposit Formation. *Econ. Geol.* **98**, 1515–33.

Richardson, A.N. & Blundell, D.J. (1996) Continental collision in the Banda arc. *In* Hall, R. & Blundell, D.J. (eds) *Tectonic Evolution in Southeast Asia. Spec. Pub. geol. Soc. Lond.* **106**, 47–60.

Richardson, S.H. *et al.* (2001) Archean subduction recorded by Re-Os isotopes in eclogitic sulfide inclusions in Kimberley diamonds. *Earth planet. Sci. Lett* **191**, 257–66.

Ringwood, A.E. (1974) The petrological evolution of island arc systems. *J. geol. Soc. Lond.* **130**, 183–204.

Ringwood, A.E. (1975) *Composition and Petrology of the Earth's Mantle.* McGraw-Hill, New York.

Ringwood, A.E. (1977) Petrogenesis in island arc systems. *In* Talwani, M. & Pitman, W.C. III (eds) *Island Arcs, Deep Sea Trenches and Back-arc Basins. Maurice Ewing Series* **I**, pp. 311–24. American Geophysical Union, Washington, DC.

Rino, S. *et al.* (2004) Major episodic increase of continental crustal growth determined from zircon ages of river sands; implications for mantle overturns in the Early Precambrian. *Phys. Earth planet. Interiors* **146**, 369–94.

Ritger, S., Canson, B. & Snegge, E. (1987) Methane-derived authigenic carbonates formed by subduction-induced pore-water expulsion along the Oregon/Washington margin. *Bull. geol. Soc. Am.* **98**, 147–56.

Ritsema, J. & van Heijst, H.J. (2000) New seismic model of the upper mantle beneath Africa. *Geology* **28**, 63–6.

Ritsema, J., van Heijst, H.J. & Woodhouse, J.H. (1999) Complex shear wave velocity structure imaged beneath Africa and Iceland. *Science* **286**, 1925–28.

Ritsema, J. *et al.* (1998) Upper mantle seismic velocity structure beneath Tanzania: implications for the stability of cratonic roots. *J. geophys. Res.* **103**, 21 201–14.

Rivers, T. (1997) Lithotectonic elements of the Grenville Province: review and tectonic implications. *Precambrian Res.* **86**, 117–54.

Roberts, A., Lundin, E.R. & Kusznir, N.J. (1997) Subsidence of the Vøring Basin and the influence of the Atlantic continental margin. *J. Geol. Soc. Lond.* **154**, 551–7.

Robl, J. & Stüwe, K. (2005a) Continental collision with finite indenter strength: 1. Concept and model formulation. *Tectonics* **24**, TC4005, doi:10.1029/2004TC0011727.

Robl, J. & Stüwe, K. (2005b) Continental collision with finite indenter strength: 2. European eastern Alps. *Tectonics* **24**, TC4014, doi:10.1029/2004TC001741.

Rogers, A.M. *et al.* (1991) The seismicity of Nevada and some adjacent parts of the Great Basin. *In* Slemmons, D.B. *et al.* (eds) *Neotectonics of North America. Decade Map*, **1**, 153–84. Geological Society of America, Boulder, CO.

Romanowicz, B. (2003) Global mantle tomography: progress status in the past 10 years. *Ann. Rev. Earth Planet. Sci.* **31**, 303–28.

Romm, J. (1994) A new forerunner for continental drift. *Nature* **367**, 407–8.

Rona, P.A. (1977) Plate tectonics, energy and mineral resources: basic research leading to payoff. *EOS Trans. Amer. Geophys. Un.* **58**, 629–39.

Rona, P.A. (1984) Hydrothermal mineralization at seafloor spreading centres. *Earth Sci. Rep.* **20**, 1–104.

Rona, P.A. & Richardson, E.S. (1978) Early Cenozoic global plate reorganization. *Earth planet. Sci. Lett.* **40**, 1–11.

Royden, L. (1996) Coupling and decoupling of the crust and mantle in convergent orogens: implications for strain partitioning in the crust. *J. geophys. Res.* **101**, 17 679–705.

Royden, L. & Keen, C.E. (1980) Rifting process and thermal evolution of the continental margin of eastern Canada determined from subsidence curves. *Earth planet. Sci. Lett.* **51**, 343–61.

Rudnick, R.L. (1992) Xenoliths – samples of the lower continental crust. *In* Fountain, D.M., Arculus, R. & Kay, R.W. (eds) *Continental Lower Crust*, pp. 269–316. Elsevier, Amsterdam.

Rudnick, R.L. & Fountain, D.M. (1995) Nature and composition of the continental crust: a lower crustal perspective. *Rev. Geophys.* **33**, 267–309.

Rudnick, R.L. & Gao, S. (2003) The Composition of the Continental Crust. *In* Rudnick, R.L. (ed.) *The Crust*, pp. 1–64. Holland, H.D. & Turekian, H.K. (eds) *Treatise on Geochemistry*, **3**. Elsevier–Pergamon,

Oxford.

Rupke, N.A. (1970) Continental drift before 1900. *Nature* **227**, 349–50.

Ruppel, C. (1995) Extensional processes in continental lithosphere. *J. geophys. Res.* **100**, 24 187–215.

Rusby, R.I. & Searle, R.C. (1995) A history of the Easter Island microplate, 5.25 Ma to present. *J. geophys. Res.* **100**, 12 617–40.

Sabadini, R. & Yuen, D.A. (1989) Mantle stratification and long-term polar wander. *Nature* **339**, 373–5.

Sabadini, R., Yuen, D.A. & Boschi, E. (1982) Polar wandering and the forced responses of a rotating, multi-layered, viscoelastic planet. *J. geophys. Res.* **81**, 2885–903.

Saffer, D.M. (2003) Pore pressure development and progressive dewatering in underthrust sediments at the Costa Rican subduction margin: comparison with northern Barbados and Nankai. *J. geophys. Res.* **108** (B5), 2261, doi:10.1029/ 2002JB001787.

Saffer, D.M. & Bekins, B.A. (2002) Hydrologic controls on the mechanics and morphology of accretionary wedges and thrust belts. *Geology* **30**, 271–4.

Saffer, D.M. & Bekins, B.A. (2006) An evaluation of factors infl uencing pore pressure in accretionary complexes: implications for taper angle and wedge mechanics. *J. geophys. Res.* **111**, B04101, doi:10.1029/2005JB003990.

Saint Blanquat, M. *et al.* (1998) Transpressional kinematics and magmatic arcs. *In* Holdsworth, R.E, Strachan, R.A. & Dewey, J.F. (eds) *Continental Transpressional and Transtensional Tectonics. Spec. Pub. geol. Soc. Lond.* **135**, 327–40.

Saintot, A. *et al.* (2003) Structures associated with inversion of the Donbas fold belt (Ukraine and Russia). *Tectonophysics* **373**, 181–207.

Salisbury, M.H. & Christensen, N.I. (1978) The seismic velocity structure of a traverse through the Bay of Islands ophiolite complex, Newfoundland, an exposure of oceanic crust and upper mantle. *J. geophys. Res.* **83**, 805–17.

Sass, J.H. *et al.* (1994) Thermal regime of the southern Basin and Range Province: 1. Heat flow data from Arizona and the Mojave Desert of California and Nevada. *J. geophys. Res.* **99**, 22,093–119.

Savage, J.C. (2000) Viscoelastic-coupling model for the earthquake cycle driven from below. *J. geophys. Res.* **105**, B11, 25,525–32.

Savage, J.C. & Burford, R.O. (1973) Geodetic determination of relative plate motion in central California. *J. geophys. Res.* **78**, 832–45.

Savage, J.C. *et al.* (2004a) Strain accumulation across the Coast Ranges at the latitude of San Francisco, 1994–2000. *J. geophys. Res.* **109**, B03413, doi:10.1029/2003JB002612.

Savage, J.C., Svarc, J.L & Prescott, W.H. (2004b) Interseismic strain and rotation rates in the northeast Mojave domain, eastern California. *J. geophys. Res.* **109**, B02406, doi:10.1029/ 2003JB002705.

Savage, M.K. (1999) Seismic anisotropy and mantle deformation: what have we learned from shear wave splitting? *Rev. Geophys.* **37**, 65–106.

Savage, M.K. & Sheehan, A.F. (2000) Seismic anisotropy and mantle flow from the Great Basin to the Great Plains, western United States. *J. geophys. Res.* **105**, 13,715–34.

Sawkins, F.J. (1984) *Metal Deposits in Relation to Plate Tectonics.* Springer-Verlag, Berlin.

Sawyer, T.L. (1999) Assessment of contractional deformation rates of the Mt. Diablo fold and thrust belt, eastern San Francisco Bay Region, Northern California. *USGS National Earthquake Hazards Reduction Program.* Final Technical Report No. 98-HQ-GR-1006, pp. 1–53. US Geol. Survey, Reston, Virginia.

Sayers, J. *et al.* (2001) Nature of the continent–ocean transition on the non-volcanic rifted margin of the central Great Australian Bight. *In* Wilson, R.C.L., *et al.* (eds) *Non-volcanic Rifting of Continental Margins: a comparison of evidence from land and sea. Spec. Pub. geol. Soc. Lond.* **187**, 51–76.

Schellart, W.P., Lister, G.S. & Jessell, M.W. (2002) Analogue modeling of arc and backarc deformation in the New Hebrides arc and North Fiji Basin. *Geology* **30**, 311–14.

Scherwath, M. *et al.* (2002) Pn anisotropy and distributed upper mantle deformation associated with a continental transform. *Geophys. Res. Lett.* **29**, doi:10.1029/2001GLO14179.

Scherwath, M. *et al.* (2003) Lithospheric structure across oblique continent collision in New Zealand from wide-angle P wave modeling. *J. geophys. Res.* **108**, 2566, doi:10.1029/ 2002JB002286.

Scherwath, M. *et al.* (2006) Three-dimensional lithospheric deformation and gravity anomalies associated with oblique continental collision in South Island, New Zealand. *Geophys. J. Int.* **167**, 906–16.

Schiellerup, H. *et al.* (2000) Re-Os isotopic evidence for a lower crustal origin of massif-type anorthosites. *Nature* **405**, 781–4.

Schilling, J.-G., Anderson, R.N. & Vogt. P. (1976) Rare earth, Fe and Ti variations along the Galapagos spreading centre and their relationship to the Galapagos mantle plume. *Nature* **261**, 108–13.

Schmitz, M.D. *et al.* (2004) Subduction and terrane collision stabilize the western Kaapvaal craton tectosphere 2.9 billion years ago. *Earth planet. Sci. Lett.* **222**, 363–76.

Schnitker, D. (1980) North Atlantic oceanography as a possible cause of Antarctic glaciation and eutrophication. *Nature* **284**, 615–16.

Scholz, C.H. (1998) Earthquakes and friction laws. *Nature* **391**, 37–42.

Scholz, C.H. (2000) Evidence for a strong San Andreas fault. *Geology* **28**, 163–6.

Schoonmaker, J. (1986) Clay mineralogy and diagenesis of sediments from deformation zones in the Barbados accretionary prism. *In* Moore, J.C. (ed.) *Synthesis of Structural Fabrics in Deep Sea Drilling Project Cores from Forearcs. Geol. Soc. Am. Mem.* **166**, 105–16.

Schroeder, T. & John, B.E. (2004) Strain localization on an oceanic detachment fault system, Atlantis Massif, 30°N, Mid-Atlantic Ridge. *Geochem. Geophys. Geosyst.* **5**, Q11007, doi:10.1029/ 2004GC000728.

Schubert, G., Turcotte, D.L. & Olsen P. (2001) *Mantle Convection in the Earth and Planets*, pp. 940. Cambridge University Press, Cambridge.

Schulte-Pelkum, V. *et al.* (2005) Imaging the Indian subcontinent beneath the Himalaya. *Nature*. **435**, doi:10.1038/nature03678.

Schulze, D.J. (1989) Constraints on the abundance of eclogite in the upper mantle. *J. geophys. Res* **94**, 4205–12.

Schurr, B. *et al.* (2003) Complex patterns of fluid and melt transport in the central Andean subduction zone revealed by attenuation tomography. *Earth planet. Sci. Lett.* **215**, 105–19.

Sclater, J.G. & Francheteau, J. (1970) The implications of terrestrial heat flow observations on current tectonic and geochemical models of the crust and upper mantle of the Earth. *Geophys. J. Roy. astr. Soc.* **20**, 509–42.

Sclater, J.G., Jaupart, C. & Galson, D. (1980) The heat flow through oceanic and continental crust and the heat loss of the Earth. *Rep. Geophys. Space Phys.* **18**, 269–311.

Scotese, C.R., Gahagan, L.M. & Larson, R.L. (1988) Plate tectonic reconstructions of the Cretaceous and Cenozoic ocean basins. *Tectonophysics* **155**, 27–48.

Scott, D.J., Helmstaedt, H. & Bickle, M.J. (1992) Purtuniq ophiolite, Cape Smith belt, northern Quebec, Canada: a reconstructed section of early Proterozoic oceanic crust. *Geology* **20**, 173–6.

Scott, M.R. *et al.* (1973) Hydrothermal manganese in the median valley of the Mid-Atlantic Ridge. *EOS Trans. Amer. Geophys. Un.* **54**, 244.

Scrutton, C.T. (1967) Absolute time data from palaeontology. *In* Runcorn, S.K. *et al.* (eds) *International Dictionary of Geophysics I*, p. 1. Pergamon Press, Oxford.

Scrutton, R.A. (1979) On sheared passive continental margins. *Tectonophysics* **59**, 293–305.

Searle, D.L. & Panayiotou, A. (1980) Structural implications in the evolution of the Troodos massif, Cyprus. *In* Panayiotou, A. (ed.) *Ophiolites*, pp. 50–60. Geol. Surv. Cyprus.

Searle, M.P. (1999) Extensional and compressional faults in the Everest–Lhotse massif, Khumbu Himalaya, Nepal. *J. geol. Soc. Lond.* **156**, 227–40.

Searle, M.P. *et al.* (1999) Age of crustal melting, emplacement and exhumation history of the Shivling leucogranite, Garhwal Himalaya. *Geol. Mag.* **136**, 513–25.

Searle, R.C. (1983) Multiple, closely spaced transform faults in fast-slipping fracture zones. *Geology* **11**, 607–10.

Searle, R.C. *et al.* (1989) Comprehensive sonar imagery of the Easter microplate. *Nature* **341**,701–5.

Sella, G.F., Dixon, T.H. & Mao, A. (2002) REVEL: a model for Recent plate velocities from space geodesy. *J. geophys. Res.* **107**, 2081, doi:10.1029/2000JB000033.

Sempéré, J.-C., Purdy, G.M. & Schouten, H. (1990) Segmentation of the Mid-Atlantic Ridge between 24°N and 30°40′N. *Nature* **344**, 427–9.

Şengör A.M.C. & Natal'in B.A. (1996) Turkic-type orogeny and its role in the making of the continental crust. *Ann. Rev. Earth planet. Sci.* **24**, 263–337.

Shackleton, N.J. & Kennett, J.P. (1975) Paleotemperature history of the Cenozoic and the initiation of Antarctic glaciation: oxygen and carbon isotope analyses in DSDP Sites 277, 270 and 281. *In* Kennett, J.P. & Houtz, R.E. (eds) *Initial Reports of the Deep Sea Drilling Project* **29**, pp. 743–56. US Government Printing Office, Washington, DC.

Shackleton, R.M., Dewey, J.F. & Windley, B.F. (1988) *Tectonic Evolution of the Himalayas and Tibet.* Royal Society, London.

Shamir, G., Eyal, Y. & Bruner I. (2005) Localized versus distributed shear in transform plate boundary zones: the case of the Dead Sea Transform in the Jericho Valley. *Geochem. Geophys. Geosyst.* **6**, Q05004, doi:10.1029/2004GC000751.

Shearer, P.-M. & Masters, G.M. (1992) Global mapping of topography on the 660-km discontinuity. *Nature* **355**, 791–6.

Shen, Z.-K. *et al.* (2000) Contemporary crustal deformation in east Asia constrained by Global Positioning System measurements. *J. geophys. Res.* **105**, 5721–34.

Shen-Tu, B., Holt, W.E. & Haines, A.J. (1998) Contemporary kinematics of the Western United States determined from earthquake moment tensors, very long baseline interferometry, and GPS observations. *J. geophys. Res.* **103**, 18,087–117.

Siame, L.L. *et al.* (2005) Deformation partitioning in fl at subduction setting: case of the Andean foreland of western Argentina (28°S–33°S). *Tectonics* **24**, TC5003, doi:10.1029/2005 TC001787.

Sibson, R.H. (1990) Conditions for fault-valve behaviour. *In* Knipe, R.J. & Rutter, E.H. (eds) *Deformation Mechanisms, Rheology and Tectonics*. *Spec. Pub. geol. Soc. Lond.* **54**, 15–28.

Sillitoe, R.H. (1972a) Formation of certain massive sulphur deposits at sites of sea-floor spreading. *Trans. Inst. Min. Metall.* **81**, B141–8.

Sillitoe, R.H. (1972b) A plate tectonic model for the origin of porphyry copper deposits. *Econ. Geol.* **67**, 184–97.

Silver, E.A. (2000) Leg 170: synthesis of fluid–structural relationships of the Pacific margin of Costa Rica. *In* Silver, E.A., Kimura, G. & Shipley, T.H. (eds) *Proceedings of the Ocean Drilling Program, Scientific Results*, **170**, pp. 1–11. College Station, TX.

Silver, E.A. *et al.* (1983) Back-arc thrusting in the eastern Sunda arc, Indonesia; a consequence of arc–continental collision. *J. geophys. Res.* **88**, 7429–48.

Singh, S.C. *et al.* (1998) Melt to mush variations in crustal magma properties along the ridge crest at the southern East Pacific Rise. *Nature* **394**, 874–8.

Sinha, M.C. *et al.* (1998) Magmatic processes at slow spreading ridges: implications of the RAMESSES experiment at 57°45′N on the Mid-Atlantic ridge. *Geophys. J. Int.* **135**, 731–45.

Sinton, J.M. & Detrick, R.S. (1992) Mid-ocean ridge magma chambers. *J. geophys. Res.* **97**, 197–216.

Sisson, T.W. & Bronto, S. (1998) Evidence for pressure-release melting beneath magmatic arcs from basalt at Galunggung, Indonesia. *Nature* **391**, 833–86.

Sleep, N.H. (1975) Formation of oceanic crust: some thermal constraints. *J. geophys. Res.* **80**, 4037–42.

Sleep, N.H. (2003) Survival of Archean cratonal lithosphere. *J. geophys. Res.* **108**, 2302, doi:10.1029/2001JB000169.

Sleep, N.H. (2005) Evolution of continental lithosphere. *Annu. Rev. Earth planet. Sci.* **33**, 369–93.

Smelov, A.P. & Beryozkin, V.I. (1993) Retrograded eclogites in the Olekma granite–greenstone region, Aldan Shield. *Precambrian Res.* **62**, 419–30.

Smith, A.G. (1999) Gondwana: its shape, size and position from Cambrian to Triassic times. *J. African Earth Sci.* **28**, 71–97.

Smith, A.G. & Hallam, A. (1970) The fit of the southern continents. *Nature* **225**, 139–44.

Smith, A.G. & Pickering, K.T. (2003) Oceanic gateways as a critical factor to initiate icehouse Earth. *J. Geol. Soc. London* **160**, 337–40.

Smith, A.G., Smith, D.G. & Funnell, B.M. (1994) *Atlas of Mesozoic and Cenozoic coastlines.* Cambridge University Press, Cambridge.

Smith, D.E. *et al.* (1985) Global plate motion results from satellite laser ranging (abstract). *EOS Trans. Amer. Geophys. Un.* **66**, 848.

Smith, D.K. & Cann, J.R. (1993) Building the crust at the Mid-Atlantic Ridge. *Nature* **365**, 707–15.

Smith, M. & Mosley, P. (1993) Crustal heterogeneity and basement influence on the development of the Kenya rift, East Africa. *Tectonics* **12**, 591–606.

Smith, W.H.F. & Sandwell, D.T. (1997) Global seafloor topography from satellite altimetry and ship depth soundings. *Science* **277**, 1957–62.

Smithies, R.H. (2000) The Archean tonalite–tondhjemite–granodiorite (TTG) series is not an analogue of Cenozoic adakite. *Earth planet. Sci. Lett.* **182**, 115–25.

Smithson, S.B. & Brown, S.K. (1977) A model for the lower continental crust. *Earth planet. Sci. Lett.* **35**, 134–44.

Snider, A. (1858) *La Création et ses Mystères Dévoilés*. Frank and Dentu, Paris.

Snow, J.K. & Wernicke, B. (2000) Cenozoic tectonism in the central Basin and Range: magnitude, rate, and distribution of upper crustal strain. *Amer. J. Sci.* **300**, 659–719.

Sobolev, S.V. & Babeyko, A.Y. (2005) What drives orogeny in the Andes? *Geology* **33**, 671–20.

Sobolev, S.V. *et al.* (2005) Thermo-mechanical model of the Dead Sea transform. *Earth planet. Sci. Lett.* **238**, 78–95.

Solomon, M. (1990) Subduction, arc reversal, and the origin of porphyry copper-gold deposits in island arcs. *Geology* **18**, 630–3.

Solomon, S.C., Sleep, N.H. & Richardson, R.M. (1975) On the forces driving plate tectonics: inferences from absolute plate velocities and intraplate stress. *Geophys. J. Roy. astr. Soc.* **42**, 769–801.

Somoza, R. (1998) Updated Nazca (Farallon)–South America relative motions during the last 40 My: implications for mountain building in the central Andean region. *JS Am. Earth Sci.* **11**, 211–15.

Sonder, L.J. & Jones, C.H. (1999) Western United States extension: how the West was widened. *Annu. Rev. Earth planet. Sci.* **27**, 417–62.

Spada, G., Ricard, Y. & Sabadini, R. (1992) Excitation of true polar wander by subduction. *Nature* **360**, 452–4.

Späth A., le Roex, A.P. & Opiyo-Akech, N. (2001) Plume– lithosphere interaction and the origin of continental rift-related alkaline volcanism – the Chyulu Hills Volcanic Province, southern Kenya. *J. Petrol.* **42**, 765–87.

Spence, G.D. & Asudeh, I. (1993) Seismic velocity structure of the Queen Charlotte Basin beneath Hecate Strait. *Can. J. Earth Sci.* **30**, 787–805.

Spence, W. (1987) Slab pull and the seismotectonics of subducting lithosphere. *Rev. Geophys.* **25**, 55–69.

Spicer, R.A. *et al.* (2003) Constant elevation of southern Tibet over the past 15 million years. *Nature* **421**, 622–4.

Spitzak, S. & DeMets, C. (1996) Constraints on present day plate motions south of 30°S from satellite altimetry. *Tectonophysics,* **253**, 167–208.

Spudich, P. & Orcutt, J. (1980) A new look at the seismic velocity structure of the oceanic crust. *Rep. Geophys. Space Phys.* **18**, 627–45.

Stampfli, G.M. & Borel, G.D. (2002) A plate tectonic model for the Paleozoic and Mesozoic constrained by dynamic plate boundaries and restored synthetic oceanic isochrons. *Earth planet. Sci. Lett.* **196**, 17–33.

Stanley, S.M. & Hardie, L.A. (1999) Hypercalcifi cation: paleontology links plate tectonics and geochemistry to sedimentology. *GSA Today* **9**, 1–7.

Stauder, W. (1968) Mechanism of the Rat Island earthquake sequence of February, 1965, with reference to island arcs and sea-floor spreading. *J. geophys. Res.* **73**, 3847–58.

Steckler, M.S. (1985) Uplift and extension in the Gulf of Suez: indications of induced mantle convection. *Nature* **317**, 135–9.

Stein, C.A. & Stein, S. (1992) A model for the global variation in oceanic depth and heat flow with lithospheric age. *Nature* **359**, 123–9.

Stein, S. & Stein, C.A. (1996) Thermo-mechanical evolution of oceanic lithosphere: implications for the subduction process and deep earthquakes. *In* Bebout, G.E. *et al.* (eds) *Susduction Top to Bottom. Geophys. Monogr. Ser.* **96**, 1–17. American Geophysical Union, Washington, DC.

Stein, S. & Wysession, M. (2003) *An Introduction to Seismology, Earthquakes, and Earth Structure.* Blackwell Publishing, Oxford.

Steinberger, B. & O'Connell, R.J. (2000) Effects of mantle flow on Hotspot motion. *In* Richard, M., Gordon,

R.G. & van der Hilst, R.O. (eds) *The History and Dynamics of Global Plate Motions*. *Geophys. Monogr. Ser.* **121**, pp. 377–398. American Geophysical Union, Washington, DC.

Stern, R.A., Syme, E.C. & Lucas, S.B. (1995) Geochemistry of 1.9 Ga MORB-and OIB-like basalts from the Amisk collage, Flin Flon Belt, Canada, Evidence for an intra-oceanic origin. *Geochim. cosmochim. Acta* **59**, 3131–54.

Stern, R.J. (2002) Subduction zones. *Rev. Geophys.* **40**, RG4003, 1-38, doi:10.1029/2001RG000108.

Stern, R.J., Fouch, M.J. & Klemperer, S.L. (2003) An overview of the Izu–Bonin–Mariana Subduction Factory. *In* Eiler, J. (ed.) *Inside the Subduction Factory*. *Geophys. Monogr. Ser.* **138**, pp. 175–222. American Geophysical Union, Washington, DC.

Stern, T. *et al.* (2000) Teleseismic P-wave delays and modes of shortening the mantle lithosphere beneath South Island, New Zealand. *J. geophys. Res.* **105**, 21, 615–31.

Stern, T. *et al.* (2001) Low seismic wave-speeds and enhanced fluid pressure beneath the Southern Alps of New Zealand. *Geology* **29**, 679–82.

Stern, T., Okaya, D. & Scherwath, M. (2002) Structure and strength of a continental transform from onshore–offshore seismic profiling of the South Island, New Zealand. *Earth Planets Space* **54**, 1011–19.

Stern, T.A. (1987) Asymmetric back-arc spreading, heat flux and structure associated with the central volcanic region of New Zealand. *Earth planet. Sci. Lett.* **85**, 265–76.

Stewart, B.M. & DePaolo, D.J. (1996) Isotopic studies of processes in mafic magma chambers: III. The Muskox Intrusion, Northwest Territories, Canada. *In* Basu, A.S.(ed.) *Earth Processes, Reading the Isotopic Code*. *Geophys. Monogr. Ser.* **95**, pp. 277–92 American Geophysical Union, Washington, DC.

Stewart, J.A. (1990) *Drifting Continents and Colliding Paradigms: perspectives on the geoscience revolution.* Indiana University Press, Bloomington.

Stock, J. & Molnar, P. (1988) Uncertainties and implications of the Late Cretaceous and Tertiary position of North America relative to the Farallon, Kula, and Pacific plates. *Tectonics* **7**, 1339–84.

Stockli, D.F. *et al.* (2001) Miocene unroofing of the Canyon Range during extension along the Sevier Desert detachment, west-central Utah. *Tectonics* **20**, 289–307.

Stolar, D.B., Willett, S.D. & Roe, G.H. (2006) Climate and tectonic forcing of a critical orogen. *In* Willett, S.D. *et al.* (eds) *Tectonics, Climate, and Landscape Evolution*. *Geol. Soc. Am. Sp. Paper* **398**, 241–50.

Stolper, E. & Newman, S. (1994) The role of water in the petrogenesis of Mariana Trough magmas. *Earth planet. Sci. Lett.* **121**, 293–325.

Storey, B.C. (1993) The changing face of late Precambrian and early Palaeozoic reconstructions. *J. geol. Soc. Lond.* **150**, 665–8.

Storey, B.C. (1995) The role of mantle plumes in continental breakup: case histories from Gondwanaland. *Nature* **377**, 301–8.

Stow, D.A.V. & Lovell, J.P.B. (1979) Contourites: their recognition in modern and ancient sediments. *Earth*

Sci. Rev. **14**, 251–91.

Suda, Y. (2004) Crustal anatexis and evolution of granitoid magma in Permian intra-oceanic island arc, the Asago body of the Yakuno ophiolite, Southwest Japan. *J. Mineral. Petrol. Sci.* **99**, 339–56.

Sun, S.S., Nesbitt, R.W. & Sharashin, A.Y. (1979) Geochemical characteristics of mid-ocean ridge basalts. *Earth planet. Sci. Lett.* **44**, 119–38.

Sutherland, R., Berryman, K. & Norris, R. (2006) Quaternary slip rate and geomorphology of the Alpine fault: implications for kinematics and seismic hazard in southwest New Zealand. *Bull. geol. Soc. Am.* **118**, 464–74.

Sykes, L.R. (1966) The seismicity and deep structure of island arcs. *J. geophys. Res.* **71**, 2981–3006.

Sykes, L.R. (1967) Mechanism of earthquakes and nature of faulting on the mid-oceanic ridges. *J. geophys. Res.* **72**, 2131–53.

Sylvester, A.G. (1988) Strike-slip faults. *Bull. geol. Soc. Am.* **100**, 1666–703.

Tackley, P.J. (2000) Mantle convection and plate tectonics: toward an integrated physical and chemical theory. *Science* **288**, 2002–7.

Tackley, P.J. *et al.* (1993) Effects of an endothermic phase transition at 670 km depth in a spherical model of convection in the Earth's mantle. *Nature* **361**, 699–704.

Taira, A. (2001) Tectonic evolution of the Japanese Island Arc System. *Annu. Rev. Earth Planet. Sci.* **29**, 109–34.

Takagi, H. (1986) Implications of mylonitic microstructures for the geotectonic evolution of the Median Tectonic Line, central Japan. *J. struct. Geol.* **8**, 3–14.

Talwani, M. & Watts, A.B. (1974) Gravity anomalies seaward of deep-sea trenches and their tectonic implications. *Geophys. J. Roy. astr. Soc.* **36**, 57–90.

Talwani, M., Le Pichon, X. & Ewing, M. (1965) Crustal structure of the mid-ocean ridges 2. Computed model from gravity and seismic reduction data. *J. geophys. Res.* **70**, 341–52.

Tapley, B.D., Schutz, B.F. & Eanes, R.J. (1985) Station coordinates, baselines, and Earth rotation from LAGEOS laser ranging: 1976–1984. *J. geophys. Res.* **90**, 9235–48.

Tapponnier, P. & Molnar, P. (1976) Slip-line field theory and large-scale continental tectonics. *Nature* **264**, 319–24.

Tapponnier, P. *et al.* (1982) Propagating extrusion tectonics in Asia: new insights from simple experiments with plasticene. *Geology* **10**, 611–16.

Tapponnier, P. *et al.* (2001) Oblique stepwise rise and growth of the Tibet plateau. *Science*. **294**, 1671–7.

Tarduno, J.A. & Cottrell, R.D. (1997) Paleomagnetic evidence for motion of the Hawaiian hotspot during formation of the Emperor seamounts. *Earth planet. Sci. Lett.* **153**, 171–80.

Tarling, D.H. (ed.) (1981) *Economic Geology and Geotectonics.* Blackwell Scientific Publications. Oxford.

Tarling, D.H. (1983) *Palaeomagnetism.* Chapman & Hall, London.

Tarling, D.H. & Runcorn, S.K. (eds) (1973) *Implications of Continental Drift to the Earth Sciences*, vols 1 & 2. Academic Press, London.

Tarling, D.H. & Tarling, M.P. (1971) *Continental Drift. A study of the Earth's moving surface.* Bell, London.

Taylor, B. & Huchon, P. (2002) Active continental extension in the western Woodlark Basin: a synthesis of Leg 180 results. *In* Huchon, P., Taylor, B. & Klaus, A. (eds) *Proc. ODP, Sci. Results*, **180**, 1–36.[online].

Taylor, B. & Martínez, F. (2003) Back-arc basin basalt systematics. *Earth planet. Sci. Lett.* **210**, 481–97.

Taylor, B., Crook, K. & Sinton, J. (1994) Extensional transform zones and oblique spreading centers. *J. geophys. Res.* **99**, 19 707–18.

Taylor, B. *et al.* (1995) Continental rifting and initial sea-floor spreading in the Woodlark Basin. *Nature* **374**, 534–7.

Taylor, B., Goodliffe, A.M. & Martínez, F. (1999) How continents break up: insights from Papua New Guinea. *J. geophys. Res.* **104**, 7497–512.

Taylor, F.B. (1910) Bearing of the Tertiary mountain belt on the origin of the Earth's plan. *Bull. geol. Soc. Am.* **21**, 179–226.

Taylor, R.T. & Scott, M.M. (1985) *The Continental Crust: its composition and evolution.* Blackwell Scientific Publications, Oxford.

Tebbens, S.F. *et al.* (1997) The Chile Ridge: a tectonic framework. *J. geophys. Res.* **102**, 12,035–59.

Tegner, C. *et al.* (1998) ^{40}Ar–^{39}Ar geochronology of Tertiary mafic intrusions along the East Greenland rifted margin: relation to flood basalts and the Iceland hotspot track. *Earth planet. Sci. Lett.* **156**, 75–88.

ten Brink, U.S. *et al.* (1993) Structure of the Dead Sea pull-apart basin from gravity analysis. *J. geophys. Res.* **98**, 21 887–94.

Tepper, J.H. *et al.* (1993) Petrology of the Chilliwack batholith, North Cascades, Washington: generation of calc-alkaline granitoids by melting of mafic lower crust with variable water fugacity. *Contrib. Mineral. Petrol.* **113**, 333–51.

Tessema, A. & Antoine, L.A.G. (2004) Processing and interpretation of the gravity field of the East African Rift: implication for crustal extension. *Tectonophysics* **394**, 87–110.

Teyssier, C. & Tikoff, B. (1998) Strike-slip partitioned transpression of the San Andreas fault system: a lithospheric-scale approach. *In* Holdsworth, R.E., Strachan, R.A. & Dewey, J.F. (eds) *Continental Transpressional and Transtensional Tectonics. Spec. Pub. geol. Soc. Lond.* **135**, 143–58.

Thatcher, W. (1979) Systematic inversion of geodetic data in central California. *J. geophys. Res.* **84**, 2283–95.

Thatcher, W. (2003) GPS constraints on the kinematics of continental deformation. *Int. Geol. Rev.* **45**, 191–212.

Thomas, C., Livermore, R. & Pollitz, F. (2003) Motion of the Scotia Sea plates. *Geophys. J. Int.* **155**, 789–804.

Thompson, G. & Melson, W.G. (1972) The petrology of oceanic crust across fracture zones in the Atlantic Ocean: evidence of a new kind of sea-floor spreading. *J. Geol.* **80**, 526–38.

Thorkelson, D.J., *et al.* (2001) Early Proterozoic magmatism in Yukon, Canada: constraints on the evolution of northwestern Laurentia. *Can. J. Earth Sci.* **38**, 1479–94.

Thorpe, R.S. (ed.) (1982) *Andesites*. Wiley, London.

Thurber, C.H. & Aki, K. (1987) Three-dimensional seismic imaging. *Ann. Rev. Earth Planet. Sci.* **15**, 115–39.

Thybo, H., Ross, A.R. & Egorkin, A.V. (2003) Explosion seismic reflections from the Earth's core. *Earth planet. Sci. Lett.* **216**, 693–702.

Tiberi, C. *et al.* (2005) Inverse models of gravity data from the Red Sea–Aden–East African rifts triple junction zone. *Geophys. J. Int.* **163**, 775–87.

Tilmann, F. *et al.* (2003) Seismic imaging of the downwelling Indian lithosphere beneath central Tibet. *Science*. **300**, 1424–7.

Tippett, J.M. &. Kamp, P.J.J. (1993) Fission track analysis of the late Cenozoic vertical kinematics of continental Pacific Crust, South Island, New Zealand. *J. geophys. Res.* **98**, 16,119–48.

Tissot, B. (1979) Effects on prolific petroleum source rocks and major coal deposits caused by sea-level changes. *Nature* **277**, 463–5.

Titus, S.J., DeMets, C. & Tikoff, B. (2005) New slip rate estimates for the creeping segment of the San Andreas fault, California. *Geology* **33**, 205–8.

Tohver, E. *et al.* (2002) Paleogeography of the Amazon Craton at 1.2 Ga; early Grenvillian collision with the Llano segment of Laurentia. *Earth planet. Sci. Lett.* **199**, 185–200.

Tolstoy, M. *et al.* (2001) Seismic character of volcanic activity at the ultraslow-spreading Gakkel Ridge. *Geology* **29**, 1139–42.

Tomlinson, K.Y. & Condie, K.C. (2001) Archean mantle plumes: evidence from greenstone belt geochemistry. *In* Ernst, R.E. & Buchan, K.L. (eds) *Mantle Plumes: their identification through time. Geol. Soc. Amer. Sp. Paper* **352**, 341–57.

Toomey, D.R. *et al.* (1990) The three-dimensional seismic velocity structure of the East Pacific Rise near latitude 9°30′N. *Nature* **347**, 639–45.

Torsvik, T.H. (2003) The Rodinia jigsaw puzzle. *Science* **300**, 1379–81.

Torsvik, T.H. & Van der Voo, R. (2002) Refi ning Gondwana and Pangea Paleogeography: estimates of Phanerozoic non-dipole (octupole) fields. *Geophys. J. Int.* **151**, 771–94.

Townend, J. & Zoback, M.D. (2004) Regional tectonic stress near the San Andreas fault in central and southern California. *Geophys. Res. Lett.* **31**, L15S11, doi:10.1029/2003GL018918.

Trendall, A.F. *et al.* (2004) SHRIMP zircon ages constraining the depositional history of the Hamersley Group, Western Australia. *Australian J. Earth Sci.* **51**, 621–44.

Tsikalas, F., Eldholm, O. & Faleide, J.I. (2005) Crustal structure of the Lofoten–Vesterålen continental margin, off Norway. *Tectonophysics* **404**, 151–74.

Tsuji, T. *et al.* (2006) Modern and ancient seismogenic out-ofsequence thrusts in the Nankai accretionary prism: comparison of laboratory-derived physical properties and seismic reflection data. *Geophys. Res. Lett.* **33**, L18309, doi:10.1029/ 2006GL027025.

Tuisku, P. & Huhma, H. (1998) Eclogite from the SW-marginal zone of the Lapland Granulite belt: evidence from the 1.90–1.88 Ga subduction zone. *In* Hanski, E. & Vuollo, J. (eds) *International Ophiolite Symposium and Field Excursion: generation and emplacement of ophiolites through time.* Geol. Surv. Finland, 61pp.

Tullis, J. (2002) Deformation of granitic rocks; experimental studies and natural examples. *Rev. Mineral. Geochem.* **51**, 51–95.

Tulloch, A.J. & Kimbrough, D.L. (2003) Paired plutonic belts in convergent margins and the development of high Sr/Y magmatism: Peninsular Ranges batholith of Baja–California and Median batholith of New Zealand. *In* Johnson, S.E. *et al.* (eds) *Tectonic evolution of Northwestern Mexico and the Southwestern USA. Geol. Soc. of Am. Sp. Paper* **374**, 275–95.

Turcotte, D.L. & Oxburgh, E.R (1978) Intra-plate volcanism. *Phil. Trans. Roy. Soc. Lond. A* **288**, 561–79.

Turcotte, D.L. & Schubert, G. (2002) *Geodynamics*, 2nd edn Cambridge University Press. Cambridge.

Turcotte, D.L., McAdoo, D.C. & Caldwell, J.G. (1978) An elastic-perfectly plastic analysis of the bending of the lithosphere at a trench. *Tectonophysics* **47**, 193–205.

Turner, J.P. & Williams, G.A. (2004) Sedimentary basin inversion and intra-plate shortening. *Earth Sci. Rev.* **65**, 277–304.

Turner, S. & Hawkesworth, C. (1997) Constraints on flux rates and mantle dynamics beneath island arcs from Tonga–Kermadec lava geochemistry. *Nature* **389**, 568–73.

Turner, S., Evans, P. & Hawkesworth, C. (2001) Ultrafast sourceto-surface movement of melt at island arcs from ^{226}Ra–^{230}Th systematics. *Science* **292**, 1363–6.

Twiss, R.J. & Moores, E.M. (1992) *Structural Geology*. W.H. Freeman, New York.

Ujiie, K., Hisamitsu, T. & Taira, A. (2003) Deformation and fluid pressure variation during initiation and evolution of the plate boundary décollement zone in the Nankai accretionary prism. *J. geophys. Res.* **108**, 2398, doi:10.1029/2002JB002314.

Umhoefer, P.J. (1987) Northward translation of Baja British Columbia along the Late Cretaceous to Paleocene margin of western North America. *Tectonics* **6**, 377–94.

Umhoefer, P.J. (2000) Where are the missing faults in translated terranes? *Tectonophysics* **326**, 23–35.

Underwood, M.B. *et al.* (2003) Sedimentary and tectonic evolution of a trench–slope basin in the Nankai subduction zone of southwest Japan. *J. Sediment. Res.* **73**, 589–602.

Unruh, J.R. & Sawyer, T.L. (1997) Assessment of blind seismogenic sources, Livermore Valley, eastern San Francisco Bay region. *USGS National Earthquake Hazards Reduction Program*, pp. 1–88. Final

Technical Report No. 1434-95-G-2611, US Geol. Survey, Reston, Virginia.

Unsworth, M. & Bedrosian, P.A. (2004) Electrical resistivity structure at the SAFOD site from magnetotelluric exploration. *J. geophys. Res.* **31**, L12S05, doi:10.1029/2003GL019405.

Unsworth, M.J. *et al.* (2005) Crustal rheology of the Himalaya and Southern Tibet inferred from magnetotelluric data. *Nature*. **438**, 78–81.

Upcott, N. *et al.* (1996) Along-axis segmentation and isostasy in the Western Rift, East Africa. *J. geophys. Res.* **101**, 3247–68.

Uyeda, S. & Kanamori, H. (1979) Back-arc opening and the mode of subduction. *J. geophys. Res.* **84**, 1049–61.

Uyeda, S. & Miyashiro, A. (1974) Plate tectonics and the Japanese Island: a synthesis. *Bull. geol. Soc. Am.* **85**, 1159–70.

Vacquier, V. (1965) Transcurrent faulting in the ocean floor. *Phil. Trans. Roy. Soc. Lond. A* **258**, 77–81.

Valentine, J.W. & Moores, E.M. (1970) Plate tectonic regulation of faunal diversity and sea level: a model. *Nature* **228**, 657–9.

Valentine, J.W. & Moores, E.M. (1972) Global tectonics and the fossil record. *J. Geol.* **80**, 167–84.

Valley, J.W. *et al.* (2006) Comment on "Heterogeneous Hadean Hafnium: evidence of Continental Crust at 4.4 to 4.5 Ga." *Science* **312**, 1139a.

Van Avendonk, H.J.A. *et al.* (2004) Continental crust under compression: a seismic refraction study of South Island Geophysical Transect I, South Island, New Zealand. *J. geophys. Res.* **109**, B06302, doi:10.1029/2003JB002790.

Van Couvering, J.A. *et al.* (1976) The terminal Miocene event. *Marine Micropaleontology* **1**, 263–86.

van der Beek, P.A. (1997) Flank uplift and topography at the central Baikal Rift (SE Siberia): a test of kinematic models for continental extension. *Tectonics* **16**, 122–36.

van der Beek, P.A. & Cloetingh, S. (1992) Lithospheric flexure and the tectonic evolution of the Betic Cordilleras (SE Spain). *Tectonophysics* **203**, 325–44.

van der Beek, P.A. *et al.* (1998) Denudation history of the Malawi and Rukwa Rift flanks from apatite fission track thermochronology. *J. Afr. Earth Sci.* **26**, 363–86.

van der Hilst, R. (1995) Complex morphology of subducted lithosphere in the mantle beneath the Tonga Trench. *Nature* **374**, 154–7.

van der Hilst, R.D., Widiyantoro, S. & Engdahl, E.R. (1997) Evidence for deep mantle circulation from global tomography. *Nature* **386**, 578–84.

van der Velden, A.J., van Staal, C.R. & Cook, F.A. (2004) Crustal structure, fossil subduction, and the tectonic evolution of the Newfoundland Appalachians: evidence from a reprocessed seismic reflection survey. *Bull. geol. Soc. Am.* **116**, 1485–98.

van der Velden, A.J. *et al.* (2006) Reflections of the Neoarchean: a global perspective. *In* Benn, K., Mareschal, J.C. & Condie, K. C. (eds) *Archean Geodynamics and Evironments. Geophys. Monogr. Ser.*

164, pp. 255–65. American Geophysical Union, Washington, DC.

van Keken, P.E., Hauri, E.H. & Ballentine, C.J. (2002) Mantle mixing: the generation, preservation, and destruction of chemical heterogeneity. *Annu. Rev. Earth Planet. Sci.* **30**, 493–525.

Van Kranendonk, M.J. & Collins, W.J. (1998) Timing and tectonic significance of Late Archean, sinistral strike-slip deformation in the Central Pilbara Structural Corridor, Pilbara Craton, Western Australia. *Precambrian Res.* **88**, 207–32.

Van Kranendonk, M.J. *et al.* (2002) Geology and tectonic evolution of the Archean North Pilbara Terrain, Pilbara Craton, Western Australia. *Econ. Geol.* **97**, 695–732.

Van Kranendonk, M.J. *et al.* (2004) Critical tests of vertical vs. horizontal tectonic models for the Archean East Pilbara Granite–Greenstone Terrane, Pilbara Craton, Western Australia. *Precambrian Res.* **131**, 173–211.

Van Kranendonk, M.J. *et al.* (2007) Secular tectonic evolution of Archean continental crust: interplay between horizontal and vertical processes in the formation of the Pilbara Craton, Australia. *Terra Nova* **19**, 1–38.

Van Orman, J. *et al.* (1995) Distribution of shortening between the Indian and Australian plates in the central Indian Ocean. *Earth planet. Sci. Lett.* **133**, 35–46.

van Thienen, P., Vlaar, N.J. & van den Berg, A.P. (2005) Assessment of the cooling capacity of plate tectonics and flood volcanism in the evolution of Earth, Mars and Venus. *Phys. Earth planet. Int.* **150**, 287–315.

van Wijk, J.W. & Cloetingh, S.A.P.L. (2002) Basin migration caused by slow lithospheric extension. *Earth planet. Sci. Lett.* **198**, 275–88.

Vandamme, D. & Courtillot, V. (1990) Paleomagnetism of Leg 115 basement rocks and latitudinal evolution of the Reunion hotspot. *Proc. Ocean Drill. Program Sci. Results* **115**, 111–17.

Varsek, J.L. *et al.* (1993) Lithoprobe crustal reflection survey of the southern Canadian Cordillera 2: Coast Mountains transect. *Tectonics* **12**, 334–60.

Vaughan, A.P.M., Leat, P.T. & Pankhurst, R.J. (2005) Terrane processes at the margins of Gondwana: introduction. *In* Vaughan, A.P.M., Leat, P.T. & Pankhurst, R.J. (eds) *Terrane Processes at the Margins of Gondwana. Spec. Pub. geol. Soc. Lond.* **246**, 1–21

Vening Meinesz, F.A. (1951) A third arc in many island arc areas. *Koninkl. Nederlandsch. Akad. Wetensch. Proc. Ser. B.* **54**, 432–42.

Venkataraman, A., Nyblade, A.A. & Ritsema, J. (2004) Upper mantle Q and thermal structure beneath Tanzania, East Africa from teleseismic P wave spectra. *Geophys. Res. Lett.* **31**, L15611, doi:10.1029/2004GL020351.

Vera, E.E. *et al.* (1990) The structure of 0 to 0.2 m.y. old oceanic crust at 9oN on the East Pacific Rise from expanded spread profiles. *J. geophys. Res.* **95**, 15 529–56.

Vermeersen, L.L.A. & Vlaar, N.J. (1993) Changes in the Earth's rotation by tectonic movements. *Geophys.*

Res. Lett. **20**, 81–4.

Viljoen, M.J. & Viljoen, R.P. (1969) The geology and geochemistry of the lower ultramafic unit of the Onverwacht Group and a proposed new class of igneous rocks. *Spec. Publ. Geol. Soc. S. Afr.* **2**, 55–85.

Vine, F.J. (1966) Spreading of the ocean floor: new evidence. *Science* **154**, 1405–15.

Vine, F.J. (1977) The continental drift debate. *Nature* **266**, 19–22.

Vine, F.J. & Matthews, D.H. (1963) Magnetic anomalies over oceanic ridges. *Nature* **199**, 947–9.

Vogt, P.R. Ostenso, N.A. & Johnson, G.L. (1970) Magnetic and bathymetric data bearing on sea floor spreading north of Iceland. *J. geophys. Res.* **75**, 903–20.

von Huene, R. & Scholl, D.W. (1991) Observations at convergent margins concerning sediment subduction, subduction erosion, and the growth of continental crust. *Rev. Geophys.* **29**, 279–316.

von Huene, R. *et al.* (1998) Mass and fluid flux during accretion at the Alaskan margin. *Bull. geol. Soc. Am.* **110**, 468–82.

von Huene, R., Ranero, C.R. & Vannucchi, P. (2004) Generic model of subduction erosion. *Geology* **32**, 913–16.

von Raumer, J.F., Stampfli, G.D. & Bussy, F. (2003) Gondwana-derived microcontinents – the constituents of the Variscan and Alpine collisional orogens. *Tectonophysics* **365**, 7–22.

Wagner, D.L., Bortugno, E.J. & McJunkin, R.D. (compilers) (1990) Geologic map of the San Francisco–San Jose quadrangle. *California Division of Mines and Geology Regional Map Series*, Map No. 5A (Geology).

Wakabayashi J. & Dilek, Y. (2000) Spatial and temporal relationships between ophiolites and their metamorphic soles: a test of models of forearc ophiolite genesis. *In* Dilek, Y. *et al.* (eds) *Ophiolites and Oceanic Crust: new insights from field studies and the ocean drilling program. Geol. Soc. Am. Sp. Paper* **349**, 53–64.

Wakabayashi, J., Hengesh, J.V. & Sawyer, T.L. (2004) Four-dimensional transform fault processes: progressive evolution of step-overs and bends. *Tectonophysics* **392**, 279–301.

Walcott, R.I. (1970) Flexural rigidity, thickness, and viscosity of the lithosphere. *J. geophys. Res.* **75**, 3941–53.

Walcott, R.I. (1998) Modes of oblique compression: late Cenozoic tectonics of the South Island of New Zealand. *Rev. Geophys.* **36**, 1–26.

Waldhauser, F. & Ellsworth, W.L. (2002) Fault structure and mechanics of the Hayward Fault, California, from double-difference earthquake locations. *J. geophys. Res.* **107**, 1–15.

Walker, R.J. *et al.* (1989) Os, Sr, Nd, and Pb isotope systematics of southern African peridotite xenoliths: implications for the chemical evolution of subcontinental mantle, *Geochim. cosmochim. Acta* **53**, 1583–95.

Wallace, L.M. *et al.* (2004) GPS and seismological constraints on active tectonics and arc–continent collision in Papua New Guinea: implications for mechanics of microplate rotations in a plate boundary zone. *J. geophys. Res.* **109**, B05404, doi:10.1029/ 2003JB002481.

Wang, E. *et al.* (1998) Late Cenozoic Xianshuihe–Xiaojiang, Red River, and Dali fault systems of southwestern Sichuan and central Yunnan, China. *Geol. Soc. Am. Sp. Paper* **327**, 108pp.

Wang, Q. *et al.* (2001) Present-day crustal deformation in China constrained by global positioning system measurements. *Science* **294**, 574–7.

Wang, R. *et al.* (2004) The 2003 Bam (SE Iran) earthquake; precise source parameters from satellite radar interferometry. *Geophys. J. Int.* **159**, 917–22.

Wannamaker, P.E. *et al.* (2002) Fluid generation and pathways beneath an active compressional orogen, the New Zealand Southern Alps, inferred from magnetotelluric data. *J. geophys. Res.* **107**, 2117, doi:10.1029/2001JB000186.

Ward, M.A. (1963) On detecting changes in the Earth's radius. *Geophys. J. Roy. astr. Soc.* **8**, 217–25.

Ward, P.D. *et al.* (1997) Measurements of the Cretaceous paleolatitude of Vancouver Island: consistent with the Baja–British Columbia hypothesis. *Science* **277**, 1642–5.

Wareham, C.D., Millar, I.L. & Vaughan, A.P.M. (1997) The generation of sodic granite magmas, western Palmer Land, Antarctic Peninsula. *Contrib. Mineral. Petrol.* **128**, 81–96.

Watt J.P. & Shankland, T.J. (1975) Uniformity of mantle composition. *Geology* **3**, 91–4. Watts, A.B. (2001) *Isostasy and Flexure of the Lithosphere*. Cambridge University Press, Cambridge.

Watts, A.B. & Burov, E. (2003) Lithospheric strength and its relationship to the elastic and seismogenic layer thickness. *Earth planet. Sci. Lett.* **213**, 113–31.

Watts, A.B. & Ryan, W.B.F. (1976) Flexure of the lithosphere and continental margin basins. *Tectonophysics* **36**, 25–44.

Watts, A.B., Cochran, J.R. & Selzer, G. (1975) Gravity anomalies and flexure of the lithosphere: a three dimensional study of the Great Meteor seamount, northeast Atlantic. *J. geophys. Res.* **80**, 1391–8.

Watts, A.B., Bodine, J.H. & Steckler, M.S. (1980) Observations of flexure and the state of stress in the oceanic lithosphere. *J. geophys. Res.* **85**, 6369–76.

Watts, A.B. *et al.* (1995) Lithospheric flexure and bending of the Central Andes. *Earth planet. Sci. Lett.* **134**, 9–24.

Wdowinski, S. (1992) Dynamically supported trench topography. *J. Geophys. Res.* **97**, 17,651–6.

Wdowinski, S. & Axen, G.J. (1992) Isostatic rebound due to tectonic denudation: a viscous flow model of a layered lithosphere. *Tectonics* **11**, 303–15.

Weeraratne, D.S. *et al.* (2003) Evidence for an upper mantle plume beneath the Tanzanian craton from Rayleigh wave tomography. *J. geophys Res.* **108**, 2427, doi:10.1029/2002JB002273.

Weertman, J. (1978) Creep laws for the mantle of the Earth. *Phil. Trans. Roy. Soc. Lond. A* **288**, 9–26.

Wegener, A. (1929) *The Origin of Continents and Oceans.*[English translation (1966), of the 4th German edition, by J. Biram.]Dover Publishing, New York, by arrangement with Vieweg, Braunschweig.

Weissel, J.K. (1981) Magnetic lineations in marginal basins of the western Pacific. *Phil. Trans. Roy. Soc.*

Lond. A **300**, 223–47.

Weissel, J.K. & Karner, G. (1989) Flexural uplift of rift fl anks due to tectonic denudation of the lithosphere during extension. *J. geophys. Res.* **94**, 13,919–50.

Weissel, J.K. & Watts, A.B. (1979) Tectonic evolution of the Coral Sea basin. *J. geophys. Res.* **84**, 4572–82.

Wellman, H.W. (1953) Data for the study of Recent and late Pleistocene faulting in the South Island of New Zealand. *N.Z. J. Sci. Technol.* **B34**, 270–88.

Wellman, P. (2000) Upper crust of the Pilbara Craton, Australia; 3D geometry of a granite-greenstone terrain. *Precambrian Res.* **104**, 175–86.

Wernicke, B. (1981) Low angle normal faults in the Basin and Range Province – nappe tectonics in an extending orogen. *Nature* **291**, 645–8.

Wernicke, B. (1985) Uniform-sense simple shear of the continental lithosphere. *Can. J. Earth. Sci.* **22**, 108–25.

Wernicke, B. (1992) Cenozoic extensional tectonics of the United States Cordillera. *In* Burchfiel, B.C., Lipman, P.W. & Zoback, M.L. (eds) *The Cordilleran Orogen: conterminous US. Geology of North America* **G3**, pp. 552–81. Geological Society of America, Boulder, CO.

Wernicke, B. & Axen, G.J. (1988) On the role of isostasy in the evolution of normal fault systems. *Geology* **16**, 848–51.

Wernicke, B. & Snow, J.K. (1998) Cenozoic tectonism in the central Basin and Range: motion of the Sierran–Great Valley Block. *Int. geol. Rev.* **40**, 403–10.

Wesnousky, S.G. *et al.* (1999) Uplift and convergence along the Himalayan frontal thrust of India. *Tectonics*, **18**, 967–76.

Westbrook, G.K., Mascle, A. & Biju-Duval, B. (1984) Geophysics and structure of the Lesser Antilles forearc. *In* Biju–Duval, B. & Moore, J.C. (eds) *Init. Repts. DSDP 78A*, pp. 23–38. US Government Printing Office, Washington, DC.

White, G.W. (1980) Permian–Triassic continental reconstruction of the Gulf of Mexico–Caribbean area. *Nature* **283**, 823–6.

White, R.S. *et al.* (1984) Anomalous seismic crustal structure of oceanic fracture zones. *Geophysics* **79**, 779–98.

Whitman, D., Isacks, B.L. & Kay, S.M. (1996) Lithospheric structure and along-strike segmentation of the central Andean plateau: topography, tectonics and timing. *Tectonophysics* **259**, 29–40.

Whitmarsh, R.B. (1975) Axial intrusion zone beneath the median valley of the Mid-Atlantic ridge at 37°N detected by explosion seismology. *Geophys. J. Roy. astr. Soc.* **42**, 189–215.

Whitmarsh, R.B., Manatschal, G. & Minshull, T.A. (2001) Evolution of magma – poor continental margins from rifting to seafloor spreading. *Nature* **413**, 150–4.

Wiebe, R.A. (1992) Proterozoic anorthosite complexes. *In* Condie, K.C. (ed) *Proterozoic Crustal Evolution*, pp. 215–61. Elsevier, Amsterdam.

Wiens D.A. & Smith, G.P. (2003) Seismological constraints on structure and flow patterns within the mantle wedge. *In* Eiler, J. (ed.) *Inside the Subduction Factory. Geophys. Monogr. Ser.* **138**, pp. 59–81. American Geophysical Union, Washington, DC.

Wiens, D.A., McGuire, J.J. & Shore, P.J. (1993) Evidence for transformational faulting from a deep double seismic zone in Tonga. *Nature* **364**, 790–3.

Wijns, C. *et al.* (2005) Mode of crustal extension determined by rheological layering. *Earth planet. Sci. Lett.* **236**, 120–34.

Wilde, S.A. *et al.* (2001) Evidence from detrital zircons for the existence of continental crust and oceans on the Earth 4.4 Gyr ago. *Nature* **409**, 175–8.

Willems, H. *et al.* (1996) Stratigraphy of the Upper Cretaceous and Lower Tertiary strata in the Tethyan Himalayas of Tibet (Tingri area, China). *Geol. Rundsch.* **85**, 723–54.

Willett, S.D. (1992) Dynamic and kinematic growth and change of a Coulomb wedge. *In* McClay, K. (ed.) *Thrust Tectonics*, pp. 19–31. Chapman and Hall, New York.

Willett, S.D. (1999) Orogeny and orography: the effects of erosion on the structure of mountain belts. *J. geophys. Res.* **104**, 28,957–82.

Willett, S.D. & Beaumont, C. (1994) Subduction of Asian lithospheric mantle beneath Tibet inferred from models of continental collision. *Nature* **369**, 642–45.

Williams, C.F., Grubb, F.V. & Galanis Jr, S.P. (2004) Heat flow in the SAFOD pilot hole and implications for the strength of the San Andreas Fault. *J. geophys. Res.* **31**, L15S14, doi:10.1029/ 2003GL019352.

Williams, D.L. *et al.* (1974) The Galapagos spreading center: lithospheric cooling and hydrothermal circulation. *Geophys. J. Roy. astr. Soc.* **38**, 587–608.

Williams, H. *et al.* (1991) Anatomy of North America: thematic geologic portrayals of the continent. *Tectonophysics* **187**, 117–34.

Williams, Q. & Garnero, E.J. (1996) Seismic evidence for partial melt at the base of Earth's mantle. *Science* **273**, 1528–30.

Williams, T.B., Kelsey, H.M. & Freymueller, J.T. (2006) GPS-derived strain in northwestern California: termination of the San Andreas fault system and convergence of the Sierra Nevada Great Valley block contribute to southern Cascadia forearc contraction. *Tectonophysics* **413**, 171–84.

Wilson, D.S. (1993) Confirmation of the astronomical calibration of the magnetic polarity timescale from seafloor spreading rates. *Nature* **364**, 788–90.

Wilson, D.S., Hey, R.N. & Nishimura, C. (1984) Propagation as a mechanism of reorientation of the Juan de Fuca Ridge. *J. geophys. Res.* **89**, 9215–25.

Wilson, J.T. (1963) Evidence from islands on the spreading of ocean floors. *Nature* **197**, 536–8.

Wilson, J.T. (1965) A new class of faults and their bearing on continental drift. *Nature* **207**, 343–7.

Windley, B.F. (1981) Precambrian rocks in the light of the plate-tectonic concept. *In* Kröner, A. (ed.)

Precambrian Plate Tectonics, pp. 1–20. Elsevier, Amsterdam.

Windley, B.F. (1984) *The Evolving Continents*, 2nd edn Wiley, London.

Wingate, M.T.D., Pisarevsky, S.A. & Evans, D.A.D. (2002) Rodinia connections between Australia and Laurentia: no SWEAT, no AUSWUS? *Terra Nova* **14**, 121–8.

Winter, J.D. (2001) *An Introduction to Igneous and Metamorphic Petrology*. Prentice-Hall, New Jersey.

Wittlinger. G. *et al.* (2004) Teleseismic imaging of subducting lithosphere and Moho offsets beneath western Tibet. *Earth planet. Sci. Lett.* **221**, 117–30.

Wolfenden, E. *et al.* (2004) Evolution of the northern Main Ethiopian rift: birth of a triple junction. *Earth planet. Sci. Lett.* **224**, 213–28.

Wolfenden, E. *et al.* (2005) Evolution of a volcanic rifted margin: southern Red Sea, Ethiopia. *Bull. geol. Soc. Am.* **117**, 846–64.

Woodcock, N.H. & Fischer, M. (1986) Strike-slip duplexes. *J. struct. Geol.* **8**, 725–35.

Woodcock, N.H. & Rickards, B. (2003) Transpressive duplex and flower structure: Dent Fault System, NW England. *J. struct. Geol.* **25**, 1981–92.

Woodhouse, J.H. & Dziewonski, A.M. (1984) Mapping the upper mantle: three dimensional modelling of Earth structure by inversion of seismic waveforms. *J. geophys. Res.* **89**, 5953–86.

Wyllie, P.J. (1981) Plate tectonics and magma genesis. *Geol. Rundsch.* **70**, 128–53.

Wyllie, P.J. (1988) Magma genesis, plate tectonics and chemical differentiation of the Earth. *Rev. Geophys.* **26**, 370–404.

Wyman D.A. & Kerrich, R. (2002) Formation of Archean continental lithospheric roots: the role of mantle plumes. *Geology* **30**, 543–6.

Xie, J. *et al.* (2004) Lateral variations of crustal seismic attenuation along the INDEPTH profiles in Tibet from *Lg Q* inversion. *J. geophys. Res.* **109**, B10308, doi:10.1029/2004JB002988.

Yáñez, G. & Cembrano, J. (2004) Role of viscous plate coupling in the late Tertiary Andean tectonics. *J. geophys. Res.* **109**, B02407, doi:10.1029/2003JB002494.

Yamazaki D. & Karato, S.-I. (2001) Some mineral physics constraints on the rheology and geothermal structure of Earth's lower mantle. *American Mineralogist* **86**, 385–91.

Yin, A. & Harrison, T.M. (2000) Geologic evolution of the Himalayan Tibetan Orogen. *Annu. Rev. Earth planet. Sci.* **28**, 211–80.

Yogodzinski, G.M., Lees, J.M. Churikova, T.G. *et al.* (2001) Geochemical evidence for the melting of subducting oceanic lithosphere at plate edges. *Nature* **409**, 500–4.

Young, G.M. (1992) Late Proterozoic stratigraphy and the Canada–Australia connection. *Geology* **20**, 215–18.

Yuan, X. *et al.* (2000) Subduction and collision processes in the central Andes constrained by converted seismic phases. *Nature* **408**, 958–61.

Yuan, X., Sobolev, S.V. & Kind, R. (2002) Moho topography in the central Andes and its geodynamic implications. *Earth planet. Sci. Lett.* **199**, 389–402.

Zachos, J. *et al.* (2001) Trends, rhythms and aberrations in global climate 65 Ma to present. *Science* **292**, 686–93.

Zandt, G., Myers, S.C. & Wallace, T.C. (1995) Crust and mantle structure across the Basin and Range–Colorado Plateau boundary at 37°N latitude and implications for Cenozoic extensional mechanism. *J. geophys. Res.* **100**, 10 529–48.

Zatman, S. (2000) On steady rate coupling between an elastic upper crust and a viscous interior. *Geophys. Res. Lett.* **27**, 2421–4.

Zegers, T.E. & van Keken, P.E. (2001) Middle Archean continent formation by crustal delamination. *Geology* **29**, 1083–6.

Zhao, D. *et al.* (1997) Depth extent of the Lau Back-arc spreading center and its relation to subduction processes. *Science* **278**, 254–7.

Zhao, G. *et al.* (2001) High-pressure granulites (retrograded eclogites) from the Hengshan Complex, North China Craton; petrology and tectonic implications. *J. Petrol.* **42**, 1141–70.

Zhao, G. *et al.* (2002) Review of global 2.1–1.8 Ga orogens: implications for a pre-Rodinia supercontinent. *Earth Sci. Rev.* **59**, 125–62.

Zhao, W., Nelson, K.D. & Project INDEPTH team (1993) Deep seismic reflection evidence for continental underthrusting beneath southern Tibet. *Nature* **366**, 557–9.

Zho, W. *et al.* (2001) Crustal structure of central Tibet as derived from the project INDEPTH wide-angle seismic data. *Geophys. J. Int.* **145**, 486–98.

Zhong, S. & Gurnis, M. (1993) Dynamic feedback between a continent-like raft and thermal convection. *J. geophys. Res.* **98**, 12 219–32.

Zhu, L. (2000) Crustal structure across the San Andreas Fault, southern California from teleseismic converted waves. *Earth planet. Sci. Lett.* **179**, 183–90.

Zhu, L. *et al.* (2006) Crustal thickness variations in the Aegean region and implications for the extension of continental crust. *J. geophys. Res.* **111**, B01301, doi:10.1029/2005JB003770.

Ziegler, P.A. (1993) Plate-moving mechanisms: their relative importance. *J. geol. Soc. Lond.* **150**, 927–40.

Zoback, M.D. (2000) Strength of the San Andreas. *Nature* **405**, 31–32.

Zoback, M.D. *et al.* (1987) New evidence on the state of stress of the San Andreas fault system. *Science* **238**, 1105–11.

Zoback, M.L. (1992) First-and second-order pattern of stress in the lithosphere: the World Stress Map Project. *J. geophys. Res.* **97**, 11 703–28.

찾아보기

| ㅂ |

| ㅅ |

| ㅇ |

| ㅈ |

| ㅊ |

저자 소개

Philip Kearey

2003년에 서거하기 전까지 영국 브리스톨 대학(Bristol University)의 지구과학과에서 응용 지구물리를 담당한 부교수(Senior lecturer)였다. 그는 다양한 지구물리학적 데이터, 특히 중력과 자력 데이터를 사용하여 동부 카리브 해, 캐나다 순상지 그리고 남부 영국의 지각 구조를 밝히는 연구를 행하였다.

Keith A. Klepeis

미국 버몬트 대학(University of Vermont)에서 지질학 교수로 재직 중이다. 그는 지질구조학과 대륙 구조론을 전공하고 뉴질랜드, 파타고니아(Patagonia), 서부 남극대륙, 호주, 브리티시컬럼비아(British Columbia) 그리고 남동 알래스카의 조산대와 단층 시스템의 진화를 주로 연구하여 왔다.

Frederick J. Vine

영국 노리치 동 앵글리아 대학의 환경과학 교실의 명예교수이다. 그는 런던 왕립 학회 회원이었으며, 해저 확장에 근거하여 해저 자기 이상과 오피오라이트, 육지에 밀어 올려진 대양지각 파편들의 해석에 대한 연구로 많은 상을 받았다.

역자 소개

민건홍

서울대학교 자연과학대학 및 동 대학원 졸업(이학박사)

한국지질자원연구원 석유해저연구본부 근무(1979-현재)

역서 :

『규산염쇄설물의 순차층서학 - 개념과 적용』(KIGAM, 2013),

『다시 본 퇴적상 모델』(KIGAM, 2014),

『퇴적분지 분석의 원칙 2부 퇴적분지의 발달과 전세계적인 제어』(KIGAM, 2015)

전 지구적 지체구조론

초판인쇄 2016년 12월 2일
초판발행 2016년 12월 9일

저　　자 Philip Kearey, Keith A. Klepeis, Frederick J. Vine
역　　자 민건홍
펴 낸 이 김성배
펴 낸 곳 도서출판 씨아이알

책임편집 박영지, 서보경
디 자 인 김진희, 추다영
제작책임 이헌상

등록번호 제2-3285호
등 록 일 2001년 3월 19일
주　　소 (04626) 서울특별시 중구 필동로8길 43(예장동 1-151)
전화번호 02-2275-8603(대표)
팩스번호 02-2275-8604
홈페이지 www.circom.co.kr

I S B N 979-11-5610-269-4 93450
정　　가 35,000원